Elektrotechnik

Fachbildung
Schaltungstechnik
Energieelektronik

Ernst Hörnemann, Heiden
Heinrich Hübscher, Lüneburg
Jürgen Klaue, Roxheim
Klaus Schierack, Linz
Roland Stolzenburg, Dillenburg

westermann

Diesem Buch wurden die bei Manuskriptabschluß vorliegenden neuesten Ausgaben der DIN-Normen und VDE-Bestimmungen zugrunde gelegt. Verbindlich sind jedoch nur die neuesten Ausgaben der DIN-Normen und VDE-Bestimmungen selbst.

Die DIN-Normen wurden wiedergegeben mit Erlaubnis des DIN Deutsches Institut für Normung e. V. Maßgebend für das Anwenden der Norm ist deren Fassung mit dem neuesten Ausgabedatum, die bei der Beuth Verlag GmbH, Burggrafenstraße 6, 1000 Berlin 30, erhältlich ist.

Die auszugsweise Wiedergabe der DIN-Normen mit VDE-Kennzeichnung erfolgt mit Genehmigung des DIN Deutsches Institut für Normung e. V. und des Verbandes Deutscher Elektrotechniker (VDE) e. V. Maßgebend für das Anwenden der Normen sind deren Fassungen mit dem neuesten Ausgabedatum, die bei der vde-verlag gmbh, Bismarckstraße 33, 1000 Berlin 12 bzw. Merianstraße 29, 6060 Offenbach und bei der Beuth Verlag GmbH, Burggrafenstraße 6, 1000 Berlin 30, erhältlich sind.

Zu diesem Buch kann ein Satz mit 96 heraustrennbaren Arbeitsblättern DIN A4 unter der Best.-Nr. 22 1141 bezogen werden.

1. Auflage Druck 5 4 3 2 1
Herstellungsjahr 1995 1994 1993 1992
Alle Drucke dieser Auflage können im Unterricht parallel verwendet werden.

Verlagslektorat: Armin Kreuzburg
Herstellung: westermann druck GmbH, Braunschweig

ISBN 3-14-**22 1140**-3

Inhaltsverzeichnis

Inhaltsverzeichnis

Vorwort

Das vorliegende Buch umfaßt die Lerninhalte der Fachbildung energietechnischer Elektroberufe. Grundlage bei der Konzipierung waren der KMK-Rahmen-Plan, Länderlehrpläne sowie die Lehrpläne der entsprechenden Handwerkberufe. Für den Elektroinstallateur wurden spezielle Kapitel entwickelt (z. B. Haushaltsgeräte und Gebäudeinstallation).

Struktur und gestufter Schwierigkeitsgrad der Aufträge und Aufgaben ermöglichen es, die einzelnen Kapitel mit unterschiedlicher Intensität zu bearbeiten und damit an die jeweilige Unterrichtssituation anzupassen.

Der Konzeption des Buches „Grundbildung Schaltungstechnik" folgend, schließen sich zahlreiche Aufgaben verschiedenster Art unmittelbar an jedes Unterkapitel an, wobei einige durch Arbeitsblätter (❑) gelöst werden können.

Die praxisorientierten Aufgaben mit entsprechenden Problemstellungen sollen zu einer umfassenden Handlungskompetenz führen.

Lesen und Interpretieren vielseitiger technischer Unterlagen haben daher Vorrang vor dem Anfertigen von Zeichnungen. Das Erkennen der Geräte, die Beschreibung ihrer Schaltungsaufgabe sowie die Analyse der Schaltungsfunktion sind Hauptziele des Buches. Das Anfertigen von Zeichnungen wird als Mittel technischer Kommunikation geübt, dient aber nicht der Aneignung von ausgeprägten Zeichenfertigkeiten.

Die in diesem Buch behandelten Steuerungsprobleme sind vereinfachte Übungsbeispiele. Schaltungen und Programme können zum Teil nicht direkt in die Praxis übernommen werden (z. B. fehlen notwendige Sicherheitsschaltungen).

Für Hinweise und Verbesserungsvorschläge sind Autoren und Verlag jederzeit aufgeschlossen und dankbar.

Autoren und Verlag — Braunschweig 1992

1 Linien- und Zeigerdiagramme

Auftrag 1

In der Reihenschaltung (Abb. 1) zweier Widerstände R1 und R2 werden mit einem Oszilloskop nacheinander die Spannungen u_{12} und u_{23} dargestellt. In Abb. 2 sind beide Schirmbilder zu sehen. In einem **Liniendiagramm** soll gezeigt werden, welchen Verlauf die Gesamtspannung u_{13} hat.

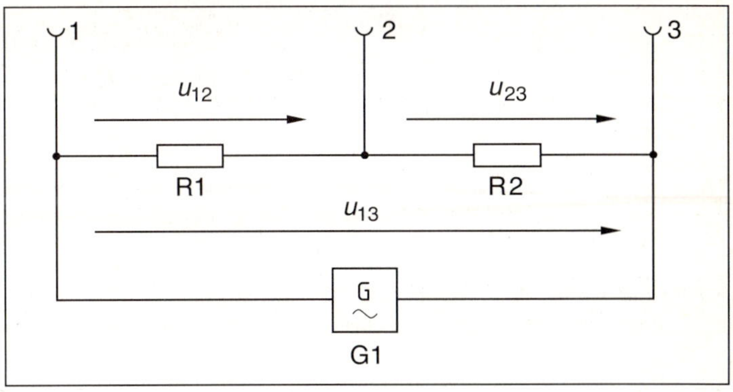

Abb. 1: Schaltung

Lösung

Um die Gesamtspannung zu ermitteln, werden die **Augenblickswerte** (Momentanwerte) der beiden Spannungen addiert. Das Ergebnis wird dann in ein Spannungs-Zeit-Diagramm übertragen. Für den Zeitpunkt t_1 = 5 ms wird dies hier beispielhaft gezeigt. Zur Vereinfachung der Darstellung wurde der Maßstab des Diagramms ⑦ gleich dem Ablenk-Koeffizienten ③ des Oszilloskops gewählt.

- Wert 1 aus Schirmbild 1 abmessen (2 V) (Abb. 2 ①)
- Wert 1 in Diagramm übertragen (Abb. 3 ⑥)
- Wert 2 aus Schirmbild 2 abmessen (1 V) (Abb. 2 ②)
- Wert 2 in Diagramm auf Wert 1 abtragen (Abb. 3 ⑤)
- Gesamtwert ist dann die Summe beider Spannungen zu diesem Zeitpunkt (Abb. 3 ④)

Die folgende Tabelle enthält die Werte zu verschiedenen Zeitpunkten. Verbindet man die so gefundenen Endpunkte miteinander, ergibt sich wiederum eine sinusförmige Wechselspannung mit der Frequenz f = 50 Hz.

Zeitpunkte	0 s	2 s	4 s	**5 s**	6 s	8 s	10 s
Spannung u_{12} in V	0	1,2	1,9	**2**	1,9	1	0
Spannung u_{23} in V	0	0,6	0,9	**1**	0,9	0,6	0
Spannung u_{13} in V	0	1,8	2,8	**3**	2,8	1,8	0

Bei der Addition zeitabhängiger Größen werden die jeweiligen Momentanwerte zum selben Zeitpunkt addiert.

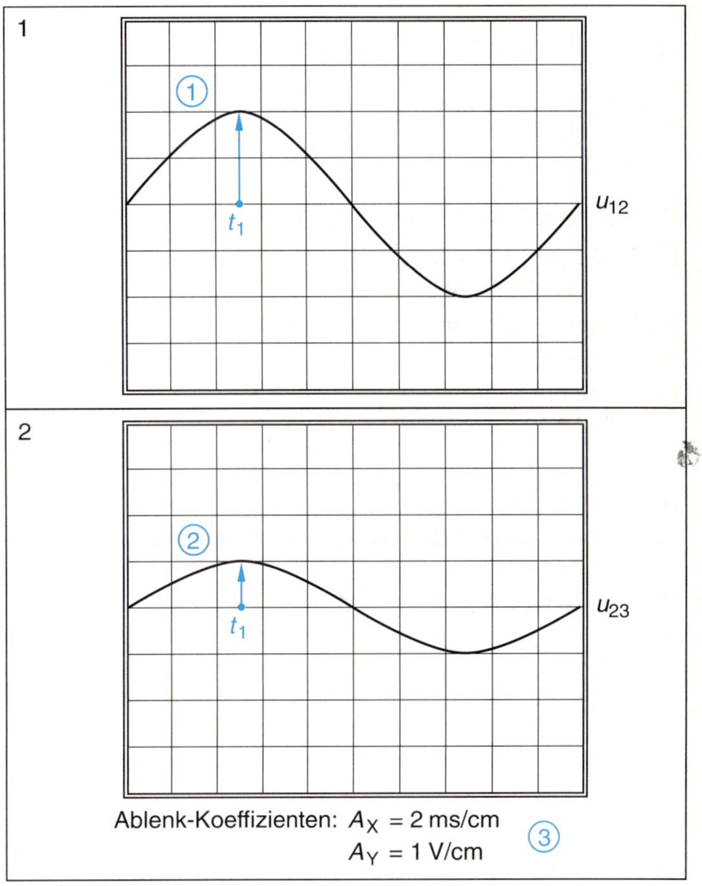

Abb. 2: Schirmbilder

Zur Kontrolle kann die Summe der Effektivwerte der Teilspannungen mit dem Effektivwert der Summenspannung verglichen werden.

$U_{13} = U_{12} + U_{23}$

$0{,}707 \cdot 3\ \text{V} = 0{,}707 \cdot 2\ \text{V} + 0{,}707 \cdot 1\ \text{V}$

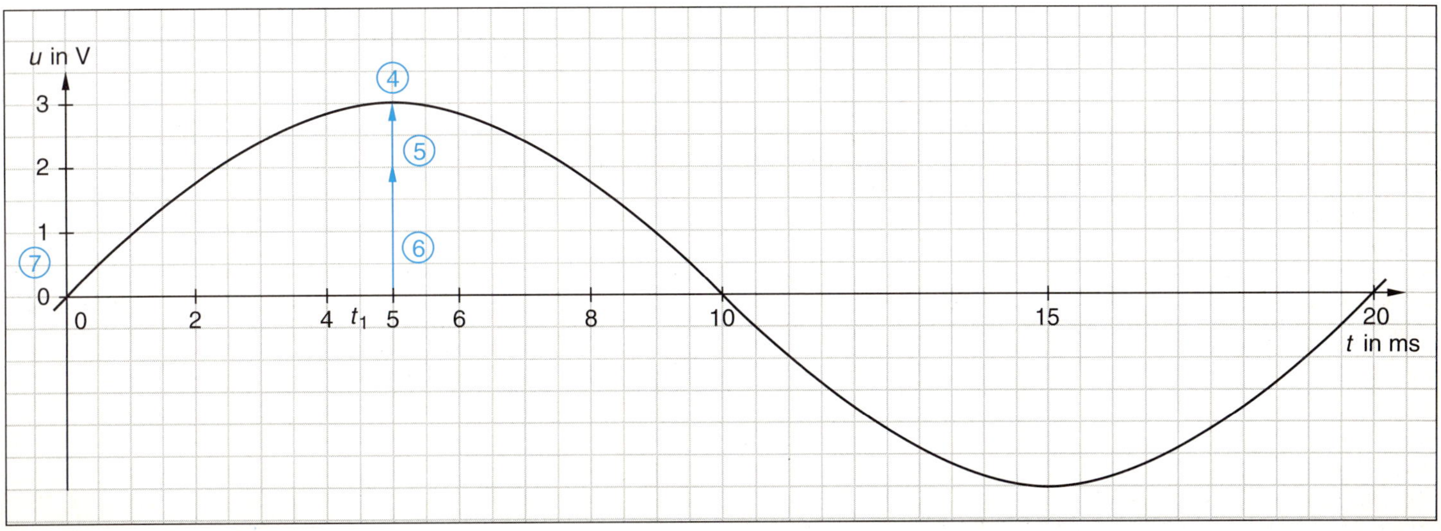

Abb. 3: Liniendiagramm der Spannung u_{13}

Auftrag 2

An der Reihenschaltung (Abb. 1) eines Kondensators (C = 10 µF) und eines Widerstandes (R = 270 Ω) sollen die Spannungen dargestellt werden. Die Teilspannung u_R und die Gesamtspannung u werden mit einem Zwei-Kanal-Oszilloskop gezeigt (Abb. 2). Die Spannung am Kondensator u_C soll dann zeichnerisch ermittelt werden.

Lösung

In Umkehrung des Verfahrens beim Auftrag 1 (Seite 5) müssen hierbei die Momentanwerte der Teilspannung u_R von den entsprechenden Werten der Gesamtspannung u subtrahiert werden. Die Unterschiedswerte beider Kurven werden in ein Spannungs-Zeit-Koordinatensystem übertragen (Abb. 3).

Bei der Subtraktion zeitabhängiger Größen werden die jeweiligen Momentanwerte zum selben Zeitpunkt subtrahiert.

Die Vorgehensweise wird am Zeitpunkt t_1 verdeutlicht. Zuerst werden die entsprechenden Achsen gezeichnet (Abb. 3), wobei für die Ordinate der gleiche Maßstab gewählt wurde wie der Ablenk-Koeffizient des Oszilloskops, also 1 cm ≙ 10 V.

t_1 = 0 ms

Gesamtspannung u = –26 V (Abb. 2 ①)
Spannung am Widerstand u_R = 0 V
Spannung am Kondensator $u_C = u - u_R$
u_C = –26 V – 0 V
u_C = –26 V

Dieser Wert wird in das Diagramm eingetragen (Abb. 3 ②).

Dann werden die Werte bei den anderen Zeitpunkten errechnet. In der folgenden Tabelle sind die entsprechenden Ergebnisse aufgelistet. Sie werden ebenfalls in das Koordinatensystem eingetragen. Es entsteht das Liniendiagramm der Abb. 3.

$u_C = u - u_R$				
	t in ms	u in V	u_R in V	**u_C in V**
t_2	2,8	0	17	**–17**
t_3	5	22	22	**0**
t_4	10	26	0	**26**
t_5	12,8	0	–17	**17**
t_6	15	–22	–22	**0**

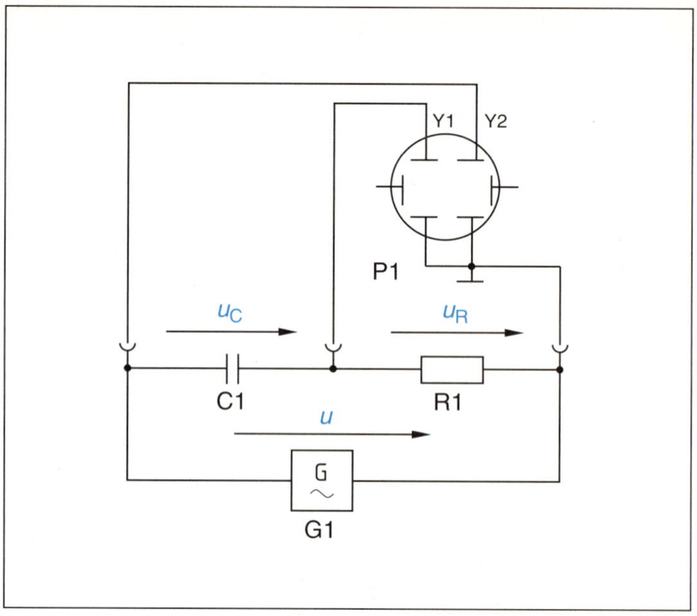

Abb. 1: RC-Schaltung

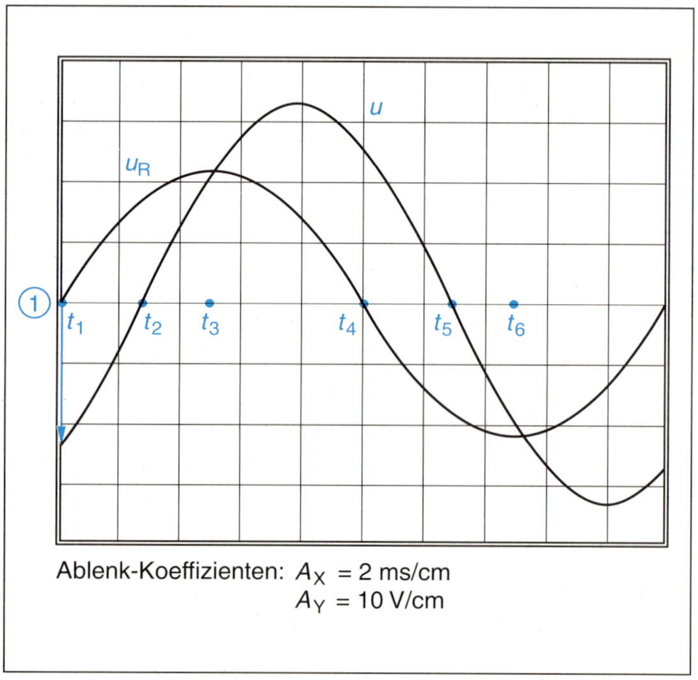

Abb. 2: Schirmbild

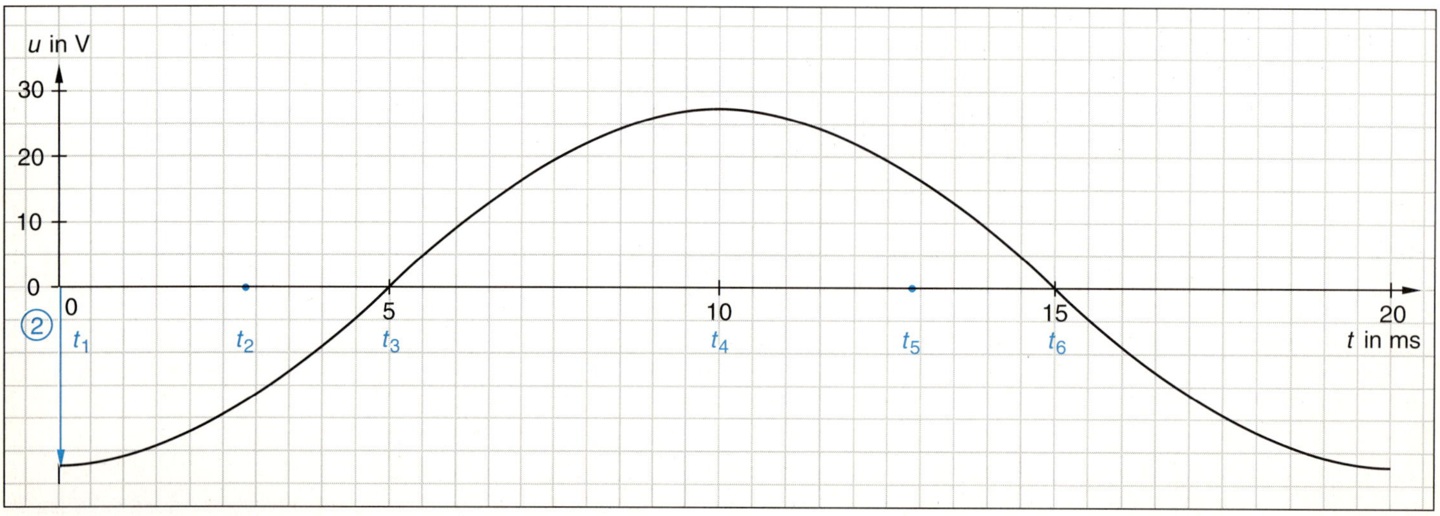

Abb. 3: Liniendiagramm der Kondensatorspannung u_C

Auftrag 3

An der Schaltung des Auftrages 2 (Abb. 2) soll der Phasenverschiebungswinkel φ zwischen Gesamtspannung u und Strom i bestimmt werden.

Lösung mit Liniendiagramm

In der Abb. 2 sind die Gesamtspannung u und die Spannung u_R am Widerstand abgebildet. Der 1. Nulldurchgang der Gesamtspannung liegt 2,8 ms hinter dem entsprechenden Wert von u_R. Da Spannung u_R und Strom i an einem Wirkwiderstand phasengleich sind, eilt also die Spannung u dem Strom i um 2,8 ms **nach**. Im **Winkelmaß** ergeben sich 50,4°.

$\alpha = \frac{2{,}8\ \text{ms} \cdot 360°}{20\ \text{ms}}$ $\alpha = 50{,}4°$

Lösung mit Zeigerdiagramm

Sinusförmige Wechselgrößen können als Zeiger dargestellt werden. Die Länge gibt den Effektivwert an. Ihre Richtung gibt den Winkel zu einer Bezugsgröße an.

Die beiden Teilspannungen (Abb. 4) $U_R = 15{,}5$ V und $U_C = 18{,}3$ V werden folgendermaßen geometrisch addiert.

- **Bezugsgröße festlegen** ⇒ Stromzeiger
  Bei einer Reihenschaltung ist der Strom die Bezugsgröße, weil er für alle Bauteile gleich bleibt (Abb. 5 ③).
- **Maßstab festlegen** 1 cm ≙ 4 V ⑥
- **Spannungszeiger U_R zeichnen**
  An einem Wirkwiderstand sind I und U_R in Phase ④.
- **Spannungszeiger U_C zeichnen**
  U_C eilt I um 90° nach. Der Zeiger für U_C wird daher senkrecht nach unten an die Spitze des Zeigers für U_R gezeichnet.
- **Gesamtzeiger zeichnen**
  Der Gesamtzeiger ist die Verbindung des Anfangspunktes des Zeigers U_R mit dem Endpunkt (Pfeilspitze) des Zeigers U_C. ⑤
- **Auswertung**
  Die Länge des Gesamtzeigers beträgt 6 cm, d. h. die Gesamtspannung beträgt 24 V ($U = 6$ cm · 4 V/cm).
  Für den **Phasenverschiebungswinkel** φ ergibt die Messung 50° und die Rechnung 49,7°.

$\tan\varphi = \frac{18{,}3\ \text{V}}{15{,}5\ \text{V}}$ $\tan\varphi = 1{,}18$ $\varphi = 49{,}7°$

Sinusförmige Wechselgrößen werden mit Hilfe von Zeigerdiagrammen zusammengefaßt.

Addition: Zeiger werden in beliebiger Reihenfolge unter Beachtung ihrer Richtungen aneinander gesetzt (Abb. 5)

Subtraktion: Die Richtung des zu subtrahierenden Zeigers wird umgekehrt (Abb. 6b).

Gesamtzeiger: Verbindung des Anfangspunktes des 1. Zeigers mit der Spitze des letzten Zeigers.

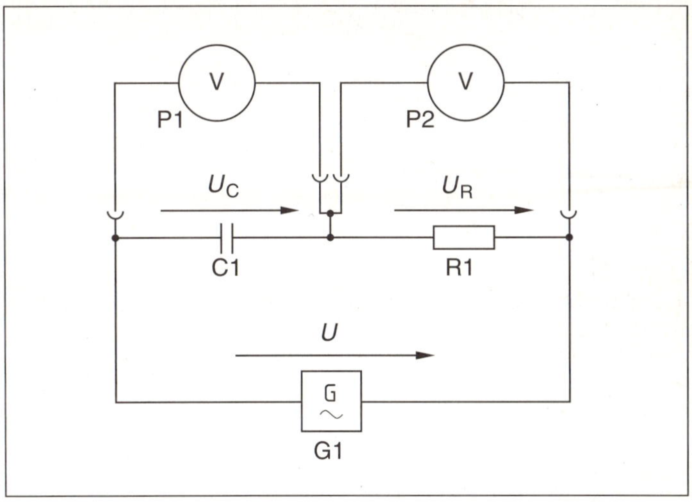

Abb. 4: Meß-Schaltung

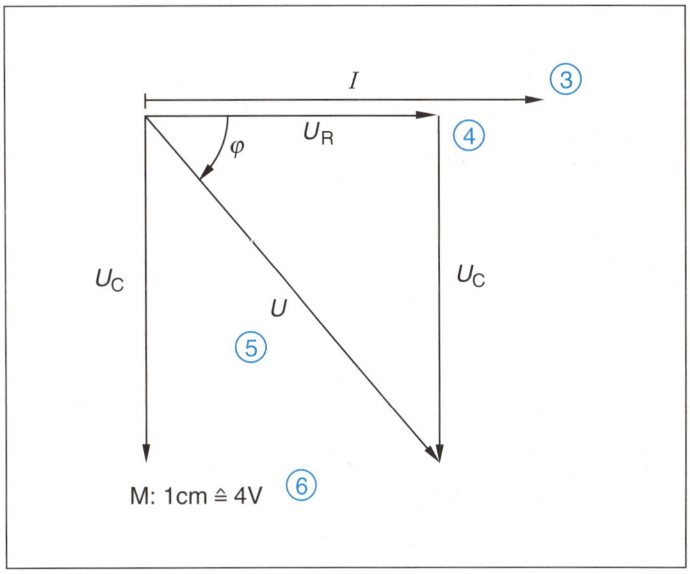

Abb. 5: Zeigerdiagramm

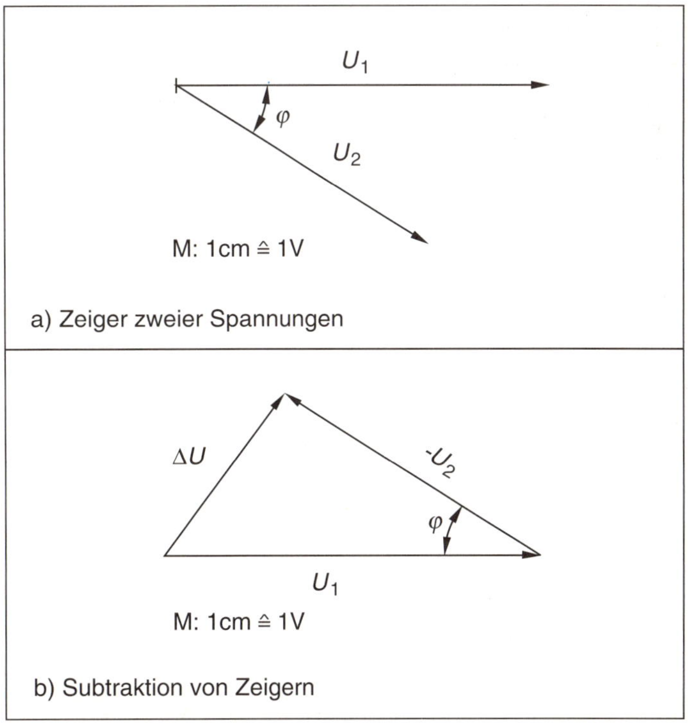

a) Zeiger zweier Spannungen

b) Subtraktion von Zeigern

Abb. 6: Geometrische Subtraktion von Spannungen

Auftrag 4

Drei Leuchten mit unterschiedlichen Leistungen sind an das Drehstrom-Netz angeschlossen (Abb. 1). Wegen der unsymmetrischen Belastung fließt ein Ausgleichstrom I_N ($I_N = I_1 + I_2 + I_3$) im Neutralleiter. Die Größe dieses Stromes soll mit Hilfe von Zeigern ermittelt werden.

Lösung

- Zuerst werden die Einzelstromstärken mit Hilfe der Formel $I = \frac{P}{U}$ errechnet und unter Verwendung eines passenden Maßstabes in ihrer Lage zueinander dargestellt (Abb. 2a).
- Dann werden die Zeiger nacheinander geometrisch addiert (Abb. 2b).
- Die Strecke vom Anfang des Zeigers für I_1 bis zum Ende des Zeigers für I_3 entspricht der Größe des Stromes im Neutralleiter I_N. Die Pfeillänge ist 2,7 cm, d. h. I_N = 0,54 A.

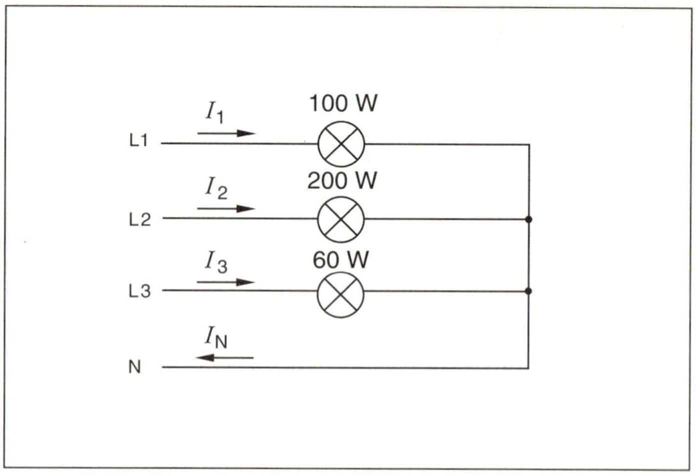

Abb. 1: Schaltung von Lampen

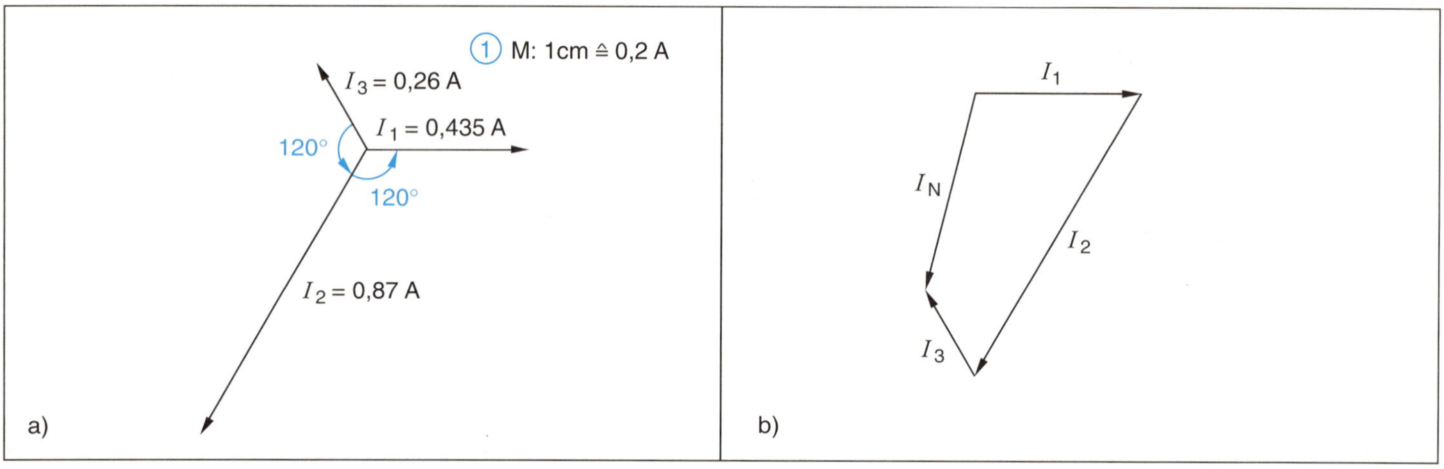

Abb. 2: Zeigerdiagramme zu den Strömen der Schaltung (Abb. 2)

Aufgaben

1.1 Addition von Wechselströmen

a) Zeichnen Sie die Liniendiagramme zweier sinusförmiger Wechselströme, die gleiche Frequenz und Phasenlage haben!
$\hat{\imath}_1$ = 12 A $\hat{\imath}_2$ = 8 A f = 50 Hz
Bereich: 0...15 ms   Maßstäbe: 1 cm ≙ 1 ms
1 cm ≙ 2 A

b) Zeichnen Sie in das Koordinatensystem die Summenstromkurve ein!

1.2 Gesamtspannung

Durch eine Reihenschaltung eines Wirkwiderstandes (10 Ω) und einer Induktivität (11,2 Ω) fließt ein Strom von 0,4 A bei einer Frequenz von 16 2/3 Hz.

a) Zeichnen Sie die Liniendiagramme der beiden Teilspannungen!
Bereich: 0...40 ms   Maßstäbe: 1 cm ≙ 2 ms
1 cm ≙ 1 V

b) Zeichnen Sie in das Koordinatensystem die Summenspannungskurve ein!

c) Ermitteln Sie den Phasenverschiebungswinkel zwischen Gesamtspannung und Strom!

1.3 Reihenschaltung von *R*, *L* und *C*

a) Zeichnen Sie das Liniendiagramm der Summenspannung u!

b) Bestimmen Sie folgende Werte der Summenspannung: Maximalwert, Zeitpunkte der Maximalwerte, Phasenverschiebungswinkel gegenüber u_R, Momentanwert bei 2,5 ms nach dem ersten Nulldurchgang!

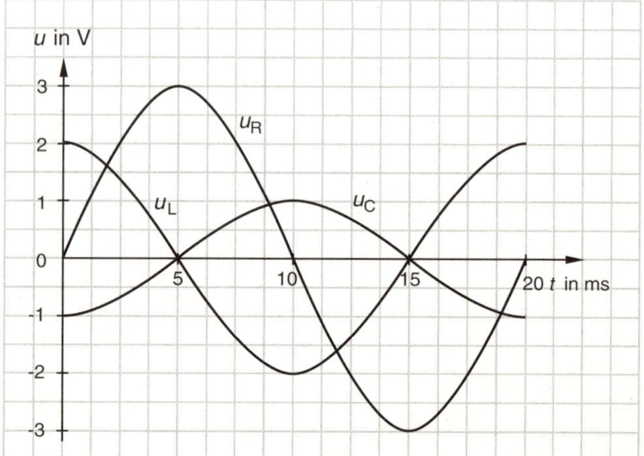

Aufgaben

1.4 Zusammenfassen von Wechselspannungen

a) Zeichnen Sie die beiden Spannungs-Kennlinien des Schirmbildes in ein Spannungs-Zeit-Koordinatensystem idealisiert ein!

Maßstäbe: 1 cm ≙ 0,2 V 1 cm ≙ 1 ms

b) Zeichnen Sie die Summenkurve in dasselbe Koordinatensystem ein!

c) Zeichnen Sie die Differenzkurve $u_1 - u_2$ ein!

d) Vergleichen Sie Summenkurve und Differenzkurve hinsichtlich der Maximalwerte und des Phasenverschiebungswinkels gegenüber u_1!

e) Bestimmen Sie die Frequenz der Spannungen!

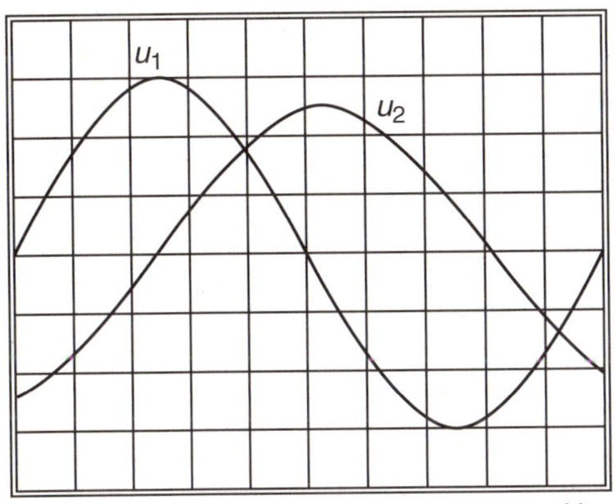

$A_X = 1 \frac{\text{ms}}{\text{cm}}$ $A_Y = 0{,}5 \frac{\text{V}}{\text{cm}}$

1.5 Kennlinien-Interpretation

Das Schirmbild zeigt zwei Spannungskennlinien einer Reihenschaltung aus Kondensator und Wirkwiderstand.

a) Beantworten Sie dazu folgende Fragen!
   1. Wie groß ist der Phasenverschiebungswinkel?
   2. Welche Spannung eilt der anderen nach?
   3. Welche Spannungen wurden oszilloskopiert?

b) Zeichnen Sie die kleinere Spannung in ein Koordinatensystem ein!

c) Zeichnen Sie die Differenzkurve $u_1 - u_2$ in das Koordinatensystem ein!

d) Ermitteln Sie den Phasenverschiebungswinkel zwischen den Kennlinien nach Aufgabe b) und c)!

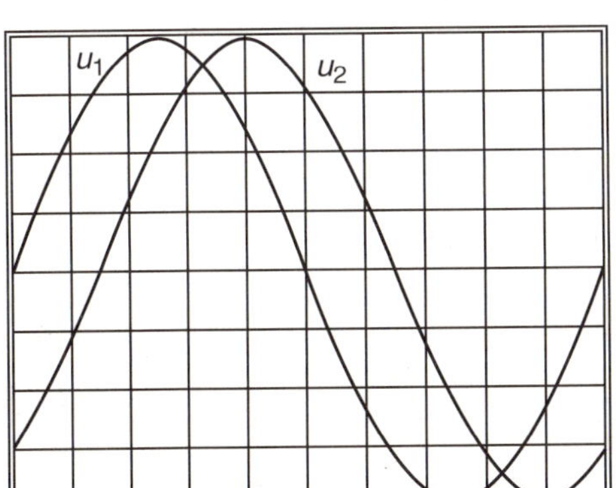

$A_X = 2 \frac{\text{ms}}{\text{cm}}$ $A_{Y1} = 20 \frac{\text{V}}{\text{cm}}$ $A_{Y2} = 10 \frac{\text{V}}{\text{cm}}$

1.6 Leistungsdiagramm

Zeichnen Sie das Liniendiagramm der Leistung für das Bauteil mit den abgebildeten Kennlinien!

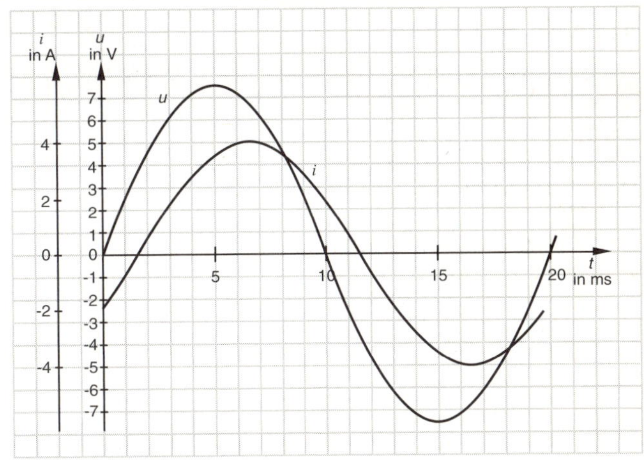

1.7 Bauteil erkennen

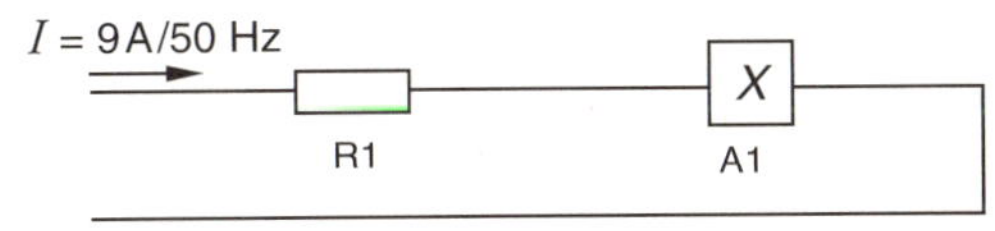

Der sinusförmige Strom dieser Schaltung hat dann den Augenblickswert –10 A, wenn die angelegte Spannung ihr positives Maximum hat.

a) Unter diesen Bedingungen sind zwei Liniendiagramme für den Strom möglich.
Zeichnen Sie beide Kennlinien in ein entsprechendes Koordinatensystem ein!

b) Beantworten Sie folgende Fragen!
   1. Welcher Verschiebungswinkel herrscht zwischen den Liniendiagrammen der Aufgabe a)?
   2. Welche Phasenverschiebungswinkel herrschen zwischen der Gesamtspannung und den Stromkurven nach Aufgabe a)?
   3. Welches Bauteil befindet sich an der Leerstelle A1? Begründen Sie Ihre Antwort!

1.8 Phasenschieber

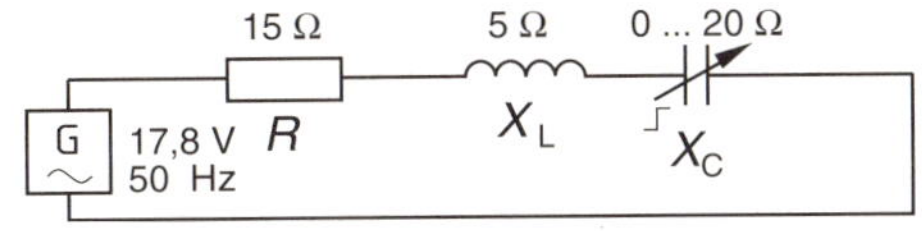

Der Widerstand des Kondensators wird in den Stufen 0 Ω; 5 Ω und 20 Ω verändert.

a) Zeichnen Sie die Gesamtspannungskurve und die Stromkurve in ein entsprechendes Koordinatensystem für den Fall $X_C = 5\ \Omega$ ein!

b) Beantworten Sie folgende Fragen!
   1. Wie verändert sich die Stromstärke bei der angegebenen Veränderung von X_C?
   2. Welche Phasenverschiebungswinkel ergeben sich zwischen der Gesamtspannung und den Strömen bei den genannten Stufen des Kondensators?

c) Zeichnen Sie die Liniendiagramme der Gesamtspannung für $X_C = 0\ \Omega$ und $X_C = 20\ \Omega$ in das Koordinatensystem ein!

Aufgaben

1.9 Drei Spannungskurven

a) Bestimmen Sie den Phasenverschiebungswinkel von u_2 und u_3 gegenüber u_1!

b) Zeichnen Sie die Differenzspannungskurve $u = u_1 - u_2$ für den Bereich 0...450°!

c) Bestimmen Sie den Phasenverschiebungswinkel von u gegenüber u_2!

d) Zeichnen Sie die Summenkurve aller drei Spannungen in dasselbe Koordinatensystem ein!

e) Vergleichen Sie die Kennlinie nach Aufgabe d) mit der Spannungskurve u_2 hinsichtlich Maximalwert und Phasenlage!

f) Ermitteln Sie mit Hilfe eines Zeigerdiagramms den Effektivwert der Summenspannung!

g) Ermitteln Sie mit Hilfe eines Zeigerdiagramms den Effektivwert der Differenzspannung u (siehe Aufgabe b)!

h) Ermitteln Sie den Phasenverschiebungswinkel zwischen U und U_3!

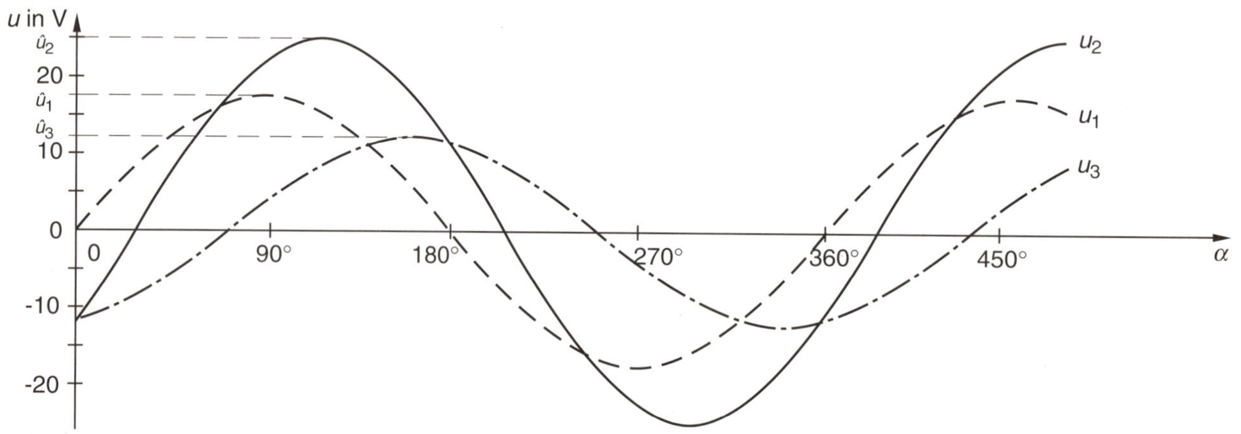

1.10 Gesamtstrom

Ermitteln Sie in einem Zeigerdiagramm den Gesamtstrom einer Parallelschaltung von Wirkwiderstand (I_R = 10 A) und Spule (I_{Spule} = 15 A, φ = 60°)!

1.11 Drei Zeiger

a) Bestimmen Sie die Effektivwerte der Spannungen in Aufgabe 1.3!

b) Addieren Sie die Spannungen mit Hilfe von Zeigern in der Reihenfolge U_R, U_L und U_C!

1.12 Zeiger-Subtraktion

Zeichnen Sie das Zeigerdiagramm zur Aufgabe 1.4 c)!

1.13 Drei Spannungsquellen

Drei Spannungsquellen mit folgenden Werten sind in Reihe geschaltet.

$\hat{u}_1$ = 3,11 V	$\hat{u}_2$ = 1,1 V	$\hat{u}_3$ = 3,8 V
φ_1 = 15°	φ_2 = 0°	φ_3 = 60°

a) Ermitteln Sie mit Hilfe von Zeigern die Größe der Summenspannung!

b) Ermitteln Sie aus dem obigen Diagramm den Phasenverschiebungswinkel der Gesamtspannung zur Spannung U_1!

1.14 Spannungsaufteilung

a) Zeichnen Sie die Zeiger der drei Spannungen der Aufgabe 1.8 b)!

b) Ermitteln Sie aus dem obigen Zeigerdiagramm für jeden der drei Fälle die Teilspannung U_R!

1.15 Parallelschaltung von R und L

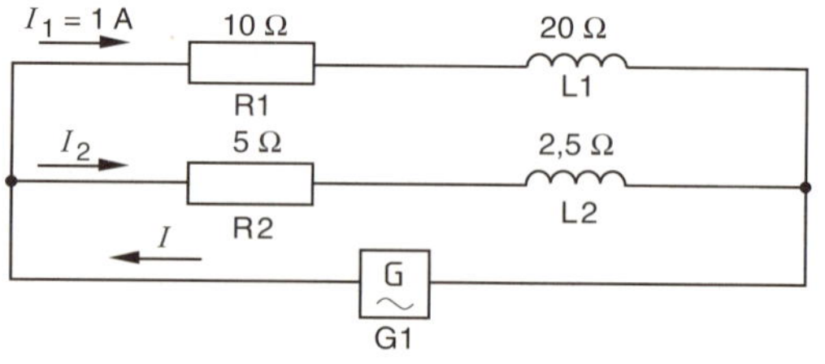

a) Ermitteln Sie mit Hilfe von Zeigern
1. die Gesamtspannung der Reihenschaltung von R1 und L1 sowie
2. die Teilspannungen an R2 und L2!

b) Bestimmen Sie die Phasenwinkel zwischen U und den Spannungen an den Widerständen!

c) Zeichnen Sie die Zeiger für die Ströme I_1 und I_2!

d) Ermitteln Sie den Gesamtstrom I!

1.16 Kompensation

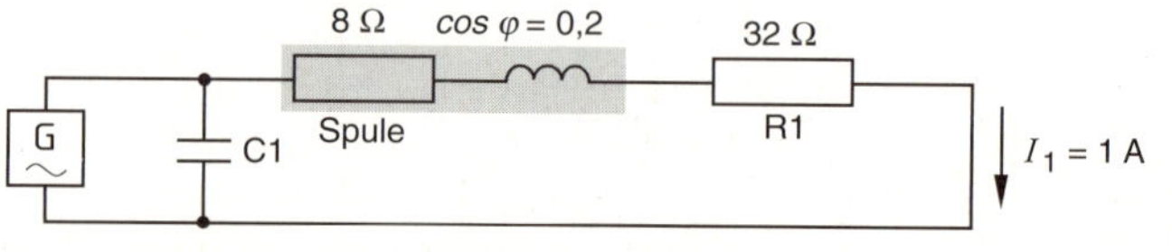

a) Bestimmen Sie mit Hilfe von Zeigern
1. die Spannung an der Spule,
2. Größe und Phasenlage der Gesamtspannung,
3. den Wirkanteil I_W und den Blindanteil I_L des Stromes I_1 sowie
4. den Gesamtstrom für den Fall, daß $X_C = 2 \cdot X_L$ ist!

b) Geben Sie an, wie sich Phasenlage und Größe des Gesamtstromes verändern, wenn die Kapazität des Kondensators C1 vergrößert wird!

2 Schaltungen mit Nockenschaltern

Auftrag 1

Für die Messung der Strangspannungen des Vierleitersystems in Abb. 1 wurde von der Herstellerfirma der in Abb. 2 dargestellte Nockenschalter mit dem zugehörigen Schaltdiagramm (Abb. 1, Seite 12) geliefert.

Es soll der Aufbau des Nockenschalters untersucht, die Schaltfunktionen überprüft und der Stromlaufplan der Meßschaltung in zuammenhängender Darstellung gezeichnet werden.

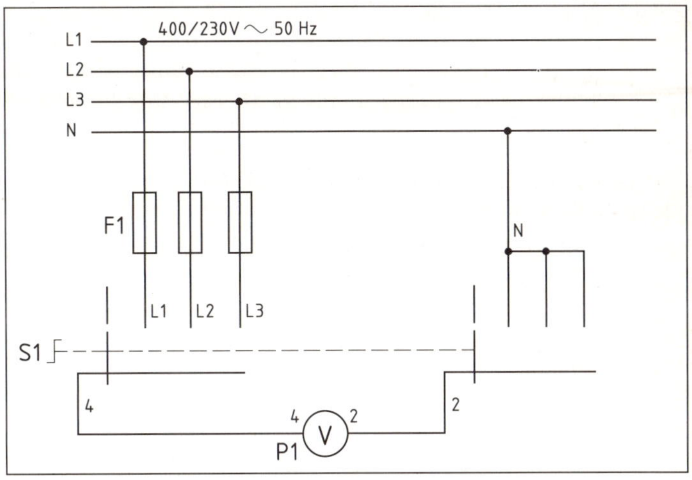

Abb. 1: Meßschaltung

Aufbau

Neben den je nach Einbauart unterschiedlichen Befestigungselementen besteht jeder Nockenschalter aus folgenden Bausteinen (Abb. 2):

- den Schaltkammern,
- der Rastenkammer,
- der Schalterachse mit den Lagern,
- dem Knebelgriff.

Die Schaltkammer (Abb. 3) enthält die Schaltelemente zum Öffnen und Schließen der Strombahnen. Jede Strombahn besteht aus zwei feststehenden Anschlußkontakten, die durch eine bewegliche Kontaktbrücke leitend verbunden bzw. getrennt werden. Eine Nockenscheibe bestimmt die Position der Kontaktbrücken in der jeweiligen Schaltstellung. Sie ist fest mit der Schalterachse verbunden. Wird die Schalterachse mit dem Knebelgriff um einen festgelegten Winkel gedreht, dann bewegt die Nockenscheibe über die Stößel die Kontaktbrücken. Je nach Schaltstellung und Form (Programm) der Nockenscheibe erfolgt damit eine programmierte Schaltung der verschiedenen Strombahnen.

Die Schaltfunktionen eines Nockenschalters werden durch die Form der Nockenscheiben und die Anzahl der Schaltkammern bestimmt.

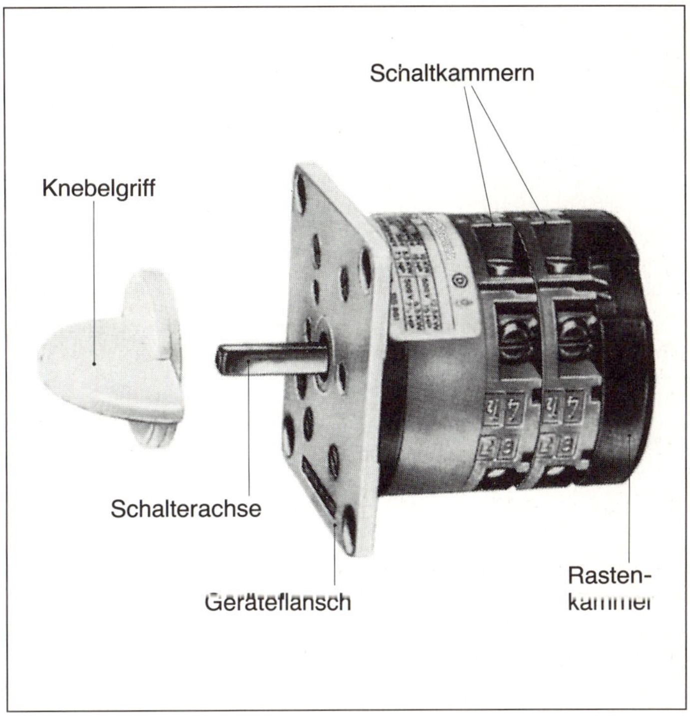

Abb. 2: Nockenschalter

In der Rastenkammer (Abb. 4) befindet sich ein Rastenrad, welches der Schalterachse einen festgelegten Drehwinkel (30°, 45°, 60°, 90°) eindeutig zuweist.
Soll der Gesamtschaltwinkel begrenzt werden, kann die Rastenkammer durch einen Anschlag ergänzt werden.

Nockenschalter haben einen breiten Anwendungsbereich. Sie sind als Motor-, Last- oder Steuerschalter verwendbar und werden für Nennstromstärken von 10 A bis 250 A hergestellt.

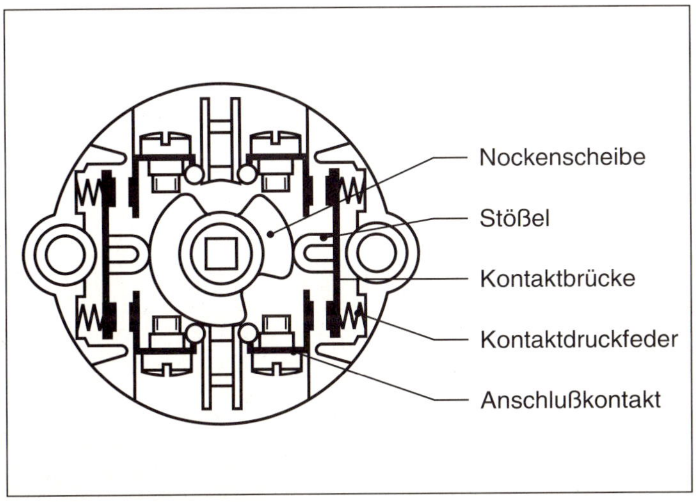

Abb. 3: Schaltkammer

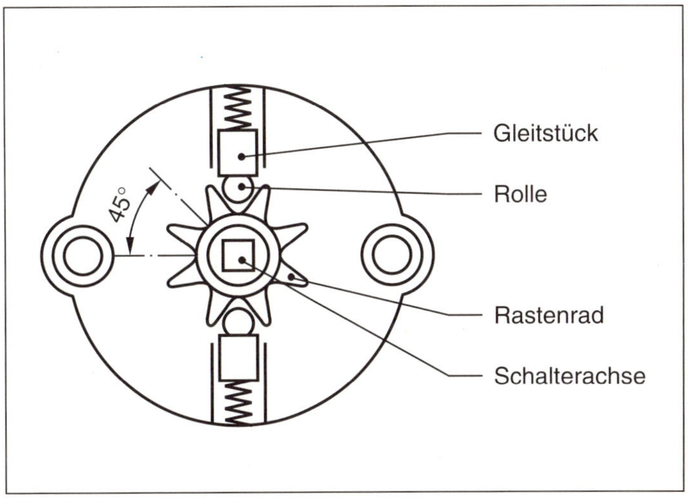

Abb. 4: Rastenkammer

Funktion

Das vom Hersteller mitgelieferte Schaltdiagramm (Abb. 1) zeigt die Anschlußklemmen ①, die fest eingebaute Verschaltung der einzelnen Strombahnen ③ und die Schaltzustände der vier Strombahnen in den vier Schaltstellungen. Dabei bedeutet ein Kreuz ④, daß die entsprechende Strombahn geschlossen ist. Die Verbindungslinie zwischen zwei Kreuzen ② gibt an, daß die Strombahn zwischen zwei Schaltstellungen geschlossen bleibt. Somit können aus dem Schaltdiagramm unseres Nockenschalters folgende Funktionen entnommen werden;

Schaltstellung 0: Alle Strombahnen geöffnet

Schaltstellung L1-N: Strombahn N/2 geschlossen
Strombahn L1/4 geschlossen
Restliche Strombahnen geöffnet

Schaltstellung L2-N: Strombahn N/2 geschlossen
Strombahn L2/4 geschlossen
Restliche Strombahnen geöffnet

Schaltstellung L3-N: Strombahn N/2 geschlossen
Strombahn L3/4 geschlossen
Restliche Strombahnen geöffnet.

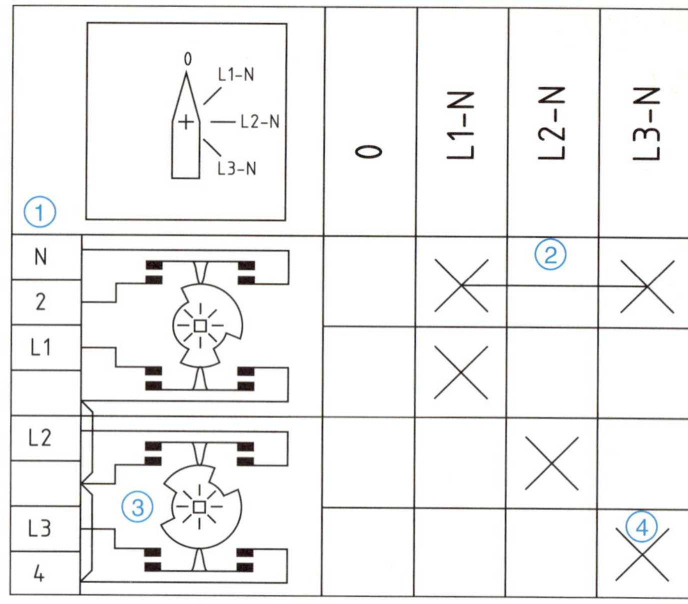

Abb. 1: Schaltdiagramm

Zeichnerische Darstellung

Nockenschalter können in Stromlaufplänen auf zwei Arten dargestellt werden.

Die erste Möglichkeit zeigt Abb. 2. Diese Darstellung wird von den Herstellerfirmen und Anwendern fast immer verwendet, obwohl sie in DIN 40 900 nicht vorgesehen ist. Das Schaltzeichen des Nockenschalters bildet hier das Schaltdiagramm mit der lagerichtigen Angabe der Anschlußklemmen sowie deren Verschaltung. Die Anschlußbezeichnung steht entgegen der üblichen Anordnung in einer Lücke zwischen Anschlußklemme und Anschlußleitung ⑤.

Im Schaltdiagramm bedeuten:

 Strombahn geöffnet

 Strombahn geschlossen

 Strombahn geschlossen,
Unterbrechung beim Umschalten

 Strombahn geschlossen,
keine Unterbrechung beim Umschalten

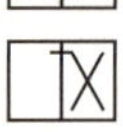 Kontaktgabe überlappend

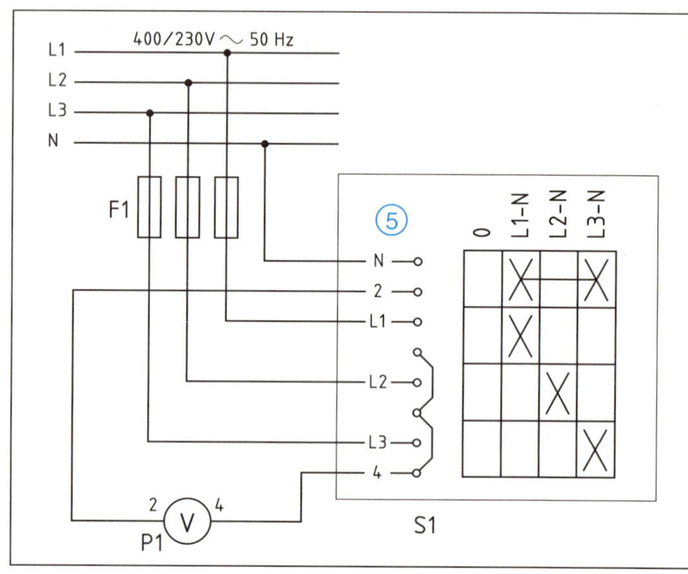

Abb. 2: Stromlaufplan mit der in der Industrie üblichen Darstellung des Nockenschalters

Die zweite Möglichkeit ist in Abb. 3 dargestellt. Das hier verwendete Schaltzeichen entspricht DIN 40 900 Teil 7. Es enthält ebenfalls alle Anschlußklemmen und deren Verschaltung, jedoch nicht in lagerichtiger Anordnung. Der Drehwinkel von Schaltstellung zu Schaltstellung ist „abgewickelt“, so daß sowohl die Schaltstellungen ⑦ als auch die Nocken ⑥ in einer Ebene erscheinen.

Vereinbarung:

Da das Schaltzeichen nach DIN 40 900 (Abb. 3) in der Praxis kaum Anwendung findet, wird in diesem Lehrgang der Nockenschalter vorzugsweise entsprechend Abb. 2 dargestellt.

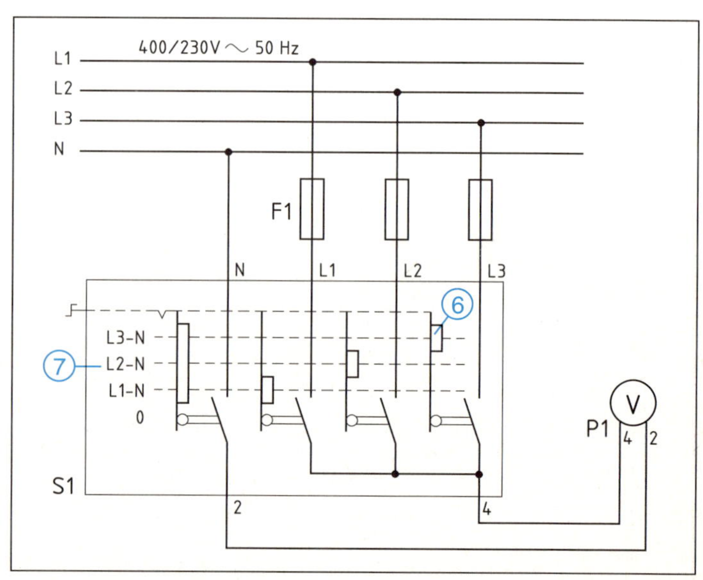

Abb. 3: Stromlaufplan mit Darstellung des Nockenschalters nach DIN 40 900 Teil 7

Aufgaben

2.1 Serienschalter

Ergänzen Sie den Stromlaufplan in zuammenhängender Darstellung so, daß zwei Lampen E1 und E2 wie folgt geschaltet werden: E1 – (E1 + E2) – E2.

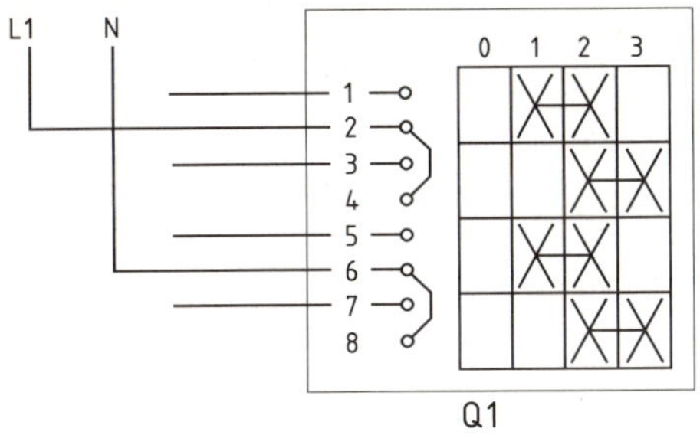

2.2 Stufenschalter

Mit dem Stufenschalter Q1 sollen nacheinander die Lampen E1, E2, E3 einzeln geschaltet werden.

Zeichnen Sie den Stromlaufplan in zusammenhängender Darstellung.

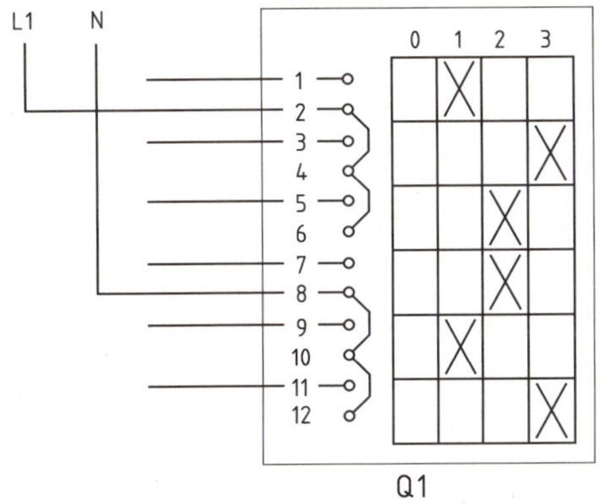

2.3 Kreuzschalter

Für den Kreuzschalter Q1 soll eine Ersatzbestellung aufgegeben werden.

Zeichnen Sie den Kreuzschalter mit den geschlossenen Strombahnen (Kreuze) in den einzelnen Schalterstellungen.

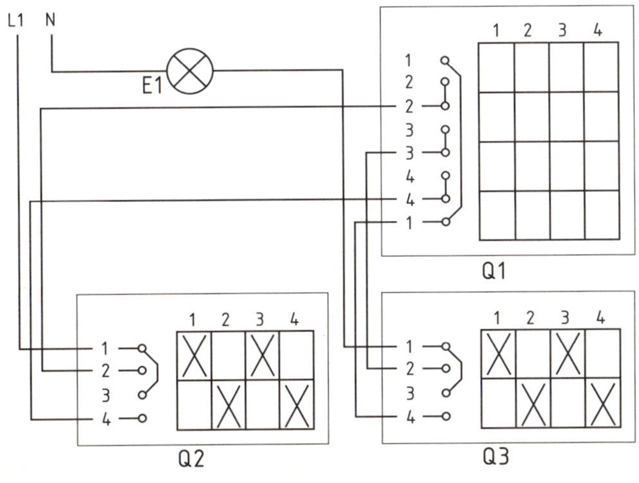

2.4 Heizungsschalter

Die Heizung eines Heizlüfters wird mit dem Nockenschalter Q1 in drei Leistungstufen geschaltet.

Zeichnen Sie die Schaltungen der zwei Heizwiderstände R1 und R2 in den drei Schaltstufen.

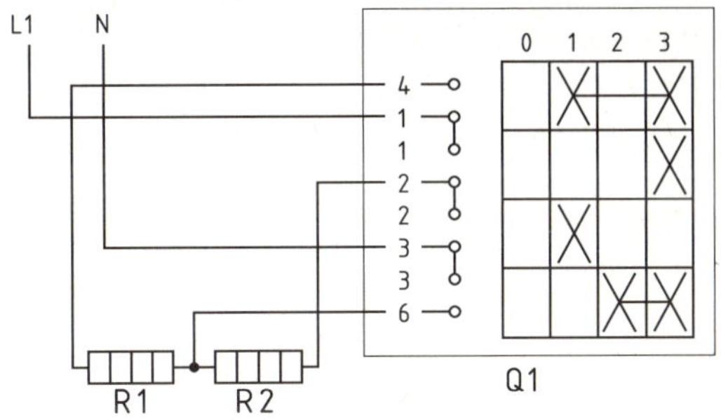

2.5 7-Takt-Schalter

Die Heizwiderstände R1, R2 und R3 werden so geschaltet, daß sieben Leistungsstufen entstehen.

Zeichnen Sie die Schaltungen der drei Heizwiderstände in den Schalterstellungen 1 bis 7.

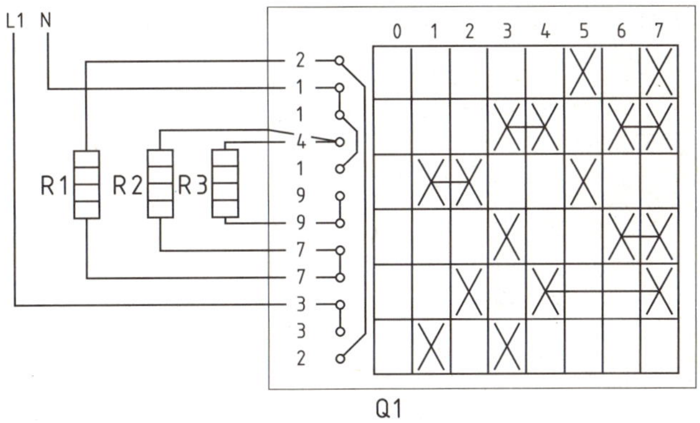

2.6 Codierschalter

Geben Sie den Signalzustand (0 bzw. 1) der vier Leitungen A, B, C, D für jede Schalterstellung an.

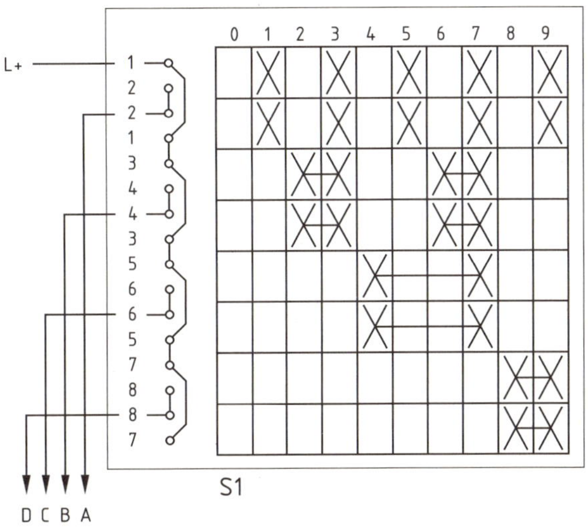

3 Schaltungen mit Schützen und Relais

3.1 Schütze und Schaltrelais

Auftrag 1

Bei der Modernisierung eines Handwerksbetriebes soll die bestehende Steuerung eines elektrischen Wärmeschrankes erweitert werden. Ein Stromlaufplan der Anlage ist nicht mehr vorhanden. Zur Klärung der Erweiterungsmöglichkeit muß deshalb zunächst der Schaltungsaufbau des Schaltverteilers ermittelt werden (Schaltungsanalyse).

Schaltungsanalyse

Man zeichnet, wie in Abb. 1 dargestellt, sämtliche Geräte der Anlage mit ihren Anschlußbezeichnungen lagerichtig in einen Plan und trägt alle elektrischen Verbindungen ein. Hiernach ermittelt man die Bedeutung der verschiedenen Betriebsmittelanschlüsse und erhält so den Aufbau der Schaltung.

> Die Anschlußbezeichnungen elektrischer Betriebsmittel sind größtenteils genormt. Nichtgenormte Bezeichnungen sind entsprechenden Herstellerlisten zu entnehmen.

Zu den am meisten verwendeten Geräten in elektrischen Schaltungen zählt das Schütz. Auch die Steuerung des Wärmeschrankes in Abb. 1 enthält zwei Schütze, das Hauptschütz K1 ① und das Hilfsschütz K2 ②

Hauptschütze (auch Lastschütze genannt) werden zum Schalten von Hauptstromkreisen immer dann eingesetzt, wenn elektrische Geräte oder Motoren über Hilfsstromkreise fernbedient werden.

Hauptschütze gibt es als dreipolige Wechselstromschütze und als zweipolige Gleichstromschütze. !hre Magnetspulen können vom Hersteller für Gleichstrom- oder Wechselstrombetätigung sowie für verschiedene Spannungen (24 V, 48 V, 110 V, 230 V) ausgelegt werden.

Neben den Hauptschaltgliedern (Hauptkontakte) besitzen Hauptschütze mindestens noch einen Schließer 13/14 ③ und einen Öffner 21/22 ⑥ als Hilfsschaltglieder, die für Funktionen in Hilfsstromkreisen verwendet werden können (Abb. 2 und 3).

Hauptschütze haben nach DIN EN 50 005 und DIN EN 50 012 folgende Anschlußbezeichnungen:

- Spulenanschlüsse: A1/A2 ⑤
- Hauptschaltglieder: 1/2 ④
3/4
5/6
- Hilfsschaltglieder sind wie die Schaltglieder der Hilfsschütze gekennzeichnet.

> Hauptschaltglieder sind durch einziffrige Anschlußbezeichnungen gekennzeichnet.

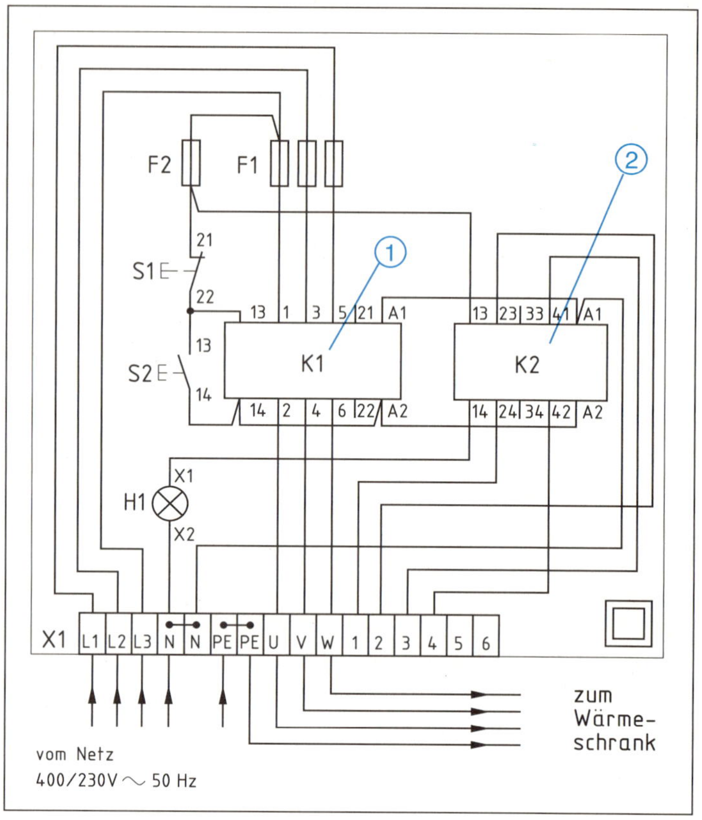

Abb. 1: Verdrahtung der Wärmschrank-Steuerung

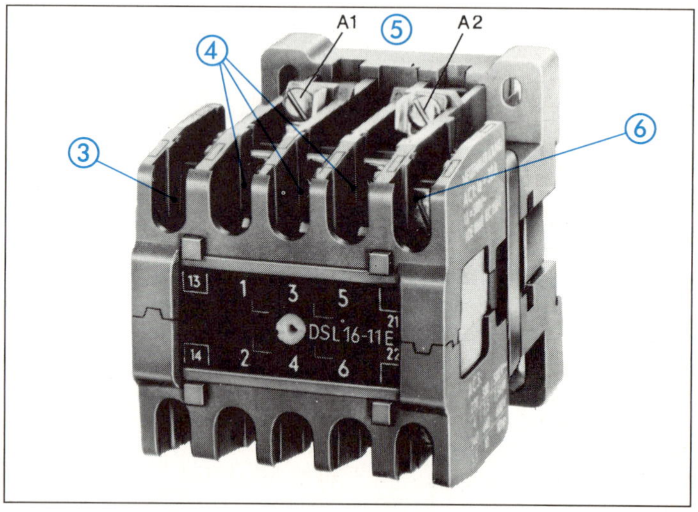

Abb. 2: Hauptschütz mit 3 Hauptschaltgliedern und 2 Hilfsschaltgliedern (1 Schließer, 1 Öffner). Kennzahl 11

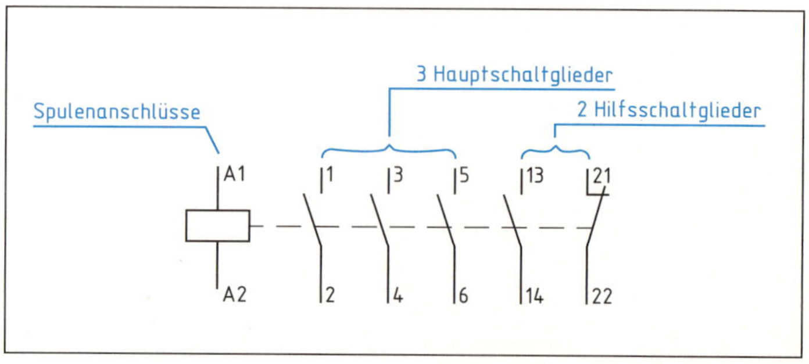

Abb. 3: Schaltzeichen für ein Hauptschütz. Anschlußbezeichnungen nach DIN EN 50 012

Hilfsschütze (auch Steuerschütze genannt) unterscheiden sich im grundsätzlichen Aufbau nicht von Hauptschützen. Sie sind allerdings nur für die Belastung durch Hilfsströme (Steuerströme) gebaut. Die Zahl der Schaltglieder ist unterschiedlich. Meist werden Hilfsschütze mit 4 oder 8 Schaltgliedern verwendet. Bei 8 Schaltgliedern sind zwei Vierergruppen in zwei Etagen übereinander angeordnet (Abb. 6) ④. Ebenso wie Hauptschütze werden auch Hilfsschütze von den Herstellern mit Magnetspulen für Gleichstrom- oder Wechselstrombetätigung und für verschiedene Spannungen ausgeführt.

Hilfsschütze haben nach DIN EN 50 005 und DIN EN 50 011 folgende Anschlußbezeichnungen:

Spulenanschlüsse: A1/A2 ③

Hilfsschaltglieder: □1 / □2 für Öffner ①

□3 / □4 für Schließer ②

> Hilfsschaltglieder sind durch zweiziffrige Anschlußbezeichnungen gekennzeichnet.

Die Ziffer an der Einerstelle ist die **Funktionsziffe**r. Sie gibt Auskunft über die Schließer- oder Öffnerfunktion des Schaltgliedes.

Die Ziffer an der Zehnerstelle heißt **Ordnungsziffer** (Platzziffer). Sie kennzeichnet den Platz eines Schaltgliedes und damit auch die zusammengehörigen Anschlüsse.

Die Ordnungsziffern werden nach ihrer Anordnung am Schütz fortlaufend von links nach rechts gezählt. Sind die Schaltglieder in mehreren Etagen angeordnet, dann beginnt die Zählfolge mit der unteren Etage.

Die Schaltwege, welche die einzelnen Schaltglieder zurücklegen, können je nach Art der Ausführung des Schützes sehr unterschiedlich sein. Der Magnetantrieb bewegt die Schaltstücke beim Ein- und Ausschalten um eine Hubstrecke von mehreren Millimetern. Bei dem Hilfsschütz in Abb. 6 öffnet beim Einschalten zuerst der Öffner 51/52, bevor der Schließer 13/14 schließt.

Zur Darstellung des genauen Schaltzeitpunktes bedient man sich eines **Schaltfolgediagramms**. Das Schaltfolgediagramm in Abb. 6 zeigt, daß der Öffner 51/52 bereits nach 1 mm Hubweg ⑥ öffnet, während der Schließer 13/14 erst nach 3 mm Hubweg ⑤ schließt.

Für unseren Auftrag 1 ergibt die Schaltungsanalyse der Steuerung in Abb. 1 im Hinblick auf eine mögliche Erweiterung, daß folgende Schaltglieder noch nicht belegt sind:

Öffner K1: 21/22 nicht verdrahtet
Schließer K2: 23/24 liegt auf X1 : 2 und X1 : 1
Schließer K2: 33/34 nicht verdrahtet
Öffner K2: 51/52 liegt auf X1 : 3 und X1 : 4

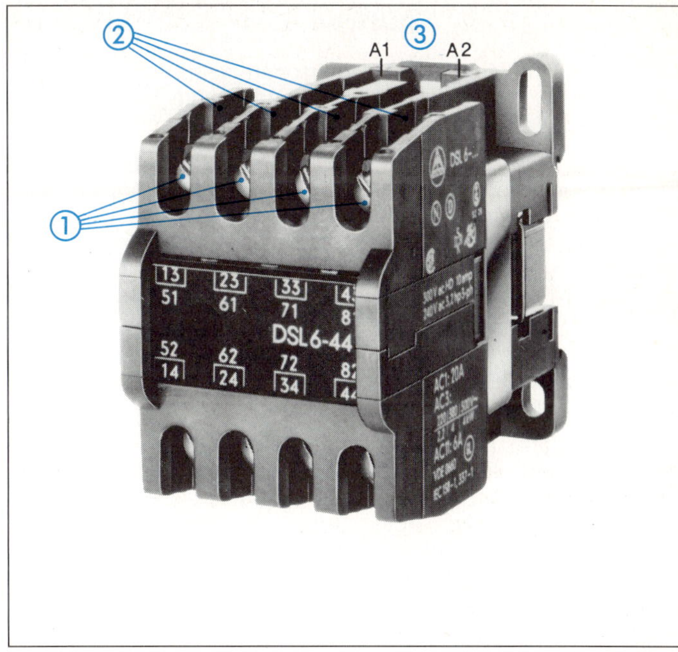

Abb. 4: Hilfsschütz mit 4 Schließern in der unteren Etage und 4 Öffnern in der oberen Etage. Kennzahl 44.

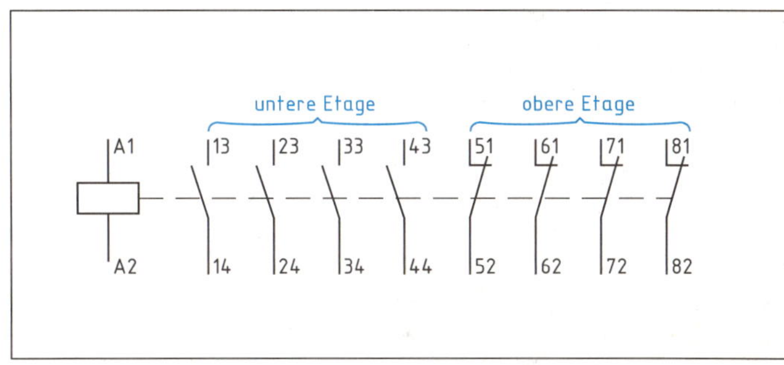

Abb. 5: Schaltzeichen für ein Hilfsschütz mit Anschlußbezeichnungen nach DIN EN 50 011

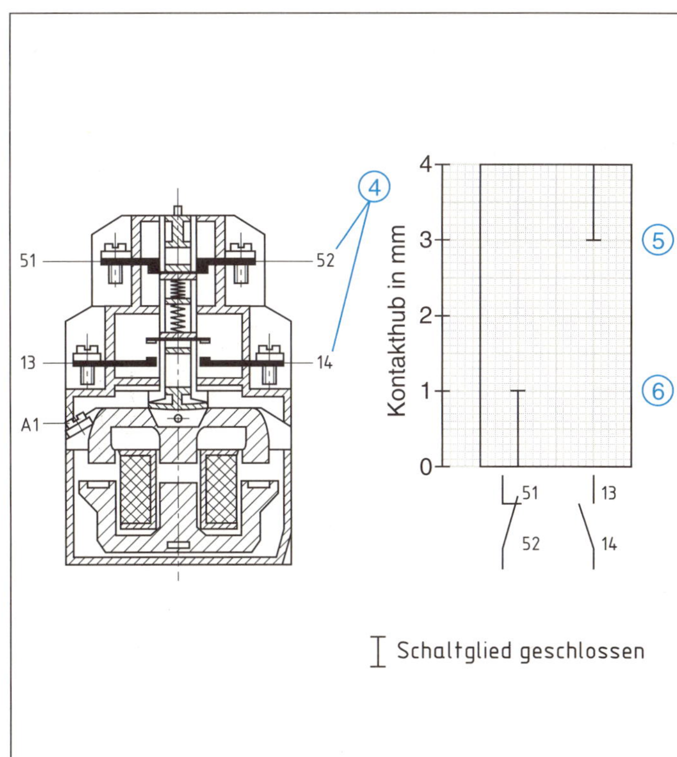

Abb. 6: Hilfsschütz mit Schaltfolgediagramm

Auftrag 2

Die Einschaltmeldung des elektrischen Wärmeschrankes in Auftrag 1 soll nicht nur durch die Signalleuchte H1 im Schaltverteiler, sondern zusätzlich durch eine schutzisolierte Signalleuchte H2 im Büro des Meisters angezeigt werden.

Mit Hilfe von Abb. 1 auf Seite 14 sind die Stromlaufpläne des Haupt- und erweiterten Hilfsstromkreises zu zeichnen und die Funktion der Steuerung zu beschreiben.

Schaltungsaufbau

Als Stromlaufplan wird vorzugsweise der **Stromlaufplan in aufgelöster Darstellung** verwendet. Abb. 1 und Abb. 2 zeigen die geforderten Pläne.

Der Stromlaufplan in aufgelöster Darstellung ist die in Strompfade aufgelöste Darstellung einer Schaltung mit allen Einzelheiten. Auf die räumliche Lage und den mechanischen Zusammenhang der einzelnen Antriebs- und Schaltglieder wird dabei keine Rücksicht genommen. Folgende Merkmale kennzeichnen seine zeichnerische Darstellung:

- Hauptstromkreis (Abb. 1) und Hilfsstromkreis (Abb. 2) werden getrennt dargestellt.
- Stromlaufpläne zeigen immer den stromlosen und mechanisch unbetätigten Zustand der Schaltung. Ist der Zustand nicht eindeutig darstellbar, ist eine ergänzende Erklärung erforderlich.
- Strompfade verlaufen geradlinig senkrecht vom oberen Netzpol zum unteren Netzpol. Querverbindungen oder Abzweige verlaufen waagerecht, möglichst ohne Kreuzungen.
- Alle Schaltzeichen werden möglichst senkrecht angeordnet.
- Alle Bauteile werden gemäß DIN 40 719, Teil 2 gekennzeichnet.
- Gerätebezeichnungen stehen normalerweise links neben dem Schaltzeichen ①, Klemmenbezeichnungen stehen immer rechts neben der Klemme ②.
- Die Einzelteile eines Gerätes (z. B. Spule, Öffner, Schließer) werden durch gleiche Gerätebezeichnungen gekennzeichnet ③ ④.
- Unter jeder Schützspule zeigt das vollständige Schaltzeichen (Fachwort: **Kontaktspiegel**), mit welchen Schaltgliedern das Schütz bestückt ist und welchen Strompfad die Schaltglieder schalten ⑤.

Funktionsanalyse

a) Hauptstromkreis:
- Die Einspeisung der elektrischen Energie erfolgt aus dem 400/230 V-Drehstromnetz über die Klemmen X1:L1, X1:L2, X1:L3.
- Den Kurzschlußschutz für das Hauptschütz K1 und die Leitungen zum Wärmeschrank übernehmen die Schmelzsicherungen F1.
- Der Wärmeschrank wird über das Hauptschütz K1 geschaltet.
- Die Ausspeisung aus dem Schaltverteiler zum Wärmeschrank erfolgt über die Klemmen X1:U, X1:V, X1:W.
- Der Personenschutz bei indirektem Berühren ist durch Anschluß des Schutzleiters PE an das Gehäuse des Wärmeschrankes gewährleistet.

b) Hilfsstromkreis:
- Der Hilfsstromkreis liegt über die Steuersicherung F2 an 230 V Wechselstrom (L3 – N).
- Die Einschaltung erfolgt über den Taster S1 im Strompfad 1, die Ausschaltung über den Taster S2 im Strompfad 1.
- Die parallel geschalteten Schütze K1 und K2 haben eine gemeinsame Selbsthaltung K1:13/14 im Strompfad 2.
- Die Signalleuchte H1 im Schaltverteiler wird durch den Schließer K2:13/14 im Strompfad 3 geschaltet.
- Die Signalleuchte H2 im Büro wird durch den Schließer K2:23/24 im Strompfad 4 geschaltet.

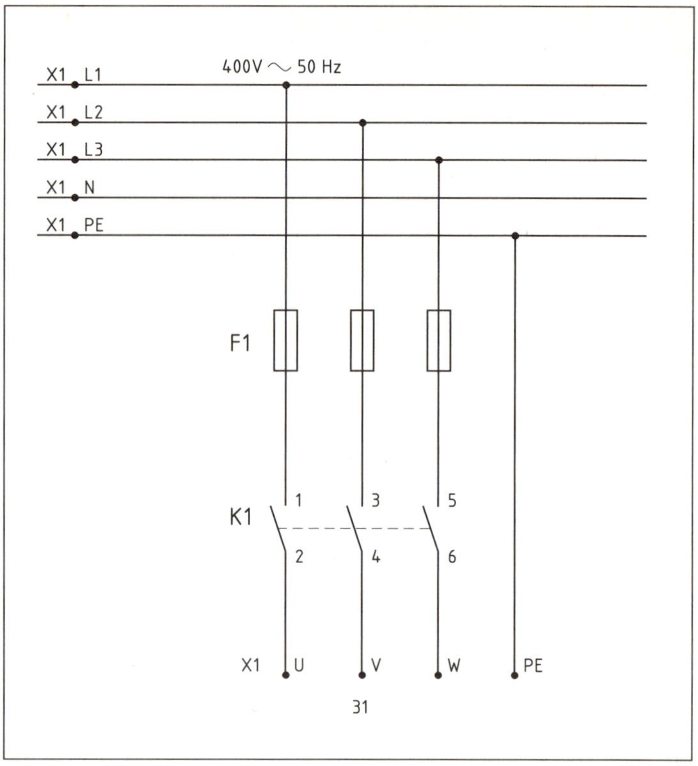

Abb. 1: Hauptstromkreis ohne Wärmeschrank

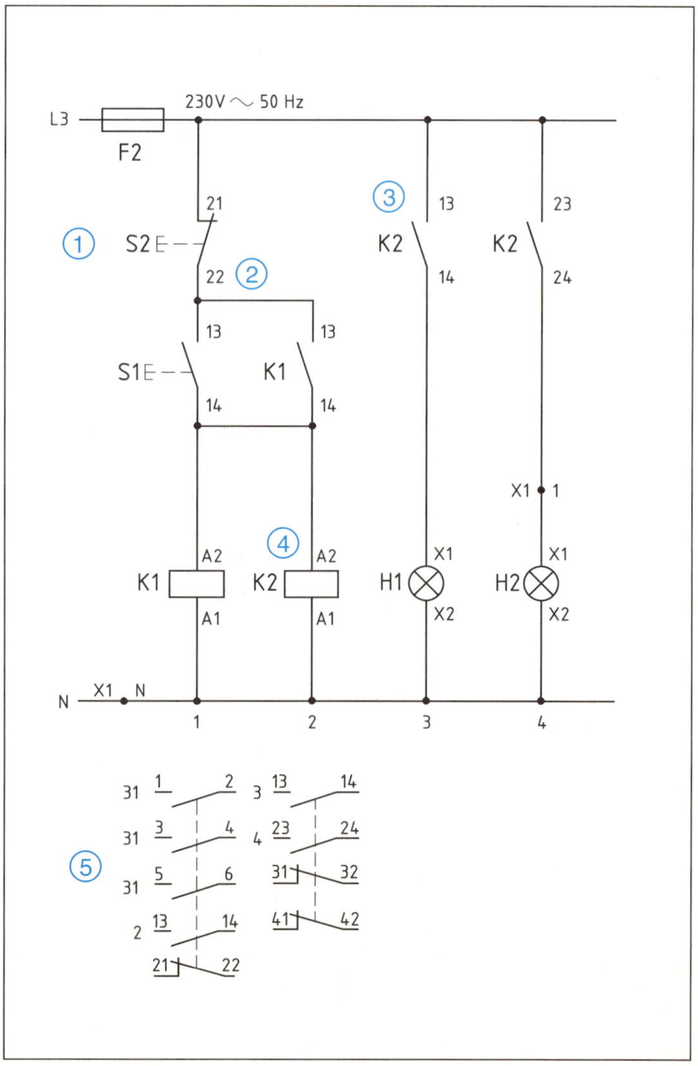

Abb. 2: Erweiterter Hilfsstromkreis der Wärmeschrank-Steuerung

Auftrag 3

Abb. 3 zeigt den Stromlaufplan in aufgelöster Darstellung einer einfachen Meldeanlage (Alarmanlage). Der Aufbau und die Funktion der Schaltung sollen beschrieben werden.

Schaltungsaufbau

Die Meldeanlage wird aus Gründen der Sicherheit mit einer 24 V-Batterie betrieben und mit dem Schlüsselschalter S0 betriebsbereit geschaltet. Außerhalb des Gehäuses, in welchem die Energieversorgung und Steuerung untergebracht sind, befindet sich der Endtaster S1 ①, der die Meldung auslöst, und die Hupe H2 ②, die den Alarmfall meldet. Als Schaltelemente zeigt der Stromlaufplan an Stelle von Schützen sogenannte **Schaltrelais**. Diese haben das gleiche Schaltzeichen wie die Hilfsschütze, unterscheiden sich jedoch in der Schaltgliedbestückung.

Schaltrelais können grundsätzlich die gleichen Aufgaben übernehmen wie Hilfsschütze. Sie sind jedoch anders aufgebaut (Abb. 4). Da sie kleinere Schaltwege haben, schalten sie entsprechend schneller. Im Gegensatz zu Hilfsschützen sind Schaltrelais meistens mit Wechslern ausgerüstet.

> Wechsler sind Schaltelemente mit einer Öffner- und einer Schließerfunktion.

Sie besitzen drei Anschlüsse mit folgenden Funktionsziffern:

□1 / □2 für Öffner

□1 / □4 für Schließer ③

Für die Montage auf Leiterplatten werden kleine Schaltrelais mit Lötanschlüssen hergestellt.

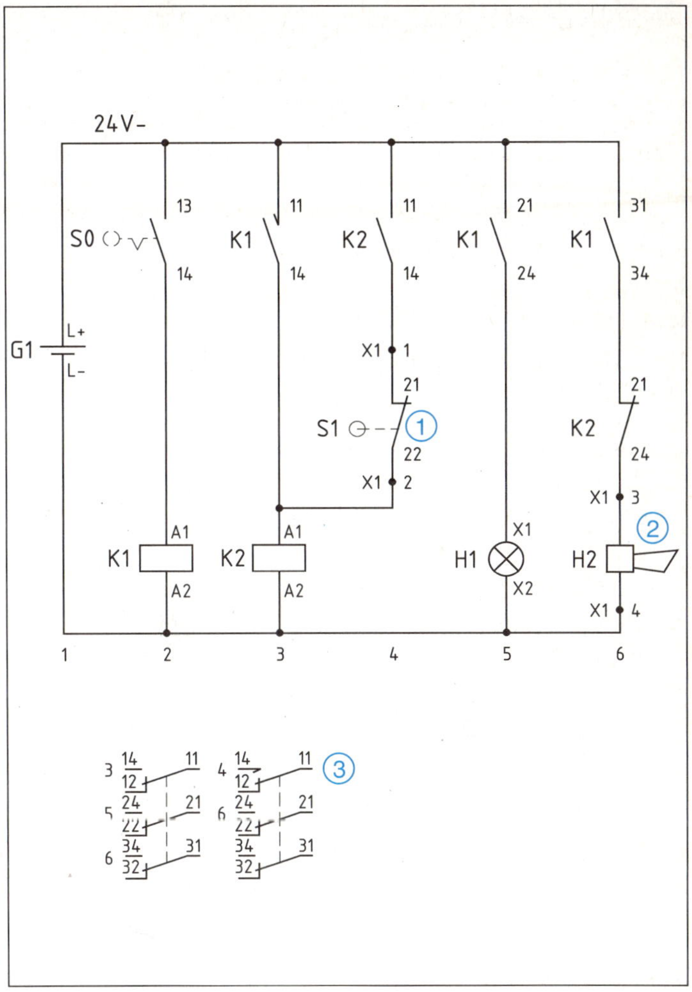

Abb. 3: Meldeanlage

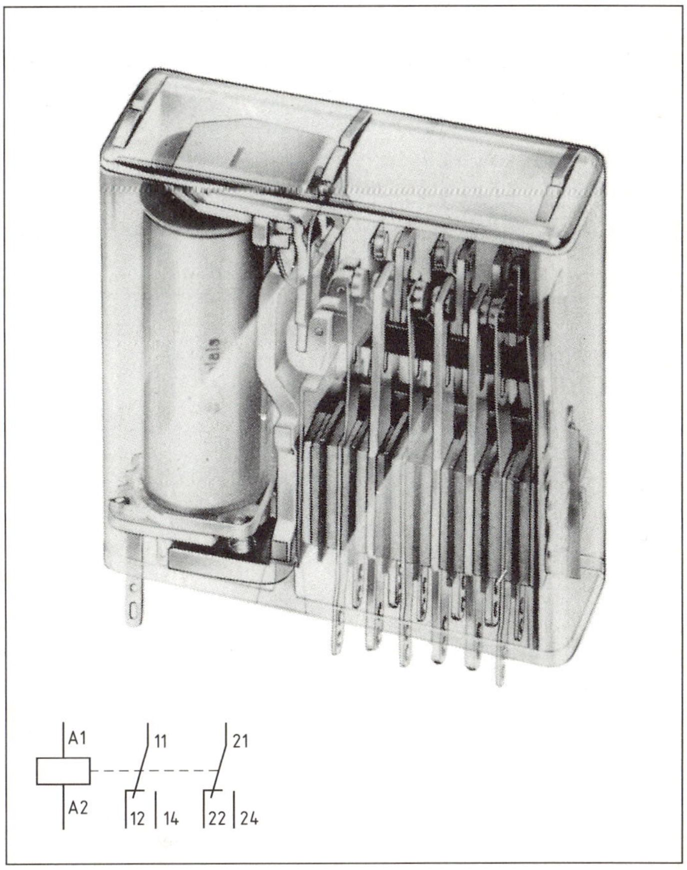

Abb. 4: Schaltrelais

Funktionsanalyse

a) Betriebsbereit schalten:

- Der Schlüsselschalter S0 (Strompfad 2) schaltet das Schaltrelais K1 (Strompfad 2) ein.
- K1:11/14 (Strompfad 3) ist ein Schaltglied, welches kurzzeitig schließt und danach wieder öffnet (Fachwort: **Wischer**). Der Impuls des Wischers reicht aus, um die Spule K2 (Strompfad 3) an Spannung zu legen und die Selbsthaltung K2:11/14 (Strompfad 4) über den Endtaster S2 einzuschalten.
- K1:21/24 schaltet die Kontrolleuchte H1 (Strompfad 5).
- K1:31/34 und K2:21/24 bereiten eine mögliche Einschaltung der Hupe H2 (Strompfad 6) vor.

b) Alarm melden:

- Wird nach der Betriebsbereitschaft S1:21/22 geöffnet, dann ist die Selbsthaltung unterbrochen. Damit schließt K2:21/24 den Strompfad 6, so daß die Hupe H2 Alarm meldet.
- Bei anschließendem Schließen von S1 bleibt jetzt die Alarmmeldung bestehen, da K2 nur über den Wischer K1:11/14 eingeschaltet werden kann.
- Eine Abschaltung des einmal ausgelösten Alarms kann nur über den Schlüsselschalter S0 erfolgen.

Aufgaben

3.1.1 Anschlußbezeichnungen

Zeichnen Sie die Schaltzeichen mit den genormten Anschlußbezeichnungen für

a) ein Hauptschütz mit 2 Öffnern und 2 Schließern,

b) ein Hilfsschütz mit 6 Schließern und 2 Öffnern,

c) ein Schaltrelais mit 4 Wechslern.

3.1.2 Kontaktspiegel 1

In einem Stromlaufplan in aufgelöster Darstellung befindet sich unter der Schützspule das untenstehende Schaltzeichen mit den Angaben der Schaltglieder-Belegung (Kontaktspiegel).

Geben Sie an, in welchen Strompfaden sich die einzelnen Schaltglieder befinden.

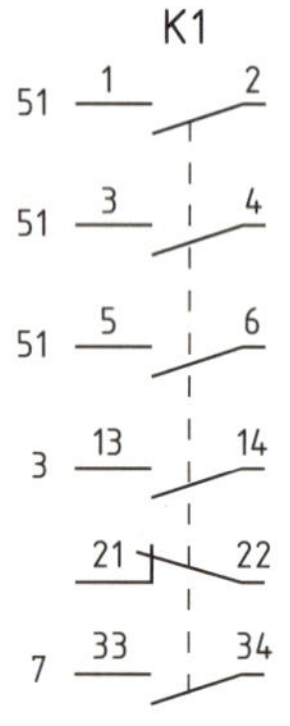

3.1.3 Funktionsanalyse 1

Erstellen Sie eine Funktionsanalyse der Meldeschaltung, indem Sie die Schaltfolgen beschreiben.

Folgende Betriebszustände sind zu untersuchen:

a) S1 wird geschlossen.

b) Nach a) wird S2 kurzzeitig geöffnet.

c) Nach b) wird S1 geöffnet.

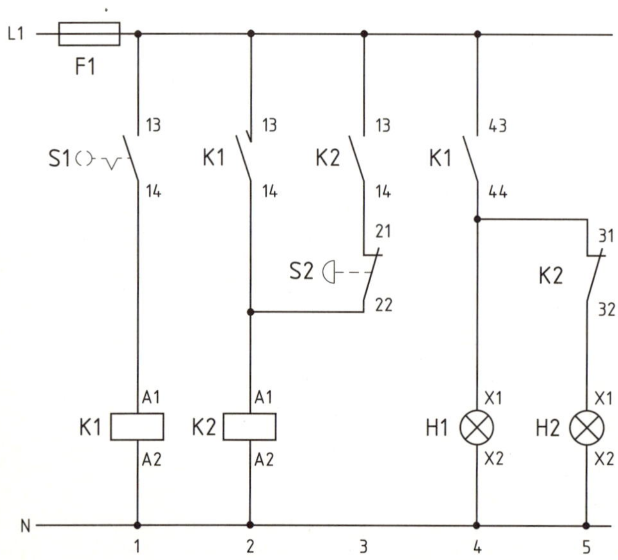

3.1.4 Funktionsanalyse 2

Erstellen Sie eine Funktionsanalyse der Meldeschaltung, indem Sie die Schaltfolgen beschreiben.

K13 ist ein Schaltrelais, das beim Anlegen der Spannung mit einer bestimmten Frequenz einen Wechsler schaltet (Fachwort: **Blinkrelais**).

Folgende Betriebszustände sind zu untersuchen:

a) S11 wird kurzzeitig geschlossen.

b) Nach a) wird S12 geöffnet.

c) S11 wird dauerhaft geschlossen.

d) Nach c) wird S12 geöffnet.

e) Nach d) wird S11 geöffnet.

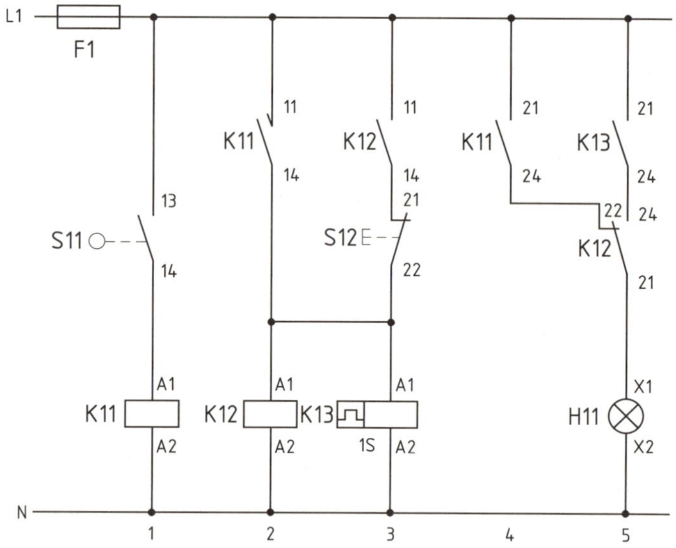

3.1.5 Kontaktspiegel 2

Zeichnen Sie zu den Schaltrelais der Aufgabe 3.1.4 die entsprechenden Schaltzeichen mit den Anschlußbezeichnungen und der Zuordnung der Schaltglieder zu den Strompfaden (Kontaktspiegel).

3.1.6 Schaltfolgediagramm

In einer Herstellerliste wird für ein Schütz u. a. das Schaltfolgediagramm angegeben.

a) Ist das Schütz als Haupt- oder als Hilfsschütz ausgeführt?

b) Geben Sie alle Schaltglieder des Schützes an.

c) Geben Sie die Schaltfolge der einzelnen Schaltglieder an.

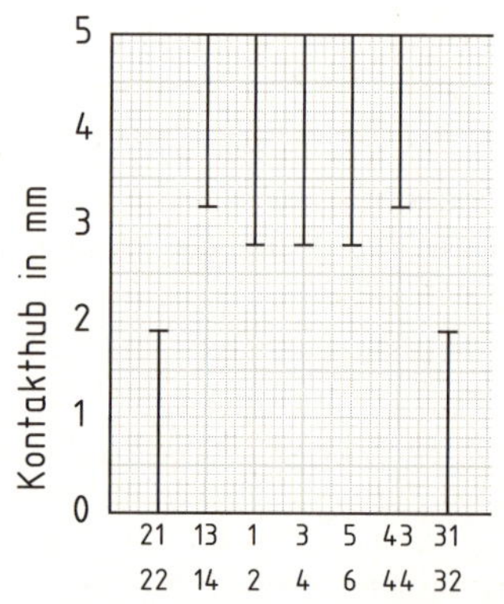

Auftrag 1

Die Toreinfahrt zu einem Werksgelände ist mit einer einfachen Ampelanlage ausgerüstet. Die Signale „rot" und „grün" werden durch den Pförtner mittels Drucktaster (Abb. 1) wie folgt geschaltet:

- Bei Betätigung von S1 leuchtet die grüne Signallampe
- Bei Betätigung von S2 leuchtet die rote Signallampe
- Bei gleichzeitiger Betätigung von S1 und S2 leuchtet keine Signallampe.

Der Aufbau und die Funktion der Schaltung sollen untersucht werden.

Die gleichzeitige Betätigung der Drucktaster S1 und S2 bedeutet eine Fehlbedienung, die zu einer gefährlichen Verkehrssituation führen könnte. Besteht die Gefahr einer Fehlbedienung, dann müssen Schaltungen so verknüpft werden, daß trotzdem keine für Mensch und Anlage gefährlichen Situationen ausgelöst werden können. Man bezeichnet solche Schaltungsverknüpfungen als **Verriegelungen**.

Verriegelungen sind Schaltungsverknüpfungen, die unerwünschte Schaltzustände verhindern ①.

Abb. 1: Drucktaster (1Ö und 1S)

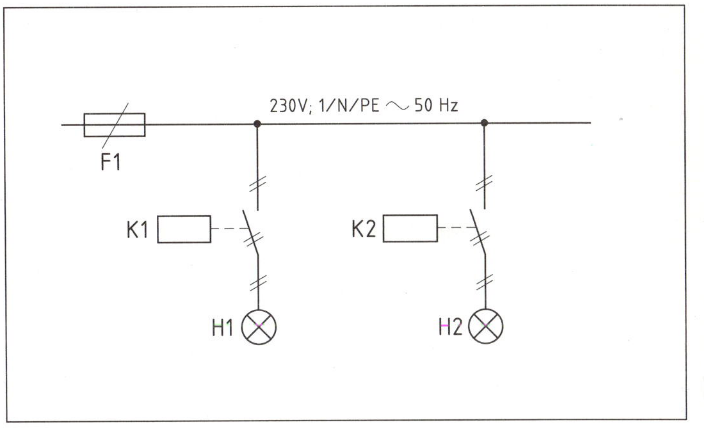

Abb. 2: Übersichtsschaltplan der Ampelanlage

Schaltungsaufbau

Abb. 2 zeigt den Übersichtsschaltplan der Ampelanlage mit der Schmelzsicherung F1, den Hilfsschützen K1 und K2 sowie den Signallampen H1 und H2. Der elektrische Anschluß erfolgt an ein Wechselstromnetz 230 V ~ 50 Hz mit Schutzleiter.

Zur Bedienung werden Drucktaster (S1 bis S3) mit je einem Schließer (13/14) und einem Öffner (21/22) verwendet (Abb. 3).

Bei Betätigung eines Drucktasters öffnet zuerst der Öffner, bevor der Schließer schließt.

Funktionsanalyse

a) H1 einschalten:

- S1:13/14 schließt Strompfad 1 und schaltet damit die Selbsthaltung K1:13/14 im Strompfad 2 ein.
- K1:33/34 schaltet die Signallampe H1 (Strompfad 5) ein.

b) H2 einschalten:

- S2:21/22 öffnet Strompfad 2 und hebt damit die Selbsthaltung von K1 auf. Damit öffnet K1:33/34 den Strompfad 5 und schaltet H1 aus.
- S2:13/14 schließt Strompfad 3 und schaltet damit die Selbsthaltung K2:13/14 im Strompfad 4 ein.
- K2:33/34 schaltet die Signallampe H2 (Strompfad 6) ein.

c) Ampelanlage ausschalten:

- S3:21/22 (Strompfad 1) schaltet die Steuerung der Ampelanlage aus.

Hinweise:

- Die vorliegende Schaltung erlaubt die unmittelbare Umschaltung der Signale; d. h. ohne Zwischenbetätigung des Austasters S3!
- Eine Schaltungsverriegelung mit Hilfe von Tastern heißt **Tasterverriegelung** ①.

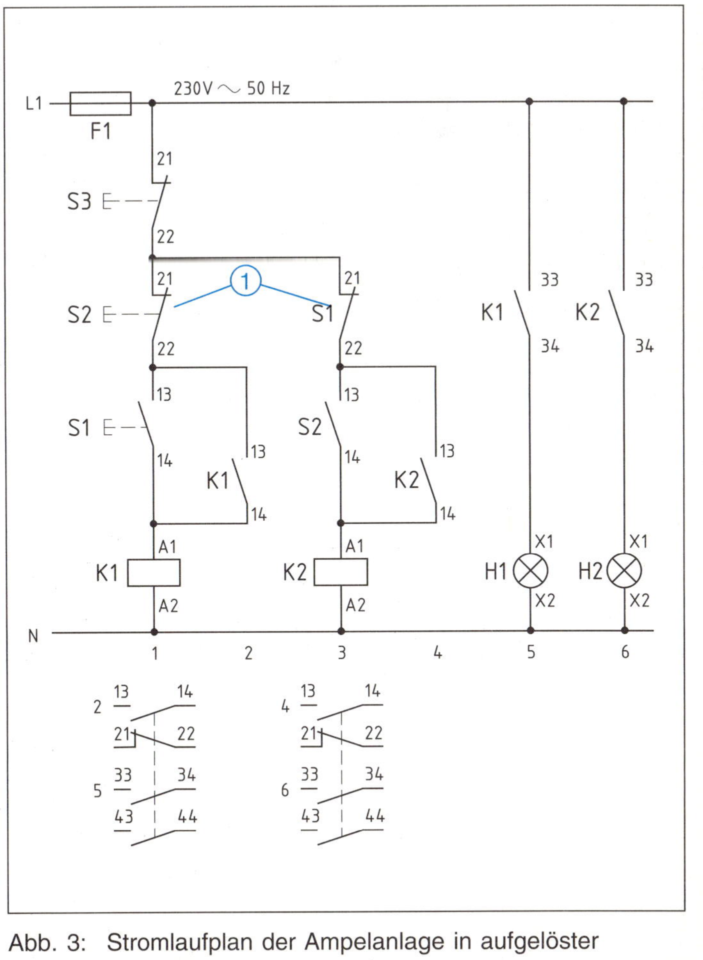

Abb. 3: Stromlaufplan der Ampelanlage in aufgelöster Darstellung

Auftrag 2

Bei der Beleuchtungsanlage in Abb. 1 erfolgt die elektrische Energieversorgung bei Normalbetrieb über das Hauptnetz des EVU. Bei Ausfall dieses Netzes kann die Beleuchtungsanlage aus einem Ersatznetz (Notstromanlage) gespeist werden. Die Umschaltung erfolgt von Hand mittels Drucktaster. Durch Verriegelung der Steuerschaltung ist sichergestellt, daß beide Netze nicht gleichzeitig zugeschaltet werden können.

Der Aufbau und die Funkion der Schaltung sollen untersucht werden.

Schaltungsaufbau

Abb. 1 zeigt den Übersichtsschaltplan der Beleuchtungsanlage. Die verschiedenen Leuchten sind an einer gemeinsamen Sammelschiene angeschlossen, die wahlweise über das Hauptschütz K1 vom Hauptnetz bzw. über das Hauptschütz K2 vom Ersatznetz gespeist wird. Beide Netze haben die gleiche Wechselspannung und führen einen gemeinsamen Schutzleiter.

Die Steuerung (Abb. 2) wird von einem unabhängigen Wechselstromnetz über die Schmelzsicherung F1 versorgt.

Funktionsanalyse

a) Hauptnetz einschalten:

Eine Einschaltung setzt voraus, daß beide Netze von der Verbrauchersammelschiene getrennt sind. Unter dieser Annahme gilt:

- S2:13/14 schließt Strompfad 1. Damit wird zuerst die Verriegelung K1:21/22 im Strompfad 3 geöffnet und anschließend die Selbsthaltung K1:13/14 im Strompfad 2 geschlossen.

b) Umschalten vom Hauptnetz auf das Ersatznetz:

- S1:21/22 öffnet Strompfad 1 und hebt damit die Selbsthaltung von K1 auf. Das Schütz K1 fällt ab und bereitet durch Schließen der Verriegelung K1:21/22 im Strompfad 3 ② die Einschaltung von K2 vor.
- S4:13/14 schließt Strompfad 3. Damit wird zuerst die Verriegelung K2:21/22 im Strompfad 1 ① geöffnet und anschließend die Selbsthaltung K2:13/14 im Strompfad 4 geschlossen.

Im Gegensatz zur Tasterverriegelung im Auftrag 1 ist diese Schaltung mit Hilfe je eines Öffners der Hauptschütze gegenseitig verriegelt. Man bezeichnet diese Art der Verriegelung als **Schützverriegelung**.

Schützverriegelungen sind auch wirksam, wenn durch einen mechanischen Fehler das ausgeschaltete Schütz nicht in seine Ruhelage zurückfällt. In diesem Fall wird das andere Schütz zum Einschalten nicht freigegeben.

Hinweis

Schaltungen werden normalerweise über Taster ③ und Schütze ④ verriegelt (Abb. 3).

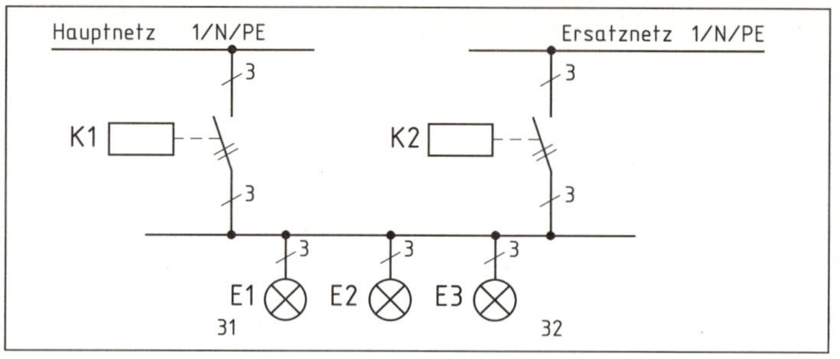

Abb. 1: Übersichtsschaltplan der Beleuchtungsanlage

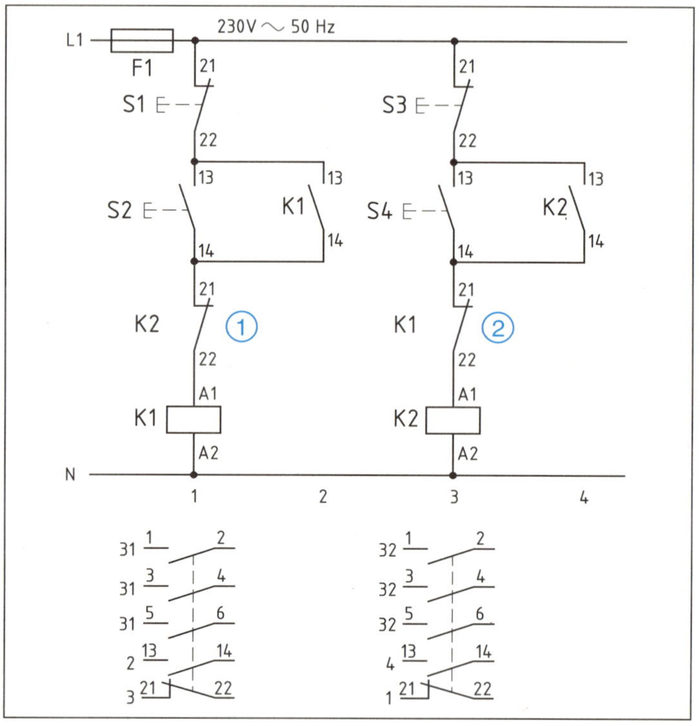

Abb. 2: Steuerung der Beleuchtungsanlage

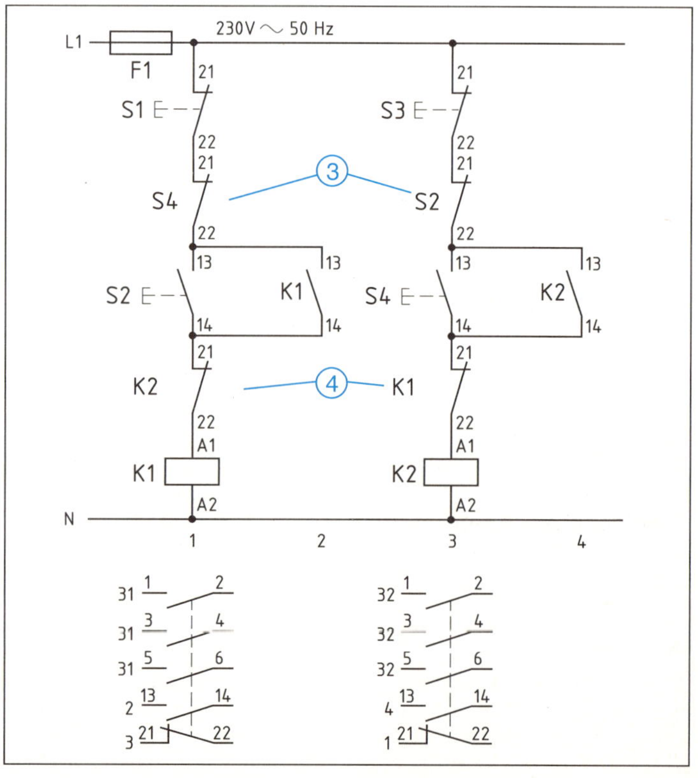

Abb. 3: Taster- und Schützverriegelung

Auftrag 3

Bei einer Zerkleinerungsanlage für Steingut (Abb. 4) wird das zerkleinerte Material aus der Mühle über ein Transportband zum Lagerplatz gefördert. Um zu vermeiden, daß eine Abfüllung bei stillstehendem Förderband erfolgt, muß zuerst das Förderband eingeschaltet werden, bevor die Mühle in Betrieb gesetzt werden kann. Die Steuerung der beiden Antriebe erfolgt über Drucktaster. Der Einschaltbetrieb wird durch je eine rote Signalleuchte angezeigt.

Der Aufbau und die Funktion der Schützensteuerung sind anhand des Stromlaufplans in aufgelöster Darstellung zu beschreiben.

Schaltungsaufbau

Das Förderband wird vom Drehstrommotor M1 angetrieben, der über das Hauptschütz K1 im Strompfad 31 geschaltet wird.

Die Mühle wird vom Drehstrommotor M2 angetrieben, der über das Hauptschütz K2 im Strompfad 32 geschaltet wird.

Der Hilfsstromkreis wird durch ein 230 V-Wechselstromnetz über die Schmelzsicherung F3 gespeist. Zur Bedienung werden Drucktaster (S1 bis S4) und zur Anzeige Signalleuchten (H1 und H2) verwendet. Zum Schutz der Motoren gegen Überlastung sind Motorschutzrelais (F1 und F2) eingebaut, welche bei unzulässig hoher Stromaufnahme die Steuerung der Hauptschütze unterbrechen.

Funktionsanalyse

a) Förderband einschalten:

- S2:13/14 schließt den Strompfad 1. Damit werden die Selbsthaltung K1:13/14 im Strompfad 2 geschlossen und durch K1:33/34 im Strompfad 5 die Signalleuchte H1 eingeschaltet. Gleichzeitig wird durch Schließen von K1:43/44 im Strompfad 3 die Einschaltung des Hauptschützes K2 vorbereitet ①.

b) Mühle zuschalten:

- Nach der Einschaltvorbereitung schließt S4:13/14 den Strompfad 3 und schaltet damit die Selbsthaltung K2:13/14 im Strompfad 4 und mit K2: 43/44 im Strompfad 6 die Signalleuchte H2 ein.

c) Mühle abschalten:

- Sowohl S3:21/22 als auch das Motorschutzrelais F2:95/96 öffnen den Strompfad 3 und schalten damit das Hauptschütz K2 aus.

d) Anlage abschalten:

- Sowohl S1:21/22 als auch das Motorschutzrelais F1:95/96 öffnen den Strompfad 1 und schalten damit das Hauptschütz K1 aus.
- Erfolgt die Abschaltung des Förderbandes bei noch eingeschalteter Mühle, dann wird diese durch Öffnen der Einschaltvorbereitung K1:43/44 im Strompfad 3 gleichzeitig mit abgeschaltet.

Schaltungen, die eine bestimmte Reihenfolge der Ein- oder Ausschaltung einer Anlage erzwingen, heißen **Folgeschaltungen**.

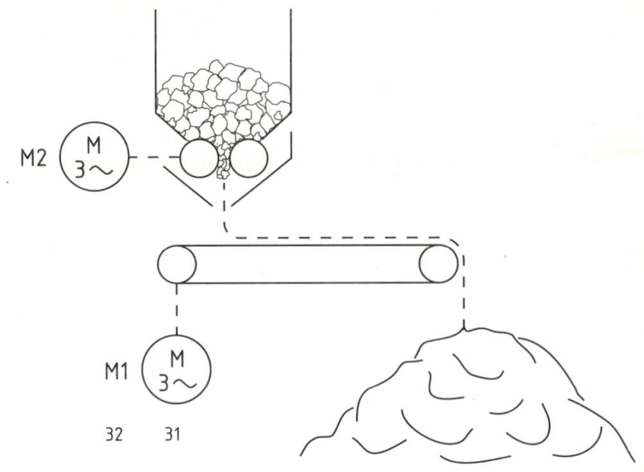

Schaltfolge: 1. Einschalten des Motors M1
2. Freigabe des Motors M2
3. Einschalten des Motors M2

Abb. 4: Zerkleinerungsanlage für Steingut

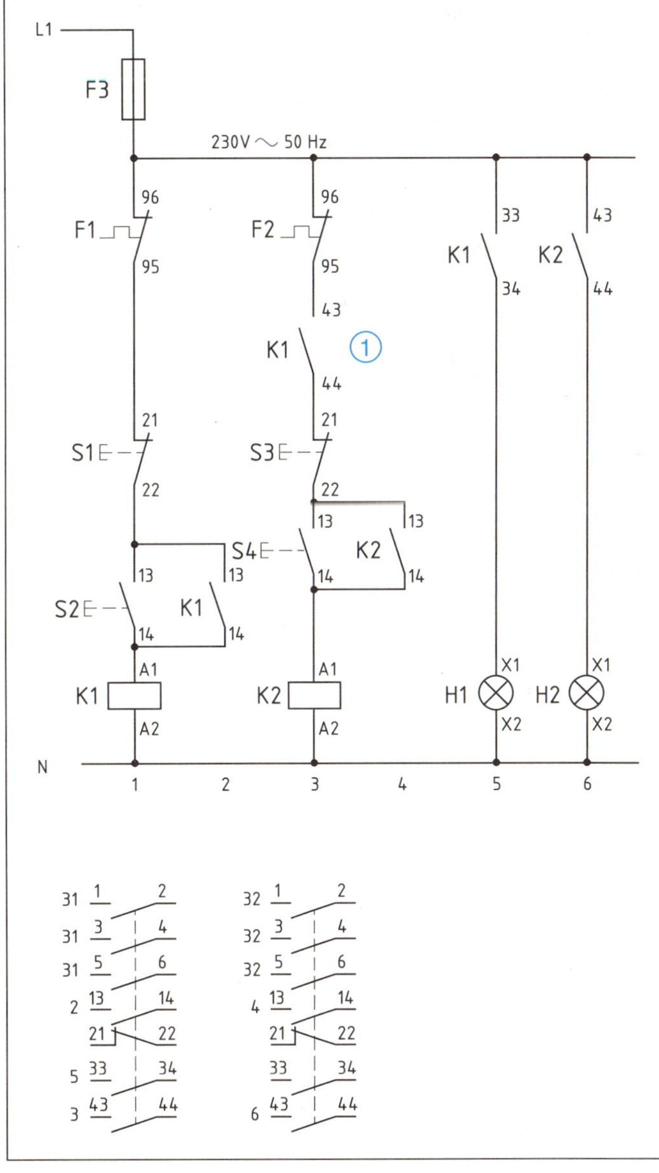

Abb. 5: Stromlaufplan der Folgeschaltung in aufgelöster Darstellung

Auftrag 4

Die Beleuchtung einer Fabrikhalle wird mit nur einem Drucktaster ein- und ausgeschaltet. Wegen der großen Belastung wurde als Schaltgerät kein Stromstoßschalter, sondern ein Hauptschütz verwendet.

Der Aufbau des Hauptstromkreises und die Funktion der Impulssteuerung sollen untersucht werden.

> Impulssteuerungen ändern bei jedem Steuerimpuls ihre Schaltstellung.

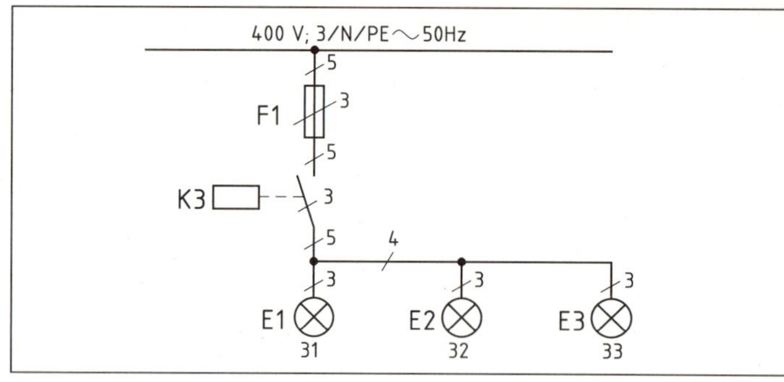

Abb. 1: Übersichtsschaltplan der Beleuchtungsanlage

Schaltungsaufbau

Hauptstromkreis (Abb. 1):
Der Übersichtsschaltplan der Beleuchtungsanlage zeigt, daß die Einspeisung über ein 400 V-Drehstromnetz mit Neutralleiter und Schutzleiter erfolgt. Eingangs der Schaltanlage übernehmen drei Schmelzsicherungen F1 den Schutz für das nachfolgende Hauptschütz K3 (Strompfad 3) und die Leitungen zu den Leuchten. Die Leuchten sind in drei Gruppen unterteilt, wobei jede Gruppe an einen anderen Außenleiter angeschlossen ist.

Hilfsstromkreis (Abb. 2):
Der Hilfsstromkreis ist mit einer Schmelzsicherung F2 abgesichert und liegt an 230 V-Wechselspannung. Die Bedienung erfolgt über den Drucktaster S1 (Impulsgeber), die Steuerung über die Hilfsschütze K1 und K2 sowie über das Hauptschütz K3.

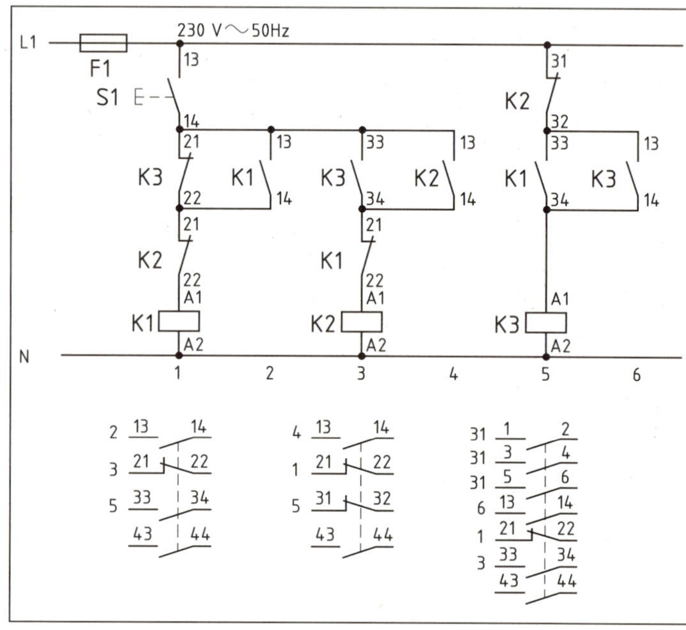

Abb. 2: Impulssteuerung der Beleuchtungsanlage

Funktionsanalyse

Bei einer Schaltung mit mehreren aufeinanderfolgenden Schaltschritten ist es zweckmäßig, als Ergänzung des Stromlaufplans in aufgelöster Darstellung das zugehörige Schaltfolgediagramm aufzuzeichnen (Abb. 3).

> Das **Schaltfolgediagramm** einer Schaltung beschreibt die verschiedenen Schaltzustände der Elemente über einen angegebenen Zeitraum (Schaltfolge).

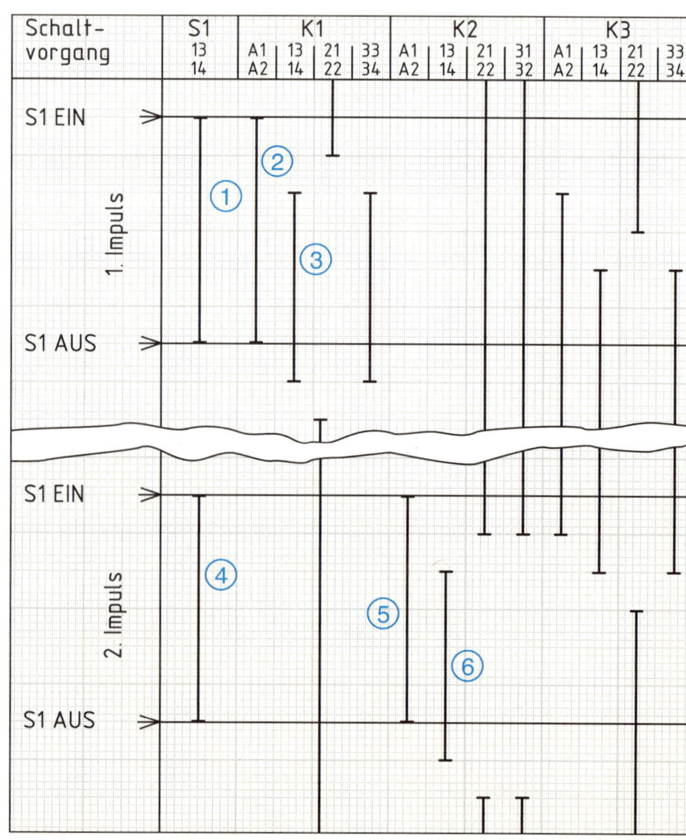

Abb. 3: Schaltfolgediagramm

Abb. 2 in Verbindung mit Abb. 3 ergibt folgenden Verlauf der Schaltfunktionen:

- Während des 1. Impulses ① ist nur für K1 die Einschaltbedingung erfüllt. Sie lautet:
  S1 UND (NICHT K3 ODER K1) UND NICHT K2.
  Diese Bedingung gilt bei allen ungeradzahligen Impulsen (1., 3., 5., usw.).
- K1:A1/A2 ist während des 1. Impulses erregt ②.
  K1:21/22 verriegelt K2.
  K1:13/14 schließt die Selbsthaltung für die Impulsdauer ③.
  K1:33/34 schaltet K3:A1/A2 ein.
- K3:21/22 verändert die Einschaltbedingung für K1.
  K3:13/14 schließt die Selbsthaltung.
  K3:33/34 bereitet die Einschaltung von K2 beim 2. Impuls vor.
- Während des 2. Impulses ④ ist nur für K2 die Einschaltbedingung erfüllt. Sie lautet:
  S1 UND (K3 ODER K2) UND NICHT K1.
  Diese Bedingung gilt bei allen geradzahligen Impulsen (2., 4., 6., usw.).
- K2:A1/A2 ist während des 2. Impulses erregt ⑤.
  K2:21/22 verriegelt K1.
  K2:31/32 schaltet K3:A1/A2 aus.
  K2:13/14 schließt die Selbsthaltung für die Impulsdauer ⑥.
- K3:33/34 verändert die Einschaltbedingung für K2.

Aufgaben

3.2.1 Tasterverriegelung

Zeichnen Sie die Steuerung der Heizungsanlage als Stromlaufplan in aufgelöster Darstellung mit allen Geräte- und Klemmenbezeichnungen.

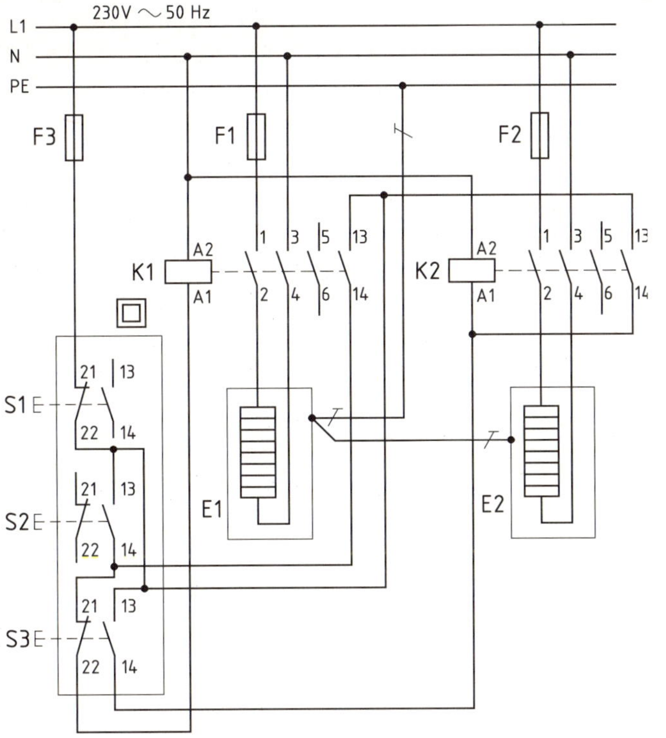

3.2.3 Taster- und Schützverriegelung

Der Stromlaufplan des Hauptstromkreises zeigt einen Drehstrommotor, der wahlweise aus zwei Netzen gespeist werden soll.

Entwerfen Sie eine geeignete Steuerung mit Taster- und Schützverriegelung als Stromlaufplan in aufgelöster Darstellung.

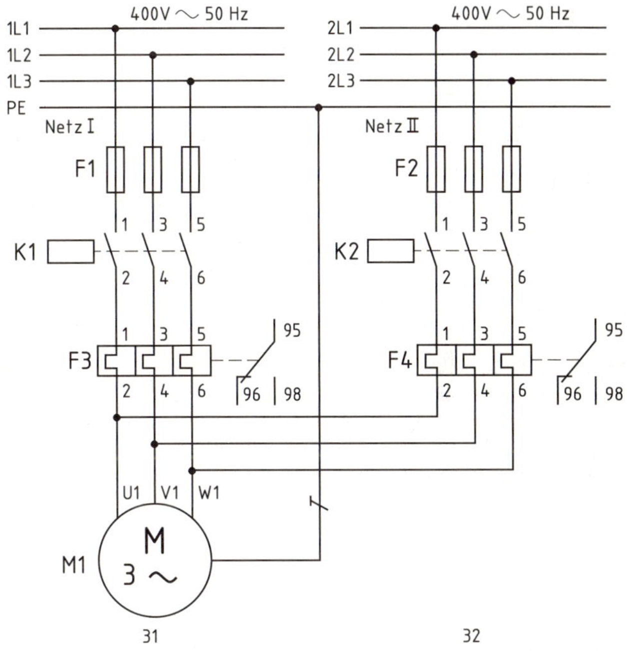

3.2.2 Schützverriegelung

Das nebenstehende Hauptnetz wird wie folgt eingeschaltet:

- Hauptschalter Q1 wird von Hand eingeschaltet,
- Hauptschütz K1 zieht an,
- K1:21/22 verriegelt den Hilfsstromkreis von K2,
- Hauptschalter Q2 wird von Hand eingeschaltet.

Beschreiben Sie schrittweise die Schaltvorgänge bei folgenden Betriebszuständen:

a) Umschalten auf das Ersatznetz bei Spannungsausfall des Hauptnetzes.

b) Rückschalten auf das Hauptnetz bei Rückkehr der Spannung des Hauptnetzes.

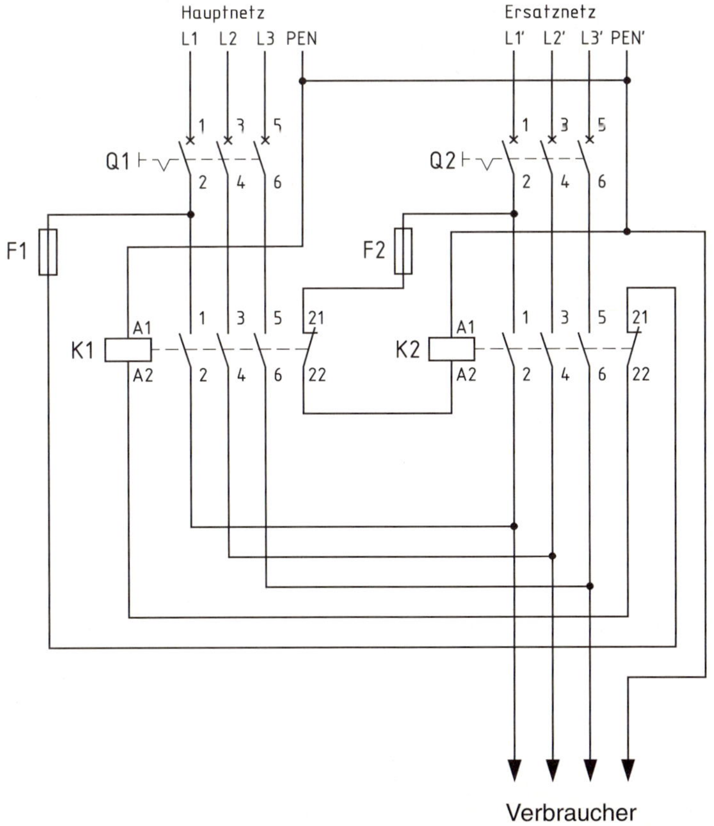

Aufgaben

3.2.4 Einschaltfolge

Die Drehstrommotoren des Übersichtsschaltplans sollen von Hand in der Reihenfolge M1 – M2 – M3 eingeschaltet und gemeinsam ausgeschaltet werden.

Zeichnen Sie den Stromlaufplan der Steuerung in aufgelöster Darstellung!

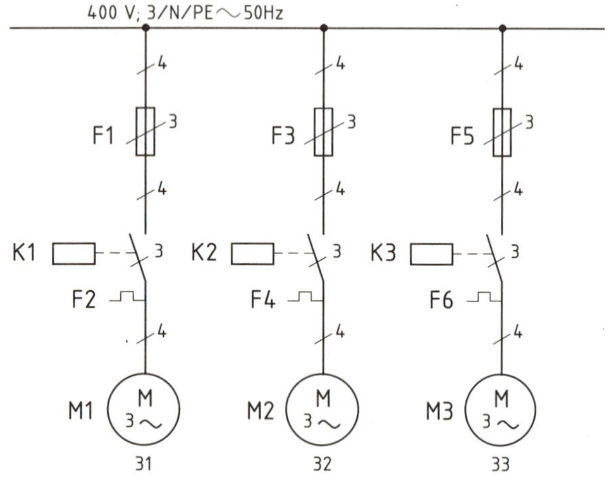

3.2.5 Ein- und Ausschaltfolge

Drei Bandförderer sollen von Hand in der Reihenfolge M3 – M2 – M1 eingeschaltet und in der Reihenfolge M1 – M2 – M3 ausgeschaltet werden. Über einen NOT-AUS-Taster sollen alle Antriebe gleichzeitig stillgesetzt werden.

Zeichnen Sie den Stromlaufplan der Steuerung in aufgelöster Darstellung!

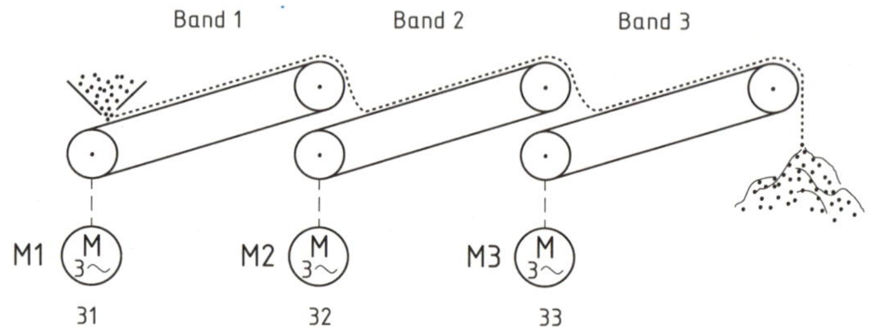

3.2.6 Impulssteuerung

Der Stromlaufplan in aufgelöster Darstellung zeigt eine Impulssteuerung.

a) Erstellen Sie eine Funktionsanalyse für den 1., 2. und 3. Schaltimpuls.

b) Welcher Schaltzustand ergibt sich während des 28. Schaltimpulses für die Schütze K1, K2, K3, K11, K12?

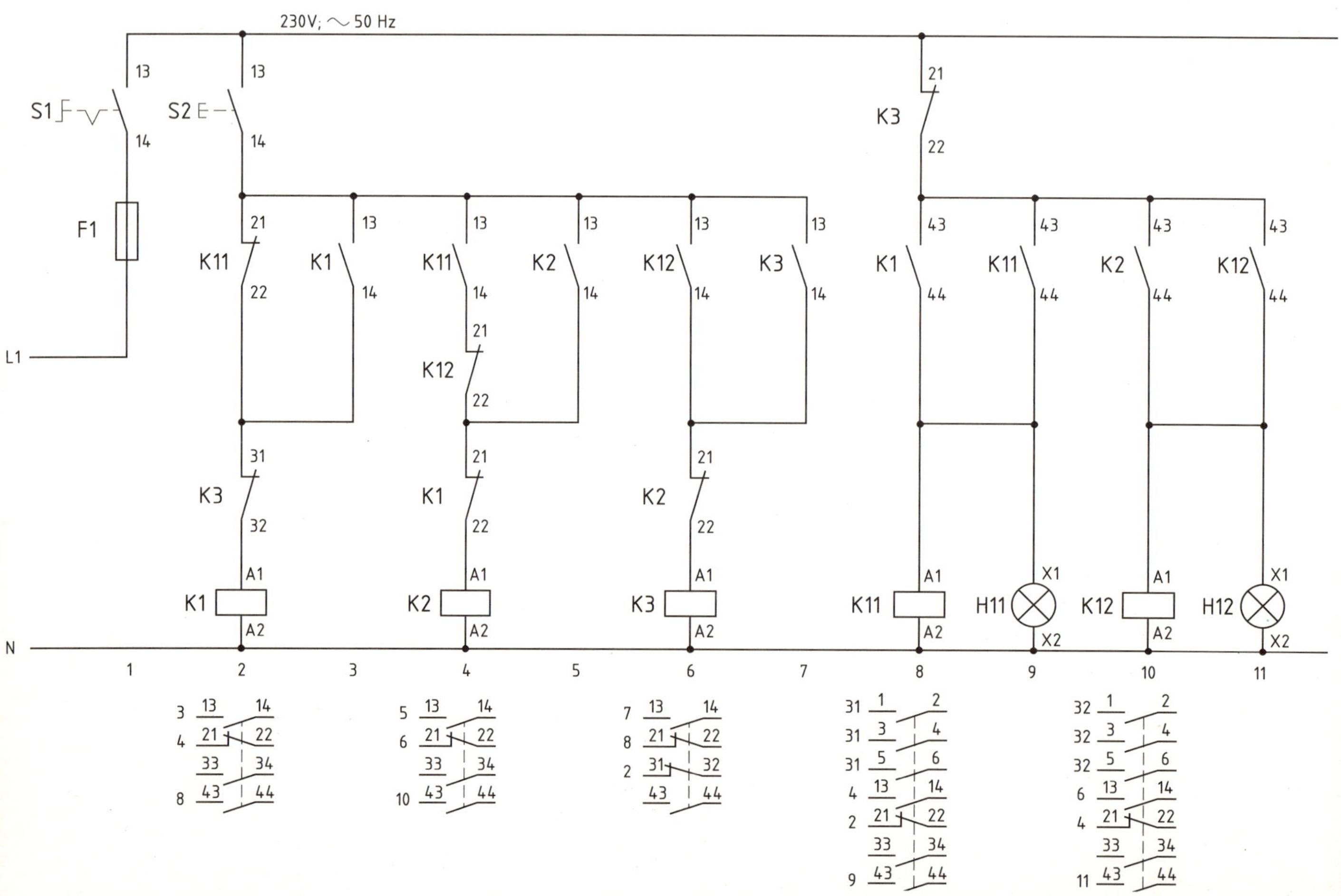

Auftrag 1

Die Druckluftanlage in Abb. 1 besteht aus einem Kompressor mit Drehstrommotorantrieb und einem Druckluftbehälter (Windkessel) mit 2 Druckluftschaltern ①.

Mit Hilfe des zugehörigen Verdrahtungsplans in Abb. 2 sind

a) der Schaltungsaufbau zu beschreiben

b) der Stromlaufplan der Steuerung in aufgelöster Darstellung zu zeichnen.

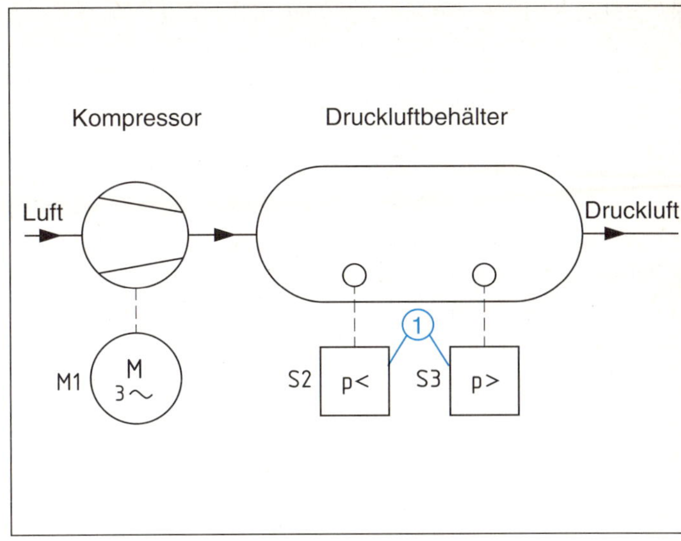

Abb. 1: Technologieschema der Druckluftanlage

Schaltungsanalyse

Ein Verdrahtungsplan zeigt die Geräte mit ihren Anschlußklemmen, die Verbindungs- und Verteilerklemmen und alle Verbindungsleitungen mit ihren Zielbezeichnungen.

Die Verbindungsleitungen eines Verdrahtungsplans können einzeln oder zusammengefaßt dargestellt werden. Bei der Zusammenfassung von Leitungen werden an jedem Leitungsende Zielbezeichnungen eingetragen. Diese geben an, mit welcher Anschlußklemme das andere Leitungsende verbunden ist ②.

Nach dem Verdrahtungsplan in Abb. 2 sind die Schmelzsicherungen F3 für den Hauptstromkreis, die Steuersicherung F1 für den Hilfsstromkreis, das Hauptschütz K2 mit dem Motorschutzrelais F2, das Hilfsschütz K1 und die Signalleuchte H2 in einem Schaltverteiler aus Stahlblech (Schutzleiteranschluß) untergebracht.

Die Klemmenleiste X1 verbindet den Drehstrommotor M1, die Druckluftschalter S2 und S3, die Drucktaster S0 und S1 sowie die Signalleuchte H1 mit den Geräten im Schaltverteiler. Der Anschluß der Betriebsmittel außerhalb des Schaltverteilers erfolgt über folgende Klemmen:

		(ist verbunden mit)
Drehstrommotor M1	M1:U	→ X1:01
	M1:V1	→ X1:02
	M1:W1	→ X1:03
	M1:PE	→ X1:PE
Druckluftschalter S2	S2:14	→ X1:10
	S2:11	→ X1:11
Druckluftschalter S3	S3:12	→ X1:8
	S3:11	→ X1:9
Steuerkombination	S0:21	→ X1:4
	S0:22/S1:13	→ X1:5
	S1:14/H1:1	→ X1:6
	H1:2	→ X1:7

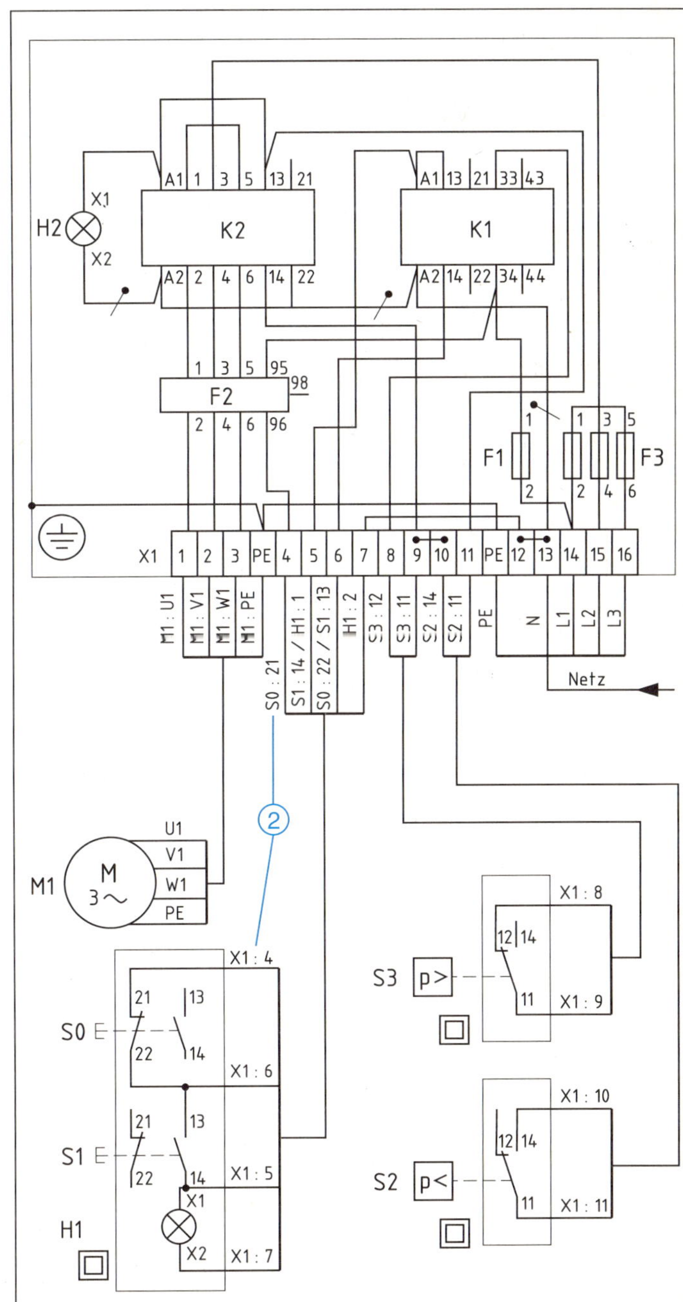

Abb. 2: Verdrahtungsplan der Druckluftanlage

3.3 Prozeßgesteuerte Schaltungen

Die Druckluftschalter S2 und S3 (Abb. 2) schalten selbsttätig in Abhängigkeit vom Behälterdruck den Steuerstromkreis.

- S2 schließt bei einem Behälterdruck von weniger als 2 bar. Oberhalb dieses Wertes ist S2 geöffnet.
- S3 öffnet bei einem Behälterdruck von mehr als 4 bar. Unterhalb dieses Wertes ist S3 geschlossen.

Schalter, die von einem Prozeß (Druck, Temperatur, usw.) betätigt werden, heißen Prozeßschalter.

Prozeßschalter, die eine Steuerung selbsttätig ein- oder ausschalten, heißen **Wächter** (Abb. 3a).

Prozeßschalter, die eine Steuerung bei Gefahr rastend abschalten, heißen **Begrenzer** (Abb. 3b).

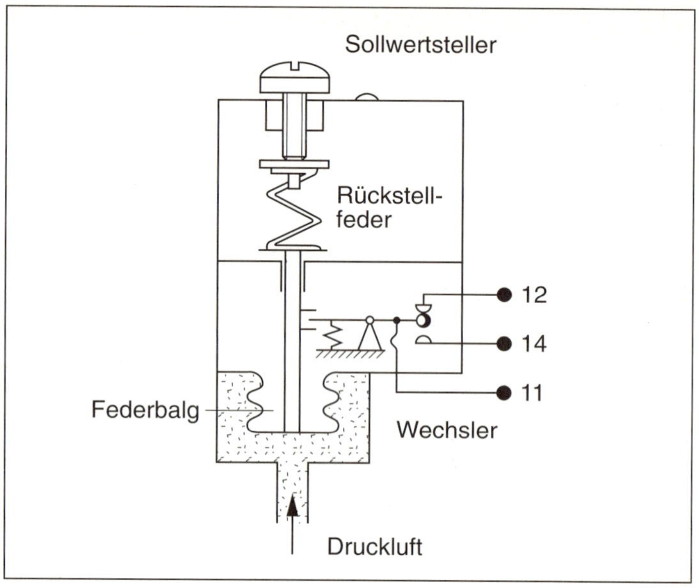

Abb. 2: Prinzipieller Aufbau eines Druckschalters

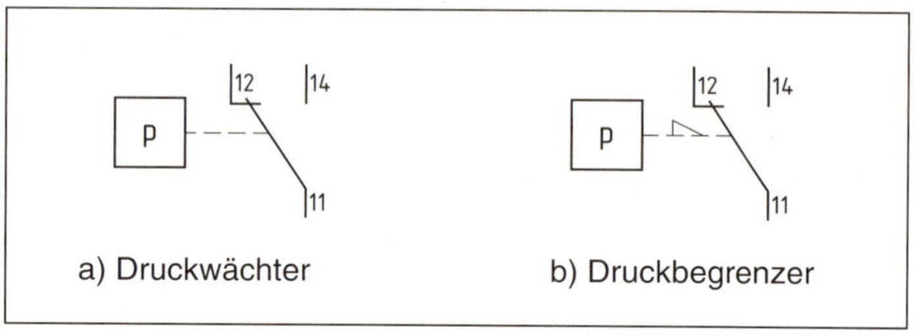

Abb. 3: Schaltzeichen für Druckschalter

Stromlaufplan der Steuerung in aufgelöster Darstellung

Bei größeren Anlagen werden die Stromlaufpläne in aufgelöster Darstellung auf Zeichenpapier der Größe DIN A4 (Querformat) oder DIN A3 (Querformat) gezeichnet. Die Zeichenfläche wird dabei in 10 senkrechte Planabschnitte aufgeteilt, so daß die Lage der einzelnen Elemente eindeutig angegeben werden kann. Mit dieser Einteilung entfällt die Einzelnumerierung jedes Strompfades.

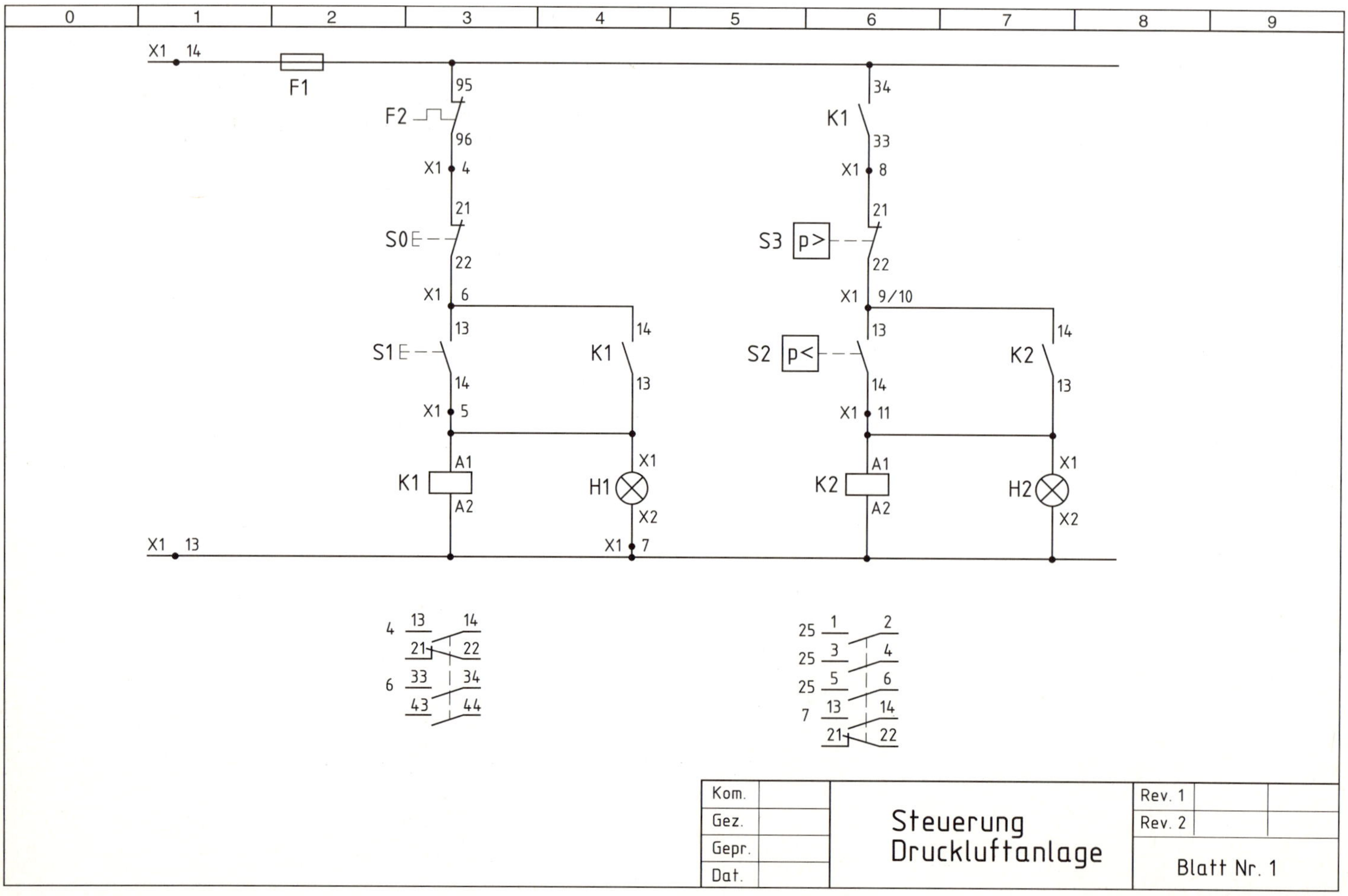

Abb. 1: Stromlaufplan der Steuerung in aufgelöster Darstellung (DIN A4 Querformat)

Auftrag 2

Ein Fabriktor soll durch einen elektrischen Antrieb geöffnet und geschlossen werden. Die Bedienung ist durch den Pförtner mittels Drucktaster vorgesehen. Die Steuerung muß gewährleisten, daß der Antrieb automatisch abgeschaltet wird, wenn das Tor geschlossen bzw. voll geöffnet ist.

Es soll eine geeignete Steuerung entworfen werden.

Schaltungsaufbau

Hauptstromkreis (Abb. 4):
Als Antrieb wird ein Drehstrommotor verwendet, der über das Hauptschütz K1 für Linkslauf und über das Hauptschütz K2 für Rechtslauf angesteuert wird. Die Energieeinspeisung erfolgt über ein 400 V, 50 Hz-Drehstromnetz. Als Leitungsschutz werden 3 Schmelzsicherungen F3, als Motorschutz ein Motorschutzrelais F2 verwendet.

Hilfsstromkreis (Abb. 7):
Der Hilfsstromkreis wird mit 230 V, 50 Hz betrieben und mit einer Schmelzsicherung F1 abgesichert.

Die automatische Abschaltung des Tores wird dadurch erreicht, daß in den beiden Endstellungen mechanisch betätigte Grenztaster angebracht werden, die durch eine am Tor befestigte Nocke betätigt werden (Abb. 5) ①.

> Grenztaster sind Befehlsgeber, die durch bewegliche Anlagenteile betätigt werden.

Abb. 6 zeigt einen mechanisch betätigten Grenztaster mit Rollenstößel und 3 Schaltstücken (3 Öffner) ②.

Funktionsanalyse

- Aus Sicherheitsgründen wird die Schaltung ohne Selbsthaltung (Tippbetrieb) betrieben.
- Bei Betätigung von S1 muß das Tor öffnen. Das Hauptschütz K1 schaltet den Motor auf Linkslauf.
- Bei Erreichen der Grenzlage „AUF" muß der Grenztaster S3 das Hauptschütz K1 abschalten.
- Bei Betätigung von S2 muß das Tor schließen. Das Hauptschütz K2 schaltet den Motor auf Rechtslauf.
- Bei Erreichen der Grenzlage „ZU" muß der Grenztaster S4 das Hauptschütz K2 abschalten.

Die geforderten Funktionen werden für jede Drehrichtung des Motors durch Reihenschaltung (UND-Verknüpfung) der Schaltelemente Drucktaster, Grenztaster, Schützverriegelung erreicht (Abb. 7). Damit schalten die Grenztaster bei Erreichen der Grenzlagen die Hauptschütze K1 bzw. K2 unabhängig vom Schaltzustand der Drucktaster ab. Die Schützverriegelung K1:21/22 und K2:21/22 verhindert eine Fehlbedienung der Anlage.

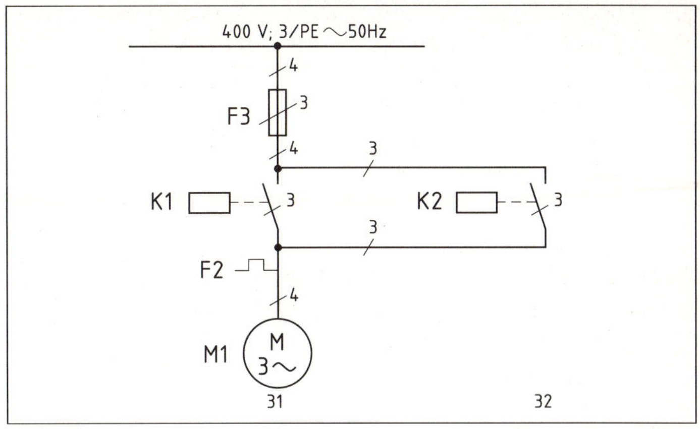

Abb. 4: Übersichtsschaltplan für den Antrieb des Fabriktors

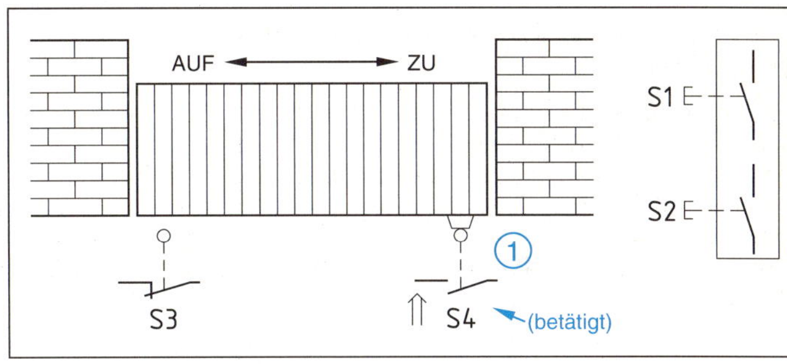

Abb. 5: Fabriktor mit Grenztastern

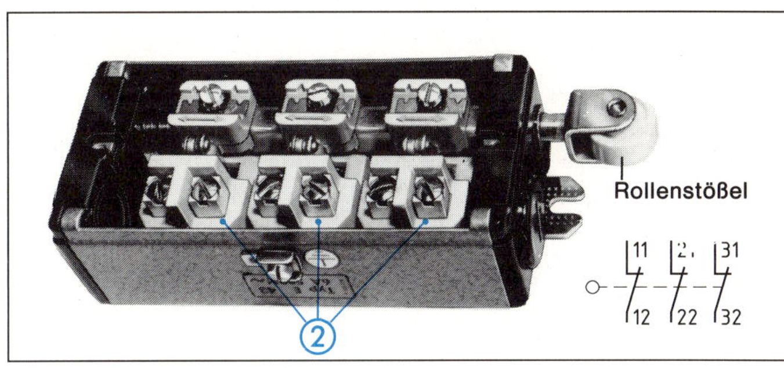

Abb. 6: Mechanisch betätigter Grenztaster

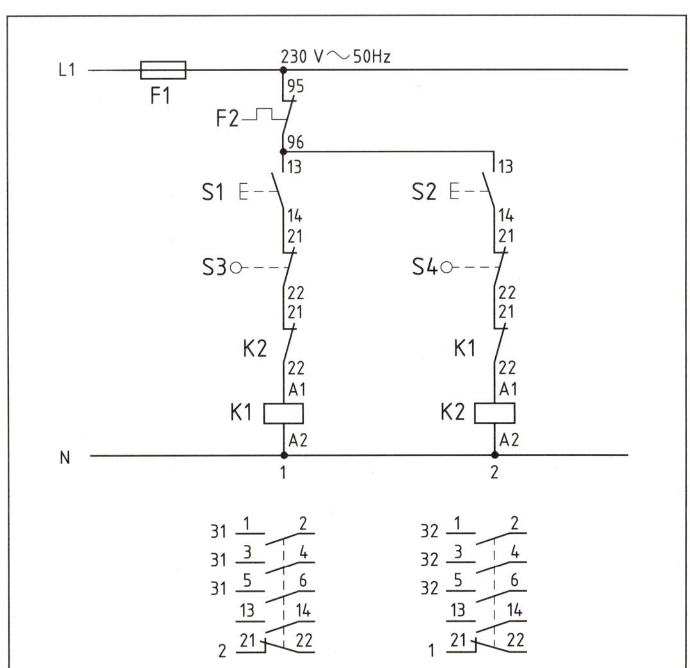

Abb. 7: Steuerung des Fabriktors

Aufgaben

3.3.1 Zielbezeichnungen 1

Zeichnen Sie die Klemmenleiste X1 und tragen Sie alle Zielbezeichnungen an die Verbindungsleitungen zu den Steuergeräten und Motoren ein.

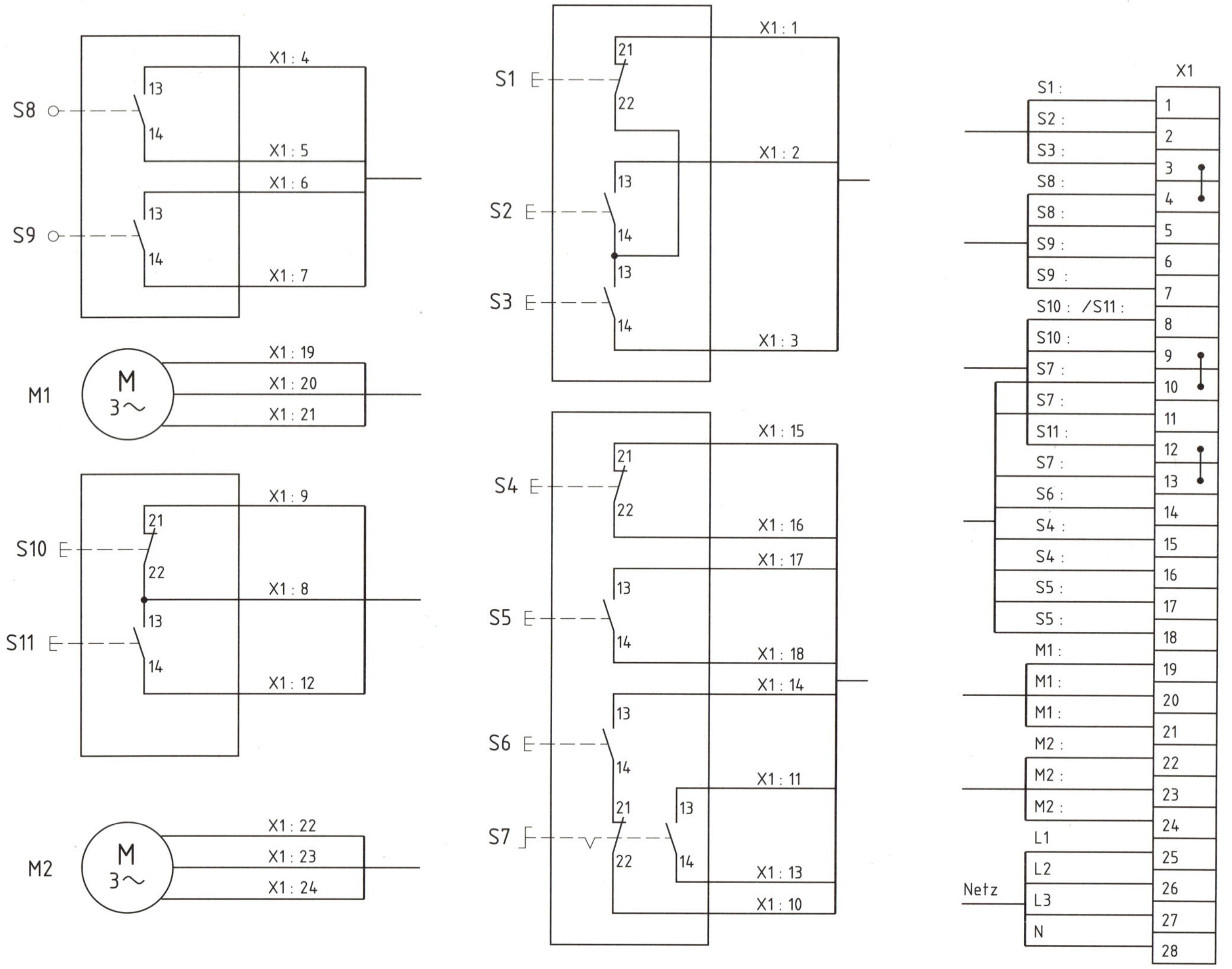

3.3.2 Zielbezeichnungen 2

Zeichnen Sie die Klemmenleiste X1 der Abb. 2 auf Seite 25 und tragen Sie alle Zielbezeichnungen der Klemmenanschlüsse beiderseits der Klemmen ein.

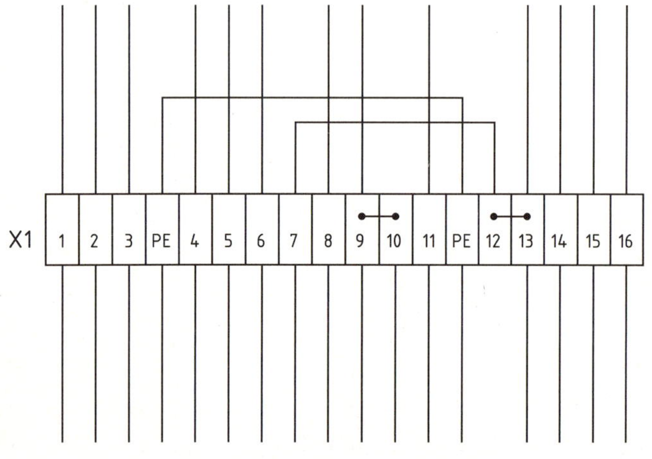

3.3.3 Klemmenleiste

Die Klemmenleiste X1 zeigt alle Verbindungen zwischen Steuertafel und Schaltschrank einer Schützensteuerung mit Tasterverriegelung.

Zeichnen Sie den entsprechenden Stromlaufplan in aufgelöster Darstellung.

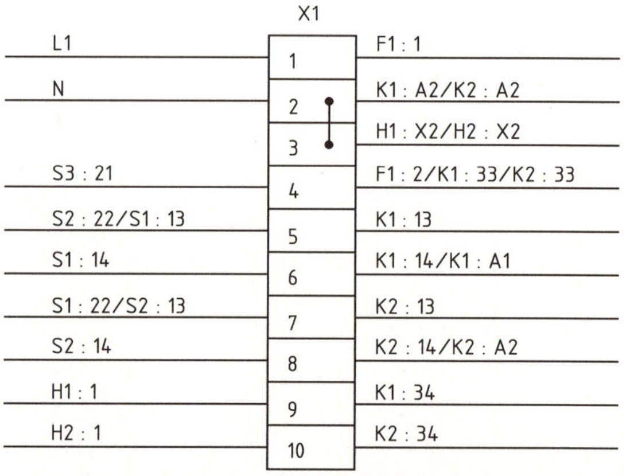

Aufgaben

3.3.4 Handbetätigte Pumpensteuerung

Die Pumpe einer Trinkwasseranlage soll mit Drucktastern geschaltet werden. Als Schutz gegen ein Trockenlaufen soll ein Niveauschalter im Saugbehälter vorgesehen werden.

Entwerfen Sie eine geeignete Steuerung und zeichnen Sie den Stromlaufplan in aufgelöster Darstellung.

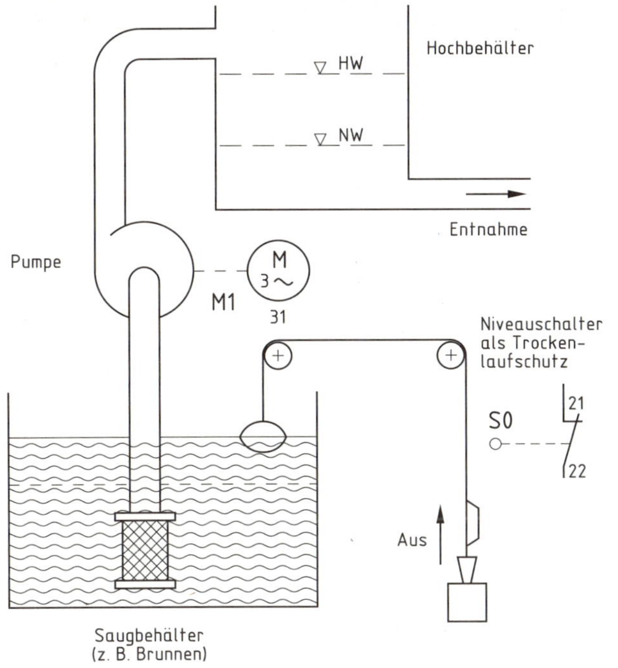

3.3.5 Automatische Pumpensteuerung

Die Trinkwasseranlage der Aufgabe 3.3.4 wurde mit zwei Niveauwächtern im Hochbehälter ergänzt, von denen einer bei niedrigem Wasserstand die Pumpe einschaltet und der andere beim oberen Wasserstand die Pumpe ausschaltet.

Erstellen Sie eine Funktionsanalyse des Stromlaufplans der automatisierten Pumpensteuerung.

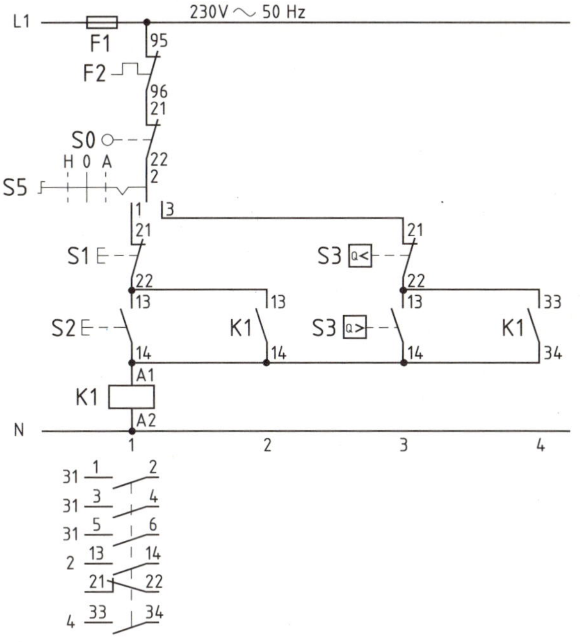

3.3.6 Schaltfolge durch Wächter

Zeichnen Sie nach dem vorliegenden Verdrahtungsplan einer Kompressoranlage den Stromlaufplan der Steuerung in aufgelöster Darstellung.

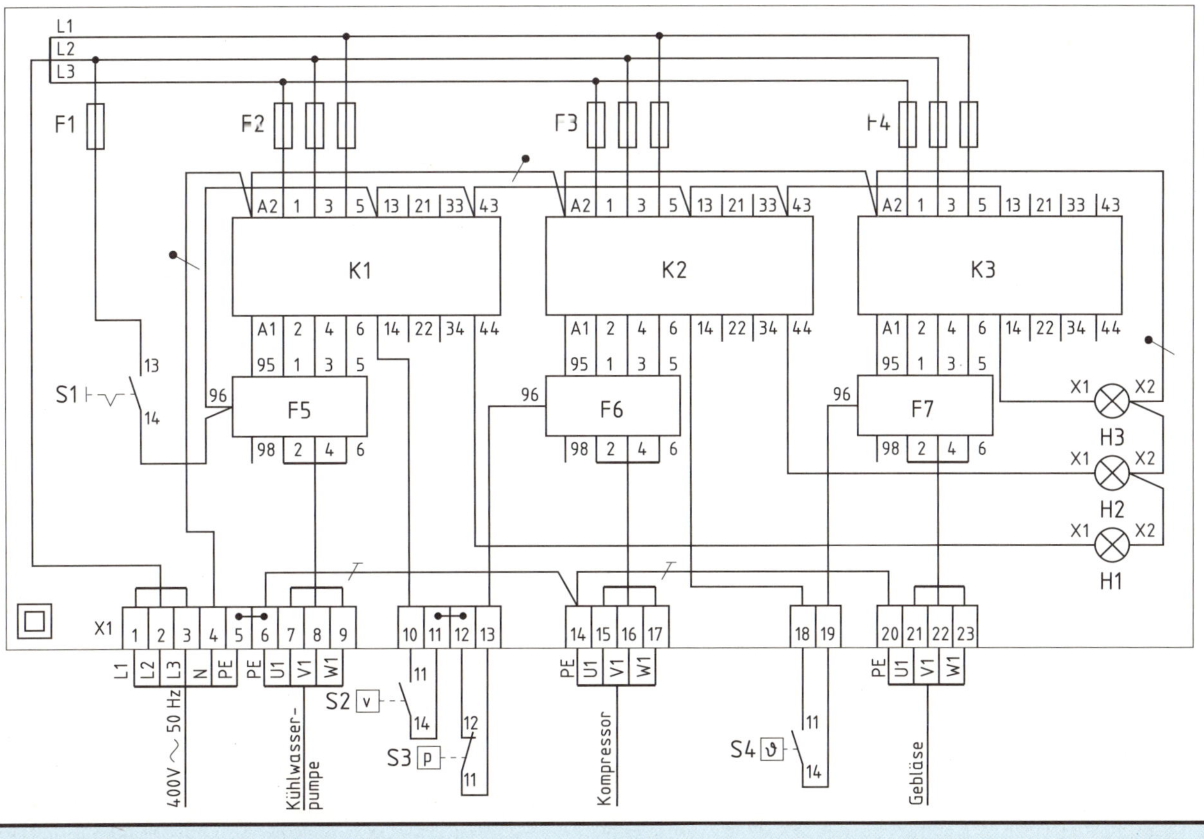

3.4 Zeitgesteuerte Schaltungen

Auftrag 1

Zur Vermeidung eines unzulässig hohen Spannungsfalls als Folge der hohen Anlaufströme sind zwei Motoren so an das speisende Netz geschaltet, daß beide nur nacheinander im Abstand von mindestens 20 Sekunden gestartet werden können.

Die Funktion der vorliegenden Steuerung soll durch Analyse des Hilfsstromkreises in Abb. 1 untersucht werden.

Schaltungsaufbau

Der Hilfsstromkreis besteht aus der Ansteuerung der beiden Hauptschütze K1 und K2 mit Selbsthaltung und Betätigung durch Drucktaster. Der zwangsweise verzögerte Start des zweiten Motors wird durch ein auf 20 s eingestelltes einschaltverzögertes Zeitrelais ① erreicht.

Zeitrelais verzögern das Einschalten oder Ausschalten oder Umschalten elektrischer Steuerungen.

Bei **einschaltverzögerten** Zeitrelais (Abb. 2) schalten die Schaltglieder erst, wenn nach dem Erregen der Spule ③ die eingestellte Zeit abgelaufen ist ④.

Zeitverzögerte Hilfsschaltglieder werden durch die Funktionsziffern □5 / □6 für Öffner

□7 / □8 für Schließer

und durch einen offenen Halbkreis für die Verzögerungsrichtung ② gekennzeichnet.

Hinweise:

- Nicht alle Zeitrelais sind für Dauererregung ausgelegt. Zeitrelais mit begrenzter Einschaltdauer müssen deshalb durch entsprechende Schaltungsmaßnahmen nach Ablauf des Schaltvorgangs abgeschaltet werden.
- Zeitrelais sind meistens mit einem oder mit zwei **Wechslern** ausgestattet!
- Je nach Verzögerungssystem gibt es pneumatische, thermische, motorgesteuerte oder elektronische Zeitrelais.

Funktionsanalyse

Die Ansteuerungen von K1 und K2 sind gleich aufgebaut, so daß die Einschaltreihenfolge beliebig gewählt werden kann.

Annahme: K1 wird zuerst eingeschaltet.

- S2:13/14 schließt den Strompfad 1 und schaltet K1:A1/A2 ein.
- K1:13/14 schließt die Selbsthaltung.
  K1:21/22 verriegelt K2 und verhindert zunächst dessen Einschaltung.
  K1:33/34 schaltet das Zeitrelais K3:A1/A2 ein.
- Nach 20" schließen K3:15/18 und K3:25/28 und überbrücken die Verriegelungen K2:21/22 und K1:21/22. Damit wird die Einschaltung von K2 freigegeben.
- K2 wird analog K1 eingeschaltet.
- Beide Motoren können unabhängig voneinander abgeschaltet werden. Entweder über die Motorschutzrelais F3:95/96 bzw. F4:95/96 oder über die Drucktaster S1:21/22 bzw. S3:21/22.
- Mit der Abschaltung von K1 UND K2 wird das Zeitrelais K3 ausgeschaltet.

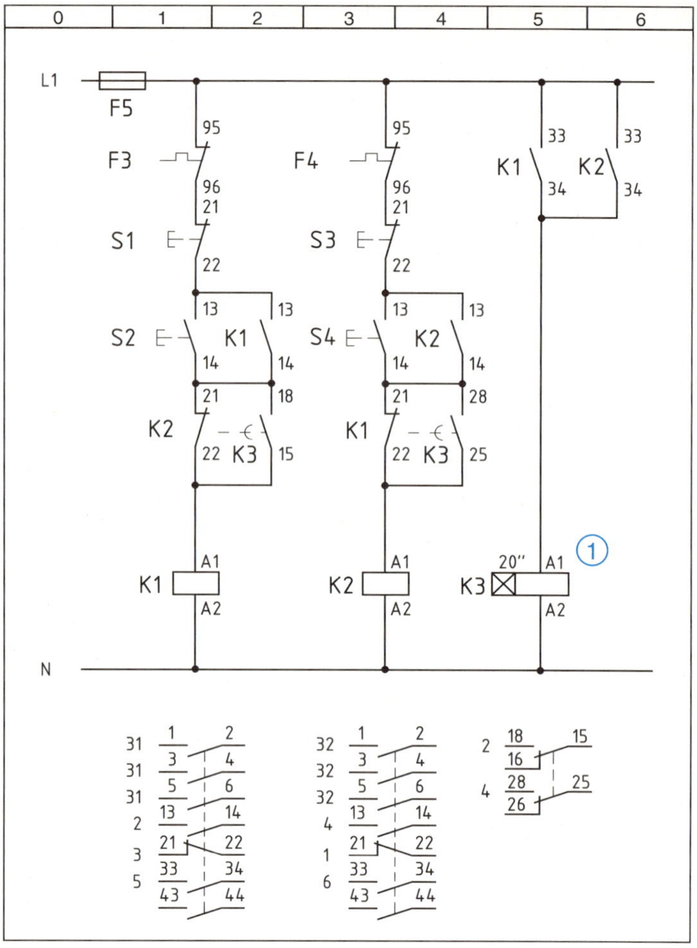

Abb. 1: Zeitversetzte Einschaltung von zwei Motoren

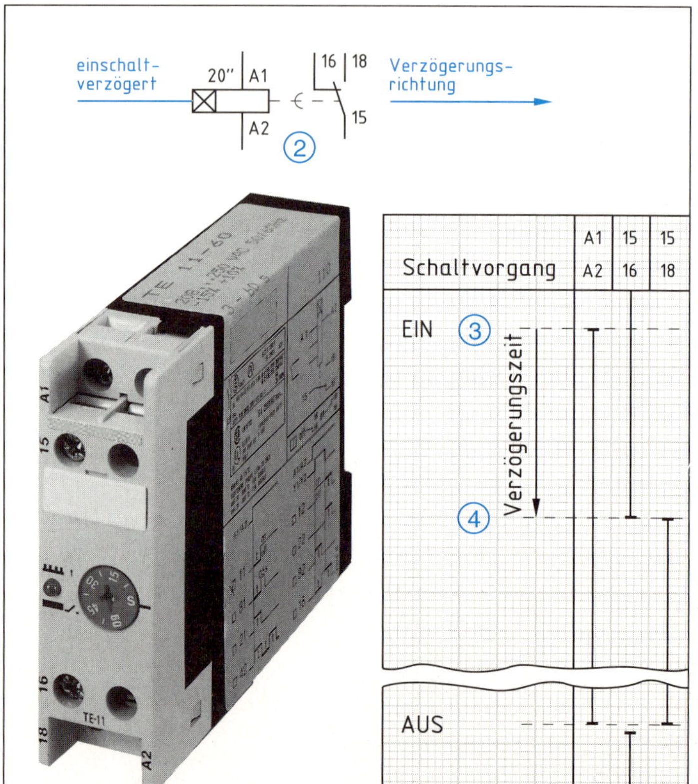

Abb. 2: Schaltzeichen und Schaltfolgediagramm eines einschaltverzögerten Zeitrelais

Auftrag 2

Bei der Warmluftanlage in Abb. 3 werden die elektrische Heizung und der motorgetriebene Lüfter gemeinsam über den Eintaster eingeschaltet. Bei Betätigen des Austasters wird nur die Heizung sofort ausgeschaltet. Der Lüftermotor läuft noch 10 Sekunden nach, damit kein Wärmestau zwischen den Heizwendeln entsteht.

Die Funktion der Steuerung soll durch eine Analyse des Hilfsstromkreises in Abb. 4 beschrieben werden.

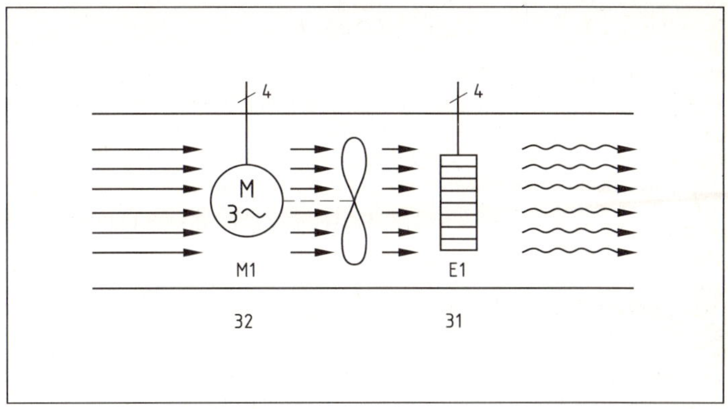

Abb. 3: Technologieschema der Warmluftanlage

Schaltungsaufbau

Der Hilfsstromkreis in Abb. 4 enthält die Hauptschütze K1 und K2 zur Schaltung der Heizung E1 und des Ventilatormotors M1. Die Bedienung der Anlage erfolgt über den Austaster S1 und den Eintaster S2. Für eine Notabschaltung ist ein Schlagtaster S0 vorgesehen, welcher bei Betätigung einrastet. Den Nachlauf des Lüftermotors steuert das **abfallverzögerte** Zeitrelais K3, das auf eine Nachlaufzeit von 10 Sekunden eingestellt ist.

Das hier verwendete abfallverzögerte Zeitrelais ① besitzt eine elektronische Schaltung (*RC*-Kreis und Operationsverstärker als Schwellwertschalter) und muß deshalb über A1/A2 dauernd mit Spannung versorgt werden. Das Schalten erfolgt durch Schließen bzw. Öffnen des Stromkreises zwischen den Klemmen B1 und B2. Beim Schließen schaltet der Wechsler unverzögert. Beim Öffnen kehrt er erst nach der eingestellten Verzögerungszeit in seine Ruhelage zurück. Die Geräteansicht und das Schaltfolgediagramm zeigt Abb. 5.

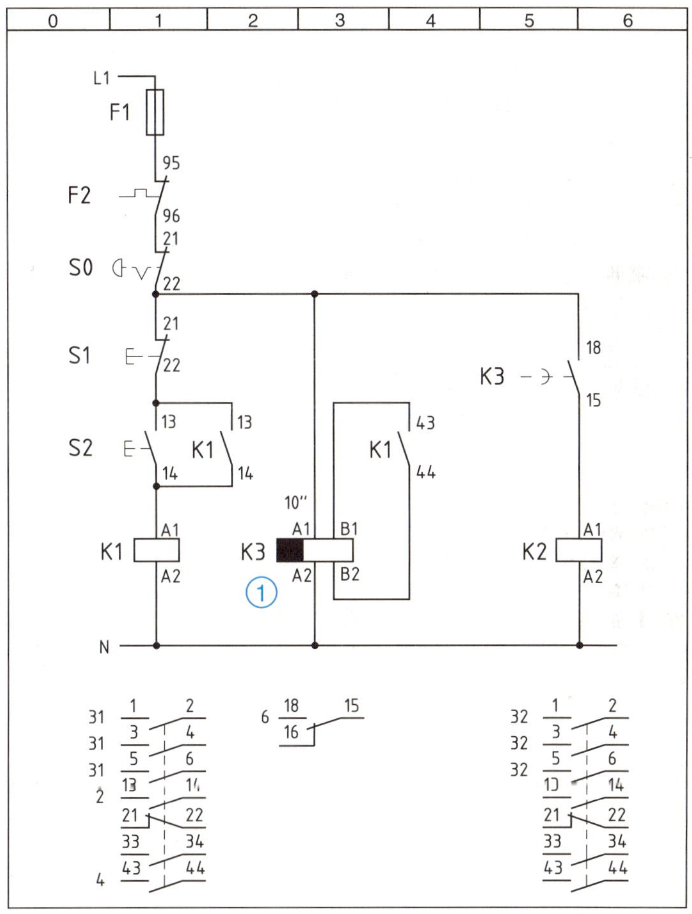

Abb. 4: Hilfsstromkreis der Warmluftanlage

Funktionsanalyse

a) Einschalten:

- S2 schließt den Strompfad 1 und schaltet damit die Selbsthaltung K1 (Strompfad 2) ein.
- K1:43/44 schließt den Strompfad 4 und schaltet das abfallverzögerte Zeitrelais K3:B1/B2 (Strompfad 3) ein.
- K3:15/18 schließt unverzögert den Strompfad 6 und legt das Hauptschütz K2 (Strompfad 6) an Spannung.

b) Betriebsmäßiges Ausschalten:

- S1 öffnet den Strompfad 1 und schaltet K1 ab.
- K1 öffnet den Strompfad 4 und leitet den Beginn der Verzögerungszeit ein.
- Nach 10 Sekunden öffnet K3 (Strompfad 6) und schaltet damit das Hauptschütz K2 ab.

c) Ausschalten im Notfall oder im Fehlerfall

- Sowohl das Motorschutzrelais F2 (Strompfad 1) als auch der Schlagtaster S0 (Strompfad 1) unterbrechen rastend den Hilfsstromkreis und schalten die gesamte Anlage ab.

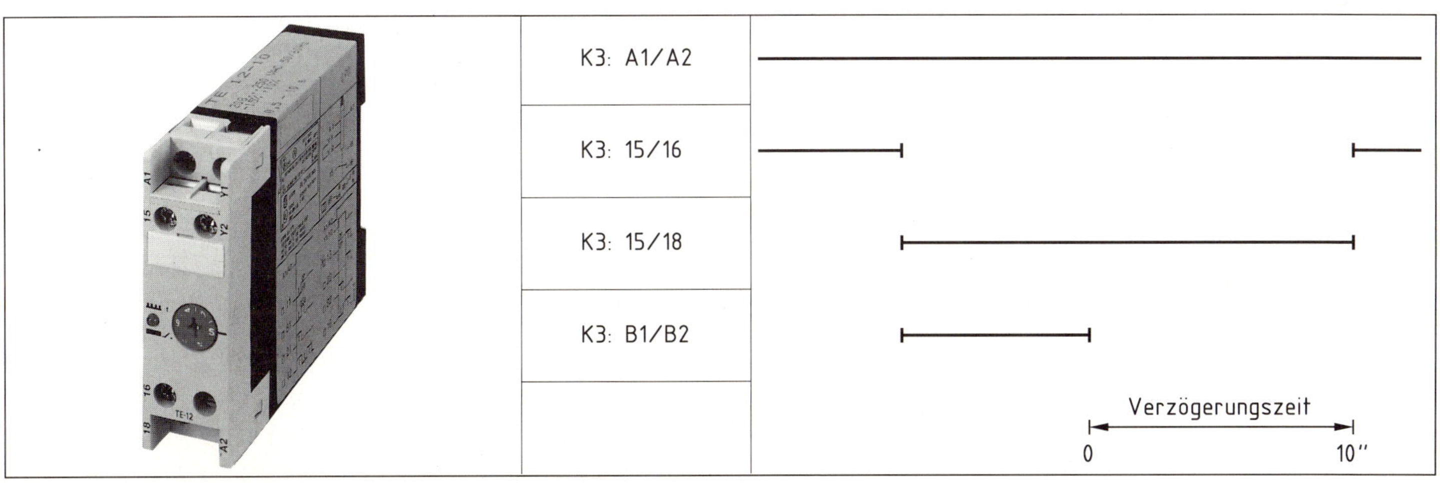

Abb. 5: Abfallverzögertes Zeitrelais K3 mit Schaltfolgediagramm

Auftrag 3

Die Druckluftanlage auf Seite 25 wird durch eine Störungsmeldung ergänzt, welche beim Ansteigen des Kesseldruckes über 5 bar ein Blinklicht und eine Hupe auslöst. Mit einer Quittiertaste kann die Hupe abgeschaltet und das Blinklicht in Dauerlicht umgeschaltet werden.

Der Aufbau der Schaltung (Abb. 1) und die Funktion der Relaissteuerung sollen erläutert werden.

Schaltungsaufbau

Die Spannungsversorgung erfolgt durch das 230 V, 50 Hz-Wechselstromnetz über die Steuersicherung F11. Zur Drucküberwachung ist ein Druckbegrenzer F12 installiert, der bei einem Kesseldruck oberhalb von 5 bar rastend einen Wechsler schaltet, so daß eine Wiedereinschaltung nur von Hand über die eingebaute Rückstelltaste erfolgen kann.

Für die Meldung sind die Hupe H11 und die Signallampe H12 vorgesehen. Durch Betätigen des Drucktasters S11 wird die Meldung **quittiert**. D. h. der für die Anlage zuständige Facharbeiter bestätigt damit, daß er die Meldung zur Kenntnis genommen hat. Die notwendigen Verknüpfungsfunktionen werden durch die Schaltrelais K11, K12 und K13 ausgeführt.

Das Blinklicht wird von dem Blinkrelais K14 gesteuert, welches periodisch den Lampenstromkreis öffnet und schließt.

Ein Blinkrelais ist ein Zeitrelais mit periodischer Betätigung des Wechslers 15/16/18.

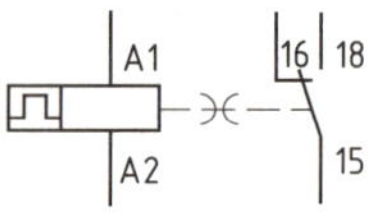

Funktionsanalyse

Bei der Beschreibung von Stromlaufplänen wird zu jedem Betriebsmittel auch die zugehörige Strompfadnummer angegeben. Hierbei verfährt man häufig so, daß die Betriebsmittelkennzeichnung durch die in Klammern gestellte Strompfadnummer ergänzt wird. Diese unmittelbare Zuordnung erleichtert die Auffindbarkeit des Betriebsmittels bei umfangreichen Stromlaufplänen und strafft den beschreibenden Text.

Beispiel: S11:13/14 (12) bedeutet: Der Schließer 13/14 des Tasters S11 befindet sich im Strompfad 12.

a) Störung wird ausgelöst:

- F12:21/22 (12) öffnet und schaltet K11 (12) ab.
- K11:11/12 (16) schließt und schaltet über K12:11/12 (16) das Schaltrelais K13:A1/A2 (18) ein.
- K13:11/14 (18) schaltet die Selbsthaltung ein. Damit wird eine auch kurzzeitig anstehende Störung festgehalten (Fangschaltung).
  K13:21/24 (25) schließt und schaltet das Blinkrelais K14 (25) und die Hupe H2 (28) ein.
- K14 (23) schaltet periodisch die Signallampe H11 (23) ein und aus.

b) Störungsmeldung wird quittiert:

- S11:13/14 (14) schließt und schaltet K12:A1/A2 (16) ein.
- K12:11/12 (16) öffnet und schaltet K13 (18) ab. Damit öffnen die Selbsthaltung K13:11/14 (18) und der Schließer K13:21/24 (25), der das Blinkrelais K14 (25) und die Hupe H12 (28) abschaltet.
  Solange die Störung ansteht, bleibt K12:A1/A2 (16) über K11:11/12 (16) und K12:11/14 (16) angezogen.
  K12:21/24 (22) schließt und schaltet die Signallampe H11 (23) an Spannung (Dauerlicht).

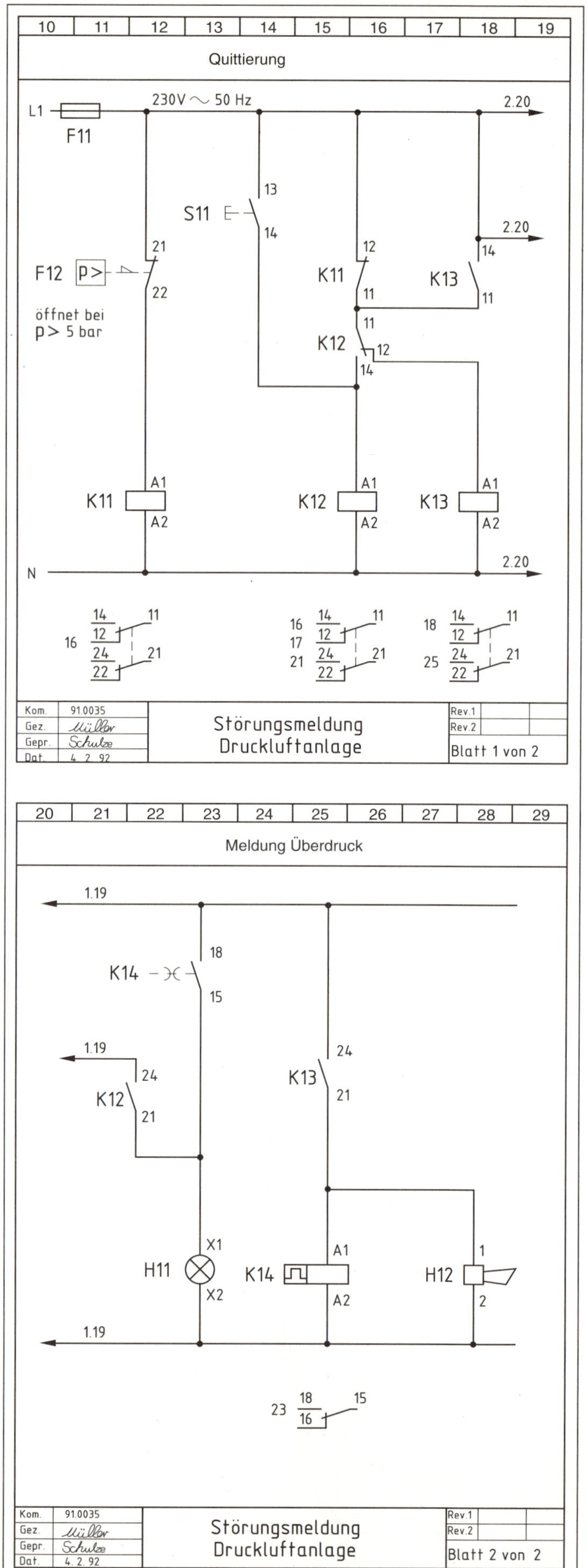

Abb. 1: Stromlaufplan der Störungsmeldung in aufgelöster Darstellung (Blatt 1 und Blatt 2)

Aufgaben

3.4.1 Funktionsanalyse

Erstellen Sie eine Funktionsanalyse der Schaltung!

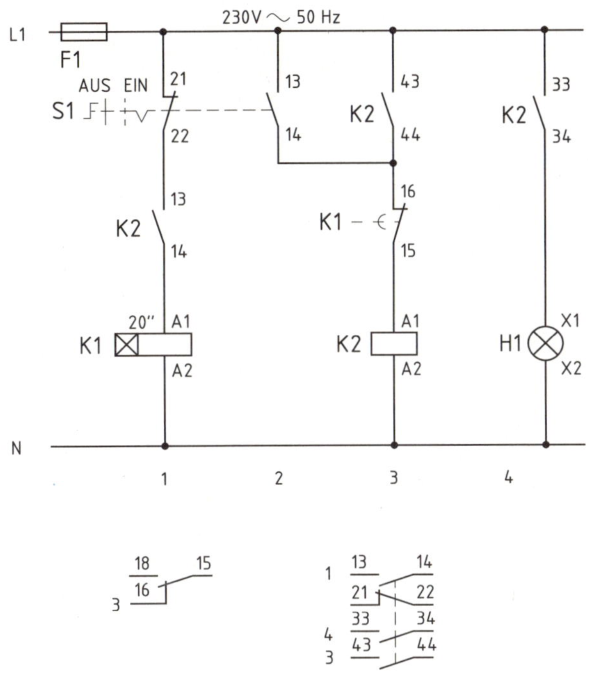

3.4.2 Schaltverzögerung

Beantworten Sie folgende Fragen zur Funktion der Schaltung!

1. Nach welcher Zeit leuchtet die Signallampe H1 auf, wenn S1 geschlossen wird?
2. Wie lange ist die Signallampe H1 eingeschaltet, wenn S1 geschlossen bleibt?
3. Wie verändert sich der Schaltzustand der Signallampe, wonn S1 geöffnet wird?

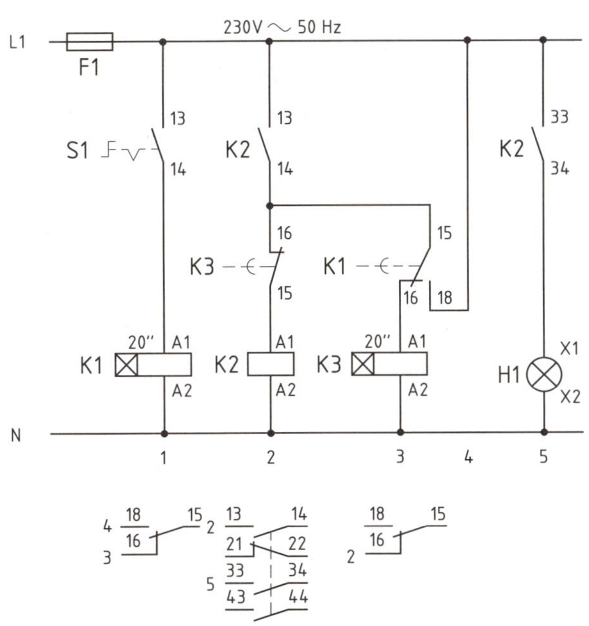

3.4.3 Störungsmeldung

Zeichnen Sie den Stromlaufplan der Steuerung in aufgelöster Darstellung für folgende Meldeschaltung!

Die Temperatur eines Heizkessels soll von einem Temperaturwächter wie folgt überwacht werden:

- Bei überhöhter Temperatur soll eine Meldung durch eine Signallampe erfolgen.
- Wenn die überhöhte Temperatur länger als 30 Sekunden ansteht, soll zusätzlich eine Meldung durch eine Hupe erfolgen.
- Über einen Drucktaster soll das Hupensignal gelöscht werden.
- Das verwendete Zeitrelais soll nur für Kurzzeitbetrieb geeignet sein.

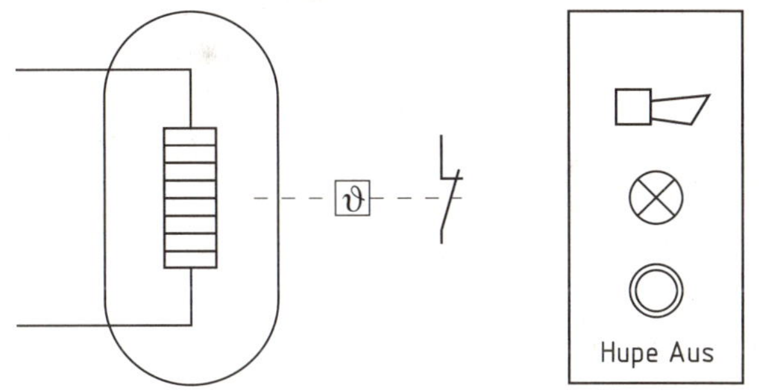

3.4.4 Automatische Einschaltfolge

Zeichnen Sie den Stromlaufplan in aufgelöster Darstellung für die nachfolgend beschriebene Steuerung!

- Drei Bandförderer sollen so gesteuert werden, daß sie in Abständen von 20 Sekunden in der Reihenfolge M3 – M2 – M1 automatisch eingeschaltet werden.
- Die Bedienung soll über einen Eintaster und einen Austaster erfolgen.
- Beim Ansprechen eines der drei Motorschutzrelais müssen alle Bandförderer abgeschaltet werden.
- Die Zeitrelais sollen nur für Kurzzeitbetrieb geeignet sein.

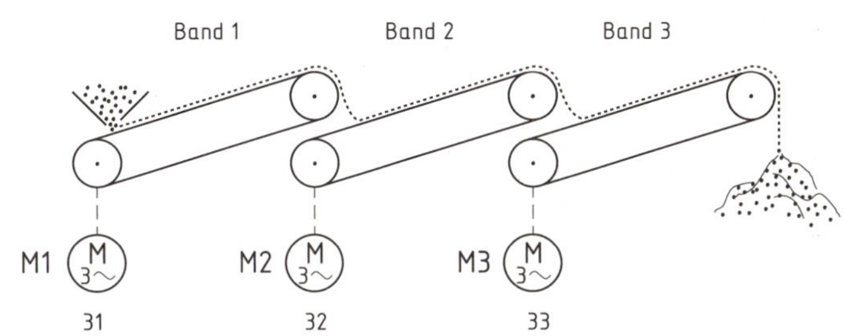

Aufgaben

3.4.5 Überwachungsanlage

Zeichnen Sie nach dem vorliegenden Verdrahtungsplan einer Überwachungsanlage

a) den Stromlaufplan in aufgelöster Darstellung,

b) die Klemmenleiste X1 mit allen Zielbezeichnungen für die inneren und äußeren Verbindungen (Anschlußplan).

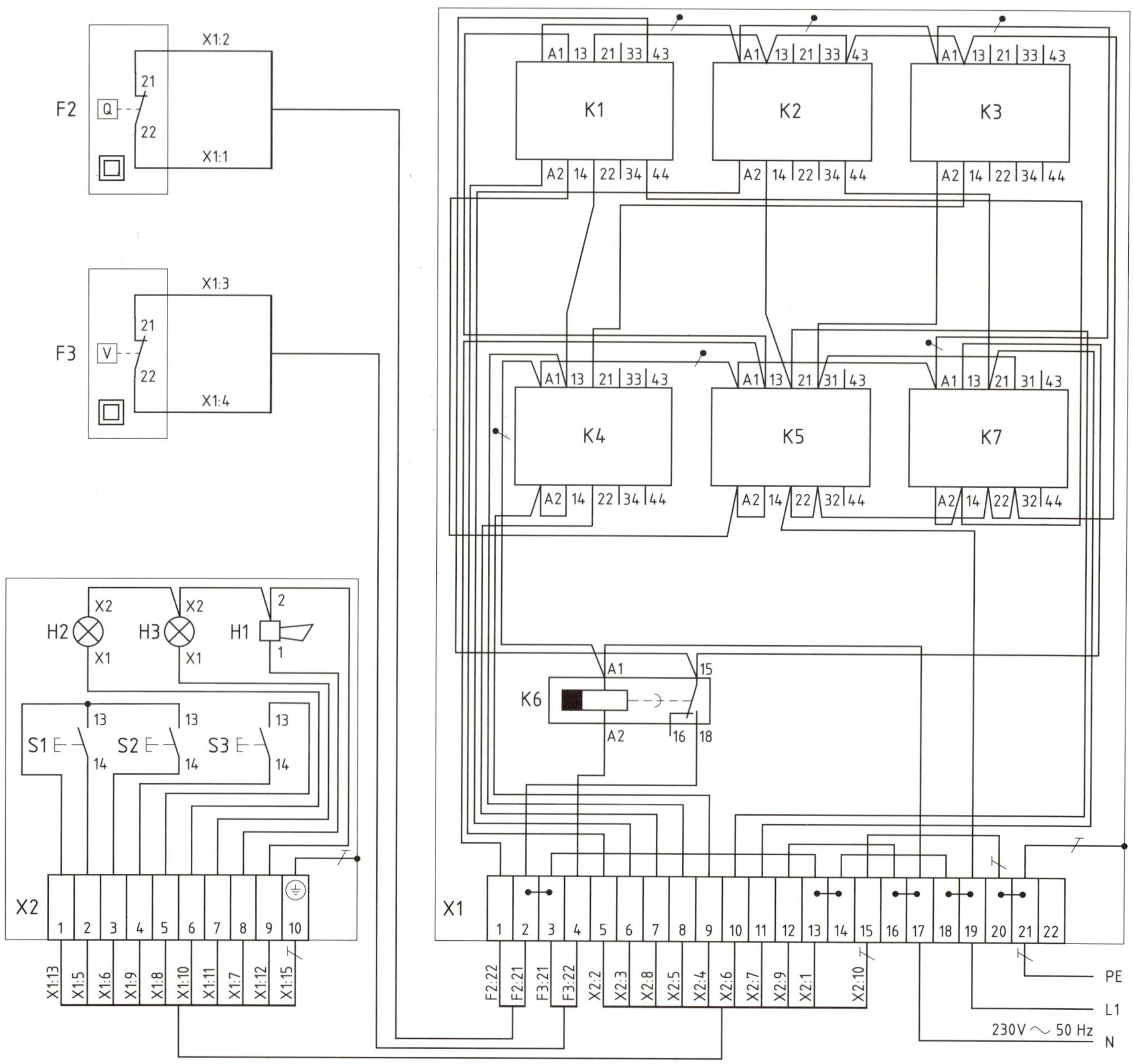

In den Leitwarten automatisierter Industrieanlagen werden Störungen im Produktionsprozeß in der Regel durch Hupensignal und Blinklicht gemeldet, damit sofort entsprechende Maßnahmen eingeleitet werden können. Die Überwachungssignale werden hierbei von Prozeßschaltern (Druckschaltern, Temperaturschaltern, usw.) ausgelöst, in elektrischen Schaltungen verarbeitet und an Signalmelder (Leuchtmelder, Hupe) weitergeleitet. Weil jede Störmeldung die gleiche elektrische Schaltung erfordert, werden Meldeanlagen aus mehreren Baugruppen, den Modulen, zusammengeschaltet. Man spricht von einer **modular aufgebauten Schaltung**.

Eine Baugruppe einer modular aufgebauten Schaltung besteht aus einer Leiterplatte, die mit den für eine bestimmte Schaltfunktion benötigten Bauelementen bestückt ist (Abb. 1). Leiterbahnen verbinden die Bauelemente zu einer Schaltung und diese über Steckerleiste und Steckverbinder mit den Schaltungen der anderen Module. Die Steckverbindungen ermöglichen einen schnellen Austausch defekter Baugruppen sowie eine einfache Erweiterung der Anlage.

Alle Baugruppen einer Anlage sind in einem genormten Gehäuse (19 Zoll-Gehäuse) mit fertig verdrahteten Steckerleisten untergebracht.

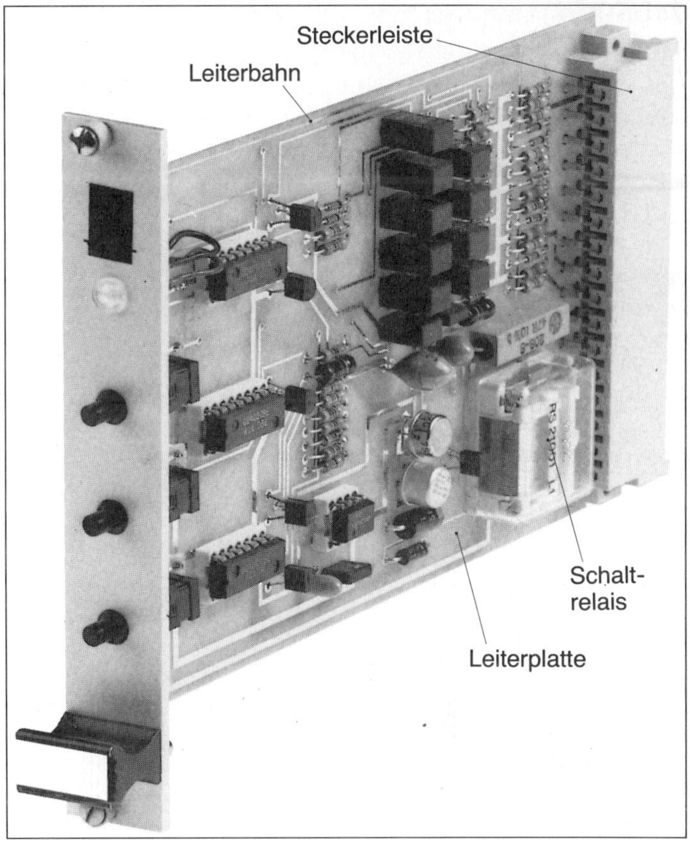

Abb. 1: Baugruppe einer modular aufgebauten Schaltung

Auftrag 1

Abb. 2 zeigt die Schaltung eines modular aufgebauten Störmeldesystems, welches die Temperatur und den Druck in einer chemischen Anlage überwacht.

Mit Hilfe der Herstellerunterlagen über die einzelnen Module soll der Aufbau der Gesamtschaltung beschrieben und die Überwachungsfunktion erläutert werden.

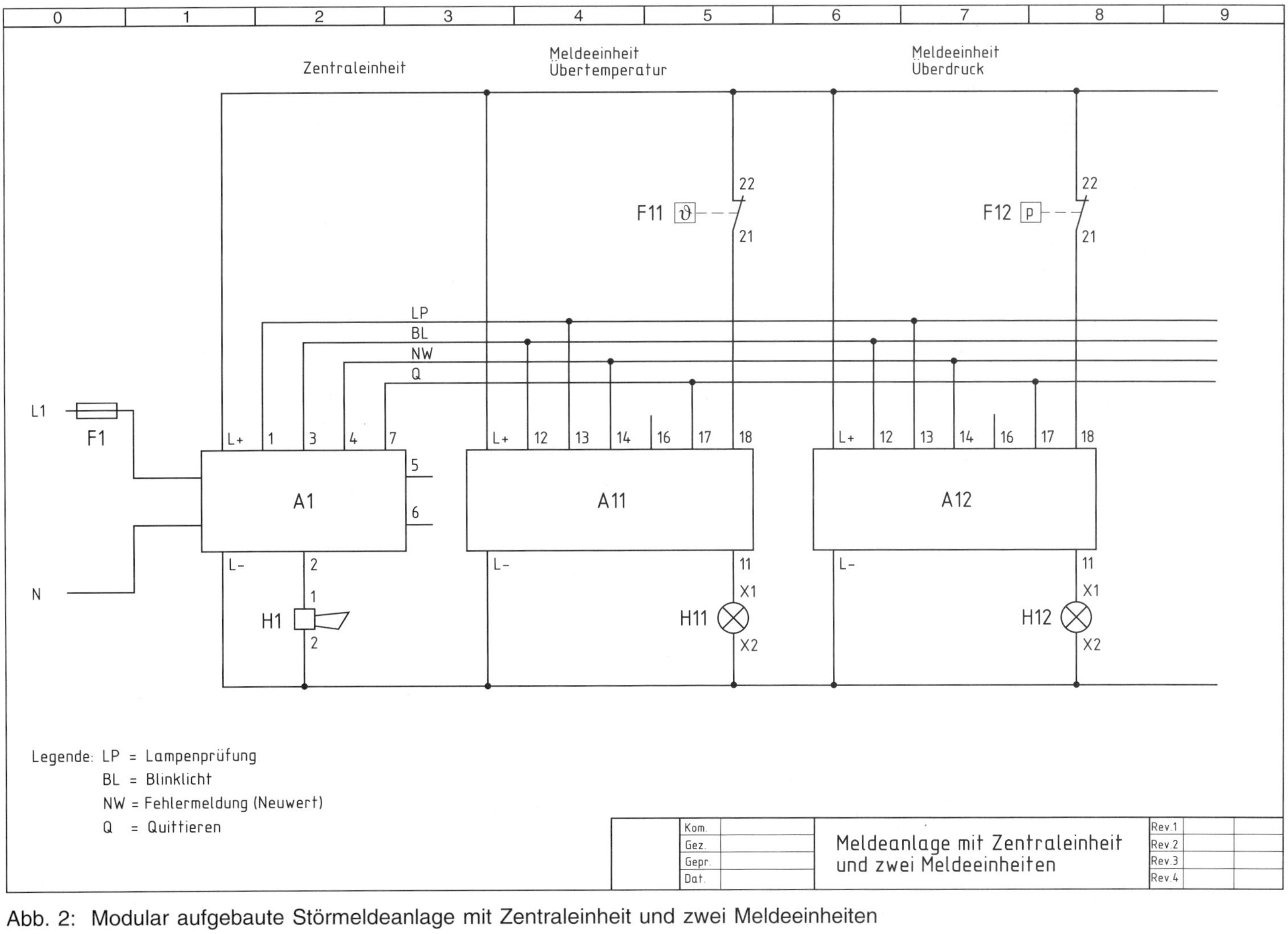

Abb. 2: Modular aufgebaute Störmeldeanlage mit Zentraleinheit und zwei Meldeeinheiten

Schaltungsaufbau

Die Meldeanlage besteht aus der Zentraleinheit A1 (Abb. 1 und Abb. 3) und zwei Meldeeinheiten A11 (Abb. 2) und A12.

Die **Zentraleinheit** enthält

- das Netzteil (T1, V1 bis V4) zur Gleichstromversorgung,
- das Blinkrelais K1,
- das Melderelais K2,
- den Drucktaster S1 zur Lampenprüfung und
- den Drucktaster S2 zur Fehlerquittierung.

Die Hupe H1 ist potentialgebunden (L+) über den Steckerstift A1:2 angeschlossen. Für einen potentialfreien Anschluß sind die Stifte A1:5/6 vorgesehen.

Die **Meldeeinheiten** sind vollkommen gleich aufgebaut. Sie enthalten jeweils die Schaltrelais K11, K12 und K13, die Entkopplungsdioden V11 und V12 sowie die Anschlüsse für Signalgeber (16 bzw. 18) und Meldelampe (11).

Funktionsanalyse

a) F11 gibt Fehlermeldung:

- F11:21/22 öffnet den Ruhestromkreis und schaltet K13:A1/A2 ab,
- K13:11/12 schließt und schaltet über K12:11/12 das Schaltrelais K11:A1/A2 ein,
- K11:11/14 schaltet die Selbsthaltung ein, K11:21/24 schließt und schaltet über A11:14 und A1:4 das Melderelais K2:A1/A2 ein,
- K2:11/14 schaltet über A1:2 die Hupe H1 ein, K2:31/34 schaltet das Blinkrelais K1:A1/A2 ein,
- K1:15/18 öffnet und schließt den Stromkreis mit der eingestellten Blinkfrequenz. Damit wird ein Blinksignal über A1:3, A11:12, K11:34/31 und A11:11 an den Leuchtmelder H11 gegeben. K11:41/44 gibt den Meldebaustein zur Quittierung frei.

b) Quittieren der Fehlermeldung:

- S2:13/14 schließt und schaltet über A1:7 und K11:41/44 das Schaltrelais K12:A1/A2 ein,
- K12:11/12 öffnet und schaltet K11:A1/A2 mit allen Schaltgliedern in die Ruhelage, d. h. Hupe und Blinkrelais werden abgeschaltet. Gleichzeitig schließt K12:11/14, so daß sich K12:A1/A2 über K13:11/12 hält. Weiterhin schließt K12:21/24 und schaltet über V12 und A11:11 den Leuchtmelder H11 auf Dauerlicht.

c) Lampenprüfung:

- S1:13/14 schließt und schaltet über A1:1 alle Meldeeinheiten über die Anschlüsse 13 und die Entkopplungsdioden V11 an L+ der Gleichspannung. Die Entkopplungsdioden schalten nur bei der Lampenprüfung die Lampen aller Störmeldeeinheiten parallel!

Hinweis:

Anlagen, die jeden neu auftretenden Fehler mit Hupensignal und Blinklicht melden, heißen **Neuwert**-Meldeanlagen.

Oft schaltet die Fehlermeldung gleichzeitig die Produktionsanlage ab. In diesem Fall können Folgefehler auftreten, die den ursächlichen Fehler nicht mehr erkennen lassen. Wenn z. B. ein Pumpenmotor durch Überlastung abschaltet, dann wird anschließend der Leitungsdruck unter den zulässigen Wert fallen und damit eine weitere Fehlermeldung ausgelöst.

Meldeanlagen, welche nur den zuerst auftretenden Fehler mit Hupensignal und Blinklicht melden, bezeichnet man als **Erstwert**-Meldeanlagen.

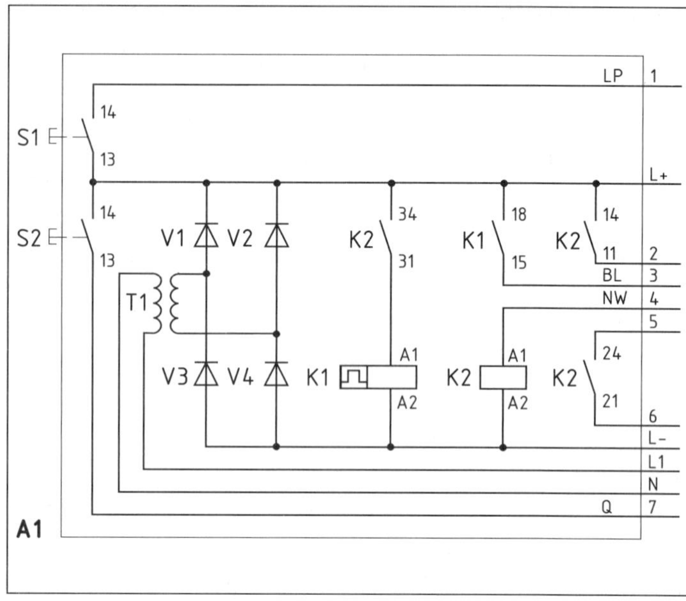

Abb. 1: Stromlaufplan der Zentraleinheit

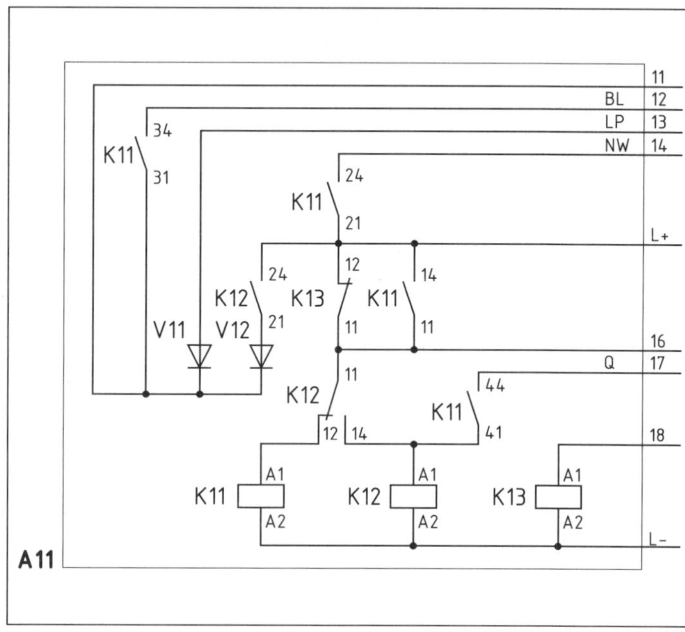

Abb. 2: Stromlaufplan der Störmeldeeinheit

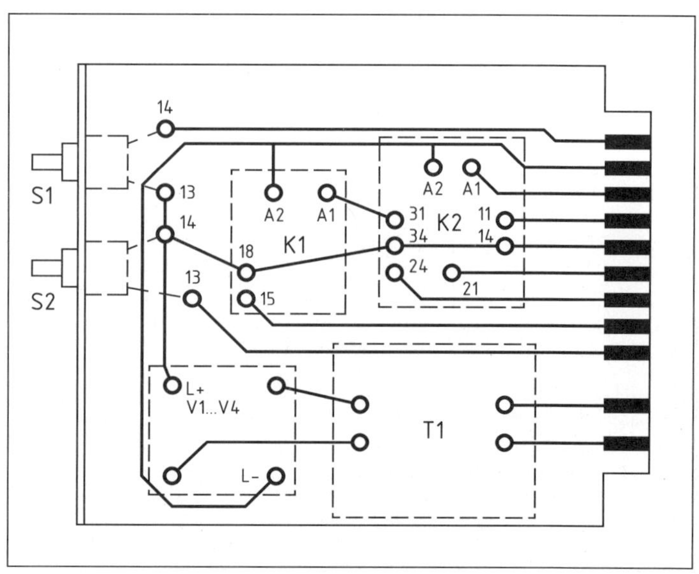

Abb. 3: Leiterplatte der Zentraleinheit

Aufgaben

3.5.1 Erweiterung der Meldungen

Die Störmeldeanlage der Abb. 2 auf S. 35 soll durch eine Niveaumeldung erweitert werden. Hierzu wird ein Niveauschalter mit Schließer eingebaut und eine Meldeeinheit A13 zugeschaltet.

Zeichnen Sie den Stromlaufplan für den erweiterten Teil der Meldeanlage.

Beachten Sie, daß die Niveauüberwachung ebenfalls durch einen Ruhestromkreis erfolgen muß!

3.5.2 Erweiterung der Bedienungsstellen

Für die Störmeldeanlage der Abb. 2 auf S. 35 sollen zusätzliche Taster für Lampenprüfung (S3) und Quittierung (S4) an einer zweiten Bedienungsstelle installiert werden.

Geben Sie an, an welchen Klemmen des Meldesystems die beiden Taster anzuschließend sind!

3.5.3 Potentialfreier Anschluß

Die Störungen der Störmeldeanlage in Abb. 2 auf S. 35 sollen zusätzlich in einer zweiten Leitwarte mit einer Hupe H2 für 230 V Wechselstrom gemeldet werden.

Zeichnen Sie den Stromlaufplan in aufgelöster Darstellung für den Anschluß der 230 V-Hupe!

3.5.4 Erstwert-Meldung

Eine Störmeldung zur Überwachung des Betriebs einer Pumpe besteht aus der Zentraleinheit A1 und zwei gleichen Meldeeinheiten A21 und A22.

Die Schaltungen der hier verwendeten Meldeeinheiten unterscheiden sich von der Meldeeinheit A11 in Abb. 2 auf der S. 36 dadurch, daß nur der zuerst in der Anlage auftretende Fehler durch Hupe und Blinklicht gemeldet wird. Die nachfolgenden Fehler werden mit Dauerlicht angezeigt (Erstwert-Meldung).

Erstellen Sie eine Funktionsanalyse der Störmeldeanlage für den Fehlerfall "F11 gibt Fehlermeldung".

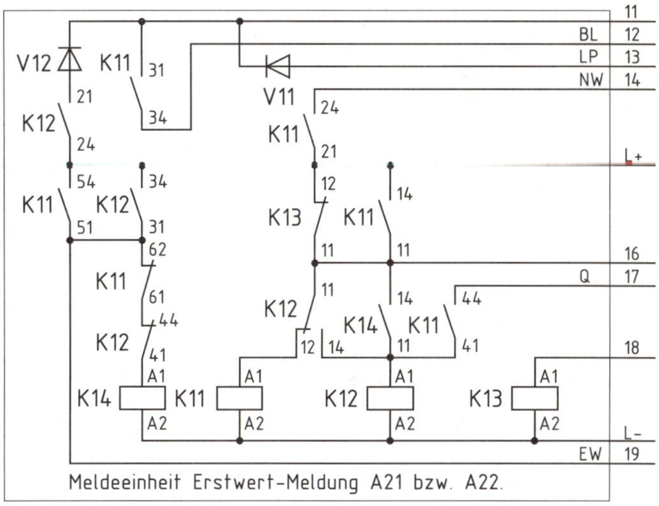

Meldeeinheit Erstwert-Meldung A21 bzw. A22.

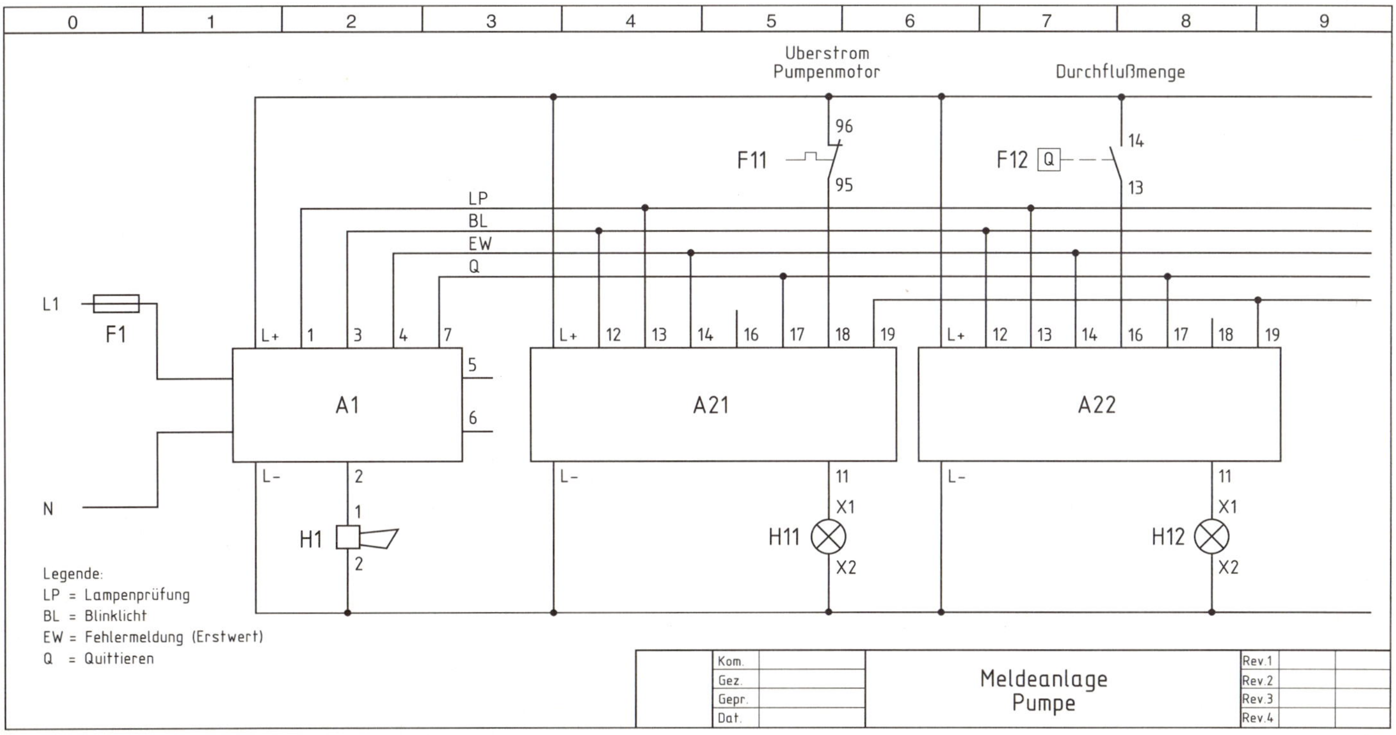

4 Digitaltechnik

4.1 Analyse von Schaltnetzen

Auftrag

Ein chemischer Prozeß wird durch die Temperatursensoren D1, D2 und D3 in Abb. 1 überwacht. An den Ausgängen der Sensoren liegen bei Überschreiten einer kritischen Temperatur jeweils 1-Signale (binäres Verhalten der Sensoren). Diese drei Eingangssignale an a, b und c werden mit den Logikbausteinen D4 bis D10 (Abb. 2) verknüpft. Es ergeben sich zwei Ausgangssignale an x und y, die in Anzeige- und Signaleinrichtungen weiterverarbeitet werden.

Es soll der Zusammenhang zwischen den Sensorsignalen an a, b und c (Eingangssignalen) und den Ausgangssignalen an x und y der Logikschaltung ermittelt werden.

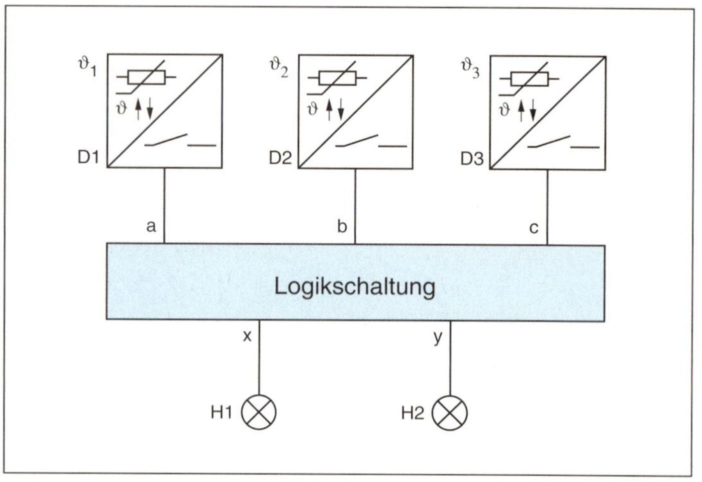

Abb. 1: Temperaturüberwachung

Funktionsanalyse

Die Funktionsanalyse kann mit Hilfe verschiedener Hilfsmittel erfolgen. Analyse mit

- Wertetabellen (auch: Funktionstabelle, Wahrheitstabelle),
- Signal-Zeit-Verläufen,
- Funktionsgleichungen.

Wertetabelle

Hierbei wird in drei Schritten vorgegangen. Zuerst müssen die Ein- und Ausgänge der Bausteine benannt werden. Danach werden alle Kombinationsmöglichkeiten der Eingangsvariablen festgelegt. Abschließend erfolgt dann das Ermitteln des Ausgangsverhaltens der einzelnen Bausteine von den Eingangsvariablen in Tabellenform. Die Schritte im einzelnen:

1. Die Leitungen an den Ein- und Ausgängen erhalten nach DIN 40 900 T.12 Kleinbuchstaben (Abb. 2).
2. Es sind drei Eingänge in der Schaltung vorhanden, also ergeben sich $2^3 = 8$ Kombinationen der Zustände 0 und 1 (Abb. 3 ①) in der Wertetabelle.
3. Um das Verhalten der gesamten Schaltung zu erkennen, wird das Ausgangsverhalten der einzelnen Bausteine in Abhängigkeit von den Eingangsvariablen mit Hilfe des Logiksymbols im Baustein bestimmt und in die Wertetabelle eingetragen. D4, D5 und D6 sind UND-Glieder und D7, D8, D9 und D10 sind ODER-Glieder.

Aus der Tabelle ergibt sich folgendes Verhalten der Schaltungsausgänge x und y:

- Ausgang x befindet sich dann im 1-Zustand ②, wenn sich mindestens ein Eingang a, b oder c im 1-Zustand befindet.
- Ausgang y befindet sich im 1-Zustand ③, wenn sich mindestens zwei der Eingänge a, b oder c im 1-Zustand befinden.

Faßt man die Einzelaussagen zusammen, dann kann diese Schaltung für folgende Aufgabe verwendet werden:

Wenn ein einzelner Temperaturwert (Signal an a, b oder c) des chemischen Prozesses überschritten wird, erfolgt eine Alarmmeldung.

x-Signal bedeutet: Alarm!

Dieses Signal muß noch nicht zum Abschalten der Anlage führen. Erst wenn zwei oder alle drei Temperaturwerte überschritten werden, muß die Anlage abgeschaltet werden.

y-Signal bedeutet: Abschalten!

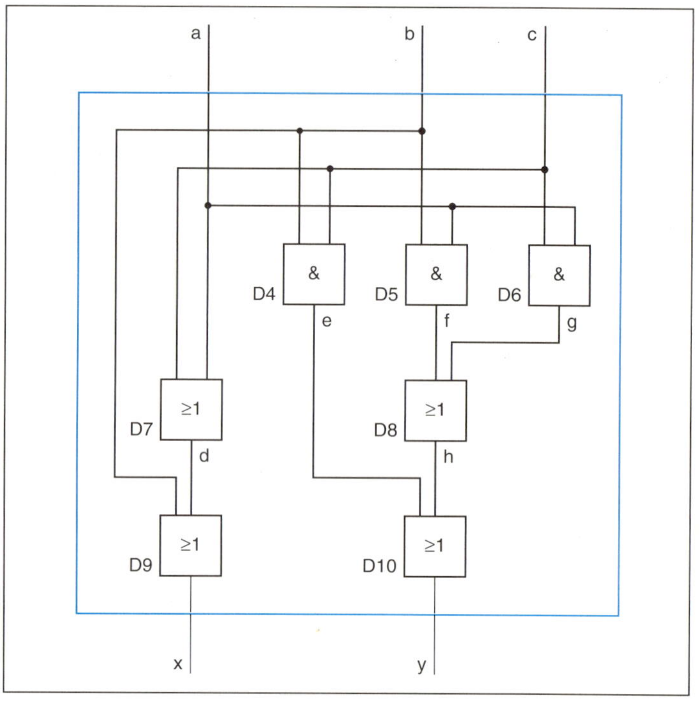

Abb. 2: Logikschaltung zu Abb. 1

①

Eingangsvariable			Ausgangsvariable						
a	b	c	d	x	e	f	g	h	y
0	0	0	0	0	0	0	0	0	0
0	0	1	1	**1**	0	0	0	0	0
0	1	0	0	**1**	0	0	0	0	0
0	1	1	1	**1**	1	0	0	0	**1**
1	0	0	1	**1**	0	0	0	0	0
1	0	1	1	**1**	0	0	1	1	**1**
1	1	0	1	**1**	0	1	0	1	**1**
1	1	1	1	**1**	1	1	1	1	**1**

② ③

Abb. 3: Wertetabelle zu Abb. 2

Signal-Zeit-Verlauf

Nachdem die Wertetabelle aufgestellt worden ist, läßt sich der Signal-Zeit-Verlauf zeichnen (Abb. 4).

- Zunächst werden die Eingangsvariablen an a, b und c mit allen Kombinationen dargestellt ④. Der Signal-Zeit-Verlauf ist eine andere Darstellungsart der Tabellenspalte „Eingangsvariable" von Abb. 3.
- Danach werden darunter die Ausgangssignale an x und y entsprechend ihrer logischen Verknüpfung dargestellt ⑤.

Aus der Abbildung ist erkennbar, daß sich der Ausgang x im 1-Zustand befindet, wenn sich bereits ein Eingangssignal im 1-Zustand befindet. Nur wenn alle Sensorausgänge sich im 0-Zustand befinden ⑥ (Temperatur des chemischen Prozesses ist hierbei nicht überschritten), wird dieses auch als 0-Signal am Ausgang signalisiert.

Der Ausgang y dagegen zeigt erst dann ein 1-Signal ⑦, wenn sich mindestens zwei Sensorsignale im 1-Zustand befinden.

Funktionsgleichungen

Auch hierbei müssen die Ein- und Ausgänge der Bausteine benannt werden. Für die einzelnen Logikbausteine werden dann die Gleichungen mit der Booleschen Algebra aufgestellt.

Ausgang x:

D7: $d = a \vee c$

D9: $x = b \vee d$

$x = a \vee b \vee c$

D4: $e = b \wedge c$

D5: $f = a \wedge b$ → D8: $h = f \vee g$

D6: $g = a \wedge c$ → D8

D8 → D10: $y = e \vee h$

Ausgang y:

$y = (b \wedge c) \vee (a \wedge b) \vee (a \wedge c)$

$(b \wedge c)$ → D4; $(a \wedge b)$ → D5; $(a \wedge c)$ → D6

D5 → D8; D6 → D8

D4 → D10; D8 → D10

Der x-Ausgang entspricht in seinem Logikverhalten einer ODER-Verknüpfung. Es entsteht dann ein 1-Signal am Ausgang, wenn sich a oder b oder c im 1-Zustand befinden.

Aus der Gleichung für den Ausgang y erkennt man, daß die Eingänge a, b und c zunächst durch UND-Glieder (D4, D5 und D6) wie folgt verknüpft werden:

$b \wedge c$; $a \wedge b$; $a \wedge c$

Da die Ausgangssignale dieser UND-Bausteine durch ODER-Glieder (D8 und D10) zusammengefaßt werden, liegt am Ausgang y immer dann ein 1-Signal, wenn sich einer der Ausgänge der UND-Glieder im 1-Zustand befindet.

Stellt man die verschiedenen Wege für eine Funktionsanalyse von vorgegebenen Logikschaltungen im Zusammenhang dar, ergibt sich die Übersicht von Abb. 5.

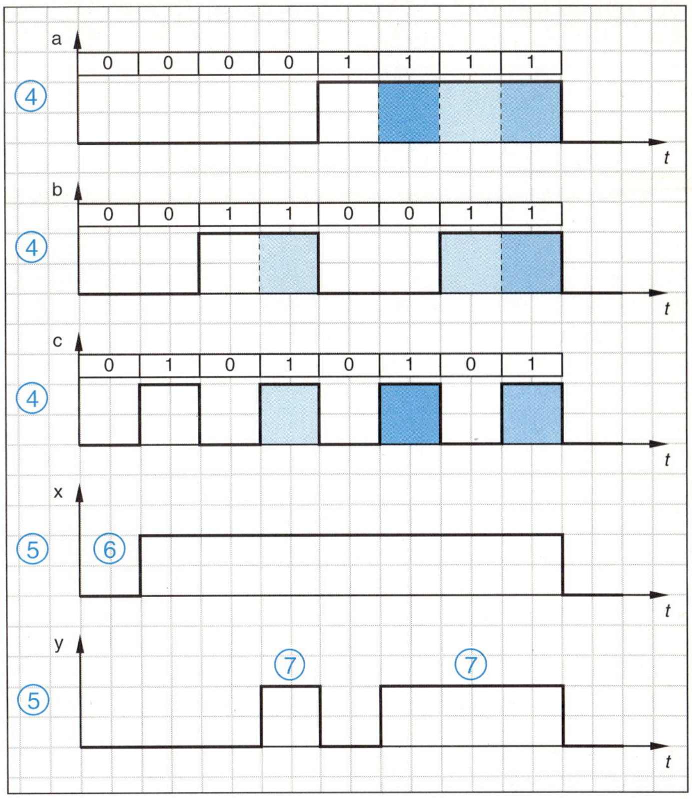

Abb. 4: Signal-Zeit-Verlauf zu Abb. 2

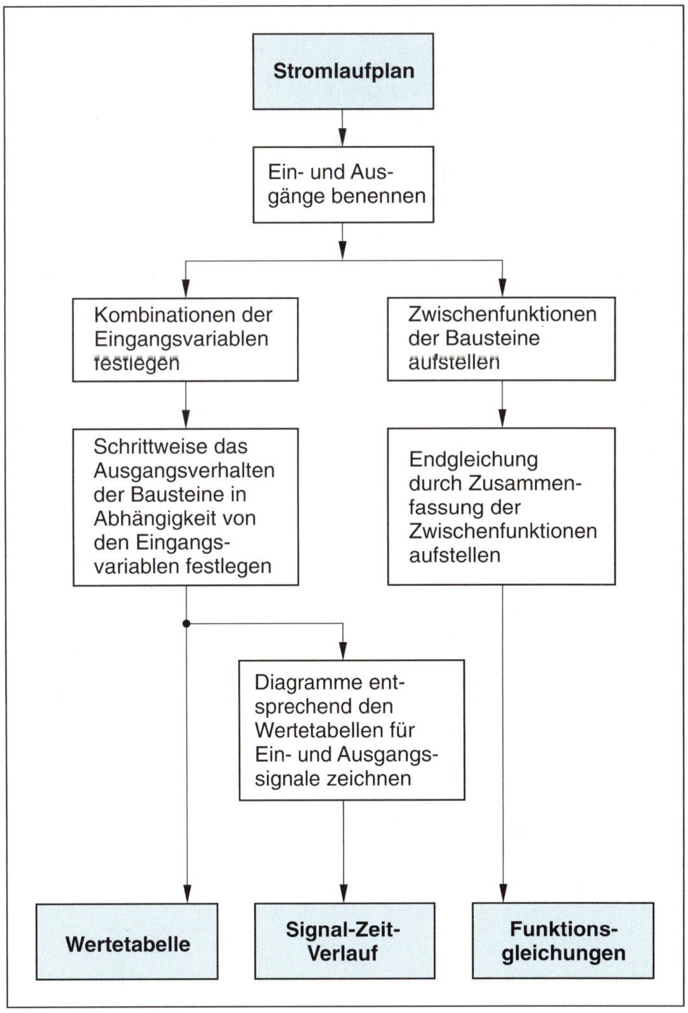

Abb. 5: Analyse von Schaltnetzen

Aufgaben

4.1.1 Schaltung 1

a) Stellen Sie für die Schaltungen die Wertetabellen auf!
b) Zeichnen Sie den Signal-Zeit-Verlauf!
c) Stellen Sie die Funktionsgleichungen auf!
d) Beschreiben Sie die Besonderheiten der Schaltungen und nennen Sie mögliche Anwendungsfälle!

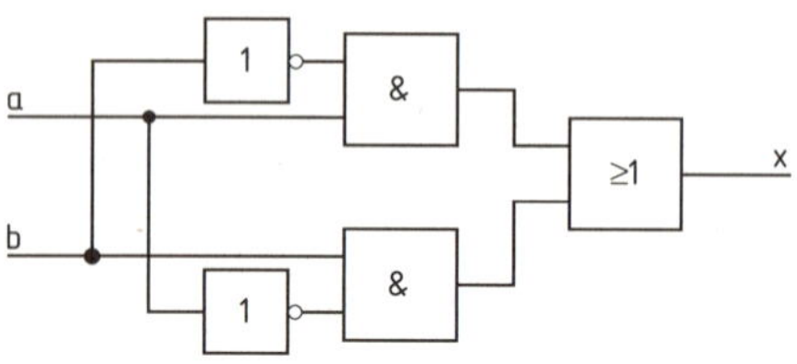

A)

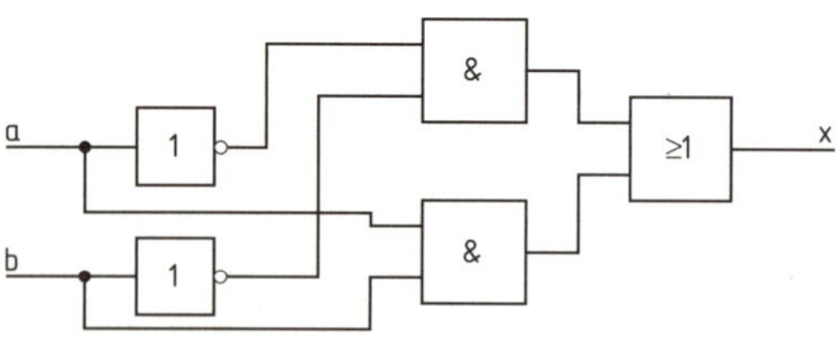

B)

4.1.3 Schaltung 2

a) Ermitteln Sie für die Schaltungen die Wertetabellen!
b) Zeichnen Sie den Signal-Zeit-Verlauf!
c) Stellen Sie die Funktionsgleichungen auf!
c) Beschreiben Sie die Besonderheiten der Schaltungen und nennen Sie mögliche Anwendungsfälle!

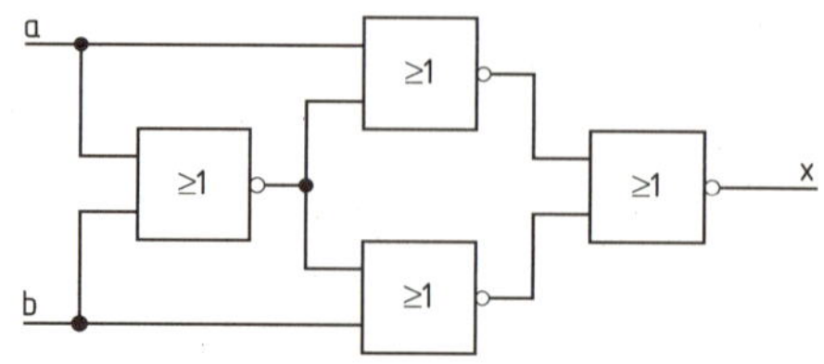

A)

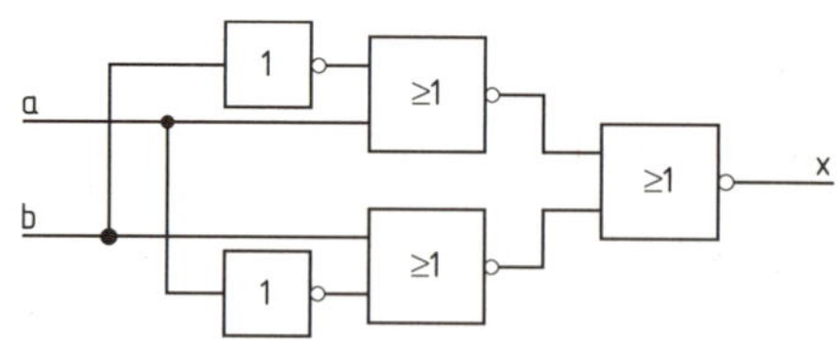

B)

4.1.2 Vereinfachungen

Vereinfachen Sie die Verknüpfungsschaltungen!

Hinweise:

- Wertetabelle erstellen.
- Funktionsgleichung aufstellen.
- Aus der Funktionsgleichung heraus die vereinfachte Schaltung zeichnen.

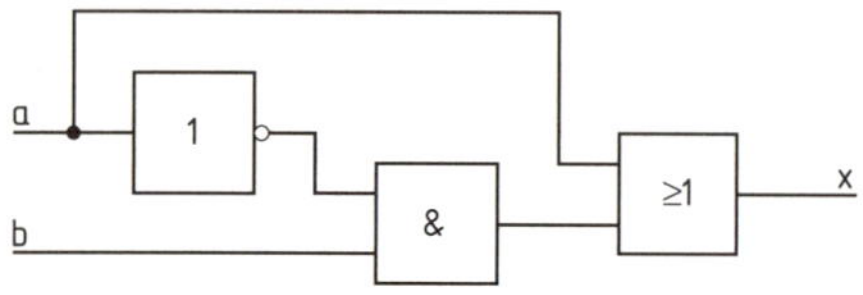

A)

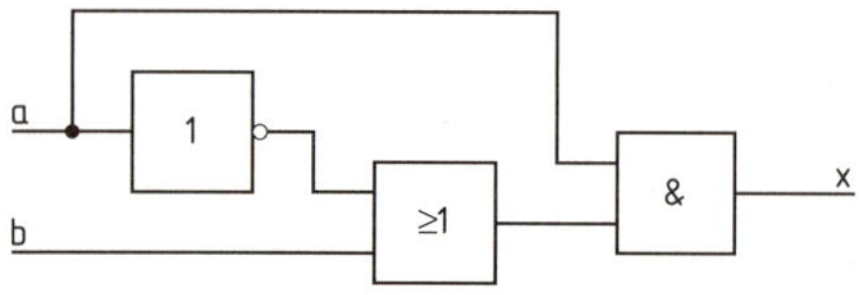

B)

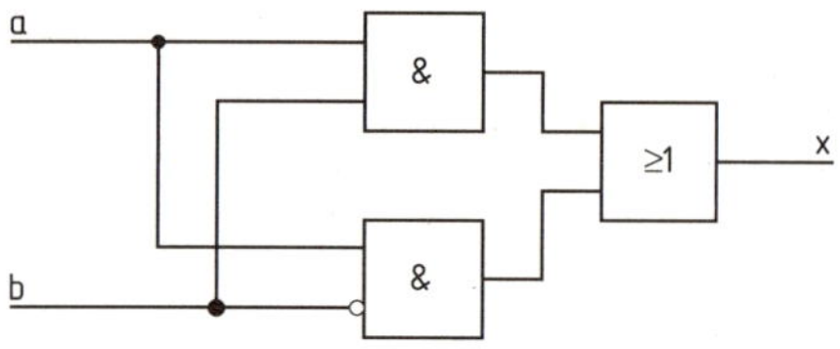

C)

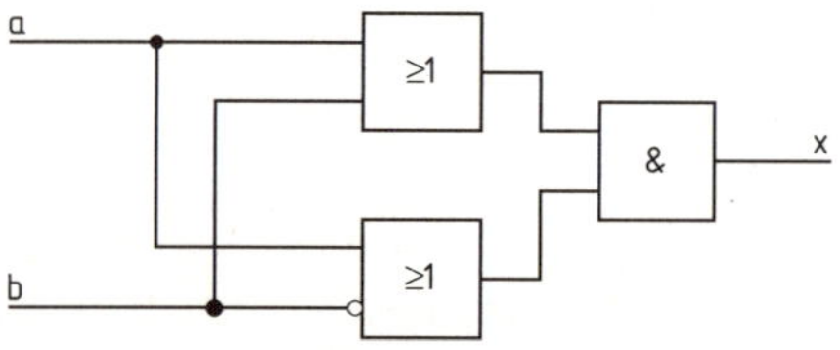

D)

4.1.4 De Morgansches Gesetz

Von den acht Schaltungen besitzen jeweils zwei das gleiche logische Verhalten.

a) Weisen Sie das gleiche logische Verhalten durch Wertetabellen nach!
b) Benennen Sie die Schaltungen mit gleichem Verhalten!
c) Stellen Sie für jede Schaltung die mathematische Funktion auf und verknüpfen Sie die gleichen Teile durch ein Gleichheitszeichen!

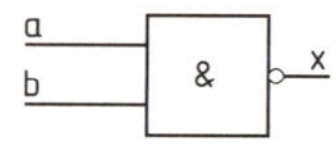

A)

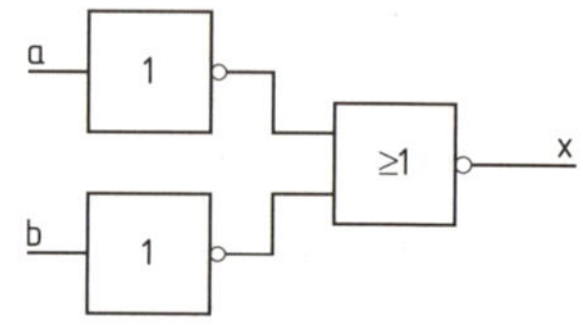

B)

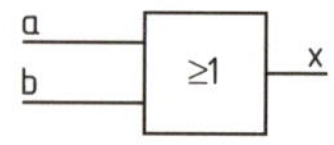

C)

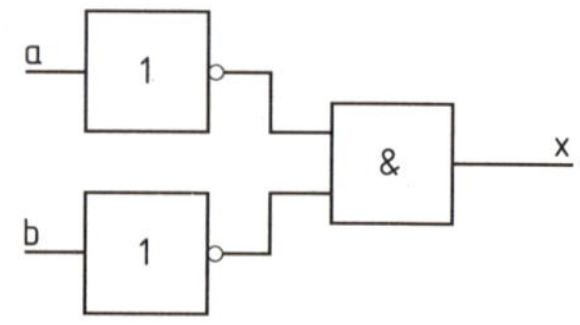

D)

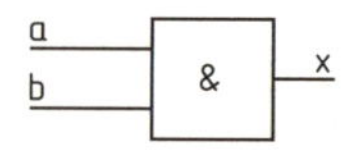

E)

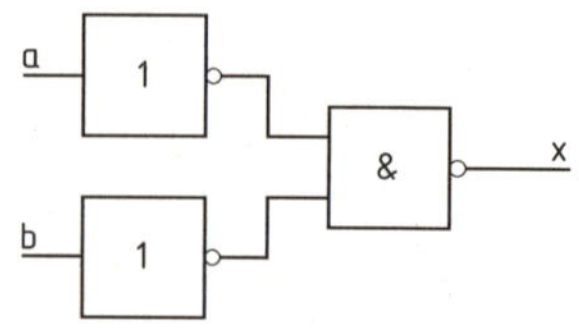

F)

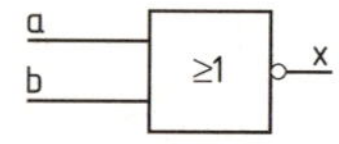

G)

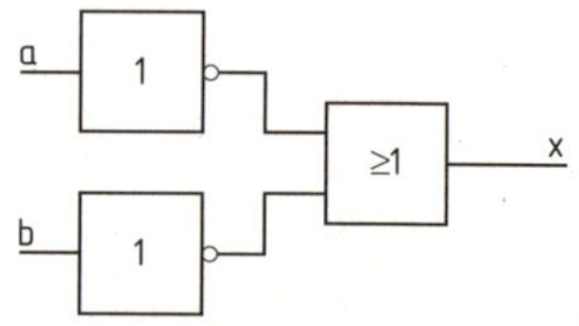

H)

Aufgaben

4.1.5 Schaltungsanalyse

a) Ermitteln Sie die Wertetabellen für die Ausgänge x und y!

b) Stellen Sie die Funktionsgleichung für x und y auf!

c) Interpretieren Sie die Ergebnisse in Richtung möglicher Anwendungen!

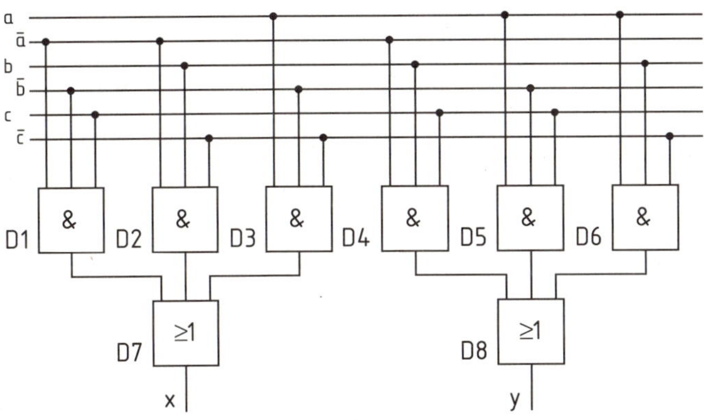

4.1.7 Informationsweiche

In der Abbildung ist eine Informationsweiche dargestellt. Die Eingänge a und b sind die Dateneingänge. Der Eingang c dient der Umschaltung für den Datenfluß.

Erklären Sie die Funktion der Schaltung mit Hilfe einer Wertetabelle!

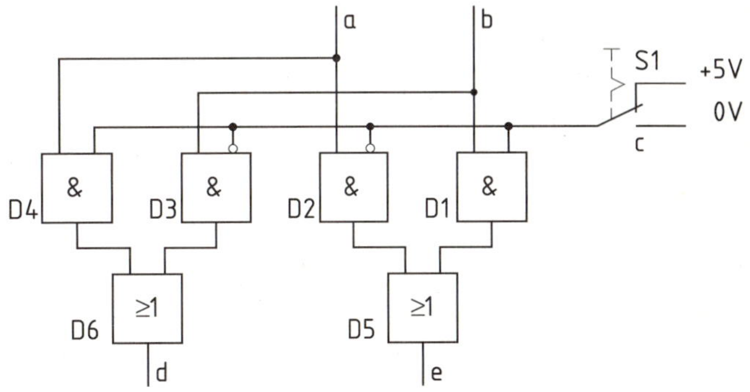

4.1.6 Schaltungsanalyse 2

a) Stellen Sie für die abgebildete Schaltung eine Wertetabelle für die Schalter und die Lampe auf!

b) Stellen Sie fest, bei welchen Schalterstellungen die Lampe leuchtet!

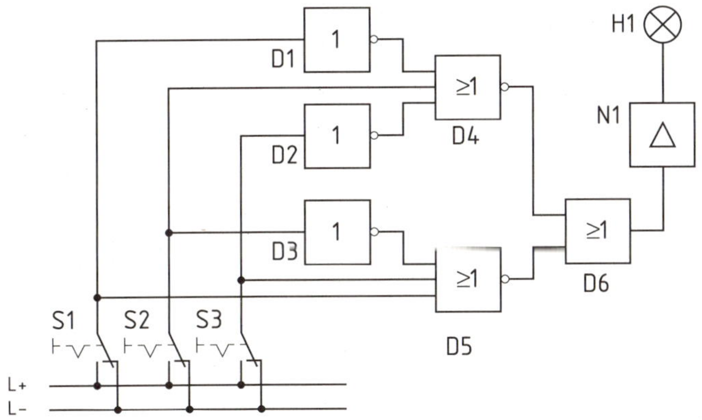

4.1.8 Halbaddierer

Die abgebildete Schaltung ist in der Lage, Dualzahlen zu addieren. An die Eingänge a und b werden die zu addierenden Zeichen (0 oder 1) gelegt. Am Ausgang S wird die Summe und an Ü der Übertrag abgenommen.

Stellen Sie die Wertetabelle auf!

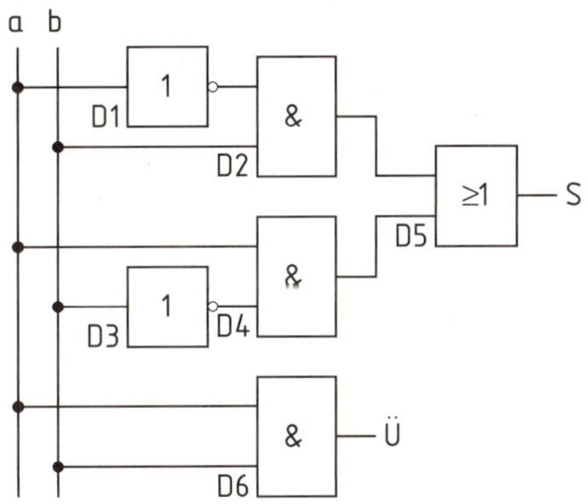

4.1.9 Volladdierer

Die abgebildete integrierte Schaltung besteht aus zwei 1 Bit-Volladdierern. Die Anschlüsse haben folgende Bedeutung:

1A: Erste Dualzahl

1B: Zweite Dualzahl

$1C_n$: Übertrag aus vorangegangener Rechnung

$1C_{n+1}$: Neuer Übertrag

1Σ: Summe

a) Stellen Sie die Wertetabelle auf!

b) Erklären Sie den Addiervorgang!

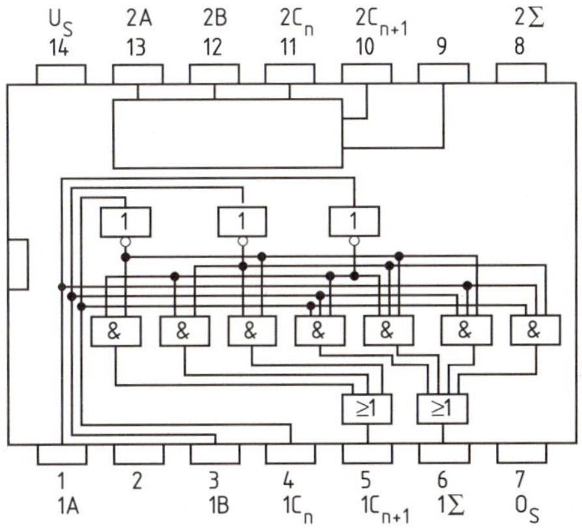

4.2 Umwandlung von Schaltnetzen

Auftrag

Aus Vereinfachungs- und Kostengründen ist es oft sinnvoll, wenn in logischen Schaltungen nur ein Bausteintyp vorkommt, z. B. nur NAND- oder nur NOR-Gatter.

In Abb. 1a ist ein ODER-Baustein durch drei NAND-Gatter nachgebildet worden. Es soll nachgewiesen werden, daß beide Schaltungen identisches Verhalten zeigen.

Lösung mit Wertetabellen

Aus den Ergebnissen der Wertetabelle (Abb. 1b) erkennt man, daß in beiden Schaltungen bei entsprechenden Eingangsvariablen die Ausgangsvariable x gleich ist.

Mathematische Lösung

Der Mathematiker De Morgan (1806 bis 1871) hat die Boolesche Algebra erweitert und folgende nach ihm benannte Gesetze gefunden:

1. De Morgansches Gesetz:

   NAND-Gatter ≙ ODER-Gatter mit negierten Eingängen

   $\overline{a \wedge b} \;=\; \bar{a} \vee \bar{b}$

2. De Morgansches Gesetz:

   NOR-Gatter ≙ UND-Gatter mit negierten Eingängen

   $\overline{a \vee b} \;=\; \bar{a} \wedge \bar{b}$

Die Schaltung zum zweiten De Morganschen Gesetz ist bereits in Abb. 1a zu sehen. Es muß allerdings noch eine mathematische Umformung der ursprünglichen Formel wie folgt vorgenommen werden:

- Linke und rechte Seite des 2. Morganschen Gesetzes negieren (damit ist keine Änderung der Gleichung verbunden)

  $\overline{\overline{a \vee b}} \;=\; \overline{\bar{a} \wedge \bar{b}}$

- Die doppelte Negation hebt sich in ihrer Wirkung auf. Es entsteht eine Gleichung, die der abgebildeten Schaltung entspricht (Abb. 1c):

  $a \vee b \;=\; \overline{\bar{a} \wedge \bar{b}}$

  ODER NAND

Der Zusammenhang zwischen dem ersten De Morganschen Gesetz, der Wertetabelle der mathematischen Gleichung und der entsprechenden Schaltung zeigt Abb. 2. Ein UND-Glied wird durch NOR-Glieder ersetzt.

Da in vielen Fällen zur Lösung schaltungstechnischer Probleme zunächst mathematische Verknüpfungen vorliegen, kann wie in der folgenden Tabelle vorgegangen werden:

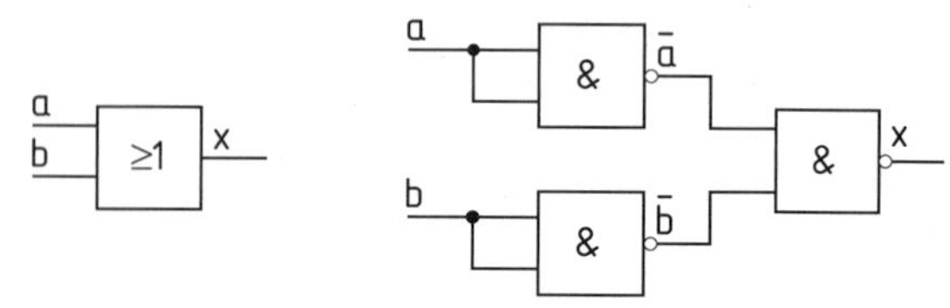

a) Schaltung

a	b	x
0	0	0
0	1	1
1	0	1
1	1	1

a	b	$\bar{a}$	$\bar{b}$	x
0	0	1	1	0
0	1	1	0	1
1	0	0	1	1
1	1	0	0	1

b) Wertetabelle

$$a \vee b = \overline{\bar{a} \wedge \bar{b}}$$

c) Funktionsgleichung

Abb. 1: ODER ersetzt durch NAND

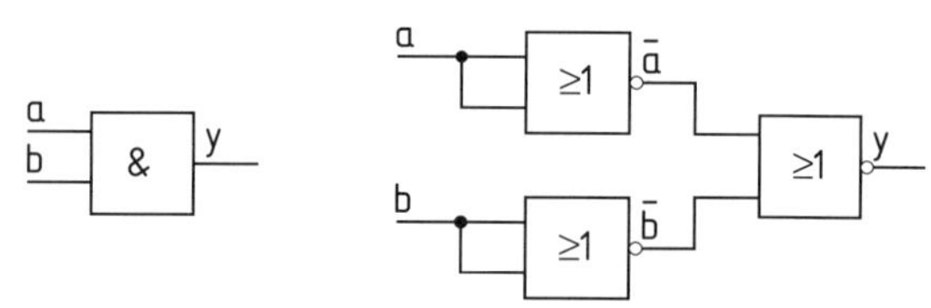

a) Schaltung

a	b	y
0	0	0
0	1	0
1	0	0
1	1	1

a	b	$\bar{a}$	$\bar{b}$	y
0	0	1	1	0
0	1	1	0	0
1	0	0	1	0
1	1	0	0	1

b) Wertetabelle

$$a \wedge b = \overline{\bar{a} \vee \bar{b}}$$

c) Funktionsgleichung

Abb. 2: UND ersetzt durch NOR

	ODER ersetzt durch NAND	**UND ersetzt durch NOR**
Ausgangsgleichung	$x = a \vee b$	$y = a \wedge b$
Negation beider Seiten	$\bar{x} = \overline{a \vee b}$	$\bar{y} = \overline{a \wedge b}$
Anwendung der De Morgan Gesetze (Umkehrung der Logikzeichen und Aufteilung der Negation)	$\bar{x} = \bar{a} \wedge \bar{b}$	$\bar{y} = \bar{a} \vee \bar{b}$
Negation beider Seiten	$\bar{\bar{x}} = \overline{\bar{a} \wedge \bar{b}}$	$\bar{\bar{y}} = \overline{\bar{a} \vee \bar{b}}$
Aufhebung der Negation, Endgleichung	$x = \overline{\bar{a} \wedge \bar{b}}$	$y = \overline{\bar{a} \vee \bar{b}}$

Aufgaben

4.2.1 NOR durch NAND

Ein NOR-Gatter soll durch NAND-Gatter mit zwei Eingängen ersetzt werden.

a) Stellen Sie die dazu erforderlichen Gleichungen auf!

b) Zeichnen Sie den Stromlaufplan!

4.2.2 EXKLUSIV-ODER durch NAND

Eine EXKLUSIV-ODER-Schaltung soll mit NAND-Gattern aufgebaut werden.

a) Stellen Sie die dazu erforderlichen Gleichungen auf!

b) Zeichnen Sie den Stromlaufplan!

4.2.3 EXKLUSIV-ODER durch NOR

Eine EXKLUSIV-ODER-Schaltung soll nur mit NOR-Gattern aufgebaut werden.

a) Stellen Sie die dazu erforderlichen Gleichungen auf!

b) Zeichnen Sie den Stromlaufplan!

4.2.4 Temperaturüberwachung

Die Temperaturüberwachungsschaltung von S. 38 besitzt folgende Gleichungen für die Ausgangssignale:

$x = a \vee b \vee c$; $y = (b \wedge c) \vee (a \wedge b) \vee (a \wedge c)$

Die Schaltung soll nur NAND-Gatter mit zwei bzw. drei Eingängen besitzen.

a) Stellen Sie die dazu erforderlichen Gleichungen auf!

b) Zeichnen Sie den Stromlaufplan!

4.2.5 ÄQUIVALENZ-Gatter mit NAND

Die Abbildung zeigt ein Äquivalenz-Gatter, das nur aus NAND-Gattern aufgebaut ist.

a) Stellen Sie die Wertetabelle auf!

b) Stellen Sie die Funktionsgleichung auf!

c) Wandeln Sie die Schaltung so um, daß sie aus NICHT-, UND- und ODER-Gliedern besteht!

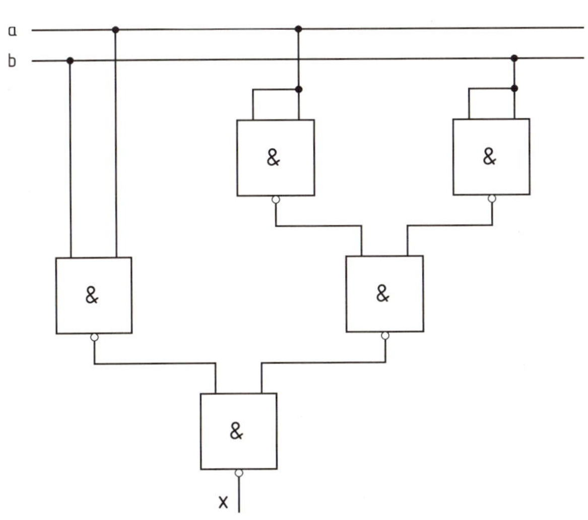

4.2.6 NAND durch NOR

Ein NAND-Gatter soll durch NOR-Gatter mit zwei Eingängen ersetzt werden.

a) Stellen Sie die dazu erforderlichen Gleichungen auf!

b) Zeichnen Sie den Stromlaufplan!

4.2.7 ÄQUIVALENZ-Gatter mit NOR ❑

Die Abbildung zeigt ein Äquivalenz-Gatter nur mit NOR-Bausteinen.

a) Stellen Sie die Wertetabelle auf!

b) Wandeln Sie die Schaltung so um, daß sie nur aus NICHT-, UND- und ODER-Gattern besteht.

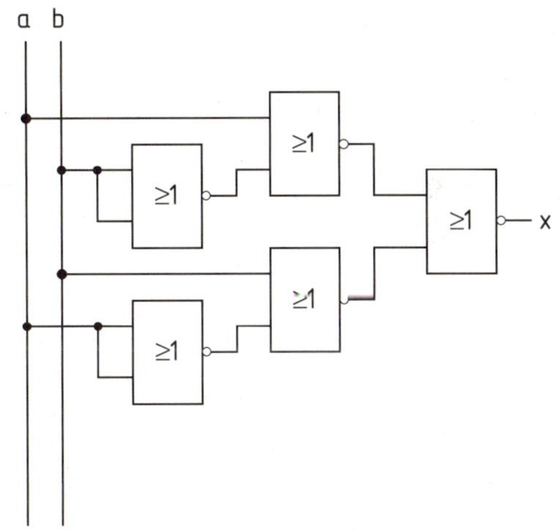

4.2.8 Signal-Zeit-Verläufe

Die Signal-Zeit-Verläufe A) und B) geben das Verhalten von zwei unbekannten Logikschaltungen wieder.

a) Zeichnen Sie den Stromlaufplan für A) nur mit NAND-Gattern!

b) Zeichnen Sie den Stromlaufplan für B) nur mit NOR-Gattern!

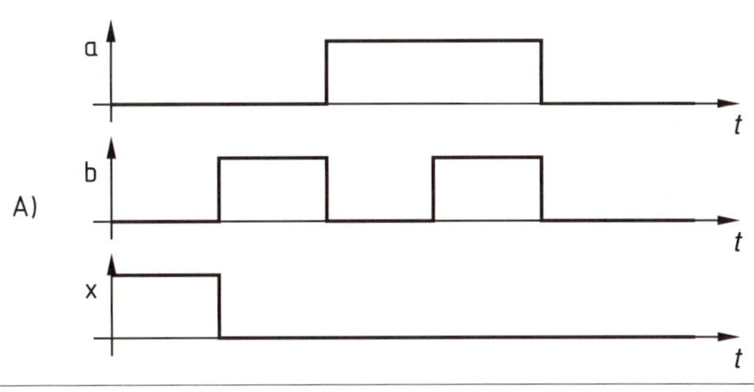

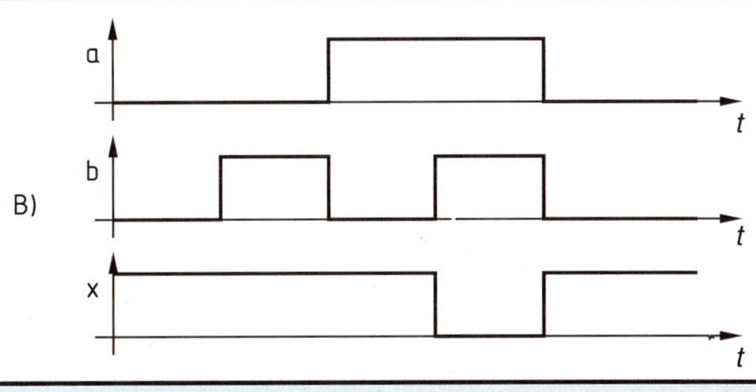

Auftrag 1

Der Füllstand von drei Behältern für die Farbherstellung wird von binär arbeitenden Sensoren überwacht. In einem Laborraum soll durch drei verschiedene Signallampen angezeigt werden, wenn ein beliebiger (durch H1), wenn zwei beliebige (durch H2) und wenn alle drei (durch H3) Behälter gefüllt sind (Abb. 1).

Es soll die Logikschaltung entworfen werden, mit der angezeigt werden kann, wenn ein Behälter gefüllt ist.

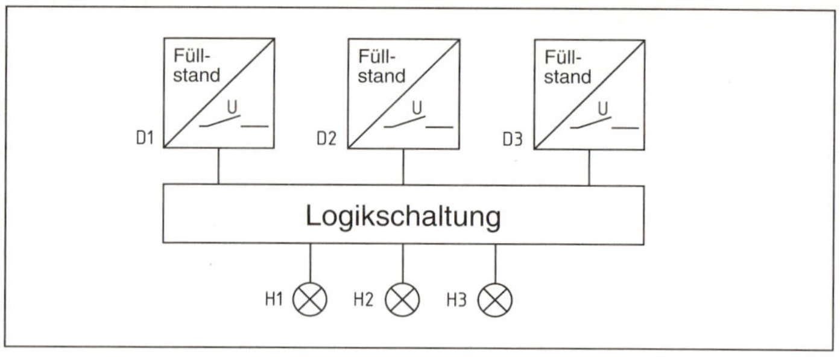

Abb. 1: Füllstandsüberwachung

Lösung

Der Auftrag liegt in Textform vor. Es ist deshalb erforderlich, zunächst die Eingangsvariablen und die Ausgangsvariablen festzulegen und zu benennen.

Die Eingangsvariablen werden durch die Sensoren D1, D2 und D3 gebildet (Abb. 1). Sie erhalten die Kennzeichnungen a, b und c an den Ausgängen.

Die Ausgangsvariablen dagegen entsprechen den Signalzuständen der Lampen H1, H2 und H3. Sie erhalten die Kennzeichnungen x, y und z. Für die Lösung des Auftrags wird nur die Ausgangsvariable x betrachtet.

Bei drei Eingangsvariablen ergeben sich $2^3 = 8$ Eingangskombinationen. Sie sind mit der Ausgangsvariablen x in der Wertetabelle von Abb. 2 aufgeführt. Der Entwurf der Schaltung kann jetzt auf zwei verschiedenen Wegen erfolgen:

- Entwurf der Schaltung über die Zeilen, deren Ausgangsvariable 1 ist (disjunktive Normalform, ODER-Normalform).
- Entwurf der Schaltung über die Zeilen, deren Ausgangsvariable 0 ist (konjunktive Normalform, UND-Normalform).

a	b	c	x	y	z
0	0	0	0	0	0
0	0	1	1	0	0
0	1	0	1	0	0
0	1	1	0	1	0
1	0	0	1	0	0
1	0	1	0	1	0
1	1	0	0	1	0
1	1	1	0	0	1

x ≙ H1
y ≙ H2
z ≙ H3

Abb. 2: Wertetabelle zur Füllstandsüberwachung von Abb. 1

Da die **disjunktive Normalform** in diesem Fall einfacher ist (nur drei Zeilen), wird jetzt in folgenden Schritten vorgegangen:

a	b	c	x	Disjunktive Normalform ①
0	0	0	0	
0	0	1	1	$\bar{a} \wedge \bar{b} \wedge c$
0	1	0	1	$\bar{a} \wedge b \wedge \bar{c}$
0	1	1	0	
1	0	0	1	$a \wedge \bar{b} \wedge \bar{c}$
1	0	1	0	
1	1	0	0	
1	1	1	0	

$x = (\bar{a} \wedge \bar{b} \wedge c) \vee (\bar{a} \wedge b \wedge \bar{c}) \vee (a \wedge \bar{b} \wedge \bar{c})$ ②

Abb. 3: Disjunktive Normalform für die Ausgangsvariable x aus Abb. 1

Vorgehensweise bei der Bildung der disjunktiven Normalform:

1. Zeilen auswählen, deren Ausgangsvariable 1 ist.
2. Jede Eingangsvariable (negiert bzw. nicht negiert) durch UND verknüpfen (Zwischenfunktionen).
3. Die Zwischenfunktionen durch ODER verknüpfen.

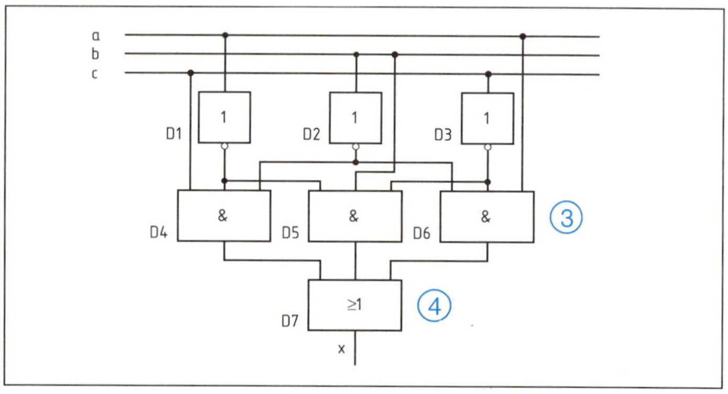

Abb. 4: Ausgangsvariable x für die Füllstandsüberwachung von Abb. 1

In Abb. 3 ist das Ergebnis dargestellt ①. Wenn die Eingangsvaribale a in der Wertetabelle z. B. 0 ist, wird sie als $\bar{a}$ dargestellt. Wenn sie dagegen 1 ist, nur als a.

Aus der Endgleichung für x ② erkennt man im Prinzip bereits den Schaltungsaufbau. Die Eingangsvariablen a, b und c (z. T. negiert) werden durch 3 UND-Gatter ③ mit jeweils 3 Eingängen verknüpft (Abb. 4). Deren Ausgänge gelangen dann an die drei Eingänge eines ODER-Gatters ④.

Beim Aufstellen der **konjunktiven Normalform** (UND-Normalform) wird entsprechend vorgegangen.

a	b	c	x	Konjunktive Normalform
0	0	0	0	$a \vee b \vee c$
0	0	1	1	
0	1	0	1	
0	1	1	0	$a \vee \bar{b} \vee \bar{c}$
1	0	0	1	
1	0	1	0	$\bar{a} \vee b \vee \bar{c}$
1	1	0	0	$\bar{a} \vee \bar{b} \vee c$
1	1	1	0	$\bar{a} \vee \bar{b} \vee \bar{c}$

$x = (a \vee b \vee c) \wedge (a \vee \bar{b} \vee \bar{c}) \wedge (\bar{a} \vee b \vee \bar{c}) \wedge (\bar{a} \vee \bar{b} \vee c) \wedge (\bar{a} \vee \bar{b} \vee \bar{c})$

Abb. 5: Konjunktive Normalform für die Ausgangsvariable x aus Abb. 1

Vorgehensweise beim Aufstellen der konjunktiven Normalform:

1. Zeilen auswählen, deren Ausgangsvariable 0 ist.
2. Jede Eingangsvariable (negiert oder nicht negiert) durch ODER verknüpfen (Zwischenfunktionen).
3. Die Zwischenfunktionen durch UND verknüpfen.

Die Wertetabelle mit den Zwischenfunktionen ist in Abb. 5 zu sehen. Die Endgleichung zeigt, daß die Schaltung aus fünf ODER-Bausteinen und einem UND-Gatter mit fünf Eingängen aufgebaut werden kann. Sie ist aufwendiger als die Schaltung, die über die disjunktive Normalform entwickelt wurde.

> Die Synthese von Schaltnetzen kann über die Bildung der disjunktiven (Ausgangsvariable = 1) oder der konjunktive (Ausgangsvariable = 0) Normalform erfolgen.

Auftrag 2

In Abb. 6 ist die Wertetabelle für eine Temperaturüberwachungsschaltung zu sehen (vgl. auch S. 38, Abb. 2). In der Schaltung soll dann ein Ausgangssignal entstehen, wenn von drei Eingangssignalen sich mindestens zwei im 1-Zustand befinden.

Diese Schaltung soll mit einem möglichst geringen Aufwand an Bausteinen realisiert werden.

Lösung

Bei der Lösung wird die disjunktive Normalform angewendet. Die Zwischenfunktionen sind bereits in Abb. 6 aufgeführt ⑤. Die Schaltung könnte somit aus 4 UND-Gattern mit drei Eingängen (z. T. negierte Eingangsvariable) und einem ODER-Gatter mit vier Eingängen aufgebaut werden.

Diese Schaltung läßt sich mit Hilfe der Rechenregeln aus der Booleschen Algebra oder mit Hilfe von **KV-Tafeln** (Karnaugh, Veitch) vereinfachen. Hier soll das Vereinfachungsverfahren mit KV-Tafeln angewendet werden.

Eine KV-Tafel für die 3 Eingangsvariablen des Auftrags ist in Abb. 7 zu sehen. Sie enthält so viele Felder, wie mögliche Wertekombinationen der Eingangsvariablen auftreten können. Die KV-Tafel ist demnach nur eine andere Darstellungsform der Wertetabelle. An den Rändern ⑥ der Tabelle sind die negierten und nicht negierten Eingangsvariablen angeordnet.

Eine Vereinfachung der Schaltung läßt sich durchführen, wenn nicht jedes Feld einzeln, sondern benachbarte Felder durch Schleifen zusammengefaßt werden können, die als Ausgangsvariable eine 1 enthalten. In Abb. 8 ist dieses in drei Fällen möglich.

Die Verknüpfung mit c und $\bar{c}$ bleibt ohne Wirkung. Sie hebt sich auf. Das Feld ⑦ läßt sich deshalb als $a \wedge b$ kennzeichnen. Ebenso verfährt man mit den anderen Feldern, so daß sich die vereinfachte Schaltung von Abb. 9 ergibt. Sie enthält nur drei UND-Gatter mit zwei Eingängen und ein ODER-Gatter mit drei Eingängen.

Hinweis:

Einige weitere Beispiele für Schleifen in KV-Tafeln sind in Abb. 10 zu sehen. Als benachbart gelten auch Felder, wenn sie an gegenüberliegenden Enden ⑧ einer Zeile oder an den gegenüberliegenden Rändern einer Spalte liegen. Je größer die gebildete Schleife ⑨ wird, desto einfacher wird die Schaltung.

> Logische Verknüpfungsschaltungen lassen sich mit Hilfe von KV-Tafeln vereinfachen, wenn Schleifen mit möglichst vielen zusammengehörenden Variablen gebildet werden können.

a	b	c	x	Disjunktive Normalform
0	0	0	0	
0	0	1	0	
0	1	0	0	
0	1	1	1	$\bar{a} \wedge b \wedge c$
1	0	0	0	
1	0	1	1	$a \wedge \bar{b} \wedge c$ ⑤
1	1	0	1	$a \wedge b \wedge \bar{c}$
1	1	1	1	$a \wedge b \wedge c$

$x = (\bar{a} \wedge b \wedge c) \vee (a \wedge \bar{b} \wedge c) \vee (a \wedge b \wedge \bar{c}) \vee (a \wedge b \wedge c)$

Abb. 6: Wertetabelle und disjunktive Normalform einer Temperaturüberwachung

⑥	a		$\bar{a}$		⑥
b	1	1	1	0	
$\bar{b}$	0	1	0	0	
	$\bar{c}$	c		$\bar{c}$	⑥

Abb. 7: KV-Tafel der Wertetabelle von Abb. 6

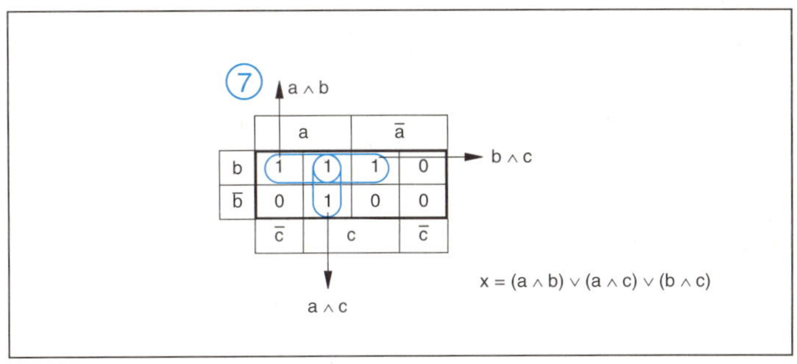

Abb. 8: Vereinfachung durch KV-Tafel

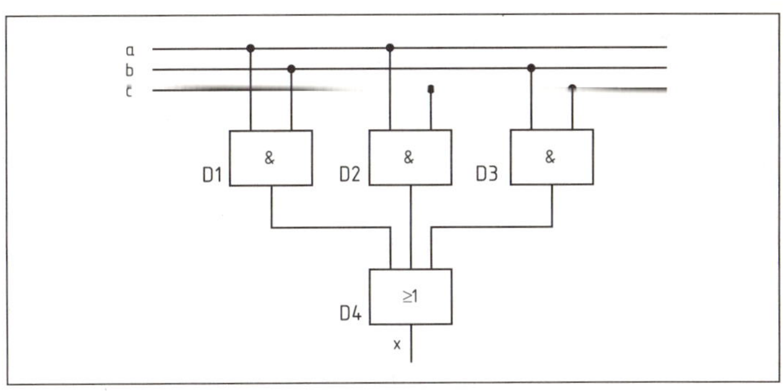

Abb. 9: Vereinfachte Schaltung zur Temperaturüberwachung

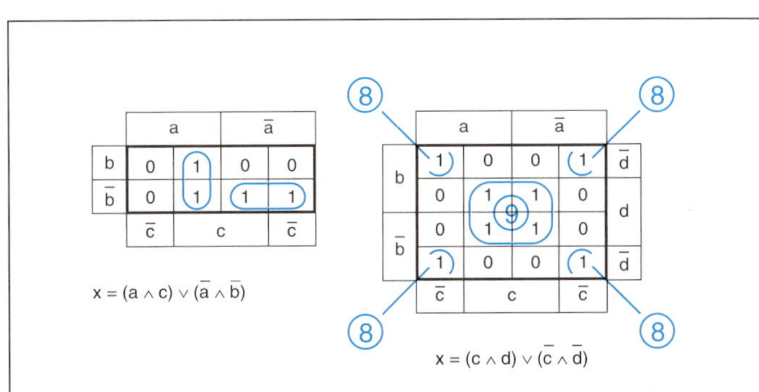

Abb. 10: Beispiele für Schleifen im KV-Diagramm

Aufgaben

4.3.1 Füllstandsüberwachung

Für die Füllstandsüberwachung von S. 44 Abb. 1 und 2 wurde nur die Schaltung für die Ausgangsvariable x realisiert.

a) Stellen Sie die Funktionsgleichungen für die Ausgangsvariablen y und z auf!

b) Zeichnen Sie die KV-Tafel für die Ausgangsvariable y! Gibt es eine Möglichkeit der Vereinfachung?

c) Zeichnen Sie die komplette Füllstandsüberwachungsschaltung mit den Ausgangsvariablen x, y und z!

4.3.2 Volladdierer

Die Wertetabelle zeigt die Funktion eines Volladdierers für eine Stelle von Dualzahlen. Der Übertrag aus der vorangegangenen Stelle wird mit Ü1 bezeichnet. Die Symbole a und b sind die Variablen der Ziffern. Die Summe wird in der Tabelle durch S und der Übertrag aus der Berechnung mit Ü2 bezeichnet.

Ü1	a	b	S	Ü2
0	0	0	0	0
0	0	1	1	0
0	1	0	1	0
0	1	1	0	1
1	0	0	1	0
1	0	1	0	1
1	1	0	0	1
1	1	1	1	1

a) Stellen Sie die Funktionsgleichung für S und Ü2 auf (disjunktive Normalform)!

b) Zeichnen Sie für Ü2 die KV-Tafel und vereinfachen Sie!

c) Zeichnen Sie den Stromlaufplan (Negationen an Eingang durch Kreise darstellen)!

4.3.3 Wechselschaltung

Die Ausgangsvariable einer Schaltung soll sich nur dann ändern, wenn sich eine der beiden Eingangsvariablen ändert. Ändern sich beide Eingangsvariablen, soll sich die Ausgangsvariable nicht ändern.

a) Stellen Sie die Wertetabelle auf!

b) Stellen Sie die Funktionsgleichung (disjunktive Normalform) auf!

c) Zeichnen Sie den Stromlaufplan!

d) Formen Sie die Funktionsgleichung so um, daß eine Schaltung nur mit NAND-Gattern aufgebaut werden kann!

e) Zeichnen Sie den Stromlaufplan!

4.3.4 Digitaler Vergleicher (Komparator)

In der digitalen Rechentechnik ist es erforderlich, Größen, die als Digitalzahlen vorliegen, zu vergleichen. Es ergeben sich die folgenden Möglichkeiten:

- a = b
- a > b (a = 1; b = 0)
- a < b (a = 0; b = 1)

a) Stellen Sie für diese Fälle eine Wertetabelle auf!

b) Stellen Sie für die Ausgangsvariablen die jeweiligen Funktionsgleichungen auf!

c) Zeichnen Sie einen Stromlaufplan nur mit NAND-Gattern!

4.3.5 Dualzahlen

In der Wertetabelle sind zwei Dualzahlen mit zwei Stellen (2 Bit) aufgeführt.

Zahl 1		Zahl 2		Ausgänge		
2^1	2^0	2^1	2^0			
a	b	c	d	x	y	z
0	0	0	0		1	
0	0	0	1			1
0	0	1	0			1
0	0	1	1			1
0	1	0	0	1		
0	1	0	1		1	
0	1	1	0			1
0	1	1	1			1
1	0	0	0	1		
1	0	0	1	1		
1	0	1	0		1	
1	0	1	1			1
1	1	0	0	1		
1	1	0	1	1		
1	1	1	0	1		
1	1	1	1		1	

a) Interpretieren Sie die Ausgangsvariablen der Wertetabelle (Hinweise: Vergleichen Sie diese Aufgabe mit 4.3.4)!

b) Stellen Sie die Funktionsgleichungen für die Ausgangsvariablen auf (disjunktive Normalform)!

c) Vereinfachen Sie die Funktionsgleichungen mit Hilfe von KV-Tafeln!

d) Zeichnen Sie den vereinfachten Stromlaufplan (Negationen durch Kreise am Eingang darstellen)!

4.3.6 Geradzahligkeit ❑

Zur Fehlererkennung von Codes werden z. B. Überwachungsschaltungen verwendet, deren Ausgangsvariable immer dann ein 1-Signal zeigt, wenn eine geradzahlige Anzahl von Eingangsvariablen den Wert 1 hat.

Dualcode:

a	b	c	d	x
0	0	0	0	
0	0	0	1	
0	0	1	0	
0	0	1	1	
0	1	0	0	
0	1	0	1	
0	1	1	0	
0	1	1	1	

a	b	c	d	x
1	1	0	0	
1	1	0	1	
1	1	1	0	
1	1	1	1	
1	0	0	0	
1	0	0	1	
1	0	1	0	
1	0	1	1	

a) Übernehmen Sie die Wertetabelle und ergänzen Sie die Ausgangsvariable zur Fehlererkennung im Sinne einer Überprüfung auf Geradzahligkeit!

b) Stellen Sie die Funktionsgleichungen für die disjunktive Normalform auf!

c) Vereinfachen Sie u. U. mit Hilfe einer KV-Tafel!

d) Zeichnen Sie den Stromlaufplan (Negationen durch Kreise am Eingang darstellen)!

4.3.7 Ungeradeschaltung

Eine Schaltung zur Überprüfung der Ungeradzahligkeit besitzt am Ausgang immer dann eine 1, wenn eine ungeradzahlige Anzahl von Eingangsvariablen den Wert 1 hat.

a) Stellen Sie eine Wertetabelle und die Funktionsgleichung für drei Eingangsvariable auf (disjunktive Normalform)!

b) Zeichnen Sie den Stromlaufplan!

c) Kann die Schaltung vereinfacht werden?

Aufgaben

4.3.8 Pseudotetraden

Die Tabelle zeigt einen BCD-Code (8-4-2-1-Code) mit den Pseudotetraden.

Dezimalziffer	Codewort			
8-4-2-1-Code	a	b	c	d
0	0	0	0	0
1	0	0	0	1
2	0	0	1	0
3	0	0	1	1
4	0	1	0	0
5	0	1	0	1
6	0	1	1	0
7	0	1	1	1
8	1	0	0	0
9	1	0	0	1
Pseudo-tetraden	1	0	1	0
	1	0	1	1
	1	1	0	0
	1	1	0	1
	1	1	1	0
	1	1	1	1

a) Stellen Sie für das Erkennen der Pseudotetraden die Funktionsgleichung auf (disjunktive Normalform)!

b) Zeichnen Sie eine KV-Tafel für die Erkennung der Pseudotetraden!

c) Vereinfachen Sie die Schaltung!

d) Zeichnen Sie den Stromlaufplan!

4.3.9 Getränkeautomat

Für einen Getränkeautomaten soll eine Logikschaltung mit folgenden Bedingungen entworfen werden:

- Die Zufuhr von Wasser in einen Becher soll nur dann möglich sein, wenn der Münzeinwurf erfolgt ist, die Kaffee-Taste gedrückt und die Tee-Taste nicht gedrückt wurde.
- Die Zufuhr von Wasser in einen Becher soll nur dann möglich sein, wenn der Münzeinwurf erfolgt ist, die Tee-Taste gedrückt und die Kaffee-Taste nicht gedrückt wurde.
- Die Zufuhr von Wasser in einen Becher soll nicht erfolgen, wenn die Kaffee- und die Tee-Taste gleichzeitig gedrückt wurden.

a) Legen Sie die Ein- und Ausgangsvariablen fest und stellen Sie eine Wertetabelle auf!

b) Stellen Sie die Funktionsgleichung für die „Zufuhr von Wasser" auf (disjunktive Normalform)!

c) Zeichnen Sie den Stromlaufplan!

4.3.10 KV-Tafel

Erstellen Sie entsprechend der KV-Tafel den Stromlaufplan der Logikschaltung (vereinfacht)!

	a	a	$\overline{a}$	$\overline{a}$	
b	0	1	1	0	$\overline{d}$
b	0	1	1	1	d
$\overline{b}$	0	1	1	0	d
$\overline{b}$	0	1	1	0	$\overline{d}$
	$\overline{c}$	c	c	$\overline{c}$	

4.3.11 Kreuzschaltung ☐

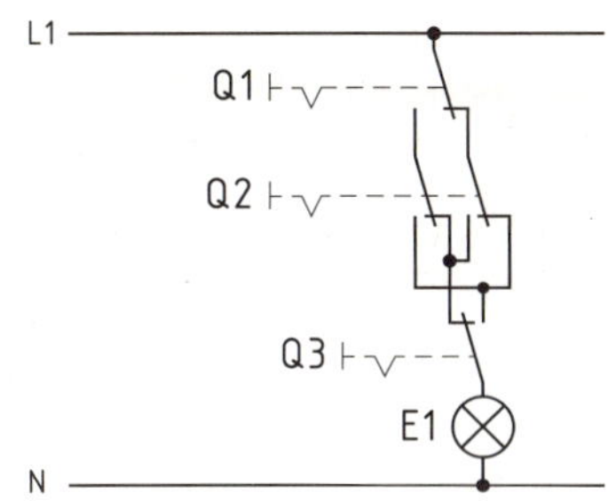

Die Funktion der abgebildeten Kreuzschaltung soll mit Digitalbausteinen nachgebildet werden. Der Logikzustand des betätigten Schalters soll mit 1 und der des unbetätigten mit 0 gekennzeichnet werden.

a) Zeichnen Sie die Wertetabelle!

b) Stellen Sie die Funktionsgleichung für die Ausgangsvariable E1 auf (disjunktive Normalform)!

c) Zeichnen Sie den Stromlaufplan mit Digitalbausteinen (Negationen durch Kreise am Eingang darstellen)!

4.3.12 Signallampen für Relais

Mit zwei Signallampen H1 und H2 soll der Schaltzustand von zwei Relais angezeigt werden.

Bedingungen:

- Wenn K1 angezogen hat, soll die Lampe H1 leuchten und H2 nicht leuchten.
- Wenn K2 angezogen hat, soll die Lampe H2 leuchten und H1 nicht leuchten.
- Wenn beide Relais angezogen oder nicht angezogen haben, soll keine Lampe leuchten.

Die Relais verfügen über Schließer und Öffner.

a) Stellen Sie eine Wertetabelle für K1, K2, H1 und H2 auf!

b) Zeichnen Sie einen Stromlaufplan in aufgelöster Darstellung für eine Schaltung mit Relais!
Die Relais und die Lampen werden aus derselben Gleichspannungsquelle versorgt. Das Netzteil soll nicht mitgezeichnet werden.

c) Zeichnen Sie einen Stromlaufplan für die Steuerung mit Digitalbausteinen!
Für die Erzeugung der Eingangssignale sind Umschalter zu verwenden. Die Lampen werden über einen Verstärker betrieben. Das Netzteil soll nicht mitgezeichnet werden. Es stehen zwei NICHT- und zwei UND-Glieder zu Verfügung.

4.3.13 Schaltung von Glühlampen

Eine Glühlampe soll von zwei Stellen aus einpolig geschaltet werden (Wechselschaltung).

a) Zeichnen Sie einen Stromlaufplan in aufgelöster Darstellung mit Schaltern!

b) Stellen Sie eine Wertetabelle für die Schalter Q1, Q2 und die Lampe E1 auf!

c) Zeichnen Sie einen Stromlaufplan für die Steuerung mit Digitalbausteinen!

Die Erzeugung der Eingangssignale, das Relais zum Einschalten der Lampe und das Netzteil sollen nicht mitgezeichnet werden.

Aufgaben

4.3.14 7-Segment-Anzeige

Die Abbildung zeigt den Code für die 7-Segment-Anzeige mit Leuchtdioden. Mit einer Logikschaltung soll erreicht werden, daß nur bei einer Anzeige der Ziffern 2, 4, 6 und 8 diese als Meldungen weitergegeben werden.

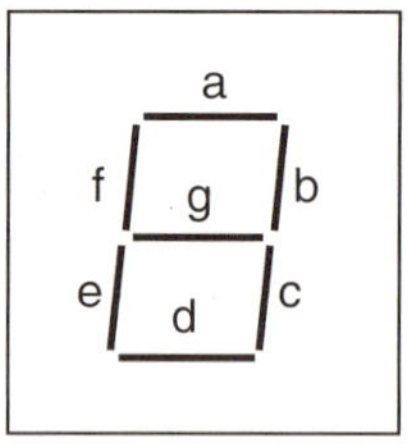

Zeichnen Sie den Stromlaufplan!

Dezimalzahl	Segmente						
	a	b	c	d	e	f	g
0	0	0	0	0	0	0	1
1	1	0	0	1	1	1	1
2	0	0	1	0	0	1	0
3	0	0	0	0	1	1	0
4	1	0	0	1	1	0	0
5	0	1	0	0	1	0	0
6	1	1	0	0	0	0	0
7	0	0	0	1	1	1	1
8	0	0	0	0	0	0	0
9	0	0	0	1	1	0	0

4.3.15 Halbsubtrahierer

Die Tabelle verdeutlicht die Subtraktion von Dualzahlen.

Dualzahl		Differenz	Entleihung
a	b	x = a – b	y
0	0	0	0
0	1	1	1
1	0	1	0
1	1	0	0

a) Stellen Sie für die Ausgangsvariablen x und y die Funktionsgleichungen auf!

b) Zeichnen Sie den Stromlaufplan!

c) Formen Sie die Funktionsgleichungen so um, daß die Schaltung nur mit NAND-Gattern realisiert werden kann!

c) Zeichnen Sie den Stromlaufplan nur mit NAND-Gattern!

4.3.16 Heizungsüberwachung ☐

In einem Betrieb sind elektrische Heizungen mit folgenden Leitungen installiert: P_1 = 40 kW, P_2 = 10 kW, P_3 = 80 kW. Sie können unterschiedlich an das Versorgungsnetz angeschaltet werden.

Mit einer Überwachungsschaltung soll angezeigt werden, wenn die Gesamtleistung größer als 85 kW wird.

a) Ermitteln Sie die Ein- und Ausgangsvariablen!

b) Zeichnen Sie die Wertetabelle!

c) Stellen Sie eine Funktionsgleichung auf (disjunktive Normalform)!

d) Stellen Sie Ausgangsvariable in einer KV-Tafel dar und vereinfachen Sie u. U.!

e) Zeichnen Sie den Stromlaufplan!

f) Zeichnen Sie einen Stromlaufplan nur mit NAND-Gattern!

4.3.17 Codeumsetzer

Die Tabelle zeigt die Umsetzungsvorschrift vom 1-aus-10-Code (Dezimalcode Leerstelle ≙ 0) in einen BCD-Code (8-4-2-1-Code).

a) Stellen Sie für die Ausgangsvariablen die Funktionsgleichungen mit ODER-Verknüpfungen auf!

b) Zeichnen Sie die Codierschaltung mit ODER-Gattern!

1-aus-10-Code										BCD-Code			
0	1	2	3	4	5	6	7	8	9	$2^3 = 8$	$2^2 = 4$	$2^1 = 2$	$2^0 = 1$
a	b	c	d	e	f	g	h	i	k	w	x	y	z
1										0	0	0	0
	1									0	0	0	1
		1								0	0	1	0
			1							0	0	1	1
				1						0	1	0	0
					1					0	1	0	1
						1				0	1	1	0
							1			0	1	1	1
								1		1	0	0	0
									1	1	0	0	1

4.3.18 Schwellwertschaltung

In der Tabelle sind die möglichen Kombinationen für 5 Eingangsvariable dargestellt.

Für diese Fälle soll eine Schaltung entworfen werden, mit der am Ausgang dann ein Signal entsteht, wenn mindestens vier Eingangsvariable den Wert 1 besitzen.

a) Ermitteln Sie die Fälle, bei denen diese Bedingung erfüllt ist!

b) Stellen Sie die Funktionsgleichung der disjunktiven Normalform auf (vereinfacht)!

c) Zeichnen Sie den Stromlaufplan!

Nr.	a	b	c	d	e
1	0	0	0	0	0
2	0	0	0	0	1
3	0	0	0	1	0
4	0	0	0	1	1
5	0	0	1	0	0
6	0	0	1	0	1
7	0	0	1	1	0
8	0	0	1	1	1
9	0	1	0	0	0
10	0	1	0	0	1
11	0	1	0	1	0
12	0	1	0	1	1
13	0	1	1	0	0
14	0	1	1	0	1
15	0	1	1	1	0
16	0	1	1	1	1
17	1	0	0	0	0
18	1	0	0	0	1
19	1	0	0	1	0
20	1	0	0	1	1
21	1	0	1	0	0
22	1	0	1	0	1
23	1	0	1	1	0
24	1	0	1	1	1
25	1	1	0	0	0
26	1	1	0	0	1
27	1	1	0	1	0
28	1	1	0	1	1
29	1	1	1	0	0
30	1	1	1	0	1
31	1	1	1	1	0
32	1	1	1	1	1

Auftrag

In Abb. 1 ist das Prinzip einer Rolltreppensteuerung verdeutlicht. Ein wesentliches Element für die Funktion ist die monostabile Kippstufe D4.

Die Wirkungsweise der Schaltung soll erklärt werden.

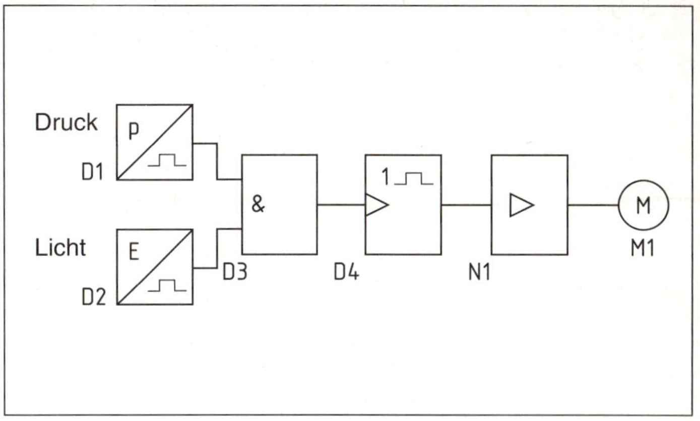

Abb. 1: Prinzip einer Rolltreppensteuerung

Funktionsanalyse

Die Rolltreppe wird durch die beiden Sensoren D1 und D2 gesteuert. D1 arbeitet als Drucksensor. Er gibt beim Betreten der untersten Stufe der Rolltreppen ein binäres Signal ab. Zusätzlich wird der Lichtstrahl einer Lichtschranke unterbrochen, so daß der Lichtsensor D2 ebenfalls ein Signal abgibt. Gelangen beide Signale gleichzeitig an den Eingang des UND-Gatters D3, entsteht an seinem Ausgang ein Wechsel von 0 nach 1.

Aufgrund dieser Änderung reagiert die abgebildete monostabile Kippstufe am Ausgang ebenfalls mit einem Spannungssprung von 0 nach 1. Dieses 1-Signal bleibt eine bestimmte Zeit lang bestehen (monostabil), so daß während dieser Zeit der über den Verstärker betriebene Motor die Rollstreppe in Betrieb hält. Nach Ablauf der **Verweilzeit** t_v kippt das Ausgangssignal der monostabilen Kippstufe wieder von 1 nach 0 zurück.

Die beschriebene monostabile Kippstufe hat ihren Ausgangszustand dann verändert, wenn sich das Eingangssignal von 0 nach 1 ändert. Dieses **dynamische Verhalten** wird durch ein Dreieck am Eingang ① gekennzeichnet (Abb. 2a).

Hinweis:

Es gibt auch monostabile Kippstufen, die ihren Ausgangszustand dann ändern, wenn sich das Eingangssignal von 1 nach 0 ändert. Gekennzeichnet wird dieses Verhalten durch einen Negationskreis am Eingang (Abb. 2b) ②.

> Monostabile Kippstufen (Monoflops) erzeugen aufgrund einer Eingangssignaländerung (0 nach 1 bzw. 1 nach 0) ein Ausgangssignal mit einer bestimmten Länge (Verweilzeit).

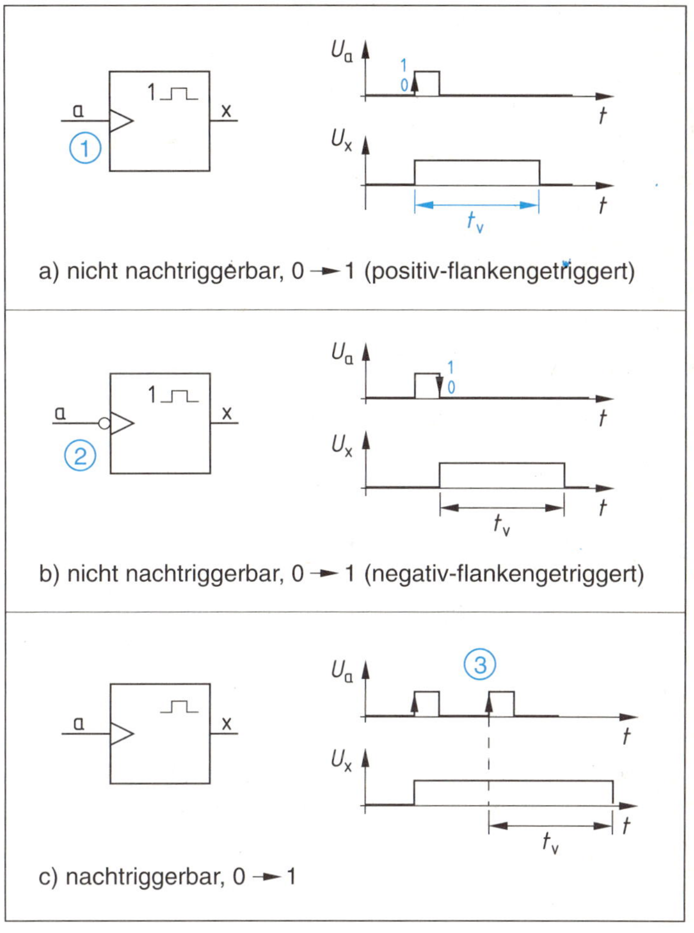

a) nicht nachtriggerbar, 0 → 1 (positiv-flankengetriggert)

b) nicht nachtriggerbar, 0 → 1 (negativ-flankengetriggert)

c) nachtriggerbar, 0 → 1

Abb. 2: Varianten monostabiler Kippstufen

Die beschriebene Rolltreppensteuerung besitzt einen Nachteil. Benutzer der Treppe, die diese während des Betriebs betreten, haben keinen Einfluß auf die Laufzeit der Treppe. Im ungünstigsten Fall wird die Treppe bereits gestoppt, wenn sich der Benutzer noch auf ihr befindet. Wünschenswert wäre es, wenn der Einschaltzeitpunkt für das Monoflop durch jeden Benutzer erneut festgelegt wird, damit auch für ihn die festgelegte Verweilzeit t_v bestehen bleibt.

Erreicht wird dieses Verhalten durch **nachtriggerbare monostabile Kippstufen** (Abb. 2c). Tritt innerhalb der Verweilzeit t_v ein erneutes Eingangssignal auf ③, beginnt der Ablauf mit t_v erneut. Gekennzeichnet wird dieses im Symbol durch die fehlende 1.

> Bei nachtriggerbaren monostabilen Flipflops wird bei jedem Eingangssignal die Verweilzeit erneut gestartet. Die gesamte Verweilzeit verlängert sich dadurch.

Hinweis:

In monostabilen Kippstufen kann die Verweilzeit im Baustein selbst angegeben werden (Abb. 3a, z. B. $t_v = 3$ ms). Als Ausgänge sind auch negierte Ausgänge möglich (Abb. 3b). In reduzierter Form kann die Verweilzeit auch wie in Abb. 3c angegeben werden (Ausschaltverzögerung 10 ms).

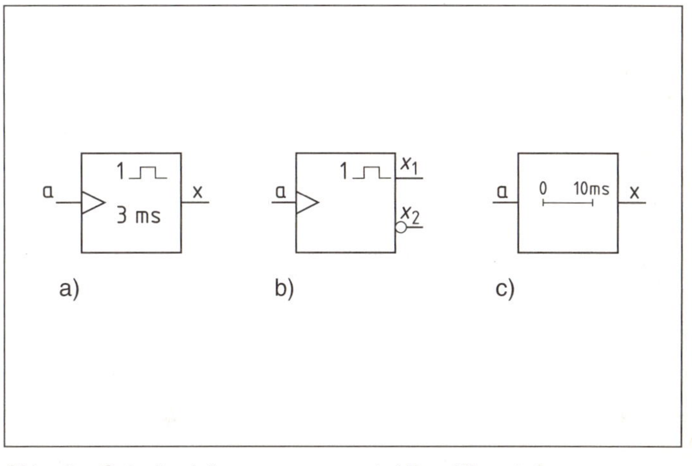

Abb. 3: Schaltzeichen von monostabilen Kippstufen

Aufgaben

4.4.1 Heizung und Ventilator

Mit dem Schalter S1 wird die Heizung E2 eingeschaltet.

Beschreiben Sie das Verhalten des Ventilators E1!

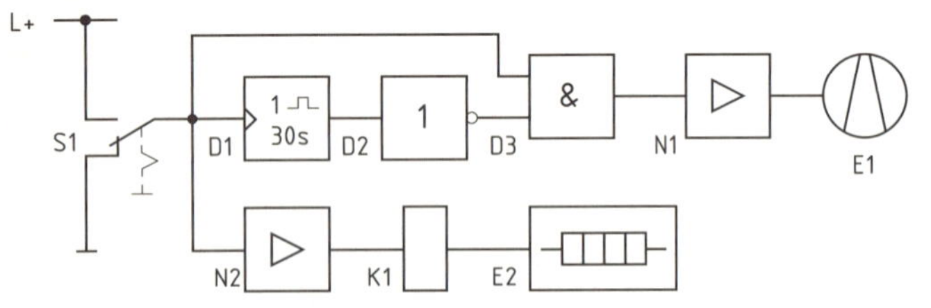

4.4.2 Zeitverhalten

An die Eingänge der abgebildeten Schaltungen wird eine Gleichspannung mit einem Spannungssprung von 0 nach 1 gelegt.

a) Erklären Sie die Arbeitsweise der Schaltungen!

b) Zeichnen Sie das Ausgangssignal in Abhängigkeit von der Zeit im Vergleich zum Eingangssignal!

A)

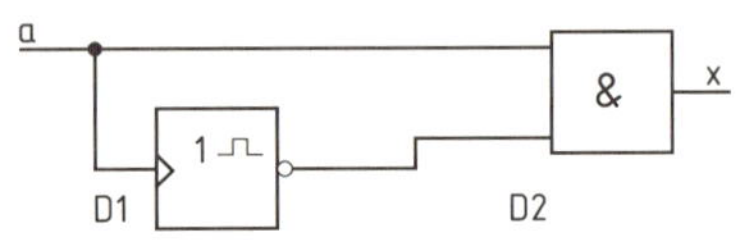

B)

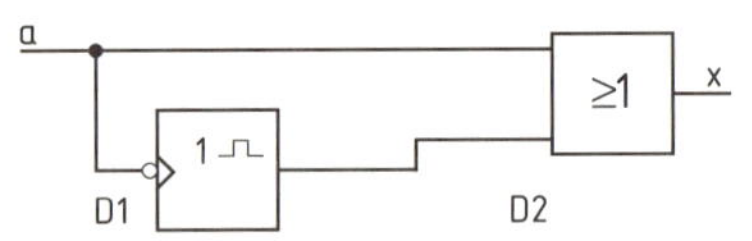

4.4.3 Ölheizung

Beim Einschalten einer Ölheizung setzt die Ölzufuhr sofort ein. Der Motor der Pumpe beginnt zu laufen. Erst nach 10 Sekunden erfolgt die Zündung. Gelingt die Zündung nicht, dann muß die Ölzufuhr abgeschaltet werden. Es ergeben sich die dargestellten Zeitabläufe.

Zeichnen Sie einen Stromlaufplan mit folgenden Bedingungen:

- Das Einschalten erfolgt über einen Umschalter (L+ und L–).
- Die Flamme wird durch einen lichtabhängigen Widerstand überwacht (Block mit LDR zeichnen).
- Das Ausgangssignal wird verstärkt und an den Pumpenmotor gegeben.
- Das Verzögerungssignal wird durch eine monostabile Kippstufe erzeugt. Das Ausgangssignal kippt nach 10 Sekunden wieder in die 0-Lage zurück, auch wenn am Eingang noch das 1-Signal anliegt.

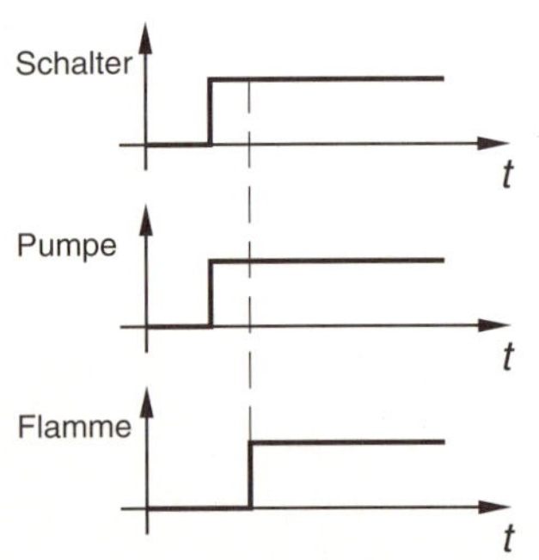

Normalfall, Zündung erfolgt

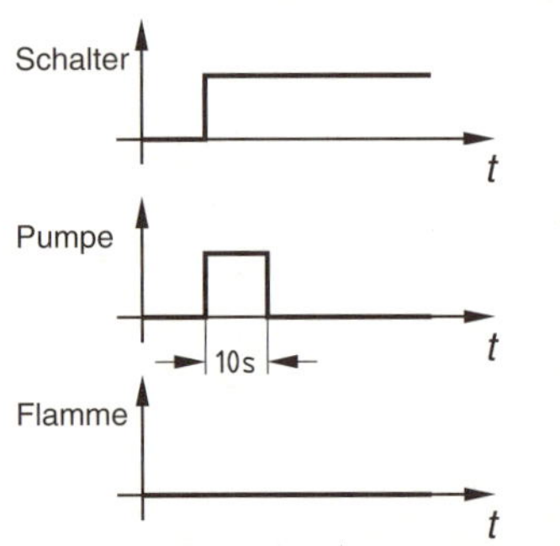

Störung, Zündung erfolgt nicht

4.4.4 Verzögerung

Das Eingangssignal an Anschluß a der Schaltung wird zum Zeitpunkt $t = 0$ s von 0 nach 1 eingeschaltet und bleibt 7 ms lang eingeschaltet.

Verweilzeiten: 30 ms für D6; 20 ms für D7 (Laufzeiten für D1, D2, D4 und D5 vernachlässigbar).

Zeichnen Sie das Ausgangssignal an x und y in Abhängigkeit vom Eingangssignal (1 ms ≙ 1 cm)!

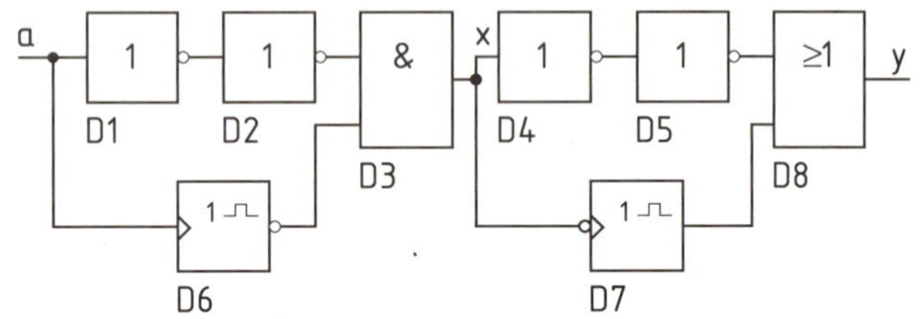

4.4.5 Einschalt- und Ausschaltverzögerung

Monostabile Kippstufen werden zur Ein- und Ausschaltverzögerung eingesetzt. Sie werden deshalb auch in der dargestellten Weise abgebildet.

Erklären Sie die unterschiedlichen Schaltzeiten und die Funktion der Bausteine!

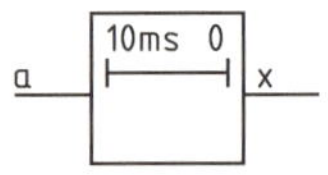

A)

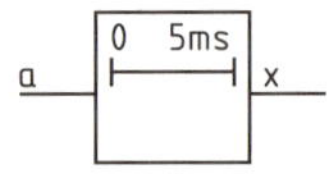

B)

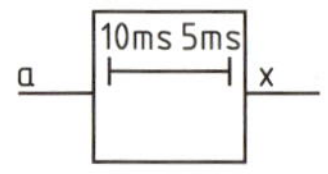

C)

4.4.6 Reihenschaltung

Die in den Schaltungen enthaltenen monostabilen Kippstufen besitzen Verweilzeiten von jeweils 1 s.

a) Zeichnen Sie die Signalverläufe an den Stellen A, B, C und D, wenn der Schalter betätigt und 5 s lang geschlossen bleibt (1 s ≙ 1 cm)!

b) Beschreiben Sie das Verhalten der Lampe!

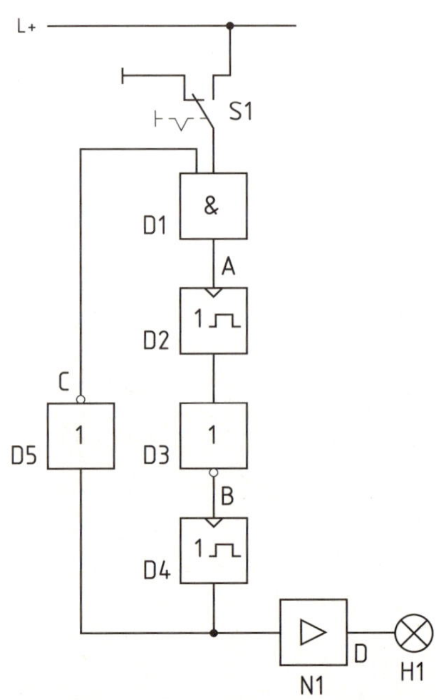

Aufgaben

4.4.7 Integrierte Schaltung 1

Die Abbildung zeigt den inneren Aufbau (blockartig), die äußere Beschaltung sowie das Schaltzeichen der monostabilen Kippstufe vom Typ 74 121. Zusätzlich sind in Diagrammen die Verweilzeiten in Abhängigkeit von R_{ext} und C_{ext} dargestellt.

a) Auf welche Art von Eingangssignalen reagiert die Eingangsschaltung mit den Anschlüssen A1 und A2?

b) Welche Besonderheiten besitzt der Eingang B?

c) Auf welchen Spannungssprung reagiert die intern abgebildete monostabile Kippstufe?

d) Zwischen welchen Werten können R_{ext} und C_{ext} gewählt werden?

e) Wie groß ist die Verweilzeit, wenn R_{ext} = 30 kΩ und C_{ext} = 100 pF gewählt werden?

⨯: Analoge Eingänge

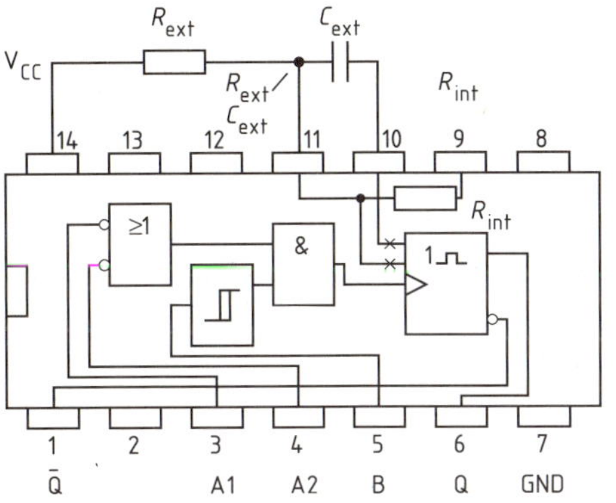

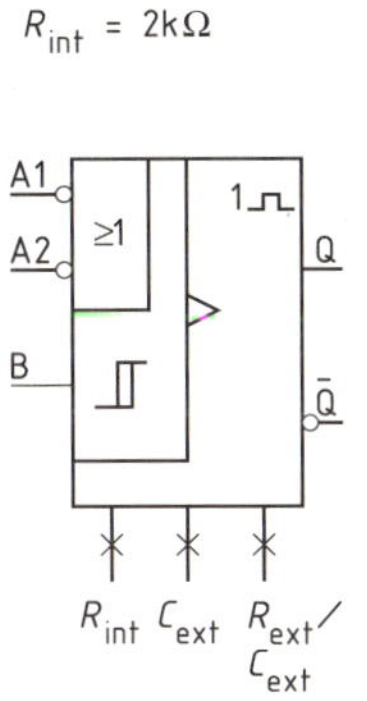

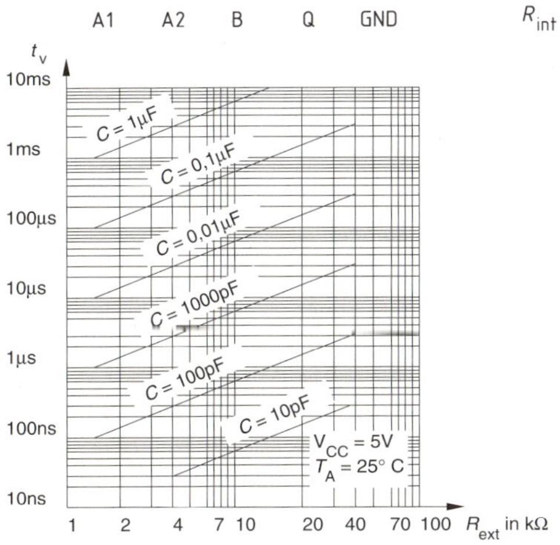

Abhängigkeit der Ausgangsimpulsbreite von der externen Kapazität R_{ext}

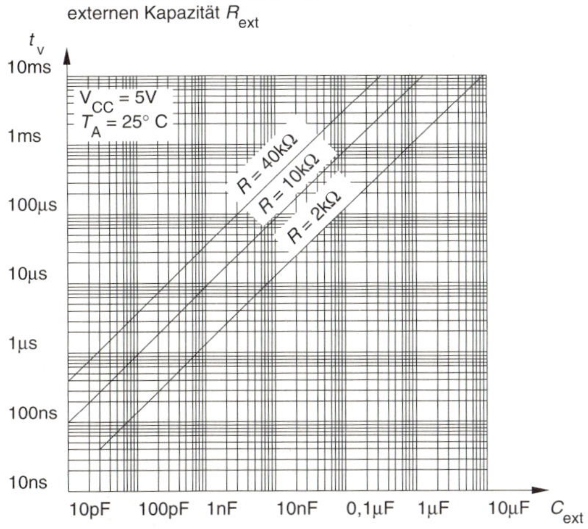

Abhängigkeit der Ausgangsimpulsbreite von der externen Kapazität C_{ext}

4.4.8 Schaltung mit NAND-Gattern

a) Beschreiben Sie die Funktion der Schaltung, wenn der Taster S1 nicht und kurzzeitig betätigt wird?

b) Zeichnen Sie entsprechend dem vorgegebenen Betätigungsbeispiel von S1 den Spannungsverlauf an den Anschlüssen a und b!

c) Von welcher Größe ist die Verweilzeit abhängig?

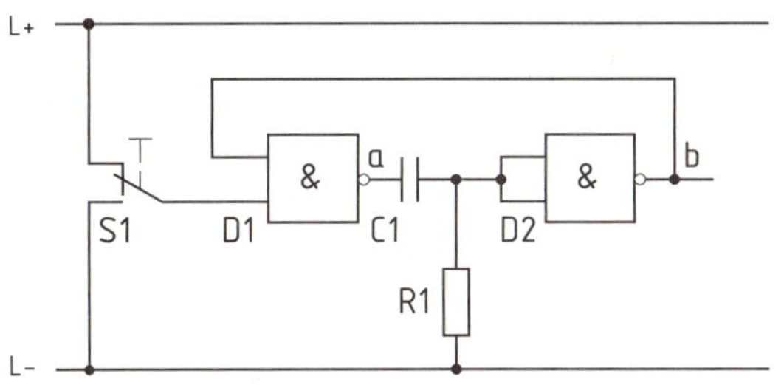

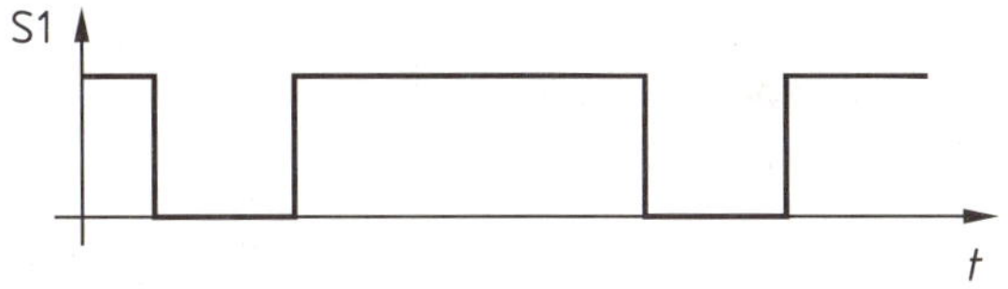

4.4.9 Integrierte Schaltung 2

Vergleichen Sie das Schaltzeichen der abgebildeten monostabilen Kippstufe 74LS123 mit dem Schaltzeichen von Aufgabe 4.4.7!

a) Stellen Sie Unterschiede und Gemeinsamkeiten heraus!

b) Mit diesem Baustein soll eine Verweilzeit von 10^3 ns erzielt werden.
Welche *RC*-Kombination kann gewählt werden?

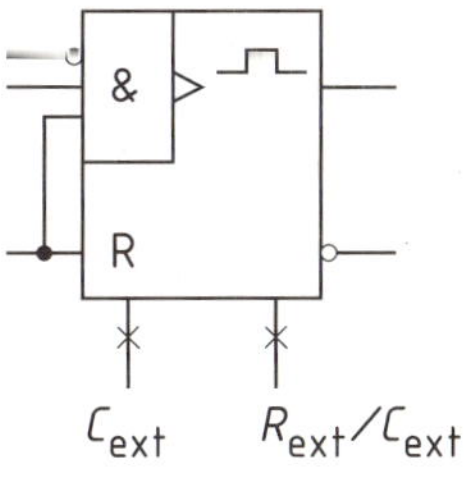

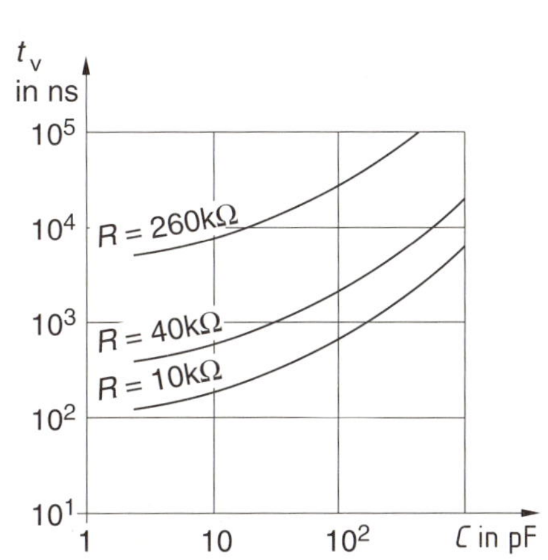

Auftrag 1

In Abb. 1 ist vereinfacht das Prinzip einer Schleifmaschine mit Pendelbetrieb dargestellt. Mit dem Hauptschalter S1 läßt sich die Anlage einschalten. Bei Erreichen des Grenztasters S2 bewegt sich der Schlitten nach rechts und bei Erreichen des Grenztasters S3 nach links. Die vereinfachte elektronische Steuerschaltung ist in Abb. 2 zu sehen. Sie enthält als Teilschaltung ① zwei über die jeweils anderen Ausgänge ② rückgekoppelte NAND-Gatter (D1 und D2).

Mit Hilfe einer Wertetabelle soll die Funktion dieser Teilschaltung ermittelt werden.

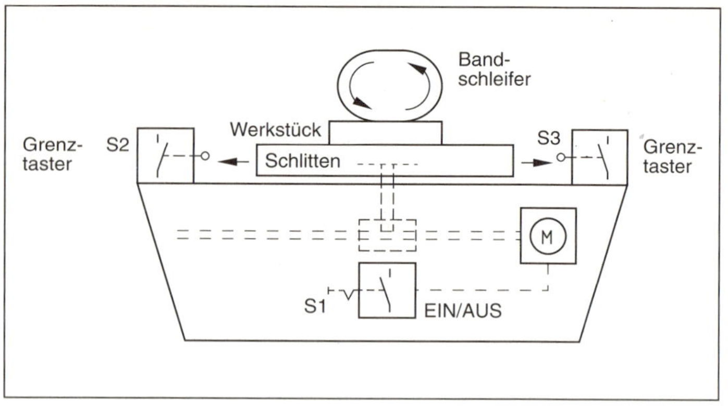

Abb. 1: Prinzip einer Schleifmaschine mit Pendelbetrieb

Funktionsanalyse

Die Teilschaltung ist in Abb. 3 ① herausgezeichnet zu sehen. Es werden drei Fälle unterschieden.

1. Die Betriebsspannung wird eingeschaltet. Kein Grenztaster ist betätigt, weil sich der Schlitten in einer Mittelstellung befindet. Der Schalter S1 ist noch geschlossen.

Über die Widerstände R2 und R3 (Abb. 2 ③) gelangen 1-Signale an die Eingänge a und b der rückgekoppelten NAND-Gatter D1 und D2. Man könnte annehmen, daß beide Signale sofort und gleichzeitig anliegen. In realen technischen Prozessen treten jedoch immer Verzögerungen auf. Außerdem sind die Signallaufzeiten innerhalb der Gatter niemals gleich, so daß z. B. angenommen werden kann, Gatter D1 verarbeitet das anliegende 1-Signal eher. Bei dieser Annahme liegt am Eingang von D2 noch ein 0-Signal, und sein Ausgang x_2 befindet sich im 1-Zustand. Dieses Signal wird auf den zweiten Eingang von D1 zurückgeführt. Mit dem bereits anliegenden 1-Signal am Eingang a ergeben sich dann folgende Ausgangssignale: $x_1 = 0$ und $x_2 = 1$.

Dieser Zustand ändert sich auch dann nicht, wenn am Eingang b das 1-Signal aufgrund der eingeschalteten Betriebsspannung wirksam geworden ist. Die Ausgangszustände bleiben stabil.

Wird jetzt der Schalter S1 für die Inbetriebnahme des Bandschleifers geöffnet, liegen an den beiden Eingängen ④ des UND-Gatters D4 (Abb. 2) 1-Signale. Das Schütz K2 schaltet den Motor in den Linkslauf.

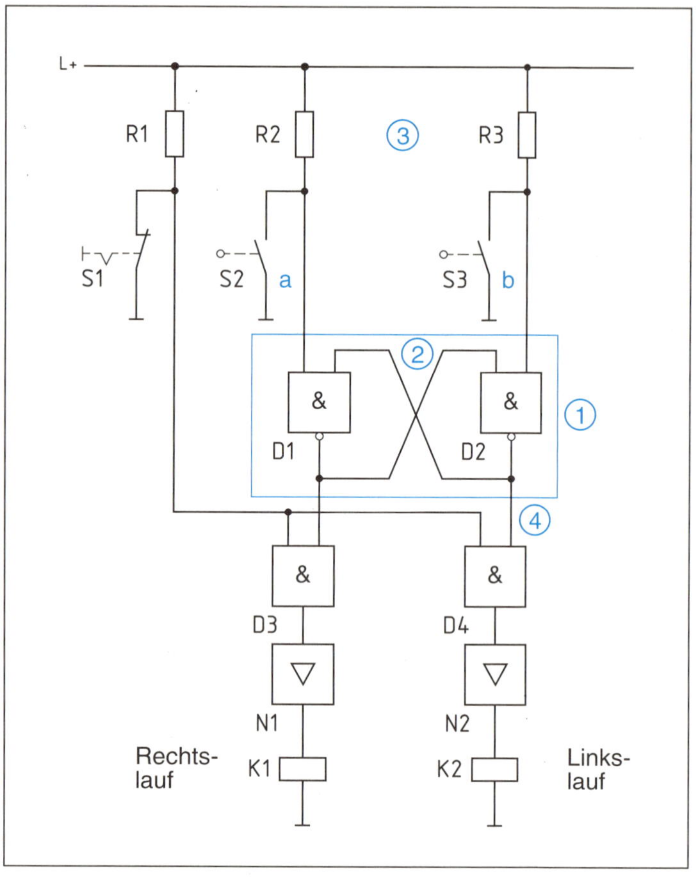

Abb. 2: Vereinfachte Steuerschaltung zur Schleifmaschine

2. Der Schlitten ist am Grenztaster S2 angelangt, S2 wird geschlossen.

Das Eingangssignal am Anschluß a (Abb. 3) ändert sich jetzt kurzzeitig von 1 nach 0 (a = 0, ⑤). S3 ist weiterhin geöffnet (b = 1, ⑥).

Ein 0-Signal am Eingang a bedeutet bei einem NAND-Gatter, daß der Ausgang x_1 stets den 1-Zustand annimmt ⑦. An den beiden Eingängen von D2 liegen somit 1-Signale und damit an x_2 ein 0-Signal. Dieses wird auf den zweiten Eingang von D1 zurückgeführt, wodurch das bereits am Ausgang x_1 anliegende 1-Signal bestätigt wird. K1 schaltet den Motor in den Rechtslauf. Dieser Zustand bleibt stabil, auch wenn S2 wieder öffnet.

3. Der Schlitten ist am Grenztaster S3 angelangt.

S3 wird dabei kurzzeitig geschlossen (b = 0, ⑧). S2 ist weiterhin geöffnet (a = 1, ⑨). Bei dieser Eingangskombination ändern sich im Vergleich zu vorher die Ausgangssignale ⑩. Das Schütz K2 schaltet den Motor in den Linkslauf.

Der Fall, daß beide Grenztaster betätigt sind (dieses entspricht 0-Zuständen an den Eingängen a und b) kann bei dieser Anlage unter normalen Umständen nicht auftreten. Aus Vollständigkeitsgründen soll dieser Fall (Störfall) jedoch einmal angenommen werden.

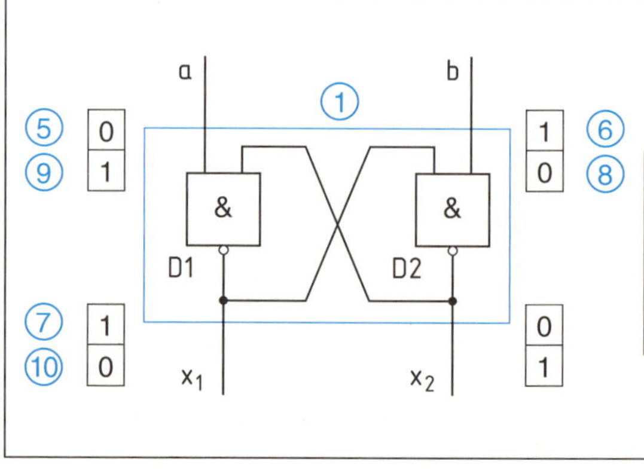

a	b	x_1	x_2
0	1	1	0
1	0	0	1

Abb. 3: Schaltungsauszug zu Abb. 2

Bei a = 0 und b = 0 (11) (Abb. 4) nehmen die Ausgänge x_1 und x_2 jeweils den 1-Zustand ein. Beide Schütze würden den Motor in den Rechts- und in den Linkslauf schalten wollen. Dieses muß schaltungstechnisch unbedingt verhindert werden.

Die Funktionsanalyse hat gezeigt, daß kurzzeitige Signale in Dauerbefehle umgewandelt werden können. Eine Selbsthaltung wie bei Schützen kann auf diese Weise realisiert werden. Man nennt diese Speicherschaltungen **bistabile Kippstufen** (zwei stabile Zustände) oder kurz **Flipflop**.

> Bistabile Kippstufen (Flipflops) sind in der Lage, Befehle zu speichern.

Hinweise

In Abb. 4 sind zwei aus Grundgattern aufgebaute Flipflops, ihre Schaltzeichen und deren Wertetabellen dargestellt. Sie werden als **RS-Flipflops** bezeichnet.

> Das S im Schaltzeichen bedeutet Setzeingang. Bei S = 1 wird das Flipflop gesetzt. Der Ausgang x_1 nimmt den 1-Zustand ein.
>
> Das R im Schaltzeichen bedeutet Rücksetzeingang. Bei R = 1 wird das Flipflop zurückgesetzt. Der Ausgang x_1 wird in den 0-Zustand zurückversetzt.

In der Digitaltechnik ist es oft erforderlich, daß nur innerhalb eines bestimmten Zeitbereichs Informationen gespeichert, weitergegeben oder verarbeitet werden dürfen. Störimpulse außerhalb dieses Bereichs haben dann keinen Einfluß. Erreicht wird diese Eingrenzung durch Taktimpulse, die wie in Abb. 5 auf die Eingänge der NAND-Gatter gegeben werden (C-Eingang, (12) clock). Man bezeichnet dieses Flipflop dann als **taktzustandsgesteuertes Flipflop**.
Der **Takteingang** hat für die RS-Eingänge eine steuernde Wirkung. Im Schaltzeichen wird deshalb hinter C eine 1 geschrieben (C1) (13). Die 1 erscheint dann wieder vor den Eingangszeichen R und S und verdeutlicht somit die Abhängigkeit (**Abhängigkeitsnotation**).

> Das taktzustandsgesteuerte RS-Flipflop kann erst bei anliegendem Takt (1-Signal) die an den RS-Eingängen vorhandenen Informationen speichern.

In Wertetabellen wird häufig auf die Spalte für den Takt (C) verzichtet. Man betrachtet lediglich die Eingangssignale vor dem Takt (t_n) (14) und das Ausgangssignal nach dem Takt (t_{n+1} (15), Abb. 5).

Neben der Taktzustandssteuerung gibt es die Möglichkeit, Flipflops mit dynamischen Eingängen aufzubauen. Sie reagieren nicht auf Gleichspannungen, sondern auf Spannungsänderungen. Störimpulse können **deshalb auch nur während** dieser Spannungsänderung am Takteingang wirksam werden. Solche Flipflops nennt man **taktflankengesteuerte Flipflops** (Abb. 6).

In elektronischen Steuerungen ist es oft wichtig, daß Flipflops nach dem Einschalten der Versorgungsspannung eine bestimmte Ausgangsstellung einnehmen (vgl. Auftrag 1). Gekennzeichnet wird diese Anfangsstellung durch die in Abb. 7 dargestellten Symbole.

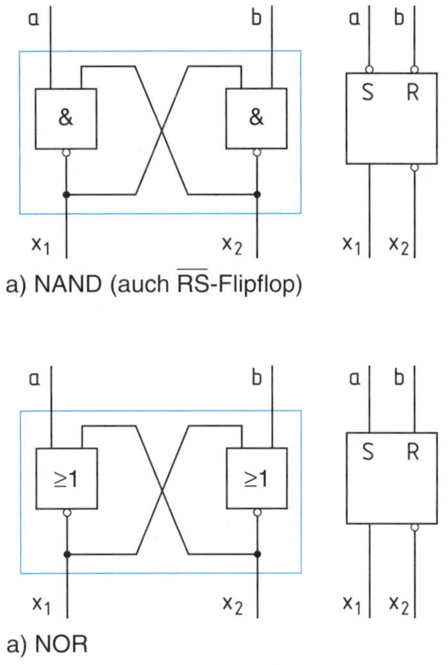

a	b	x_1
0	0	**
0	1	1
1	0	0
1	1	*

(11)

*: ursprünglicher Zustand bleibt (0 oder 1)
**: nicht erlaubt, unbestimmt (11)

a	b	x_1
0	0	*
0	1	0
1	0	1
1	1	**

Abb. 4: RS-Flipflops

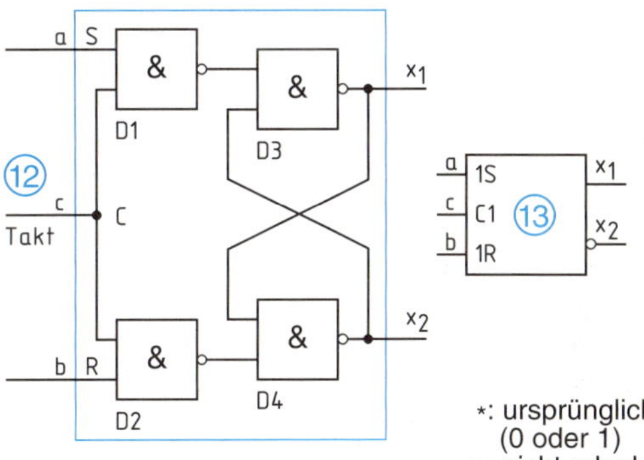

t_n (14)		t_{n+1} (15)
S	R	x_1
0	0	*
0	1	0
1	0	1
1	1	**

*: ursprünglicher Zustand bleibt (0 oder 1)
**: nicht erlaubt, unbestimmt
t_n: Zeitpunkt vor dem Takt
t_{n+1}: Zeitpunkt nach dem Takt

Abb. 5: Taktzustandsgesteuertes RS-Flipflop

a) positive Flanke b) negative Flanke

Abb. 6: Taktflankengesteuerte Flipflops

a) Einschalten: $x_1 = 0$ b) Einschalten: $x_1 = 1$

Abb. 7: Kennzeichnung der Ausgangszustände beim Einschalten der Betriebsspannung

Auftrag 2

Vor der 7-Segment-Anzeige in Abb. 1 befindet sich ein Decoder, der die im BCD-Code vorliegenden Daten (Datenleitungen A, B, C und D) in Ausgangssignale (a, b, c … g) für die 7-Segment-Anzeige umwandelt. Zwischen dem Decoder und den Datenleitungen sind 4 Flipflops geschaltet (nur ein Flipflop gezeichnet). Sie sorgen dafür, daß die jeweils kurzzeitig anliegenden Informationen gespeichert werden.
Die Funktion des dargestellten Flipflops soll im Vergleich zum RS-Flipflop erläutert werden.

Funktionsanalyse

- Das Flipflop arbeitet taktzustandsgesteuert (Takteingang ①).
- Das Flipflop besitzt im Vergleich zum RS-Flipflop nur einen Eingang ②. Das NICHT-Glied D1 sorgt dafür, daß am Eingang von D3 ③ stets das negierte Eingangssignal auftritt. An den Eingängen des nachfolgenden RS-Flipflops (④ D4 und D5) liegen deshalb immer gegensinnige Signale. Ein unbestimmter Zustand wie beim RS-Flipflop kann nicht eintreten. Dieses Flipflop wird als D-Flipflop (delay: engl., Verzögerung) bezeichnet.

> Die anliegende Information wird beim D-Flipflop um die Zeit bis zum Erscheinen des Taktimpulses verzögert gespeichert.

Das Schaltzeichen und die vereinfachte Wertetabelle (ohne Taktsignal) für taktzustands- und taktflankengesteuerte D-Flipflops sind in Abb. 2 zu sehen.

Auftrag 3

Neben den beschriebenen Flipflops werden auch universell einsetzbare JK-Flipflops z. B. in Zählern, Schieberegistern usw. verwendet.
Das Ausgangsverhalte bei verschiedenen Eingangssignalen ist mit einem Speicheroszilloskop ermittelt und in die Diagramme von Abb. 3 übertragen worden.
Mit Hilfe dieser Diagramme sollen die Unterschiede zum RS-Flipflop ermittelt werden.

Funktionsanalyse JK-Flipflop (Abb. 3a)

- Das JK-Flipflop besitzt einen dynamischen Takteingang ⑤. Es arbeitet also taktflankengesteuert (positiv ansteigende Flanke).
- Wie beim RS-Flipflop kann hier durch J = 1 das Flipflop gesetzt werden ⑥. Bei positiver Taktflanke und J = 1 sowie K = 0 wird das Signal gespeichert ($x_1 = 1$).
- Zurückgesetzt werden kann das Flipflop bei positiver Taktflanke durch J = 0 und K = 1 ⑦.
- Im Gegensatz zum RS-Flipflop ist hier J = 1 und K = 1 erlaubt ⑧. Der Signalzustand am Ausgang ändert sich dann mit jeder ansteigenden Taktflanke ständig (Symbol: $\overline{x_{1n}}$).

> Das JK-Flipflop kann wie das RS-Flipflop durch Eingangssignale gesetzt und rückgesetzt werden. Die Zustände J = 1 und K = 1 sind erlaubt. Bei jedem Takt ändert sich das Signal an den Ausgängen.

Funktionsanalyse JK-Master-Slave-Flipflop
(Abb. 3b)

- Das JK-Master-Slave-Flipflop arbeitet zweiflankengesteuert. Die Speicherung der Eingangsinformation erfolgt erst bei negativer (abfallender) Flanke ⑨. Die Weitergabe der Information erfolgt also im Vergleich zum JK-Flipflop um die Taktzeit verzögert.

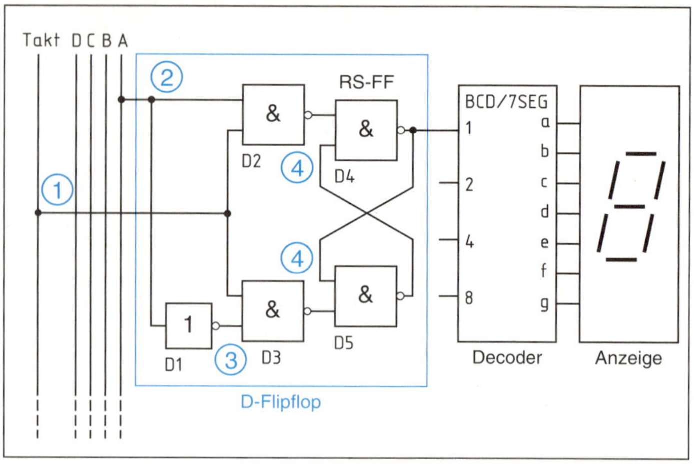

Abb. 1: Ansteuerung einer 7-Segment-Anzeige

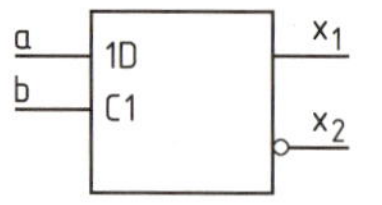

a) taktzustandsgesteuert

t_n	t_{n+1}
D	x_1
0	0
1	1

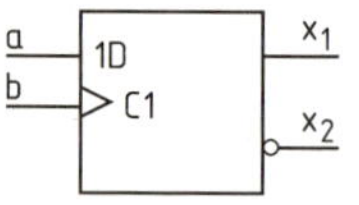

b) taktflankengesteuert

Abb. 2: D-Flipflops

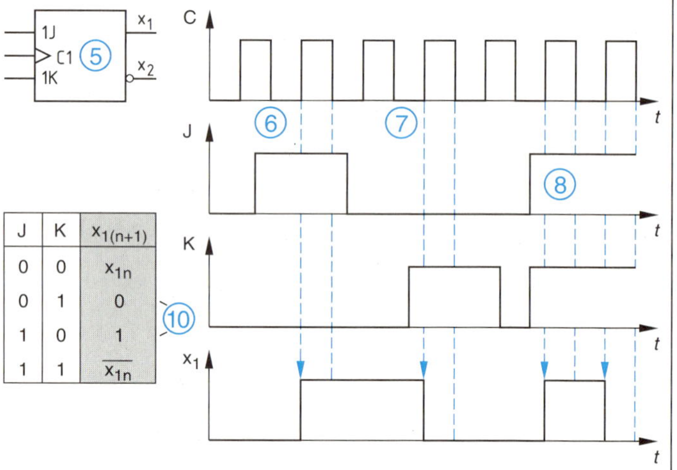

J	K	$x_{1(n+1)}$
0	0	x_{1n}
0	1	0
1	0	1
1	1	$\overline{x_{1n}}$

a) JK-Flipflop (einflankengesteuert)

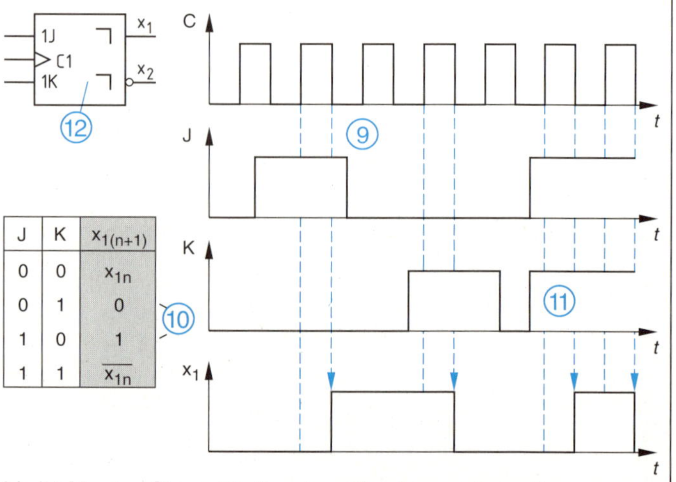

J	K	$x_{1(n+1)}$
0	0	x_{1n}
0	1	0
1	0	1
1	1	$\overline{x_{1n}}$

b) JK-Master-Slave Flipflop (zweiflankengesteuert)

Abb. 3: JK-Flipflops (flankengesteuert)

- Durch J = 1 wird das Flipflop gesetzt und durch K = 1 zurückgesetzt. In den Wertetabellen ergeben sich bei beiden Flipfloparten keine Unterschiede ⑩.
- Der Zustand J = 1 und K = 1 ist auch hier erlaubt. Das Ausgangssignal ändert sich wie beim JK-Flipflop, allerdings um den Taktimpuls verzögert ⑪.

Der wesentliche Unterschied zwischen beiden Flipflops besteht also darin, daß beim JK-Master-Slave-Flipflop die Eingangsinformation zunächst aufgenommen (zwischengespeichert wird) und erst bei abfallender Taktflanke an den Ausgang weitergegeben wird. Erreicht wird dieses Verhalten durch zwei interne Flipflops, die als Vor- (Herr, Master) und Hauptspeicher (Sklave, Slave) arbeiten.

Im Schaltzeichen wird dieses besondere Verhalten durch das **Retardierungszeichen** (lat. Verzögerung) am Ausgang verdeutlicht (Abb. 3b ⑫).

Das JK-Master-Slave-Flipflop ist zweiflankengesteuert. Es arbeitet mit einem Vor- und einem Hauptspeicher. Das Signal wird um den Taktimpuls verzögert weitergegeben.

Die Wertetabellen der beiden Flipflops sind identisch (Abb. 3). x_{1n} bedeutet, daß bei J = 0 und K = 0 die Ausgangszustände wie vor dem Takt bestehen bleiben. Dagegen ändern sich die Ausgangszustände, wenn die Eingänge J = 1 und K = 1 werden ($\overline{x_{1n}}$).

Aufgaben

4.5.1 Flipfloparten

a) Beschreiben Sie die Arbeitsweise der abgebildeten Flipflops!

b) Übernehmen Sie die abgebildeten Signalverläufe an den Eingängen und zeichnen Sie darunter den Signalverlauf am Ausgang x_1!

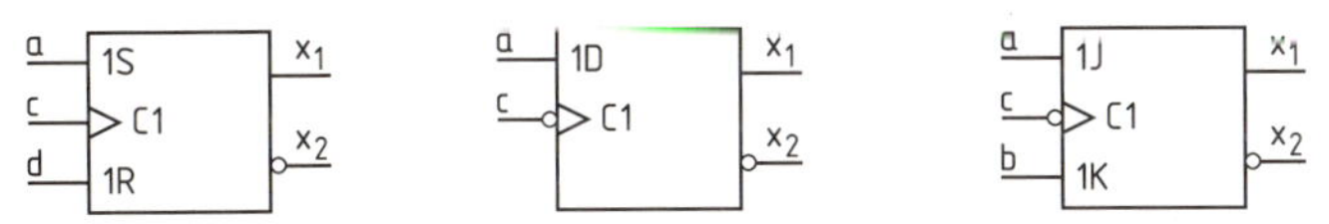

A) B) C)

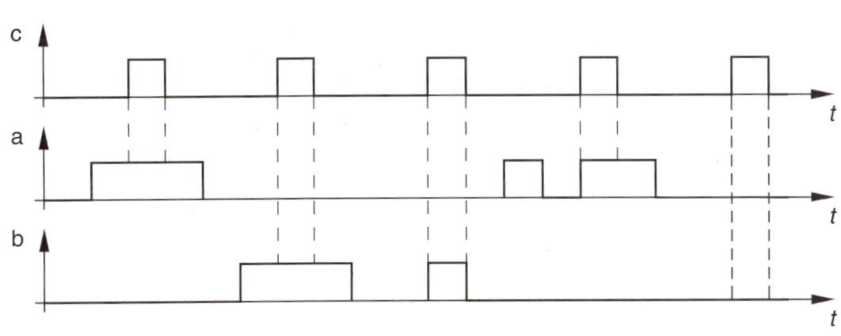

4.5.2 Anschlußbelegung SN 7472

Beantworten Sie zum dargestellten Flipflop folgende Fragen:

1. Was für ein Flipflop-Typ ist abgebildet worden?
2. An den Anschlüssen 13 und 2 liegen folgende Signalkombinationen:

13	2
0	1
1	0

Welche Signalkombinationen ergeben sich an den Anschlüssen 6 und 8?

3. Welche Anschlüsse sind für J und K vorgesehen?
4. Auf welche Weise werden die J- und K-Eingänge verknüpft?

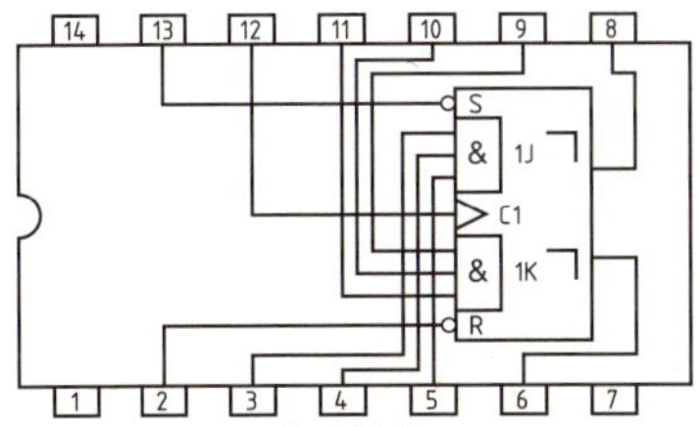

Draufsicht

4.5.3 Schaltzeichen

Zeichnen Sie die Schaltzeichen von Flipflops mit den folgenden Eigenschaften:

a) Getaktetes D-Flipflop mit Zweiflankensteuerung.

b) Nichtgetaktetes RS-Flipflop mit dynamischen Eingängen.

c) Getaktetes RS-Flipflop mit Zweizustandssteuerung.

d) Getaktetes JK-Flipflop mit Zweizustandssteuerung.

4.5.4 T-Flipflop

Wenn man die Vorbereitungseingänge J und K parallel schaltet und ständig mit einem 1-Signal belegt (z. B. Pluspol der Betriebsspannung) erhält man ein T-Flipflop.

a) Zeichnen Sie den Verlauf des Ausgangssignals an x_1, wenn am T-Eingang Rechtecksignale mit konstanter Frequenz liegen (f = 1 kHz; $T \triangleq$ 2 cm)!

b) Die Frequenz des am T-Eingang liegenden Signals soll 10 kHz betragen. Wie groß ist die Frequenz am Ausgang?

c) Nennen Sie eine mögliche Anwendung des T-Flipflops!

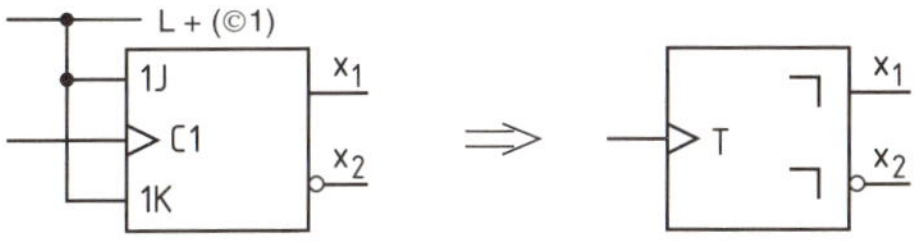

Flipflops mit Zweiflankensteuerung

4.5.5 Prellfreier Schalter

Bei mechanischen Schaltern ergeben sich durch mehrfaches Abprallen der Kontakte eine Reihe von unerwünschten Signalunterbrechungen.

Die abgebildete elektronische Schaltung dagegen gibt am Ausgang einen exakten Rechteckimpuls ab.

Erklären Sie die Arbeitsweise der Schaltung!

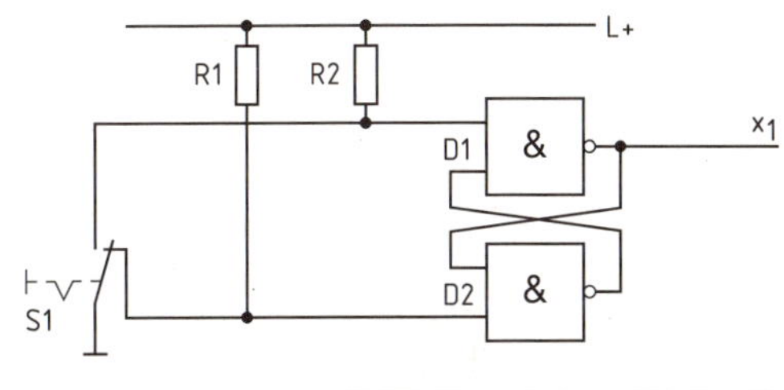

Aufgaben

4.5.6 Beschaltetes RS-Flipflop 1

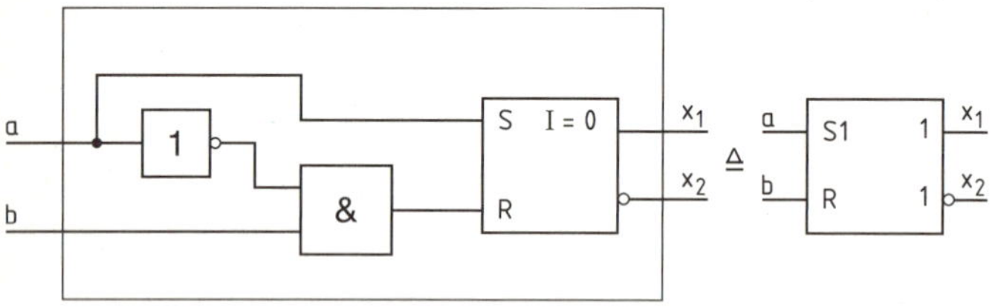

a) Ermitteln Sie den Signalzustand an den Ausgängen x_1 und x_2, wenn das beschaltete RS-Flipflop an die Betriebsspannung angeschlossen wird!

b) Ermitteln Sie die Ausgangssignale an x_1 und x_2, wenn folgende Eingangssignale anliegen:

a	b
0	0
0	1
1	0
1	1

c) Welche besonderen Eigenschaften besitzt dieses beschaltete Flipflop gegenüber einem RS-Flipflop?

d) Zeichnen Sie den Signal-Zeit-Verlauf an x_1, wenn folgende Eingangssignale anliegen:

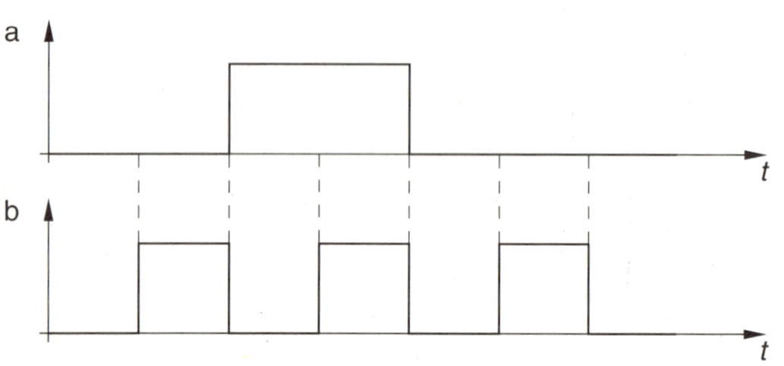

4.5.7 Beschaltetes RS-Flipflop 2

Ein beschaltetes RS-Flipflop besitzt das abgebildete Schaltzeichen und die dargestellte Wertetabelle.

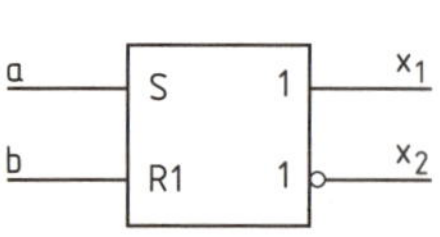

a	b	x_1	x_2
0	0	*	*
0	1	0	1
1	0	1	0
1	1	0	1

*: Ursprünglicher Zustand bleibt, 0 oder 1

a) Vergleichen Sie das Ausgangsverhalten mit einem RS-Flipflop von S. 53 (Abb. 4a), wenn an den Eingängen 0-Signale liegen!

b) Zeichnen Sie einen Stromlaufplan, in dem ein RS-Flipflop mit entsprechender Beschaltung enthalten ist. Die vorgegebene Wertetabelle soll erfüllt werden!

c) Zeichnen Sie Signal-Zeit-Verläufe, in denen alle in der Tabelle dargestellten Kombinationen vorkommen!

4.5.8 Verriegelung

In der abgebildeten Schaltung läuft der Motor M1 nur dann, wenn Motor M2 nicht läuft und umgekehrt.

Erklären Sie die Funktion der Schaltung besonders unter dem Gesichtspunkt der gegenseitigen Verriegelung!

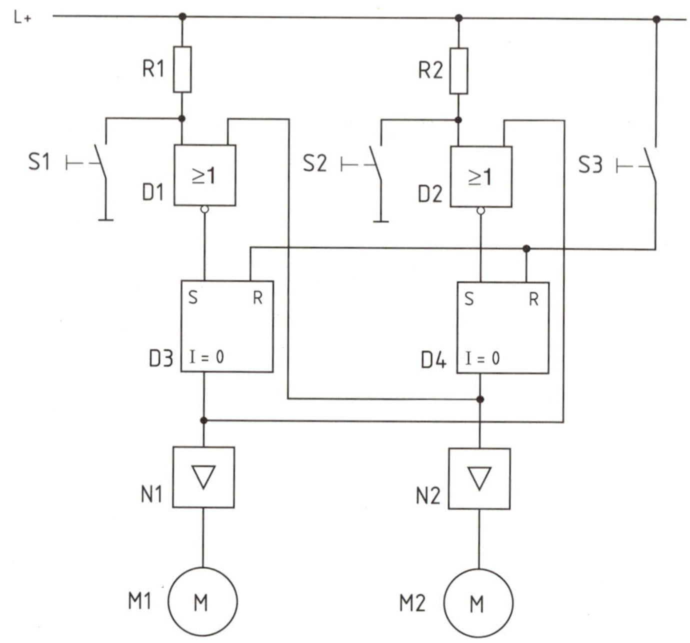

4.5.9 Motor einer Werkzeugmaschine

Der Motor einer Werkzeugmaschine soll nur dann anlaufen, wenn zwei Taster S1 und S2 gleichzeitig betätigt werden (Sicherheitsmaßnahme). Die Anlage soll durch einen Taster S3 abschaltbar sein. Zusätzlich ist ein NOT-Aus-Taster vorzusehen (S4). Die Abbildung zeigt die Anordnung und die Anzahl der Bausteine.

Übernehmen Sie diese auf ein Blatt A4 und ergänzen Sie den Stromlaufplan!

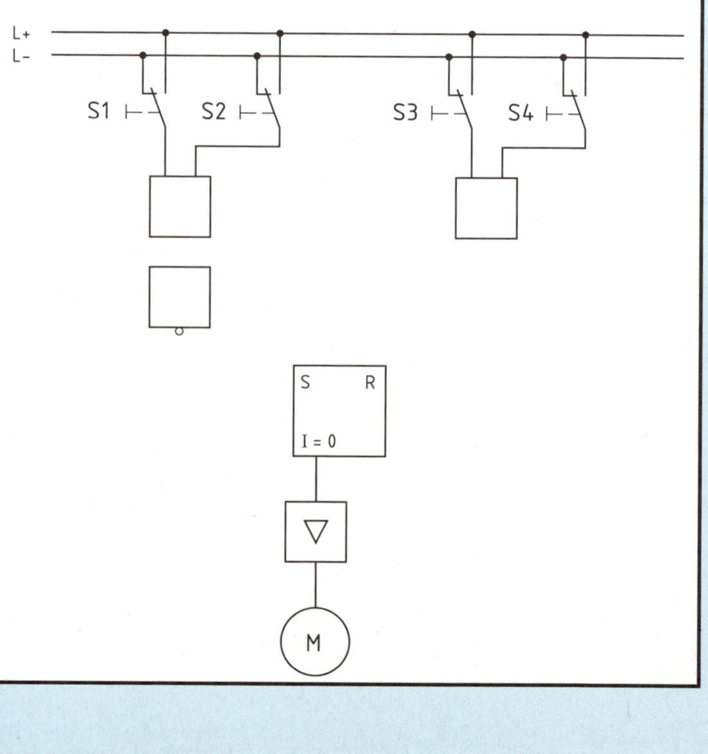

Aufgaben

4.5.10 Steuerung von drei Motoren

Drei RS-Flipflops steuern mit drei ODER-Gattern im Eingangskreis drei Motoren. Es sind drei Ein-Taster und ein Aus-Taster vorzusehen (je ein Schließer). Die Schaltung soll folgende Bedingungen erfüllen:

- In der Ruhestellung laufen die Motoren nicht. Über die Ein-Taster kann der jeweils gewünschte Motor eingeschaltet werden.
- Wenn ein Motor läuft, dürfen die anderen auch bei Betätigen der entsprechenden Taster nicht anlaufen (gegenseitige Verriegelung).
- Mit dem Aus-Taster kann die gesamte Anlage in die Ruhestellung zurückgesetzt werden.
- Die Eingangssignale werden durch Taster von L+ an die entsprechenden Eingänge erzeugt.
- In dieser Schaltung ist es nicht möglich, mehrere Taster gleichzeitig zu betätigen.

Zeichnen Sie den Stromlaufplan!

4.5.11 Folgesteuerung

Für eine Werkzeugmaschine soll eine Folgesteuerung mit folgenden Bedingungen realisiert werden:

- Der Motor darf erst dann mit S3 einschaltbar sein, wenn das Gebläse läuft. Das Gebläse wird mit S1 eingeschaltet.
- Mit einem dritten Taster S2 soll die gesamte Anlage abschaltbar sein.

Das Ausgangssignal der Flipflops gelangt an zwei Verstärker. Motor und Gebläse sollen nicht mitgezeichnet werden.

Übernehmen Sie die vorgegebene Anordnung auf ein Blatt A4 und ergänzen Sie den Stromlaufplan!

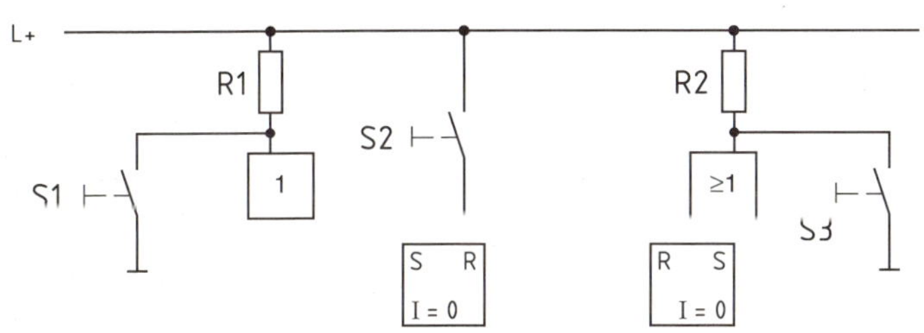

4.5.12 Wendeschützschaltung

Übernehmen Sie die vorgegebenen Bauteile auf ein Blatt A4 und ergänzen Sie entsprechend der folgenden Bedingungen (Anordnung u. U. ändern):

- Mit S1 soll das Schütz K1 (Rechtslauf) geschaltet werden.
- Mit S2 soll K2 (Linkslauf) geschaltet werden.
- Mit S3 und F1 soll die Anlage abschaltbar sein.

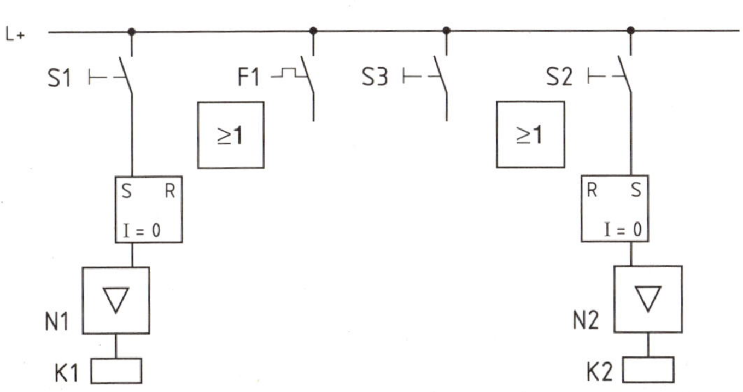

4.5.13 Stanze

Der Stanzvorgang läuft wie folgt ab:

- Durch Betätigen der Taste „Stanzen" senkt sich der Stempel.
- Nach erfolgtem Stanzen auf der Bearbeitungsplatte wird durch den Stempel der Grenztaster „unten" betätigt.
- Der Stempel bewegt sich nach oben, bis zum Grenztaster „oben". Die Anlage bleibt stehen.
- Durch erneutes Betätigen der Taste „Stanzen" beginnt der Ablauf erneut.

Erläutern Sie mit Hilfe des Schaltungsauszugs diese Wirkungsweise!

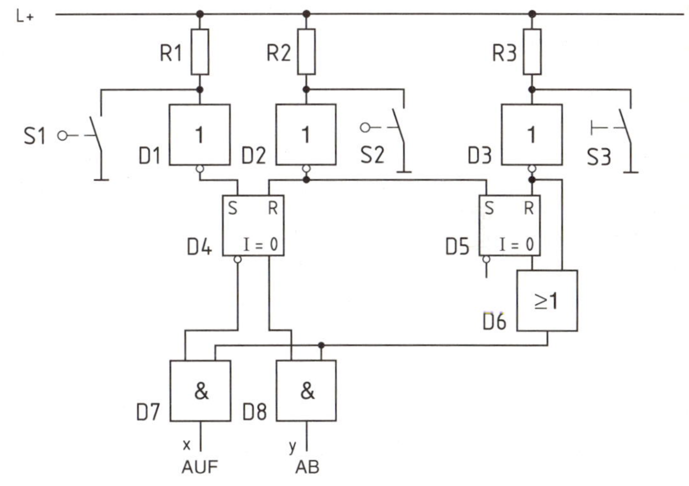

4.5.14 Fräsmaschine

Bei einer Fräsmaschine lassen sich mit Hilfe von zwei Schrittmotoren Bewegungen in zwei Richtungen ausführen (x- und y-Richtung). Auf diese Weise lassen sich Winkel fräsen.

Mit Hilfe der abgebildeten Steuerung lassen sich folgende Verhältnisse (Winkel) einstellen: x/y = 1/1; 2/1 und 4/1.

Erklären Sie die Funktion der Schaltung!

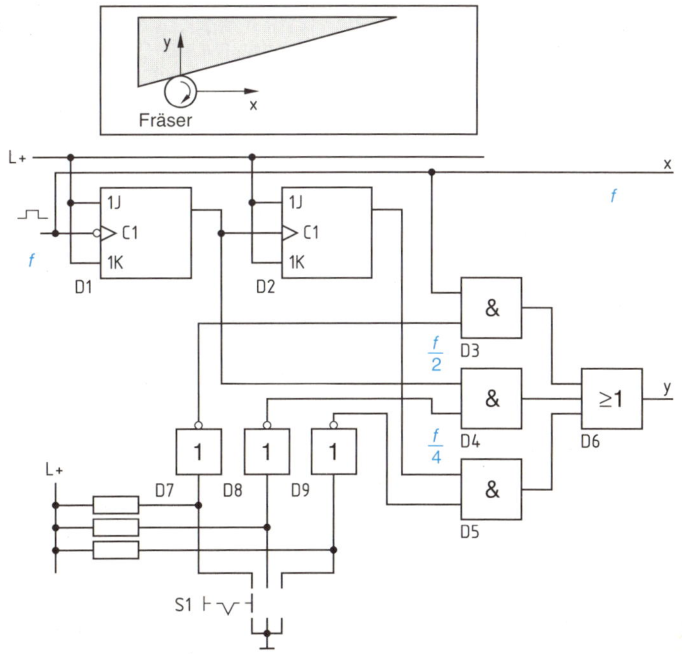

Auftrag

In Abb. 1a ist das Prinzip einer Zähleinrichtung von Werkstücken dargestellt. Jeder in den Behälter fallende Gegenstand unterbricht den Lichtweg der Lichtschranke und wird als Impuls gezählt. Die vereinfachte Zählschaltung ist in Abb. 1b zu sehen.

Mit Hilfe eines zu erstellenden Signal-Zeit-Verlaufs soll die Funktion des Zählers ermittelt werden.

Funktionsanalyse

Die Lichtschranke (Abb. 1b) ist durch einen Wandler dargestellt, der am Ausgang a Signale mit binärem Verhalten abgibt. Das Licht als Eingangsgröße wird durch das Formelzeichen E für die Beleuchtungsstärke symbolisiert.

Der Wandler gibt eine gleichmäßige Impulsfolge ab ① (Abb. 2), d. h., die Werkstücke fallen in gleichen Zeitabständen in den Behälter.

Die drei Flipflops sind JK-Master-Slave-Flipflops, deren J- und K-Eingänge parallel geschaltet sind und sich ständig im 1-Zustand befinden (T-Flipflop, vgl. Aufgabe 4.5.4). Das bedeutet, daß bei ansteigender Flanke das Signal aufgenommen ② und bei abfallender Flanke an den Ausgang geschaltet wird ③. Am Ende des ersten Eingangsimpulses (negative Flanke) wird also am Ausgang des ersten Flipflops D1 dieser Impuls durch einen 1-Zustand angezeigt.

Am Ende des 2. Eingangsimpulses wird der Ausgang x_1 des ersten Flipflops D1 wieder auf 0 gesetzt und dafür der Ausgang x_2 des zweiten Flipflops D2 in den 1-Zustand versetzt ④. Es entsteht somit an den Flipflops die Wertefolge 01. Dieses entspricht in umgekehrter Reihenfolge der Dualzahl 10 (Dezimalzahl 2). Das erste Flipflop bildet demnach die erste Stelle, das zweite Flipflop die zweite Stelle usw. innerhalb des Dualzahlensystems.

Nach dem 4. Eingangsimpuls ergibt sich folgende Signalreihe: 001. Dieses entspricht bei anderer Reihenfolge der Dualzahl 100.

Mit einem einzelnen JK-Master-Slave-Flipflop kann man in Zählschaltungen eine Stelle im Dualzahlensystem realisieren.

Am Ende des 7. Impulses sind alle Flipflops in den 1-Zustand versetzt worden. Der Zähler ist demnach in der Lage, nach dem 7. Werkstück dieses über das UND-Gatter D4 als Signal anzuzeigen ⑤. Nach dem 8. Impuls befinden sich alle Flipflops wieder in der Ausgangssituation ($x_1 = x_2 = x_3 = y = 0$, ⑥).

Hinweis

Nach DIN 40 900 T.12 können Zähler durch einzelne Schaltzeichen dargestellt werden. Ein Zähler wird dabei in die Funktionseinheiten **Steuerblock** und **Ausgangsblock** (Abb. 3a) unterteilt. Das Pluszeichen im Block (Abb. 3b) gibt die Vorwärtszählrichtung an und CTR bedeutet verkürzt Zähler (engl. Counter). Die Ziffer 3 bedeutet, daß es sich hierbei um einen Zähler mit 3 Bit handelt.

Die drei Ausgangsblöcke in Abb. 3b symbolisieren die JK-Flipflops (zweiflankengesteuert) mit den Ausgangsanschlüssen. Die in eckigen Klammern befindlichen Zahlen geben die jeweilige Wertigkeit der Stelle an ($1 = 2^0$, $2 = 2^1$, $4 = 2^2$ usw.). In Abb. 4 sind diese und weitere Kennzeichnungssymbole dargestellt.

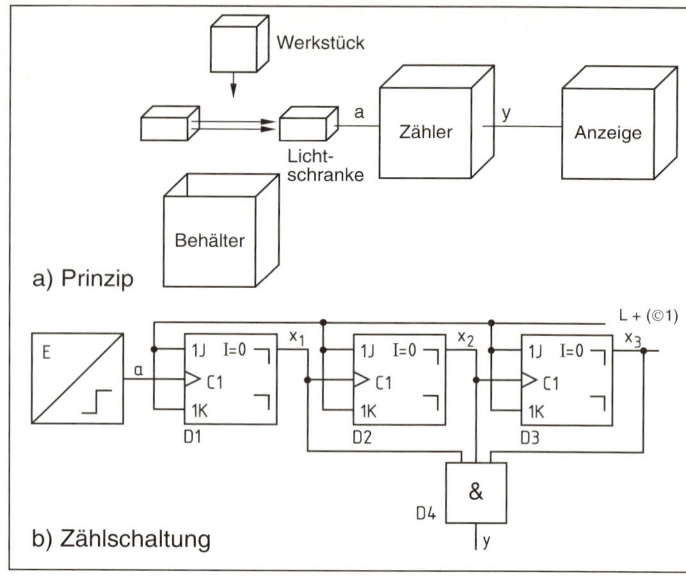

Abb. 1: Zähleinrichtung

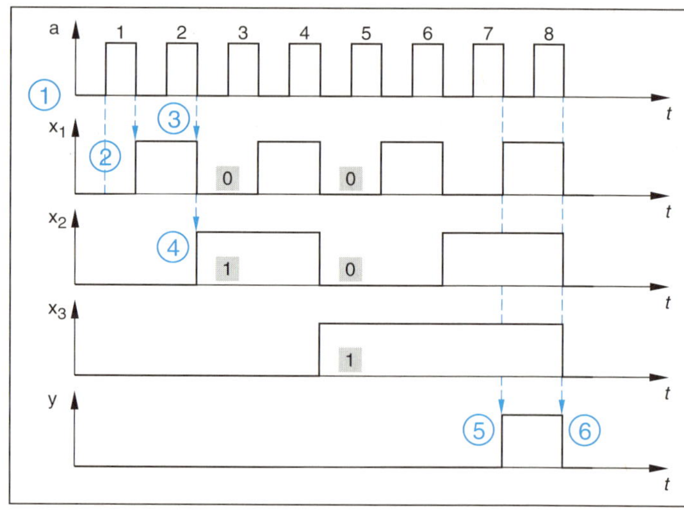

Abb. 2: Signal-Zeit-Verlauf zu Abb. 1

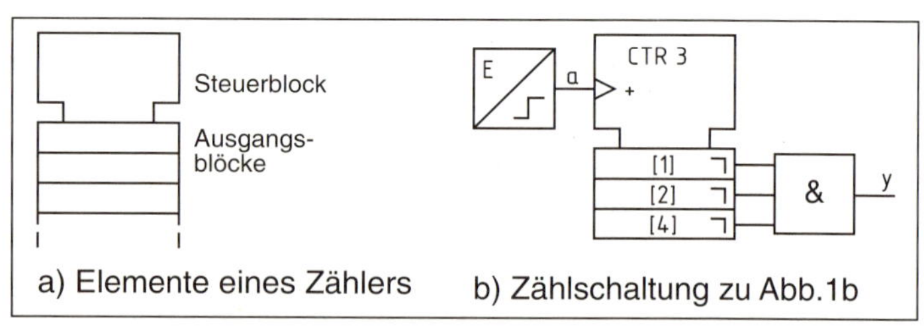

Abb. 3: Schaltzeichen für Zähler

CTRm	Zähler mit m Bits (2^m)
CTRDIVm	Zähler mit Zykluslänge m (Teiler durch m)
+ m	Zähler für Aufwärtszählung (m = 1, 2 ...), m = 1 braucht nicht angegeben zu werden
− m	Zähler für Abwärtszählung (m = 1, 2 ...), m = 1 braucht nicht angegeben zu werden
CT = x	Inhalts-Eingag, ein 1-Signal setzt Zähler auf den Wert x
CT = y	Inhalts-Ausgang, bei Zählerstand y erscheint am Ausgang ein 1-Signal
G	UND-Verknüpfung
V	ODER-Verknüpfung
C	Steuerung, Takt

Abb. 4: Kennzeichnungssymbole für Zähler

Aufgaben

4.6.1 Zählerveränderung

a) Die Zählerschaltung von Abb. 1b, S. 58 soll so verändert werden, daß nach dem 3., 5. und 7. Eingangsimpuls jeweils ein Ausgangsimpuls abgegeben wird (1-Signal).
Zeichnen Sie den geänderten Stromlaufplan!

b) Die Zählerschaltung soll nach dem 7. Eingangsimpuls zurückgesetzt werden (alle Ausgänge sollen den 0-Zustand einnehmen). Dafür sind Flipflops mit Rücksetzeingang zu verwenden.
Zeichnen Sie den Stromlaufplan!

4.6.2 Zähleranalyse

Am C1-Eingang des Zählers liegen fortlaufende Impulse.

a) Geben Sie an, nach wieviel Eingangsimpulsen am NOR-Gatter ein 1-Signal am Ausgang y entsteht!

b) Zeichnen Sie den Signalverlauf an x_1, x_2, x_3 und y in Abhängigkeit von 13 Eingangsimpulsen. Der Anfangszustand der Flipflops ist 000.

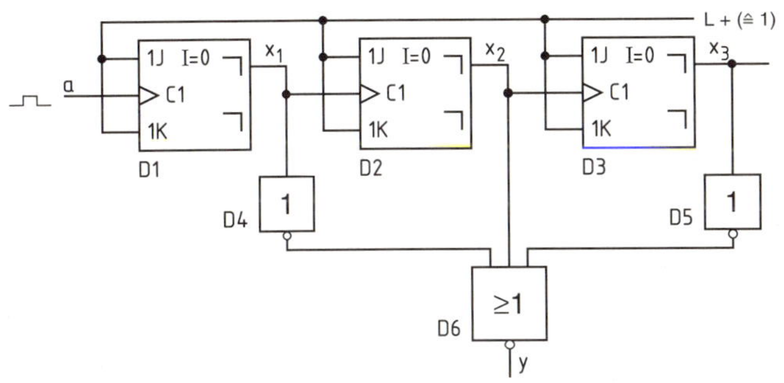

4.6.3 Rücksetzung

a) Erklären Sie das Prinzip der Rücksetzung beim abgebildeten Zähler!

b) Ermitteln Sie, nach welchem Impuls der Zähler zurückgesetzt wird (alle Ausgänge 0)!

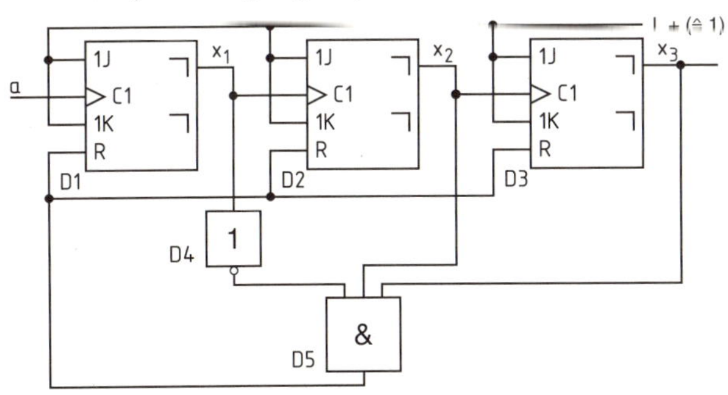

4.6.4 Schaltzeichen

Erklären Sie die Symbole in den abgebildeten Zählerschaltzeichen!

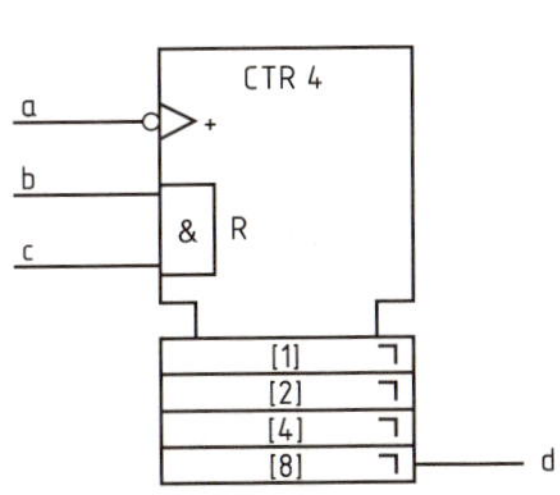

A)

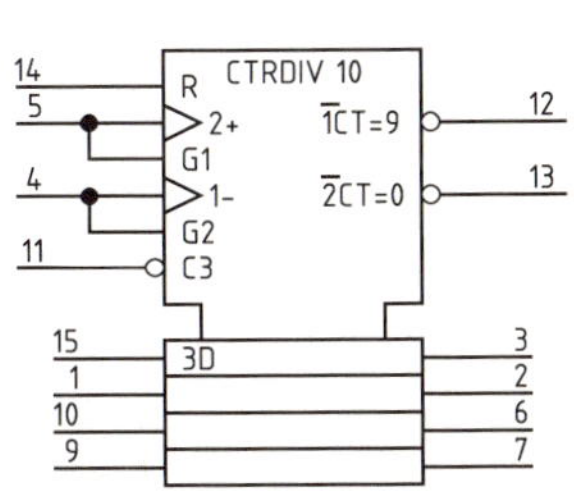

B)

4.6.5 Rückwärtszähler

Der abgebildete Zähler soll das Prinzip des Rückwärtszählens verdeutlichen. Die JK-Eingänge sind parallel geschaltet und befinden sich im 1-Zustand, so daß die Flipflops als T-Flipflops arbeiten.

a) Zeichnen Sie den Verlauf der Ausgangssignale in Abhängigkeit von 4 Eingangsimpulsen! Verdeutlichen Sie daran das Prinzip des Rückwärtszählens (Anfangszustand der Flipflops: $x_1 = 1$ und $x_2 = 1$)!

b) Vergleichen Sie diese Schaltung mit einem Vorwärtszähler. Nennen Sie wesentliche Unterschiede!

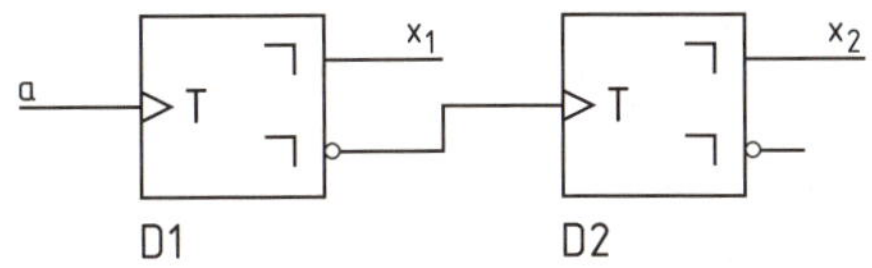

4.6.6 Umschaltung

Ermitteln Sie die Funktion der zwischen den Flipflops eines Zählers befindlichen Logikbausteine D2, D3 und D4!

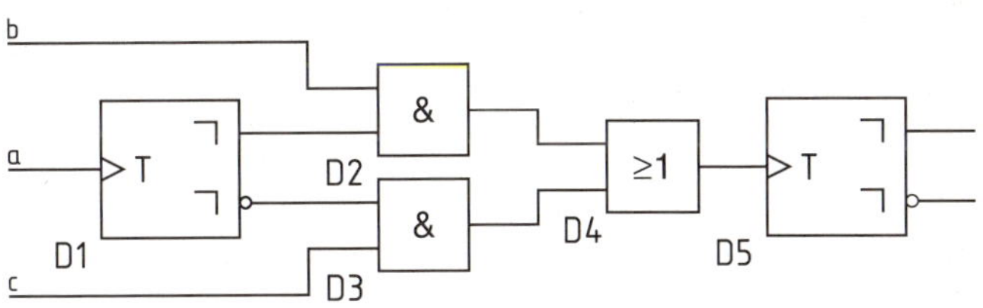

4.6.7 Voreinstellung

Ermitteln Sie die Funktion der Eingänge EN, b und c für die Arbeitsweise des Zählers!

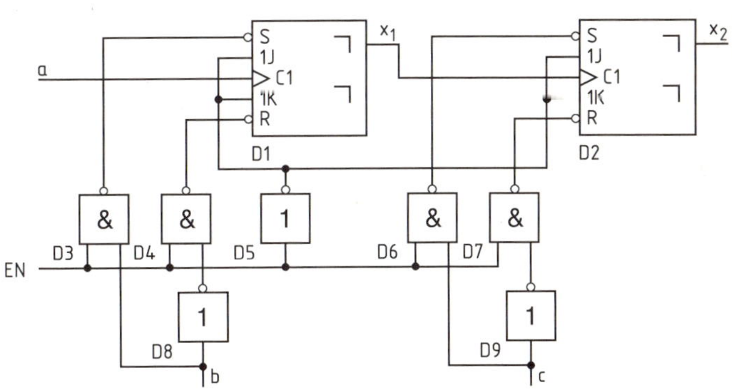

4.6.8 Synchronzähler

Die Abbildung zeigt den Anfangsteil eines Synchronzählers.

a) Nennen Sie Unterschiede im Vergleich zum Asynchronzähler auf S. 58, Abb. 1b!

b) Zeichnen Sie den Signal-Zeit-Verlauf für x_1 und x_2 in Abhängigkeit von 4 Taktimpulsen!

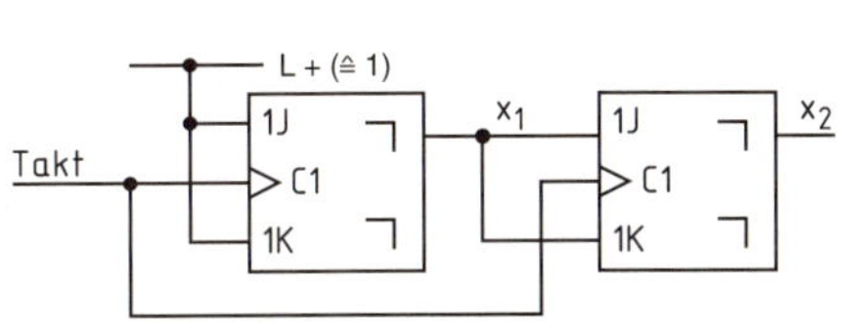

Auftrag

Für die analoge Anzeige von Prozeßgrößen, zur Anzeige von Aussteuerungsgrenzen usw. werden häufig Balkenanzeigen (Balkendiagramme) verwendet. In ihnen sind Leuchtdioden enthalten, die über eine elektronische Steuerung z. B. nacheinander eingeschaltet werden können. Es entsteht auf diese Weise für den Betrachter ein wandernder Leuchtpunkt. Als Steuerschaltungen werden Schieberegister verwendet.

In Abb. 1 ist das Prinzip verdeutlicht und in Abb. 2, in Form eines Ausschnitts, ein Schieberegister mit 4 JK-Master-Slave-Flipflops zur Ansteuerung von vier Leuchtdioden zu sehen.

Mit Hilfe eines Signal-Zeit-Verlaufs soll die Funktion des Schieberegisters geklärt werden.

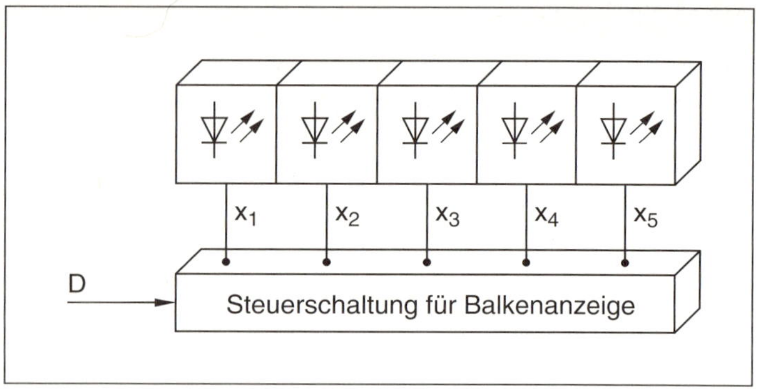

Abb. 1: Prinzip einer Balkenanzeige

Funktionsanalyse

Die Flipflops werden mit einem gemeinsamen Taktsignal (Eingang C ①) betrieben. Es wird angenommen, daß alle Ausgänge (x_1 bis x_4) sich im 0-Zustand befinden. Keine LED leuchtet.

Das Eingangssignal für das Schieberegister gelangt an den Eingang 1J des Flipflops D1 (D-Eingang, Dateneingang ②). Der Eingang 1K erhält das negierte Eingangssignal. Vom Schaltungsaufbau handelt es sich hierbei um ein D-Flipflop (vgl. 4.5).

Nimmt man nun wie in Abb. 3 den einzelnen Eingangsimpuls ③ an, dann wird nach der ersten abfallenden Flanke (zweiflankengesteuertes Flipflop) das Signal im Flipflop D1 gespeichert.

An den anderen Ausgängen der Flipflops D2, D3 und D4 kommt es nach dem 1. Taktimpuls noch zu keiner Änderung des Ausgangszustandes, da die 1J-Eingänge sich zum Zeitpunkt des Signalwechsels noch im 0-Zustand befanden (vgl. Wertetabelle JK-Flipflop, 4.5).

Eine Änderung tritt mit dem 2. Taktimpuls ein. Bei der positiven Taktflanke ④ wird das an x_1 anliegende Signal vom Flipflop D2 übernommen und bei abfallender Flanke ⑤ an den eigenen Ausgang x_2 weitergegeben (Master-Slave-Prinzip). Die ursprüngliche Information ist also vom Flipflop D1 zum Flipflop D2 weitergegeben worden.

Am Ende des dritten Taktimpulses erfolgt eine erneute Weitergabe usw. Jedes Flipflop wird dabei vom jeweils davor liegenden Flipflop gesteuert.

Nach fünf Taktimpulsen ⑥ sind alle Flipflops wieder in den 0-Zustand versetzt worden. Durch eine erneute Eingabe von Daten wiederholt sich der Verschiebevorgang.

> Schieberegister sind in Reihe geschaltete Speicher, deren Inhalt durch Taktimpulse verschoben wird.

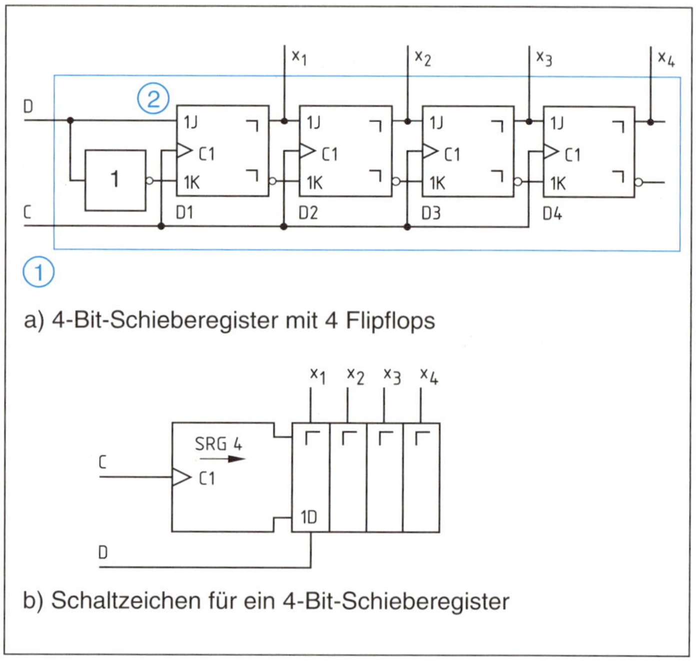

Abb. 2: Schieberegister

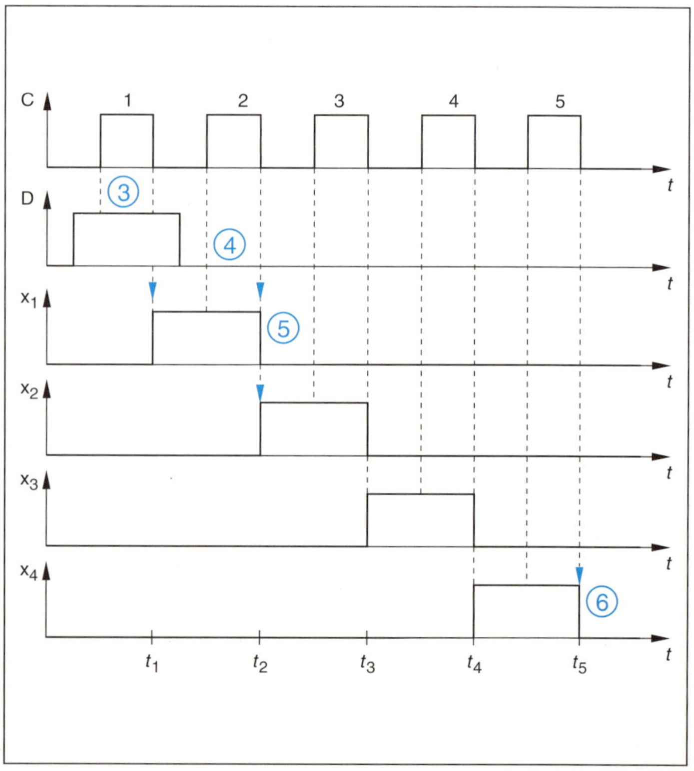

Abb. 3: Signal-Zeit-Verlauf zu Abb. 1b

Hinweise

Es gibt für Schieberegister genormte Schaltzeichen. Das Schaltzeichen des besprochenen Schieberegisters ist in Abb. 2c zu sehen. SRG bedeutet Schieberegister, und der Pfeil gibt die Schieberichtung „vorwärts“ an. Eine umgekehrte Pfeilrichtung bedeutet Schieberichtung „rückwärts“. Die Zahl 4 hinter SRG steht für 4 Bits. Es handelt sich hierbei um ein 4-Bit-Schieberegister.

Aufgaben

4.7.1 Signal-Zeit-Verlauf beim Schieberegister

In das 4-Bit-Schieberegister von Abb. 2c werden die abgebildeten Daten eingegeben.

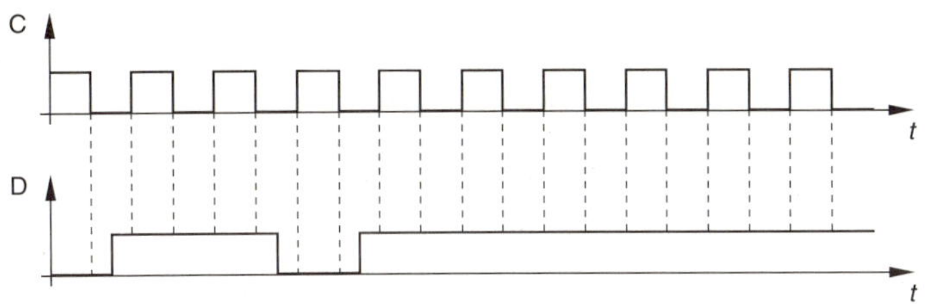

Übernehmen Sie den Signal-Zeitverlauf ($T \mathrel{\hat{=}} 1$ cm) und zeichnen Sie darunter die Signal-Zeit-Verläufe für x_1, x_2, x_3 und x_4!

4.7.2 Parallele Dateneingabe

In Schieberegister müssen die zur Weitergabe gedachten Daten eingegeben werden können. Die Möglichkeit der parallelen Dateneingabe ist ausschnittsweise dargestellt.

Ermitteln Sie die Funktion der Eingänge EN, a und b für die Flipflops D1 und D2!

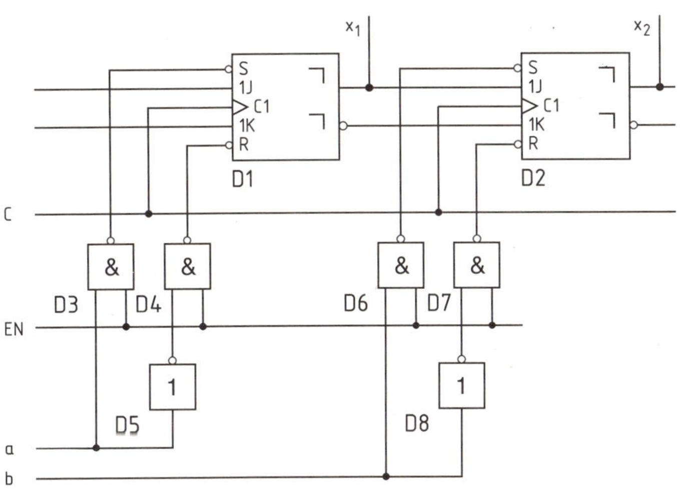

4.7.3 Serien-Parallel-Umsetzer

Mit Schieberegistern können serielle (nacheinander einlaufende) Daten in parallele Daten umgewandelt werden. Das Verfahren wird durch die Abbildung verdeutlicht. Seriell werden die Daten 1011 eingegeben. Die Ausgänge $x_1 \dots x_4$ derFlipflops des Schieberegisters befinden sich zu Beginn in 0-Stellung.

Ermitteln Sie die Ausgangszustände der Flipflops nach dem 1., 2., 3. und 4. Takt!

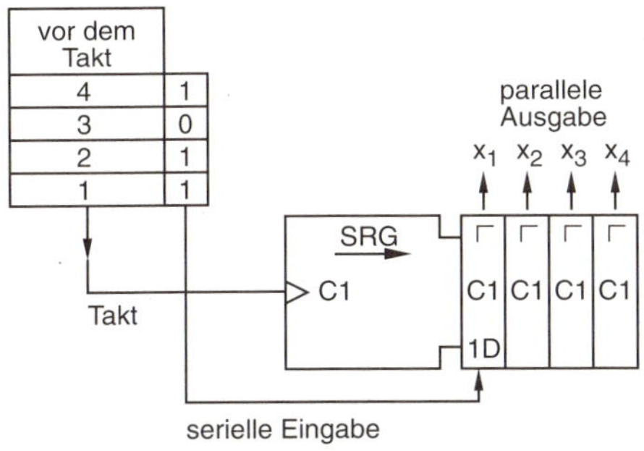

4.7.4 Rückführung

Die Funktion der abgebildeten Schaltung soll durch Beantworten der folgenden Fragen ermittelt werden:

Anfangssituation: Am Eingang D wird das Signal von 1 nach 0 geschaltet.

1. Welche Ausgangszustände ergeben sich an den Ausgängen x_1, x_2, x_3 und x_4?
2. Welche Ausgangszustände ergeben sich nach dem 1., 2., 3. und 4. Taktimpuls? (Tabelle)
3. Welche Bedeutung hat die Rückführung vom Ausgang des Flipflops D4 zum Eingang 1J des Flipflops D1?

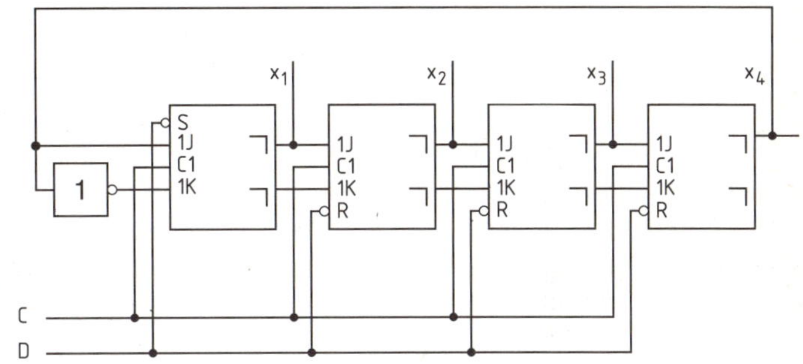

4.7.5 Schaltzeichen

Beschreiben Sie die Besonderheiten der abgebildeten Schieberegister!

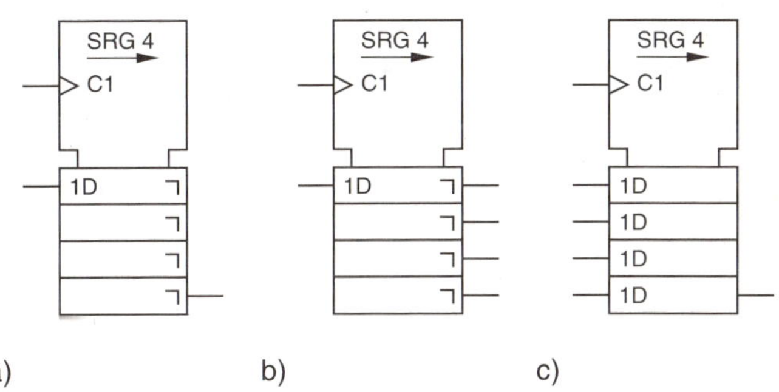

4.7.6 Schieberichtung

Ermitteln Sie für den abgebildeten Schaltungsauszug die Schieberichtung!

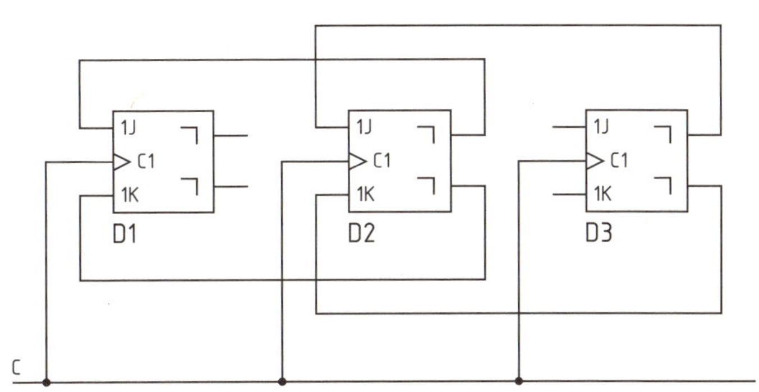

5 Motoren am Dreiphasennetz

5.1 Direktes Einschalten

Auftrag

Bei der Modernisierung eines Handwerksbetriebes soll eine Werkzeugmaschine an das TN-S-Netz 400 V, 50 Hz einer vorhandenen Unterverteilung angeschlossen werden.

Es sollen die Schaltungsunterlagen des Werkzeugmaschinenherstellers für den Anschluß an das Netz analysiert und die Kriterien für einen funktionsgerechten Anschluß an die Unterverteilung zusammengestellt werden.

Schaltungsanalyse

Abb. 1 zeigt den Stromlaufplan des Hauptstromkreises aus den technischen Unterlagen des Herstellers. Die Betriebsmittel innerhalb der strichpunktierten Umrahmung (Hauptschütz K1; Motorschutzrelais F2; Drehstrom-Käfigläufermotor M1) gehören zur elektrischen Ausrüstung der Werkzeugmaschine und sind bis zur Klemmenleiste X1 komplett installiert. Die Verbindung der Klemmenleiste mit den Lasttrennsicherungen F1 der Unterverteilung muß am Aufstellungsort der Maschine von dem zuständigen Elektriker hergestellt werden.

Die Einschaltung des Drehstrommotors erfolgt direkt, d. h. mit dem Schließen des Hauptschützes K1 wird die Ständerwicklung unmittelbar an die Netzspannung von 400 V gelegt. Nach dem Leistungsschild des Drehstrommotors M1 in Abb. 3 ① ist die Ständerwicklung bei 400 V Netzspannung in Stern zu schalten, d. h. jeder Wicklungsstrang ist für 230 V ausgelegt.

> Bei **direktem Einschalten** wird die Ständerwicklung in der auf dem Leistungsschild angegebenen Schaltung unmittelbar an die Netzspannung gelegt.

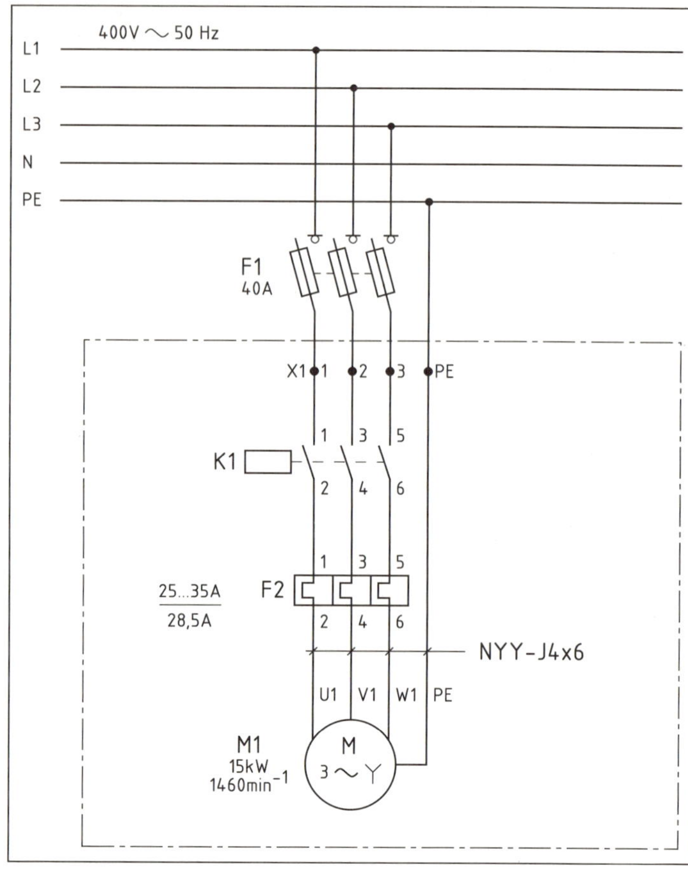

Abb. 1: Hauptstromkreis der direkten Einschaltung

In Abb. 1 wird für die mehrpolige Darstellung des Drehstrom-Käfigläufermotors das genormte Schaltkurzzeichen verwendet. Je nachdem, welche Informationen eine Zeichnung enthalten soll, kann eine der drei Schaltzeichen in Abb. 2 verwendet werden.

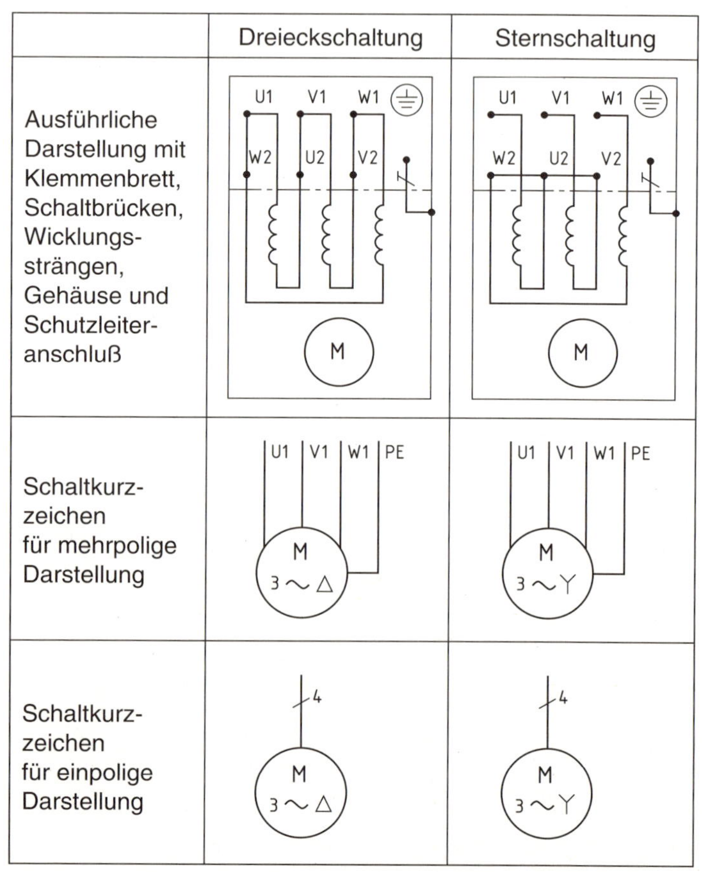

Abb. 2: Genormte Darstellungen von Drehstrom-Käfigläufermotoren

Netzbelastung

Der mögliche Anschluß eines Motors an ein vorhandenes Netz hängt nicht nur von der Netzspannung sondern auch von der Belastbarkeit des Netzes im Nennbetrieb und während des Anlaufs ab.

> Für den Nennbetrieb sind die wichtigsten technischen Daten auf dem Leistungsschild (Abb. 3) des Motors angegeben. Die Anlaufdaten hingegen müssen der Herstellerliste entnommen werden (vgl. Tabelle 5.1).

Belastung im Nennbetrieb.

Der Drehstrommotor M1 nimmt bei 400 V Netzspannung und 15 kW Leistungsabgabe einen Strom von 28,5 A bei einem Leistungsfaktor von 0,85 aus dem Netz auf. Hiermit lassen sich folgende Anlagengrößen ermitteln:

- Die Gesamtbelastung des Netzes,
- der Spannungsfall bis zu den Anschlußklemmen des Motors,
- der Leiterquerschnitt und die Leitungsschutzorgane der Motorzuleitung,
- der Leistungsfaktor des Netzes (evtl. Kompensation erforderlich!).

Belastung während des Anlaufs.

Bei direktem Einschalten entnimmt der Drehstrommotor M1 dem Netz den 7,7fachen Nennstrom (vgl. Tabelle 5.1). Dieser hohe Anlaufstrom kann ein spannungsweiches Netz so stark belasten, daß es zu einer unzulässig hohen Spannungsabsenkung kommt, die den Betrieb anderer Verbraucher beeinträchtigt. In diesem Fall muß ein geeignetes Anlaßverfahren gewählt werden, welches den Anlaufstrom auf einen zulässigen Wert begrenzt (vgl. Kap. 5.4).

Ein Drehstrommotor kann an ein Netz angeschlossen werden, wenn

- die im Stern oder Dreieck geschaltete Ständerwicklung für die Spannung des speisenden Netzes ausgelegt ist,
- die Dauerbelastbarkeit des Netzes durch den Motornennstrom nicht überschritten wird,
- beim Anlauf des Motors die maximal zulässige Spannungsabsenkung im Netz nicht überschritten wird,
- der Anlaufstrom keine vorgeschalteten Überstromschutzorgane auslöst,
- der zulässige Leistungsfaktor des Netzes nicht unterschritten wird.

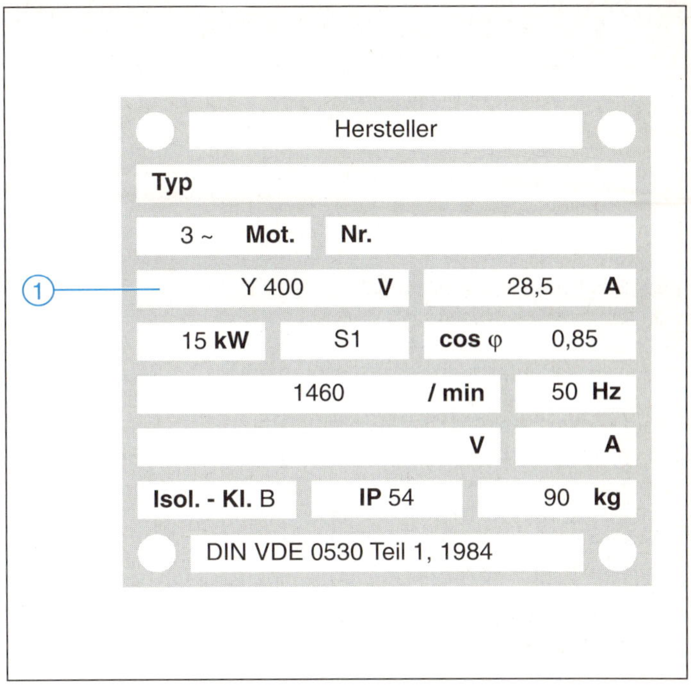

Abb. 3: Leistungsschild des Drehstrom-Käfigläufermotors M1

Tabelle 5.1: Technische Daten von Drehstrom-Käfigläufermotoren (Auszug aus einer Herstellerliste)

Nennleistung	Baugröße	Gewicht	Trägheitsmoment	Werte bei Nennleistung					Werte bei direktem Einschalten			
				Nenndrehzahl	Wirkungsgrad	Leistungsfaktor	Nennstrom bei 400 V	Nenndrehmoment	Anlaufmoment als Vielfaches des Nennwertes	Anlaufstrom als Vielfaches des Nennwertes	Kippmoment als Vielfaches des Nennwertes	Leistungsfaktor
P in kW		G in kg	J in kgm²	n_n in min⁻¹	η in %	$\cos\varphi$	I_n in A	M_n in Nm	$\frac{M_A}{M_n}$	$\frac{I_A}{I_n}$	$\frac{M_K}{M_n}$	$\cos\varphi_A$
1,1 1,5	90 S 90 L	12,3 15,6	0,0028 0,0035	1410 1410	75 76	0,81 0,82	2,7 3,5	7,5 10	2,1 2,2	5,0 4,9	2,5 2,6	0,78 0,78
2,2 3	100 L 100 L	22 24	0,0048 0,0058	1410 1420	79 82	0,82 0,81	4,9 6,5	15 20	2,2 2,7	6,0 6,2	2,6 3,0	0,76 0,76
4	112 M	29	0,011	1435	83	0,80	8,7	27	2,9	7,0	3,0	0,75
5,5 7,5	132 S 132 M	39 53	0,023 0,028	1450 1450	85 86	0,85 0,85	11 14,8	36 49	2,2 2,4	7,0 7,7	2,8 3,1	0,7 0,7
11 15	160 M 160 L	74 90	0,05 0,07	1460 1460	88 89,5	0,84 0,85	21,5 28,5	72 98	2,4 2,2	7,6 7,7	3,0 2,9	0,63 0,6
18,5 22	180 M 180 L	165 180	0,13 0,15	1455 1455	91 91,2	0,84 0,85	35 41	121 144	2,6 2,6	6,2 6,4	2,5 2,5	0,53 0,5
30	200 L	240	0,24	1465	91,8	0,86	55	196	2,7	6,4	2,5	0,47
37 45	225 S 225 M	300 330	0,44 0,52	1470 1470	92 92,3	0,86 0,87	67,5 81	240 292	2,7 2,7	6,7 6,7	2,5 2,5	0,44 0,42
55	250 M	435	0,79	1475	94	0,87	97	356	2,7	6,7	2,5	0,4
75	280 S	610	1,4	1480	94,6	0,86	133	484	2,5	6,7	2,5	0,39
90	280 M	660	1,6	1480	94,6	0,86	160	581	2,5	6,8	2,5	0,37
110	315 S	830	2,2	1485	94,7	0,86	195	707	2,5	6,7	2,5	0,35

5.1 Direktes Einschalten

Aufgaben

5.1.1 Übersichtsschaltplan

Zeichnen Sie den Übersichtsschaltplan zum Stromlaufplan der Abb. 1 auf S. 62.

5.1.2 Baustellenanschluß

Für vorübergehende Arbeiten soll der vierpolige 7,5 kW-Drehstrom-Käfigläufermotor einer Baumaschine an das Netz angeschlossen werden. Die maximale Anlaufzeit der Maschine beträgt 1,5 s. Weitere technische Daten sind der Tabelle 5.1 (S. 63) zu entnehmen.

Am Aufstellungsort befindet sich eine Unterverteilung, die einen Reserveabgang mit 3 x 25 A gL-Sicherungen und einen zweiten Reserveabgang mit 3 x 25 A LS-Schalter vom Typ C hat.

Ermitteln Sie mit Hilfe der Auslösekennlinien der Leitungsschutzorgane (siehe Tabellenbuch) den geeigneten Abgang für den Anschluß der Baumaschine!

5.1.3 Startverriegelung

Unter den Bedingungen der Aufgabe 5.1.2 soll eine zweite Baumaschine mit einem 4 kW-Drehstrom-Käfigläufermotor aufgestellt werden. Der Netzanschluß soll an dem anderen Reserveabgang erfolgen. Wegen der zu hohen Spannungsabsenkung muß ein gleichzeitiger Anlauf der beiden Motoren verhindert werden.

Zeichnen Sie eine geeignete Schützensteuerung!

5.1.4 Stern statt Dreieck

Die Wicklung des 22 kW-Drehstrommotors in Tabelle 5.1 (S. 63) soll im Nennbetrieb für Dreieckschaltung vorgesehen sein. Sie wird irrtümlich im Stern verschaltet und an 400 V, 50 Hz angeschlossen.

Beantworten Sie dazu folgende Fragen!

1. Welchen Strom entnimmt der Motor dem Netz?
2. Welches Anlaufmoment entwickelt der Motor?
3. Welche Leistung wird an der Welle abgegeben?

5.1.5 Absicherung

Ein vierpoliger Drehstrom-Käfigläufermotor hat eine Leistung von 18,5 kW bei 1455 min^{-1}.

Bestimmen Sie

a) den Nennstrom des Betriebsschalters für direktes Einschalten,

b) die Charakteristik und den Nennstrom der vorgeschalteten Leitungsschutzschalter, wenn eine Anlaufzeit des Motors von 1 s angenommen wird.

5.1.6 Schaltungsauflösung

Zeichnen Sie nach dem Verdrahtungsplan

a) den Stromlaufplan des Hauptstromkreises,

b) den Stromlaufplan der Steuerung in aufgelöster Darstellung mit allen Klemmen!

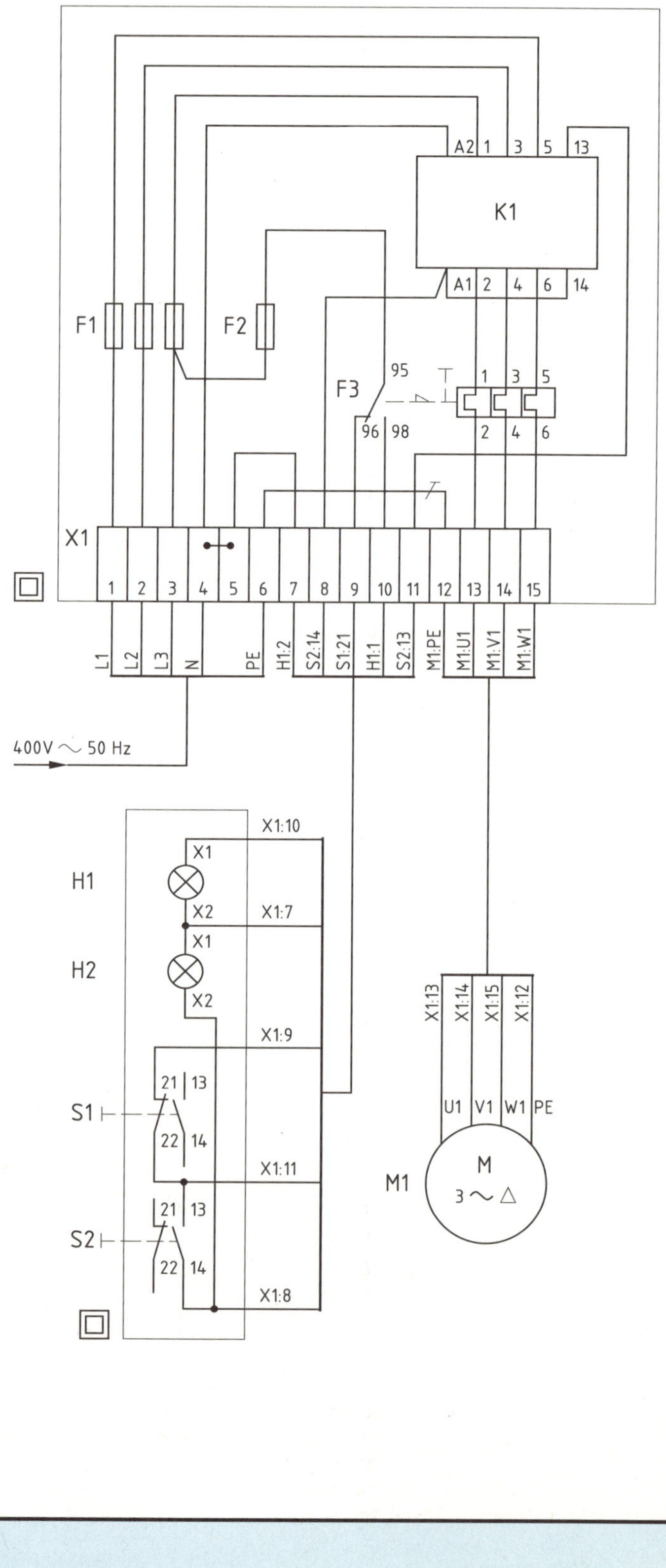

Auftrag 1

Der Drehstrom-Käfigläufermotor mit dem nebenstehenden Leistungsschild wird durch Betätigen eines Motorschutzschalters unmittelbar an die Netzspannung geschaltet. Diese direkte Einschaltung ist im vorliegenden Fall möglich, da das speisende Netz während des Anlaufs mit dem 7fachen Nennstrom des Motors belastet werden darf.

Hersteller			
Typ			
3 ~ Mot.	Nr.		
Δ 400 V		11 A	
5,5 kW	S1	cos φ 0,85	
1450 /min		50 Hz	
V		A	
Isol. - Kl. B	IP 54	39 kg	
DIN VDE 0530 Teil 1, 1984			

Es sollen der Schaltungsaufbau des Motorabzweigs in Abb. 1 beschrieben und die Funktion des Motorschutzes erläutert werden.

Schaltungsaufbau

Der Drehstrom-Käfigläufermotor wird von dem 400 V, 50 Hz TN-S-Netz eines Verteilers über die Schmelzsicherungen F1 und den Motorschutzschalter Q1 eingespeist. Die Schaltgeräte erfüllen hierbei folgende Aufgaben:

Die **Schmelzsicherungen** F1 schützen

- die Leitung gegen Überlast und bei Kurzschluß,
- den Motorschutzschalter bei Kurzschluß und
- Personen und Tiere bei indirekter Berührung.

Der **Motorschutzschalter** Q1

- schützt die Motorwicklung vor unzulässig hoher Stromaufnahme und damit indirekt vor Übertemperatur.
- dient zum Ein- und Ausschalten des Motors.

> Motorschutzschalter schalten unmittelbar den Hauptstromkreis. Sie besitzen Trennereigenschaften und können zum betriebsmäßigen Schalten sowie als Haupt- und NOT-AUS-Schalter verwendet werden.

Die Wicklungsstränge des Drehstrom-Käfigläufermotors M1 sind entsprechend den Angaben auf dem Leistungsschild in Dreieck geschaltet.

Der Motor hat Schutzleiteranschluß. Alle Schaltgeräte sind schutzisoliert.

Funktion des Motorschutzschalters

- Motorschutzschalter sind handbetätigte Schaltgeräte mit Druck-, Dreh- oder Kippantrieb zum Ein- und Ausschalten.
- Beim Einschalten werden die drei Strombahnen des Hauptstromkreises geschlossen und gleichzeitig die Feder eines Schaltschlosses ① gespannt.
- Ein Schaltschloß besteht aus einer Verriegelungsmechanik, die beim Einschalten einrastet und die Strombahnen bis zur Entriegelung geschlossen hält.
- Wird das Schaltschloß entriegelt, dann entspannt sich die Feder und öffnet zwangsweise und schnell die Strombahnen. Zwangsweise bedeutet, daß die Auslösung nicht durch den Einschaltantrieb behindert werden kann. Man bezeichnet die zwangsweise Auslösung auch als **Freiauslösung**.
- Die Entriegelung des Schaltschlosses erfolgt
  1. durch Handbetätigung oder
  2. durch die Bimetallstreifen in den Strombahnen ②, welche den eingestellten Motornennstrom überwachen oder

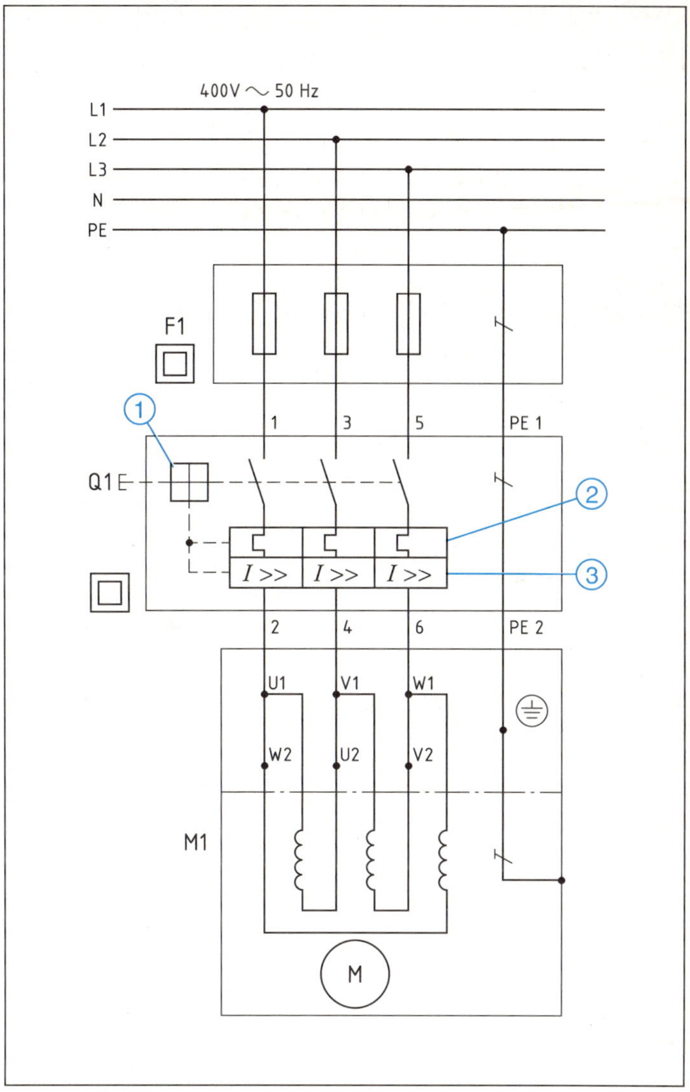

Abb. 1: Drehstrommotor mit Motorschutzschalter

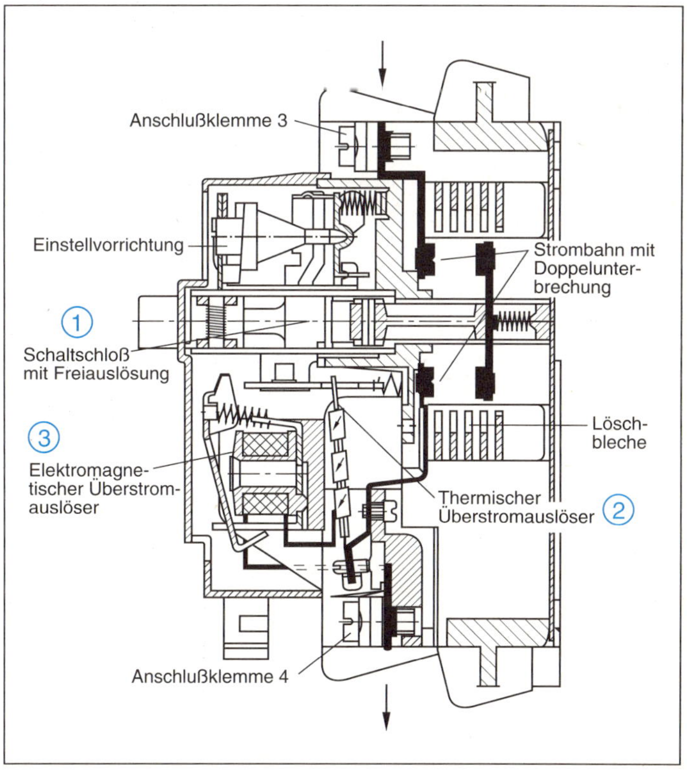

Abb. 2: Aufbau eines Motorschutzschalters

3. durch die Anker der Magnetspulen ③, welche bei Kurzschluß kurzfristig ansprechen.

Während die Bimetallauslöser die dauernde Stromaufnahme und damit indirekt die Wicklungstemperatur des Motors überwachen, schützen die fest eingestellten (8 bis 16-facher Nennstrom) magnetischen Auslöser die Strombahnen und Bimetalle des Motorschutzschalters im Kurzschlußfall.

Motorschutzschalter haben ähnliche Auslösekennlinien wie Leitungsschutzschalter und Leistungsschalter. Abb. 1 zeigt eine typische Auslösekennlinie.

Bei Motorschutzschaltern für kleine Nennströme (bis etwa 4 A) ist der Eigenwiderstand der Bimetallauslöser so groß, daß der Kurzschlußstrom auf das Schaltvermögen des Motorschutzschalters begrenzt wird. Weil sich diese Schalter selbst vor zu großen Kurzschlußströmen schützen, werden sie als **eigenfest** bezeichnet.

Eigenfeste Motorschutzschalter können ohne Vorsicherung eingebaut werden.

Nicht eigenfeste Motorschutzschalter müssen durch vorgeschaltete Schmelzsicherungen oder Leitungsschutzschalter vor den Folgen von Kurzschlüssen geschützt werden.

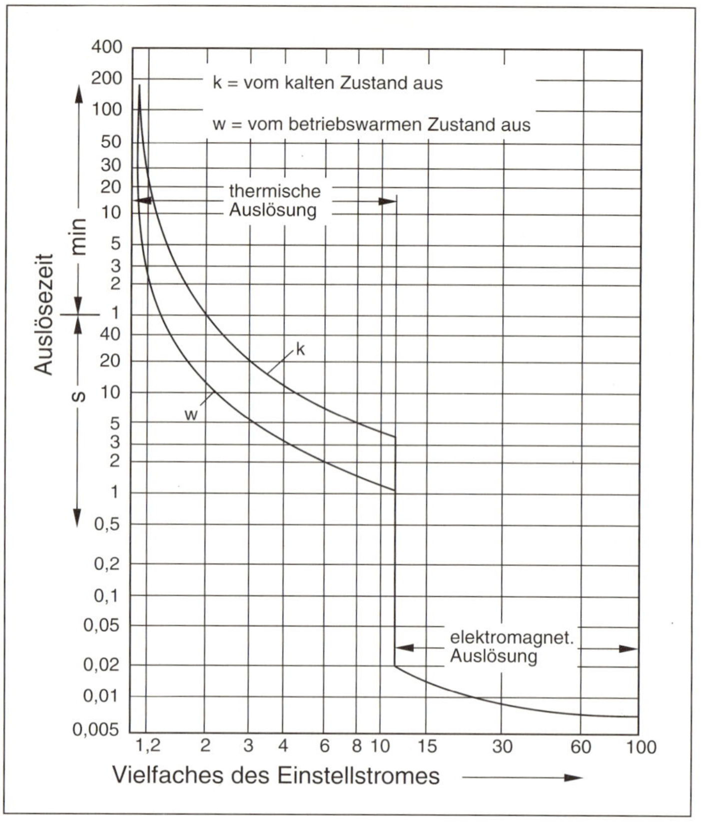

Abb. 1: Auslösekennlinie eines Motorschutzschalters aus Firmenunterlagen

Sonderausstattung mit Wicklungsschutzschalter

Bei kleineren Motoren oder bei Motoren, die mit Kompressoren, Pumpen oder anderen Maschinen eine Baueinheit bilden, werden oft sogenannte Wicklungsschutzschalter in die Motorwicklung eingebaut.

Wicklungsschutzschalter (Abb. 2) sind Bimetallschalter, die durch direktes Abfühlen der Wicklungstemperatur vor Erreichen einer unzulässig hohen Temperatur den angeschlossenen Stromkreis öffnen.

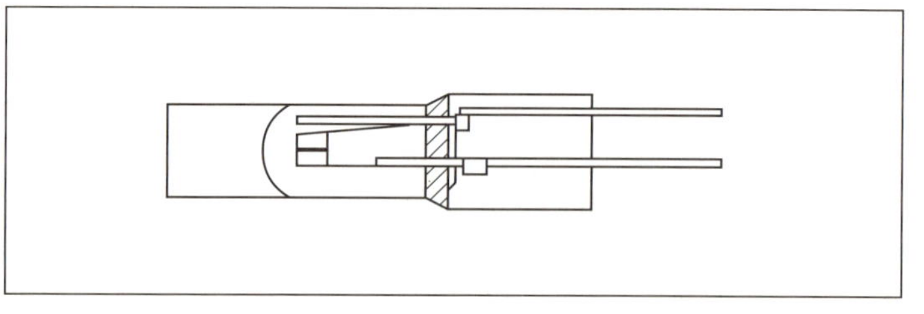

Abb. 2: Wicklungsschutzschalter

Abb. 3 zeigt die Schaltung einer hermetisch gekapselten Baueinheit „Wechselstrommotor/Kompressor" einer Kälteanlage. Der Wicklungsschutzschalter befindet sich hier im Hauptstromkreis des Wechselstrommotors. Er schaltet bei Übertemperatur die Motorwicklung so lange ab, bis das Bimetall wieder erkaltet ist.

Wicklungsschutzschalter haben keine Wiedereinschaltsperre. Sie schalten nach erfolgter Auslösung selbsttätig den Hauptstromkreis wieder ein.

Soll diese Betriebsart vermieden werden, muß der Wicklungsschutzschalter – wie ein Motorschutzrelais – in den Hilfsstromkreis einer Selbsthalteschaltung geschaltet werden.

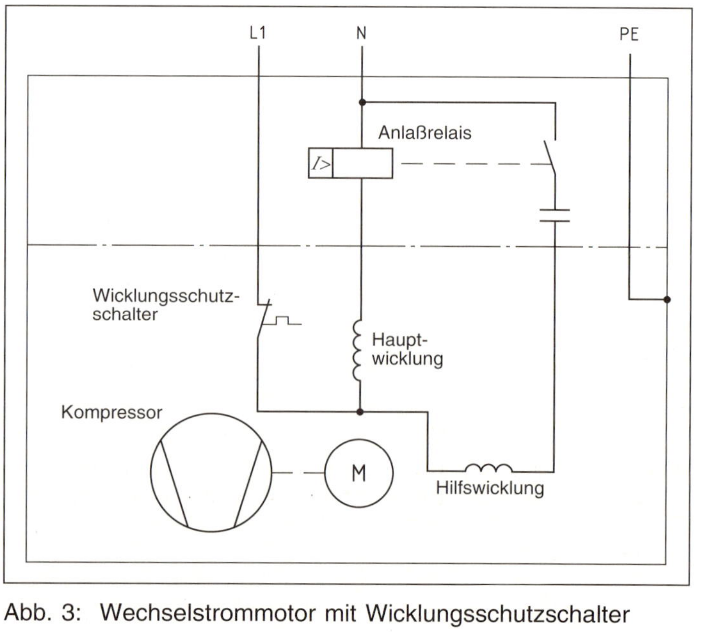

Abb. 3: Wechselstrommotor mit Wicklungsschutzschalter

Auftrag 2

Ein Drehstrom-Käfigläufermotor wird über ein Hauptschütz direkt eingeschaltet.

Es sollen der Schaltungsaufbau des Haupt- und Hilfsstromkreises beschrieben und die Funktion des Motorschutzes erläutert werden.

Aufbau des Hauptstromkreises (Abb. 4)

Der Drehstrom-Kurzschlußläufermotor ist über die Schmelzsicherungen F1, das Hauptschütz K1, das Motorschutzrelais F2 und die vieradrige Motorzuleitung mit dem TN-S-Netz des Verteilers verbunden. Die Schaltgeräte haben folgende Aufgaben:

- Die Schmelzsicherungen F1 schützen
  a) die Leitung gegen Überlast und bei Kurzschluß,
  b) das Hauptschütz und Motorschutzrelais bei Kurzschluß und
  c) Personen und Tiere gegen indirekte Berührung.
- Das Hauptschütz K1 dient zum Ein- und Auschalten des Motors.
- Das **Motorschutzrelais** F2 schützt die Motorwicklung vor unzulässig hoher Stromaufnahme und damit indirekt vor Übertemperatur.

Motorschutzrelais schalten nur Hilfsstromkreise.

Die Wicklungsstränge des Drehstrom-Käfigläufermotors M1 sind in Stern geschaltet.

Der Motor hat Schutzleiteranschluß. Alle Schaltgeräte sind in einem schutzisolierten Kleinverteiler untergebracht.

Aufbau des Hilfsstromkreises (Abb. 4)

- Der Hilfsstromkreis ist über die Steuersicherung F3 an 230 V (L1 – N) Wechselstrom angeschlossen.
- Die Einschaltung des Hauptschützes K1 erfolgt durch Betätigen des Drucktasters S2.
- Eine Selbsthalteschaltung speichert den Einschaltbefehl.
- Die Ausschaltung wird betriebsmäßig durch Betätigen des Drucktasters S1 vorgenommen.
- Bei Überlast (Überstrom) spricht nach einer stromabhängiggen Zeit das Motorschutzrelais F2 an und schaltet durch Öffnen von F2:95/96 das Hauptschütz K1 ab.

Funktion des Motorschutzrelais

- Beim Motorschutzrelais befindet sich in jeder Strombahn des Hauptstromkreises (Strombahnen 1/2, 3/4, 5/6) ein Bimetallstreifen (Abb. 5).
- Bei Erwärmung durch Überlast (Überstrom) biegen sich die Bimetallstreifen und betätigen über zwei Auslöseschieber ② mit gemeinsamem Hebel den Hilfsschalter 95/96/98.
- Biegen sich bei Ausfall eines Außenleiters (Phasenausfall) nur zwei Bimetallstreifen, so bewegt sich nur ein Schieber und die Betätigung des Hilfsschalters erfolgt früher (gestrichelte Auslösekennlinie).
- Eine Wiedereinschaltsperre ① verhindert eine selbsttätige Rückschaltung des Hilfsschalters.
- Durch Betätigung der Entsperrungstaste ④ wird die Grundstellung wiederhergestellt.
- Mit der Einstellvorrichtung ③ wird die Größe des Auslösestromes eingestellt.

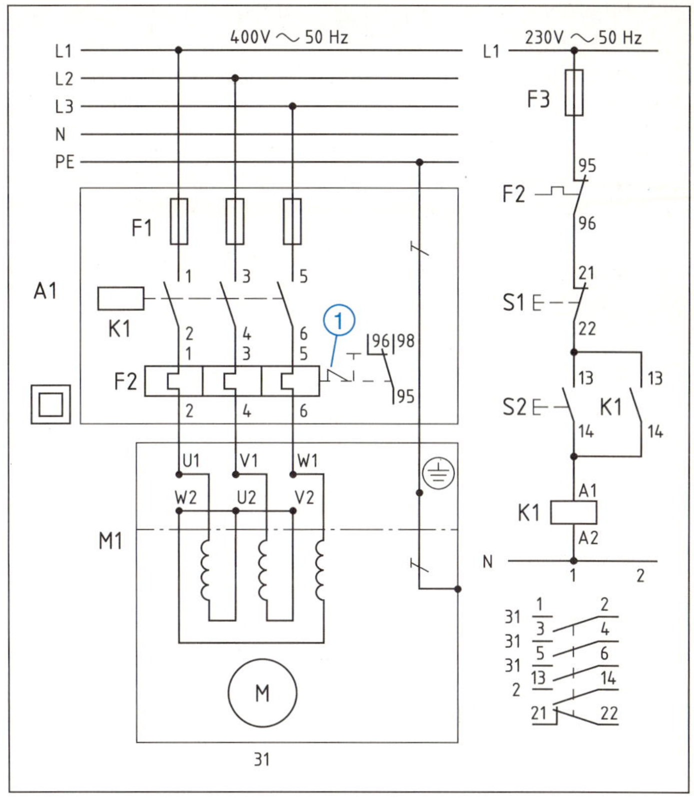

Abb. 4: Drehstrommotor mit Motorschutzrelais

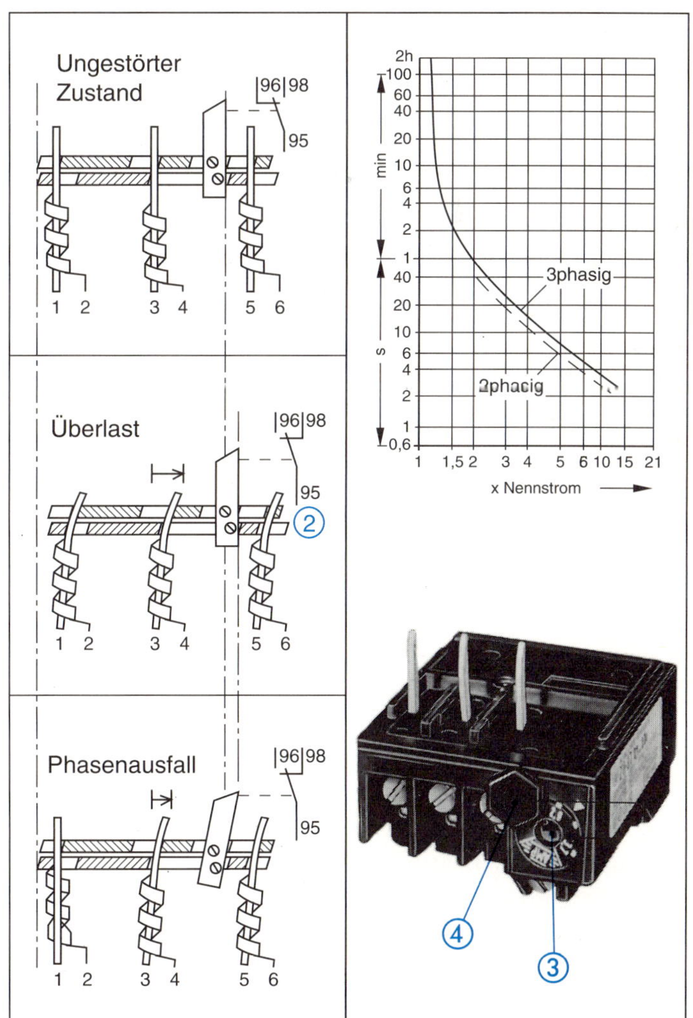

Abb. 5: Arbeitsweise, Auslösekennlinie und Ansicht eines Motorschutzrelais

Auftrag 3

Ein Drehstrom-Käfigläufermotor ist unter Betriebsbedingungen eingesetzt, die ein häufiges Ein- und Ausschalten des Motors erfordern (Betriebsart S4). Um trotzdem die volle Leistung des Motors zu nutzen, wurde zur unmittelbaren Überwachung der Wicklungstemperatur ein **Thermistor-Motorschutz** vorgesehen (Abb. 1).

Es sollen der Schaltungsaufbau des Haupt- und Hilfsstromkreises beschrieben und die Funktion des Thermistor-Motorschutzes erläutert werden.

Schaltungsaufbau

Hauptstromkreis:

Der Drehstrom-Käfigläufermotor ist über die Schmelzsicherungen F1, das Hauptschütz K1 und die vieradrige Motorzuleitung mit dem TN-S-Netz des Verteilers verbunden.

Hilfsstromkreis:

- Der Anschluß erfolgt über die Steuersicherung F2 an 230 V (L1 – N) Wechselstrom.
- Das Hauptschütz K1 wird durch Betätigen des Drucktasters S2 eingeschaltet.
- Die Selbsthaltung K1:13/14 speichert den Einschaltbefehl.
- Mit S1 wird das Hauptschütz betriebsmäßig ausgeschaltet.
- Steigt die Wicklungstemperatur über den zulässigen Grenzwert, dann spricht das Steuergerät F3 des Thermistor-Motorschutzes an und schaltet durch Öffnen von F3:11/14 das Hauptschütz K1 ab.

Funktion des Thermistor-Motorschutzes

- Zur unmittelbaren Temperaturüberwachung werden temperaturabhängige Widerstände (Thermistoren) in die Ständerwicklung des Motors eingebaut ①.
- Die Ansprechtemperatur der Thermistoren ist auf die Isolierstoffklasse der Ständerwicklung abgestimmt.
- Die Thermistoren werden in Reihe geschaltet und an das Steuergerät F3 angeschlossen.
- Bei Kaltleiter-Temperaturfühlern fließt bei Normaltemperatur der Wicklung im Fühlerstromkreis ein Strom, der über eine elektronische Verstärkerschaltung das Ausgangsrelais K9 des Steuergerätes F3 zum Anziehen bringt.
- K9 schaltet den Hilfsstromkreis zwischen F3:11/14 durch.
- Wird die eingestellte Ansprechtemperatur erreicht, ist der Gesamtwiderstand der drei Kaltleiter so groß, daß nur noch ein kleiner Strom im Fühlerkreis fließt. K9 fällt ab. Damit öffnet F3:13/14 und unterbricht den Hilfsstromkreis des Hauptschützes K1.

Der Thermistor-Motorschutz schützt den Motor durch unmittelbare Überwachung der Wicklungstemperatur. Er wird angewendet bei erschwerten Betriebsbedingungen, wie

- Schweranlauf,
- große Schalthäufigkeit,
- viele Umkehrschaltungen,
- Bremsbetrieb,
- hohe Umgebungstemperatur,
- Unterspannung und
- Explosionsgefahr (Exe).

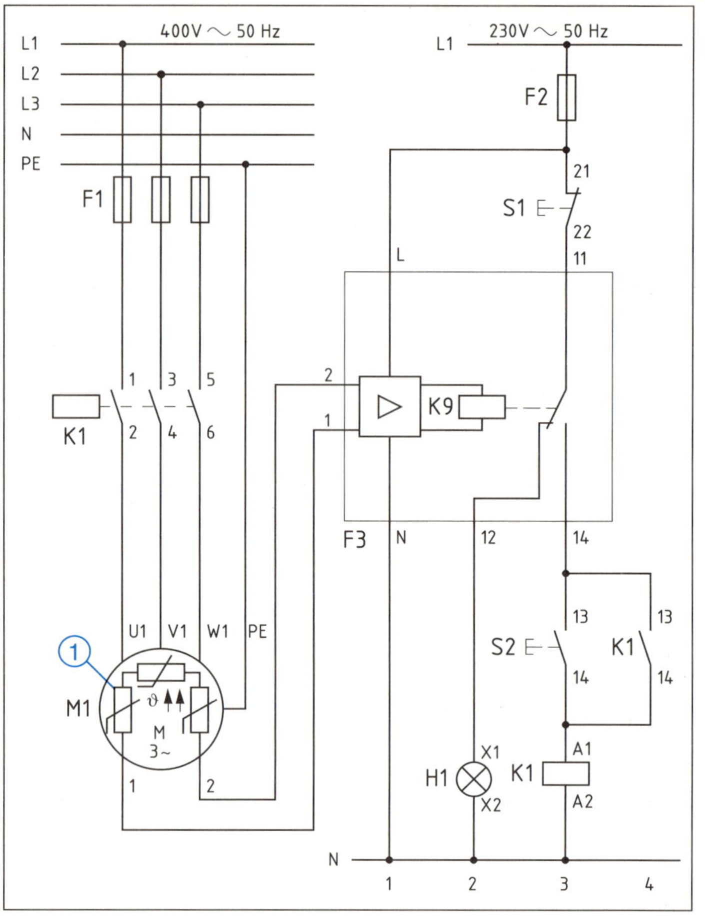

Abb. 1: Steuerung eines Drehstrommotors mit Thermistor-Motorschutz (Kaltleiter-Temperaturfühler)

Abb. 2: Ansicht und Schaltzeichen eines Steuergerätes für Thermistor-Motorschutz

Aufgaben

5.2.1 Schalten mit Nockenschalter

Zeichnen Sie zu dem Übersichtsschaltplan den Stromlaufplan in zusammenhängender Darstellung!

Der Motor ist in ausführlicher Darstellung mit Klemmenbrett und Wicklung darzustellen.

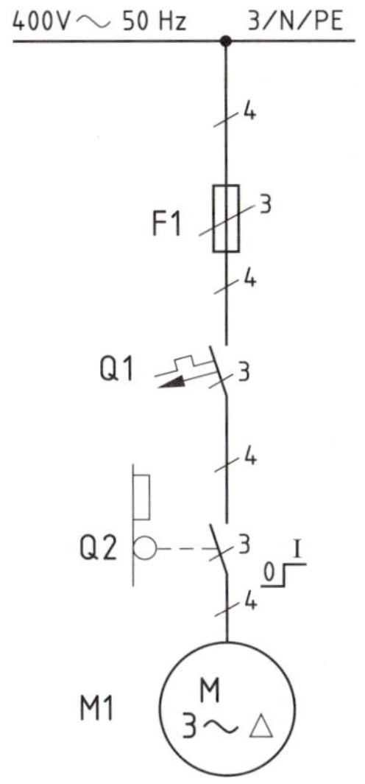

5.2.2 Auslösekennlinie

Der 22 kW-Drehstrommotor aus Tabelle 5.1, S. 63, soll an ein 400 V-Netz angeschlossen und durch einen Motorschutzschalter mit der Auslösekennlinie nach Abb. 1, S. 66, geschützt werden.

1. Auf welchen Wert ist der thermische Auslöser einzustellen?
2. Nach welcher Zeit muß bei Kaltstart und direkter Einschaltung der Anlaufvorgang beendet sein, damit keine Auslösung erfolgt?
3. Nach welcher Zeit muß bei Warmstart und direkter Einschaltung der Anlaufvorgang beendet sein, damit keine Auslösung erfolgt?
4. Wie groß muß der Kurzschlußstrom mindestens sein, damit die magnetische Auslösung anspricht?
5. Nach welcher Zeit löst der Motorschutzschalter aus, wenn der Motor im betriebswarmen Zustand um 20 % überlastet wird.

5.2.3 Strangströme

Motorschutzschalter und Motorschutzrelais überwachen üblicherweise die Nennströme in den Motorzuleitungen. Ist die Wicklung eines Motors im Stern geschaltet, werden somit auch die Strangströme überwacht, da $I_n = I_{Str}$. Ist der Motor jedoch im Dreieck geschaltet, dann werden die Strangströme nicht mehr überwacht, da $I_n = \sqrt{3} \cdot I_{Str}$.

Entwerfen Sie für den Anschluß eines Drehstrom-Käfigläufermotors in Dreieckschaltung einen Hauptstromkreis mit Hauptschütz und Motorschutzrelais, der so geschaltet ist, daß das Motorschutzrelais die Ströme in den Wicklungssträngen überwacht!

5.2.4 Thermistorschutz

Ein Drehstrom-Käfigläufermotor soll durch Thermistor-Motorschutz vor Überlastung geschützt werden. Zur Auslösung soll ein Steuergerät nach Abb. 2, S. 68, verwendet werden. Als Betätigung sind Drucktaster vorzusehen.

Zeichnen Sie den Stromlaufplan des Haupt- und Hilfsstromkreises in zusammenhängender Darstellung!

5.2.5 Verdrahtungsplan

a) Zeichnen Sie nach dem untenstehenden Verdrahtungsplan den Stromlaufplan der Steuerung in aufgelöster Darstellung!

b) Beantworten Sie folgende Fragen!

1. Leuchtet die Meldelampe H1 nur bei Störung oder auch bei betriebsmäßiger Abschaltung des Motors durch S2?
2. Welche Funktion erfüllt die Verbindung A1–14 am Bauteil F3?
3. Wie reagiert die Motorschutzeinrichtung bei Unterbrechung der Meßleitung?
4. Wie reagiert die Motorschutzeinrichtung bei Kurzschluß zwischen X1:12 und X1:13?

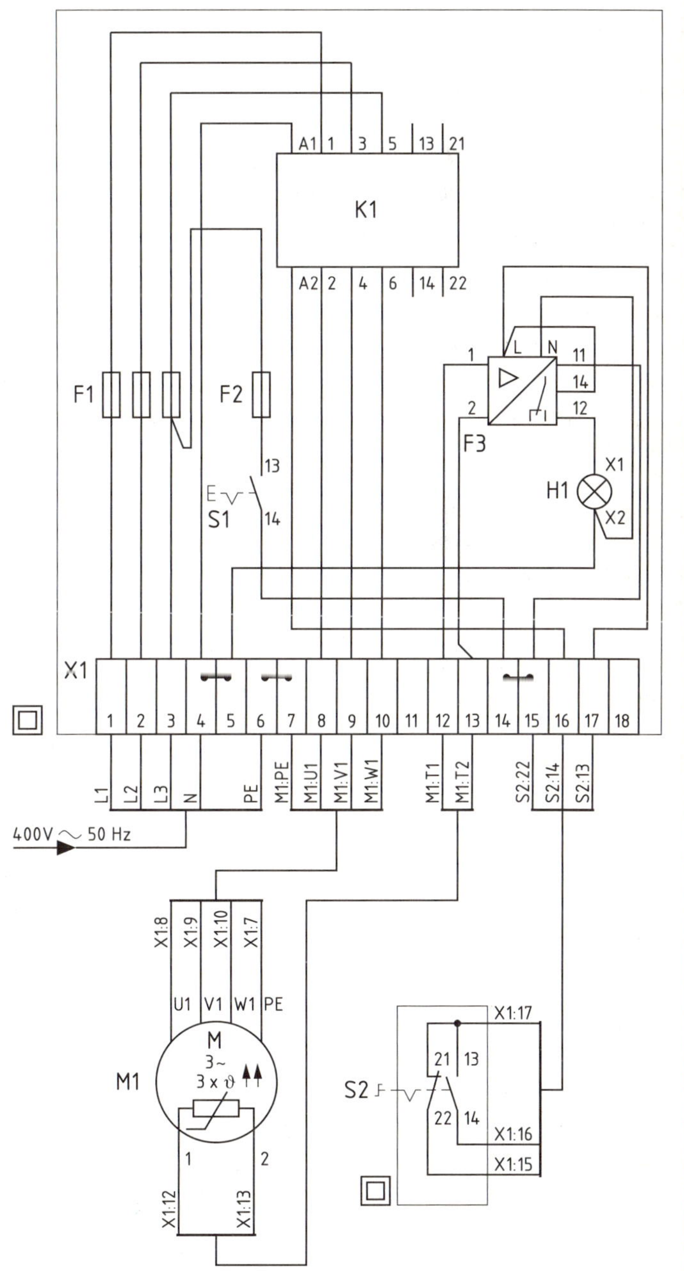

Auftrag 1

Der Drehstrommotor in Abb. 1 kann mit einem Wendeschalter in die Betriebszustände **Aus, Linkslauf** oder **Rechtslauf** gesteuert werden.

Es sollen der Schaltungsaufbau und die Funktion der Wendeschaltung erläutert werden.

Als Drehrichtung einer elektrischen Maschine bezeichnet man die Richtung der Drehbewegung des Läufers, wenn man auf die Stirnseite des antreibenden Wellenendes blickt.

Rechtslauf = Drehbewegung mit dem Uhrzeiger

Linkslauf = Drehbewegung gegen den Uhrzeiger

Schaltungsaufbau

- Die Einspeisung erfolgt über ein 400 V, 50 Hz TN-S-Netz.
- Den Schutz der Motorzuleitung, des Motorschutzschalters und den Personenschutz übernehmen die Schmelzsicherungen F1.
- Der Motorschutzschalter Q1 schützt den Motor gegen Überlast.
- Mit dem Nockenschalter Q2 wurden die Drehrichtungen des Motors gesteuert.
- Der Drehstrom-Käfigläufermotor ist in Stern geschaltet.
- Der Motor hat Schutzleiteranschluß.
- Alle Schaltgeräte sind schutzisoliert.

Funktion der Wendeschaltung

Die Drehrichtungsumkehr erfolgt bei Drehstrommotoren durch Vertauschen von zwei Außenleitern (Phasen).

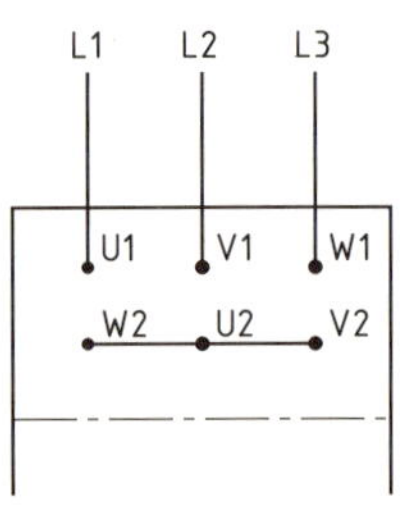

Anschluß **Rechtslauf** nach DIN 42 401 Teil 2 bzw. VDE 0530 Teil 1

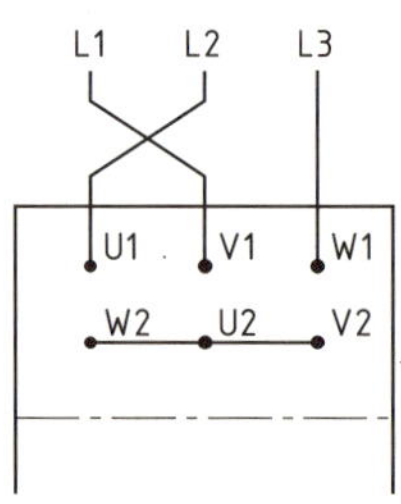

Anschluß **Linkslauf**

Der Nockenschalter verbindet in seinen Schaltstellungen die Außenleiter so mit den Motorklemmen, daß der Motor die entsprechende Drehbewegung ausführt.

Schaltstellung 0: Alle Strombahnen sind geöffnet

Schaltstellung R: Strombahn 1/2 geschlossen (L1/U1)
Strombahn 7/8 geschlossen (L2/V1)
Strombahn 9/10 geschlossen (L3/W3)

Schaltstellung L: Strombahn 3/4 geschlossen (L1/V1
Strombahn 5/6 geschlossen (L2/U1)
Strombahn 9/10 geschlossen (L3/W3)

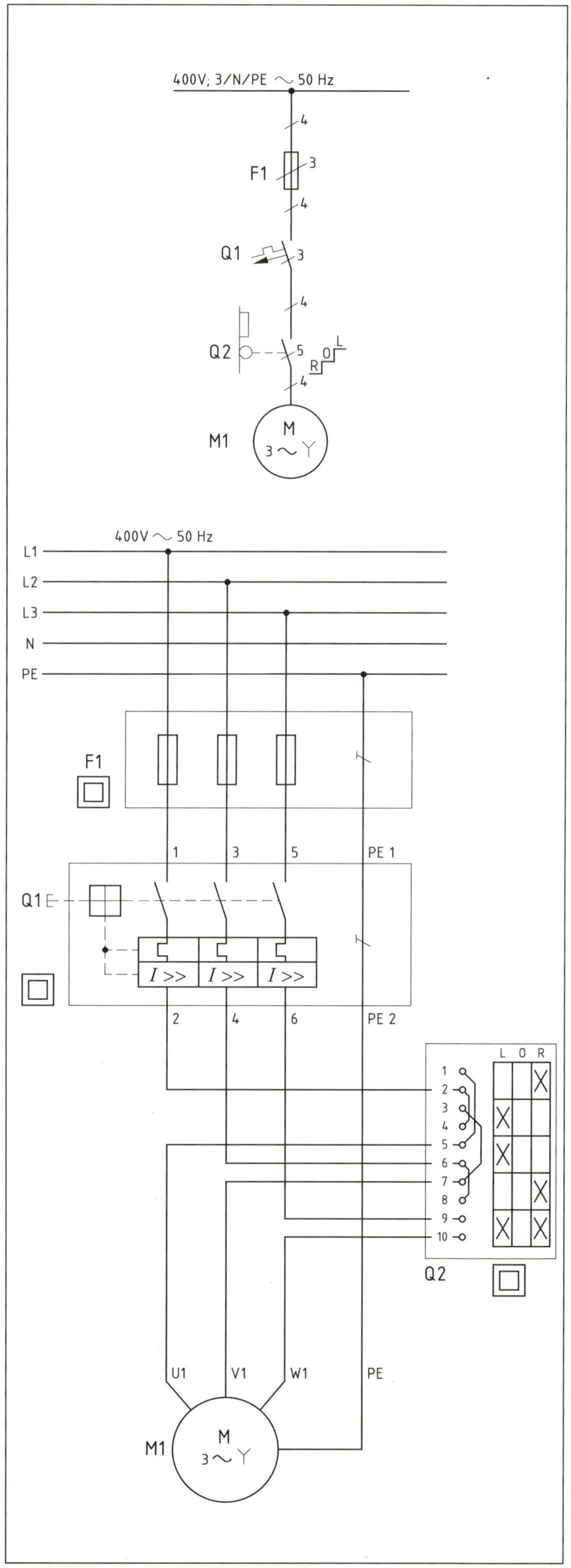

Abb. 1: Wendeschaltung mit Nockenschalter

Aufgaben

5.3.1 Wendeschützschaltung

Für die Inbetriebnahme und Wartung einer Werkzeugmaschine wird vom Hersteller der unten abgebildete Schaltplan geliefert.

a) Zur Analyse der Motorsteuerung beantworten Sie folgende Fragen!

1. Welche Schaltfunktion hat das Schütz K1?
2. Welche Schaltfunktion hat das Schütz K2?
3. Warum muß die Steuerung verhindern, daß K1 und K2 gleichzeitig eingeschaltet werden?
4. Welche schaltungstechnischen Maßnahmen verhindern, daß K1 und K2 gleichzeitig eingeschaltet werden?
5. Welche schaltungstechnische Maßnahme sorgt dafür, daß bei gleichzeitiger Betätigung von S2 und S3 der Motor ausgeschaltet bleibt?
6. Welcher Betriebszustand wird durch Betätigen von S2 eingeschaltet?
7. Welcher Betriebszustand wird durch Betätigen von S3 eingeschaltet?
8. Welche Drucktaster müssen betätigt werden, wenn von Linkslauf auf Rechtslauf umgeschaltet werden soll?
9. Durch welche Schaltelemente kann der gesamte Hilfsstromkreis abgeschaltet werden?
10. Durch Alterung löst eine der Schmelzsicherungen F1 im Hauptstromkreis aus. Welchen Einfluß hat dieser Phasenausfall auf den Betrieb des Motors?

b) Zeichnen Sie den Übersichtsschaltplan der Wendeschützschaltung!

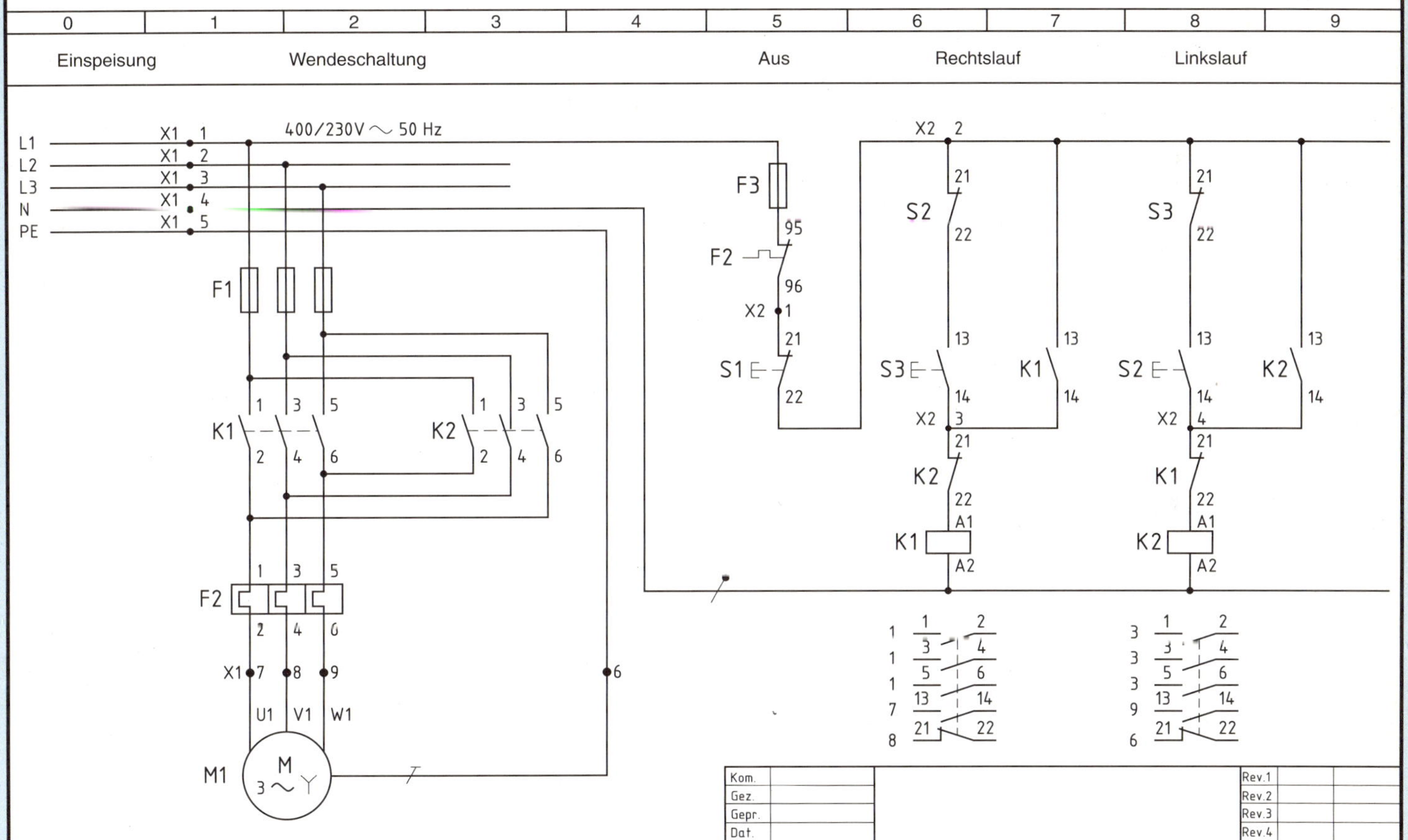

5.3.2 Anschlußplan

Die Wendeschützschaltung in Aufgabe 5.3.1 wird mit dem abgebildeten Dreifachtaster gesteuert.

a) Ergänzen Sie alle notwendigen Verbindungen innerhalb des Dreifachtasters!

b) Zeichnen Sie den Anschlußplan für den Dreifachtaster!

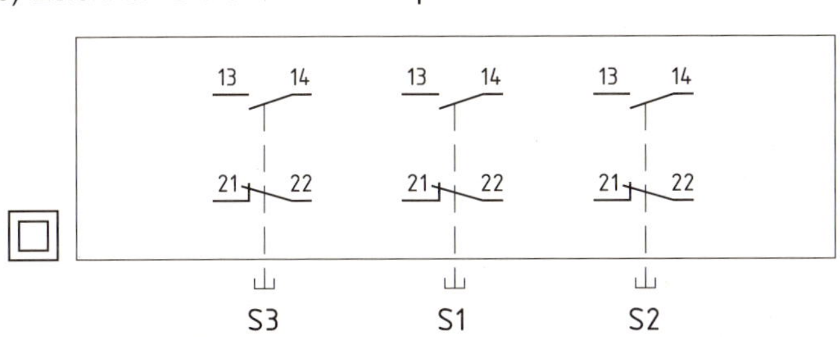

5.3.3 Direkte Umsteuerung

Die Steuerung der Wendeschützschaltung in Aufgabe 5.3.1 soll so geändert werden, daß durch Betätigen von S2 bzw. S3 eine direkte (ohne Betätigung des Austasters) Drehrichtungsumkehr möglich ist.

Zeichnen Sie den Stromlaufplan des Hilfsstromkreises in aufgelöster Darstellung!

5.3.4 Nockenschalter

Zeichnen Sie einen dreipoligen Wendeschalter in der Darstellung nach DIN 40 900 (s. S. 12, Abb. 3)!

Aufgaben

5.3.5 Motorsteuerung

Aus dem Anschlußplan einer Motorsteuerung, die in einem Schaltschrank untergebracht ist, soll die Funktion der Steuerung ermittelt werden.

Innerhalb des Schaltschranks befinden sich folgende Bauteile:

Hauptsicherungen F1
Motorschutzrelais F2
Steuersicherung F3
Hauptschütz K1
Hauptschütz K2

Die Verbindung der einzelnen Geräte ergibt sich aus den Zielbezeichnngen. Zusätzlich sind innerhalb des Schaltschranks noch folgende Geräte steuerungsseitig miteinander verbunden:

F3 verbunden mit F2:95
K2:22 verbunden mit K1:A1
K1:22 verbunden mit K2:A1

Zeichnen Sie den Stromlaufplan des Steuerstromkreises in aufgelöster Darstellung!

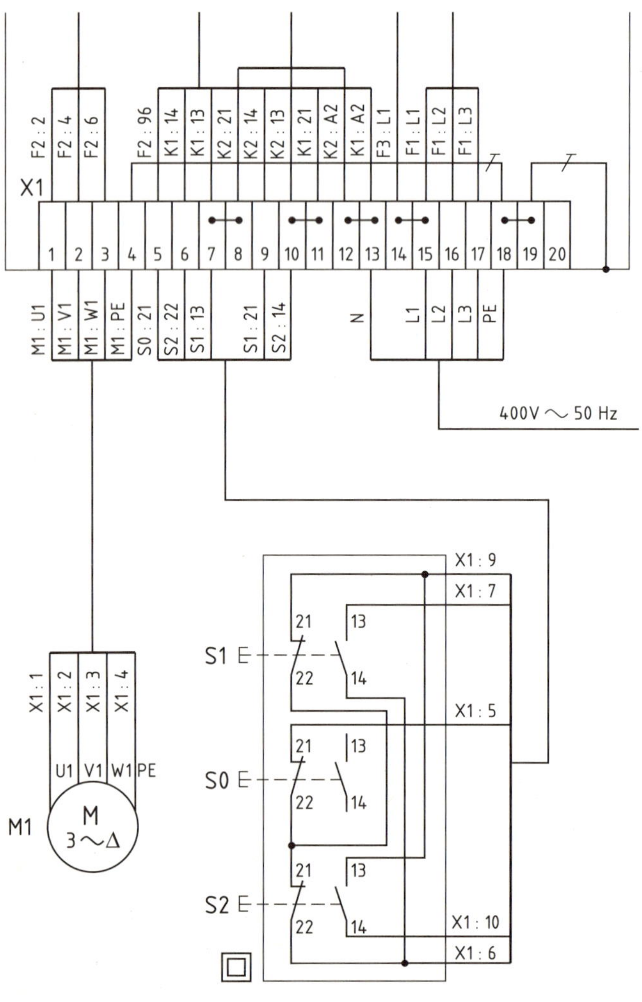

5.3.6 Fabrikfertige Wendeschützschaltung

Für die Steuerung eines Drehstrom-Käfigläufermotors wird eine fabrikfertige Wendeschützschaltung und ein Dreifachtaster für die Bedienung an der Maschine verwendet. Außer dem Netzanschluß sollen alle Haupt- und Hilfsstromleitungen direkt (ohne Klemmenleiste) an den Schaltgeräten angeschlossen werden. Die fabrikfertige Verschaltung der Baugruppe zeigen die Stromlaufpläne des Herstellers.

Übernehmen Sie die Tabelle und geben Sie alle Anschlußverbindungen an, die bei der Montage zu verlegen sind!

	Verbindung von		Verbindung mit
1.	Netz: L1, L2, L3, N, PE		
2.	Motor: M1:U1, V1, W1		
3.	Motor: M1:PE		
4.	F0:1		
5.	K1:A2/K2:A2		
6.	S0:21		
7.	S1:13		
8.	S2:14		
9a.	S0:22/S2:21	für Drehrichtungsänderung nach Betätigung des Austasters	
10a.	K2:14		
9b.	S1:14/S2:22	für Drehrichtungsänderung ohne Betätigung des Austasters	
10b.	S1:21/S2:13		

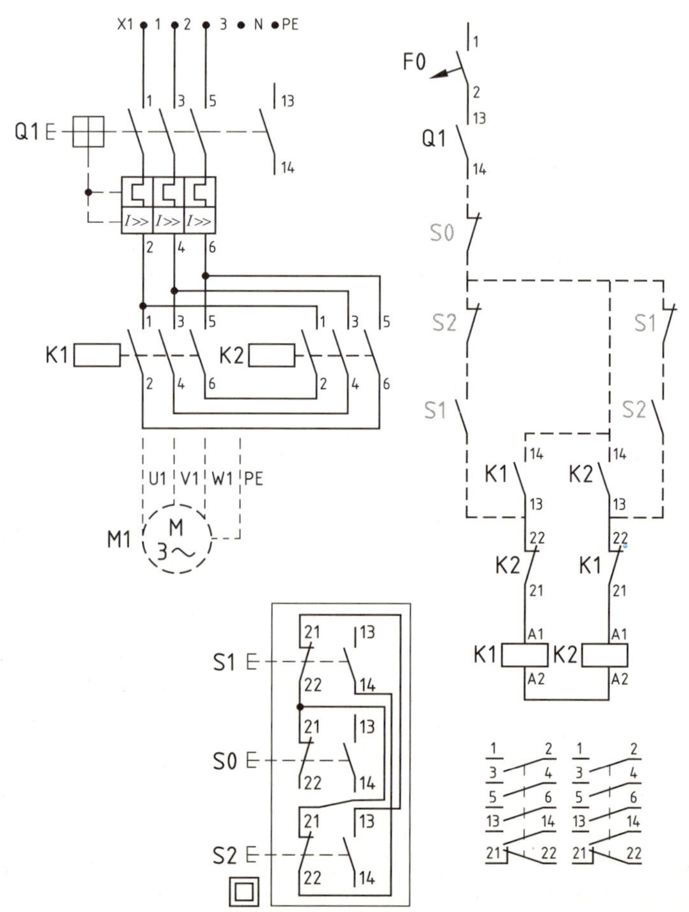

Drehstrommotoren können nicht immer **direkt** eingeschaltet werden, da die hohen Anlaufströme unzulässige Spannungsabsenkungen in den speisenden Netzen hervorrufen können (vgl. Kapitel 5.1). In diesen Fällen müssen während des Anlaufs Schaltungsmaßnahmen getroffen werden, welche die Anlaufströme auf zulässige Werte begrenzen.

Schaltungsmaßnahmen mit dem Ziel der Anlaufstrombegrenzung werden als **Anlaßschaltungen** bezeichnet.

> Die Anlaßschaltungen für Drehstrom-Käfigläufermotoren vermindern nicht nur den Anlaufstrom, sondern auch das Anlaufmoment gegenüber direktem Einschalten.

Auftrag 1

Ein Drehstrom-Käfigläufermotor ist an das Bordnetz (TN-S-Netz, 400/230 V, 50 Hz) eines Tankschiffes angeschlossen. Der Anlauf erfolgt mit etwa 20 % der Nennlast. Zur Begrenzung des Anlaufstromes wird der Motor über eine Schützensteuerung zunächst in Stern und nahe der Nenndrehzahl von Hand in Dreieck umgeschaltet.

Es sollen der Schaltungsaufbau des Hauptstromkreises der Stern/Dreieck-Schaltung in Abb. 1 beschrieben und die Funktion der Steuerung analysiert werden.

Aufbau des Hauptstromkreises

Der Drehstrom-Käfigläufermotor ist über die Schmelzsicherungen F1 und das Motorschutzrelais F2 sowie die Hauptschütze K1, K2 und K3 an das TN-S-Netz angeschlossen.

- Das Hauptschütz K1 verbindet sowohl in der Stern- als auch in der Dreieckschaltung die Anschlüsse U1, V1, W1 der Motorwicklung mit dem Netz (**Netzschütz**).
- Das Hauptschütz K2 schaltet in der Sternschaltung die Sternbrücke ein (**Sternschütz**).
- Das Hauptschütz K3 verbindet in der Dreieckschaltung die Anschlüsse W2, U2, V2 der Motorwicklung mit dem Netz (**Dreieckschütz**).

> Die Stern/Dreieck-Schaltung kann nur bei Motoren angewendet werden, deren Strangspannung gleich der Netzspannung ist.

Funktionsanalyse der Steuerung

a) Stern-Einschaltung

- S1:13/14 (1) schaltet Sternschütz K2:A1/A2 (1) ein.
- K2:13/14 (2) schaltet Netzschütz K1:A1/A2 (2) ein. K2:21/22 (4) verriegelt Dreieckschütz K3.
- K1:13/14 (3) schaltet Selbsthaltung für K1 und K2 ein. K1:33/34 (4) bereitet die Einschaltung von K3 vor.

b) Dreieck-Umschaltung

- S2:21/22 (1) schaltet Sternschütz K2:A1/A2 (1) ab.
- K2:21/22 schließt Strompfad 4 und schaltet Dreieckschütz K3:A1/A2 ein.
- K3:21/22 (1) verriegelt Sternschütz K2.

c) Ausschaltung

- S0:21/22 (1) schaltet betriebsmäßig alle Schütze aus.
- F2:95/96 (1) schaltet bei Überlast alle Schütze aus.

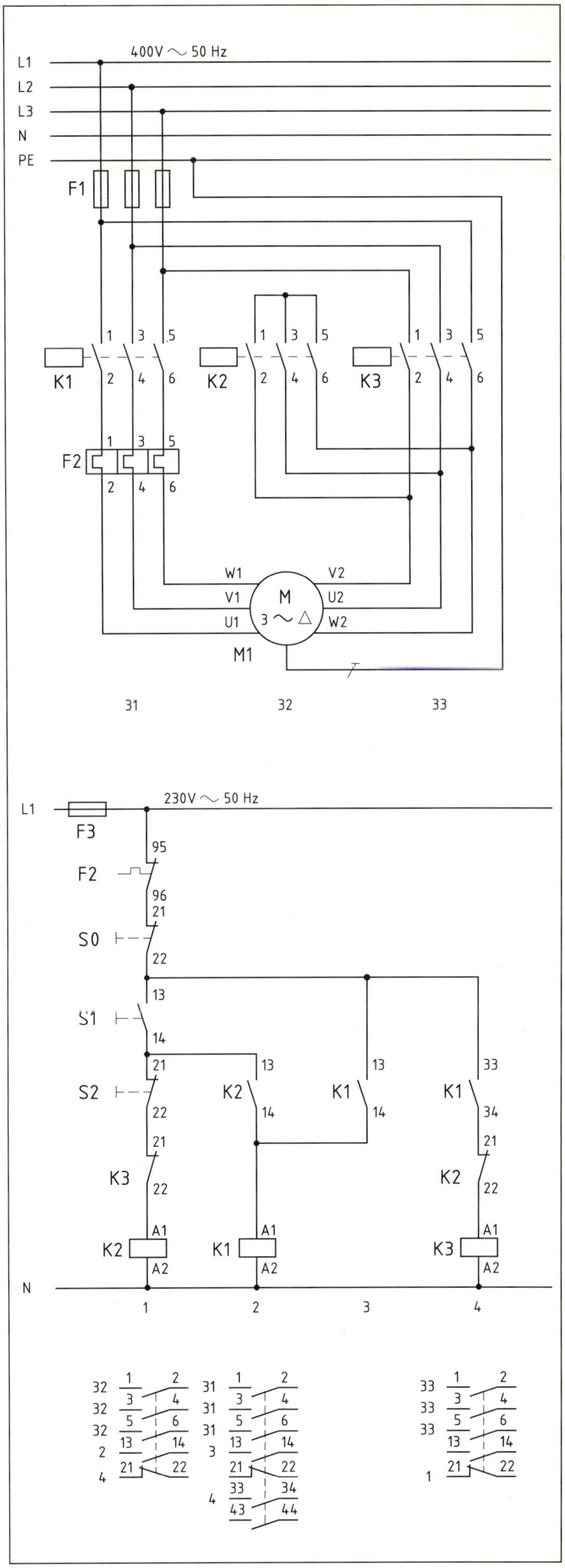

Abb. 1: Handbetätigte Stern-Dreieck-Schützenschaltung

5.4 Anlaufstrombegrenzung

Auftrag 2

In einem am Ende eines Netzes gelegenen landwirtschaftlichen Betrieb wird ein leistungsstarker Drehstrom-Käfigläufermotor betrieben. Der Anlauf erfolgt nahezu ohne Belastung. Wegen der großen Netzimpedanz reicht eine Begrenzung des Anlaufstroms, wie sie mit einer Stern/Dreieck-Schaltung erzielt werden kann, nicht aus. Deshalb wurde ein Anlaßtransformator vorgesehen, der während des Anlaufvorgangs die Spannung für den Motor so weit herabsetzt, daß der Anlaufstrom die zulässige Netzbelastung nicht überschreitet.

Es sollen anhand der Stromlaufpläne in Abb. 1 der Schaltungsaufbau des Hauptstromkreises beschrieben und die Funktion der Steuerung analysiert werden.

Aufbau des Hauptstromkreises

Der Drehstrom-Käfigläufermotor ist nach Beendigung des Anlaufs über die Schmelzsicherungen F1, das Hauptschütz K3 und das Motorschutzrelais F2 an das TN-S-Netz angeschlossen.

Während des Anlaufs erfolgt die Einspeisung über das Hauptschütz K1, den Anlaßtransformator T1 und das Hauptschütz K2. Der Motor besitzt während dieser Zeit keinen Überlastschutz! (Bei $I_A \leq I_n$ kann die Einspeisung über F2 erfolgen).

Funktionsanalyse der Steuerung

a) Anlassen

- S1:13/14 (1) schaltet das Anlaßschütz K1:A1/A2 (1) ein.
- K1:21/22 (5) verriegelt das Betriebsschütz K3.
  K1:13/14 (2) schaltet das Anlaßschütz K2:A1/A2 (2) ein.
- K2:13/14 (2) schließt die Selbsthaltung für K1 und K2.
  K2:21/22 (5) verriegelt das Betriebsschütz K3.
  K2:33/34 (3) schaltet das Hilfsschütz K4A:A1/A2 ein.
- K4A:13/14 (4) schließt die Selbsthaltung.
  K4A:33/34 (5) bereitet die Einschaltung des Betriebsschützes K3 vor. Damit wird ein direktes Einschalten des Motors verhindert!

b) Betrieb

- S2:21/22 (1) schaltet die Anlaßschütze K1 und K2 ab.
  S2:13/14 (5) schaltet das Betriebsschütz K3:A1/A2 (5) ein.
- K3:13/14 (6) schließt die Selbsthaltung.
  K3:21/22 (1) verriegelt die Anlaßschütze K1 und K2.

c) Ausschalten

- Das betriebsmäßige Ausschalten erfolgt durch Betätigen des Austasters S0 (1).
- Im Fehlerfall schaltet die Schmelzsicherung F3 den Hilfsstromkreis ab.
- Bei Überlast öffnet das Motorschutzrelais F2:95/96 (1) den Hilfsstromkreis.

Hinweis:
Bei Motoren mit geringer Einschalthäufigkeit werden an Stelle des teuren Anlaßtransformators auch Anlaßwiderstände verwendet.

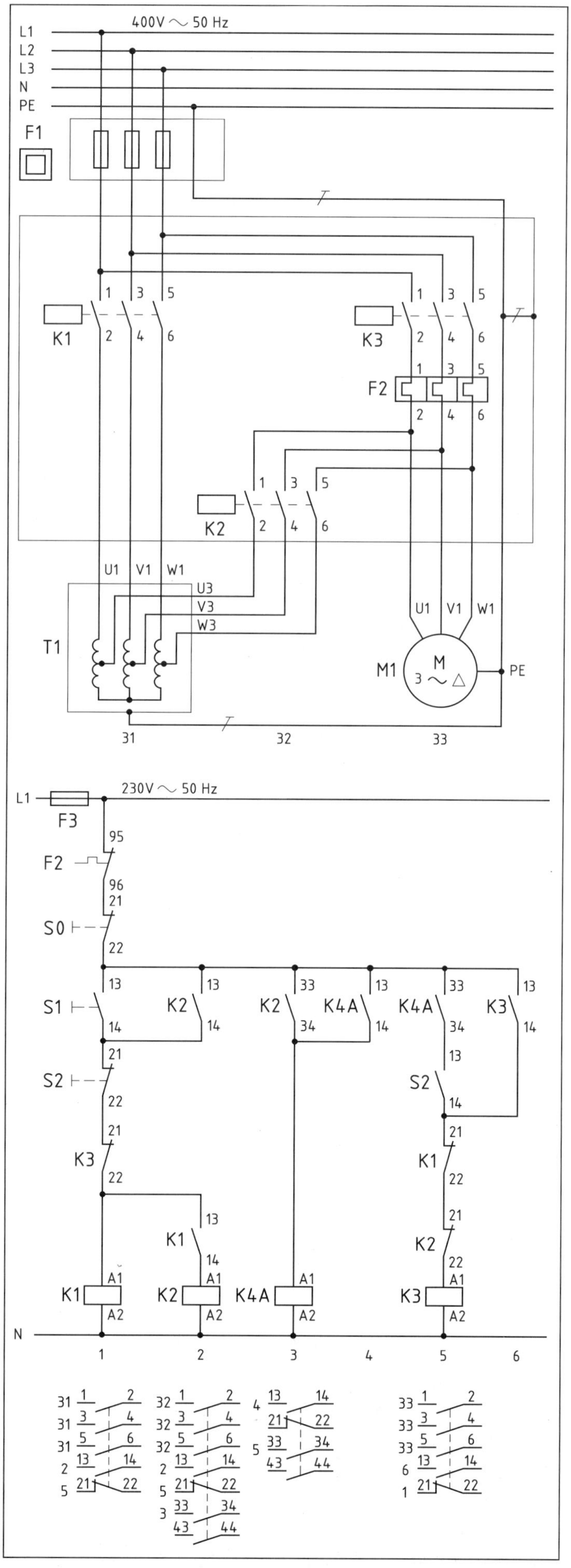

Abb. 1: Handbetätigter Ständeranlasser mit Anlaßtransformator

Auftrag 3

Der Schleifringläufermotor mit dem nebenstehenden Leistungsschild treibt eine Montage-Seilbahn an. Da der Anlauf bei voller Last erfolgt, werden beim Einschalten Anlaßwiderstände in den Läuferkreis geschaltet, die ein großes Anlaufdrehmoment bei reduzierten Anlaufstrom bewirken. Mit zunehmender Drehzahl werden diese dann stufenweise kurzgeschlossen, damit der Motor mit den angegebenen Betriebsdaten arbeiten kann.

Hersteller		
Typ		
3 ~	Mot.	Nr.
Δ 400 V		23 A
11 kW	S1	cos φ 0,79
950 /min		50 Hz
Läufer: 225 V		31 A
Isol. - Kl. B	IP 44	215 kg
DIN VDE 0530 Teil 1, 1984		

Es sollen anhand der Stromlaufpläne in Abb. 2 der Schaltungsaufbau des Hauptstromkreises beschrieben und die Funktion der Steuerung analysiert werden.

Aufbau des Hauptstromkreises

Der Drehstrom-Schleifringläufermotor ist über die Leitungsschutzschalter F1, das Hauptschütz K1 und das Motorschutzrelais F2 an das TN-S-Netz angeschlossen.

An den Anschlußklemmen K, L, M kann der Läuferkreis

- über den Anlaßwiderstand R1+R2 oder
- bei Einschaltung des Läuferschützes K3 über den Anlaßwiderstand R1 oder
- bei Einschaltung des Läuferschützes K2 direkt kurzgeschlossen werden.

Die Kurzschlußbrücken der Läuferschütze werden durch Verschaltung der Hauptschaltglieder im Dreieck gebildet. Diese Schaltung hat den Vorteil, daß jedes Schaltglied nur mit dem 0,58 fachen Läuferstrom belastet wird, so daß kleinere Schütze verwendet werden können.

Funktionsanalyse der Steuerung

a) Anlassen

- S1:13/14 (1) schaltet das Netzschütz K1:A1/A2 (1) ein.
- K1:13/14 (2) schließt die Selbsthaltung und schaltet das Zeitrelais K5:A1/A2 (7) ein.
- Nach Zeitablauf schaltet K5:17/18 (5) das Läuferschütz K3:A1/A2 (5) ein.
  K3:21/22 (1) verriegelt das Netzschütz K1 für den Fehlerfall, daß beim Start K3 noch angezogen ist.
  K3:13/14 (6) schaltet das Zeitrelais K4:A1/A2 (6) ein.
- Nach Zeitablauf schaltet K4:17/18 (3) das Läuferschütz K2:A1/A2 (3) ein.
- K2:21/22 (1) verriegelt das Netzschütz K1 für den Fehlerfall, daß beim Start K2 noch angezogen ist.
  K2:13/14 (4) schließt die Selbsthaltung.
  K2:31/32 (5) schaltet K3, K4 und K5 ab.

b) Ausschalten

- Das betriebsmäßige Ausschalten erfolgt durch Betätigen des Austaster S0 (1).
- Im Fehlerfall schaltet der Leitungsschutzschalter F3 (1) den Hilfsstromkreis ab.
- Bei Überlast öffnet das Motorschutzrelais F2:95/96 (1) den Hilfsstromkreis.

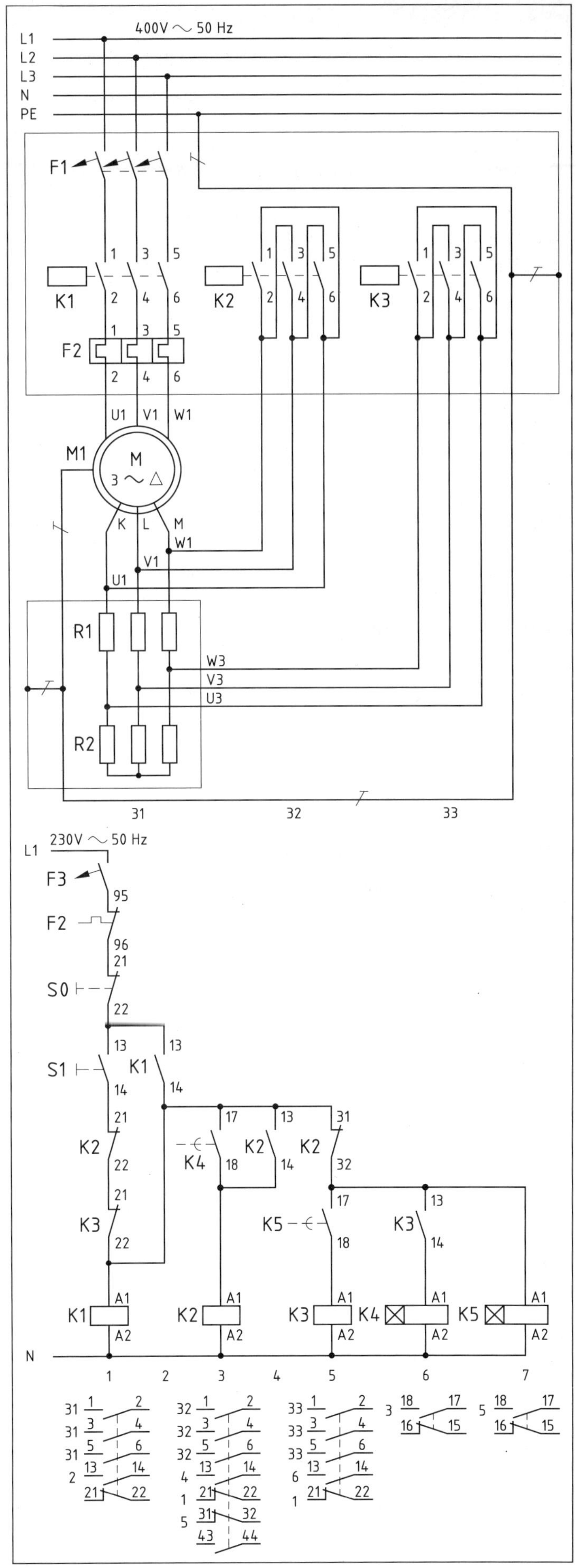

Abb. 2: Selbsttätiges Anlassen eines Drehstrom-Schleifringläufermotors

Aufgaben

5.4.1 Stern/Dreieck-Nockenschalter

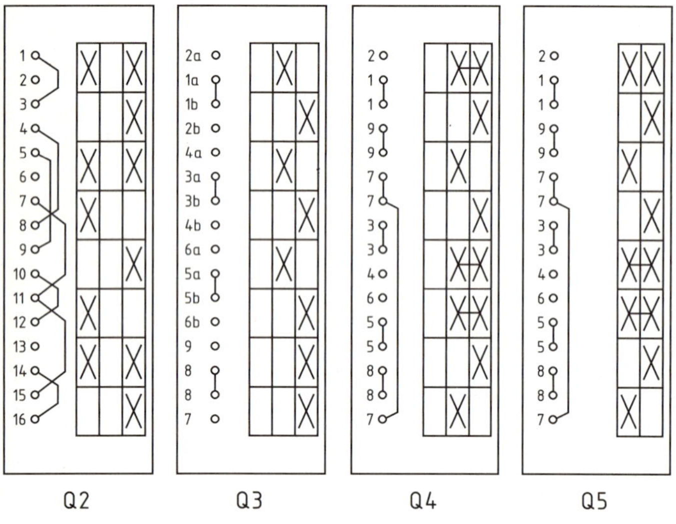

Zur Steuerung eines Motors soll ein Stern/Dreieck-Nockenschalter zwischen den Motorschutzschalter Q1 und dem Drehstrom-Käfigläufermotor M1 geschaltet werden. Die Herstellerliste bietet die dargestellten Schalter Q2, Q3, Q4 und Q5 an.

a) Wählen Sie den geeigneten Nockenschalter aus!

b) Übernehmen Sie die nachfolgende Liste und tragen Sie die Zielbezeichnungen für den Anschluß bei Rechtslauf ein!

Q1:2 ist zu verbinden mit Q... : ...
Q1:4 ist zu verbinden mit Q... : ...
Q1:6 ist zu verbinden mit Q... : ...
M1:U1 ist zu verbinden mit Q... : ...
M1:V1 ist zu verbinden mit Q... : ...
M1:W1 ist zu verbinden mit Q... : ...
M1:U2 ist zu verbinden mit Q... : ...
M1:V2 ist zu verbinden mit Q... : ...
M1:W2 ist zu verbinden mit Q... : ...

5.4.2 Wahl des Anlaßverfahrens

In einem Handwerksbetrieb, der direkt aus dem öffentlichen Netz gespeist wird, soll ein Luftkompressor mit dem nebenstehenden Antriebsmotor aufgestellt werden. Während des Anlaufs wird der Motor mit 15 % seines Nenndrehmoments belastet.

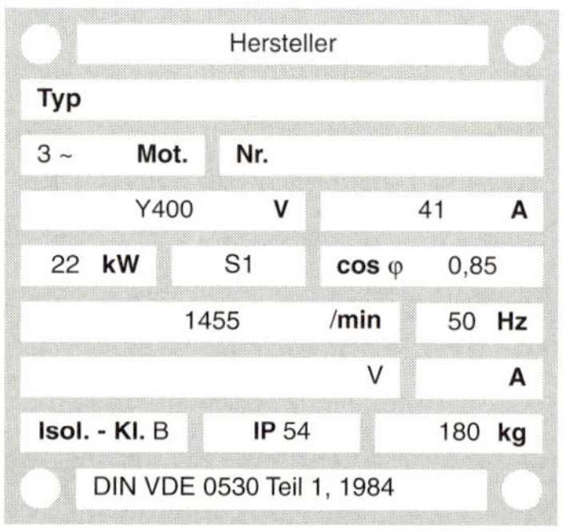

Geben Sie an, welches Anlaßverfahren vorzusehen ist!

Begründen Sie Ihre Antwort!

5.4.3 Automatische Stern/Dreick-Schaltung ❑

Eine Stern/Dreieck-Schaltung mit Schützen soll so gesteuert werden, daß die Umschaltung auf Dreieck nach Ablauf einer eingestellten Zeit selbsttätig erfolgt.

Zeichnen Sie den Stromlaufplan der Steuerung in aufgelöster Darstellung!

5.4.4 Motorsteuerung

Die Betriebsbeschreibung einer Werkzeugmaschine enthält unter anderem den nachstehenden Stromlaufplan.

a) Erstellen Sie eine Funktionsanalyse für den Fall, daß im ausgeschalteten Zustand der Taster S2 betätigt wird!

b) Zeichnen Sie den Stromlaufplan des zugehörigen Hauptstromkreises!

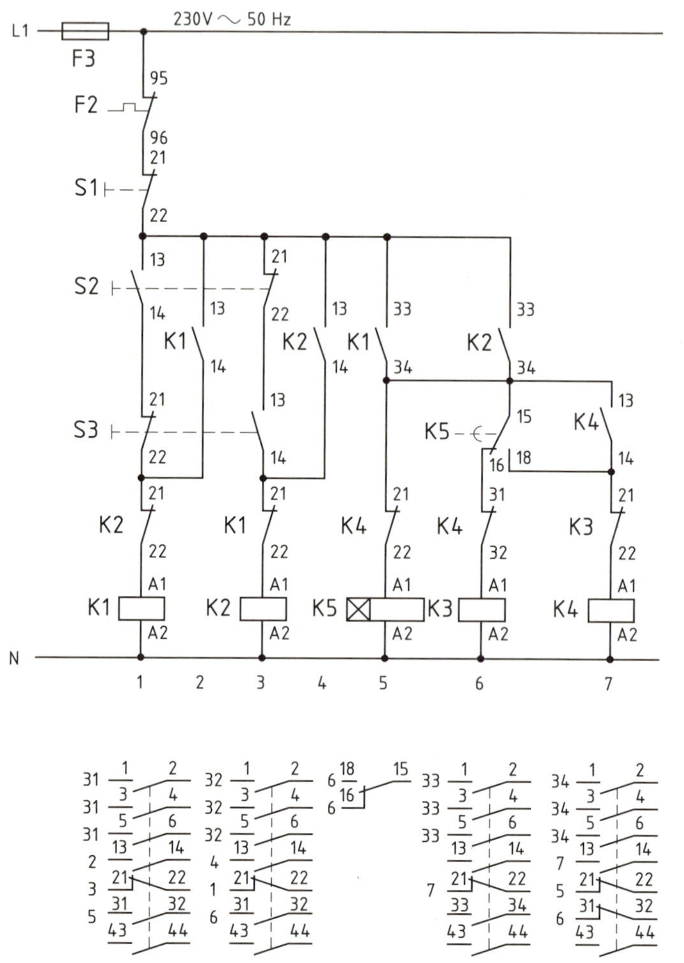

5.4.5 Motorschutz

a) Der Motor mit dem nebenstehenden Leistungsschild soll wie in Aufgabe 5.4.1 über Motorschutzschalter und Stern/Dreieck-Nockenschalter angeschlossen werden.

Auf welchen Wert muß der Überstromauslöser eingestellt werden?

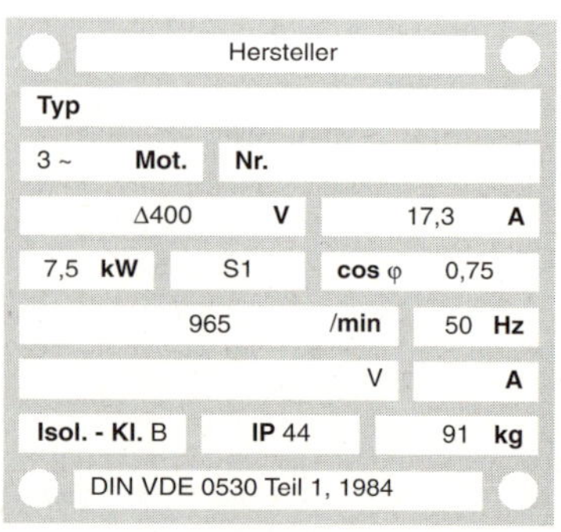

b) Derselbe Motor soll durch eine Stern/Dreieck-Schützenschaltung entsprechend Abb. 1, Seite 73, gesteuert werden.

Auf welchen Wert ist das Motorschutzrelais einzustellen?

Aufgaben

5.4.6 Ständer-Anlasser

a) Beschreiben Sie den Aufbau des Hauptstromkreises!

b) Erstellen Sie eine Funktionsanalyse der Steuerung!

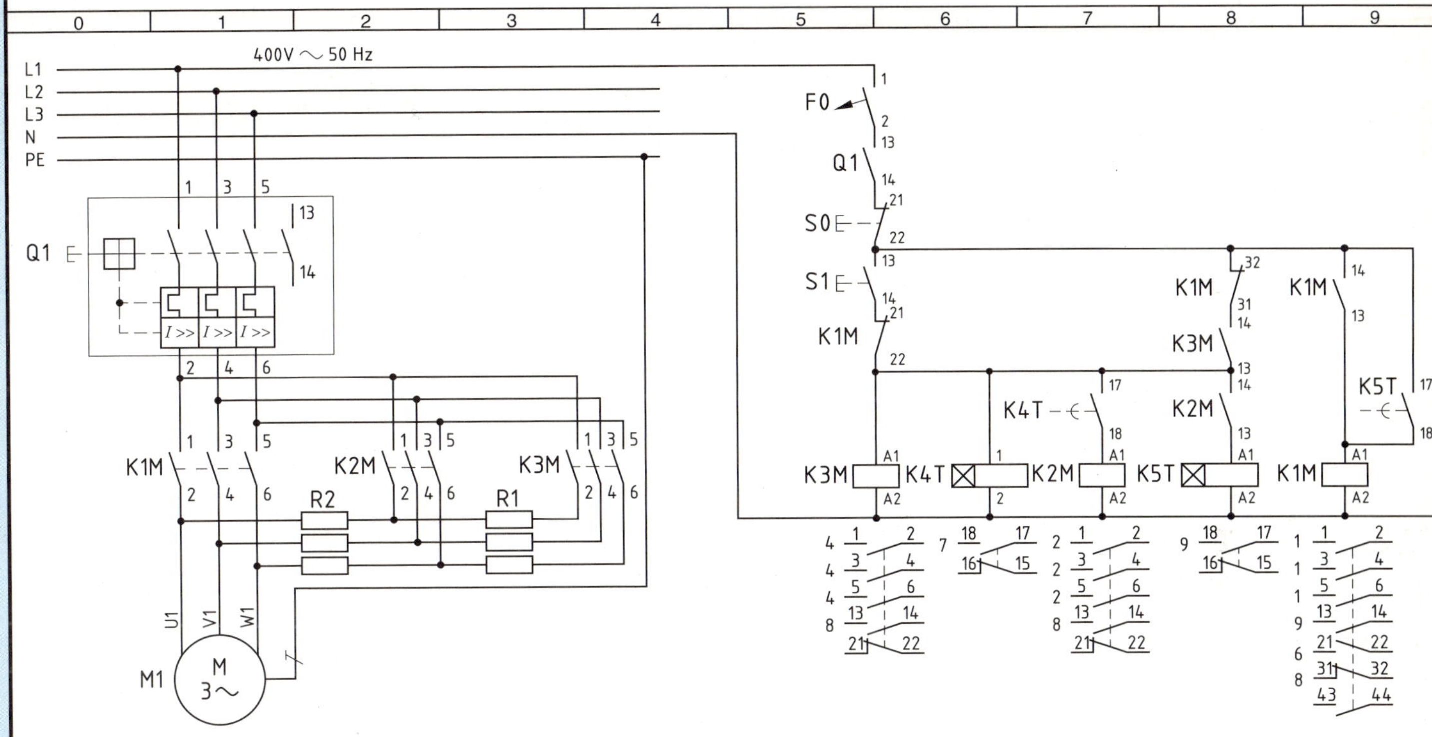

5.4.7 Läufer-Anlasser

Analysieren Sei die Steuerung, indem Sie folgende Funktionen untersuchen!

a) Anlassen

1. Steuerimpuls „Ein" (Taster drücken)
1. Steuerimpuls „Aus" (Taster loslassen)
2. Steuerimpuls „Ein" (Taster drücken)
2. Steuerimpuls „Aus" (Taster loslassen)
3. Steuerimpuls „Ein" (Taster drücken)
3. Steuerimpuls „Aus" (Taster loslassen)
4. Steuerimpuls „Ein" (Taster drücken)
4. Steuerimpuls „Aus" (Taster loslassen)

b) Ausschalten

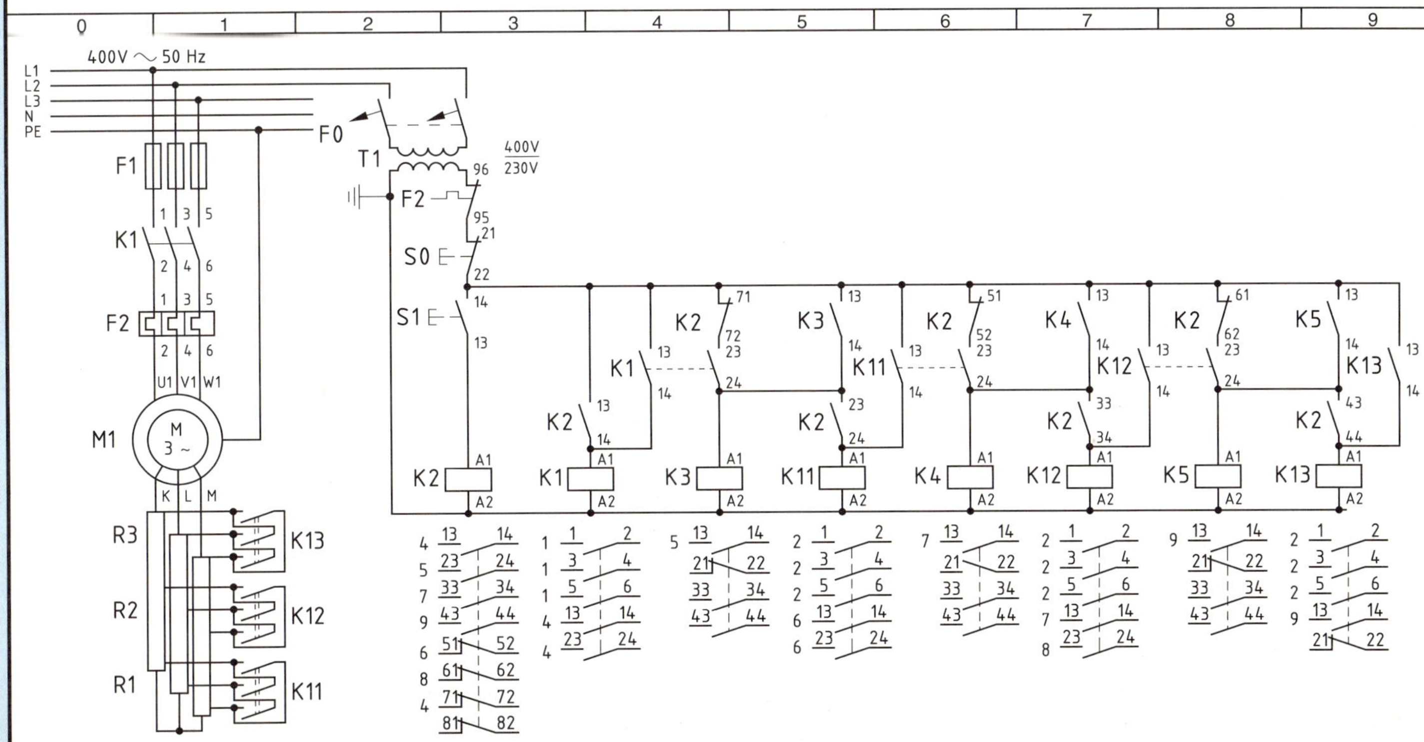

Auftrag 1

Für Antriebsaufgaben, die zwei oder mehr Drehzahlen erfordern, werden Drehstrom-Käfigläufermotoren mit umschaltbaren Polpaaren hergestellt. Man bezeichnet sie als **polumschaltbare Motoren**.

Polumschaltbare Motoren für zwei Drehzahlen haben entweder für jede Drehzahl eine Wicklung oder eine umschaltbare Wicklung in **Dahlander-Schaltung** bzw. in **PAM-Schaltung.**

Motoren mit drei Drehzahlen haben zwei Wicklungen, von denen eine in Dahlander- oder PAM-Schaltung ausgeführt ist.

Es sollen die Schaltungsmerkmale der zweifach polumschaltbaren Motoren mit einer und mit zwei Wicklungen gegenübergestellt werden.

	Gegenüberstellung	
Motoren mit zwei Wicklungen	Bemerkungen	Motoren mit einer Wicklung in Dahlander- bzw. PAM-Schaltung
Drehzahlverhältnis beliebig	Verhältnis der synchronen Drehzahlen	Bei Dahlander-Schaltung nur 2:1 möglich. Bei PAM-Schaltung sind auch andere möglich.
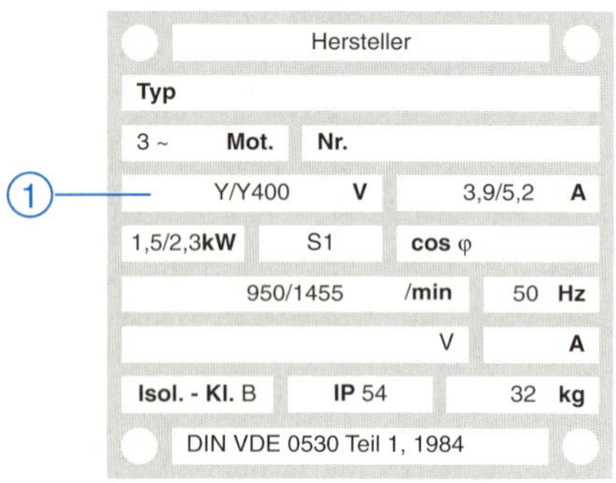	Polumschaltbare Motoren mit unterschiedlichen Drehzahlverhältnissen und Leistungen. Die Symbole vor der Betriebsspannung (1) kennzeichnen die Wicklungsausführung	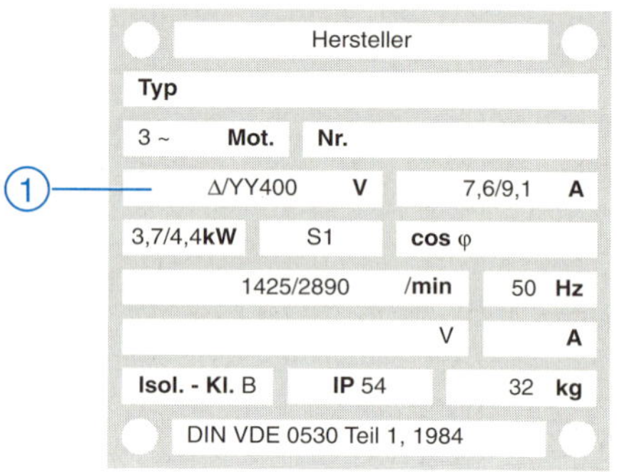
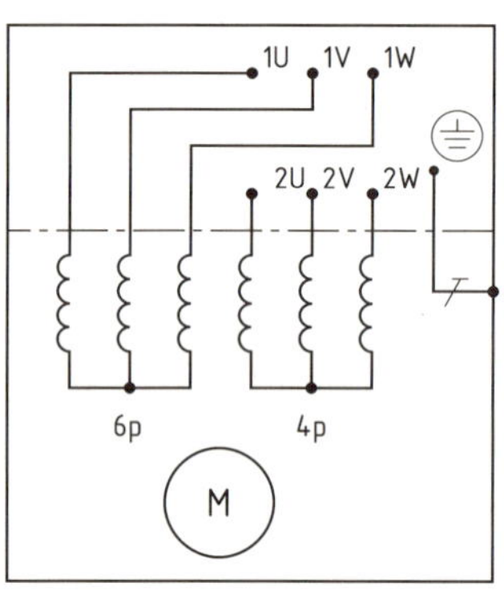	Ausführliche Darstellung mit Klemmenbrett, Wicklungssträngen, Gehäuse und Schutzleiteranschluß	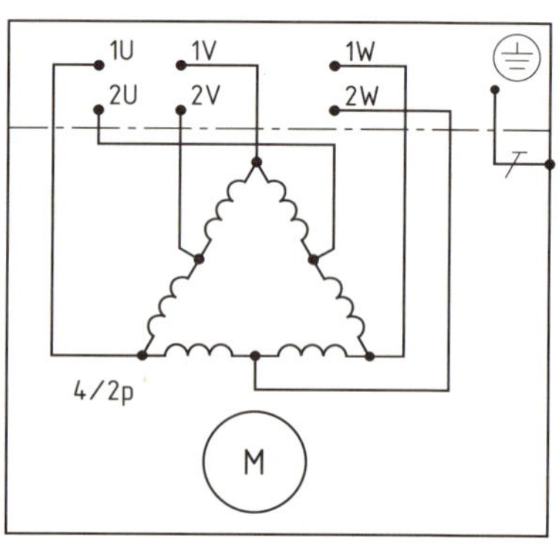
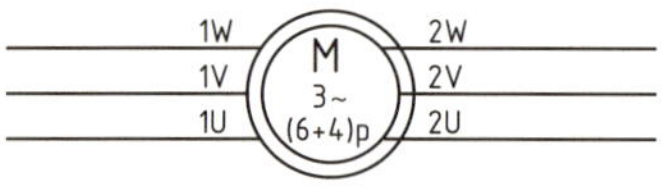	Schaltkurzzeichen für mehrpolige Darstellung	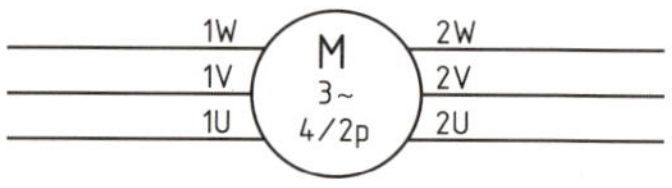
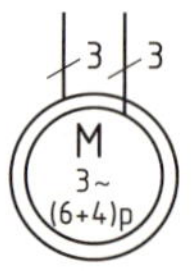	Schaltkurzzeichen für einpolige Darstellung	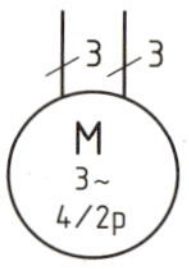
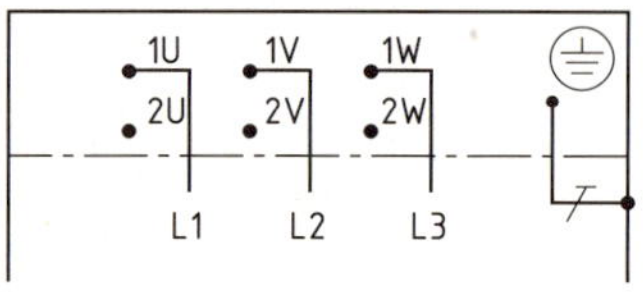	Klemmenschaltbild für niedrige Drehzahl	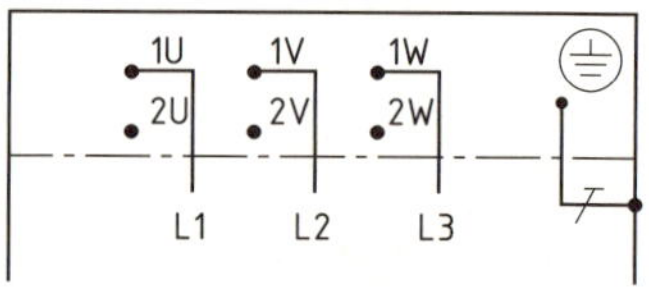
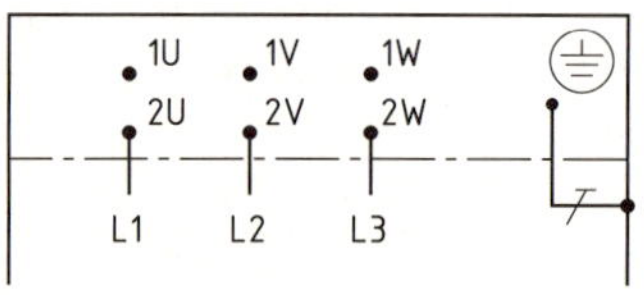	Klemmenschaltbild für hohe Drehzahl	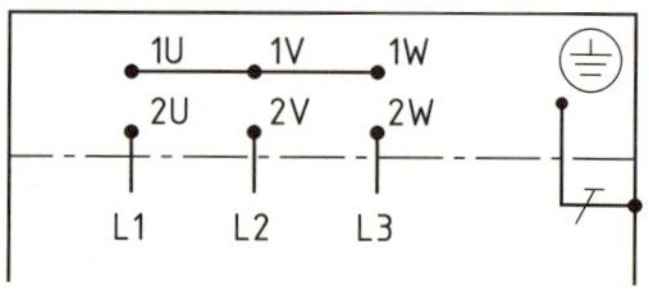

Aufgaben

5.5.1 Schaltung mit Schützen

Zu den Stromlaufplänen des Haupt- und Hilfsstromkreises beantworten Sie die nachfolgenden Fragen und begründen Sie Ihre Antworten!

1. Mit welchen Drehzahlen wird der Motor betrieben?
2. Welche Drehrichtung hat der Motor?
3. Ist der Motor mit einer oder mit mehreren Wicklungen ausgeführt?
4. Warum ist der Hauptstromkreis mit zwei Motorschutzrelais ausgestattet?
5. Mit welchem Taster wird die niedrige Drehzahl eingeschaltet?
6. Wodurch wird verhindert, daß beide Hauptschütze eingeschaltet werden können?
7. Der Motor wird bei der hohen Drehzahl überlastet, so daß das zugeordnete Motorschutzrelais auslöst. Kann der Motor unmittelbar danach mit der niedrigen Drehzahl weiterbetrieben werden?

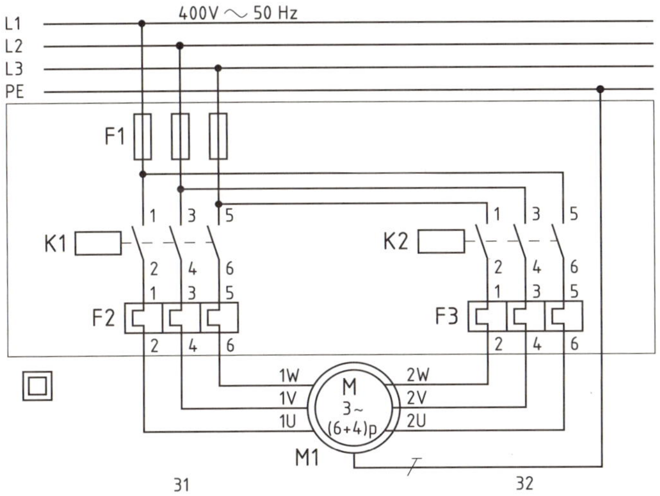

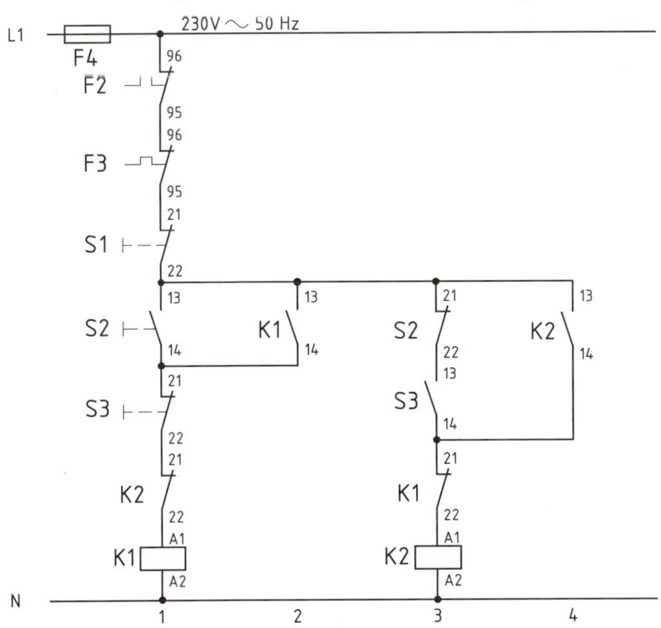

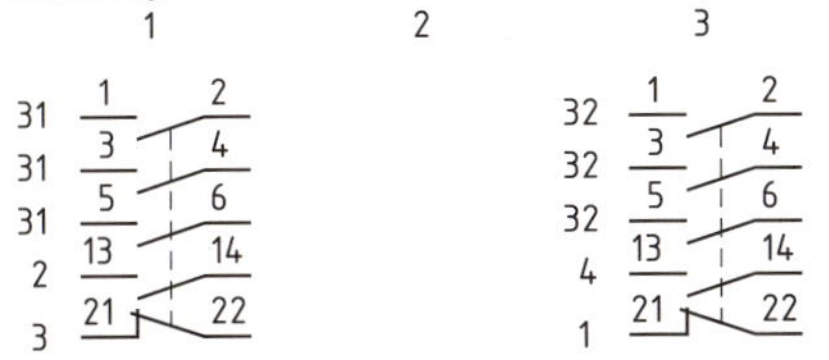

5.5.2 Schaltung mit Nockenschalter

Der Übersichtsschaltplan zeigt den Anschluß eines Motors zum Antrieb einer Bohrmaschine.

a) Wählen Sie aus den angebotenen Nockenschaltern den geeigneten Schalter aus!

b) Zeichnen Sie den Stromlaufplan der Motorschaltung in zusammenhängender Darstellung für Rechtslauf!

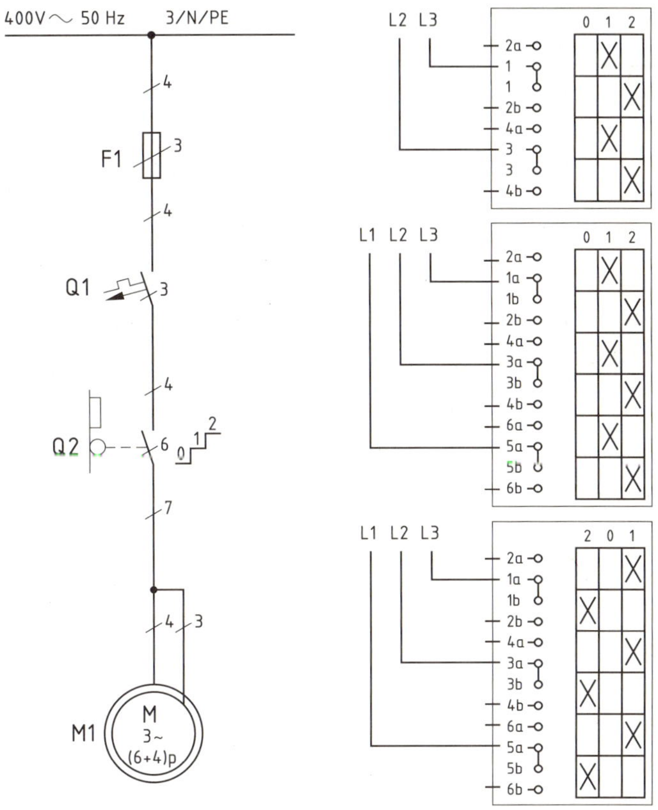

5.5.3 Dahlander-Schaltung mit Nockenschalter

Ein polumschaltbarer Drehstrommotor M1 mit Dahlander-Wicklung soll mit dem unten abgebildeten Nockenschalter Q1 gesteuert werden. Da die Nennströme in den beiden Drehzahlen stark voneinander abweichen, müssen zwei Motorschutzschalter vorgesehen werden.

Der Nockenschalter Q1 ist wie folgt anzuschließen:

Q1:1a → L1
Q1:1b → L1
Q1:2a → M1:1U
Q1:2b → M1:2U
Q1:3a → L2
Q1:3b → L2
Q1:4a → M1:1V
Q1:4b → M1:2V
Q1:5a → L3
Q1:5b → L3
Q1:6a → M1:1W
Q1:6b → M1:2W

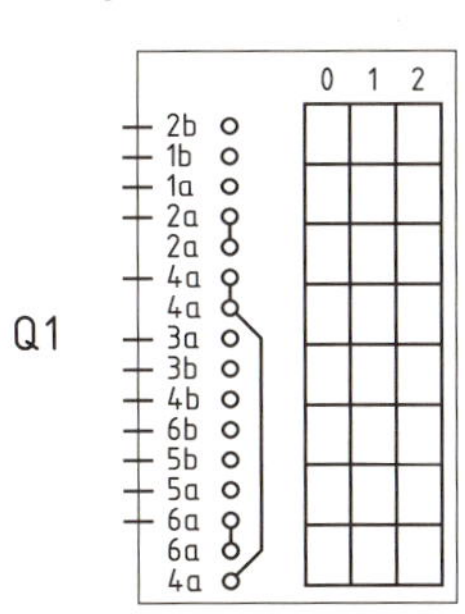

a) Übernehmen Sie das Schaltbild von Q1 und zeichnen Sie den Stromlaufplan in zusammenhängender Darstellung für den Anschluß des Motors!

b) Markieren Sie in den verschiedenen Schalterstellungen die geschlossenen Strombahnen durch ankreuzen!

Aufgaben

5.5.4 Ventilatorschaltung

Der Motor mit dem nebenstehenden Leistungsschild treibt einen Ventilator an. Die Steuerung soll mit Schützen so erfolgen, daß die Einschaltung der hohen Drehzahl nur über die niedrige Drehzahl möglich ist.

Hersteller				
Typ				
3 ~	Mot.	Nr.		
Y/Y400	V		7,4/9,9	A
2,8/4,3kW	S1	cos φ	0,76	
965/1460	/min		50	Hz
	V			A
Isol. - Kl. B	IP 44		66	kg
DIN VDE 0530 Teil 1, 1984				

a) Zeichnen Sie den Übersichtsschaltplan!

b) Zeichnen Sie den Stromlaufplan des Hilfsstromkreises in aufgelöster Darstellung!

5.5.6 Werkzeugmaschinensteuerung

Der Motor mit dem nebenstehenden Leistungsschild soll mit Schützen wie folgt gesteuert werden:

- Betrieb nur in einer Drehrichtung.
- Beliebige Reihenfolge der Einschaltung beider Drehzahlen.
- Direkte Umschaltung von der niedrigen auf die hohe Drehzahl.
- Ausschalten über einen gemeinsamen Austaster.

Hersteller				
Typ				
3 ~	Mot.	Nr.		
Δ/YY400	V		7,6/9,1	A
3,7/4,4kW	S1	cos φ	0,76	
1425/2890	/min		50	Hz
	V			A
Isol. - Kl. B	IP 44		42	kg
DIN VDE 0530 Teil 1, 1984				

a) Zeichnen Sie den Übersichtsschaltplan!

b) Zeichnen Sie den Stromlaufplan des Hilfsstromkreises in aufgelöster Darstellung!

5.5.5 Zwei Drehzahlen, zwei Drehrichtungen

Im Schaltungsbuch eines Schaltanlagen-Herstellers werden für die Steuerung eines Drehstrom-Käfigläufermotors mit zwei Drehzahlen und zwei Drehrichtungen die unten stehenden Stromlaufpläne angegeben.

a) Geben Sie den Betriebszustand (Linkslauf, Rechtslauf, niedrige Drehzahl, hohe Drehzahl) des Motors an, wenn über folgende Taster nacheinander Steuerimpulse gegeben werden!
   1. Taster S1
   2. Taster S2
   3. Taster S3
   4. Taster S4

b) Analysieren Sie die Gesamtschaltung, indem Sie folgende Fragen beantworten!
   1. Welche Funktion haben die Öffner K3, K4, K5 im Strompfad 6?
   2. Mit welchen Schaltgliedern sind die Taster S1, S2, S3, S4 mindestens bestückt?
   3. Mit welchen Hilfsschaltgliedern sind die Schütze K1, K2, K3, K4, K5 mindestens bestückt?
   4. Warum sind die Anschlußklemmen K5:1, K5:3, K5:5 untereinander kurzgeschlossen?
   5. Warum ist die Schaltung mit zwei Motorschutzrelais ausgerüstet?

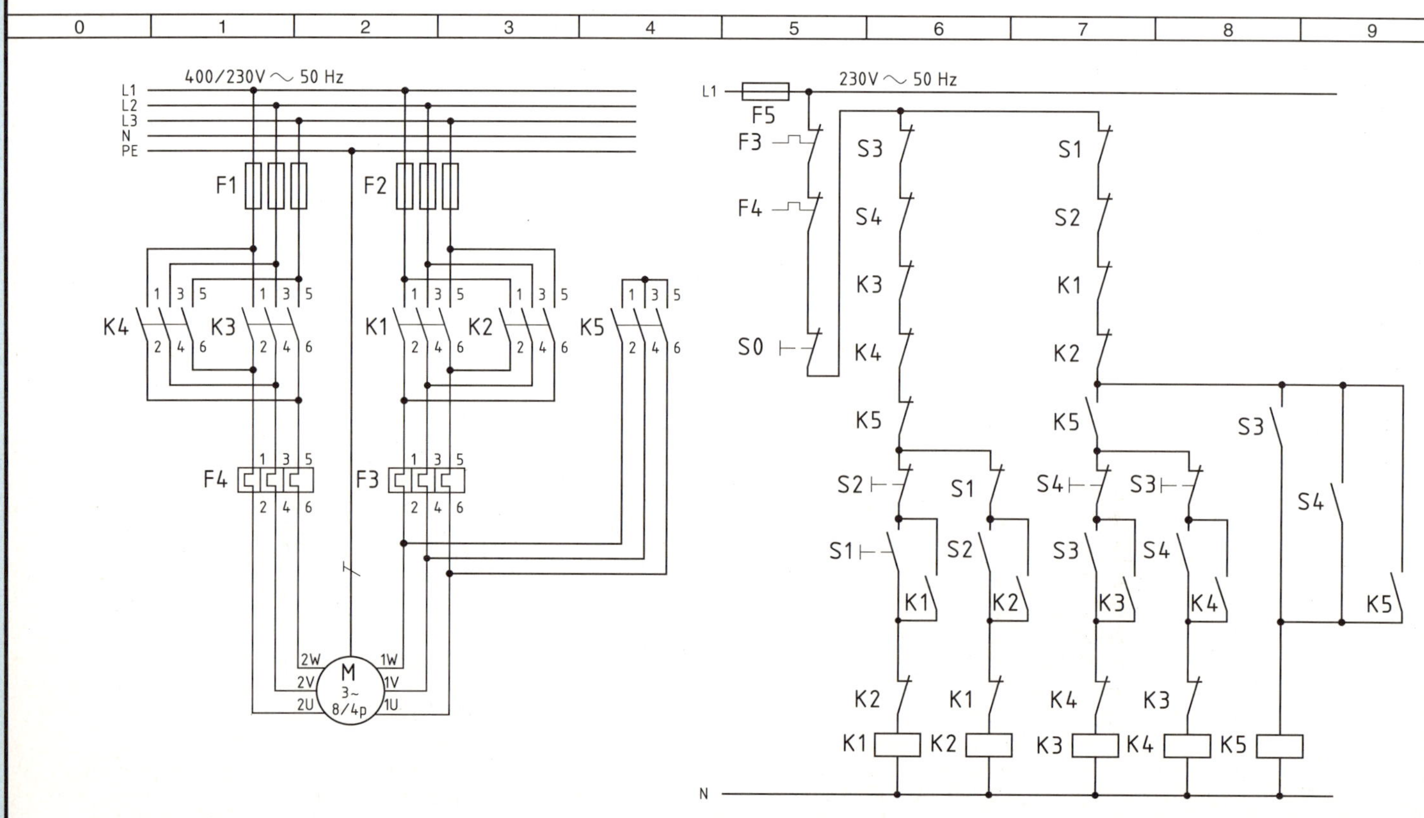

Aufgaben

5.5.7 Drei Drehzahlen, zwei Drehrichtungen

Im Schaltungsbuch eines Schaltanlagen-Herstellers werden für die Steuerung eines Drehstrom-Käfigläufermotors mit drei Drehzahlen und zwei Drehrichtungen die unten stehenden Stromlaufpläne angegeben.

a) Beschreiben Sie den Aufbau des Hauptstromkreises, indem Sie folgende Fragen beantworten:

1. Wie heißen die Anschlußbezeichnungen der Wicklung in Dahlanderschaltung?
2. Mit welcher Drehzahl arbeitet der Motor, wenn die zweite Wicklung eingeschaltet ist?
3. Warum sind drei Motorschutzrelais vorgesehen?
4. Welche Aufgaben haben die Schütze K1 und K2?
5. Welche Hauptschütze müssen bei Linkslauf und hoher Drehzahl eingeschaltet sein?

b) Geben Sie an, mit welchen Tastern die folgenden Betriebszustände angesteuert werden.

1. Niedrige Drehzahl, Rechtslauf
2. Mittlere Drehzahl, Rechtslauf
3. Hohe Drehzahl, Rechtslauf
4. Niedrige Drehzahl, Linkslauf
5. Mittlere Drehzahl, Linkslauf
6. Hohe Drehzahl, Linkslauf

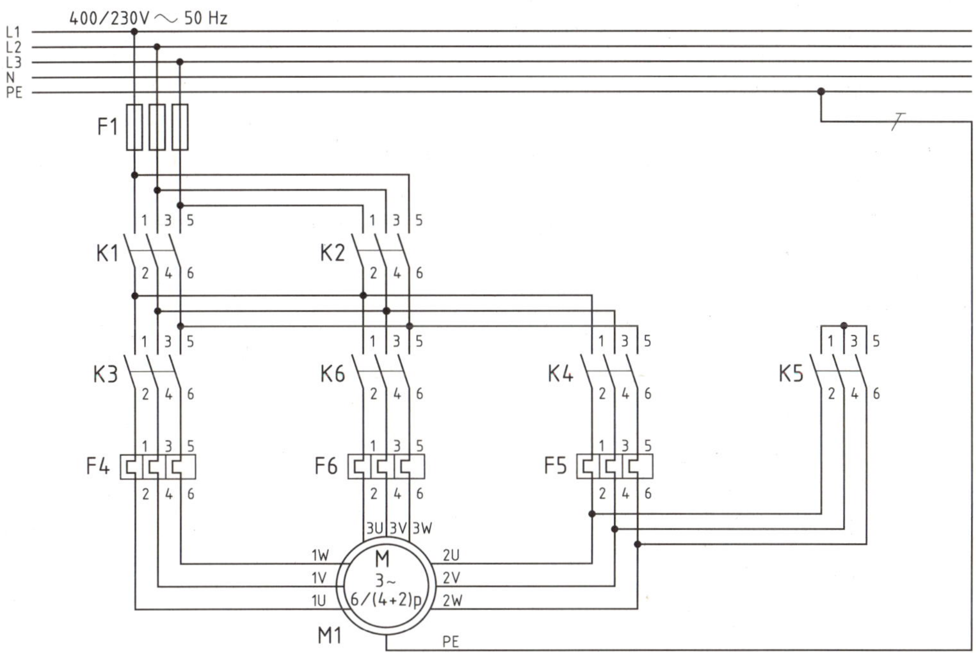

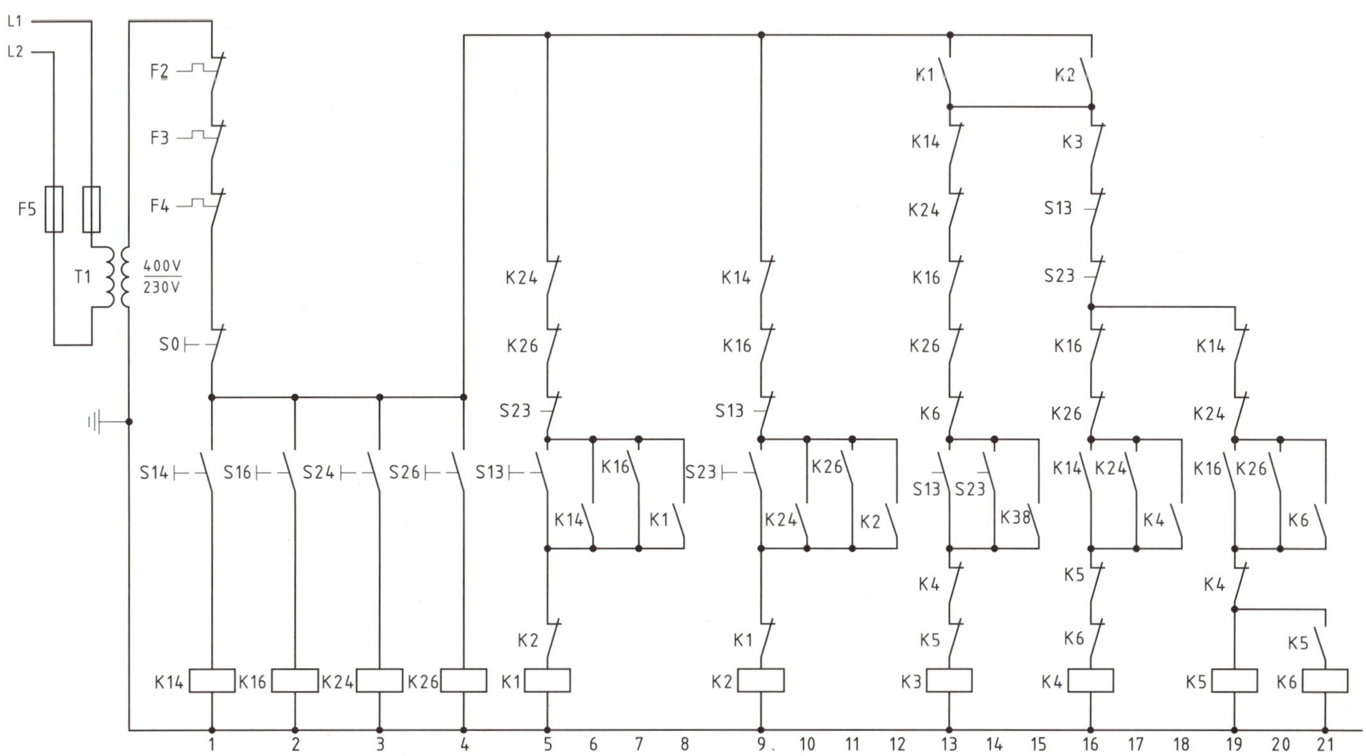

Auftrag 1

Die elektrische Ausrüstung des Lastenaufzugs in Abb. 1 besteht aus dem Drehstrom-Käfigläufermotor M1, einer mechanischen Scheibenbremse mit dem Bremslüfter Y1 und der Schaltanlage in Abb. 3.

Es sollen die Funktion der mechanischen Bremse erläutert und der Aufbau der elektrischen Schaltanlage beschrieben werden.

Funktion der mechanischen Bremse (Abb. 1)

Die mechanische Bremse hat die Aufgabe, den Drehstrommotor nach dem Ausschalten abzubremsen und ihn während des Stillstands in seiner Lage festzuhalten. Aus Sicherheitsgründen wird die Bremskraft von einer Feder erzeugt, welche die Bremsbacken gegen die Bremsscheibe preßt. Da diese fest mit dem zweiten Wellenende des Motors verbunden ist, besteht eine unmittelbare mechanische Verbindung zwischen der Seiltrommel mit der Last und der Bremseinrichtung.

Die Steuerung der mechanischen Bremse erfolgt gemeinsam mit dem Drehstrommotor durch den **Bremslüfter** Y1. Bremslüfter sind elektromagnetische oder elektrohydrauliche Antriebe, die beim Ein- und Ausschalten eine Hubbewegung ausführen. Beim Lösen der Bremse wird die Hubbewegung über ein Hebelsystem so auf die Bremsbacken übertragen, daß diese von der andrückenden Federkraft entlastet werden. Die Bremsscheibe kann sich jetzt mit dem Antriebsmotor drehen. Das Lösen der Bremse bezeichnet man auch als „Lüften".

Je nach Ausführung der Hebelmechanik kann eine mechanische Bremse beim Einschalten des Bremslüfters gelüftet oder eingelegt werden. Die jeweils vorliegende Funktion ist aus dem Schaltzeichen für die mechanische Bremse zu erkennen (Abb. 2).

Schaltungsaufbau (Abb. 3)

Der Drehstrom-Käfigläufermotor M1 wird über den Nockenschalter Q2, den Motorschutzschalter Q1 und die Schmelzsicherungen F1 aus einem TN-S-Netz, 400 V, 50 Hz, gespeist. Der Bremslüfter Y1 ist direkt mit den Motorklemmen U1, V1, W1 verbunden und hat somit immer denselben Schaltzustand wie der Motor. Die Verbindungsleitung zum Bremslüfter ist aus Gründen der Funktionssicherheit nicht abgesichert!

> Nach DIN VDE 0100 Teil 430 dürfen in den Zuleitungen von Hubmagneten keine Überlastschutzeinrichtungen eingebaut werden.

Bremse eingelegt	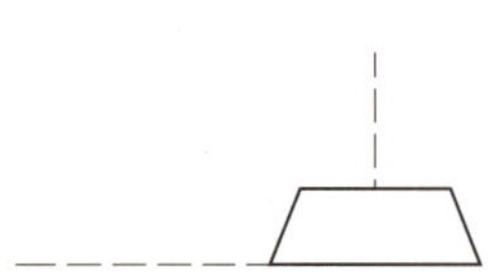
Bremse gelöst	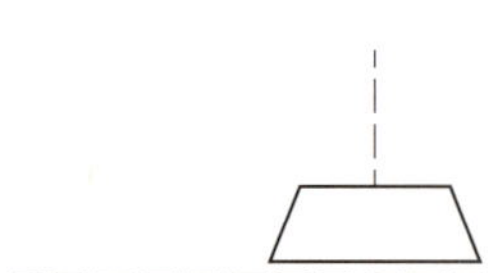

Abb. 2: Schaltzeichen der mechanischen Bremse

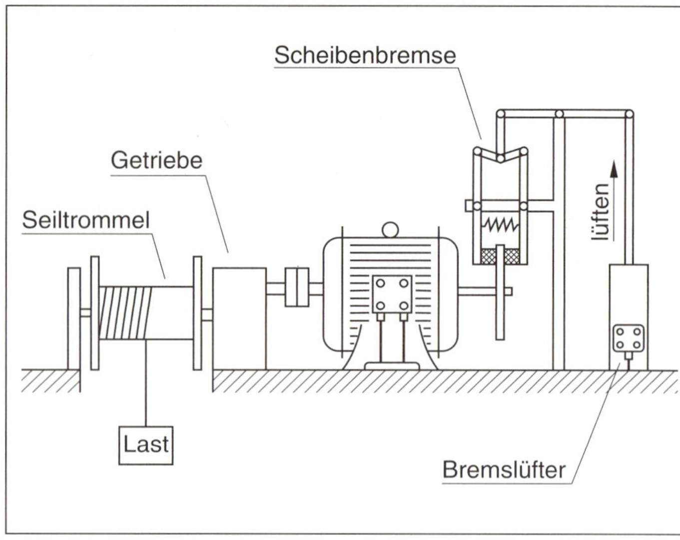

Abb. 1: Lastenaufzug

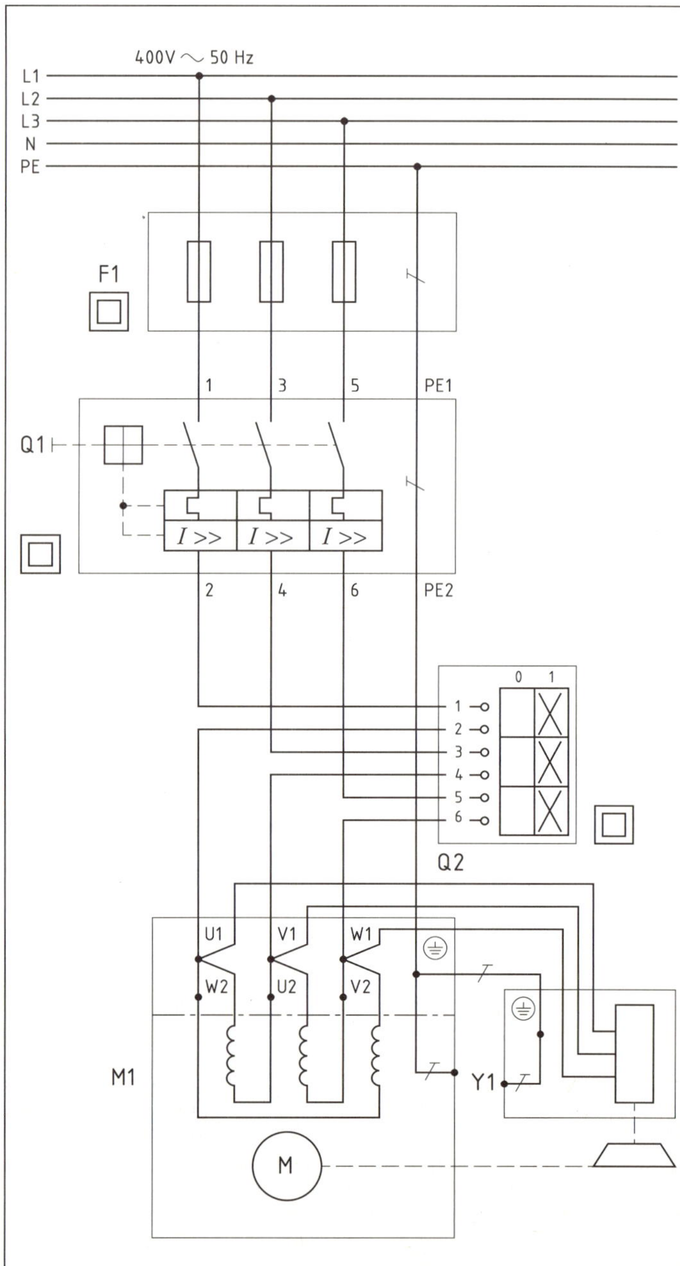

Abb. 3: Anschluß eines Drehstrom-Kurzschlußläufermotors mit Bremslüfter

Auftrag 2

Zum Antrieb einer Schleifmaschine ist ein Drehstrom-Käfigläufermotor an das werkseigene 400 V, 50 Hz TN-S-Netz angeschlossen. Die Schleifmaschine besitzt ein großes Trägheitsmoment (große Schwungmasse), so daß sie erst mehrere Minuten nach dem Abschalten des Drehstrommotors zum Stillstand kommt. Da sich während dieser unbeaufsichtigten Auslaufzeit die Unfallgefahr erhöht, wurde eine handbetätigte Gegenstrombremsung vorgesehen.

Es sollen der Schaltungsaufbau beschrieben und die Funktion der Gegenstrombremsung erläutert werden.

Schaltungsaufbau (Abb. 4)

Der Drehstrom-Käfigläufermotor M1 ist im Dreieck geschaltet. Er wird über den Nockenschalter Q2, den Motorschutzschalter Q1 und die Schmelzsicherungen F1 aus dem TN-S-Netz, 400 V, 50 Hz gespeist. Die Schmelzsicherungen, der Motorschutzschalter und der Nockenschalter sind in je einem schutzisolierten Gehäuse untergebracht. Der Nockenschalter ist als Wendeschalter mit den Schaltstellungen **B (Bremsen) – 0 (Aus) – I (Ein)** ausgeführt. Der Pfeil in der Schaltstellungsmarkierung ① gibt an, daß der Nockenschalter beim Loslassen des Schaltknebels mit Federkraft in die Schaltstellung **0** zurückgezogen wird.

Funktion der Gegenstrombremsung

Zur Gegenstrombremsung wird der Nockenschalter Q2 von der Schaltstellung **I** in die Schaltstellung **B** geschaltet und so lange betätigt, bis der Bremsvorgang beendet ist. Der Schalter vertauscht in dieser Schaltstellung zwei Netzphasen, so daß das Ständerdrehfeld jetzt gegen die Drehrichtung des Läufers dreht. Damit bewirkt das Drehmoment eine Bremsung des Läufers. Ist der Läufer bis zum Stillstand abgebremst, wird der Schaltknebel losgelassen. Der Schalter rastet nun selbsttätig in die Schaltstellung **0** zurück und trennt den Motor vom Netz.

Der selbsttätige Rückzug verhindert, daß der Läufer unbeabsichtigt in die entgegengesetzte Drehrichtung hochläuft.

Eine zuverlässigere Maßnahme gegen eine Drehrichtungsumkehr des Läufers ist die Steuerung über Schütze mit Anbau eines **Bremswächters** an den Motor.

> Ein Bremswächter ist ein Prozeßschalter, der bei der eingestellten Drehzahl (z. B. bei $n > 0$) einen Wechsler betätigt.

Der Bremsstrom ist bei Käfigläufermotoren noch größer als der Anlaufstrom (Abb. 5). Dadurch steigt die Wärmebeanspruchung des Motors während des Bremsvorgangs stark an. Allgemein kann man davon ausgehen, daß Käfigläufermotoren der Betriebsklasse S1 diese Belastung 5 s lang ohne Schaden überstehen. Bei längeren Bremszeiten oder kurzzeitig aufeinanderfolgenden Bremsungen müssen Motoren der Betriebsklasse S5 bzw. S7 verwendet werden.

Hinweis

Bei Drehstrommotoren mit Schleifringläufer (s. Seite 75) verändert die Einschaltung von Widerständen in den Läuferkreis die Drehmoment-Drehzahl-Kennlinie und damit die Bremszeit. Durch geeignete Wahl der Läuferwiderstände kann somit das gewünschte Bremsmoment eingestellt und der Bremstrom den Betriebsverhältnissen angepaßt werden.

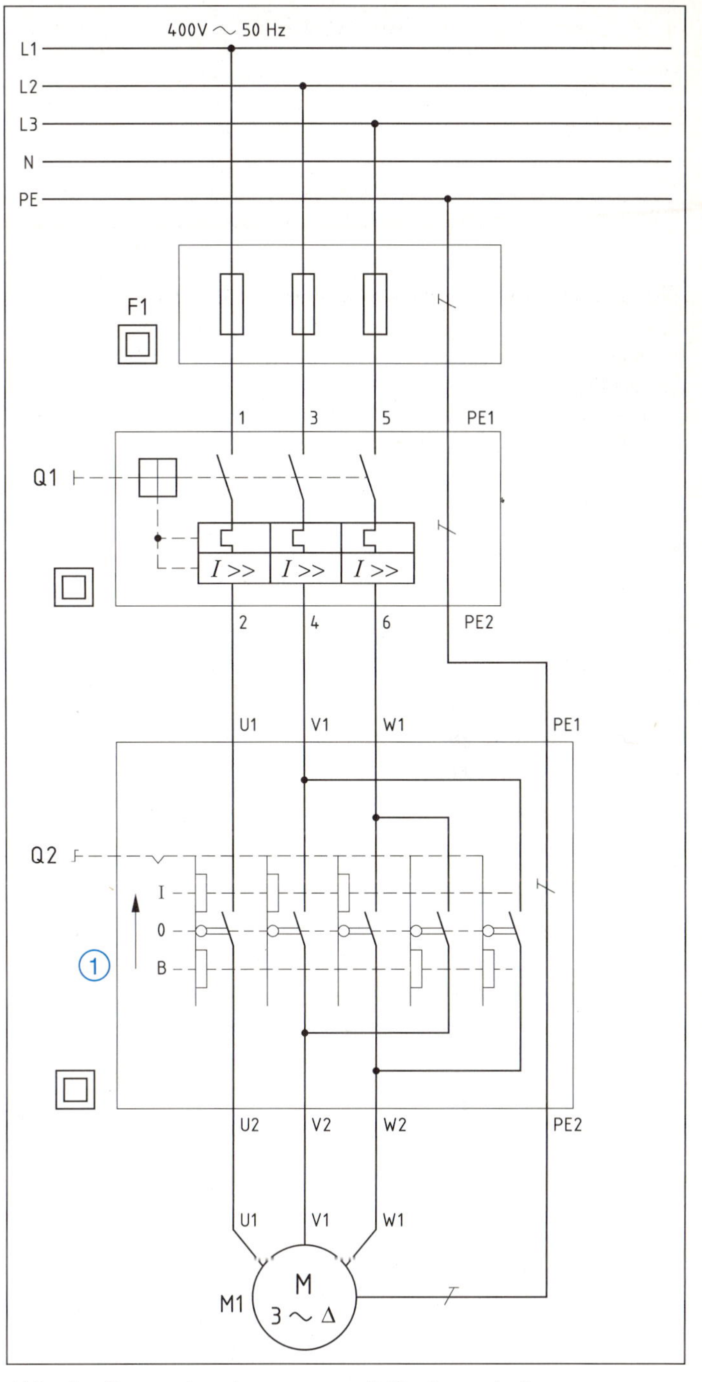

Abb. 4: Gegenstrombremsung mit Nockenschalter

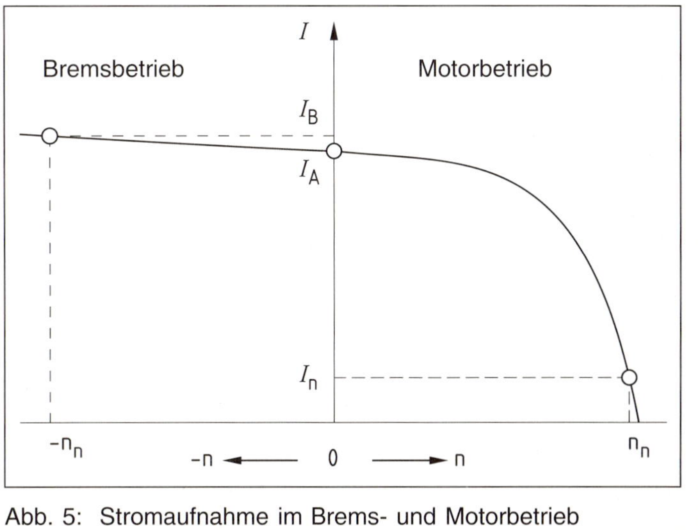

Abb. 5: Stromaufnahme im Brems- und Motorbetrieb

Auftrag 3

Bei einer Produktionsumstellung wird die Schleifmaschine von Auftrag 2 mit einer neuen Schleifscheibe mit größerem Trägheitsmoment ausgerüstet. Dadurch steigt die Bremszeit bei Gegenstrombremsung auf 10 s an. Das bedeutet eine unzulässig hohe Wärmebelastung für den Drehstrommotor. Der Motorhersteller rät deshalb zur Umrüstung auf eine Gleichstrombremsung.

Es sollen die Funktion der Gleichstrombremsung erläutert und eine geeignete Motorsteuerung entworfen werden.

Funktion der Gleichstrombremsung (Abb. 1)

Bei der Gleichstrombremsung von Motoren mit Käfig- oder Schleifringläufer wird die Ständerwicklung vom Netz getrennt und anschließend mit einem Gleichstrom niederer Spannung erregt. Ist die Ständerwicklung betriebsmäßig im Stern geschaltet, wird sie während der Gleichstromeinspeisung je nach Belastbarkeit der Spannungsquelle in der Schaltung a oder b ① verschaltet. Bei betriebsmäßiger Dreieckschaltung erfolgt die Verschaltung entsprechend der Schaltung c oder d ②.

Die Wärmebelastung eines Motors während der Gleichstrombremsung hängt von der Höhe des eingestellten Gleichstromes ab. Will man ähnliche Bremszeiten wie bei der Gegenstrombremsung erreichen, müssen Bremsströme von etwa $0{,}7 \cdot I_A$ gewählt werden. Das bedeutet, daß eine sofortige Abschaltung des Gleichstromes nach Beendigung des Bremsvorgangs sichergestellt werden muß.

Schaltungsentwurf (Abb. 2)

Da die gesamte Motorsteuerung erneuert werden muß, soll die Gleichstrombremsung nun gleichzeitig mit dem Ausschaltbefehl eingeleitet und bei Stillstand des Läufers selbsttätig abgeschaltet werden.

Die technische Lösung erfolgt mit Hilfe einer Schützensteuerung und eines Fliehkraftschalters als Bremswächter ③, der bei der Drehzahl Null einen Hilfsschalter öffnet.

Aufbau des Hauptstromkreises:

Im Motorbetrieb wird der Drehstrommotor aus dem TN-S-Netz 400 V, 50 Hz über die Schmelzsicherungen F1, das Netzschütz K1 und das Motorschutzrelais F3 gespeist.

Im Bremsbetrieb werden die Motorklemmen V1 und W1 über das Motorschutzrelais F3, das Bremsschütz K2 und die Schmelzsicherungen F2 mit dem Gleichstromnetz verbunden. Ein Bremswächter S3 überwacht die Drehzahl und öffnet bei Drehzahl Null einen Schließer im Hilfsstromkreis.

Funktionsanalyse des Hilfsstromkreises:

a) Einschalten
- S2:13/14 (1) schaltet das Netzschütz K1 ein.
- Die Selbsthaltung K1:13/14 (2) speichert den Einschaltbefehl.
- Die Verriegelung K1:21/22 (3) verhindert eine gleichzeitige Einschaltung des Bremsschützes K2.

b) Ausschalten und Bremsen
- S1:21/22 (1) schaltet das Netzschütz K1 ab.
- Die Verriegelung K1:21/22 (3) wird aufgehoben.
- S1:13/14 (3) schaltet das Bremsschütz K2 ein, da bei Nenndrehzahl der Schließer des Bremswächters S3:11/14 geschlossen ist.
- Die Selbsthaltung K2:13/14 (4) speichert den Bremsbefehl.
- Die Verriegelung K2:21/22 (1) verhindert ein wiederholtes Einschalten des Netzschützes K1.
- Bei der Drehzahl Null öffnet der Bremswächter S3:11/14 (3) und schaltet das Bremschütz K2 ab. Der Bremsvorgang ist beendet. Die Verriegelung K2:21/22 (1) wird aufgehoben.

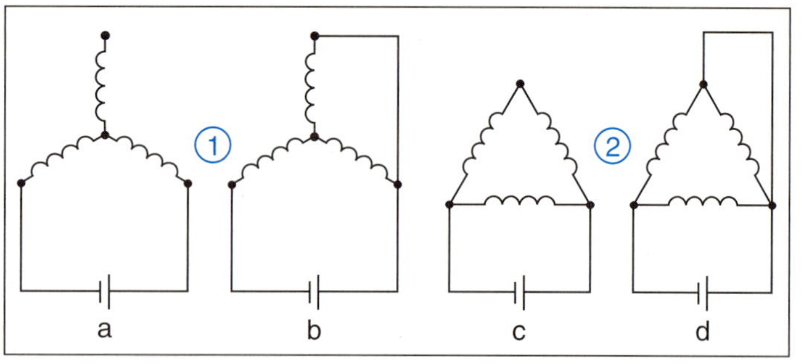

Abb. 1: Schaltungen bei Gleichstrombremsung

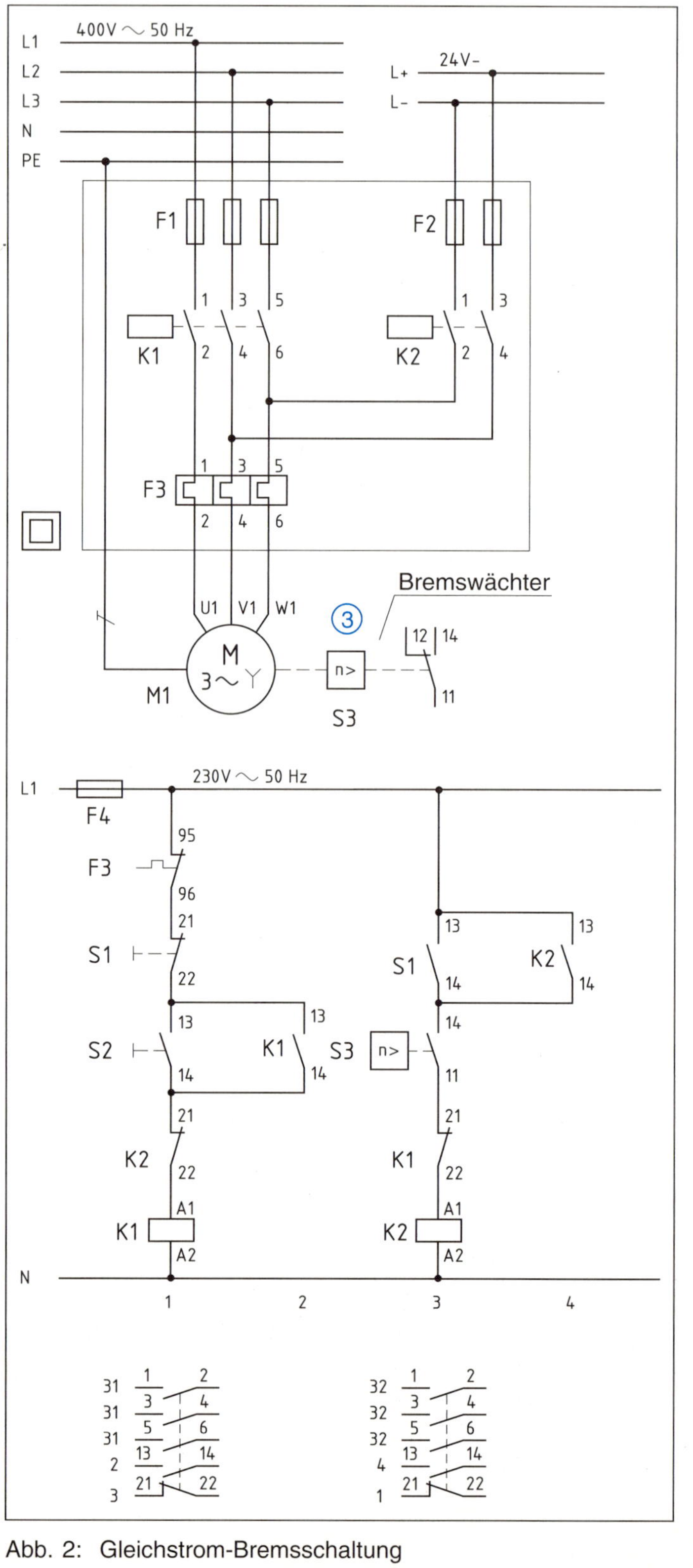

Abb. 2: Gleichstrom-Bremsschaltung

Aufgaben

5.6.1 Mechanisches Bremsen

Ein Drehstrom-Käfigläufermotor, 2,2 kW, 1410 min^{-1}, 400 V, soll mit einem Nockenschalter direkt für Rechtslauf eingeschaltet und über eine Schaltstellung mit Rückzug mechanisch abgebremst werden. Der elektrische Anschluß erfolgt an ein TN-S-Netz 400 V, 50 Hz.

Zeichnen Sie den Stromlaufplan in zusammenhängender Darstellung!

5.6.2 Bremsen mit Gegenstrom

Die Gegenstrombremsung mit Nockenschalter in Abb. 3, Seite 83, soll durch eine funktionsgleiche Schaltung mit Schützen ersetzt werden.

Zeichnen Sie den Stromlaufplan in aufgelöster Darstellung für den Haupt- und Hilfsstromkreis der Schaltung!

5.6.3 Schaltung mit Bremswächter

Zeichnen Sie zu dem vorliegenden Verdrahtungsplan den entsprechenden Stromlaufplan des Hilfsstromkreises in aufgelöster Darstellung!

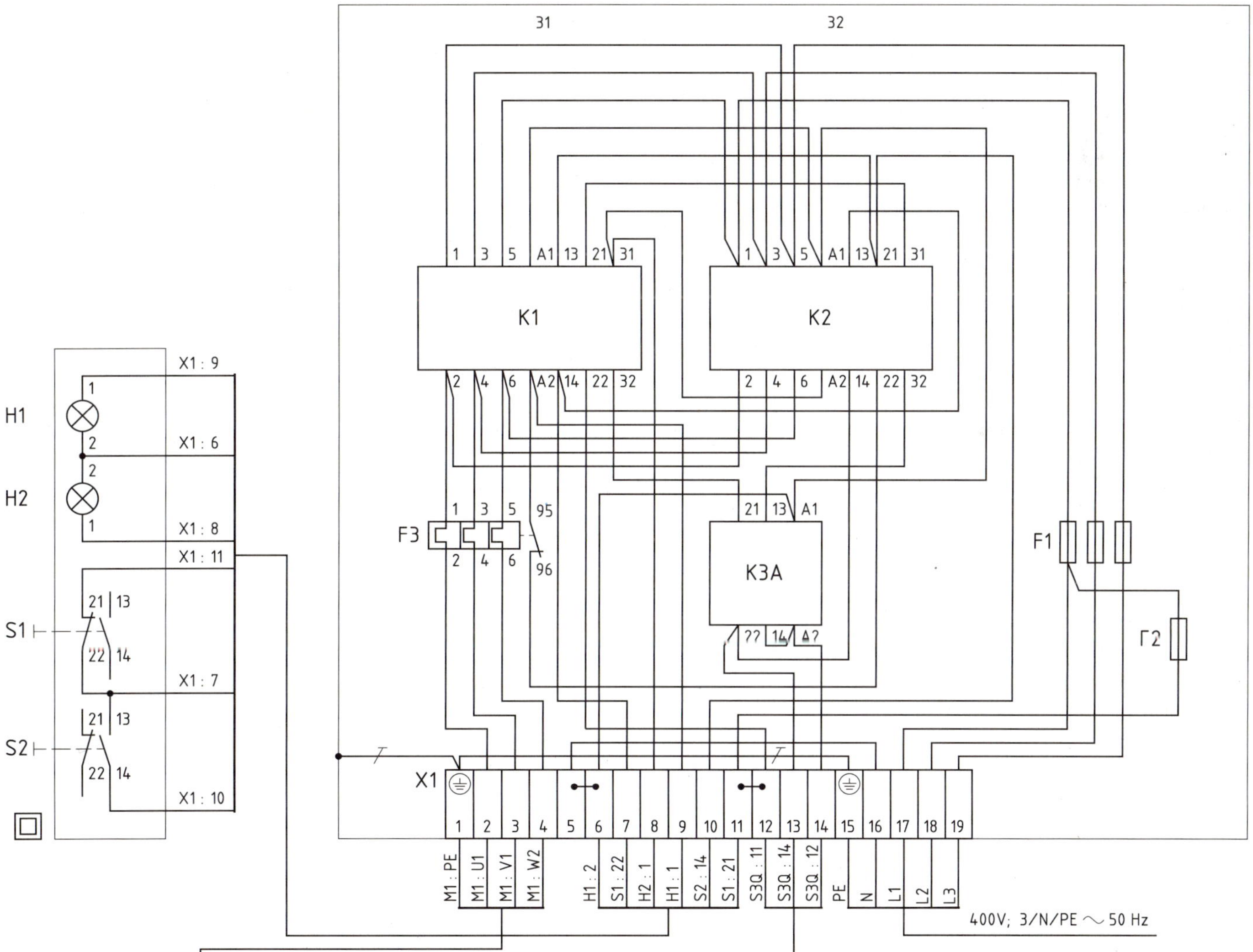

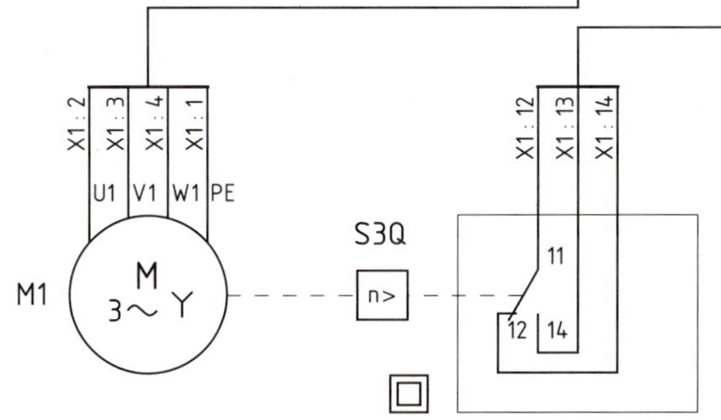

5.6.4 Bremsen mit Gleichstrom

Ein Drehstrom-Käfigläufermotor zum Antrieb einer Werkzeugmaschine soll an ein TN-S-Netz, 400 V, 50 Hz, angeschlossen und mit einen Nockenschalter gesteuert werden. Über eine Schaltstellung mit Rückzug soll der Motor in der Schaltung nach Abb. 1a, Seite 84, gebremst werden.

Zeichnen Sie den Stromlaufplan der Schaltung!

Auftrag 1

Ein Einphasen-Asynchronmotor zum Antrieb einer Mischmaschine ist entsprechend dem Stromlaufplan in Abb. 1 an ein Einphasen-Wechselstromnetz angeschlossen.

Es sollen der Schaltungsaufbau erläutert und die Funktion des Motors analysiert werden.

Schaltungsaufbau (Abb. 1)

Der Einphasen-Wechselstrommotor M1 ist über den einpoligen Leitungsschutzschalter F1 und den dreipoligen Motorschutzschalter Q1 an das Einphasen-Wechselstromnetz (230 V, 50 Hz) mit Schutzleiter angeschlossen.

Die Steuerung erfolgt mit dem Motorschutzschalter, der gleichzeitig als Geräteschalter dient. Zwei seiner Strombahnen sind in Reihe geschaltet, damit alle Bimetallstreifen vom Motorstrom belastet werden. Mit dieser Maßnahme wird erreicht, daß die Auslösecharakteristik erhalten bleibt und die Einstellung auf den Motornennstrom erfolgen kann.

> Bei dreipoligen Bimetallauslösern müssen immer alle Bimetallstreifen mit dem Motorstrom belastet werden, damit die Auslösung bei der eingestellten Stromstärke erfolgt.

Bei einpoligem Anschluß müssen somit alle drei Bimetallstreifen in Reihe geschaltet werden.

Analyse der Motorfunktion (Abb. 2)

Die Hauptwicklung U1-U2 und die Hilfswicklung Z1-Z2 des Einphasen-Asynchronmotors sind so angeordnet, daß ihre magnetischen Achsen senkrecht aufeinander stehen.

Zur Erzeugung des Drehfeldes ist ein Kondensator C_B (Betriebskondensator) in Reihe mit der Hilfswicklung geschaltet, so daß der Fluß Φ_z dem Fluß Φ_u um etwa 90° vorauseilt. Damit dreht sich das Drehfeld vom Hilfspol zum Hauptpol gegen den Uhrzeigersinn (Linkslauf).

> Eine Drehrichtungsumkehr wird in der Praxis durch Umkehrung der Stromrichtung in der Hilfswicklung (Vertauschen von Z1 und Z2) vorgenommen.

Hinweis:

An Stelle von Kondensatoren werden auch Wicklungen mit großem Wirkwiderstand verwendet.

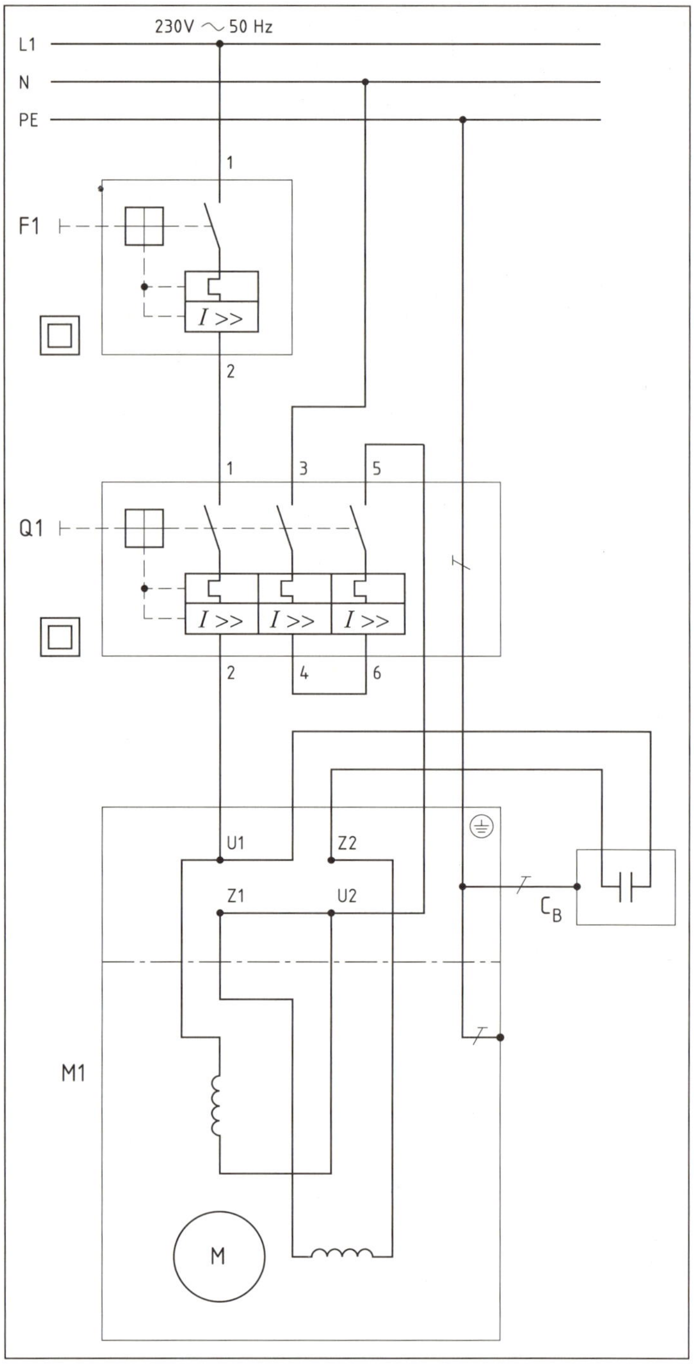

Abb. 1: Anschluß des Einphasen-Asynchronmotors mit Betriebskondensator

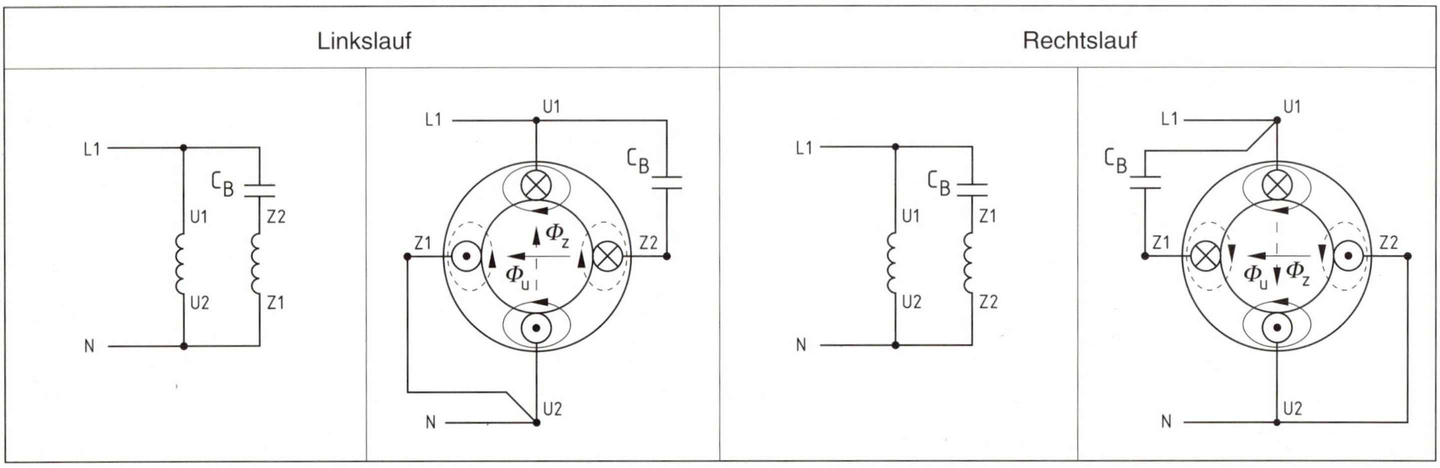

Abb. 2: Stromlaufplan und räumliche Lage der magentischen Achsen des Einphasen-Asynchronmotors mit Hilfswicklung

Auftrag 2

In einer Heizungsanlage, in der nur ein Einphasen-Wechselstromnetz 230 V, 50 Hz, zur Verfügung steht, soll eine Umwälzpumpe eingebaut werden. Das Lieferprogramm des Herstellers enthält nur den benötigten Pumpentyp mit angebauten 0,8 kW-Drehstrom-Käfigläufermotor für Y 400 V.
Deshalb muß eine Schaltung gewählt werden, die den Betrieb des Drehstrom-Käfigläufermotors an dem Einphasen-Wechselstromnetz ermöglicht (Abb. 3).

Es soll der Aufbau der Schaltanlage beschrieben und die Schaltung des Drehstrom-Käfigläufermotors analysiert werden.

Aufbau der Schaltanlage

Die Schaltanlage in Abb. 3 ist genauso aufgebaut wie die des Einphasen-Asynchronmotors in Abb. 1, S. 86.

Analyse der Motorschaltung

Die Schaltung eines Drehstrom-Asynchronmotors für den Betrieb an einem Einphasen-Wechselstromnetz heißt **Steinmetzschaltung.**

Wegen der Auslegungsspannung von 230 V je Strang ist der Motor in Dreieck geschaltet. Die Netzspannung liegt unmittelbar an den Motorklemmen U1 und V1, der Betriebskondensator C_B ist zwischen die Klemmen W1 und V1 geschaltet. Seine Kapazität von 63 µF entspricht der Bemessungsvorschrift $C_B \approx 0{,}7\ \mu F/kW \cdot 0{,}8\ kW$. Wie Abb. 4 zeigt, dreht sich das Drehfeld in dieser Schaltung des Betriebskondensators gegen den Uhrzeigersinn (Linkslauf).

Für Rechtslauf müßte der Betriebskondensator zwischen die Klemmen W1 und U1 geschaltet werden.

Hinweis:

Wird bei Asynchronmotoren am Einphasen-Wechselstromnetz ein großes Anlaufmoment gefordert, muß während des Anlaufs ein Anlaufkondensator C_A parallel zum Betriebskondensator C_B geschaltet werden. Nahe der Nenndrehahl wird dann der Anlaufkondensator von Hand oder automatisch durch einen Fliehkraftschalter bzw. ein stromabhängiges Relais abgeschaltet.

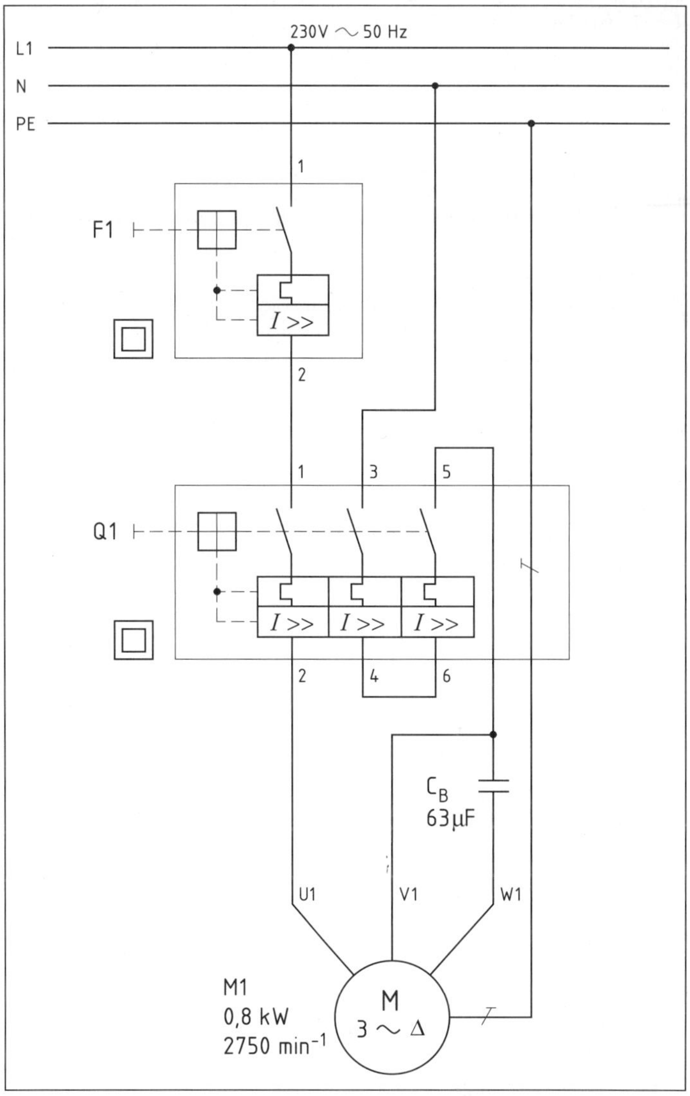

Abb. 3: Drehstrom-Käfigläufermotor am Einphasen-Wechselstromnetz

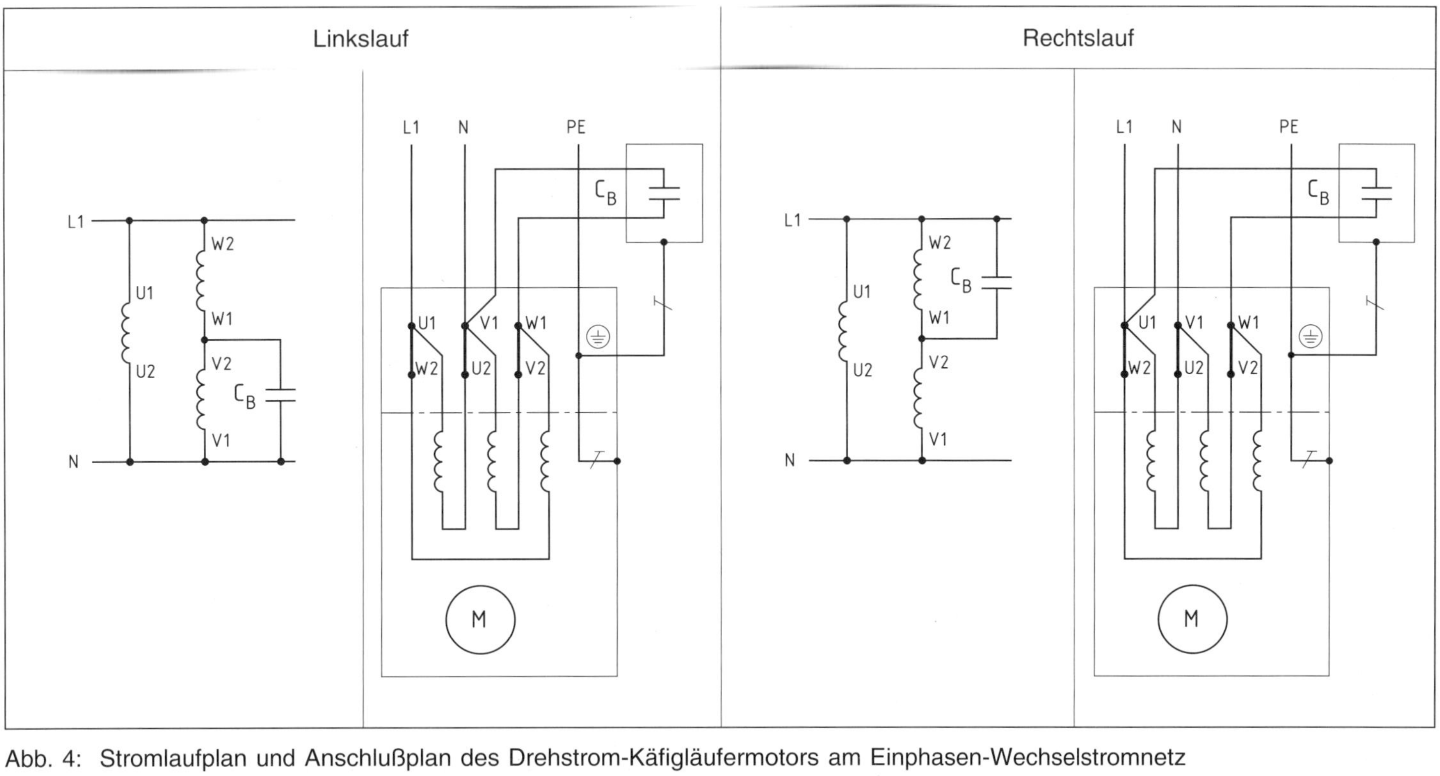

Abb. 4: Stromlaufplan und Anschlußplan des Drehstrom-Käfigläufermotors am Einphasen-Wechselstromnetz

Aufgaben

6.1 Schalterauswahl

Für die Steuerung eines Einphasen-Asynchronmotors bietet eine Herstellerliste die Nockenschalter Q1 und Q2 an.

Zur richtigen Auswahl des benötigten Schalters bewantworten Sie folgende Fragen!

a) Steuerung mit Q1
  1. Welche Drehrichtung hat ein Motor bei dem dargestellten Anschluß?
  2. Welche Kondensatoren sind während des Anlaufs eingeschaltet?
  3. Welcher Kondensator arbeitet als Anlaufkondensator?

b) Steuerung mit Q2
  1. Welche Drehrichtung hat der Motor bei dem dargestellten Anschluß?
  2. Welcher Kondensator arbeitet als Betriebskondensator?
  3. Wie müssen die Anschlüsse verändert werden, damit sich die Drehrichtung umkehrt?

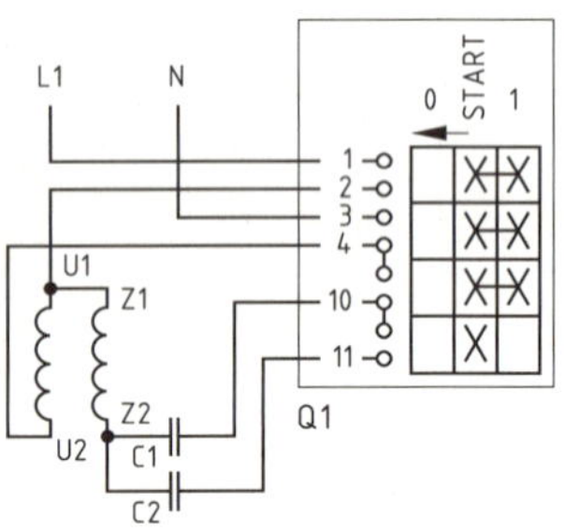

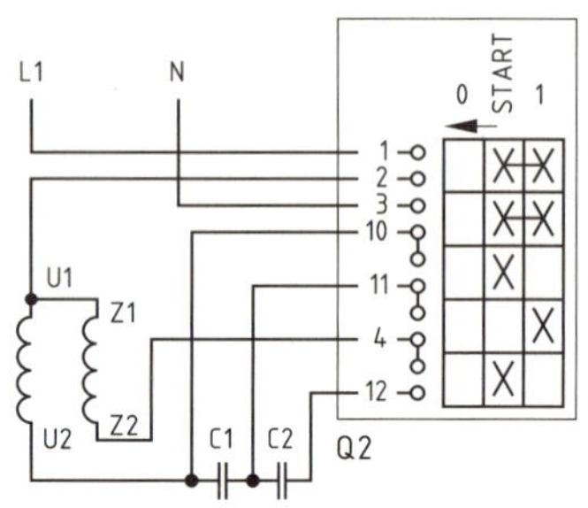

6.2 Wendesteuerung 1

Zur Drehrichtungsumkehr eines Einphasen-Asynchronmotors M1 mit Betriebs- und Anlaufkondensator liefert ein Hersteller den Nockenschalter Q1.

Stellen Sie für Rechtslauf eine Anschlußliste mit allen Zielbezeichnungen nach folgendem Muster auf!

L1 ist zu verbinden mit Q1:1
N ——► Q1:3
M1:U1 ——► …
M1:U2 ——► …
M1:Z1 ——►
M1:Z2 ——► …
C_A:1 ——► …
C_A:2 ——► …
C_B:1 ——► …
C_B:2 ——► …

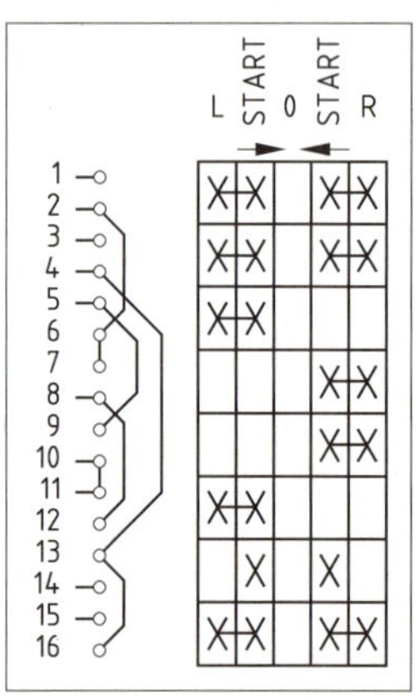

6.3 Anlaufschaltung mit Stromrelais

Ein Einphasen-Asynchronmotor mit Stromrelais, Betriebs- und Anlaufkondensator soll über einen Leitungsschutzschalter und einen Motorschutzschalter an ein 400 V, 50 Hz, TN-S-Netz angeschlossen werden. Das Stromrelais ist im Klemmenkasten untergebracht.

a) Zeichnen Sie den Stromlaufplan mit Motorwicklungen, Stromrelais und Kondensatoren in aufgelöster Darstellung für Linkslauf!

b) Zeichnen Sie den Stromlaufplan der Gesamtanlage in zusammenhängender Darstellung!

6.4 Anlaufschaltung mit Fliehkraftschalter

Zur Abschaltung der Hilfswicklung mit Ohmschen Widerstand (bifilare Teilwicklung) wird bei einem Einphasen-Asynchronmotor ein Fliehkraftschalter verwendet, der fest mit dem Motorgehäuse verbunden und zwischen Wicklung und Klemmenbrett verdrahtet ist.

a) Zeichnen Sie den Stromlaufplan in aufgelöster Darstellung für Rechtslauf!

b) Zeichnen Sie den Motor mit Anschlußleitung, Stecker und Steckdose als Stromlaufplan in zusammenhängender Darstellung!

6.5 Steinmetzschaltung

Der Motor mit dem nebenstehenden Leistungsschild soll an ein Einphasen-Wechselstromnetz, 230 V, 50 Hz, über FI-Schutzschalter angeschlossen werden. Die Steuerung soll mit dem Motorschutzschalter erfolgen.

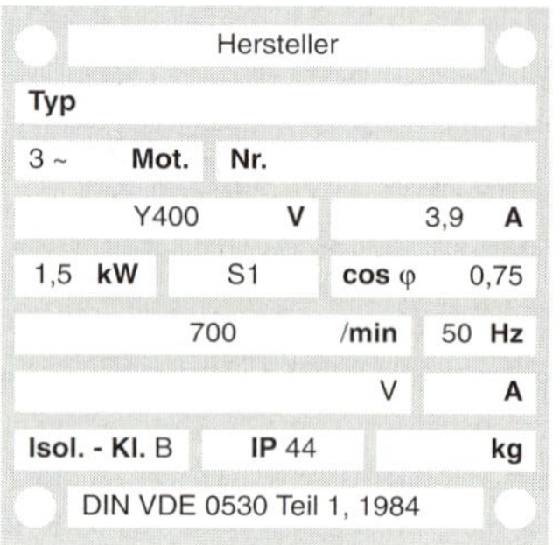

Zeichnen Sie den Stromlaufplan in zusammenhängender Darstellung mit Klemmenbrett und Motorwicklung!

6.6 Wendesteuerung 2

Zur Drehrichtungsumkehr eines Drehstrom-Käfigläufermotors am Einphasen-Wechselstromnetz ist der Nockenschalter Q1 entsprechend dem Anschlußplan mit dem Netz, dem Drehstrommotor M1 und den Kondensatoren C_A und C_B verbunden. Bei Reparaturarbeiten werden einige Schalterverbindungen entfernt, ohne daß eine Skizze von deren Lage angefertigt worden ist.

Zeichnen Sie den vollständigen Anschlußplan des Nockenschalters!

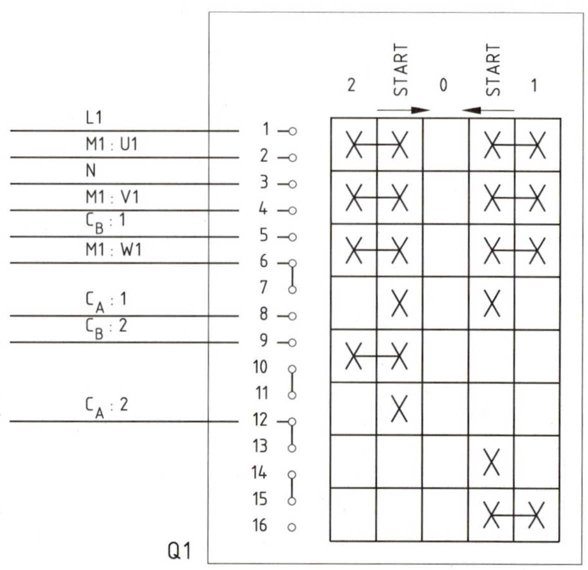

7 Maschinen am Gleichstromnetz

7.1 Direktes Einschalten

Auftrag

Ein 500 W-Gleichstrommotor zum Antrieb einer Wasserpumpe ist an das 24 V-Gleichstromnetz einer Motoryacht angeschlossen.

Es sollen die Art des Gleichstrommotors bestimmt und sein Drehsinn ermittelt werden.

Netzanschluß (Abb. 1)

Der Gleichstrommotor M1 ist über einen zweipoligen Leitungsschutzschalter F1 und einen Druckschalter Q1 an das 24 V-Gleichstromnetz angeschlossen. Aus Kostengründen wurde auf einen Motorschutzschalter verzichtet.

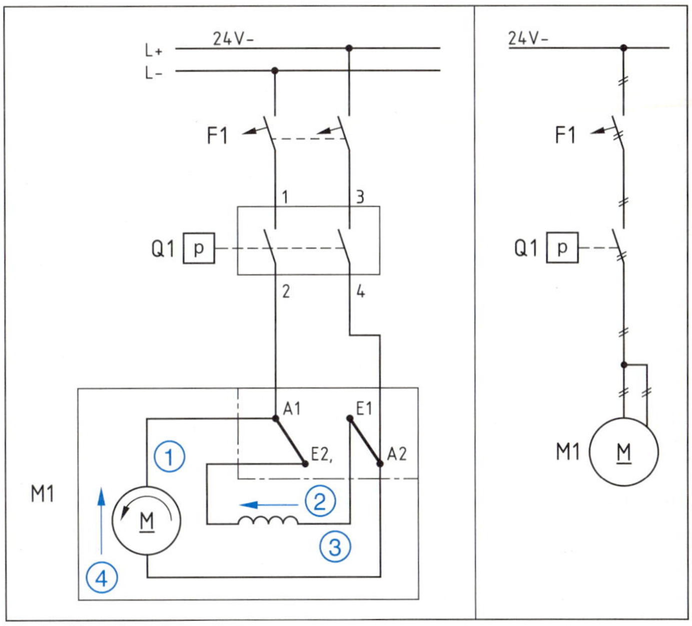

Abb. 1: Stromlaufplan und Übersichtsschaltplan des Pumpenantriebs mit Gleichstrom-Nebenschluß-Motor

Kennzeichnung der Wicklungen

Gleichstrommaschinen kleiner Leistung haben üblicherweise nur eine Ankerwicklung und eine Erregerwicklung (Feldwicklung). Nur in seltenen Fällen wird das Erregerfeld der Nebenschlußwicklung durch eine Teil-Reihenschlußwicklung ergänzt (kompoundiert).

Die Anschlußbezeichnungen und Schaltzeichen der Ankerwicklung und Erregerwicklungen sind wie folgt genormt:

Ankerwicklung:

Reihenschlußwicklung:

Nebenschlußwicklung:

Fremderregte Wicklung:

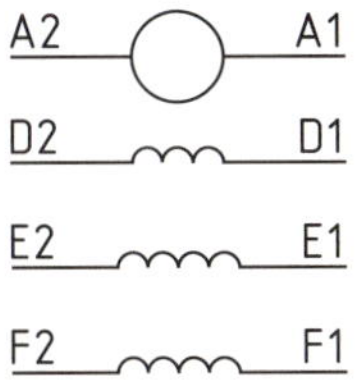

Die **1** nach dem Kennbuchstaben für die Wicklungsart kennzeichnet den Wicklungsanfang, die **2** das Wicklungsende.

Die zeichnerische Darstellung erfolgt so, daß

- bei den Erregerwicklungen der Wicklungsanfang **1** rechts ③ (Abb. 1) und das Wicklungsende **2** links und
- bei der Ankerwicklung der Wicklungsanfang **A1** oben ① und das Wicklungsende **A2** unten angeordnet werden.

Anschluß der Wicklungen

Die Verschaltung der Wicklungen sowie der Anschluß an das Netz hängen von der Art der Gleichstrommaschine (Reihenschluß, Nebenschluß, Doppelschluß, Fremderregung) und von ihrem Drehsinn ab. Für die eindeutige Zuordnung von Schaltung und Wirkungsweise wurden folgende Vereinbarungen getroffen:

- Bei Anker- und Erregerwicklungen stimmen die Richtung des Stromes und die Richtung des von ihm erzeugten Magnetfeldes immer überein (rechtsgewickelte Spulen).
- Erregerwicklungen sind so anzuschließen, daß die Erregerströme immer vom Wicklungsanfang **1** zum Wicklungsende **2** gerichtet sind ② (Abb. 1).

Mit diesen Festlegungen ergeben sich folgende Anschlußregeln:

Motoren drehen rechts herum, wenn der Strom von A1 nach A2 fließt.

Rechts drehende **Generatoren** erzeugen eine Spannung, die von A1 (Plus) nach A2 (Minus) gerichtet ist.

Der Gleichstrommotor in Abb. 1 mit den Anschlußklemmen A1, A2, E1, E2 und der Ankerstromrichtung von A2 nach A1 ④ ist somit ein links drehender Nebenschluß-Motor.

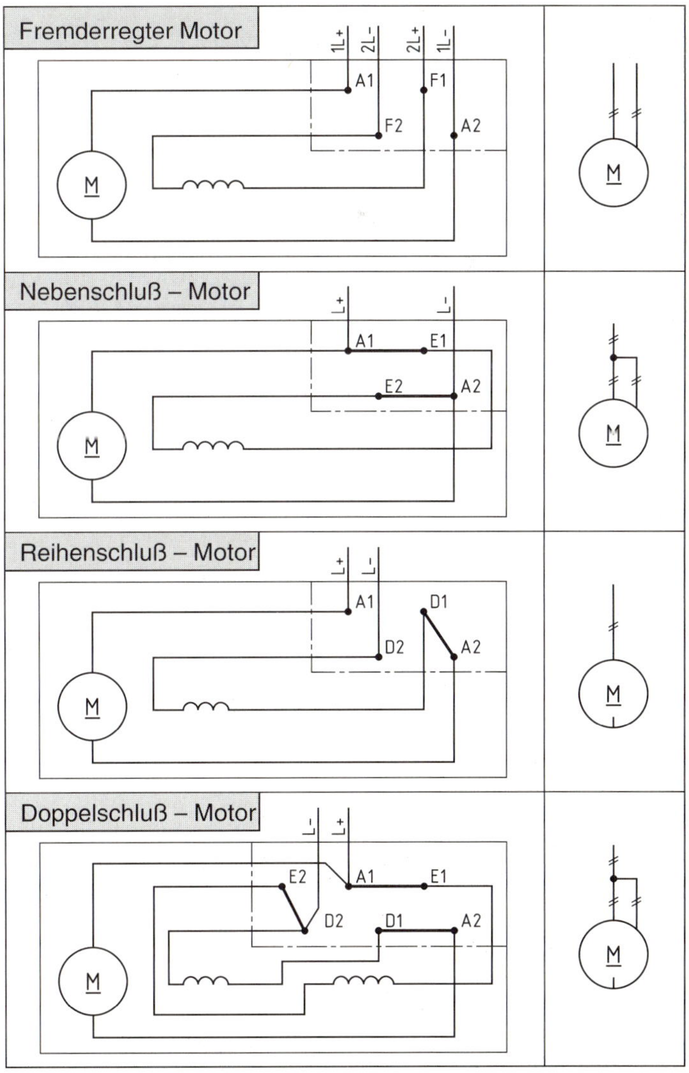

Abb. 2: Grundschaltungen (Rechtslauf) und Schaltkurzzeichen von Gleichstrommotoren

Aufgaben

7.1.1 Motoren Linkslauf

Die Gleichstrommotoren M1, M2, M3 und M4 sollen für Linkslauf angeschlossen werden.

a) Zeichnen Sie die Klemmenbretter mit Schaltbrücken und Netzanschluß ohne Schaltgeräte!

b) Bezeichnen Sie jedes Klemmenbrett mit der entsprechenden Maschinenart!

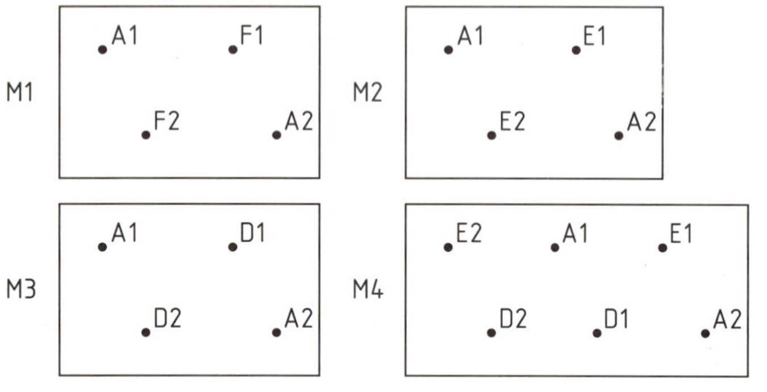

7.1.2 Generatoren Linkslauf

Die Gleichstromgeneratoren G1, G2, G3 und G4 sollen für Linkslauf angeschlossen werden.

a) Zeichnen Sie die Klemmenbretter mit Schaltbrücken und Netzanschluß ohne Schaltgeräte!

b) Bezeichnen Sie jedes Klemmenbrett mit der entsprechenden Maschinenart!

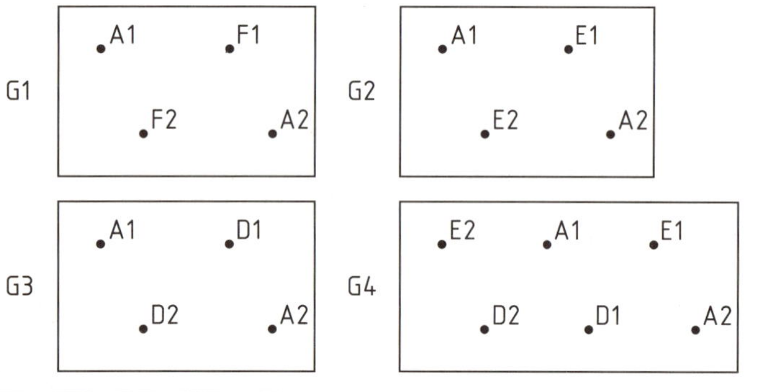

7.1.3 Generatoren Rechtslauf

Die Gleichstromgeneratoren G5, G6, G7 und G8 sollen für Rechtslauf angeschlossen werden.

a) Zeichnen Sie die Klemmenbretter mit Schaltbrücken und Netzanschluß ohne Schaltgeräte!

b) Bezeichnen Sie jedes Klemmenbrett mit der entsprechenden Maschinenart!

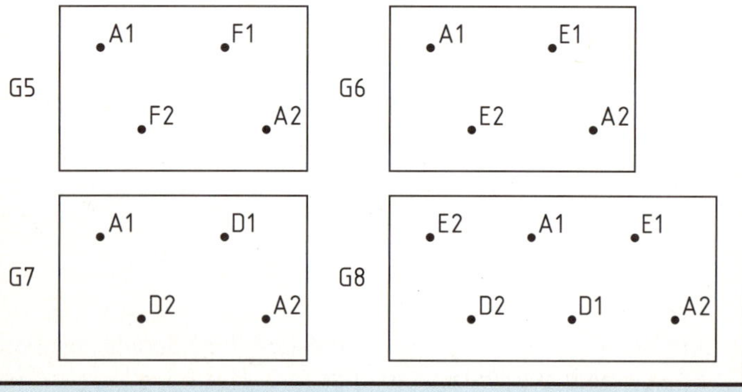

7.1.4 Steuerung mit Nockenschalter

Ein Gleichstrom-Nebenschlußmotor soll über einen Leitungsschutzschalter und den nebenstehenden Nockenschalter Q1 an ein 48 V-Gleichstromnetz angeschlossen werden.

Zeichnen Sie

a) den Übersichtsschaltplan,

b) den Stromlaufplan in zusammenhängender Darstellung!

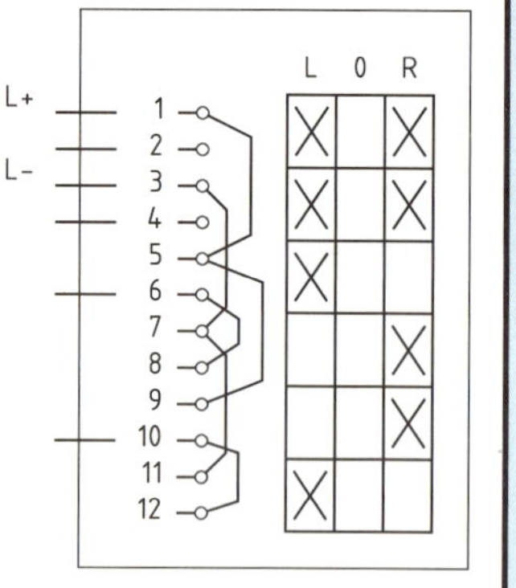

7.1.5 Notstromgenerator

Ein fremderregter Gleichstromgenerator soll bei Rechtslauf ein 60 V-Notstromnetz speisen. Für die Erregung steht ein Hilfsgleichstromnetz (Batterienetz) zur Verfügung. Die Schaltanlage soll folgende Schaltgeräte enthalten:

- Ein Schütz und einen Leitungsschutzschalter zum Schalten und Absichern des Erregerstromkreises,
- Schmelzsicherungen zum Absichern des Hauptstromkreises,
- einen Motorschutzschalter als Generatorschutz und Geräteschalter.

Zeichnen Sie den Stromlaufplan der Notstromanlage (ohne Steuerung) in zusammenhängender Darstellung!

7.1.6 Funktionsanalyse

Analysieren Sie die unten stehende Schaltung, indem Sie folgende Fragen beantworten!

1. In welcher Drehrichtung und Betriebsart (Motor, Generator) arbeitet die Maschine in der Schaltstellung 3?
2. In welcher Drehrichtung und Betriebsart (Motor, Generator) arbeitet die Maschine in der Schaltstellung 1?
3. Wie wirkt sich eine Unterbrechung der Schaltbrücke Q1:10/11 auf den Betrieb in den Schaltstellungen 1 und 3 aus?
4. Wie wirkt sich eine Unterbrechung der Schaltbrücke Q1:16/17 auf den Betrieb in den Schaltstellungen 1 und 3 aus?
5. Wie wirkt sich ein Vertauschen der Anschlüsse an Q1:9 und Q1:15 auf den Betrieb in den Schaltstellungen 1 und 3 aus?
6. Der Netzanschluß L+ wird irrtümlich an Q1:8 und L– an Q1:18 angeschlossen. Welche Folgen hat dieser Fehlanschluß für den Betrieb in den Schaltstellungen 1 und 3?

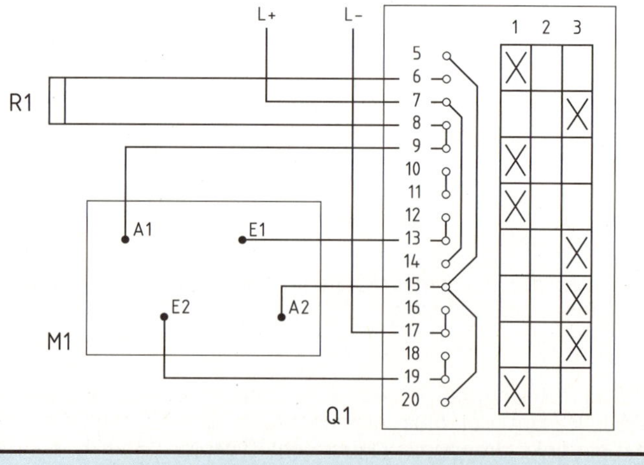

Auftrag

Zum Antrieb einer Produktionsanlage wurde ein Gleichstrommotor einschließlich Schaltverteiler geliefert. Abb. 1 zeigt den Stromlaufplan und den Übersichtsschaltplan der Motorsteuerung.

Es sollen die Steuerung erläutert und die Schaltung des Gleichstrommotors analysiert werden.

Steuerung

Der Gleichstrommotor M1 wird aus einem 220 V-Gleichstromnetz über eine zweipolige Schmelzsicherung F1 gespeist. Ein Motorschutzschalter Q1 schützt den Gleichstrommotor vor Überlastung und dient gleichzeitig als Geräteschalter zum Ein- und Ausschalten. Zur Begrenzung des Anlaufstromes ist im Ankerstromkreis ein Anlasser R1 mit den Anschlußklemmen L und R geschaltet, dessen Widerstand während des Hochlaufens in Stufen verringert wird.

Hinweis: Anlasser für Nebenschlußmotoren besitzen zusätzlich eine Anschlußklemme M für den Anschluß des Erregerstromkreises (Abb. 2).

Motorschaltung

Größere Gleichstrommaschinen sind zur Verbesserung der Kommutierung mit einer Wendepolwicklung ausgerüstet. Diese kann je nach Konstruktion einer Maschine entweder einseitig oder symmetrisch zur Ankerwicklung angeordnet und verschaltet sein. Dementsprechend sind die Anschlußbezeichnungen wie folgt genormt:

Bei einseitiger Schaltung: **B1/B2**
Bei symmetrischer Schaltung:
- auf der Seite von A1: **1B1/1B2**
- auf der Seite von A2: **2B1/2B2**

Die Wendepolwicklung wird mit der Ankerwicklung immer so in Reihe geschaltet, daß der Strom in beiden Wicklungen von **1** nach **2** oder umgekehrt fließt.

Aus dieser Festlegung folgt, daß für Wendepolwicklungen links gewickelte Spulen verwendet werden, damit die Magnetfelder der Wendepol- und Ankerwicklung entgegengerichtet sind.

Der Gleichstrommotor in Abb. 1 mit den Anschlußklemmen A1, B1, D1, D2 ist ein Reihenschlußmotor mit einer einseitig angeordneten Wendepolwicklung. Da der Strom von A2 nach A1 gerichtet ist, dreht der Motor links herum.

Hinweis: Zur Aufhebung des Ankerfeldes unter den Polen werden insbesondere große Maschinen zusätzlich mit einer Kompensationswicklung ausgerüstet. Diese wird genauso wie die Wendepolwicklung geschaltet, so daß sich folgende Anschlußbezeichnungen ergeben:

Bei einseitiger Schaltung: **C1/C2**
Bei symmetrischer Schaltung:
- auf der Seite von A1: **1C1/1C2**
- auf der Seite von A2: **2C1/2C2**

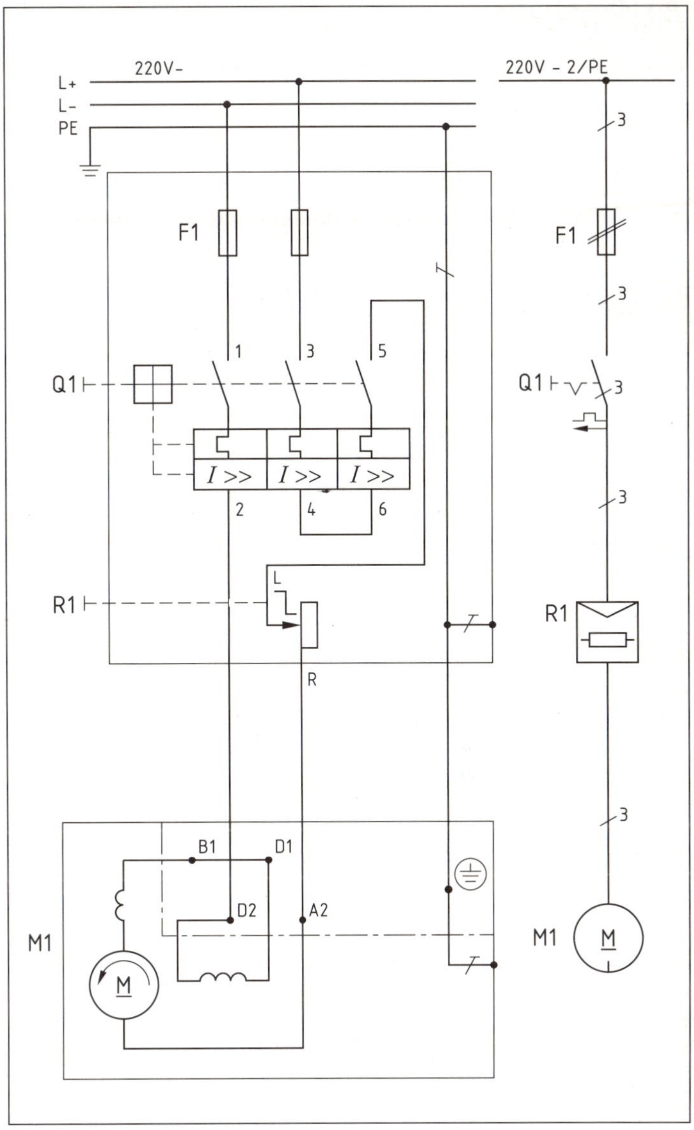

Abb. 1: Gleichstrom-Reihenschlußmotor mit Anlasser

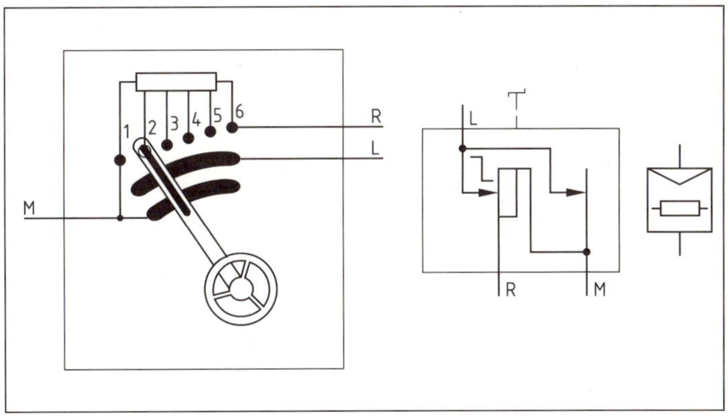

Abb. 2: Prinzipielle Ausführung und Schaltzeichen eines Anlassers

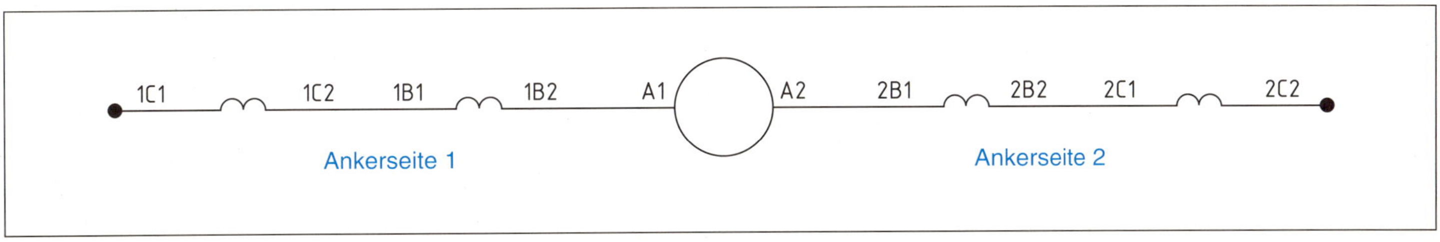

Abb. 3: Schaltung des Ankerkreises bei symmetrischer Wendepol- und Kompensationswicklung

Aufgaben

7.2.1 Direkter Anlauf

Die Gleichstrommaschinen G1, M1, M2, G2 sollen in der angegebenen Drehrichtung direkt eingeschaltet werden.

a) Zeichnen Sie die Klemmenbretter mit Schaltbrücken und Netzanschluß ohne Schaltgeräte!

b) Bezeichnen Sie jedes Klemmenbrett mit der entsprechenden Maschinenart!

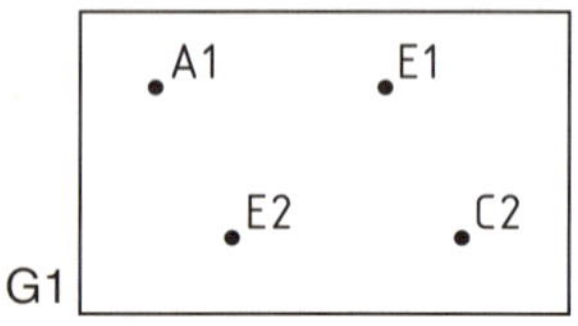

Linkslauf

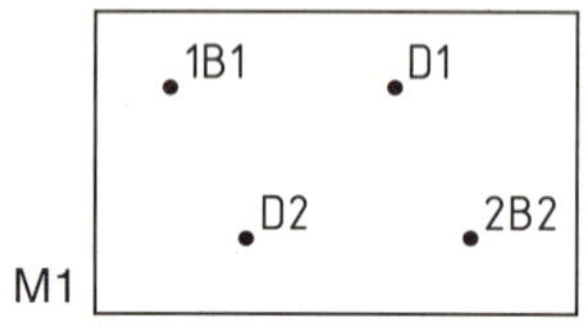

Linkslauf

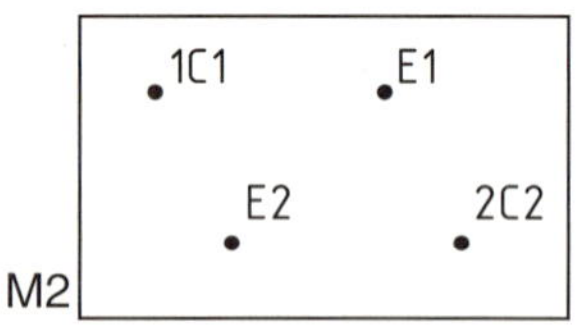

Rechtslauf

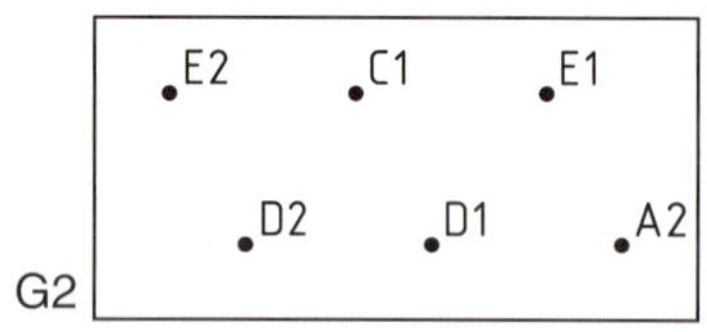

Rechtslauf

7.2.2 Anlauf mit Anlasser

Die Gleichstrommotoren M1, M2, M3 sollen in der angegebenen Drehrichtung über Anlasser angeschlossen werden.

a) Zeichnen Sie die Klemmenbretter der Motoren und Anlasser mit Schaltbrücken und Netzanschluß ohne Schaltgeräte.

b) Bezeichnen Sie jedes Klemmenbrett mit der entsprechenden Maschinenart!

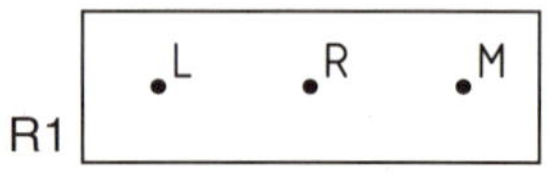

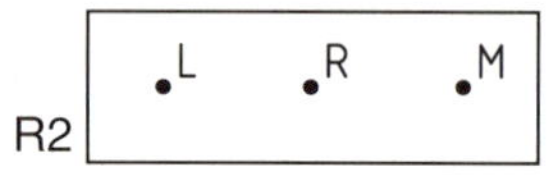

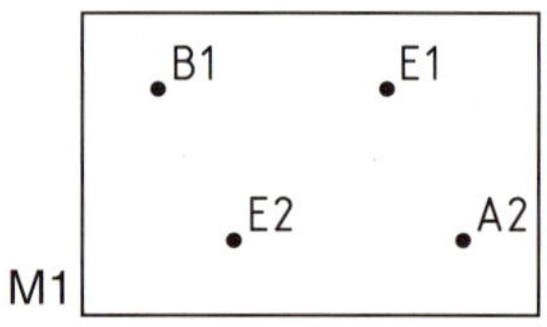

Rechtslauf

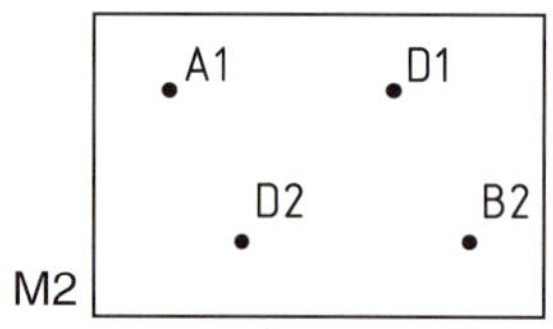

Linkslauf

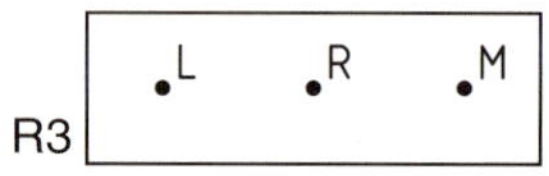

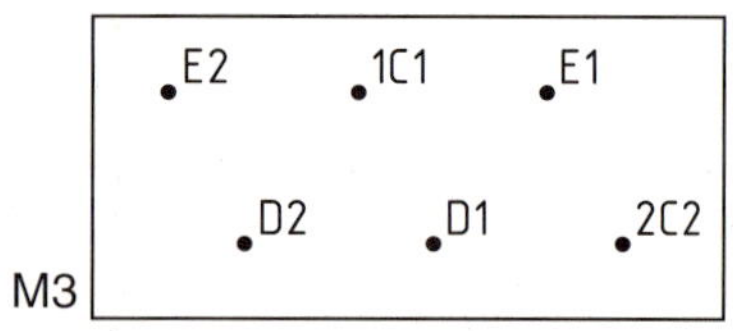

Rechtslauf

7.2.3 Funktionsanalyse

Analysieren Sie die unten stehende Schaltung, indem Sie folgende Fragen beantworten!

1. Mit welchen Wicklungen ist die Gleichstrommaschine ausgerüstet?
2. In welcher Drehrichtung und in welcher Betriebsart (Motor, Generator) arbeitet die Maschine in der Schaltstellung 1?
3. Welche Widerstände (R1, R2) sind in der Schaltstellung 1 eingeschaltet?
4. In welcher Drehrichtung und in welcher Betriebsart (Motor, Generator) arbeitet die Maschine in der Schaltstellung 3?
5. In welchen Schaltstellungen arbeitet die Maschine in derselben Drehrichtung und Betriebsart wie in Schaltstellung 3?
6. Welche Widerstände (R1, R2) sind in der Schaltstellung 4 eingeschaltet?
7. Wie wirkt sich ein defekter Widerstand R1 oder R2 (Unterbrechung) auf den Betrieb der Schaltstufe 1 aus?
8. Wie wirkt sich ein defekter Widerstand R2 auf den Betrieb in den Schaltstufen 3 bis 5 aus?

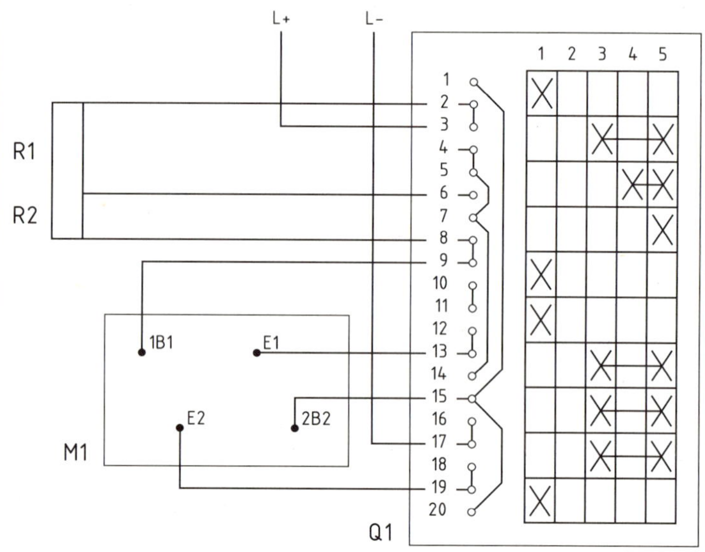

7.2.4 Maschinen mit 2 Anschlußklemmen

Gleichstrommaschinen, die nur mit 2 Anschlußklemmen ausgeführt sind, werden wie folgt gekennzeichnet:

- Jede Klemme erhält **alle** Anschlußbezeichnungen der in der Maschine fest verschalteten Wicklungsanschlüsse.
- Die einzelnen Anschlußbezeichnungen werden durch Punkt, Komma oder Bindestrich getrennt. Z. B. Klemme B1,E1 und Klemme A2,E2.

Zeichnen Sie folgende Gleichstrommaschinen in der Ausführung mit nur 2 Anschlußklemmen!

a) Rechts drehender Nebenschlußgenerator mit einseitig angeordneter Wendepol- und Kompensationswicklung.

b) Rechts drehender Doppelschlußmotor mit einseitig angeordneter Wendepol- und Kompensationswicklung.

Auftrag

Der Motor mit dem nebenstehenden Leistungsschild wird im Nennbetrieb mit 1300 min^{-1} betrieben. Durch Feldschwächung kann die Drehzahl auf maximal 2300 min^{-1} erhöht werden.

Es soll der Aufbau der Schaltung in Abb. 1 beschrieben und die Funktion des Feldstellanlassers erläutert werden.

Hersteller		
Typ		
– Mot.	Nr.	
400 V		29 A
10,6 kW	S1	cos φ
1300/2300 /min		Hz
Err. 400 V		1 A
Isol. - Kl. F	IP 54	320 kg
DIN VDE 0530 /84		

Schaltungsaufbau (Abb.1)

Der Motor M1 mit den Anschlußklemmen C1, A2, E1, E2 ist ein Gleichstrom-Nebenschlußmotor mit einseitig angeordneter Wendepol- und Kompensationswicklung. Er wird aus einem 400 V-Gleichstromnetz über die Schmelzsicherungen F1, das Hauptschütz K1, das Motorschutzrelais F2 und den Feldstellanlasser R1 gespeist. Die Anschlußklemmen sind so verschaltet und an das Netz angeschlossen, daß sich als Drehsinn Rechtslauf ergibt.

Funktion des Feldstellanlasser (Abb. 2)

Der Feldstellanlasser R1 besitzt zwei Widerstände unterschiedlicher Größe und Leistung, die über ein Stellrad nacheinander verändert werden. Hierbei werden zwei verschiedene Stellaufgaben erfüllt.

1. Beim Anlaufen des Motors begrenzt der Anlaßwiderstand ① den Anlaufstrom, damit das Netz keine unzulässig hohe Belastung erfährt.
2. Nach Erreichen der Nenndrehzahl von 1300 min^{-1} kann durch Stellen des Feldwiderstandes ② der Erregerstrom geschwächt und damit die Drehzahl bis zur maximalen Feldschwächdrehzahl von 2300 min^{-1} erhöht werden.
   Zum Schutz gegen das Durchgehen des leerlaufenden Motors bei Unterbrechung des Erregerstromkreises ist der Feldwiderstand fest mit dem Anlaßwiderstand verbunden ③. Dadurch fließt auch bei defektem Schleifer immer ein Mindesterregerstrom.

Anlaßwiderstände sind niederohmig und leistungsstark, weil sie einen großen Teil der während des Anlaufs aufgenommenen elektrischen Energie in Wärme umsetzen müssen.

Feldwiderstände hingegen sind hochohmig und nur für geringe Stromstärken ausgelegt.

Während der Feldschwächung muß die mechanische Belastung (Lastmoment) verringert werden, damit die Nennleistung des Motors nicht überschritten wird.

Hinweis:

Feldstellanlasser können grundsätzlich auch zur Steuerung der Drehzahl im Bereich unterhalb der Nenndrehzahl (Ankersteuerbereich) verwendet werden, wenn

- der Anlasserwiderstand für Dauerbetrieb ausgelegt,
- der Motor mit einer Fremdkühlung ausgerüstet ist und
- die Verluste im Anlasserwiderstand vertretbar sind.

Üblicherweise allerdings werden drehzahlveränderbare Gleichstromantriebe über Stromrichtergeräte gesteuert.

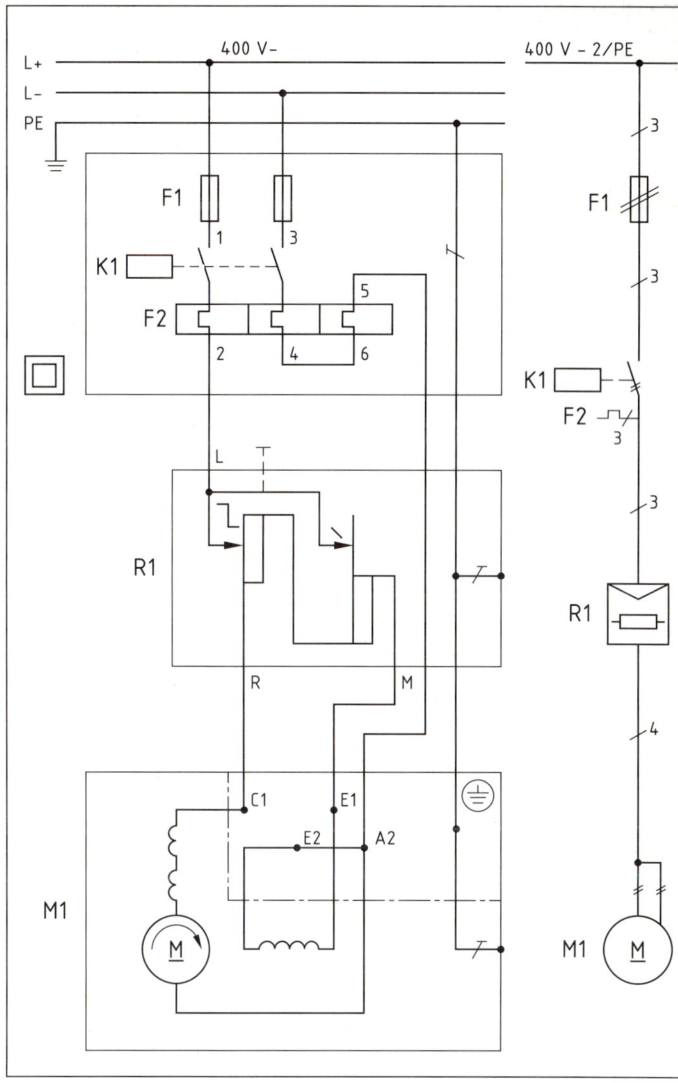

Abb. 1: Gleichstrom-Nebenschlußmotor mit Feldschwächung am Netz

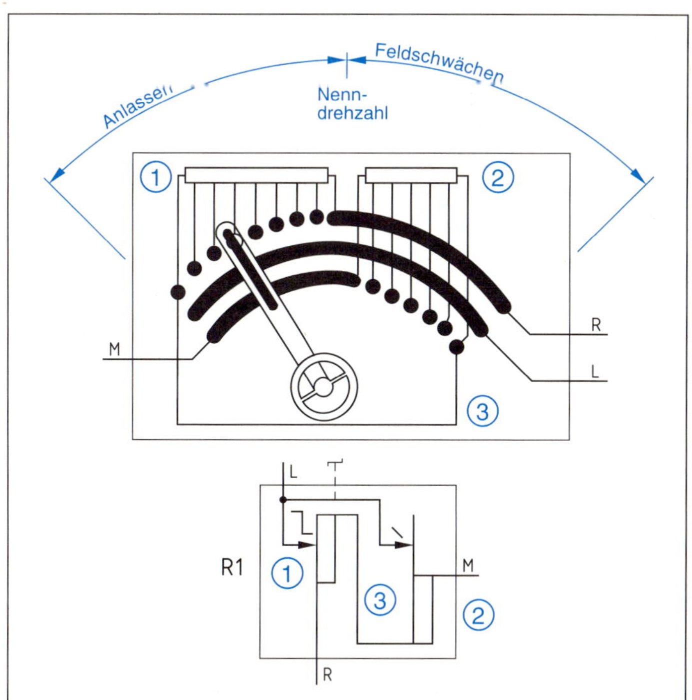

Abb. 2: Prinzipielle Ausführung und Schaltbild eines Feldstellanlassers

7.3 Feldsteuerung

Aufgaben

7.3.1 Feldschwächung

Der Motor mit dem nebenstehenden Leistungsschild soll über Schmelzsicherungen, Motorschutzschalter und Feldstellanlasser an ein 400 V-Gleichstromnetz für Rechtslauf angeschlossen werden. Der Motor ist unkompensiert und hat symmetrische Wendepole.

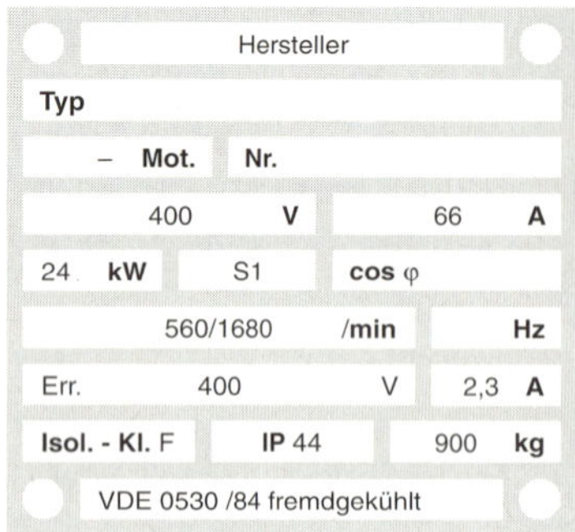

Zeichnen Sie

a) den Übersichtsschaltplan,

b) den Stromlaufplan in zusammenhängender Darstellung!

7.3.2 Maschinensatz

Analysieren Sie die unten stehende Schaltung verschiedener Maschinen, indem Sie folgende Fragen beantworten!

1. Warum ist der Generator G1 nur mit dem Feldsteller R1 und nicht mit einem Feldstellanlasser ausgerüstet?
2. Wie ändert sich die Spannung des Generators G1, wenn der Schleifer des Feldstellers R1 in Richtung der Anschlußklemme t verschoben wird?
3. Welchen Zweck erfüllt die Verbindung von R1:q nach G1:E2?
4. Welchen Einfluß hat die Verstellung des Feldstellers R1 auf die Drehzahl des Motors M2?
5. Welche Drehrichtung hat der Motor M2?
6. Warum ist in dieser Schaltung kein Anlasser für M2 vorgesehen?
7. Wodurch wird der Motor M2 vor Überlastung geschützt?
8. Warum sind die Maschinen M1, G1 und M2 zu einem Maschinensatz zusammengeschaltet?

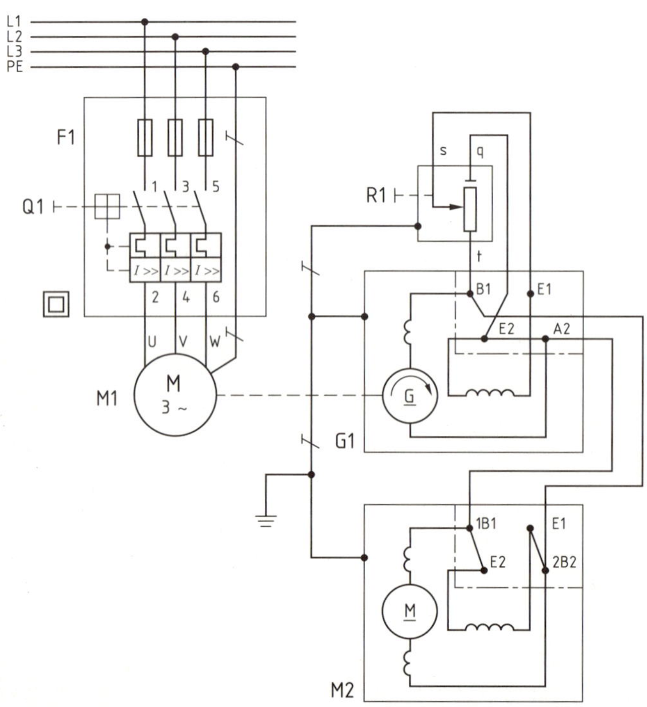

7.3.3 Steuerung

Analysieren Sie die unten stehende Steuerschaltung, indem Sie folgende Fragen beantworten!

1. In welcher Reihenfolge werden in den Schaltstellungen 4 bis 7 die Wicklungen im Ankerstromkreis vom Strom durchflossen?
2. In welcher Schaltstufe erreicht der Motor seine Nenndrehzahl?
3. Welche Aufgabe hat der Widerstand R4?
4. Warum darf der Motor in der Schaltstellung 8 nicht mit seinem Nennmoment belastet werden?
5. Wie wirkt sich ein defekter Widerstand (Unterbrechung) R4 auf den Betrieb der Schaltstufen 4 bis 8 aus?
6. Welche Drehrichtung hat der Motor?
7. In welcher Reihenfolge werden in den Schaltstellungen 1 und 2 die Wicklungen im Ankerstromkreis vom Strom durchflossen?
8. Welche Art der Erregung hat die Maschine in den Schaltstellungen 1 und 2?
9. Wie wirkt sich ein defekter Widerstand R2 auf den Betrieb der Schaltstufen 1 und 2 aus?
10. Wie muß der Anschluß des Nockenschalters geändert werden, damit der Motor seine Drehrichtung ändert?

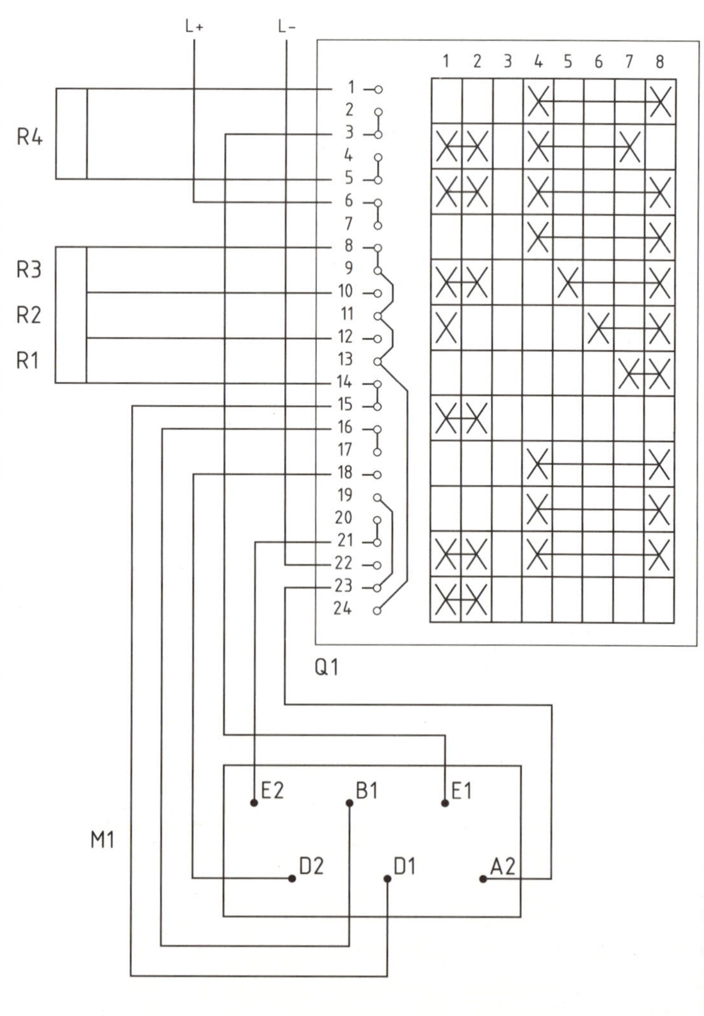

Niederspannungs-Schaltanlagen haben den Nennspannungsbereich 50 V ≤ U ≤ 1000 V. Sie müssen nach DIN VDE 0100 gebaut werden.

Auftrag 1

Die elektrische Anlage in einem Büro wird aus einer Unterverteilung entsprechend der Schaltung (Abb. 1) versorgt.
Der Aufbau soll beschrieben werden und die Funktion der Bauteile innerhalb der Anlage erläutert werden.

Schaltungsaufbau (Abb. 2)

Die Einspeisung erfolgt aus dem 400 V, 50 Hz-Drehstromnetz (L1, L2, L3, N, PE) auf ein Verteilersystem. Dieses besteht aus fünf Sammelschienen ① (TN-C-S-Netz). Von den Sammelschienen werden die Stromkreise 1…7 zur Versorgung der verschiedenen Verbraucher eingespeist und über Leitungsschutzschalter abgesichert (F1.1…F1.7).

Die Stromkreise werden so auf die Außenleiter aufgeteilt, daß eine annähernd gleichmäßige Belastung des Netzes vorliegt.

Funktionsanalyse

- Die Sammelschienen verteilen die elektrische Energie des einspeisenden Netzes (Zuleitung) auf die Verbraucherstromkreise 1…7.
- Die Leitungsschutzschalter (LS-Schalter) F1.1…1.7 trennen die einzelnen Stromkreise 1…7 vom Netz und ermöglichen so das Einhalten der Sicherheitsregel „FREISCHALTEN".
- Der Schutz bei indirektem Berühren im TN-C-S-Netz wird von den LS-Schaltern übernommen. Die LS-Schalter in den Abgängen 2 und 4…7 müssen im Fehlerfall nach 0,2 s ③ (Abb. 3) ansprechen (Stromkreise mit Steckdosen und $I \leq 35$ A) alle übrigen nach 5 s ②.
- Die LS-Schalter F1.1…F1.7 schützen jeweils die nachgeordneten Leitungen und Schaltgeräte vor Überlast und bei Kurzschluß. Die Nennströme und die Schaltleistung der LS-Schalter werden aufgrund der Bedingungen der DIN VDE festgelegt. Das Mindestschaltvermögen muß nach TAB[1] 6 kA betragen. Da sie dem Typ B angehören, spricht ihr Kurzschlußschnellauslöser bei dem 3- bis 5fachen des Nenn-

Elektrische Schaltanlagen haben folgende Aufgaben:

- Verteilen der elektrischen Energie,
- Schutz des Menschen beim Arbeiten in elektrischen Anlagen durch Trennen des Anlageteiles vom Netz und Schutz des Menschen bei indirektem Berühren.
- Schutz der Leitungen gegen Überlast und bei Kurzschluß.

Die Begriffe Schaltanlage, Schaltverteiler, Verteilung und Verteiler werden in der Elektrotechnik gleichrangig benutzt.
Leitungsschutzschalter (LS-Schalter, Abb. 3) können zum Schutz von Personen, Leitungen und Betriebsmitteln folgende Schaltfunktionen übernehmen:

- Schalten
- Trennen und
- Überlast- und Kurzschlußschutz.

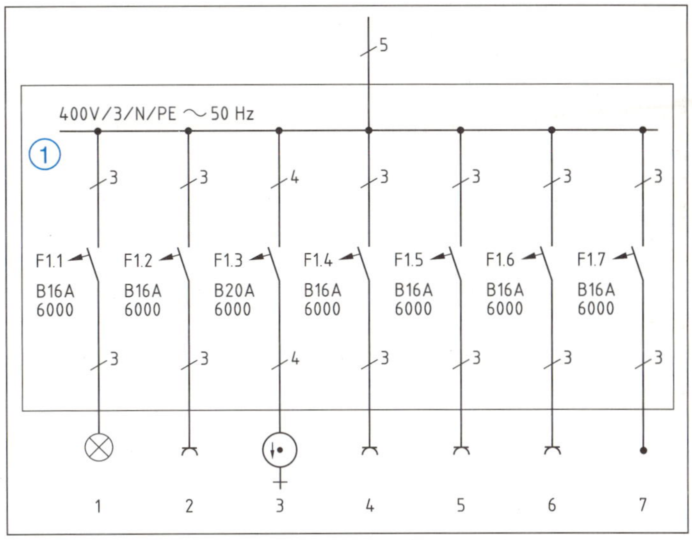

Abb. 1: Übersichtsschaltplan einer elektrischen Anlage für ein Büro

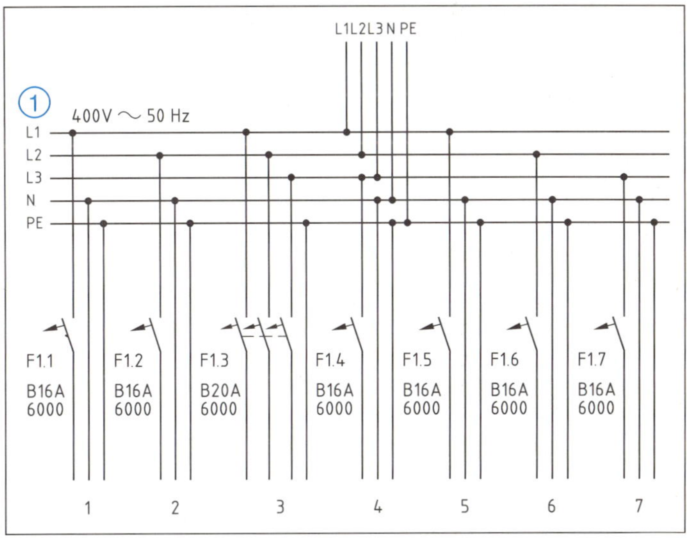

Abb. 2: Stromlaufplan der Unterverteilung

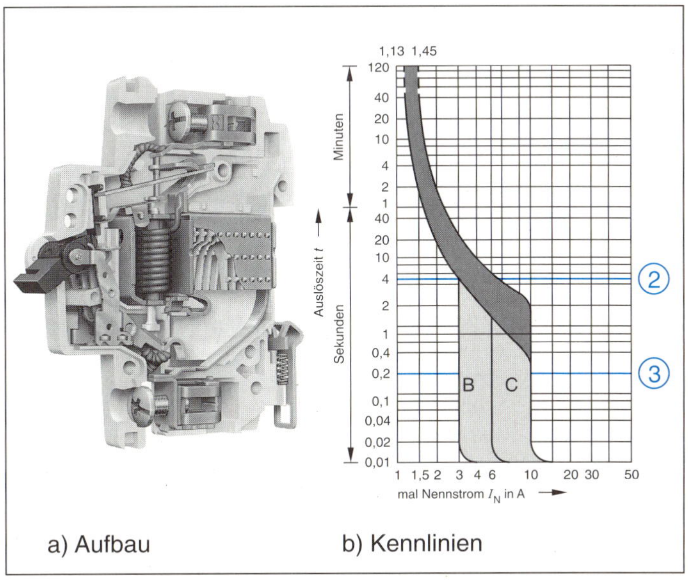

a) Aufbau b) Kennlinien

Abb. 3: Leitungsschutzschalter (DIN VDE 0641)

1) TAB: Technische Anschlußbedingungen der Vereinigung Deutscher Elektrizitätswerke (VDEW).

Auftrag 2

Die elektrische Anlage der Wohnetage eines Hauses wird über eine Unterverteilung nach Abb. 1 versorgt.

Es soll der Aufbau der Unterverteilung beschrieben werden und die Aufgaben der Schaltgeräte erklärt werden.

Schaltungsaufbau

- Einspeisung aus der Hauptverteilung über die Zuleitung NYM-J 4 · 16 mm² auf den FI-Schutzschalter F0.1.
- Verteilung der elektrischen Energie vom FI-Schutzschalter auf die Neozed-Sicherungssysteme in den Abgängen 1...8 erfolgt durch Kammschienen (Abb. 2).
- Die Schutzleiterklemme X1 ist über eine NYM-Leitung 1 · 16 mm² (PE) mit der Potentialausgleichschiene verbunden.
- Alle Neutralleiter sind auf die Neutralleiterklemme X1 aufgelegt.
- Die Schutzleiter sind mit der Schutzleiterklemme X2 verbunden.
- Die Abgänge der Neozed-Sicherungssysteme sind auf entsprechende Klemmen der Klemmleiste X3 aufgelegt.

Funktionsanalyse

- Die elektrische Energie wird hier durch Kammschienen, Abb. 2, auf die Verbraucherstromkreise verteilt.
- Getrennt wird die gesamte Anlage vom Netz durch den FI-Schutzschalter F0.1. Die Trennung der einzelnen Stromkreise vom Netz erfolgt durch die jeweiligen Schmelzsicherungen F1.1...1.8.
- Der FI-Schalter bietet Personen Schutz bei indirektem Berühren. Er muß nach DIN VDE 0100 bei einem Fehler innerhalb von $t \leq 0{,}2$ s abschalten. Dies wird erreicht, wenn

  $R_A \leq \frac{50\ \text{V}}{I_{\Delta N}}$ $\quad R_A \leq \frac{50\ \text{V}}{0{,}5\ \text{A}}$ $\quad R_A \leq 100\ \Omega$ eingehalten wird.
- Den Überlast- und Kurzschlußschutz in den Abgängen übernehmen hier Neozed-Schmelzsicherungen.

Fehlerstromschutzeinrichtungen (Abb. 3) überwachen Fehlerströme, die über den Schutzleiter abfließen (z. B. beim Körperschluß). Sie lösen bei $I_F \geq I_{\Delta N}$ aus.

Schmelzsicherungen können in elektrischen Anlagen die gleichen Schaltaufgaben übernehmen wie Leitungsschutzschalter.

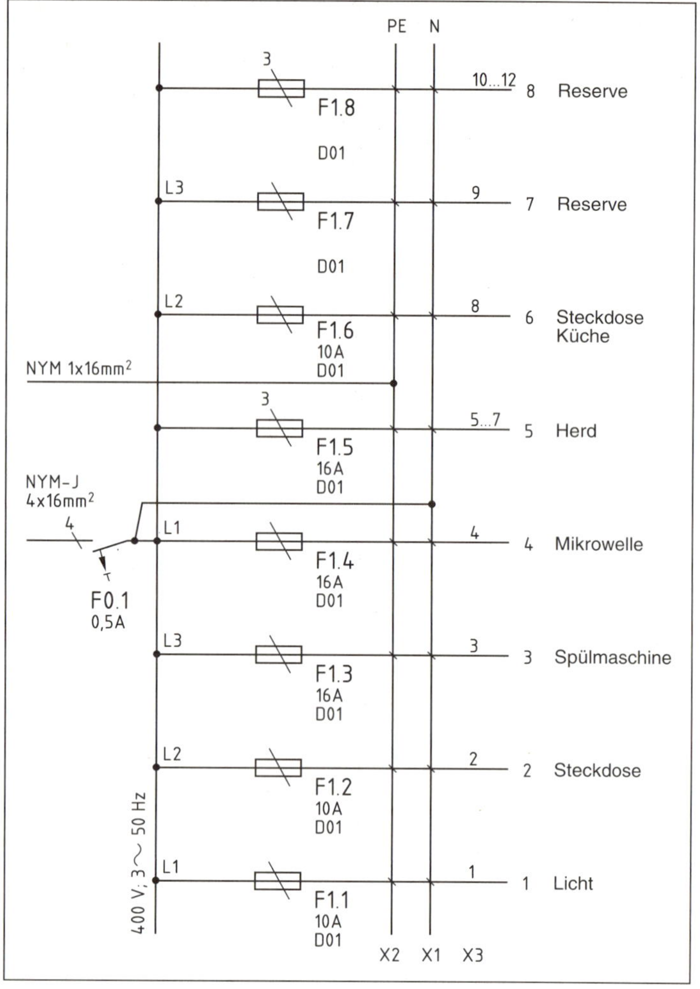

Abb. 1: Unterverteilung

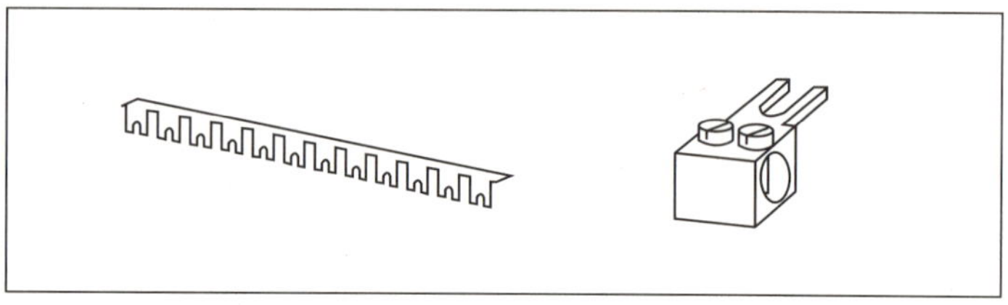

Abb. 2: Kammschienen mit Anschlußklemme

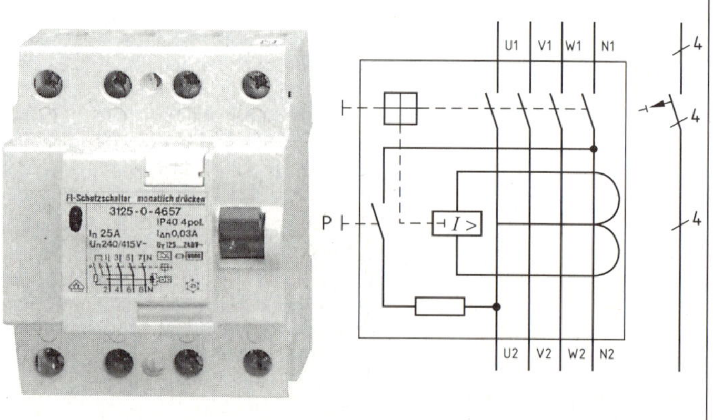

a) Foto b) allpolig (DIN 40 900) c) einpolig (DIN 40 900)

Abb. 3: Fehlerstromschutzschalter (FI-Schalter)

Auftrag 3

Es soll die Verteilung für eine Wohnung geplant werden. Folgende Stromkreise sind vorgesehen:

• Beleuchtung		NYIF 3 · 1,5 mm²
• Steckdosen		NYIF 3 · 1,5 mm²
• Steckdosen	Küche	NYIF 3 · 1,5 mm²
• Elektroherd, 10 kW	Küche	NYM 5 · 1,5 mm²
• Geschirrspülmasch., 3,6 kW	Küche	NYIF 3 · 1,5 mm²
• Kühlgeräte, Mikrowellenherd	Küche	NYIF 3 · 1,5 mm²
• Waschmaschine, 3,2 kW	Waschkeller	NYM 3 · 1,5 mm²
• Wäschetrockner, 3,3 kW	Waschkeller	NYM 3 · 1,5 mm²
• Beleuchtung, Steckdosen	Keller	NYN 3 · 1,5 mm²
• Beleuchtung, Steckdose	Bad	NYIF 3 · 1,5 mm²
• Reserve (2 Stromkreise)		

TN-C-S-Netz mit Leitungsschutzschaltern.

Als Schleifenimpedanz wurde an der Hauptverteilung $Z_S = 1{,}3\ \Omega$ gemessen.

Es soll der Übersichtsschaltplan der Verteilung erstellt werden, nach dem die Verteilung gebaut werden kann.

Aufbau der Verteilung (Abb. 5)

Es wird ein Verteilerschrank zum Wandeinbau mit Sammelschienen und Klemmleisten vorgesehen (Abb. 4). Die erforderlichen Geräte lassen sich durch ein besonderes Befestigungssystem leicht einbauen. Die Einspeisung erfolgt durch die Hauptleitung NYM-J 4 · 16 mm² über die Hauptsicherungen F0.1 auf das Sammelschienensystem (L1, L2, L3) bzw. die Neutralleiterklemmleiste X1 (PEN). Hier erfolgt die Aufteilung des PEN in N und PE durch eine Verbindung zur Schutzleiterklemmleiste X2. Von den Sammelschienen aus werden die Verbraucherstromkreise 1...11 über Leitungsschutzschalter (F1.1...F1.11) eingespeist.
Der Stromkreis 12 (Bad) erhält zum Schutz bei indirektem Berühren nach DIN VDE 0100, T.701 vor dem LS-Schalter F1.12 den Fehlerstromschutzschalter F0.2.

Dimensionierung der Anlage

Hauptleitung

Bei einer Wohneinheit ist nach DIN 18 015 T.1 NYM-J 4 · 16 mm² zu nehmen.

Hauptsicherung

Es werden Neozed-Schmelzsicherungen mit der Nennstromstärke 35 A eingesetzt. Daraus ergibt sich eine Gesamtleitung von
$P = U \cdot I \cdot \sqrt{3} \cdot \cos \varphi$, $P = 400\ \text{V} \cdot 35\ \text{A} \cdot \sqrt{3} \cdot 1$; $P = 24\ \text{kW}$.
Die in der Anlage installierte Leistung ist größer als die errechnete. Es werden aber nicht alle Geräte gleichzeitig benutzt.

Sammelschienen

Es werden laut Katalog Dreileiter-Sammelschienen ausgesucht mit $I = 315\ \text{A} > 35\ \text{A}$ (Abb. 6).

Leitungsschutzschalter

Dienen Überstromschutzorgane (LS-Schalter) gleichzeitig dem Leitungs- und dem Personenschutz, müssen sie nach folgenden Kriterien ausgesucht werden
- Größe der Nennbelastung,
- Querschnitt und Verlegeart der Leitungen,
- Höhe der Schaltleistung und
- Art der Schutzmaßnahme.

Überstromschutzorgane müssen bei einem Fehler in TN-Netzen innerhalb folgender Zeiten abschalten:
0,2 s: • Steckdosenstromkreise mit $I_n \leq 35$ A
• Stromkreise mit Handgeräten der Schutzklasse I.
5 s: alle übrigen

Es werden laut Tabelle 11.1, Seite 144, die in der Abb. 5 angegebenen Geräte ausgesucht (Verlegeart C). Bei einer Schleifenimpedanz von $Z_S = 1{,}3\ \Omega$ fließt ein Kurzschlußstrom von

$$I_K = \frac{U_0}{Z_S}; \quad I_K = \frac{230\ \text{V}}{1{,}3\ \Omega}; \quad I_K = 177\ \text{A}.$$

Dieser kann von den Leitungsschutzschaltern (Schaltleistung von 3000 A) gefahrlos geschaltet werden.
Da der Kurzschlußstrom von 177 A > 5 · I_n der Leitungsschutzschalter ist, werden diese im Fehlerfall nach weniger als 0,2 s abgeschaltet. Somit werden die Bedingungen der Schutzmaßnahme TN-C-S-Netz eingehalten.

Fehlerstromschutzschalter F0.1

Räume mit Badewannen oder Duschen dürfen im Bereich 3 Schalter und Steckdosen haben, wenn diese über
- Trenntransformatoren,
- Schutzkleinspannung oder
- Fehlerstromschutzeinrichtungen mit $I_{\Delta\sim} \leq 30$ mA angeschlossen werden.

Es wird aus o. g. Gründen und bei den kleinen Leistungen ein zweipoliger FI-Schutzschalter mit $I_F = 30$ mA und $I_n = 16$ A eingebaut.

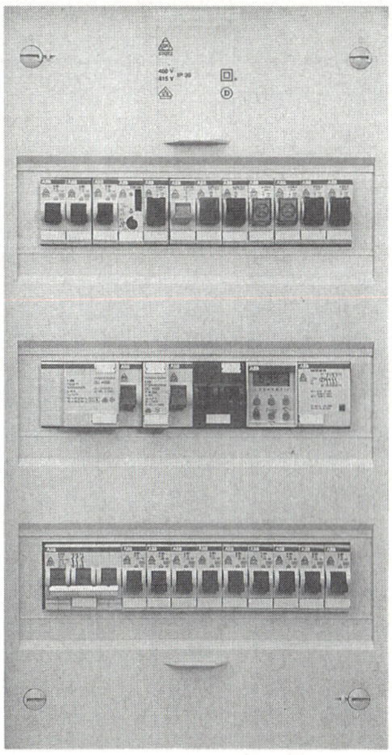

Abb. 4: Verteilerschrank zum Wandeinbau

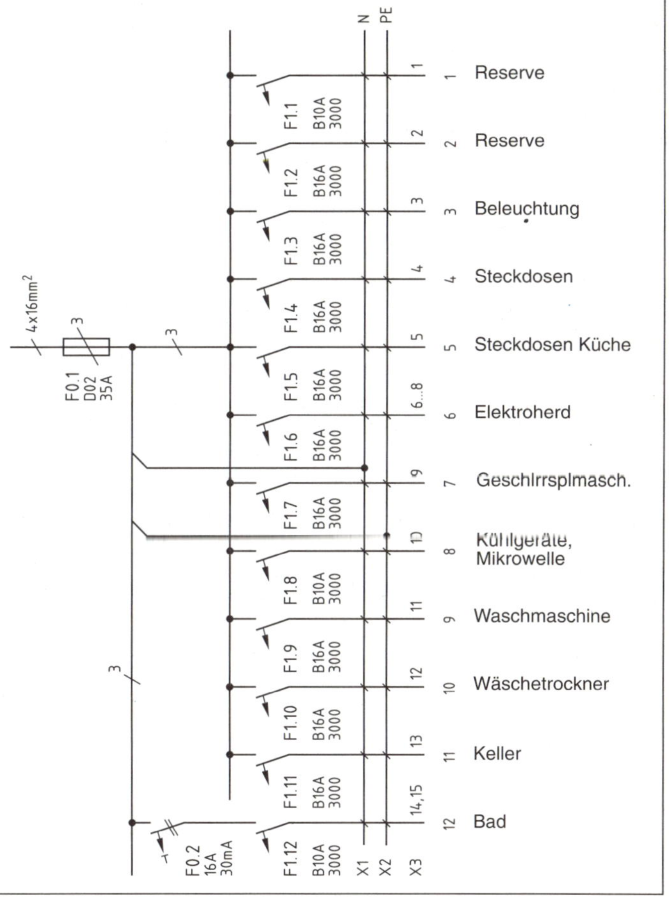

Abb. 5: Übersichtsschaltplan des Verteilerschrankes

Sammelschienensystem, 3 Leiter ohne Sammelschienenabdeckung	
315 A	**SA31/3**
500 A	**SA50/3**
630 A	**SA63/3**

Abb. 6: Sammelschienen (Auszug aus einem Katalog)

Aufgaben

8.1.1 Schaltungsanalyse

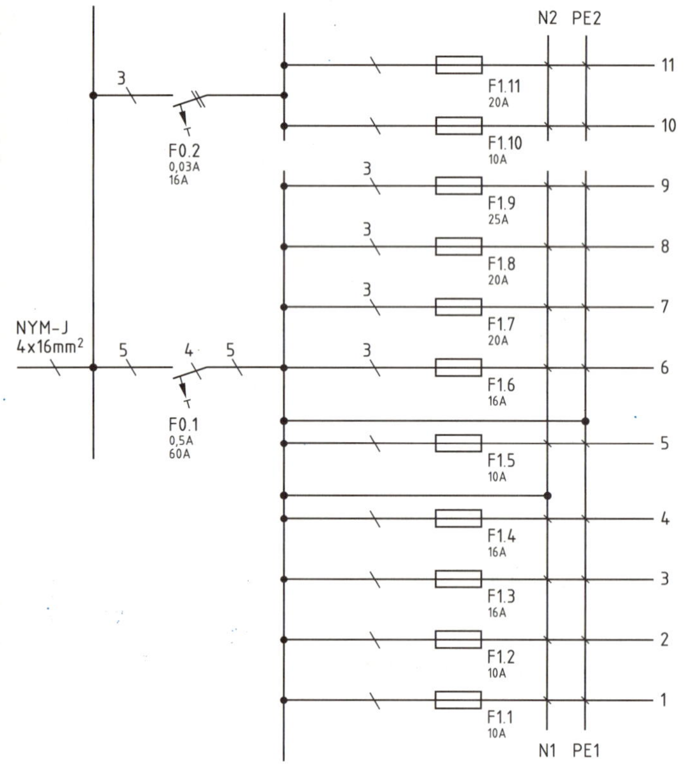

a) Beschreiben Sie den Aufbau der Schaltung!

b) Erklären Sie die Funktion der Schaltgeräte!

c) Welche Schutzmaßnahme wird eingesetzt?

d) Zeichnen Sie den Stromlaufplan!

8.1.2 Schaltungsanalyse

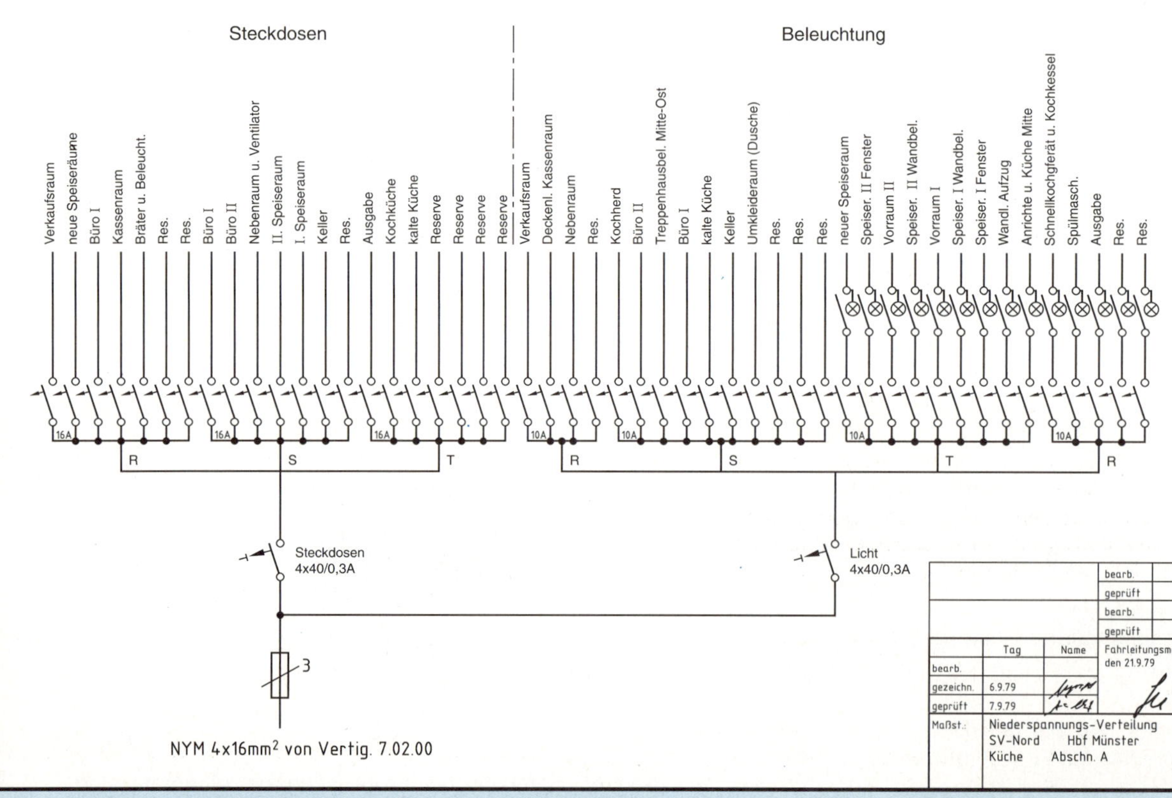

a) Beschreiben Sie den Aufbau der Schaltung!

b) Welche Aufgaben haben die Schaltgeräte?

c) Welche Schutzmaßnahme wird hier eingesetzt?

8.1.3 Schaltungsentwurf

Aus einer Lichtunterverteilung sollen versorgt werden:

- Vier Drehstromkreise für die Normalbeleuchtung mit Leuchtstofflampen. Diese sollen über eingebaute Taster und ein Schütz geschaltet werden. Der Schaltzustand Ein soll durch eine Kontrollampe angezeigt werden (10 Doppelleuchten 60 W pro Phase).
- Zwei Wechselstromkreise für die Nachtbeleuchtung. Geschaltet wird ebenfalls über ein Schütz und eingebaute Taster.
- Zwei Schukosteckdosen-Stromkreise (16 A).
- Als Hauptschalter soll ein abschließbarer Lastschalter verwendet werden.
- Schutzmaßnahme ist TT-Netz mit FI-Schutzschalter.

Zeichnen Sie den Übersichtsschaltplan und den Stromlaufplan der Steuerung.

8.1.4 Schaltungsentwurf

Für die Wohnung sind folgende Stromkreise vorgesehen.

1	Elektroherd 3 ~; 11,5 kW	6	Beleuchtung, Küche
2	Heißwasserspeicher 3 ~; 6 kW	7	Steckdosen, Küche
3	Waschmaschine 2,8 kW	8	Flur und Abstellraum
4	Geschirrspüler 3,4 kW	9	Übrige Beleuchtung
5	Mikrowellengerät	10	Übrige Steckdosen
	$Z_S = 1{,}2\ \Omega$	11	Bad

a) Zeichnen Sie den Übersichtsschaltplan der Unterverteilung, wenn TN-C-S-Netz vorgegeben ist (Leitungsschutzschalter).

b) Dimensionieren Sie die einzubauenden Geräte!

Auftrag 1

In einer Unterverteilung (Abb. 1) für die Motoren einer Werkstatt hat eine NH-Schmelzsicherung im Strompfad 20 angesprochen. Es soll untersucht werden, welche Schaltungen vorgenommen werden müssen, damit diese Sicherung ausgewechselt werden kann. Dazu muß der Aufbau der Schaltung beschrieben und die Funktion der einzelnen Schaltgeräte untersucht werden.

Schaltungsaufbau

Eingespeist wird aus dem Drehstromnetz, 400 V, 50 Hz, über einen Hauptschalter Q1 (Lasttrennschalter mit abnehmbarem Griff) und den NH-Schmelzsicherungen F1 auf das Sammelschienensystem (L1, L2, L3, N, PE). Hier wird der PEN-Leiter der Zuleitung in N-Leiter und PE-Leiter aufgetrennt ①. In den Abgängen sind als Leitungsschutzgeräte eingebaut:

- Strompfade 2...6 Diazed-Schmelzsicherungen (F2...6 der Größe DII (2 A...25 A)
- Strompfade 7...10 NH-Schmelzsicherungen (F7...10) der Größe 0 (35 A...160 A)
- Strompfade 11...18 Sicherungslasttrennschalter (Q2...9) der Größe 2 (125 A...400 A)
- Strompfade 19...25 Sicherungstrennschalter (Q10...16) der Größe 1 (80 A...250 A)

Netzart: TN-C-S-Netz!

Sicherungstrennschalter (Abb. 2) sind eine Kombination aus Trennschalter und NH-Sicherung. Sie dürfen als Trennschalter nur im stromlosen Zustand geschaltet werden.

Sicherungslasttrennschalter (Abb. 3) sind ähnlich aufgebaut wie Sicherungstrennschalter. Mit ihnen können aber gefahrlos Nennströme, z. B. Motorströme, geschaltet werden.

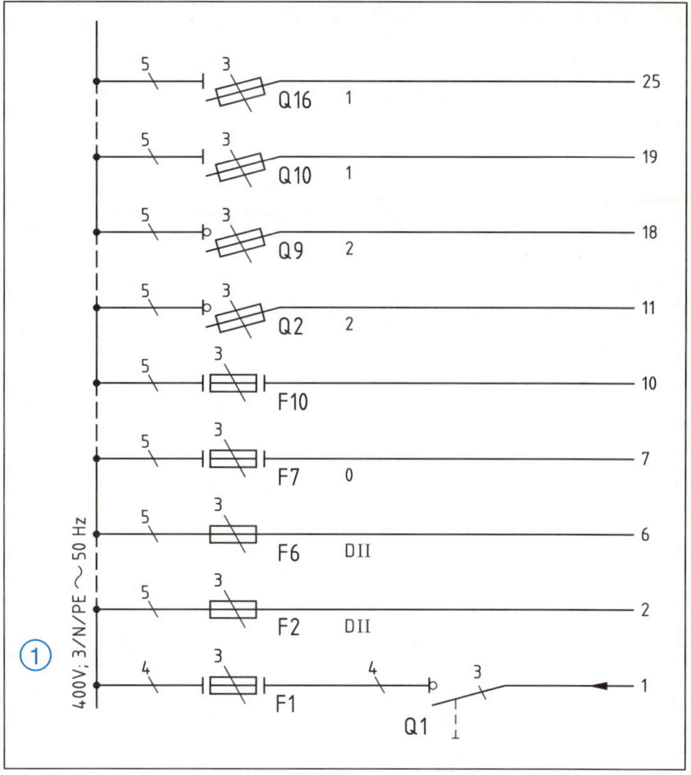

Abb. 1: Übersichtsschaltplan einer Unterverteilung

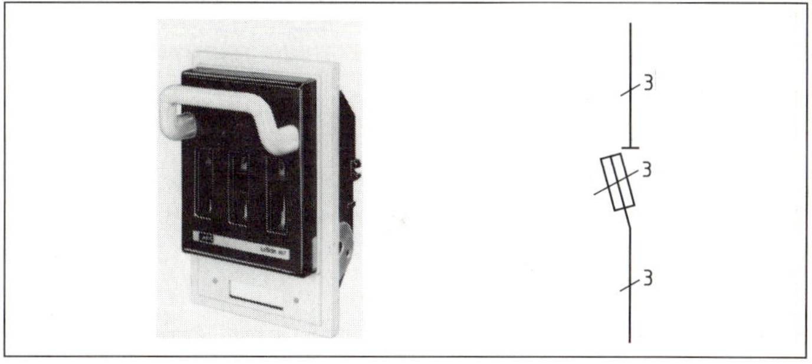

Abb. 2: Niederspannungs-Sicherungstrennschalter

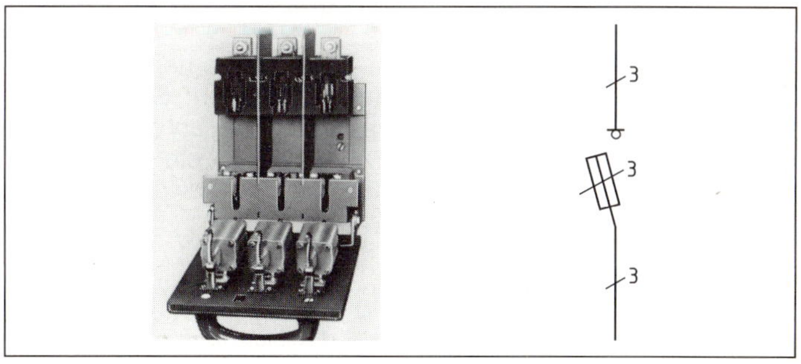

Abb. 3: Niederspannungs-Sicherungs-Lasttrennschalter

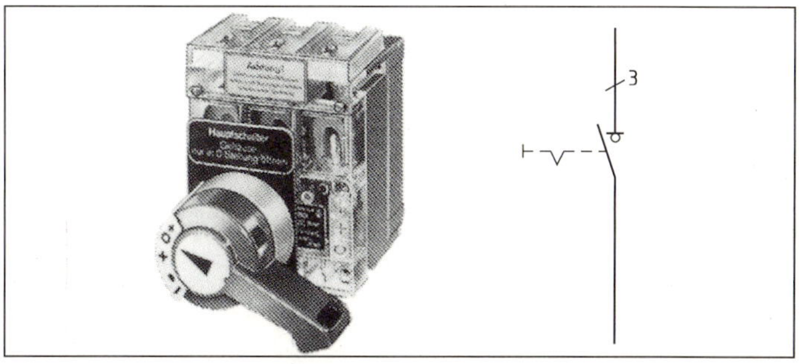

Abb. 4: Lasttrennschalter

Funktionsanalyse

Personenschutz

- TN-C-S-Netz mit Schmelzsicherungen
- Mit dem **Lasttrennschalter** Q1 mit abnehmbarem Handantrieb kann die Unterverteilung vom Netz getrennt werden (Hauptschalterbedingung nach DIN VDE 0113).
- Die Unterverteilung kann aber auch durch die NH-Sicherungen F1 vom Netz getrennt werden.
- Die Trennung der einzelnen Abgänge kann durch die dort befindlichen Leitungsschutzorgane erfolgen.

Nach DIN VDE 0113 müssen **Trennschalter** bei Betätigung alle Strompfade auftrennen. Die Trennung muß zuverlässig angezeigt und ein vorgeschriebener Kontaktabstand (Trennstrecke) muß eingehalten werden (DIN VDE 0660 T.107).

Lasttrennschalter erfüllen die Bedingungen für Trenner, können aber Nennströme schalten (DIN VDE 0660 T.107).

Leitungsschutz

- Den Kurzschluß- und Überlastschutz der Verteilung und der nachfolgenden Anlage übernehmen die NH-Sicherungen F1.
- Die Schmelzsicherungen in den einzelnen Abgängen übernehmen dort den Kurzschluß- und Überlastschutz.
- Die Nennströme der Sicherungen in den Abgängen müssen nach Anlaufart und Anlaufströmen der angeschlossenen Motoren ausgewählt werden (siehe Auftrag 2).

Sicherungsaustausch

1. Ausschalten des Hauptschalters, da der Sicherungstrennschalter nur in stromlosem Zustand geschaltet werden darf.
2. Öffnen des Sicherungslasttrennschalters Q11.
3. Auswechseln der defekten NH-Sicherung.
4. Einschalten des Sicherungs-Trennschalters Q11.
5. Hauptschalter Q1 einschalten.

Auftrag 2

Laut Auftrag auf der Seite 62 erhält ein Handwerksbetrieb eine neue Werkzeugmaschine. Die vorhandene Unterverteilung soll deshalb um einen Motorabgang mit Sicherungslasttrennschalter erweitert werden.

Es soll der Schaltungsaufbau des Abganges beschrieben und die Nenndaten der Schaltgeräte für normalen Anlauf angegeben werden.

Netzart: TN-S-Netz!

Schaltungsaufbau (Abb. 1)

Vom Sammelschienensystem (400 V; 50 Hz) wird die elektrische Energie auf den Sicherungslasttrennschalter F1.15 geführt. Dort wird die Abgangsleitung zur Werkzeugmaschine angeschlossen.

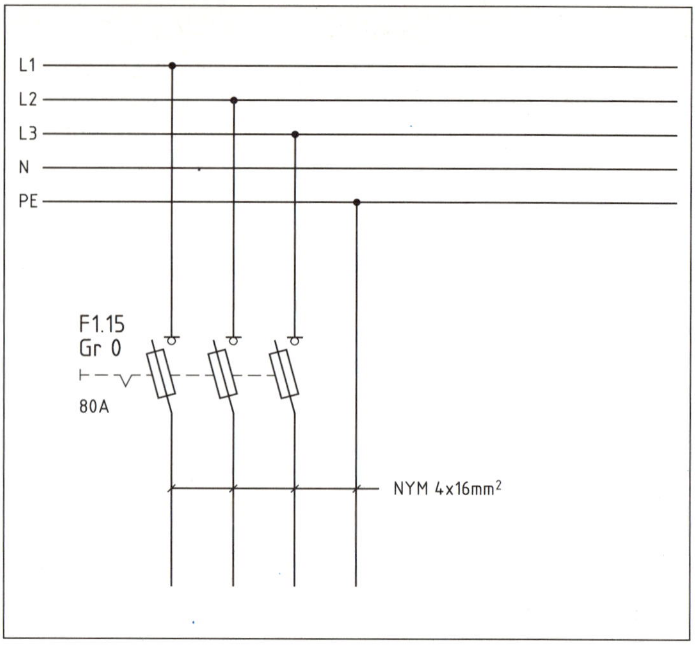

Abb. 1: Sammelschienenabgang für einen Motor

Dimensionierung der Anlage

Sicherungslasttrennschalter

Zur Festlegung des Nennstromes der Motorabgangssicherung ist

- der Anlaufstrom I_A und
- die Anlaufart des Motors

von Bedeutung!

Von folgenden Anlaufzeiten kann ausgegangen werden:

- Anlauf ohne Last $t_A < 2$ s,
- Normalanlauf $t_A < 10$ s,
- Schweranlauf $t_A > 10$ s.

Auf der Seite 63 ist auf dem Leistungsschild ein Motornennstrom von 28,5 A angegeben. In der Tabelle 5.7 auf der gleichen Seite ist das Verhältnis

$$\frac{I_A}{I_n} = 7{,}7$$

genannt. Damit ergibt sich ein Anlaufstrom von

$I_A = 7{,}7 \cdot I_n$; $I_A = 7{,}7 \cdot 28{,}5$ A; $I_A = 220$ A.

Mit Hilfe der **Auslösekennlinien** (Abb. 2) kann der Nennstrom der NH-Schmelzsicherungen festgelegt werden. Diese dürfen beim errechneten Anlaufstrom erst nach 10 s ansprechen. Es ergibt sich ein Nennstrom von 80 A ①. Es wird ein Sicherungstrennschalter der Größe 0 (I_n = 35 A...160 A) gewählt.

Leitungsquerschnitt

Nach Tabelle 11.1, Seite 145, muß bei der Verlegeart C (Mantelleitung auf der Wand) NYM 4 · 16 mm² verlegt werden.

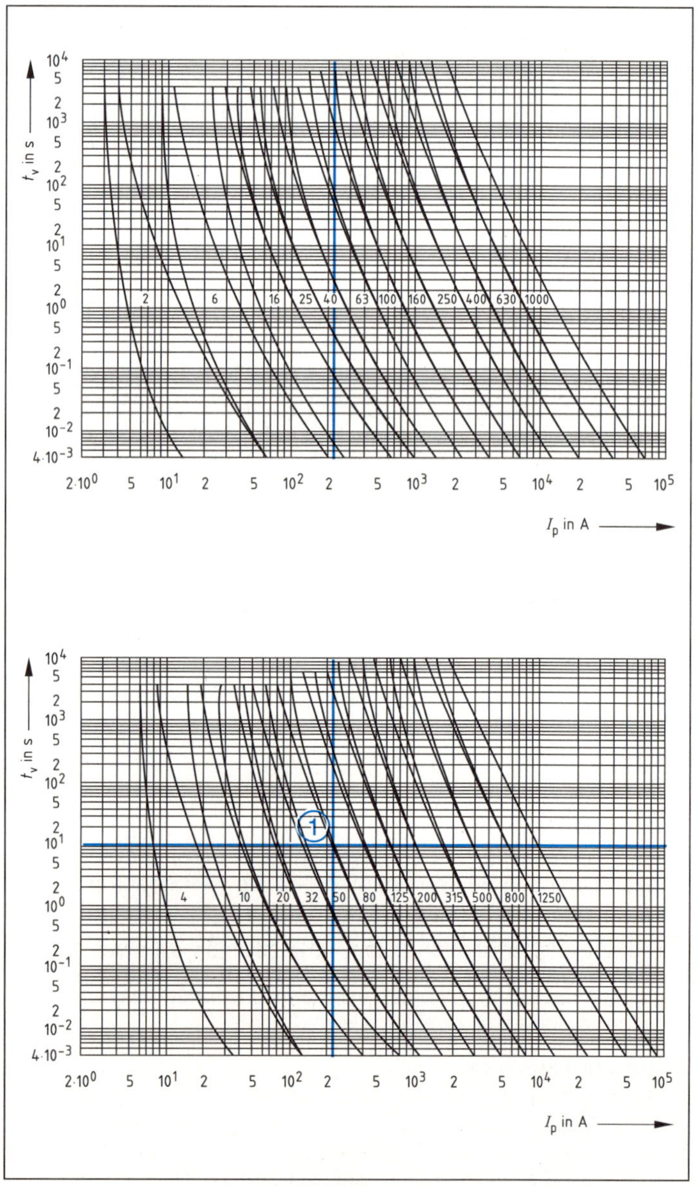

Abb. 2: Auslösekennlinien von NH-Schmelzsicherungen (DIN VDE 0636 T.21)

Auftrag 3

Abb. 3 zeigt den Ausschnitt aus dem Übersichtsschaltplan einer Verteilung.

Der defekte Steuertransformator soll ausgewechselt werden. Die Funktion der Schaltung muß deshalb geklärt werden.

Schaltungsaufbau (Abb. 3)

Die Einphasentransformatoren T1, T3 sind über die Leitungsschutzschalter F1.7...F1.9 an das Sammelschienensystem (L1, L2, L3, N, PE) angeschlossen. Über die zweipoligen Leitungsschutzschalter F2.1...F2.3 sind die jeweiligen Netze an die Ausgänge der Transformatoren angeschlossen.

Funktionsanalyse

Personenschutz

- Mit den Leitungsschutzschaltern F1.7...F1.9 kann der jeweilige Transformator vom Drehstromnetz 400 V; 50 Hz getrennt werden.
- Die zweipoligen Leitungsschutzschalter F2.7...F2.9 trennen die jeweilige nachfolgende Anlage allpolig vom einspeisenden Transformator.

Leitungsschutz

- Die Leitungsschutzschalter F1.7...F1.9 schützen die Transformatoren T1...T3 bei Überlast und Kurzschluß.
- Durch die Leitungsschutzschalter F2.1...F2.3 werden die nachfolgenden Leitungen und elektrischen Bauteile gegen Kurzschlüsse und Überlast geschützt.
- Die Nennströme der Leitungsschutzschalter F1.7...F1.9 müssen so gewählt werden, daß diese aufgrund der hohen Einschaltströme der Transformatoren nicht ansprechen.

Schaltaufgaben der Transformatoren

- Der Schutztransformator T1 (in offener Ausführung) wandelt die Wechselspannung 230 V in Wechselspannung von 42 V um. Dabei wird das nachfolgende Kleinspannungsnetz 42 V, 50 Hz, galvanisch vom Niederspannungsnetz getrennt. Er dient somit als Einspeisung in das Kleinspannungsnetz (Schutzmaßnahme Schutz-Kleinspannung, Abb. 4).
- Der Einphasen-Trenntransformator T2 hat das Übersetzungsverhältnis 1:1. Er dient lediglich der galvanischen Trennung (Schutzmaßnahme; Schutztrennung, Abb. 5).
- Der Steuertransformator T3 versorgt den Steuerstromkreis mit Wechselspannung von 24 V, 50 Hz. Er ist an zwei Außenleiter angeschlossen, da seine Eingangsspannung 400 V beträgt.

Hinweise

- Beim Schalten von Niederspannungs-Transformatoren können kurze hohe Stromspitzen bis zum 20fachen (bei leerlaufenden Steuertransformatoren bis zum 40fachen) des Nennstromes auftreten. Die Schaltgeräte müssen deshalb ein hohes Einschaltvermögen aufweisen.
- Steuertransformatoren sollen vorzugsweise an zwei Außenleiter angeschlossen werden, damit man die Steueranlagen sowohl in geerdeten wie auch in ungeerdeten Netzen verwenden kann.

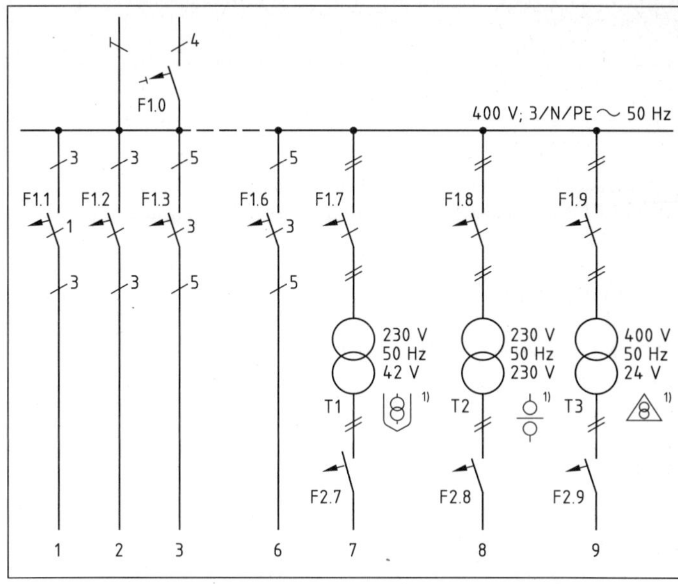

Abb. 3: Verteilung mit Transformatoren (Auszug)

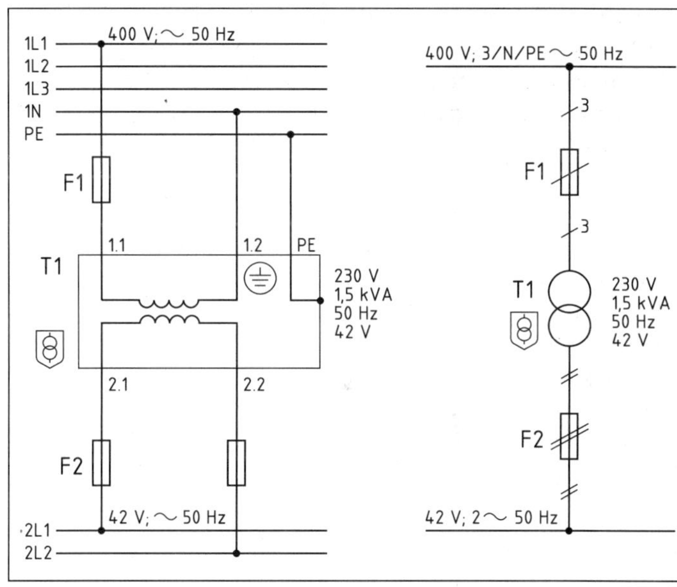

Abb. 4: Transformator für eine Schutzklein-Wechselspannungsanlage

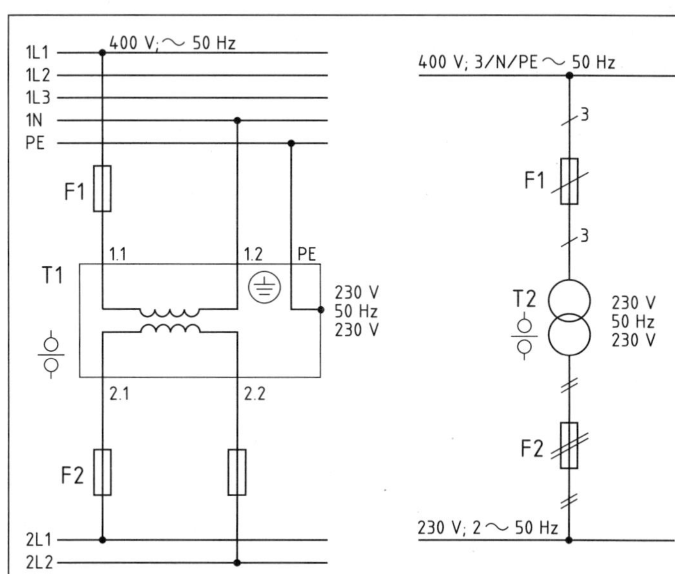

Abb. 5: Schaltung mit einem ortsfesten Trenntransformator

1) Bildzeichen siehe DIN VDE 0550

Aufgaben

8.2.1 Erweiterung der Verteilung 1

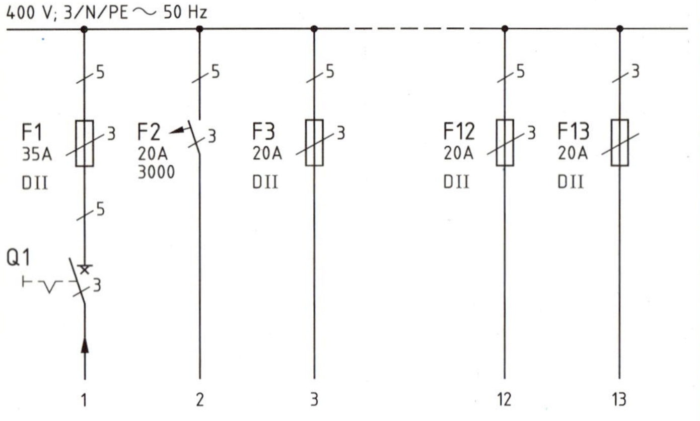

TT-Netz mit FI-Schutzschalter

a) Beschreiben Sie den Aufbau der Verteilung!

b) Geben Sie die Funktion der Schaltgeräte an!

c) Die Abgänge 3...12 sollen durch Schütze gesteuert werden. Dazu soll ein Steuertransformator im Strompfad 14 eingebaut werden.

Zeichnen Sie den Übersichtsschaltplan der Verteilung!

8.2.2 Übersichtsschaltplan einer Verteilung

Zeichnen Sie den Übersichtsschaltplan einer Verteilung für Antriebe.

- Einspeisung über Lasttrennschalter mit abnehmbarem Handgriff.
- 3 Abgänge mit Motorschutzschalter für Drehstrommotoren.
- 1 Abgang mit Motorschutzschalter für Wechselstrommotor,
- 3 Abgänge mit Schützschaltung für Drehstrommotoren,
- 4 Abgänge mit Sicherungstrennschalter,
- 2 Abgänge mit Sicherungslasttrennschalter.

8.2.3 Motorabgang

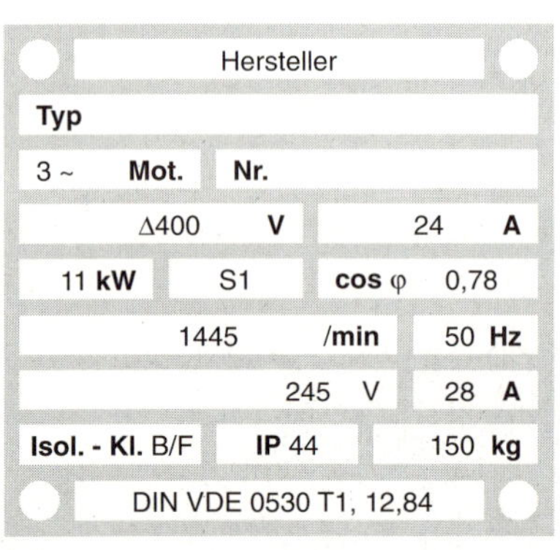

Für den Motor mit abgebildetem Leistungsschild soll der Abgang in einer Verteilung mit Sicherungslasttrennschalter dimensioniert werden.

Zeichnen Sie den Übersichtsschaltplan!

8.2.4 Erweitertung einer Verteilung 2

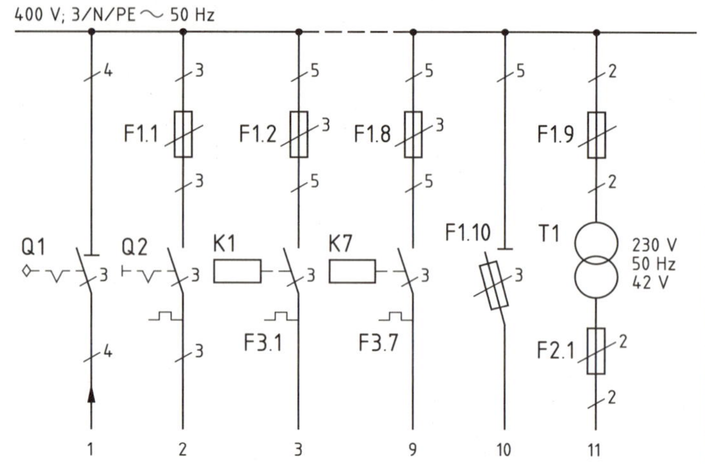

a) Beschreiben Sie den Aufbau der Verteilung!

b) Geben Sie die Funktion der Schaltgeräte innerhalb der Anlage an!

c) In die Verteilung sollen noch folgende Geräte eingebaut werden:
- 1 Trenntransformator 400 V/50 Hz,
- 1 Steuertransformator 400 V/24 V; 50 Hz.

Zeichnen Sie den Übersichtsschaltplan!

8.2.5 Schaltungsanalyse

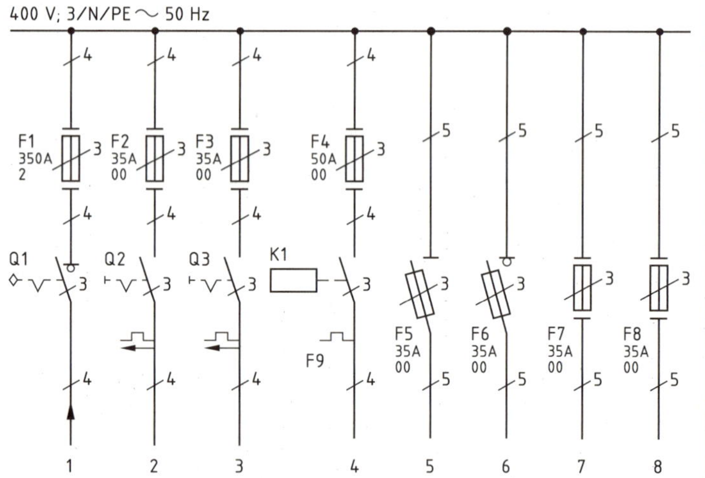

a) Beschreiben Sie den Aufbau der Verteilung!

b) Geben Sie an, welche Funktion die Schaltgeräte innerhalb der Anlage haben!

c) Zeichnen Sie den Stromlaufplan der Verteilung!

8.2.6 Motorabgänge

Aus einer Verteilung sollen folgende Motoren mit elektrischer Energie versorgt werden:

- 5 Motoren 5,5 kW, 400 V, 50 Hz,
- 2 Motoren 7,5 kW, 400 V, 50 Hz,
- 1 Motor 15 kW, 400 V, 50 Hz,
- 1 Motor 22 kW.

Dimensionieren Sie die Motorabgänge und zeichnen Sie den Übersichtsschaltplan!

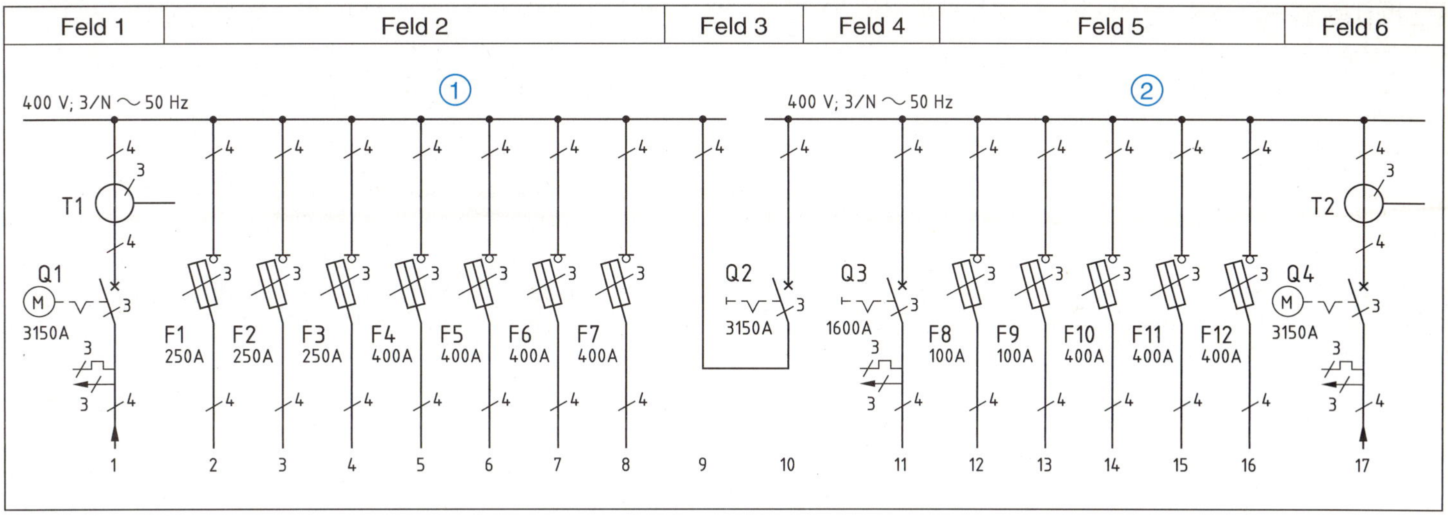

Abb. 1: Hauptverteilung

Auftrag 1

Die Abb. 1 zeigt den Übersichtsschaltplan einer Niederspannungs-Hauptverteilung.
Die Schaltung soll beschrieben und die Funktion der Schaltgeräte erklärt werden.

Schaltungsaufbau

Die Schaltanlage besteht aus 6 Schaltfeldern, den **Einspeisefeldern** 1 und 6, den **Abgangsfeldern** 2, 4 und 5 und dem **Kuppelfeld** 3.

Üblicherweise wird vom Transformator 1 im Feld 1 über den Leistungsschalter Q1 und den Stromwandlern T1 auf das Sammelschienensystem I ① (400 V; 3/PEN, 50 Hz) eingespeist bzw. vom Transformator 2 im Feld 6 über den Leistungsschalter Q4 und den Stromwandlern T2 auf das Sammelschienensystem II ② eingespeist.

Die Sammelschienensysteme können durch den Kuppelschalter Q2 (Leistungsschalter) bei Bedarf miteinander verbunden werden.

Im Feld 2 sind 7 Abgänge (Strompfade 2...8), die über die Sicherungslasttrennschalter mit dem Sammelschienensystem I verbunden sind.

Das Feld 4 hat einen Abgang vom Sammelschienensystem II über den Leistungsschalter Q3.

Im Feld 5 sind 5 Abgänge (Strompfade 12...16) mit Sicherungslasttrennschalter.

Schaltgeräte sind kurzschlußfest, wenn über ihre Strombahnen Kurzschlußströme fließen dürfen und die Geräte dabei nicht zerstört werden.

Alle Schaltgeräte, wie Trennschalter, Lasttrennschalter (siehe Seite 99) usw. sind bis zu dem angegebenen Kurzschlußstrom kurzschlußfest.

Leistungsschalter haben im Gegensatz zu anderen Schaltgeräten ein so hohes Schaltvermögen, daß sie Kurzschlußströme schalten können ohne zerstört zu werden (DIN VDE 0660 T.101).

Leistungsselbstschalter sind Leistungsschalter mit einstellbarem thermischen Überstromauslöser und magnetischem Kurzschlußstromauslöser, die auf das Schaltschloß (Abb. 4) einwirken.

Abb. 2: Niederspannungs-Schaltanlage

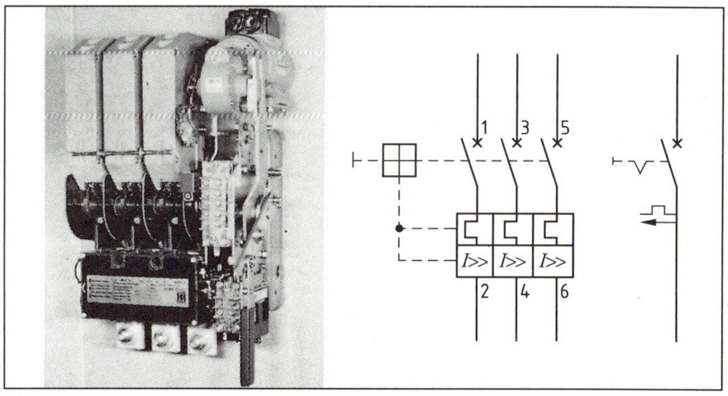

Abb. 3: Leistungsselbstschalter mit thermischer Überstromauslösung und magnetischer Kurzschlußauslösung (Handantrieb)

Abb. 4: Schaltschloß mit mechanischer Freigabe

Funktionsanalyse

Einspeisung

Die Leistungsselbstschalter Q1 bzw. Q4 mit Motorantrieb haben einstellbare thermische Überstromauslöser und magnetische Kurzschlußauslöser. Sie schützen die nachfolgende Anlage vor Überströmen und bei Kurzschluß.

Mit Hilfe der Stromwandler T1 bzw. T2 werden die Ströme in den Zuleitungen gemessen.

Kuppelschalter Q2

Im störungsfreien Betrieb bleibt dieser Leistungsschalter offen. Wird nur von einer Seite eingespeist, dann wird er geschlossen, um die beiden Sammelschienensysteme miteinander zu verbinden.

Leistungsschalterabgang (Strompfad 11)

Der Leistungsselbstschalter mit Handantrieb und thermischen Überstromauslösern und magnetischen Kurzschlußauslösern schützt den nachfolgenden Abgang vor Überstromen und bei Kurzschlüssen.

Sicherungslasttrennschalter-Abgänge

Mit Hilfe der Sicherungslasttrennschalter können die nachfolgenden Abgänge unter Last geschaltet und vom Sammelschienensystem getrennt werden.

Sie schützen die Abgänge vor Überströmen und bei Kurzschluß.

Schutzmaßnahme

TN-S-Netz mit Überstromschutzorganen

Abb. 1: Leistungsschalter mit Motorantrieb (je zwei parallelgeschaltete Schaltkontakte)

Abb. 2: Schienenverteiler in einer Maschinenhalle

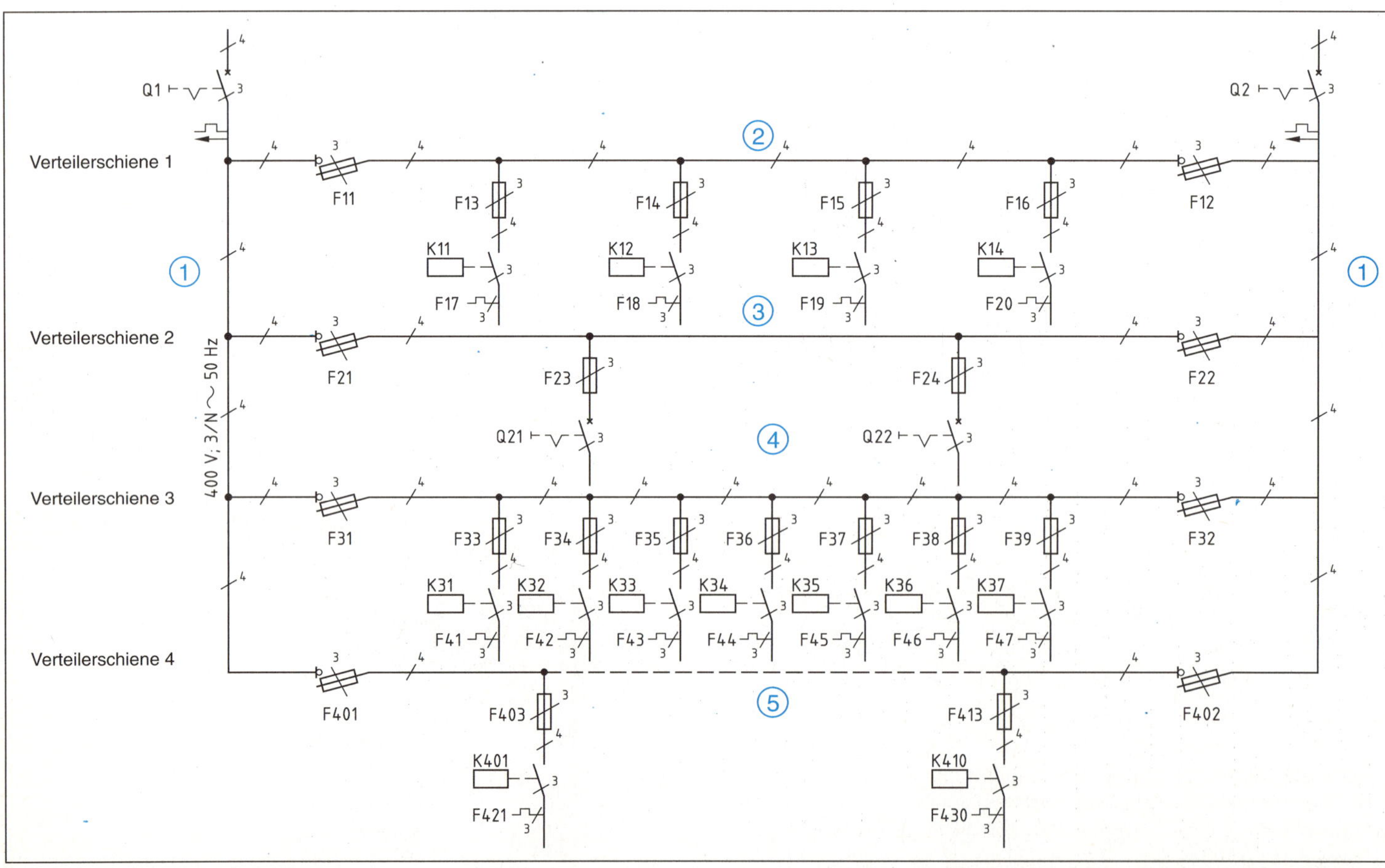

Abb. 3: Schienenverteileranlage eines Industriebetriebes

Auftrag 2

In einem Industriebetrieb werden die Maschinen und andere Großverbraucher über Schienenverteiler, 400 V; ~50 Hz, mit elektrischer Energie versorgt (Abb. 3).
Die Anlage ist beim Transport eines großen Gerätes beschädigt worden und muß repariert werden. Der Aufbau der Schaltung muß analysiert und die Funktion der Schaltgeräte erklärt werden, um zu ermitteln, wie der Betrieb der Anlage teilweise aufrechterhalten werden kann.

Verteilerschienensysteme bestehen aus Kupferschienen (L1, L2, L3, PEN), die in isolierten Kanälen eingebaut sind. Diese werden in Werkräumen quer oder längs an der Decke verlegt. An dieses Schienenkanalsystem kann an jeder Stelle ein Abgangskasten (Abb. 4) angebaut werden. In diesen Abgangskästen können Schmelzsicherungen, Schütze, Schalter oder ähnliche Geräte eingebaut sein.

Schaltungsaufbau (Abb. 3)

Eingespeist wird aus dem Drehstromnetz 400 V; 50 Hz von zwei Stellen aus über die Leistungsselbstschalter Q1 und Q2 auf zwei Hauptschienen ①.
Zwischen diesen sind über Sicherungslasttrennschalter die Verteilerschienen 1...4 geschaltet. An den Verteilerschienen sind Abgangskästen angebaut (Abb. 4), an denen die Abgänge zu den Maschinen und Geräten angeschlossen sind.

- Die Verteilerschiene 1 ② hat vier Abgangskästen mit je einem Schütz mit Überstromrelais und vorgeschalteten Schmelzsicherungen.
- Die Verteilerschiene 2 ③ hat zwei Abgänge mit Lastschaltern und vorgeschalteten Schmelzsicherungen.
- An der Verteilerschiene 3 ④ sind sieben Abgänge mit je einem Schütz mit Überstromrelais und vorgeschalteten Schmelzsicherungen angeschlossen.
- Die Verteilerschiene 4 ⑤ hat 10 Abgänge, ebenfalls mit Schütz mit Überstromauslöser und vorgeschalteten Schmelzsicherungen.

Funktionsanalyse

Verteilen

- Aus dem Energieverteilungsnetz kann von zwei Seiten über die Leistungsselbstschalter auf die Hauptverteilerschienen eingespeist werden. Üblicherweise wird die Anlage trotzdem nur mit einer Einspeisung betrieben, damit im Störungsfalle die Schutzgeräte einwandfrei arbeiten.
- Von den Hauptverteilern wird die Energie auf die Verteilerschienen über Sicherungslasttrennschalter geschaltet. Die Einspeisung erfolgt während des Betriebes aus den oben genannten Gründen ebenfalls nur von einer Seite.
- Die Verteilerschienen verteilen die Elektroenergie auf die einzelnen Abgänge.

Personenschutz

- Die Schienenverteiler-Anlage wird durch die Leistungsselbstschalter Q1 oder Q2 vom Netz getrennt. Dazu sind diese als Leistungstrennschalter gebaut, damit die Trennbedingungen erfüllt werden.
- Trennung der Verteilerschienen vom Netz durch die Sicherungslastschalter
  a) F11 und F12, Verteilerschiene 1
  b) F21 und F22, Verteilerschiene 2
  c) F31 und F32, Verteilerschiene 3
  d) F41 und F42, Verteilerschiene 4.
- Die Abgänge können durch die dort befindlichen Schmelzsicherungen vom Netz getrennt werden.
- TN-C-Netz mit Überstromschutzorganen

Abb. 4: Abgangskasten eines Schienenverteilers

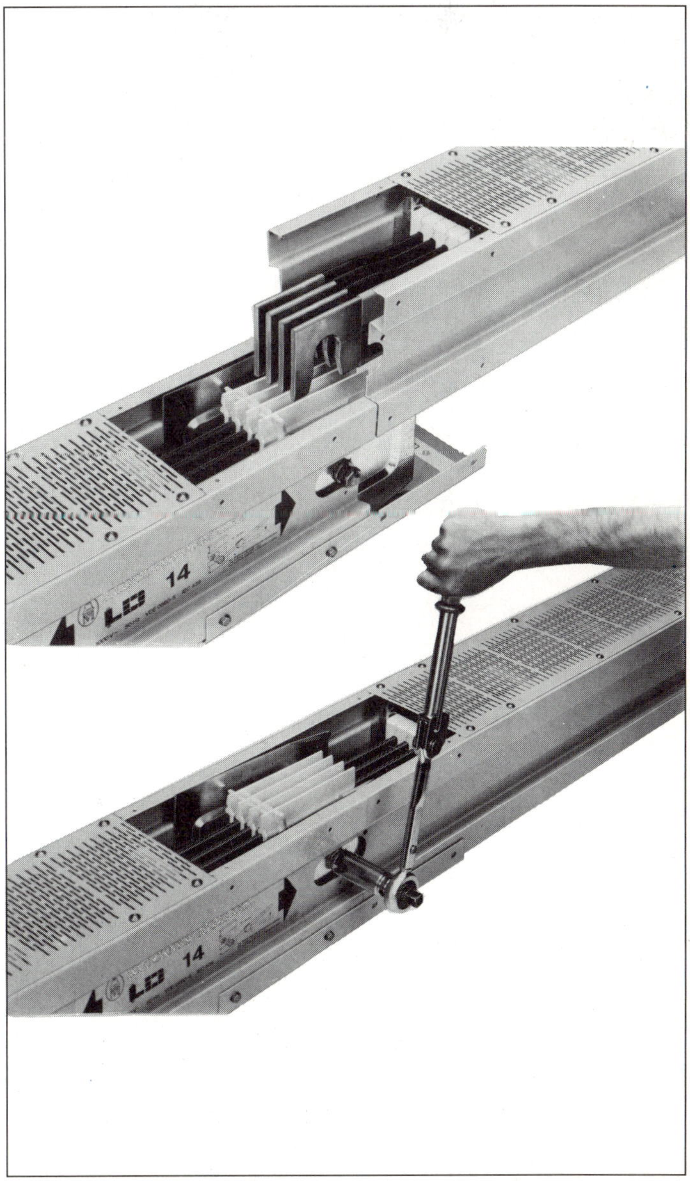

Abb. 5: Verbindung von Schienenkästen

8.3 Hauptverteilungen

Leitungsschutz

- Den Überlast- und Kurzschlußschutz der Anlage übernehmen die Leistungsschalter Q1 oder Q2, die auf den Nennbelastungsstrom eingestellt werden.
- Den Überlast- und Kurzschlußschutz der Verteilerschienen übernehmen die NH-Sicherungen der jeweiligen Sicherungslasttrennschalter.
- In den Abgängen sind zum Kurzschlußschutz Schmelzsicherungen eingebaut.
- Der Überlastschutz der Abgänge zu den Maschinen wird von den Überstromrelais der Schütze oder bei der Verteilerschiene 2 von Schmelzsicherungen übernommen.
- Bei der Festlegung der Nennströme der Sicherungen muß auf selektives Abschalten bei (vergl. auch Seite 108) geachtet werden.

Schaltmöglichkeiten

- Verteilerschienensystem ist so ausgelegt, daß bei Störungen von jeder Seite eingespeist werden kann.
- Beschädigte Verteilerschienen können mit Hilfe der Sicherungslasttrenner herausgetrennt werden, damit der Betrieb aufrechterhalten werden kann.

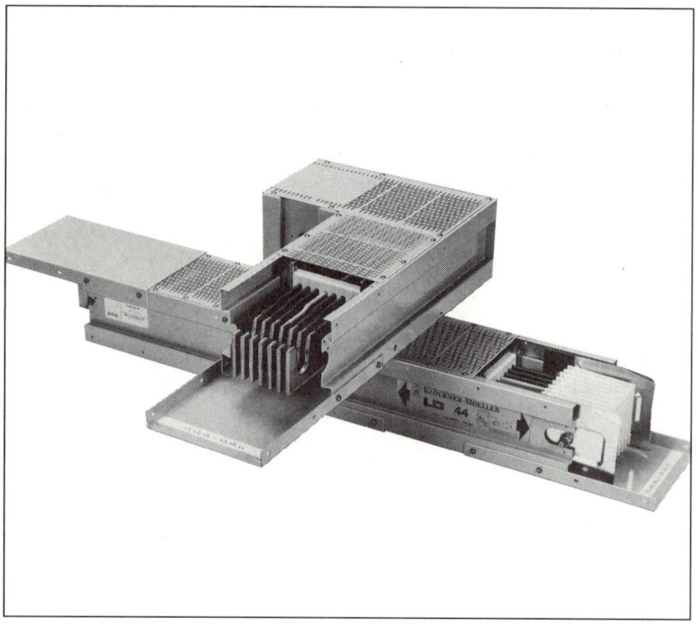

Abb. 1: T-Kasten

Aufgaben

8.3.1 Niederspannungsverteilung (Werksunterlagen)

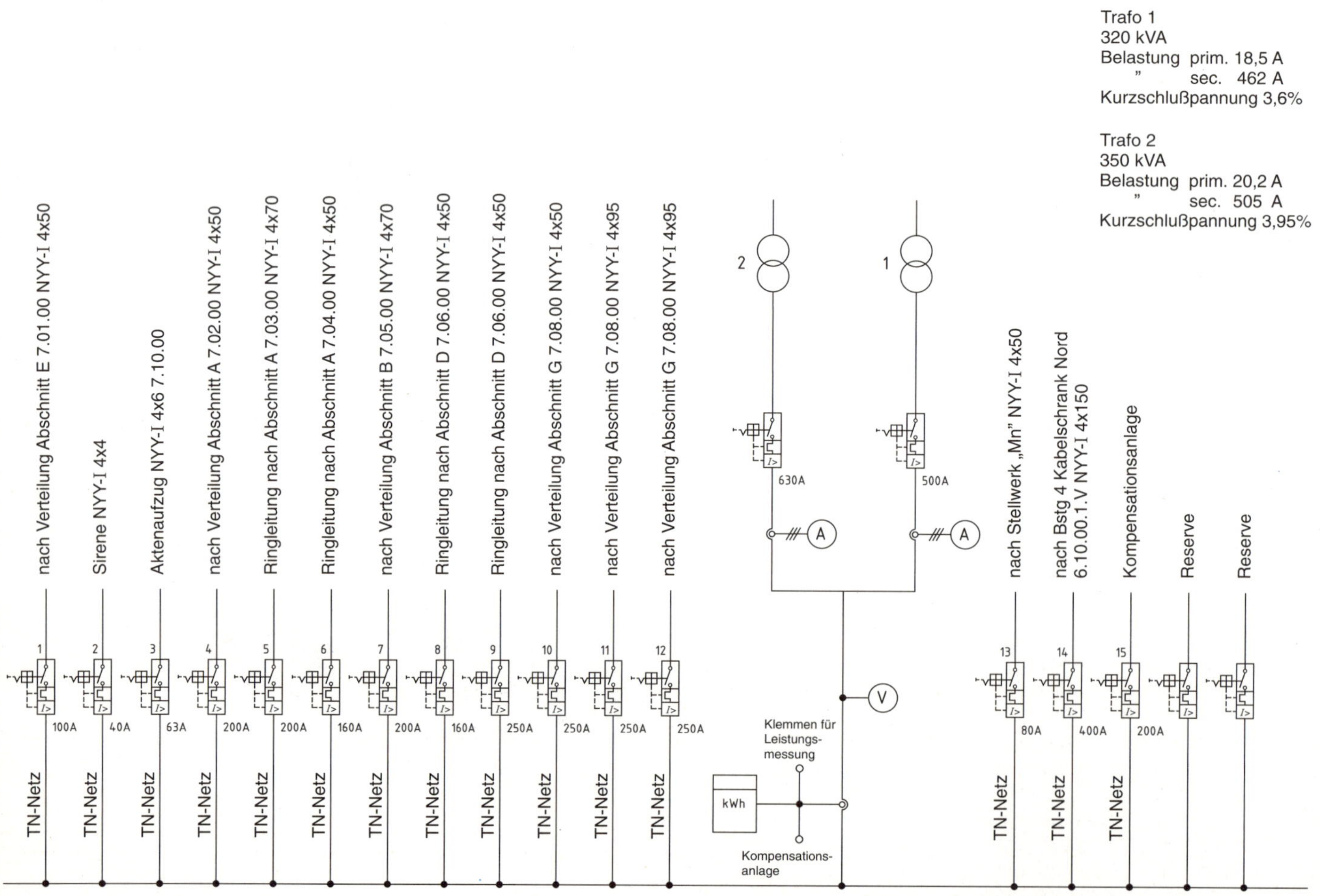

a) Beschreiben Sie den Aufbau der Schaltung!

b) Geben Sie die Funktion der Schaltgeräte an!

Aufgaben

8.3.2 Hauptverteilung

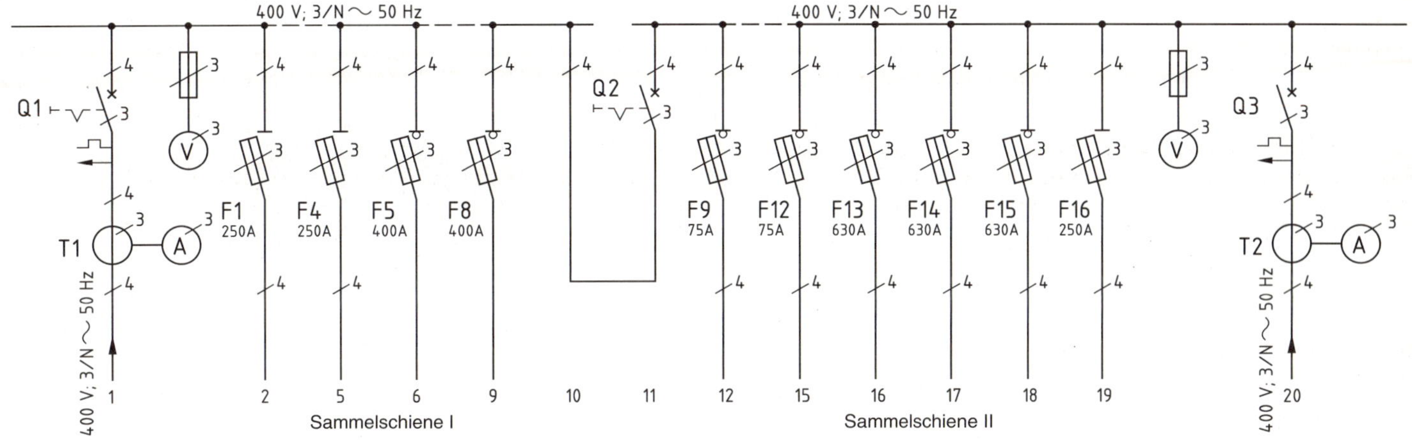

a) Beschreiben Sie den Aufbau der Schaltung!

b) Geben Sie die Funktionen der einzelnen Schaltgeräte an!

8.3.3 Niederspannungshauptverteilung

Eine Niederspannung-Hauptverteilung (400 V; 50 Hz) soll über zwei Leistungsschalter mit Druckluftantrieb und thermischen Überstrom- und magnetischen Kurzschlußauslösern von zwei Seiten eingespeist werden.

Die beiden Sammelschienensysteme sollen über einen Leistungstrennschalter als Kuppelschalter miteinander verbunden werden können.

Als Abgänge sind vorzusehen

- 3 Drehstrommotoren 7,5 kW
- 5 Drehstrommotoren 15 kW
- 4 Unterverteilungsabgänge 500 A
- 2 Unterverteilungsabgänge 630 A
- 2 Elektroöfen 50 kW

In den Abgängen sollen Sicherungslasttrennschalter eingebaut werden.

Zeichnen Sie den Übersichtsschaltplan der Verteilung!

8.3.5 Verteilerschiene eines Schienenverteilers

An die Verteilerschiene eines Schienenverteilers (400 V/50 Hz) werden angeschlossen:

2 Drehstrommotoren 12 kW
5 Drehstrommotoren 4 kW
2 Elektroöfen 50 kW
3 Drehstrommotoren 7,5 kW
2 Drehstrommotoren 1,5 kW

Zeichnen Sie den Übersichtsschaltplan, wenn die Verteilerschiene über Sicherungsselbsttrennschalter mit den beiden Speiseschienen verbunden wird (TN-C-Netz).

8.3.6 Übersichtsplan eines Schienenverteilers

In einem Handwerksbetrieb sollen die Großverbraucher über Schienenverteiler (400 V/50 Hz) mit elektrischer Energie versorgt werden. Die Anlage soll zwei Einspeisungen und drei Verteilerschienen erhalten. Folgende Geräte sind anzuschließen an die

Verteilerschiene 1
2 Ventilatoren 4 kW
2 Drehstrommotoren 10 kW
3 Drehstrommotoren 5 kW

Verteilerschiene 2
2 Trockenöfen 20 kW
2 Elektroöfen 15 kW

Verteilerschiene 3
2 Drehstrommotoren 7,5 kW
4 Drehstrommotoren 2,5 kW
3 Drehstrommotoren 5 kW

Zeichnen Sie den Übersichtsschaltplan der Anlage (TT-Netz mit Überstrom-Schutzeinrichtung)!

8.3.4 Schienenverteiler

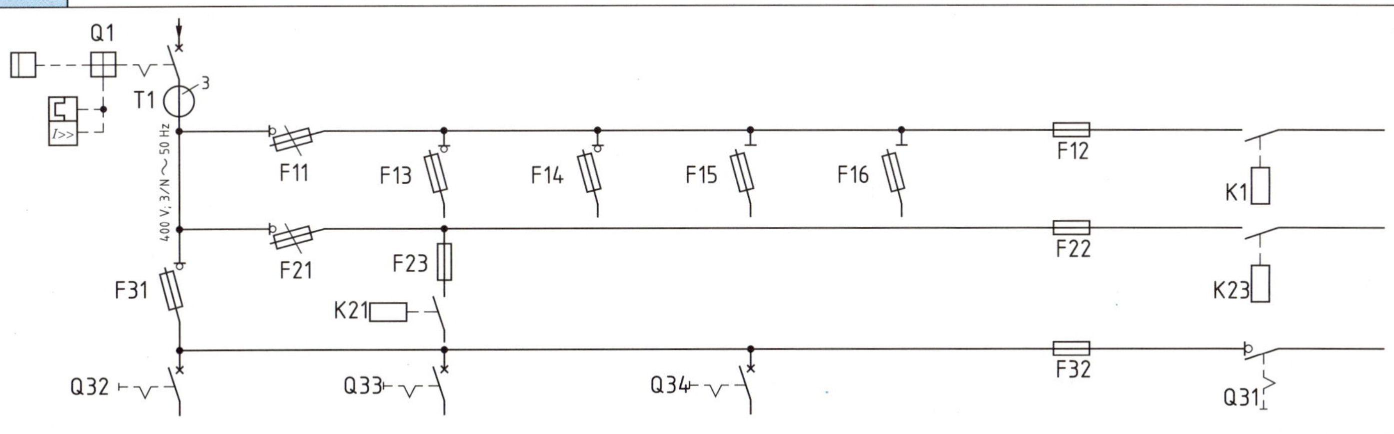

a) Beschreiben Sie den Aufbau der Schaltung!

b) Geben Sie die Funktion der Schaltgeräte an!

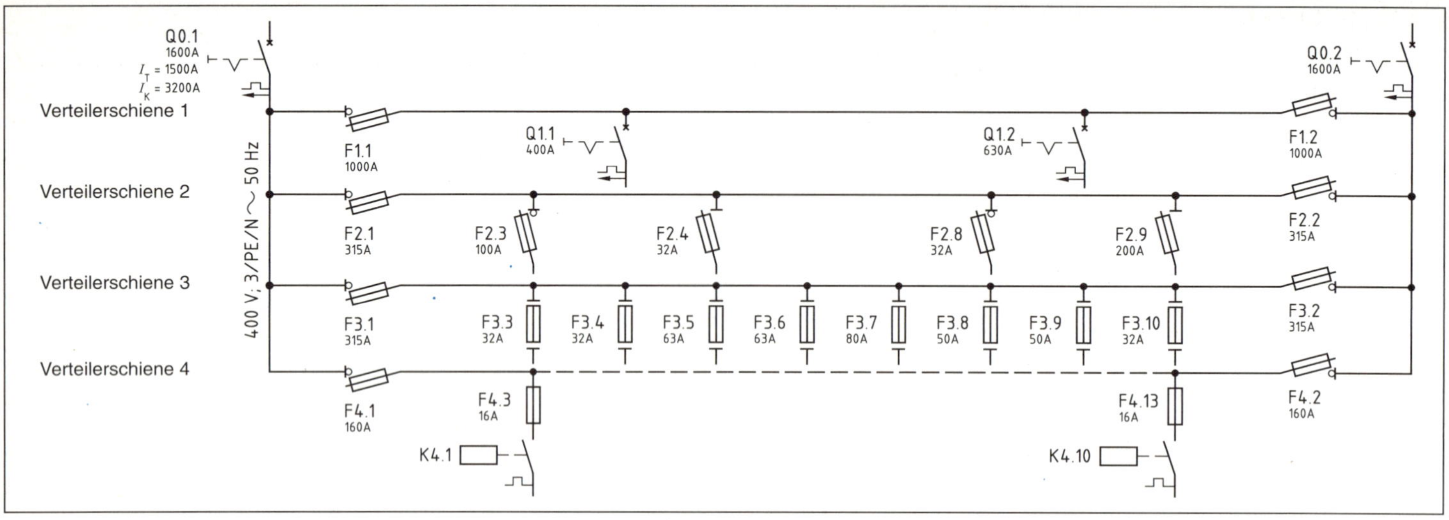

Abb. 1: Schienenverteileranlage

Auftrag

Die Abb. 1 zeigt den Übersichtsschaltplan eines Schienenverteilersystems. An der Verteilerschiene 4 tritt im Abgang für F4.3 ein Kurzschluß auf ($Z_S = 0{,}08\ \Omega$). Die Verteilerschiene 4 wurde über Q0.1 und F4.1 eingespeist, da F4.2 offen war.
Es ist zu überprüfen, ob selektives Abschalten erfolgt.

Funktionsanalyse

Überstrom-Schutzeinrichtungen müssen bei einem Fehler in kürzester Zeit die Störstelle **allein** aus dem Netz heraustrennen, das heißt **selektiv** abschalten.

Es fließt ein Kurzschlußstrom von

$$I_K = \frac{U_{Str}}{Z_S}; \qquad I_K = \frac{230\ \text{V}}{0{,}08\ \Omega}; \qquad I_K = 2875\ \text{A}.$$

Der Leistungsschalter Q0.1 ist auf $I_K = 3200$ A eingestellt. Nach seiner Auslösekennlinie (Abb. 2) schaltet er bei dem errechneten Kurzschlußstrom nach ca. 1 min ab ①.
Die NH-Sicherung F4.1 würde laut Zeit-Strom-Diagramm (Abb. 2, Seite 99) nach 10 ms abschalten.
Die Schmelzsicherung F4.3 spricht sofort an. Es ist aus der Zeit-Strom-Kennlinie (Abb. 3) keine Auslösezeit ablesbar, da der Kurzschlußstrom sehr groß ist.

Bei Kurzschlußströmen ist Selektivität gegeben, wenn der Stromwärmewert ($I^2 \cdot t$-Wert) der nachfolgenden Sicherung kleiner ist als der der vorgeordneten Sicherung.
Nach DIN VDE 0636 ist dies gewährleistet, wenn das Verhältnis der Nennströme zweier aufeinanderfolgender Sicherungen

- ≥ 2 bei Neozed und Diazed-Sicherungen,
- ≥ 1,6 bei Neozed- bzw. Diazed-Sicherungen und NH-Sicherungen und
- ≥ 1,6 bei NH-Sicherungen ist.

In Reihe geschaltete Sicherungen verhalten sich im Fehlerfalle selektiv, wenn sich die Streubänder ihrer Schmelzzeit-Kennlinien nicht berühren. Bei Leitungsschutzschaltern ist selektives Abschalten gewährleistet, wenn ihre Schmelzzeit-Strom-Kennlinien 70 ms unterhalb des vorgeschalteten Leitungsschutzorganes liegen.

Für den hier vorliegenden Fall bedeutet dies, daß nur F4.3 anspricht und somit selektiv abgeschaltet wird.

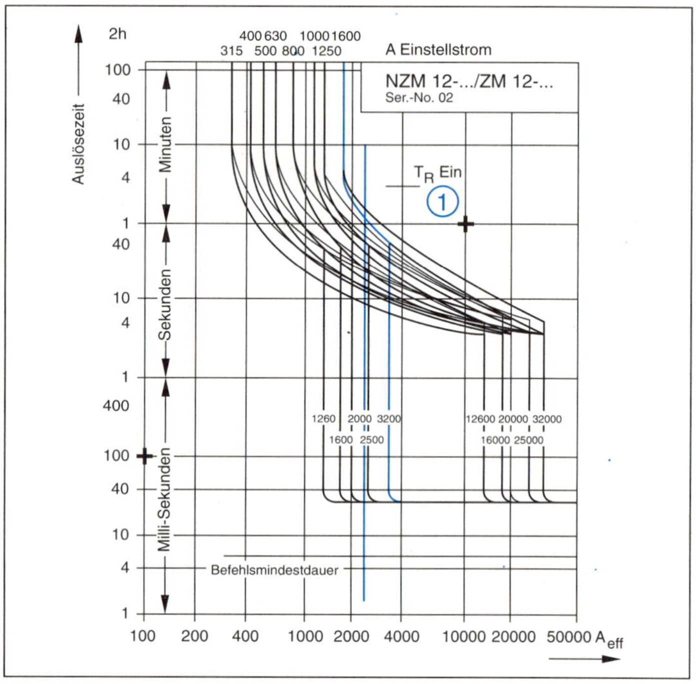

Abb. 2: Auslösekennlinie des Leistungsschalters Q1 (Hersteller-Unterlagen)

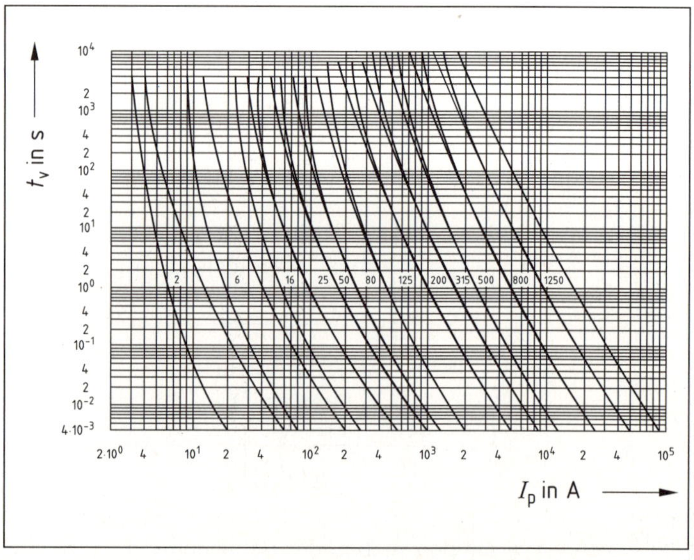

Abb. 3: Strom-Zeit-Kennlinien von Schmelzsicherungen

Aufgaben

8.4.1 Vorsicherungen

Die Unterverteilung „Büro“, Abb. 1, Seite 95, ist in der Hauptverteilung abzusichern.

Welchen Nennstrom müssen die Schmelzsicherungen mindestens haben, damit im Fehlerfall selektives Abschalten gewährleistet ist?

8.4.2 Verteilerschienenanlage

a) Untersuchen Sie, ob F3.7 (Abb. 1, Seite 108) im Fehlerfall selektiv abschaltet!
F3.2 und Q.02 sind geschlossen und F3.1 ist offen.
$Z_S = 0{,}075\ \Omega$.

b) Schaltet F2.4 selektiv ab in der o. g. Schaltung, wenn F2.1 und Q0.1 eingeschaltet und F2.2 ausgeschaltet sind?
$Z_S = 0{,}05\ \Omega$.

8.4.3 Unterverteilung

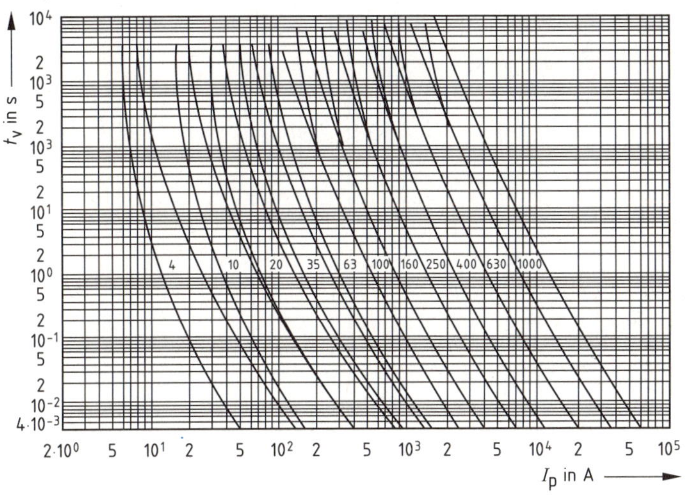

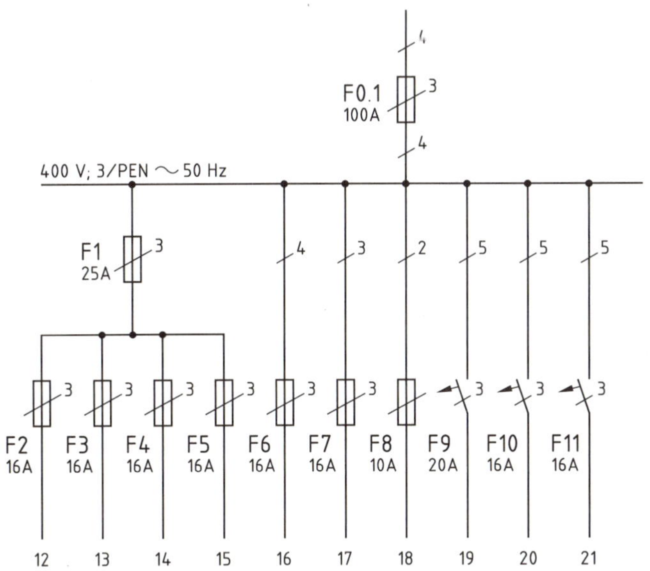

$Z_S = 1{,}15\ \Omega$

Erfolgt in allen Strompfaden selektives Abschalten im Fehlerfall?

8.4.4 Unterverteilung „Wohnetage“

Die Unterverteilung „Wohnetage“, Abb. 1, Seite 96, ist in der Hauptverteilung durch Schmelzsicherungen mit den Nennströmen 25 A abgesichert:

Wird im Störungsfall selektiv abgeschaltet?

8.4.5 Unterverteilung

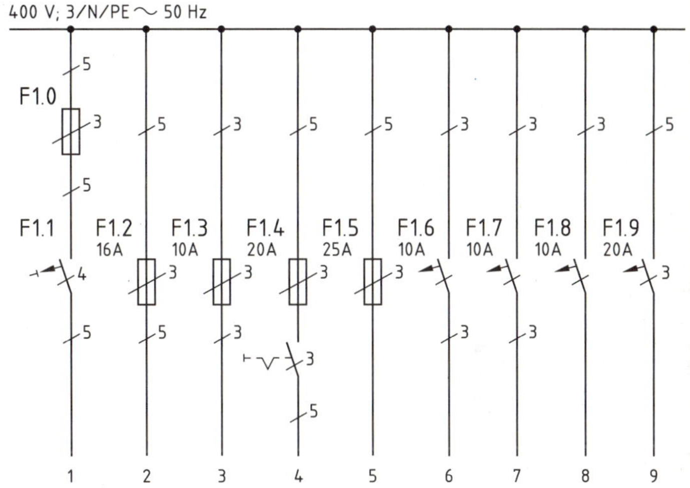

$Z_S = 780\ \text{m}\Omega$

Mit welcher Schmelzsicherung muß F1.0 mindestens abgesichert werden, damit selektives Abschalten im Fehlerfall erfolgt?

8.4.6 Verteilung für Werkstatt

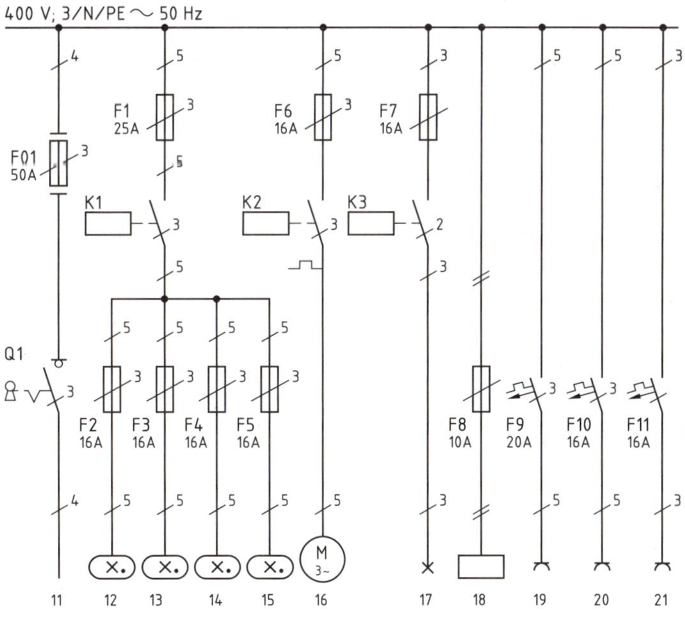

$Z_S = 1{,}05\ \Omega$

a) Im Stromkreis 15 tritt ein Kurzschluß auf.
Welche Sicherung spricht zuerst an?

b) Erfolgt die Abschaltung im Fehlerfall im Stromkreis 19 selektiv?
Begründen Sie Ihre Antwort!

8.5 Blindstromkompensation

Auftrag

Zur Verbesserung des Leistungsfaktors ist bei einem Industrieunternehmen eine fünfstufige Blindleistungs-Regelanlage eingebaut worden (Abb. 2). Es sind Drehstromkondensatoren (25 kvar) in Dreieckschaltung eingesetzt (TN-S-Netz).

Die Schaltung soll beschrieben und die Funktion der eingebauten Geräte erläutert werden.

Schaltungsaufbau (Abb. 2)

- Die Anlage wird aus dem Drehstromnetz, 400 V; ~50 Hz, über die Hauptsicherungen F1 auf das Sammelschienensystem (L1, L2, L3, N, PE) eingespeist.
- Vor den Abgängen ist in L1 der Stromwandler T1 eingebaut. Dabei geht man von symmetrischer Belastung aus.
- Die in Dreieck geschalteten Kondensatoren C1...C5 werden über die Hauptkontakte der Schütze K1...K5 und die Schmelzsicherungen F3...F7 mit dem Sammelschienensystem verbunden.
- Vom Sammelschienensystem aus wird über die Schmelzsicherungen F2 auf das Regelgerät A1 eingespeist (L1, L2, N).
- Die Klemmen k und l des Regelgerätes A1 sind mit den Ausgangsklemmen k und l des Stromwandlers T1 verbunden.
- Das Regelgerät A1 legt die Schützspulen K1...K5, je nach Bedarf, an L2 und schaltet die jeweiligen Kondensatoren C1...C5 ein.

Funktionsanalyse

Personenschutz

- Durch F1 kann die gesamte Anlage vom Netz getrennt werden.
- Die Schmelzsicherungen F2 können das Regelgerät A1 vom Netz trennen.
- Die Kondensatoren können durch die Sicherungen F3...F7 vom Netz getrennt werden.
  Achtung: Die Kondensatoren können aufgeladen sein!
- Schutzmaßnahme: TN-S-Netz mit Schmelzsicherungen.

Geräteschutz

Den Überlast- und Kurzschlußschutz übernehmen

- die Sicherungen F1 für die gesamte Anlage,
- die Sicherungen F2 für den Regler A1 und
- die Sicherungen F3...F7 für die Kondensatoren.

Achtung: Die Nennströme der Schmelzsicherungen F2...F7 müssen so gewählt werden, daß diese aufgrund der hohen Einschaltströme der Kondensatoren nicht ansprechen.

Regelanlage (vgl. 18.1, Seite 236)

- Mit Hilfe des Stromwandlers T1 wird der Strom in der Sammelschiene L1 **gemessen**.
- Der Regler A1 **vergleicht** die Phasenlage des Stromes mit der Phasenlage der Spannung in L1.
- Je nach Größe der Phasenverschiebung schaltet er mit Hilfe der Schütze K1...K5 eine weitere Kondensatorgruppe zu oder die zuletzt eingeschaltete wieder ab (**Stellen**).

Hinweise

- Beim Einbau des Stromwandlers ist unbedingt auf die Leistungsflußrichtung zu achten.
- Bei Dreieckschaltung der Kondensatoren hat man die dreifache Blindleistung wie bei Sternschaltung. Die Kondensatoren liegen dann aber an Außenleiterspannung.

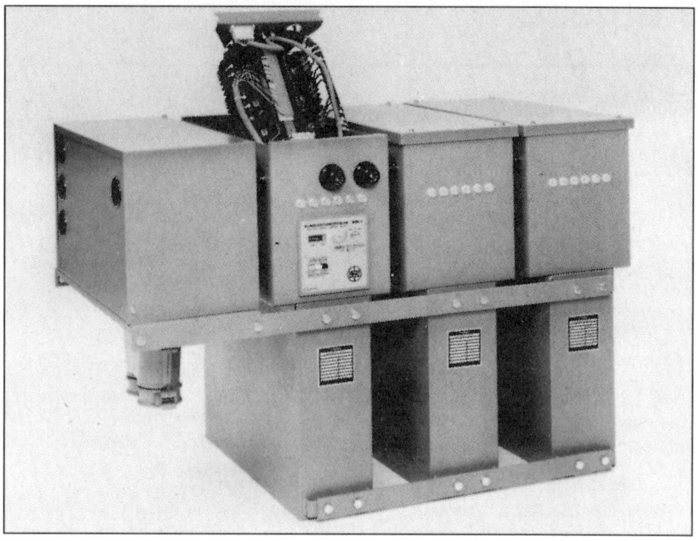

Abb. 1: Kompakt-Blindleistungs-Regelanlage

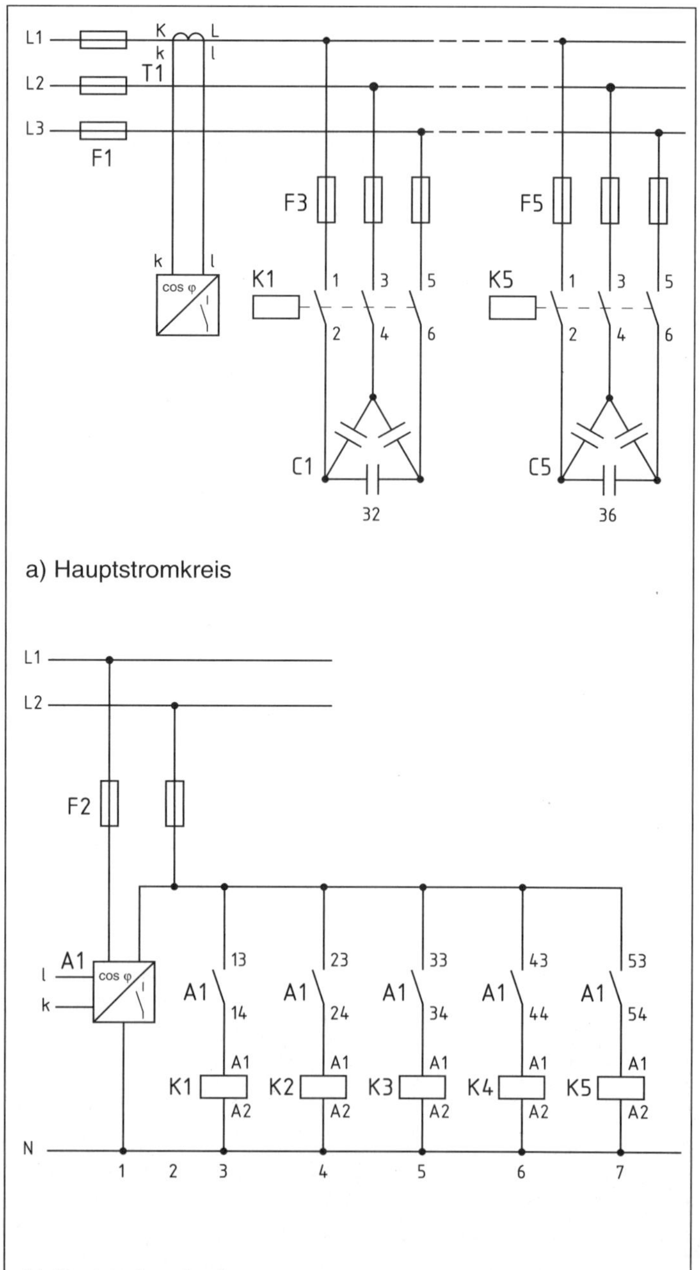

Abb. 2: Blindleistungs-Regelanlage

Aufgaben

8.5.1 Blindstromregelung

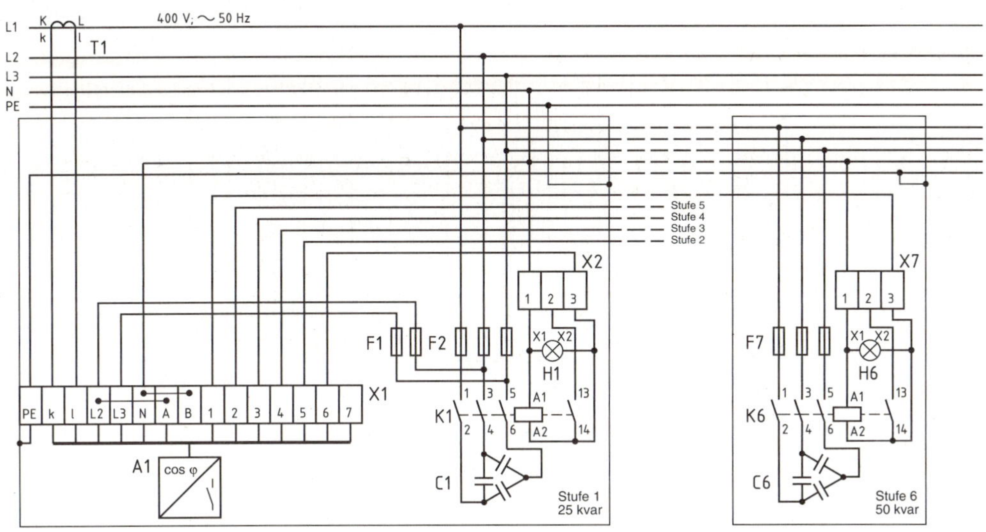

a) Zeichnen Sie den Hauptstromkreis als Stromlaufplan in aufgelöster Darstellung!

b) Zeichnen Sie den Stromlaufplan in aufgelöster Darstellung des Steuerkreises!

c) Erklären Sie die Funktion der Schaltgeräte!

8.5.2 Blindstrom-Regelanlage mit 6 Stufen

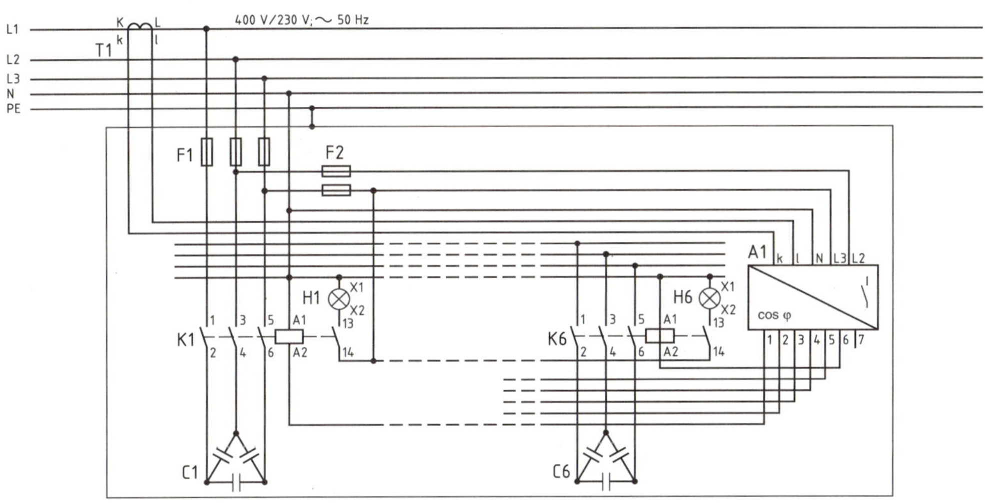

a) Beschreiben Sie den Aufbau der Schaltung!

b) Geben Sie die Funktion der Schaltgeräte an!

c) Beantworten Sie folgende Fragen!

1. Mit welchen Werten kann die Blindleistung kompensiert werden?
2. Warum kann die Anlage noch durch eine Stufe erweitert werden?
3. Wodurch kann während des Betriebes festgestellt werden, welche Kondensatoren eingeschaltet sind?

8.5.3 Blindstrom-Kompaktanlage

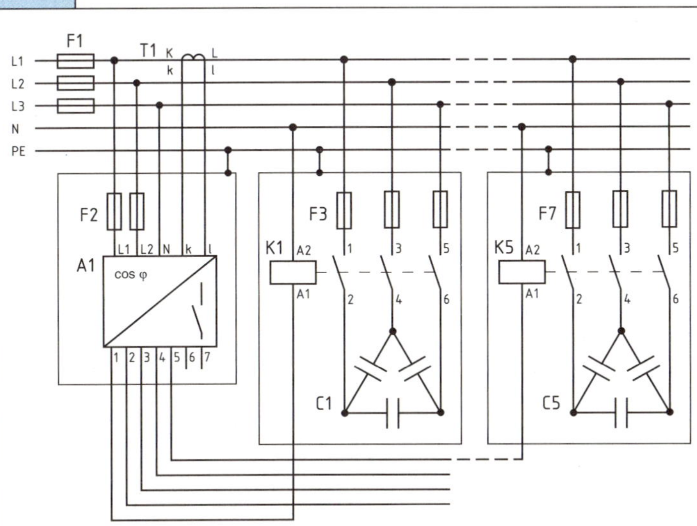

a) Beschreiben Sie den Aufbau der Schaltung!

b) Geben Sie die Funktion der Schaltgeräte an!

8.5.4 Blindleistungs-Regeleinheiten

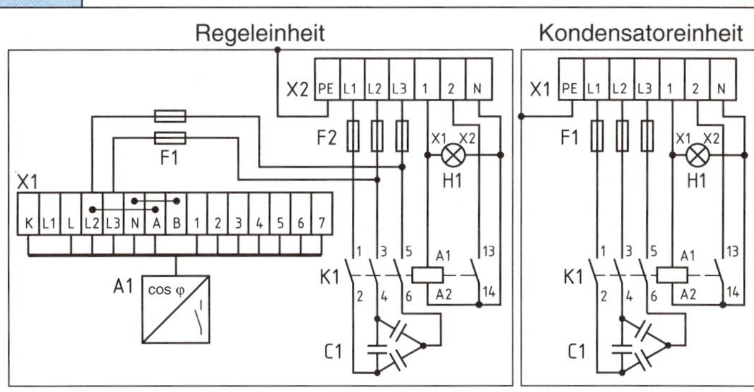

Ein Handwerksbetrieb soll eine Blindleistungs-Regelanlage erhalten, die aus einzelnen Schalteinheiten bestehen soll. Es wird eine maximale kapazitive Blindleistung von 175 kvar (7 x 25 kvar) benötigt.

a) Zeichnen Sie den Stromlaufplan der Anlage in zusammenhängender Darstellung (TN-C-S-Netz)!

b) Beschreiben Sie den Aufbau der Schaltung!

c) Geben Sie die Funktionen der einzelnen Schaltgeräte an!

8.6 Messen in Schaltanlagen

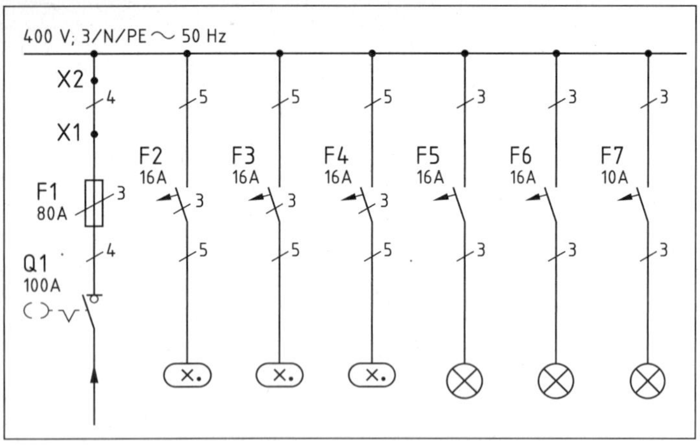

Abb. 1: Unterverteilung

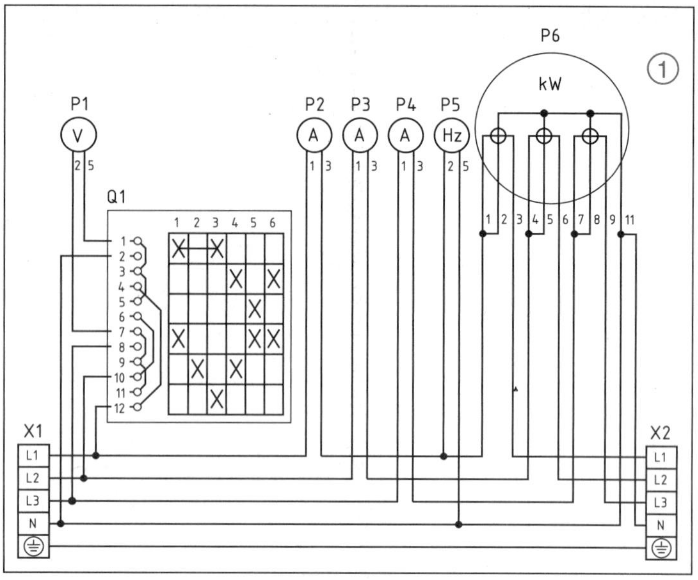

Abb. 2: Meßschaltung

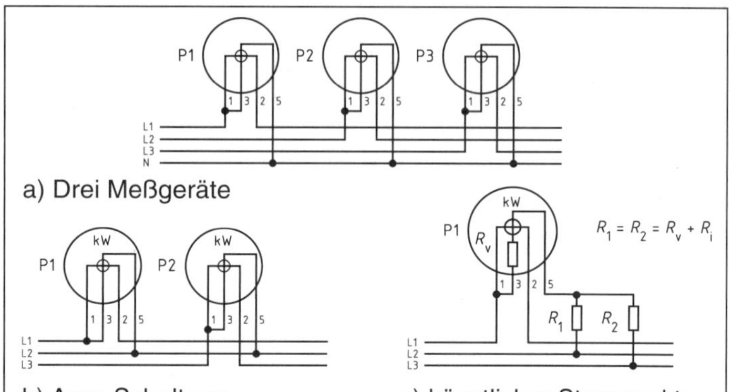

a) Drei Meßgeräte

b) Aron-Schaltung

c) künstlicher Sternpunkt

Abb. 3: Leistungsmessung bei Drehstrom

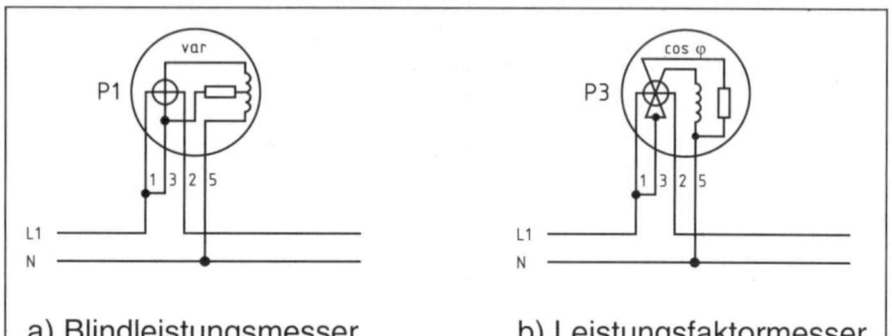

a) Blindleistungsmesser

b) Leistungsfaktormesser

Abb. 4: Wechselstrommeßgeräte

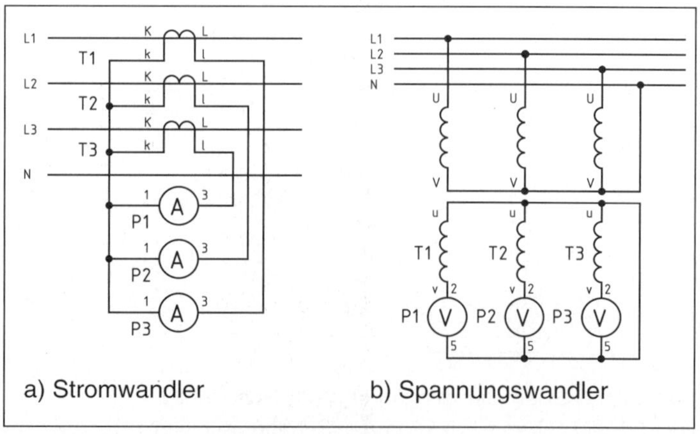

a) Stromwandler

b) Spannungswandler

Abb. 5: Messung mit Meßwandlern

Auftrag 1

In der Unterverteilung, Abb. 1, sollen in der Zuleitung alle Spannungen und Ströme sowie die Frequenz und die Leistung gemessen werden.

Meßschaltung (Abb. 2)

Spannung

Es wird nur ein Spannungsmeßgerät (P1) eingesetzt, das mit Hilfe des Nockenschalters Q1 entsprechend der zu messenden Spannung umgeschaltet wird. Außerdem darf der Stromkreis durch Schalten nicht unterbrochen werden.

Strom

Es werden drei Strommesser (P2...P4) verwendet, da aufgrund der unsymmetrischen Belastung in den Außenleitern unterschiedliche Ströme zu erwarten sind.

Frequenz

Zur Messung der Frequenz genügt ein Meßgerät (P5), da bei Drehstrom die Frequenz der drei Wechselströme gleich ist.

Leistung

- Bei symmetrischer Belastung in einer Anlage genügt **ein Leistungsmesser**. Der Meßwert muß dann mit drei multipliziert werden. Ist kein Neutralleiter vorhanden, kann ein künstlicher Sternpunkt mit Hilfe zweier Widerstände geschaffen werden (Abb. 3c).
- Mit **drei Leistungsmessern** wird die jeweilige Strangleistung gemessen. Zur Ermittlung der Gesamtleistung müssen die Meßwerte addiert werden (Abb. 3a).
- Mit **zwei Leistungsmessern** in Aron-Schaltung (Abb. 3b) kann die Gesamtleistung ebenfalls gemessen werden, wobei auch hier die Meßwerte addiert werden.
- Die Summenbildung der einzelnen Meßwerte kann in dem Meßinstrument erfolgen. Die drei Meßwerke bzw. zwei Meßwerke (Aron-Schaltung) wirken dann auf eine gemeinsame Zeigerachse (Abb. 2, ①).

Da in dieser Anlage einphasige Belastung vorkommen kann, wurde ein Wirkleistungsmesser (P6) mit drei Meßwerken eingesetzt.

Hinweise

- **Blindleistungsmesser** sind Wirkleistungsmesser mit eingebauter Schaltung zur Phasenverschiebung (Abb. 4a).
- **Leistungsfaktormeßgeräte** haben ein Quotientenmeßwerk (Abb. 4b). Sie werden wie Leistungsmesser geschaltet.
- Ströme und Spannungen können auch über Meßwandler (Abb. 5) gemessen werden (vgl. 9.2, Seite 121 ff).

Auftrag 2

Ein Wohnhaus wird umgebaut und erhält eine Nachtspeicher-Heizung. Der vorhandene Drehstrom-Vierleiter-Zähler wird gegen einen Zweitarifzähler ausgetauscht, da das EVU dem Wohnungsinhaber den billigen Nachttarif zugesteht. Die Umschaltung erfolgt durch einen Rundsteuerempfänger, der von EVU angesteuert wird.

Die Funktion der neuen Zählerschaltung soll erklärt und die Schaltungsnummern der Geräte angegeben werden.

Schaltungsanalyse

Die Abb. 6 zeigt die Schaltung des Zweitarifzählers P1 mit der Zweitarifeinrichtung P2. Es wird ein Zähler mit drei Meßwerken eingesetzt, da hier ein Vierleiter-Netz vorliegt und unsymmetrische Last zu erwarten ist. Diese drei Meßwerke wirken normalerweise auf das Tagtarif-Zählwerk ein.

Wird die Zweitarifeinrichtung P2 durch Impulse angesteuert, dann schaltet der Kontakt P2:3/4, und Z von P1 schaltet das Nachttarif-Zählwerk ein.

Schaltungsnummer

Aus der Tabelle 8.2 können die Schaltungsnummern des Zählers und der Zweitarifeinrichtung ermittelt werden.

Zähler (P1): 4101

1. Ziffer: Vierleiter-Wirkverbrauchszähler (L1, L2, L3, N) → 4 ②
2. Ziffer: Zweitarifeinrichtung → 1 ③
3. Ziffer: Direkter Anschluß (ohne Wandler) → 0 ④
4. Ziffer: Einpoliger innerer Anschluß → 1 ⑤

Zweitarifeinrichtung (P2): 12

Die Zahl 12 steht für einen Rundsteuerempfänger mit zwei Umschaltern ⑥.

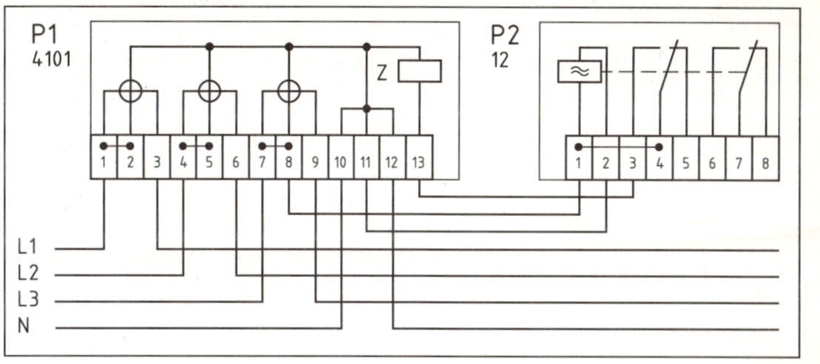

Abb. 6: Zweitarifzähler

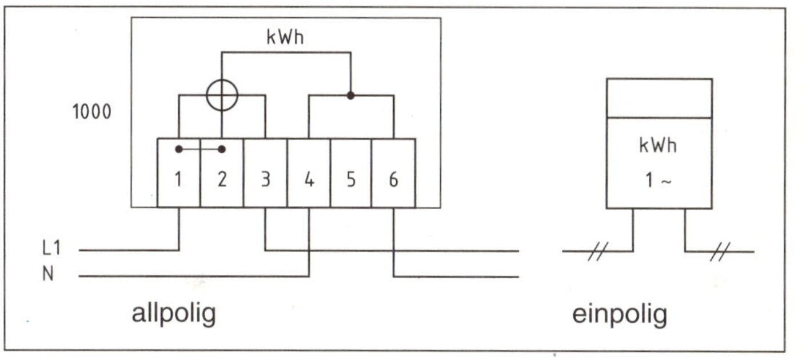

Abb. 7: Wechselstromzähler

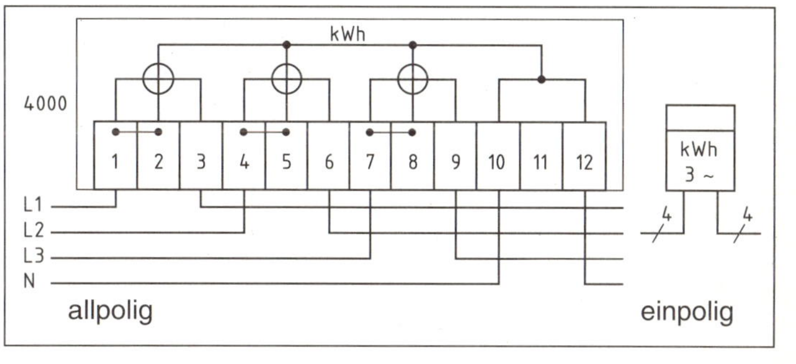

Abb. 8: Drehstrom-Vierleiter-Zähler

Tabelle 8.2: Bedeutung von Schaltungsnummern für Zähler und Zusatzeinrichtungen

Zähler Schaltungsnummer: 4 1 0 1

1. Ziffer		Grundart	2. Ziffer	Zusatzeinrichtung	3. Ziffer	Anschluß	4. Ziffer		Schaltung von 2.
			0	keine	0	direkt ④	0		kein äußerer Anschluß
1	Wirkverbrauchszähler	L1/N (Klemmen: 1…6)	1	Zweitarif ③ (Klemmen: 13, 15)	1	Stromwandler	1		einpoliger innerer ⑤ Anschluß (Klemmen: 13 oder 14)
2	Wirkverbrauchszähler	L1/L2 (Klemmen: 1…6)	2	Maximum (Klemmen: 14, 16)	2	Strom- und Spannungswandler	2		äußerer Anschluß (Klemmen: 13, 15 oder 14, 16)
3	Wirkverbrauchszähler	L1/L2/L3 (Klemmen: 1…9)	3	Zweitarif und Maximum (Klemmen: 13…16)			3	innerer Anschluß	Maximumauslöser in Öffnungsschaltung
4	Wirkverbrauchszähler	L1/L2/L3/N ② (Klemmen: 1…12)	4	Maximum mit elektr. Rückstellung (Klemmen: 14, 16…19)			4	innerer Anschluß	Maximumauslöser in Kurzschließ-schaltung
5	Blindverbrauchszähler	L1/L2/L3 60° Abgleich (Klemmen: 1…9)	5	Zweitarif und Maximum mit elektr. Rückstellung (Klemmen: 13…15, 18, 19)			5	äußerer Anschluß	Maximumauslöser in Öffnungsschaltung
6	Blindverbrauchszähler	L1/L2/L3 90° Abgleich (Klemmen: 1…9)					6	äußerer Anschluß	Maximumauslöser in Kurzschließ-schaltung
7	Blindverbrauchszähler	L1/L2/L3/N 90° Abgleich (Klemmen: 1…12)							

Tarifschaltuhr	
Ziffern-folge	Ausführung
01	Tagesschalter
02	Maximumschalter
03	Tages- und Maximumschalter
04	Tages- und Wochenschalter
05	Maximum- und Wochenschalter
06	Tages-, Maximum- und Wochenschalter
07	Wochenschalter
Rundsteuerempfänger	
Ziffern-folge	Ausführung
11	Ein Umschalter
12	Zwei Umschalter ⑥
13	Drei Umschalter
14	Vier Umschalter

8.6 Messen in Schaltanlagen

Hinweise

- Wechselstromzähler haben nur ein Meßwerk (Abb. 7, Seite 113).
- In Dreileiter-Systemen (L1, L2, L3) genügen zur Messung des Verbrauchs bei symmetrischer wie bei unsymmetrischer Belastung zwei Meßwerke in Aron-Schaltung (Abb. 1).
- Blindverbrauchs-Zähler haben, wie die Blindleistungsmesser (Abb. 4, Seite 112), eine eingebaute Schaltung zur Phasenverschiebung. Bei Drehstrom kann die Phasenverschiebung aber auch durch einen besonderen Anschluß erreicht werden (Abb. 2).
- Treten hohe Ströme oder hohe Spannungen auf oder muß galvanisch getrennt werden, dann erfolgt die Verbrauchsmessung über Meßwandler (vgl. 9.2, Seite 121 f.).
- Eine Maximumeinrichtung wird zusätzlich beim Zähler eingebaut, wenn zur Verbrauchspitzensenkung Anlageteile abgeschaltet werden müssen (Abb. 1).

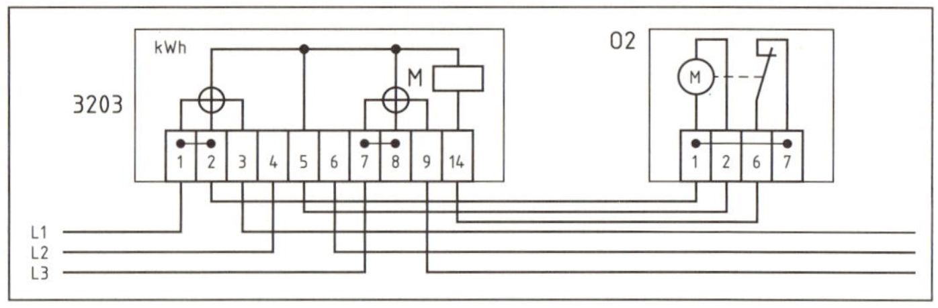

Abb. 1: Drehstrom-Dreileiter-Zähler mit Maximumeinrichtung

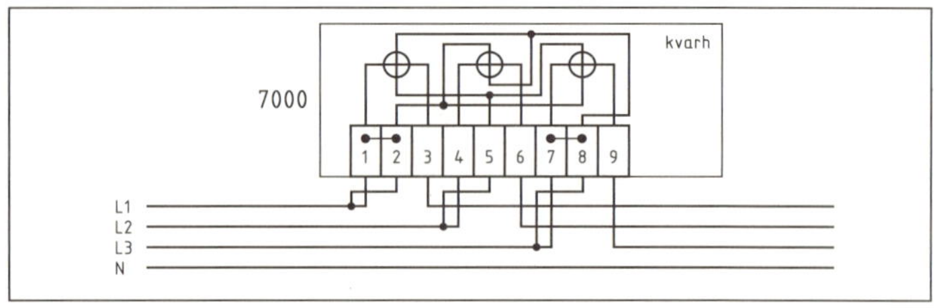

Abb. 2: Drehstrom-Blindverbrauchszähler

Aufgaben

8.6.1 Meßtafel

Zur Beobachtung einer Anlage soll eine Meßtafel mit folgenden Betriebsmitteln gebaut werden.

1 Spannungsschreiber,
1 Leistungsfaktormesser,
1 Blindleistungsschreiber,
3 Leitungsschutzschalter,
1 Nockenschalter mit folgenden Schaltstellungen:

- AUS,
- Leistungsfaktormesser EIN,
- alle Meßgeräte EIN,
- beide Schreiber EIN.

Zeichnen Sie den Stromlaufplan in zusammenhängender Darstellung!

8.6.2 Leistungsmessung

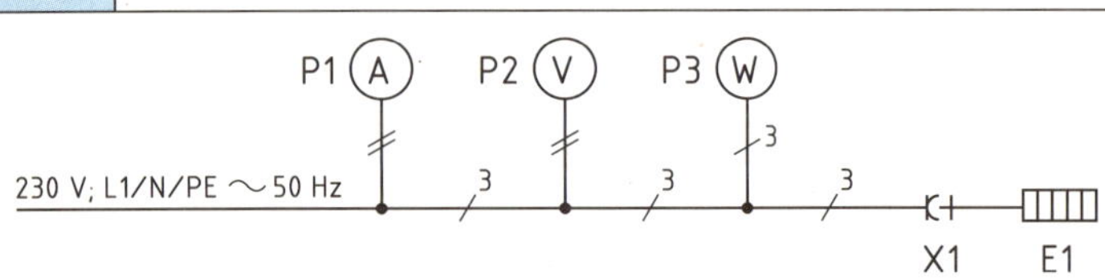

a) Zeichnen Sie den Stromlaufplan in zusammenhängender Darstellung!
b) Beschreiben Sie den Aufbau der Schaltung!

8.6.3 Leistungsmessung mit Meßwandler

In der Hauptverteilung, Abb. 1, Seite 101, sind in den Einspeisungen Stromwandler eingebaut. Mit Hilfe dieser Stromwandler soll jeweils die Wirk- und die Blindleistung gemessen werden.

Zeichnen Sie den Stromlaufplan in zusammenhängender Darstellung der Meßschaltung!

8.6.4 Schaltungsnummer

Ein Zähler hat die Schaltungsnummer 4225.

a) Geben Sie die Bedeutung der einzelnen Kennzahlen an!
b) Zeichnen Sie das allpolige Schaltzeichen des Zählers!

8.6.5 Zählerschaltung

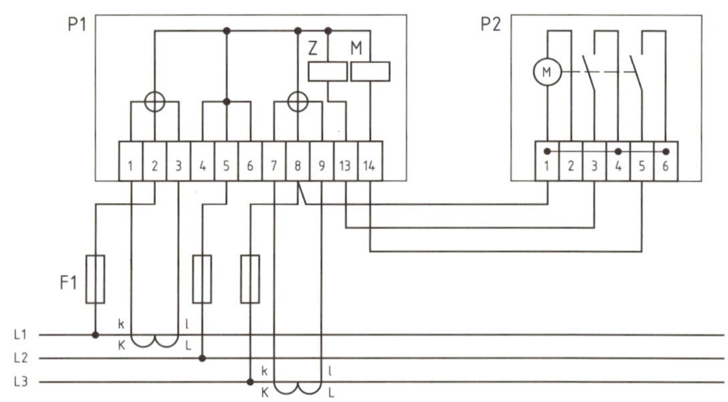

a) Um welche Zählerart handelt es sich?
b) Welche Zusatzeinrichtung hat er?
c) Wie lautet seine Schaltungsnummer?
d) Wieviele Meßwerke hat er und wie sind diese geschaltet?
e) Welche Aufgaben haben die Meßwandler?
f) Welche Aufgabe hat die Zusatzeinrichtung?

8.6.6 Blindleistungskompensations-Messung

Die Blindleistungskompensation eines Wechselstrommotors soll demonstriert werden.

Dazu werden der aufgenommene Strom, die Wirkleistung, der Leistungsfaktor, die Blindleistung vor sowie hinter dem einstellbaren Kondensator gemessen. Der Kondensator soll abschaltbar sein.

a) Zeichnen Sie den Stromlaufplan in zusammenhängender Darstellung!
b) Beantworten Sie folgende Fragen!
   1. In welchem Blindleistungsmesser wird die größere Blindleistung gemessen?
   2. Wie verändert sich der Strom, wenn der Kondensator abgeschaltet wird?
   3. Bei welcher Schaltstellung wird der größere Blindleistungsfaktor gemessen?

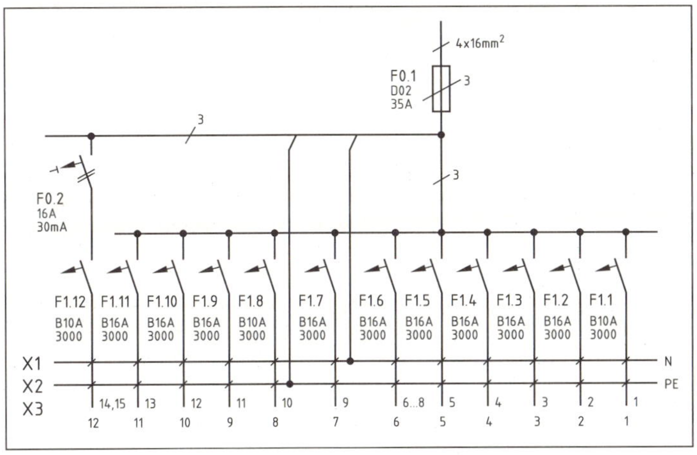

Abb. 3: Übersichtsschaltplan einer Wohnung

Auftrag

Nach Fertigstellung der elektrischen Anlage einer Wohnung (Abb. 3) soll diese nach DIN VDE 0100 T.600 überprüft werden. Es soll beschrieben werden, wie diese Prüfung durchzuführen ist!

Vor der Inbetriebnahme einer erweiterten, geänderten oder instandgesetzten Niederspannungsanlage oder einer Neuanlage ist diese nach DIN VDE 0100 T.600 durch folgende Maßnahmen zu überprüfen. Es ist darüber ein **Übergabebericht und Prüfprotokoll** (Abb. 4) zu erstellen.

1. Durch eine **Besichtigung** ist der ordnungsgemäße Zustand der Anlage festzustellen ①.
2. Durch eine **Erprobung** wird untersucht, ob die in der Anlage vorhandenen Sicherheitseinrichtungen funktionieren ②.
3. Durch **Messungen** ist der einwandfreie Zustand der elektrischen Anlage und Betriebsmittel festzustellen ③.

Prüfung der Anlage

Besichtigung ①

Die Besichtigung beginnt bei der richtigen Auswahl des zu verwendenden Materials und begleitet die gesamten Errichtungsarbeiten. Es ist zu kontrollieren, ob

- die richtigen Betriebsmittel ausgewählt worden sind,
- die Betriebsmittel Schäden haben,
- Schutz gegen direktes Berühren gewährleistet ist,
- die erforderlichen Brandschottungen eingebaut sind,
- die Abstände vom wärmeerzeugenden Betriebsmittel zur brennbaren Umgebung eingehalten worden sind,
- die Überstromschutzeinrichtungen richtig ausgewählt und eingestellt sind,
- die Betriebsmittel den auftretenden Kurzschluß führen und gegebenenfalls abschalten können,
- die erforderlichen Überwachungseinrichtungen (z. B. Isolations- bzw. Überspannungsüberwachungsschutz) richtig ausgewählt und eingestellt sind,
- Unterlagen vorhanden sind, mit denen die Anlage hinreichend dokumentiert ist.

Die Anlage ist fachgerecht gebaut worden und somit liegen keine Beanstandungen vor.

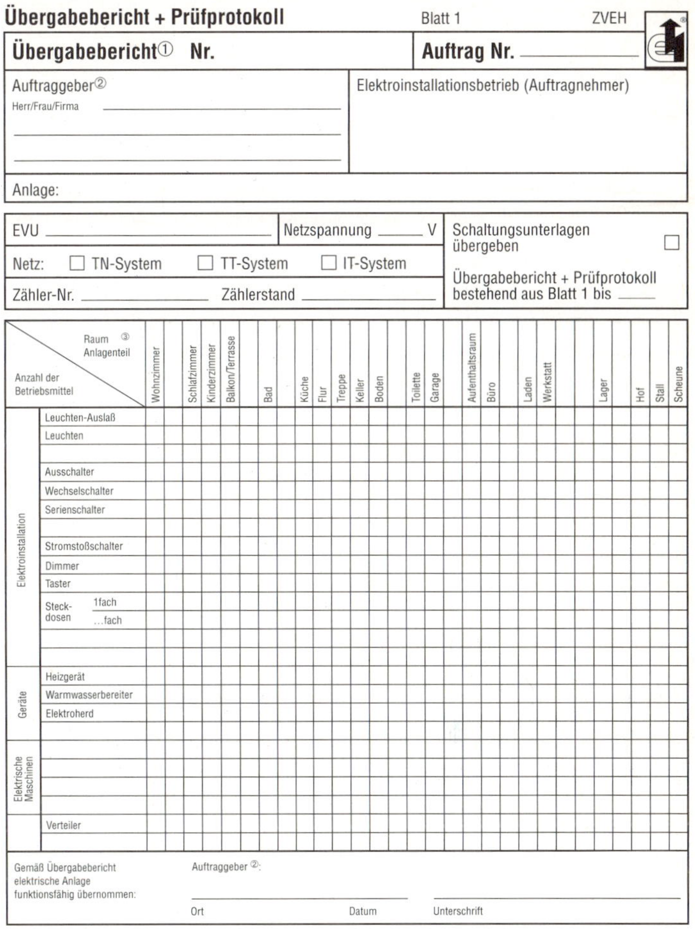

Übergabebericht + Prüfprotokoll Blatt 1 ZVEH

Übergabebericht① Nr. **Auftrag Nr.** ____

Auftraggeber② Herr/Frau/Firma ____

Elektroinstallationsbetrieb (Auftragnehmer)

Anlage:

EVU ____ Netzspannung ____ V

Netz: ☐ TN-System ☐ TT-System ☐ IT-System

Zähler-Nr. ____ Zählerstand ____

Schaltungsunterlagen übergeben ☐

Übergabebericht + Prüfprotokoll bestehend aus Blatt 1 bis ____

	Raum ③ / Anlagenteil — Anzahl der Betriebsmittel	Wohnzimmer		Schlafzimmer	Kinderzimmer	Balkon/Terrasse		Bad		Küche	Flur	Treppe	Keller	Boden		Toilette	Garage		Aufenthaltsraum	Büro		Laden	Werkstatt			Lager		Hof	Stall	Scheune
Elektroinstallation	Leuchten-Auslaß																													
	Leuchten																													
	Ausschalter																													
	Wechselschalter																													
	Serienschalter																													
	Stromstoßschalter																													
	Dimmer																													
	Taster																													
	Steckdosen 1fach																													
	Steckdosen …fach																													
Geräte	Heizgerät																													
	Warmwasserbereiter																													
	Elektroherd																													
Elektrische Maschinen																														
	Verteiler																													

Gemäß Übergabebericht elektrische Anlage funktionsfähig übernommen: Auftraggeber ②:

Ort Datum Unterschrift

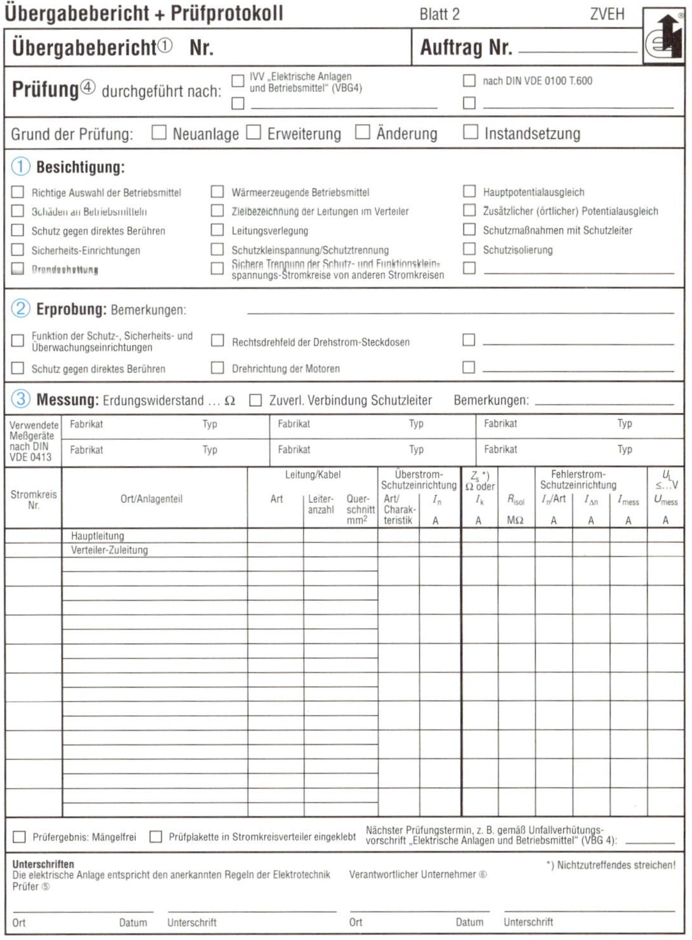

Übergabebericht + Prüfprotokoll Blatt 2 ZVEH

Übergabebericht① Nr. **Auftrag Nr.** ____

Prüfung④ durchgeführt nach: ☐ IVV „Elektrische Anlagen und Betriebsmittel" (VBG4) ☐ ____ ☐ nach DIN VDE 0100 T.600 ☐ ____

Grund der Prüfung: ☐ Neuanlage ☐ Erweiterung ☐ Änderung ☐ Instandsetzung

① **Besichtigung:**

☐ Richtige Auswahl der Betriebsmittel ☐ Wärmeerzeugende Betriebsmittel ☐ Hauptpotentialausgleich
☐ Schäden an Betriebsmitteln ☐ Zielbezeichnung der Leitungen im Verteiler ☐ Zusätzlicher (örtlicher) Potentialausgleich
☐ Schutz gegen direktes Berühren ☐ Leitungsverlegung ☐ Schutzmaßnahmen mit Schutzleiter
☐ Sicherheits-Einrichtungen ☐ Schutzkleinspannung/Schutztrennung ☐ Schutzisolierung
☐ Brandschottung ☐ Sichere Trennung der Schutz- und Funktionskleinspannungs-Stromkreise von anderen Stromkreisen ☐ ____

② **Erprobung:** Bemerkungen: ____

☐ Funktion der Schutz-, Sicherheits- und Überwachungseinrichtungen ☐ Rechtsdrehfeld der Drehstrom-Steckdosen ☐ ____
☐ Schutz gegen direktes Berühren ☐ Drehrichtung der Motoren ☐ ____

③ **Messung:** Erdungswiderstand … Ω ☐ Zuverl. Verbindung Schutzleiter Bemerkungen: ____

Verwendete Meßgeräte nach DIN VDE 0413	Fabrikat	Typ	Fabrikat	Typ	Fabrikat	Typ
	Fabrikat	Typ	Fabrikat	Typ	Fabrikat	Typ

Stromkreis Nr.	Ort/Anlagenteil	Leitung/Kabel Art	Leiteranzahl	Querschnitt mm²	Überstrom-Schutzeinrichtung Art/Charakteristik	I_n A	Z_s *) Ω oder I_k A	R_{isol} MΩ	Fehlerstrom-Schutzeinrichtung I_n/Art A	$I_{\Delta n}$ A	I_{mess} A	$U_L \leq \ldots V$ U_{mess} A
	Hauptleitung											
	Verteiler-Zuleitung											

☐ Prüfergebnis: Mängelfrei ☐ Prüfplakette in Stromkreisverteiler eingeklebt Nächster Prüfungstermin, z. B. gemäß Unfallverhütungsvorschrift „Elektrische Anlagen und Betriebsmittel" (VBG 4): ____

Unterschriften
Die elektrische Anlage entspricht den anerkannten Regeln der Elektrotechnik
Prüfer ⑤ Verantwortlicher Unternehmer ⑥ *) Nichtzutreffendes streichen!

Ort Datum Unterschrift Ort Datum Unterschrift

Abb. 4: Übergabe und Prüfprotokoll

Erproben ② (Abb. 4, Seite 115)

In einer Anlage müssen erprobt werden:

- Isolationsüberwachungs-Einrichtungen, Fehlerstrom- und Fehlerspannungs-Schutzeinrichtungen (durch Betätigung der Prüftaste).
- Not-Aus-Einrichtungen, Verriegelungen, Druckwächter u. ä.
- Melde- und Anzeige-Einrichtungen, z. B. von ferngesteuerten Schaltern.
- Isolationen, wenn der Hersteller keine Zusicherungen gemacht hat, z. B. bei der Schutzisolation.

Durch Betätigung der Prüftasten konnte die einwandfreie Schaltfunktion des FI-Schalters F0.2 festgestellt werden.

Messen ③ (Abb. 4, Seite 115)

Nach DIN VDE 0100 T.600 sind mit Meßgeräten nach DIN VDE 43 780, DIN VDE 43 751, DIN VDE 0413 zu messen:

- Isolationswiderstand der Leitungen zwischen
  a) den Außenleitern L1, L2, L3,
  b) den Außenleitern und dem Neutralleiter (N),
  c) den Außenleitern und dem Schutzleiter (PE),
  d) dem Schutzleiter und dem Neutralleiter,
- Widerstand der Erder,
- Widerstand der Schleifenimpedanz (TN-Netz) zwischen
  a) Außenleiter und Schutzleiter oder
  b) Außenleiter und PEN-Leiter.

Dabei dürfen die in der Tabelle 8.3 angegebenen Werte nicht unterschritten werden.

Durch Messung soll sichergestellt werden, daß die Schutzmaßnahmen wirksam sind.

Isolationsmessung

Die Messung des Isolationswiderstandes wird mit dem Isolationsmeßgerät (Abb. 2) bei offenen Leitungsschutzschaltern durchgeführt, damit die übrige Anlage das Meßergebnis nicht verfälscht. In der Abb. 2 ist als Beispiel eine Isolationsmessung im Strompfad 11 ① dargestellt.

Schleifenimpedanz

Die Schleifenimpedanz wird wie in Abb. 2 dargestellt (Strompfad 5) gemessen:

- F1.7 muß geschlossen sein, damit der Stromkreis geschlossen ist.
- Messung der Spannung U_0 bei geöffneten Schaltern Q1 und Q2. (Gemessen wurden 228 V.)
- Die Schalter werden nacheinander geschlossen.
- Messung der Spannung $U_{\Delta n}$ und des Stromes I_L bei geschlossenen Schaltern. ($U_{\Delta n}$ = 208 V, I_{L1} = 14 A.)
- Berechnung der Schleifenimpedanz

$$Z_S = \frac{U_0 - U_{\Delta n}}{I_L}; \quad Z_S = \frac{228\ \text{V} - 208\ \text{V}}{14\ \text{A}}; \quad Z_S = 1{,}43\ \Omega.$$

Daraus ergibt sch ein Kurzschlußstrom von

$$I_K = \frac{U}{Z_S}; \quad I_K = \frac{230\ \text{V}}{1{,}43\ \Omega}; \quad I_K = 161\ \text{A}.$$

Da $\frac{I_K}{I_n} = \frac{161\ \text{A}}{16\ \text{A}} = 10 > 3$ ist, löst der LSS F1.7 nach weniger als 10 ms aus (siehe Abb. 3, Seite 95) und erfüllt somit die Bedingungen der Schutzmaßnahme TN-C-S-Netz mit LSS.

Tabelle 8.3 Isolationswiderstände

DIN VDE-Bestimmung	Inhalt	Gültigkeitsbereich	Isolationswiderstand R_{iso} ≥
0100 T T.600/11.87	Errichtung von Starkstromanlagen mit Nennspannungen ≤ 500 V bzw. > 500 V	• trockene Räume • nasse Räume • im Freien	• 0,5 MΩ bzw. • U ≤ 500 V • 1 MΩ 4 > 500 V
0105 T.1/07.83	Betrieb von Starkstromanlagen	• Betriebsmittel der Schutzklasse I • Betriebsmittel der Schutzklasse II	• 1000 Ω/V • 2 MΩ
0107/11.84 Entwurf	Errichtung elektrischer Anlagen in medizinisch genutzten Räumen	• IT-Netz • Überprüfung des PE-Anschlusses	• 50 kΩ • 7 kΩ bzw. 2,4 MΩ
0113 T.1/02.86	Elektrische Ausrüstung von Bearbeitungs- und Verarbeitungsmaschinen mit Nennspannungen bis 1000 V	• Leiter des Hilfsstromkreises gegeneinander • Leiter des Hauptstromkreises gegeneinander • Hilfs- und Hauptstromkreise gegen Maschinenkörper • Hilfs- gegen Hauptstromkreise	• 1 MΩ
0118/02.70	Errichtung elektrischer Anlagen in bergbaul. Betrieben unter Tage	• Neuanlagen • Anlagen im Betrieb	• 1000 Ω/V • 50 Ω/V
0410/10.76	Elektrische	• Stromkreise gegen Bezugspunkt	• 5 MΩ
0411 T.1/03.81 Entwurf	Elektronische Meßgeräte	• Netz gegen Gehäuse und Stromkreise • Stromkreise gegen Gehäuse	• Ableitstrom I ≤ 1 mA • 1 MΩ
0701 T.1/10.86	Prüfung instandgesetzter oder geänderter Geräte	• Geräte der Schutzklasse I • Geräte der Schutzklasse II • Geräte der Schutzklasse III bzw. batteriegespeiste Geräte je Batteriespannung	• 0,5 MΩ • 2 MΩ • 1 kΩ
0740 T.1/04.81	Elektrowerkzeuge	• Werkzeuge der Schutzklasse I u. II	• 2 MΩ

Abb. 1: Meßgerät zum Überprüfen der Schutzmaßnahmen

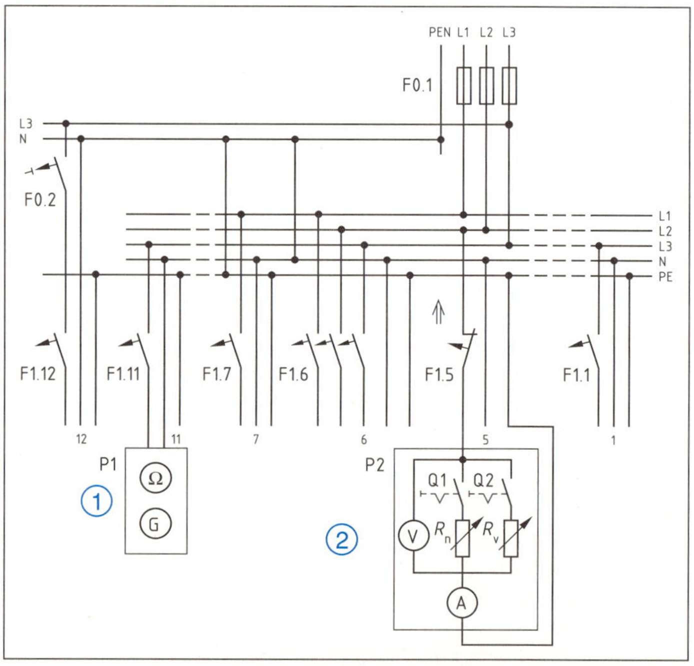

Abb. 2: Elektrische Anlage einer Wohnung (Stromlaufplan)

Erdungsmessung

Muß der Erdungswiderstand gemessen werden, dann wendet man meist eines der folgenden Meßverfahren an.

- Bei der **Strom-Spannungs-Messung** (Abb. 5a) mißt man bei offenem Schalter S1 die Spannung U_0 und bei geschlossenem Schalter den Strom I. Der Erdungswiderstand errechnet sich dann mit

$$R_A = \frac{U_0}{I}$$

- Beim **Kompensationsverfahren** (Abb. 5b) wird R_1 solange verändert, bis das Amperemeter keinen Strom mehr anzeigt (Abgleich). Dann ist

$R_1 = R_A$.

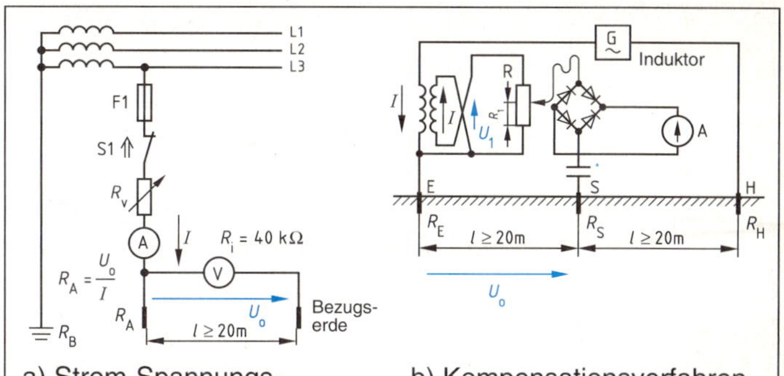

Abb. 3: Erdungsmessung

Aufgaben

8.7.1 Unterverteilung „Erdgeschoß"

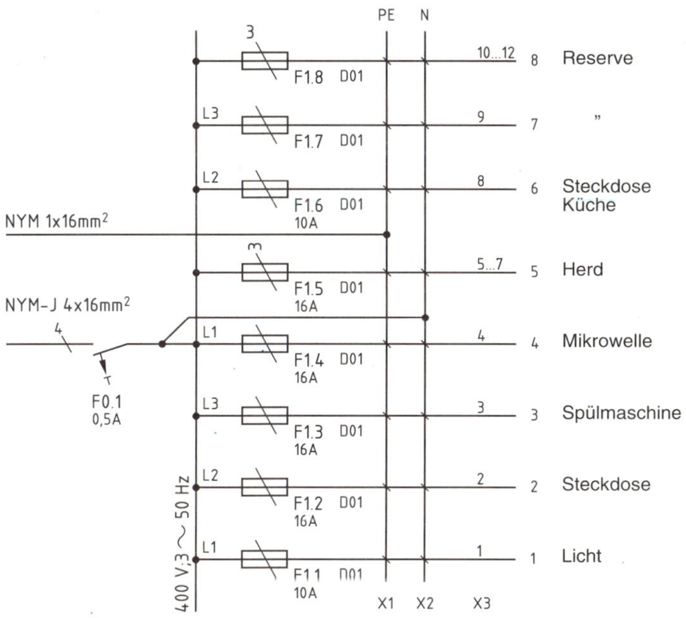

Die Anlage soll überprüft werden.

a) Worauf muß bei der Besichtigung der Anlage geachtet werden?

b) Welche Sicherheitseinrichtungen müssen erprobt werden und wie werden diese Erprobungen durchgeführt?

c) Welche Messungen müssen durchgeführt werden und welche Werte dürfen dabei nicht überschritten bzw. unterschritten werden?

8.7.2 Isolationswiderstände

In der Anlage einer Wohnung (Abb. 5, Seite 97) sollen im Abgang 6 die Isolationswiderstände gemessen werden.

a) Welche Messungen müssen durchgeführt werden?

b) Worauf muß bei der Messung geachtet werden?

c) Welche Werte von Isolationswiderständen dürfen nicht unterschritten werden?

d) Welche Messungen müssen außer den Isolationsmessungen noch durchgeführt werden?

8.7.3 Messen des Erdungswiderstandes

In der Anlage, Aufgabe 8.1.2, Seite 98, ist der Erdungswiderstand nach der Strom-Spannungs-Meßmethode gemessen worden. Die Meßwerte waren U_0 = 2,5 V und I = 0,75 A.

a) Wie groß ist der Erdungswiderstand?

b) Lösen bei einem Körperschluß die Fehlstrom-Schutzschalter aus?

8.7.4 Verteilung einer Wohnung

Die Anlage, Aufgabe 8.1.1, Seite 98, soll vor der Inbetriebnahme überprüft werden.

a) Worauf muß bei der Zustandsbesichtigung der Anlage geachtet werden?

b) Welche Sicherheitseinrichtungen sind eingebaut, die erprobt werden müssen? Wie ist diese Erprobung durchzuführen?

c) Welche Größen müssen gemessen werden und welche Werte dürfen dabei nicht überschritten werden?

8.7.5 Schienenverteiler

Die Schienenverteileranlage, Abb. 3, Seite 104, soll vor der Inbetriebnahme noch überprüft werden.

a) Worauf muß bei der Besichtigung geachtet werden?

b) Welche Sicherheitseinrichtugen müssen überprüft werden?

c) Welche Messungen müssen vorgenommen werden?

d) Welche Isolationswiderstandswerte dürfen nicht unterschritten werden?

8.7.6 Messungen in einer Hauptverteilung

In der Hauptverteilung, Aufgabe 8.3.2, Seite 107, sollen die notwendigen Messungen vorgenommen werden.

a) Welche Größen müssen gemessen werden?

b) Welche Meßverfahren können eingesetzt werden?

c) Welche Größen dürfen nicht unter- bzw. überschritten werden?

8.7.7 Schleifenimpedanz

In der Hauptverteilung, Aufgabe 8.3.1, Seite 106, wurde die Schleifenimpedanz bestimmt. Folgende Meßwerte haben sich ergeben.

U_0 = 230 V, U_1 = 223 V, I = 4,23 A.

Werden die Bedingungen der Schutzmaßnahme erfüllt?

9 Mittelspannungsanlagen

9.1 Transformatorabgang

Auftrag

In einem Industriebetrieb wird die elektrische Energie aus dem 10 kV-Netz über einen Drehstrom-Transformator eingespeist. Die Abb. 1 zeigt den Transformator-Abgang als Auszug aus dem Übersichtsschaltplan der gesamten Anlage. Eine Hochspannungs-Hochleistungssicherung hat angesprochen und den Transformator abgeschaltet.

Es soll untersucht werden, welche Schaltungen vorgenommen werden müssen, um die Anlage wieder in Betrieb nehmen zu können. Deshalb muß zuerst der Aufbau der Schaltung erklärt und die Funktion der Schaltgeräte untersucht werden.

Schaltungsaufbau (Abb. 1 und Abb. 2)

Vom Sammelschienensystem, 10 kV, 3 ~ 50 Hz, wird die elektrische Energie über den Lasttrennschalter Q1 mit unten angebauten Hochleistungssicherungen F1 auf den Transformator geführt. Die auf 400 V/231 V heruntertransformierte elektrische Spannung wird über den Leistungsschalter Q2 auf das Niederspannungs-Sammelschienensystem 400 V/230 V; 3/PEN ~ 50 Hz geführt.

Funktionsanalyse

Einspeisung
Der Lasttrennschalter Q1 mit unten angebauten Hochleistungssicherungen F1 schützt den Transformator T1 vor Überlast und bei Kurzschluß.

Beim Ansprechen einer Sicherung schaltet ein Schlagbolzen über ein Gestänge der Lasttrennschalter allpolig ab.

> Lasttrennschalter mit oben oder unten angebauten Hochleistungssicherungen werden in Mittelspannungs-Schaltanlagen als Überlast- und Kurzschlußschutz eingesetzt.

Transformator (Abb. 1, ①)
Der Drehstrom-Transformator T1 hat eine Leistung von 400 kVA. Er transformiert die elektrische Spannung aus dem 10 kV-Drehstromnetz (1L1, 1L2, 1L3) in das TN-C-Netz, 400 V/230 V, (2L1, 2L2, 2L3, PEN).

Aus der Schaltgruppe Dyn5 ist zu erkennen, daß die Eingangswicklung (Oberspannungswicklung) im Dreieck und die Ausgangswicklung (Unterspannungswicklung) im Stern mit herausgeführtem Neutralleiter geschaltet ist. Die Kennzahl 5 (Abb. 1, ①) gibt an, daß zwischen der Eingangs- und Ausgangsspannung eine Phasenverschiebung von 150° (5 · 30°) besteht.

Niederspannungsabgang
Der Leistungsschalter Q2 schützt die nachfolgende Anlage vor Überlast und bei Kurzschluß.

- Zum Schutz von Personen gegen zu hohe Berührungsspannungen sind alle nicht zum Betriebsstromkreis gehörenden Anlageteile geerdet (Abb. 2, ②).

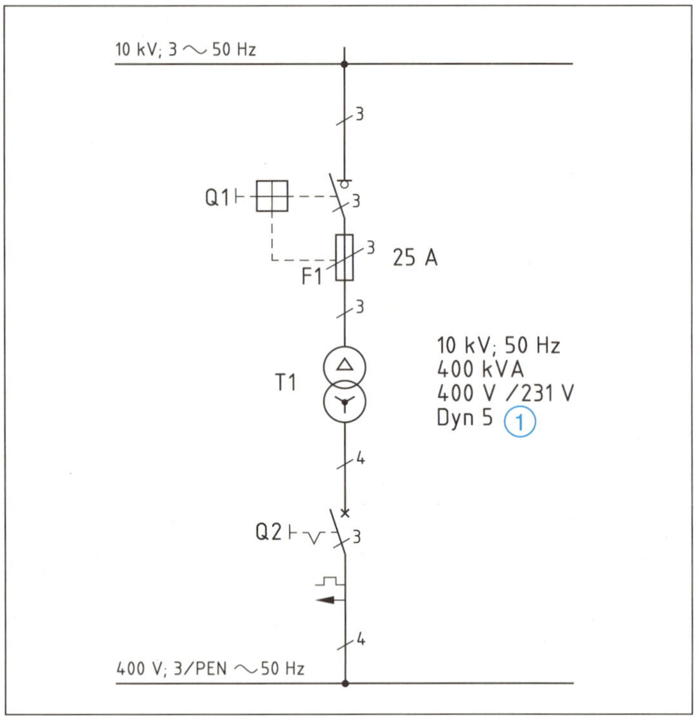

Abb. 1: Transformatorabgang (Auszug aus dem Übersichtsschaltplan)

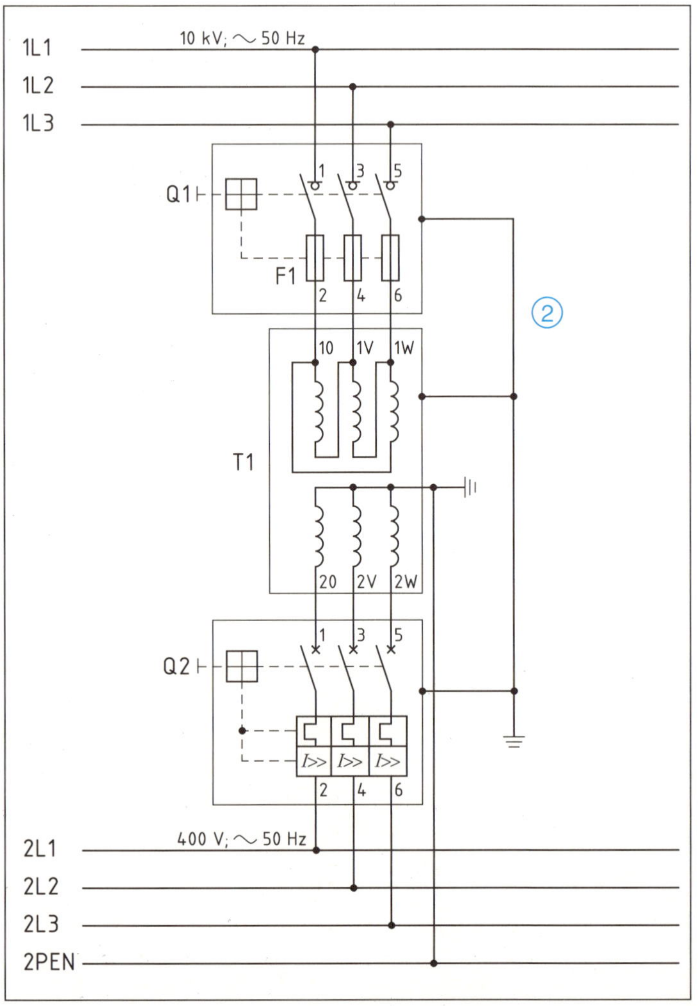

Abb. 2: Transformatorabgang (Stromlaufplan)

Schaltvorgang

Damit die Schaltgeräte nicht durch Fehlschaltungen beschädigt werden, ist in folgender Reihenfolge vorzugehen:

1. Leistungsschalter Q2 ausschalten.
2. Sicherung F1 auswechseln!
3. Kontrollieren, ob in der Anlage noch gearbeitet wird!
4. Lasttrennschalter Q1 einschalten!
5. Leistungsschalter Q2 einschalten!

Hinweise

- Die Schaltung des Transformators ist durch die Schaltgruppe angegeben. Die Bedeutung der Kennbuchstaben kann der Abb. 3 entnommen werden. Die Kennzahl – multipliziert mit 30° – gibt die Größe der Phasenverschiebung zwischen Eingangs- und Ausgangsspannung an.
- Bei unsymmetrischer Belastung verwendet man die Schaltgruppen Dy5 oder Yz5!
- Drehstrom-Transformatoren können mehr als eine Sekundärwicklung haben. Für verschiedene Primär- und Sekundärspannungen kann die Primär- und Sekundärwicklung stetig oder in Stufen verstellbar sein. Man gibt dies durch zusätzliche Schaltzeichen an (vgl. DIN 40 900, T.6).
- In TN-C-S-Netzen sollen nach DIN VDE 0141 Schutz- und Betriebserde getrennt sein, wenn eine Erdungsspannung auftreten kann, die größer als 50 V ist. Beide Erder sollen dann mindestens 20 m voneinander entfernt sein.

Schaltung	Schaltzeichen	Buchstabe Primär	Buchstabe Sekundär
Dreieck		D	d
Stern (mit Neutralleiter)		Y YN	y yn
Zickzack (mit Neutralleiter)		Z ZN	z zn
Doppelstern		—	—

Abb. 3: Schaltzeichen und Kennbuchstaben von Drehstrom-Transformatoren

Stern-Stern-Schaltung	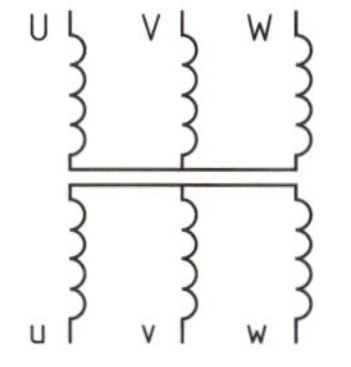	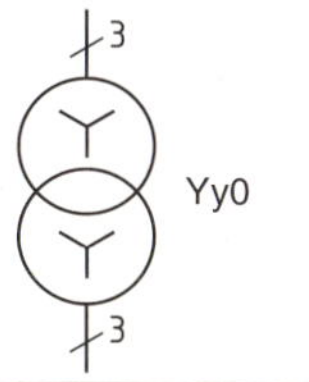
Dreieck-Stern-Schaltung	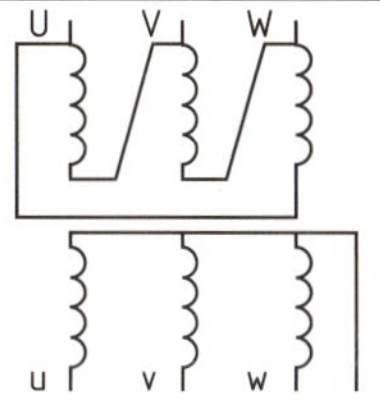	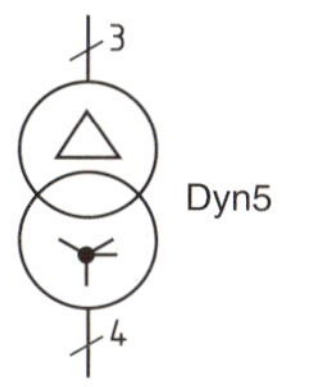
Stern-Zickzack-Schaltung	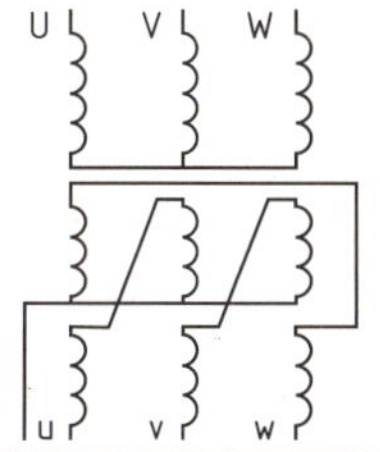	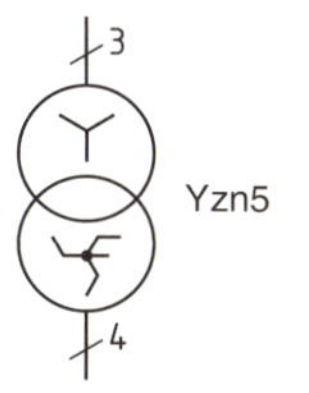

Abb. 4: Wichtige Schaltungen der Wicklungen von Drehstrom-Transformatoren

Aufgaben

9.1.1 Transformatorabgang 1

a) Beschreiben Sie den Aufbau des Transformatorabganges!

b) Zeichnen Sie den Stromlaufplan!

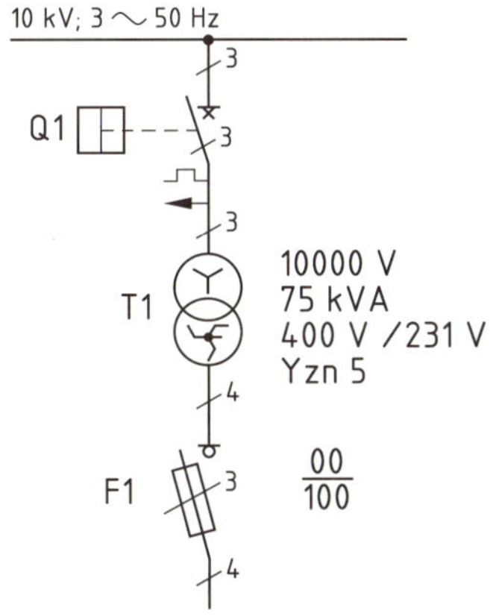

9.1.2 Funktionsanalyse

a) Geben Sie die Funktion der eingebauten Geräte an!

b) Zeichnen Sie den Stromlaufplan!

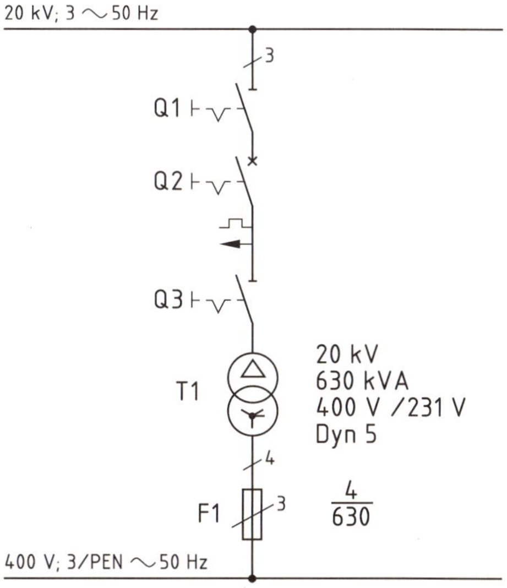

Aufgaben

9.1.3 Schaltungsanalyse 1

Analysieren Sie die Schaltung durch Beantwortung folgender Fragen!

Geben Sie dazu Begründungen an!

1. Welche Eigenschaften und Aufgaben hat Q3?
2. Welche Aufgaben und Eigenschaften hat T2?
3. Welcher Art ist Q4 und warum wurde er eingebaut?
4. Welche Aufgaben hat T1?
5. Welche Schaltungen müssen vorgenommen werden, wenn der Transformator T1 gereinigt werden soll?

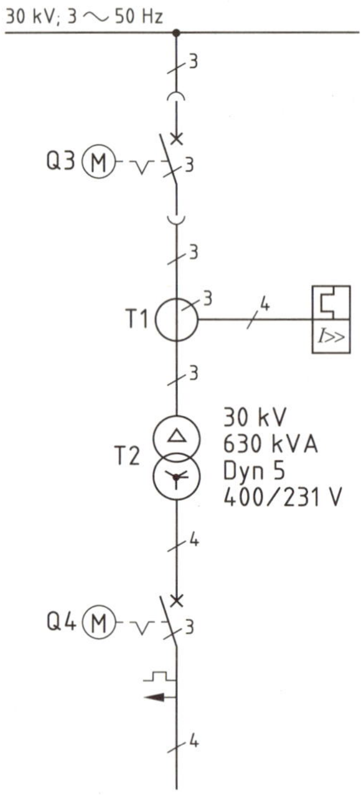

9.1.5 Schaltungsanalyse 2

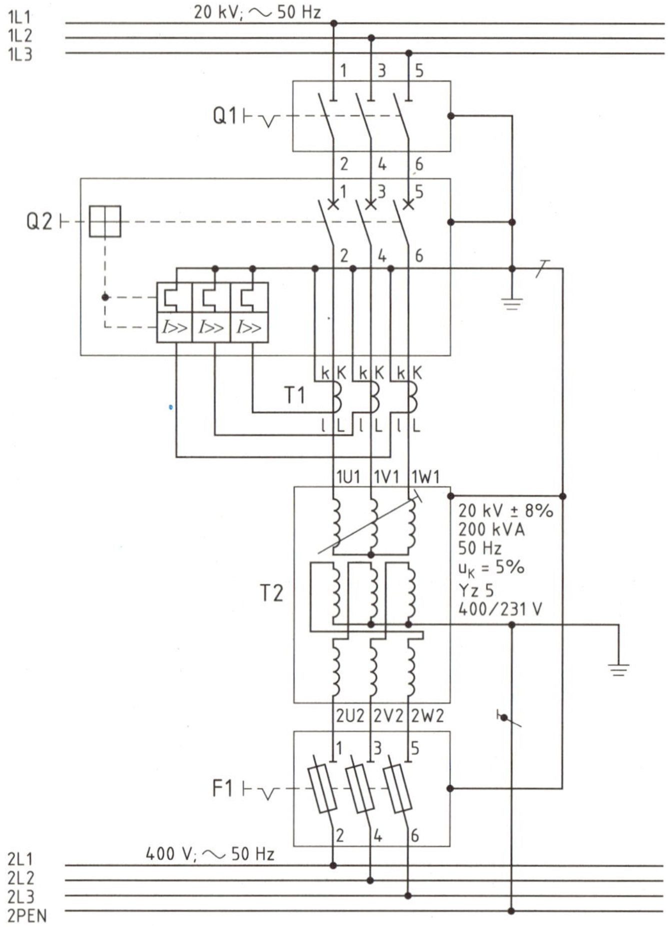

a) Beschreiben Sie den Aufbau der Schaltung!

b) Geben Sie die Funktion der Schaltgeräte an!

c) Zeichnen Sie den Übersichtsschaltplan!

9.1.4 Schaltungsaufbau

a) Beschreiben Sie den Aufbau der Schaltung!

b) Nennen Sie die Aufgaben der Schaltgeräte!

c) Zeichnen Sie den Stromlaufplan!

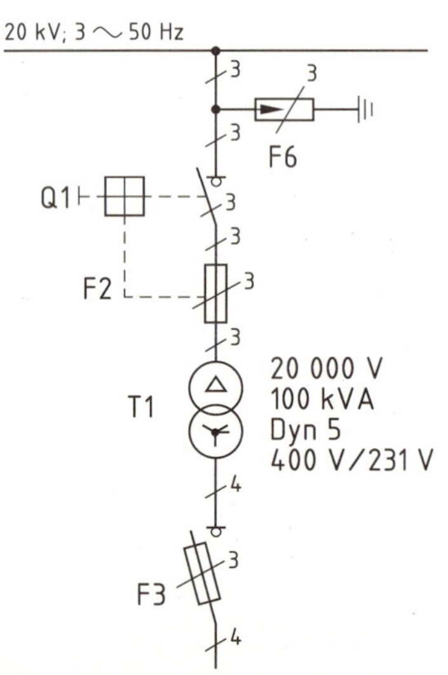

9.1.6 Transformatorabgang 2

In einem Transformatorabgang werden folgende Geräte eingesetzt:

Eingangsschalter: Trennschalter und Leistungsschalter mit Überstromauslöser (Motorantrieb)
Transformator: 10 kV/400 V/231 V ~ 50 Hz; 400 kVA, Yzn5
Ausgangsschalter: Leistungsselbstschalter mit Motorantrieb

a) Zeichnen Sie den Übersichtsschaltplan!

b) Zeichnen Sie den Stromlaufplan!

9.1.7 Transformatorschaltung

Für einen Transformatorabzweig werden folgende Geräte vorgesehen:

Transformator: 20 kV ± 4 · 200 V/400 V/231 V ~ 50 Hz, 750 kVA, Yy6

Eingang: ausfahrbarer Leistungsschalter mit Druckluftantrieb und Überstrom- und Unterspannungsauslöser

Ausgang: Leistungsselbstschalter mit Druckluftantrieb

a) Zeichnen Sie den Übersichtsschaltplan!

b) Geben Sie die Aufgaben der Schaltgeräte an!

Auftrag

Ein Industrieunternehmen wird aus dem 10 kV-Netz eingespeist. Die Abb. 1 zeigt den Auszug „Übergabe und Meßzelle" des Übersichtsschaltplanes der 10 kV-Schaltanlage.

Die Zähler sollen während des Betriebes der Anlage ausgewechselt werden. Um zu klären, welche Schaltungen vorgenommen werdenl, soll der Aufbau der Schaltung und die Funktion der Schaltgeräte untersucht werden.

Aufbau (Abb. 1 und 2)

Die Energie wird von den Einspeise-Sammelschienen (10 kV; 3 ~, 50 Hz) durch drei Schienen über einen Lasttrennschalter Q3 und den drei Stromwandlern T1 auf das Abgang-Sammelschienensystem (10 kV; 3 ~, 50 Hz) geführt. Außerdem wird die Spannung des Sammelschienensystems über die Spannungswandler T2 (V-Schaltung) gemessen.

Die Meßleitungen der Stromwandler T1 werden auf die Klemmleiste X1 geführt (Abb. 3). Die Klemmen k1...k3 der Stromwandler sind miteinander verbunden (Abb. 2) und geerdet.

Die Meßleitungen von den Spannungswandlern T2 werden über die Schmelzsicherungen F1 geführt und ebenfalls an die Klemmleiste X1 angeschlossen. Die Klemmen v1 und v2 sind miteinander verbunden (V-Schaltung) und ebenfalls geerdet.

Von der Klemmleiste X1 geht jeweils eine Leitung zum Wirkarbeitszähler (Abb. 4) bzw. Blindarbeitszähler P1 (Abb. 5).

Funktionsanalyse

- Mit dem Lasttrennschalter Q3 (Übergabeschalter) kann die gesamte Anlage vom EVU-Netz getrennt werden.
- Die Stromwandler T1 und die Spannungswandler T2 trennen die Meßgeräte galvanisch vom Netz.
- Mit Hilfe der Stromwandler T1 wird der Strom in den Außenleitern gemessen. Das Übersetzungsverhältnis ist $I_1/5$ A, d. h. die Zähler sind für Stromwandleranschluß konzipiert.
- Das Übersetzungsverhältnis der Spannungswandler ist 10 kV : 100 V. Es wird die übliche V-Schaltung verwendet.
- Der Wirkarbeitszähler P1 mit zwei Meßwerken (Abb. 4a) ist wegen der V-Schaltung in Aaron-Schaltung geschaltet.
- Die Blindarbeit wird mit einem Drehstrom-Blindverbrauchszähler P2 mit drei Meßwerken (Abb. 4b) gemessen.

Schaltvorgänge beim Zählerwechsel

Die Zähler können ohne Unterbrechung des Betriebes der Anlage ausgewechselt werden. Folgende Schaltungen sind vorzunehmen:

1. Die Ausgangswicklungen der Stromwandler kurzschließen.
2. Die Schmelzsicherungen F1 in dem Spannungswandlerstromkreis herausnehmen.
3. Zähler auswechseln!
4. Schmelzsicherungen wieder einbauen.
5. Kurzschlüsse an den Stromwandlern wieder aufheben.

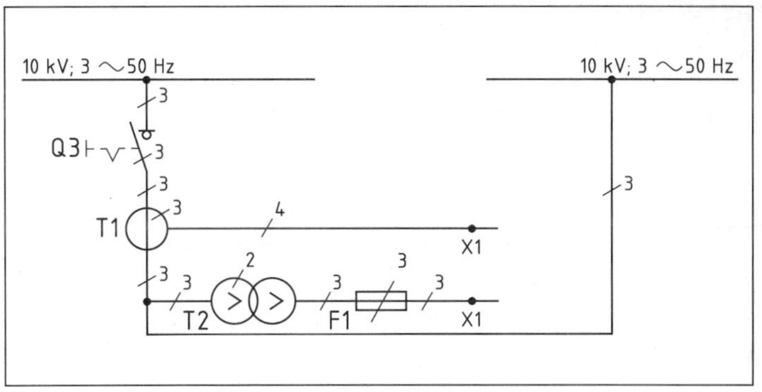

Abb. 1: Auszug „Übergabe- und Meßzelle" aus dem Übersichtsschaltplan einer 10 kV-Schaltanlage

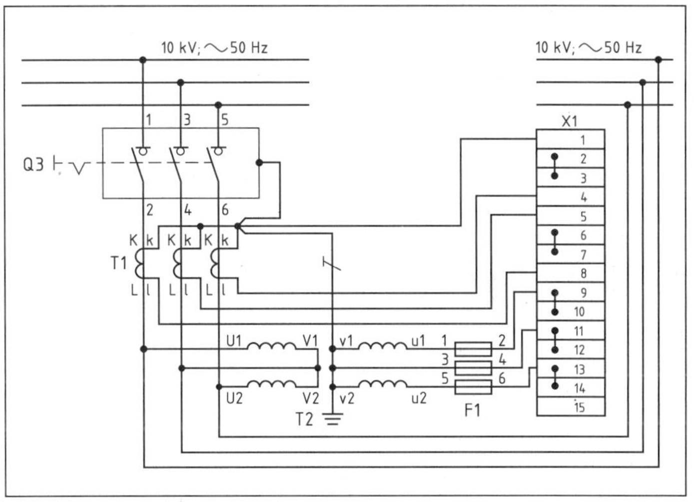

Abb. 2: Übergabe- und Meßzelle (Stromlaufplan)

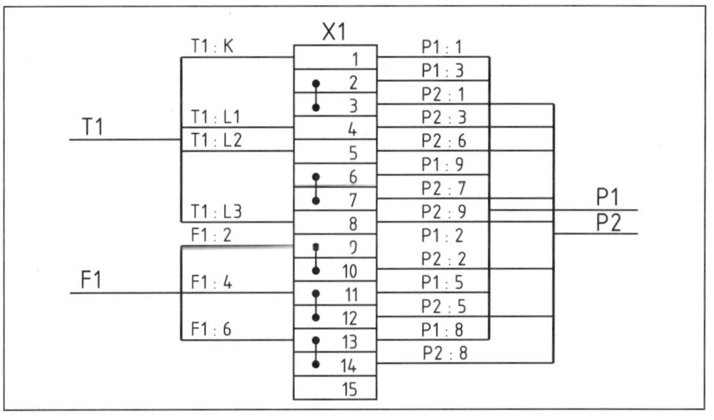

Abb. 3: Klemmleiste in der Übergabe- und Meßzelle

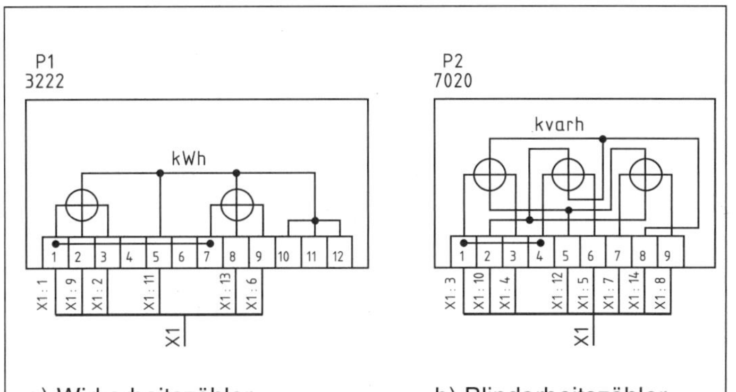

a) Wirkarbeitszähler

b) Blindarbeitszähler

Abb. 4: Zähler

9.2 Messen in Mittelspannungsanlagen

Hinweise

- Stromwandler sollen in Mittelspannungsanlagen nicht nur den Strom auf 0...6 A heruntertransformieren, sondern auch galvanisch vom Mittelspannungs-Netz trennen.
- Der sekundäre Stromkreis von Stromwandlern darf während des Betriebes niemals offen sein, weil er sonst wegen der auftretenden hohen Spannungen zerstört werden würde. Er darf deshalb auch nicht abgesichert sein.
- Spannungswandler werden stets sekundärseitig abgesichert.
- Wandler müssen in Mittel- und Hochspannungsanlagen sekundärseitig geerdet werden (DIN VDE 0101), Stromwandler an k und Spannungswandler an v!

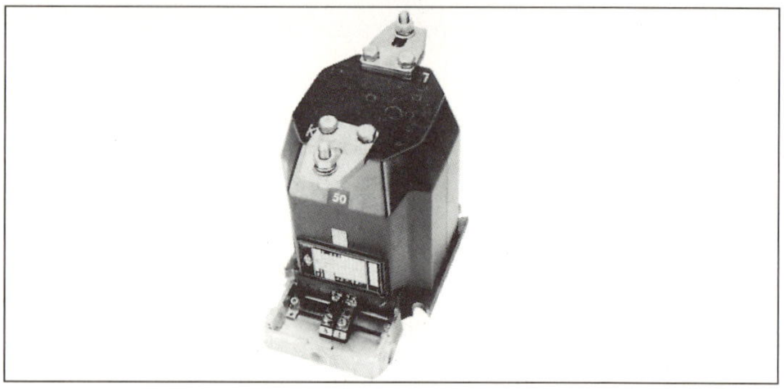

Abb. 1: Stromwandler

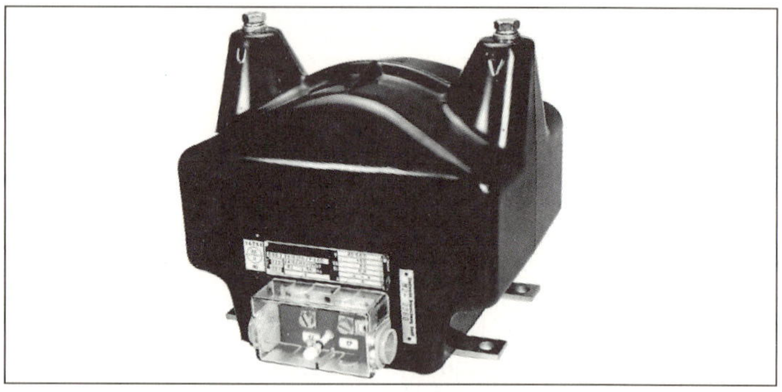

Abb. 2: Spannungswandler

Aufgaben

9.2.1 Schaltungsanalyse 1

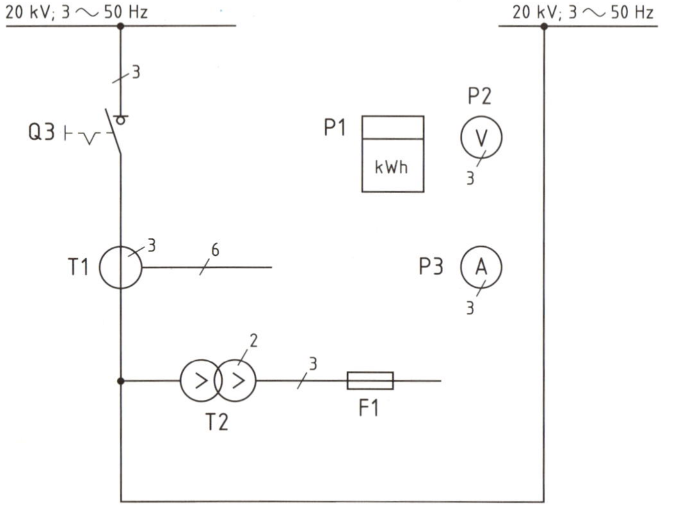

a) Analysieren Sie die Schaltung, indem Sie folgende Fragen beantworten!

Begründen Sie die Antworten!

1. Welche Aufgabe hat Q3?
2. Welche Funktion hat T1?
3. Um welches Bauteil handelt es sich bei T2 und welche Aufgabe hat es?
4. Welcher Art sind die Meßgeräte P1...P3 und welche Aufgaben haben sie??

b) Zeichnen Sie den Stromlaufplan der Meßschaltung!

9.2.2 Meßzelle

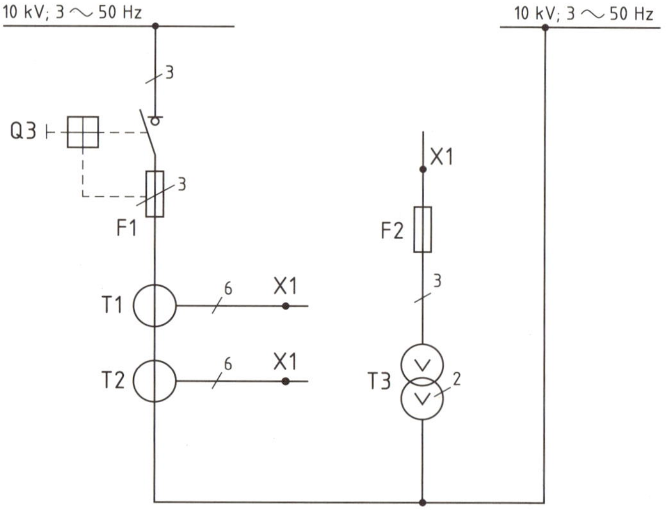

Die Abb. zeigt den Übersichtsschaltplan einer Übergabe- und Meßzelle. Die Meßleitungen sollen dort auf die Klemmleiste X1 aufgelegt werden.

In der Schaltwarte befindet sich die Klemmleiste X2. Beide werden durch eine mehradrige Mantelleitung verbunden.

In der Schaltwarte wird die Wirk- und die Blindarbeit mit Wirk- bzw. Blindarbeitszählern gemessen.

a) Zeichnen Sie den Stromlaufplan der Meßschaltung!

b) Zeichnen Sie die Anschlußpläne der Klemmleisten X1 und X2!

c) Zeichnen Sie die Anschlußpläne der Zähler!

Aufgaben

9.2.3 Schaltungsanalyse 2

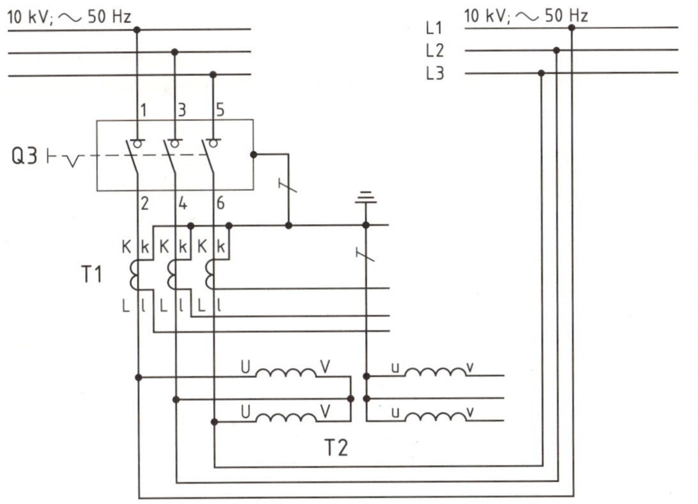

a) Analysieren Sie die obige Schaltung, indem Sie folgende Fragen beantworten!

1. Welche Aufgaben und Funktionen hat Q3?
2. Um welche Spezialtransformatoren handelt es sich bei T1 und welche Aufgaben haben sie?
3. Warum verwendet man bei T2 die V-Schaltung?
4. Welche Aufgabe hat die Erde?
5. Was kann mit Hilfe von T1 und T2 gemessen werden?

b) Zeichnen Sie den Übersichtsschaltplan!

9.2.4 Schaltungsanalyse 3

Feld 3

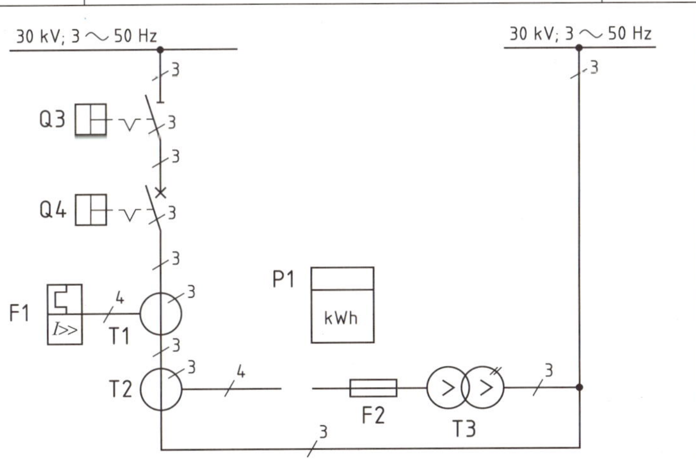

a) Beantworten Sie folgende Fragen!

1. Welche Schalterarten werden für Q3 und Q4 verwendet?
2. Welche Aufgabe hat Q3?
3. Welche Funktion hat Q4?
4. Warum haben die Stromwandler T1 zwei Ausgangswicklungen?
5. Welche Aufgabe hat F1?

b) Zeichnen Sie die Stromlaufpläne der Schaltzelle und der Meßschaltung!

9.2.5 Meß- und Übergabezelle 1 ❑

Zeichnen Sie die Schaltung einer Meß- und Übergabezelle mit folgenden Geräten als Übersichtsschaltplan! 10 kV ~ 50 Hz.

Übergabeschalter:	Lasttrennschalter mit Motorantrieb
Meßwandler:	3 Stromwandler 2 Spannungswandler in V-Schaltung
Meßgeräte:	3 Amperemeter 1 Voltmeter 1 Wirkarbeitszähler

9.2.6 Meßschaltung 1 ❑

Zeichnen Sie den Stromlaufplan einer Meßschaltung mit folgenden Geräten!

Meßwandler:	6 Stromwandler 3 Spannungswandler
Meßgeräte:	3 Strommesser 1 Spannungsmesser mit Umschalter 1 Blindarbeitszähler 1 Wirkarbeitszähler mit Maximumschalter für Öffnungsschaltung

9.2.7 Meß- und Übergabezelle 2

Zeichnen Sie

a) den Übersichtsschaltplan der Zelle und

b) den Stromlaufplan der Meßschaltung mit folgenden Geräten!

20 kV ~ 50 Hz.

Übergabe:	Ausziehbarer Leistungsschalter mit Druckluftantrieb und thermischen und magnetischen Überstromauslösern
Meßwandler:	• 3 Stromwandler mit je zwei Sekundärwicklungen • 3 Spannungswandler
Meßgeräte:	• 3 Strommesser • 1 Spannungsmesser (umschaltbar) • 1 Blindarbeitszähler • 1 Wirkarbeitszähler Zweitarifeinrichtung mit Rundsteuerempfänger)

9.2.8 Meßschaltung 2

Zeichnen Sie den Übersichtsschaltplan einer Meßschaltung mit folgenden Geräten!

Meßwandler:	3 Stromwandler mit je zwei Ausgangswicklungen 3 Spannungswandler
Meßgeräte:	1 Wirkverbrauchszähler 4121 1 Blindverbrauchszähler 7020

Auftrag 1

Ein Industrieunternehmen errichtet eine neue Produktionsanlage. Die Einspeisung der elektrischen Energie erfolgt aus dem 10 kV-Netz über eine betriebseigene metallgekapselte Mittelspannungs-Innenraum-Schaltanlage (Abb. 1) und Transformator.

Es soll festgelegt werden, welche Schaltungen vorgenommen werden müssen, um den Transformator erstmalig in Betrieb zu nehmen. Dazu müssen der Aufbau der Schaltanlage und die Funktion der Schaltgeräte geklärt werden.

Abb. 1: Metallgekapselte 10 kV-Schaltanlage

Schaltungsaufbau (Abb. 2)

Einspeisung (Feld 1 und Feld 2):

Die Anlage wird aus einem Ringleitungssystem über die Lasttrennschalter Q1 und Q3 auf das Sammelschienensystem 1 ① eingespeist. Die Zuleitungen können bei Bedarf mit Hilfe der Erdungstrenner Q2 bzw. Q4 geerdet werden.

Dieser Teil der Schaltanlage gehört zum Verantwortungsbereich des EVU.

Übergabe und Messung (Feld 3 und Feld 4):

Die elektrische Energie wird über den Trennschalter Q5 und den Leistungsschalter Q6 vom Sammelschienensystem I auf das Sammelschienensystem II ② geführt. Hier wird der Zähler P1 über die Stromwandler T1 und die Spannungswandler T2 ③ angeschlossen.

Abgang (Feld 5):

Über den Lasttrennschalter Q7 mit den Hochspannungs-Hochleistungssicherungen F1 ④ wird der Transformator T4 eingespeist.

Eine Mittelspannungs-Schaltanlage besteht in der Regel aus der **Einspeisung** (Einspeisefelder), der **Übergabe** (Übergabe und Meßfeld) und den **Transformatorabgängen** (Transformatorabgangsfelder).

Funktionsanalyse

- Um Mittelspannungsnetze im Fehlerfalle besser beherrschen zu können (Niedrigere Kurzschlußströme, Selektivität, Netzüberwachung) werden diese üblicherweise als offene Ringnetze betrieben. Der Ring wird an seiner Einspeisestelle aufgetrennt. Die **Lasttrennschalter** Q1 und Q3 müssen bei störungsfreiem Betrieb eingeschaltet werden.
  Bei einer **Störung** kann ein Kabel zwischen zwei Schaltanlagen spannungsfrei geschaltet werden. Mit Hilfe der **Erdungstrennschalter** Q1 bzw. Q4 wird dann das Kabel geerdet. Die Schaltanlage wird dann nur von einer Seite eingespeist.
- Mit Hilfe des **Leistungsschalters** Q6 (Abb. 3) wird im Störungsfall (z. B. Kurzschluß bzw. Erdschluß) die gesamte Schaltanlage abgeschaltet.
- Durch den **Trennschalter** Q5 kann der abgeschaltete Leistungsschalter Q6 vom Netz getrennt werden.
- In der Übergabezelle übergibt das EVU die elektrische Energie und die Verantwortung für die elektrische Anlage an den Verbraucher.
- Mit dem **Lasttrennschalter** Q7 wird der Transformator geschaltet und kann somit vom Netz getrennt werden.
- Die **Hochspannungs-Hochleistungssicherungen** F1 übernehmen den Überlast- und Kurzschlußschutz.

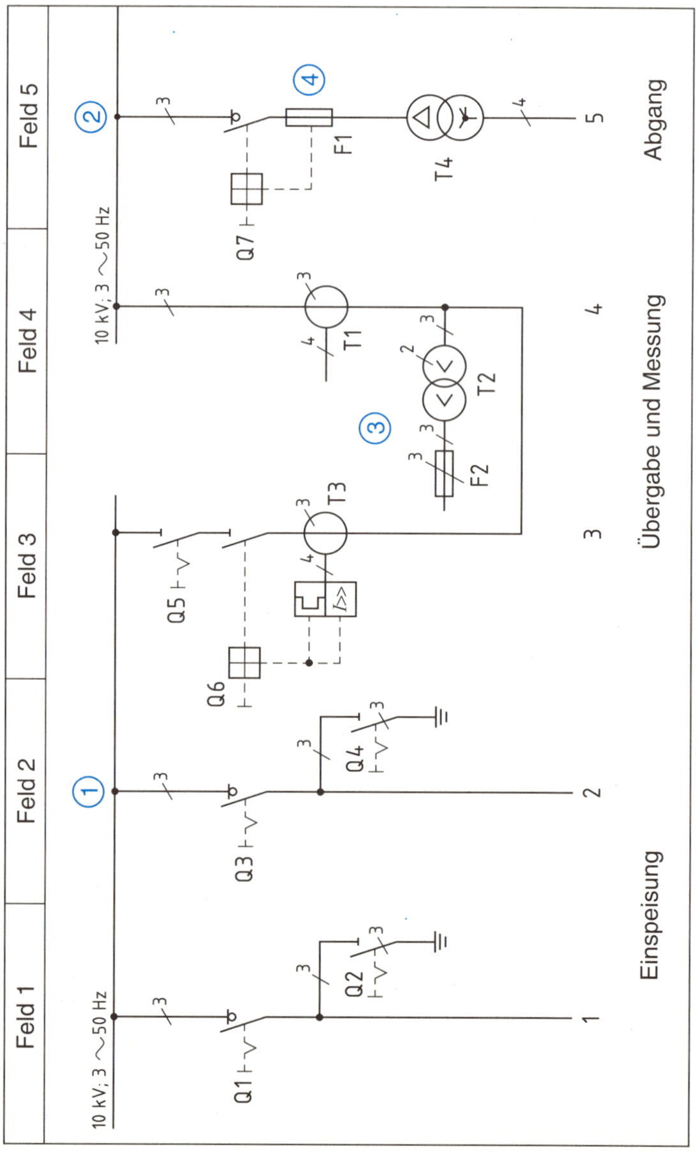

Abb. 2: Übersichtsschaltplan der 10 kV-Schaltanlage

Inbetriebnahme

Schaltungen des EVU:

1. Erdungstrennschalter Q1 und Q2 öffnen und gegen Wiedereinschalten verriegeln.
2. Einschalten der Schalter in den Abgängen der benachbarten Schaltanlagen. Damit liegen die Zuleitungen an 10 kV.
3. Einschalten von Q2 und Q4. Sammelschiene 1 liegt an 10 kV.
4. Einschalten des Trennschalters Q5.
5. Einschalten des Leistungsschalters Q6 nach Einbau der Zähler P1 und P2. Sammelschienensystem II liegt an 10 kV.

Schaltungen des Betriebes:

1. Einsetzen der Sicherungen F1.
2. Einschalten von Q7.

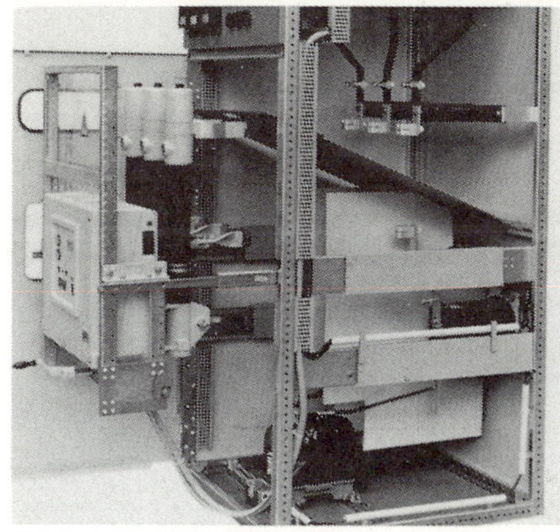

Abb. 3: Ausfahrbarer Mittelspannungs-Leistungsschalter

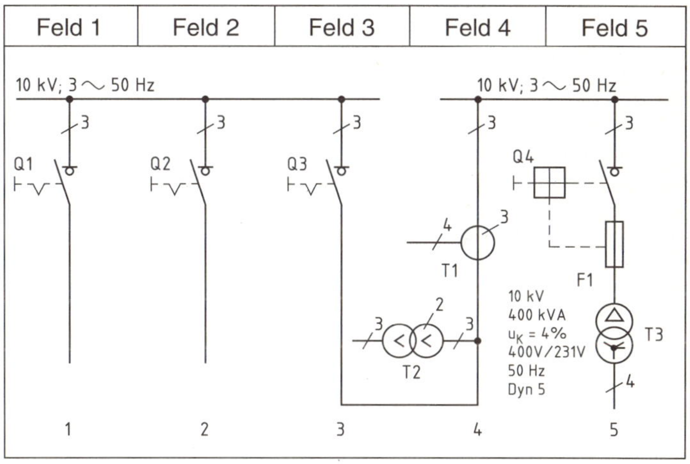

Abb. 4: Mittelspannungs-Schaltanlage

Auftrag 2

Ein Industrieunternehmen erhält einen weiteren Fertigungsbetrieb, in dem elektrische Geräte mit einer Gesamtleistung von 250 kW bei einem $\cos \varphi = 0{,}6$ installiert werden. Da die Leistung des vorhandenen Transformators nicht ausreicht, muß die Mittelspannungs-Schaltanlage (Abb. 4) erweitert werden.

Es soll untersucht werden, wie erweitert werden kann und welche Geräte ausgewechselt oder zusätzlich eingebaut werden müssen.

Erweiterungsmöglichkeiten

Es gibt zwei Möglichkeiten die Anlage zu erweitern. Entweder der vorhandene Transformator wird durch einen leitungsstärkeren Transformator ersetzt oder ein zweiter Transformator wird parallelgeschaltet.

Transformatortausch:

Es wird folgende zusätzliche Scheinleistung benötigt:

$$S = \frac{P}{\cos \varphi} \qquad S = \frac{250\ \text{kVA}}{0{,}6} \qquad S = 417\ \text{kVA}$$

Nach dem Auszug aus der Herstellerliste (Abb. 1, Seite 126) mit genormten Transformatoren muß ein Drehstrom-Transformator mit den Nenndaten 1 MVA, 10 kV/400 V/231 V, 50 Hz, DY5, $u_k = 6\ \%$ ② eingesetzt werden. Die Mittelspannungs-Schaltanlage muß nicht erweitert werden. Lediglich die Hochspannungs-Sicherungen müssen gegen solche mit folgendem Nennstrom ersetzt werden (Abb. 2, Seite 126 ④).

$$I_n > \frac{S}{U \cdot \sqrt{3}} \qquad I_n > \frac{1\ \text{MVA}}{10\ \text{kV} \cdot \sqrt{3}} \qquad I_n > 57{,}7\ \text{A} \qquad I_n = 100\ \text{A}$$

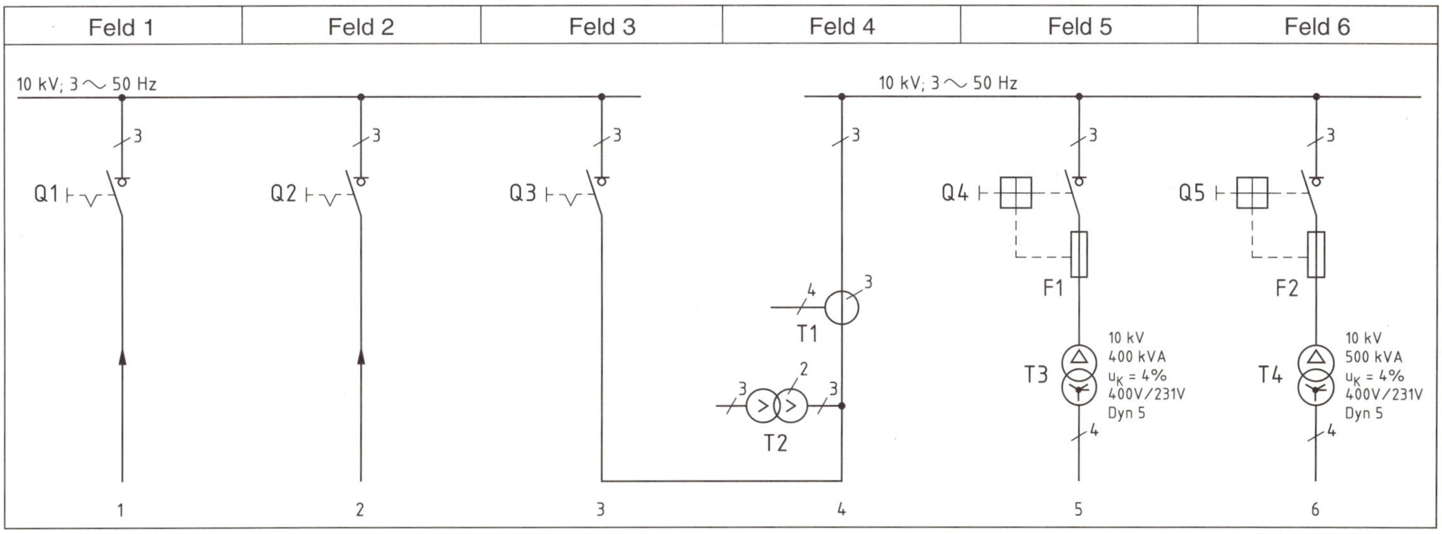

Abb. 5: Erweiterte Mittelspannungs-Schaltanlage

Parallelschaltung:

Da eine zusätzliche Transformatorleistung von 417 kVA benötigt wird, muß der parallelgeschaltete Transformator laut Liste (Abb. 1 ①) folgende Nennwerte haben:

500 kVA, 10 kV/400 V/231 V, 50 Hz, Dy5, $u_k = 4\ \%$

Bei der Parallelschaltung von Transformatoren sind nach DIN VDE 0532 folgende Bedingungen einzuhalten:

- Gleiche Primär- und gleiche Sekundärspannung, d. h. die gleiche Übersetzung ü,
- gleiche Schaltgruppenkennzahl, d. h. gleiche Phasenverschiebung zwischen Primär- und Sekundärspannung,
- ungefähr gleiche Kurzschlußspannung u_k,
- das Nennleistungsverhältnis muß kleiner sein als 3 : 1, damit keiner der beiden Transformatoren überlastet wird.

Die Gesamtbelastung verteilt sich dann wie folgt auf beide Transformatoren

$$\frac{S_1}{S_2} = \frac{S_{1n} \cdot u_{K2}}{S_{2n} \cdot u_{K1}} \quad \text{und} \quad S_{ges} = S_1 + S_2$$

Die Mittelspannungs-Schaltanlage wird um ein gleichartiges Transformatorabgangsfeld erweitert. Die Hochspannungs-Sicherungen müssen folgenden Nennstrom haben.

$$I > \frac{500\ \text{kVA}}{10\ \text{kV} \cdot \sqrt{3}} \qquad I > 28{,}9\ \text{A} \qquad I = 50\ \text{A}$$ (Abb. 2 ③)

Auswahl

Es ist die Schaltanlage Abb. 5, Seite 125, gewählt worden, weil sie für den Betrieb folgende Vorteile hat:

- Außerhalb der Arbeitszeit des Betriebes kann ein Transformator abgeschaltet werden, um die Betriebskosten zu senken.
- Der Betrieb kann aufrecht erhalten werden, wenn ein Transformator ausfällt.
- Die Erweiterungskosten sind in beiden Fällen nahezu gleich.

Typ DYH; Um = 12 kV, 75–28 kV, U_k = 4 %; US/LV = 400 V, 50 Hz, DIN 42 523

Leistung Rating IVA	Verluste/Losses bei/at 75 °C PO Watt	PK Watt	Gewicht Weight kg
100	440	1700	580
125	520	2000	630
160	610	2300	710
200	690	2750	930
250	820	3000	990
315	950	3650	1250
400	1150	4300	1510
① 500	1300	5500	1730
630	1500	6400	2200

Typ DYHK; Um = 12 kV, 75–28 kV, U_k = 6 %; US/LV = 400 V, 50 Hz, DIN 42 523

Leistung Rating kVA	Verluste/Losses bei/at 75 °C Po Watt	PK Watt	Gewicht Weight kg
250	690	3400	990
315	820	4100	1130
400	1000	5000	1460
500	1200	5700	1730
630	1400	6600	1980
800	1700	7700	2370
② 1000	2000	8800	2880
1250	2400	10500	3480
1600	2800	12700	4340
2000	3500	15500	4950
2500	4300	19000	6010

Abb. 1: Auszug aus einer Liste für Drehstrom-Transformatoren

Nennspannung U_{N1} = 12 kV, U_{N2} = 400 V

Tansformator-Daten Nennleistung kVA	primär I_1 A	sekundär I_2 A	HH-Sicherungs-Nennstrom minimal I_N (min) A	maximal I_N (max) A
50	2,9	72	6	10
75	4,3	108	10	16
100	5,8	144	16	25
125	7,2	180	16	25
160	9,2	231	16	40
200	11,5	290	25	40
250	14,4	360	32	40
315	18,2	455	40	63
400	23,0	576	40	63
③ 500	28,9	720	50	100
630	36,4	910	63	100
800	46,0	1160	80	160
④ 1000	58,0	1440	100	160
1250	72,0	1800	100	200
1600	92,0	2310	160	250
2000	115,0	2900	160	250

Abb. 2: Auszug aus einer Liste über Hochspannungs-Hochleistungssicherungen

Aufgaben

9.3.1 20 kV-Schaltanlage

Eine Mittelspannungs-Schaltanlage (20 kV) wird aus dem Freileitungs-Netz über einen Lasttrennschalter eingespeist.

Zur Messung der elektrischen Arbeit sind Strom- und Spannungswandler eingebaut.

Es sind zwei Transformatorabgänge vorhanden, die über Leistungsschalter mit thermischen und magnetischen Auslösern geschaltet werden. Ein dritter Abgang zu einer 500 m entfernten Unterstation hat einen Lasttrennschalter.

a) Zeichnen Sie den Übersichtsschaltplan!

b) Geben Sie die Funktion der Schaltgeräte an!

c) Zeichnen Sie den Stromlaufplan der Meßschaltung, wenn Blind- und Wirkarbeit gemessen werden!

9.3.2 10 kV-Schaltanlage

Ein Unternehmen erhält einen eigenen Drehstrom-Transformator mit den Nenndaten 100 kVA, 10 kV/400 V/231 V, 50 Hz, Yzn5.

Eingespeist wird aus einer 10 kV-Ringleitung. Als Schalter sind Lasttrennschalter vorzusehen.

Den Überlast- und Kurzschlußschutz beim Transformtor übernehmen Schmelzsicherungen.

a) Zeichnen Sie den Übersichtsschaltplan!

b) Geben Sie die Aufgaben und die Funktion der einzelnen Schaltgeräte an!

Aufgaben

9.3.3 Schaltungsanalyse 1

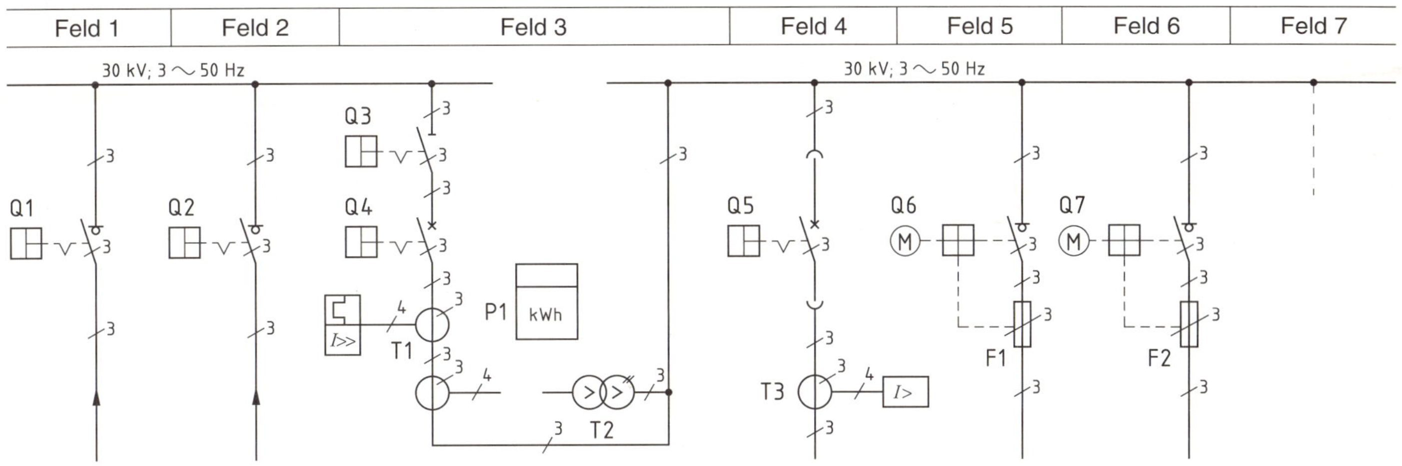

a) Analysieren Sie die Schaltung durch Beantwortung folgender Fragen:

1. Aus welcher Versorgungsnetzart wurde eingespeist?
2. Welche Aufgaben haben die Schalter Q1 und n_2?
3. Welche Schalterart hat Q3 und welche Aufgabe hat er?
4. Wieviel Abgänge hat die Schaltanlage und welche Schalterarten sind dort eingesetzt?
5. Welcher Schalter ist der Übergabeschalter?

b) Zeichnen Sie den Stromlaufplan der Schaltung!

9.3.4 Schaltungsanalyse 2

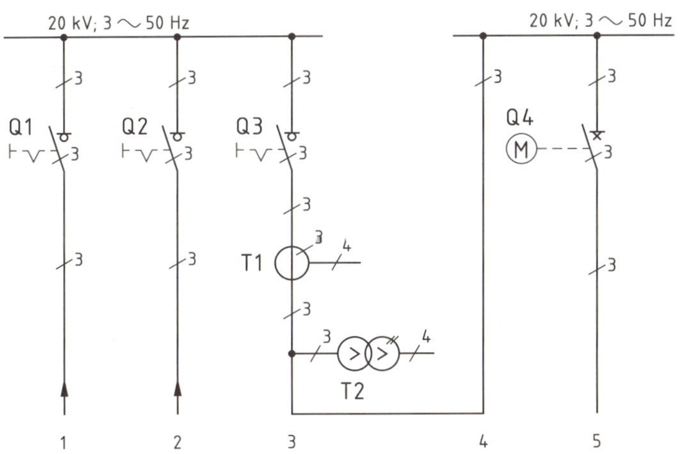

a) Analysieren Sie die Schaltung durch Beantwortung folgender Fragen!

1. Aus welcher Netzart wird eingespeist?
2. Welche Strompfade übernehmen die Einspeisung und welche Schalter sind dort eingesetzt?
3. Welcher Schalter ist der Übergabeschalter und welche Funktionen hat er?
4. Mit welchem Schalter wird der Transformator geschaltet und welche Schaltaufgaben übernimmt er?

b) Die Schaltanlage soll erweitert werden um drei Transformatorabgänge mit folgenden Schaltgeräten.
Leistungsschalter mit Motorantrieb und Überstrom- und Kurzschlußauslösern

Zeichnen Sie den Übersichtsschaltplan!

9.3.5 Parallelschaltung 1

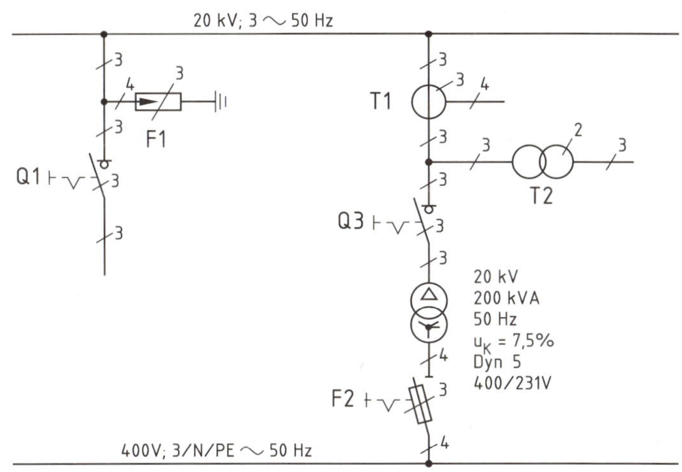

Die Transformatorstation eines kunststoffverarbeitenden Betriebes muß wegen Ausdehnung der Fertigungsanlagen erweitert werden. Es wird ein Transformator mit $S = 400$ kVA, $u_k = 8{,}3$ % parallelgeschaltet.

Zeichnen Sie

a) den Übersichtsschaltplan und

b) den Stromlaufplan in zusammenhängender Darstellung, wenn beide Transformatoren gleichartige Schaltanlagen haben (TN-C-Netz)!

9.3.6 Parallelschaltung 2

Eine Transformatorstation für eine Kleingerätefabrik soll aus betriebstechnischen Gründen zwei parallelgeschaltete Drehstrom-Transformatoren erhalten.

- Eingespeist wird aus einer 20 kV-Freileitung (Stichleitung). Es sind Überspannungsableiter vorzusehen.
- Es werden Transformatoren mit den Nenndaten 250 kVA, Dyn5, 5 % und 400 kVA, Dyn5, 5,3 % eingesetzt.
- Geschaltet wird mit Lasttrennschaltern. Den Kurzschlußschutz übernehmen Sicherungen.
- Auf der Niederspannungsseite werden Leistungsschalter eingebaut.
- Die elektrische Energie wird über Wandler gemessen.

Zeichnen Sie den Übersichtsschaltplan!

Aufgaben

9.3.7 Hauptschaltanlage 1

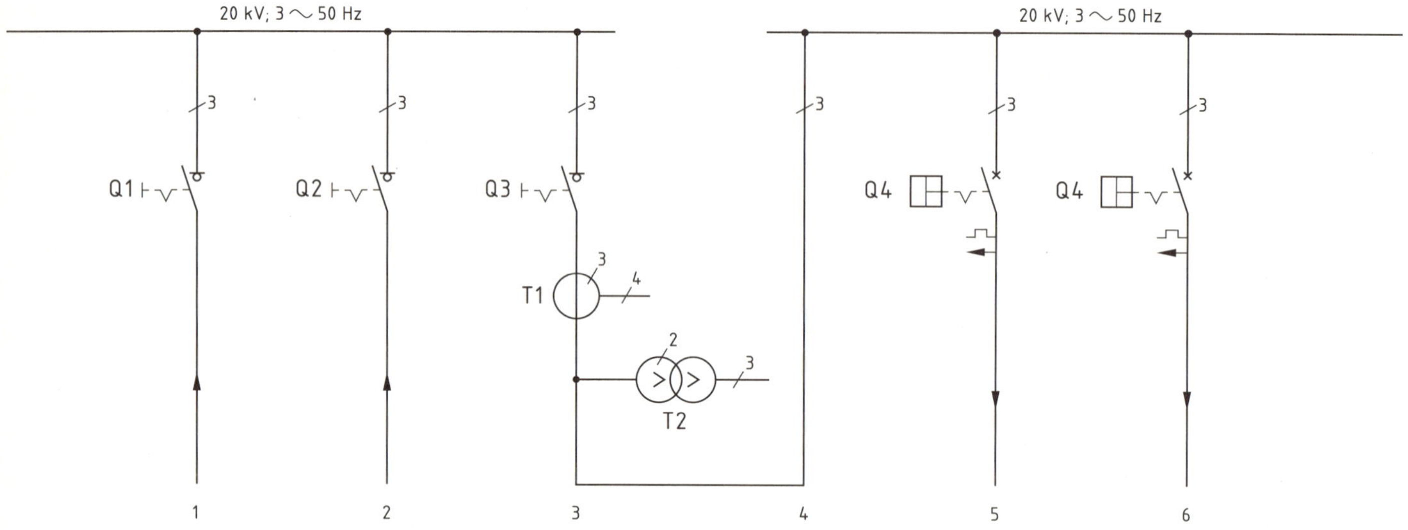

Analysieren Sie die Schaltung der Hauptschaltanlage durch Beantwortung folgender Fragen!

1. Zu welcher Spannungsreihe gehört diese Schaltanlage?
2. Über welche Schalter wird eingespeist?
3. Welche Schalter sind eingeschaltet, wenn einseitig eingespeist wird?
4. Welche Aufgabe hat Q3?
5. Wozu werden T1 und T2 verwendet?
6. Welche Abgangsschalter sind geschlossen
   a) bei offenem Ring und
   b) bei geschlossenem Ring?
7. Welche Strompfade gehören
   a) zum EVU-Bereich und
   b) zum Betriebsreich?

9.3.8 Hauptschaltanlage 2

Ein Unternehmen erhält eine Hauptschaltanlage mit folgenden Schaltgeräten

Einspeisung:
2 Lasttrennschalter

Übergabe:
1 Lasttrennschalter
3 Stromwandler
2 Spannungswandler

Abgang Ringleitung:
2 Leitungsschalter mit Überstrom- und Kurzschlußauslösung und Motorantrieb

Abgang Trafo 1:
1 Lasttrennschalter mit angebauten HH-Sicherungen Motorantrieb

Abgang Trafo 2:
1 Leistungsschalter mit Überstrom- und Kurzschlußauslösern und Motorantrieb

Abgang Stichleitung:
1 Lasttrennschalter

Zeichnen Sie den Übersichtsschaltplan!

9.3.9 Unterschaltstation

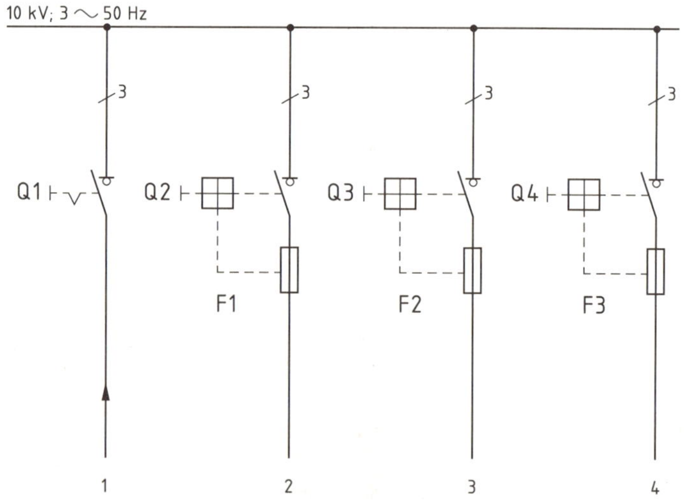

a) Beschreiben Sie den Aufbau der Schaltung!
b) Erklären Sie die Funktion der Schaltgeräte!
c) Die Station soll so umgebaut werden, daß aus einer Ringleitung eingespeist wird. Zeichnen Sie den Übersichtsschaltplan!

Auftrag

In einem Siedlungsgebiet wird eine Transformatorstation errichtet. Eingespeist wird aus einer 10 kV-Erdkabel-Ringleitung (Abb. 1). Die Station soll in Betrieb genommen werden.

Um die Reihenfolge der Schaltvorgänge festzulegen, müssen der Aufbau der Schaltanlage untersucht werden und die Funktion der einzelnen Schaltgeräte geklärt werden.

Schaltungsaufbau (Abb. 2)

Das 10 kV-Sammelschienensystem ist über die beiden Lasttrennschalter Q1 und Q2 mit der 10 kV-Erdkabel-Ringleitung verbunden.

Der Transformator T1 ist über den Lasttrennschalter Q3 und die Schmelzsicherungen F1 an das Mittelspannungs-Sammelschienensystem angeschlossen. Der Transformator hat eine Leistung von 500 kVA, bei einem Übersetzungsverhältnis von 10 kV/400 V, 231 V. Seine Eingangswicklung ist im Dreieck und seine Ausgangswicklung ist im Stern geschaltet. Der Sternpunkt der Sekundärwicklung ist herausgeführt und geerdet.

Über den Leistungsschalter Q4 mit Überstrom- und Kurzschlußauslösern und die Stromwandler T2 ist er mit dem Niederspannungs-Sammelschienensystem verbunden.

In den Niederspannungsabgängen befinden sich die Sicherungs-Lasttrennschalter F2...7 als Leitungsschutz.

Funktionsanalyse

- Mit Hilfe der Schalter Q1 und Q2 kann von beiden Ringhälften aus eingespeist werden.
- Der Schalter Q3 trennt den Drehstrom-Transformator T1 vom Netz. Eine Übergabe- und Meßzelle ist hier nicht erforderlich, da die elektrische Energie an den Hausanschlußkästen übergeben und an den Zählerschränken gemessen wird.
- Die Schmelzsicherungen F1 schützen den Transformator vor Überlastung und bei Kurzschluß.
- Der Leistungsschalter Q4 übernimmt den Kurzschluß- und Überlastschutz der gesamten Anlage, wobei die Ströme über die Stromwandler T2 gemessen werden.
- Den Kurzschluß- und Überlastschutz der einzelnen Abgangsleitungen übernehmen die NH-Schmelzsicherungen in den Sicherungs-Lasttrennschaltern F2...7. Mit diesen können die einzelnen Abgangsleitungen vom Netz getrennt werden.
- Schutzmaßnahme: TN-C-Netz mit Überstromschutzorganen.

Inbetriebnahme

Reihenfolge der Schaltvorgänge in der Station:

1. Je nach Gegebenheit werden Q1 oder Q2 oder beide eingeschaltet, um das Sammelschienensystem an das 10 kV-Netz zu schalten.
2. Einschalten des Transformators T1 mit Q3.
3. Durch Einschalten des Leistungsschalters Q4 wird die Niederspannung an das Sammelschienensystem geschaltet.
4. Einsetzen der NH-Sicherungen in die Sicherungs-Lasttrennschalter.
5. Durch Betätigung der Sicherungs-Lasttrennschalter werden die einzelnen Abgänge eingeschaltet.

Abb. 1: Kompaktstation

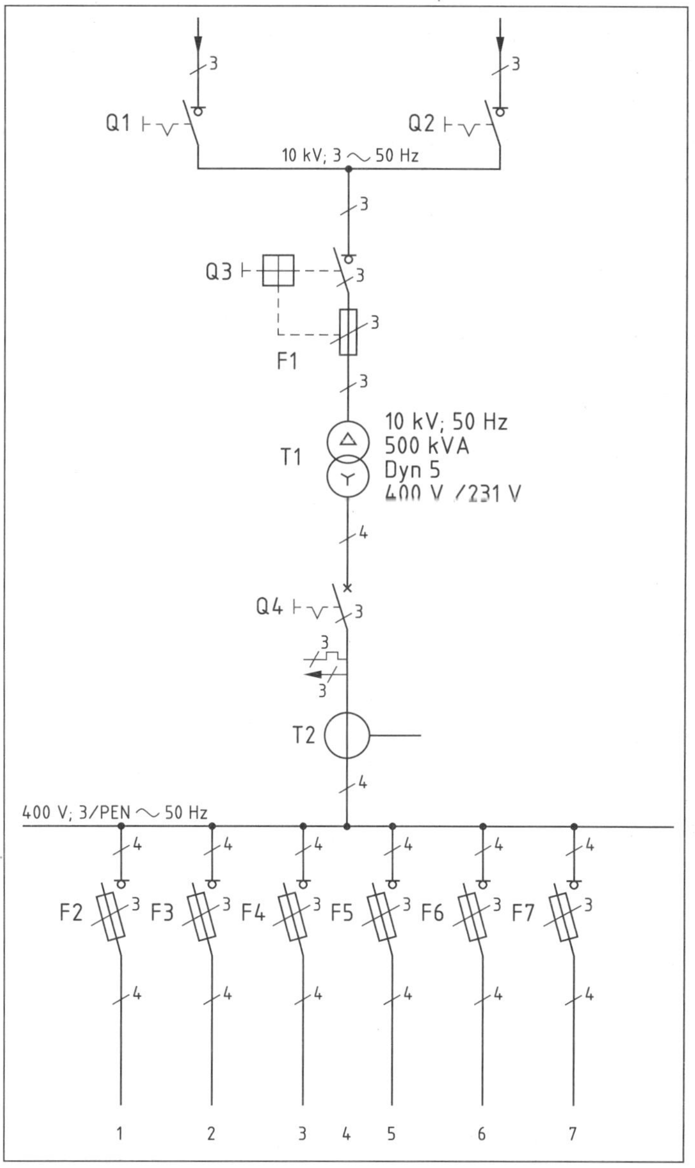

Abb. 2: Transformatorstation

Aufgaben

9.4.1 Schaltungsanalyse

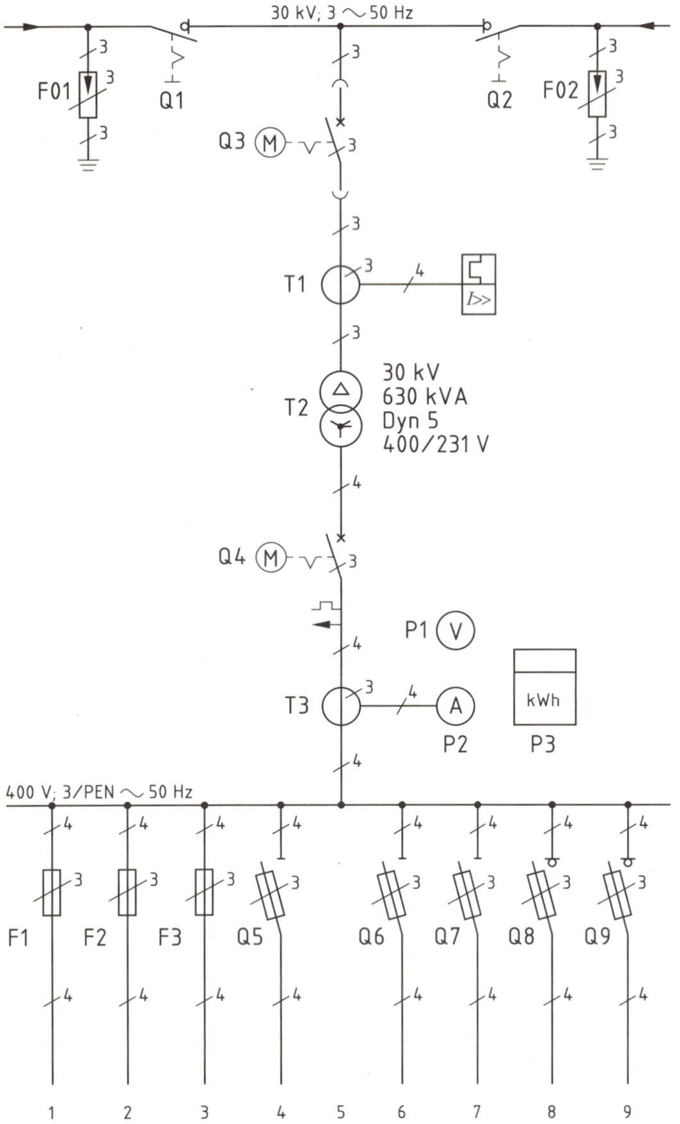

Analysieren Sie die Schaltung durch Beantwortung folgender Fragen!

1. Welcher Art sind die Schaltgeräte F01 und F02?
2. Aus welchem Netz wird eingespeist?
3. Welcher Art sind die Schalter Q1 und Q2 und welche Aufgaben haben sie?
4. Warum ist der Schalter Q3 eingebaut und welche Aufgabe hat er?
5. Warum ist T1 eingebaut?
6. Welche Schaltung und welche Eigenschaften hat T2?
7. Mit welchen Schaltgeräten wird der Verbrauch gemessen?
8. Welche Schutzmaßnahme wird im Niederspannungsnetz eingesetzt?
9. Welche Aufgaben haben die Schaltgeräte in den Nieder-spannungs-Abgängen?

9.4.2 Maststation 1

Eine Maststation hat folgende Betriebsmittel:

Einspeisung:
10 kV-Erdkabel
1 Lasttrennschalter
3 Hochleistungs-Schmelzsicherungen
3 Überspannungsableiter

Transformator:
75 kVA, 10 kV/400 V/231 V, 50 Hz, Yzn5

Abgänge:
3 Sicherungs-Lasttrennschalter

Schutzmaßnahme:
TN-C-Netz mit Überstromschutzorganen

a) Zeichnen Sie den Übersichtsschaltplan!
b) Zeichnen Sie den Stromlaufplan in zusammenhängender Darstellung!
c) Geben Sie die Funktionen der einzelnen Schaltgeräte an!
d) Welche Aufgaben haben die Überspannungsableiter?
e) Warum wird die Schaltgruppe Yzn5 gewählt?

9.4.3 Transformatorstation 1 ❑

Eine Transformatorstation wird neu eingerichtet. Eingespeist wird aus einer Freileitung-Ringleitung.

Es wird ein Transformator mit folgenden Nenndaten verwendet: 20 kV/400 V/231 V; 50 Hz, 630 kVA, u_K = 4,3 %, Dyn5.

Auf der Mittelspannungsseite werden Lasttrennschalter eingesetzt.

Die Niederspannungsseite erhält als Hauptschalter einen Leistungsschalter.

Niederspannungsabgänge:
4 Sicherungs-Trennschalter 100 A, Gr. 00
2 Sicherungs-Trennschalter 75 A, Gr. 00
2 Sicherungs-Trennschalter , Gr. 1

TT-Netz

Zeichnen Sie den Übersichtsschaltplan!

9.4.4 Spannungsfreischalten

Der Transformator der Aufgabe 9.4.1 wird ersetzt durch einen Transformator mit folgenden Nenndaten:

30 kV/400 V/231 V; 50 Hz, 630 kVA, Yzn5, u_K = 5 %.

Beantworten Sie folgende Fragen!

1. Welche Schalter müssen betätigt werden, um den Transformator freizuschalten?
2. Welche Schalter müssen betätigt werden, um den neuen Transformator in Betrieb zu nehmen?

Aufgaben

9.4.5 Transformatorstation 2

In einem Neubaugebiet soll eine Transformatorstation errichtet werden.

Einspeisung:
Erdkabel-Ringleitung

Transformatorabgang:
Lasttrennschalter
HH-Sicherungen

Transformator:
10 kV/400 V/231 V; 50 Hz; 450 kVA, Dyn5

Niederspannungsabgang:
1 Sicherungs-Lasttrennschalter Gr. 2
10 Sicherungstrennschalter Gr. 00

Zeichnen Sie den Übersichtsschaltplan!

9.4.6 Erweiterung einer Station

Die Transformatorstation der Aufgabe 9.4.3 soll erweitert werden. Es wird eine zusätzliche Leistung von 400 kW (cos $\varphi = 0{,}7$) benötigt. Deshab soll ein zusätzlicher Transformator parallel geschaltet werden.

In dem neuen Transformatorabgang werden die gleichen Geräte wie in dem vorhandenen eingesetzt.

Die Niederspannungs-Schaltanlage soll um 5 Sicherungs-Trennschalter Gr. 1 erweitert werden.

a) Zeichnen Sie den Übersichtsschaltplan der erweiterten Schaltanlage!

b) Nennen Sie die Schalter, die ausgeschaltet werden müssen, damit die Anlage umgebaut werden kann!

9.4.7 Unterstation 1

Ein Zweigwerk erhält eine Unterstation.

Einspeisung:
Erdkabel-Stichleitung
Trennschalter

Transformatorabgang:
Lasttrennschalter
HH-Sicherungen

Transformator:
150 kVA, 10 kV/400 V/231 V, 50 Hz, Yz5

Niederspannungsabgang:
1 Sicherungs-Lasttrennschalter Gr. 2
5 Sicherungs-Trennschalter Gr. 00

Zeichnen Sie den Übersichtsschaltplan!

9.4.8 Transformatorstation 3

Zeichnen Sie den Übersichtsschaltplan einer Transformatorstation mit folgenden Schaltgeräten:

Einspeisung:
1 Leistungsschalter mit Handantrieb
thermische und magnetische Überstromauslösung
Unterspannungsauslösung

Transformatorabgang:
Lasttrennschalter
HH-Sicherungen

Transformator:
450 kVA, 10 kV/400 V/231 V, 50 Hz, Dy5
500 kVA, 10 kV/400 V/231 V, 50 Hz, Yz5

Niederspannungsabgang:
2 Leistungsschalter mit therm. u. magn. Übertromauslösern
10 Sicherungslasttrennschaltern Gr. 1
12 Sicherungstrennschaltern Gr. 00

9.4.9 Maststation 2

Beschreiben Sie
a) den Aufbau und
b) die Funktion der Maststation!

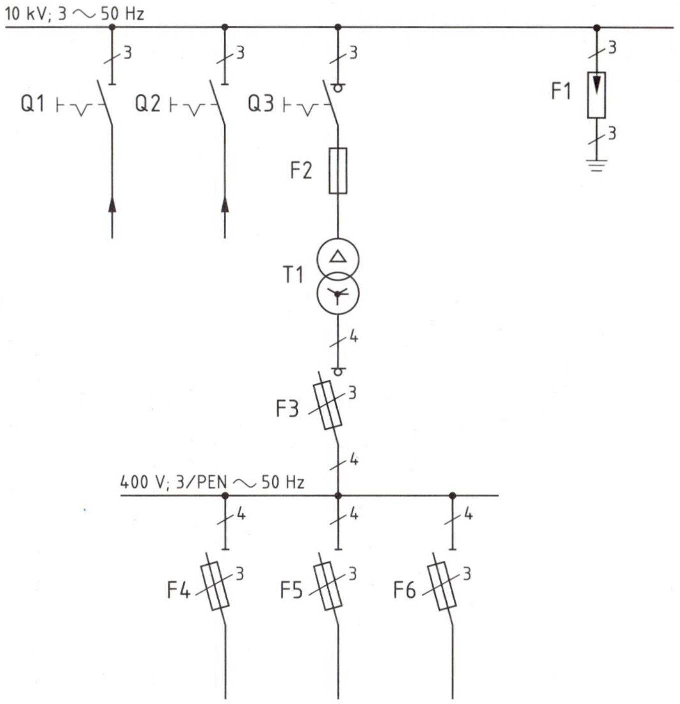

9.4.10 Unterstation 2

Beschreiben Sie
a) den Aufbau der Station und
b) die Funktion der Schaltgeräte!

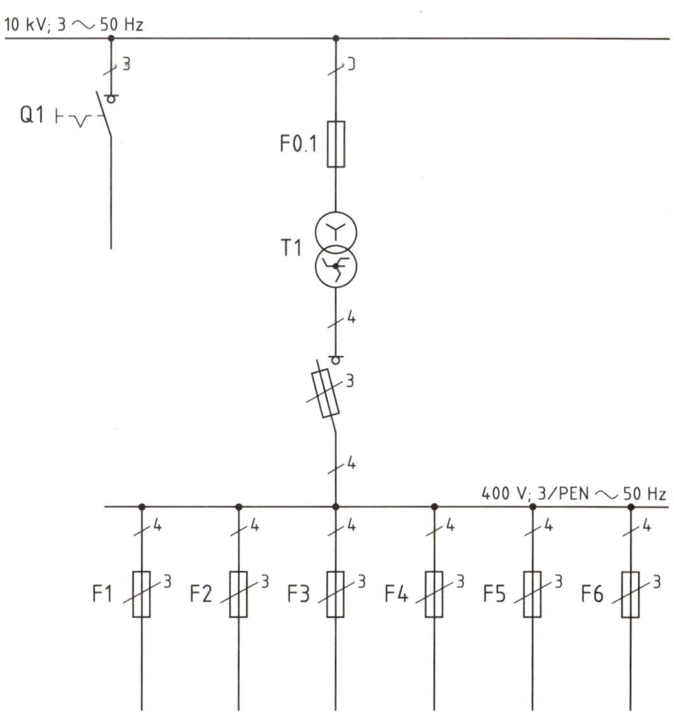

10 Haushaltsgeräte

10.1 Elektroherd

Auftrag

Eine Kochplatte eines Elektroherdes hat nicht mehr die volle Heizleistung. Der Servicetechniker soll den Fehler feststellen und das entsprechende Teil auswechseln.

Analyse der Schaltpläne

Für die Fehlersuche werden verschiedene Pläne aus den entsprechenden Serviceunterlagen benötigt. Zur Identifizierung der richtigen Kochplatte wird der **Anordnungsplan** herangezogen, der meist als Explosionszeichnung dargestellt ist. Die Abb. 1 zeigt einen Ausschnitt daraus. Da der Kunde als defekte Platte „vorn links" benannt hat, ergibt sich das Betriebsmittel A4 ①. Die Hersteller von Haushaltsgeräten geben meist statt dieser genormten Bezeichnung (z. B. A4) eine firmeninterne Bestellnummer an.

In der **Bauteilliste** sind nähere Angaben zu den Betriebsmitteln aufgeführt (Abb. 2).

A4 ist demnach die Blitz-Kochplatte mit 145 mm Plattendurchmesser ②.

Der dazugehörende Schalter ist Q2. Dies kann aus dem **Stromlaufplan** (Abb. 3) entnommen werden ③. Dieser Schaltplan zeigt alle Leitungsverbindungen.

Anstelle des Stromlaufplans benutzten viele Hersteller Verbindungspläne, Verbindungstabellen oder Verbindungsdiagramme (hierzu Aufg. 10.1.4). Sie werden als Verdrahtungspläne verwendet.

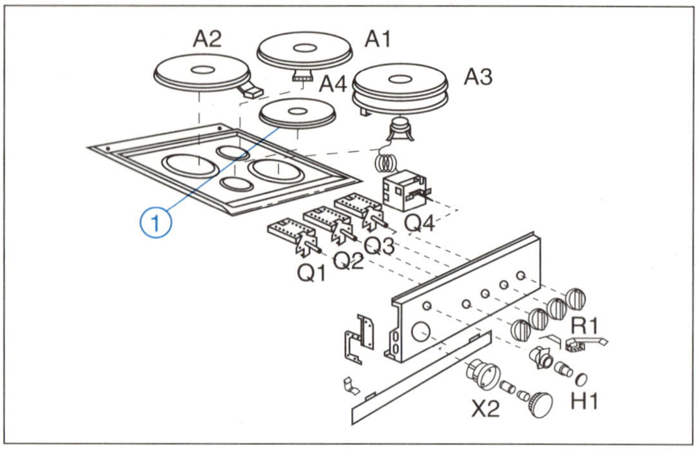

Abb. 1: Ausschnitt aus dem Anordnungsplan

A1	Normal-Kochplatte	Ø 145
A2	Normal-Kochplatte	Ø 180
A3	Automatik-Kochplatte	Ø 180
A4	Blitz-Kochplatte	Ø 145 ②
H1	Betriebsanzeige-Leuchte	
R1	Widerstand	150 kΩ
Q1	Sieben-Takt-Schalter	
Q2	Sieben-Takt-Schalter	
Q3	Sieben-Takt-Schalter	
Q4	Regelschalter	
X2	Steckdose	

Abb. 2: Bauteilliste

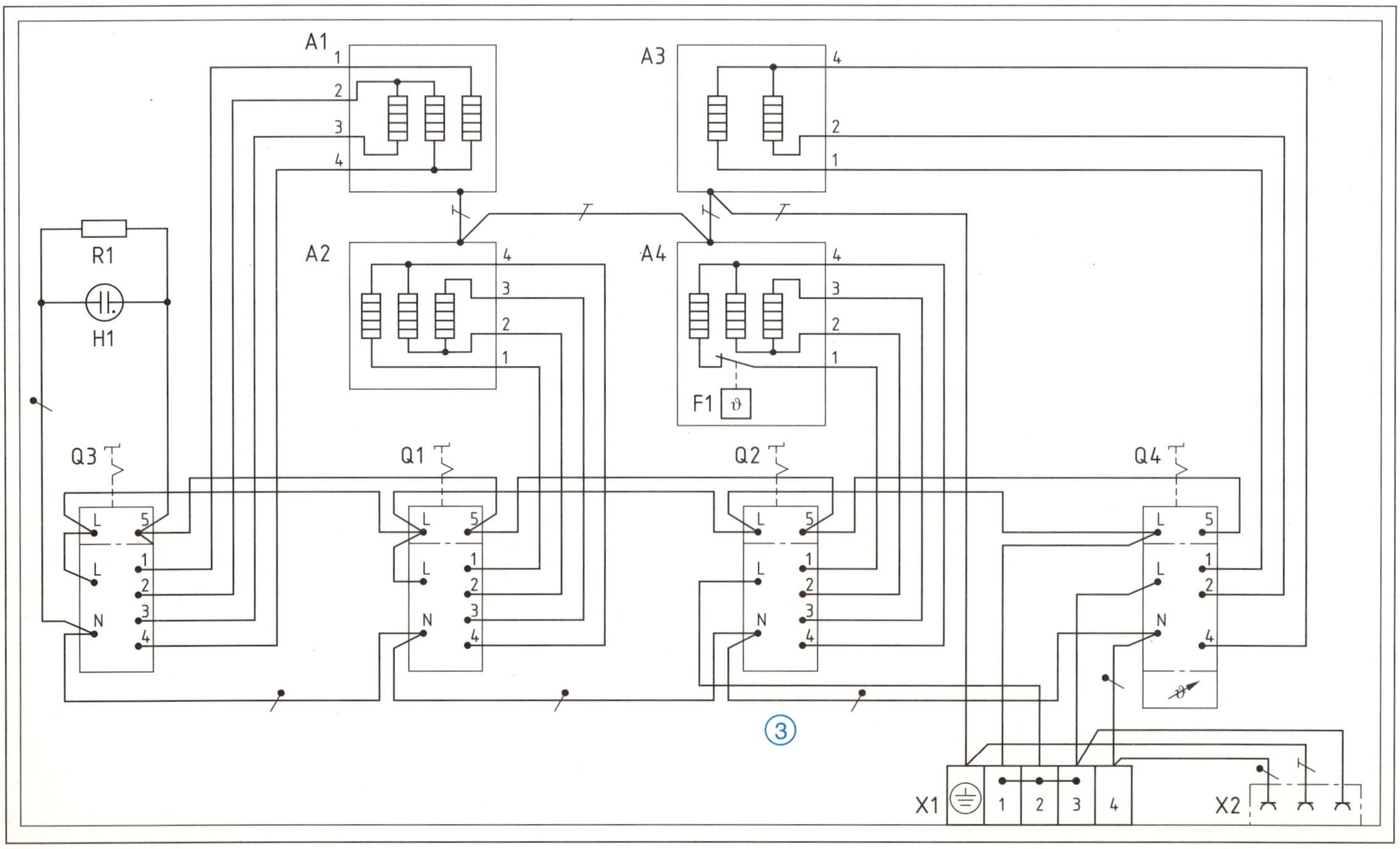

Abb. 3: Stromlaufplan

Fehlersuche

Nachdem festgestellt wurde, daß an der Herdanschlußdose die Netzspannung von 230 V anliegt, wird die Zuleitung durch Sichtkontrolle überprüft. Anschließend wird mit einem Zangenstrommesser der Strom der Ader zwischen Klemme X1:2 und Q2:L gemessen. Dabei ergeben sich folgende Werte.

Schaltstufe	6	5	4	3	2	1	0
Strom in A	3,4	3,4	2,2	1,1	0,75	0	0

Die Schaltstufe 1 scheint nicht in Ordnung zu sein und bei 6 oder bei 5 muß ein Fehler vorliegen. Um diesen lokalisieren zu können, werden noch die Angaben der Verbindungen innerhalb von Q2 benötigt. Auskunft darüber geben die **Ersatzschaltpläne der Verbindungen** (Abb. 4). Diese Tabelle befindet sich an einer besonderen Stelle in den Service-Unterlagen und nicht bei den Stromlaufplänen der einzelnen Herde.

Überprüfung der Schaltstufe 5

Die Abb. 5 zeigt einen Auszug aus dem Stromlaufplan mit den eingetragenen Schalter-Verbindungen dieser Schaltstufe. Die beiden Heizwicklungen zwischen Klemmen 2–3 und 2–4 ⑥ sind parallel geschaltet. Deshalb beträgt die Gesamtleistung 750 W und der Strom von 3,4 A. Dieser wurde auch gemessen, somit ist dieser Stromweg einwandfrei. Daher muß die Schaltstufe 6 fehlerhaft sein.

Überprüfung der Schaltstufen 6 und 1

In den Schaltstufen 6 und 1 sind zwei Verbindungen gleich, nämlich die zwischen den Klemmen :L und :1 (Abb. 4 ④ ⑤) sowie :N und :3. Der Fehler muß demnach im Stromweg (s. Abb. 6) Q2:L – Q2:1 – A4:1 – Q2:3 – Q2:N liegen. Das Teilstück Q2:N – Q2:3 – A4:3 – Knotenpunkt bei A4:1 (Abb. 6 ⑧) muß in Ordnung sein, weil es auch bei der Schaltstufe 5 verwendet worden ist. Als fehlerhaft bleibt folgender Stromweg-Abschnitt übrig:

Q2:L – Q2:1 – A4:1 – F1-Heizwicklung 750 W – Knotenpunkt ⑦.

Überprüfung der Betriebsmittel

Zuerst überprüft der Service-Techniker die **Kochplatte**. Er mißt den Widerstand zwischen den Klemmen :1 und :4 und überprüft den Wert durch eine Rechnung.

gemessener Wert: $\boldsymbol{R = 65\ \Omega}$

errechneter Wert: $R = \dfrac{U^2}{P} \qquad R = \dfrac{230^2\text{V}^2}{750\text{ W}} \qquad \boldsymbol{R = 70{,}5\ \Omega}$

Der relativ große Unterschied zwischen beiden Werten ergibt sich, weil die Heizwicklung noch für 220 V gebaut worden ist. Berechnet aber mit der gültigen Nennspannung von 230 V. Mit 220 V hätte sich ein Widerstand von 64,5 Ω ergeben.

Jetzt wird der **Schalter** überprüft. In Schaltstufe 6 haben die Klemmen Q2:L und Q2:1 Durchgang. Demzufolge muß der **Leiter** zwischen Q2:1 und A4:1 fehlerhaft sein. Bei der Durchgangsprüfung bestätigt sich die Annahme. Ein Kabelschuh hat keinen einwandfreien Kontakt zur Kupferader. Die Leitung wird ausgewechselt.

Leistungen der Heizwicklungen

Plattenart	Ø in mm	Heizwicklungen an den Klemmen 1–4	2–4	2–3
Normal	145	250 W	250 W	500 W
	180	350 W	300 W	850 W
Blitz	145	750 W	250 W	500 W
	180	850 W	300 W	850 W

Ersatzschaltpläne der Verbindungen

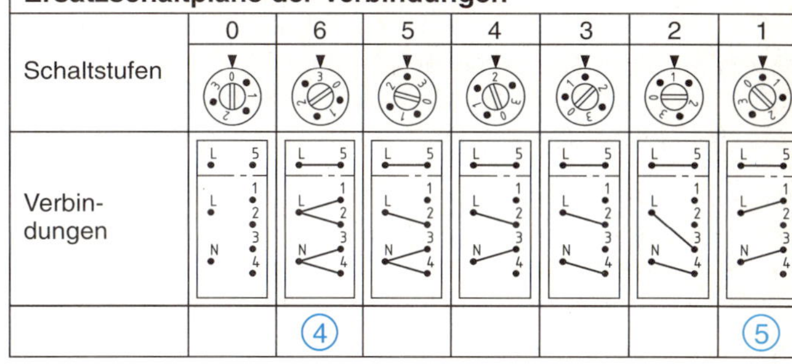

Abb. 4: Kochplattenschaltungen mit Sieben-Takt-Schalter (Auszug)

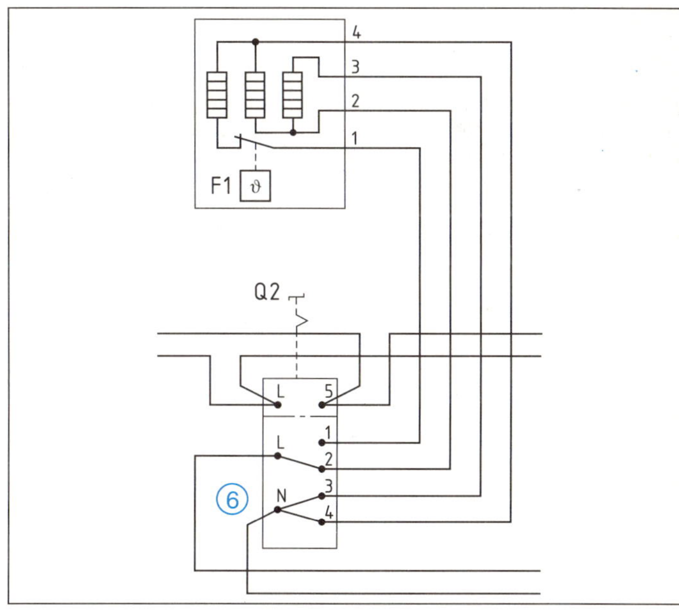

Abb. 5: Ausschnitt aus Abb. 1 mit Schalterverbindungen, Schaltstufe 5

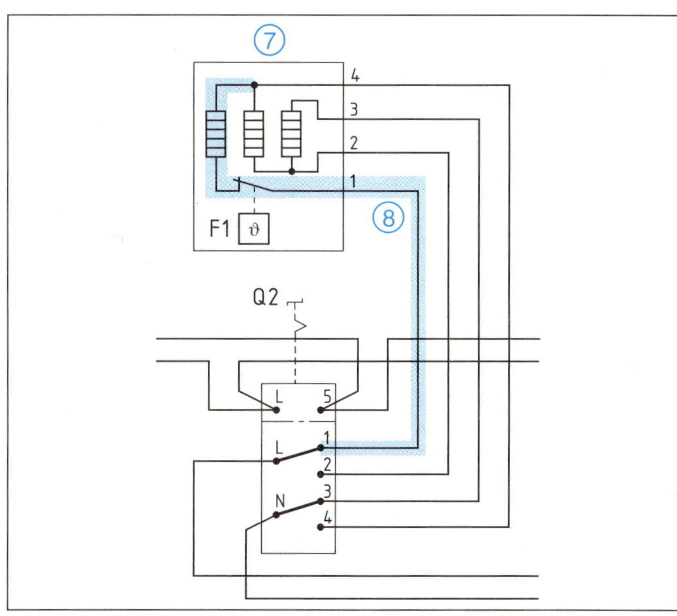

Abb. 6: Ausschnitt aus Abb. 1 mit Schalterverbindungen, Schaltstufe 1

Aufgaben

10.1.1 Kochplatte

Zeichnen Sie den Stromlaufplan in aufgelöster Darstellung für die Kochplatte A3 des Elektroherdes der Seite 132 einschließich der Glimmlampe H1 mit Widerstand!

10.1.2 Kochmulde

Die Kochmulde hat folgende Betriebsmittel:

- 1 Normal-Kochplatte A1 Ø 180 mm
- 1 Normal-Kochplatte A2 Ø 145 mm
- 1 Automatik-Kochplatte A3
- 2 7-Takt-Schalter Q1 und Q2
- 1 Regelschalter Q3
- 1 Steckdose X2
- 3 Glimmlampen 2W/7A (Anzeige: Kochplatte in Betrieb)

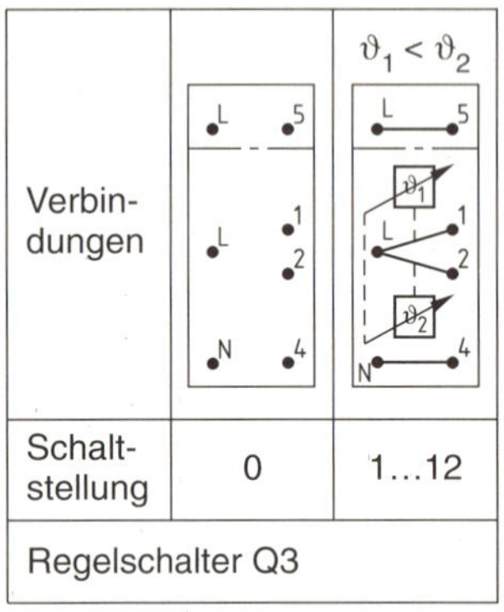

a) Zeichnen Sie einen Stromlaufplan in zusammenhängender Darstellung!
Hinweis: Ordnen Sie die Geräte nach folgender Skizze an.

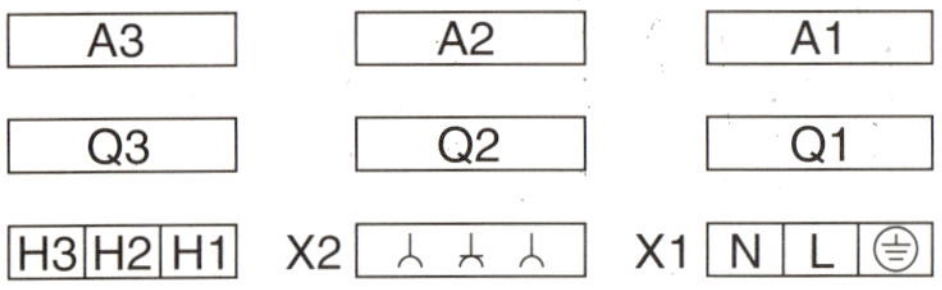

b) Zeichnen Sie den Stromlaufplan in aufgelöster Darstellung für die Kochplatte A1 mit Schalter Q1 in Schaltstellung 1!

c) Berechnen Sie zur Darstellung b) den Strom in der Zuleitung!

10.1.4 Einbauherd

Die Darstellung zeigt einen Ausschnitt aus den Hersteller-Unterlagen für einen Einbau-Herd.

a) Analysieren Sie die Funktion der Geräte, indem Sie folgende Fragen beantworten!

1. Welche Kochplatte ist die Automatik-Platte?
2. Welcher Schalter gehört zur Platte r2?
3. Welcher Außenleiter liegt an der Platte r4?
4. An welchen Schalterklemmpunkten liegt der Neutralleiter?
5. Mit welchen Kontakten wird die Glimmlampe geschaltet?
6. Wird bei der Glimmlampe der Außenleiter oder der Neutralleiter geschaltet?

b) Zeichnen Sie normgerecht den Stromlaufplan in zusammenhängender Darstellung für folgende Betriebsmittel!
Klemmleiste, Glimmlampe, sämtliche Schalter und Regler sowie Normal-Kochplatte Ø180

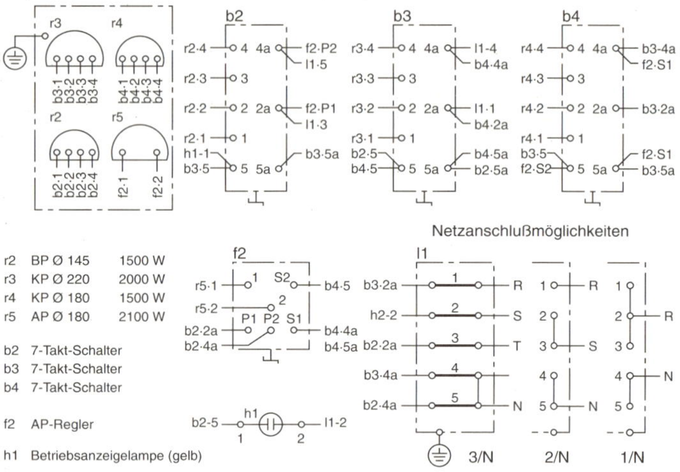

10.1.3 Backofen

a) Erläutern Sie die Funktion des Backofens, indem Sie folgende Fragen beantworten!

1. Der Backofen soll an 230 V/50 Hz angeschlossen werden. Welche Klemmen werden mit den Leitern verbunden und welche Brücken müssen gesetzt werden?
2. Welche Aufgaben haben die Glimmlampen H1 und H2?
3. Leuchtet die Backofen-Beleuchtung auch beim Aufheizen der Heizwiderstände?
4. Muß der Kontakt des Temperatur-Reglers bei allen EIN-Schaltstufen geschlossen sein?
Begründen Sie Ihre Antwort!
5. Welche Heizwiderstände werden für die Oberhitze verwendet?

b) Die Backofen-Beleuchtung soll stets eingeschaltet sein, wenn der Backofen in Betrieb ist.
Geben Sie an, welche zusätzliche Verbindung der Schalter in diesem Fall noch haben müßte!

c) Geben Sie an, wie die Klemmleiste bei Drehstrom angeschlossen werden muß!

d) Bei Drehstrom-Anschluß liegt folgendes Verhalten vor:

- Heizwiderstände sind eingeschaltet und werden heiß
- Betriebsleuchte ist in Ordnung, leuchtet aber nicht

Geben Sie den möglichen Fehler an!

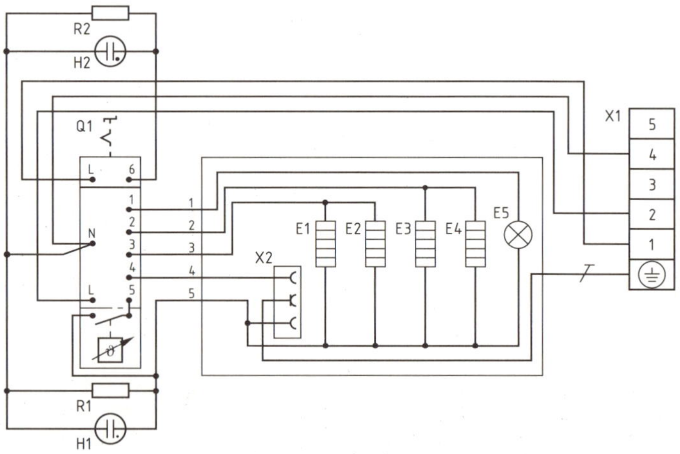

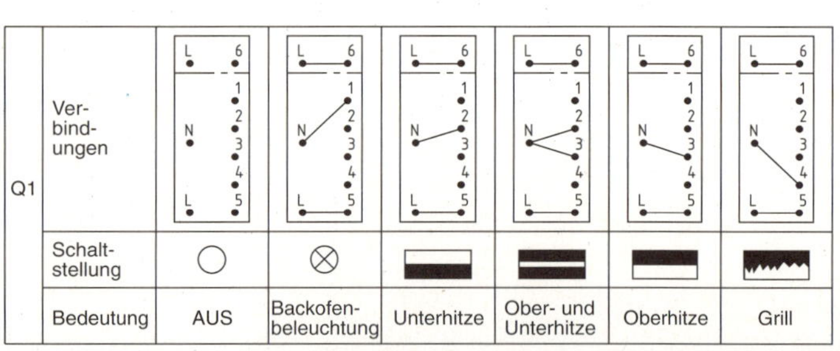

Auftrag

Ein Zwei-Kreis-Warmwasserspeicher soll an ein Drehstrom-Netz angeschlossen werden. Als Schaltungsunterlage ist ein Stromlaufplan in zusammenhängender Darstellung (Abb. 1) vorhanden. Um das Gerät richtig anschließen zu können, muß die Schaltung analysiert werden.

Aufbau der Schaltung

Der Speicher hat die Heizungen E1, E2 und E3 mit jeweils 2 kW, die mit Hilfe der Schütze K1 und K2 geschaltet werden. Die Regelung der Wasser-Temperatur wird durch den Temperaturwächter Q1 vorgenommen. Der Begrenzer F1 schützt das Gerät vor zu hohen Temperaturen. Außerdem sind noch der Taster S1 und die Glimmlampe H1 vorhanden, deren Aufgaben erst bei der Funktionsanalyse erkennbar werden.

Umzeichnen des Stromlaufplanes

Da der Stromlaufplan in zusammenhängender Darstellung (Abb. 2) zur Erläuterung der Funktion ungeeignet ist, wird er in einen **Stromlaufplan in aufgelöster Darstellung** umgezeichnet.

Wir beginnen dazu mit der Heizung E1 und verfolgen den Stromkreis bis zur Klemmleiste X1. Dort ist er an X1:5 und X1:10 angeschlossen. Da **X1:10** mit den Schützspulen und fast allen Heizungen (außer E3) direkt verbunden ist, ist an diese Klemme vermutlich der Neutralleiter angeschlossen worden. Da X1:10 mit X1:1 verbunden ist, wird der Neutralleiter an X1:1 gelegt. An den Anfang des Stromkreises (also an **X1:5**) wird ein Außenleiter angeschlossen. Wir wählen dafür L1.

Der Stromweg (Abb. 1, blau unterlegt) verläuft wie folgt:

L1 – X1:5 – F1:6 – F1:5 – K2:2 – K2:1 – E1:1 – E1:2 – X1:10 – X1:1 – **N**

Man erhält so Strompfad 1 des Stromlaufplans in aufgelöster Darstellung (Abb. 2).

Entsprechend verfährt man mit den anderen Stromkreisen. Weil dort Abzweigungen vorhanden sind, soll hier besonders darauf eingegangen werden. Als Beispiel wird der Weg von **X1:4** aus beschrieben.

L2 – X1:5 – F1:4 – F1:3 – X1:9 * ① – * ② K2:4 – K2:3 * ③ – E2:1 – E2:2 – X1:10 – X1:1 – **N**

An den mit * markierten Stellen sind Abzweigungen vorhanden, die noch angeschlossen werden müssen. So wird z. B. X1:9 (Abb. 1 ①) auch mit S1:13 verbunden (– S1:14 – X1:8 – * K1:A1 – K1:A2 – X1:10 – X1:1 – N) und K2:4 ② mit K2:14 (– K2:13 – * K1:A1). Damit keine Verbindung vergessen wird, markiert man sich die entsprechenden Stellen.

Funktion der Schaltung

Mit dem Temperaturwächter Q1 (Abb. 2) werden die Heizungen E2 und E3 in Betrieb genommen. Sie sind in Reihe geschaltet, daher ist als Heizleistung nur 1 kW vorhanden. Sie wird als **Grundheizung** bezeichnet.

An Q1 wird eine bestimmte Temperatur eingestellt. Der Wächter-Kontakt Q1:1/2 öffnet, wenn das Wasser die eingestellte Temperatur erreicht hat. Wird die Temperatur geringer, schließt er wieder. Q1 arbeitet also als **Zwei-Punkt-Regler** (vgl. 18.4).

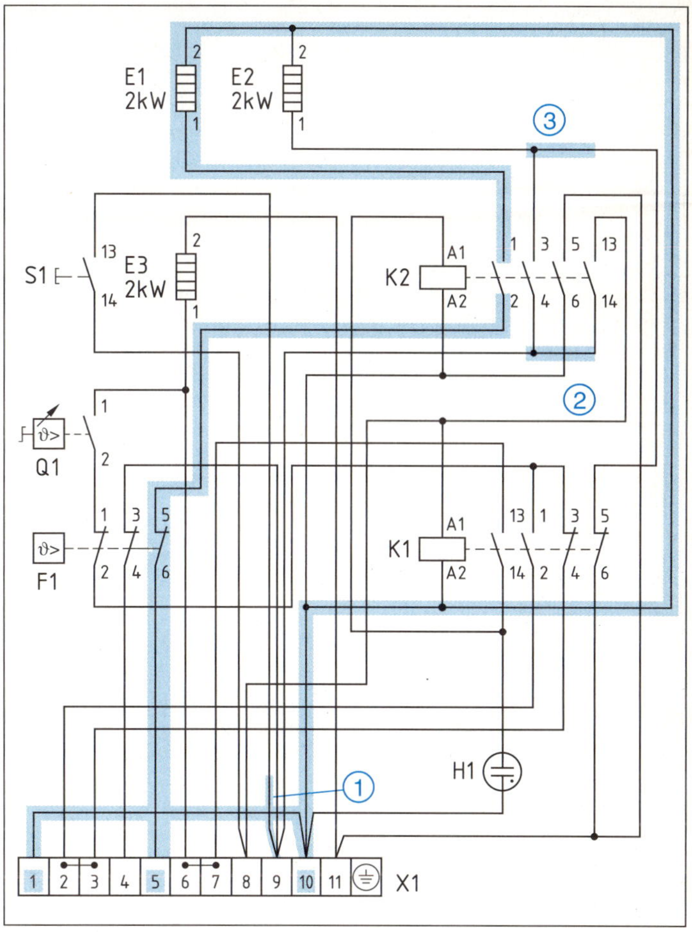

Abb. 1: Stromlaufplan in zusammenhängender Darstellung

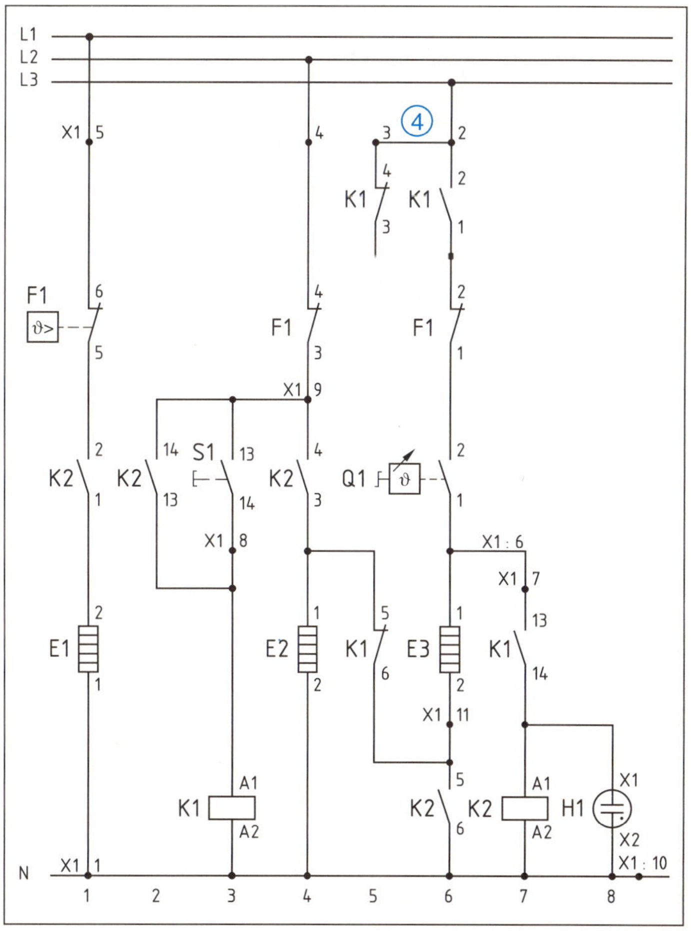

Abb. 2: Stromlaufplan in aufgelöster Darstellung

Die **Zusatzheizung** wird durch Betätigen von S2 eingeschaltet
L2 – X1:4 – F1:4 – F1:3 – S1:13 – S1:14 – X1:8 – K1:A1 – K1:A2 – X1:1 – **N**

- K1:5/6 ⑤ öffnet → E2 und E3 stromlos
- K1:13/14 ⑦ schließt → K2 zieht an und H1 leuchtet
- K2:5/6 ⑥ schließt → E3 an Spannung
- K2:3/4 ④ schließt → K2 an Spannung
- K2:1/2 ① schließt → E1 an Spannung
- K2:13/14 ② schließt → Selbsthaltung über K1

Alle drei Heizungen liegen an Netzspannung, wenn L1 an X1:5, L2 an X1:4 und L3 an X:2 oder X1:3 angeschlossen ist. Die Gesamtleistung beträgt daher 6 kW. Die Glimmlampe H1 zeigt den Zustand EIN der Zusatzheizung an.

Ist die eingestellte Temperatur erreicht, öffnet Q1 und K2 wird stromlos. Der Kontakt K2:13/14 (2) öffnet und die Spule von K1 wird stromlos. E1 ... E3 sind damit abgeschaltet. Sinkt die Temperatur des Wassers wieder, schließt Q1 und schaltet damit E2 und E3 in Reihe (Grundheizung) ein.

Ein Zwei-Kreis-Speicher hält mit seiner Grundheizung das Wasser auf der eingestellten Temperatur. Durch Taster wird die Zusatzheizung eingeschaltet. Durch diese hohe Leistung wird die gewünschte Temperatur schneller erreicht.

Hinweise

- In der Grundheiz-Stufe kann die Heizung E2 durch Überbrücken des Kontaktes K2:5/6 (6) kurzgeschlossen werden. Dadurch wird die Leistung auf 2 kW erhöht. Dazu werden die Klemmen X1:11 und X1:10 (Abb. 1 ①) gebrückt.
- Die Parallelschaltung von K1:1/2 (6) und K1:3/4 (5) erscheint auf den ersten Blick widersinnig. Sie ist auch nur zu erklären, wenn eine mögliche Steuerung der Grundheizung mit Hilfe von Rundsteuer-Relais oder Schaltuhren in Betracht gezogen wird. Man öffnet dazu die Brücke zwischen X1:2 und X1:3 (Abb. 2, Seite 135 ④) und schließt dort den betreffenden Kontakt des Steuergerätes an (Abb. 1 ②).

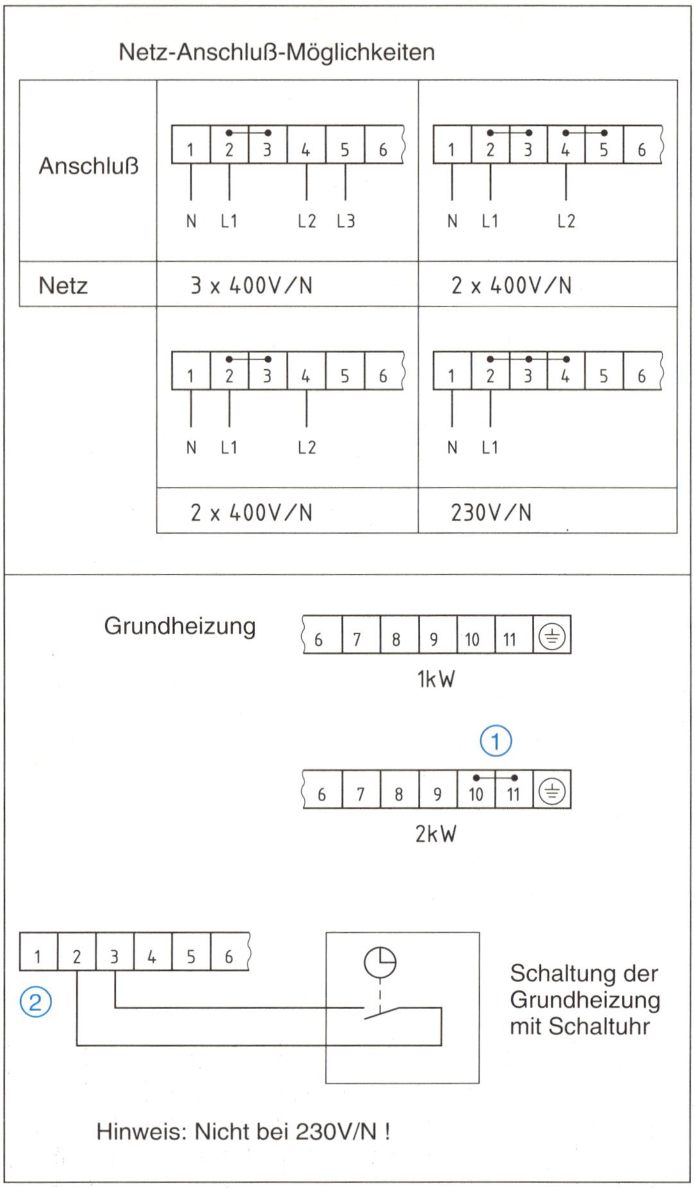

Abb. 1: Anschluß-Möglichkeiten

Aufgaben

10.2.1 Zwei-Kreis-Speicher

a) Beantworten Sie zum Speicher (Seite 135) folgende Fragen! Begründen Sie Ihre Antworten!

1. Welche Wirkung hat das Betätigen von S1, wenn Q1 offen ist?
2. Welche Gesamtleistung ist vorhanden, wenn die Zusatzheizung eingeschaltet ist?
3. Welche Gesamtleistung ist vorhanden, wenn die Zusatzheizung eingeschaltet ist und der Kontakt K2:5/6 (6) überbrückt ist?

b) Für dieses Gerät sind die in Abb. 1 dargestellten Netz-Anschlüsse möglich.
Geben Sie an, welche Gesamtleistung sich für jede Möglichkeit ergibt!

10.2.2 Funktionsanalyse

a) Schildern Sie die Funktion des Gerätes, dessen Schaltung abgebildet ist!

b) Geben Sie an, um welches Gerät es sich handelt!

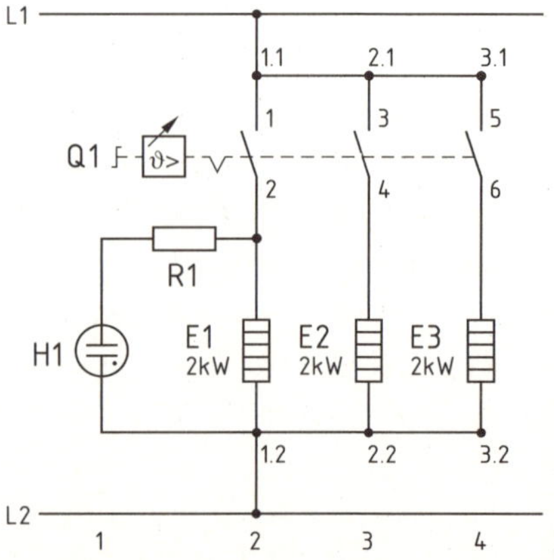

Aufgaben

10.2.3 Schaltungsanalyse

a) Analysieren Sie die folgende Schaltung, indem Sie folgende Fragen beantworten!

1. Welche Leistung hat die Grundheizung?
2. Zwischen welche Klemmen kann eine Nacht-Tarif-Schaltung (Rundsteuer-Relais oder Schaltuhr) für die Grundheizung angeschlossen werden?
3. Welche Funktionen haben die Betriebsmittel F1, Q1, S2, H1 und K1?
4. Wie ändert sich die Funktion dieser Schaltung, wenn Q1 eine Raste hat?

b) Zeichnen Sie den Stromlaufplan in aufgelöster Darstellung!

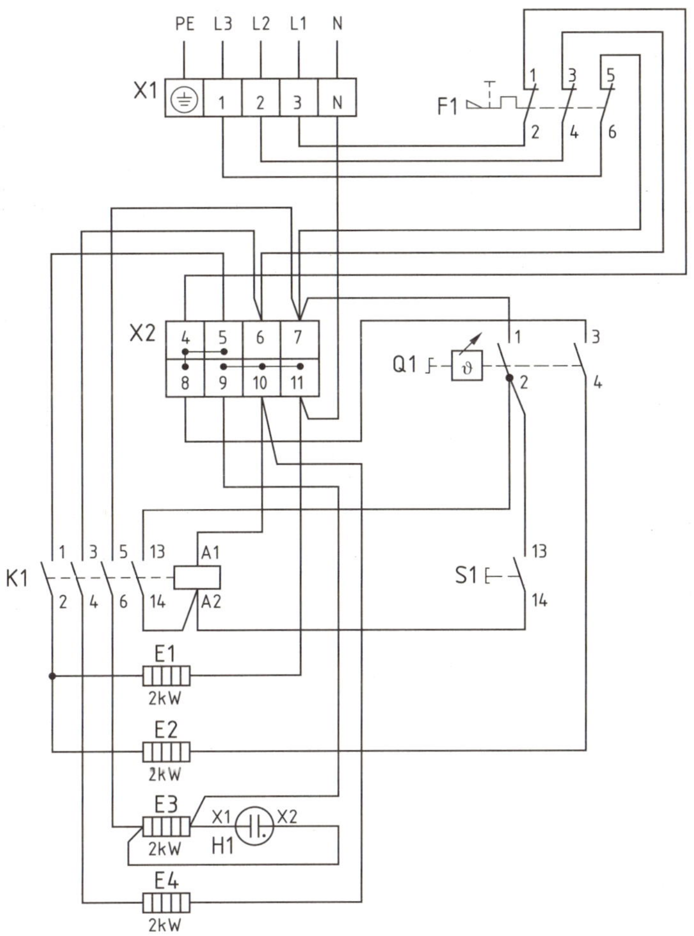

10.2.4 Durchlauferhitzer

Das abgebildete Schaltbild stammt aus den Unterlagen eines Herstellers von Warmwassergeräten.

a) Zeichnen Sie den Stromlaufplan in zusammenhängender Darstellung mit genormten Schaltzeichen!

b) Geben Sie die Aufgaben der vier Schaltgeräte an!

c) Analysieren Sie die Schaltung, indem Sie folgende Fragen beantworten!
Begründen Sie die Antworten!

1. Für welche Spannung ist die Kombination Signallampe/Vorwiderstand ausgelegt?
2. Kann die Schaltung durch Brücken am Klemmbrett für einen Anschluß an L1 und N vorbereitet werden?
3. Welchen Betriebszustand gibt die Signallampe an?
4. Würde sich am Verhalten der Signallampe etwas ändern, wenn die Kombination statt an der Klemme 3 an der Klemme 4 des Druck-Schalters angeschlossen ist?
5. Sind bei geöffnetem Regler und nicht betätigtem Teillastschalter Heizkörper in Betrieb?

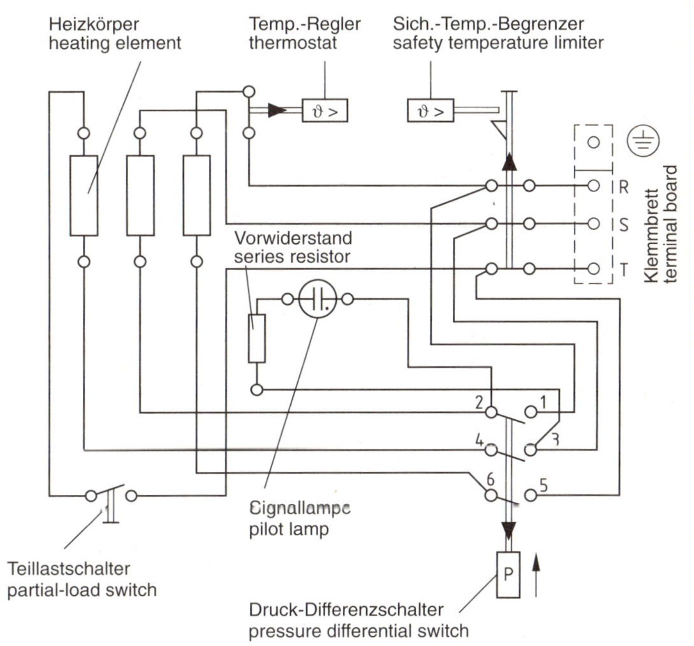

10.2.5 Kochendwassergerät

Analysieren Sie die Schaltung, indem Sie folgende Fragen beantworten!

Begründen Sie Ihre Antworten!

1. Welches Bauteil wird als Trockengeh-Schutz bezeichnet?
2. Welche Funktion hat Q1?
3. Was geschieht, wenn das Wasser 100 °C erreicht hat?
4. Wird das Wasser noch warm gehalten, wenn F1 öffnet?
5. Verändert sich die Helligkeit der Glimmlampe während des Betriebes?

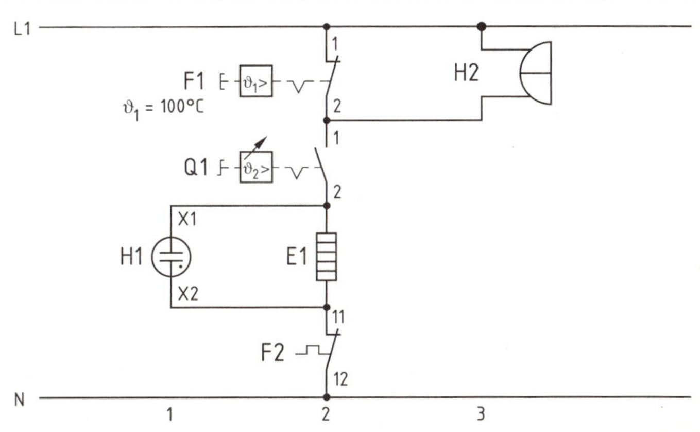

10.3 Geräte mit Schaltwerken

Auftrag

Bei einem defekten Geschirrspüler läuft zwar das Wasser zu, aber die Sprüharme bewegen sich nicht. Um den Fehler zu finden, muß der Servicetechniker sich an Hand der Unterlagen einen Einblick über den Aufbau der Schaltung verschaffen und den Stromlaufplan analysieren.

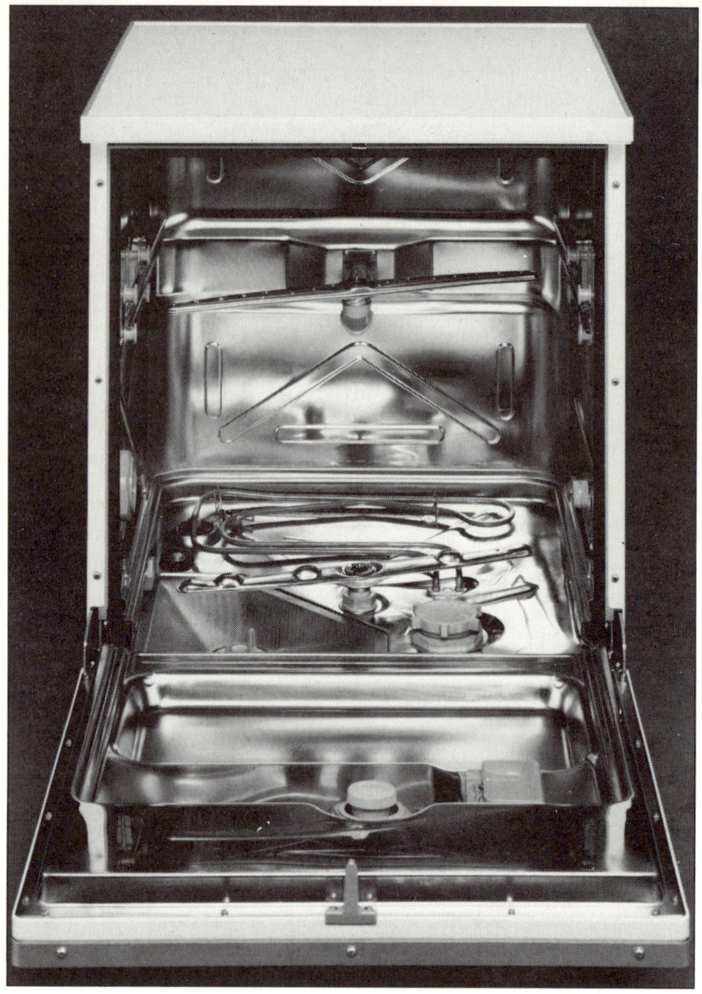

Abb. 1: Geschirrspüler

Aufbau der Schaltung (Abb. 4)

Dieser Geschirrspüler wird mit dem **Programmschaltwerk** S1, dem Wahltaster S2 sowie der Starttaste Q1 gesteuert. Der Programmschalter S1 kann von Hand (Abb. 2 und Abb. 4 ①) eingestellt werden. Ist Q1 betätigt, bekommt M1 ① Spannung und das Programmschaltwerk S1 läuft. Das Ablaufdiagramm ② zeigt an, bei welchem Schaltschritt die Kontakte geschlossen sind. Zur schnellen Identifizierung der Kontakte sind diese mit lfd. Nummern versehen und an die Betriebsmittel-Kennzeichnung angehängt (z. B. S1.1).

Aus der Schalttabelle für S2 ⑤ ist zu erkennen, daß mit dem **Wahltaster** S2 die Heiztemperatur zwischen 55 °C und 65 °C gewählt werden kann. Die dazu gehörenden Wächter Q3 und Q4 befinden sich im Strompfad 3 bzw. 4. Der Zwei-Punkt-Regler Q2 (2) regelt die Heizung E1 (2) auf den Sollwert 75 °C. Außerdem sind noch die beiden **Druckwächter** Q5 (5) und Q6 (8) vorhanden, die bei unterschiedlichen Wasserhöhen schalten, da p_1 kleiner p_2 ist.

Der Motor M2 (4) treibt die **Umwälzpumpe**, die das Wasser durch die Sprüharme drückt. Durch den Rückstoß bewegen sie sich. Das **Ventil V1** (5) stellt den Wasserzulauf, während Y2 (7) eine Kochsalzlösung in die Enthärtungsanlage leitet, um die dortige Füllung zu reaktivieren. Der Motor M3 (9) treibt die **Laugenpumpe**. Die **Glimmlampe** H1 (10) zeigt an, daß S2 betätigt wurde, d. h. daß Spannung an der Schaltung liegt.

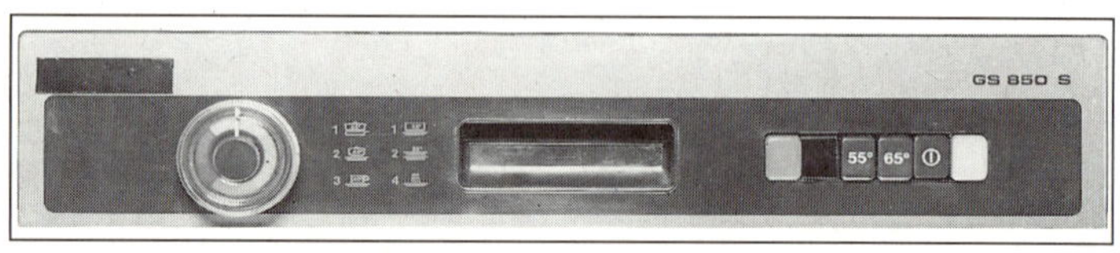

Abb. 2: Bedienungselemente

Funktion der Schaltung

Nach einstellen des Programmschalters S1 auf Schaltschritt 1, und drücken des Wahltasters S2 sowie der Starttaste Q1 wird der Motor M1 an Spannung gelegt und das Programmschaltwerk beginnt zu steuern. Während der Schaltschritte 1 und 2 sind die Kontakte S1.1 ③ und S1.6 ④ geschlossen, das Ventil Y1 (5) bekommt Spannung und damit kann Wasser zulaufen.

> Ventile in Waschmaschinen und Geschirrspülern sind im stromlosen Zustand geschlossen

Damit der Wasserstand nicht unzulässig hoch wird, ist die **Regelung** über den Zwei-Punkt-Regler Q5 (5) vorgesehen, denn je nach Wasserhöhe ist entweder Q5:1/2 oder Q5:1/4 geschlossen.

Abb. 3: Programmschaltwerk

Schaltschritt 3:

S1.1 (1) geschlossen → M1 (1) noch an Spannung
→ Schaltwerk läuft

S1.6 (5) offen → Y1 (5) ohne Spannung
→ kein Wasserzulauf

S1.9 (9) geschlossen → M3 (9) ein
→ Laugenpumpe arbeitet

S.1.2 (2) geschlossen → noch ohne Wirkung

Schaltschritte 4 und 5:

S1.1 (1) offen → M1 ohne Spannung
→ Schaltwerk arbeitet nicht mehr

S1.2 (2) geschlossen + Regelung durch Q5 (5)
→ Q5:1/4 geschlossen
→ M1 (1) wieder Spannung
→ Schaltwerk arbeitet weiter

S1.5 (4) geschlossen + Regelung durch Q5 (5)
→ Q5:1/4 geschlossen
→ M2 (4) an Spannung
→ Umwälzpumpe arbeitet
→ Sprüharme drehen sich

S1.6 (5) geschlossen + Regelung von Q5 (5)
→ Q5:1/2 noch geschlossen
→ Y1 (5) hat wieder Spannung
→ wieder Wasserzulauf

S1.9 (9) offen → M3 ohne Spannung
→ Laugenpumpe arbeitet nicht

Fehlersuche

Da sich die Sprüharme entgegen dem Programm bei den Schaltschritten 4 und 5 nicht bewegen, muß jetzt nach dem fehlerhaften Teil gesucht werden. Hierzu schließt man zuerst diejenigen Betriebsmittel aus, die bei vorhergehenden Schaltschritten bereits benutzt worden sind und dort einwandfrei funktioniert haben. Hierzu ist es zweckmäßig, sich den entsprechenden Stromweg im Stromlaufplan zu markieren (blaue Hinterlegung in Abb. 4).

Der Taster S2 und die Starttaste Q1 müssen in Ordnung sein, da das Schaltwerk sonst überhaupt nicht arbeiten würde. Der Motor M2 (4) wird überprüft und ist in Ordnung. Da er nicht arbeitet, muß der Fehler bei den Betriebsmitteln Q6 (8), M2 (4), S1.5 (4) oder S1.2 (2) liegen. Der Servicetechniker wartet den Wasserzulauf ab. Bei der Soll-Höhe schaltet Q5 (5) um. Der Kontakt Q5:1/4 überbrückt S1.2. Die Umwälzpumpe arbeitet immer noch nicht. S1.2 ist demnach in Ordnung. Zur Überprüfung von Q6 (8) wird das Programmschaltwerk S1 von Hand in Schritt 26 geschaltet. Wieder fließt Wasser zu, da auch S1.7 (6) geschlossen ist. Ist die Soll-Höhe 2 ($p_2 > p_1$) erreicht und der Motor M2 arbeitet immer noch nicht, muß der Kontakt S1.5 (4) defekt sein. Das Schaltwerk wird einer genauen Sichtkontrolle unterzogen und dann ausgewechselt.

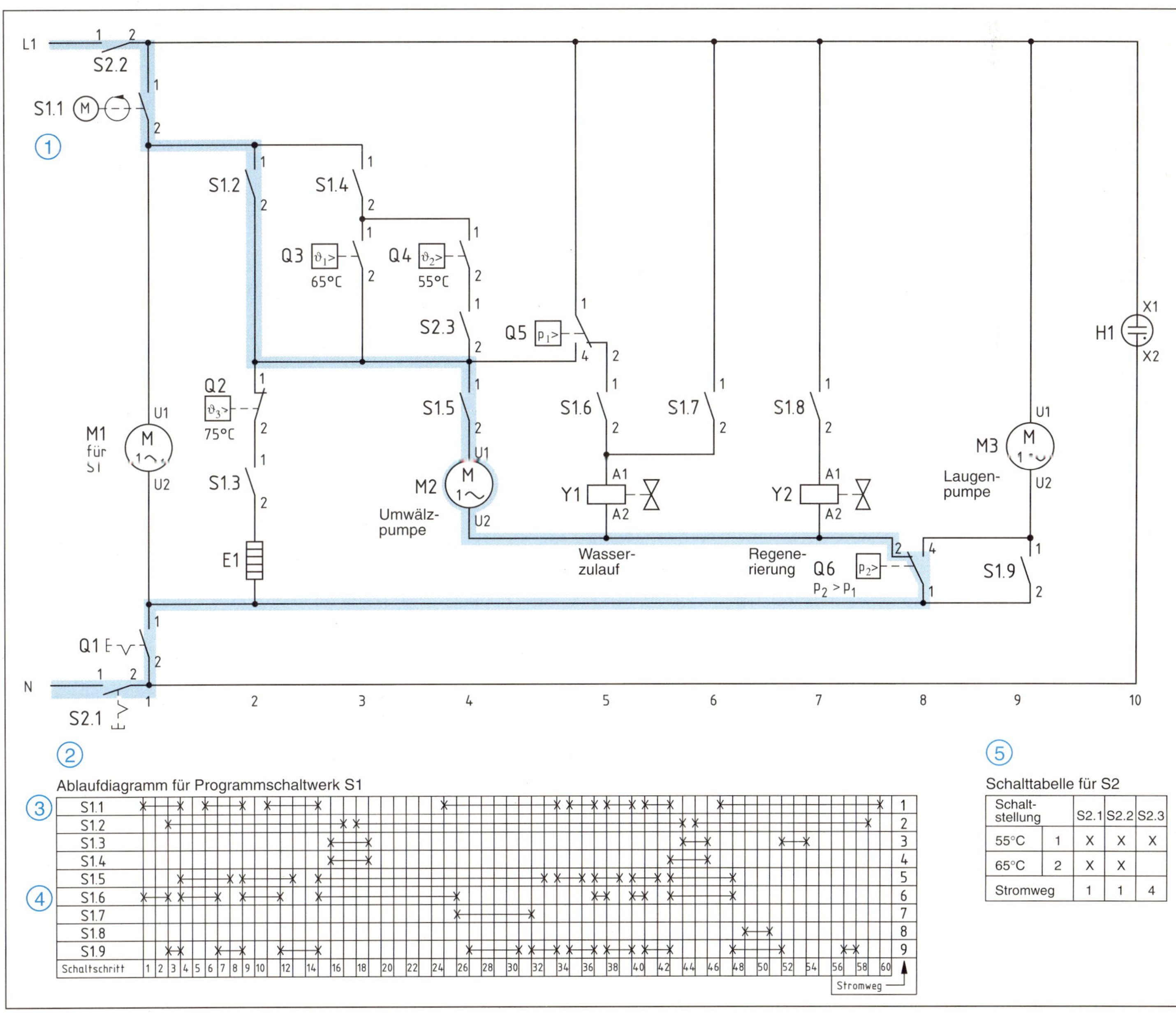

Schalttabelle für S2

Schaltstellung		S2.1	S2.2	S2.3
55°C	1	X	X	X
65°C	2	X	X	
Stromweg		1	1	4

Abb. 4: Schaltungsunterlagen für einen Geschirrspüler

Aufgaben

10.3.1 Geschirrspüler

a) Zeichnen Sie zur Schaltung (Seite 139) die stromführenden Kreise als Stromlaufpläne in aufgelöster Darstellung für folgende Betriebszustände, und zwar
- vor dem Umschalten von Q5 und
- nach dem Umschalten!

Bedingungen:
- Q1 betätigt
- S1 im Schaltschritt 40
- S2 in Schaltstellung 1

b) Erstellen Sie eine Funktionstabelle des gesamten Ablaufs des Programmschaltwerkes nach folgendem Muster für alle Motoren und Ventile sowie für die Heizung!

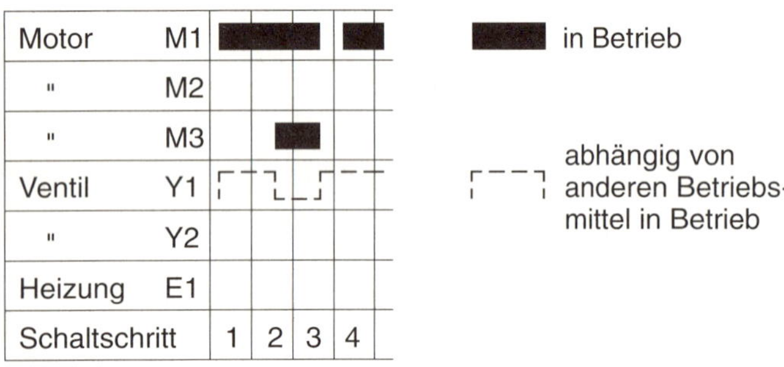

10.3.2 Trockenautomat

Der Trockenautomat (Seite 141, Abb. 1) enthält eine elektronische Regelung N1. Zwischen den Fühlern X1 und X2 liegt der Inhalt der Trommel. Die Regelung verarbeitet die Widerstandsänderung der Wäsche als Stromwerte für das Relais K1. Mit S2 können an die Eingangsklemmen 1, 2 und 3 von N1 unterschiedliche Voraussetzungen gelegt werden. Damit schaltet das Relais bei unterschiedlichen Stromstärken.

a) Analysieren Sie die Schaltung, indem Sie folgende Fragen beantworten!
1. Welche Funktion zeigt H1 an?
2. Durch welche Kontakte wird die Regelung N1 unwirksam?
3. Welche Aufgabe hat F1?
4. Welche Aufgabe hat F2?
5. Wann ertönt H2?
6. Wodurch wird Q1 betätigt?
7. Was geschieht während des Schaltschrittes 2, wenn S2 sich in den Schaltschritten 1...3 befindet?
8. Was geschieht während der Phase zwischen den Schaltschritten 9...16?
9. Welche Funktion hat der Kontakt S2.5?

b) Zeichnen Sie den Stromlaufplan in aufgelöster Darstellung für alle stromführenden Kreise beim Schaltschritt 18, wenn sich S2 in Stellung 3 befindet!

10.3.3 Schaltungsanalyse

a) Analysieren Sie die Waschmaschinen-Schaltung (Seite 141, Abb. 2), indem Sie folgende Fragen beantworten und Ihre Antworten begründen!
1. Welche Funktion hat der Wahlschalter Q2?
2. Welche Funktion hat der Wahlschalter Q4?
3. Welchen Zustand zeigt H1 an?
4. Kann Wasser zulaufen, wenn die Tür offen ist?
5. Durch welches eigene Schaltglied wird das Programmschaltwerk geschaltet?
6. Welche Funktion haben die Schaltglieder S1.4 und S1.5?
7. Welche Funktion hat F1?
8. Welche Bedingungen müssen erfüllt sein, damit alle drei Heizspiralen heizen?
9. Im Ablaufdiagramm für S1 finden Sie die Startstellen A bis D.
   Welche dieser Stellen muß für die 60 °C-Wäsche eingestellt werden?

b) In der Schaltung verriegelt B1 (5) die Tür der Waschmaschine nur während des Schleuderganges.

Geben Sie an, wie die Schaltung verändert werden müßte, damit die Tür während des gesamten Arbeitsvorganges nicht geöffnet werden kann!

10.3.4 Waschmaschinen-Überprüfung

a) Zeichnen Sie den Stromlaufplan in aufgelöster Darstellung für die stromführenden Kreise der Schaltung (Seite 141, Abb. 2) beim Schaltschritt 2 von S1 und der 27. Sekunde des Reversierschaltwerkes S1, wenn Q1 betätigt und Q5:11/14 geschlossen ist!

b) Bei der Überprüfung der Schaltung wurde festgestellt, daß nur folgende Schaltglieder von S1 geschlossen waren:

S1.1:1/3 S1.4:1/2 S1.5:1/2 S1.6:1/2 S1.7:1–3

Geben Sie an, um welchen Schaltschritt es sich handelt!

c) Der defekte Trommelmotor ist durch einen neuen ersetzt worden. Das Programmschaltwerk befindet sich im Schaltschritt 25, aber der Motor (Schleudergang) arbeitet nicht.

Geben Sie an, welche anderen Betriebsmittel (Bauteile, Schaltglieder) noch überprüft werden müssen, um den Fehler zu finden!

Aufgaben

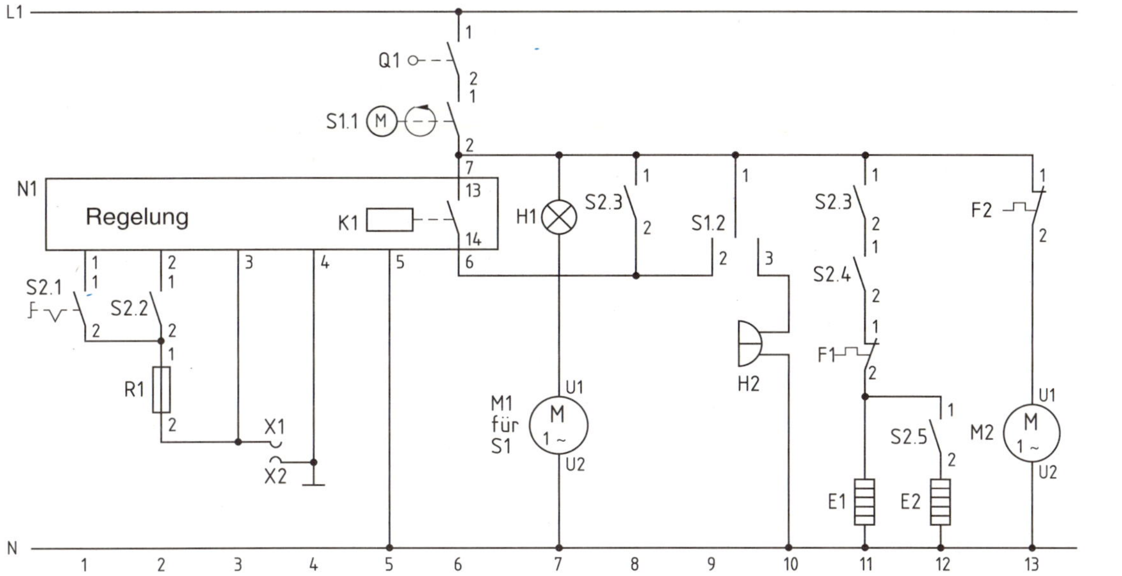

Symbol	Schaltstellung	S21	S22	S23	S24	S25
	0					
	1		X		X	X
	2	X			X	X
	3	X	X		X	X
	4	X	X	X		
	5	X	X	X	X	
	6	X	X	X	X	X
	Stromweg	1	2	8	11	12

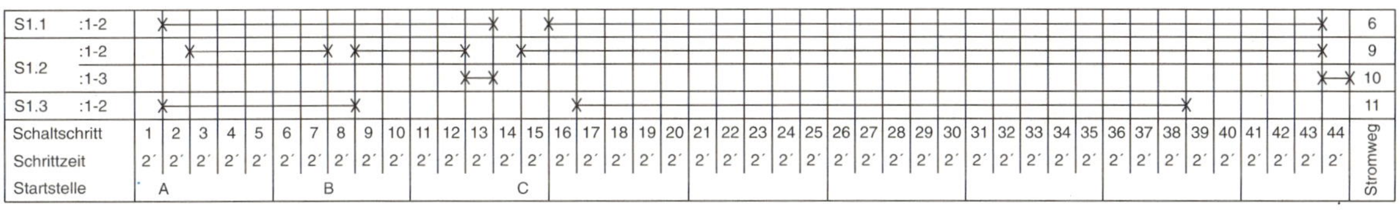

Abb. 1: Trockenautomat mit Ablufteinrichtung

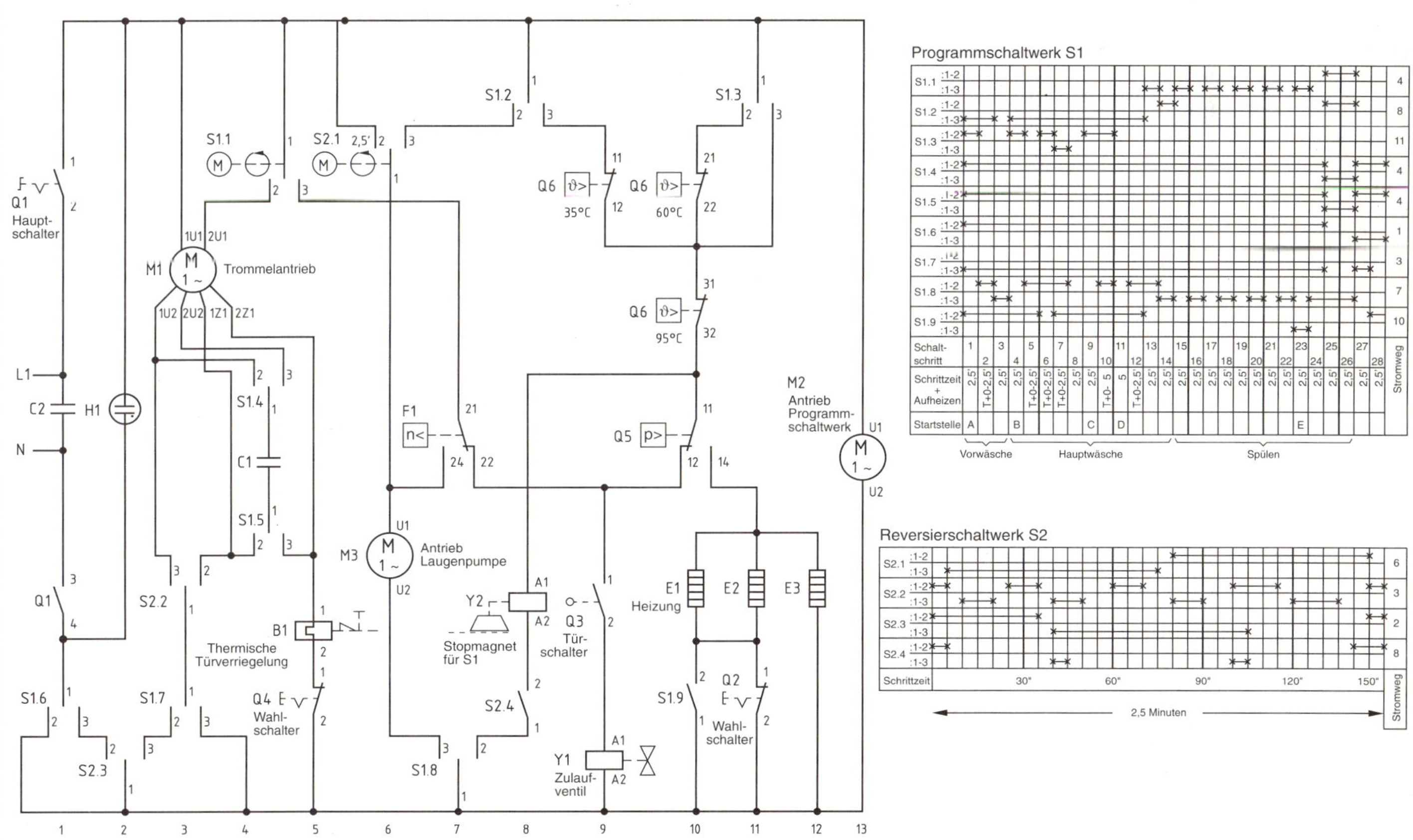

Abb. 2: Waschmaschine (Auszüge aus den Unterlagen eines Herstellers)

11 Gebäudeinstallation

11.1 Anlagen mit Leuchten

Auftrag 1

Mit dem Inhaber der Wohnung wurde die Installation der in Abb. 1 eingezeichneten Betriebsmittel abgesprochen. Es sind die notwendigen Leitungen (Leitungsart und Leitungsquerschnitt) sowie deren Schutzeinrichtungen festzulegen.

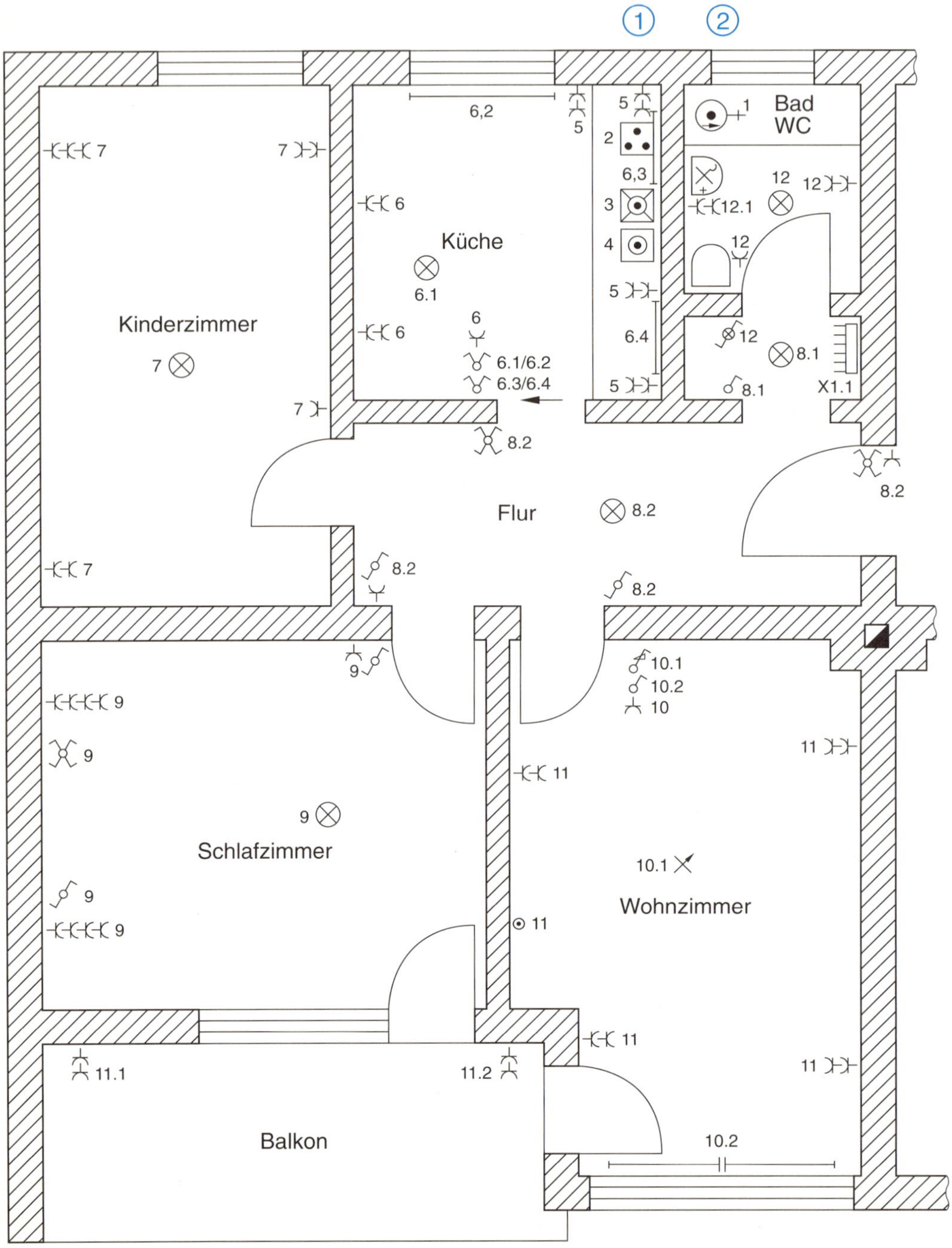

Legende:

400 V; 3/N/PE ~ 50 Hz

1 **Stromkreis**-Nummer
1.1 Stromkreis-Nummer mit Kennziffer des zugeordneten Betriebsmittels ③

Verlegeart:
NYIF mit Abzweigdosen ④

Montagehöhe über OKFB:
Steckdosen in Küche und WC (12.1) 1,05 m ⑤

Schutz bei indirektem Berühren:
FI-Schutzschalter $I_{\Delta n}$ = 0,5 A ⑥

zusätzlicher Schutz im Bad:
Potentialausgleich
FI-Schutzschalter $I_{\Delta n}$ = 30 mA ⑦

Leistungen:

Durchlauferhitzer	18	kW
Herd	10	kW
Geschirrspülmaschine	3,3	kW
Waschmaschine	3,3	kW

M 1:100

Abb. 1: Installationsplan einer Wohnung

Analyse des Installationsplanes

Die Ziffern an den Betriebsmitteln stellen die **Nummern der Stromkreise** dar (siehe Legende des Installationsplanes). Daraus ist zu erkennen, daß im Wohnzimmer und in der Küche getrennte Stromkreise für Steckdosen und Licht vorgesehen sind. Die Anzahl der Stromkreise ergibt sich aus der DIN 18 015. Diese Vorschrift ist die Grundlage für die „Anforderungen an elektrische Anlagen in Wohngebäuden" RAL[1]-RG 678 (Seite 147). Für die festangeschlossenen Geräte (Herd, Geschirrspüler, Waschmaschine) in der Küche ① sowie den Durchlauferhitzer im Bad ② sind eigene Stromkreise vorgesehen.

Die Legende gibt auch Auskunft über die **Verlegeart** der Leitungen. Für diese Wohnung soll Stegleitung ④ verwendet werden. Wird bei der Montagehöhe von Schaltern und Steckdosen von den Empfehlungen der DIN 18 015 abgewichen, dann ist die entsprechende Höhe anzugeben ⑤.

Den **Schutz bei indirektem Berühren** übernehmen FI-Schutzeinrichtungen. Für das Bad ist ein FI-Schalter ⑦ mit 30 mA Nennfehlerstrom vorgesehen (siehe DIN VDE 0100 Teil 701). Alle anderen Stromkreise werden über FI-Schalter mit 0,5 A ($I_{\Delta n}$) ⑥ angeschlossen (hierzu Verteilungsplan, Abb. 3).

Der **Leitungsschutz** wird mit Leitungsschutz-Schaltern (Abb. 3) durchgeführt. Die Nennstromstärken lassen sich aus den angeschlossenen Leistungen ermitteln.

Festlegung der Nennstromstärken von LS-Schaltern:

1. Maximalen Betriebsstrom der Verbraucher errechnen.
2. Leitungsverlegeart festlegen.
3. Aus Tab. 11.2 (Seite 144) entsprechenden nächsthöheren genormten Nennstrom der Schutzeinrichtung ablesen.

Ermittlung der Leitungen

Bevor der Elektroinstallateur mit der Arbeit beginnen kann, muß er die richtigen Leitungen nach folgenden Merkmalen ausgewählt haben:

- Leitungsart
- Aderzahl
- Leitungslänge
- Aderquerschnitt

Die **Leitungsart** wurde bereits im Installationsplan (Abb. 1 ④) festgelegt. Die **Anzahl der Adern** läßt sich durch die entsprechenden Anschlüsse der Betriebsmittel bestimmen. Hier ist ein Übersichtsschaltplan hilfreich, wie er für das Schlafzimmer (Abb. 4) dargestellt ist. Die **Leitungslänge** ergibt sich aus den örtlichen Gegebenheiten. Sie wird nur bei einer Kalkulation im voraus festgelegt. Ihre Ermittlung kann hier deshalb entfallen.

Abb. 2: Verteilerschrank

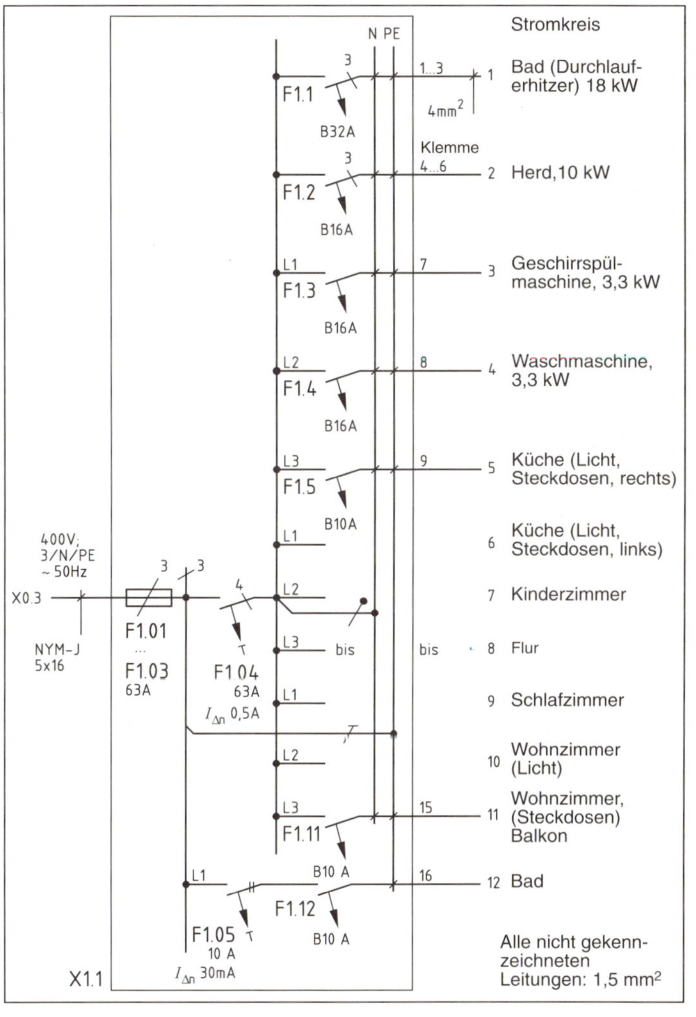

Abb. 3: Verteilungsplan

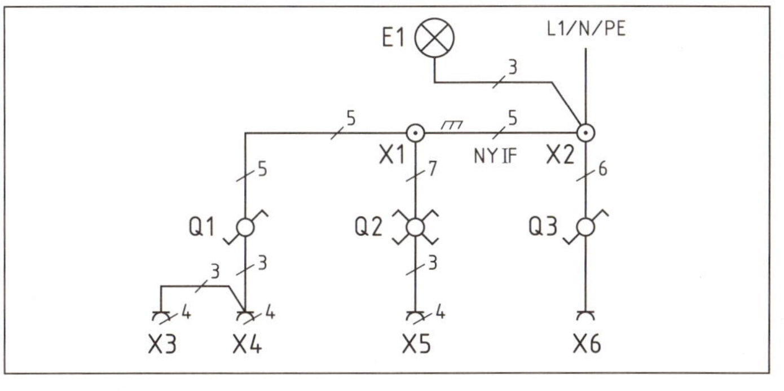

Abb. 4: Übersichtsschaltplan für Schlafzimmer (Stromkreis 9)

1) Deutsches Institut für Gütesicherung und Kennzeichnung e.V.

Der **Querschnitt der Adern** richtet sich nach

- dem Spannungsfall und
- dem Belastungsstrom.

Nach DIN VDE 0100 (Teil 520, Abschnitt 9) darf der **Spannungsfall** auf den Leitungen vom „Schnittpunkt zwischen Verteilungsnetz und Verbraucheranlage" (Hausanschluß) „bis zum Anschlußpunkt eines Verbrauchsmittels (z. B. Steckdose) nicht größer als 4 % der Nennspannung sein". Die AVBEltV[1] legt darüber hinaus fest, daß vom Hausanschluß bis zum Zähler maximal 0,5 % vorhanden sein dürfen. Für die Anschlußleitungen innerhalb der Wohnung sind daher 3,5 % Spannungsfall zulässig.

Diese Bedingung soll für das **längste Leitungsstück** untersucht werden. Die Steckdose 11.1 auf dem Balkon ist am weitesten von der Verteilung entfernt (23 m). Es soll 3 · 1,5 mm² verlegt werden. Man geht nach VDE von einer Belastung dieser Leitung mit 20 A (Nennstrom des zugehörigen LS-Schalters nach Tab. 11.1 ④) aus. Es ergibt sich folgende Berechnung:

$$\Delta u = \frac{2 \cdot l \cdot I \cdot \cos\varphi \cdot 100\,\%}{\varkappa \cdot q \cdot U_n}$$

$$\Delta u = \frac{2 \cdot 23\,\text{m} \cdot 20\,\text{A} \cdot 1 \cdot 100\,\%}{56\,\frac{\text{MS}}{\text{m}} \cdot 1{,}5\,\text{mm}^2 \cdot 230\,\text{V}}$$

$$\Delta u = 4{,}8\,\%$$

Bei dem errechneten Spannungsfall von 4,8 % müßte der Leitungsquerschnitt vergrößert werden. Die Berechnung ist für den höchstzulässigen Strom von 20 A durchgeführt worden, und dieser ist wohl kaum zu erwarten. Daher kann der Aderquerschnitt mit 1,5 mm² belassen werden. Diese Überprüfung muß für alle Stromkreise vorgenommen werden. Der Rechenvorgang ist jedes Mal der gleiche, deshalb wird bei den anderen Stromkreisen hier darauf verzichtet.

Ermittlung der Schutzeinrichtungen

Jetzt muß noch für jede Leitung festgestellt werden, ob der **Belastungsstrom** die Leitung nicht unzulässig hoch erwärmt. Damit das nicht geschieht, werden Überstromschutzorgane eingebaut. Diese schalten die betreffende Leitung ab, bevor die zul. Stromstärke erreicht ist. Auf der Grundlage von DIN VDE 0298 hat die Deutsche Elektrotechnische Kommission im DIN eine Zuordnung der Überstromschutzorgane zu den Leitungsquerschnitten für eine **Umgebungstemperatur von 25 °C** erarbeitet[2] (Tab. 11.1). Liegt der jeweilige Betriebsstrom unterhalb des Nennstroms des LS-Schalters, ist die Erwärmung der Leitung im Normalfall zulässig. Für den Stromkreis 2 soll diese Bedingung überprüft werden.

Betriebsstrom:
Herd 10 kW/3 · 400 V → I_b **= 14,4 A**

LS-Schalter-Nennstrom:
Stegleitung → Verlegeart C (Tab. 11.1 ①)
Drehstrom → 3 belastete Adern ② → I_n **= 16 A** ③

Es ergibt sich daraus, daß fast alle Stromkreise mit 1,5 mm² ④ auskommen. Die Ausnahme ist der Stromkreis 1 (Durchlauferhitzer). Sein Betriebsstrom beträgt 25,9 A, deshalb muß hierfür 4 mm² vorgesehen werden.

1) Verordnung über Allgemeine Bedingungen für die Elektrizitätsversorgung von Tarifkunden
2) Beiblatt zu DIN VDE 0100 T.430/11.91

Tab. 11.1: Zuordnung von Überstrom-Schutzeinrichtungen für Dauerbetrieb bei ϑ_u = 25 °C

Kennbuchstabe	A		B1		B2		C		E	
Verlegung	in wärmedämmenden Wänden		in Elektroinstallationsrohr oder -kanal				direkt		frei in Luft	
Erläuterungen	• Ader- o. mehradrige Leitungen in Elektroinstallationsrohr • mehradrige Leitungen direkt an Wand		• Aderleitungen auf Wand • Ader- o. mehradrige Leitungen in Wand o. Decke		• mehradrige Leitungen auf Wand oder Fußboden		• Mantelleitungen auf Wand oder Fußboden • mehradrige Leitungen o. Stegleitungen in Wand o. unter Putz ① ohne Abstand 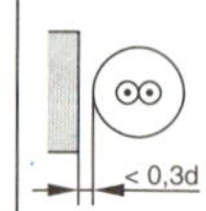		• mehradrige Leitungen auf Wand mit Abstand 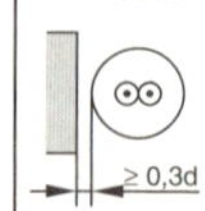	
Leitungsbeispiele	NYM		NYM, H07V-U		NYM		NYM, NYIF ②		NYM, NYMZ	
Zahl der belasteten Adern	2	3	2	3	2	3	2	3	2	3
Nennquerschnitt q_n in mm² für Kupferleiter	Nennstromstärke I_n der Schutzeinrichtung in A							③		
④ 1,5	16	10	16	16	16	10	16	16	20	20
2,5	20	16	25	20	20	20	25	25	25	25
4	25	25	25	25	25	25	35	35	35	35
6	35	25	40	35	35	35	40	40	50	40
10	40	40	50	50	50	50	63	63	63	63
16	63	50	80	63	63	63	80	80	80	80
25	80	63	100	80	80	80	100	100	125	100
35	100	80	125	100	100	100	125	125	125	125

Tab. 11.2: Belastbarkeit von Leitungen bei ϑ_u = 30 °C

Kennbuchstabe	A		B1		B2		C		E	
Zahl der belasteten Adern	2	3	2	3	2	3	2	3	2	3
Nennquerschnitt q_n in mm² für Kupferleiter	zulässige Betriebsstromstärke I_z in A									
1,5	15,5	13	17,5	15,5	15,5	14	19,5	17,5	20	18,5
2,5	19,5	18	24	21	21	19	26	24	27	25
4	26	24	32	28	28	26	35	32	37	34
6	34	31	41	36	37	33	46	41	48	43
10	46	42	57	50	50	46	63	57	66	60
16	61	56	76	68	68	61	85	76	89	80
25	80	73	101	89	90	77	112	69	118	101
35	99	89	125	111	110	95	138	119	145	126

Tab. 11.3: Umrechnungsfaktoren für abweichende Umgebungstemperaturen

1	2	3	4
Isolierwerkstoff	NR/SR	PVC	EPR
zulässige Betriebstemperatur	60 °C	70 °C	80 °C
Umgebungstemperatur ϑ_u in °C	Umrechnungsfaktoren		
10	1,29	1,22	1,18
15	1,22	1,17	1,14
20	1,15	1,12	1,10
25	1,08	1,06	1,05
30	1,0	1,0	1,0
35	0,91	0,94	0,95
40	0,82	0,87	0,89
45	0,71	0,79	0,84
50	0,58	0,71	0,77
55	0,41	0,61	0,71
60	–	0,50	0,63
65	–	–	0,55
70	–	–	0,45

Hinweis:

Die Tab. 11.1 ist für eine Umgebungstemperatur von 25 °C erstellt worden. Ist eine andere Temperatur vorhanden, verändert sich auch der zulässige Betriebsstrom. Nach folgender Anweisung kann der entsprechende Querschnitt bestimmt werden.

1. I_b (Betriebsstrom des Verbrauchers) berechnen
2. I_z (zulässiger Betriebsstrom) aus Tab. 11.2 unter Beachtung von Verlegeart und Aderzahl entnehmen
3. Umrechnungsfaktor aus Tab. 11.3 für die Umgebungstemperatur ϑ entnehmen.
4. $I_{z\vartheta}$ (I_z bei Raumtemperatur ϑ) berechnen.

5.1 $I_b \leq I_{z\vartheta} \rightarrow q_N$ (Nennquerschnitt) aus Tab. 11.2 für I_z (siehe 2.) entnehmen.

5.2 $I_b > I_{z\vartheta} \rightarrow$ nächsthöheres I_z wählen und bei 4. dieser Anweisung weiterarbeiten.

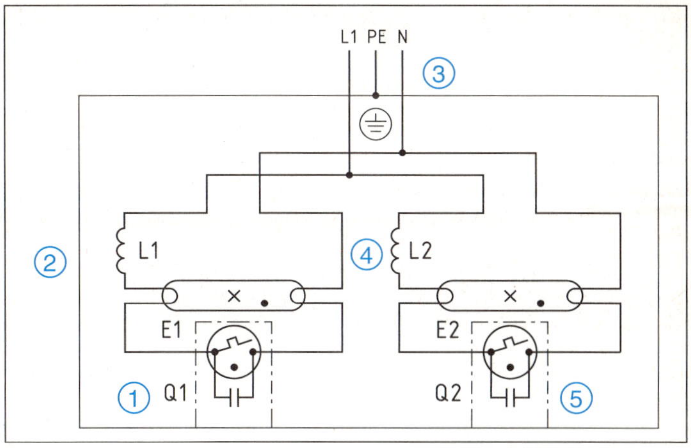

Abb. 1: Zwei Leuchtstoff-Lampen-Schaltungen parallel

Auftrag 2

Zur Beleuchtung eines Zeichenplatzes sind Leuchten mit jeweils zwei Leuchtstoff-Lampen von je 40 W vorgesehen. Es soll die zweckmäßigste Schaltung ausgewählt werden.

Lösung mit Einzel-Lampen

Schaltet man die beiden Lampen einer Leuchte parallel ③ (Abb. 1), so werden zwei Drosselspulen ② und ④ (induktive Vorschaltgeräte) und zwei Starter ① und ⑤ benötigt. Ein Nachteil dieser Schaltung ist, daß sich die Helligkeit beider Lampen im Rhythmus des Stroms verändert. Beim Zeichnen würde sich das Flimmern der Helligkeit unangenehm bemerkbar machen. Überbeanspruchung der Augen wäre die Folge. Die parallelgeschalteten Einzel-Lampen sind daher für diesen Auftrag ungeeignet.

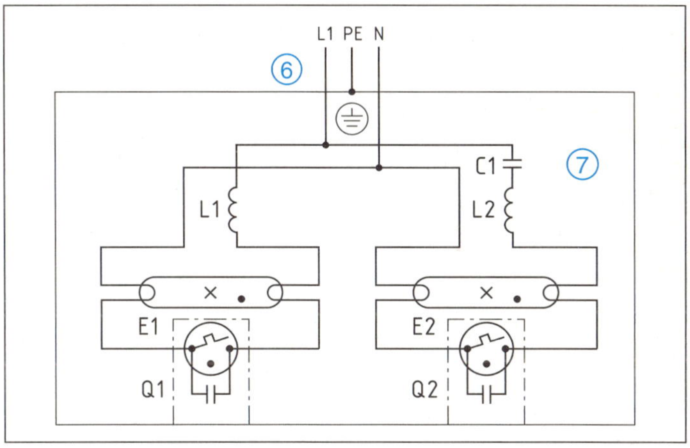

Abb. 2: Duo-Schaltung

Lösung mit Duo-Schaltung

Bei dieser Schaltung (Abb. 2) wird in einem Lampenstromkreis ein Kondensator ⑦ (Drosselspule + Kondensator = kapazitives Vorschaltgerät) in Reihe geschaltet. Er erzeugt eine Phasenverschiebung zwischen den Lampenströmen. Hieraus ergeben sich zwei Folgen. Zum einen treten die Helligkeitsschwankungen der Lampen nicht mehr zur selben Zeit auf, d. h. das Flimmern verschwindet. Außerdem wird der Blindstrom in der Leuchten-Zuleitung ⑥ geringer und damit auch die Belastung.

Bei der Duo-Schaltung werden eine Leuchtstoff-Lampe mit induktivem Vorschaltgerät und eine Leuchtstoff-Lampe mit kapazitivem Vorschaltgerät parallelgeschaltet.

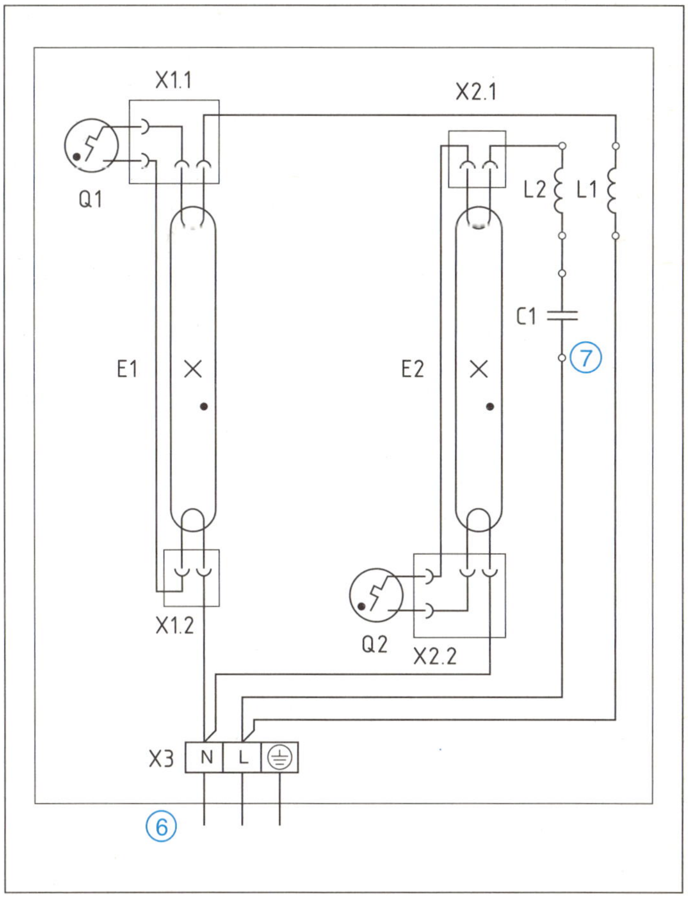

Abb. 3: Verdrahtungsplan zu Abb. 2

Für die Beleuchtung des Zeichenplatzes wird die Duo-Schaltung verwendet. Die hierbei auftretende Blindstrom-Kompensation ist ein nützlicher Nebeneffekt, ist aber von den EVU nicht vorgeschrieben. Die entsprechenden TAB[1] sehen nämlich vor, daß Entladungslampen von mehr als 130 W pro Phase kompensiert werden müssen. Die Leistungen dieses Auftrages bleiben aber darunter.

1) Technische Anschlußbedingungen

Auftrag 3

Eine Maschinenhalle hat eine Allgemeinbeleuchtung mit Leuchtstoff-Lampen. Die Leuchten sind einzeln kompensiert (parallel). Die Kondensatoren sollen entfernt und durch eine gemeinsame Kompensation ersetzt werden.

Analyse der Schaltpläne

Jedes Leuchtenband besteht aus neun Leuchten mit je zwei Leuchtstoff-Lampen zu 65 W. Die dazu gehörenden Schalter Q1...Q3 sind dreipolig. Daraus kann man schließen, daß jeweils drei Phasen geschaltet werden. Die neun Doppelleuchten eines Bandes sind demnach auf die drei Außenleiter aufgeteilt. Der Grund dafür ist nicht nur die gleichmäßige Aufteilung der Leistung, sondern in erster Linie die Vermeidung des **stroboskopischen Effektes**. Die dadurch hervorgerufene Sinnestäuschung kann schwerwiegende Folgen für den Bediener von Maschinen haben.

Bei der Beleuchtung von Räumen mit Maschinen müssen Maßnahmen zur Vermeidung des stroboskopischen Effektes getroffen werden (z. B. Duo-Schaltung, Aufteilung auf mehrere Phasen).

Kompensation

Die Leuchten einer Reihe können gemeinsam kompensiert werden. Für die sechs Lampen (drei Doppelleuchten) einer Phase wird ein Kondensator von 34,2 µF (6 · 5,7 µF) (Abb. 3) benötigt. Gewählt werden 39 µF (Wert der IEC-Reihe 12). Die drei Kompensations-Kondensatoren pro Reihe können in ein Leuchtengehäuse eingebaut oder im Verteilerkasten X1 untergebracht werden. Da bei der letzteren Möglichkeit die Kompensation erst in der Verteilung geschieht, fließt in den Zuleitungen zu den Leuchten ein höherer Strom. Es muß deshalb kontrolliert werden, ob der Querschnitt der Leitungen zwischen dem Verteilerkasten X1 und den Leuchten ausreicht. Die unkompensierten Lampen haben einen Strom von 4,02 A (6 · 0,67 A). Mit 1,5 mm^2 sind die Leitungen ausreichend dimensioniert (Tab. 11.1). Von der Abzweigdose X2 bis zum Verteilerkasten X1 sind neun Leiter mit jeweils 4,02 A belastet. Es muß noch überprüft werden, ob diese **Leitungshäufung** keine unzulässig hohe Erwärmung verursacht.

Bei Leitungshäufigkeit muß mit Hilfe der Tab. 11 aus DIN VDE 0298 Teil 4 festgestellt werden, ob die Betriebsströme unter dem zulässigen Belastungsstrom liegen.

1. I_z aus Tab. 11.2:
   Verlegeart C und 3 belastete Adern → I_z = 17,5 A
2. **Umrechnungsfaktor** aus Tab. 11.4:
   9 Adern → 3 Leitungen + einlagig → Faktor = 0,79
3. I_{zH} (zul. Betriebsstrom bei Leitungshäufung):
   I_{zH} = 17,5 A · 0,79 I_{zH} = 13,8 A

Dieser Wert liegt weit über dem zu erwartenden Strom von 4,02 A, so daß die Verlegung mit 1,5 mm^2 zulässig ist.

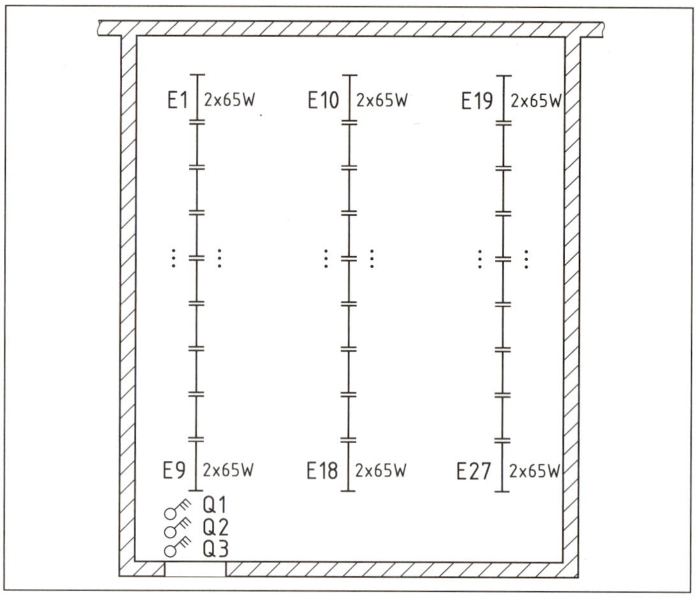

Abb. 1: Beleuchtung der Maschinenhalle (Installationsplan)

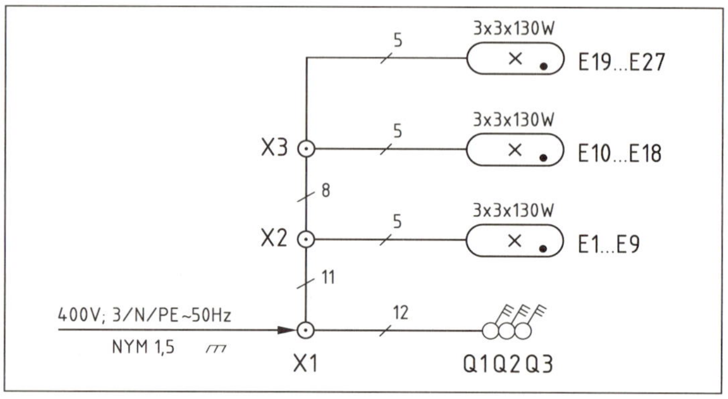

Abb. 2: Beleuchtung der Maschinenhalle (Übersichtsschaltplan)

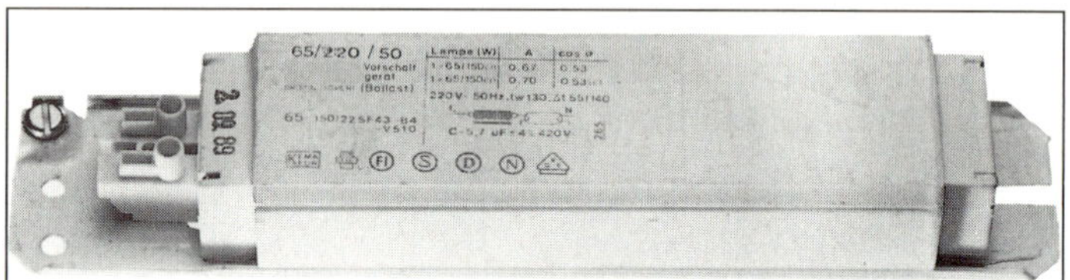

65 W / 0,67 A / cos φ = 0,53 / C = 5,7 µF / 220 V

Abb. 3: Leistungsschild der Drosselspule

Tab. 11.4: Umrechnungsfaktoren für Häufung

1	2	3	4	5	6	7
Anordnung	Anzahl der mehradrigen Leitungen oder Anzahl der Wechsel- oder Drehstromkreise aus einadrigen Leitungen (2 bzw. 3 stromführende Leiter)					
	1	2	3	4	5	6
Gebündelt direkt auf der Wand, dem Fußboden, im Elektroinstallationsrohr oder -kanal, auf oder in der Wand 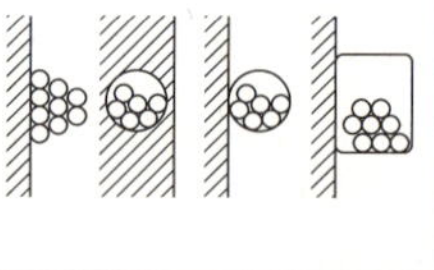	1,00	0,80	0,70	0,65	0,60	0,57
Einlagig auf der Wand oder Fußboden mit Berührung 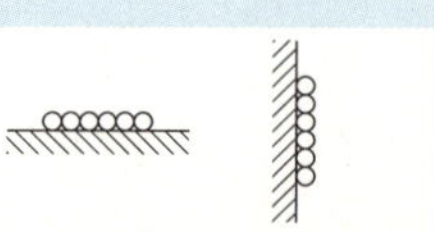	1,00	0,85	0,79	0,75	0,73	0,72

Aufgaben

11.1.1 Kücheninstallation

a) Zeichnen Sie für die Küche einen Übersichtsschaltplan des Stromkreises für Licht, Steckdose in der Eßecke und Dunstabzugshaube (mit Steckdose)!

b) Vergleichen Sie die Ausstattung der Küche mit den Anforderungen der RAL-RG 678. Stellen Sie fest, welchem höchsten Ausstattungswert die elektrische Anlage entspricht!

c) Stellen Sie fest, welche Stromkreise in der Küche benötigt werden!

d) Ermitteln Sie für die Stromkreise (siehe c)) die notwendigen Querschnitte und Nennstromstärken der dazugehörenden Leitungsschutz-Schalter!

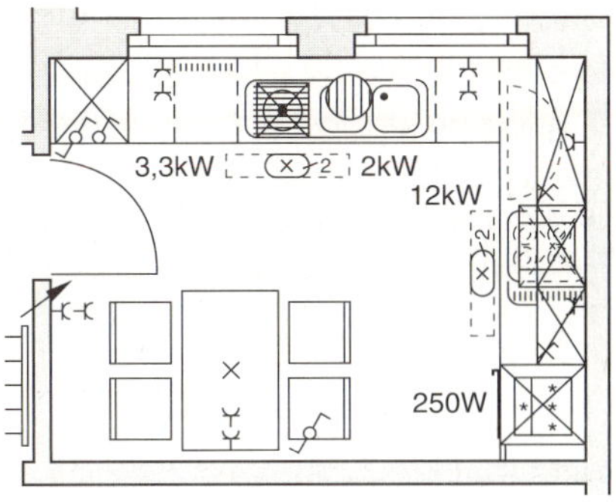

11.1.2 Wohnungsinstallation

a) Kontrollieren Sie den Verteilungsplan, ob die Starkstromanlage dem Ausstattungswert 2 nach den Anforderungen des RAL-RG 678 entspricht!

b) Nach den jetzt gültigen Normen ist der Schutz bei indirektem Berühren für das Bad unzureichend.
Geben Sie an, welche zusätzliche Schutzmaßnahme durchgeführt (VDE 0100, Teil 701, Abschnitt 4) werden muß!
Verändern Sie den Verteilungsplan entsprechend!

c) Überprüfen Sie, ob die gewählten Querschnitte für die zu erwartenden Betriebsströme bei einer Umgebungstemperatur von 25 °C ausreichen!
Anschluß-Leistungen der Stromkreise 5…10:
Steckdosen: 2,5 kW Licht: 1 kW

d) Überprüfen Sie die Nennströme und Charakteristika der LS-Schalter bei der o. g. Umgebungstemperatur!

e) Stellen Sie fest, ob auf Grund von Spannungsfällen Leitungsquerschnitte vergrößert werden müßten!

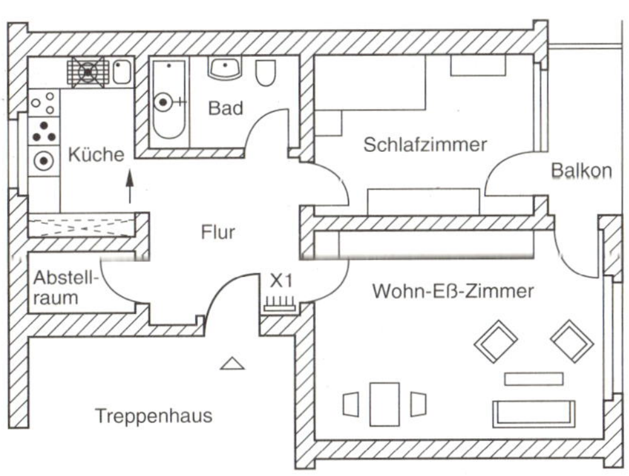

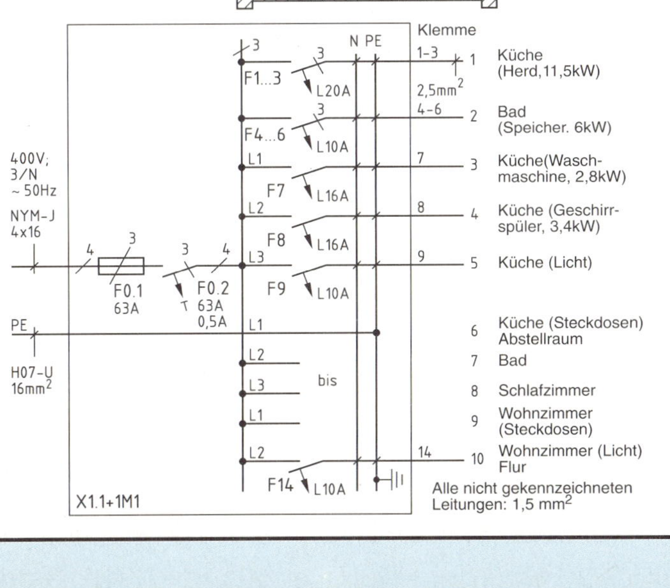

Anforderungen in elektrische Anlagen in Wohngebäuden — RAL-RG 678

Betriebsmittel für Räume

Ausstattungswert			1	2	3	1	2	3
Betriebsmittel				⅄			⊗	
Schlaf-/Wohnraum 1)2)		≤ 12 m²	3	5	7	1	2	3
	> 12	≤ 20 m²	4	7	9	1	2	3
		> 20 m²	5	9	11	2	3	4
Kochnische			5	7	8	2	2	2
Küche 2)			7	9	11	2	3	3
Hausarbeitsraum			4	7	9	1	2	3
Bad			3	4	5	2	3	3
WC			1	2	2	1	1	2
Flur/Diele	Länge	≤ 2,5 m	1	1	1	1	2	3
		> 2,5 m	1	2	3	1	2	3
Freisitz (Balkon, Loggia, Terrasse)	Breite	≤ 3 m	1	1	2	1	1	1
		> 3 m	1	2	3	1	1	2
Abstellraum			1	2	2	1	1	1
Zur Wohnung gehörender Keller-, Bodenraum			1	2	2	1	1	1
Hobbyraum			3	5	7	1	2	2

Stromkreise für Wohnung

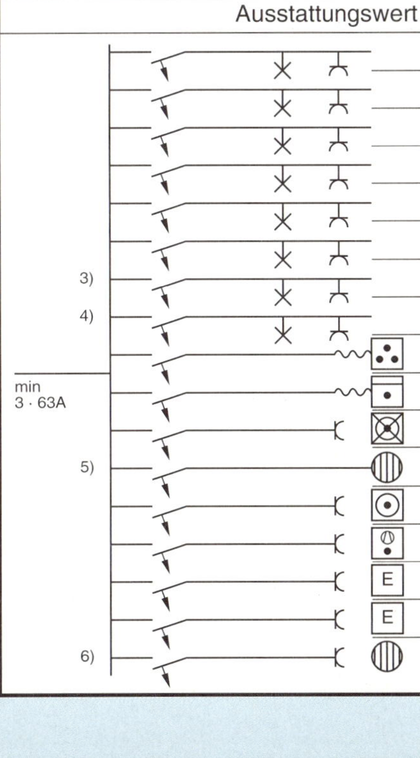

Ausstattungswert	1	2	3
1	X	X	X
2	X	X	X
3	X	X	X
4	X	X	X
5		X	X
6		X	X
7 (3))			X
8 (4))	X	X	X
9	X	X	X
10		X	X
11	X	X	X
12 (5))	X	X	X
13	X	X	X
14	X	X	X
15		X	X
16			X
17 (6))		X	X

1) Steckdosen neben Betten als Doppelsteckdosen … neben Antennensteckdosen als Dreifachsteckdosen

2) Räume mit Eßecke: Zahl der Steckdosen und Auslässe um 1 erhöhen

3) weiterer Stromkreis für Küche

4) wenn Hausarbeitsraum vorhanden

5) wenn keine andere Warmwasserversorgung vorhanden

6) Kochendwassergerät

Aufgaben

11.1.3 Installationsplan-Analyse

In einer **Mehrzweckhalle** soll die elektrische Anlage mit Hauptverteilung (HV) im Raum 2 und vier Unterverteilungen (UV) installiert werden. Der dargestellte Installationsplan-Auszug ist unvollständig. Er zeigt nur einen Teil des Gebäudes. Außerdem sind noch nicht alle Betriebsmittel eingetragen.

Analysieren Sie den Installationsplan, indem Sie folgende Fragen beantworten bzw. Aufträge ausführen!

1. Welche Räume sind an die UV 3 (Raum 8) angeschlossen?
2. Welche Bedeutung haben die Symbole B3.5 und D4.1?
3. Welche Schaltungen sind in den Räumen 9 u. 13 vorgesehen?
4. Warum sind in den Fluren 9 und 13 keine Leuchtstoff-Lampen vorgesehen?
5. Welche Betriebsmittel auf der Bühne können gedimmt werden?
6. Beurteilen Sie die Lage von UV 3!
7. Wo befinden sich vermutlich die Schalter für die Beleuchtung der Räume 5...7 und 10...12?

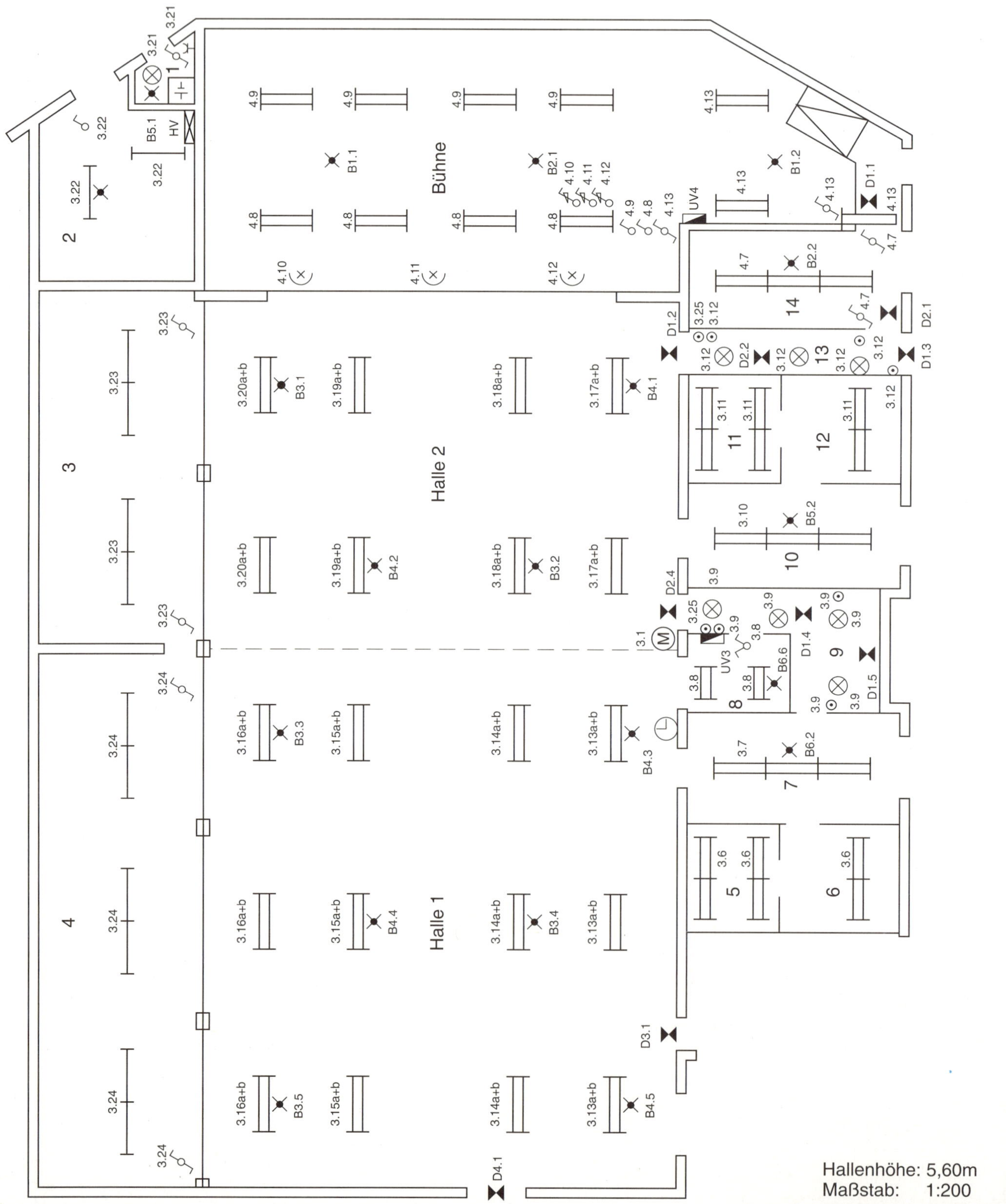

Hallenhöhe: 5,60m
Maßstab: 1:200

Aufgaben

11.1.4 Schaltungsanalyse

Der abgebildete Verteilungsplan ist ein Auszug aus dem Übersichtsschaltplan der Unterverteilung 3 der Mehrzweckhalle (Aufg. 11.1.3).

a) Analysieren Sie den Verteilungsplan, indem Sie folgende Fragen beantworten bzw. Aufträge ausführen!

1. Mit welchen Betriebsmitteln sind die drei Gruppen abgesichert?
2. Sind alle drei Gruppen mit den drei Phasen versorgt?
3. Mit welchen Betriebsmitteln werden die Leuchten des Stromkreises 3.20 geschaltet?
4. Geben Sie die Funktion von S1 an!
5. Welche Steuerung wird durch S1 und K1 vorgenommen?
6. Ermitteln Sie, an welche Außenleiter die Stromkreise 3.13 und 3.14 angeschlossen werden!
7. Begründen Sie, warum diese Anschlußart (siehe 6.) gewählt worden ist!

b) Geben Sie genau an, von welchen Stellen aus die Leuchten des Stromkreises 3.13 gesteuert werden können!

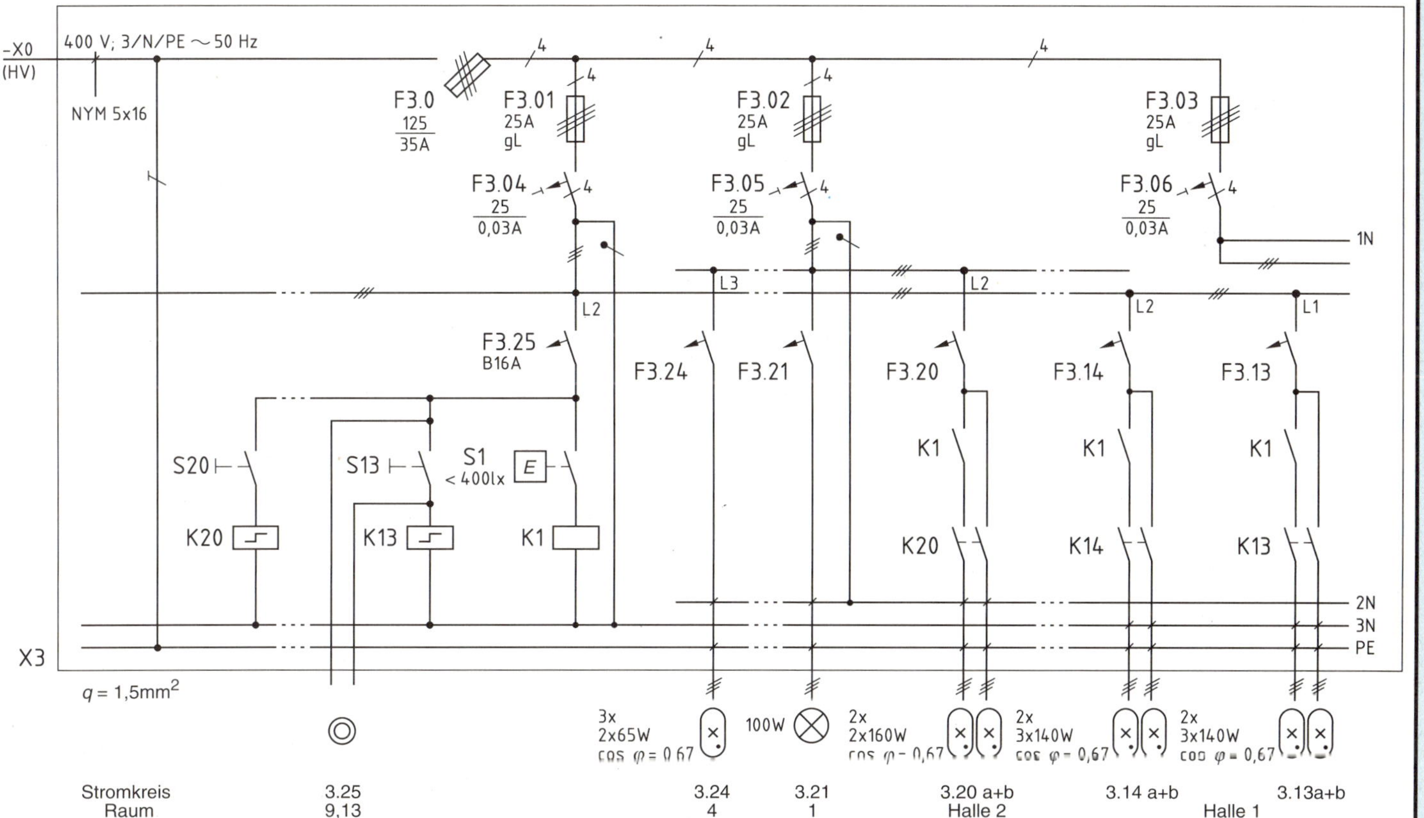

11.1.5 Leitungsberechnung

a) Berechnen Sie den prozentualen Spannungsfall der Leitung von UV 3 (siehe Aufg. 11.1.4, Verteilungsplan) zur entferntesten Leuchte vom Stromkreis 3.24 (siehe Aufg. 11.1.3, Installationsplan)

1. für kompensierte Lampen und
2. für nichtkompensierte Lampen!

b) Ermitteln Sie, ob der Querschnitt der Leitung zu den Leuchten des Stromkreises 3.16 auch bei nicht kompensierten Lampen ausreicht!

c) Berechnen Sie den Leitungsquerschnitt des Stromkreises 4.9 für folgende Bedingungen!

- Leistung pro Leuchte: $2 \cdot 140$ W, $\cos \varphi = 0{,}67$
- Leitung zwischen HV und UV 4: NYM $5 \cdot 16\ \text{mm}^2$
- Leitung des Stromkreises 4.9: NYM u. P.
- Umgebungstemperatur: 25 °C
- Kompensation in UV 4

11.1.6 Zeichenbüro

In einem kleinen Zeichenbüro sollen Leuchtstoff-Lampen entsprechend dem Übersichtsschaltplan installiert werden.

a) Geben Sie an, welche Schaltungsart nach den gegebenen Voraussetzungen für die Lampen erforderlich ist!

b) Zeichnen Sie den Stromlaufplan in zusammenhängender Darstellung!

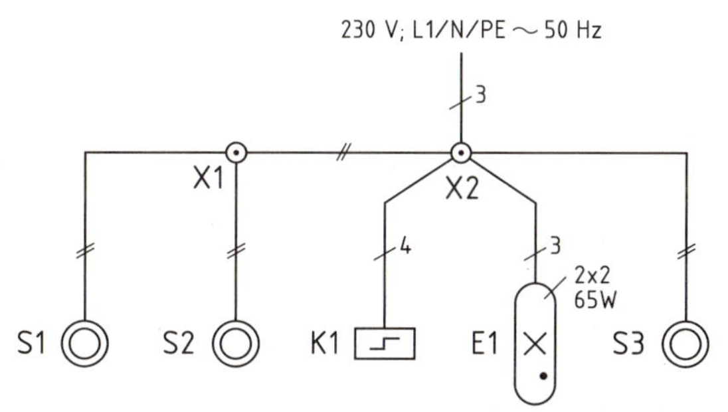

Aufgaben

11.1.7 Hobbyraum

Der Inhaber einer Wohnung im 3. Stock des Mietshauses von Seite 142 möchte seinen Hobbyraum im Keller nach dem abgebildeten Installationsplan installiert haben. Er möchte dort auch mit Maschinen arbeiten.

a) Analysieren Sie den Installationsplan, indem Sie folgende Fragen beantworten!
   1. Wird der Hobbyraum mit Drehstrom versorgt?
   2. Wieviel Leuchtstoff-Lampen enthalten die Leuchten E1 und E3?
   3. Welche Schutzmaßnahmen sind vorgesehen?

b) Bestimmen Sie die Querschnitte der Adern der Zuleitung und der Leitungen im Hobbyraum!

c) Zeichnen Sie den Übersichtsschaltplan!

d) Geben Sie an, welche Leuchtstofflampen-Schaltung gewählt werden muß!
Begründen Sie Ihre Antwort!

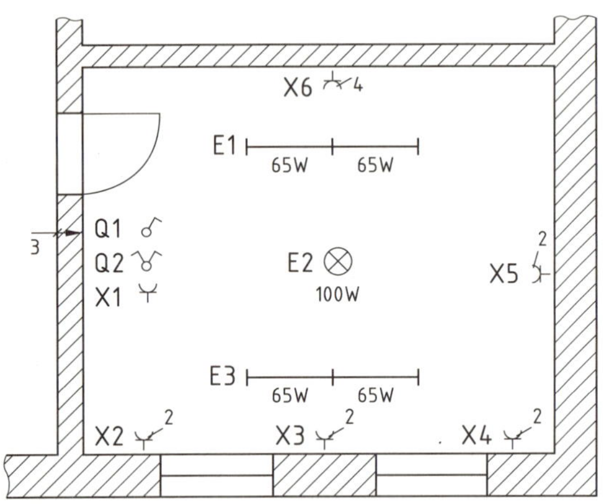

Verlegeart: NYM auf Abstandsschellen mit Abzweigdosen

Montagehöhe über OKFB Steckdosen 1,05 m

Schutz bei ind. Berühren: Abschaltung durch LS-Schalter

Zusätzlicher Schutz im Bad: FI-Schutzeinrichtung $I_{\Delta n}$ = 30 mA

Leistung: Steckdosen 4 kW

M 1:100

11.1.8 Aquarium-Beleuchtung

Analysieren Sie die Schaltung, indem Sie folgende Fragen beantworten!

1. Wie sind die Lampe E1.1 und E1.2 geschaltet?
2. Welcher Unterschied besteht zwischen dieser Schaltung und der Duo-Schaltung?
3. Wie heißt diese Schaltung?
4. Vermeidet diese Schaltung den stroboskopischen Effekt? Begründen Sie Ihre Antwort!
5. Warum kann diese Schaltung nur für kleine Leistungen eingesetzt werden?

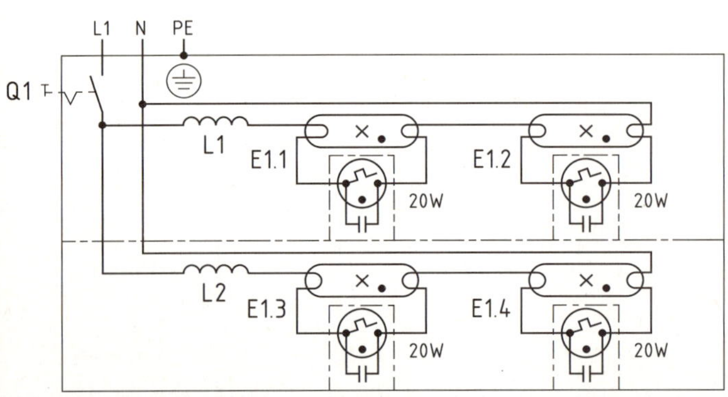

11.1.9 Flutlicht-Anlage

a) Beschreiben Sie den Aufbau der Schaltung!

b) Ermitteln Sie den Querschnitt der Zuleitung zum Verteilerkasten X5!

c) Überprüfen Sie, ob ein anderer Querschnitt gewählt werden könnte, wenn die Kompensation im Verteilerkasten X5 vorgenommen würde!

d) Zeichnen Sie für die Steuerung den Stromlaufplan in aufgelöster Darstellung!

e) Verändern Sie den Stromlaufplan (nach d)) folgendermaßen!
- Ein Dämmerungsschalter S0 soll verhindern, daß die Anlage bei einer Helligkeit von mehr als 500 lx eingeschaltet wird oder bleibt.
- Mit einem Taster S3 soll das probeweise (kurzzeitige) Einschalten der Anlage auch tagsüber möglich sein.
- Eine Signallampe H1 soll den EIN-Zustand signalisieren.
- Die Leuchten sollen unabhängig von den Tastern S1 bzw. S2 mit den Tastern S4 (EIN) und S5 (AUS) geschaltet werden können.

f) Die Taster S3, S4 und S5 sowie die Signallampe H1 sollen in einem Gehäuse im Büro des Platzwartes installiert werden. Dazu wird zwischen dem Verteilerkasten X5 und dem Büro ein Kabel verlegt.
   1. Markieren Sie im Stromlaufplan nach e) die Punkte, die zum Büro des Platzwartes geführt werden müssen!
   2. Zeichnen Sie den Stromlaufplan in zusammenhängender Darstellung und tragen dort S0 ein!
   3. Verbinden Sie mit X5.1 die Klemmen der Betriebsmittel, die mit den Geräten im Büro des Platzwartes verbunden werden müssen!

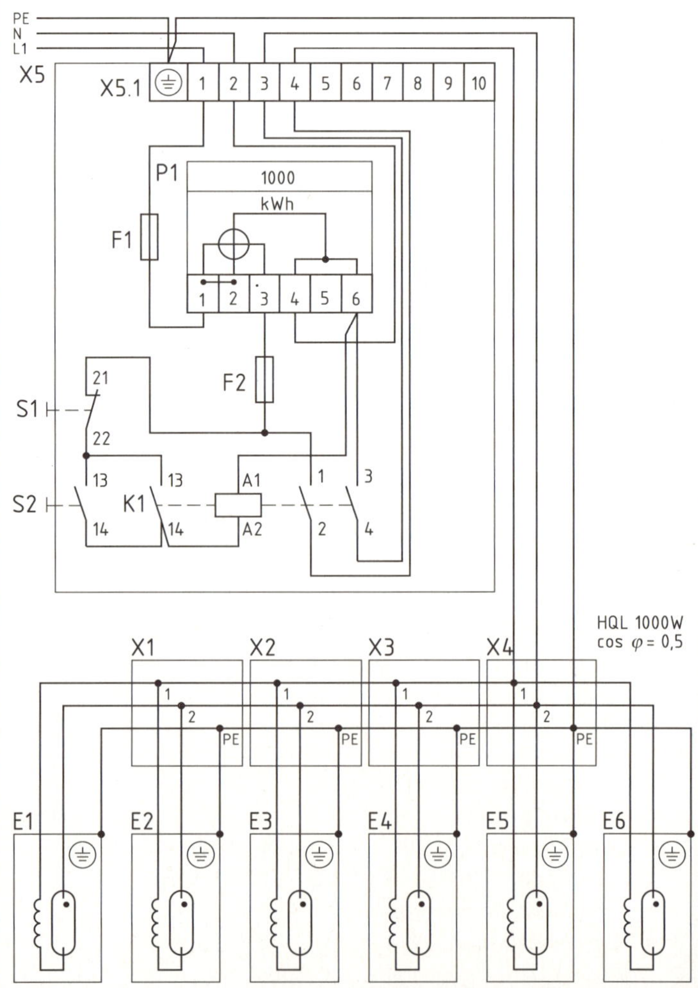

Aufgaben

11.1.10 Helligkeitssteuerung

Analysieren Sie die Leuchtstofflampen-Schaltung, indem Sie folgende Fragen beantworten!

1. Welcher Teil der Lampe ist an den Schutzleiter angeschlossen?
2. Wie zündet diese Lampe?
3. Welche Aufgabe übernimmt der „Metallstrumpf" (oder der Metallstreifen) ① an der Leuchtstofflampe bei geringer Lampenhelligkeit?
4. Welche Aufgabe hat der Transformator T1?
5. Wird durch den Dimmer Q1 der Heizstrom verändert? Begründen Sie Ihre Antwort!
6. Verändert sich die Spannung zwischen den Heizwendeln, wenn der Dimmer gesteuert wird? Begründen Sie Ihre Antwort!

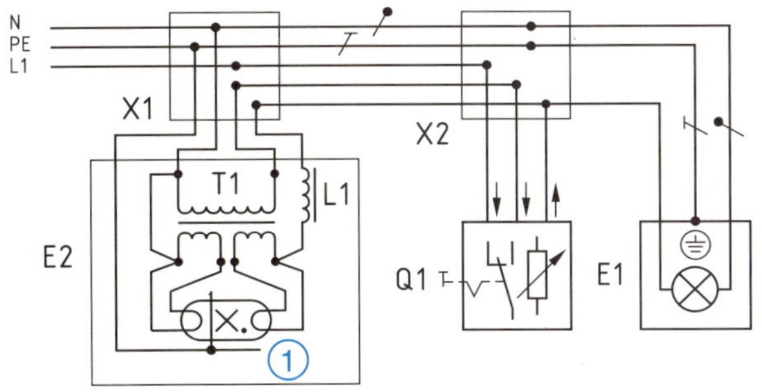

11.1.11 Leuchtröhren-Anlage

a) Analysieren Sie die Schaltung, indem Sie folgende Fragen beantworten!

1. Welches Betriebsmittel wird zum Zünden der Leuchtröhren verwendet?
2. Wie groß ist das Übersetzungsverhältnis des Transformators T1.1?
3. Welche Schutzmaßnahme ist durch die leitende Verbindung von Metallgehäuse, einem Pol der Transformator-Sekundärseite und dem Kern dargestellt?
4. Welche Aufgabe haben die Trennstücke X1.1 und X1.2?
5. Wodurch wird S1 betätigt?
6. Wann leuchtet die Lampe H1?

b) Zeichnen Sie den Übersichtsschaltplan der Anlage!

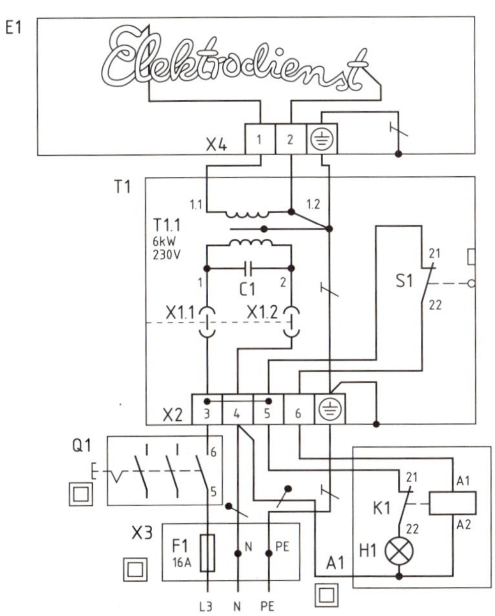

11.1.12 Werkhof

Für die Beleuchtung eines Werkhofes werden sechs Quecksilberdampf-Hochdruck-Lampen eingesetzt. Sie sind in 5 m Höhe angebracht. Ihre technischen Daten ergeben sich aus den Auszügen der Hersteller-Unterlagen.

a) Vergleichen Sie die Schaltung dieser Lampen mit Leuchtstofflampen-Schaltungen!
b) Ermitteln Sie die Kapazität des Kondensators für eine gemeinsame Kompensation, wenn das EVU einen cos φ von 0,9 vorschreibt!
c) Entscheiden Sie, ob der Kondensator vor oder nach den Arbeitskontakten des Schützes K1 eingeschaltet wird!
Begründen Sie Ihre Entscheidung!
d) Bestimmen Sie den Querschnitt der Leitungen!
e) Bestimmen Sie Nennstrom und Charakteristik des LS-Schalters F1!

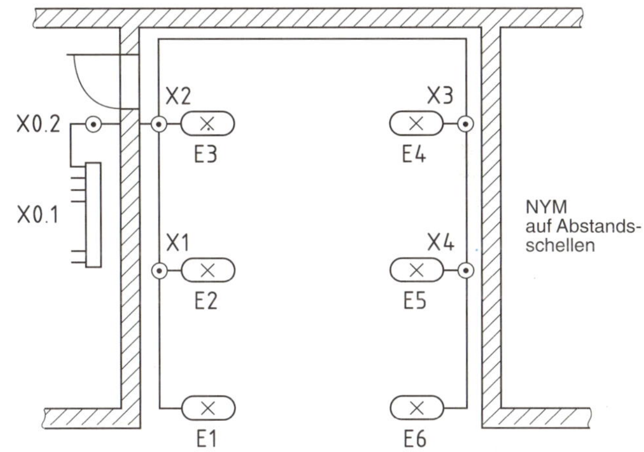

M 1:1000

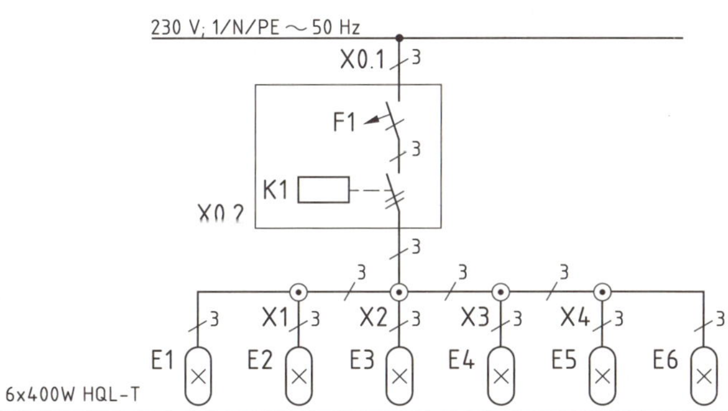

Technische Daten Röhrenform, klar
Betrieb mit Zündgerät

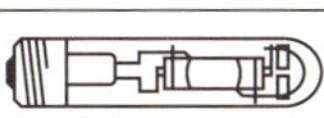

$I_{Anl} = 2 \cdot I_n$

	Nennleistung der Lampe in W	Betriebsstromstärke I_n in A	Leistungsaufnahme mit Vorschaltgerät in W	Mögliche Schaltungen Nr.	Lichtstrom lm	Lichtausbeute der Lampen in lm/W	Mittlere Leuchtdichte in cd/cm²	Lampen-Brennstellung
HQI-T 250 W/D	250	3,0	275	2	19000	76	1100	h 150
HQI-T 400 W/DH	360	3,5	385	2	28000	78	700	h 45
HQI-T 400 W/DV	360	3,5	385	2	25000	69	650	p 45
HQI-T 1000 W/D	1000	9,5	1050	2	80000	80	810	p 60
HQI-T 2000 W/D	2000	10,3	2080	2	170000	85	920	p 60
HQI-T 3500 W/D	3500	18,0	3650	2	300000	86	880	p 60

Schaltbilder

D – Drosselspule
K – Kompensationskondensator
Z – Zündgerät in Lampennähe installieren
ZL – Hf-Zündleitung zum Bodenkontakt der Lampe

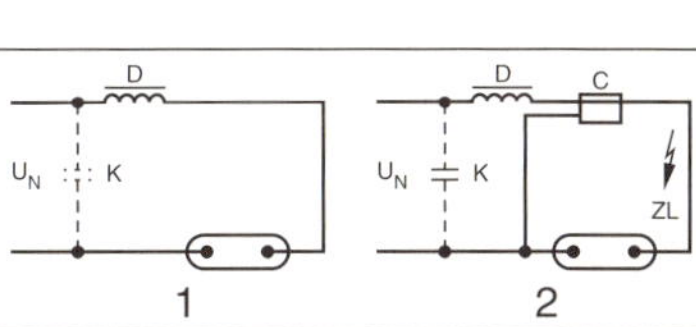

Auftrag 1

In der Wohnung (Seite 142) befindet sich eine ältere Nachtspeicher-Heizung (Übersichtsschaltplan Abb. 1). Sie besteht aus je einem Heizgerät und einem Raumthermostaten (Abb. 2) pro Raum und ist über das Heizungsschütz K1 (Abb. 3) an die Verteilung angeschlossen. Die Heizungsanlage soll modernisiert werden. Als 1. Stufe möchte der Wohnungsinhaber das Speichergerät E4 mit einer Zusatzheizung versehen lassen, die auch tagsüber eingeschaltet werden kann.

Es sollen dazu die vorhandene Anlage analysiert und die notwendigen Geräte und die Leitungsverbindungen bestimmt werden.

Analyse der vorhandenen Anlage

Um feststellen zu können, welche Betriebsmittel ergänzt oder ausgetauscht werden müssen und wie diese dann zu verbinden sind, muß zuerst eine „Bestandsaufnahme" anhand der vorhandenen Unterlagen durchgeführt werden.

Die **Heizung des Speichergerätes** ist über den Laderegler Q4.1 (Abb. 2), den Thermostaten F4.1, das Heizungsschütz K1 (Abb. 3), den dreipoligen LS-Schalter F2 und den Doppeltarifzähler P1 an die Außenleiter L1...L3 angeschlossen.

Die Heizung arbeitet nur, wenn K1 über den LS-Schalter F3 und das Rundsteuerrelais P2 (Kontakt P2:6/7) an Spannung gelegt (Außenleiter L1) wird. Bekommt P2 den entsprechenden Impuls, wird im Zähler P1 der Nieder-Tarif eingeschaltet. Der Heizkern wird also mit sog. „Nachtstrom" aufgeheizt („geladen").

Die **Wärmeabgabe** geschieht über das Gebläse, das durch den Motor M4.1 (Abb. 2) angetrieben wird. Seine Klemme E4:ED ist über den Raumthermostaten Q4, die Klemme E4:LT, den LS-Schalter F2 (Abb. 3, F2:4), den Zähler P1 (P1:6) mit dem Außenleiter L2 verbunden. Das „Entladen" des Heizkerns geschieht also unabhängig von der Schaltung des Heizungsschützes K1. Es wird lediglich durch die Schaltstellung von Q4 gesteuert.

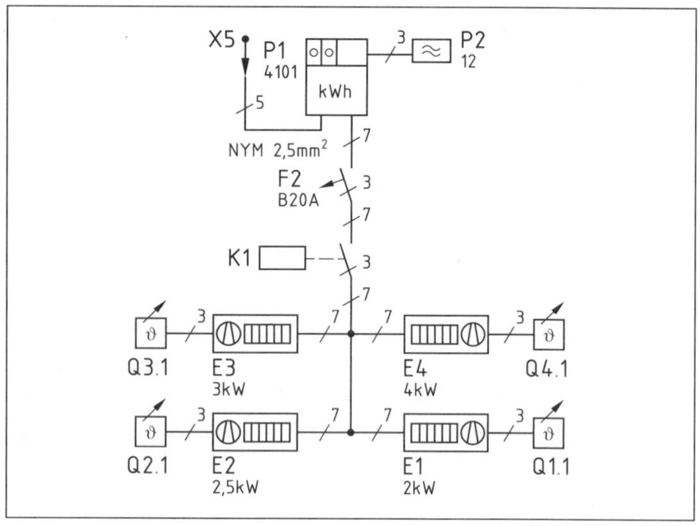

Abb. 1: Nachtspeicher-Heizung einer Wohnung (Übersichtsschaltplan)

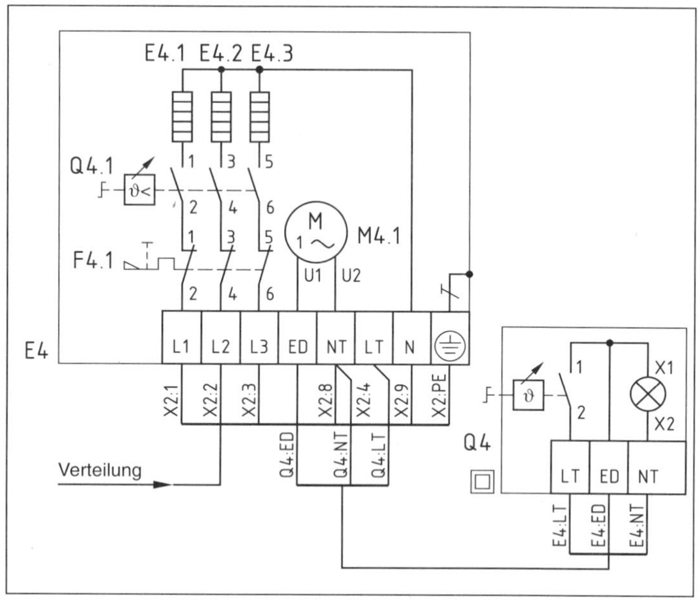

Abb. 2: Speicherheizgerät und Thermostat

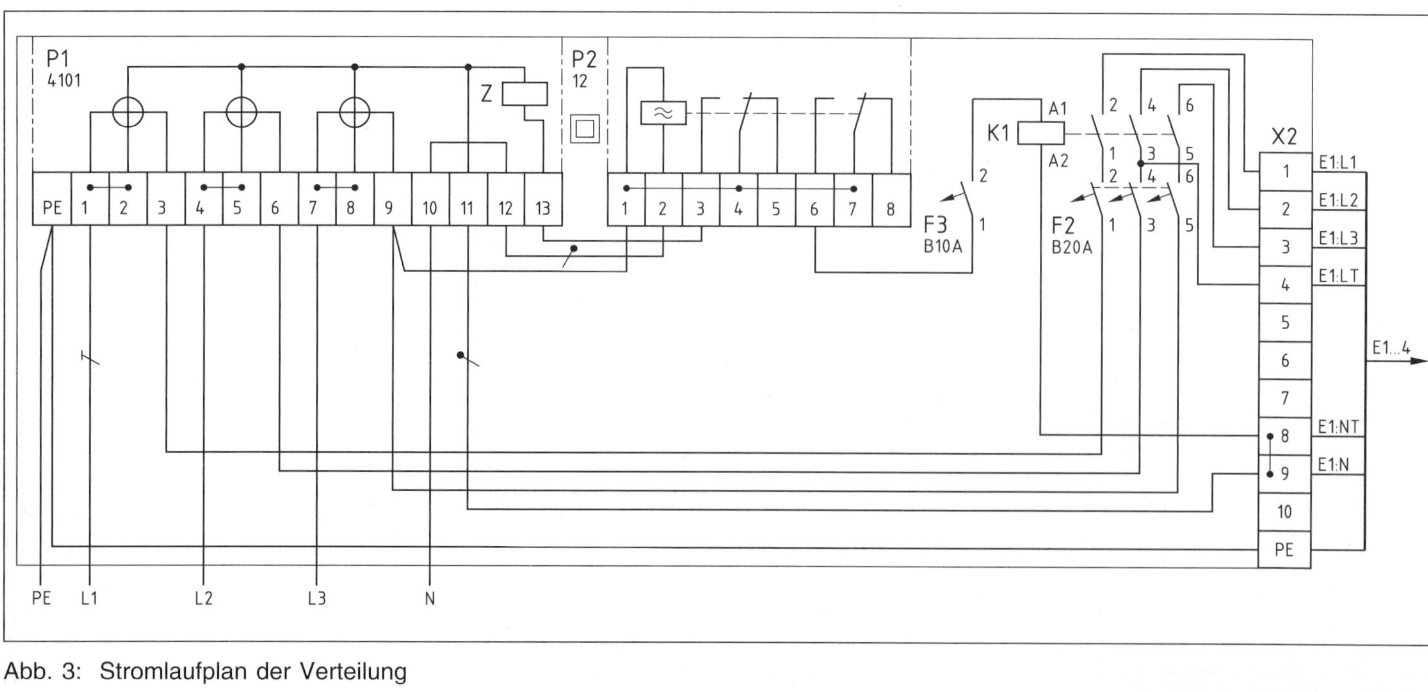

Abb. 3: Stromlaufplan der Verteilung

Analyse der geänderten Anlage

Das vorhandene **Speicherheizgerät** läßt sich nicht umrüsten, deshalb wird ein neues Gerät aufgestellt, das mit einer Zusatz-Heizung (Abb. 4 ②) ausgestattet ist. Damit dieses Speicher-Heizgerät später auch mit Hilfe eines Steuergerätes geladen werden kann, hat es eine Einrichtung ①, die den Laderegler Q4.1 beeinflußt.

Da der **Raumthermostat** keine Schaltmöglichkeit für die Zusatz-Heizung hat, muß er gegen einen anderen (Abb. 5) ausgewechselt werden.

Die **Verbindungen** sind problemlos herzustellen, da die Klemmleisten der Geräte die gleichen Bezeichnungen tragen. An Stelle der vorhandenen drei-adrigen Leitung werden jetzt vier Leiter benötigt. Es ergeben sich folgende Stromkreise:

- **L2** (Abb. 3) – P1:4 – P1:6 – F2 – X2:4 – E4:LT (Abb. 4) – Q4:LT (Abb. 5) – S1:13 – S1:14 – H1 – Q4:NT – E4:NT (Abb. 4) – X2:4 – X2:9 – P1 (Abb. 3) – **N**
  → **H1 leuchtet** → **Signal: „Heizung EIN“**
- **L2** (Abb. 3) ... S1:14 (Abb. 5) – S2:22 – S2:21 – Q4:ED – E4:ED (Abb. 4) – M4.1:U1 – M4.1:U2 – E4:NT...**N** (Abb. 3)
  → **M4.1 läuft** → **Speichergerät heizt**, und zwar solange, wie S2 geschlossen ist.
- **L2** (Abb. 3) ... S2:21 (Abb. 5) – S3:13 – S3:14 – Q4:EZ – E4:EZ (Abb. 4) – F4.1:8 – F4.1:7 – E4.4 – E4:NT...**N** (Abb. 3)
  → **E4.4 heizt** → **Zusatz-Heizung heizt,** und zwar solange, bis entweder S2 oder S3 öffnet.
- **L2** (Abb. 3) ... S3:14 – H2 – Q4:NT...**N** (Abb. 3)
  → **H2 leuchtet** → **Signal: „Zusatzheizung EIN“**

Auftrag 2

In einer zweiten Modernisierungsstufe soll die Heizungsanlage durch ein zentrales Steuergerät geschaltet werden. Dafür müssen die notwendigen Betriebsmittel und Verbindungen bestimmt werden.

Lösung

Es wird ein **Steuergerät** benötigt, das die Aufladung der Heizkerne der Speichergeräte u. a. in Abhängigkeit von der Witterung steuert, deshalb wird als weiteres zusätzliches Betriebsmittel ein **Witterungsfühler** benötigt.

Die Speicherheizgeräte müssen mit **Steuereinrichtungen** zur Beeinflussung der Laderegler versehen sein. Dies erfordert entweder die vorhandenen Geräte nachzurüsten oder neue Heizgeräte aufzustellen.

Die Verbindungen der Betriebsmittel werden nach den Angaben der Hersteller ausgeführt. Vom Steuergerät N1 ist zu allen Speicherheizgeräten jeweils eine Ader (Verbindung zwischen N1:A1 und E1:A1) notwendig. Damit keine neuen Leitungen zu den Heizgeräten verlegt werden müssen, werden die Zuleitungen auf freie Adern hin überprüft. Ist keine vorhanden, kann der Leiter zwischen E1:NT (Abb. 2) und X2:8 (Abb. 3) benutzt werden, weil diese Ader nur den Neutralleiter an die Speichergeräte führt. Der ist aber bereits an der Klemme E1:N vorhanden. Natürlich muß dann E1:N mit E1:NT (Abb. 6) gebrückt werden. Die Klemme N1:A1 ③ wird in der Verteilung an den frei gewordenen Leiter angeschlossen, der an den Speichergeräten jeweils mit :A1 verbunden wird.

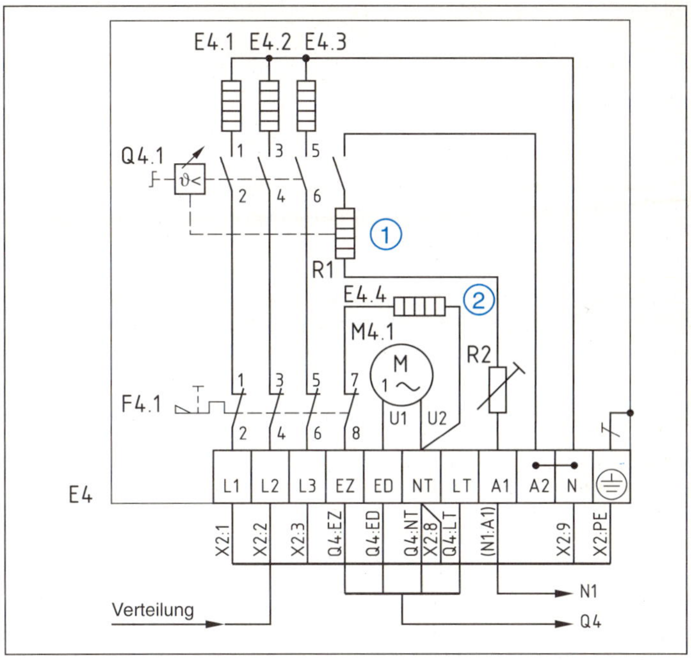

Abb. 4: Speicherheizgerät mit Zusatzheizung

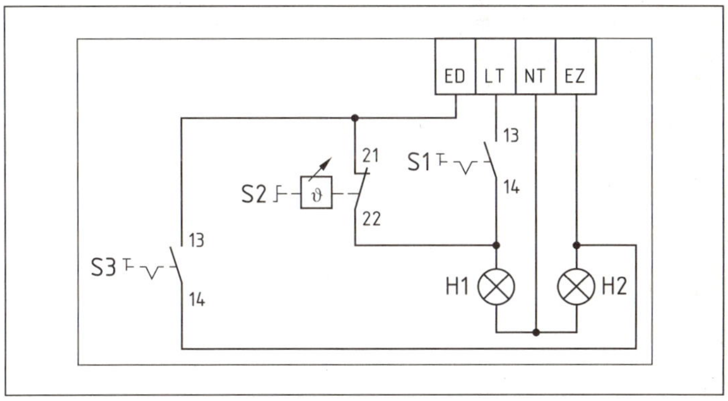

Abb. 5: Raumthermostat

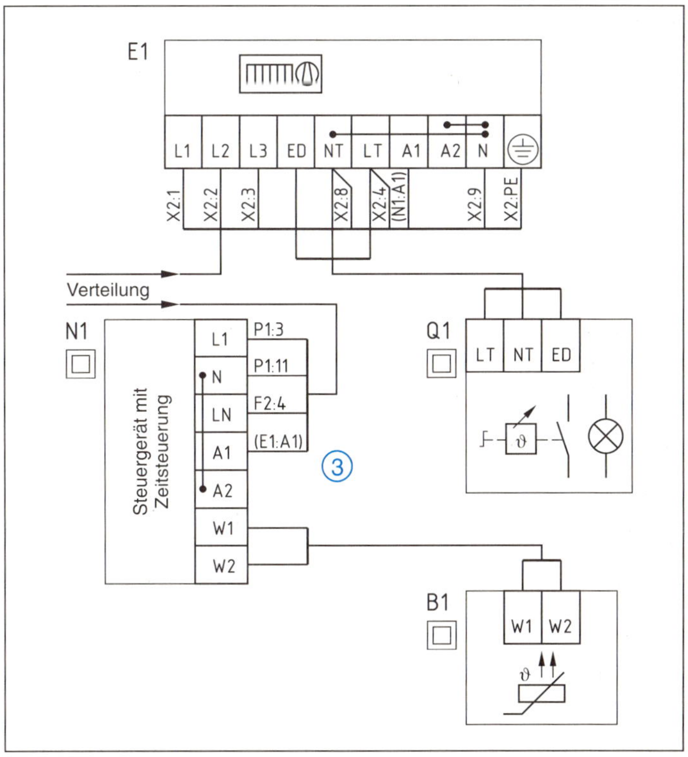

Abb. 6: Verbindungsplan

Hinweise:

- Mit unterschiedlichen Reglern in den Steuergeräten lassen sich beim **Aufladen** der Heizkerne die Klimazonen und Heizgewohnheiten der Benutzer berücksichtigen.
- Wenn alle Speicherheizgeräte eines EVU zur selben Zeit eingeschaltet werden, könnte eine Netzüberlastung eintreten. Die Versorgungsunternehmen schreiben daher Zeitverschiebungen zwischen dem Ladebeginn der Heizgeräte vor. Sie werden durch zusätzliche **Zeitsteuergeräte** an den zentralen Steuereinheiten ermöglicht. Diese Geräte „täuschen" höhere Außentemperaturen vor, so daß die Heizungen später einschalten. Ein Steuergerät (z. B. N1) besteht daher meistens aus dem eigentlichen Steuergerät und dem Zeitsteuergerät.
- An den Klemmen A1 und A2 vieler Steuergeräte liegt häufig **Kleinspannung**, so daß die Verbindung dieser Klemmen zu den Speicherheizgeräten getrennt von der Netzspannung geführt werden muß.
- Die EVU's schreiben **Allzweck-Relais** als Verbindungsglied zwischen Rundsteuer-Empfänger bzw. Schaltuhr und dem Ladestromkreis vor. Wir haben zur Vereinfachung der Schaltung diese Relais in diesem Buch weggelassen.

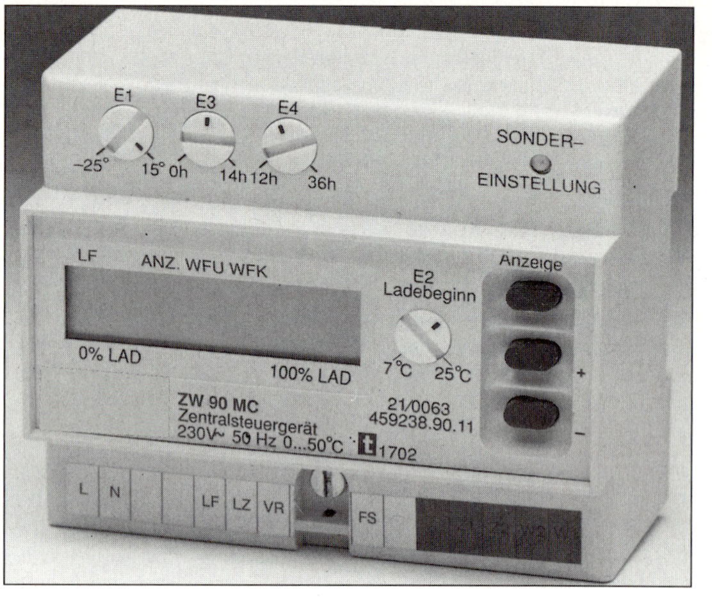

Abb. 1: Steuergerät

Aufgaben

11.2.1 Nachtspeicher-Heizung

a) Zeichnen Sie den Grundriß nach Abb. 1 (Seite 142)!

b) Zeichnen Sie in diesen Grundriß den Installationsplan der folgenden Nachtspeicher-Heizung ein!

- Küche, Kinderzimmer, Schlafzimmer und Wohnzimmer erhalten je ein Speichergerät am Fenster und einen Raumthermostaten neben der Tür.
- Der Witterungsfühler befindet sich auf der Außenwand vor dem Bad.
- Das Steuergerät befindet sich neben der Eingangstür.

c) Zeichnen Sie den Übersichtsschaltplan!

11.2.2 Zusatzheizung

Zeichnen Sie den Stromlaufplan in zusammenhängender Darstellung für E4 und Q4 der Lösung des Auftrages 1 des Kapitels 11.2!

11.2.3 Klemmenleisten

Zeichnen Sie die Klemmenleisten mit allen Zielbezeichnungen für die Lösung (Seite 153, Abb. 6) des Auftrages 2 des Kapitels 11.2

- für X2 der Verteilung (Seite 152, Abb. 3),
- für E1 und
- für N1 (ohne innere Verschaltung)!

11.2.4 Raumthermostat

a) Auszug aus Hersteller-Unterlagen:
„Der Raumthermostat Th3 schaltet bereits ab, wenn in der Nähe des Thermostaten die geforderte Raum-Temperatur noch nicht erreicht ist. Es wird damit ein Überheizen des Raumes verhindert."

Erklären Sie, wie im Raumthermostaten diese Arbeitsweise zustandekommt!

b) Geben Sie an, an welche Klemmen des Speicherheizgerätes von Seite 153 (Abb. 6) der Thermostat angeschlossen werden muß (Klemmenplan)!

c) Mit Hilfe eines Schalters mit Kontrolleuchte in der Verteilung soll das Speicherheizgerät ebenfalls „entladen" werden können.

Zeichnen Sie die Schaltung des Raumthermostaten mit angeschlossenem Schalter!

d) Geben Sie an, was geschehen würde, wenn bei vollständig angeschlossenem Raumthermostaten der Neutralleiter unterbrochen würde!

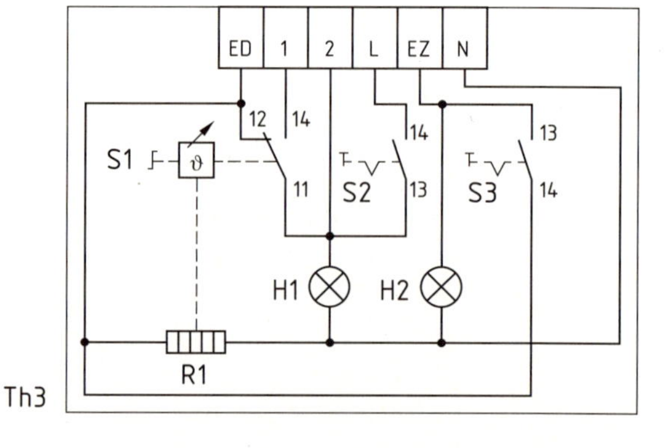

Aufgaben

11.2.5 Stellgerät

Die Abb. zeigt einen Auszug aus einem Schaltplan der Ladesteuerung einer Nachtspeicherheizung. Der Widerstand R1 ist mit dem Wärmefühler von Q4.1 wärmegekoppelt.

a) Schildern Sie die Funktion der Steuerung, wenn Q2 umgeschaltet hat!

b) Erläutern Sie den Einfluß des Wahlschalters S1!

c) Geben Sie an, bei welcher Schaltstellung von S1 Q4.1 am schnellsten schaltet!

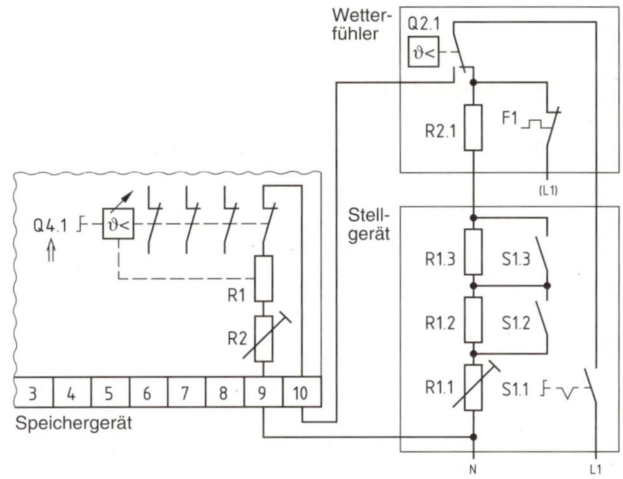

Schalttabelle für S1

Schalt-stellung	S1.1	S1.2	S1.3
0			
1	x		
2	x	x	
3	x		x
4	x	x	x

11.2.6 Klemmenplan

a) Analysieren Sie den Klemmenplan, indem Sie folgende Fragen beantworten!

1. Welches Speicherheizgerät hat eine Zusatzheizung? Begründen Sie Ihre Antwort!
2. Wieviel Adern haben die Verbindungsleitungen zwischen
   - B1 und N1,
   - N1 und E1,
   - N1 und der Verteilung (P1, P2, Q1, F1...3, K2),
   - E4 und der Verteilung sowie
   - P1 und X5?
3. Welcher Rückschluß kann aus der Adernzahl zwischen dem Steuergerät und den Speicherheizgeräten gezogen werden?
4. Welche Klemme des Rundsteuerrelais liegt am Neutralleiter? Begründen Sie Ihre Antwort!

b) Zeichnen Sie den Stromlaufplan in zusammenhängender Darstellung der Verteilung mit den Betriebsmitteln: Zähler, Rundsteuerrelais, LS-Schalter, Ladeschalter, Ladeschütz und Steuergerät!

Die ankommende Leitung (von Hauptverteilung X5) soll auf die Klemmenleiste X1.1 und die Leitungen zu den Speicherheizgeräten und die Leitung zum Witterungsfühler auf X1.2 gelegt werden.

Zähler P1	
PE	E1...E4:PE X5:PE
1	X5.L1
2	
3	N1:LT F1:L1
4	X5:L2
5	
6	F1:3
7	X5:L3
8	
9	F1:5 P2:1
10	X5:N
11	E1...4:N N1:NT
12	E1...4:NT P2:2
13	P2:5

Witterungsfühler B1	
W1	N1:W1
W2	N1:W2

Leitungsschutzschalter	F1...3
F1:1	P1:3
F1:2	K2:1
F1:3	P1:6
F1:4	K2:3
F1:5	P1:9
F1:6	K2:5
F2:1	
F2:2	Q1:1
F3:1	P2:8
F3:2	E1...4:LT

Raumthermostat Q4.1	
ED	E4:ED
1	
2	
LT	E4:LT
EZ	E4:EZ
NT	E4:NT

Ladeschalter Q1	
1	F2:2
2	N1:LN K2:A2

Raumthermostate	Q1.1...3.1
LT	E1...3:LT
NT	E1...3:NT
ED	E1...3:ED

Rundsteuerrelais P2	
1	P1:9
2	P1:12 K2:A1
3	
4	
5	P1:13
6	
7	
8	F3:1

Speicherheizgerät E4	
L1	K2:2
L2	K2:4
L3	K2:6
EZ	Q4.1:EZ
ED	Q4.1:ED
NT	Q4.1:NT P1:12
LT	Q4.1:LT F3:2
A1	N1:A1
A2	N1:A2
N	P1:11
PE	P1:PE

Steuergerät N1	
LT	P1:3
NT	P1:12
LN	Q1:2
A1	E1...4:A1
A2	E1...4:A2
W1	B1:W1
W2	B1:W2

Ladeschütz K2	
A1	P2:2
A2	Q1:2
1	F1:2
2	E1...4:L1
3	F1:4
4	E1...4:L2
5	F1:6
6	E1...4:L3

Speicherheizgeräte E1...3	
L1	K2:2
L2	K2:4
L3	K2:6
ED	Q1.1:ED
NT	Q1.1:NT P1:12
LT	Q1.1:LT F3:2
A1	N1:A1
A2	N1:A2
N	P1:11
PE	P1:PE

Auftrag 1

In der Wohnung (Abb. 1) wurde an die vorhandene Antennensteckdose X1 im Wohnzimmer ① eine weitere (X2 ②) angeschlossen. Die Empfangsleistung ist dort nicht einwandfrei. Der Wohnungsinhaber beauftragt deshalb einen Elektroinstallateur mit der Fehlerbeseitigung. Dieser muß dazu Aufbau und Funktion der Anlage analysieren.

Aufbau der Schaltung (Abb. 2a)

- Die Ausgänge aller vier Antennen ③ sind auf die **Antennenweiche** X0 geführt. Sie hat die Aufgabe, die unterschiedlichen Kanäle der Antennen auf eine gemeinsame Leitung ④ zu übertragen, ohne daß sich die einzelnen HF-Signale gegenseitig stören (Fachwort: **Entkopplung**).
- Die Koaxialleitung führt von der Weiche zur Antennensteckdose X1. Dort ist eine **Durchschleifdose** (ein Eingang und ein Ausgang) installiert.
- Von X1 führt die Leitung zu X2. Hier ist die Antennensteckdose installiert, die vorher im Wohnzimmer war. Sie hat nur einen Eingang, aber keinen Ausgang (**Stichdose**).

Werden mehrere Antennensteckdosen nacheinander geschaltet, so wird die Leitung als Stammleitung bezeichnet.

Überprüfung der Betriebsmittel

- Stichdosen sind lediglich für einen Teilnehmer pro Leitung einsetzbar, weil sie nicht entkoppelt sind. HF-Signale eines Fernsehgerätes könnten Störungen bei anderen Geräten dieser Leitung hervorrufen.

Die verwendete Stichdose bei X2 muß deshalb gegen eine entkoppelte Antennensteckdose ausgetauscht werden.

Alle Antennensteckdosen einer Stammleitung müssen entkoppelt sein.

- X2 bildet die **Enddose** der Stammleitung. Sie muß mit einem Widerstand von 75 Ω abgeschlossen sein, damit keine Reflexionen entstehen. Diese können zu stehenden Wellen führen, die den Fernsehempfang beeinträchtigen.

Enddosen von Stammleitungen müssen mit einem Widerstand von 75 Ω abgeschlossen werden.

Die eingesetzte Stichdose wird entfernt und durch eine Durchgangsdose mit einem Abschlußwiderstand von 75 Ω ersetzt. Die Abb. 2b zeigt den Ersatzschaltplan der geänderten Anlage. Die eingezeichneten Widerstände stellen die betreffenden Verluste (Fachwort: **Dämpfung**) dar.

Nach Austausch der Dose ist die Bildqualität bei **kritischem Bildabstand** (Abstand des Betrachters vom Gerät = Bildschirmdiagonale) noch nicht zufriedenstellend. Die Anlage wird deshalb meßtechnisch untersucht.

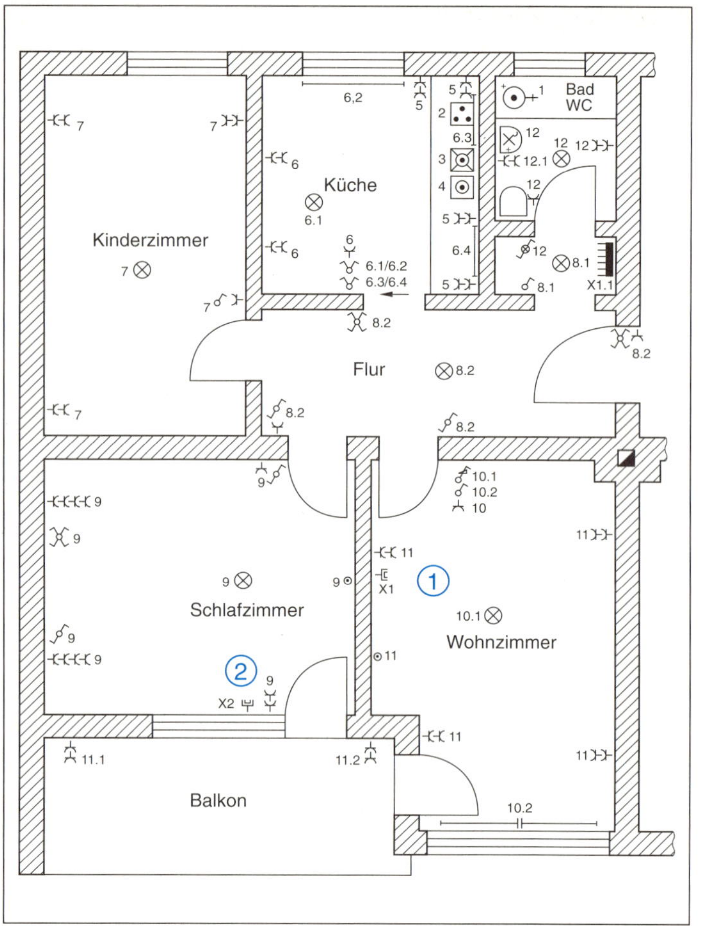

Abb. 1: Installationsplan

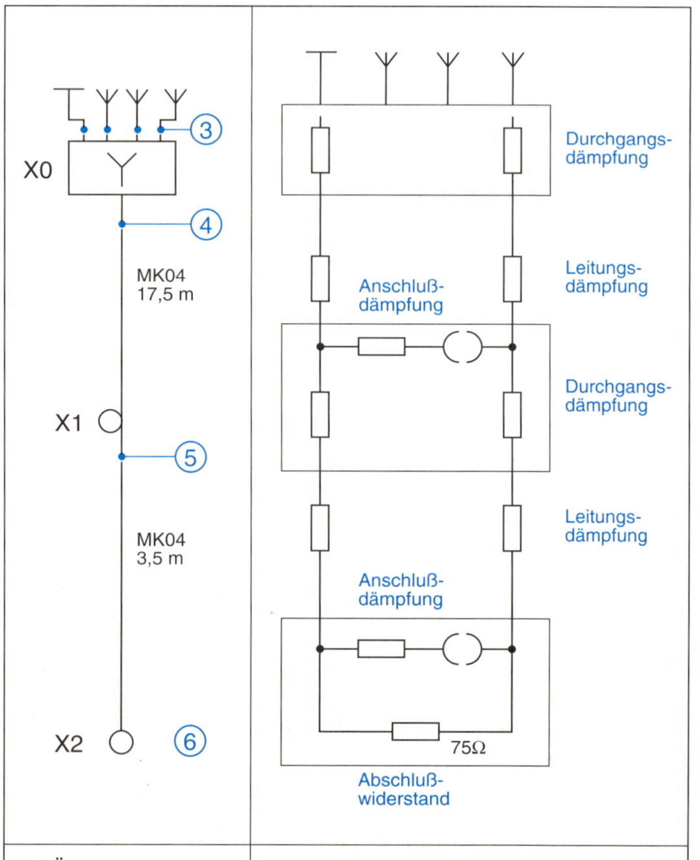

a) Übersichtsschaltplan

b) Ersatzschaltplan

Abb. 2: Antennenanlage

Pegel-Messungen

> Als Pegel L ist das Verhältnis der betreffenden Spannung zur (international) genormten Bezugsspannung 1 μV definiert (Abb. 4).

Hinweis:

Verhältnisangaben haben zwar keine Einheiten, aber zur Unterscheidung von den tatsächlichen Spannungswerten wird die Angabe **dBμV** (lies: Dezibel über 1 μV) hinzugesetzt. Die Ableitung dieser Angabe ist in Abb. 4 dargestellt.

Da die Dämpfungen frequenzabhängig sind, überprüft der Elektroinstallateur einen Kanal pro Weichen-Eingang. Er wählt dazu die Fernseh-Kanäle 2, 5 und 39 sowie den UKW-Kanal 2 aus. Es ergeben sich die Meßwerte in Tab. 11.5.

> Nach DIN 57 855 T.2 sind Mindestpegel und Höchstpegel an den Empfänger-Eingängen vorgeschrieben.

Die Tab. 11.7 zeigt den Vergleich der geforderten Mindestpegel mit den vorhandenen Pegeln an den Antennensteckdosen. Es zeigt sich, daß die Werte für X1 ausreichen, aber nicht für X2. Die HF-Signale müssen also verstärkt werden, d. h. die Verluste der Leitungen und Dosen werden teilweise ausgeglichen. Der Elektroinstallateur wählt den Mehrbereichs-Verstärker VS 57 (siehe Hersteller-Unterlagen, S. 160). Dieser wird an Stelle der Weiche eingebaut.

> Als Spannungs-Verstärkungsfaktor T_u wird das Verhältnis der Ausgangsspannung zur Eingangspannung bezeichnet.

Hinweis:

Den dekadischen Logarithmus von T_u bezeichnet man häufig auch als Verstärkung v. Er wird in dB (Abb. 4) angegeben. Pegelwerte in dBμV und Verstärkungswerte in dB können addiert werden.

Beim Vergleich der notwendigen Verstärkung und der des Verstärkers ergeben sich Reserven (Tab. 11.8). Aus der praktischen Erfahrung heraus wird zum Ausgleich von Empfangsschwankungen an den Antennen und Leitungsdämpfungen durch unsachgemäße Verlegung („Hammerschlagsdämpfung") eine **Reserve** von 6 dB angestrebt.

Jetzt überprüft der Elektroinstallateur, ob die Höchstpegel an der bestversorgtesten Antennensteckdose X1 nicht überschritten werden. Dazu werden die Verstärkungen von VS 57 (Tab. 11.8) zu den Ausgangswerten von X1 (Tab. 11.5) addiert und mit den zugelassenen Höchstpegeln (Tab. 11.6) verglichen.

Als Beispiel wird der Vergleich für UKW 2 durchgeführt.

Tab. 11.8:	18 dBμV
Tab. 11.5:	58 dBμV
Gesamtpegel:	76 dBμV
Tab. 11.6:	80 dBμV

} ⇒ Gesamtpegel < Höchtspegel

Die Rechnung, auch für die anderen Kanäle, zeigt, daß alle Werte darunter bleiben.

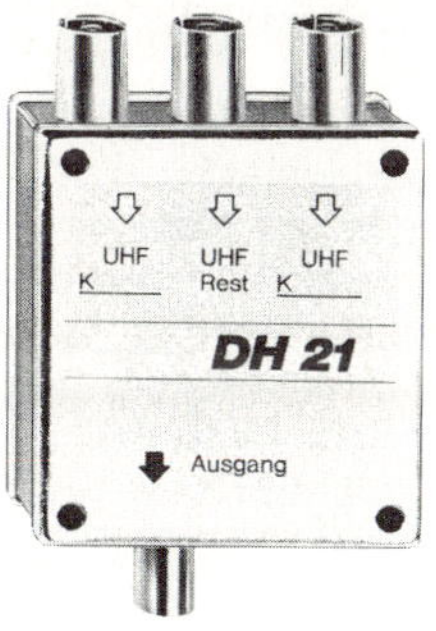

Abb. 3: Weiche

Pegel L_u

$$L_u = \frac{U}{1\,\mu V} \quad \text{(ohne Einheit)}$$

$$L_u = 20 \log \frac{U}{1\,\mu V} \quad \text{(in dB}\mu\text{V)}$$

Verstärkungsfaktor T_u

$$T_u = \frac{U_2}{U_1} \quad \text{(ohne Einheit)}$$

$$V = 20 \log \frac{U_2}{U_1} \quad \text{(in dB)}$$

Hinweise: $\lg = \log_{10}$

$\lg \hat{=}$ [log] - Taste auf Taschenrechner

Abb. 4: Pegel und Verstärkungsfaktor

Tab. 11.5 Pegel der Antennen-Anlage in Abb. 2

Kanäle	UKW 2	VHF 2	VHF 5	UHF 39
Meßpunkte (Abb. 2a)	Pegelwerte in dBμV			
③ Weichen-Eingänge	65	63	63	68
④ Weichen-Ausgang	63	61	61	66
⑤ X1-Ausgang	58	57	55	60
⑥ X2-Ausgang	37	42,5	41	46,5

Tab. 11.6 Pegel-Anforderungen für Empfänger-Eingänge

Bereiche	UKW	FS I	FS II	FS III/IV
Mindestpegel in dBμV	50	52	54	57
Höchstpegel in dBμV	80	84	84	84

Tab. 11.7 Pegel-Überprüfung

Kanäle	UKW 2	VHF 2	VHF 5	UHF 39
Pegel an X1 – Mindestpegel in dBμV	8	5	1	3
Pegel an X2 – Mindestpegel in dBμV	–13	–9,5	–13	–10,5

Tab. 11.8 Ermittlung der Reserve

Kanäle	UKW 2	VHF 2	VHF 5	UHF 39
Verstärkung des VS 57	18	18	18	21
notwendige Verstärkung	13	9,5	13	10,5
Reserve	5	8,5	5	10,5

Auftrag 2

Der Inhaber der Wohnung (Seite 156) läßt jetzt noch zwei weitere Antennensteckdosen installieren, nämlich in der Küche und im Kinderzimmer (jeweils am Fenster). Der Elektroinstallateur hat hierbei zwei Möglichkeiten, entweder wird die vorhandene Stammleitung verlängert oder eine zweite wird verlegt. Entscheidend für die Anzahl ist, ob die geforderten Pegel eingehalten werden können. Es muß deshalb eine Dämpfungsberechnung durchgeführt werden.

Hinweis:

Als **Dämpfungsfaktor** A ist das Verhältnis von zugeführter zu abgeführter Spannung definiert. Der dekadische Logarithmus von A wird als **Dämpfungsmaß** $\boldsymbol{a}$ bezeichnet (Abb. 1). Die Einführung dieses Wertes macht die Addition der Einzelwerte möglich.

Das Dämpfungsmaß a wird in dB (Dezibel) angegeben (Abb. 1).
Das Gesamtdämpfungsmaß a_G einer Antennenanlage ergibt sich aus der Summe der Einzeldämpfungsmaße.

Dämpfungsfaktor A	Dämpfungsmaß a
$A = \frac{U_{zu}}{U_{ab}}$	$a = 20 \lg A$ $[a] = \mathrm{B}$ (Bell) $[a] = \mathrm{dB} = 0{,}1\ \mathrm{B}$

Abb. 1: Dämpfungsmaß-Ableitung

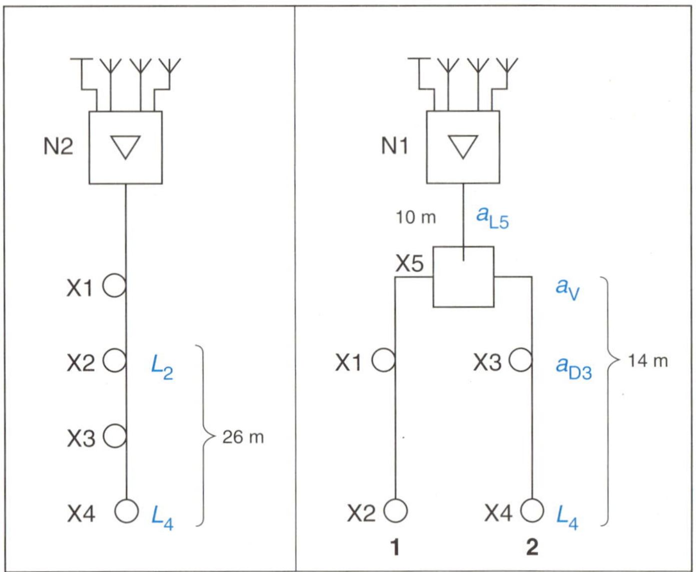

a) eine b) zwei
Stammleitung/en

Abb. 2: Schaltungen von Stammleitungen

Eine Stammleitung (Abb. 2a)

Die vorhandene Stammleitung wird durch zwei weitere Antennensteckdosen X3 und X4 erweitert. Um die Koaxialleitung (MK04) dafür an X2 anschließen zu können, wird der Abschlußwiderstand in X2 entfernt. Jetzt muß festgestellt werden, ob die am schlechtesten versorgte Dose X4 einen ausreichenden Pegel hat. Dazu werden die zusätzlichen Dämpfungsmaße ermittelt (Tab. 11.9).

- Die Pegelwerte von X2 ergeben sich aus der Tab. 11.5.
- Dazu werden die Verstärkungswerte von Tab. 11.8 addiert.
- Von dieser Summe werden die Dämpfungsmaße a_D und a_L abgezogen.

Die Dämpfungsmaße für die Betriebsmittel und die Koaxialleitung stammen aus den Hersteller-Unterlagen (Seite 160).

Der Vergleich mit den geforderten Mindestpegeln (Tab. 11.6) zeigt, daß mit einer Stammleitung kein ausreichender Pegel erreicht werden kann. Es müßte sonst ein anderer Verstärker eingebaut werden.

Tab. 11.9 Pegelberechnung zu Abb. 2a

Kanäle	UKW 2	VHF 2	VHF 5	UHF 39
Benennung	Pegel in dBµV/Dämpfung in dB			
L_2: Ausgangspegel von X2 (ohne Verstärker)	37	42,5	41	46,5
v: Verstärkung von VS57	18	18	18	21
$L_2 + v$:	53	60,5	59	67,5
a_D: Durchgangsdämpfungsmaße von X2 und X3	3,8	3,6	3,8	2
a_L: Leitungsdämpfungsmaß von X2…X4 (26 m)	4,3	3,3	5,7	10
L_4: Pegel an X4	44,9	53,6	49,5	55,5

Zwei Stammleitungen (Abb. 2b)

Für zwei Stammleitungen ist der Einbau eines **Verteilers** notwendig. An diesen werden dann die vorhandene Stammleitung 1 und die zusätzliche Stammleitung 2 angeschlossen (Abb. 2b). Bei der Pegelberechnung für die Stammleitung 1 kommt noch das Dämpfungsmaß a_V des Verteilers X5 hinzu. Es beträgt nach Hersteller-Unterlagen (Seite 161) für alle betrachteten Kanäle 6 dB.

Wird der Verteiler X5 in die Verteilung X1.1 eingebaut, ergibt sich bei der Stammleitung 2 für die am schlechtesten versorgte Dose X4 die Pegelberechnung der Tab. 11.10.

Die geforderten Mindestpegel werden an allen Kanälen erreicht. Lediglich die gewünschte Reserve kann nicht überall eingehalten werden.

Der Elektro-Installateur entscheidet sich für die **Erweiterung mit Verteiler und zwei Stammleitungen**. Bei dieser Möglichkeit muß lediglich ein Verteiler gesetzt werden, der billiger ist als die Mehrkosten für einen anderen Verstärker im ersten Fall. Die zu verlegenden Leitungslängen sind für beide Möglichkeiten annähernd gleich.

Tab. 11.10 Pegelberechnung zu Abb. 2b

Kanäle	UKW 2	VHF 2	VHF 5	UHF 39
Benennung	Pegel in dBµV/Dämpfung in dB			
L_{V1}: Eingangspegel von N1	65	63	63	68
v: Verstärkung von VS57	18	18	18	21
L_{V2}: Ausgangspegel von N1	83	81	81	89
a_{L5}: Leitungsdämpfungsmaß N1 … X5 (10 m)	1,7	1,3	2,2	4,5
a_V: Verteildämpfungsmaß von X5	6	6	6	6
a_{L4}: Leitungsdämpfungsmaß X5 … X4 (14 m)	2,3	1,8	3,1	6,3
a_{D3}: Durchgangsdämpfungsmaß von X3	1,9	1,8	1,9	1,0
a_{A4}: Anschlußdämpfungsmaß von X4	13,3	13,5	13,3	12,2
$\Sigma_a = a_L + \ldots + a_{A4}$	25,2	24,4	26,5	30
L_4: Pegel an X4	57,8	56,6	54,5	59

Auftrag 3

In einem 4-stöckigen Haus mit 8 Wohnungen soll eine Hausverteileranlage für das BK-Netz der Deutschen Bundespost-Telekom installiert werden. Jede Wohnung soll mit einer Steckdose versorgt werden. Zur Planung und als Kalkulationsunterlage sind ein Übersichtsschaltplan und ein Pegelplan zu erstellen.

Übersichtsschaltplan (Abb. 3)

Der **Übergabepunkt** X01+0 und der Hausanschluß-Verstärker N1+0 sind im Keller untergebracht. Vom Abzweiger X02+2 (DM58) im 2. Stockwerk gehen Stichleitungen zu jeder Antennen-Steckdose (D017). Als Leitung wird MK04 verwendet.

Beim Sternleitungssystem werden von einem Verzweiger (mit Abschlußwiderstand) aus Stichleitungen zu jeder Antennen-Steckdose geführt. Diese Art der Anlage wird für BK-Hausverteileranlagen bevorzugt.

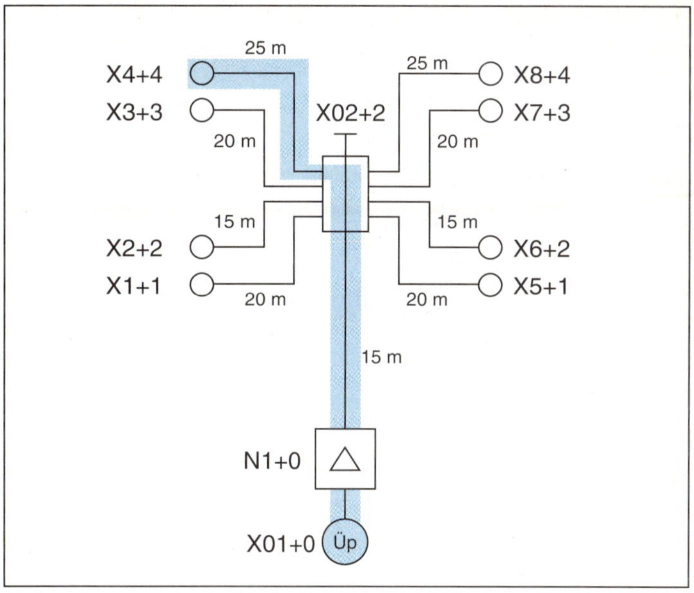

Abb. 3: Übersichtsschaltplan

Pegelplan

Für die Ermittlung der Pegel verwendet man ein Formblatt (Abb. 4) eines Herstellers von Antennen-Installationsmaterial.

- Die Werte für Tonrundfunk ① und TV ② werden am Übergabepunkt gemessen.
- Das Anschlußdämpfungsmaß ③ der Steckdosen und das **Abzweigdämpfungsmaß** ④ des Abzweigers werden den Hersteller-Unterlagen (Seite 160 und 161) entnommen.
- Zur Ermittlung des Kabeldämpfungsmaßes ⑤ wird die Leitungslänge N1–X02 mit der längsten Stichleitung addiert (Abb. 3, blau unterlegt) und mit dem Dämpfungswert (Seite 160) multipliziert.
- Die Mindestpegel ⑦ sind der Tab. 11.11 entnommen.
- Die erforderlichen **Ausgangspegel** ⑧ sind die Summe von Gesamtdämpfungsmaß, Mindestpegel und einer **vorgeschlagenen Reserve von 3 dBµV**.
- Zieht man davon die Pegel an der Übergabestelle ⑨ ab, ergibt sich die **notwendige Verstärkung** ⑩. Aus den Hersteller-Unterlagen wird der Verstärker VX 83 ⑯ ausgewählt.

Die Verstärkung ist gerade ausreichend, um die Mindestpegel zu erreichen, besonders im UKW-Bereich. Werden für die längsten Stichleitungen die Verzweiger-Ausgänge mit den niedrigsten Dämpfungen (14 dB bzw. 14,5 dB) benutzt, können 3 dB eingespart werden.

Jetzt müssen noch die vorgeschriebenen **Höchstpegel** überprüft werden.

- Dazu sind die kürzeste Stichleitung (15 m) und der günstigste Abzweiger-Ausgang ⑫ zugrundegelegt.
- Die gewählten Verstärkungswerte ⑪ sind notwendig, um die geforderten (Mindest-)Ausgangspegel zu erreichen.
- Die höchsten Ausgangspegel ⑮ ergeben sich, wenn die Eingangspegel ⑭ und die Verstärkungen ⑪ addiert und das Gesamtdämpfungsmaß ⑬ davon abgezogen wird.

Auch alle anderen Werte liegen unterhalb den geforderten Höchstpegeln.

Als Beispiel wird der Vergleich für UKW (FM) durchgeführt.

⑭	64 dBµV	
⑪	+ 27 dBµV	
⑬	– 26,2 dBµV	
⑮	64,8 dBµV	⇒ Ausgangspegel < Höchstpegel
Tab. 11.11	80 dBµV	

Pegelplan	Datum:		Name:			
	Ort:			Str.:		
	Pegel am ÜP? Tn: 64 ①			TV: 67 ②		
Steckdosen:	Verteiler:		Abzweiger:			
Dämpfung im **längsten** Stamm/Stich/Stern	Typ	Anzahl	Pegelwerte			
			FM	VHF I	VHF III	
Anschlußdose	DO 17	1	7,2	2	2	③
Durchgangsdose						
Verteiler/Abzweiger	DM 80A	1	17,5	17,5	17,5	④
Kabeldämpfung/ Länge	MK 04	40 m	6,6	5	8,8	⑤
Gesamtdämpfung			31,3	24,5	28,3	⑥
Mindestpegel/FTZ 1 R 8–15			56	60	60	⑦
Erforderlicher Ausgangspegel +3 dB			90,3	87,5	91,3	⑧
Eingangspegel			64	67	67	⑨
Notwendige Verstärkung			26,3	20,5	24,3	⑩
gewählte Verstärkung	VX 83	⑯	27	21	25	⑪

Dämpfung im **kürzesten** Stamm/Stich/Stern						
Anschlußdose	DO 17	1	7,2	2	2	
Verteiler /Abzweiger	DM 80A	1	14	14	14	⑫
Kabeldämpfung/ Länge	MK 04	30 m	5	3,8	6,6	
Gesamtdämpfung			26,2	19,8	22,6	⑬
Eingangspegel			64	67	67	⑭
Ausgangspegel			64,8	74,2	71,4	⑮

Abb. 4: Pegelplan

Tab. 11.11 Pegel-Anforderungen für Empfänger-Eingänge bei BK-Hausverteileranlagen

Bereich	Mindest- pegel in dBµV	Höchst- pegel in dBµV
UKW	56	80
FS I ... III	60	84

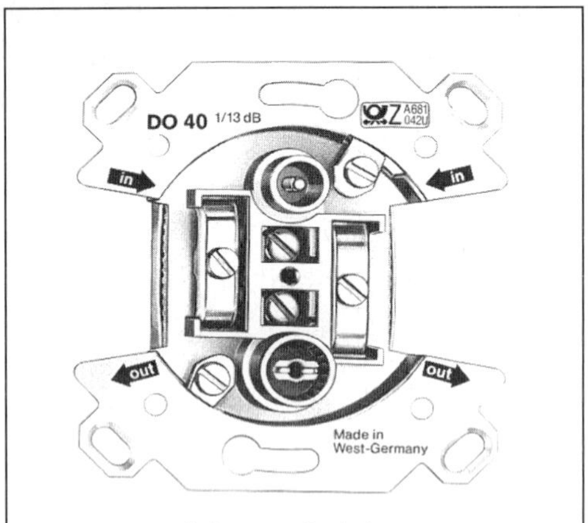

Antennensteckdose

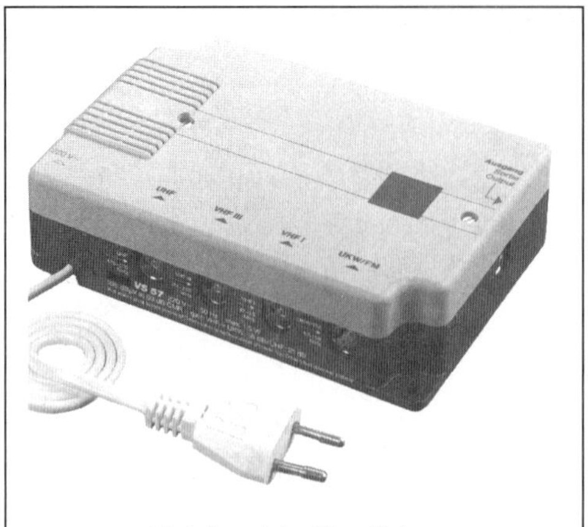

Mehrbereichs-Verstärker

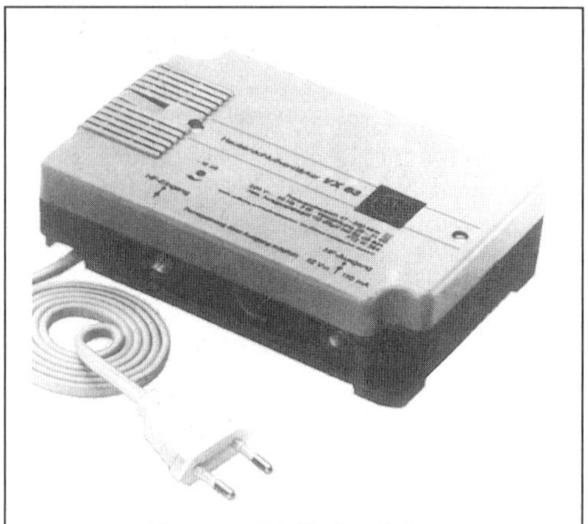

Hausanschluß-Verstärker

Koaxialkabel

		MK 04	MK 90
Schleifenwiderstand *Loop resistance* Résistance ohmique de boucle		68	50
Dämpfung *Attenuation* Affaiblissement	50 MHz	12,5 dB/100 m	4,7
	100 MHz	16,5	6,0
	200 MHz	22,0	8,3
	300 MHz	27,0	10,2
	500 MHz	34,5	13,7
	800 MHz	45,0	17,9
	1000 MHz	–	20,1
	1400 MHz	–	24,2
	1750 MHz	–	27,3
	1800 MHz	–	28,1
Rückflußdämpfung *Return loss ratio* Coéfficient de réflexion	30 – 450 MHz dB	≥20	≥20
	450 – 1000 MHz dB	≥18	≥18
	1000 – 1800 MHz dB	–	≥16

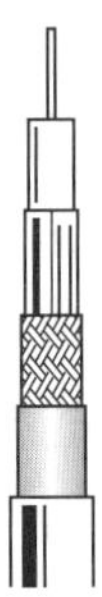

Antennensteckdosen

	DO 40	DO 17	DO 18
Schirmungsmaß *Screening factor* Susceptibilité ≥ 75 dB (0,1 – 450 MHz) ≥ 65 dB (470–860 MHz)	Durchgangsdose GA-Anlage *M.A.T.V.* Prise de passage	Stichdose Einzel-, GA- und BK-Anlage *individual or M.A.T.V.* Prise d'arrivée	Durchgangsdose Einzel-, GA- und BK-Anlage *individual or M.A.T.V.* Prise de passage
Sonderkanaltauglich *Suitable also with intermediate VHF bands* Utilisable également avec les bandes intermédiaires de la VHF			
MHz – MHz MHz	dB	dB	dB
0,15 – 1,605 LM	1,4	–	–
5,0 – 20,0 Rückweg	1,9	–	1,9
47,0 – 168,0 VHFI (K 2–4)	1,8	–	1,8
87,5 – 108,0 FM	1,9	–	1,8
111 – 139 Digiton	1,9	–	1,8
125 – 174 USB (S 4–S 10)	2,1	–	1,8
174 – 230 VHF III (K 5–12)	1,9	–	1,8
230 – 300 OSB (S 11–S 20)	1,5	–	1,9
300 – 450 ESB (S 21–S 38)	1,3	–	2,0
470 – 620 UHF IV (K 21–K 39)	1,0	–	2,1
620 – 860 UHFV (K 40–K 69)	1,0	–	2,2

	DO 40 RADIO	DO 40 TV	DO 17 RADIO	DO 17 TV	DO 18 RADIO	DO 18 TV
0,15 – 1,605 LM	15,7	–	–	–	–	–
5,0 – 20,0 Rückweg	16,0	14,3	7,0	2,0	–	10,0
47,0 – 68,0 VHFI (K 2–4)	16,3	13,5	7,2	2,0	–	8,0
87,5 – 108,0 FM	14,4	13,3	7,2	2,0	7,5	–
111 – 139 Digiton	–	13,3	7,2	2,0	–	–
125 – 174 USB (S 4–S 10)	–	13,3	–	2,0	–	7,5
174 – 230 VHF III (K 5–12)	–	13,3	–	2,0	–	7,5
230 – 300 OSB (S 11–S 20)	–	13,0	–	2,0	–	7,5
300 – 450 ESB (S 21–S 38)	–	12,6	–	2,0	–	7,5
470 – 620 UHFIV (K 21–K 39)	–	12,2	–	2,5	–	7,5
620 – 860 UHFV (K 40–K 69)	–	12,0	–	2,5	–	7,5

Verstärker

Eingang-Ausgang-Widerstand 75 Ω

	Mehrbereichs-Verstärker VHF-UHF								Hausanschluß-Verstärker mit eingebautem Netzteil	
Type-No.	VS 57				VS 88				VX 63	VX 64
Eingänge *Inputs* Entrèes	1	2	3	4	1	2	3	4	1	1
Frequenzbereiche *Frequency ranges* Bandes de fréquence MHz	FM 87–108	VHF I 47–68	VHF III 174–230	UHF 470–860	FM 87–108	VHF I 47–68	VHF III 174–230	UHF 470–862	47–860	
Kanäle *Channels* Canaux	FM	2–4	5–12	21–69	FM	2–4	5–12	21–69	⋌ Dämpfungssteller – 18 dB – eingebaut	
Verstärkung *Gain* Gain dB	18	18	18	21	29 ⋌	25 ⋌	25 ⋌	28 ⋌	28–31 ⋌–18	18–22 ⋌–10

Abb. 1: Hersteller-Unterlagen (Koaxialkabel, Antennensteckdosen, Verstärker)

DM – Verteiler, Abzweiger, 75 Ohm, HF-dichte Bauweise	Frequenzbereich *Frequency range* Bande passante	Durchgangsdämpfung *Thru loss* Atténuation de passage dB	Verteildämpfung *Distribution loss* Atténuation de répartition dB	Abzweigdämpfung *Side loss* Atténuation de dérivation dB	Entkopplung zwischen den Ausgängen oder Abzweigen *Isolation between outputs or taps* Protextion entre sorties ou dérivations dB	Schirmungsmaß *Screening factor* Susceptibilité dB
Verteiler / Splitters / Répartiteurs						
DM 75 A681 034U	AM VHF UHF	– – –	6,0 6,0 6,0	– – –	6 6 6	– ≥ 75 dB ≥ 65 dB
DM 76 A681 035U	AM VHF UHF	– – –	10,0 10,0 10,0	– – –	10 10 10	– ≥ 75 dB ≥ 65 dB
Abzweiger / Tee-units / Dérivateurs						
DM 64 A681 029U	AM VHF UHF	2,0 2,25 2,25	– – –	15,0 16,5 16,5	– 30 30	– ≥ 75 dB ≥ 65 dB
DM 67 A681 031U	AM VHF UHF	3,0 3,25 3,25	– – –	20,0 18,0 18,0	– 30 30	– ≥ 75 dB ≥ 65 dB

DM 80 A A681 133V
Vielfach-Abzweiger
8-fach
Anschlüsse nach DIN 45 325
(IEC 169-2)

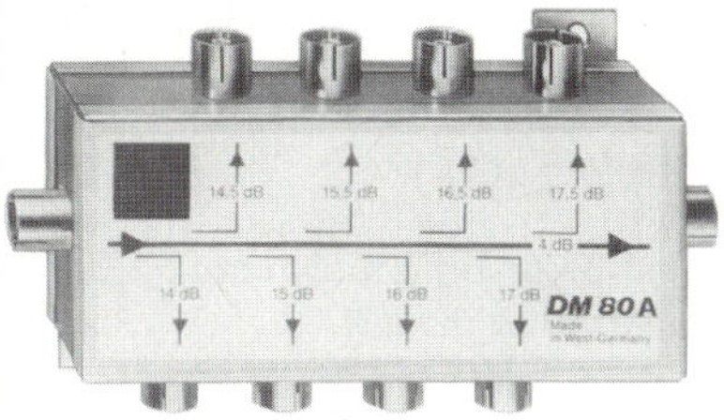

Frequenzbereich Frequency range Fréquences	40 – 860 MHz VHF – UHF
Durchgangsdämpfung *Thru loss* Atténuation de passage	4 dB (40 – 450 MHz) 5 dB (470 – 860 MHz)
Abzweigdämpfung *Side loss* Atténuation de passage	14/14,5/15/15,5/16/16,5/17/17,5 dB
Entkopplung zwischen den Abzweigen *Isolation between taps* Protection entre les dérivateurs	≥ 40 dB (40 – 450 MHz) ≥ 35 dB (470 – 860 MHz)

Abb. 2: Hersteller-Unterlagen (Verteiler, Abzweiger)

Aufgaben

11.3.1 Wohnung

In der Wohnung der Aufgabe 11.1.2 (Seite 147) soll eine Antennen-Anlage installiert werden.

Hierfür gelten folgende Bedingungen.

- Alle Antennen-Eingänge werden auf eine Weiche (Durchgangdämpfungsmaß : 2 dB) geführt
- Kein Verstärker
- Eine Stammleitung
- Antennen-Steckdosen
  Wohnzimmer: 2x
  Schlafzimmer: 1x
  Balkon: 1x
- Antennenleitung von oben an Verteilung X1

a) Zeichnen Sie den Übersichtsschaltplan!

b) Wählen Sie aus den Hersteller-Unterlagen die geeigneten Geräte aus!
Hinweis: Weiche DW 6

c) Ermitteln Sie das Dämpfungsmaß der letzten Dose!
Hinweise:
- Die ungefähren Leitungslängen entnehmen Sie dem Grundriß
- Leitungslänge Weiche bis Verteilung X1 : 6 m

d) Berechnen Sie die notwendigen Eingangspegel an den Antennen-Ausgängen, wenn die Mindestpegel (lt. DBP-Telekom) und eine Reserve von 6 dB vorhanden sein sollen!

Aufgaben

11.3.2 Schaltungsanalyse

Die abgebildete Schaltung entstammt den Unterlagen eines Herstellers von Antennen-Installationsmaterial.

a) Zeichnen Sie den Plan normgerecht und benennen Sie die Betriebsmittel!

b) Analysieren Sie die Anlage durch Beantwortung folgender Fragen!
Begründen Sie Ihre Antworten!

1. Ist der obere Verstärker ein Mehrbereich-Verstärker?
2. Welches Bauteil ist unterhalb dieses Verstärkers angebracht?
3. Welche beiden Bauteile befinden sich oberhalb des unteren Verstärkers?
4. Welche Bauteile müssen mit einem Widerstand abgeschlossen werden?
5. Welche Betriebsmittel befinden sich an den Enden der Leitungen, die vom unteren Verstärker ausgehen?

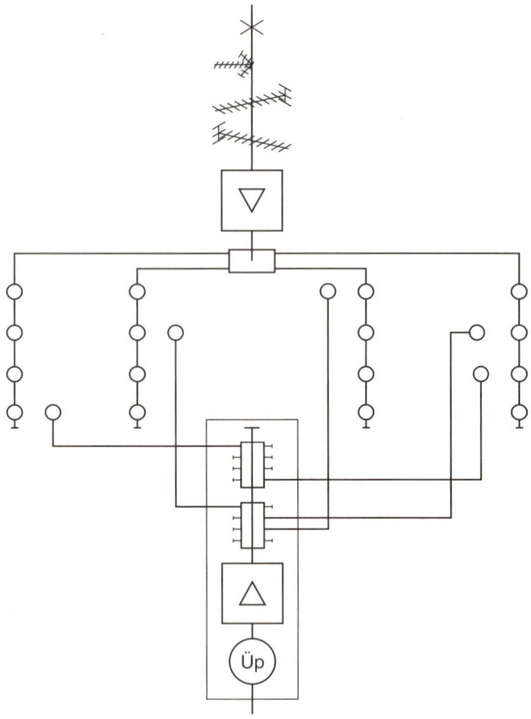

11.3.3 Mehr-Familien-Haus

In einem Wohnhaus mit 8 Wohnungen soll folgende Antennen-Anlage installiert werden.

- Meßwerte an den Antennen-Ausgängen:
  UKW (100 MHz): 65 dBμV
  Kanal 8 (200 MHz): 66 dBμV
  Kanal 34 (500 MHz): 71 dBμV
- Mehrbereich-Verstärker der Reihe VS am Antennenmast unter dem Dach
- Verteiler der Reihe DM mit zwei Ausgängen
- zwei Stammleitungen mit je vier Steckdosen der Reihe D0
- Kabel MK 90 (20 m bis zur letzten Dose)

a) Zeichnen Sie den Übersichtsschaltplan der Anlage!

b) Berechnen bzw. ermitteln Sie mit Hilfe der Hersteller-Unterlagen (Seiten 160 und 161) folgende Werte der am schlechtesten versorgten Dose!
- Verteilerdämpfungsmaß
- Leitungsdämpfungsmaß
- Durchgangsdämpfungsmaß
- Anschlußdämpfungsmaß der letzten Dose

c) Berechnen Sie die erforderliche Verstärkung, die
- für das Einhalten der Mindestpegel (lt. DBP-Telekom) und
- unter Beachtung der Reserve von 6 dB notwendig ist!

d) Wählen Sie den entsprechenden Verstärker aus!

e) Überprüfen Sie, ob die geforderten Maximalwerte an der am besten versorgten Dose eingehalten werden!
Hinweis: Leitungslänge ca. 5 m

11.3.4 Gemeinschaftsanlage (GA)

a) Zeichnen Sie einen Übersichtsschaltplan für folgende BK-Antennen-Anlage!
- Verstärker der Reihe VX
- zwei hintereinander geschaltete Abzweiger DM 80A
- 16 Stichdosen D0 17
- Koaxialkabel MK 04 (l_{min} = 5 m; l_{max} = 30 m)

b) Berechnen Sie für UKW (100 MHz) und die Kanäle, 2, 5 und 21 das jeweilige maximale Dämpfungsmaß!

c) Stellen Sie fest, welcher Verstärker zur Einhaltung der geforderten Mindestpegel der DBP-Telekom und einer Reserve von 3 dB ausreicht, wenn am Übergabepunkt für TV 68 dBμV und UKW (Ton) 65 dBμV vorhanden sind!

d) Ermitteln Sie, ob sich der Verstärkertyp ändert, wenn MK 90 statt MK 04 verlegt wird!

e) Ermitteln Sie, ob die vorgeschriebenen Maximalpegel an bestversorgtester Dose eingehalten werden!

11.3.5 Stichleitungsverteilung

In einem Wohnhaus mit drei Stockwerken soll folgende Antennenanlage installiert werden.

- Dach: 1 Weiche (2 dB Durchgangsdämpfung)
- je Stockwerk: ein Vierfach-Abzweiger mit vier Stichdosen
- Koaxialkabel MK90: l_{min} = 7 m; l_{max} = 29 m

a) Zeichnen Sie den Übersichtsschaltplan!

b) Berechnen Sie das kleinstmögliche und das größtmögliche Dämpfungsmaß!

c) Überprüfen Sie, ob die geforderten Pegel eingehalten werden können, wenn folgende Werte an Weichen-Eingängen gemessen werden!
UKW: 60 dBμV Kanal 21: 68 dBμV Kanal 44: 70 dBμV

12 Schaltungen mit Transistoren

12.1 Kennlinien und Kenngrößen bipolarer Transistoren

Auftrag 1

Das Relais K1 im Kollektorstromkreis des Transistors in Abb. 1 kann durch Betätigen von S1 geschaltet werden. Für das Relais ist eine Stromstärke von 120 mA erforderlich.

Es soll die notwendige Basisstromstärke ermittelt werden.

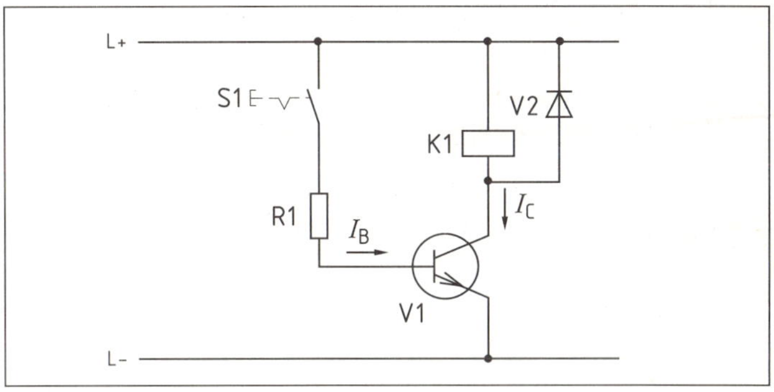

Abb. 1: Transistor mit Relais

Lösung

Der Auftrag kann durch Nachschlagen in entsprechenden Datenblättern oder mit Hilfe von Kennlinien des entsprechenden Transistortyps gelöst werden. In diesem Fall wurde für den vorgesehenen Transistor die Kollektorstromstärke in Abhängigkeit von der Basisstromstärke meßtechnisch ermittelt:

I_B in mA	0,2	0,4	0,6	0,8	1,0	1,2	1,4	1,6	1,8	2,0
I_C in mA	33	63	84	105	123	140	158	174	188	200

Zur besseren Übersicht sind die Meßwerte in einem Diagramm (Abb. 2) dargestellt.

Die Lösung des Auftrags läßt sich somit über die graphische Darstellung mit I_{B1} = 0,98 mA ① ermitteln.

Der in Abb. 1 dargestellte Transistor ist ein NPN-Transistor. Zur Hervorhebung in Stromlaufplänen kann ein Kreis um das Transistorsymbol gezeichnet werden.

Das Verhältnis von I_C zu I_B ist für Transistoren eine wichtige Kenngröße. Sie wird als **Gleichstromverstärkung** B bezeichnet. Für den **Arbeitspunkt** des verwendeten Transistors ergibt sich der folgende Wert:

$B = \frac{I_C}{I_B}$; $B = \frac{I_{C1}}{I_{B1}}$; $B = \frac{120\ \text{mA}}{0{,}98\ \text{mA}}$; $\underline{\underline{B = 122}}$

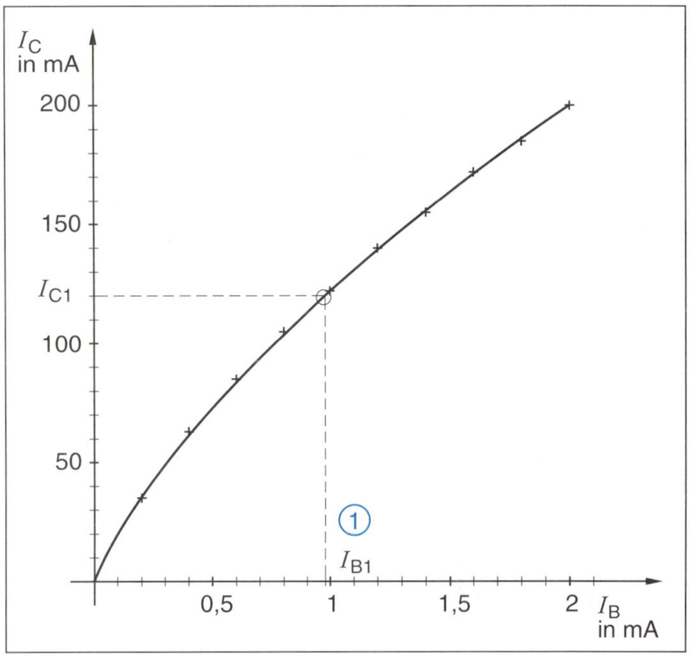

Abb. 2: Kollektorstromstärke in Abhängigkeit von der Basisstromstärke

Auftrag 2

Für den in Auftrag 1 verwendeten Transistor soll die Wechselstromverstärkung ermittelt werden.

Transistoren lassen sich nicht nur als elektronische Schalter, sondern auch als Verstärker für Wechselspannungen bzw. Wechselströmen einsetzen. Ausgegangen wird hierbei von einem durch U_{BE} und I_B festgelegten Arbeitspunkt. Da zusätzlich zwischen Basis und Emitter eine Wechselspannung anliegt und ein Basiswechselstrom fließt, wandert der Arbeitspunkt auf der Kennlinie hin und her. Man verwendet für diese Fälle die **Wechselstromverstärkung** β als weitere Kenngröße des Transistors.

Lösung

Zur graphischen Ermittlung wird wie in Abb. 3 in den Arbeitspunkt A eine **Tangente** der Wechselstromverstärkung ② an die Kurve gelegt und das Verhältnis $\frac{\Delta I_C}{\Delta I_B}$ ermittelt.

$\beta = \frac{\Delta I_C}{\Delta I_B}$; $\beta = \frac{70\ \text{mA}}{0{,}8\ \text{mA}}$; $\underline{\underline{\beta = 87{,}5}}$

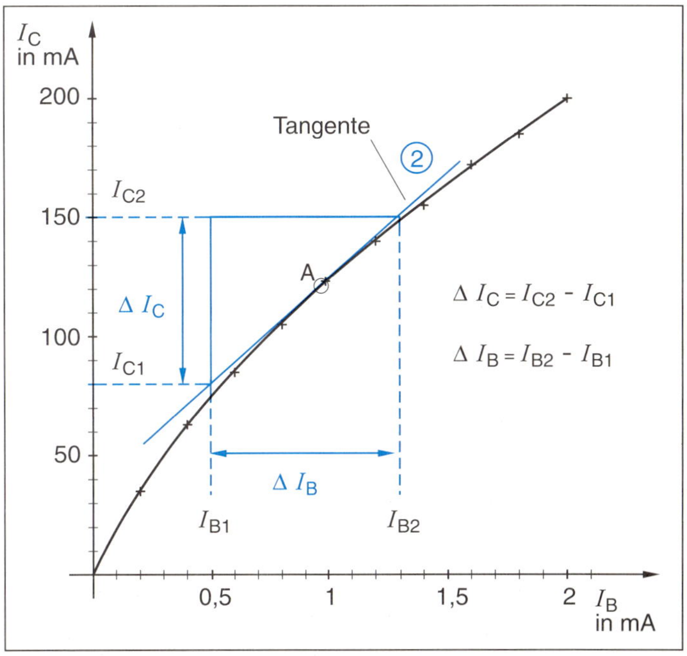

Abb. 3: Ermittlung der Wechselstromverstärkung

Kenngrößen von Transistoren

Kenngröße	Gleichstrom	Wechselstrom
Stromverstärkung	$B = \frac{I_C}{I_B}$	$\beta = \frac{\Delta I_C}{\Delta I_B}$
Eingangswiderstand	$R_{BE} = \frac{U_{BE}}{I_B}$	$r_{BE} = \frac{\Delta U_{BE}}{\Delta I_B}$
Ausgangswiderstand	$R_{CE} = \frac{U_{CE}}{I_C}$	$r_{CE} = \frac{\Delta U_{CE}}{\Delta I_C}$

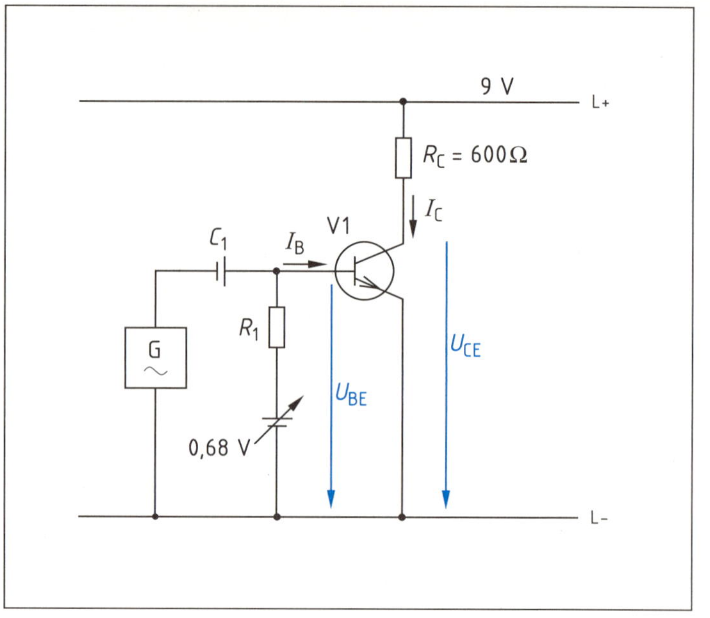

Abb. 1: Transistor als Wechselspannungsverstärker

Auftrag 3

Der Transistor in der Meßschaltung von Abb. 1 arbeitet als Wechselspannungsverstärker. Mit Hilfe der angegebenen Werte sowie dem Kennlinienfeld von Abb. 3 sollen die folgenden Verstärkungen ermittelt werden:

- Wechselstromverstärkung,
- Wechselspannungsverstärkung,
- Leistungsverstärkung.

Die Eingangsspannung ändert sich um ΔU_{BE} = 22 mV ④.

Lösung

- Arbeitsgerade (Widerstandskennlinie R_C) in das Ausgangskennlinienfeld (I. Quadrant) einzeichnen.
  Erster Punkt liegt bei U_B = 9 V ②. Der zweite Punkt liegt bei $I_C = U_B/R_C$ (I_C = 15 mA). Arbeitsgerade einzeichnen ⑤.
- Eingangsseitigen Arbeitspunkt mit U_{BE} = 0,68 V ① in die Kennlinie des III. Quadranten einzeichnen. Spannungsänderung ΔU_{BE} = 22 mV einzeichnen ④.
  Entsprechend der Spannungsänderung ergibt sich an der Kennlinie die Basisstromänderung ΔI_B = 33 µA ⑥.
- Aus der Stromkennlinie (II. Quadrant) wird die Kollektorstromänderung ermittelt, ΔI_C = 5 mA ⑦.
- Aus dem Ausgangskennlinienfeld (I. Quadrant) ergibt sich mit Hilfe der Widerstandsgeraden die Kollektorspannungsänderung ΔU_{CE} = 3 V ⑧.
- Spannungsverstärkung: $v_u = \frac{\Delta U_{CE}}{\Delta U_{BE}}$; $v_u = \frac{3\ \text{V}}{22\ \text{mV}}$; $\underline{\underline{v_u = 136}}$
- Stromverstärkung: $v_i = \frac{\Delta I_C}{\Delta I_B}$; $v_i = \frac{5\ \text{mA}}{33\ \mu\text{A}}$; $\underline{\underline{v_i = 152}}$
- Leistungsverstärkung $v_p = v_u \cdot v_i$; $v_p = 136 \cdot 152$; $\underline{\underline{v_p = 20\,672}}$

Hinweise

Aus den Kurvenverläufen in Abb. 3 kann man die Phasenbeziehungen zwischen Ein- und Ausgangsgrößen entnehmen. Aus Gründen der Übersichtlichkeit sind sie in Abb. 2 untereinander dargestellt worden. Es ist erkennbar, daß sich bei dieser Transistorschaltung zwischen Ein- und Ausgangsspannung eine Phasenverschiebung von 180° ergibt. Dieses bedeutet z. B., daß die Ausgangsspannung U_{CE} steigt (positiver wird), wenn die Eingangsspannung U_{BE} sinkt (negativer wird).

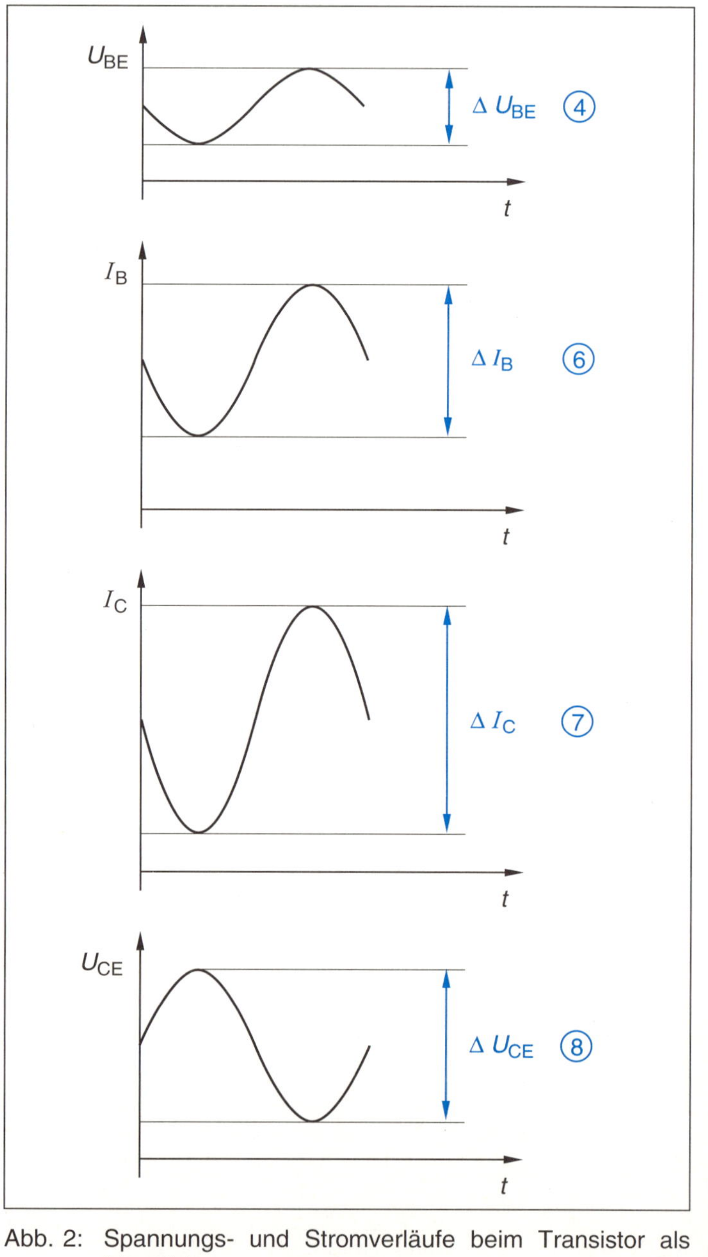

Abb. 2: Spannungs- und Stromverläufe beim Transistor als Verstärker

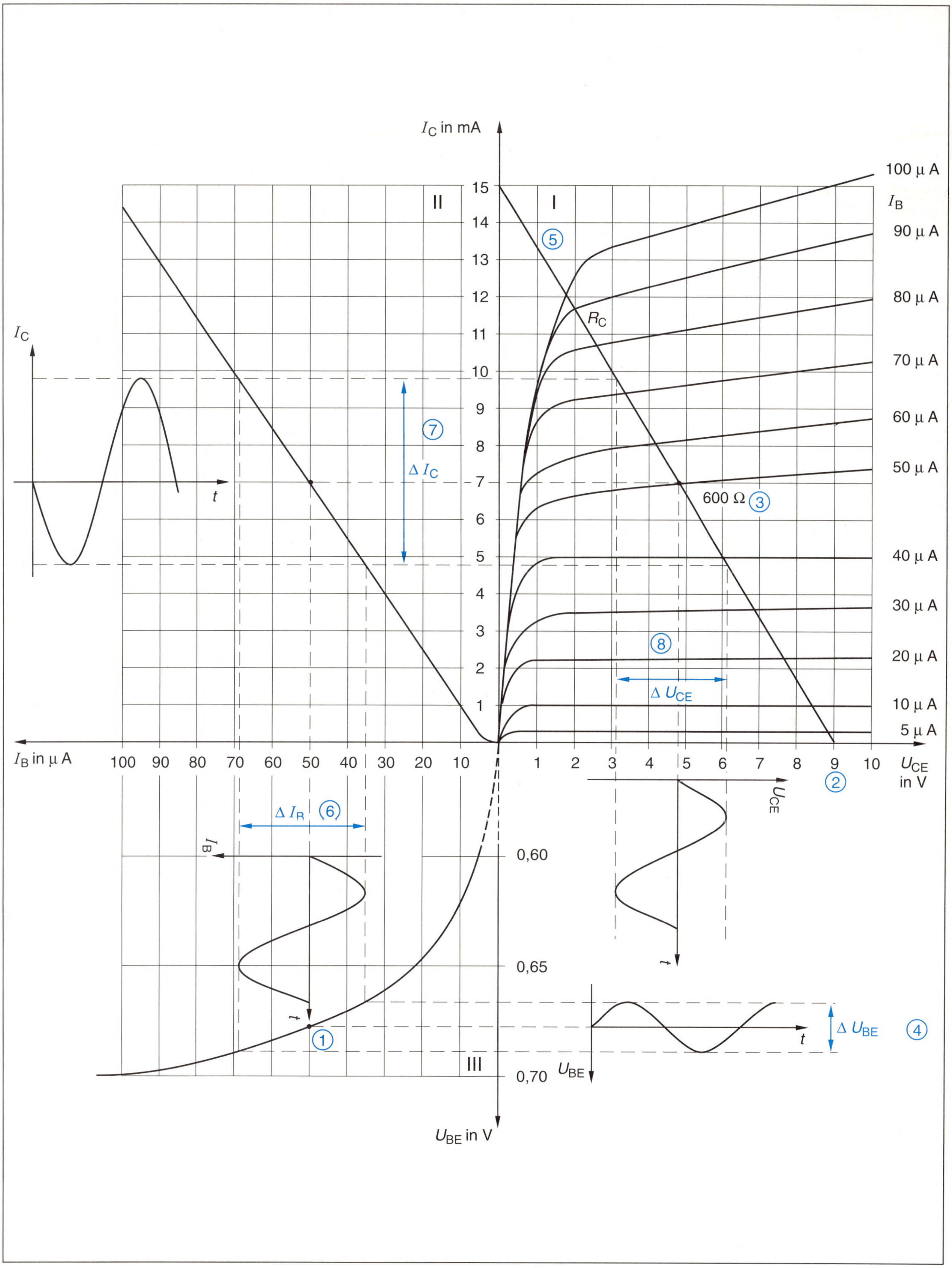

Abb. 3: Kennlinien eines bipolaren Transistors

Aufgaben

12.1.1 Stromverstärkung

Ermitteln Sie aus der Kennlinie von Abb. 2 auf S. 163 die Gleichstromverstärkung sowie die Wechselstromverstärkung bei I_{B1} = 0,5 mA und I_{B2} = 1,5 mA!

12.1.2 Eingangswiderstand ❑

Ermitteln Sie für U_{BE} = 0,9 V den Eingangswiderstand für Gleich- und Wechselstrom.

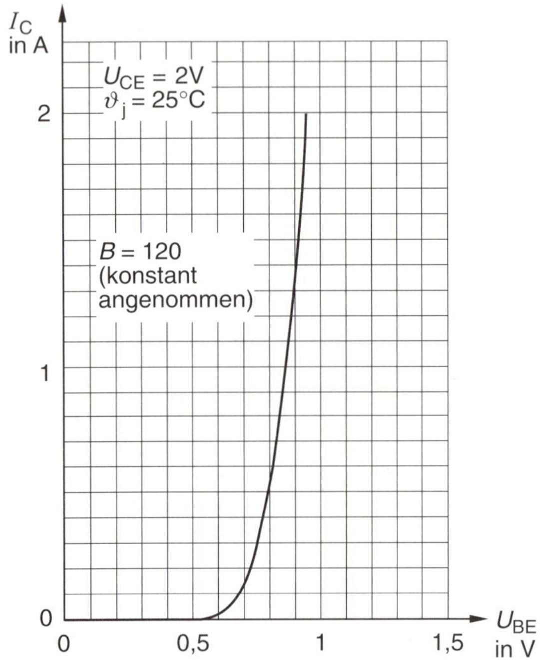

12.1.3 Ausgangswiderstand eines NF-Transistors ❑

Ermitteln Sie für U_{CE} = 10 V und I_{B1} = 0,1 mA; I_{B2} = 0,2 mA und I_{B3} = 0,3 mA den Ausgangswiderstand für Gleich- und Wechselstrom!

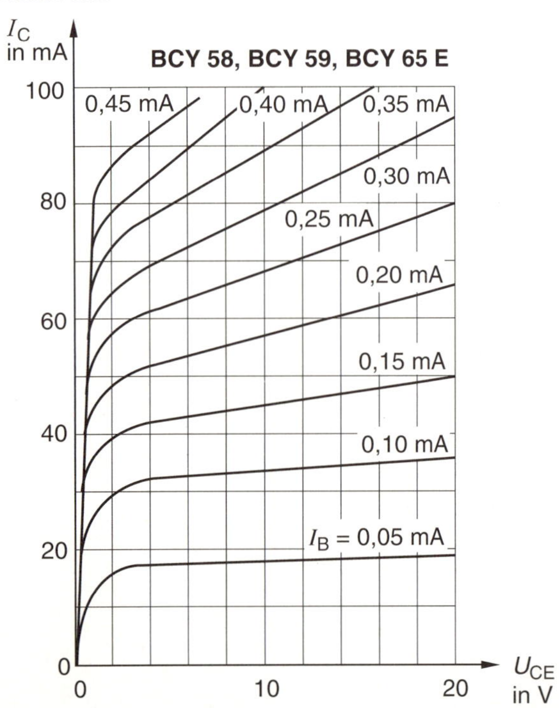

12.1.4 Stromverstärkung als abhängige Größe

Interpretieren Sie das Diagramm, indem Sie folgende Fragen beantworten:

1. Welche Bedeutung hat die Temperaturangabe an den Kennlinien?
2. Was bedeutet die Angabe U_{CE} = 1 V?
3. Zwischen welchen Werten verändert sich die Stromverstärkung (Maximal- und Minimalwert, ϑ_j = 100 °C)?

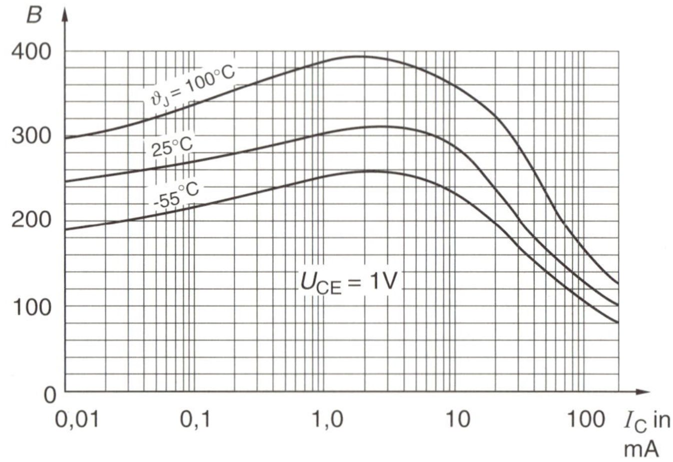

12.1.5 Stromverstärkung bei Belastungswiderstand

Der Belastungswiderstand im Kollektorstromkreis ist mit R_a = 1 Ω eingezeichnet. Es handelt sich hierbei um eine Reihenschaltung eines linearen Widerstandes (R_a) mit einem Transistor (nichtlinearer Widerstand).
Zeichnen Sie für diesen Belastungsfall die Kollektorstromstärke in Abhängigkeit von der Basisstromstärke (Steuerkennlinie)!

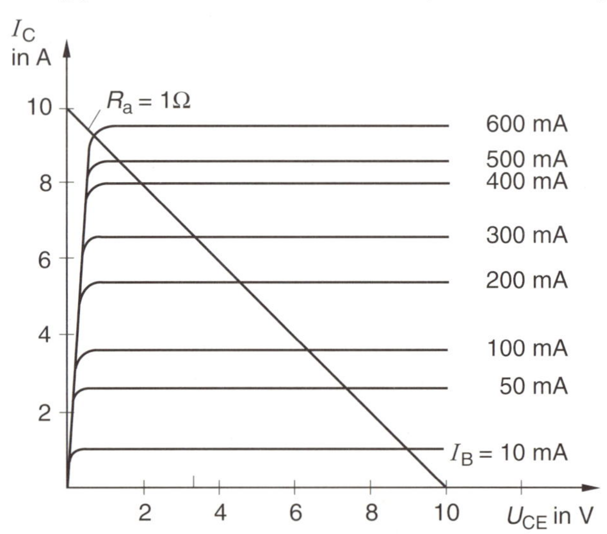

12.1.6 Änderung des Arbeitswiderstandes

Beantworten Sie zu einer Transistorschaltung die folgenden Fragen:

1. Der Kollektorwiderstand eines Transistors wird vergrößert. Wie verändern sich die Spannungs- und die Stromverstärkung?
2. Der Kollektor liegt an L+ der Betriebsspannungsquelle. Welchen Wert besitzt die Spannungsverstärkung?
3. Wie groß müßte der Kollektorwiderstand gewählt werden, damit man die größte Stromverstärkung erhält?

Aufgaben

12.1.7. Eingangskennlinie und Kristalltemperatur

Die Kennlinien zeigen den Kollektorstrom in Abhängigkeit von der Basis-Emitter-Spannung des Transistors BC 107 für verschiedene Temperaturen und unter Berücksichtigung der Streuung. Durch schaltungstechnische Maßnahmen wird der Kollektorstrom auf einen Wert von 2 mA konstant gehalten.

a) Zwischen welchen Werten muß sich dazu die Spannung U_{BE} verändern, wenn eine Kristalltemperatur von + 25 °C zugrunde gelegt wird und Streugrenzen beachtet werden sollen?

b) Der Transistor soll in einer Anlage von + 100 °C und – 50 °C Kristalltemperatur betrieben werden. Welche Werte muß dabei U_{BE} annehmen, damit I_C = 2 mA konstant bleibt?

In der Abbildung ist kein Streubereich für die Temperaturen – 50 °C und + 100 °C eingezeichnet.

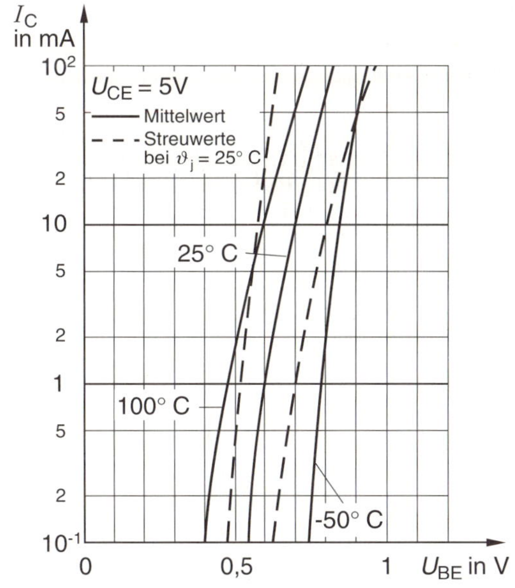

12.1.8 Kennlinienfeld

Ermitteln Sie die Strom-, Spannungs- und Leistungsverstärkung des Kleinsignaltransistors. Die Änderung der Eingangsspannung ΔU_B = 50 mV ist vorgegeben.

Die Betriebsspannung beträgt U_B = 30 V und der Lastwiderstand des Transistors hat einen Wert von R_a = 300 Ω.

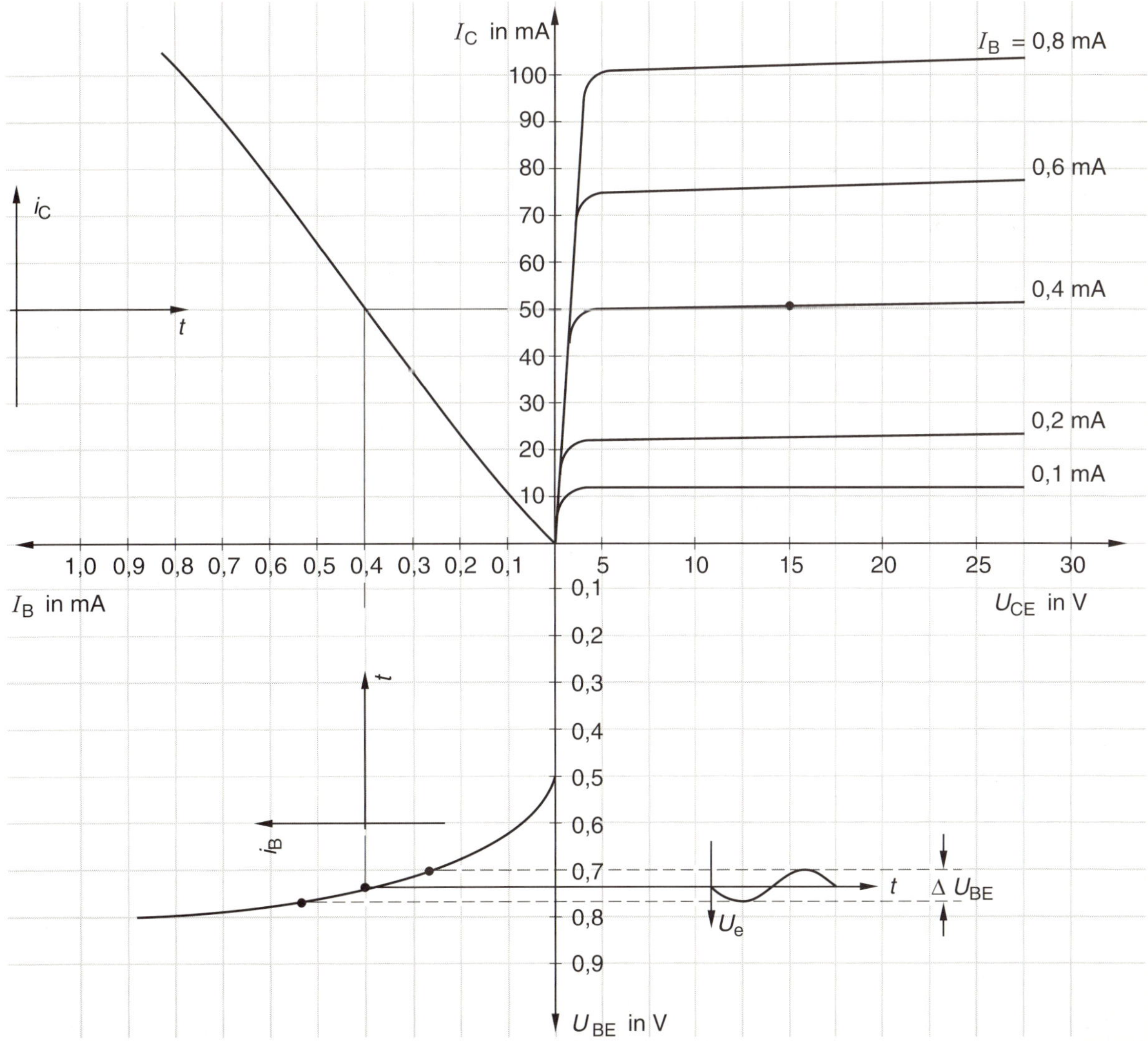

Auftrag

In einer Meßwarte eines chemischen Betriebes soll eine Signallampe mit den Nennwerten 24 V/0,5 A installiert werden, die den minimalen Füllstand eines 500 m entfernten Behälters signalisieren kann. Die Spannungsquelle besitzt eine Ausgangsspannung von 24 V. Der Minuspol soll als gemeinsame Masse der Anlage verwendet werden.

Wegen der Länge der Signalleitung ist ein direktes Schalten durch einen Niveauwächter nicht möglich. Die Ansteuerung über ein Relais scheidet ebenfalls aus, da alle funkenbildenden Geräte verboten sind. Es soll deshalb ein bipolarer Transistor verwendet werden. Zur Verfügung stehen die in der Tab. 12.1 dargestellten Transistortypen.

Es soll eine Signalschaltung mit einem Transistor gezeichnet und ein geeigneter Transistor gewählt werden!

Schaltungsentwurf

Die Kollektor-Emitter-Strecke des Transistors kann wie ein Schalter verwendet werden (Abb. 1). Bei Basis-Emitter-Spannungen kleiner als 0,7 V fließt kein nennenswerter Kollektorstrom (Sperrstrom vernachlässigbar), bei Spannungen größer als 0,7 V fließt ein Kollektorstrom (Si-Transistoren).

Zur Lösung des Auftrags wird die Lampe H1 in den Hauptstromkreis, also in Reihe mit der Kollektor-Emitter-Strecke gelegt (Abb. 2). Wenn die Lampe leuchten soll, dann muß dafür gesorgt werden, daß ein entsprechender Basisstrom fließt. Die Basis muß dazu positiv gegenüber dem Emitter sein.

Transistorauswahl

Mit Hilfe der Tab. 12.1 soll jetzt der geeignete Transistortyp bestimmt werden. Da der Minuspol der Spannungsquelle als gemeinsame Masse verwendet werden soll, ist ein NPN-Transistor zu verwenden (BCX 41, BSS 64, BSS 79 oder BSS 81). Da durch die Lampe ein Strom von 0,5 A fließen soll, muß der Kollektorstrom für diesen Wert ausgelegt sein. Mit I_{Cmax} = 0,8 A für alle Typen ist genügend Sicherheit vorhanden.

Da eine Betriebsspannung von 24 V zur Verfügung steht und die Lampe eine Nennspannung von 24 V besitzt, muß im eingeschalteten Zustand am Transistor möglichst eine kleine Spannung abfallen (Reihenschaltung aus Lampe und Kollektor-Emitter-Strecke). Auskunft über diese Spannung gibt die Spalte mit der **Sättigungsspannung** U_{CEsat}.

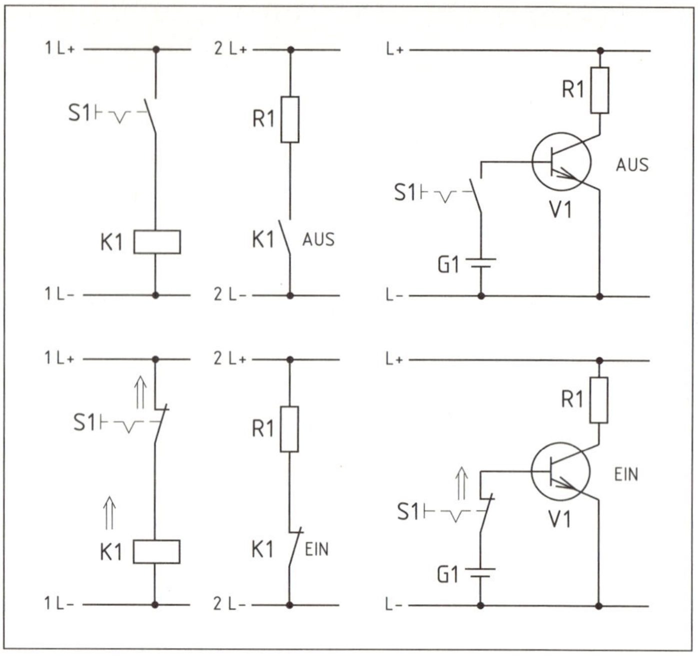

Abb. 1: Vergleich zwischen Relais/Schütz und Transistor

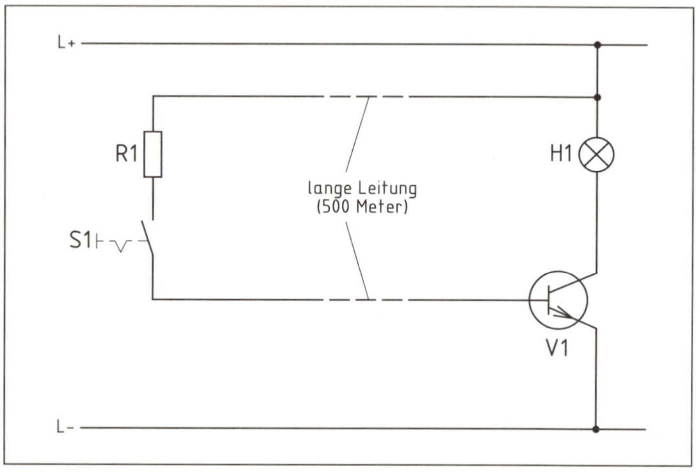

Abb. 2: Signalschaltung (Transistor als Schalter)

Tab. 12.1: Kenn- und Grenzdaten bipolarer Schalttransistoren

Typ	NPN = N / PNP = P	Grenzdaten U_{CE0} in V	I_C in mA	P_{tot} in mW	Kenndaten (T_A = 25 °C) B	I_C in mA	U_{CE} in V	I_{CB0} in nA	U_{CEsat} in V	f_T in MHz
BCX 41	N	125	800	330	≥ 63	100	1	≤ 100	≤ 0,9	100
BCX 42	P	125	800	330	≥ 63	100	1	≤ 100	≤ 0,9	150
BSS 63	P	100	800	330	≥ 30	10	5	≤ 100	≤ 0,9	150
BSS 64	N	80	800	330	80	10	1	≤ 100	≤ 3,0	100
BSS 79	N	40	800	330	40 … 300	150	10	≤ 10	≤ 0,3	250
BSS 80	P	40	800	330	40 … 300	150	10	≤ 10	≤ 1,6	250
BSS 81	N	35	800	330	40 … 300	150	10	≤ 10	≤ 0,3	250
BSS 82	P	60	800	330	40 … 300	150	10	≤ 10	≤ 1,6	250

Die Transistoren BSS 79 und BSS 81 besitzen die geringste Sättigungsspannung (≤ 0,3 V). Da auch die Kollektor-Emitter-Spannung bei offener Basis ähnlich sind (40 V und 35 V), können beide Transistoren als geeignet angesehen werden.

Damit Transistoren sicher in den Sättigungsbereich gesteuert werden, wählt man für den Basisstrom nicht den rechnerischen Minimalwert ($I_B = I_C/B$), sondern ein Vielfaches von I_B (z. B. $I_{BÜ} = 5 \cdot I_B$).

Damit ergibt sich für R_1 folgender Wert:

$R_1 = \frac{(U_B - U_{BE}) \cdot B}{5 \cdot I_C}$ $\qquad R_1 = \frac{23{,}7\ V \cdot 100}{5 \cdot 0{,}5\ A}$

$R_1 = 948\ \Omega$; $\qquad R_1 = 1\ k\Omega$ (nächster Normwert)

Mit Hilfe von Kennlinien lassen sich die bisher behandelten Zusammenhänge verdeutlichen (Abb. 3). Wie beim Schalter werden der Ein- und Auszustand unterschieden. Es ist in dem Kennlinienfeld jedoch erkennbar, daß im eingeschalteten Zustand die Spannung nicht 0 V, sondern U_{CEsat} ① beträgt. Auch im ausgeschalteten Zustand fließt ein Strom (Reststrom I_{CE0}) ②.

Ein Transistor als Schalter soll einen möglichst kleinen Durchlaßwiderstand (minimale Sättigungsspannung U_{CEsat}) und einen großen Sperrwiderstand (kleiner Reststrom I_{CB0}) besitzen.

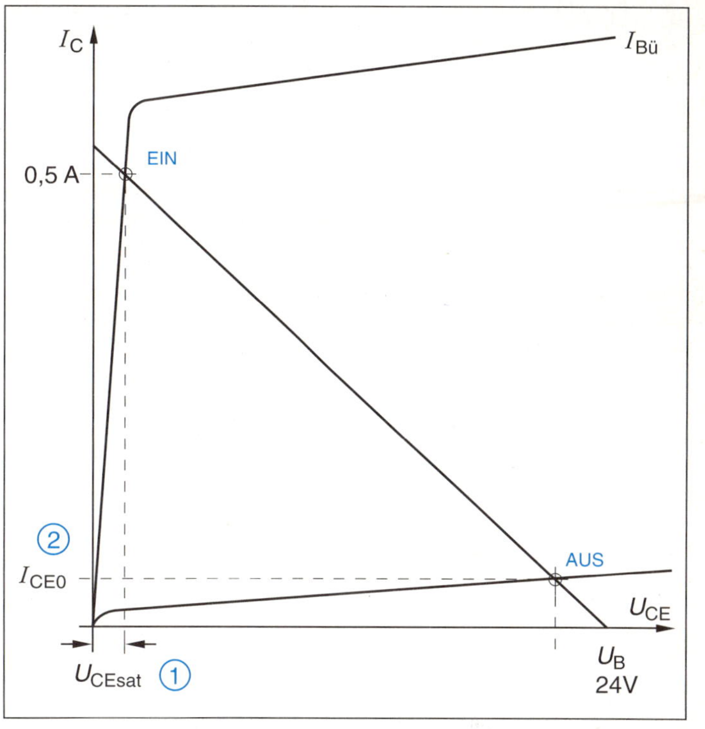

Abb. 3: Ausgangskennlinien beim Transistor als Schalter

Aufgaben

12.2.1 Veränderter Arbeitswiderstand

In der Kollektor-Emitter-Strecke eines Schalttransistors befindet sich eine Glühlampe mit den Nenndaten 12 V/0,3 A. Die Lampe ist defekt. Sie muß ausgetauscht werden. Irrtümlicherweise wird eine Lampe mit 12 V/0,1 A eingesetzt.

Skizzieren Sie das Ausgangskennlinienfeld und beschreiben Sie mögliche Auswirkungen!

12.2.2 Schaltzustände

a) Ermitteln Sie die Kollektor-Emitter-Spannung und die Kollektorströme für die Schaltzustände EIN und AUS!

b) Bestimmen Sie die Widerstände R_{EIN} und R_{AUS} bei diesen Schaltzuständen!

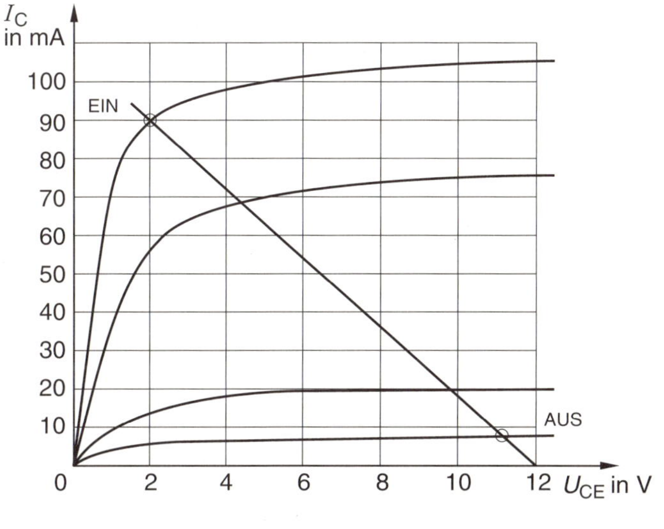

12.2.3 Verlustleistung

In der Tab. 12.1 ist für alle Transistoren P_{tot} = 330 mW angegeben. Sie ist die gesamte (totale, maximale) Leistung, die im Transistor in Wärme umgesetzt werden darf.

Sie läßt sich wie folgt berechnen:

$P_{totmax} = U_{CE} \cdot I_C + U_{BE} \cdot I_B$

Überprüfen Sie mit Hilfe der abgebildeten Kennlinien, ob im EIN- bzw. AUS-Zustand dieser Wert über- bzw. unterschritten wird!

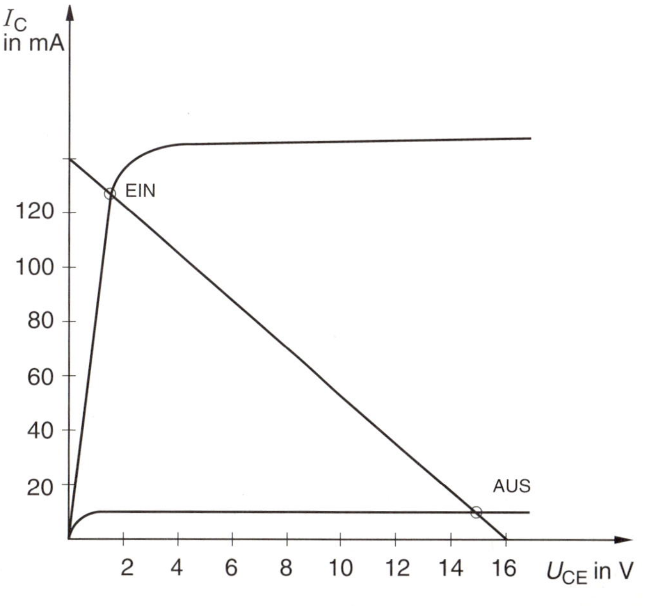

Aufgaben

12.2.4 Impulsansteuerung

Ein Transistor wird mit Impulsen angesteuert.

Zeichnen Sie untereinander die Eingangs- und Ausgangsspannung in Abhängigkeit von der Zeit!

Für die Spannung von 1 V sind 0,5 cm zu wählen!

Die Betriebsspannung U_B beträgt 10 V und R_{CE} ist sehr groß gegenüber R_2.

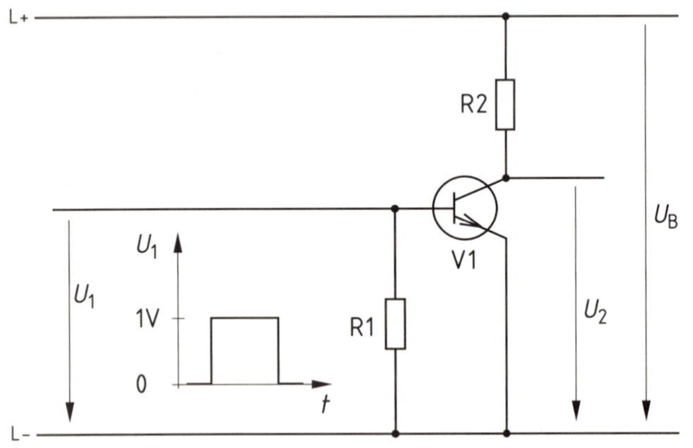

12.2.5 Belasteter Schalttransistor

Das durch den Transistor erzeugte Schaltsignal U_2 wird an eine nachfolgende Stufe gegeben. Diese Belastung läßt sich durch einen Widerstand zwischen Kollektor und Emitter (R3) darstellen.

Wie verändert sich die Spannung U_2 im Vergleich zum unbelasteten Transistor, wenn

1. der Schalter offen ist und
2. der Schalter geschlossen ist?

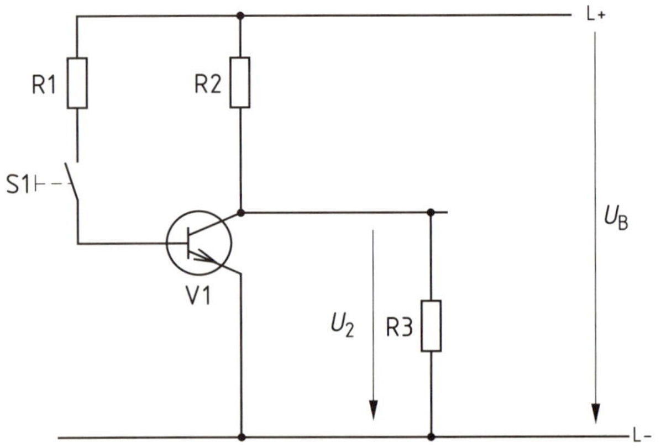

R3 = 4 · R2

12.2.6 Reststrom

In der Tab. 12.1 auf S. 168 befindet sich eine Spalte mit I_{CB0}. Diese Größe ist der Sperrstrom zwischen Kollektor und Basis bei nicht angeschlossenem Emitter. Sein Wert gibt Auskunft über das Sperrverhalten des Transistors (AUS-Zustand des Schalttransistors).

Welche Transistoren der Tabelle zeigen das beste Sperrverhalten?

12.2.7 Transitfrequenz

Transistoren in Wechselspannungsverstärkern können nicht bei beliebig hohen Frequenzen eingesetzt werden. Die Verstärkung sinkt mit zunehmender Frequenz aufgrund der immer vorhandenen Eigenkapazitäten. Die Frequenz, bei der die Spannungsverstärkung auf den Wert 1 abgesunken ist (Eingangsspannung gleich Ausgangsspannung) bezeichnet man als Transitfrequenz.

Welche unterschiedlichen Transitfrequenzen kommen in der Tab. 12.1 auf S. 168 vor?

12.2.8 Signalanzeige

Beschreiben Sie die Funktion des Schaltungsauszugs!

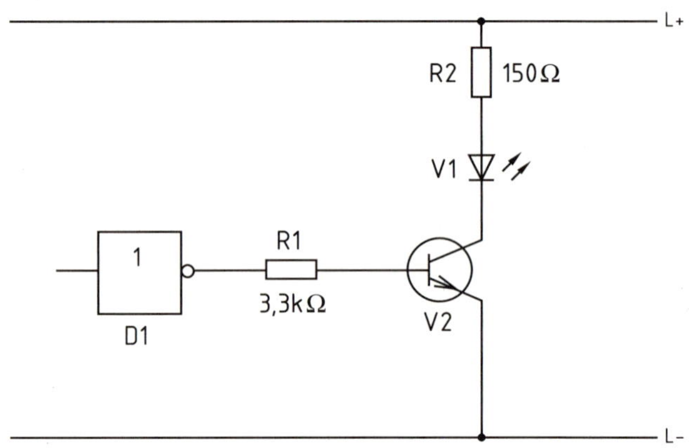

12.2.9 Impulsverzögerung

Die Abbildung zeigt den Zusammenhang zwischen der Eingangsspannung U_1 und der Ausgangsspannung U_2 bei einem Schalttransistor.

Erklären Sie den Kurvenverlauf!

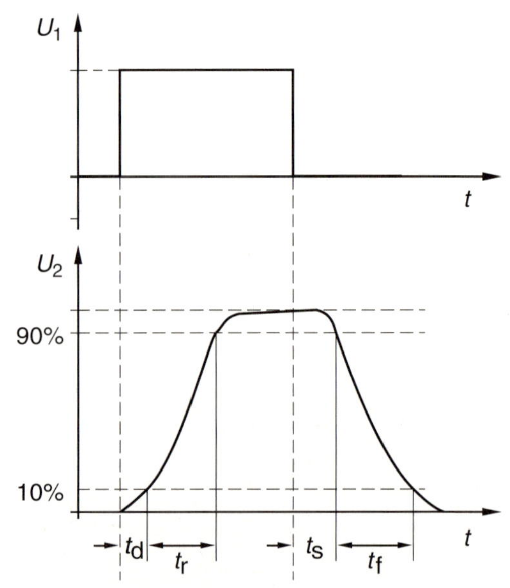

t_d: Sperrverzugszeit (delay time)

t_r: Anstiegszeit (rise time)

t_s: Speicherzeit (storage time)

t_f: Abfallzeit (fall time)

Auftrag

Der Transistor BC 171 soll in einer Verstärkerschaltung eingesetzt werden. Zur Abschätzung des möglichen Arbeitsbereiches stehen das Kennlinienfeld in Abb. 1 sowie die Kenndaten von Abb. 2 zur Verfügung.

Es soll der mögliche Arbeitsbereich für eine Umgebungstemperatur von 25 °C gefunden und in das Kennlinienfeld eingezeichnet werden.

Lösung

Grenzwerte aus Abb. 2:

- I_{Cmax} = 100 mA ①
- U_{CE0max} = 45 V ② (maximale Spannung zwischen Kollektor und Emitter bei offener Basis)
- P_{tot} = 300 mW ③ (totale Verlustleistung)

Im Ausgangskennlinienfeld (Abb. 3) werden I_{Cmax} ① und U_{CEmax} ② durch blaue Linien markiert.

Für die totale Verlustleistung von 0,3 W muß bei angenommenen Stromstärken die dazugehörige Spannung berechnet werden:

$U_{CE} = P_{tot}/I_C$

I_C in mA	100	80	60	40	20	10	5
U_{CE} in V	3	3,75	5	7,5	15	30	50

Die berechnen Punkte werden eingetragen und verbunden. Es ergibt sich eine Hyperbel (**Verlusthyperbel**) ③.

> Der Arbeitsbereich eines Transistors liegt unterhalb der Verlusthyperbel. Zusätzlich wird er durch U_{CEmax} und I_{Cmax} begrenzt.

BC 107, BC 108, BC 109, BC 190 Metallgehäuse JEDEC TO-18	BC 171, BC 172, BC 173, BC 174 BC 237, BC 238, BC 239 Schwarzes Kunststoffgehäuse ≈ JEDEC TO-92

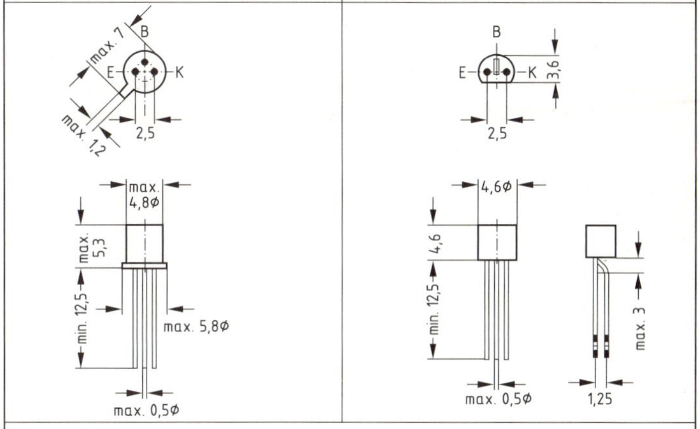

Grenzwerte

Typ			BC 107 BC 171 BC 273	BC 108 BC 109 BC 172 BC 173 BC 238 BC 239	BC 190 BC 174
Kollektor-Emitter-Spannung	②	U_{CE0} in V	45	25	64
Emitter-Basis-Spannung		U_{EB0} in V	6	5	5
Kollektorstrom	①	I_C in mA	100	100	100
Kollektor-Spitzenstrom		I_{CM} in mA	200	200	200
Basisstrom		I_B in mA	50	50	50
Gehäuse			TO-92		TO-18
Verlustleistung bei T_U = 25° C	③	P_{tot}	300 mW		300 mW
Sperrschichttemperatur		ϑ_j	150° C		175° C

Abb. 2: Abmessungen, Anschlüsse und Grenzwerte von Transistoren (Auszug aus Datenblatt)

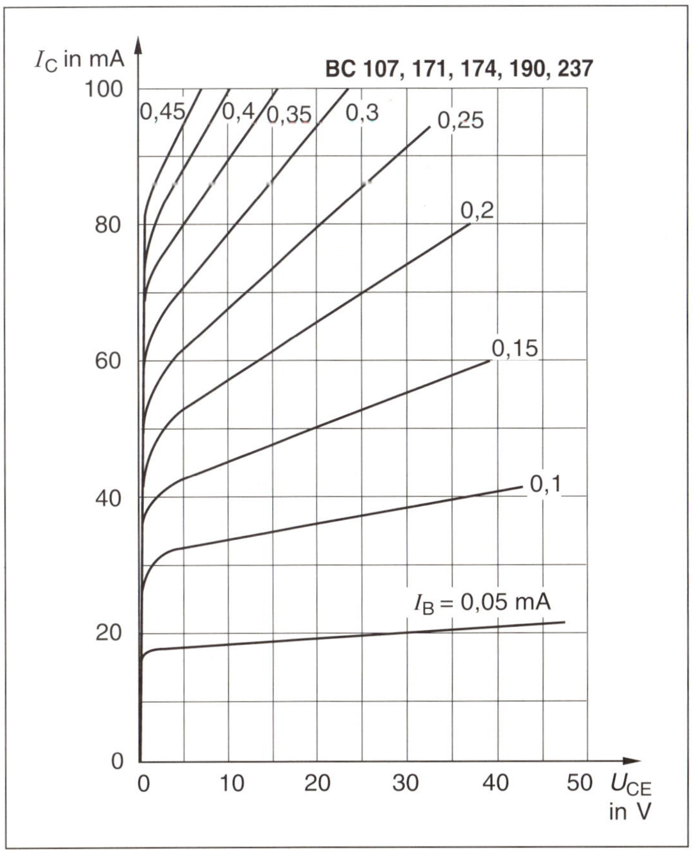

Abb. 1: Ausgangskennlinienfeld (Herstellerunterlagen)

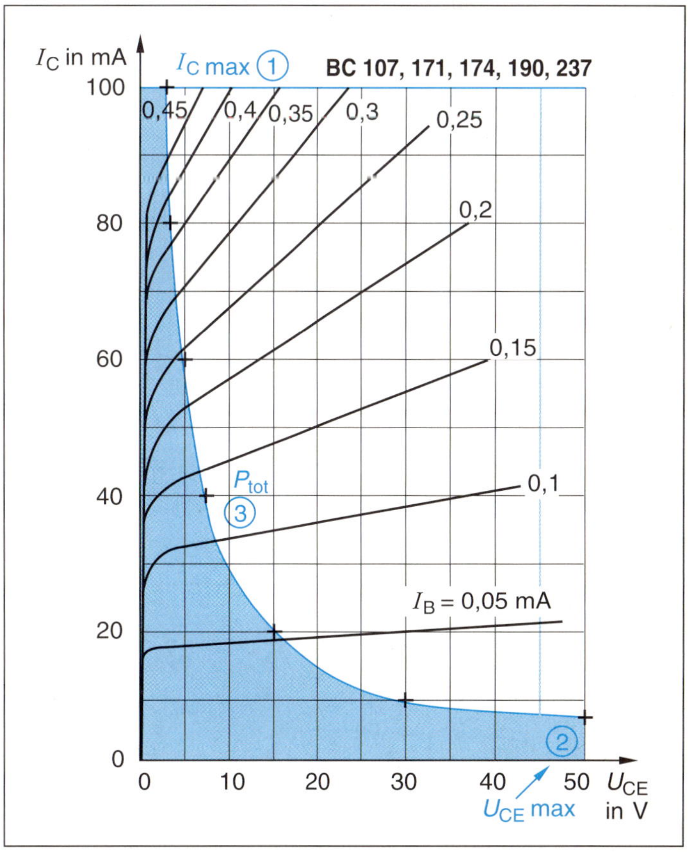

Abb. 3: Ausgangskennlinienfeld mit Grenzwerten

Aufgaben

12.3.1 Grenzbereich

Der Transistor BC 108 befindet sich in einer Schaltung mit einer Betriebsspannung von 12 V. Der Arbeitswiderstand besitzt einen Wert von 1 kΩ.

Ermitteln Sie mit Hilfe des abgebildeten Kennlinienfeldes, ob dieser Transistor unterhalb seiner zulässigen Grenzen betrieben wird!

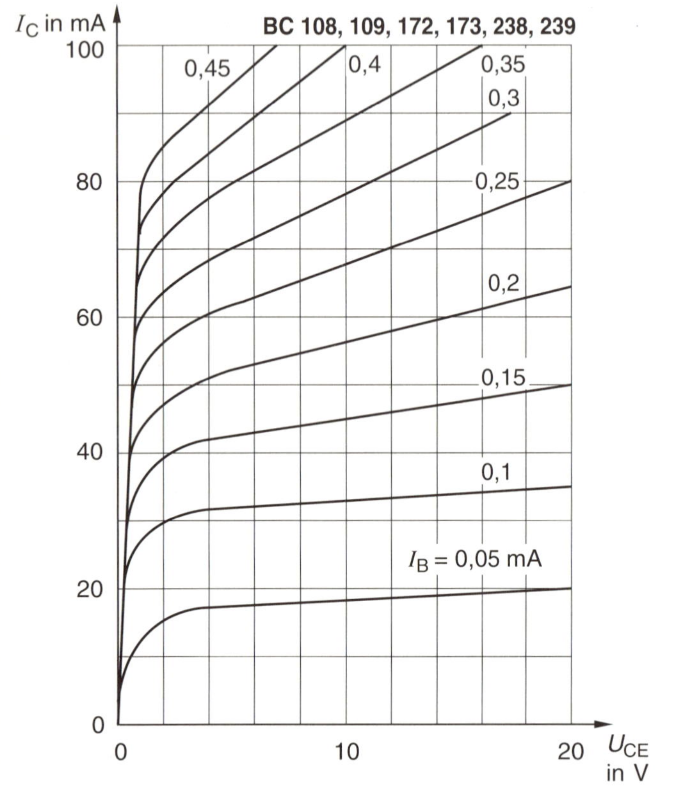

12.3.2 Verlustleistung

Ermitteln Sie aus dem abgebildeten Kennlinienfeld die totale Verlustleistung P_{tot}!

Die Basis-Emitter-Spannung und der Basisstrom sind vernachlässigbar klein.

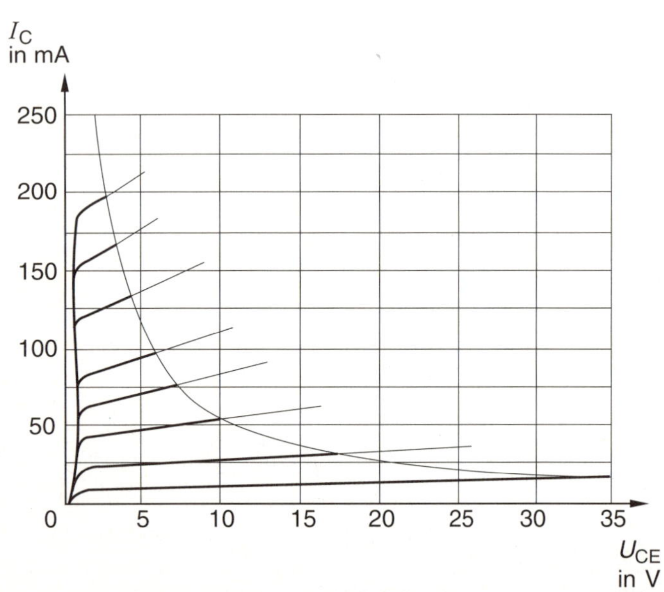

12.3.3 Induktiver Lastwiderstand

Die Kennlinie verdeutlicht das Schaltverhalten eines Transistors bei induktiver Belastung.

a) Erklären Sie den Kurvenverlauf beim Einschalten!

b) Begründen Sie, weshalb beim Ausschalten U_{CE} größer als U_B wird!

c) Beschreiben Sie eine schaltungstechnische Maßnahme mit der verhindert werden kann, daß beim Ausschalten die Spannung U_{CE} größer als U_B wird!

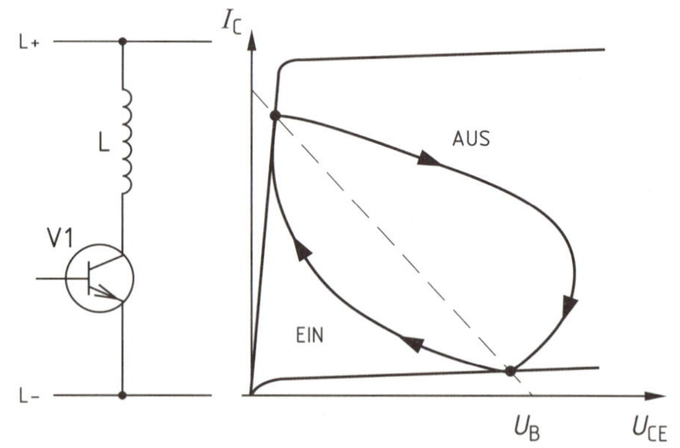

12.3.4 Wärmewiderstand

Wärmewiderstände von Transistoren besagen, wie gut die Wärme von Transistoren abgeleitet wird. Wenn sich z. B. ein Transistor auf einer großen Kühlfläche befindet, wird die Wärme gut abgeleitet und der Wärmewiderstand ist kleiner als ohne Kühlblech.

Die Kennlinie 1 in der Abbildung kennzeichnet den absoluten Grenzwert bei unendlich guter Kühlung. Die Kennlinie 2 dagegen verdeutlicht P_{tot} bei Kühlung nur durch die umgebende Luft.

a) Ermitteln Sie P_{tot} für eine Umgebungstemperatur von 30 °C bei beiden Kennlinien!

b) Mit einem bestimmten Kühlblech läßt sich bei 0 °C ein P_{tot} von 0,6 W erzielen. Der Kurvenverlauf bis zur 90 °C Grenze ist linear.
Bestimmen Sie P_{tot} bei 50 °C!

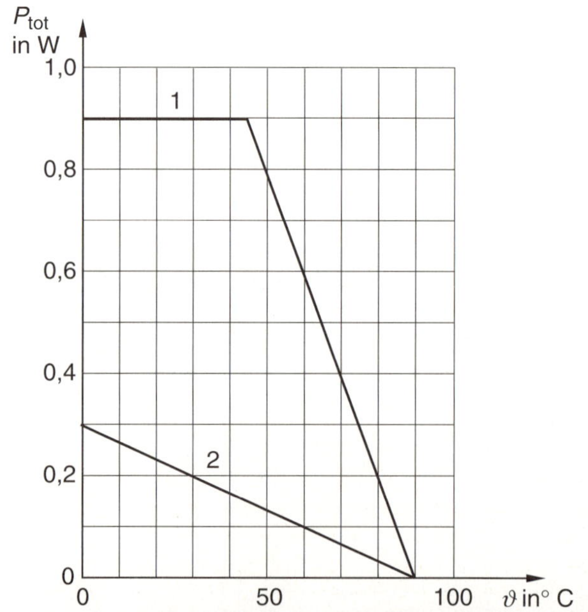

Auftrag 1

Sensoren für Steueraufgaben geben in der Regel nur geringe Spannungen ab. Um diese Signale anzeigen oder verarbeiten zu können, müssen sie verstärkt werden. Hierzu verwendet man integrierte Schaltungen oder mehrere Transistoren. In Abb. 1 ist ein Schaltungsauszug zu sehen.

Mit Hilfe des Stromlaufplanes von Abb. 1 soll ermittelt werden, in welchen Grundschaltungen die Transistoren V1 bis V3 betrieben werden.

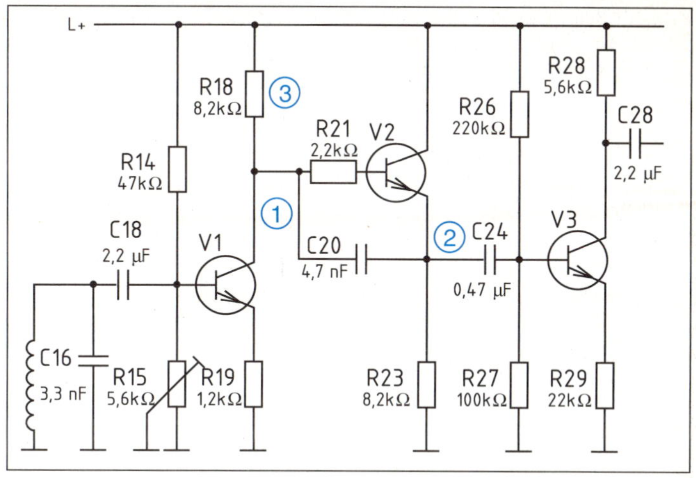

Abb. 1: Verstärker eines Sensorsignals (induktiver Sensor)

Schaltungsanalyse

Ein als Verstärker betriebener Transistor besitzt für das zu verstärkende Signal einen Eingangs- und einen Ausgangsanschluß. Der dritte wird gemeinsam genutzt. Da für V1 das Eingangssignal zwischen Basis und Emitter liegt und das Ausgangssignal zwischen Kollektor ① und Emitter abgegeben wird, handelt es sich hierbei um eine **Emitterschaltung**. Dieses gilt auch für V3.

Beim Transistor V2 wird das Ausgangssignal am Emitter ② abgenommen. Da der Kollektor an L+ liegt, ist er als gemeinsamer Anschluß aufzufassen. Er liegt wechselspannungsmäßig auf Massepotential. Es handelt sich also hierbei um eine **Kollektorschaltung**.

In Abb. 2 sind die in Abb. 1 vorkommenden Grundschaltungen noch einmal einzeln dargestellt. Emitterschaltungen (Abb. 3) können auch ohne Emitterwiderstand aufgebaut sein.

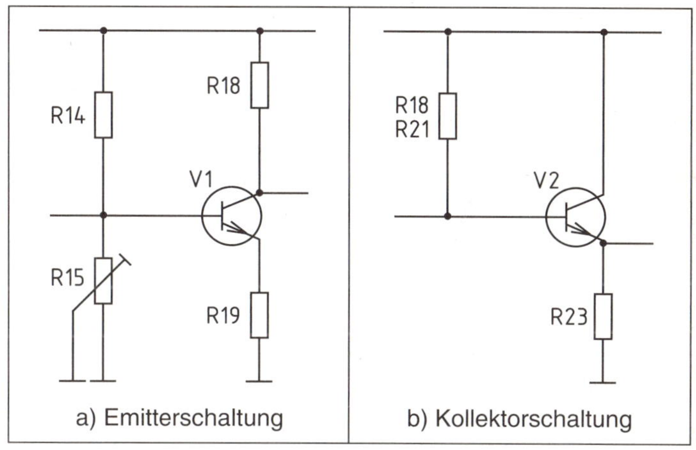

Abb. 2: Transistorgrundschaltungen (aus Abb. 1)

> Grundschaltungen sind danach benannt, welche Anschlüsse für die Ein- und Ausgangssignale gemeinsam genutzt werden.

Auftrag 2

Arbeitspunkte für Transistoren lassen sich in Schaltungen auf verschiedene Weise einstellen.

Mit Hilfe des Schaltungsauszugs von Abb. 1 sollen die dort vorhandenen verschiedenen Möglichkeiten ermittelt werden.

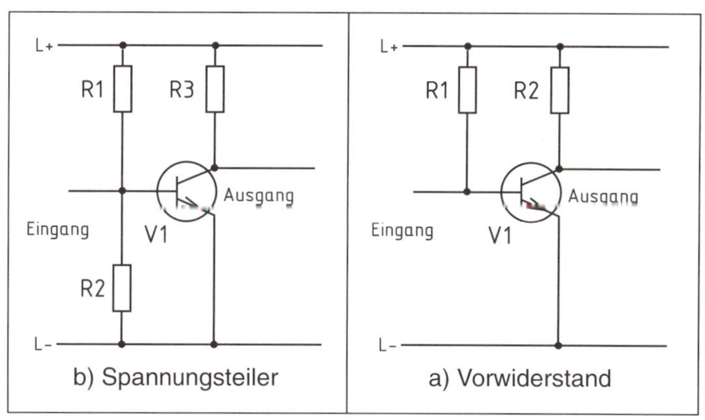

Abb. 3: Möglichkeiten der Basisvorspannungserzeugung bei der Emitterschaltung

Analyse der Arbeitspunkteinstellung

Der Transistor V1 besitzt zur Arbeitspunkteinstellung einen Spannungsteiler aus R14 und R15. Mit dem Spannungsfall am Emitterwiderstand R19 ergibt sich zwischen Basis und Emitter eine Vorspannung von etwa 0,7 V bei Si-Transistoren.

Der Transistor V2 besitzt keinen aus Widerständen direkt erkennbar aufgebauten Spannungsteiler. Er erhält über die Widerstände R18 und R21 seine Vorspannung, wobei R18 gleichzeitig als Kollektorwiderstand ③ für V1 arbeitet.

Der Arbeitspunkt von V3 wird wieder über einen Spannungsteiler festgelegt (R26 und R27).

> Der Arbeitspunkt von Transistoren kann durch einen Vorwiderstand oder durch einen Spannungsteiler festgelegt werden (mit oder ohne Emitterwiderstand, Abb. 3).

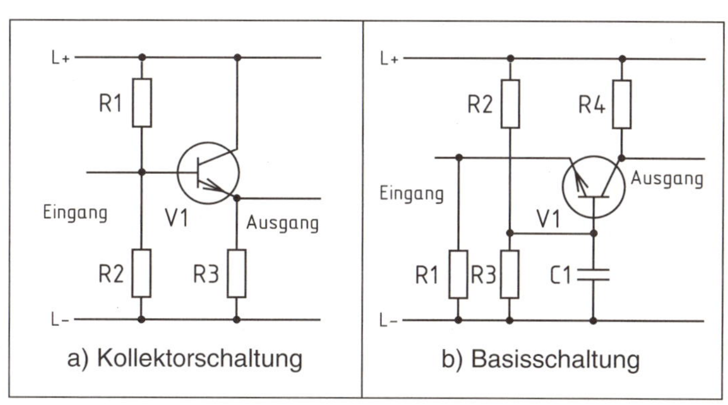

Abb. 4: Transistorgrundschaltungen (allgemein)

Hinweise

Die Emitterschaltungen in Abb. 3 sind nicht stabil, da Transistoren temperaturabhängige Bauteile sind.

Mit zunehmender Temperatur steigt die Anzahl der beweglichen Landungsträger. Ursprünglich eingestellte Arbeitspunkte verändern sich und führen zu Funktionsstörungen in Schaltungen. Aus diesem Grunde ist eine Arbeitspunkt-Stabilisierung mit Hilfe des Emitterwiderstandes R4 erforderlich (Abb. 1, S. 174).

Erhöht sich der Emitterstrom durch Temperatureinfluß, dann vergrößert sich die Spannung U_E am Emitterwiderstand R4. Da U_2 konstant bleibt, verringert sich die Basisvorspannung,

$$U_{BE} = U_2 - U_E$$

Der Emitterstromerhöhung wird durch Verringerung der Basisvorspannung entgegengewirkt. Der Arbeitspunkt bleibt in bestimmten Bereichen stabil.

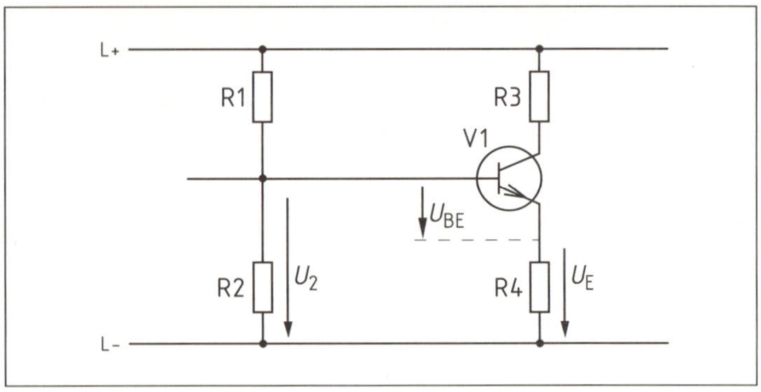

Abb. 1: Emitterschaltung mit Arbeitspunktstabilisierung

Auftrag 3

Zur genauen Arbeitspunktermittlung des Transistors V1 in Abb. 1 auf S. 173 ist für R15 kein Festwiderstand, sondern ein Einstellwiderstand verwendet worden.

Es soll geklärt werden, in welcher Weise sich die Werte der Transistorschaltung verändern, wenn die Einstellung geändert wird.

Funktionsanalyse

Wenn R15 vergrößert wird (Abb. 2), steigt die Spannung U_{BE}, I_B erhöht sich, I_C steigt und die Spannung zwischen Kollektor und Emitter nimmt ab (U_{CE}).

Wenn R15 verkleinert wird, sinkt die Spannung U_{BE}, I_B verringert sich, I_C nimmt ab und die Spannung zwischen Kollektor und Emitter vergrößert sich.

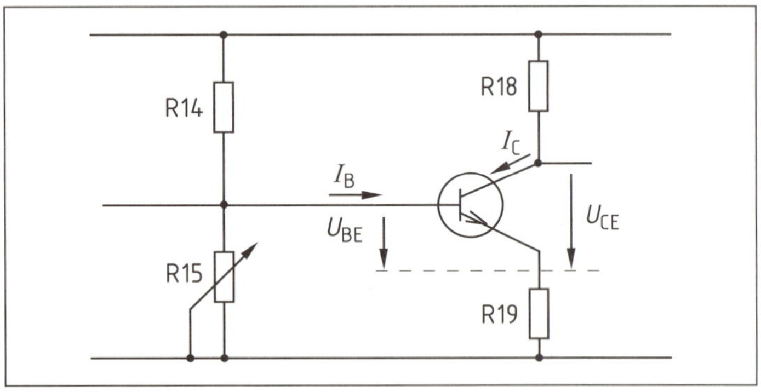

Abb. 2: Änderungen durch Potentiometereinstellung

Auftrag 4

Das zu verstärkende sinusförmige Sensorsignal in Abb. 1 auf S. 173 durchläuft verschiedene Stufen und wird dabei auf verschiedene Weise an die Transistorelektroden gelegt bzw. abgenommen.

Es sollen die Kopplungsarten, der Signalverlauf vor C18, an der Basis von V1 sowie an den Kollektoren von V1 und V2 ermittelt werden.

Schaltungsanalyse

Das Wechselspannungsignal wird über einen Kondensator C18 (**Koppelkondensator**) an die Basis von V1 gelegt. Vor dem Kondensator ist das Signal eine reine Wechselspannung (Abb. 3a) und nach dem Kondensator eine Mischspannung, da sich die Wechselspannung und die Gleichspannung für die Arbeitspunkteinstellung überlagern (Abb. 3b).

Die Spannung am Kollektor von V1 ist verstärkt und in der Phasenlage gegenüber dem Eingangssignal um 180° gedreht (Abb. 3c). Es handelt sich wiederum um eine Mischspannung.

Zwischen dem Kollektor von V1 und der Basis von V2 liegt der Widerstand von 2,2 kΩ. Es handelt sich hierbei um eine **direkte Kopplung**, da die Mischspannung direkt an die Basis von V2 gelangt.

Das Ausgangssignal von V2 wird am Emitter abgenommen (Kollektorschaltung) und gelangt über einen Koppelkondensator C24 an die Basis von V3 (Mischspannung). Ausgekoppelt wird das Signal am Kollektor von V3 über einen Koppelkondensator C28. Das zuletzt vorliegende Signal ist also wieder eine reine Wechselspannung, da der Kondensator die Gleichspannung sperrt (Abb. 3d).

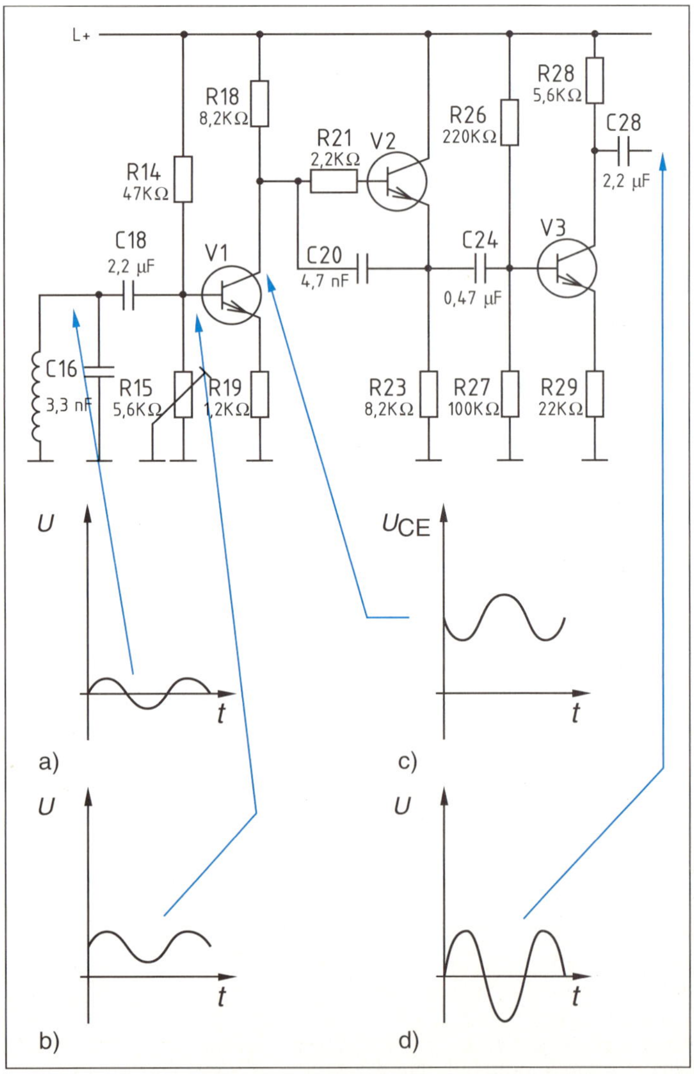

Abb. 3: Signale in einem Wechselspannungsverstärker

> Bei einer RC-Kopplung zwischen Emitterschaltungen liegt zwischen Kollektor und Emitter ein Kondensator. Bei einer direkten Kopplung sind Ausgangs- und nachfolgende Eingangselektroden direkt oder über einen Widerstand verbunden.

Aufgaben

12.4.1 Helligkeitssteuerung

a) Beschreiben Sie den grundsätzlichen Aufbau und die Arbeitsweise der Schaltung!

b) Die Beleuchtungsstärke für den LDR wird größer. Wie verändern sich I_B, U_{BE}, I_E, I_C und U_{CE}?

c) Anstelle von R1 wird ein LDR eingefügt und für R2 ein entsprechender Wirkwiderstand eingebaut. Welches Verhalten zeigt die Lampe, wenn sich die Beleuchtungsstärke vergrößert?

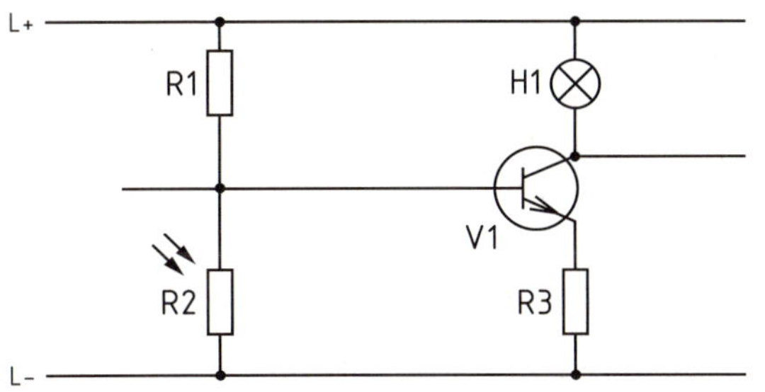

12.4.2 Einstellbarer Arbeitspunkt

Zeichnen Sie den Stromlaufplan für einen Transistorverstärker mit einem NPN-Transistor, bei dem die Basisvorspannung durch einen Vorwiderstand erzeugt wird!

Ändern Sie die Schaltung so, daß der Arbeitspunkt mit einem Festwiderstand und einem Potentiometer eingestellt werden kann.

12.4.3 Verstärker mit PNP-Transistor

Zeichnen Sie den Stromlaufplan einer arbeitspunktstabilisierten Emitterschaltung mit einem PNP-Transistor!

Die Basis-Emitter-Spannung soll durch einen Spannungsteiler erzeugt werden.

12.4.4 Drehzahlsteuerung

Mit dem Potentiometer R2 kann die Drehzahl des Kleinmotors verändert werden.

Beschreiben Sie die Funktion der Bauteile V1, V2 und V3!

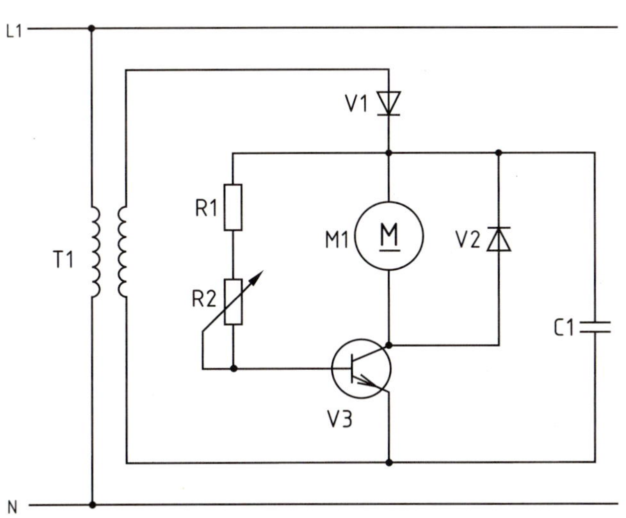

12.4.5 Elektronisches Temperaturmeßgerät 1

Die Schaltung zeigt ein elektronisches Temperaturmeßgerät. In welche Richtung verändert sich der Zeigerausschlag, wenn sich die Temperatur verringert?

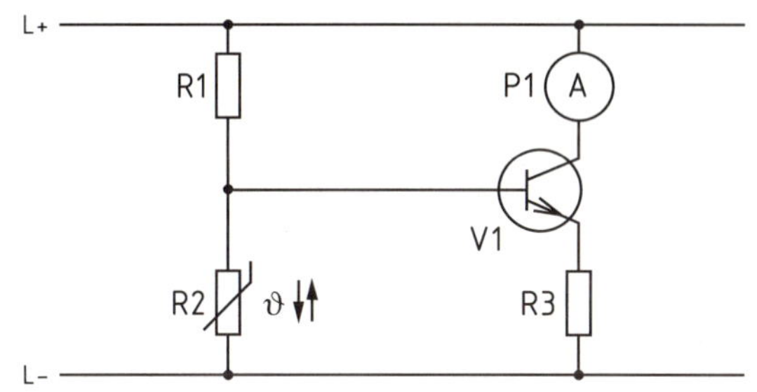

12.4.6 Elektronisches Temperaturmeßgerät 2

Zeichnen Sie einen Stromlaufplan für ein Temperaturmeßgerät ähnlich dem in der Aufgabe 12.4.5 mit folgenden Bedingungen:

- NTC-Widerstand als Temperaturfühler,
- bei Temperaturerhöhung soll der Zeigerausschlag größer werden,
- es soll ein PNP-Transistor verwendet werden.

12.4.7 Transistorgrundschaltungen

Welche Transistorarten befinden sich in der Schaltung?

In welchen Grundschaltungen befinden sich jeweils die Transistoren?

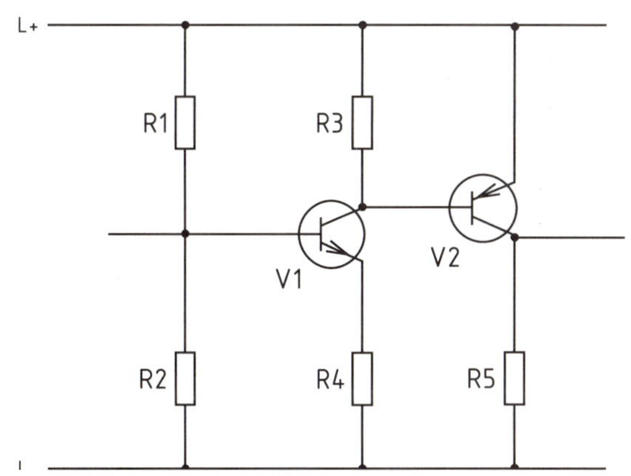

12.4.8 Kollektorschaltung

Zeichnen Sie den Stromlaufplan einer Kollektorschaltung mit einem PNP-Transistor!

Die Basisvorspannung wird durch einen Vorwiderstand erzeugt.

Aufgaben

12.4.9 Verstärkung und Arbeitswiderstand

Die drei Kennlinien zeigen die Strom-, Spannungs- und Leistungsverstärkung in Abhängigkeit vom Arbeitswiderstand bei der Emitterschaltung.

Beschreiben Sie die Verläufe und stellen Sie Besonderheiten heraus!

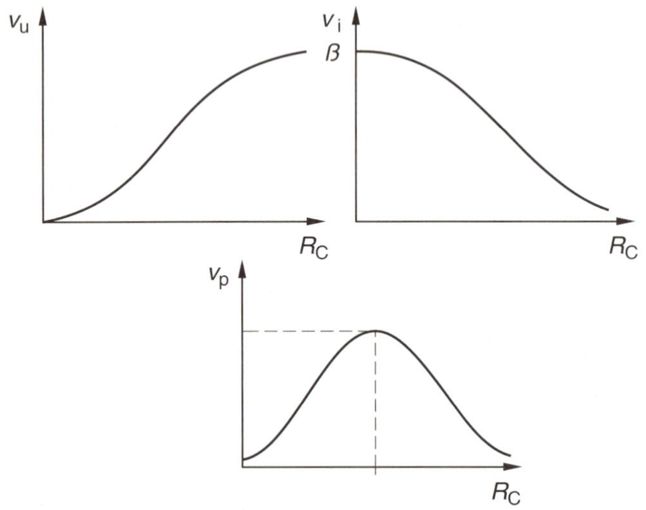

12.4.10 Ausgangskennlinienfeld

a) Ermitteln Sie aus den Kennlinienfeldern die Kollektorwiderstände!

b) Erörtern Sie die Unterschiede der beiden Kennlinienfelder!

c) Welchen Basisstrom würden Sie für einen Arbeitspunkt im Kennlinienfeld I wählen?

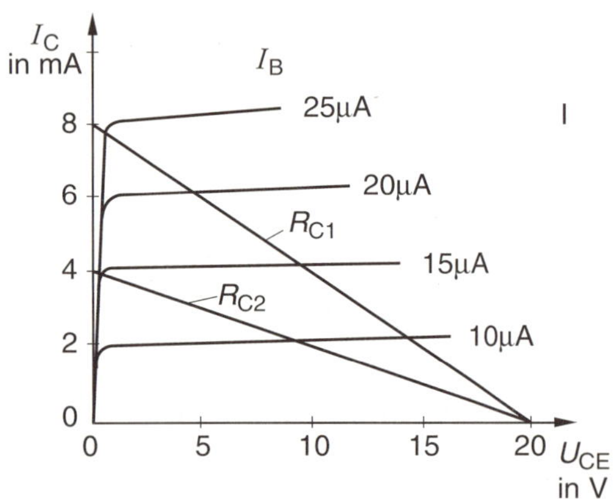

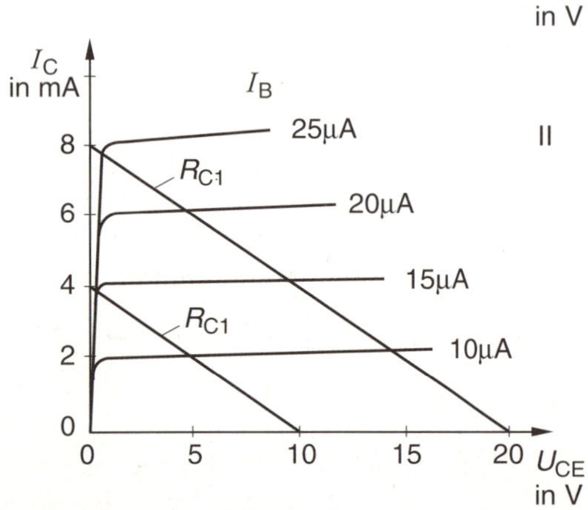

12.4.11 Endstufentransistoren

Die Abbildung zeigt einen Ausschnitt einer Endstufe eines Stereo-NF-Verstärkers.

Beantworten Sie folgende Fragen:

1. Welche Transistortypen werden verwendet?
2. Wie erfolgt die Kopplung der einzelnen Transistoren?
3. In welchen Grundschaltungen werden die Transistoren betrieben?

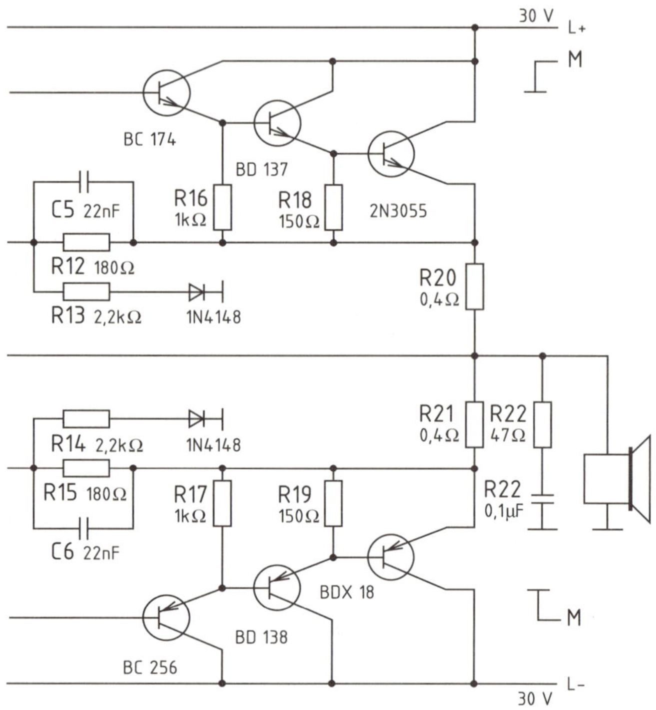

12.4.12 Arbeitspunktstabilisierung

Der NTC befindet sich im Wärmekontakt mit dem Transistor. Es wird angenommen, daß sich die Umgebungstemperatur erhöht. Eine Erhöhung bedeutet für den Transistor eine erhöhte Kristalltemperatur und damit eine Vergrößerung des Kollektorstromes.

Wie wirkt sich diese Änderung auf folgende Größen aus: R_{NTC}, U_{BE}, I_B und I_C?

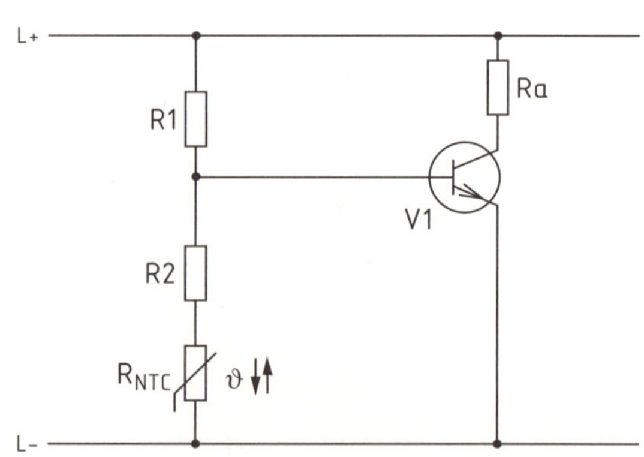

Aufgaben

12.4.13 Zweistufiger Transistorverstärker

a) Beschreiben Sie die Arbeitspunkteinstellung der Transistoren V1 und V2!

b) In welchen Grundschaltungen werden die Transistoren betrieben?

c) Die direkte Kopplung zwischen V1 und V2 soll durch eine RC-Kopplung ersetzt werden.
Zeichnen Sie den geänderten Stromlaufplan!

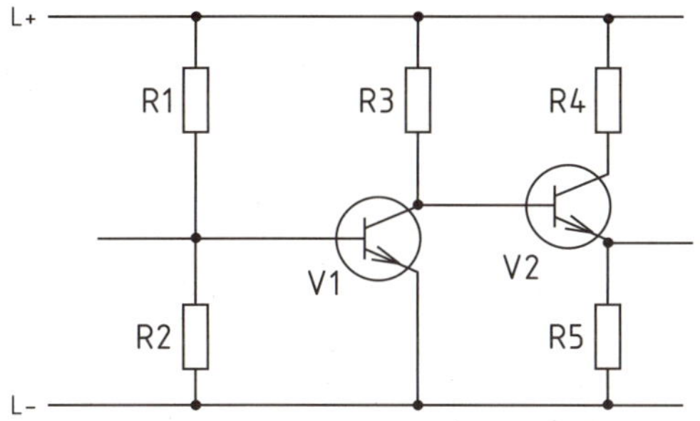

12.4.14 RC-gekoppelte Emitterschaltungen

Zeichnen Sie den Stromlaufplan für einen zweistufigen Transistorverstärker mit NPN-Transistoren in Emitterschaltung und Koppelkondensatoren (auch für die Ein- und Auskopplung)! Die Basis-Emitter-Spannung soll durch Vorwiderstände erzeugt werden.

12.4.15 Dreistufiger Verstärker mit PNP-Transistoren

Zeichnen Sie den Stromlaufplan eines 3stufigen Transistorverstärkers mit PNP-Transistoren!

Die Kopplung zwischen den Transistoren erfolgt durch Kondensatoren.

Die Basis Emitter-Spannung wird durch Spannungsteiler erzeugt.

12.4.16 Mikrofonverstärker

Zeichnen Sie den Stromlaufplan eines zweistufigen RC-gekoppelten Transistorverstärkers mit NPN-Transistoren!

Die Basis-Emitter-Spannung wird durch Spannungsteiler erzeugt.

Im Eingangskreis befindet sich ein Mikrofon und ein Übertrager.

12.4.17 Sprechanlage

Der Verstärker einer Sprechanlage wird untersucht.

Dazu wird an den Eingang eine sinusförmige Wechselspannung gelegt.

Zeichnen Sie die mit einem Oszilloskop aufnehmbaren Spannungsverläufe an den Meßpunkten ① bis ④!

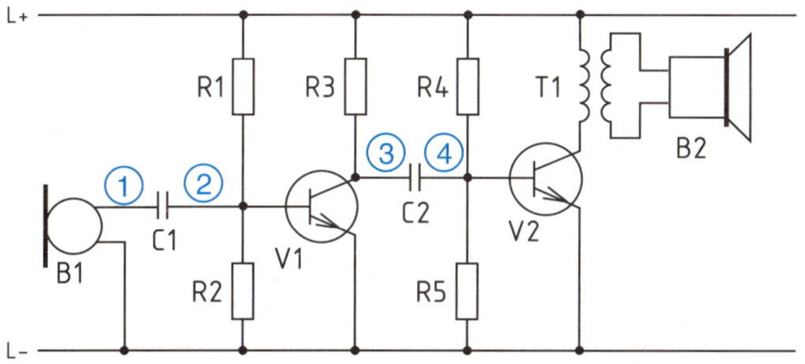

12.4.18 Kollektorschaltung

Zeichnen Sie den Stromlaufplan einer Kollektorschaltung mit einem NPN-Transistor und Spannungsteiler für die Basis-Emitter-Spannungserzeugung! In der Schaltung sollen sich Kondensatoren zur Ein- und Auskopplung der Signale befinden!

12.4.19 Direkte Kopplung

Die beiden Transistoren sollen direkt miteinander gekoppelt werden.

Übernehmen Sie den Stromlaufplan und ergänzen Sie ihn zu einer funktionsfähigen Schaltung!

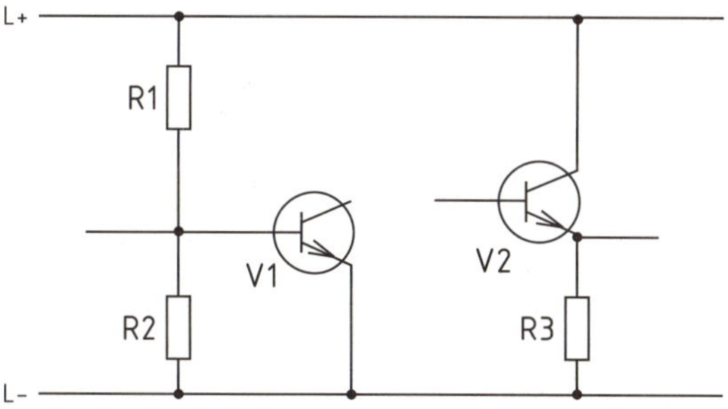

12.4.20 Lichtschranke ❑

Der Eingangsverstärker einer Lichtschranke besteht aus der abgebildeten Stufe. Sie soll durch eine zweite Stufe ergänzt werden. Vorgesehen ist ein NPN-Transistor in Emitterschaltung und einem Basis-Spannungsteiler. Im Kollektorkreis befindet sich ein Relais.

Zeichnen Sie einen kompletten Stromlaufplan!

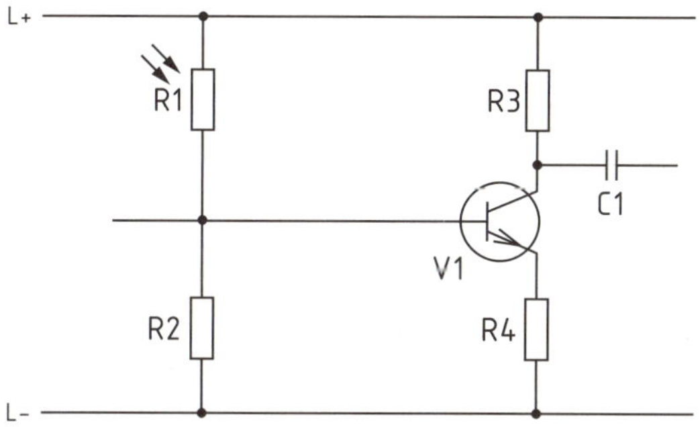

12.4.21 Oszillogramme

Die vier abgebildeten Oszillogramme werden bei einem gleichbleibenden Ablenkkoeffizienten in einer Transistorschaltung aufgenommen.

Zeichnen Sie die mögliche Schaltung und ordnen Sie den Oszillogrammen bestimmte Meßpunkte zu!

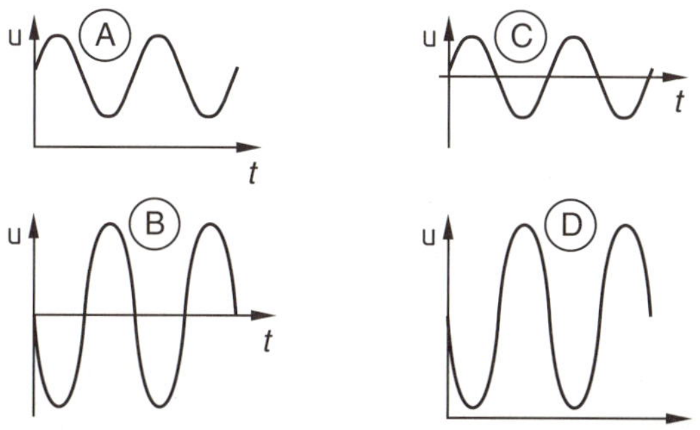

12.5 Schaltungen mit Feldeffekttransistoren

Auftrag

Am Ausgang der letzten Stufe einer Steuerschaltung für einen Zugmagneten steht eine Schaltspannung von etwa + 5 V bzw. 0 V zu Verfügung. Bei der letzten Stufe handelt es sich um ein NICHT-Gatter in TTL-Technik mit einem offenen Kollektor (Rhombus am Ausgang, D1 in Abb. 1). Der Zugmagnet soll von der Schaltspannung mit Hilfe eines Relais betrieben werden (Nennwerte: 24 V, 1 A).

Da die Leistung des letzten Digitalbausteins zum Schalten des Relais nicht ausreicht, soll ein Feldeffekttransistor aus Tab. 12.2 ausgewählt und die Anpassungsschaltung gezeichnet werden.

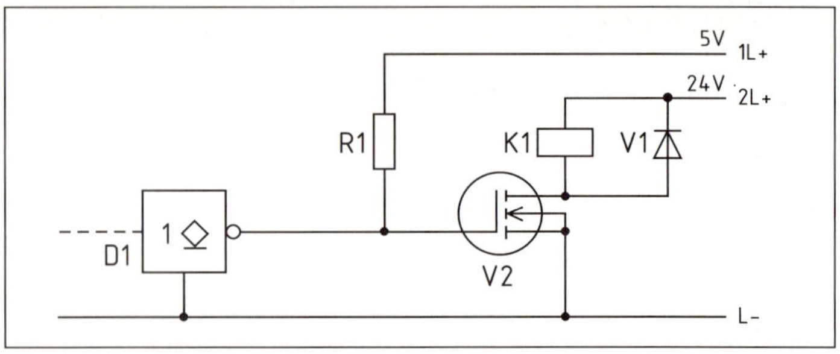

Abb. 1: Anpassungsschaltung zwischen NICHT-Gatter in TTL-Technik und MOS-FET

Lösung

Die Schaltspannung für den Transistor ist positiv. Deshalb sind nur Sperrschicht FET mit P-Kanal und Isolierschicht FET mit N-Kanal einsetzbar.

Die Sperrschicht FET und der BSS 100 scheiden aus, da sie eine zu geringe Verlustleistung besitzen. Allein geeignet ist in dieser Tabelle der BUZ 74. Der Digitalbaustein D1 mit offenem Kollektor wird über den Widerstand R1 an 1L+ angeschlossen (Abb. 1). R1 ist der Arbeitswiderstand für die Ausgangsschaltung des Digitalbausteins. Das Relais K1 wird zwischen die Drain-Elektrode und 2L+ gelegt.

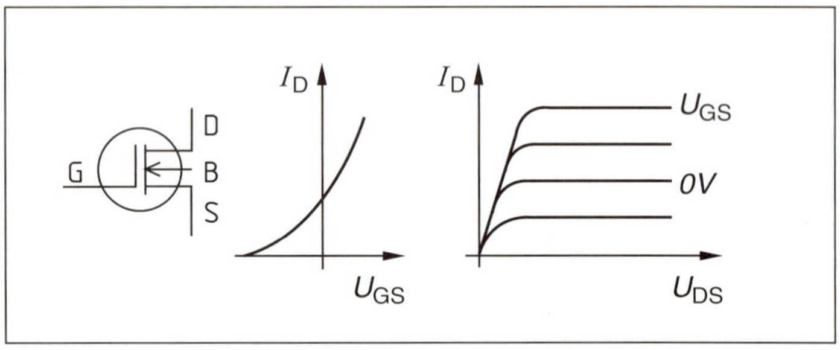

Abb. 2: Isolierschicht-FET, selbstleitend, N-Kanal

Hinweise

Bei den Isolierschicht-FET gibt es eine 4. Elektrode (Kristallanschluß, B). Je nach Typ ist sie im Innern mit der Source-Elektrode verbunden oder herausgeführt (Abb. 2). Wenn sie herausgeführt ist, wird sie in der Regel auch mit der Source-Elektrode verbunden.

Neben den in der Tabelle 12.2 dargestellten Feldeffekttransistoren gibt es noch selbstleitende Isolierschicht-FET (Abb. 2 und 3).

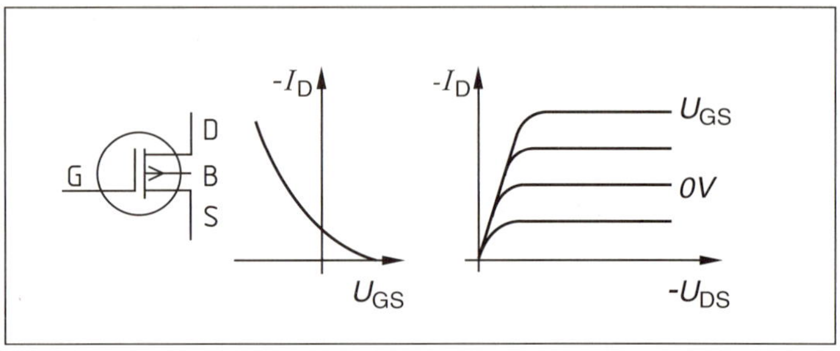

Abb. 3: Isolierschicht-FET, selbstleitend, P-Kanal

Tab. 12.2: Feldeffekttransistoren

Transistor	**Sperrschicht-FET** (JFET) **N-Kanal**		**Sperrschicht-FET** (JFET) **P-Kanal**		**Isolierschicht-FET** (MOS-FET) **N-Kanal** selbstsperrend		**Isolierschicht-FET** **P-Kanal** selbstleitend	
Schalt-zeichen	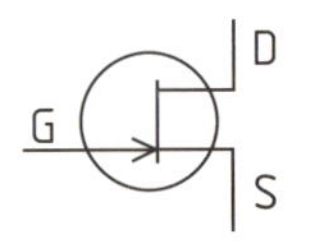		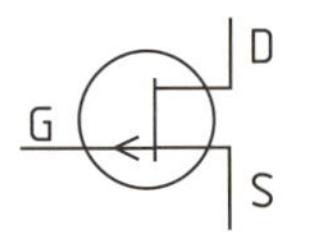		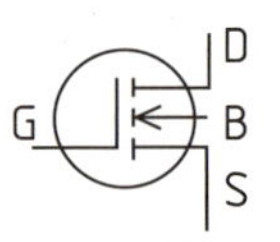		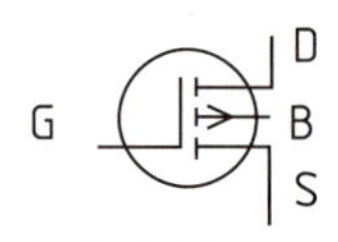	
Kenn-linien	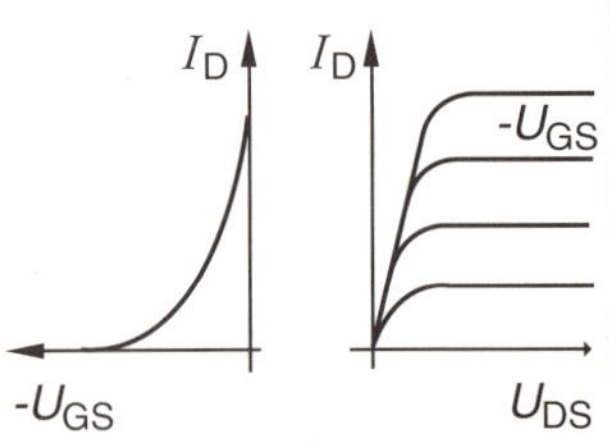		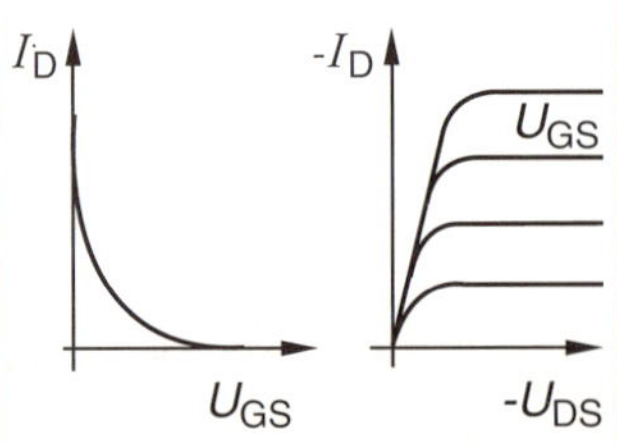		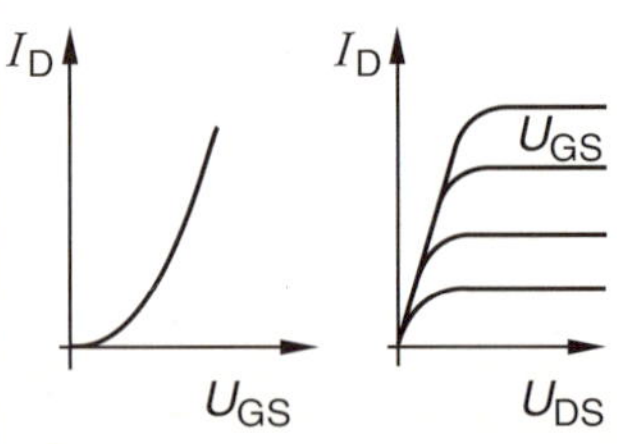		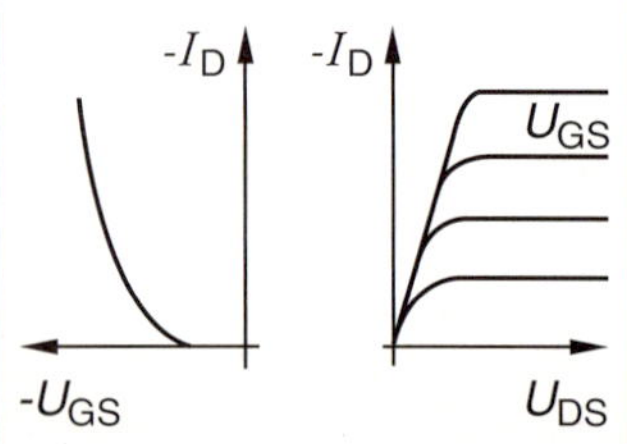	
Beispiele	BF 245 A	2 N 4393	2 N 5460	2 N 5116	BSS 100	BUZ 74	BSS 92	2 N 4325
Grenzwerte								
U_{DS} in V	30	40	40	30	100	500	–200	–30
U_{GS} in V	30	40	40	30	0,8 ... 2,8	20	–0,8 ... –2,8	–1 ... –5
I_G in mA	10	50	10	50	–	–	–	–
I_D in mA	7	30	5	25	160	2400	–150	–30
P_{tot} in W	0,3	1,8	0,3	0,5	0,63	40	1	0,3

Aufgaben

12.5.1 Eingangkennlinie

Der im Auftrag verwendete BUZ 74 besitzt die abgebildete Eingangkennlinie.

Ermitteln Sie I_D!

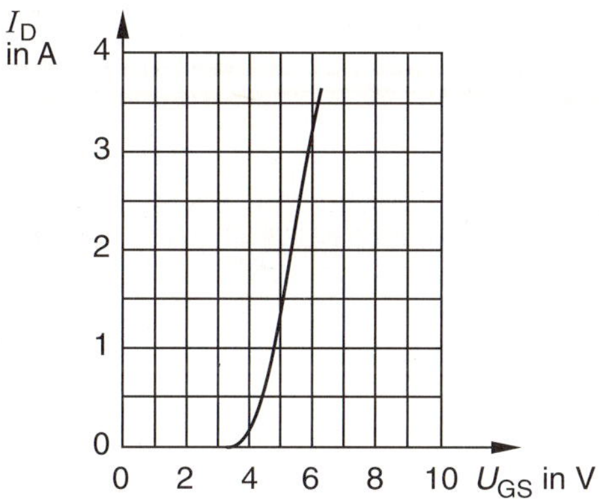

12.5.2 Selbstleitender Isolierschicht-FET

In der Tab. 12.2 sind vier Grundtypen von Feldeffekttransistoren aufgeführt. Zwei Grundtypen fehlen.

Um welche Transistoren handelt es sich dabei?

Beschreiben Sie das Verhalten mit Hilfe der Eingangskennlinien von Abb. 2 und 3!

12.5.3 Arbeitspunkteinstellung 1

Die abgebildeten Schaltungen enthalten zwei unterschiedliche Feldeffekttransistoren.

a) Bezeichnen Sie die dargestellten Typen!

b) Erklären Sie die Arbeitspunkteinstellung!

c) Kennzeichnen Sie in einem skizzierten Eingangskennlinienfeld die mögliche Lage des Arbeitspunktes!

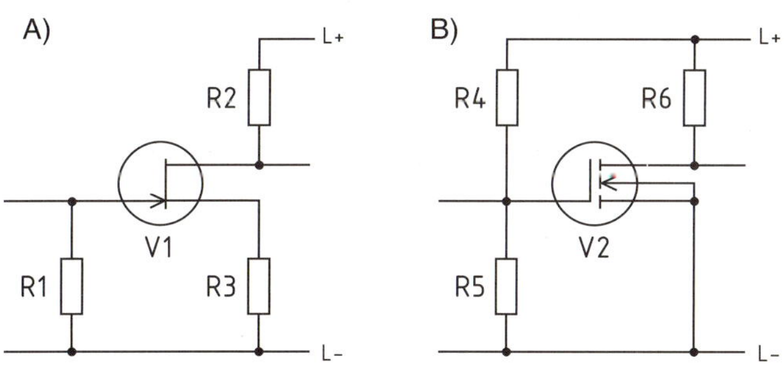

12.5.4 Arbeitspunkteinstellung 2

a) Bezeichnen Sie die verwendeten Transistortypen!

b) Kennzeichnen Sie die mögliche Lage des Arbeitspunktes im Eingangskennlinienfeld!

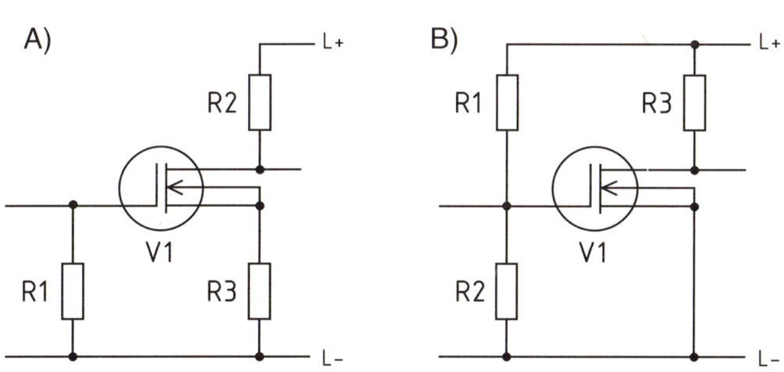

12.5.5 Kleinsignalverstärker

Die Abbildung zeigt die Steuerkennlinie eines Feldeffekttransistors.

a) Um wieviel mA ändert sich der Drainstrom, wenn sich die Gate-Source-Spannung von – 3 V bis – 1 V verändert?

b) Zeichnen Sie den Stromlaufplan einer Source-Schaltung für einen Kleinsignalverstärker mit je einem Drain- und einem Sourcewiderstand!
Das Signal wird durch einen Kondensator an das Gate gelegt und mit einem Kondensator von der Drain-Elektrode abgenommen.

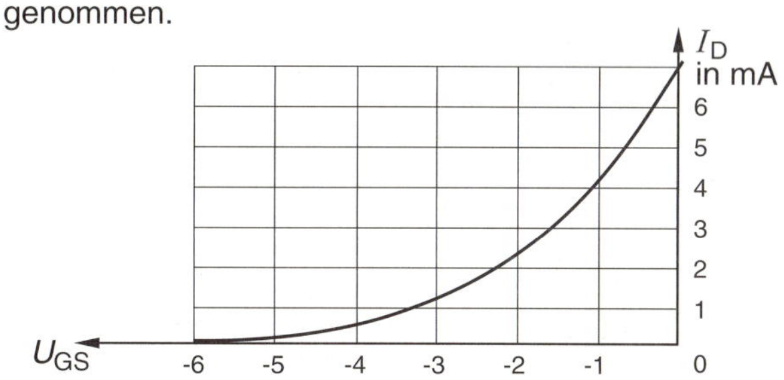

12.5.6 Drainstromänderung

a) Welche Aufgabe hat der Widerstand R3 in der Schaltung?

b) Wie verändert sich der Drainstrom, wenn R3 vergrößert wird?

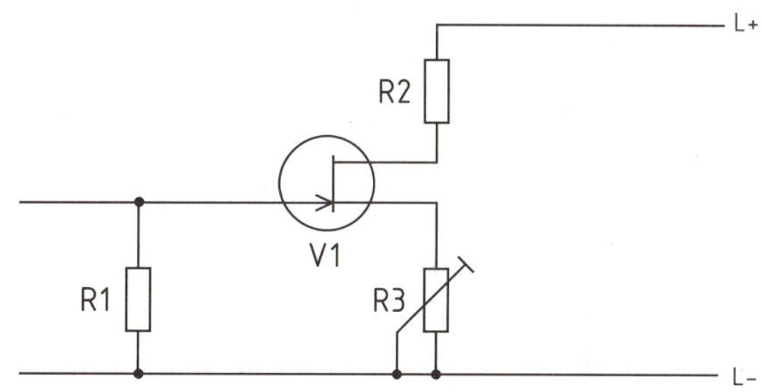

12.5.7 Elektronischer Schalter

Die abgebildeten Stromlaufpläne stellen elektronische Schalter mit Feldeffekttransistoren dar.

Beschreiben Sie die Arbeitsweise der Schaltungen!

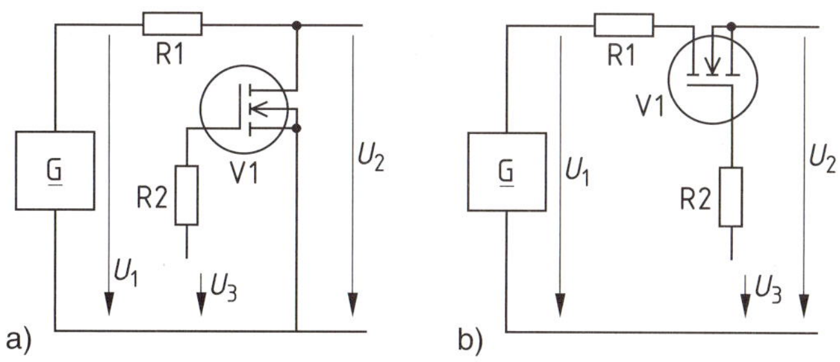

12.5.8 Lichtabhängiger Schalter

Zeichnen Sie einen Stromlaufplan für einen lichtabhängigen Schalter mit folgenden Bedingungen:

- Schaltrelais mit Schutzdiode,
- Selbstsperrender MOS-FET mit N-Kanal,
- Gate-Source-Vorspannung wird mit einem Spannungsteiler erzeugt, wobei ein Widerstand lichtabhängig ist. Der Arbeitspunkt soll mit einem Potentiometer einstellbar sein. Im hellen Zustand soll das Relais anziehen.

Aufgaben

12.5.9 VMOS-Leistungsschalter

Zeichnen Sie einen VMOS-Leistungsschalter (N-Kanal) nach folgenden Bedingungen:

- Das Eingangssignal wird über einen Widerstand dem Gate zugeführt.
- Zwischen Gate und dem Minuspol der Betriebsspannungsquelle befindet sich eine Z-Diode zu Schutzzwecken.
- Die Source-Elektrode liegt über einem Widerstand am Minuspol der Spannungsquelle. Parallel dazu liegt eine Reihenschaltung aus einem Widerstand mit einer Leuchtdiode.
- In der Schaltung befindet sich zwischen der Drain-Elektrode und dem Pluspol ein Relais mit einer Schutzdiode.

12.5.10 Gekoppelte FETs

Beschreiben Sie die Schaltung, indem Sie folgende Fragen beantworten:

1. Auf welche Weise erfolgt die Arbeitspunktfestlegung bei beiden Transistoren?
2. In welchem Bereich der Eingangskennlinie liegt der Arbeitspunkt?
3. Welche Funktion hat die Diode im Ausgangskreis?

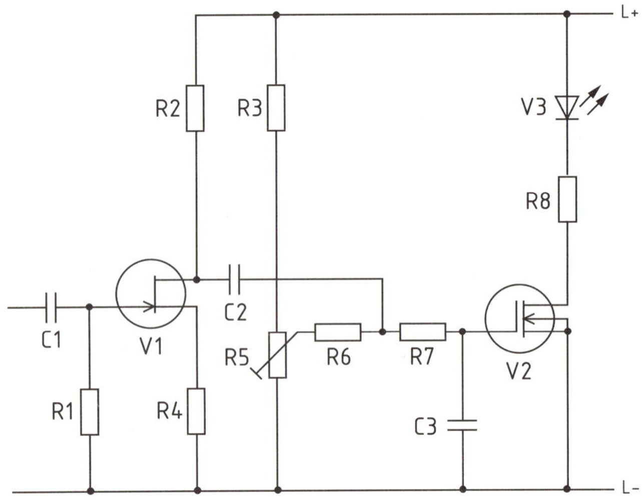

12.5.11 Zusammengeschaltete FETs

Beantworten Sie zur abgebildeten Schaltung folgende Fragen:

1. In welcher Weise sind die Leistungs-FETs zusammengeschaltet?
2. Für welchen Zweck wird diese Schaltungsart angewendet?

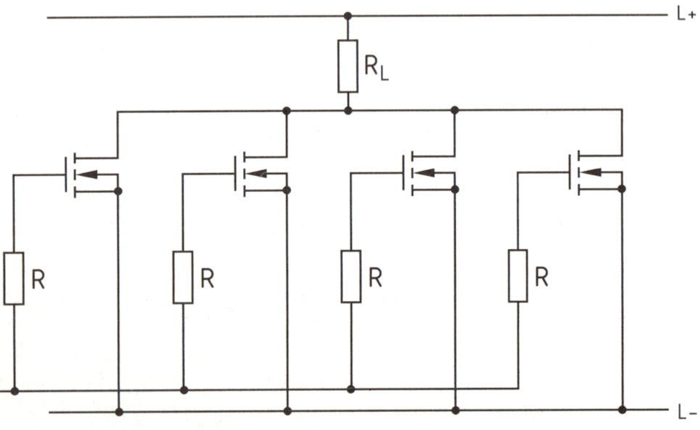

R = 4,7Ω bis 200Ω

12.5.12 Vier Leistungs-FETs in einer Schaltung

a) Beschreiben Sie den Aufbau der Schaltung!

b) Erklären Sie eine mögliche Arbeitsweise!

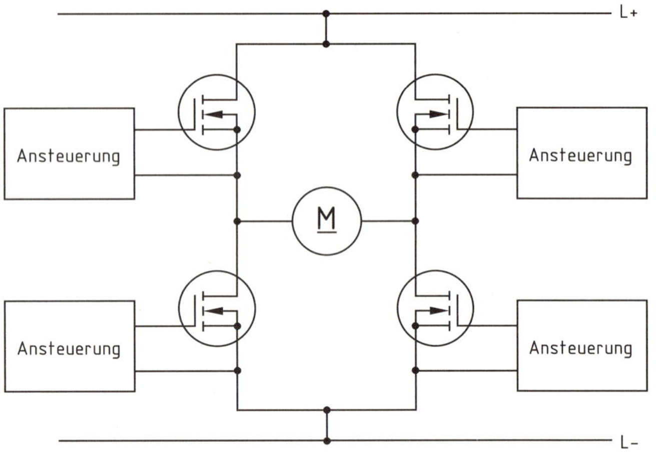

12.5.13 Schutzschaltungen

Beim Schalten induktiver Lasten entstehen Spannungsspitzen, die durch eine entsprechende Beschaltung gedämpft werden müssen.
Beschreiben Sie die Wirkung der in der Abbildung dargestellten Maßnahmen!

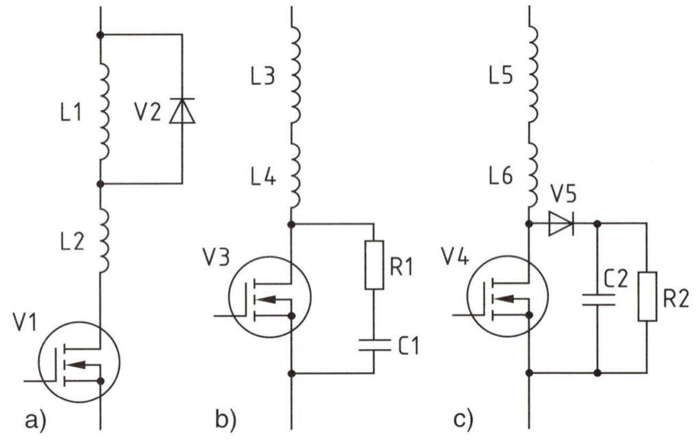

12.5.14 Schaltungsfunktion

a) Beschreiben Sie die Ansteuerung des Feldeffekttransistors!

b) Erklären Sie die Arbeitsweise der Schaltung (z. B. Steuerbereich, Lastbereich, Spannungsversorgung).

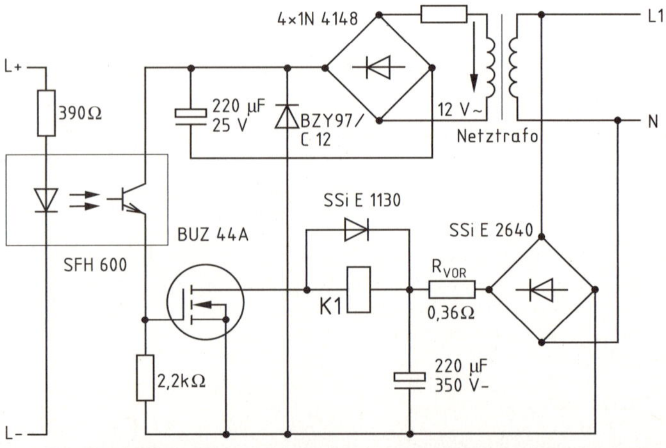

13 Schaltungen mit Operationsverstärkern

13.1 Kenngrößen und Kennlinien

Auftrag

Die in Abb. 1 dargestellte Schaltung enthält einen Drucksensor (R1 … R4) und vier Operationsverstärker. Sie dienen der Verstärkung des abgegebenen Signals U_A sowie der Stabilisierung gegen Temperatur- und Nullpunktschwankungen. Am Ausgang steht ein kompensiertes Signal U_{AK} zur Verfügung.

Mit Hilfe der auf dieser und der nächsten Seite ausschnittsweise dargestellten Originalunterlagen eines Herstellers sollen wesentliche Daten über den Operationsverstärker TBA 221 B zur Erklärung der Schaltfunktion herausgefunden werden.

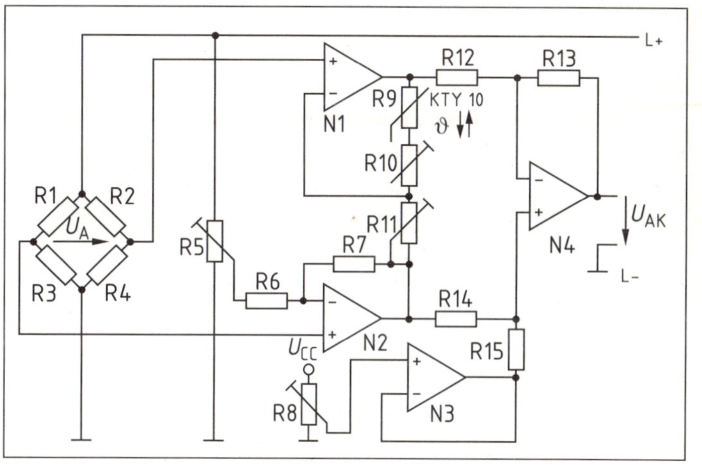

Abb. 1: Drucksensor mit Operationsverstärkern

Operationsverstärker (Originalunterlagen eines Herstellers)

Allgemeine Angaben

Vorwort zu Operationsverstärkern

Integrierte Operationsverstärker sind Gleichspannungsverstärker ① mit einem sehr breiten Anwendungsfeld in der Regelungstechnik, der industriellen Elektronik sowie in der NF-Technik.

Symbolik und Bezeichnungen

Im Schaltsymbol „Operationsverstärker" werden nur Eingangs- und Ausgangsanschlüsse gezeichnet. Bild 1 zeigt das verwendete Symbol, wobei Anschluß 1 den „invertierenden Eingang", Anschluß 2 den „nicht invertierenden Eingang ②" und Anschluß 3 den Ausgang kennzeichnet. Dabei hat ein positives Signal an 1 ein negatives Signal an 3 zur Folge.

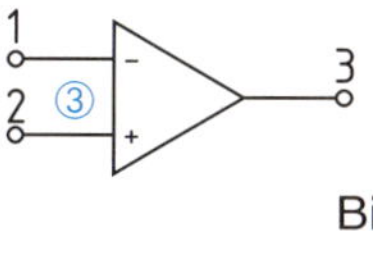

Bild 1

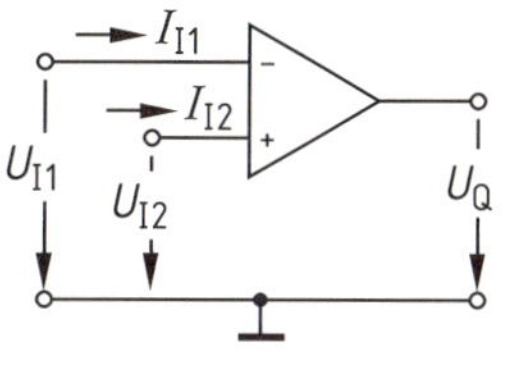

Bild 2

Die Definition der wichtigsten Bezeichnungen, die einen Operationsverstärker im allgemeinen ausreichend charakterisieren, sind im folgenden zusammengestellt. Alle Angaben beziehen sich auf symmetrische Versorgungsspannungen ④.

a) Eingangs-Null-Spannung (Eingangs-Offset-Spannung) ⑥ U_{I0} ist diejenige Spannungsdifferenz, die an den Eingängen angelegt werden muß, damit der Ausgang auf 0 V liegt (Bild 2).

$U_{I0} = U_{I1} - U_{I2}$ bei $U_Q = 0$ und Generatorwiderstand $R_G = 50\ \Omega$.

b) I_I ist der mittlere statische Eingangsstrom ⑪, der für die Funktion des OP notwendig ist (Bild 2).

$$I_I = \frac{I_{I1} + I_{I2}}{2}$$

c) Eingangs-Null-Strom (Eingangs-Offset-Strom) ⑦ I_{IOS} ist die Differenz der Eingangsströme im Arbeitsbereich. Er kann bei hohem Generatorwiderstand störend wirken (Bild 2).

d) Leerlauf (-Spannungs) Verstärkung ⑬ A_{U0} ist die Verstärkung ohne Gegenkopplung (Bild 3).

$$A_{U0} = \frac{U_Q}{U_I}$$

e) Gleichtaktverstärkung V ⑰ gibt die Verstärkung eines an beiden Eingängen gleichphasig eingespeisten Signals an (Bild 4).

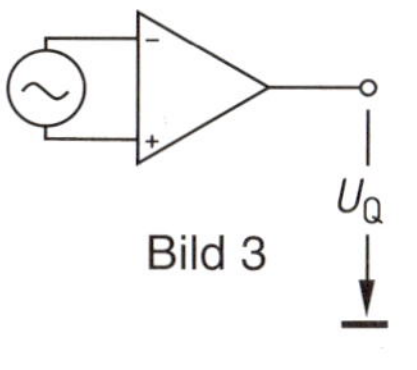

Bild 3

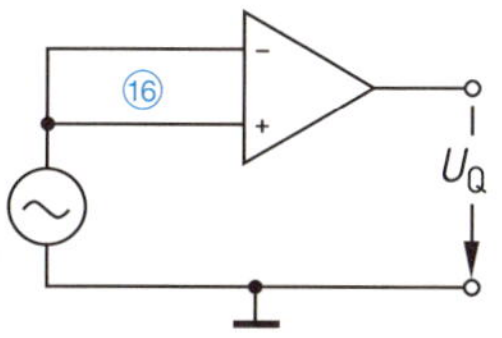

Bild 4

Anschlußanordnungen

TBA 221 B, TBA 222 B

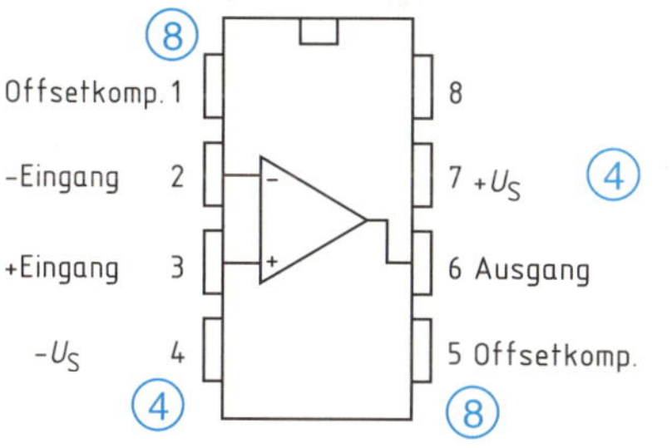

TBA 221 G, TBA 222 G

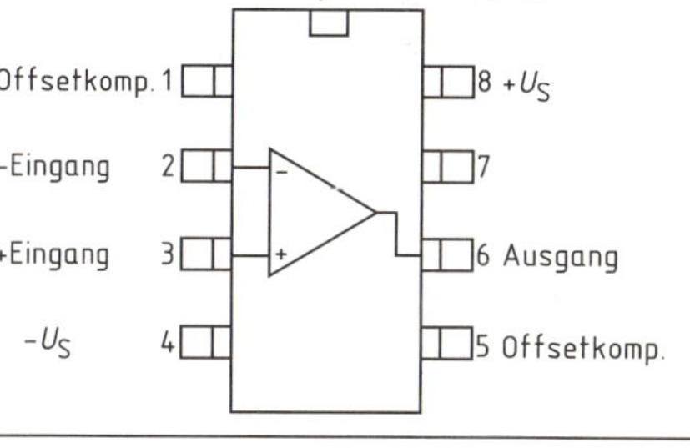

TBB 741 G

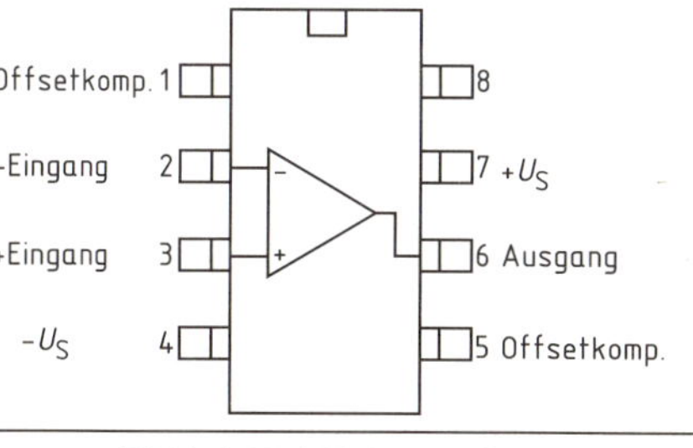

TBA 222, TBA 222 S1

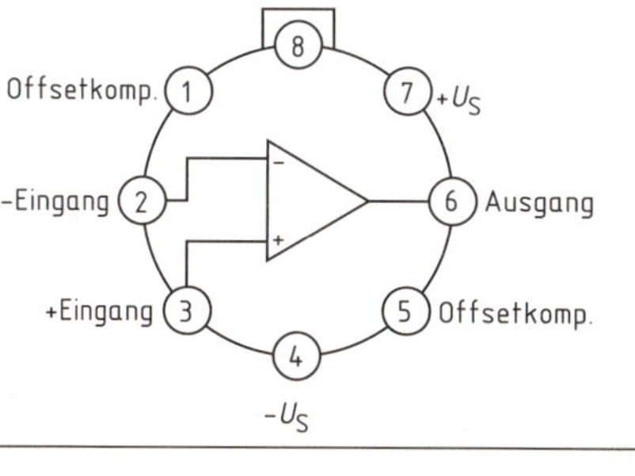

TBA 221 B; G – 741
TBA 222; B; G; S1; TBB 741 G – 741

Schaltbild

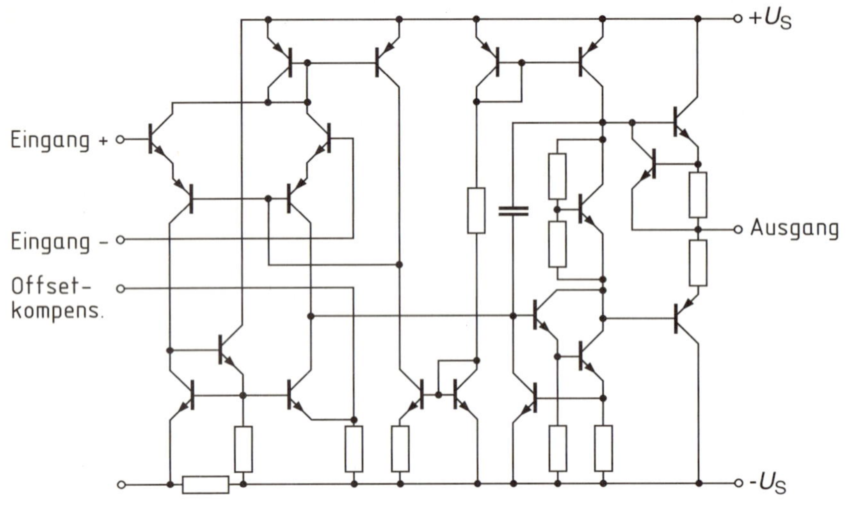

TBA 221 B; G – 741
TBA 222; B; G; S1; TBB 741 G – 741

Grenzdaten		**TBA 221 TBB 741**	**TBA 222**	
Speisespannung	U_S	±18	±22	V
Eingangsspannung: U_S = ±4 bis ±15 V	U_I	$\pm U_S$	$\pm U_S$	V
$U_S \geq 15$ V	U_I	±15	±15	V
Differenzeingangsspannung	U_{ID}	±30	±30	V
Kurzschlußdauer	t_z	∞	∞	
Lagertemperatur	T_s	–55 bis 125	–65 bis 150	°C
Sperrschichttemperatur	T_j	150	150	°C

TBA 221 B; G – 741
TBB 741 G – 741

Kenndaten U_S = ±15 V ⑤		T_U = 25 °C			T_U = 0 °C bis 70 °C		
		min	typ	max	min	max	
Eingangsnullspannung ($R_G \leq 10$ kΩ)	U_{I0}	–6		6	–7,5	7,5	mV
Einstellbereich der Eingangsnullspannung	U_{I0}	6	±15 ⑨	–6			mV
Eingangsnullstrom	I_{I0}	–200	±20 ⑩	200	–300	300	nA
Eingangsstrom	I_I		80 ⑫	500		800	nA
Stromaufnahme	I_S		1,7	2,8		2,8	mA
positiver Ausgangs-kurzschlußstrom	I_{QS+}	15	20	25			mA
negativer Ausgangs-kurzschlußstrom	I_{QS-}	–25	–20	–15			mA
Eingangswiderstand	R_I	300	2000				kΩ
Eingangskapazität	C_I		1,4				pF
Ausgangswiderstand	R_Q		75				Ω
Ausgangsspannung ($R_L \geq 10$ kΩ)	U_{Qss}	13	±14	–12,5			V
($R_L \geq 2$ kΩ)	U_{Qss}	11	±13	–11			V
Eingangsgleichtakt-Spannungsbereich	U_{IC}	12	±13	–12			V
Spannungsverstärkung (U_{Qss} = ±10 V, $R_L \geq 2$ kΩ)	A_{U0}	86	100 ⑭		84		dB
Gleichtaktunterdrückung ($R_G \leq 10$ kΩ)	k_{CMR}	70	90				dB

TBA 221; B; G – 741
TBA 222; B; G; S1; TBB 741 G – 741

Eingangswiderstand $R_I = f(t)$
Eingangskapazität $C_I = f(f)$

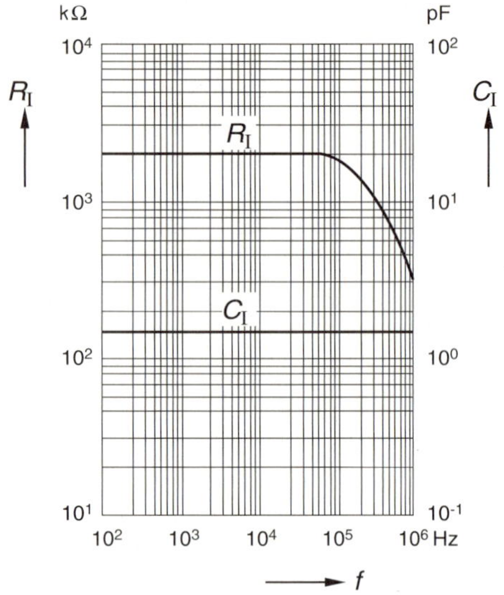

Ausgangsspannung $U_{Qss} = f(R_L)$
U_S = ± 15 V

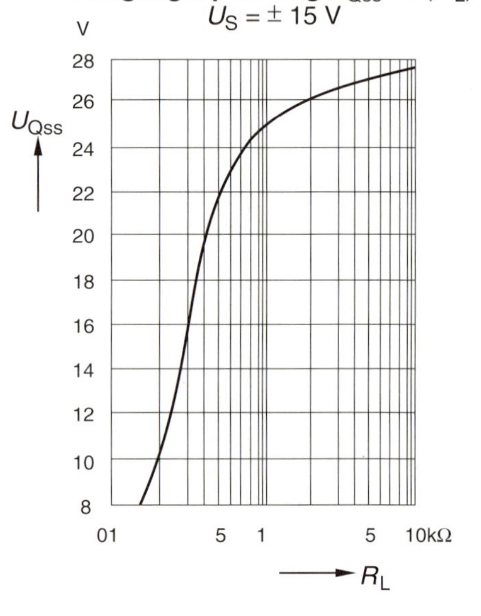

Leerlaufspannungsverstärkung
$A_{U0} = f(f)$

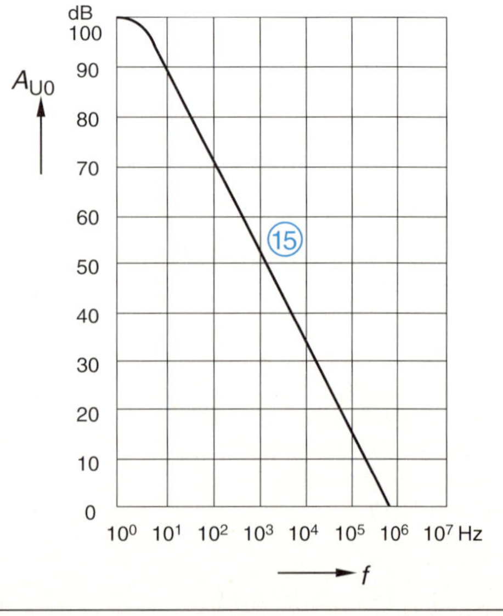

Datenanalyse

Aus den allgemeinen Angaben auf S. 181 kann entnommen werden, daß Operationsverstärker Gleichspannungsverstärker sind ①, die über einen **invertierenden** und einen **nicht invertierenden** ② **Eingang** verfügen. Es kommt also durch den invertierenden Eingang zu einer Phasendrehung der Eingangsspannung von 180°. Dieses Verhalten wird durch + und – Zeichen ③ im Schaltzeichen (Abb. 1) ausgedrückt. Legt man an die einzelnen Eingänge wie in Abb. 2 und 3 eine Wechselspannung, dann wird die Phasenlage zwischen Ein- und Ausgangsspannung besonders deutlich.

Operationsverstärker benötigen eine **symmetrische Versorgungsspannung** (S. 181) ④. Sie wird beim TBA 221 A zwischen die Anschlüsse 4 und 7 gelegt. Aus den Kenndaten auf S. 182 kann man den Wert von ±15 V ⑤ entnehmen. Diese Versorgungsspannung wird in der Regel in Stromlaufplänen nicht gezeichnet.

Wenn keine Eingangsspannung beim Operationsverstärker anliegt (kurzgeschlossene Eingänge auf Masse), müßte die Ausgangsspannung eigentlich ebenfalls Null sein. Dieses ist aber aufgrund der hohen Verstärkung und technologischer Abweichungen nicht möglich, so daß an die Eingänge eine Kompensationsspannung (Eingangs-Null-Spannung, **Eingangs-Offset-Spannung**) ⑥ bzw. ein Kompensationsstrom (**Eingangs-Offset-Strom**) ⑦ (S. 181) gegeben werden muß. Als Anschlüsse sind die Stifte 1 und 5 (Offsetkompensation, ⑧) vorgesehen. Der Einstellbereich beträgt 15 mV ⑨ bzw. 20 mA ⑩ (S. 182).

Operationsverstärker benötigen zur einwandfreien Funktion einen minimalen Eingangsstrom ⑪. Er ist außerordentlich gering und beträgt in diesem Fall 80 nA ⑫, S. 182.

Die **Leerlauf-Spannungsverstärkung** ⑬ von Operationsverstärkern ist außerordentlich hoch. Sie beträgt beim TBA 221 B 100 dB ⑭. Dem Wert 100 dB entspricht eine Verstärkung von 10^6. Legt man z. B. an einen Eingang des Operationsverstärkers eine Spannung von 1 µV, dann ist die Ausgangsspannung um den Faktor 10^6 größer, also 1 V. Die Leerlaufverstärkung ist jedoch keine konstante Größe. Sie nimmt mit zunehmender Frequenz ab ⑮, S. 182.

Die beiden Eingänge des Operationsverstärkers können parallel geschaltet werden ⑯ (S. 181). Man spricht in diesem Fall von einer Gleichtaktverstärkung ⑰. Die Wirkungen durch die invertierenden und nicht invertierenden Eingänge heben sich gewissermaßen auf. Eine einfache Untersuchungsschaltung (Abb. 4) mit den entsprechenden Liniendiagrammen kennzeichnet das Verhalten.

Legt man an beide Eingänge jedoch unterschiedliche Spannungen (Abb. 5), dann entsteht am Ausgang die verstärkte Differenz der Eingangsspannungen. Ein Operationsverstärker mit invertierendem und nicht invertierendem Eingang wird deshalb auch entsprechend seinem Eingangsverhalten als **Differenzverstärker** bezeichnet.

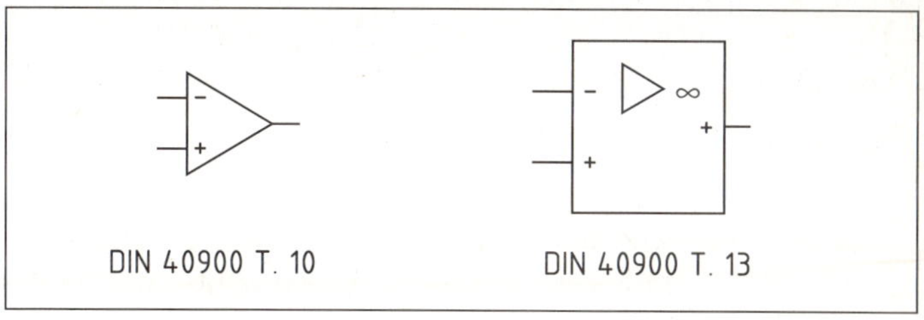

Abb. 1: Mögliche Schaltzeichen von Operationsverstärkern

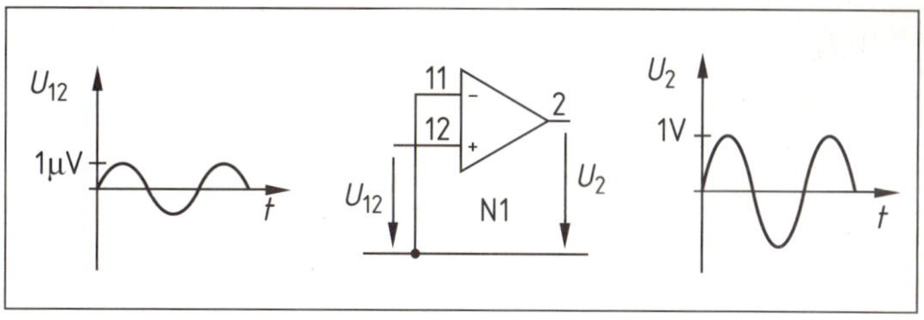

Abb. 2: Nicht invertierende Verstärkerschaltung

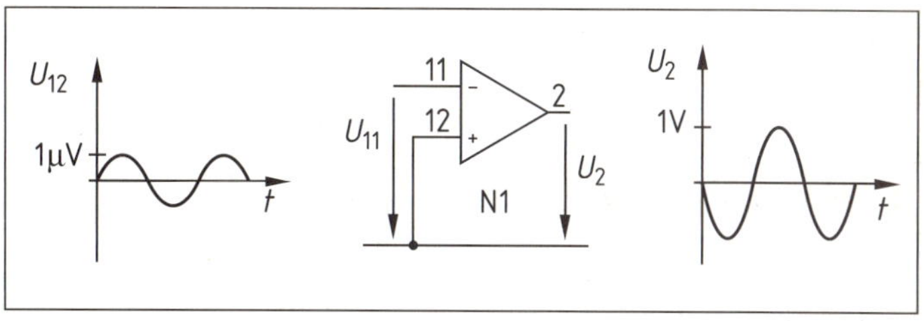

Abb. 3: Invertierende Verstärkerschaltung

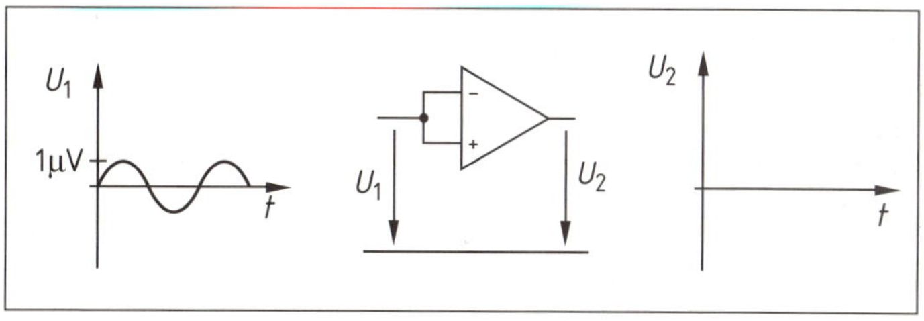

Abb. 4: Gleichtaktverstärkung

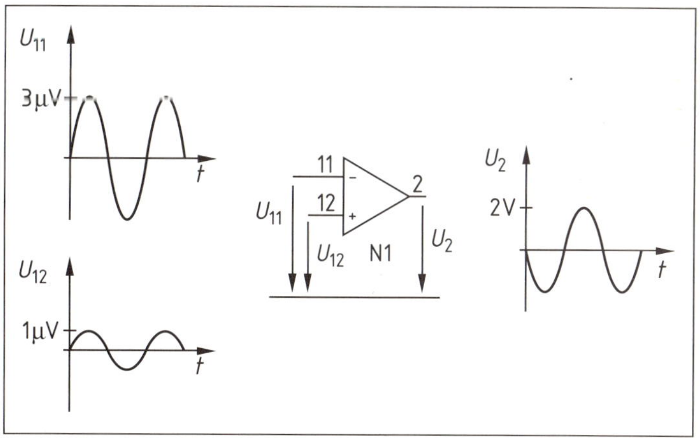

Abb. 5: Differenzverstärker-Schaltung

Aufgaben

13.1.1 Eingangsgrößen TBA 221 B

a) Ermitteln Sie den Eingangswiderstand des TBA 221 B bei einer Umgebungstemperatur von 25 °C (s. S. 182)!

b) Bestimmen Sie den Eingangswiderstand bei 10 kHz und 1 MHz!

c) Ermitteln Sie die Eingangskapazität!

13.1.2 Ausgangsgrößen TBA 221 B

a) Ermitteln Sie den typischen Ausgangswiderstand des TBA 221 B bei einer Umgebungstemperatur von 25 °C (s. S. 182)!

b) Wie groß ist die Ausgangsspannung bei einem Belastungswiderstand $R_L = 1\ k\Omega$ und einer Betriebsspannung von $U_S = \pm 15$ V?

c) Wie groß ist die Leerlaufspannungsverstärkung bei 100 Hz?

d) Bei welcher Frequenz besitzt die Leerlaufspannungsverstärkung einen Wert von 30 dB?

13.1.3 Differenzverstärker

Zwei als Temperatursensoren arbeitende Thermoelemente sind an den nicht invertierenden und an den invertierenden Eingang eines Operationsverstärkers angeschlossen. Die Leerlaufspannungsverstärkung beträgt 10^6.

Wie groß ist die Ausgangsspannung, wenn folgende Eingangsspannungen angenommen werden:

Nicht invertierender Eingang: $U_{11} = +2\ \mu V$

Invertierender Eingang: $U_{12} = +1\ \mu V$

13.1.4 Übertragungskennlinie 1

Die Kennlinie zeigt das Übertragungsverhalten eines Operationsverstärkers (Ausgangsspannung in Abhängigkeit von der Eingangsspannung).

a) Ermitteln Sie die Leerlaufspannungsverstärkung!

b) Zeichnen Sie eine entsprechende Übertragungskennlinie für die nicht invertierende Eingangsspannung!

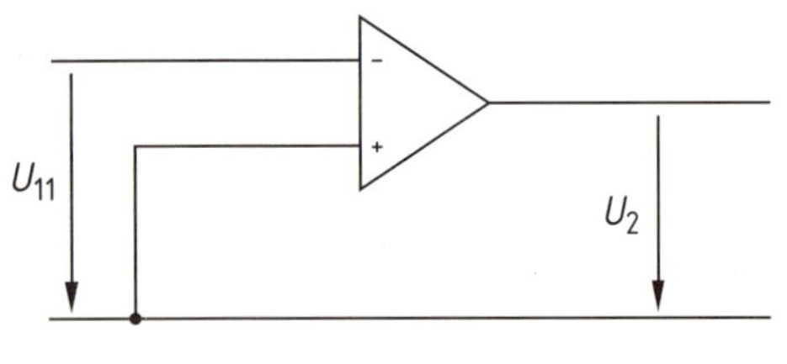

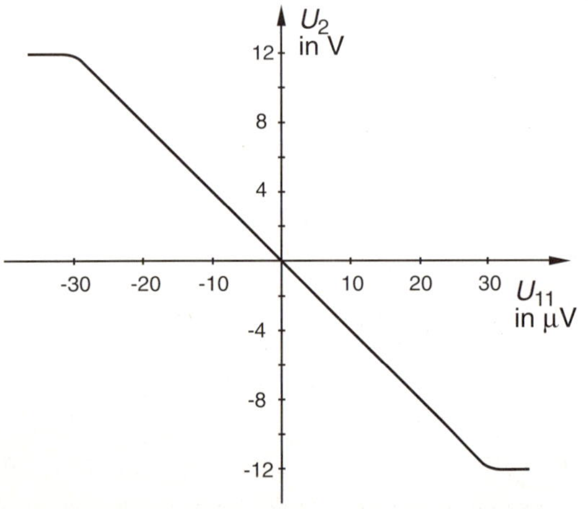

13.1.5 Übertragungskennlinie 2

Die dargestellte Übertragungskennlinie gilt für die Ausgangsspannung U_2 in Abhängigkeit von der Eingangsspannung U_{11}, wenn $U_{12} = 0$ V ist.

a) Wie verändert sich die Kennlinie, wenn durch den Spannungsteiler U_{12} auf 0,4 µV eingestellt wird?

b) Zeichnen Sie den veränderten Kurvenverlauf!

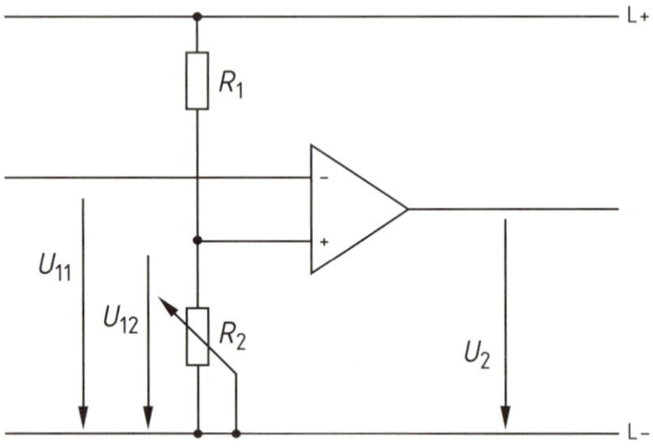

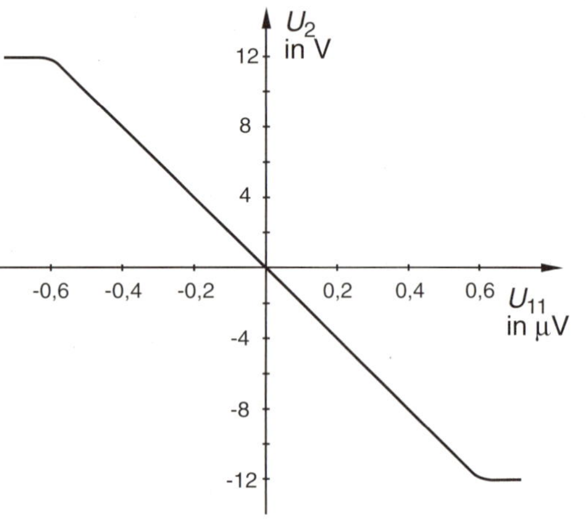

13.1.6 Kenndaten

Die Abbildung die Anschlußbelegung und einige Grenzdaten des TAA 861.

Vergleichen Sie diese Angaben mit den Daten des TBA 221 und stellen Sie Unterschiede heraus!

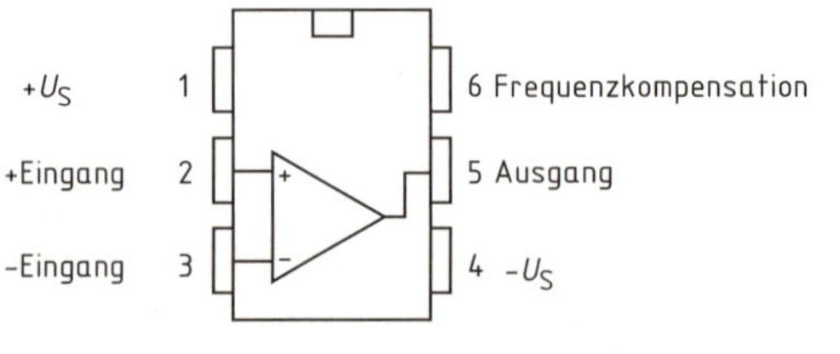

Grenzdaten			
Speisespannung	U_S	±10	V
Ausgangsstrom	I_Q	70	mA
Differenz-Eingangsspannung	U_{ID}	$\pm U_S$	V
Sperrschichttemperatur	T_j	150	°C
Lagertemperatur	T_s	–55 bis 125	°C

Auftrag

In Abb. 1 sind zwei Schaltungsauszüge mit den Leistungsoperationsverstärkern TCA 1365 B zu sehen. Der TCA 1365 B wird mit einer Spannung von 42 V betrieben, kann einen Ausgangsstrom von 4 A liefern und ist somit zur direkten Ansteuerung von Servo-Motoren verwendbar. Außerdem ist er kurzschlußfest.

Die vorgegebenen Schaltungen sollen so umgezeichnet werden, daß nur noch die für die Funktion wesentlichen Bauteile vorhanden sind.

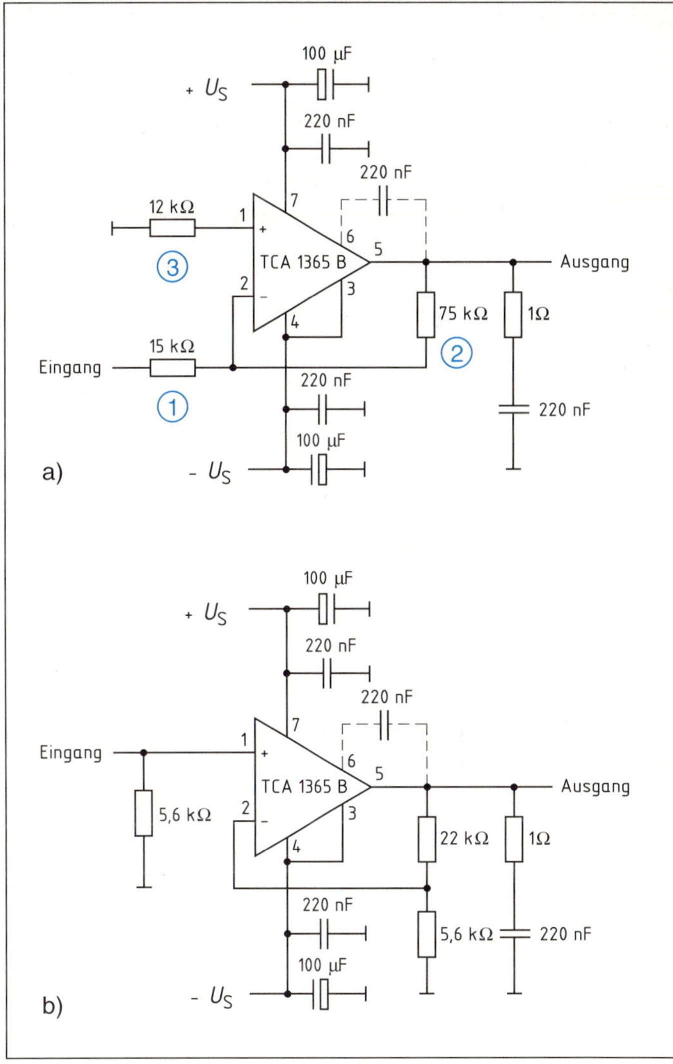

Abb. 1: Schaltungsauszüge mit Leistungs-Operationsverstärkern

Schaltungsanalyse

Versorgungsspannung

An den Anschluß 7 wird der positive Pol der Betriebsspannungsquelle gelegt. Die Siebkondensatoren von 100 µF und 220 nF können in der vereinfachten Darstellung weggelassen werden, da sie zur grundsätzlichen Funktion nicht beitragen. Der induktivitätsarme 220 nF Kondensator (Keramikkondensator) übernimmt bei hohen Frequenzen die Siebung, da Elektrolytkondensatoren Eigeninduktivitäten besitzen.

An den Anschluß 4 wird der negative Pol der Spannungsquelle gelegt. Die Kondensatoren 100 µF und 220 nF haben die gleiche Funktion wie die an dem Anschluß 7. Sie dienen ebenfalls der Siebung.

Ausgang

Das Ausgangssignal wird von Anschluß 5 über einen 220 nF Kondensator in den Operationsverstärker zurückgeführt. Dieser Kondensator dient der Frequenzkompensation. Er kann deshalb in einer vereinfachten Zeichnung weggelassen werden. Ebenfalls am Anschluß 5 liegt eine RC-Kombination mit 1 Ω und 220 nF. Sie soll störende Wechselspannungen aussieben. Für eine grundsätzliche Betrachtung ist sie nicht erforderlich.

Eingangsschaltung 1a)

In Schaltung 1a) wird das Eingangssignal über einen Widerstand von 15 kΩ ① an den invertierenden Eingang (Anschluß 2) gelegt. Gleichzeitig wird das verstärkte Signal über einen 75 kΩ Widerstand ② an den Eingang zurückgeführt. Es handelt sich also um eine **Gegenkopplung**, da zwischen Eingangs- und Ausgangssignal eine Phasenverschiebung von 180° besteht. Die Verstärkung der gesamten Schaltung hängt in diesem Falle nur von dem Widerstandsverhältnis ab (vgl. Abb. 2a).

Der nichtinvertierende Eingang liegt über einem 12 kΩ Widerstand ③ an Masse. Sein Wert entspricht etwa der Parallelschaltung aus 75 kΩ und 15 kΩ. Er dient der Offsetkompensation.

Eingangsschaltung 1b)

Wendet man diese Betrachtungsweise auf die vorgegebene Schaltung in Abb. 1a an, dann ergibt sich die invertierende Operationsverstärker-Schaltung von Abb. 2a. Im Gegensatz zur ursprünglichen Schaltung ist der invertierende Eingang nach oben gezeichnet worden.

In Schaltung 1b) wird das Eingangssignal direkt an den nichtinvertierenden Eingang gelegt (Anschluß 1). Die Gegenkopplung und somit die Verstärkungsanpassung erfolgt über die 22 kΩ und die 5,6 kΩ Widerstände.

Läßt man die für die grundsätzliche Funktion nicht wesentlichen Bauteile in Abb. 1b weg, ergibt sich die nichtinvertierende Operationsverstärker-Schaltung von Abb. 2b (R1 = 5,6 kΩ; R2 = 22 kΩ). Der Widerstand R3 kann bei einfachen Schaltungen entfallen.

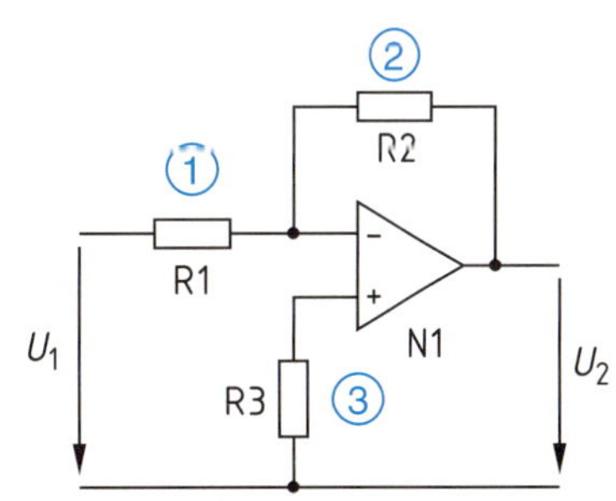

$$V_u = \frac{U_2}{U_1}$$

$$V_u = -\frac{R_2}{R_1}$$

a) Invertierende Operationsverstärker-Schaltung

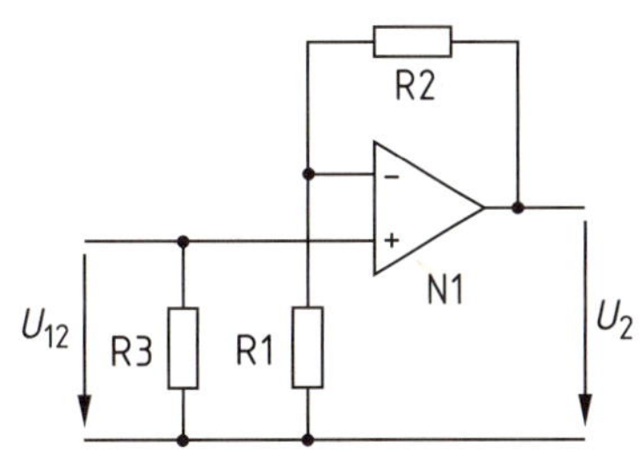

$$V_u = 1 + \frac{R_2}{R_1}$$

b) Nichtinvertierende Operationsverstärker-Schaltung

Abb. 2: Operationsverstärker mit Gegenkopplung

Aufgaben

13.2.1 Invertierender Verstärker

Zeichnen Sie den Stromlaufplan mit dem TBA 221 A, wenn folgende Bedingungen zu erfüllen sind:

- Netzteil für Betriebsspannung, ±10 V,
- invertierende Verstärkerschaltung mit 10facher Spannungsverstärkung, R2 = 10 kΩ,
- die Anschlüsse 3 und 9 sind nicht zu beschalten.

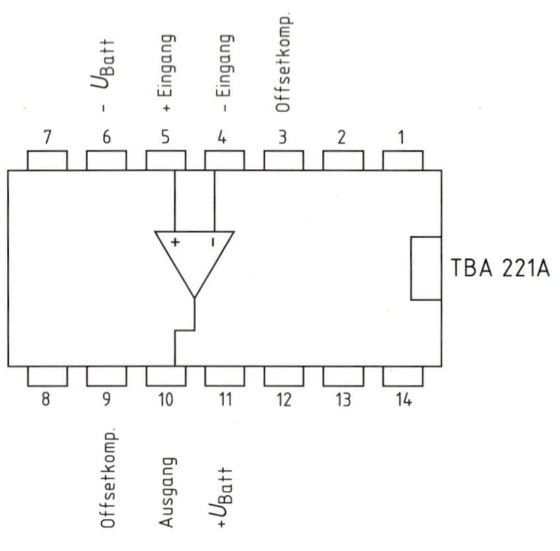

13.2.2 Einstellbare Verstärkung 1

Zwischen welchen beiden Werten läßt sich die Verstärkung der Schaltung einstellen?

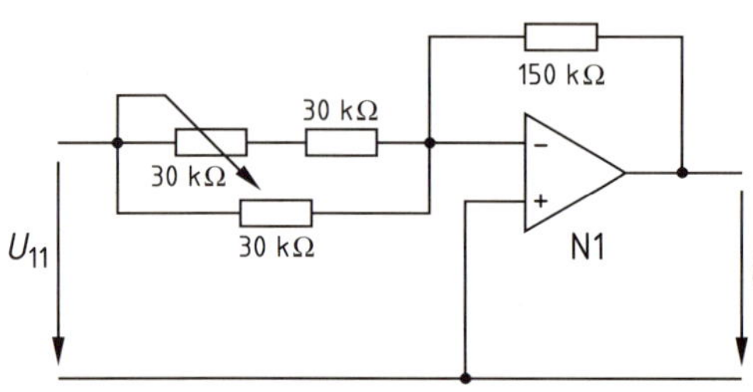

13.2.3 RC-Glied im Eingangskreis

a) Zeichnen Sie den Stromlaufplan mit einem Operationsverstärker und Gegenkopplung in invertierender Schaltung, bei dem der Einführungswiderstand aus einer Reihenschaltung aus R und C besteht!

b) Beschreiben Sie das Verhalten der Schaltung, wenn Spannungen mit tiefen bzw. sehr hohen Frequenzen angelegt werden.

13.2.4 Differenzverstärker

Zeichnen Sie den Stromlaufplan eines gegengekoppelten Operationsverstärkers, der als Differenzverstärker arbeitet! An beide Eingänge werden Wechselspannungen gelegt.

13.2.5 Einstellbare Verstärkung 2

Zeichnen Sie die Kennlinie (Übertragungskennlinie) für U_2/U_1 in Abhängigkeit von R_x!

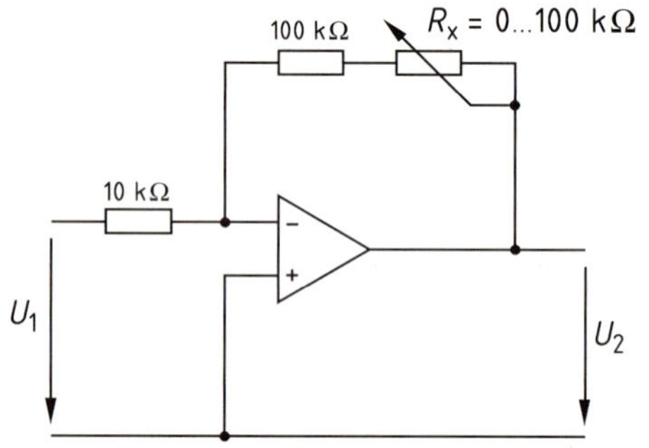

13.2.6 Frequenzverhalten

An den Eingang der abgebildeten Schaltung wird eine Wechselspannung mit veränderbarer Frequenz gelegt.

a) Zeichnen Sie die Kennlinie U_2/U_1 in Abhängigkeit von der Frequenz!

b) Geben Sie das Spannungsverhältnis für f = 0 Hz und für hohe Frequenzen an!

(Das Frequenzverhalten des Operationsverstärkers soll unberücksichtigt bleiben.)

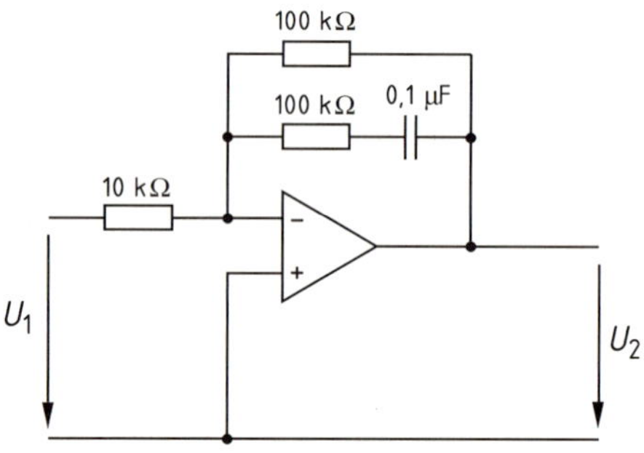

13.2.7 Einstellbare Verstärkung 3

a) Zwischen welchen Werten läßt sich die Spannungsverstärkung einstellen?

b) Zeichnen Sie U_2/U_1 in Abhängigkeit von R_x!

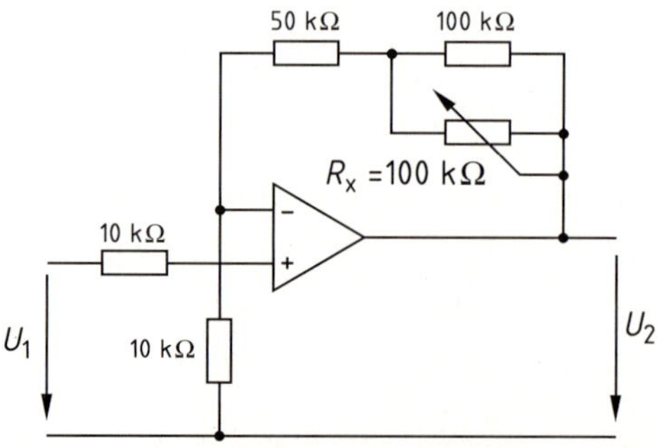

14 Schaltungen mit Thyristoren und Triacs

14.1 Thyristor im Gleichstromkreis

Auftrag 1

In den Stromlaufplänen der Abb. 2 werden die Thyristoren als Schalter im Gleichstromkreis eingesetzt. Die Zündung erfolgt durch die Taster S1.

Mit Hilfe dieser grundsätzlichen Schaltungen soll die Funktion erklärt werden.

Abb. 1: Thyristoren

Funktionsanalyse

- Abb. 2a:
  In der Schaltung lassen sich zwei Stromkreise unterscheiden:
  Laststromkreis: L+ → H1 → Q1 → V1 → L–
  Steuerstromkreis: L+ → H1 → S1 → R1 → V1 → L–

  Die Zündspannung wird also über den Taster S1 und den Vorwiderstand R1 zur Begrenzung des Stromes dem Gate des Thyristors zugeführt (Abb. 2a). Im Laststromkreis liegt der Taster Q1 in Reihe mit der Lampe und dem Thyristor. Durch Betätigen von S1 zündet der Thyristor. Erst wenn durch Q1 der Laststrom unterbrochen wird, erlischt die Lampe. Ein erneutes Schließen von S1 ruft ein neues Zünden hervor.
- Abb. 2b:
  Laststromkreis: L+ → H1 → V1 → L–
  Steuerstromkreis: L+ → H1 → S1 → R1 → V1 → L–

  Wie in Abb. 2a wird in der Schaltung von Abb. 2b der Thyristor durch Betätigen des Tasters S1 gezündet. Die Löschung erfolgt aber nicht durch Unterbrechung des Laststromes, sondern durch Überbrückung des Thyristors V1 mit dem Taster Q1.

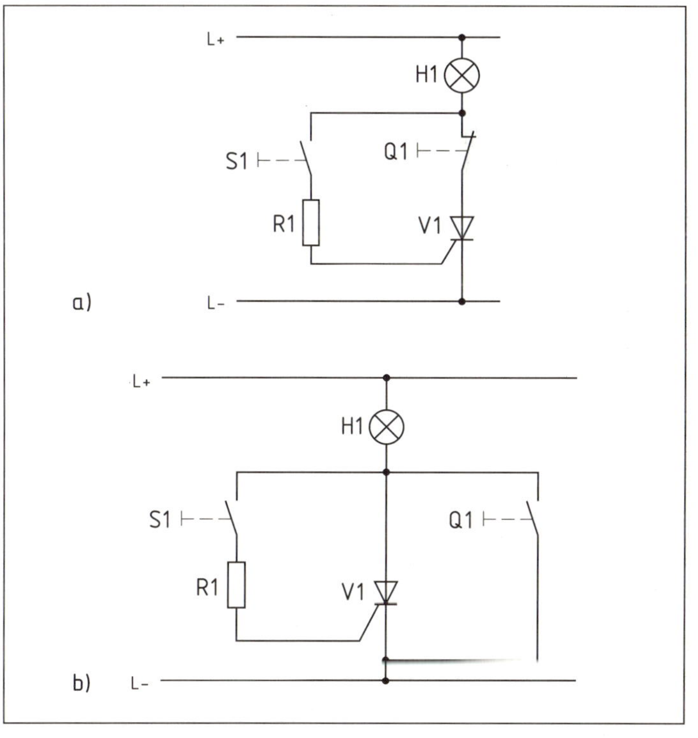

Abb. 2: Thyristorzündung im Gleichstromkreis

Thyristoren lassen sich durch Stromunterbrechung oder durch eine Überbrückung zwischen Katode und Anode löschen.

Hinweis

Neben der in dem Auftrag beschriebenen Zündmöglichkeit mit einer Gleichspannung, läßt sich der Thyristor auch durch Impulse zünden. Sie werden in Generatoren auf elektronischem Wege erzeugt und dem Gate zugeführt.

Tab. 14.1: Kenngrößen von Thyristoren im Kunststoffgehäuse

Typ	U_{DRM} U_{RRM} in V	I_{TAV} in A	U_T in V	I_H in mA	I_{LAT} in mA	I_{GT} in mA
BSt D 1026	400	8	1,8	80	100	25
BSt D 1040	600	8	1,8	80	100	25
BSt D 1040 B	600	8	1,8	20	30	5
BSt D 1046 C	700	8	1,8	50	60	10
BSt D 1046 MC	700	10	1,46	50	60	10
BSt D 1053 M	800	10	1,46	80	100	25

Für alle Typen: $I_D = I_R = 0{,}4$ A; $U_{GT} = 2$ V

Erläuterungen

U_{DRM}: Höchste periodische Spitzensperrspannung (positive Richtung)
U_{RRM}: Höchste periodische Spitzensperrspannung (negative Richtung)
I_{TAV}: Dauergrenzstrom (höchster zulässiger Durchlaßstrom, arithmetischer Mittelwert)
U_T: Höchste Durchlaßspannung
I_H: Haltestrom (oberer)
I_{LAT}: Einraststrom
I_{GT}: Oberer Zündstrom
I_D: Höchster Sperrstrom (positive Richtung)
I_R: Höchster Sperrstrom (negative Richtung)
U_{GT}: Obere Zündspannung

Auftrag 2

Der im Auftrag 1 verwendete Thyristor hat die Bezeichnung BSt D 1040. Ausgewählte Kenndaten sind in der Tabelle 14.1 auf S. 187 enthalten. Die Kenngrößen sollen in ein allgemeines Kennlinienfeld (Abb. 1) eingetragen und mit ihnen das Verhalten des Thyristors erklärt werden.

Kenngrößenzuordnung

Im Kennlinienfeld eines Thyristors lassen sich die folgenden Bereiche unterscheiden:

- **Rückwärts-Sperrbereich:** (Abb. 2)

Der Thyristor verhält sich wie eine Diode in Sperrichtung. Es lassen sich deshalb als Kenngrößen die höchste periodische Spitzensperrspannung U_{RRM} ① und der höchste Sperrstrom I_R ② in negativer Richtung angeben.

- **Vorwärts-Sperrbereich:** (Abb. 2)

Auch im I. Quadranten gibt es zunächst einen Sperrbereich mit einer höchsten periodischen Spitzensperrspannung U_{DRM} ③ und einen höchsten Sperrstrom I_D ④ in positiver Richtung.

Werden diese Grenzen überschritten, leitet der Thyristor. Die Durchlaßkennlinie ist dann für das Verhalten verantwortlich.

- **Vorwärts-Durchlaßbereich:** (Abb. 2)

Der untere Punkt der Kennlinie ist gekennzeichnet durch den Haltestrom I_H ⑤. So lange dieser Strom mindestens fließt, kann der Thyristor nicht gesperrt werden. Er sperrt erst, wenn er unterschritten wird.

Oberhalb des Haltestromes liegt der Einraststrom I_{LAT} ⑥. Dieser Mindeststrom ist für den einwandfreien Zündvorgang erforderlich.

Die obere Grenze der Kennlinie wird durch den höchsten zulässigen Durchlaßstrom (Dauergrenzstrom I_{TAV} ⑦) und der dabei am Thyristor abfallenden Spannung, der höchsten Durchlaßspannung U_T ⑧ begrenzt.

Hinweise

In das Kennlinienfeld von Abb. 2 können nicht die Zündkennwerte eingetragen werden. Verwendet wird dazu die Eingangskennlinie von Abb. 3. Sie entspricht im Prinzip der Kennlinie einer Diode im Durchlaßbereich, mit Angabe des Streubereiches.

Der blau unterlegte Bereich ist der Bereich des sicheren Zündens. Er wird durch I_{GT} ⑨ als oberem Zündstrom und durch U_{GT} ⑩ als obere Zündspannung begrenzt.

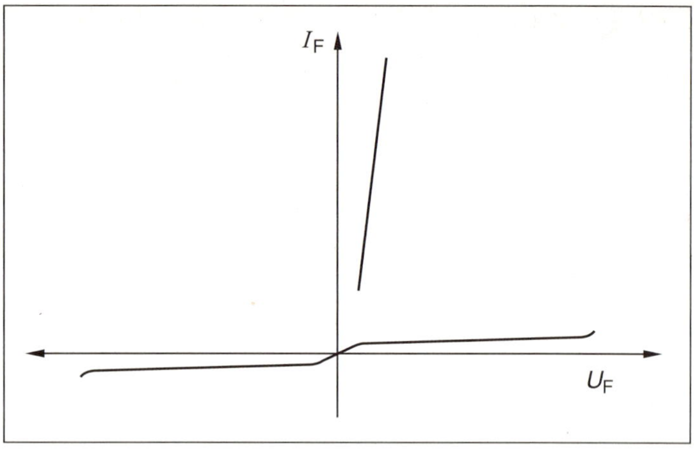

Abb. 1: Allgemeine Thyristorkennlinie

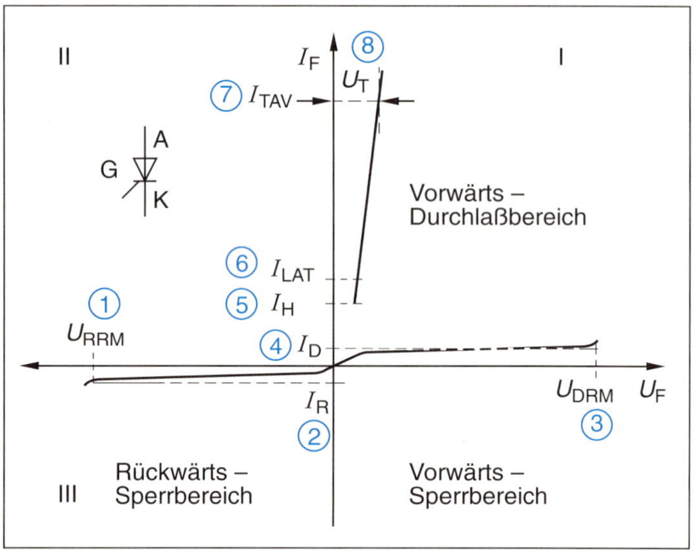

Abb. 2: Kenngrößen in der Thyristorkennlinie

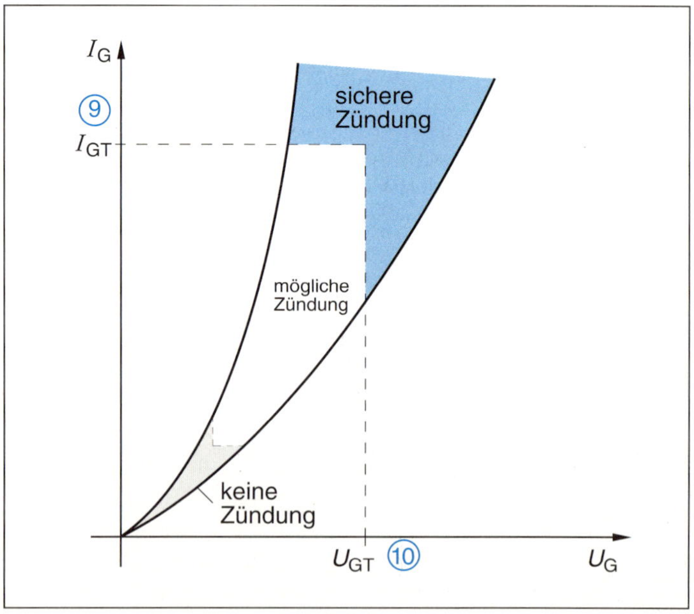

Abb. 3: Eingangskennlinie des Thyristors (Streubereich)

Aufgaben

14.1.1 Kenndaten

In der Tabelle 14.1 auf S. 187 sind Kenndaten von Thyristoren aufgeführt. Beantworten Sie dazu folgende Fragen:

1. Worin unterscheiden sich die Thyristoren BSt D 1040 und BSt D 1040 B voneinander?
2. Welcher Zusammenhang besteht zwischen U_T und I_{AV} bei den einzelnen Thyristoren?
3. Welcher Thyristor besitzt den geringsten oberen Zündstrom!

14.1.2 Thyristorlöschung

Erkären Sie die Löschung des Thyristors V1 durch die Betätigung von Q1!

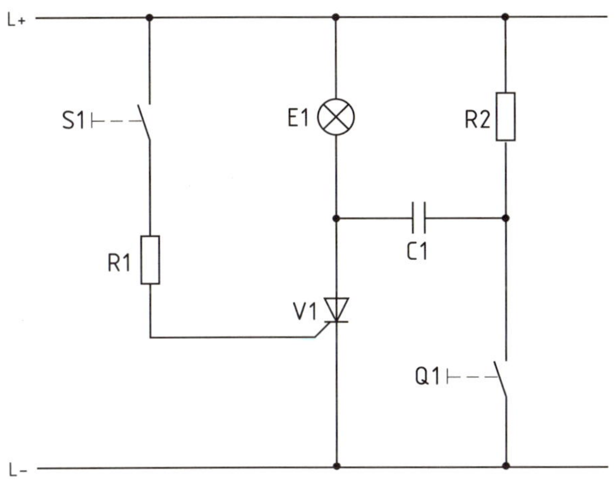

14.1.3 Thyristor mit Zündgenerator ❑

Der Schalter Q1 in Aufgabe 14.1.2 soll durch einen Thyristor V2 ersetzt werden. Das Gate von V2 soll durch einen Zündgenerator angesteuert werden.

Zeichnen Sie den Stromlaufplan!

14.1.4 Thyristor steuert Reihenschlußmotor

Beschreiben Sie die Funktion der abgebildeten Schaltung, indem Sie den Last- und Steuerstromkreis getrennt behandeln!

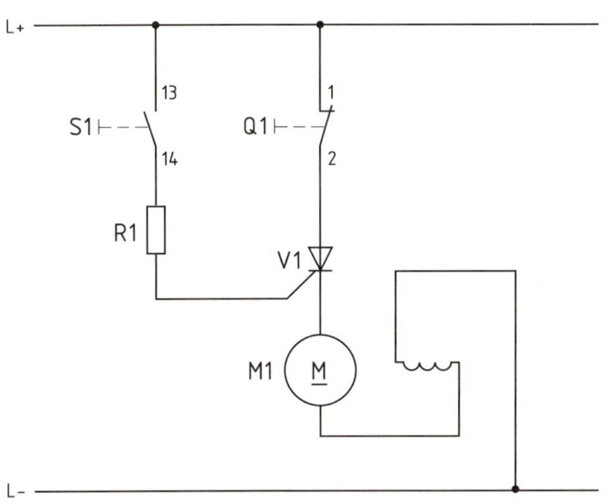

14.1.5 Schaltzeichen und Kennlinie

Die Abbildung zeigt das Schaltzeichen und die Kennlinie eines besonderen Thyristors. Beantworten Sie dazu folgende Fragen:

1. Welches Verhalten zeigt der Thyristor im Vergleich zu herkömmlichen Thyristoren?
2. Kann dieser Thyristor als Schalter im Gleich- und/oder Wechselstromkreis eingesetzt werden?

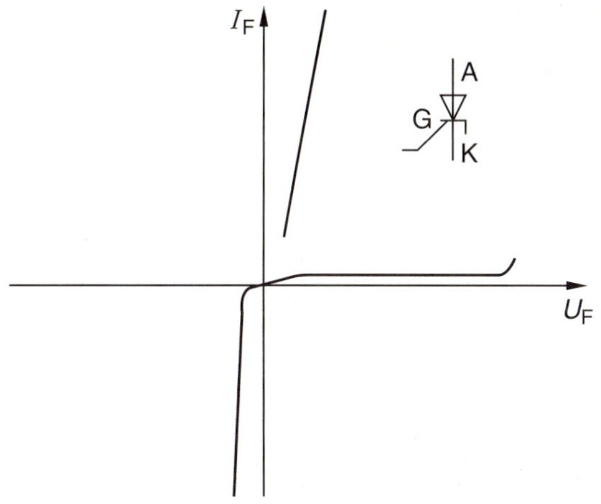

14.1.6 Schaltzeichen

Beschreiben Sie die durch die Schaltzeichen verdeutlichten Unterschiede der Thyristoren!

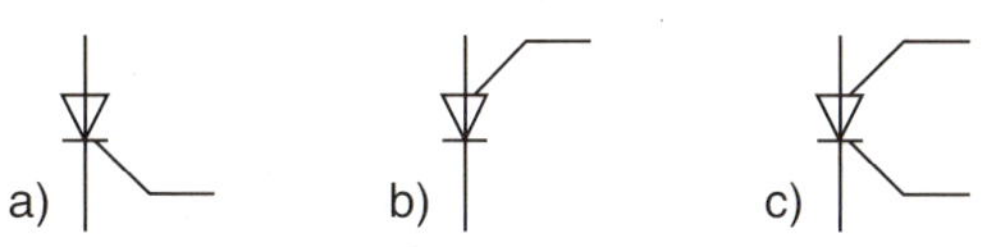

14.1.7 Gleichstromsteller

Gleichstromsteller arbeiten im Prinzip wie periodische Gleichstromschalter. Die Schaltfolge wird durch einen Zündgenerator bestimmt. Die Löscheinrichtung ist für den Thyristor nicht mitgezeichnet worden. Die Induktivität im Lastzweig glättet die pulsierende Gleichspannung.

a) Begründen Sie das Ansteigen des Stromes I_2, wenn der Spannungsimpuls anliegt!
b) Begründen Sie, weshalb in den Impulspausen ein Strom durch den Lastwiderstand fließt!

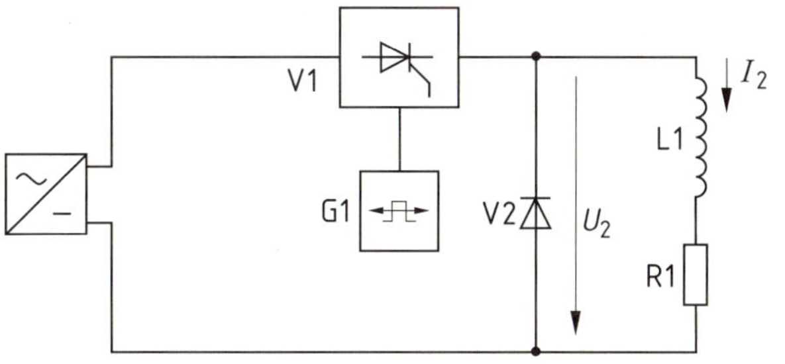

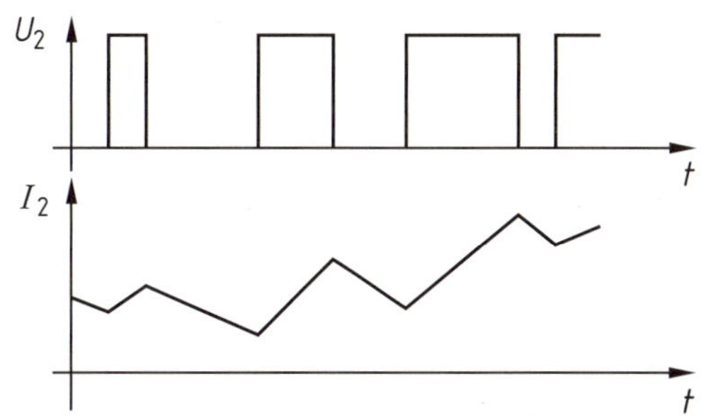

Auftrag 1

Mit dem Thyristor V2 in Abb. 1 läßt sich die Helligkeit der Lampe E1 steuern. Die Funktionsweise der Schaltung soll ermittelt werden.

Funktionsanalyse

Der Thyristor V2 wird durch Gleichspannungsimpulse gezündet, die aus der Netzspannung über V1 gewonnen werden. Die Diode V1 verhindert außerdem, daß während der Sperrphase des Thyristors zwischen Gate und Katode eine hohe negative Sperrspannung anliegt. Der positive Impuls gelangt über R1 und R2 an das Gate des Thyristors. Je nach Einstellung des Potentiometers wird die Zündspannung U_{GT} früher (z. B. bei $\alpha = 30°$) oder später (z. B. bei $\alpha = 90°$) erreicht (Abb. 2a).

Da die Zündspannung phasengleich mit der Netzwechselspannung ist, ergeben sich die an der Lampe E1 bzw. am Thyristor V2 die Spannungen von Abb. 2b und 2c. Es werden gewissermaßen Teile aus der Wechselspannung „herausgeschnitten". Man nennt diese Steuerungsart deshalb auch **Phasenanschnittsteuerung**.

Der Thyristor wird gelöscht, wenn der Haltestrom I_H unterschritten wird. Dieser Fall tritt ein, wenn die sinusförmige Wechselspannung von positiven Werten kommend durch Null geht ① oder wenn mit dem Potentiometer R2 eine Spannung U_{GK} eingestellt wird, die unterhalb der Zündspannung liegt.

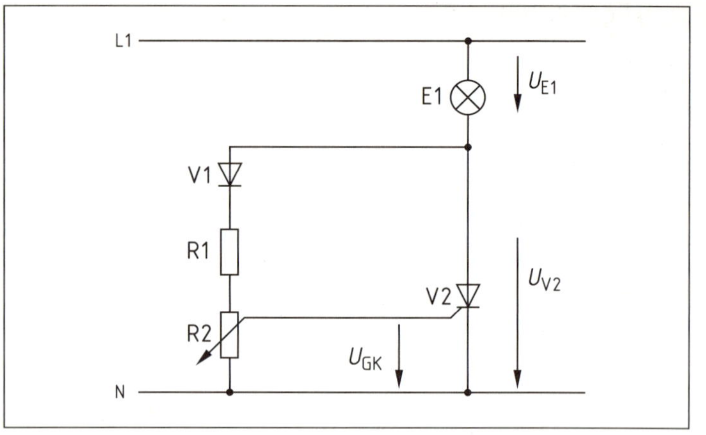

Abb. 1: Phasenanschnittsteuerung von 0° bis 90°

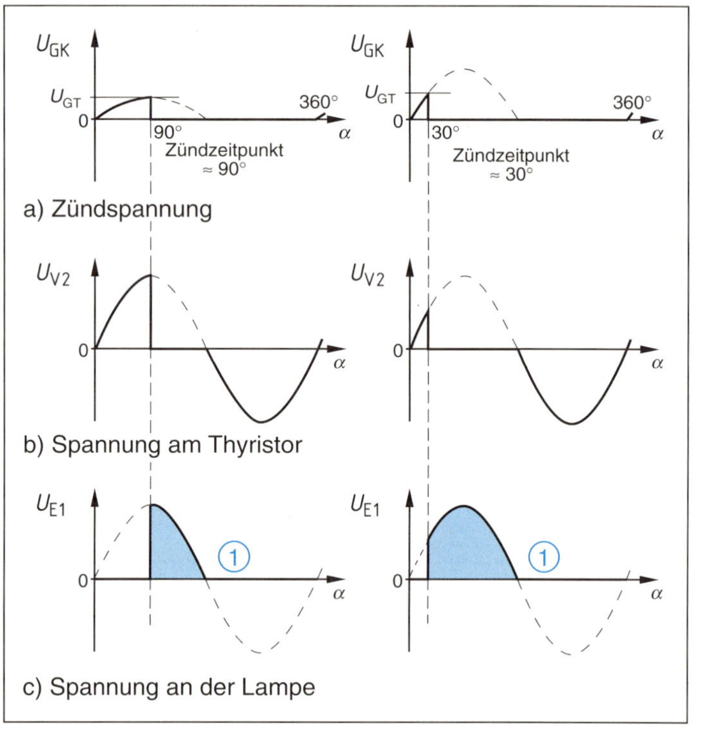

Abb. 2: Spannungs- und Stromverläufe bei einer Phasenanschnittsteuerung von 0° bis 90°

Auftrag 2

Mit der Schaltung von Abb. 1 läßt sich eine Phasenanschnittsteuerung bis etwa 90° durchführen. Mit der Schaltung von Abb. 3 dagegen bis etwa 180°.

Es soll ermittelt werden, auf welche Weise ein Zündwinkel bis etwa 180° erreicht wird.

Funktionsanalyse

Während der negativen Halbschwingung kann sich der Kondensator C1 aufladen, da V1 leitend ist. Während der nachfolgenden positiven Halbschwingung wird der Kondensator C1 über R1 so lange umgeladen, bis V2 leitend wird und der Thyristor zündet. Die Umladezeit hängt von R1 ab, so daß Phasenwinkel zwischen etwa 0° und 180° eingestellt werden können.

Hinweise

Thyristoren lassen sich nur dann sicher zünden, wenn an das Gate Impulse (sprungartige Spannungs- bzw. Stromänderungen) gelegt werden. Man verwendet deshalb auch häufig Vierschichtdioden oder Diacs in der Steuerzuleitung zur Impulsformung.

Für die Zündung von Thyristoren werden auch komplette integrierte Schaltungen (z. B. TCA 785) verwendet (vgl. 14.3). Mit Hilfe von Potentiometern lassen sich verschiebbare Impulse erzeugen, so daß innerhalb einer positiven Halbschwingung der Netzwechselspannung beliebige Zeitpunkte für die Zündung einstellbar werden.

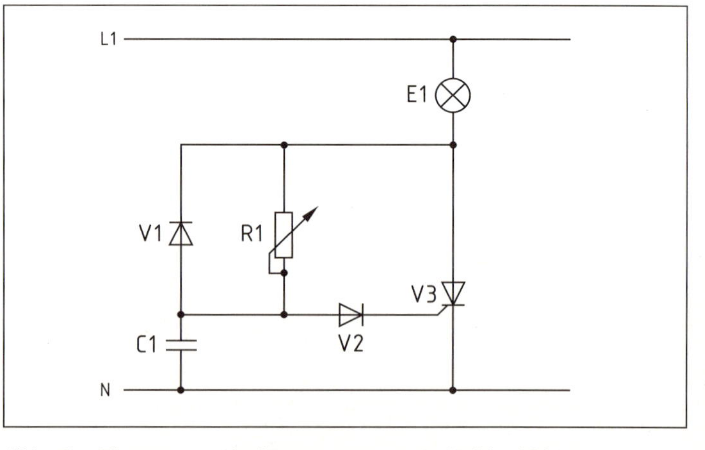

Abb. 3: Phasenanschnittsteuerung von 0° bis 180°

Aufgaben

14.2.1 Lichtabhängiger Schalter

In der Schaltung der Abb. 3 wird in Reihe zu R1 ein Fotowiderstand (LDR) geschaltet. Wie verändert sich die Funktion der Schaltung, wenn verschiedene Beleuchtungsstärken angenommen werden?

14.2.2 Dämmerungsschalter

Die Schaltung nach Abb. 3 soll mit Hilfe eines Fotowiderstandes (LDR) als Dämmerungsschalter arbeiten. Der Zündzeitpunkt des Thyristors soll weiterhin mit R1 einstellbar sein. Bei einer bestimmten Minimalhelligkeit soll sich jedoch die Lampe E1 selbsttätig einschalten.

Zeichnen Sie den Stromlaufplan!

14.2.3 Antiparallele Thyristoren

a) Erklären Sie die Funktion der Schaltung!

b) Zeichnen Sie den Stromverlauf durch die Lampe, wenn ein Zündverzögerungswinkel von 90° angenommen wird (zwei Perioden der Wechselspannung)!

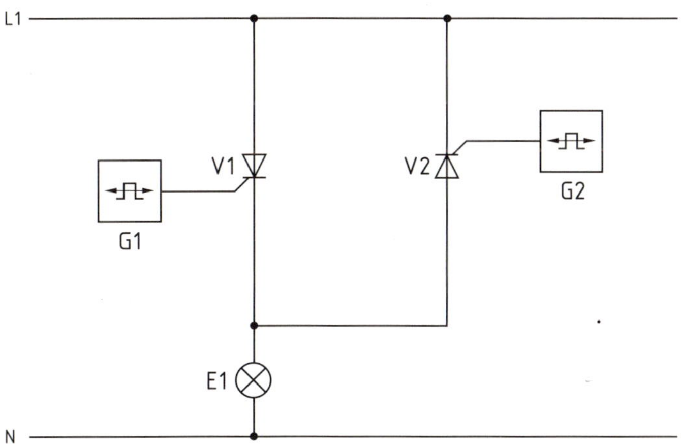

14.2.4 Steuerschaltung

Beschreiben Sie die Funktion der Schaltung, indem Sie folgende Fragen beantworten:

1. Wie sind die Thyristoren geschaltet?
2. Auf welche Weise werden die Zündimpulse erzeugt?
3. Womit läßt sich der Zündzeitpunkt einstellen?
4. Welches RC-Glied ist für die jeweilige Phasenverschiebung verantwortlich?

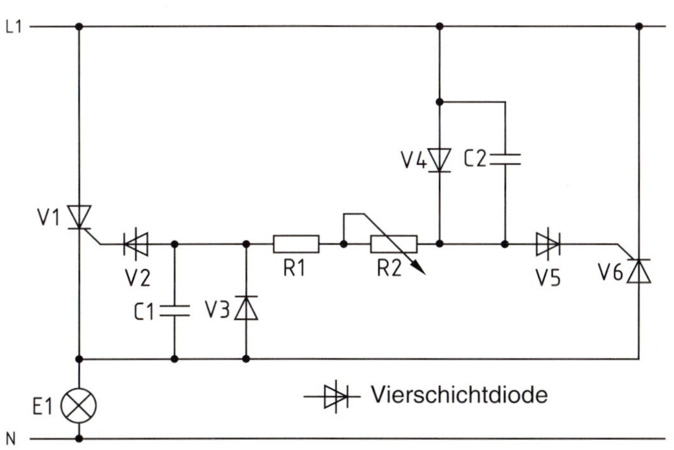

14.2.5 Zündverzögerungswinkel

Der Zusammenhang zwischen der Leistung im Verbraucher (Wirkwiderstand) und dem Zündverzögerungswinkel läßt sich in Form eines Diagramms darstellen.

Wie groß sind die Leistungen bei 45°, 75° und 120°?

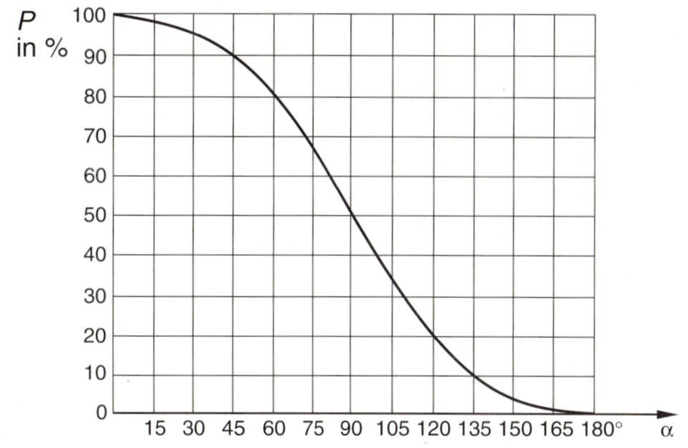

14.2.6 Steuerung von Leuchtstofflampen

Leuchtstofflampen lassen sich in geringem Umfang in ihrer Helligkeit steuern.

1. Welche Aufgabe hat der Transformator T2?
2. Auf welche Weise erfolgt die Zündung?

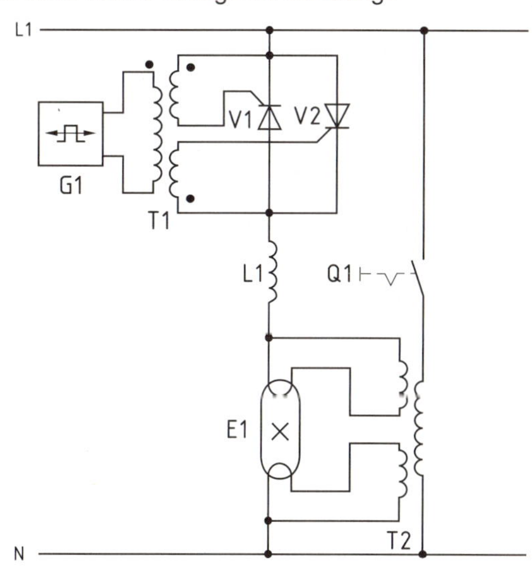

14.2.7 Diac

a) Beschreiben Sie die Funktion des Diacs!

b) Auf welche Weise erfolgt die Zündung der Thyristoren?

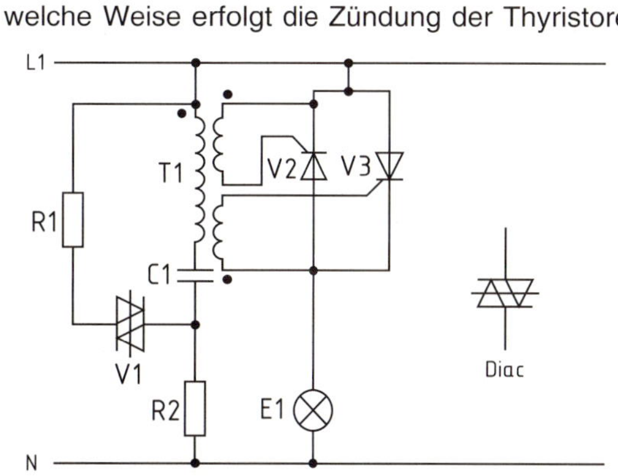

Auftrag

Der Triac TXC 10 M 60 soll mit der integrierten Schaltung TCA 785 angesteuert werden. Mit Hilfe des vom Hersteller gelieferten Informationsmaterials (Abb. 2) soll die Arbeitsweise erklärt werden.

Zusätzlich steht die folgende Kurzbeschreibung zur Verfügung:

- Phasenanschnittsteuerung mit direkt angesteuertem Triac,
- Zündwinkel mit Potentiometer von 0° bis 180° einstellbar,
- positive Halbschwingung der Netzspannung: positiver Gateimpuls am Anschluß 15, negative Halbschwingung der Nettzspannung: positiver Gateimpuls am Anschluß 14.

Funktionsanalyse

Der Triac entspricht in seinem Verhalten zweier antiparallel geschalteter Thyristoren. Es kann also die positive und die negative Halbschwingung geschaltet werden (vgl. Kennlinie in Abb. 1).

Für die Steuerung über die Integrierte Schaltung wird aus der Netzwechselspannung über R_{SYN} ① eine Synchronisierspannung an den Anschluß 5 gelegt. Im Innern der Schaltung werden die Nulldurchgänge der Wechselspannung ausgewertet und mit dem Auswerteergebnis wird eine sägezahnförmige Spannung U_{10} ② (Rampenspannung) gebildet. Ihr Verlauf kann durch C_{10} und R_9 festgelegt werden ③.

Die Steuerspannung für den Zündzeitpunkt läßt sich mit dem Potentiometer einstellen ④. Wenn Rampen- und Steuerspannung gleich sind ⑤, wird von der Schaltung ein 30 µs langer Zündimpuls gebildet. Er steht an den Anschlüssen 14 und 15 für die Ansteuerung von Thyristoren oder Triacs zur Verfügung ⑧.

Die Impulsdauer kann durch C_{12} bis 180° verlängert werden ⑥.

Mit dem Inhibiteingang ⑦ (Anschluß 6) können die Ausgänge Q1, Q2, $\overline{Q1}$, $\overline{Q2}$ und QU gesperrt werden (Abb. 2b).

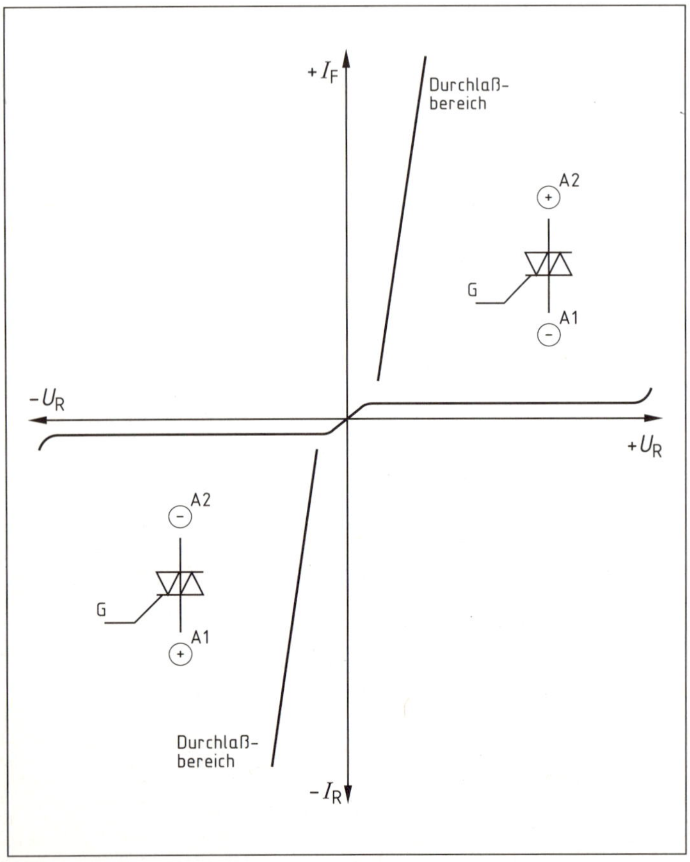

Abb. 1: Triac-Kennlinie

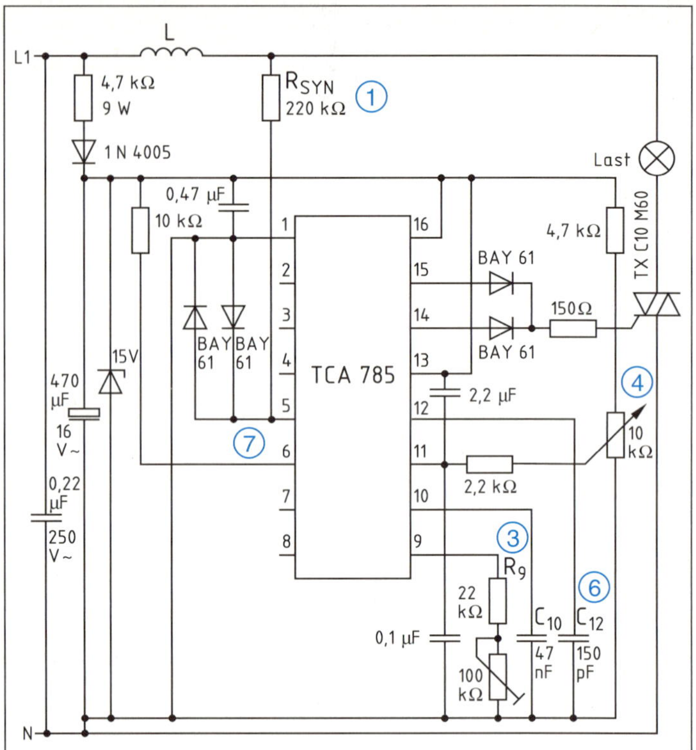

a) Triacsteuerung mit TCA 785

Anschluß	Symbol	Funktion	Anschluß	Symbol	Funktion
1	0_S	Masse	9	R_9	Rampenwiderstand
2	$\overline{Q2}$	Ausgang 2 invertiert	10	C_{10}	Rampenkapazität
3	QU	Ausgang U	11	U_{11}	Steuerspannung
4	$\overline{Q1}$	Ausgang 1 invertiert	12	C_{12}	Impulsverlängerung
5	U_{SYNC}	Synchronspannung	13	L	Langimpuls
6	$\overline{I}$	Inhibit	14	Q1	Ausgang 1
7	QZ	Ausgang Z	15	Q2	Ausgang 2
8	U_{REF}	Stabilisierte Spannung	16	U_S	Speisespannung

b) Anschlußbelegung

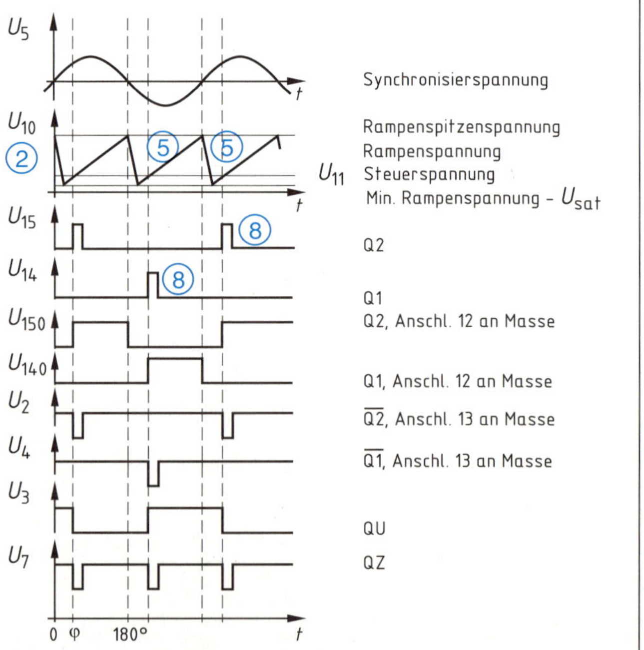

c) Spannungsverläufe

Abb. 2: Steuerschaltung für Triacs bis 50 mA Zündstrom (Herstellerunterlagen)

Aufgaben

14.3.1 Triacsteuerung

Beantworten Sie zu der Triacsteuerung von Abb. 2 folgende Fragen zur Funktion:

a) Nennen Sie die Bauteile, die für die Spannungsversorgung der Integrierten Schaltung verwendet werden und beschreiben Sie deren Arbeitsweise!

b) Ermitteln Sie die Aufgaben der Dioden BAY 61 am Eingang 5!

c) In dem Impulsdiagramm von Abb. 2c sind die letzten sechs Spannungen noch nicht beschrieben worden. Sie können durch eine bestimmte Beschaltung des Bausteins realisiert werden.
Erklären Sie die Verläufe und stellen Sie Beziehungen her zu den Spannungen U_{10}, U_{14} bzw. U_{15}!

14.3.2 Kenndaten

Die Übersicht gibt Hinweise über Anschlüsse, Anwendungen und Kenndaten von Triacs.

a) Erläutern Sie den Buchstaben H bzw. K in der Triac-Kennzeichnung!

b) Ermitteln Sie alle Triacs, die mit einem Haltestrom von 25 mA betrieben werden können!

c) Was bedeuten die Angaben A2+, G+, A2– und G–?

d) Zeichnen Sie in eine allgemeine Kennlinie eines Triacs die Größen U_{DRM}, U_{RRM}, I_{TRMS} und I_H ein (vgl. Abb. 1)!

Triacs für 400 bis 800 V Spitzensperrspannung und Grenzeffektivströme von 4 A und 6 A

Applikation	Vorwiegend für Wechselstromsteller in Netzgeräten und Geräten der Konsumelektronik, z. B. für Motorsteuerungen, Helligkeitssteuerungen und elektronische Schalter
Gehäuse	Kunststoffgehäuse TO 220 AB, der Anodenanschluß ist mit dem Montageflansch leitend verbunden
Zubehör	Andruckplatte C67067-A9000-C 166 Glimmerscheibe C67067-A9000-C 165
System	Silizium, volldiffundiert, glaspassiviert

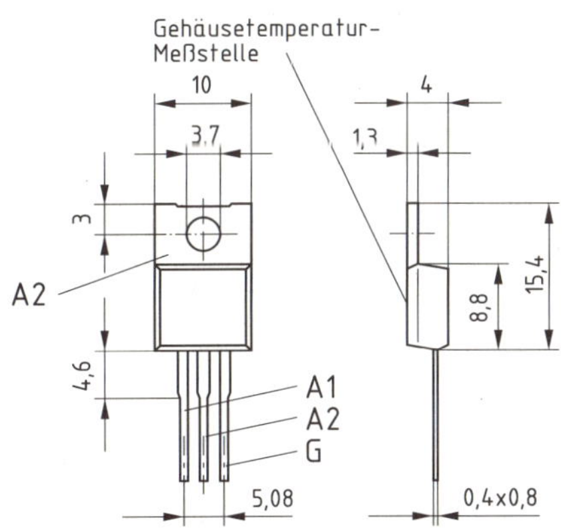

A1 Anode 1
A2 Anode 2 (Gehäuse)
G Steueranschluß

Typ	Höchste periodische Spitzensperrspannung U_{DRM}, U_{RRM}	Grenzeffektivstrom I_{TRMS}	Oberer Zündstrom I_{GT} Polarität gegen Anschluß A1				Haltestrom I_H
			A2+, G+	A2+, G–	A2–, G–	A2–, G+	
TX C 10 K 40	400 V	4 A	50 mA	50 mA	50 mA	–	50 mA
TX C 10 K 40 M		6 A	50 mA	50 mA	50 mA	–	50 mA
TX C 10 K 50	500 V	4 A	50 mA	50 mA	50 mA	–	50 mA
TX C 10 K 50 M		6 A	50 mA	50 mA	50 mA	–	50 mA
TX C 10 H 60	600 V	4 A	25 mA	25 mA	25 mA	50 mA	25 mA
TX C 10 K 60			50 mA	50 mA	50 mA	–	50 mA
TX C 10 H 60 M		6 A	25 mA	25 mA	25 mA	50 mA	25 mA
TX C 10 K 60 M			50 mA	50 mA	50 mA	–	50 mA
TX C 10 H 70	700 V	4 A	25 mA	25 mA	25 mA	50 mA	25 mA
TX C 10 K 70			50 mA	50 mA	50 mA	–	50 mA
TX C 10 H 70 M		6 A	25 mA	25 mA	25 mA	50 mA	25 mA
TX C 10 K 70 M			50 mA	50 mA	50 mA	–	50 mA
TX C 10 K 80	800 V	4 A	50 mA	50 mA	50 mA	50 mA	50 mA
TX C 10 K 80 M		6 A	50 mA	50 mA	50 mA	50 mA	50 mA

14.3.3 Heizungssteuerung

In einem Wechselstromkreis soll mit einem Triac ein Heizwiderstand eingeschaltet werden.

Zeichnen Sie den Stromlaufplan nach folgenden Bedingungen:

- Der Triac wird über einen Schalter und einen Widerstand gezündet.
- Es soll ein zweipoliger Netzschalter verwendet werden.
- Parallel zum Triac liegt eine Reihenschaltung aus *R* und *C* (0,1 µF und 33 Ω) zum Schutz des Halbleiterelements.

14.3.4 Zündmöglichkeiten

Ein Triac kann unabhängig von der momentanen Polung der Spannung zwischen Anode und Katode durch positive oder negative Impulse am Gate gezündet werden. Die Abbildung zeigt die verschiedenen Möglichkeiten. Die Spannung u_A gibt einen Augenblickswert der Wechselspannung an.

a) Ermitteln Sie die Zündmöglichkeit, die den größten Zündstrom erfordert (vgl. Kenndaten aus Aufgabe 14.3.2)!

b) Ordnen Sie die vier Zündmöglichkeiten den vier Quadranten des Ausgangskennlinienfeldes zu!

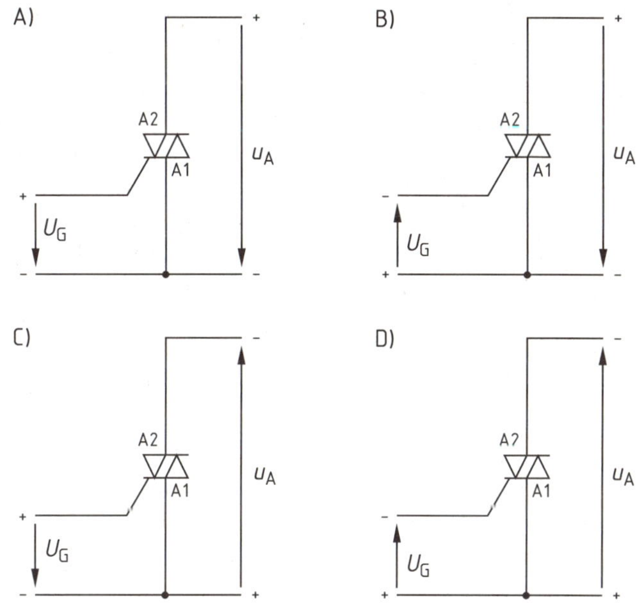

14.3.5 Schaltungsfunktion

Erklären Sie die Arbeitsweise der Schaltung und die Funktion der einzelnen Bauteile!

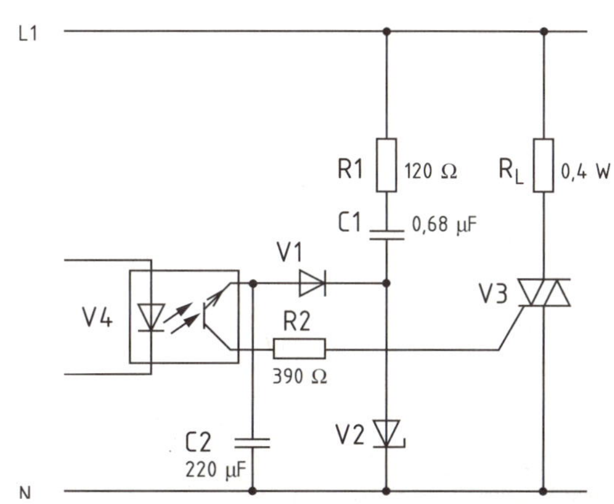

15 Stromrichterschaltungen

15.1 Nichtsteuerbare Gleichrichterschaltungen

Auftrag 1

Für eine mit Halbleiterbauelementen bestückte Alarmanlage soll ein Netzteil für 12 V Ausgangs-Gleichspannung und 2 W aufgebaut werden. Es soll eine Gleichrichterschaltung gewählt werden, mit der man eine möglichst glatte Ausgangsspannung erzielen kann.

Lösung mit Einpuls-Mittelpunktschaltung M 1

Um die Netzwechselspannung von 230 V herunterzutransformieren, wird ein Transformator benötigt. Als Gleichrichter wird eine Diode verwendet (Abb. 1a). Diese Einpuls-Mittelpunktschaltung liefert als Ausgangsspannung eine Mischspannung (pulsierende Gleichspannung). Soll auch während der negativen Halbschwingungen der Wechselspannung am Ausgang der Gleichrichterschaltung eine Gleichspannung vorhanden sein, muß parallel zum Belastungswiderstand ein Kondensator zur Ladungsspeicherung geschaltet werden (Abb. 2a, **Ladekondensator**). Anstelle des Kondensators kann auch in Reihe mit dem Belastungswiderstand eine Drosselspule (Abb. 2b) geschaltet werden.

Hinweise

- Ladekondensatoren werden bis zu Gleichstromleistungen von ca. 2 kW verwendet.
- Drosselspulen eignen sich bis zu Leistungen von einigen Megawatt.
- Um die Form der Ausgangsspannung noch weiter zu verbessern, können **Siebketten** hinter der Gleichrichter-Schaltung angebracht werden (Abb. 3).

Lösung mit Zweipuls-Mittelpunktschaltung M 2

Die Welligkeit der gleichgerichteten Spannung kann durch Verwendung einer Zweipuls-Mittelpunktschaltung M 2 (Abb. 4a) verringert werden. Durch die zwei Sekundärwicklungen ① liegen bei jeder Halbschwingung positive Anteile zur Gleichrichtung an den Dioden.

Lösung mit Zweipuls-Brückenschaltung B 2

Mit einer Sekundärwicklung kommt man aus, wenn vier Dioden zu einer Zweipuls-Brückenschaltung B 2 verbunden werden (Abb. 5a). Bei jeder Halbschwingung sind immer zwei Dioden leitend und zwei sind gesperrt. Dadurch wird erreicht, daß während jeder Halbschwingung der Strom durch den Belastungswiderstand immer in die gleiche Richtung fließt. Es entsteht deshalb die gleiche Spannungsform am Ausgang wie bei der Zweipuls-Mittelpunktschaltung M 2.

Stellt man einige Unterschiede der besprochenen Schaltungen gegenüber, ergibt sich folgende Übersicht:

Merkmal	M 1	M 2	B 2
Welligkeit der Ausgangsspannung	groß	geringer	geringer
Diodenzahl	1	2	4
Sekundärwicklungen	1	2	1

Zur Lösung des Auftrags wird die Zweipuls-Brückenschaltung B 2 verwendet. Sie besitzt eine geringere Welligkeit und ist gegenüber der Zweipuls-Mittelpunktschaltung M 2 kostengünstiger (Transformator). Außerdem ist es sinnvoll, zur weiteren Verringerung der Welligkeit eine Siebkette zu verwenden.

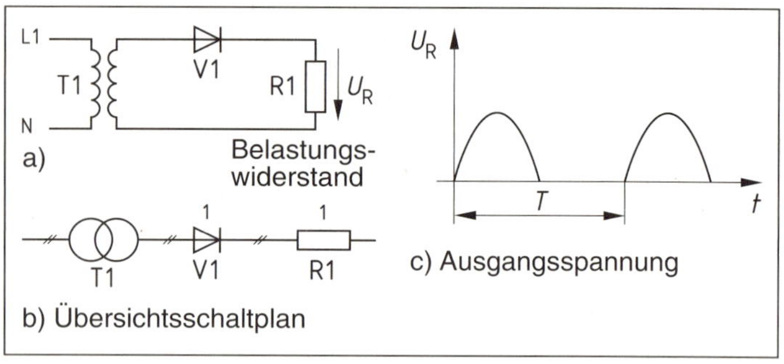

Abb. 1: Einpuls-Mittelpunktschaltung M 1

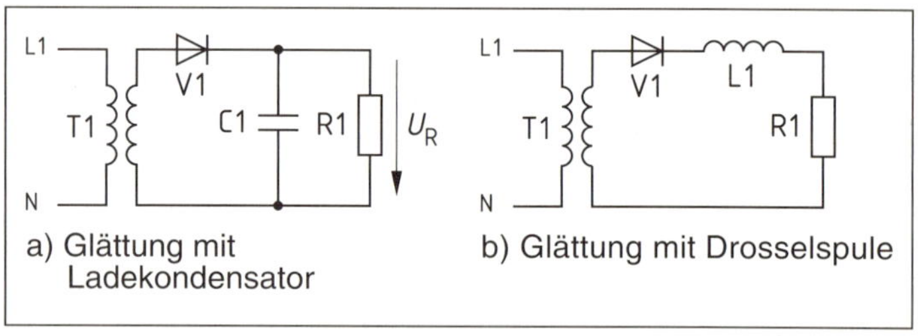

Abb. 2: Einpuls-Mittelpunktschaltung mit Glättung

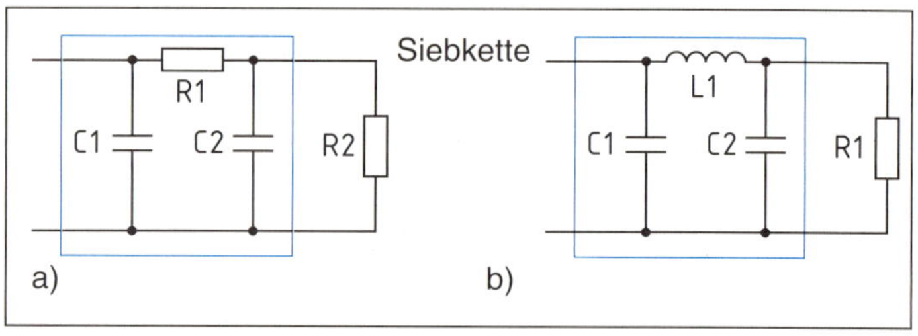

Abb. 3: Möglichkeiten der Spannungsglättung mit Siebketten

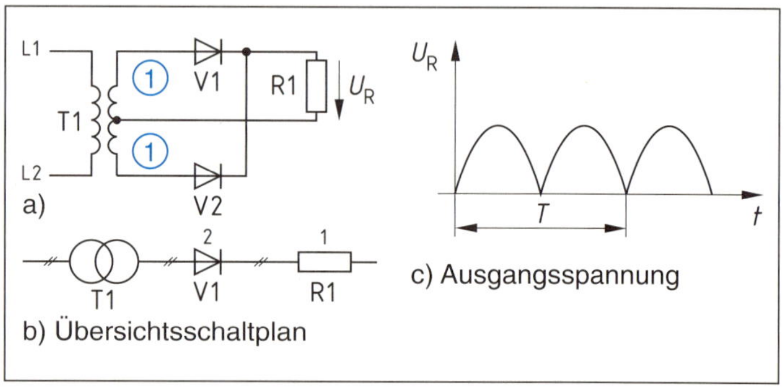

Abb. 4: Zweipuls-Mittelpunktschaltung M 2

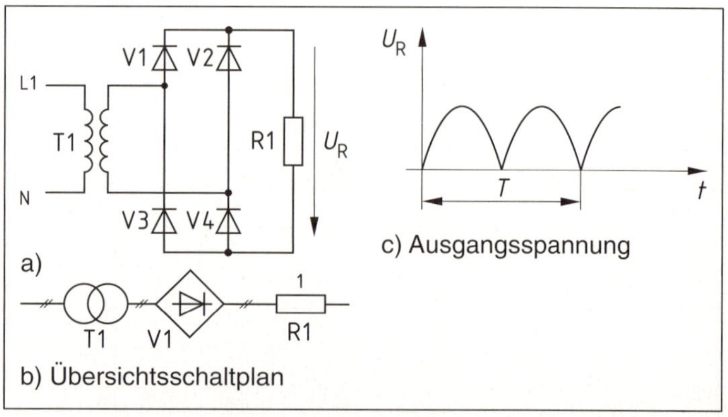

Abb. 5: Zweipuls-Brückenschaltung B 2

Auftrag 2

Für die Dreipuls-Mittelpunktschaltung M 3 soll der Verlauf der Ausgangsspannung und mit Hilfe der Tabelle 15.1 der arithmetische Mittelwert der Gleichspannung ermittelt werden, wenn die Sternspannung auf der Sekundärseite U_S = 230 V beträgt.

Lösung

Aufgrund der Sternschaltung (Tab. 15.1 ①) auf der Sekundärseite ergeben sich für die Dioden jeweils um 120° phasenverschobene Wechselspannungen (u_{S1}, u_{S2} und u_{S3}, Abb. 6a ②).

Innerhalb einer Periode von 360° beträgt der Stromflußwinkel für jede Diode 120° (Tab. 15.1 ③). Der Strom im Belastungswiderstand ist lückenlos (Abb. 6b ④). Nach jeweils 120° übernimmt eine andere Diode die Ventilwirkung (**Kommutierung**). Es leitet die Diode mit dem jeweils höheren Anodenpotential (bezogen auf Sternpunkt).

Der Verlauf der Ausgangsspannung ist in Abb. 6c zu sehen. Das Verhältnis von U_{di}/U_S wird aus der Tabelle 15.1 entnommen und beträgt 1,17 ⑤. Der arithmetische Mittelwert der Gleichspannung errechnet sich damit wie folgt:

U_{di} = 1,17 · 230 V; U_{di} = 269 V ⑥

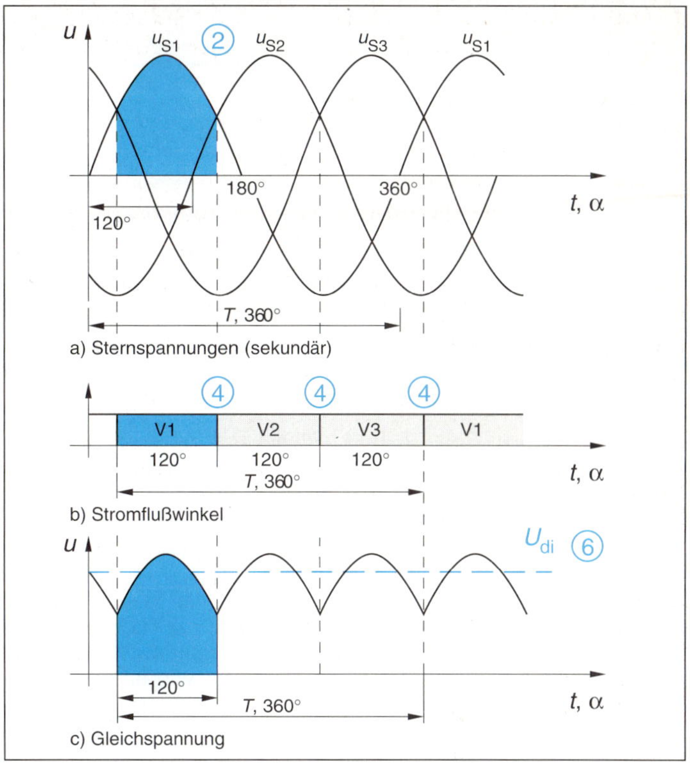

Abb. 6: Liniendiagramme zur Dreipuls-Mittelpunktschaltung M 3

Tab. 15.1: Kennwerte nichtsteuerbarer Gleichschaltungen

Bezeichnung	Einpuls-Mittelpunkt schaltung M 1	Zweipuls-Mittelpunkt-schaltung M 2	Zweipuls-Brücken-schaltung B 2	Dreipuls-Mittelpunkt-schaltung M 3	Sechspuls-Brücken-schaltung B 6
Schaltung	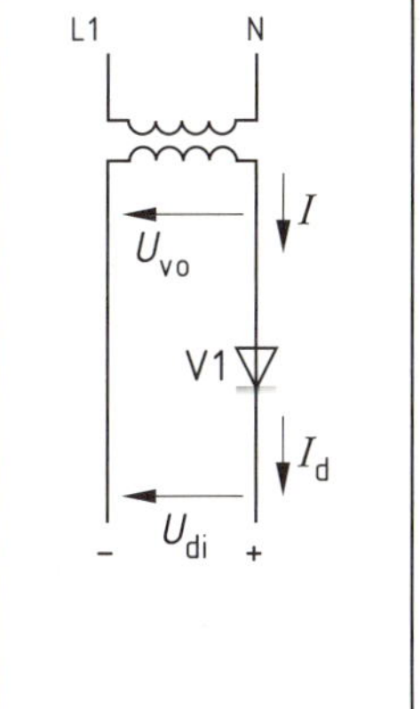 $U_{vo} = U_S$	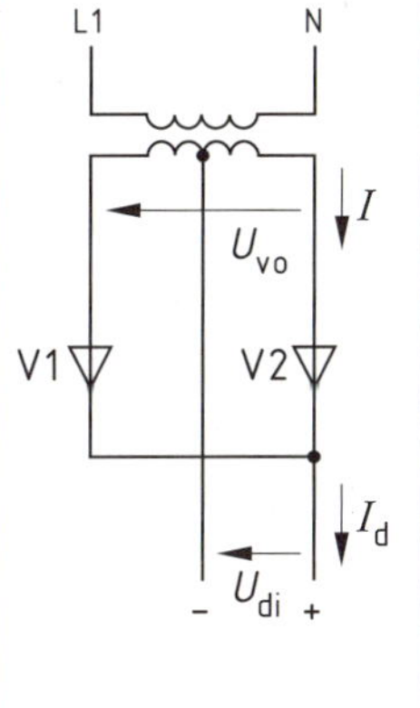 $U_{vo} = U_S$	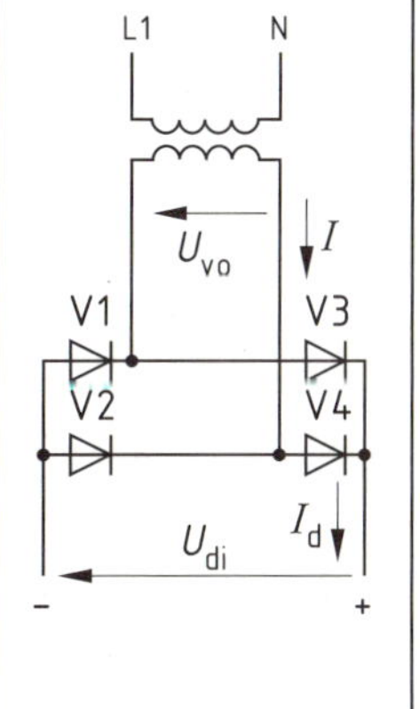 $U_{vo} = U_S$	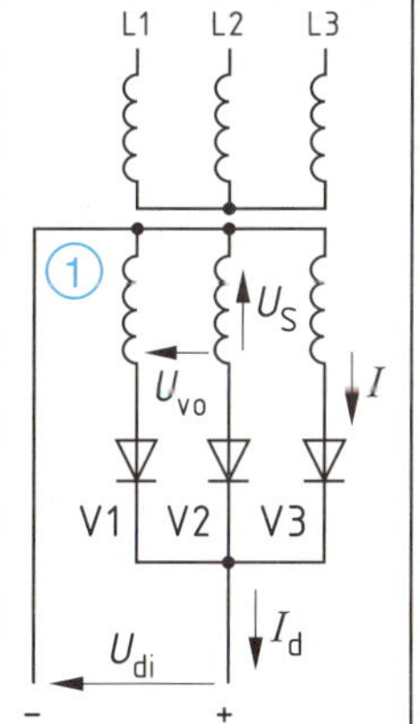 $U_{vo} = \sqrt{3} \cdot U_S$	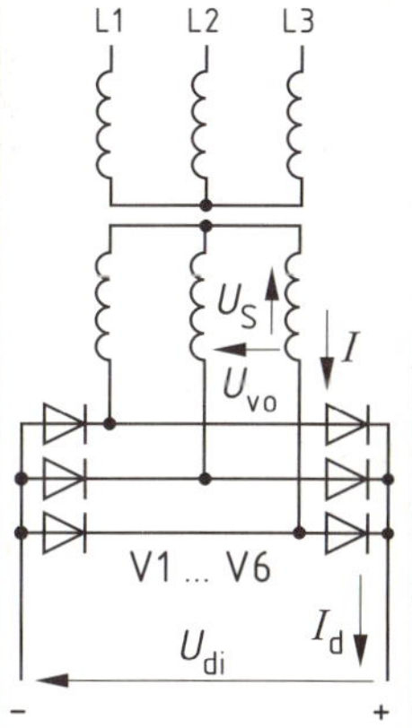 $U_{vo} = \sqrt{3} \cdot U_S$
U_{di}/U_S	0,45	0,45	0,90	1,17 ⑤	2,34
U_{di}/U_{vo}	0,45	0,45	0,90	0,675	1,35
I/I_d	1,57	0,785	1,11	0,58	0,82
Welligkeit w in %	121	48,2	48,2	18,3	4,2
Pulszahl p	1	2	2	3	6
Stromflußwinkel Θ	180°	180°	180°	120° ③	120°
U_{RRM}/U_{di}	3,14	3,14	1,57	2,09	1,05
I_{FAV}/I_d	1,0	0,5	0,5	0,333	0,333
I_{FRMS}/I_d	1,57	0,785	0,785	0,58	0,58

U_S: Sternspannung (Strangspannung)
U_{di}: Gleichspannung, arithm. Mittelwert
U_{vo}: Außenleiterspannung
U_{RRM}: Höchste periodische Spitzensperrspannung

I: Sekundärseitiger Außenleiterstrom, Effektivwert
I_d: Gleichstrom, arithm. Mittelwert
I_{FAV}: Durchlaßstrom, arithm. Mittelwert
I_{FRMS}: Durchlaßstrom, Effektivwert

Aufgaben

15.1.1 Akkumulatorladegerät

Zeichnen Sie den Stromlaufplan für ein Akkumulatorladegerät nach folgenden Bedingungen:

- Einpuls-Mittelpunktschaltung M 1.
- Transformator mit sekundären Anzapfungen bei 3 V; 6 V; 9 V; 12 V und 15 V. Die Spannungen werden über einen Umschalter an die Diode gelegt.
- Auf der Primärseite befindet sich eine Sicherung, ein einpoliger Schalter und eine Signallampe (Glimmlampe) zur Anzeige des eingeschalteten Zustands.
- Im Netzteil befindet sich ein Gleichspannungsmeßgerät.
- Zur Glättung der Spannung wird ein Elektrolytkondensator verwendet.

15.1.2 Zweipuls-Brückenschaltung

Zeichnen Sie den Stromlaufplan für eine Zweipuls-Brückenschaltung, bei der die Glättung der Spannung durch zwei Kondensatoren und mit einem Wirkwiderstand vorgenommen wird (Siebkette)!

15.1.3 Dioden am Meßwerk

Beschreiben Sie die Funktion der Dioden für das Meßwerk!

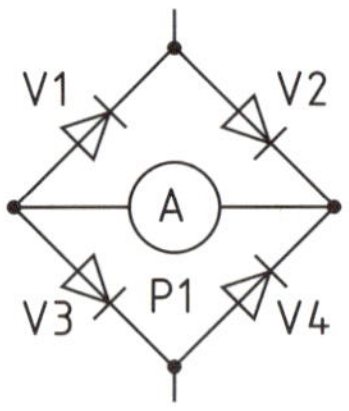

15.1.4 Schaltungsarten

Benennen Sie die abgebildeten Gleichrichterschaltungen gemäß den Bezeichnungen von Tab. 15.1 auf S. 195!

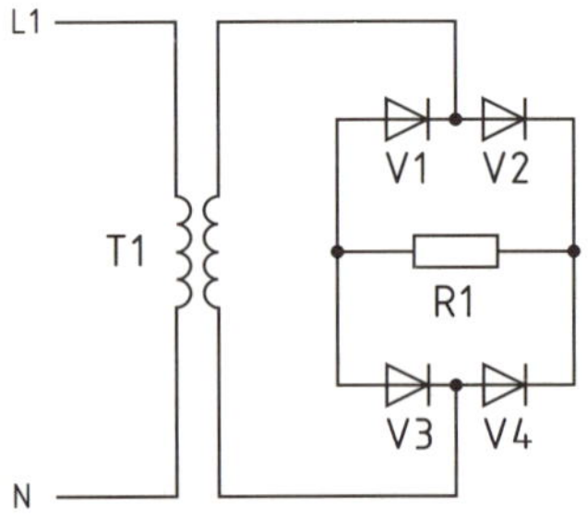

a)

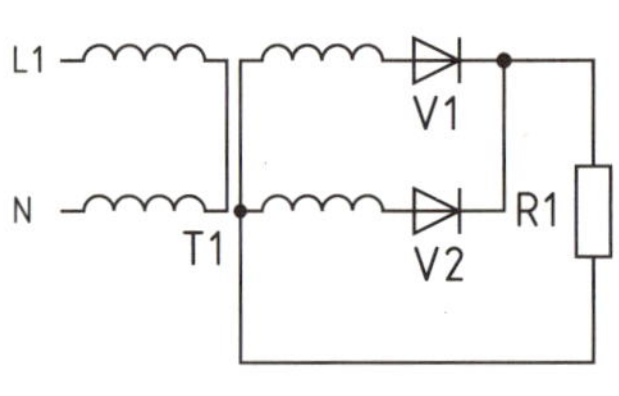

c)

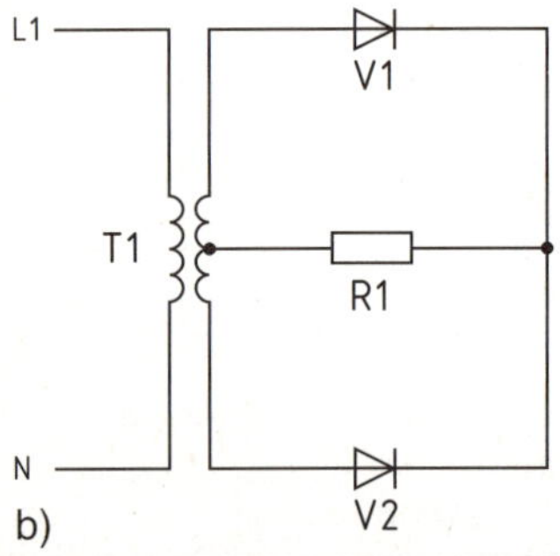

b)

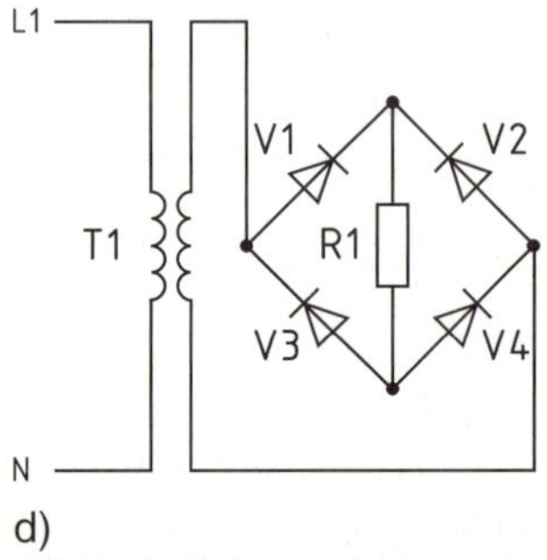

d)

15.1.5 Dreipuls-Mittelpunktschaltung

Zeichnen Sie den Stromlaufplan der Dreipuls-Mittelpunktschaltung mit je einer Sicherung in den Zuleitungen der Dioden! Die Primärseite des Transformators ist im Dreieck geschaltet.

15.1.6 Sechspuls-Brückenschaltung

Zeichnen Sie den Übersichtsschaltplan der Sechspuls-Brückenschaltung B 6, wenn die Transformatorwicklungen im Stern geschaltet sind!

15.1.7 Sechspuls-Mittelpunktschaltung

Zeichnen Sie den Stromlaufplan einer Sechspuls-Mittelpunktschaltung, bei der die Primärseite des Transformators im Dreieck geschaltet ist!

15.1.8 Stromlaufpläne ❑

Zeichnen Sie die Stromlaufpläne der Gleichrichterschaltungen!

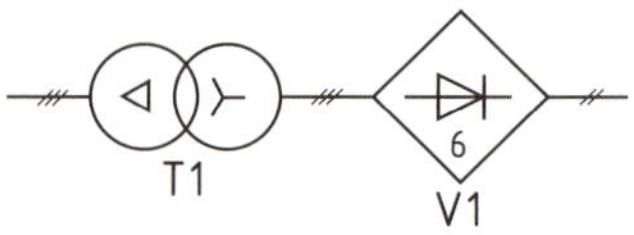

a)

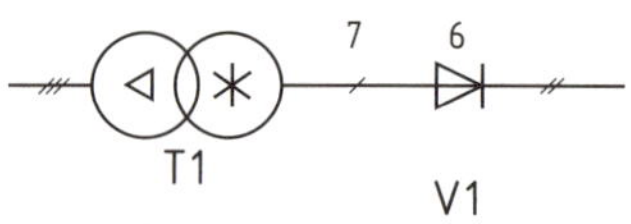

b)

15.1.9 Kenngrößen von Gleichrichterschaltungen

Beantworten Sie zu den in Tab. 15.1 (S. 195) abgebildeten Gleichrichterschaltungen folgende Fragen:

1. In welcher Schaltung müssen Dioden mit den höchsten periodischen Spitzensperrspannungen eingesetzt werden (für alle Schaltungen werden gleiche Ausgangsspannungen angenommen)?
2. Weshalb bestehen bei den Schaltungen M 3 und B 6 Unterschiede zwischen U_{di}/U_S und U_{di}/U_{vo}?
3. In welchen Schaltungen werden die Dioden am geringsten belastet?
4. Welche Unterschiede hinsichtlich der Kennwerte bestehen zwischen der M 2- und der B 2-Schaltung?

15.1.10 Leiterstrom und Gleichstrom

a) Ermitteln Sie bei der Zweipuls-Brückenschaltung B 2, um wieviel Prozent der sekundärseitige Außenleiterstrom (Effektivwert) gegenüber dem Gleichstrom (arithmetischen Mittelwert) größer ist ($I_d \mathrel{\hat{=}} 100$ %)!

b) Ermitteln Sie bei der Sechspuls-Brückenschaltung B 6, um wieviel Prozent der sekundärseitige Außenleiterstrom (Effektivwert) gegenüber dem Gleichstrom (arithmetischer Mittelwert) kleiner ist ($I_d \mathrel{\hat{=}} 100$ %)!

Aufgaben

15.1.11 Durchlaßströme

Vergleichen Sie die Effektivwerte und die arithmetischen Mittelwerte der Durchlaßströme der einzelnen Gleichrichterschaltungen miteinander (Tab. 15.1, S. 195)!

Begründen Sie die voneinander abweichenden Werte!

15.1.12 Spitzensperrspannung

Ermitteln Sie mit Hilfe der Tab. 15.1 auf S. 195, bei welcher Gleichrichterschaltung die höchste periodische Spitzensperrspannung für die Dioden vom arithmetischen Mittelwert der Gleichspannung am wenigsten abweicht!

15.1.13 Schaltungskennzeichnung ❑

a) Welche Schaltungsart wurde abgebildet?

b) Zeichnen Sie den Übersichtsschaltplan!

c) Zeichnen Sie den Spannungsverlauf am Lastwiderstand (Wirkwiderstand)!

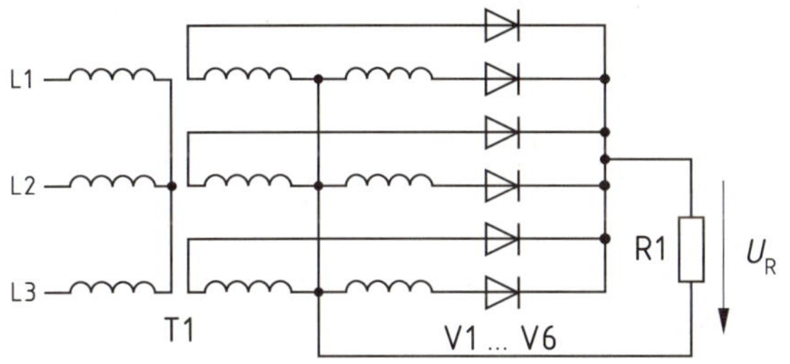

15.1.14 M 6 und B 6

a) Zeichnen Sie für die Sechspuls-Mittelpunktschaltung den Stromlaufplan sowie den Übersichtsschaltplan!

b) Vergleichen Sie diese Schaltung mit der Sechspuls-Brückenschaltung B 6 und stellen Sie Unterschiede bzw. Gemeinsamkeiten heraus!

15.1.15 Liniendiagramme

Zeichnen Sie für die Liniendiagramme a) und b) des Spannungsverlaufs am Lastwiderstand je eine mögliche Schaltung (Stromlaufplan und Übersichtsplan) der Stromrichterschaltung!

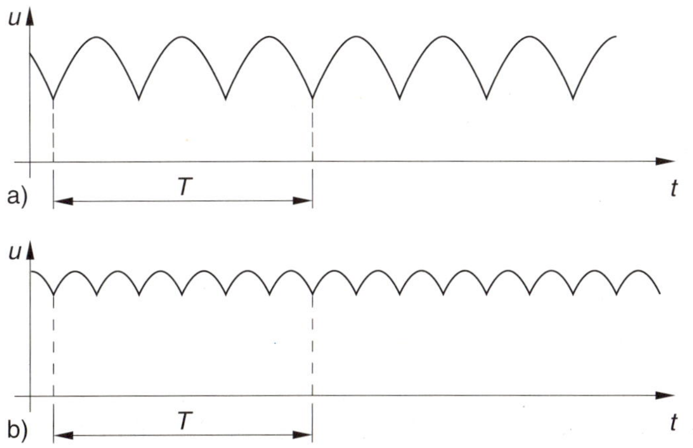

15.1.16 Schaltungsergänzung

In einem Stromlaufplan sind jeweils vier Dioden wie in der dargestellten Weise angeordnet.

Übernehmen Sie diese Anordnung und ergänzen Sie die Schaltung so, daß jeweils eine Zweipuls-Brückenschaltung entsteht!

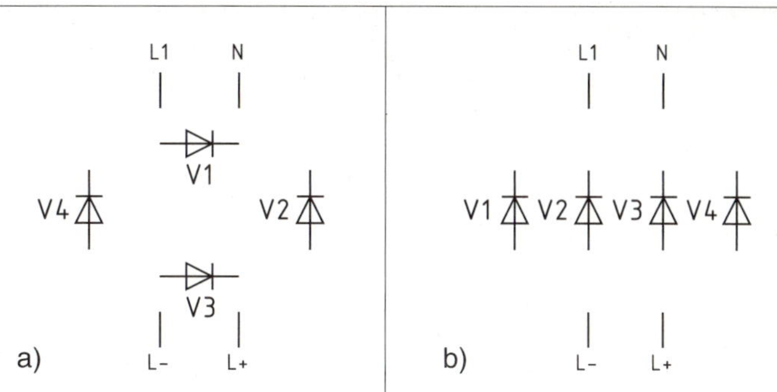

15.1.17 Netzteilanalyse

Die Abbildung zeigt den Stromlaufplan eines Sperrwandler-Schaltnetzteiles eines Herstellers.

a) Geben Sie die Bauteile an, die für die Gleichspannungsversorgung des Schalttransistors BU 208 notwendig sind!

b) Ermitteln Sie die Größen der vom Netzteil abgebbaren Gleichspannungen! Auf welche Weise erfolgt die Gleichrichtung?

Beantworten Sie folgende Fragen:

1. Welche Aufgabe hat die Diode 1N 4006?
2. Wie wirkt die Diode 1N 4007 auf negative Impulse an der Basis des Schalttransistors?
3. Welche Aufgaben haben die Kondensatoren von 270 pF parallel zu den Gleichrichterdioden (BY 258)?
4. Welche Kondensatoren arbeiten als Ladekondensatoren?

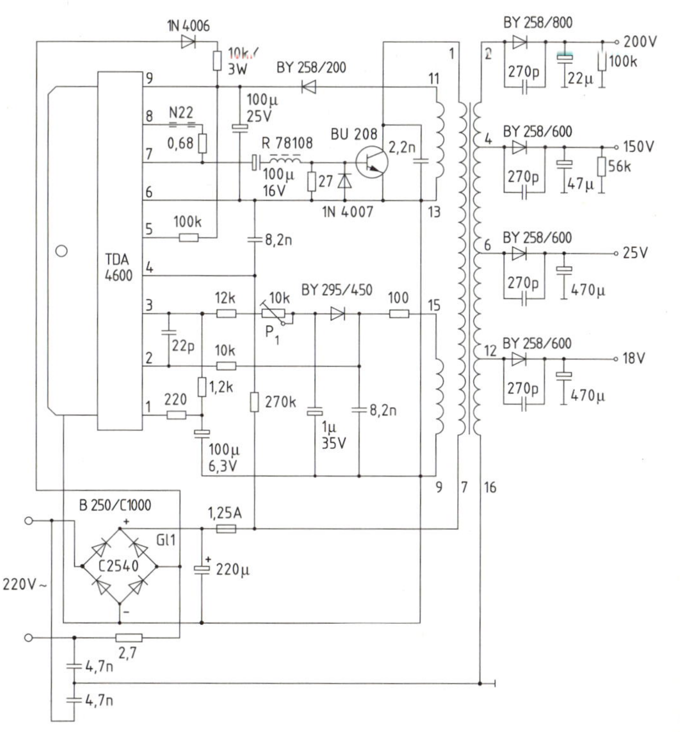

Auftrag 1

Mit Hilfe der Tabelle 15.2 soll eine Kennzeichnung der Schaltung von Abb. 1a vorgenommen werden (Zündgenerator nicht mitgezeichnet). Außerdem soll mit Hilfe des Spannungsverlaufs auf der Sekundärseite des Transformators (Abb. 1b) der Stromweg für folgende Fälle ermittelt werden:

- V1 wird bei 90° gezündet.
- V2 wird bei 270° gezündet.

Lösung

- Die vier Halbleiterbauelemente sind als Brücke geschaltet, Kennzeichnung B 2 ① (Tab. 15.2).
- Die beiden steuerbaren Thyristoren liegen in einem Zweigpaar, Kennzeichnung HZ ② (Tab. 15.2).
  Gesamtkennzeichnung der Schaltung: B 2 HZ.
- Stromwege: V1, M1, V4; V3, M1, V2.

Hinweis

Die Dioden V3 und V4 arbeiten bei induktiven Belastungen als Freilaufdioden.

Auftrag 2

Zur Kennzeichnung des Verhaltens steuerbarer Stromrichter verwendet man Steuerkennlinien. In Abb. 2a ist eine Einpuls-Mittelpunktschaltung M 1 C mit entsprechender Steuerkennlinie (Abb. 2b) bei Wirkwiderstandsbelastung zu sehen.

Aus dem Diagramm soll $U_{d\alpha}$ für $\alpha = 45°$ bei $U_d = 230$ V ermittelt und die Spannungsverläufe für $U_{d\alpha}$ und U_{AK} gezeichnet werden.

Lösung

Aus dem Diagramm ergibt sich für $\alpha = 45°$ ③ ein Wert $U_{d\alpha}/U_d$ von 0,9 und für $U_{d\alpha}$ von 230 V · 0,9 = 207 V.

Die sinusförmige Eingangsspannung ist aus Abb. 3a zu entnehmen. Bei $\alpha = 45°$ wird der Thyristor leitend ④, so daß sich die Spannungsverläufe von $U_{d\alpha}$ in Abb. 3b und von U_{AK} in Abb. 3c ergeben.

Tab. 15.2: Benennungen und Kennzeichnungen von Stromrichtern

Beispiel: B 2 H A F
- Kennbuchstabe (B)
- Kennzahl (2)
- Ergänzende Kennzeichen: Steuerbarkeit (H)
- Ergänzende Kennzeichen: Hilfszweige (A F)

Schaltungsart	Bezeichnung	
Einwegschaltung	Mittelpunktschaltung	**M**
Zweigwegschaltung	Brückenschaltung ①	**B**
	Verdopplerschaltung	**D**
	Vervielfacherschaltung	**V**
	Wechselwegschaltung	**W**
	Polygonschaltung	**P**

Ergänzende Kennzeichen

Steuerbarkeit

Kurzzeichen	Bedeutung
U	ungesteuert
C	vollgesteuert
H	halbgesteuert
HA (HK)	halbgesteuert mit anodenseitiger (katodenseitiger) Zusammenfassung der gesteuerten Ventile
HZ	zweigpaar halbgesteuert ②

Haupt- und Hilfszweige

Kurzzeichen	Bedeutung
A (K)	anodenseitige (katodenseitige) Zusammenfassung der Hauptzweige
Q	Löschzweig
R	Rücklaufzweig
F	Freilaufzweig
FC	Freilaufzweig gesteuert
n	Vervielfachungsfaktor

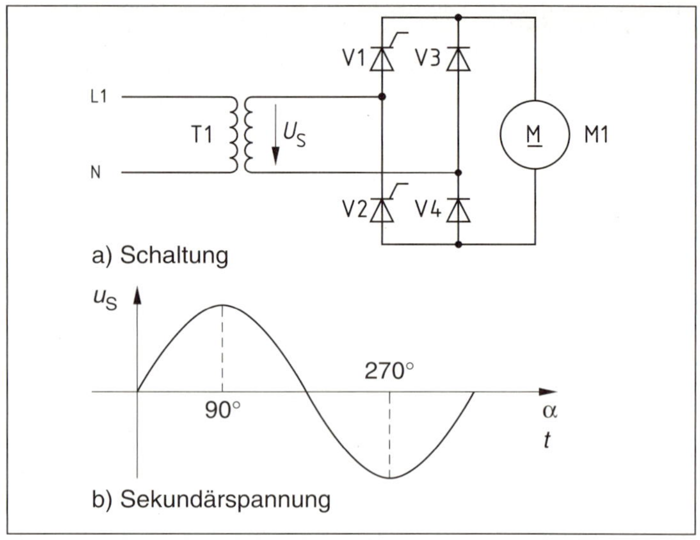

Abb. 1: Motorsteuerung durch steuerbare Gleichrichter

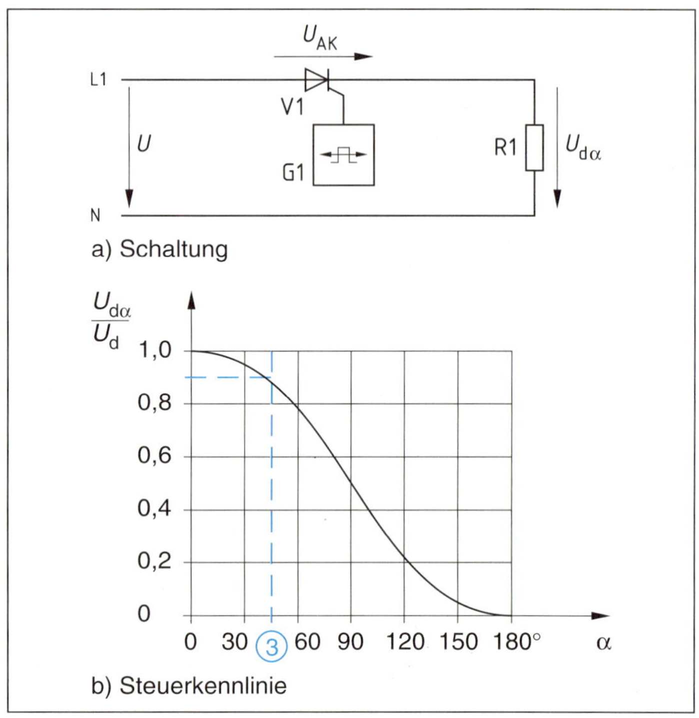

Abb. 2: Einpuls-Mittelpunktschaltung M 1 C

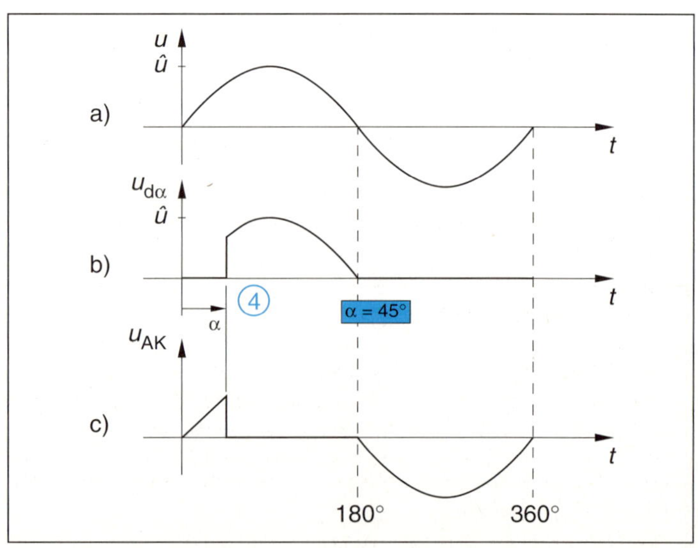

Abb. 3: Ausgangsspannung M 1 C

Aufgaben

15.2.1 Stromrichterbenennung

Benennen Sie die abgebildeten steuerbaren Gleichrichterschaltungen mit Hilfe der Tabelle 15.2 auf S. 198!

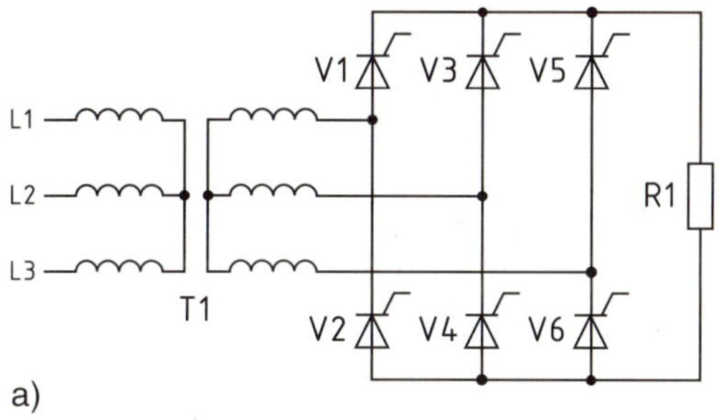

a)

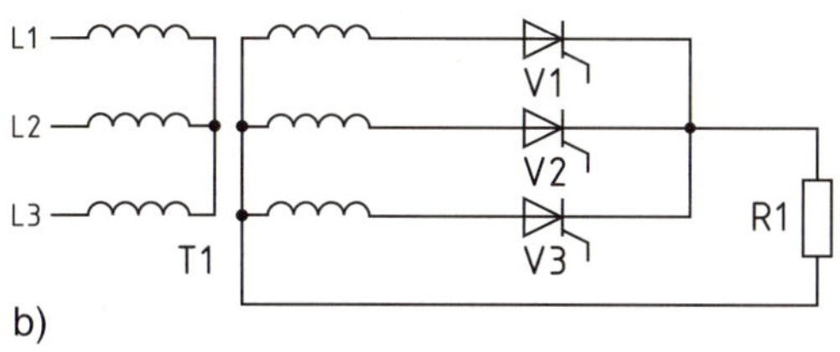

b)

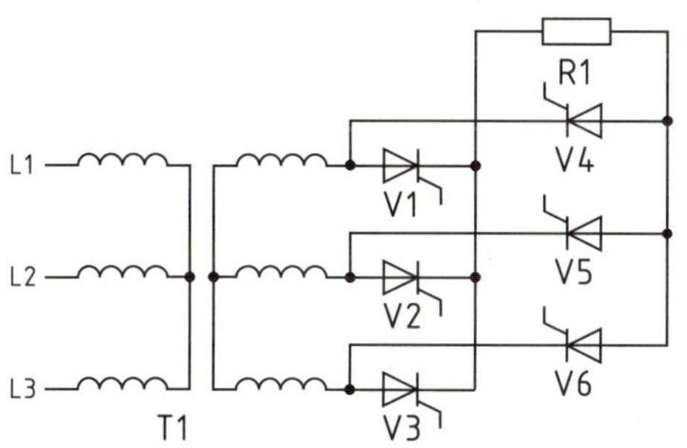

c)

15.2.2 Stromlaufpläne

Zeichnen Sie für folgende steuerbare Gleichrichterschaltungen den Stromlaufplan mit einem Wirkwiderstand als Belastung!

a) B 2 HZ
b) B 2 HK
c) B 6 HK

15.2.3 Steuerung des Ankerstromes

Bei einem Gleichstrommotor ist die Ankerwicklung über einen Transformator und eine steuerbare Gleichrichterschaltung B 2 HK angeschlossen. Die Spannung für die Feldwicklung wird aus einem getrennten Gleichspannungsnetzteil entnommen.

Zeichnen Sie den Stromlaufplan ohne Steuerteil für die Thyristoren!

15.2.4 Motorsteuerung

Die Spannung für die Feldwicklung und die Ankerwicklung eines Gleichstrommotors wird durch eine Zweipuls-Brückenschaltung mit vier Dioden erzeugt. Im Stromkreis der Ankerwicklung liegt ein Thyristor. Für die Zündung steht ein separater Zündgenerator zur Verfügung. Parallel zur Ankerwicklung liegt eine Freilaufdiode.

Zeichnen Sie den Stromlaufplan!

15.2.5 M 3 CK

Der Kurvenverlauf 1) zeigt die sekundärseitige Strangspannung einer vollgesteuerten Mittelpunktschaltung. Im Liniendiagramm 2) sind die Zündimpulse für die Thyristoren verdeutlicht. Die Schaltung wird durch einen Wirkwiderstand belastet.

a) Zeichnen Sie den Stromlaufplan der Gleichrichterschaltung (Primärwicklung in Dreieckschaltung)!

b) Zeichnen Sie den Verlauf der Spannung am Wirkwiderstand ($1\,{}^1/_2\ T \mathrel{\hat=} 540°$)!

c) Geben Sie die Größe des Steuerwinkels α an!

d) Zeichnen Sie den Spannungsverlauf am Wirkwiderstand für $\alpha = 60°$ ($1\,{}^1/_2\ T \mathrel{\hat=} 540°$)!

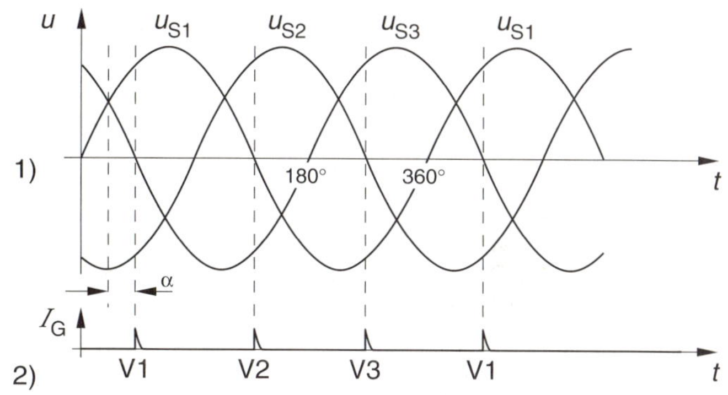

15.2.6 B 2 HZ und B 2 HK

Das Liniendiagramm 1) zeigt den Spannungsverlauf auf der Sekundärseite des Transformators der halbgesteuerten Brückenschaltungen B 2 HZ und B 2 HK. Die Zündimpulse für die Thyristoren erfolgen jeweils 90° nach dem Nulldurchgang (Liniendiagramm 2).

a) Zeichnen Sie die Stromlaufpläne!

b) Zeichnen Sie die beiden Spannungsverläufe u_{da} am Wirkwiderstand für 0° bis 360°!.

c) Geben Sie für jeweils 90°-Bereiche an, welche Dioden bzw. Thyristoren leitend sind!
Belastung: Wirkwiderstand

d) Der Wirkwiderstand wird durch eine induktive Belastung ersetzt (z. B. Motor). Die Thyristoren werden wie im Liniendiagramm 1) bei 90° und 270° gezündet.
Welche Dioden bzw. Thyristoren leiten den Strom in den Zeitbereichen von 0° bis 90° und von 180° bis 270°?

e) Ermitteln Sie im Falle der Motorsteuerung, in welcher Schaltung innerhalb einer Periode die Dioden am stärksten und die Thyristoren am geringsten belastet werden!

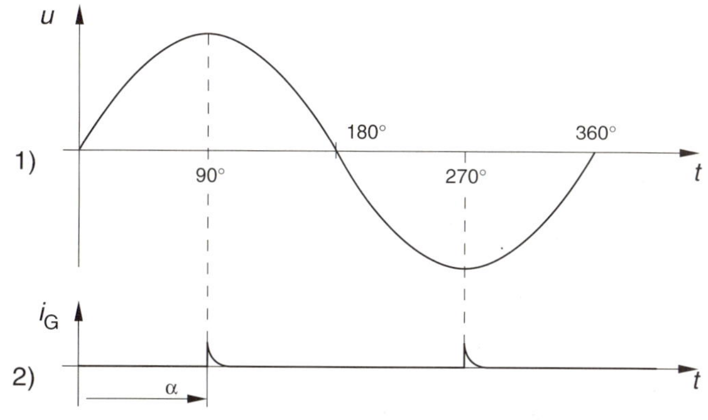

Aufgaben

15.2.7 B 2 C mit induktiver Belastung

Die vollgesteuerte Brückenschaltung B 2 C wird durch eine Induktivität belastet (Wirkwiderstand vernachlässigbar gegenüber dem Blindwiderstand). Die Thyristoren werden aus einem Impulsgenerator zu verschiedenen Zeitpunkten gezündet ($\alpha = 0°$, 60°, 90°, 120°).

Beantworten Sie zu den abgebildeten Spannungsverläufen folgende Fragen:

1. $\alpha = 0°$ a) Wie verhält sich die Schaltung?
   b) In welche Richtung geht der Energiefluß?
2. $\alpha = 60°$ a) Wie läßt sich der negative Spannungsanteil erklären?
   b) Welchen Einfluß hat der negative Anteil auf U_d?
3. $\alpha = 90°$ a) Wie groß ist der arithmetische Mittelwert der Spannung?
   b) Welche Spannungsart liegt an der Induktivität?
4. $\alpha = 120°$ a) Wie verhält sich die Induktivität?
   b) In welche Richtung geht der Energiefluß?

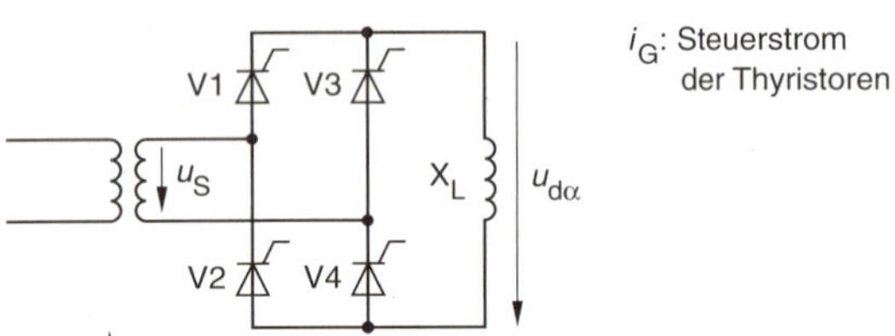

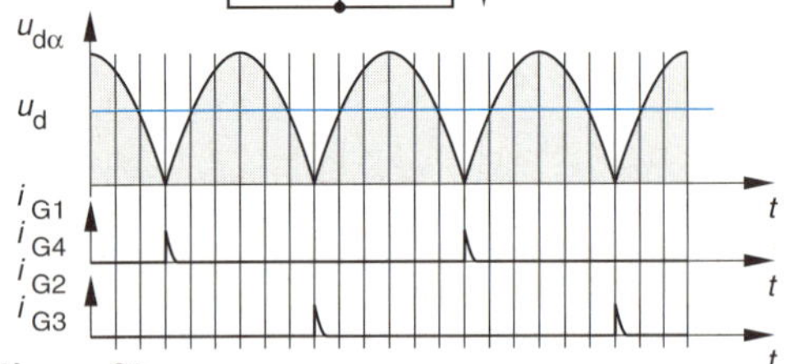

1) $\alpha = 0°$

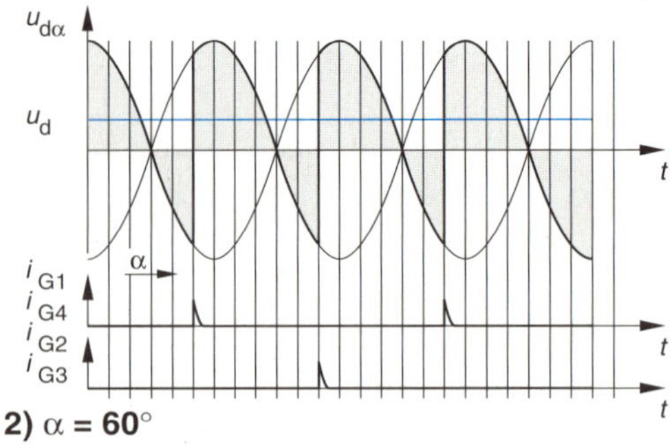

2) $\alpha = 60°$

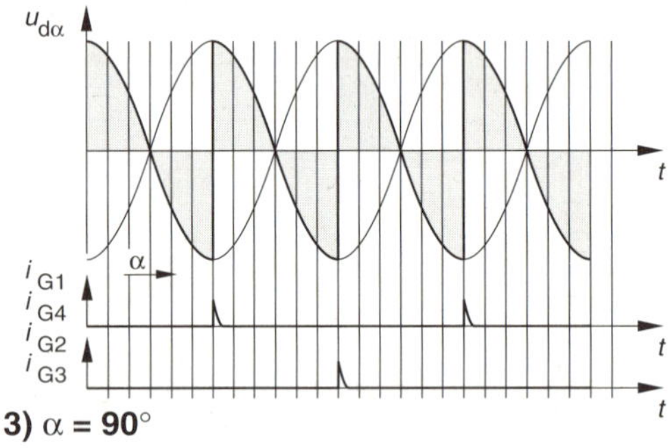

3) $\alpha = 90°$

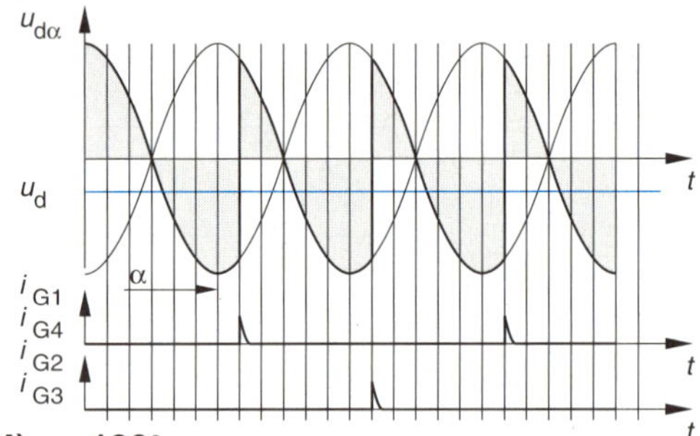

4) $\alpha = 120°$

15.2.8 Gleichrichter mit Zündschaltung

Die Abbildung zeigt eine halbgesteuerte Brückenschaltung mit einem Zündübertrager und eine Ansteuerung für Kleinthyristoren über eine integrierte Schaltung (vgl. 14.3, Herstellerunterlagen).

a) Beschreiben Sie den Zündvorgang der Thyristoren!

b) Zeichnen Sie den Verlauf der Zündimpulse für eine Periode der anliegenden Wechselspannung (Zündverzögerungswinkel 45°) und die dazugehörige Spannung am Lastwiderstand!

c) Bezeichnen Sie die Gleichrichterschaltung und beschreiben Sie die Arbeitsweise!

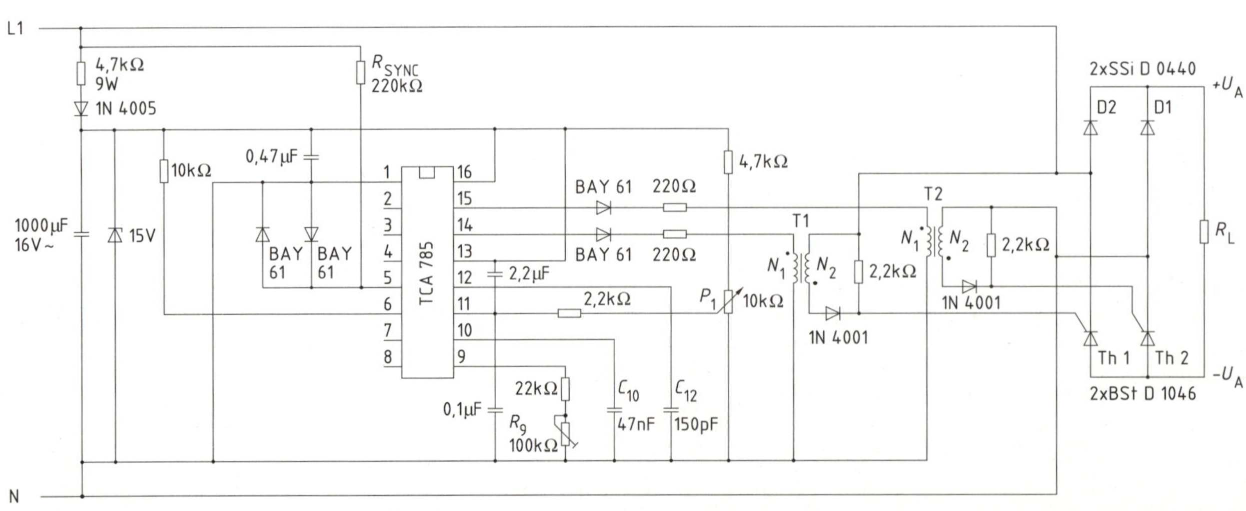

Auftrag 1

Mit Wechselrichtern wird Gleichstrom in Wechselstrom umgewandelt (Abb. 1a). In Abb. 1b ist der Stromlaufplan eines verwendeten Wechselrichters dargestellt. Die Thyristoren werden aus einem Impulsgenerator so gesteuert, daß sie entsprechend den Diagrammen von Abb. 1c leitend werden bzw. gesperrt sind.

Es soll das Zusammenwirken der Bauteile sowie der Verlauf der Ausgangsspannung ermittelt werden.

Funktionsanalyse

Zur Funktionsanalyse wird die Schaltung in Haupt- und Hilfsstromkreise unterschieden.

- Hauptstromkreis:

In ihnen findet der vorgesehene Energiefluß statt.

- Hilfsstromkreis:

Sie enthalten z. B. Freilaufdioden oder Löscheinrichtungen für die Thyristoren (Löschstromkreis).

Außerdem ist es sinnvoll, die Thyristoren in den Leit- und Sperrphasen zu betrachten.

> Bei der Funktionsanalyse von Wechselrichter-Schaltungen ist es sinnvoll, die Schaltung in Haupt- und Hilfsstromkreis aufzuteilen und dabei die Leitphasen der Thyristoren zu betrachten.

Hauptstromkreis 1 (Abb. 2a)

Vom Zeitpunkt t_0 bis t_1 ① ist der Thyristor V1 leitend. Der Strom fließt somit durch V1 und die Diode V2. Zusätzlich fließt ein Ladestrom I_L in den Kondensator C1 (Stromweg: V1, C1, V4), der ihn in der in Abb. 2a angegebenen Weise auflädt. Der Thyristor V3 ist gesperrt. Am Ausgang liegt eine Spannung U_3. L1 ist positiv und L2 negativ.

Hauptstromkreis 2 und Löschstromkreis (Abb. 2b)

Zum Zeitpunkt t_1 wird im zweiten Hauptstromkreis der Thyristor V3 leitend ② und es fließt ein Strom durch V3 und die Diode V4. Da zu diesem Zeitpunkt auch noch der Thyristor V1 leitend ist, der aufgeladene Kondensator C1 jedoch durch den leitenden Thyristor V3 parallel zu V1 liegt, löscht der Entladestrom $I_L$den Thyristor V1. Der Kondensator C1 gehört also zum Löschstromkreis der Schaltung.

Hauptstromkreis 2 (Abb. 2c)

Im Zeitbereich $t_1 < t < t_2$ ③ fließt der Strom durch den zweiten Hauptstromkreis. Der durch den Löschvorgang für V1 entladene Kondensator C1 lädt sich jetzt mit umgekehrter Polarität auf. Es fließt der angegebene Ladestrom I_L (Stromweg: V3, C1, V2). Der Strom I_{34} erzeugt in der Sekundärwicklung eine Spannung. U_3, L2 ist jetzt positiv und L1 negativ. Es hat also eine Umkehrung der Ausgangsspannung stattgefunden (Wechselspannung).

Hauptstromkreis 1 und Löschstromkreis (Abb. 2d)

Zum Zeitpunkt t_2 ④ wird der Thyristor V1 wieder leitend. Dadurch kann sich der Kondensator C1 über den Thyristor V3 entladen und löscht diesen.

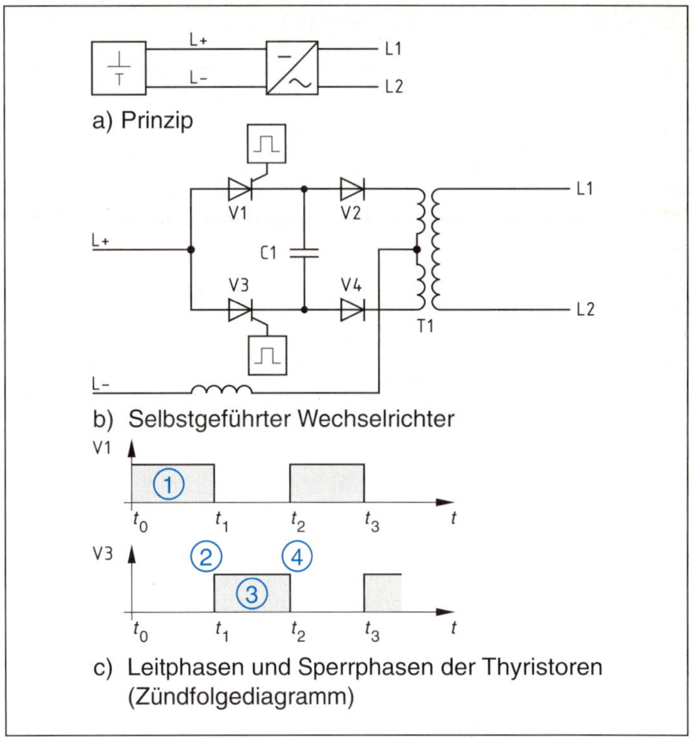

Abb. 1: Wechselrichter

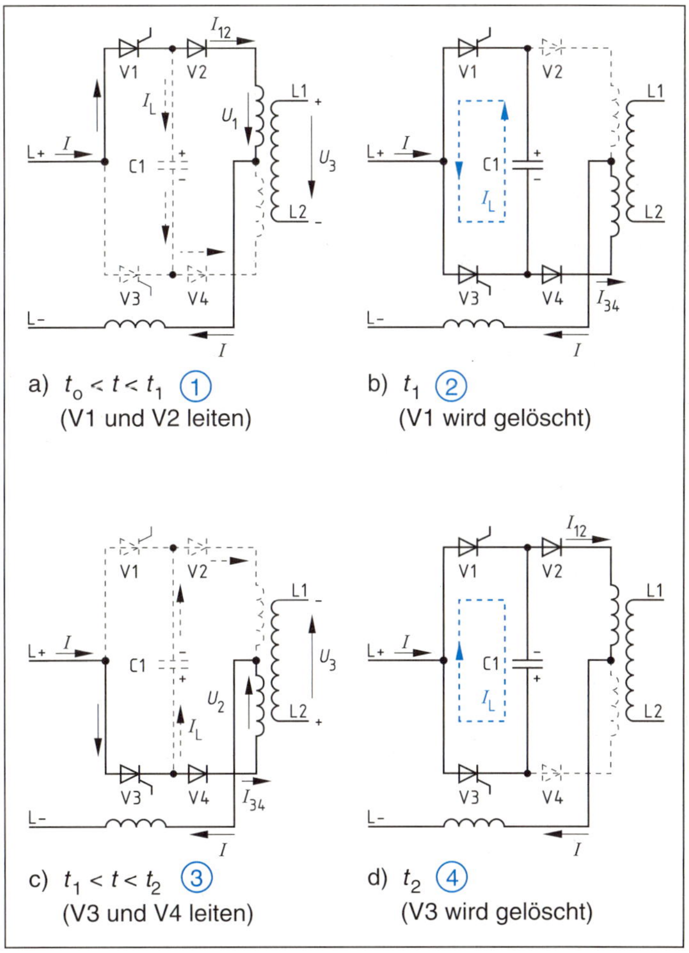

Abb. 2: Funktionsabläufe beim selbstgeführten Wechselrichter

Auftrag 2

Die Abb. 1a zeigt die Hauptstromkreise eines Wechselrichters. Hilfsstromkreise sind nicht dargestellt (z. B. Löscheinrichtung für die Thyristoren).

Mit Hilfe des Zündfolgediagramms von Abb. 1b sollen von 0° bis 60° die Spannungen von den Außenleitern zum Neutralleiter (U_{1N}, U_{2N} und U_{3N}) und die Spannungen zwischen den Außenleitern (U_{12}, U_{31} und U_{23}) ermittelt werden. Die angenommenen Spannungsrichtungen sind in Abb. 1a eingezeichnet.

Lösung

Von 0° bis 60° sind folgende Thyristoren leitend: V1, V3 und V5 (Abb. 1b ①). Wenn man die Thyristoren im durchgesteuerten Zustand als leitende Verbindung zeichnet, ergibt sich das Ersatzschaltbild von Abb. 2.

Die Spannungspfeile werden von Abb. 1a in Abb. 2 übertragen. Sie kennzeichnen nur den im Auftrag vorgegebenen Richtungssinn.

Wenn Verluste (z. B. Durchlaßwiderstände) vernachlässigt werden, ergeben sich die folgenden Spannungen:

U_{1N}: Die gleichgroßen Widerstände R1 und R3 liegen parallel ②. Die Gesamtspannung teilt sich auf.

$U_{1N} = \frac{1}{3} \cdot U_1$ **U_{1N} = 66,7 V**

U_{2N}: Der angenommene Spannungspfeil von U_{2N} geht von L– nach N (Abb. 2 ③). Da in diesem Fall die Stromrichtung (von + nach –) und die angenommene Spannungsrichtung nicht übereinstimmen, muß U_{2N} negativ angesetzt werden.

$U_{2N} = -\frac{2}{3} U_1$ **U_{2N} = –133,3 V**

U_{3N}: Da R1 und R3 parallel liegen ②, ist U_{1N} = **U_{3N} = 66,7 V**.

U_{12}: Die Spannung zwischen L1 und L2 ist gleich der Eingangsspannung ④.
U_{12} = 200 V

U_{31}: Da durch die Thyristoren V1 und V3 die Leiter L1 und L3 verbunden sind ⑤, ergibt sich:
U_{31} = 0 V

U_{23}: Der Spannungspfeil geht von L– nach L+ ⑥. Demnach gilt: $U_{23} = -U_1$
U_{23} = –200 V

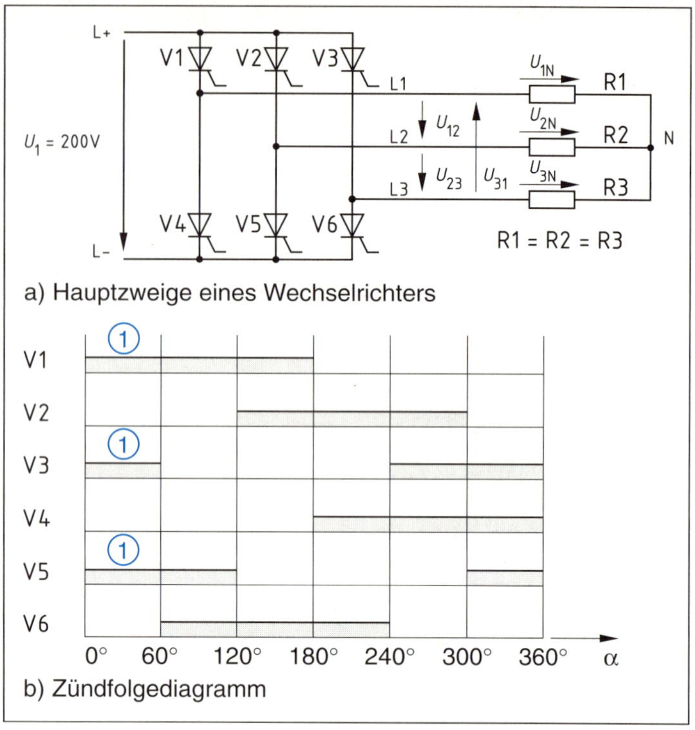

Abb. 1: Wechselrichter

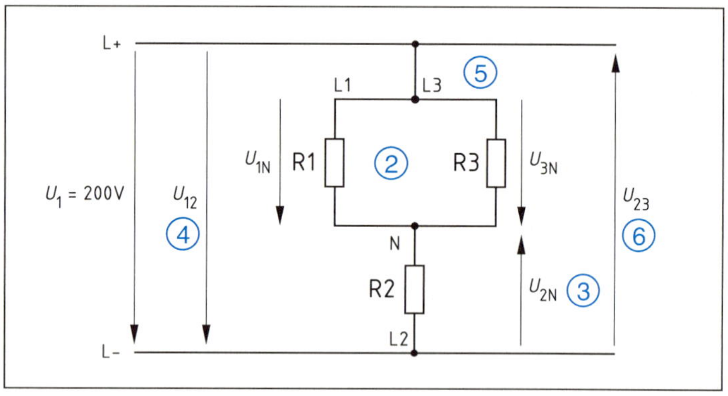

Abb. 2: Ersatzschaltbild von Abb. 1a (0° bis 60°)

Aufgaben

15.3.1 Gleichstrom in Drehstrom

Für den Wechselrichter von Abb. 1 sind folgende Aufgaben zu lösen:

a) Ermitteln Sie, welche Thyristoren leitend sind bei:
1. 60° < α < 120° und
2. 120° < α < 180°.

b) Zeichnen Sie für die Bereiche von Teil a) die Ersatzschaltungen!
Leitende Thyristoren sollen als reine Verbindungen und gesperrte Thyristoren nicht dargestellt werden.

c) Zeichnen Sie den Spannungsverlauf von 0° bis 360° für U_{1N}, U_{2N} und U_{3N}
(Maßstab: 100 V ≙ 1 cm; 0…60° ≙ 1,5 cm)!

d) Zeichnen Sie die Spannungsverläufe von 0° bis 360° für U_{12}, U_{23} und U_{31}
(Maßstab: 100 V ≙ 1 cm; 0…60° ≙ 1,5 cm)!

15.3.2 Betrieb von Synchronmotoren

In einem Unternehmen der Textilindustrie werden häufig viele kleine Synchronmotoren (einige 100 W) benötigt. Die Maschinen müssen in absolutem Gleichlauf und mit sehr hoher Frequenzgenauigkeit (etwa ±0,01 %) laufen. Die Spannungsversorgung erfolgt deshalb in der Regel über steuerbare Wechselrichter. Die Genauigkeit der Steuerung läßt sich mit digitalen Frequenzgebern erreichen.

Zeichnen Sie einen Stromlaufplan mit folgenden Bedingungen:

- Drehstromversorgungsnetz,
- Transformator: Primärseite in Dreieckschaltung, Sekundärseite in Sternschaltung,
- Gleichrichterschaltung mit Sechspuls-Brückenschaltung (ungesteuert),
- Siebung erfolgt durch eine Drossel und einen Siebkondensator,
- Wechselrichter in Drehstrom-Brückenschaltung mit Einzellöschung durch Kondensatoren (vgl. Aufgabe 15.3.3).

Aufgaben

15.3.3 Einphasenbrückenschaltung

Die Belastung des Wechselrichters ist durch R1 und L1 verdeutlicht worden.

a) Zum Zeitpunkt t_0 werden die Thyristoren V1 und V4 leitend.
   1. Durch welche Bauteile fließt der Laststrom, wenn der Ladestrom für die Kondensatoren unberücksichtigt bleiben soll?
   2. Mit welcher Polarität laden sich C1 und C2 auf?
   3. Welche Richtung besitzt der Strom durch den Belastungswiderstand?
   4. Welche Polarität besitzt die Spannung am Belastungswiderstand?

b) Zum Zeitpunkt t_1 werden die Thyristoren V2 und V3 leitend.
   1. Wie erfolgt die Löschung der Thyristoren V1 und V4?
   2. Durch welche Bauteile fließt der Strom, wenn V2 und V3 leitend geworden sind?
   3. Haben sich gegenüber Fall a) die Richtungen des Stromes und der Spannung am Lastwiderstand geändert?
   4. Was geschieht mit den Spannungen an den Kondensatoren im Vergleich zu a)?

c) Zum Zeitpunkt t_2 ist der Umladevorgang der Kondensatoren abgeschlossen. Der in b) beschriebene Stromfluß wird unterbrochen.
   1. In welchem Bauteil ist immer noch magnetische Energie gespeichert?
   2. Ändert sich die Richtung des Stromes im Belastungswiderstand?
   3. Durch welche Bauteile fließt jetzt der Strom?
   4. Welche Polarität besitzt die Spannung am Belastungswiderstand?

d) Zum Zeitpunkt t_3 hat sich die magnetische Energie in der Belastungsinduktivität L1 vollständig abgebaut, und die Thyristoren V2 und V3 werden gezündet.
   1. Durch welche Bauteile fließt der Laststrom, wenn der Ladestrom für die Kondensatoren unberücksichtigt bleiben soll?
   2. Mit welcher Polarität laden sich C1 und C2 auf?
   3. Welche Richtung besitzt der Strom durch den Belastungswiderstand im Vergleich zu c)?
   4. Welche Polarität besitzt die Spannung am Belastungswiderstand?

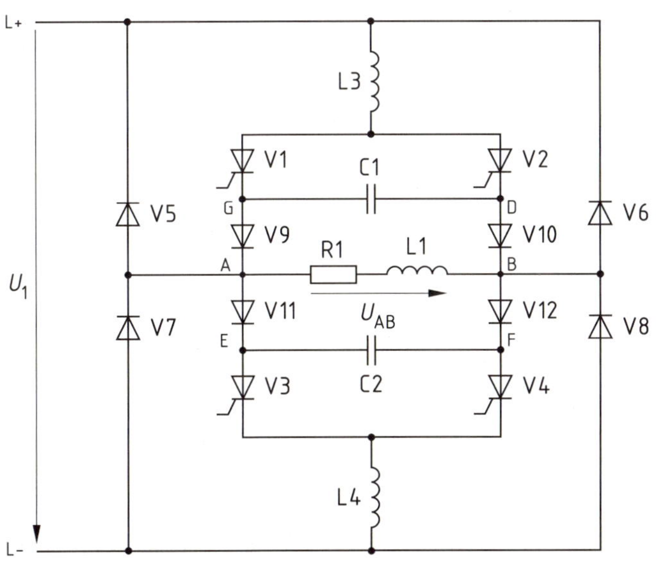

15.3.4 Einzellöschung mit Kondensatoren

Der Wechselrichter in Abb. 1a auf S. 202 ist durch Kondensatoren und Dioden erweitert worden. Mit Hilfe der Kondensatoren erfolgt die Löschung der Thyristoren.

a) Übernehmen Sie den Stromlaufplan!
   Heben Sie farbig den Weg des Laststromes zwischen $60° < \alpha < 120°$ hervor (nicht den Aufladestrom für die Kondensatoren).
   Geben Sie die Polarität der Kondensatoren nach erfolgter Aufladung an.

b) Bei $\alpha = 120°$ wird V2 ebenfalls leitend. Auf welche Weise erfolgt die Löschung von V1?

c) Übernehmen Sie den Stromlaufplan!
   Heben Sie farbig den Weg des Laststromes zwischen $120° < \alpha < 180°$ hervor (nicht den Aufladestrom für die Kondensatoren).
   Geben Sie die Polarität der Kondensatoren nach erfolger Aufladung an.

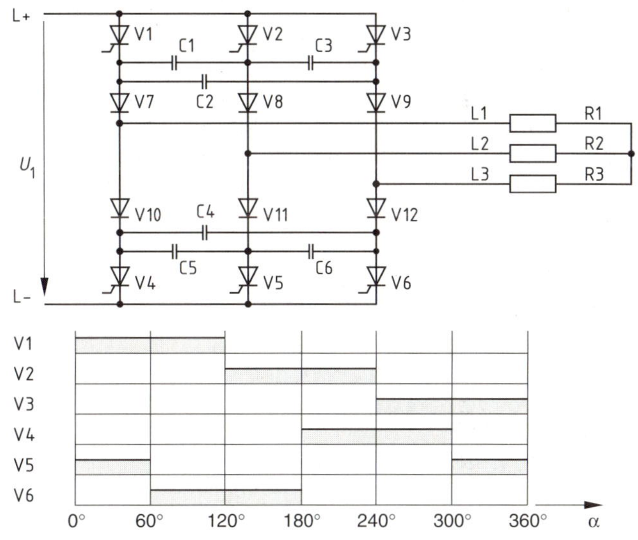

15.3.5 Summenlöschung

Bei der Summenlöschung ist für alle Thyristoren eine gemeinsame Löscheinrichtung vorgesehen.

a) Geben Sie die Bauelemente an, die zur Löscheinrichtung gehören!

b) Der Thyristor V1 soll gelöscht werden!
   1. Auf welche Polarität muß dazu der Kondensator aufgeladen gewesen sein?
   2. Welche Löschthyristoren müssen in diesem Fall leitend sein?
   3. Durch welche Bauteile fließt der Löschstrom?

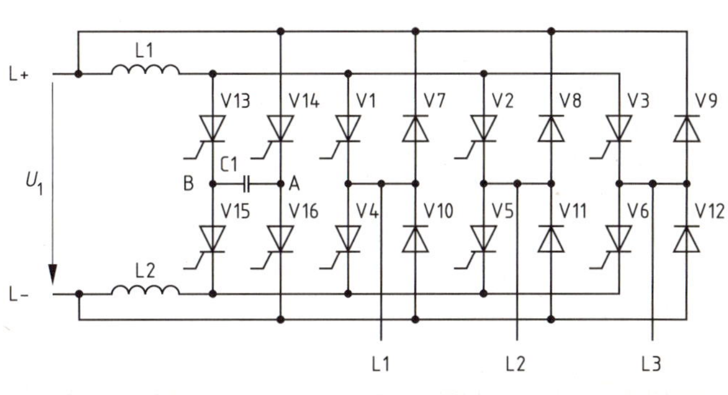

16 Netzteile

16.1 Spannungsstabilisierung mit Z-Diode

Auftrag 1

Für eine elektronische Schaltung soll aus einer gleichgerichteten Spannung mit Hilfe einer Z-Diode eine stabilisierte Spannung von etwa 10 V gewonnen werden (Abb. 1a). Die Betriebsspannung von $U_B = 18$ V wird dazu über einen Vorwiderstand R1 der in Sperrichtung geschalteten Z-Diode zugeführt (Abb. 1b).

Mit Hilfe der in Abb. 2 dargestellten Kennlinie der BZX 55 C 10 soll nachgewiesen werden, daß sich die Spannung an der Z-Diode nur geringfügig ändert, wenn sich die Betriebsspannung um ±5 % ändert.

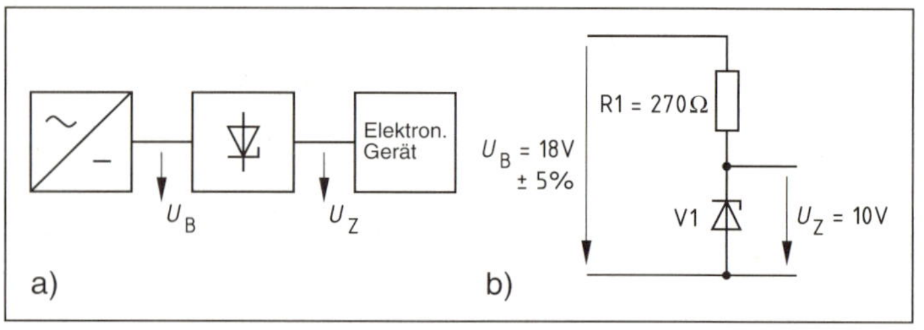

Abb. 1: Spannungsstabilisierung ohne Belastungswiderstand

Lösung ohne Lastwiderstand

Da das Widerstandsverhalten der Z-Diode nichtlinear ist, muß ein graphisches Verfahren angewendet werden.

Zum Einzeichnen der Widerstandsgeraden für R1 wird von $U_B = 18$ V ausgegangen ①. Den zweiten Punkt für die Kennlinie erhält man an der I-Achse, wenn angenommen wird, daß an R1 die gesamte Spannung von 18 V liegt.

$I = \frac{18\ \text{V}}{270\ \Omega}$; $\quad I = 67$ mA ②

Eine Spannungsänderung von 5 % bedeutet, daß sich für U_B Werte von 17,1 V bis 18,9 V ergeben können. Für diese Grenzfälle sind in Abb. 2 die Widerstandsgeraden ③ eingezeichnet worden.

Die Änderung der Spannung an der Z-Diode kann jetzt durch Projektion der Schnittpunkte auf die Spannungsachse ermittelt werden. Es ergeben sich folgende Werte:

$\Delta U_B = 1{,}8$ V; $\Delta U_Z = 0{,}2$ V ④ (± 0,1 V ≙ ± 1 %).

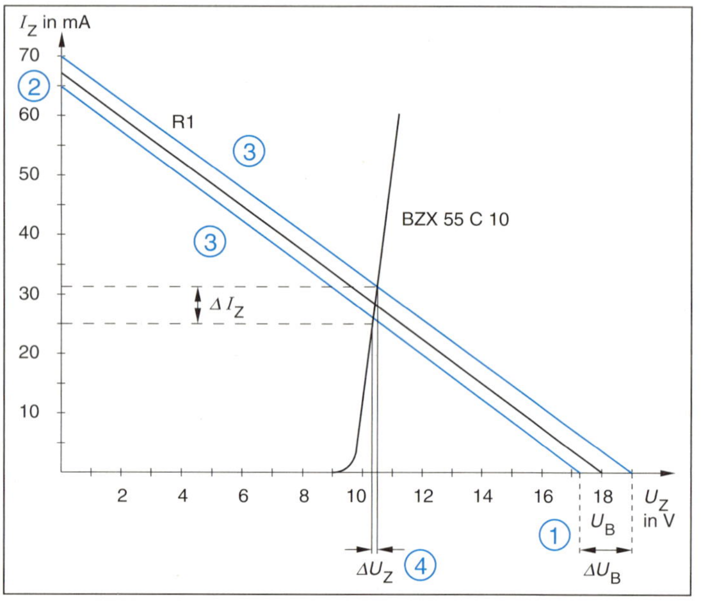

Abb. 2: Stabilisierung gegen Betriebsspannungsänderungen

Auftrag 2

Die Stabilisierungsschaltung von Abb. 1 wird durch den Eingangswiderstand der elektronischen Schaltung (R2 = 500 Ω) belastet (Abb. 3). Mit Hilfe der Kennlinie soll graphisch die Strom- und Spannungsaufteilung ermittelt werden.

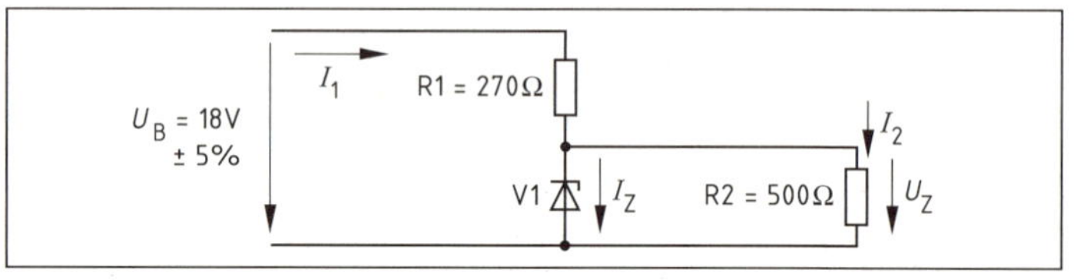

Abb. 3: Spannungsstabilisierung mit Belastungswiderstand

Lösung mit Lastwiderstand

Ausgegangen wird von der Reihenschaltung aus R1 und der Z-Diode (Abb. 2). Da R2 und der Widerstand der Z-Diode parallel liegen, muß zunächst dieser Gesamtwiderstand ermittelt werden. Dazu wird R2 = 500 Ω vom Nullpunkt des Koordinatensystems eingezeichnet. Dann addiert man bei bestimmten Spannungen die Stromstärke durch die einzelnen Widerstände (Abb. 4).

Beispiele:

- $U = 10$ V; $\quad I_Z = 4$ mA; $\quad I_{R2} = 20$ mA; $\quad I_{ges} = 24$ mA ⑤
- $U = 10{,}5$ V; $\quad I_Z = 30$ mA; $\quad I_{R2} = 21$ mA; $\quad I_{ges} = 51$ mA ⑥

Die ermittelten Punkte werden dann zu einer neuen Kennlinie verbunden (blaue Kennlinie).

Die Kennlinie einer Parallelschaltung aus Widerständen erhält man, indem man die Ströme durch die Einzelwiderstände bei den jeweiligen Spannungen addiert.

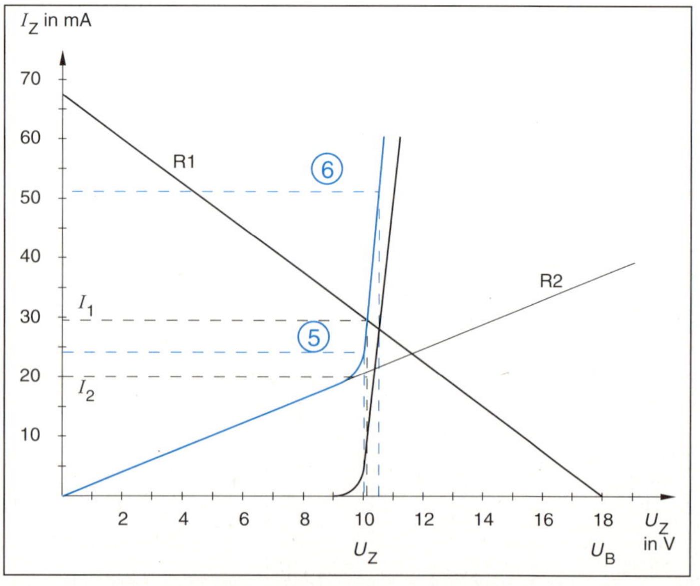

Abb. 4: Spannungsstabilisierung mit Z-Diode und Belastungswiderstand

Aus dem Schnittpunkt mit R1 können jetzt folgende Werte ermittelt werden:

$U_Z = 10{,}1$ V; $\quad I_1 = 29$ mA; $\quad I_2 = 20$ mA; $\quad I_Z = 9$ mA

Aufgaben

16.1.1 Kennlinie

Übernehmen Sie die Kennlinie auf ein Blatt A4!
(1 V ≙ 1 cm; 0,2 mA ≙ 1 cm)

a) Zeichnen Sie in das Diagramm die Vorwiderstandsgerade für die Z-Diode mit R1 = 4,7 Ω ein.
Die Gleichspannung des Netzteils beträgt 10 V.

b) Ermitteln Sie, zwischen welchen Werten sich I_Z und U_Z ändern, wenn die Eingangsspannung um ±10 % schwankt!

c) Parallel zur Z-Diode liegt ein Belastungswiderstand von R2 = 10 Ω.
Ermitteln Sie die resultierende Kennlinie aus R2 und der Z-Diode sowie die Teilspannungen und Teilströme der Schaltung!

d) Die Z-Diode besitzt eine Verlustleistung von P_{tot} = 1,3 W.
Ist die Z-Diode in der vorgesehenen Schaltung gefährdet?

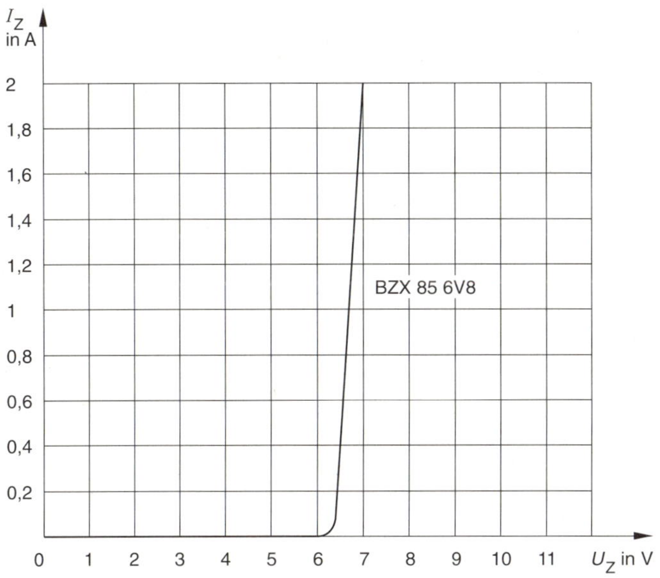

16.1.2 Reihenschaltung von Dioden

Ermitteln Sie die Spannungen U_2, die mit den abgebildeten Schaltungen stabilisiert werden können!

a) Silicium-Dioden (Schleusenspannung 0,7 V)

b) V1: BZX 55 C 5V6; V2: BZX 55 C 8V2

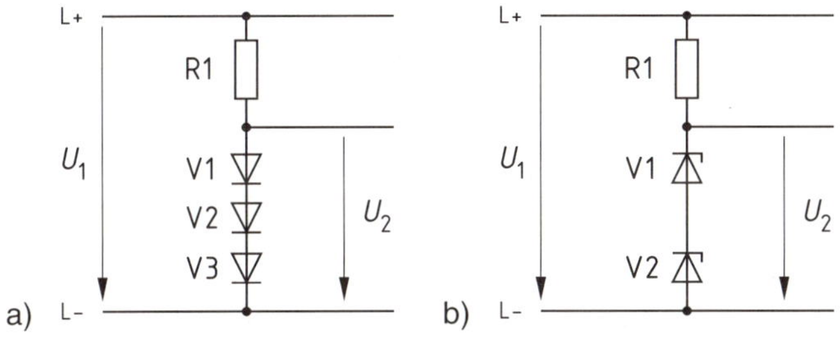

16.1.3 Belastungsänderung

Der Belastungswiderstand R2 der Stabilisierungsschaltung mit einer Z-Diode (Abb. 3) wird verkleinert.

Welchen Einfluß hat diese Änderung auf I_1, I_Z, U_Z und I_2?

16.1.4 Stabilisierung

a) Übertragen Sie die Durchbruchkennlinie der ZX 3,9 auf ein Blatt A4!
Maßstab: 1 V ≙ 2 cm, 20 mA ≙ 1 cm.
Betriebsspannung des Gleichspannungsnetzteils: 6 V.

b) Zeichnen Sie die Vorwiderstandsgerade von 5 Ω ein!

c) Ermitteln Sie die Änderungen für I_Z und U_Z, wenn der Widerstand R1 eine Toleranz von ±20 % aufweist!

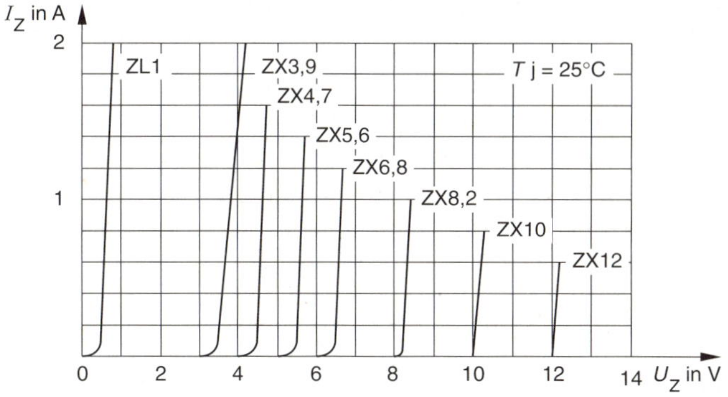

16.1.5 Netzteil

Zeichnen Sie den Stromlaufplan für folgendes Netzteil:

- Zweipuls-Brückenschaltung mit Netztransformator,
- Ladekondensator,
- Z-Diode und Vorwiderstand.

16.1.6 Begrenzerschaltung

Zeichnen Sie eine Periode der Ausgangsspannung in Abhängigkeit von der Zeit, wenn an die Schaltung eine Wechselspannung mit einem Spitzenwert von 14 V gelegt wird!

(1 V ≙ 0,5 cm, 20 ms für eine Periode ≙ 5 cm)!

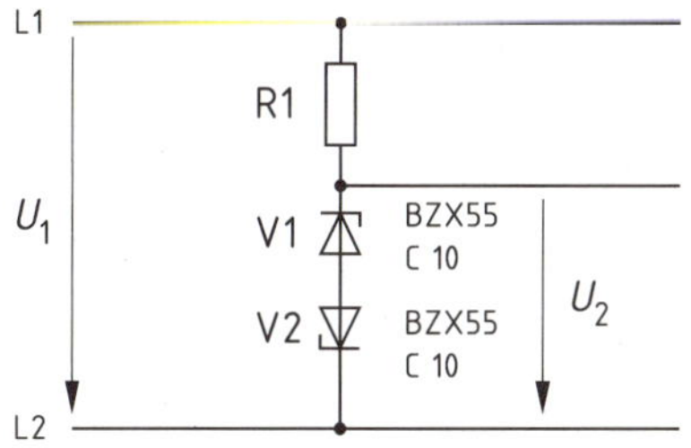

16.1.7 Z-Diode und Wechselspannung

An die Schaltung wird eine sinusförmige Wechselspannung mit einem Spitzenwert von 5 V gelegt (T = 40 ms; 40 ms ≙ 10 cm).

Zeichnen Sie dazu die Ausgangsspannung in Abhängigkeit von der Zeit für eine Periode (Schleusenspannung 0,7 V ansetzen)!

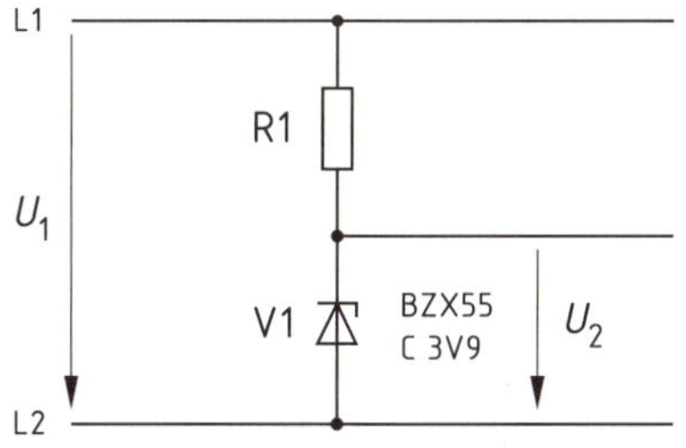

16.2 Spannungsstabilisierung mit Spannungsreglern

Auftrag 1

Die in Abb. 1 dargestellte Stabilisierungsschaltung mit einem Längstransistor liefert eine konstante Ausgangsspannung von 12 V.

Sie soll so geändert werden, daß die Ausgangsspannung von etwa 2 V bis 12 V kontinuierlich eingestellt werden kann.

Schaltungsänderung

Die Kollektor-Emitter-Strecke des Transistors V2 in Abb. 1 arbeitet als veränderbarer Widerstand. Die Veränderung wird durch die Basis-Emitter-Spannung hervorgerufen. Da ein Teil der Basis-Emitter-Spannung durch die Z-Diode stabil gehalten wird, hängt allein die Widerstandsänderung von der Spannungsänderung am Belastungswiderstand R3 ab. Sinkt infolge eines großen Laststromes U_L, dann steigt U_{BE}, weil U_z konstant bleibt ($U_z = U_{BE} + U_L$). Eine größere Spannung U_{BE} bedeutet aber, daß auch der Strom durch den Transistor ansteigt und sich der Widerstand zwischen Kollektor und Emitter verringert. Die Änderung der Ausgangsspannung wird sofort wieder rückgängig gemacht. Sie bleibt konstant.

Die Ausgangsspannung U_L ist etwa so groß wie die Spannung an der Z-Diode (verringert um die Spannung U_{BE} am Transistor). Der Widerstand R1 in Reihe mit der Z-Diode dient der Arbeitspunkteinstellung der Z-Diode.

Der Auftrag läßt sich lösen, wenn anstelle der festen Spannung U_Z eine veränderbare Spannung verwendet wird. Dieses läßt sich in der vorgegebenen Schaltung mit Hilfe eines Potentiometers realisieren (Abb. 2). Der Festwiderstand R22 ist so zu bemessen, daß an ihm etwa 2 V (unterer Einstellwert) abfallen.

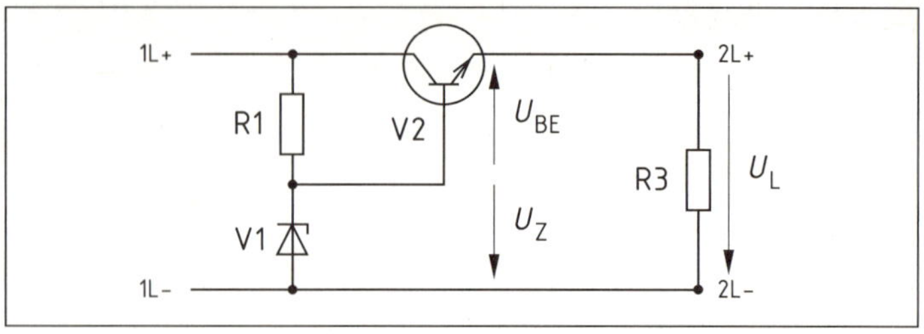

Abb. 1: Spannungsstabilisierung durch Längstransistor

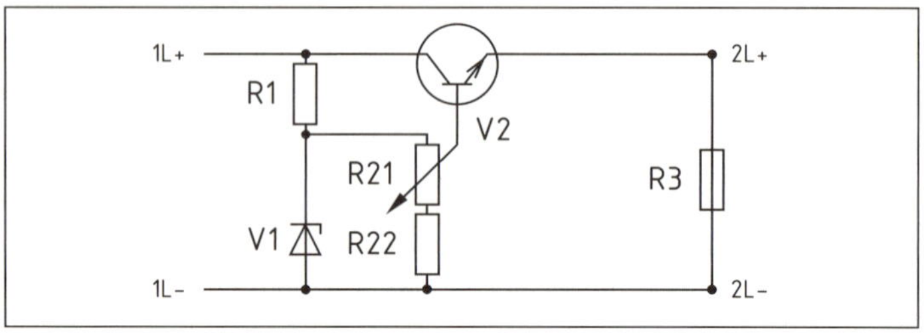

Abb. 2: Spannungsstabilisierung durch Längstransistor mit einstellbarer Ausgangsspannung

Auftrag 2

Die stabilisierende Wirkung der Schaltung von Abb. 2 läßt sich verbessern, wenn die Ausgangsspannung (Ist-Wert) mit der Spannung an der Z-Diode (Referenzspannung, Soll-Wert) ständig verglichen und bei Abweichung die Spannungsdifferenz zur Steuerung des Längstransistors (Stellglied) verwendet wird.

Eine Schaltung, die nach diesem Prinzip arbeitet, zeigt Abb. 3. Der funktionale Zusammenhang der Bauteile soll erläutert werden.

Funktionsanalyse

Der Transistor V3 arbeitet als Regelverstärker und als Vergleicher. In ihm werden der Soll-Wert U_Z mit dem Ist-Wert des Spannungsteilers aus R3 und R4 (U_4) verglichen. Je nach Abweichung wird über den Kollektorstrom von V3 der Basisstrom des Längstransistors V2 geändert und damit die Kollektor-Emitter-Widerstandsstrecke verändert.

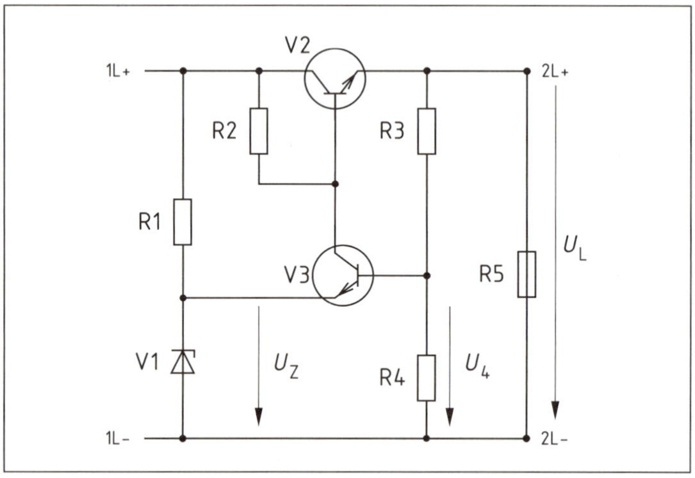

Abb. 3: Spannungsstabilisierung mit Längstransistor und Verstärker

Auftrag 3

Spannungsregler werden als integrierte Schaltungen angeboten. Wesentliche Elemente eines bestimmten Typs sind in Abb. 4 dargestellt:

- Soll-Wert-Bildung (Referenzspannungserzeugung) ①,
- Längstransistor (Stellglied) ②,
- Verstärker mit Soll-Ist-Vergleicher ③,
- Schutzschaltung (Strombegrenzung) ④.

Durch äußere Beschaltung soll ein funktionsfähiger Spannungsregler (ohne Strombegrenzung) aufgebaut werden.

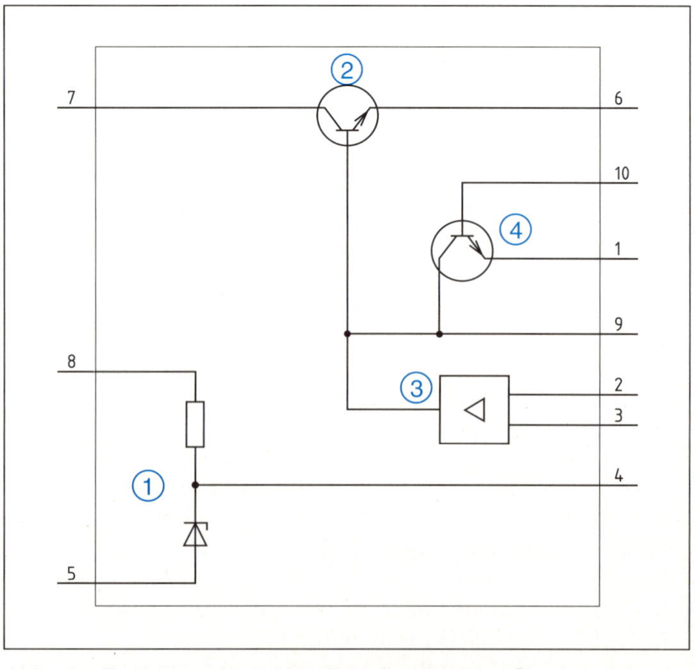

Abb. 4: Funktionselemente eines integrierten Spannungsreglers (z. B. TDB 0723, μA 723)

Schaltungsentwurf

Die Anschlüsse 7 und 8 (Abb. 5) werden verbunden und bilden den Pluspol 1L+ für die Eingangsspannung. Der gemeinsame Minuspol ist Anschluß 5. Die Anschlüsse 6 und 10 werden ebenfalls verbunden und bilden den Pluspol 2L+ für die Ausgangsspannung.

Der Ist-Wert gelangt von 2L+ über R3 an einen Eingang des Verstärkers (Abb. 4) ③. Der andere Eingang wird über R6 mit dem Soll-Wert (Referenzspannung) verbunden (Anschlüsse 3 und 4).

Mit dem beschriebenen Regler läßt sich eine Spannung bei einem maximalen Laststrom von etwa 150 mA stabilisieren. Die Strombegrenzung kann durch einen zuschaltbaren Widerstand (R7 in Abb. 6) festgelegt werden. Er wird zwischen die Anschlüsse 6 und 2L+ geschaltet. Er beträgt in diesem Fall 4,7 Ω.

Der Spannungsfall an diesem Widerstand steuert den Schutztransistor ④. Wird der Belastungsstrom zu groß, dann wird durch den Spannungsfall an R7 der Schutztransistor den Längstransistor ② sperren (Strombegrenzung). Der Emitter des Schutztransistors ist mit dem Pluspol der Ausgangsspannung verbunden. Zwischen den Anschlüssen 9 und 2 liegt ein Kondensator mit kleiner Kapazität (100 pF). Er verhindert Schwingungen der Schaltung (Frequenzkompensation).

Hinweise

Neben diesen integrierten Spannungsreglern für verschieden einstellbare Ausgangsspannungen gibt es Spannungsregler, die nur über drei Anschlüsse verfügen (z. B. TDB 7800 und TDC 7800). Sie besitzen einen thermischen Überlastschutz, eine Kurzschlußstrombegrenzung und einen Schutz für den Ausgangstransistor. Wenn feste Spannungen abgenommen werden sollen, dann sind als externe Bauteile nur zwei Kondensatoren notwendig (Abb. 7). Bei entsprechender Kühlung können große Stromstärken entnommen werden.

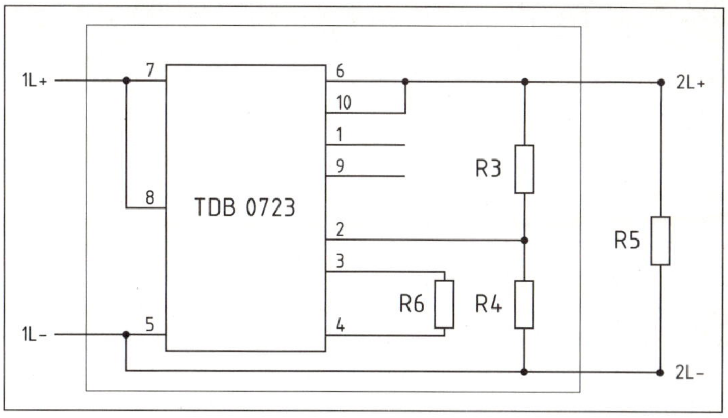

Abb. 5: Äußere Beschaltung eines Spannungsreglers ohne Schutzfunktionen

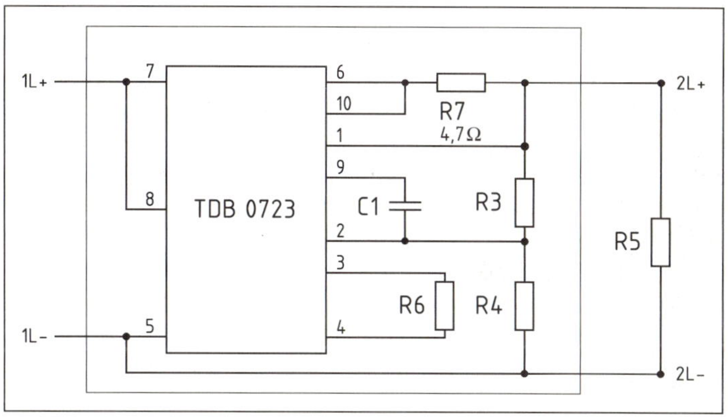

Abb. 6: Vollständige Beschaltung eines Spannungsreglers

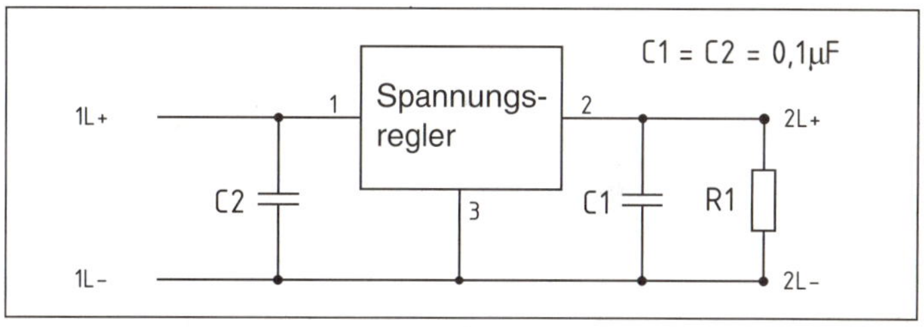

Abb. 7: Beschaltung eines Festspannungsreglers

Aufgaben

16.2.1	Umschaltbares Netzteil
	Der Stromlaufplan von Abb. 1 soll so verändert werden, daß durch einen Schalter zwei feste stabilisierte Ausgangsspannungen eingestellt werden können. Zeichnen Sie den Stromlaufplan!

16.2.2	Längstransistor PNP
	Zeichnen Sie den Stromlaufplan für eine Spannungsstabilisierung mit einem Längstransistor (PNP) für eine feste Ausgangsspannung!

16.2.3	Einstellbare Ausgangsspannung
	Mit der Schaltung von Abb. 3 soll die Ausgangsspannung verändert werden können. Zeichnen Sie den Stromlaufplan der veränderten Schaltung so, daß mit einem Potentiometer zwischen R3 und R4 verschiedene Spannungen am Ausgang eingestellt werden können!

16.2.4	Längstransistor NPN
	Zeichnen Sie den Stromlaufplan eines stabilisierten Netzteiles mit Stabilisierung durch einen Längsstransistor (NPN) und einer festen Ausgangsspannung! Die Gleichspannung wird mit einer Zweipuls-Mittelpunktschaltung erzeugt. Die gleichgerichtete Spannung wird durch eine Drossel und zwei Kondensatoren geglättet.

Aufgaben

16.2.5 Schaltungsanalyse

Beantworten Sie zu der abgebildeten Schaltung folgende Fragen:

1. Welches ist der Längstransistor?
2. Mit welchen Bauteilen wird der Soll-Wert gebildet?
3. Wo findet der Soll-Istwert-Vergleich statt?
4. Ist die Ausgangsspannung eine Festspannung?

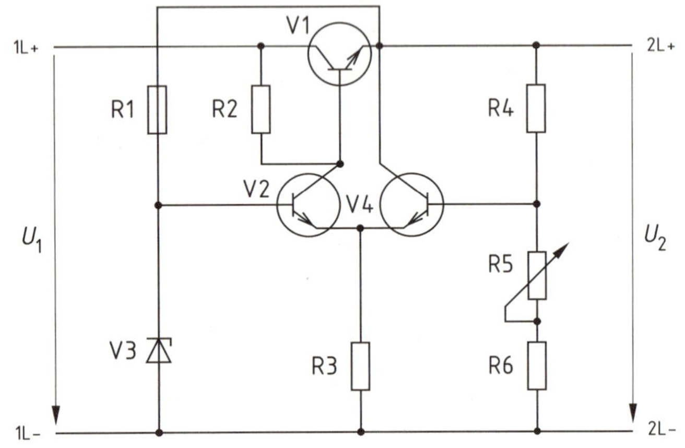

16.2.6 Netzteil 1

Der in der Schaltung enthaltene integrierte Festspannungsregler liefert eine Ausgangsspannung von 5 V bei einer maximalen Stromstärke von etwa 200 mA. Er ist um einen Transistor ergänzt worden. Die Kennlinie der Schaltung ist ebenfalls dargestellt.

a) Interpretieren Sie den Kurvenverlauf!

b) Geben Sie an, wodurch die erhöhte Stromstärke erreicht wird!

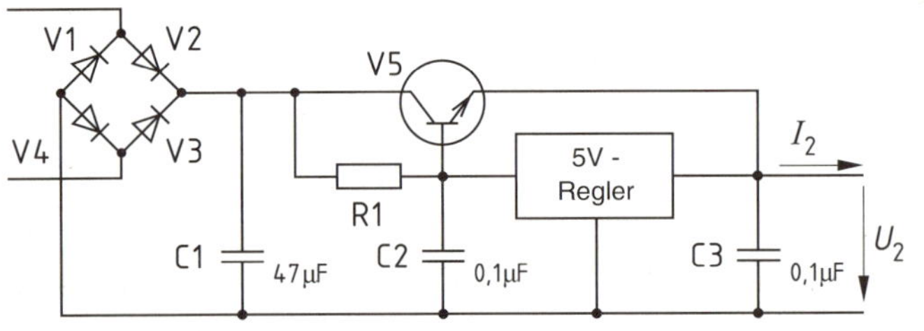

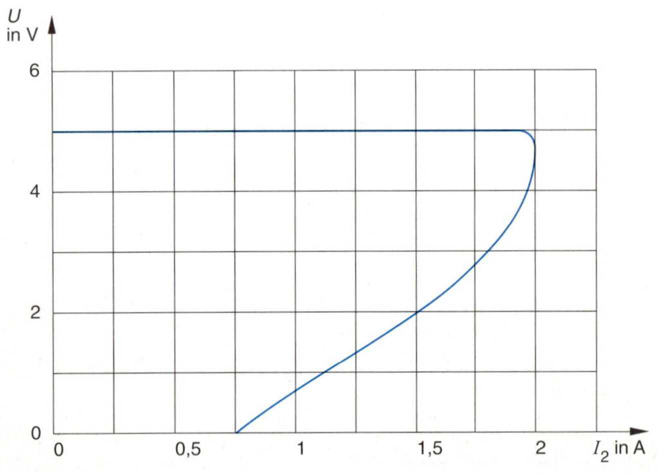

16.2.7 Festspannungsregler

Die Ausgangsstromstärke des TDB 0723 soll erhöht werden. Vorgesehen ist dazu ein zuschaltbarer Leistungstransistor. Der im Innern der integrierten Schaltung befindliche Längstransistor soll jetzt den Steuerstrom für den zuschaltbaren Transistor liefern. Der Anschluß 10 wird mit dem Emitter des zuschaltbaren Transistors verbunden. Es ist eine Strombegrenzung vorzusehen.

Zeichnen Sie den Stromlaufplan!

16.2.8 Integrierter Spannungsregler

Der integrierte Spannungsregler in Abb. 6, S. 207, liefert eine unveränderbare Ausgangsspannung, weil die Spannung der Z-Diode (Vergleichsspannung, Anschluß 4) an dem einen Eingang des Verstärkers liegt (Anschluß 3) und der andere Eingang (Anschluß 2) über R3 und R4 ebenfalls eine Festspannung erhält. Mit einer veränderbaren Spannung am Anschluß 2 läßt sich die Ausgangsspannung verändern.

Damit die Ausgangsspannung veränderbar wird, zeichnen Sie einen Stromlaufplan, bei dem sich ein Potentiometer zwischen R3 und R4 befindet!

16.2.9 Spannungseinstellung

Die Ausgangsspannung der Schaltung ist von folgender Formel abhängig:

$$U_2 \approx 1{,}25\ \text{V}\ (1 + \frac{R_2}{R_1})$$

Geben Sie die Werte an, zwischen die die Ausgangsspannung eingestellt werden kann.

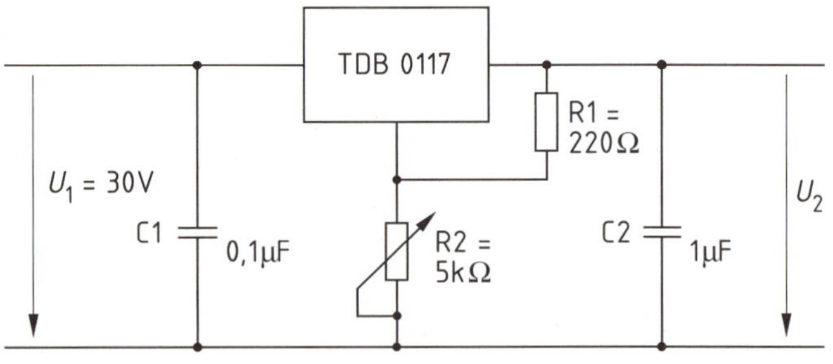

16.2.10 Netzteil 2

Zeichnen Sie einen Stromlaufplan für ein geregeltes Netzteil mit einer Festspannung nach Abb. 7, S. 207!

Als Gleichrichter ist eine Zweipuls-Brückenschaltung mit Transformator vorzusehen. Ein Ladekondensator von 10 µF soll in die Schaltung eingefügt sein.

Je nachdem, wo sich der Schalttransistor befindet, unterscheidet man primär (Abb. 1a) oder sekundär getaktete (Abb. 1b) Schaltnetzteile. Im Prinzip sind in ihnen folgende Einheiten bzw. Funktionsgruppen enthalten:

- Gleichrichter für die Netzwechselspannung mit entsprechenden Glättungs- und Siebelementen ①;
- elektronische Schalter, die die Gleichspannung in eine Wechselspannung „zerhacken" ②;
- Transformatoren zur Übertragung der Wechselspannung ③;
- Impulsgenerator mit Regelschaltung für den Schalttransistor ④;
- Gleichrichter mit Glättungs- und Siebelementen ⑤.

Schaltnetzteile enthalten in der Regel vielfältige Bauteile (z. T. auch in integrierter Form). Zur Erarbeitung der Funktion sind in Abb. 2 nur die wesentlichsten Elemente ② und ⑤ eines Schaltnetzteiles mit Sperrwandler dargestellt.

Nicht enthalten sind die Bauelemente für die Netzgleichrichtung und der Transformator ① ③. Es wird in der Schaltung bereits von der gleichgerichteten Eingangsspannung U_1 ausgegangen.

Ebenfalls weggelassen wurde die Regelung des Schalttransistors ④. Der elektronische Schalter ist durch einen Schalter ersetzt worden.

Auftrag 1

Mit Hilfe der vereinfachten Darstellung eines Schaltnetzteiles mit Sperrwandler (Abb. 2) soll das Arbeitsprinzip erläutert werden.

Funktionsanalyse

Es ist sinnvoll, die Funktionsanalyse in zwei Schritten durchzuführen:

1. Schalter geschlossen (Leitphase)
2. Schalter geöffnet (Sperrphase)

Leitphase (Abb. 2a)

Wenn der Schalter geschlossen ist, liegt die konstante Eingangsspannung U_1 an der Spule. Entsprechend der Beziehung $U_L = L\ (\Delta I_L/\Delta t)$ für die Induktivität ergibt sich eine linear ansteigende Stromstärke I_L. Die Spule speichert in dieser Phase magnetische Energie. Die Diode V1 ist gesperrt.

Da in der vorangegangenen Phase der Kondensator C aufgeladen wurde, liefert dieser einen entsprechenden Strom I_R durch den Belastungswiderstand.

Sperrphase (Abb. 2b)

In der Sperrphase ist der Schalter geöffnet. Die Richtung des Stromes in der Spule ändert sich nicht (Selbstinduktion). Die Stromstärke nimmt ab. Dadurch ändert U_L seine Richtung ⑥ gegenüber der Leitphase. Die Induktivität wirkt jetzt wie eine Spannungsquelle und die Diode wird leitend. Der Kondensator wird nachgeladen. Es fließt weiterhin ein Strom I_R durch den Belastungswiderstand in die gleiche Richtung, weil über die Diode der Stromkreis geschlossen ist.

Am geöffneten Schalter liegt in der Sperrphase eine Spannung von $U_1 + U_L$. Für diesen Sperrspannungswert muß der Schalttransistor ausgelegt sein, wenn er die Aufgabe des Schalters übernimmt.

Hinweis

Die Bezeichnung „Sperrwandler" erklärt sich daraus, daß während der Leitphase Energie in der Induktivität gespeichert und diese in der Sperrphase an den Lastwiderstand abgegeben wird.

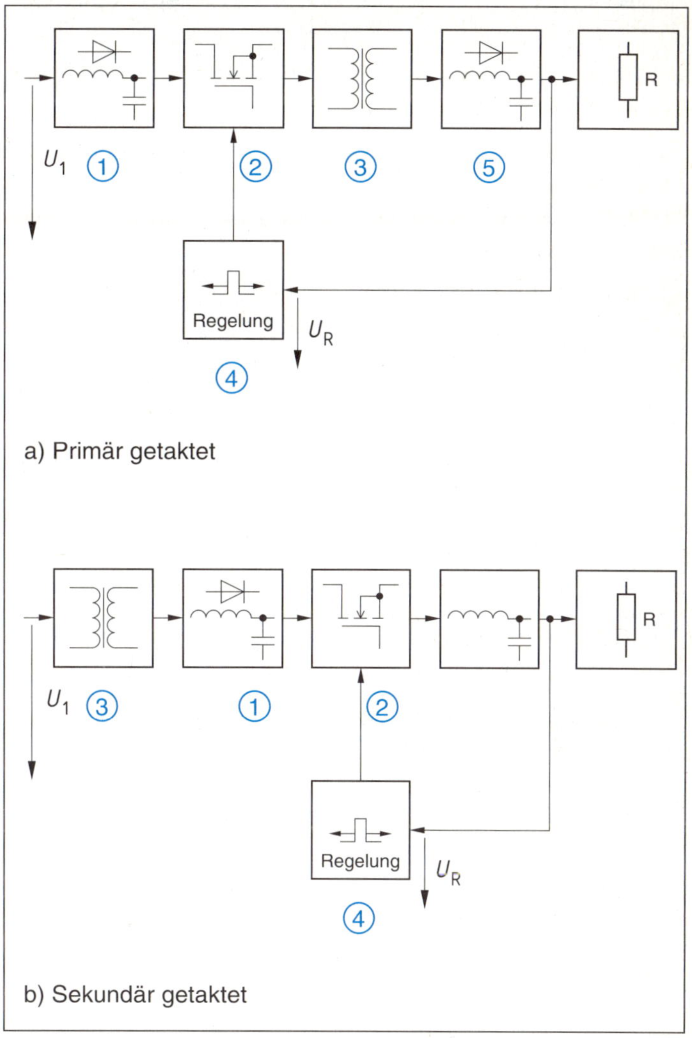

Abb. 1: Schaltnetzteile (Prinzip)

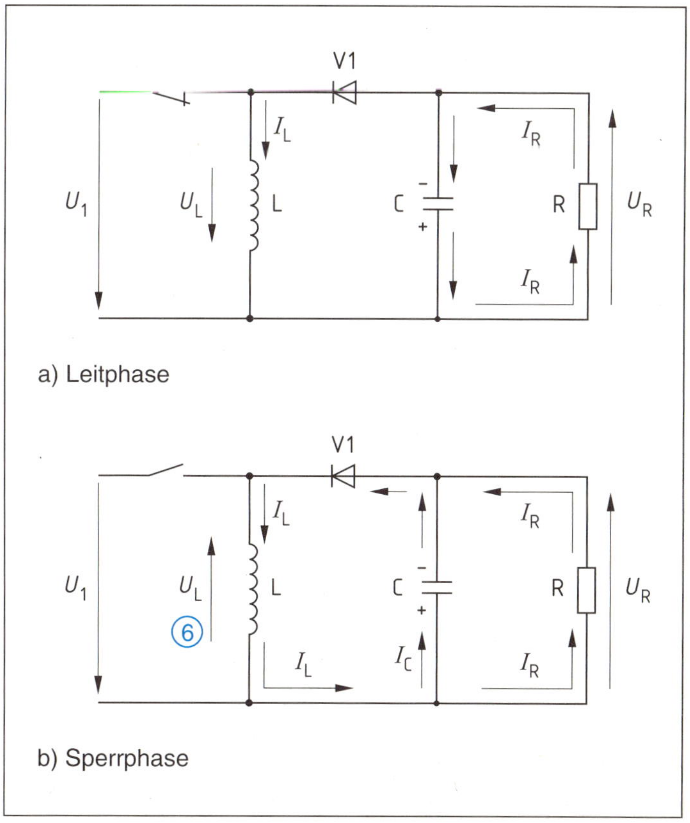

Abb. 2: Sperrwandlerprinzip

Auftrag 2

Vollständige Schaltnetzteile mit entsprechenden Regeleinrichtungen liefern unabhängig von bestimmten Eingangs- und Lastschwankungen eine stabile Ausgangsspannung. Erreicht wird dieses durch Änderung des Tastgrades *g* und/oder durch Änderung der Schaltfrequenz.

Mit Hilfe der aus Oszillogrammen gewonnenen Liniendiagramme (Abb. 1b und 1c) für U_L und I_L soll der Einfluß der Änderung des Tastgrades auf die Ausgangsspannung ermittelt werden.

Lösung

In Abb. 1b beträgt der Tastgrad ($g = t_i/T$) $g = 0{,}5$, da die Zeiten für die Sperr- und Leitphasen gleich sind. Da während der Sperrphase die Induktivität als Spannungsquelle für den Belastungswiderstand wirkt, kann unter Vernachlässigung von Verlusten (z. B. Schleusenspannung der Diode) und Ausgleichsvorgängen festgehalten werden, daß $|U_1| = |U_R|$ ist. Die Richtung von U_R ist bezogen auf U_1 umgekehrt.

In Abb. 1c beträgt der Tastgrad $g = 1/3$. Die Spannungs-Zeit-Flächen in den Leit- und Sperrphasen ① sind immer gleich. Somit ergibt sich für die zu ermittelnde Ausgangsspannung U_R folgender Wert:

$$U_1 \cdot \frac{1}{3} = U_R \cdot \frac{2}{3}\,; \qquad U_R = \frac{U_1}{2}$$

Mit dieser Spannung wird auch der Kondensator aufgeladen, so daß in der nachfolgenden Leitphase die Spannung erhalten bleibt.

Allgemein gilt für die Ausgangsspannung eines Schaltnetzteiles mit Sperrwandler folgende Näherungsformel:

$$U_R = U_1 \frac{g}{1 - g}$$

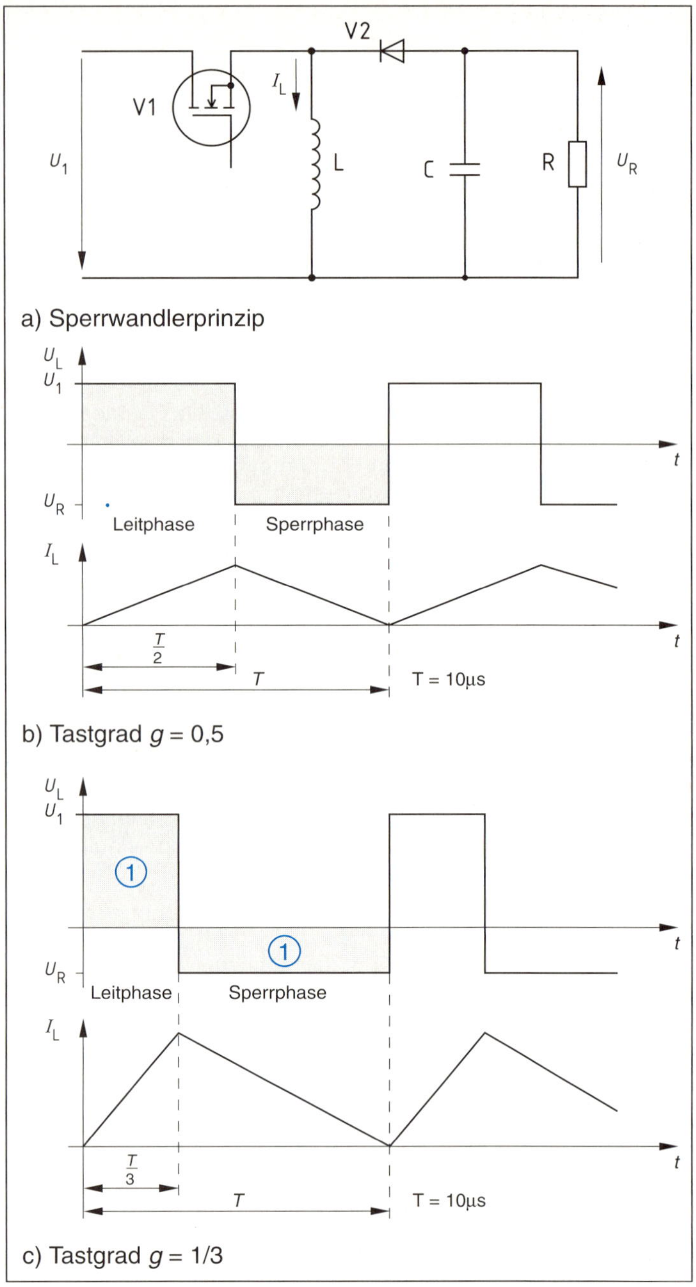

Abb. 1: Ströme und Spannungen beim Sperrwandler für verschiedene Tastgrade

Aufgaben

16.3.1 Sperrwandler-Variante

Ersetzen Sie in einer neuen Zeichnung den Schalttransistor durch einen Schalter.

a) Erklären Sie die Funktion der Schaltung in der Leitphase (Ströme und Spannungen einzeichnen)!

b) Erklären Sie die Funktion der Schaltung in der Sperrphase (Ströme und Spannungen einzeichnen)!

c) Ermitteln Sie die Polarität der Ausgangsspannung im Vergleich zur Eingangsspannung in den Sperr- und Leitphasen!

d) Für welche Sperrspannung muß der Schalttransistor ausgelegt sein?

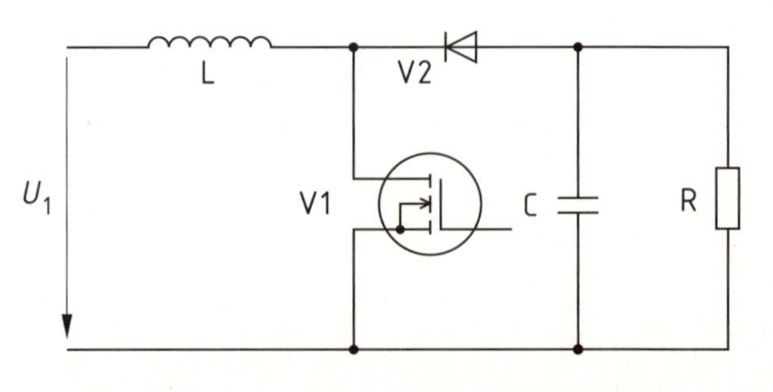

Aufgaben

16.3.2 Primär getakteter Sperrwandler

In der Abbildung ist vereinfacht eine Variante eines primärgetakteten Sperrwandlers dargestellt.

a) Erklären Sie den Begriff „primärgetaktet"!

b) Erklären Sie die Funktion der Schaltung in der Leitphase mit Stichworten!

c) Erklären Sie die Funktion der Schaltung in der Sperrphase mit Stichworten!

d) Für welche maximale Sperrspannung U_{DS} muß der Schalttransistor ausgelegt sein?

e) Welche Polarität ergibt sich für die Ausgangsspannung?

f) Was muß geändert werden, wenn die Polarität gegenüber e) geändert werden soll?

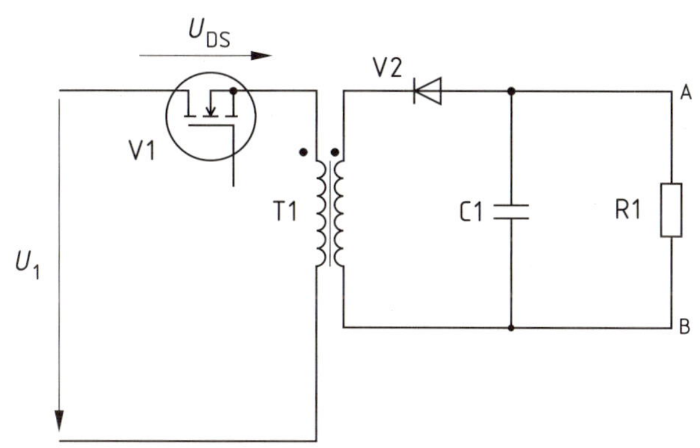

16.3.3 Schaltungsvergleich

Vergleichen Sie die abgebildete Schaltung mit der aus Aufgabe 16.3.2!

Geben Sie die Unterschiede an!

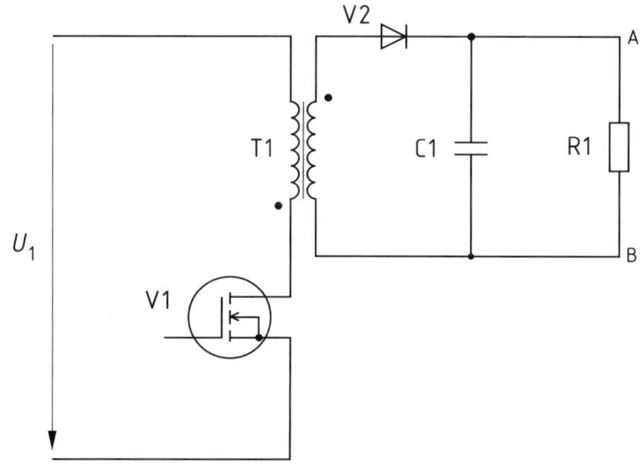

16.3.4 Durchflußwandler

Ersetzen Sie in einer neuen Zeichnung den Transistor durch einen Schalter.

a) Erklären Sie die Funktion der Schaltung mit Stichworten sowie Strom- und Spannungspfeilen, wenn der Schalter geschlossen ist (Leitphase)!

b) Erklären Sie die Funktion der Schaltung mit Stichworten sowie Strom- und Spannungspfeilen, wenn der Schalter geöffnet ist (Sperrphase)!

c) Auf S. 210 wurde der Begriff „Sperrwandler" erläutert. Diese abgebildete Schaltung bezeichnet man als Durchflußwandler.
Erklären Sie den grundsätzlichen Unterschied!

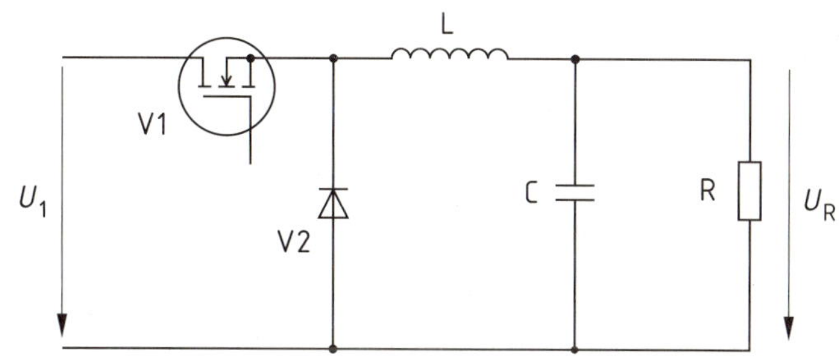

16.3.5 Lastverhalten

Die Kennlinie zeigt die Ausgangsspannung eines kompletten Schaltnetzteiles in Abhängigkeit von der Belastungsstromstärke. Besondere Punkte sind durch die Schaltfrequenzen gekennzeichnet worden.

Zum Diagramm sind folgende Fragen zu beantworten:

1. Wie groß ist die Ausgangsspannung im Arbeitsbereich?
2. Welche maximale Stromstärke kann bei einer stabilen Ausgangsspannung erzielt werden?
3. Welche Bedeutung hat die Kennlinie vom Umkehrpunkt bis zum Kurzschlußpunkt?
4. Zwischen welchen Frequenzen ändert sich die Schaltfrequenz?

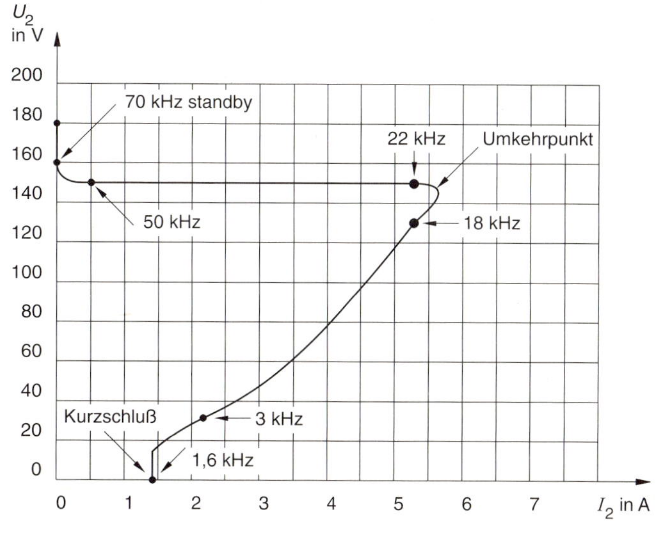

Aufgaben

16.3.6 Schaltfrequenz und Tastgrad

a) Ermitteln Sie für die in der Kennlinie hervorgehobenen Punkte den Tastgrad der Schaltspannung!

b) Welche Schaltfrequenzänderungen treten im Überlastbereich auf?

c) Welche Schaltfrequenzen treten im Regelbereich (S bis U) auf?

d) Wie groß ist die Schaltfrequenz bei Leerlauf?

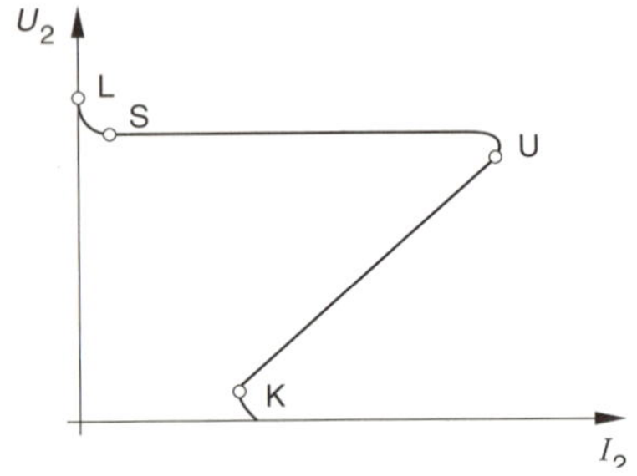

	f in kHz	t_i in µs
L	75	1,1
S	70	1,2
U	17	2,0
K	3	1,5

16.3.7 Netzspannungsänderung

a) Ermitteln Sie die Ausgangsspannung des Schaltnetzteils bei den Belastungen von 2 A und 4 A, wenn die Netzspannung die Werte 100 V und 230 V besitzt!

b) Berechnen Sie die Abweichungen in %, wenn für 230 V der Wert 100 % angenommen wird!

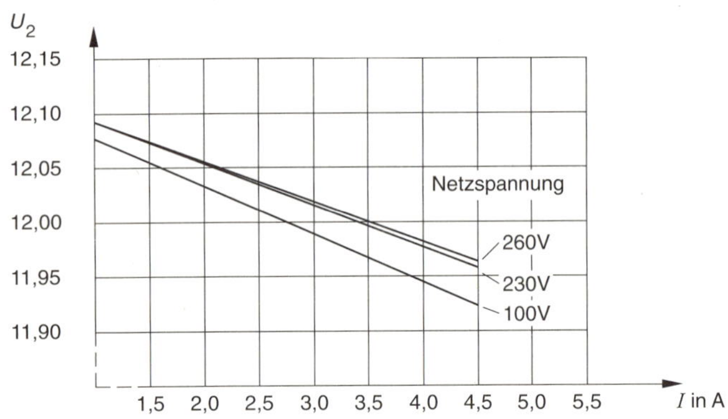

16.3.8 Wirkungsgrad

a) Ermitteln Sie die maximalen Wirkungsgrade des Schaltnetzteiles bei Netzspannungen von 100 V und 230 V!

b) Ermitteln Sie den Unterschied der Wirkungsgrade bei einer Belastung von 20 W und den Netzspannungen von 100 V und 230 V!

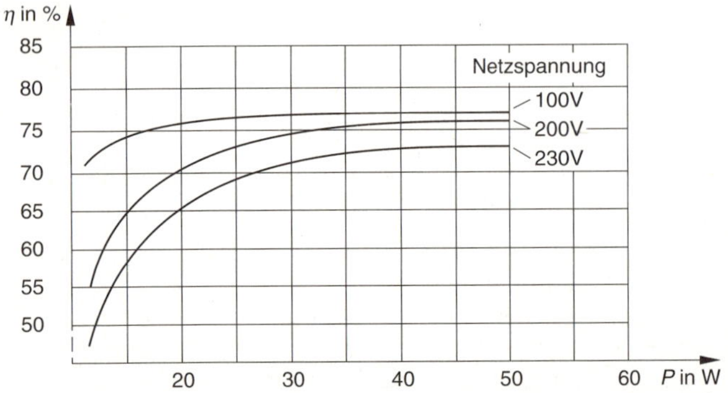

16.3.9 Netzteilanalyse

Die Abbildung zeigt die Prinzipschaltung eines komplexen Netzteils eines Herstellers.

Beantworten Sie dazu folgende Fragen:

1. Welcher Transistor kann als Schalttransistor für das gesamte Netzteil bezeichnet werden?
2. Welche Ausgangsspannung wird am besten geregelt?
3. Beschreiben Sie den Weg der Regelspannung für V1!
4. Weshalb wird für die Übertragung der Regelspannung ein Optokoppler verwendet?
5. Muß als Eingangsspannung für das Netzteil eine Gleich- oder eine Wechselspannung verwendet werden?
6. Beschreiben Sie die Stabilisierungsmaßnahmen für U_2 und U_3!
7. Welche Aufgaben haben die Dioden V5 bis V11 auf der Sekundärseite des Transformators?
8. Welche Rolle spielt der Transistor V2 auf der Sekundärseite des Transformators?

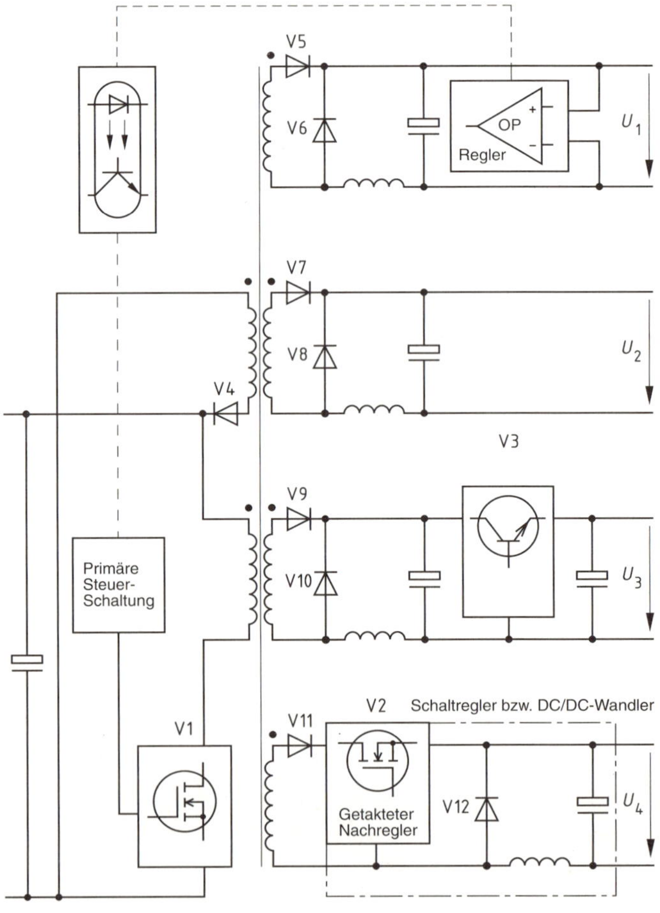

17 Steuerungstechnik

17.1 Grundbegriffe der Steuerungstechnik

Auftrag 1

Zur stufenlosen Drehzahleinstellung wird ein Gleichstrom-Reihenschlußmotor über einen Stromrichter gesteuert (Abb. 1).

Es sollen die Funktion der Schaltung erläutert und die Merkmale der Steuerung herausgestellt werden. Außerdem soll ihr Unterschied zur Regelung verdeutlicht werden.

Funktion der Schaltung (Abb. 1)

Die Stromrichterschaltung besteht aus dem Potentiometer R7 zur Drehzahlvorwahl, dem Impulsgeber N1 zur Zündimpulserzeugung für die Thyristoren und dem Leistungsteil V1 bis V4 (B2HZ) zur spannungsvariablen Einspeisung des Reihenschlußmotors.

An R7 gibt der Bediener eine Gleichspannung zwischen 0 und 10 V vor (**Führungsgröße *w***). Dementsprechend erzeugt N1 in jeder Netzhalbschwingung einen Thyristor-Zündimpuls zwischen 0° und 180° (**Stellgröße *y***). Bei konstanter Belastung des Motors stellt so der Leistungsteil die gewünschte Drehzahl ein (**Ausgangsgröße x_a**). Jeder Lastwechsel (**Störgröße *z***) ändert jedoch die Drehzahl gemäß der Belastungskennlinie des Motors.

Merkmale der Steuerung (Abb. 2)

Jede Steuerung besteht aus zwei Anlageteilen:

- Die **Steuerstrecke** ist der Anlagenteil, welcher beeinflußt werden soll. Dies ist hier der Motor M1. Auch das Stellglied V1 bis V4 zählt zur Strecke, denn es greift direkt in den Energiefluß des Motors ein.
- Die **Steuereinrichtung** ist der Anlagenteil, welcher die Strecke über das Stellglied beeinflußt. Hierzu zählen das Potentiometer R7 zur Drehzahlvorgabe und der Impulsgeber N1.

Das Blockschaltbild einer Steuerung heißt **Wirkungsplan**. Er zeigt den Weg der Signalverarbeitung in der Steuerkette (Wirkungsweg).

> In einer Steuerung wirken Steuersignale nur vom Eingang zum Ausgang. Man spricht von einer **Steuerkette**.
>
> Der Ausgang der Steuerung wirkt nicht auf den Eingang zurück (offener Wirkungsweg). Deshalb gleicht die Stellgröße den Einfluß von Störgrößen nie selbsttätig aus.

Unterscheidungsmerkmale der Regelung (Abb. 3)

Im Gegensatz zur Steuerung kann eine Regelung die Drehzahl des Motors auch bei wechselnder Last konstant halten. Dies wird erreicht durch das **Messen** der Ist-Drehzahl (Tachogenerator im Ausgang ①), das **Vergleichen** des Ist-Wertes mit dem Soll-Wert der Drehzahl (Regler im Eingang ②) und das **Stellen** der Thyristoren, bis Ist-Drehzahl gleich Soll-Drehzahl.

> In einer Regelung wirkt der Ausgang auf den Eingang zurück (geschlossener Wirkungsweg). Deshalb gleicht die Stellgröße den Einfluß von Störgrößen selbsttätig aus.

Abb. 4 zeigt die Innenschaltung des Impulsgebers N1 (Herstellerunterlage, vgl. 12.3). Sie beinhaltet das Steuer-IC, die Schalttransistoren zur Zündimpulsverstärkung (③ positive und ④ negative Netzhalbschwingung) sowie die Impulsübertrager T1 und T2 zur galvanischen Trennung vom Leistungsteil.

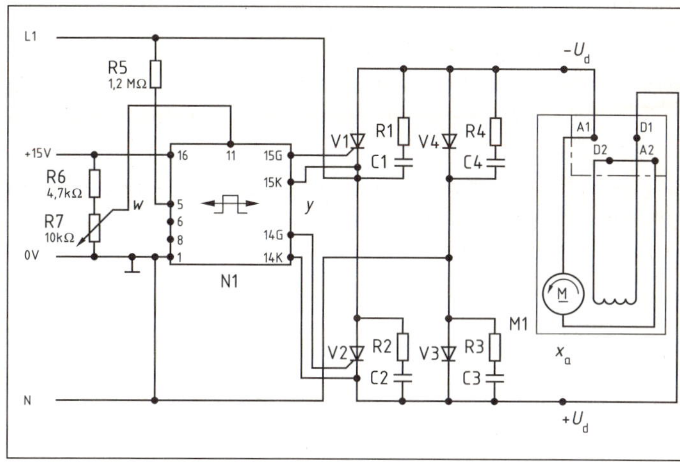

Abb. 1: Drehzahlsteuerung (Schaltungsauszug)

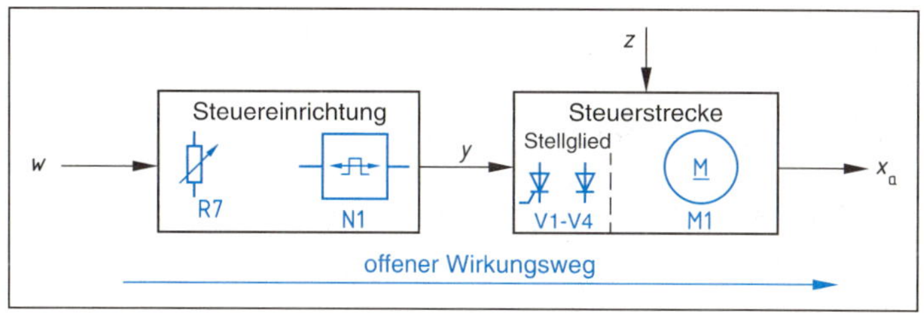

Abb. 2: Wirkungsplan einer Steuerung (DIN 19 226)

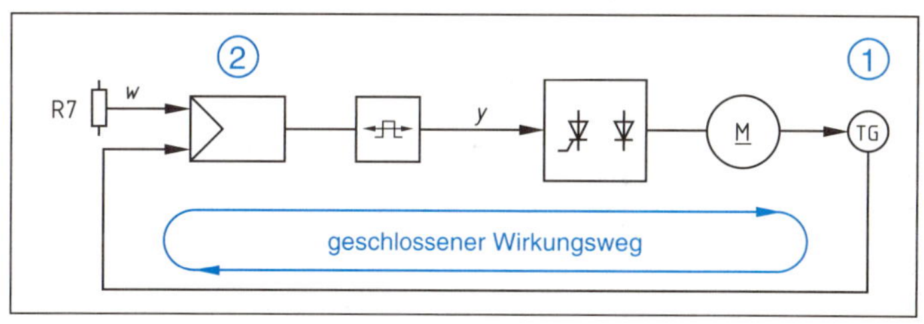

Abb. 3: Drehzahlregelung (Prinzip)

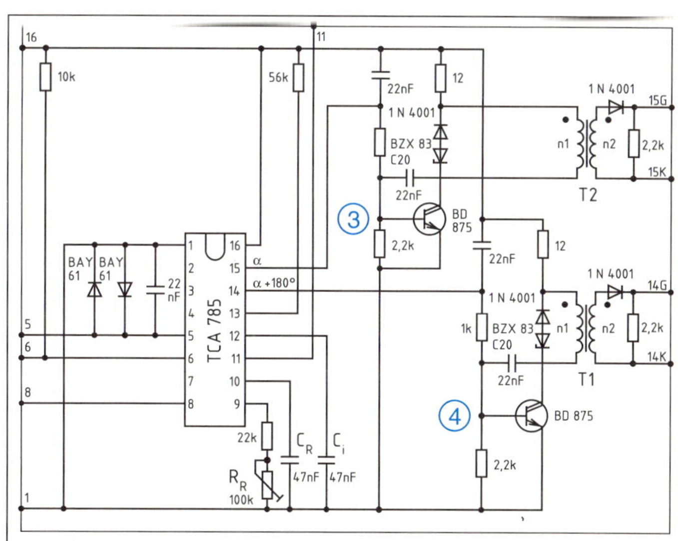

- Anschluß 6: Impulssperre bei Masseverbindung (Anschluß1)
- Anschluß 8: Referenzspannung U_{Ref} = 3,1V
  Parallelschaltung bei Drehstromschaltungen (3XN1)

Abb. 4: Innenschaltung des Impulsgebers N1 (Herstellerunterlage)

17.1 Grundbegriffe der Steuerungstechnik

Auftrag 2

In einem Rührkesselreaktor werden zwei Stoffe dosiert, miteinander vermischt und nach dem Erhitzen abgepumpt (Abb. 1). Der Vorgang läuft automatisch gesteuert ab.
Stoff 1 wird einem Druckkessel entnommen. Die Funktion der beiden Druckkesselsensoren überwacht eine binäre Meldeschaltung.
Es sollen die Funktionsüberwachung der Druckkesselsensoren und die Prozeßsteuerung des Rührkesselreaktors beschrieben werden. Dabei soll auch die Art der jeweiligen Steuerung erklärt werden.

Funktionsüberwachung der Druckkesselsensoren (Abb. 2)

- Bei 1-Signal von Sensor S15 oder S16 leuchtet der Melder H15 und zeigt deren Funktionsfähigkeit an.
- H16 und H17 melden jeweils den Ausfall des zugeordneten Sensors.
- Fallen beide Sensoren aus, so gibt Melder H18 akustisch Signal. H15 bis H17 sind dann dunkel.

Bei dieser Steuerung hängen die Signalzustände der Melder nur von den Signalkombinationen der Sensoren ab.

> Steuerungen, deren Ausgangs-Signalzustände nur von der boolschen Verknüpfung der Eingangs-Signalzustände abhängen, heißen **Verknüpfungssteuerungen**. Sie können logische Verknüpfungen, Signalspeicher und Zeitglieder enthalten.

Prozeßsteuerung des Rührkesselreaktor (Abb. 3)

Der Ablauf der Prozeßschritte 1 bis 6 ist freigegeben, wenn mit dem 1-Signal von S1 die Steuerungsfreigabe gesetzt ist und der Start-Taster S5 betätigt wird.

1: Befindet sich die Steuerung in **Grundstellung**, kann das Speicherglied D1 und damit Schritt 1 auf 1-Signal gesetzt werden. Grundstellung heißt: S9 gibt die Leermeldung (1-Signal) und Pumpe M2 ist abgeschaltet (0-Signal) ①. Die **Befehlsausgabe** erfolgt nun durch D1: das Ventil Y1 öffnet und der Mischer M1 schaltet ein ②.

2: Erreicht Stoff 1 das Füllniveau 1, so ist die **Weiterschaltbedingung** erfüllt: S10 führt 1-Signal ③. Schritt 1 und S10 setzen das Speicherglied D2 und damit Schritt 2. Daraufhin setzt D2 seinen Vorgänger D1 auf 0-Signal zurück ④. Der Schritt 1 ist gelöscht. Ventil Y1 schließt (**nicht gespeicherter Befehl**). Der Mischer M1 bleibt eingeschaltet (**gespeicherter Befehl**). D2 öffnet das Ventil Y2.

3: Erreicht Stoff 2 das Füllniveau 2, so gibt S11 1-Signal. Schritt 3 wird gesetzt und damit Schritt 2 zurückgesetzt. Das Ventil Y2 schließt und die Heizung E1 schaltet ein.

4: Hat das Gemisch Reaktionstemperatur, gibt S12 1-Signal und Schritt 4 wird gesetzt. Schritt 3 wird zurückgesetzt, worauf die Heizung E1 abschaltet. Schritt 4 schaltet den Mischer M1 aus. Das Produkt ruht jetzt für eine Wartezeit von 60 s.

5: Bei abgeschaltetem Mischer (M1 meldet 0-Signal zurück) und nach abgelaufener Wartezeit (1-Signal) wird Schritt 5 gesetzt, worauf Schritt 4 zurückgesetzt und das Produkt mit Pumpe M2 abgepumpt wird.

6: Mit der Leermeldung von S9 setzt Schritt 6 den Schritt 5 zurück. Die Pumpe M2 schaltet ab. Jetzt setzt sich Schritt 6 selbst zurück, weil er keinen Schrittspeicher besitzt.

Ein 0-Signal von S0 setzt alle Schritte und Befehle zurück.

> Steuerungen mit erzwungenen schrittweisem Ablauf heißen **Ablaufsteuerungen**. Ihr zentraler Bestandteil ist die Schrittkette, bei der immer nur ein Programmschritt gesetzt sein kann.

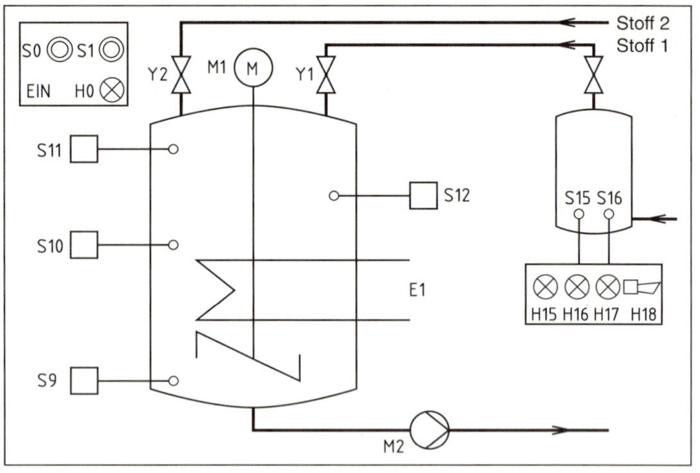

Abb. 1: Rührkesselreaktor und Hochdruckkessel (Technologieschema)

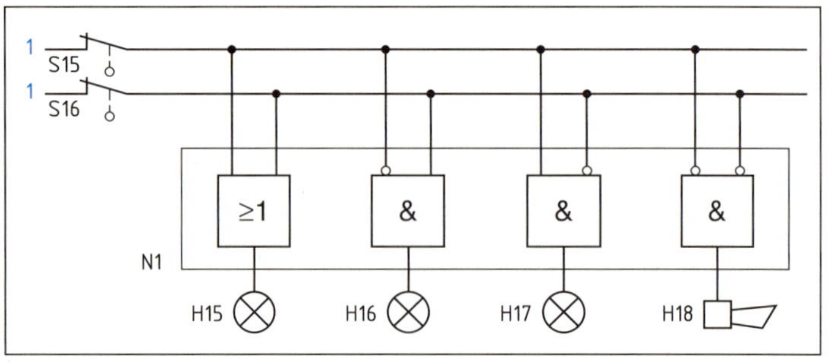

Abb. 2: Meldeschaltung für Sensorüberwachung

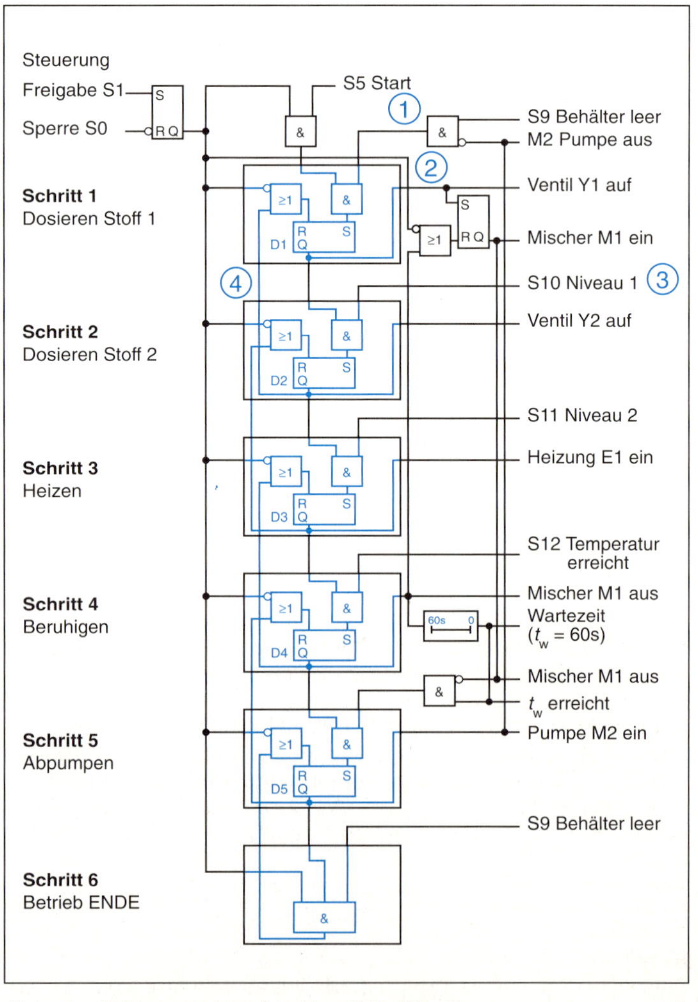

Abb. 3: Wirkungsablauf in der Schrittkette

Die vorgestellte Ablaufsteuerung ist **prozeßgeführt**, weil Prozeßgrößen das Weiterschalten auf den nächsten Schritt bestimmen. Bei **zeitgeführten** Ablaufsteuerungen bewirken Zeitgeber das Weiterschalten. Für eine lineare Schrittkette (keine Verzweigung) gilt:

- Es ist immer nur ein Schritt gesetzt.
- Der Ablauf beginnt mit der Startfreigabe und bei Grundstellung der Steuerung.
- Der Vorgängerschritt setzt zusammen mit der Weiterschaltbedingung den nachfolgenden Schritt auf 1.
- Der gesetzte Schritt gibt Befehle aus und setzt seinen Vorgänger zurück auf 0.
- 1-Signal am R-Eingang löscht den gesetzten Schritt.

Auftrag 3

Komplexe Ablauf- oder Verknüpfungssteuerungen sind umfangreich und deshalb nur schwer lesbar, wenn sie mit logischen Verknüpfungen dargestellt werden. Die Schrittkette der Ablaufsteuerung von Auftrag 2 soll deshalb vereinfacht als **Funktionsplan** dargestellt werden.

Der Funktionsplan nach DIN 40 719 Teil 6 ist eine prozeßorientierte Darstellung der Steuerungsaufgabe, unabhängig von der technischen Ausführung. Damit dient er als Verständigungsmittel zwischen Hersteller und Anwender und erleichtert das Zusammenwirken unterschiedlicher Fachbereiche wie z. B. Verfahrenstechnik, Maschinenbau und Elektrotechnik.

Graphische Symbole des Funktionsplans (Abb. 4)

Die zwei wesentlichen graphischen Symbole eines Funktionsplans nach DIN 40 719 Teil 6 sind der **Schritt** und der **Befehl**. Ihre Ein- und Ausgänge sind bei 1-Signal aktiv.
Das Schrittsymbol (Abb. 4a) hat vorzugsweise oben und links Eingänge, unten und rechts Ausgänge. Die Innenschaltung und das Rücksetzen des Vorgänger-Schrittes sowie sonstige Verbindungen werden nicht gesondert gezeichnet (Abb. 3, blau). Anstelle der Innenschaltung gibt man die Schrittnummer und den Schrittnamen an.

- UND-Verknüpfungen werden nicht gesondert gezeichnet ⑤, ODER-Verknüpfungen müssen gezeichnet werden.
- Freigabe- und Rücksetzeingänge (F bzw. R) nur bei Bedarf zeichnen.

Das Befehlssymbol (Abb. 4b) stellt den Ausgang zum Prozeß dar. Es besitzt drei Einzelfelder.

- **Feld A:** Befehlsart (Tab. 17.1)
- **Feld B:** Wirkung des Befehls (Textangabe)
- **Feld C:** Abbruchstelle (nur bei Bedarf)

Im Feld A sind die häufigsten Befehlsarten S und NS. Feld B zeigt im Klartext den Prozeßschritt. Feld C kann eine Ziffer erhalten. Ist der Befehl Weiterschaltbedingung im nächsten Schritt, so erscheint dort die Ziffer (Abb. 5 Ziffer 2 ⑧). In einem späteren Schritt wird die Schrittnummer vorangestellt (z. B. 4.2). Die Abbruchstelle einer Wirkungslinie ⑥ wird an anderer Stelle fortgesetzt ⑦. An der Oberseite des Befehlssymbols können vorzugsweise weitere Eingänge für Setzen (keine Bezeichnung), Löschen (R) und Freigabe (F) vorhanden sein. An der Unterseite meldet der Ausgang A2 die Befehlsausgabe. Die Rückmeldung (RC) der erfolgreichen Ausführung im Prozeß meldet A1.
Abb. 5 zeigt den Funktionsplan der Schrittkette. Er ist die Umsetzung von Abb. 3 mit der Selbstrücksetzung von Schritt 6 ⑨.

Hinweis
Funktionspläne von Steuerungen können durch notwendige Details ergänzt werden (z. B. logische Verknüpfungen, Zeitglieder).

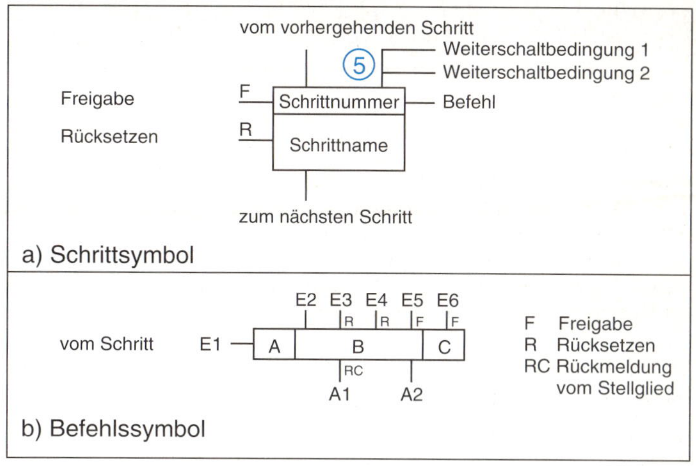

Abb. 4: Funktionsplansymbole (DIN 40 719 T.6)

Tab. 17.1: Befehlsarten (DIN 40 719 T.6)

Befehl	Bedeutung	Hinweis
D	zeitlich verzögert	Setzen nach Zeitablauf
T	zeitlich begrenzt	Löschen nach Zeitablauf
S	gespeichert	Löschen durch Gegenbefehl
SD	gespeichert und verzögert	
ST	gespeichert und zeitlich begrenzt	
SH	remanent gespeichert	Kein Löschen, auch bei Energieausfall
NS	nicht gespeichert	Löschen durch nachfolgenden Schritt
NSD	nicht gespeichert und verzögert	

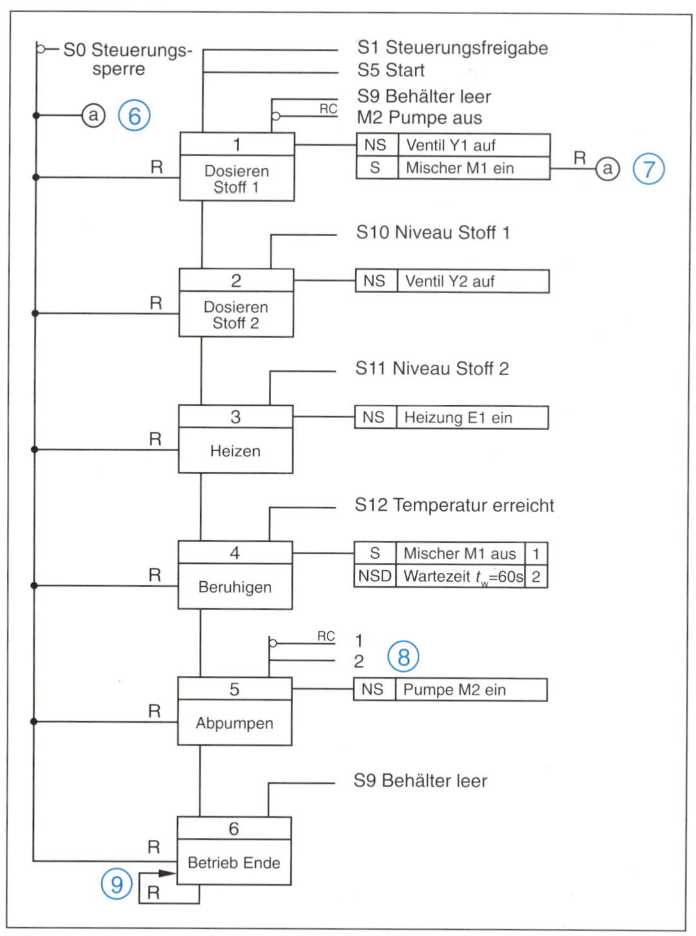

Abb. 5: Funktionsplan der Schrittkette (DIN 40 719 Teil 6)

Aufgaben

17.1.1 Elektroherd

Beantworten Sie mit Hilfe des Stromlaufplanes in Abb. 3, Seite 132 folgende Fragen!

1. Welche Kochplatten werden nur gesteuert bzw. nur geregelt?
2. Welches sind Steuereinrichtung, Steuerstrecke, Stellglied, Führungsgröße, Stellgröße und Ausgangsgröße der gesteuerten Kochplatten?
3. Welche Kochplatte wird gesteuert, aber auch geregelt (Begründung)?
4. Welche Regelaufgaben werden in der Schaltung erfüllt?

17.1.2 Druckluftanlage

Untersuchen Sie die Druckluftanlage der Abb. 1, Seite 25 daraufhin, ob es sich um eine Steuerung oder Regelung handelt (Begründung)!

17.1.3 Wechselstromsteller

In einem Industriebetrieb kann die Drehzahl eines Frischluftventilators in der Maschinenhalle mit einem Wechselstromsteller gesteuert werden. Störspannungen am Potentiometer R3 hervorgerufen durch die Phasenanschnittsteuerung schließt der Kondensator C2 kurz.

a) Begründen Sie, weshalb der Strom durch den Motor immer ein reiner Wechselstrom ist!
b) Nennen Sie die Bezeichnung des RC-Gliedes R1, C1 und dessen Funktion!
c) Übernehmen Sie die Bauteileanordnung auf ein A4-Blatt! Zeichnen Sie den Schaltungsauszug der Steuerung mit dem Impulsgeber N1 aus Auftrag 1, Seite 213!

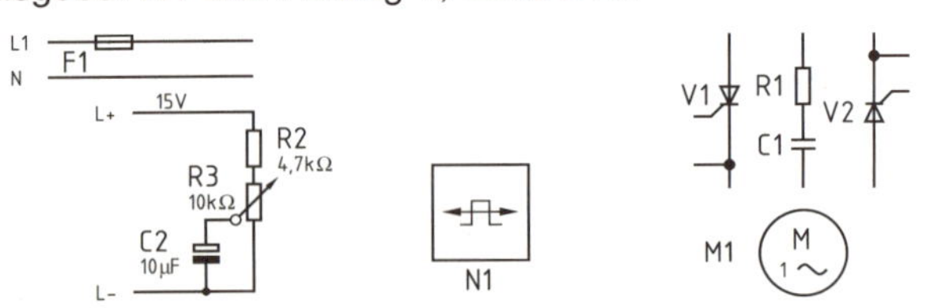

17.1.4 Stromrichter für Schweißgerät 600 A

Analysieren Sie die Schaltung, indem Sie folgende Fragen beantworten!

1. Welche Spannungsart bzw. Stromart liefert der Stromrichter?
2. Wie heißt die Schaltung aus V1 bis V6?
3. Welche maximale Lastspannung kann eingestellt werden?
4. Warum sind die Anschlüsse 8 der drei Impulsgeber untereinander verbunden?
5. Welche Stärke hat der Strom, der in den Synchronisiereingang fließt (Anschluß 5)? Der Widerstand des Eingangs zur Masse wird vernachlässigt.

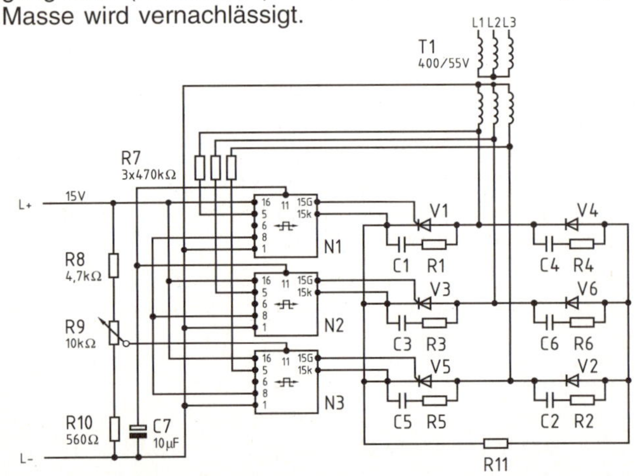

17.1.5 Wechselstromschalter

a) Geben Sie an, wie der Wechselstromsteller (Aufgabe 17.1.3) abgeändert werden muß, damit die Schaltung als Wechselstromschalter arbeitet!
b) Zeichnen Sie den Schaltungsauszug des Wechselstromschalters!

17.1.6 Drehstromsteller

Die Deckenbeleuchtung eines Theatersaals wird mittels eines Drehstromstellers für Phasenanschnitt stufenlos gesteuert. Die drei Beleuchtungsgruppen (symmetrische Last) sind in Stern geschaltet. Die Ansteuerung wird mit drei Impulsgeber N1 aus Auftrag 1 realisiert.

a) Nennen Sie Aufgabe des Transformators T1!
b) Übernehmen Sie die Bauteileanordnung auf ein A4-Blatt! Zeichnen Sie den Schaltungsauszug des Drehstromstellers!

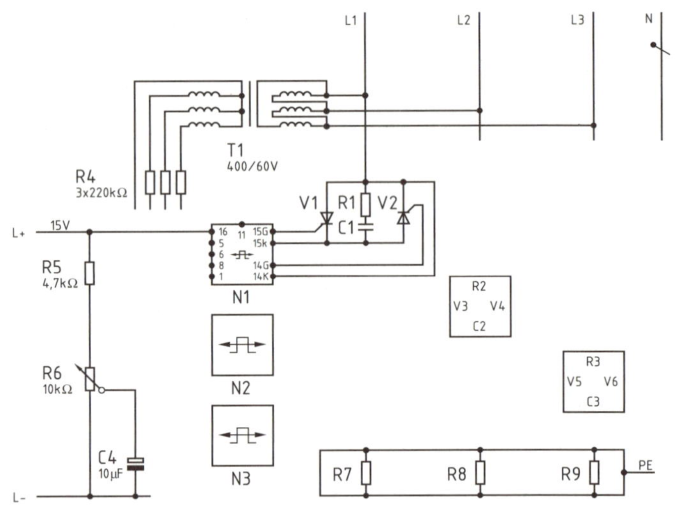

17.1.7 Drehstromschalter

Für den dargestellten unsymmetrischen Drehstromverbraucher (Sternschaltung) wird ein Drehstromschalter unter Verwendung des Impulsgebers N1 aus Auftrag 1 benötigt. Die Last wird häufig bei hohen Stromstärken geschaltet.

a) Nennen Sie drei Vorteile, die ein Drehstromschalter mit Thyristoren gegenüber einem mechanischen Schalter oder einem Leistungsschütz hat!
b) Übernehmen Sie die Bauteileanordnung auf ein A4-Blatt! Zeichnen Sie den Schaltungsauszug des Drehstromschalters!

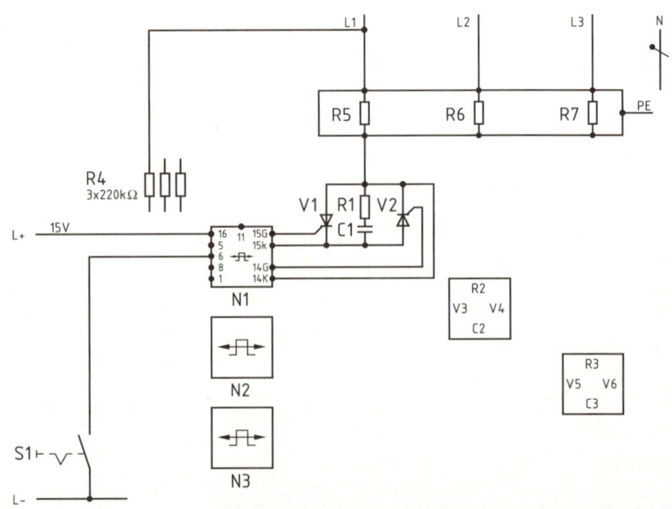

Aufgaben

17.1.8 Einschaltfolge

Die Einschaltfolge der drei Drehstrommotoren von Aufgabe 3.2.4, Seite 24 soll als Ablaufsteuerung verdrahtet werden. S1 bewirkt die Steuerungsfreigabe und gleichzeitig den Start der Schrittkette.
Zeichnen Sie den Funktionsplan der Schrittkette nach DIN 40 719 T.6!

17.1.9 Automatische Einschaltfolge

Die automatische Einschaltfolge der drei Bandförderer von Aufgabe 3.4.4, Seite 33 wird als Ablaufsteuerung aufgebaut. S1 bewirkt die Steuerungsfreigabe und gleichzeitig den Start der Schrittkette.
Zeichnen Sie den Funktionsplan nach DIN 40 719 T.6!

17.1.10 Förderbandsteuerung für drei Motoren

a) Analysieren Sie die Förderbandsteuerung, indem Sie folgende Fragen beantworten bzw. Aufträge ausführen!
   1. Welche Funktion hat die Selbsthalteschaltung mit K0?
   2. Woran erkennen Sie, daß es sich um die Schrittkette einer Ablaufsteuerung handelt?
   3. Welche Art von Ablaufsteuerung liegt vor?
   4. Welche Schütze speichern die Schritte und welche Schütze führen die Schrittbefehle aus?
   5. Wieviel Schritte besitzt die Schrittkette?
   6. Warum besitzen K2 und K3 Frühschließer und Spätöffner?

b) Nennen Sie die Grundstellung der Schrittkette sowie die Weiterschalt- und Rücksetzbedingungen für die einzelnen Schritte!

c) Geben Sie die verwendeten Befehlsarten an!

d) Beschreiben Sie den Vorgang, wenn Schritt 2 gesetzt wird!

e) Nennen Sie die schaltungstechnische Maßnahme, mit der sich der letzte Schritt selbst zurücksetzt!

f) Zeichnen Sie den Funktionsplan der Steuerung nach DIN 40 719 T.6!

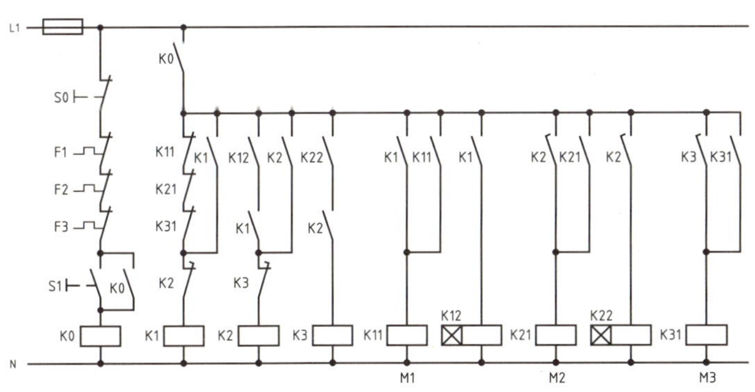

17.1.11 Ablaufsteuerung Rührkesselreaktor

Die Schrittkette der Rührkesselsteuerung nach Auftrag 2, Seite 214 soll in Schützentechnik aufgebaut werden. Mit den Schützen K1 bis K6 wird der jeweilige Schritt gesetzt. Die übrigen Schütze dienen der Befehlsausgabe.
Übernehmen Sie die Betriebsmittelanordnung auf ein A4-Blatt Querformat! Zeichnen Sie die Schützensteuerung gemäß dem Funktionsplan Abb. 3, Seite 214!

17.1.12 Zweimotorensteuerung

a) Welche Steuerungsart ist dargestellt?

b) Beschreiben Sie die Funktion der Steuerung!

c) Zeichnen Sie die Schaltung mit Symbolen der Digitaltechnik!

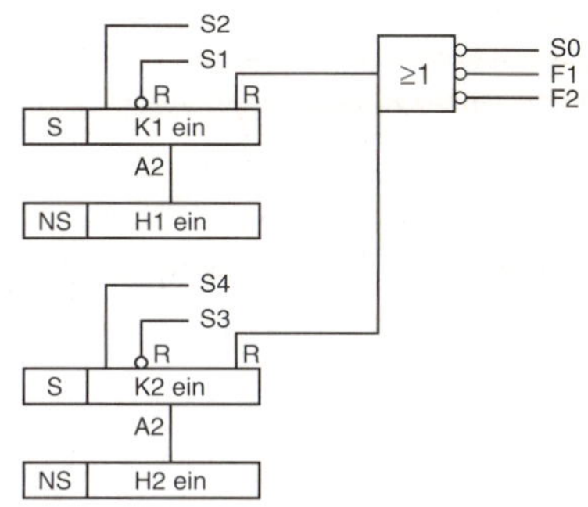

17.1.13 Ein- und Ausschaltfolge

Zeichnen Sie den Funktionsplan nach DIN 40 719 T.6 Steuerung von Aufgabe 3.2.5, Seite 24, als Verknüpfungssteuerung!

17.1.14 Bearbeitungseinheit

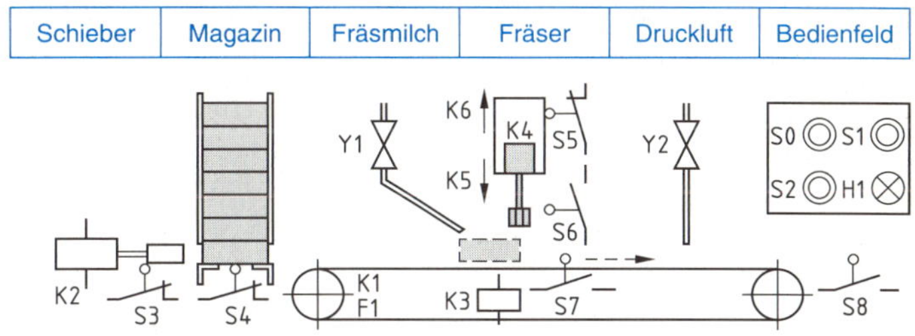

Das Technologieschema zeigt die Bearbeitungseinheit in Grundstellung.

- Steuerungsfreigabe mit S1, Steuerungssperre mit S0 oder durch das MS-Relais F1 des Bandmotors. Bei Steuerungssperre rücksetzen aller Schritte und Befehle.
- Grundstellung: Fallmagazin ist gefüllt, Schieber K2, Fräser K4, Fräsmilch Y1 und Druckluft Y2 sind abgeschaltet (S3, S4, S5, Y1, Y2 geschlossen).
- Mit dem Taster S1 wird das Förderband K1 eingeschaltet. Der Melder H1 zeigt den Betrieb.
- Wenn K1 eingeschaltet ist (Rückmeldung), schiebt K2 ein Werkstück auf das Band.
- Wenn S7 schließt, dann hat das Werkstück die Fräsposition erreicht. Das Band stoppt, der Haftmagnet K3 zieht, die Fräsmilch läuft und der Schieber geht zurück in Grundstellung.
- Wenn K2 und K4 in Grundstellung sind und die Fräsmilch eingeschaltet ist, dann wird der Fräser eingeschaltet, gesenkt (K5) und die Fräszeit läuft ab (Sicherheitszeit t = 5 s).
- Wenn der Fräser bei nichtabgelaufener Sicherheitszeit (0-Signal) seine untere Endlage erreicht (S6 schließt), dann wird der Fräser gehoben (K6) und die Fräsmilchzufuhr stoppt.
- Wenn der Fräser die Grundstellung erreicht, dann schalten das Montageband und die Ausblaseinrichtung Y2 ein.
- Erfolgt der Werkstückauswurf (S8 schließt), schaltet Y2 ab. Der Ablauf beginnt automatisch von neuem.

Zeichnen Sie den Funktionsplan der Schrittkette!

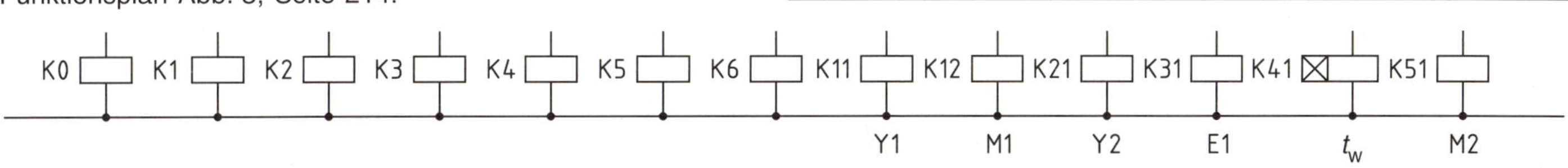

Auftrag 1

Bei der Umrüstung der Rührkesselsteuerung (Auftrag 2, Seite 214) auf **speicherprogrammierte Steuerung (SPS)** wird die binäre Meldeschaltung zur Funktionsüberwachung der Druckkesselsensoren ebenfalls mit der SPS ausgeführt.
Die speicherprogrammierte Steuerung soll mit der Meldeschaltung verglichen und die Lösung der Steuerungsaufgabe mit SPS angegeben werden.

Vergleich

Grundsätzlich verarbeitet eine SPS die Eingangssignale wie jede Binärsteuerung bzw. Schützensteuerung nach dem **EVA-Prinzip** (Abb. 1).

- **E** Signaleingabe durch Sensoren in der Eingabe-Ebene.
- **V** Signalverarbeitung in der Verknüpfungs-Ebene.
- **A** Signalausgabe über Aktoren in der Ausgabe-Ebene.

Der Unterschied liegt in der Art der Signalverarbeitung. In der binären Meldeschaltung bestimmt die Verdrahtung der Sensoren (S15, S16) und Aktoren (H15 bis H18) den Steuerungsablauf. Eine solche **verbindungsprogrammierte Steuerung (VPS)** ist nur für eine Aufgabe ausgelegt.
Bei der SPS erfolgt die Programmierung der Steuerungsaufgabe nicht durch Verdrahtung (Hardware), sondern durch Computerprogramme (Software). In einer eigenen Programmiersprache wird das Steuerungsprogramm mit einem Programmiergerät in den Programmspeicher der SPS geladen. Änderungen durch Umprogrammieren der SPS (freiprogrammierbar) oder durch Speicheraustausch (austauschprogrammierbar) sind beliebig möglich.

> VPS und SPS unterscheiden sich nur in der Verknüpfungsebene durch die Art der Signalverarbeitung.
> Bei der SPS bestimmt eine Folge von Anweisungen im Programmspeicher (Programm) den Steuerungsablauf.

Programmieren mit Computer

SPS mit hohem Ausstattungsumfang besitzen Programmiergeräte mit Monitor bzw. ermöglichen das Programmieren mittels PC. Sie gestatten die Steuerung als **Kontaktplan** (**KOP**) oder **Funktionsplan** (**FUP**) grafisch auf dem Bildschirm zu projektieren und den Plan dann als Steuerungsprogramm in den Speicher der SPS zu übernehmen. Der Mikroprozessor arbeitet dann Anweisung für Anweisung nacheinander (seriell) in ständiger Wiederholung (zyklisch) ab.
Der Kontaktplan (Abb. 2) nach DIN 19 239 ähnelt sehr dem Stromlaufplan in aufgelöster Darstellung (Abb. 2). Allerdings bestehen folgende zwei Unterschiede.

- Die Stromwege werden waagerecht untereinander angeordnet zur leichten Wiedergabe auf einfachen Bildschirmgeräten bzw. Druckern.
- Zur Darstellung der Steuerungsfunktion verwendet man **Signalsymbole** (Abb. 3).

Der Funktionsplan nach DIN 19 239 ist allgemeinverständlicher. Seine Symbole entsprechen weitgehend denen in der Digitaltechnik (Abb. 4). Er darf trotz der Namensgleichheit nicht mit dem prozeßorientierten Funktionsplan nach DIN 40 719 T.6 verwechselt werden. Die Numerierung der Anweisungsfolgen als Netzwerke in KOP und FUP (NW1 bis NW4) ist herstellerspezifisch. Sie erleichtert die Übersicht.

> KOP und FUP nach DIN 19 239 sind grafische Projektier- und Programmierunterlagen für die SPS. Die Anweisungsfolgen werden von oben (NW1) nach unten (NW4) zyklisch abgearbeitet.

Hinweis: Eine SPS, die mehr als nur reine Binärsteuerungen ausführen kann, nennt man **Automatisierungsgerät** (AG). Ein AG kann z. B. zählen, vergleichen und regeln.

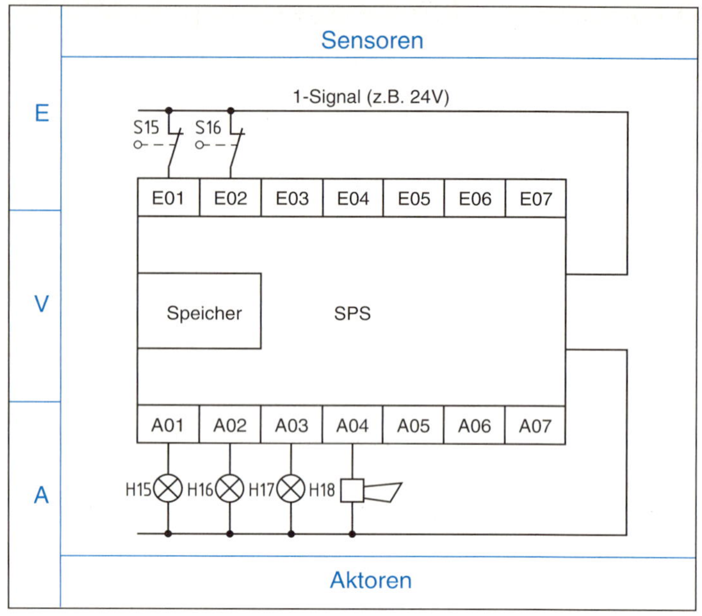

Abb. 1: EVA-Prinzip bei einer SPS

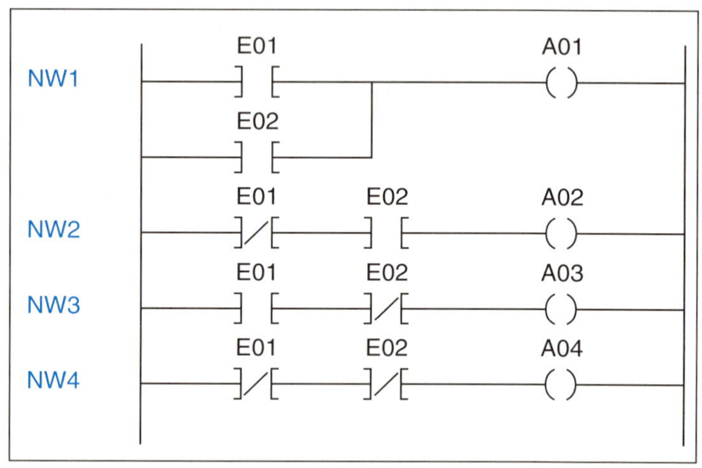

Abb. 2: KOP (DIN 19 239)

Symbol	Bedeutung
–] [–	Abfrage des Operanden auf 1-Signal
–]/[–	Abfrage des Operanden auf 0-Signal
–( )–	Zuweisung eines Verknüpfungsergebnisses

Abb. 3: Signalsymbole (DIN 19 239)

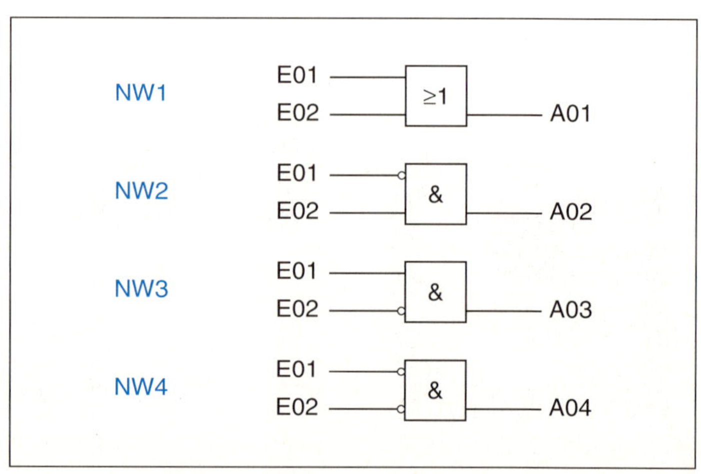

Abb. 4: FUP (DIN 19 239)

Programmieren mit Handprogrammiergerät

Bei Kompaktgeräten für kleinere Steuerungsaufgaben kann das Automatisierungsgerät meist nur von Hand programmiert werden. Das Programm besteht dann aus einer Liste von Steuerungsanweisungen (**Anweisungsliste AWL**), die der Mikroprozessor der Reihe nach zyklisch abarbeitet. Der Befehlsvorrat der AWL ist wesentlich umfangreicher als der von KOP und FUP. Deshalb ist die AWL bei komplizierten Steuerungsaufgaben oft die einzige Programmiermöglichkeit.

Die AWL ist die Arbeitsvorschrift für den Mikroprozessor.

Das kleinste lauffähige Programm ist die Steuerungsanweisung (Abb. 5). Diese Anweisung besteht nach DIN 19 239 aus:

- der **Operation** (Was tun?) und
- dem **Operanden** (Womit tun?)

Der Operand setzt sich dabei aus dem **Operandenkennzeichen** (Art: z. B. Eingang, Ausgang) und dem **Parameter** (Nummer) zusammen.
Obwohl sich die Programmiersprachen der SPS-Hersteller voneinander unterscheiden, sind sie der Norm ähnlich.

In diesem Buch werden Steuerungsanweisungen und Bildsymbole nach DIN 19 239 verwendet.
Sind benötigte Funktionen nicht oder nur teilweise genormt, lehnt sich ihre Darstellung und Programmierung an die Lösung namhafter SPS-Hersteller an.

Bevor man die AWL schreibt, legt man in der **Zuordnungsliste** fest, welcher Sensor welchem Eingang zugeordnet ist und gibt seine Funktion an. Entsprechend verfährt man mit den Aktoren (Abb. 6).
Jede Steuerungsanweisung der AWL (Abb. 7) stellt im Grunde einen Satz mit folgender Form dar:
WENN die Verknüpfungsbedingungen erfüllt sind, **DANN** wird der Ausgangsoperand gesetzt.

Beispiel einer Anweisungsfolge (NW3) ③:

L	E01	≙	WENN	E01		1-Signal
UN	E02	≙	UND	E02	NICHT	1-Signal
=	A03	≙	DANN	A03		1-Signal

DIN 19 239 empfiehlt, jede Anweisungsfolge der AWL mit dem Ladebefehl zu beginnen ①, ②. Je nach Hersteller sind auch U bzw. O üblich. Zum leichten Auffinden einzelner Anweisungen werden diese fortlaufend numeriert (Adresse). Jedes Programm muß mit PE enden, sonst führt der Mikroprozessor nachfolgende Anweisungen aus anderen Programmen mit aus. Ein ergänzender Kommentar hinter der Einzelanweisung erleichtert die Programmanalyse.

Abb. 8 zeigt Ausführungsformen von Programmiergeräten und SPS für die Prozeßautomation.

Hinweis: Notwendige Sicherheitsschaltungen werden bei den im Buch besprochenen Beispielen meist nicht berücksichtigt.

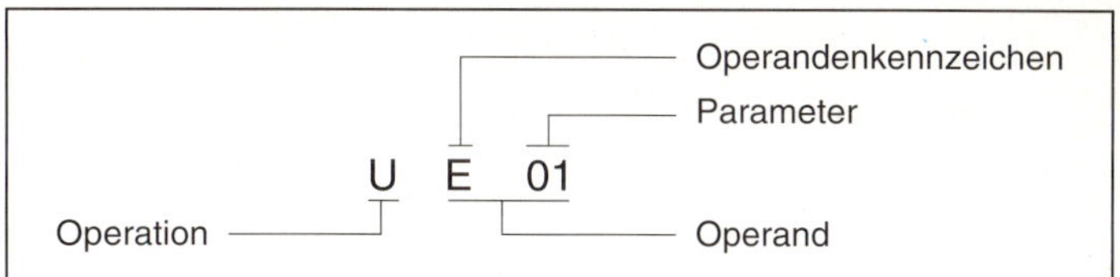

Operation Was tun?		Operand Womit tun?	
Zeichen	Bedeutung	Zeichen	Bedeutung
L	Laden eines Operanden (1. Verknüpfungsbefehl einer Anweisungsfolge: „wenn“)	**=**	Zuweisung an einen Operanden („dann“)
		E	Eingang
U	UND-Verknüpfung, Signalabfrage nach „1“	**A**	Ausgang
O	ODER-Verknüpfung, Signalabfrage nach „1“	**PE**	Programmende
N	NICHT-Verknüpfung, Signalabfrage nach „0“ (in Verbindung mit L, U, O)	**NOP**	Nulloperation (leerer Speicherplatz als Platzhalter)

Abb. 5: Steuerungsanweisung (DIN 19 239)

S1	E01	Drucksensor 1 (Schließer)	
S2	E02	Drucksensor 2 (Schließer)	
H0	A01	Leuchtmelder 1	S1 und S2 arbeiten
H1	A02	Leuchtmelder 2	Ausfall von S1
H2	A03	Leuchtmelder 3	Ausfall von S2
H3	A04	Hupe	Ausfall von S1 und S2

Abb. 6: Zuordnungsliste

Adresse	Operation	Operand	Kommentar	
000	L ①	E01	Sensor 1	S15
001	O	E02	Sensor 2	S16
002	=	A01	S1 und S2 störungsfrei	H15
003	LN ②	E01	Sensor 1	S15
004	U	E02	Sensor 2	S16
005	=	A02	Störung S1	H16
006	L	E01	Sensor 1	S15
007	UN ③	E02	Sensor 2	S16
008	=	A03	Störung S2	H17
009	LN	E01	Sensor 1	S15
010	UN	E02	Sensor 2	S16
011	=	A04	Störung S1 und S2	H18
012	PE			

Abb. 7: AWL (DIN 19 239)

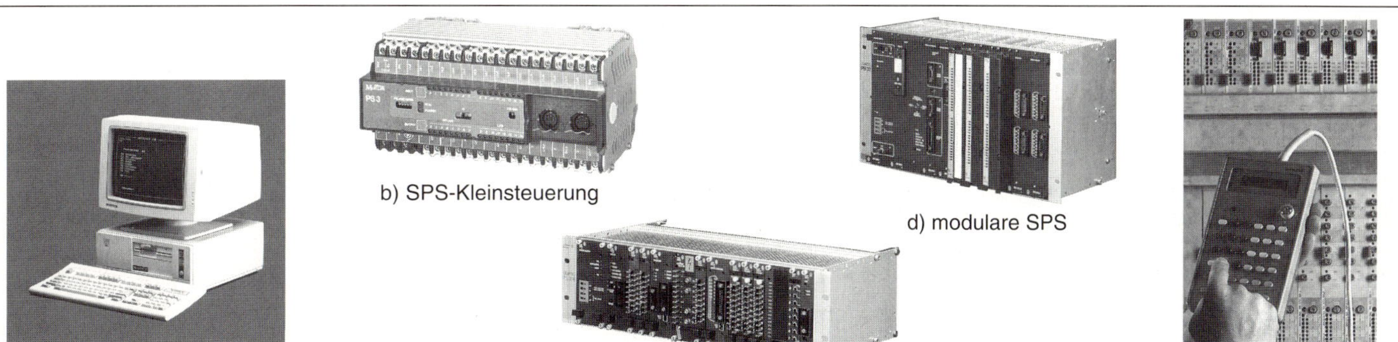

a) Programmieren mit Computer
b) SPS-Kleinsteuerung
c) modulare SPS
d) modulare SPS
e) Handprogrammiergerät

Abb. 8: Prozeßautomation mit SPS

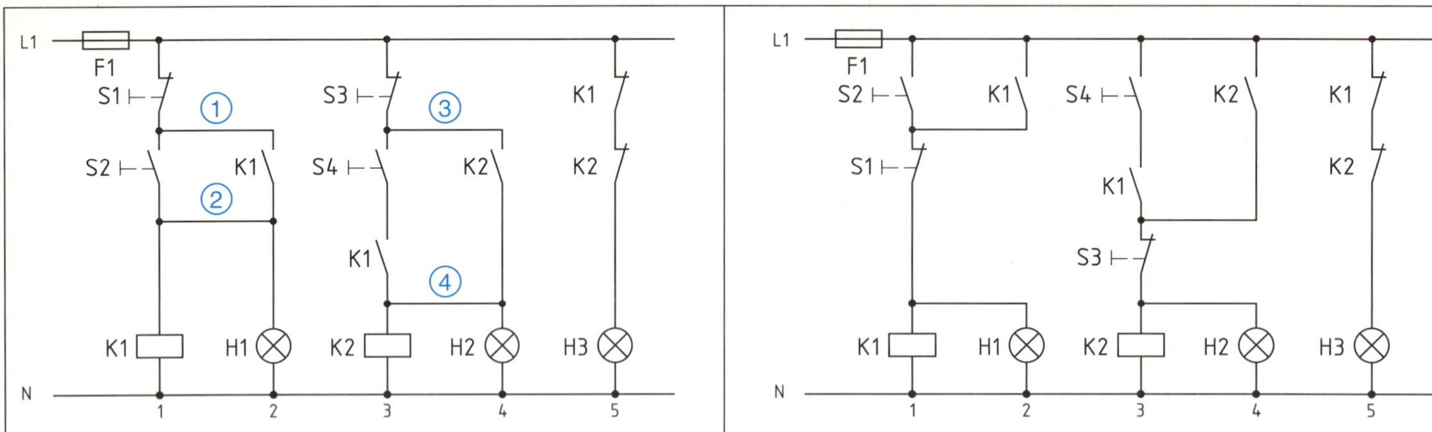

a) vorgegebener Stromlaufplan

b) umgezeichneter Stromlaufplan

Abb. 1: Schützensteuerung

Auftrag 2

Bei einer Werkzeugmaschine kann der Fräser erst dann eingeschaltet werden, wenn die Kühlmittelpumpe arbeitet. Im Fräsbetrieb ist die Pumpe bei Bedarf abschaltbar.

Es soll gezeigt werden, wie die Schützensteuerung der Maschine in eine speicherprogrammierte Steuerung umgesetzt werden kann.

Programmerstellung

Bei der Steuerung in Schützentechnik (Abb. 1a) verriegelt K1 (Kühlmittelpumpe) das Einschalten von K2 (Fräsermotor).

Wird die speicherprogrammierte Steuerung nur mit Grundbefehlen (L, U, O, N, =) ausgeführt, so ist das folgende wichtige Verhalten zu beachten. Ein Oder-Befehl schaltet den betreffenden Operanden parallel zu allen vorangegangenen Verknüpfungen der Anweisungsfolge. Deshalb muß der vorgegebene Stromlaufplan (Abb. 1a) für die SPS-Programmierung mit Grundbefehlen so umgezeichnet werden, daß die ODER-Verknüpfungen ② ④ vor den UND-Verknüpfungen ① ③ liegen (Abb. 1b).

In der Zuordnungsliste der Steuerung (Abb. 2a) ist die Beschaltung des Automatisierungsgerätes mit den Sensoren und Aktoren sowie deren Funktion festgelegt.

Aus dem umgezeichneten Stromlaufplan (Abb. 1b) leitet sich der Kontaktplan der SPS ab (Abb. 3a).

- Die Strompfade 1 und 2 bilden Netzwerk 1.
  Die Strompfade 3 und 4 bilden Netzwerk 2.
  Der Strompfad 5 bildet Netzwerk 3.
- Die Schaltzeichen werden durch Signalsymbole ersetzt.
- Die Bezeichnung erfolgt gemäß der Zuordnungsliste.

Der FUP ergibt sich aus dem KOP (Abb. 3b).

Die Anweisungsliste (Abb. 4) kann jetzt z. B. nach dem Kontaktplan beginnend mit Netzwerk 1 schrittweise geschrieben werden. Dabei darf ein Operand beliebig oft programmiert werden (A01) und eine Anweisungsfolge beliebig viele Ausgangs-Operanden ansteuern (A01, A03 bzw. A02, A04).

> Programmiermerkmale:
>
> Ein Oder-Befehl schaltet den Operanden parallel zu allen vorangegangenen Verknüpfungen einer Anweisungsfolge.
>
> Ein Operand kann beliebig oft programmiert werden.
>
> Eine Verknüpfungsfolge kann beliebig viele Ausgangs-Operanden ansteuern.

S1	E01	Austaster Pumpe (Ö)	
S2	E02	Eintaster Pumpe (S)	
S3	E03	Austaster Fräser (Ö)	
S4	E04	Eintaster Fräser (S)	
K1	A01	Schütz 1	Pumpe
K2	A02	Schutz 2	Fräser
H1	A03	Melder 1	Pumpe ein
H2	A04	Melder 2	Fräser ein
H3	A05	Melder 3	Anlage aus

a) Zuordnungsliste

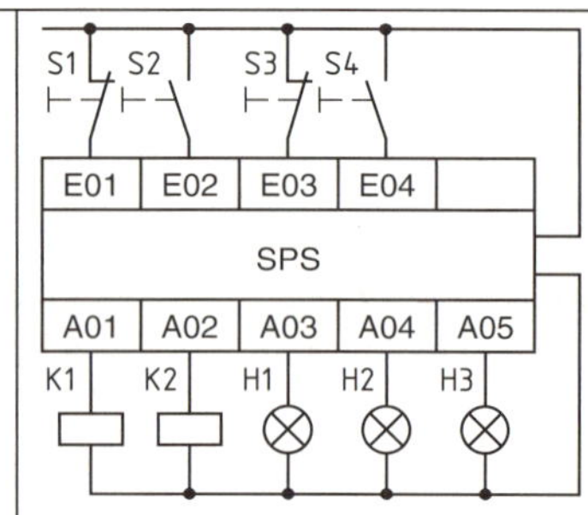

b) Beschaltung

Abb. 2: SPS

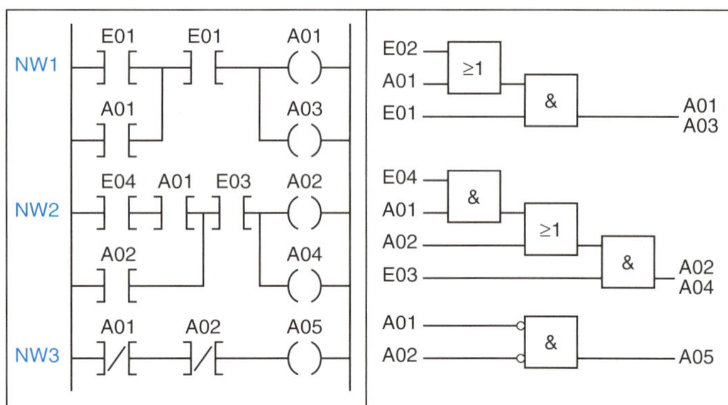

a) KOP

b) FUP

Abb. 3: SPS-Programmierunterlagen

Adresse	Operation	Operand	Kommentar	
000	L	E02	EIN-Taster (Pumpe)	S2
001	O	A01	Selbsthaltung	K1
002	U	E01	AUS-Taster (Pumpe)	S1
003	=	A01	Pumpenmotor	K1
004	=	A03	Pumpe Betrieb	H1
005	L	E04	EIN-Taster (Fräser)	S4
006	U	A01	Verriegelung	K1
007	O	A02	Selbsthaltung	K2
008	U	E03	AUS-Taster (Fräser)	S3
009	=	A02	Fräsermotor	K2
010	=	A04	Fräser Betrieb	H2
011	LN	A01	Öffner	K1
012	UN	A02	Öffner	K2
013	=	A05	Anlage aus	H3
014	PE			

Abb. 4: AWL

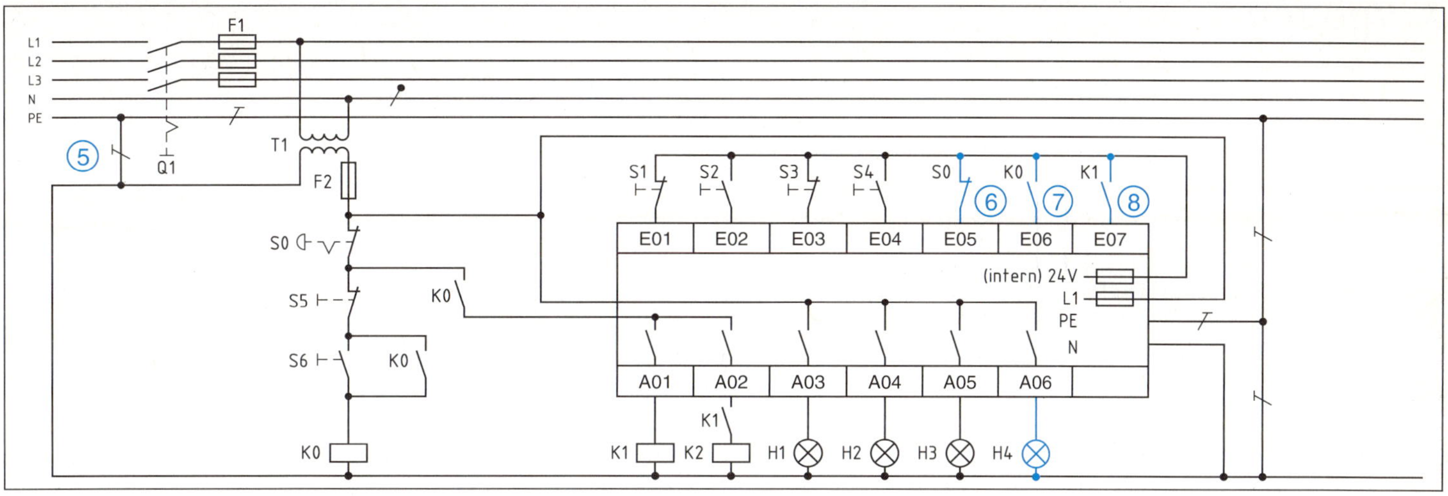

Abb. 5: Sicherheitstechnische Beschaltung des Automatisierungsgerätes

Auftrag 3

Am Beispiel der Werkzeugmaschinensteuerung (Auftrag 2) soll eine mögliche sicherheitstechnische Ausführung der SPS beschrieben werden.

Sicherheitstechnische Ausführung (Abb. 5)

Fehler in Anlagen mit Automatisierungsgeräten dürfen Menschen und Einrichtungen nicht gefährden (DIN VDE 0113). Für die sicherheitstechnischen Funktionen verwendet man trotz ausgereifter Steuerungselektronik **elektromechanische Steuerungsmittel**. Ihr Verhalten ist aus langer Erfahrung bekannt und derzeit wirtschaftlicher als vergleichbare Elektroniksysteme.

- Hauptschalter Q1 gibt die Spannung für die gesamte Steuerung frei.
- Empfohlen wird die galvanische Trennung von Steuerstromkreisen mit mehr als fünf Betätigungsspulen durch einen Steuertransformator T1 (DIN VDE 0113).
- Fehlschaltungssicherheit in Peripheriestromkreisen bei Erdschlüssen wird erreicht durch Verbinden eines sekundärseitigen Transformatoranschlusses mit dem Schutzleiter ⑤. Bei erdfreiem Betrieb muß eine Erdschlußüberwachungseinrichtung vorgesehen werden.
- **Drahtbruch- oder Erdschlußsicherheit** wird grundsätzlich wie bei jeder Schützensteuerung gewährleistet.
  - Einschalten nur mit einem Schließer (Drahtbruchsicherheit durch S2).
  - Ausschalten nur mit einem Öffner (Erdschlußsicherheit durch S1).
- NOT-AUS-Schalter S0 schaltet direkt Stellgeräte und Antriebe ab, die im EIN-Zustand Menschen und Einrichtungen gefährden können (K1, K2).
- Keine Abschaltung von Einrichtungen, die im AUS-Zustand gefährlich sein können (Spannvorrichtungen, Hilfsversorgungen, aber auch die Meldeeinrichtungen H1 bis H4).
- Keine unkontrollierten Stellbefehle des Automatisierungsgerätes bei Netzspannungsfreigabe durch Q1 oder Spannungswiederkehr nach einem Ausfall. Deshalb wird der Steuerungsablauf über eine Selbsthalteschaltung mit Taster S6 freigegeben und mit S5 unterbrochen.
- Rückmeldung von NOT-AUS-Zustand ⑥ und Steuerungsfreigabe ⑦ an das Automatisierungsgerät und Verarbeitung im Programm. Die Steuerungssperre zeigt Störmelder H4 an.
- Direkte Verriegelung von K2 durch einen Schließer von K1 erhöht die Funktionssicherheit der Steuerung. Die korrekte Befehlsausführung (K1 hat angezogen) wird dem Automatisierungsgerät rückgemeldet ⑧. Dadurch wird der weitere Steuerungsablauf freigegeben. Werden Motorschutzrelais und Sicherheitsverriegelungen eingebaut, müssen auch diese nach DIN VDE 0113 extern verdrahtet werden.

Abb. 6 zeigt den erweiterten KOP, Abb. 7 die erweiterte AWL (blau unterlegt).

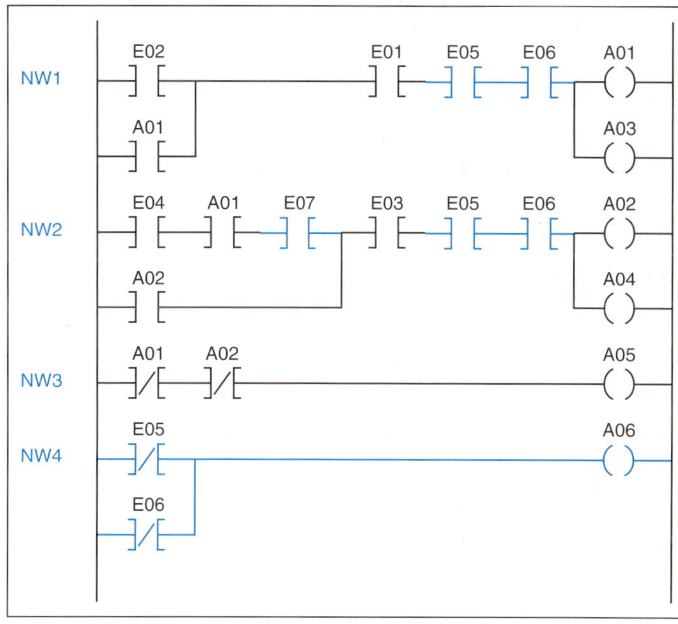

Abb. 6: Erweiterter KOP

Adresse	Operation	Operand	Kommentar	
000	L	E02	EIN-Taster (Pumpe)	S2
001	O	A01	Selbsthaltung	K1
002	U	E01	AUS-Taster (Pumpe)	S1
003	U	E05	NOT-AUS	S0
004	U	E06	Steuerungsfreigabe	K0
005	=	A01	Pumpenmotor	K1
006	=	A03	Pumpe Betrieb	H1
007	L	E04	EIN-Taster (Fräser)	S4
008	U	A01	Verriegelung	K1
009	U	E07	Rückmeldung	K1
010	O	A02	Selbsthaltung	K2
011	U	E03	AUS-Taster (Fräser)	S3
012	U	E05	NOT-AUS	S0
013	U	E06	Steuerungsfreigabe	K0
014	=	A02	Fräsermotor	K2
015	=	A04	Fräser Betrieb	H2
016	LN	A01	Öffner	K1
017	UN	A02	Öffner	K2
018	=	A05	Anlage aus	H3
019	LN	E05	NOT-AUS	S0
020	ON	E06	Steuerungsfreigabe	K0
021	=	A06	Störung	H4
022	PE			

Abb. 7: Erweiterte AWL

Aufgaben

17.2.1 Pressensteuerung

Der Stempel einer Prägepresse darf aus Sicherheitsgründen erst dann herunterfahren (K1), wenn zwei Handtaster (S1, S2) und ein Fußtaster (S3) betätigt werden. Alle Taster sind Schließer.

a) Stellen Sie die Zuordnungsliste auf!
b) Erstellen Sie die Anweisungsliste!
c) Zeichnen Sie den KOP und den FUP!

17.2.2 Sicherheitseinrichtung

Die Hupe H1 der Sicherheitseinrichtung eines Rührkesselreaktors soll Signal geben, wenn der Temperaturwächter (Schließer S1) oder der Druckwächter (Schließer S2) oder das Motorschutzrelais (Öffner F1) des Rührwerkmotors ansprechen.

a) Stellen Sie die Zuordnungsliste auf!
b) Erstellen Sie die Anweisungsliste!
c) Zeichnen Sie den KOP und den FUP!

17.2.3 Programmanalyse

Zuordnungsliste

S1	E01	Taster	(Ö)	K1	A01	Schütz	1
S2	E02	Taster	(S)	K2	A02	Schütz	2
S3	E03	Taster	(Ö)	K3	A03	Schütz	3
S4	E04	Taster	(S)	H1	A04	Melder	1
S5	E05	Taster	(Ö)	H2	A05	Melder	2
S6	E06	Taster	(S)	H3	A06	Melder	3

AWL

000	L	E02	007	L	E04	014	L	E06
001	UN	A02	008	UN	A01	015	UN	A01
002	UN	A03	009	UN	A03	016	UN	A02
003	O	A01	010	O	A02	017	O	A03
004	U	E01	011	U	E03	018	U	E05
005	=	A01	012	=	A02	019	=	A03
006	=	A04	013	=	A05	020	=	A06
						021	PE	

a) Analysieren Sie die Anweisungsliste, indem Sie folgende Fragen beantworten!
   1. In welcher Reihenfolge können die Motoren ein- bzw. ausgeschaltet werden?
   2. Wieviel Motoren können gleichzeitig in Betrieb sein?

b) Zeichnen Sie den KOP und den FUP!

17.2.4 Abwasserpumpe

Ein Abwassersammelbecken wird durch eine Pumpe entleert.

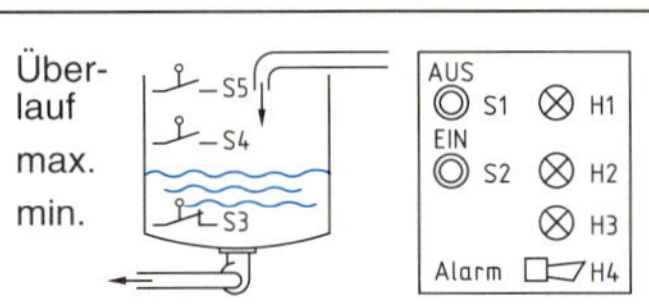

Funktion der SPS-Steuerung:

- Einschalten des Pumpen-Dauerbetriebes mit Taster S2 jederzeit möglich, wenn Schwimmschalter S3 geschlossen (Mindestwasserstand vorhanden) oder
- Automatisches Einschalten des Dauerbetriebes durch S4 (Maximaler Wasserstand erreicht).
- Ausschalten der Pumpe mit Taster S1 jederzeit möglich oder wenn das Motorschutzrelais F1 auslöst.
- Automatisches Abschalten des Dauerbetriebes durch S3 (Mindestwasserstand erreicht). Es ist nur noch Tippbetrieb möglich.
- Die Melder H1 und H2 zeigen die Betriebszustände Pumpe EIN bzw. Pumpe AUS an.
- Hupenalarm (Melder H4) mit zusätzlicher Leuchtmeldung (H3), wenn S5 schließt (Überlaufgefahr) oder F1 auslöst.

a) Stellen Sie die Zuordnungsliste auf!
b) Zeichnen Sie den KOP!
c) Erstellen Sie die AWL!

17.2.5 Programmierübung

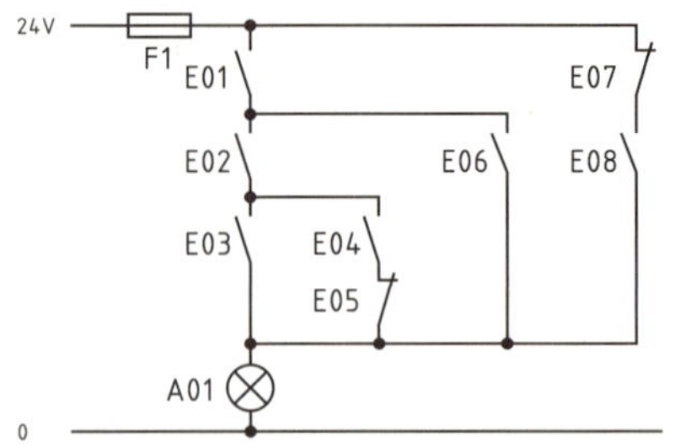

a) Zeichnen Sie die Schaltung so um, daß diese nur mit Grundbefehlen programmiert werden kann!
b) Schreiben Sie die AWL!
c) Zeichnen Sie den KOP und den FUP!

17.2.6 Meldeeinrichtung

Zuordnungsliste

S1	E01	Taster	(S)
S2	E02	Taster	(S)
S3	E03	Taster	(S)
H1	A01	Melder	1
H2	A02	Melder	2
H3	A03	Melder	3

FUP

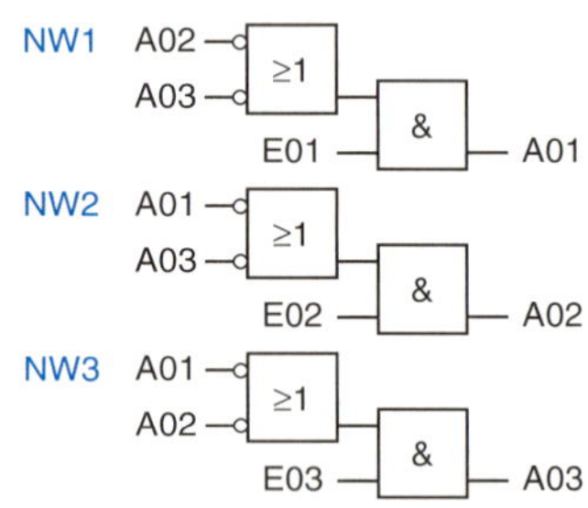

a) Analysieren Sie den Funktionsplan, indem Sie folgende Fragen beantworten!
   1. Welche Melder leuchten, wenn zunächst S1, dann zusätzlich S2 und schließlich alle drei Taster betätigt werden?
   2. Wieviel Melder können gleichzeitig leuchten?

b) Geben Sie die AWL an!
c) Zeichnen Sie den KOP!

17.2.7 Sicherheitsbetrachtung

Zuordnungsliste

S1	E01	Taster (Ö)	S2	E02	Taster (S)
K1	A01	Schütz			

AWL 1			AWL 2			AWL 3		
000	L	E02	000	L	E01	000	LN	E01
001	O	A01	001	U	A01	001	O	A01
002	U	E01	002	O	E02	002	UN	E02
003	=	A01	003	=	A01	003	=	A01
004	PE		004	PE		004	PE	

a) Zeichnen Sie zu den drei Anweisungslisten die jeweils zugehörige Schützschaltung!
b) Analysieren Sie die Anweisungslisten, indem Sie folgende Fragen beantworten!
   1. Welche schaltungstechnische Funktion ist jeweils vorrangig programmiert?
   2. Wie reagieren die Schaltungen bei
      - 0-Signal an E01 (Erdschluß),
      - 0-Signal an E02 (Drahtbruch)?

17.2.8 Fabriktorsteuerung

Führen Sie die Steuerung Abb. 7, Seite 27 speicherprogrammiert aus unter Berücksichtigung der Sicherheit!

a) Erstellen Sie eine Zuordnungsliste!
b) Zeichnen Sie eine SPS-Beschaltung mit NOT-AUS. Steuerungsfreigabe über Selbsthalteschaltung, Verriegelungen, SPS-Rückmeldungen und einem zusätzlichen Störmelder für die Steuerungssperre!
c) Entwickeln Sie den KOP und den FUP!
d) Erstellen Sie die AWL!

Auftrag 1

Zwei Förderbänder für Schüttgut werden von Hand einzeln ein- und ausgeschaltet. Die festgelegte Einschaltfolge (Band 1 vor Band 2) und Ausschaltfolge (umgekehrt) sollen Stauungen des Fördergutes verhindern (Abb. 2). Bei der Anlagenmodernisierung wird die Schützensteuerung durch eine SPS-Steuerung ersetzt (Automatisierungsgerät Abb. 1).

Durch Vergleich von Stromlaufplan (Abb. 2b) und Kontaktplan (Abb. 3) soll die Programmierung analysiert werden.

Programmanalyse

Der Stromlaufplan (Abb. 2) ist in dieser Form mit SPS-Grundbefehlen nicht programmierbar, weil die UND-Verknüpfung (F1, F2, S0) vor der ODER-Verknüpfung (S1, K2) geschaltet ist. Auch ein Umzeichnen (ODER vor UND) ist erfolglos, weil die beiden Parallelschaltungen in Reihe (S1, K2 und S2, K1) nicht aufgelöst werden können. Nur mit Grundbefehlen ist diese Steuerung nicht programmierbar.

Mit Hilfe der Zuordnungsliste (Abb. 4) erkennt man:

- Im Kontaktplan (NW1) ist die Reihenschaltung aus F1, F2 und S0 als Zwischenergebnis in einem **Merker** (M01) zusammengefaßt. Dies erhöht die Übersichtlichkeit des Programms.
- Die Parallelschaltung aus S1 und K2 ist ebenfalls einem Merker (M02) zugewiesen (NW2).

Mit diesen Merkern ist der Kontaktplan dann gemäß den Programmiermerkmalen für Grundverknüpfungen (ODER vor UND) aufgebaut.

> Merker speichern Zwischenergebnisse.
> Ein Merker wird wie ein Ausgang programmiert.

Hinweise:

Der Ausstattungsumfang des Automatisierungsgerätes bestimmt die Anzahl der Merker. Dabei sind zu unterscheiden:

- Merker, die bei Abschaltung bzw. Ausfall der Versorgungsspannung ihre gespeicherte Information verlieren (Fachwort: **Hilfsmerker**). Sie sind bei Wiederkehr der Spannung auf 0 gesetzt.
- Merker, die ihre gespeicherte Information batteriegepuffert behalten (Fachwort: **Haftmerker** oder **remanente Merker**). Sie dienen z. B. zur Prozeßdatenspeicherung (Menge, Füllstand, usw.), um bei Spannungsfall ein genaues Prozeßzustandsbild festzuhalten.

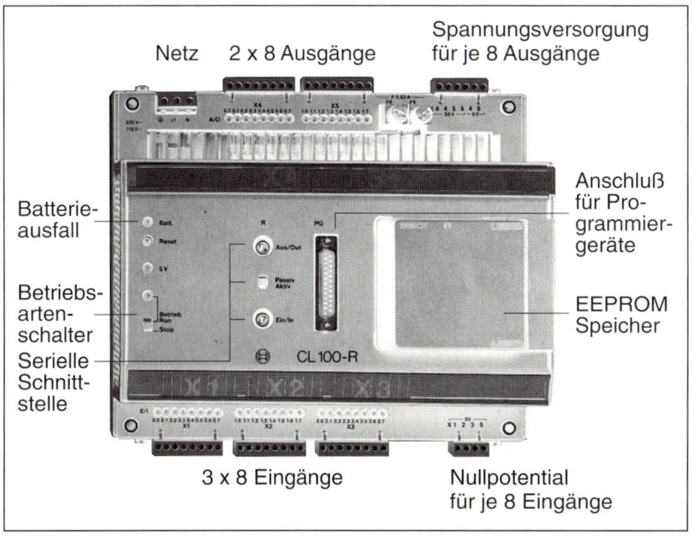

Abb. 1: Automatisierungsgerät

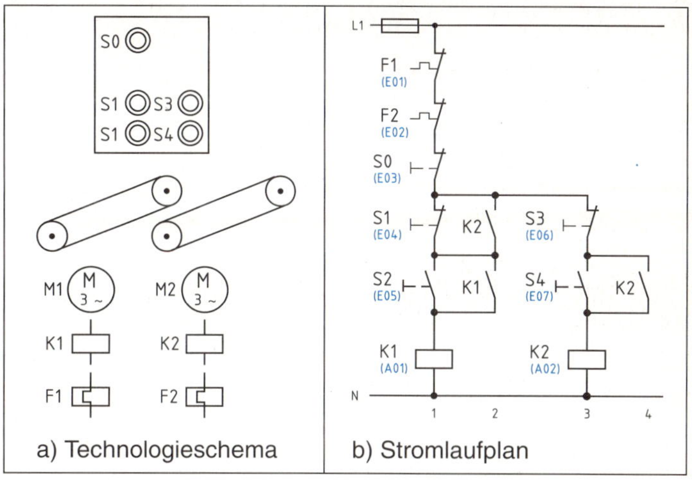

Abb. 2: Schützensteuerung

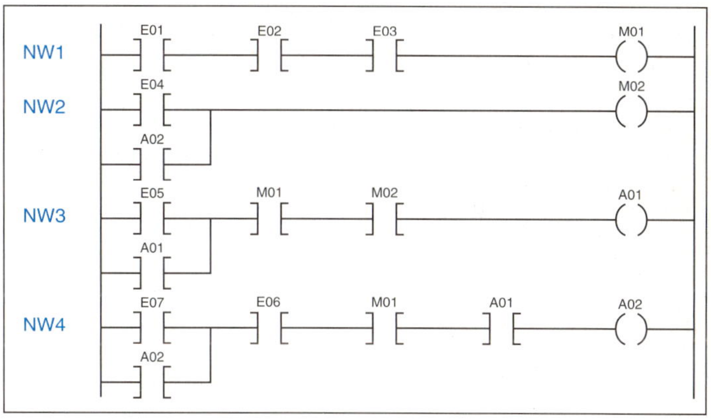

Abb. 3: KOP

F1	E01	Motorschutz Bandmotor 1	(Ö)
F2	E02	Motorschutz Bandmotor 2	(Ö)
S0	E03	Gesamt-Aus Anlage	(Ö)
S1	E04	AUS-Taster Bandmotor 1	(Ö)
S2	E05	EIN-Taster Bandmotor 1	(S)
S3	E06	AUS-Taster Bandmotor 2	(Ö)
S4	E07	EIN-Taster Bandmotor 2	(S)
K1	A01	Schütz Bandmotor 1	
K1	A02	Schütz Bandmotor 2	

Abb. 4: Zuordnungsliste

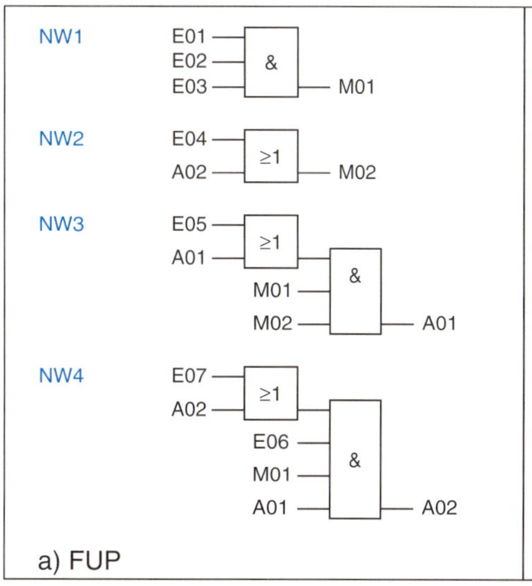

a) FUP

000	L	E01
001	U	E02
002	U	E03
003	=	M01
004	L	E04
005	O	A02
006	=	M02
007	L	E05
008	O	A01
009	U	M01
010	U	M02
011	=	A01
012	L	E07
013	O	A02
014	U	E06
015	U	M01
016	U	A01
017	=	A02
018	PE	

b) AWL

Abb. 5: Programmierunterlagen

Auftrag 2

In einem Tanklager steuert eine SPS das Füllen und Entleeren der Tanks. Die Magnetventile Y1 und Y2 sind im stromlosen Zustand geschlossen (Abb. 1a).
Die Wirkungsweise der Steuerung soll mit Hilfe des vorgegebenen FUP geklärt werden.

Analyse des FUP (Abb. 2)

Die **RS-Speicherglieder** (NW1, NW2) speichern kurzzeitig gegebene Befehle und wandeln sie so in Dauerbefehle um (vgl. 4.5). In der Schützentechnik erfüllt z. B. die Selbsthalteschaltung diese Aufgabe. Für ein RS-Speicherglied gilt:

- **S:** (Set) Setzeingang
- **R:** (Reset) Rücksetzeingang
- **Q:** Ausgang

1-Signal an S setzt Q auf 1-Signal.
1-Signal an R setzt Q zurück auf 0-Signal.

Ein gleichzeitiges 1-Signal am S- und R-Eingang darf keinen undefinierten Ausgangszustand bewirken. Einer der beiden Eingänge muß Vorrang haben (Fachwort: **dominieren**). Im Funktionssymbol dominiert der Eingang mit einer nachgestellten 1 (DIN 40 700). Ohne diese Kennzeichnung hat stets der untere Eingang Vorrang (Abb. 3). Die Programmierung der rücksetz- und setzdominanten Speicherglieder in Abb. 3 ist allgemein dargestellt. Im KOP, FUP und in der AWL steht der dominante Eingang des Speichergliedes immer näher zum Programmende hin, weil eine SPS die Anweisungen seriell abarbeitet (Abb. 2 bis 4). Die Behältersteuerung hat demnach folgende Funktion:

Netzwerk 1:
- Ist der Mindeststand erreicht, so schließt der Schwimmschalter S4 und öffnet damit automatisch das Zulaufventil Y1 (Setzen von A01 mit 1-Signal an E04).
- Ist der Höchststand erreicht, so öffnet der Schwimmschalter S3, er schließt damit das Zulaufventil Y1 (dominantes Rücksetzen von A01 mit 0-Signal an E03).

Netzwerk 2:
- Ist das Ablaufventil Y2 offen, so kann es mit dem Taster S1 von Hand geschlossen werden oder der Schwimmschalter S4 schließt das Ventil automatisch bei Erreichen des Mindeststandes (Rücksetzen von A02 mit 0-Signal an E01 oder 1-Signal an E04).
- Mit Taster S2 kann das Ablaufventil Y2 von Hand geöffnet werden. A02 wird dann dominant mit 1-Signal an E02 gesetzt. Dadurch ist ein Leeren auch über den Mindeststand hinaus möglich. Dies ist allerdings nur im Tippbetrieb möglich, denn E04 setzt A02 in jedem Programmzyklus zurück.

Netzwerk 3:
- Meldung Füllen

Netzwerk 4:
- Meldung Entleeren

KOP (Abb. 4a) und AWL (Abb. 4b) ergeben sich durch schrittweises Umsetzen des FUP von Netzwerk 1 nach Netzwerk 4.

Eine SPS führt den Speicherbefehl dominant aus, der in FUP, KOP und AWL näher zum Programmende steht.
Rücksetzdominante Speicherglieder führen das Rücksetzen des Ausgangs vorrangig aus.
Setzdominante Speicherglieder geben dem Setzen Vorrang.

Hinweis:
Sind mit der SPS keine RS-Speicherglieder programmierbar, können diese Funktionen durch Grundbefehle und Merker gebildet werden (Abb. 5).

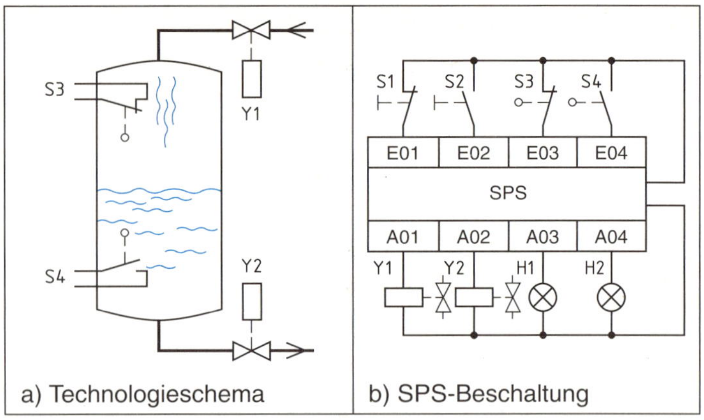

Abb. 1: Behältersteuerung

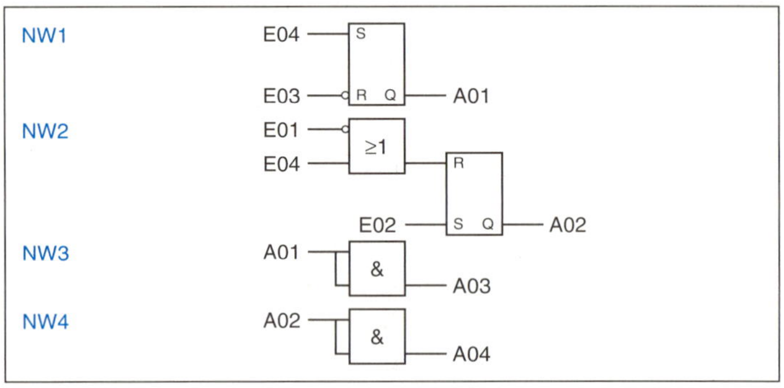

Abb. 2: FUP zu Abb. 1

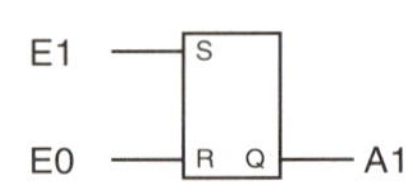

L	E1
S	A1
L	E0
R	A1

a) rücksetzdominant

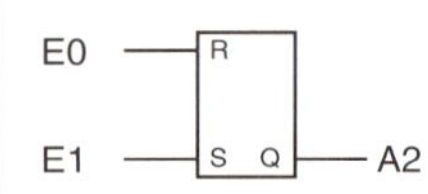

L	E0
R	A1
L	E1
S	A1

b) setzdominant

Abb. 3: RS-Speicherglied (DIN 40 700)

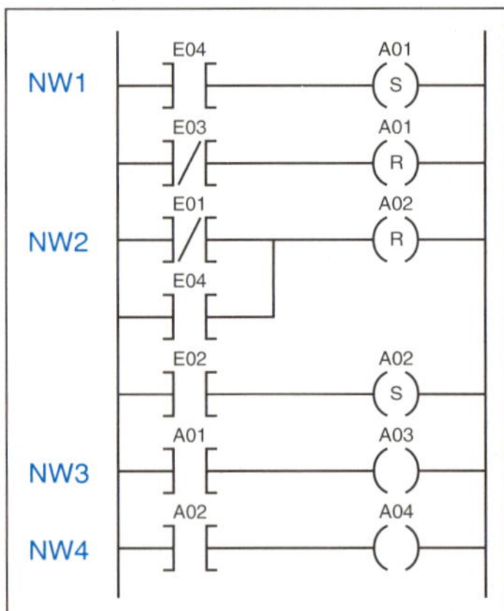

a) KOP

Adresse	Operation	Operand
000	L	E04
001	S	A01
002	LN	E03
003	R	A01
004	LN	E01
005	O	E04
006	R	A02
007	L	E02
008	S	A02
009	L	A01
010	=	A03
011	L	A02
012	=	A04
013	PE	

b) AWL

Abb. 4: Programmierunterlagen

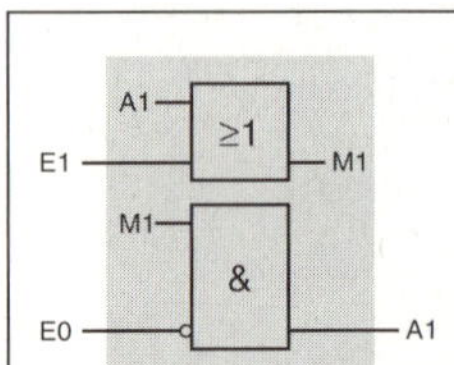

L	A1
O	E1
=	M1
L	M1
UN	E0
=	A1

a) rücksetzdominant

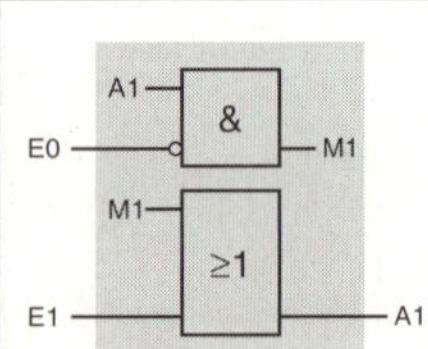

L	A1
UN	E0
=	M1
L	M1
O	E1
=	A1

b) setzdominant

Abb. 5: RS-Speicherfunktionen mit Grundbefehlen und Merkern

Auftrag 3

Die Behältersteuerung von Auftrag 2 (Seite 224) ist mit einer binären Störmeldeschaltung ausgerüstet (Abb. 6). Im Zuge der Anlagenmodernisierung übernimmt diese Funktion die SPS.

Es soll die Funktion der Störmeldeschaltung beschrieben und ihre Umsetzung in ein SPS-Programm erläutert werden.

Funktionsanalyse (Abb. 6)

Mindeststand im Behälter wird unterschritten:

- Sensor S5 schließt und gibt 1-Signal.
- Melder H3 leuchtet für die Dauer der Störung (UND-Glied als Puffer zwischen Ein- und Ausgang).
- Wechselt beim Einschalten von S5 das Signal von **0 auf 1**, so erzeugt das D-Flipflop D1 einen Impuls (**einschaltwischend**).
- Der Wischimpuls setzt das Speicherglied D7. Die Hupe H5 ertönt.
- Wird Quittiertaster S7 gedrückt, setzt das D-Flipflop D3 das Speicherglied einschaltwischend zurück. Die Hupe H5 wird abgeschaltet.
  Weil das Rücksetzen der Hupe mit einem Wischimpuls geschieht, kann eine erneute Störmeldung das Hupsignal auslösen, auch wenn die Quittiertaste gedrückt bleibt.

Höchststand im Behälter wird überschritten:

- Sensor S6 öffnet und gibt 0-Signal.
- Melder H4 leuchtet für die Dauer der Störung.
- Wechselt beim Ausschalten von S6 das Signal von **1 auf 0**, so erzeugt das D-Flipflop D2 einen Impuls (**ausschaltwischend**).
- Der Wischimpuls bewirkt ebenfalls die akustische Störmeldung durch H5, welche mit S7 quittiert wird.

Ein D-Flipflop wirkt wie ein Wischrelais. Es wandelt ein Dauersignal in einen Ausgangsimpuls.
Werden Störmeldungen mit einem Wischimpuls quittiert, so spricht ein Melder auch dann an, wenn bei Dauerbetätigung bzw. Blockieren der Quittiertaste eine erneute Störmeldung eintrifft.

Störmeldeschaltung mit SPS

Das **Einschalt-Wischrelais** (Abb. 7a) erzeugt einen Wischimpuls (Merker M01), wenn das Signal an E05 von 0 auf 1 wechselt. Im Signalzeitplan (Abb. 7b) sind die Signalzustände nach den jeweiligen Programmzyklen 1 bis 5 gezeichnet.

- Zyklus 1: E05, M01 und M02 führen 0-Signal.
- Zyklus 2: 1-Signal an E05 und 0-Signal an M02 geben das UND-Glied frei. M01 wechselt auf 1-Signal ①. Danach setzt M01 den Merker M02 auf 1-Signal ②.
- Zyklus 3: 1-Signal von M02 sperrt jetzt das UND-Glied. Deshalb wechselt M01 auf 0 zurück (Wischimpuls).
- Zyklus 4: M01 bleibt 0, weil M02 gesetzt ist.
- Zyklus 5: 0-Signal von E05 setzt M02 zurück (Ausgangszustand Zyklus 1) ③.

Das **Ausschalt-Wischrelais** (Abb. 8) erzeugt einen Wischimpuls (Merker M03), wenn das Signal an E06 von 1 auf 0 wechselt. Der vorstehende Zyklusablauf gilt sinngemäß.

Wischrelais können einschaltwischend und ausschaltwischend programmiert werden. Merker bilden die Wischimpulse.

Der KOP besteht aus 6 Netzwerken (Abb. 9):

NW1: Wischrelais (einschaltwischend mit S5)	(D1)
NW2: Störmeldung H3 (leer)	(D4)
NW3: Wischrelais (ausschaltwischend mit S6)	(D2)
NW4: Störmeldung H4 (überfüllt)	(D5)
NW5: Wischrelais (einschaltwischend mit S7)	(D3)
NW6: Störmeldung H5 (Hupe)	(D6, D7)

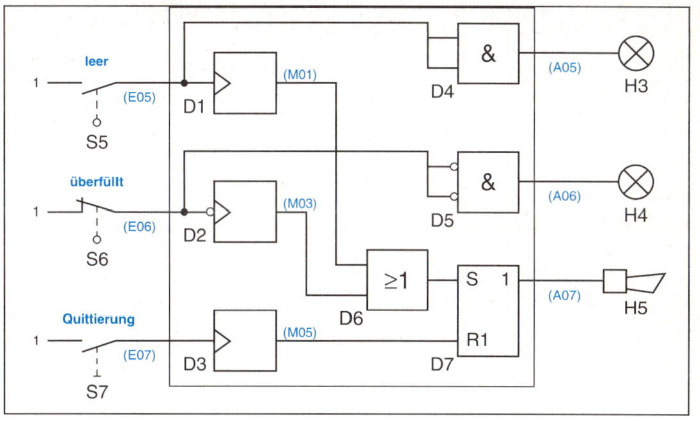

Abb. 6: Binäre Störmeldeschaltung

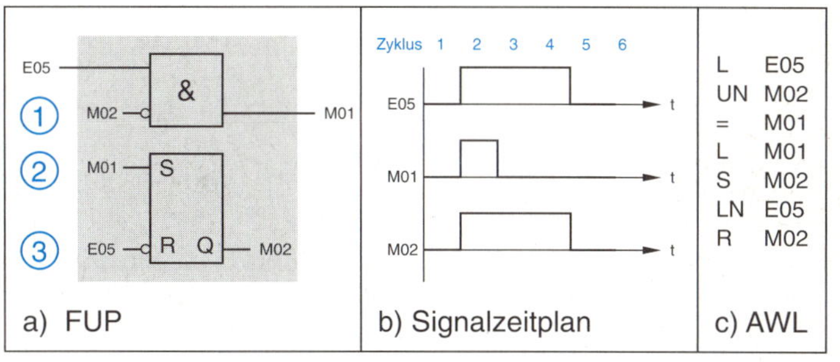

Abb. 7: Einschalt-Wischrelais

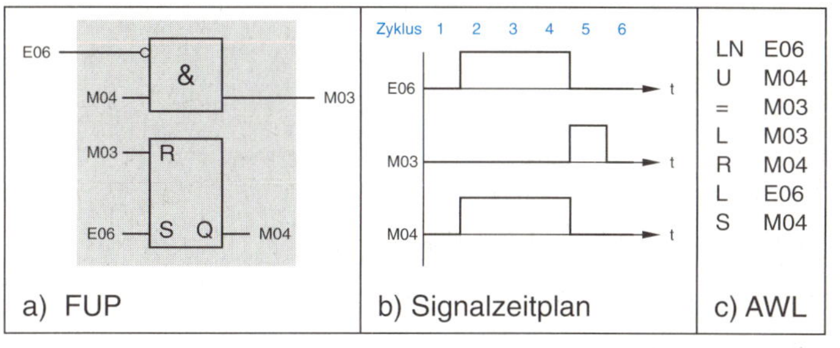

Abb. 8: Ausschalt-Wischrelais

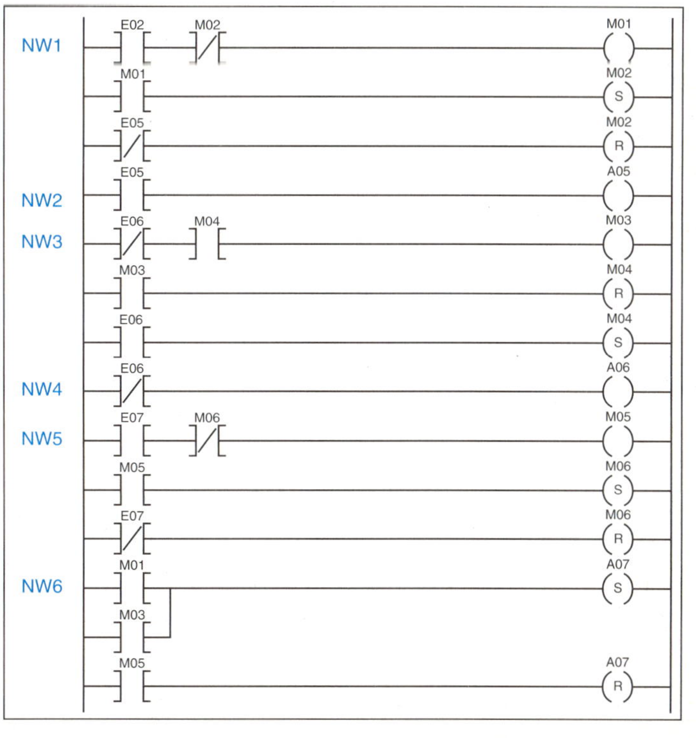

Abb. 9: KOP der Störmeldeschaltung mit SPS

Aufgaben

17.3.1 Programmierübung 1

a) Zeichnen Sie den FUP!
b) Zeichnen Sie den KOP!
c) Erstellen Sie die AWL!

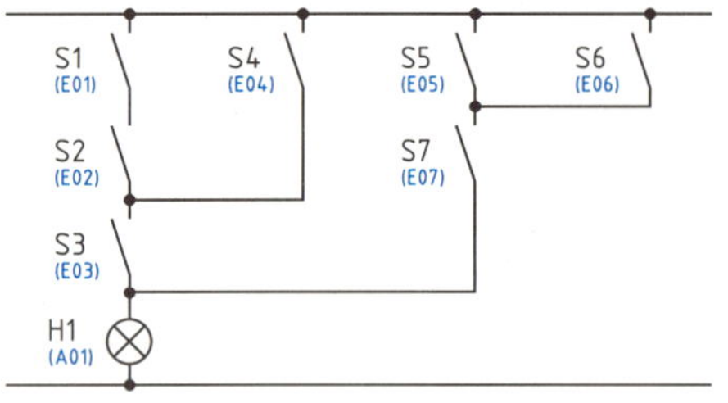

17.3.2 Programmierübung 2

a) Zeichnen Sie die Schaltung so um, daß sie mit Merkern und Grundverknüpfungen programmierbar ist!
b) Erstellen Sie die AWL!

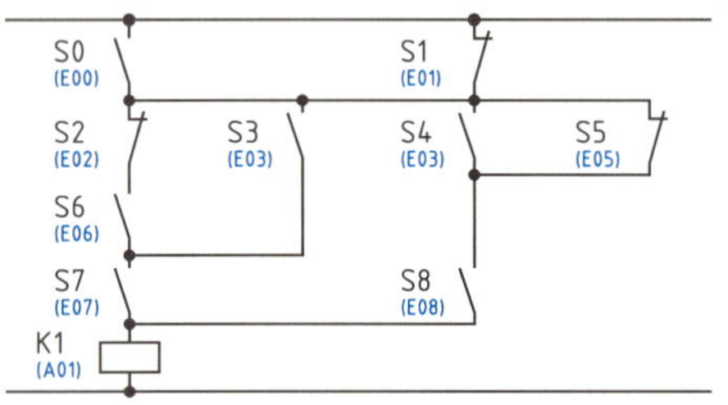

17.3.3 Funktionsplan umsetzen

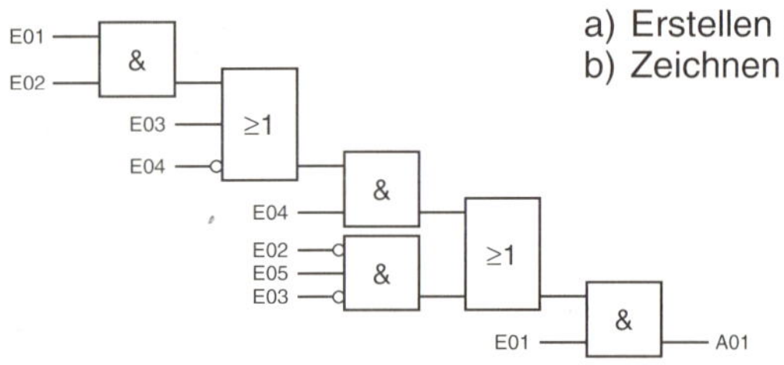

a) Erstellen Sie die AWL!
b) Zeichnen Sie den KOP!

17.3.4 Sensorüberwachung

Die Meldeschaltung aus Auftrag 2 (Seite 214) soll ergänzt werden. Der akustische Melder H18 soll nach erfolgter Störmeldung mit dem Quittiertaster S1 abgeschaltet werden (Anzeige durch Quittiermelder H19). H19 wird erst wieder von der Gutmeldung abgeschaltet.

a) Erstellen Sie eine Zuordnungsliste!
b) Zeichnen Sie den FUP (ohne Speicherglieder)!
c) Zeichnen Sie den KOP!
d) Erstellen Sie die AWL!

17.3.5 Elektrischer Wärmeschrank

Setzen Sie die Wärmeschranksteuerung Abb. 2 (Seite 16) in eine speicherprogrammierte Steuerung um!

a) Erstellen Sie eine Zuordnungsliste!
b) Zeichnen Sie den KOP (Speicherglied verwenden)!
c) Zeichnen Sie den FUP!
   Hinweis: H1 und H2 sind dokumentationsbedingt über je ein UND-Glied mit K1 bzw. K2 verknüpft.
d) Erstellen Sie die AWL!

17.3.6 Ampelanlage

Die Steuerung der Ampelanlage Abb. 3, Seite 19 soll speicherprogrammiert mit Speichergliedern ausgeführt werden.

a) Erstellen Sie eine Zuordnungsliste!
b) Zeichnen Sie den FUP!
c) Zeichnen Sie den KOP!
d) Erstellen Sie die AWL!

17.3.7 Impulssteuerung

Drei Heizkörper E11, E21 und E31 werden über die Schütze K11, K21 und K31 geschaltet.

a) Beschreiben Sie die Schaltfolge der Heizkörper nach dem ersten bis nach dem vierten Impuls!
b) Zeichnen Sie den FUP (ohne Speicherglieder)!
c) Zeichnen Sie den KOP!
d) Erstellen Sie die AWL!

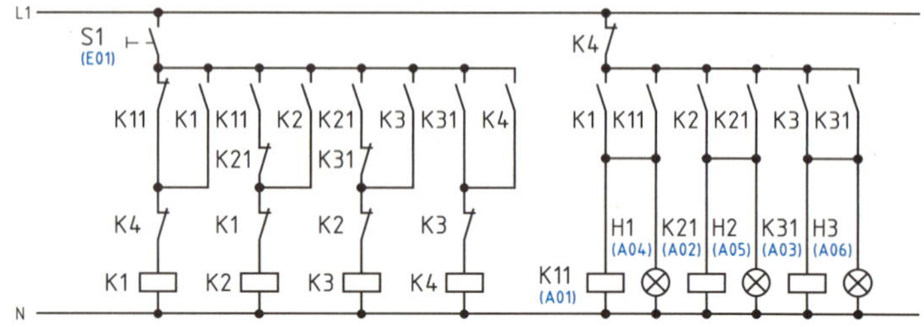

17.3.8 Pumpensteuerung

Erstellen Sie ein SPS-Programm für die Pumpensteuerung Aufgabe 3.3.5 (Seite 29)! Verwenden Sie Speicherglieder bei der Programmerstellung!

a) Stellen Sie eine Zuordnungsliste auf! (Hinweis: Wechsler S5 an E05 (HAND) und (Automatik) E06 anschließen!)
b) Erstellen Sie den KOP!
c) Erstellen Sie die AWL!
d) Zeichnen Sie den FUP!

17.3.9 Funktionsanalyse 1

a) Zeichnen Sie untereinander die Signalzeitpläne für E01 und A01!
b) Geben Sie die Steuerungsaufgabe an!
c) Erstellen Sie die AWL!
d) Zeichnen Sie den KOP!

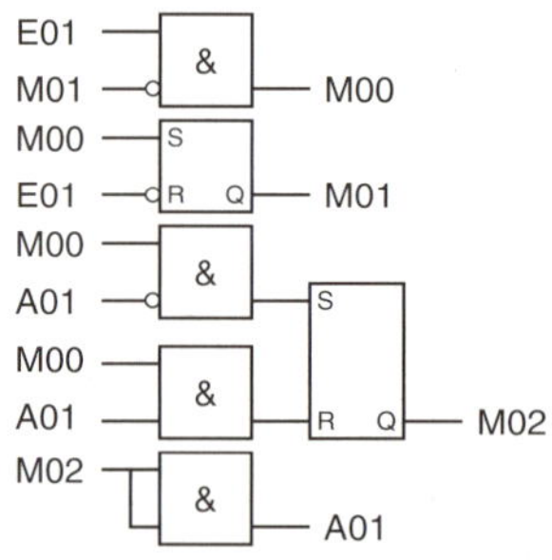

Signalzeitzeitplan

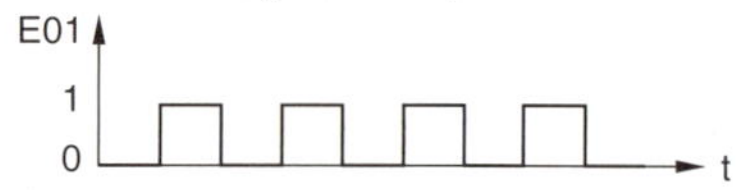

17.3.10 Funktionsanalyse 2

Für jede Schaltung gelten folgende Aufträge!

a) Erstellen Sie die AWL!
b) Zeichnen Sie untereinander die Signalzeitpläne von Eingang, Ausgang und Merker!
c) Geben Sie die Funktionen der Schaltungen an!

Schaltung 1

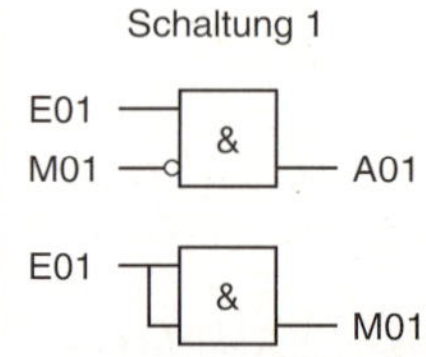

Schaltung 2

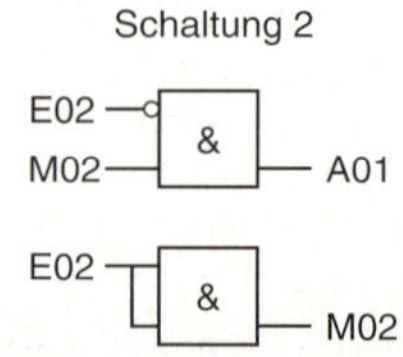

Signalzeitplan

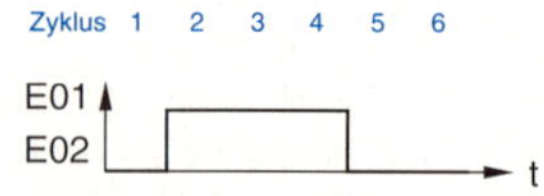

Auftrag 1

Die Reklamebeleuchtung eines Elektrounternehmens wird von einer SPS gesteuert (Abb. 1).

Durch Analyse des Kontaktplanes soll der Steuerungsablauf geklärt werden.

Abb. 1: Technologieschema Reklamebeleuchtung

Schaltungsanalyse des KOP (Abb. 2)

NW1: Der Rastschalter S1 (E01) gibt die Steuerung frei und setzt den Merker M01, wenn M04 0-Signal hat.

NW2: Der Ausgang A01 (Schriftzug Elektro) setzt den Merker M02, wenn M01 gesetzt ist.

NW3: Der Ausgang A02 (Schriftzug Müller) setzt den Merker M03, wenn M02 gesetzt ist.

Die Netzwerke 4, 5 und 6 sind gleich aufgebaut. Es sind drei **einschaltverzögerte Zeitglieder**. Sie bestimmen den zeitlichen Steuerungsablauf.

Bei den Zeitgliedern (Timer) vieler SPS-Hersteller wird die Funktion eines dynamisch gesteuerten Monoflops digital nachgebildet. Wechselt dessen Eingangssignal von 0 auf 1, so schaltet sein Ausgang für die Dauer der Verzögerungszeit t_d (delaytime) auf 1. Ein interner Taktgenerator vermindert die programmierten Zeitwerte mit jedem Impuls um feste Werte (10 ms oder 100 ms), bis Null erreicht ist. Aufbau und Wirkungsweise eines solchen einschaltverzögerten Timers sind in Abb. 3 allgemein dargestellt.

- Das Zeitglied ist aus einem Monoflop und einem UND-Glied aufgebaut.
- Mit positiver Signalflanke am Zeitglied-Eingang E00 schaltet das Monoflop seinen Ausgang T00 auf 1 ①.
- 1-Signal von T00 sperrt das UND-Glied. Der Ausgang des Zeitgliedes A00 führt 0-Signal ②.
- Erst wenn der Ausgang des Monoflops (T00) nach Ablauf der Verzögerungszeit wieder 0-Signal annimmt, führt der Zeitglied-Ausgang A00 1-Signal solange E00 eingeschaltet bleibt ③.

Ausführung und Programmierung eines Zeitgliedes sind herstellerspezifisch und nicht genormt. In diesem Buch wird ein Monoflop zur Zeitbildung verwendet. Für die Programmierung gilt hier folgendes (Abb. 3):

- Die Verzögerungszeit beträgt 0,1 bis 999 s (z. B. K2.5 ≙ 2,5 s Verzögerung).
- Im KOP erscheint diese Zeit durch Schrägstrich getrennt hinter dem Zeitglied-Namen (z. B. T00/K2.5).
- Im FUP steht der Name über dem Funktionssymbol. Die Verzögerungszeit ist ein Eingang (Abb. 5).
- In der AWL wird die Verzögerungszeit nach dem Setzen des Monoflops (T00) programmiert.

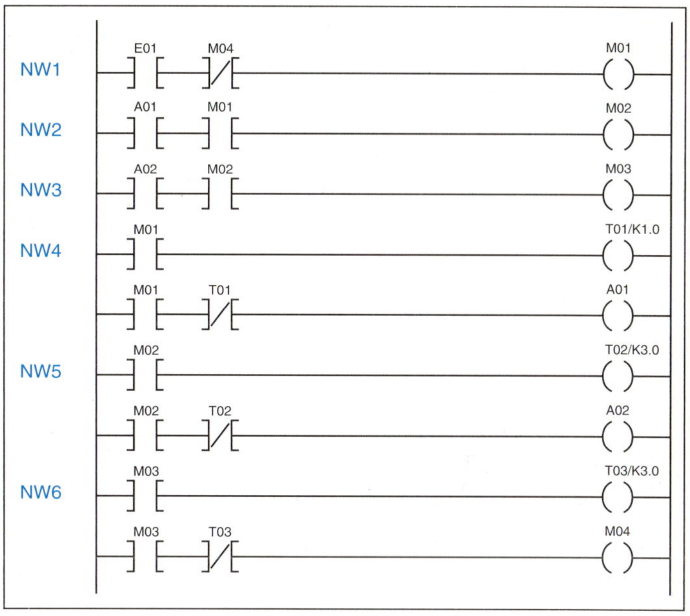

Abb. 2: KOP

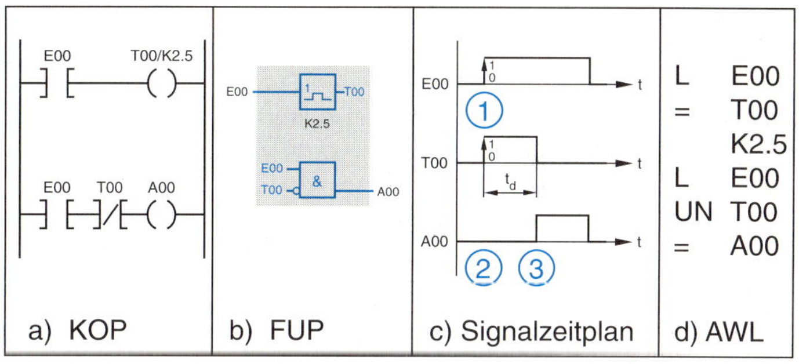

Abb. 3: Einschalt-Verzögerung

Damit gilt für die Funktion der Steuerung (Abb. 2):

NW4: Mit dem Einschalten (E01) setzt der Merker M01 das Monoflop (T01). Nach einer Sekunde Verzögerung leuchtet der Schriftzug "Elektro“ (A01).

MW5: Der Merker M02 setzt nun das Monoflop T02. Nach der Verzögerungszeit von 3 Sekunden leuchtet zusätzlich der Schriftzug "Müller“ (A02).

MW6: Der Merker M03 setzt jetzt das Monoflop T03. Ist die Verzögerungszeit von 3 Skunden abgelaufen, setzt das Zeitglied mit seinem Ausgang (M04) den Merker M01 in Netzwerk 1 zurück. Dadurch werden auch M02 und M03 und alle Zeitgleider zurückgesetzt. Der Steuerungsablauf beginnt von neuem.

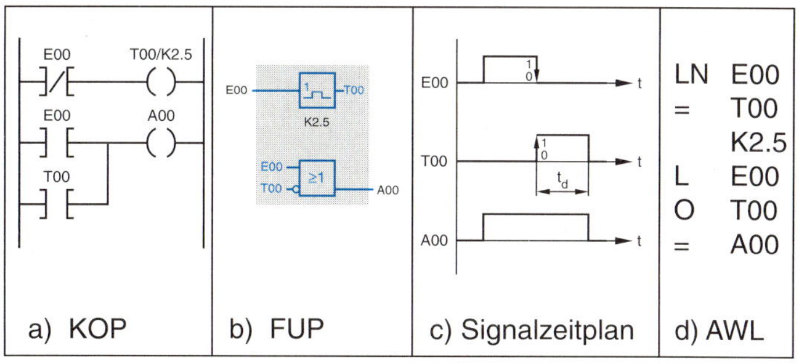

Abb. 4: Ausschalt-Verzögerung

Die Programmierung eines **ausschaltverzögerten Zeitgliedes** (Abb. 4) erklärt sich analog zur Einschaltverzögerung.

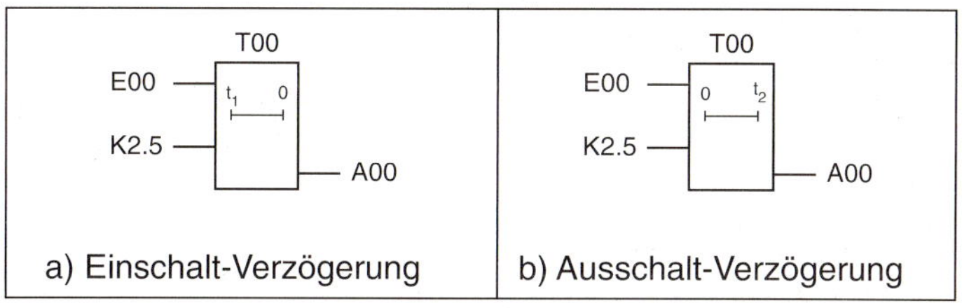

Abb. 5: Symbole für Zeitglieder

Auftrag 2

In einer Fertigungshalle transportieren Förderbänder Blechgehäuse zu den Montageplätzen. Nach jeweils 5 Gehäusen schaltet die SPS eine Bandweiche um.
Es soll die speicherprogrammierte Bandweichen-Steuerung mit Hilfe des Technologieschemas (Abb. 1) und des FUP (Abb. 2) analysiert werden.

Programmanalyse

Technologieschema (Abb. 1):

- S0 schaltet die Bandweichen-Steuerung ein. H1 zeigt die Betriebsbereitschaft. Grundstellung ist Stellung I (K1 aus).
- Betätigen die Gehäuse den Mikroschalter S1, erfolgt die Zählung (H2 ein).
- Mit dem 6. Impuls schaltet die Bandweiche in Stellung II um (K1 ein).
- Mit dem 11. Impuls wird die Weiche wieder in Grundstellung zurückgeschaltet usw.
- Öffnet S0, fährt die Bandweiche in Grundstellung.

Symbol und Funktion des im FUP (Abb. 2) verwendeten Vor-Rückwärtszählers sind nach DIN 19 239 festgelegt. Die Programmierung ist herstellerspezifisch.

Die Abb. 3 (allgemeine Darstellung) zeigt die Funktion.

Vorwärtszählen +: Wechselt am Plus-Eingang E10 von 0 nach 1 (positive Signalflanke), erhöht sich der Zählwert um 1.

Rückwärtszählen –: Wechselt am Minus-Eingang E20 von 0 nach 1, erniedrigt sich der Zählwert vom voreingestellten Wert aus um 1 solange, bis die untere Zählgrenze Null erreicht ist.

Zähler setzen S: Wechselt am Eingang S E40 von 0 nach 1, wird der Zählwert auf den Wert 50 (Zählwert K50) voreingestellt (Anwendung beim Rückwärtszählen).

Zähler rücksetzen R: Nur dieser Eingang wirkt statisch. 1-Signal an R setzt den Zählerwert auf 0 zurück. Ständiges 1-Signal sperrt die Zähl- und Setzeingänge.

Nullausgang Ø: Der Zählerausgang Ø führt 1-Signal, bei einem Zählwert größer als Null. Er führt 0-Signal, wenn der Zählwert gleich Null ist.

Zum Vergleich des Zählerwertes mit einer voreingestellten Zahl ist der Nullausgang nicht nutzbar. Hierzu werden **Vergleicher** eingesetzt (Abb. 4). Sie liefern 1-Signal, wenn ihre Vergleichsbedingung erfüllt ist. Vergleicher sind wie Zähler herstellerspezifisch ausgeführt. Die Analyse des FUP (Abb. 2) ergibt nun:

NW1: 1-Signal an E00 (S0) bewirkt 1-Signal an A02. H1 zeigt die Betriebsbereitschaft.

NW2: 0-Signal an E00 setzt den Zähler auf 0 zurück und sperrt ihn. 1-Signal an E00 gibt den Zähler frei. A03 hat 0-Signal bei gesperrtem oder rückgesetztem Zähler und 1-Signal bei einem Zählwert größer als Null. H2 leuchtet dann.
Eine positive Signalflanke an E01 (S1) und 0-Signal an A01 (K1 aus) bewirken Vorwärtszählen bei freigegebenem Zähler.
Eine positive Signalflanke an E01 und 1-Signal an A01 (K1 ein) bewirken Rückwärtszählen bei freigegebenem Zähler.

NW3: Erreicht beim Vorwärtszählen der digitale Zählwert die Zahl 6 (K6) liefert der Vergleicher 1-Signal.
Das Speicherglied setzt A01 auf 1. Die Bandweiche schaltet in Stellung II.

NW4: Erreicht beim Rückwärtszählen Z01 die Zahl 1, setzt der zweite Vergleicher den Ausgang A01 über das Speicherglied auf 0 zurück. Die Bandweiche schaltet zurück in Stellung I.

Zähler und Vergleicher sind herstellerspezifisch ausgeführt und programmiert. Genormte KOP-Symbole gibt es nicht. Man verwendet dort ihre FUP-Symbole.

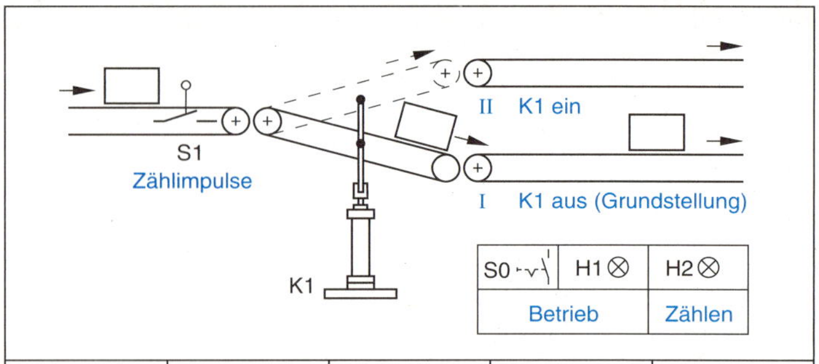

S0: E00	S1: E01	K1: A01	H1: A02	H2: A03

Abb. 1: Bandweichensteuerung (Technologieschema)

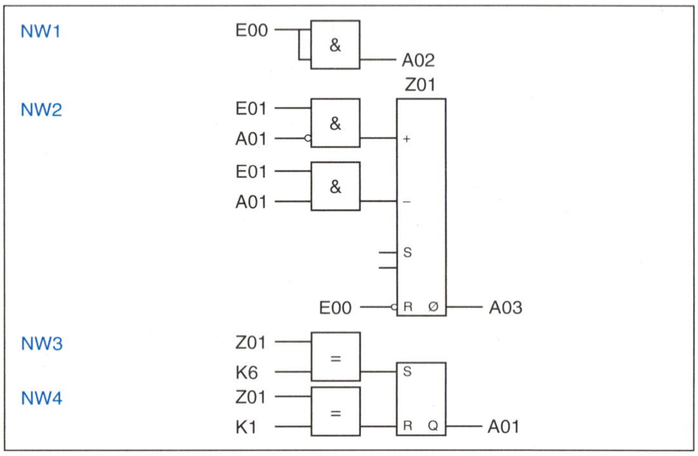

Abb. 2: FUP

Symbol	vorwärts	Bedeutung
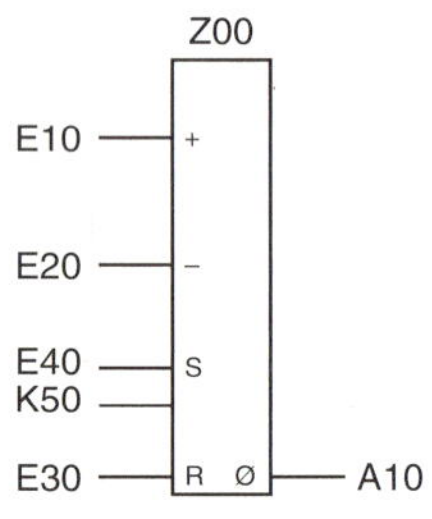	L E10	Bei pos. Signalflanke an E10
	ZV Z00	Zähler Z00 zählt vorwärts
	L E30	Bei 1-Signal an E30
	R Z00	Rücksetze Zähler Z00
	L Z00	Wenn Zählwert Z00 > O
	= A10	dann Ausgang A10 = 1
	rückwärts	**Bedeutung**
	L E20	Bei pos. Signalflanke an E20
	ZR Z00	Zähler Z00 zählt rückwärts
	L E40	Bei pos. Signalflanke an E40
	S Z00	Voreinstellung von Z00 auf
	K50	Zahlenwert 50
	L E30	Bei 1-Signal an E30
	R Z00	Rücksetze Zähler Z00
	L Z00	Wenn Zählwert Z00 > O
	= A10	dann Ausgang A10 = 1
a) DIN 19 239	b) Programmierung	

Abb. 3: Zähler

Symbol			Beispiel	Bedeutung
Größer	GR	>	Z00, K50 >= A01	Lade Zählwert von Zähler Z00
Größer Gleich	GRG	>=	LA Z00 LA K50	Lade Zahl 50
Gleich	GL	=	GRG = A01	wenn Z00 ≥ 50 dann Ausgang A01 = 1
Kleiner	KL	<	Hinweis: mögliche Zuweisungen sind =, S, R	
Kleiner Gleich	KLG	<=		
a) DIN 19 239			b) Programmierung	

Abb. 4: Vergleicher

Aufgaben

17.4.1 Reklamebeleuchtung

Erstellen Sie für Reklamebeleuchtung von Auftrag 1 (Seite 227)
a) die AWL,
b) den FUP!

17.4.2 Zeitversetztes Einschalten von Motoren

Es soll die Schaltung Abb. 1 (Seite 30) als speicherprogrammierte Steuerung ausgeführt werden (ohne Berücksichtigung von Sicherheit wie z. B. Rückmeldungen an die SPS).
a) Erstellen Sie eine Zuordnungsliste!
b) Zeichnen Sie den KOP!
c) Erstellen Sie die AWL!

17.4.3 Warmluftanlage

Die Steuerung der Warmluftanlage von Seite 31 soll mit einer SPS ausgeführt werden (F2 und S0 über Ausmerker).
a) Geben Sie eine Zuordnungsliste an!
b) Zeichnen Sie den FUP!
c) Schreiben Sie die AWL!
d) Zeichnen Sie den KOP!

17.4.4 Überwachungsanlage

Die Überwachungsanlage Aufgabe 3.4.5 (Seite 34) wird auf SPS umgestellt. K6 verzögert 6 s.

S1	E01	K1	A01	K6	T00
S2	E02	K2	A02	K7	A06
S3	E03	K3	A03	H1	A07
F2	E04	K4	A04	H2	A08
F3	E05	K5	A05	H3	A09

a) Zeichnen Sie den FUP!
b) Schreiben Sie die AWL!

17.4.5 Stern-Dreieckanlasser

Ein Auszubildender soll die Stern-Dreieckschaltung zum Anlassen eines Käfigläufermotors speicherprogrammiert ausführen.

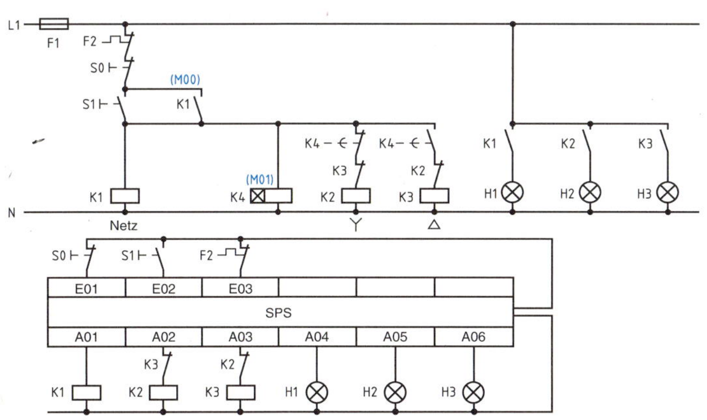

a) Zeichnen Sie den FUP!
b) Erstellen Sie die AWL!
c) Nennen Sie die Folgen des jeweiligen Störfalles!
  1. Netzschütz zieht nicht an.
  2. Netzschütz klebt.
  3. Sternschütz zieht nicht an.
  4. Sternschütz klebt.
  5. Dreieckschütz zieht nicht an.
  6. Dreieckschütz klebt.

17.4.6 Stern-Dreieckanlasser mit Rückmeldungen

Durch Rückmeldungen mit je einem Schließer von K1 (E04), K2 (E05) und K3 (E06) soll das Programm von Aufgabe 17.4.5, so erweitert werden, daß auftretende Störungen (Schütz zieht nicht an bzw. Schütz klebt) verarbeitet werden. Dazu müssen folgende Bedingungen erfüllt werden.

- Der Anlauf erfolgt nur, wenn kein Schütz klebt.
- Ein zweites Zeitglied schaltet nach 1 Sekunde einen Störmelder H4 in Selbsthaltung (A07), wenn bei einem der drei Schütze
  - der zugeordnete Ausgang gesetzt, aber das Schütz nicht angezogen hat (Schütz defekt) oder
  - das Schütz zwar angezogen hat, aber der Ausgang nicht gesetzt ist (Schütz klebt).
- Erfolgt die Störmeldung, so wird der Anlaßvorgang abgebrochen und der Motor abgeschaltet.
- Störmeldung und Abschaltung erfolgen auch bei Ansprechen des MS-Relais F2.
- Ein erneuter Anlaßvorgang ist nur nach Quittierung der Störmeldung mit Schließer S2 (E07) möglich.

a) Erstellen Sie die AWL! b) Zeichnen Sie den KOP!

17.4.7 Anlasser für Schleifringläufermotor

Die Steuerung Abb. 3 (Seite 75) soll speicherprogrammiert ausgeführt werden. Dabei sind folgende Rückmeldungen an die SPS zu berücksichtigen (Schließer).

- Beim Start mit S1 dürfen K1 (E03), K2 (E04) und K3 (E05) nicht kleben.
- Zeitglied K5 wird erst dann gestartet, wenn K1 angezogen hat und K2 nicht klebt.
- Zeitglied K4 wird aktiviert, wenn zusätzlich K3 angezogen hat.
- NOT-AUS-Schalter: Öffner S01 (E07).
- Steuerungsfreigabe: Schließer K0 (E08)

a) Zeichnen Sie die SPS-Beschaltung!
b) Zeichnen Sie den FUP!
c) Schreiben Sie die AWL!

17.4.8 Bandweiche

Es sollen für die Bandweichensteuerung von Auftrag 2 (Seite 228) folgende Aufträge ausgeführt werden.
a) Erstellen Sie die AWL!
b) Geben Sie an, warum sich der Nullausgang nicht zum Setzen bzw. Rücksetzen von A01 eignet!

17.4.9 Montageband mit Pufferspeicher

Bei Zu- und Abgang von Computerchassis werden die Lichtschranken unterbrochen (Impulsbildung). Analysieren Sie mit Hilfe des Technologieschemas die AWL aus Firmenunterlagen!
a) Beschreiben Sie die Funktion der Steuerung, wenn
  - mehr Chassis zugehen als abgehen, bzw.
  - mehr Chassis abgehen als zugehen.
b) Erstellen Sie die AWL!
c) Zeichnen Sie den FUP!

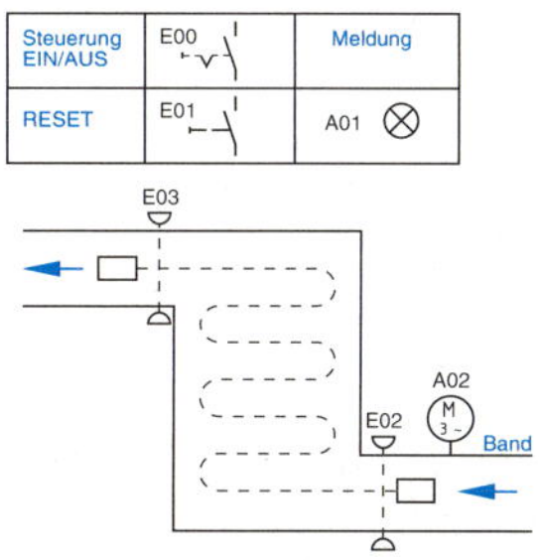

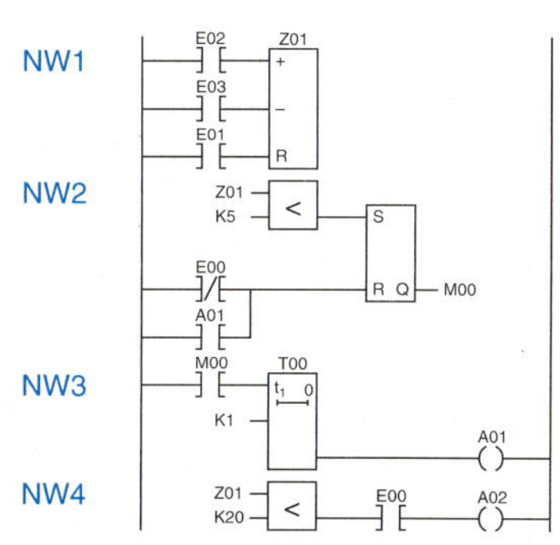

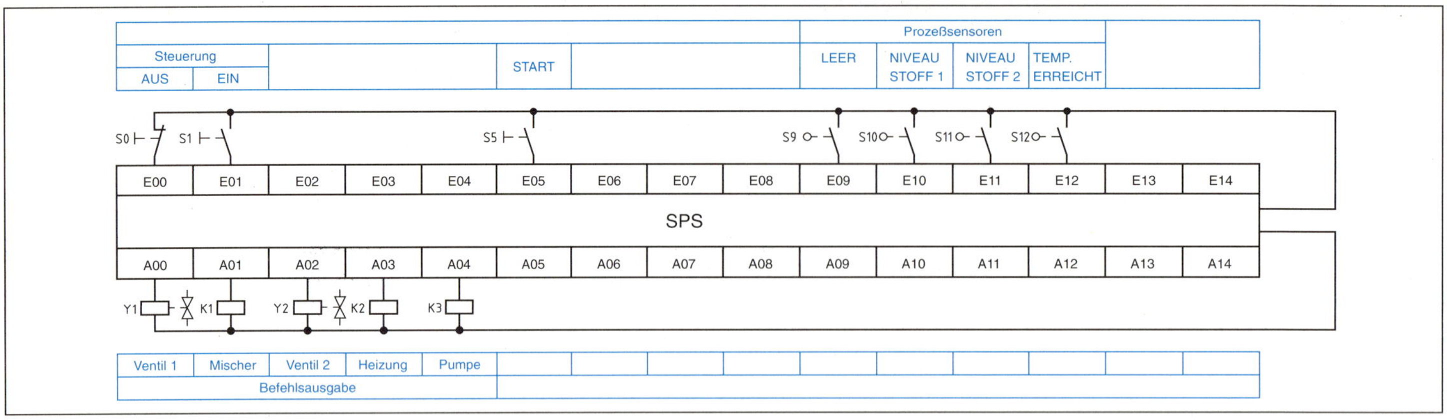

Abb. 1: SPS-Beschaltung

Auftrag 1

Die Schrittkette der Rührkesselsteuerung von Auftrag 2, Seite 214, ist speicherprogrammiert ausgeführt worden (Abb. 1). Mögliche Störfälle sind nicht berücksichtigt. Es soll das Programm der Schrittkette mit Hilfe des FUP und der AWL (Abb. 2) analysiert werden.

Funktionsanalyse (Abb. 2)

Die Programmierung erfolgt durch direktes Umsetzen der Binärsteuerung, Abb. 3 (Seite 214). Üblicherweise werden zunächst die Schritte und dann die Befehlsausgaben programmiert.

Programmieren der Schritte

In den Schritten werden keine Ausgänge sondern **Schrittmerker** gesetzt. Das Schrittprogramm besteht aus drei Teilen.

1: Die Schrittkette wird in Schritt 1 gestartet, wenn alle Startbedingungen erfüllt sind ①.
Setzen von Schritt 1 (Schrittmerker M01), wenn
- Steuerungsfreigabe (M00),
- Grundstellung erreicht (M07) und
- Taster S5 ein (E05).

2: Die Schritte 2 bis 5 sind gleichartig aufgebaut.
Setzen von Schritt 2 (Schrittmerker M02), wenn
- Vorgängerschritt gesetzt (M01) und
- Niveau 1 erreicht (Weiterschaltbedingung E10) ①.

Rücksetzen von Schritt 2 im nächsten Zyklus, wenn
- Folgeschritt gesetzt (M03) oder
- Steuerungssperre (M00) ③.

3: In Schritt 6 wird die Schrittkette beendet, indem Schritt 6 erst Schritt 5 und sich damit im nächsten Programmzyklus selbst zurücksetzt ④.

Programmieren der Befehlsausgaben

Bei einem nichtspeichernden Befehl setzt der Schrittmerker den Ausgang direkt ⑤. Bei einem speichernden Befehl wirkt der Schrittmerker auf ein Speicherglied ⑥. Zeitglieder werden der Übersicht wegen ebenfalls im Programmteil Befehlsausgabe programmiert ⑦.

In einer linearen Schrittkette ist immer nur ein Schrittmerker gesetzt. Für einen Programmzyklus (einige ms) müssen allerdings zwei benachbarte Merker 1-Signal haben, damit ein Weiterschalten möglich ist.
Der Schrittmerker des Vorgängers und die Weiterschaltbedingung setzen den Merker des Schrittes.
Der Schrittmerker des Nachfolgers setzt den Merker des Schrittes zurück.
Schrittmerker setzen und rücksetzen die Befehlsausgaben der SPS.

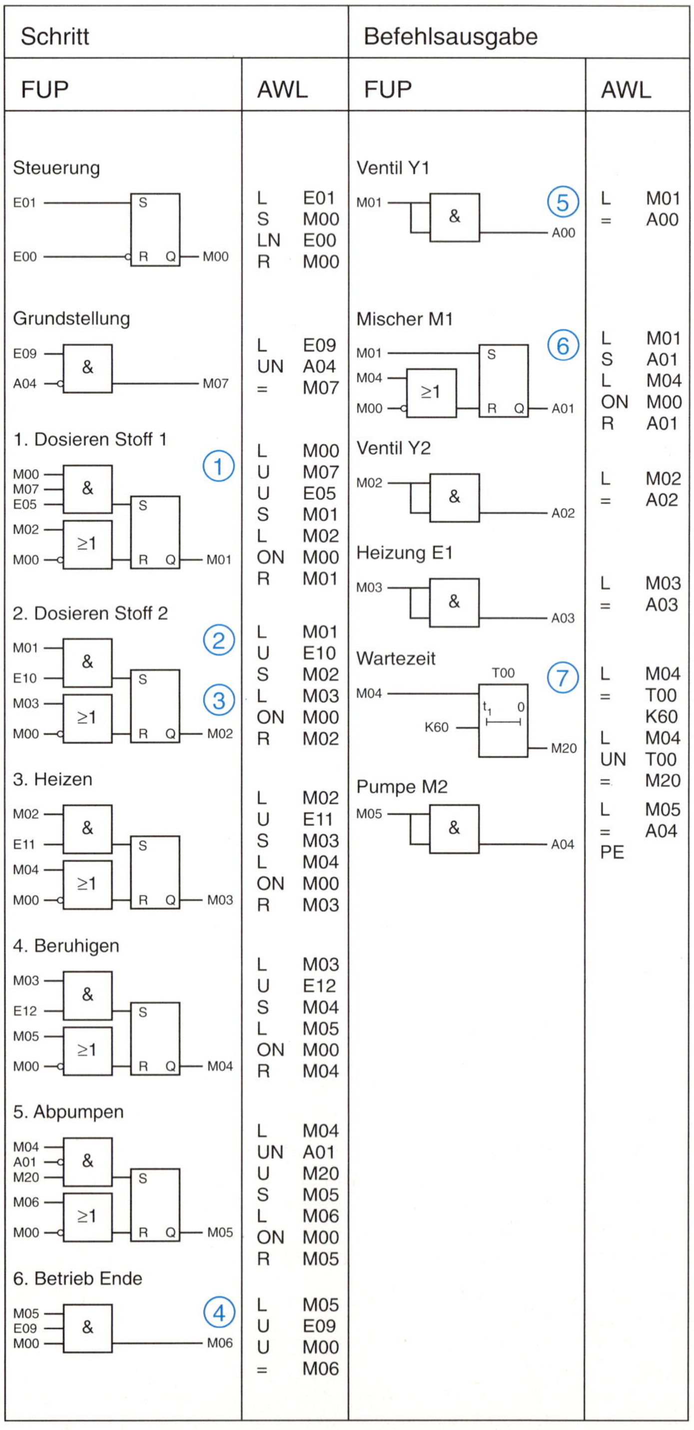

Abb. 2: Programmierung der Schrittkette

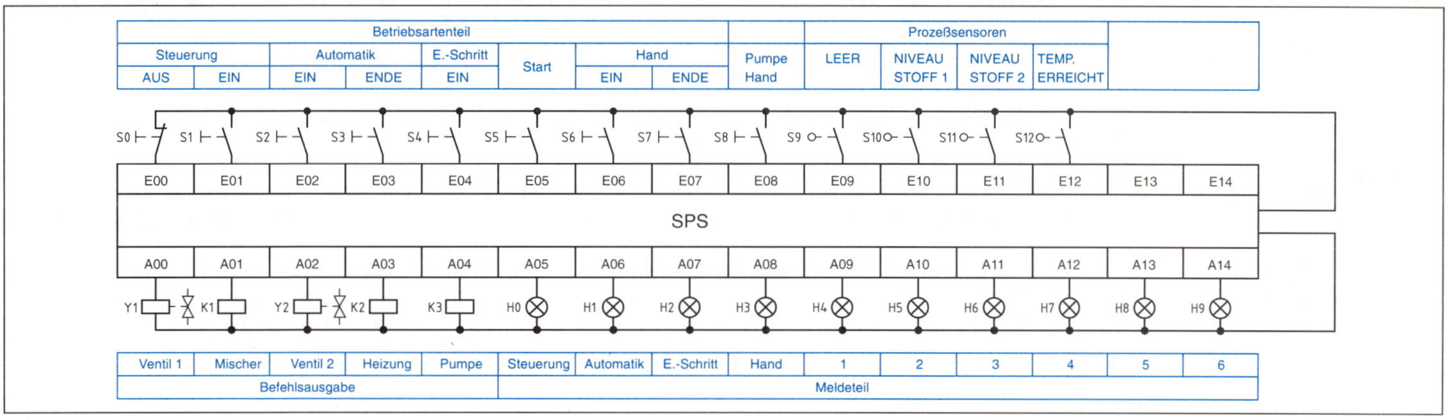

Abb. 3: SPS-Beschaltung

Auftrag 2

In Ablaufschritt 4 der Rührkesselsteuerung von Auftrag 1 (Seite 230) wird die Steuerung irrtümlich gesperrt. Nach Freigabe der Steuerung und Betätigung von S5 startet die Schrittkette nicht.
Der Störfall soll untersucht und die Schrittkette zur Ablaufsteuerung erweitert werden.

Störfallanalyse

Die Steuerung befindet sich nach dem Wiedereinschalten nicht in Grundstellung, denn der Behälter ist noch gefüllt. Weil S9 keine Leermeldung gibt, kann die Schrittkette nicht starten.
Es muß aber möglich sein, den Kessel mit Pumpe M2 leerpumpen zu können, ohne daß Schritt 4 gesetzt ist. So kann die Grundstellung erreicht werden.

Ablaufsteuerung

In Prozeßsteuerungen muß der Bediener die Anlage in unterschiedlichen Betriebszuständen fahren, um sie einzurichten oder bei Störungen eingreifen zu können. Oft sind auch Meldungen zur Prozeßüberwachung notwendig (Abb. 3). Deshalb stellt man der Ablaufkette einen **Betriebsartenteil** voran.

Eine vollständige Ablaufsteuerung besteht aus dem Betriebsartenteil, der Ablaufkette, dem Meldeteil und der Befehlsausgabe.

Allgemein sind folgende Betriebsarten wichtig (Abb. 4):

- **Automatikbetrieb**
  Die Schrittkette läuft nach dem Start ohne Eingriff des Bedieners zyklisch durch.
- **Einzelschrittbetrieb mit Bedingungen**
  Der Bediener kann die Schrittkette um einen Ablaufschritt weiterschalten, wenn die jeweilige Weiterschaltbedingung erfüllt ist. Dadurch werden die Störungssuche, das Einrichten der Maschinen und die Programmüberprüfung erleichtert.
- **Einzelschrittbetrieb ohne Bedingungen**
  Der Bediener kann zum nächstfolgenden Schritt schalten, ohne die Weiterschaltbedingungen zu berücksichtigen. Im vorgestellten Beispiel ist diese Betriebsart zum **Handbetrieb** vereinfacht (Abpumpen im Tippbetrieb).

Der Meldeteil besteht hier nur aus der Betriebsarten- und der Schrittanzeige.
Abb. 5 zeigt den Funktionsplan der erweiterten Schrittkette mit der Kennzeichnung für die SPS-Programmierung. Hinzugekommen sind die Schritt- und Befehlsfreigabe durch den Betriebsartenteil, der Handbetrieb der Pumpe M2 sowie die geänderten Start- und Stoppbedingungen ⑧ ⑨.

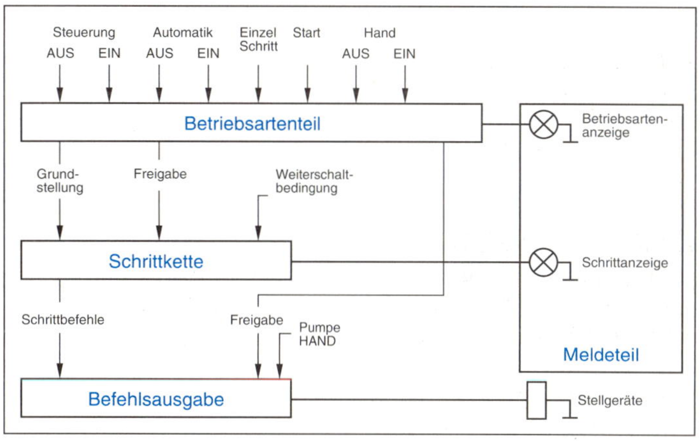

Abb. 4: Aufbau der Ablaufsteuerung

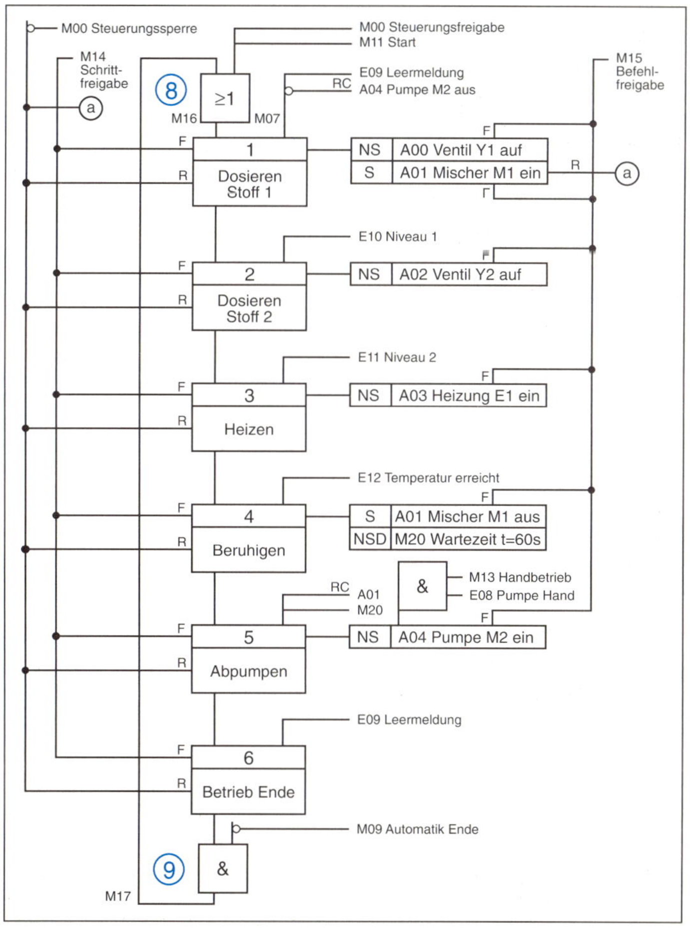

Abb. 5: Funktionsplan der erweiterten Schrittkette

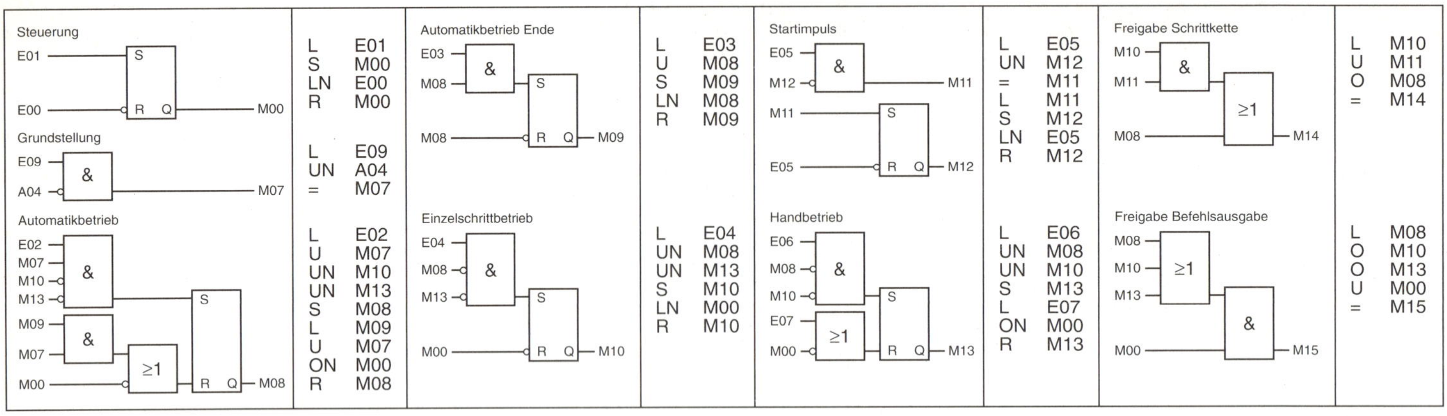

Abb. 1: Betriebsartenteil

Auftrag 3

Die Ablaufsteuerung aus Auftrag 2 wird speicherprogrammiert ausgeführt.
Es soll das vierteilige Programm mit Hilfe des FUP und der AWL (Abb. 1 und 2) analysiert werden.

Programmanalyse

1. **Betriebsartenteil** (Abb. 1)
   Der Betriebsartenteil ist eine Verknüpfungssteuerung.
   - Steuerungsfreigabe und Sperre M00
     Setzen mit S1 (E01), Rücksetzen mit S0 (E00).
   - Grundstellung M07
     Merker M07 ist 1, wenn 1-Signal an E09 (Leermeldung) und 0-Signal an A04 (Mischer AUS).
   - Automatikbetrieb M08
     Gesetzt wird mit S2 (E02), wenn Grundstellung (M07). Einzelschrittbetrieb AUS (M10) und Handbetrieb AUS (M13) anstehen. Rücksetzen erfolgt mit Automatik ENDE (M09) und Grundstellung oder durch Steuerungssperre AUS (M00).
   - Automatikbetrieb Ende M09
     S3 (E03) setzt den Merker M09 bei eingeschaltetem Automatikbetrieb (M08). Im nächsten Programmzyklus setzt die abgeschaltete Automatik M09 zurück.
   - Einzelschrittbetrieb M10
     Gesetzt wird mit S4 (E04) bei ausgeschaltetem Automatik- und Handbetrieb (M08, M12). Rücksetzen erfolgt durch Steuerungssperre.
   - Startimpuls M11
     S5 (E05) erzeugt den Einschaltwischimpuls M11.
   - Handbetrieb M13
     S6 (E06) setzt den Handbetrieb bei ausgeschaltetem Automatik- und Einzelschrittbetrieb. S7 (E07) oder Steuerungssperre setzen M13 zurück.
   - Freigabe Schrittkette M14
     Bei Einzelschrittbetrieb und Startimpuls hat der Merker M14 für einen Programmzyklus den Wert 1. Bei Automatikbetrieb führt er dauernd 1.
   - Freigabe Befehlsausgabe M15
     Merker M15 führt bei Automatik-, Einzelschritt- oder Handbetrieb 1-Signal und bei Steuerungssperre 0-Signal.
2. **Schritt** (Abb. 2a)
   Geändert gegenüber Abb. 1 (Seite 230) sind die Startbedingungen (M16) und die Stoppbedingung (M17). Ferner ist in jedem Schritt die Schrittfreigabe eingefügt (M14).
3. **Befehlausgabe** (Abb. 2b)
   Hinzugekommen ist nur die Befehlsfreigabe M15 in jedem Befehl und die Befehlsausgabe Pumpe M2 Hand.
4. **Meldeteil** (Abb. 2c)
   Die Merker setzen nichtspeichernd die einzelnen Ausgänge für die Betriebsartenanzeige (A05 bis A08) und die Schrittmelder (A09 bis A14).

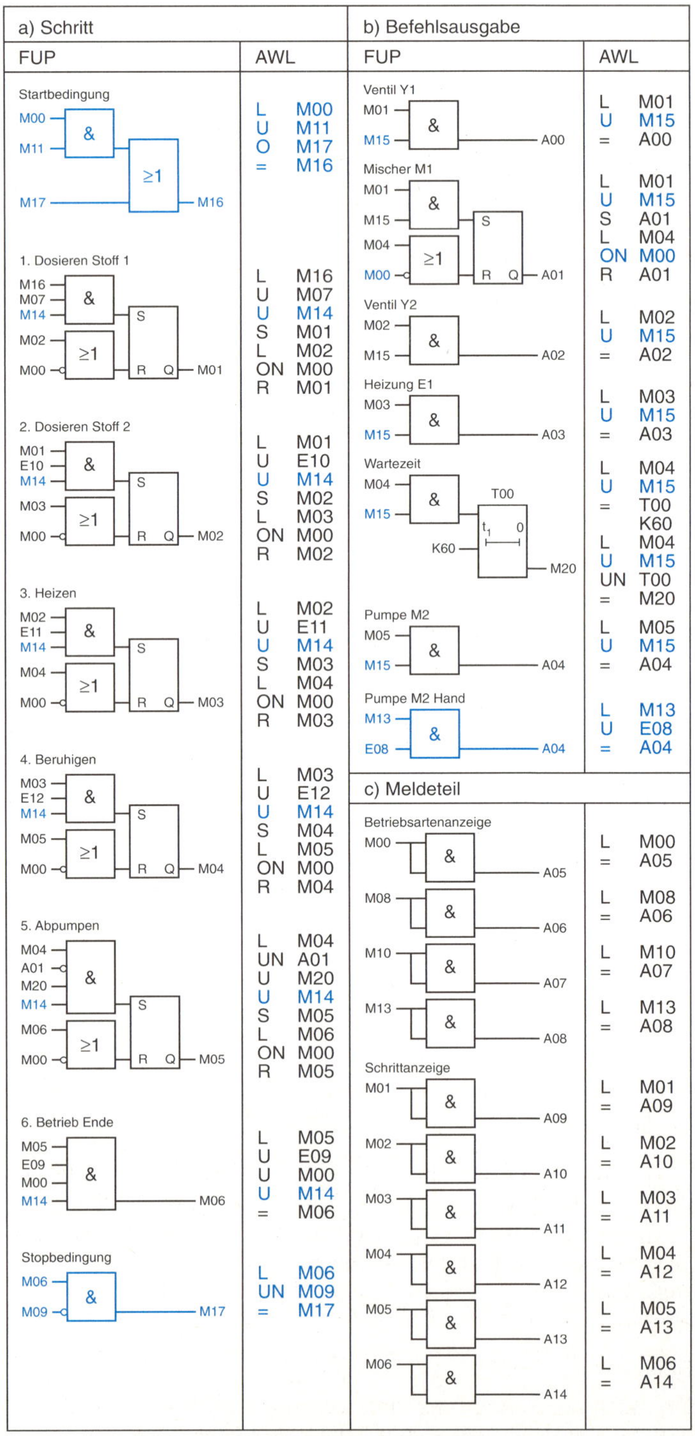

Abb. 2: Schrittkette mit Befehlsausgabe und Meldeteil

Auftrag 4

An einem Fallmagazin betätigt ein Pneumatikzylinder eine Vorrichtung, die Kleinteile auf ein Transportband schiebt. Die Steuerung arbeitet elektropneumatisch (Abb. 1).

Es sollen der Aufbau und die Funktion der elektropneumatischen Steuerung erklärt werden.

Elektropneumatische Steuerung (Abb. 1b)

Die elektropneumatische Steuerung besteht aus einem elektrischen und einem pneumatischen Teil. Aus Sicherheitsgründen wird meist mit einer Gleichspannung von 24 V gearbeitet. Das **Signalglied** (Taster, Sensor oder SPS-Ausgang) betätigt das **Steuerglied** (Relais, Schütz). Das Steuerglied betätigt das **Stellglied** (elektromagnetisches Wegeventil), welches das **Antriebsglied** (Zylinder) im Pneumatikteil steuert. Durch diese indirekte Steuerung des Zylinders wird das Signalglied nicht mit dem oft hohen Spulenstrom des Wegeventils belastet.

> Eine elektropneumatische Steuerung besteht aus einem elektrischen und einem pneumatischen Teil. Maschinen und Vorrichtungen werden von ihr elektrisch gesteuert und pneumatisch angetrieben.

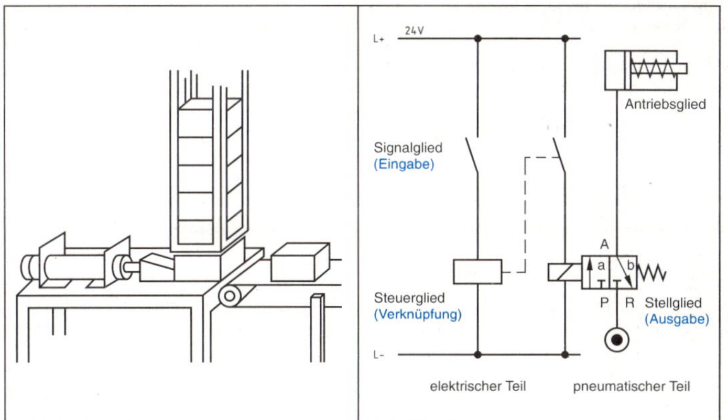

a) Technologieschema
b) Elektropneumatische Steuerung

Abb. 3:

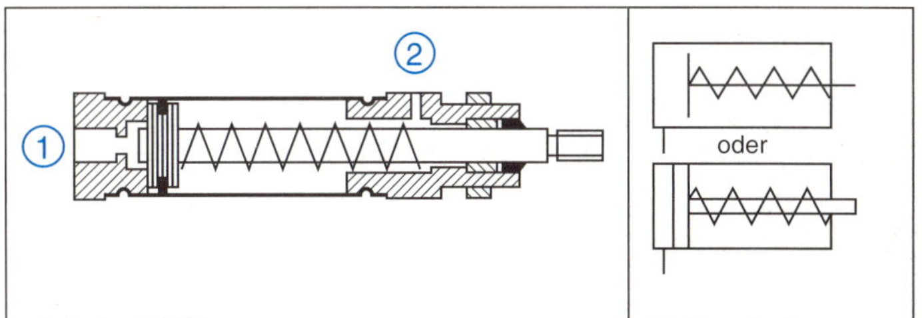

a) Schnittbild
b) Symbol (DIN ISO1921)

Abb. 4: Einfachwirkende Druckluftzylinder

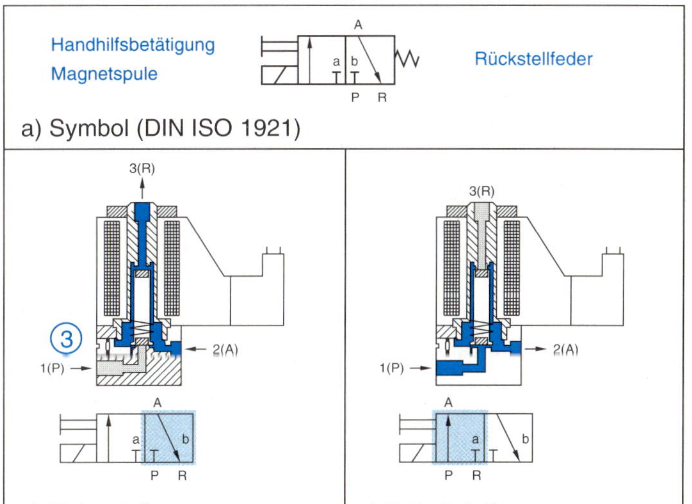

a) Symbol (DIN ISO 1921)
b) Ruhestellung
c) Schaltstellung

Abb. 5: 3/2 Wege-Magnetventil mit Handhilfsbetätigung

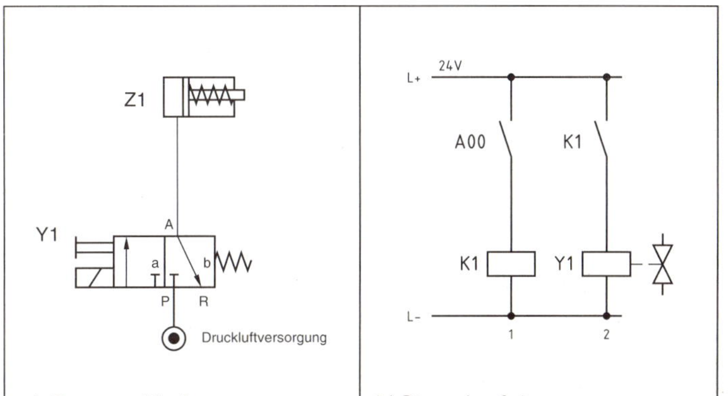

a) Pneumatikplan
b)Stromlaufplan

Abb. 6: Schaltpläne der elektropneumatischen Steuerung

Pneumatikzylinder (Abb. 2)

Der Zylinder ist **einfachwirkend** (Abb. 2a). Wird der Druckanschluß ① mit Druckluft beaufschlagt (meist 6 bar), so fährt die Kolbenstange gegen die Kraft der Rückholfeder aus (Vorhub). Die verdrängte Luft entweicht auf der Seite der Kolbenstange über die Entlüftungsbohrung ②. Bei entlüftetem Druckanschluß fährt die Rückholfeder den Kolben wieder ein (Rückhub). Abb. 2b zeigt die Symbole (DIN ISO 1921).

Hinweis:

Doppeltwirkende Zylinder haben keine Rückholfeder, sondern auf der Seite der Kolbenstange einen zweiten Druckanschluß für den Rückhub. Deshalb ist ihr Hub nicht begrenzt wie bei den einfachwirkenden Zylindern (100 mm). Er beträgt bis 2000 mm.

Wegeventil elektrisch betätigt (Abb. 3)

Das verwendete Ventil besitzt die drei Anschlüsse Druckluft 1 (P), Ausgang 2 (A) und Entlüftung 3 (R) (drei Wege). Es hat zwei Stellungen: Ruhestellung und Schaltstellung. Man bezeichnet es deshalb als **3/2 Wegeventil**.

- Ruhestellung (Stellung b)

Die Magnetspule ist nicht erregt. Die Rückstellfeder drückt den Anker auf den Dichtsitz. Der Durchgang der Druckluft von 1 (P) nach 2 (A) ist gesperrt. Über den Anschluß 3 (R) ist der Ausgang A entlüftet.

- Schaltstellung (Stellung a)

Die Magnetspule ist erregt und hebt den Anker vom Dichtsitz nach oben. Die Druckluft strömt vom Eingang P zum Ausgang A und steuert so den Pneumatikzylinder. Der Anker sperrt die Entlüftung R.

Durch die Handhilfsbetätigung ③ kann das Ventil bei Ausfall der elektrischen Ansteuerung in Schaltstellung gebracht werden.

Im Schaltsymbol (Abb. 3a) werden die Stellungen durch zwei Quadrate dargestellt. Die Anschlußbezeichnungen P, A und R werden stets an die Ruhestellung gezeichnet. In Schaltstellung denkt man sich die Quadrate um eins nach rechts verschoben.

Schaltpläne (Abb. 4)

Die Schaltpläne einer elektropneumatischen Steuerung bestehen aus dem Pneumatikplan (pneumatischer Teil) und dem Stromlaufplan (elektrischer Teil).

Aufgaben

17.5.1 Schrittkette Rührkesselreaktor

Zeichnen Sie für die Schrittkette der Rührkesselsteuerung Seite 230 den KOP!

17.5.2 Bestrahlungseinrichtung

In einem Untersuchungslabor werden Lebensmittelproben mit intensiven UV-Licht bestrahlt.

a) Zeichnen Sie den FUP!

b) Erläutern Sie die Notwendigkeit des Startmerkers M10 in dieser Steuerung!

c) Zeichnen Sie den KOP!

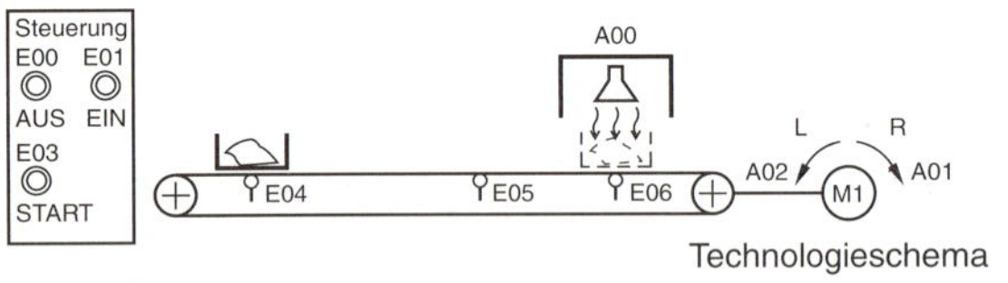

Technologieschema

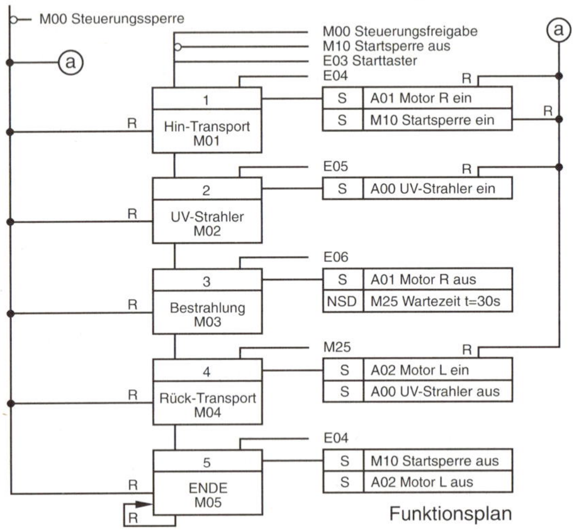

Funktionsplan

17.5.3 Ablaufsteuerung Bestrahlungseinrichtung

Die Schrittkette von Aufgabe 17.5.2 wird durch einen Betriebsartenteil zur Ablaufsteuerung erweitert. Automatikbetrieb und Handbetrieb sind wählbar. Eingeschaltete Steuerung, Betriebsarten und Aktoren werden optisch angezeigt. Der Automatikbetrieb (M20) kann mit dem Taster S4 (E07) gesetzt werden, wenn sich die Anlage in der erweiterten Grundstellung (M15) befindet. Dies heißt, daß Sensor E04 1-Signal führt und alle übrigen Sensoren und Aktoren 0-Signal führen. M20 gibt die Schritte frei. Eine besondere Befehlsfreigabe ist nicht vorgesehen.

Der Handbetrieb (M30) kann mit dem Taster S5 (E08) jederzeit setzdominant eingeschaltet werden. M30 setzt dann den Automatikbetrieb, alle Schritte und Setzbefehle zurück. Folgende Funktionsprüfungen sind jetzt im Tippbetrieb möglich.

- Taster S6 (E09) schaltet Motor R ein (A01).
- Taster S7 (E10) schaltet Motor L ein (A02).
- Taster S8 (E11) schaltet den UV-Strahler ein (A00).

Beim setzdominanten Umschalten auf den Automatikbetrieb wird der Handbetrieb zurückgesetzt.

a) Zeichnen Sie den FUP der Ablaufsteuerung!

b) Erstellen Sie die AWL!

c) Zeichnen Sie den KOP!

17.5.4 Ablaufsteuerung Rührkesselreaktor

a) Der Automatikbetrieb der Rührkesselsteuerung Seite 232 soll statt mit M09 direkt durch E03 in Grundstellung zurückgesetzt werden.
   1. Welche Folge hat dies für den Bediener, wenn er den Automatikbetrieb beenden möchte?
   2. Welche Änderungen im Programm sind vorzunehmen?

b) Der Betriebsartenteil soll geändert werden. Schließer S7 wird durch einen Öffner S7 ersetzt. Die ursprüngliche Funktion Hand Ende entfällt. Dafür wird Öffner S7 jetzt als Löschtaster für alle drei Betriebsarten programmiert.
   Welche Folge hat dies für das Steuerungsverhalten in den einzelnen Betriebsarten?

c) Schreiben Sie die AWL für den geänderten Betriebsartenteil gemäß b)!

d) Zeichnen Sie den KOP der geänderten Ablaufsteuerung!

17.5.5 Zwei-Wegesteuerung

In einer Fertigungszelle nimmt ein Hubmagnet Werkstücke am Ort A auf und transportiert sie mit Hilfe einer Zwei-Wegesteuerung zum Ort B. Dabei bewegt sich der Hubmagnet gleichzeitig in x- und y-Richtung (**UND-Verzweigung**).

a) Beschreiben Sie den Ablauf in der Schrittkette mit UND-Verzweigung!

b) Geben Sie an, warum in Schritt 1 eine Startsperre gesetzt wird (Startmerker) und in Schritt 5 wieder zurückgesetzt wird!

c) Begründen Sie, warum die Motoren einzeln durch den jeweiligen Positionssensor eingeschaltet werden und nicht durch einen Schrittmerker!

d) Zeichnen Sie den FUP!

e) Erstellen Sie die AWL!

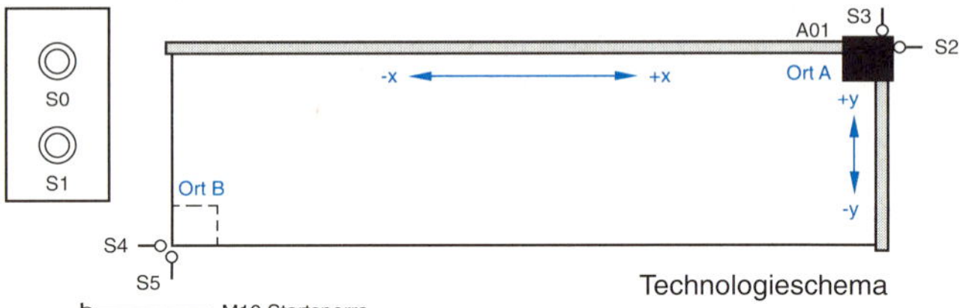

Technologieschema

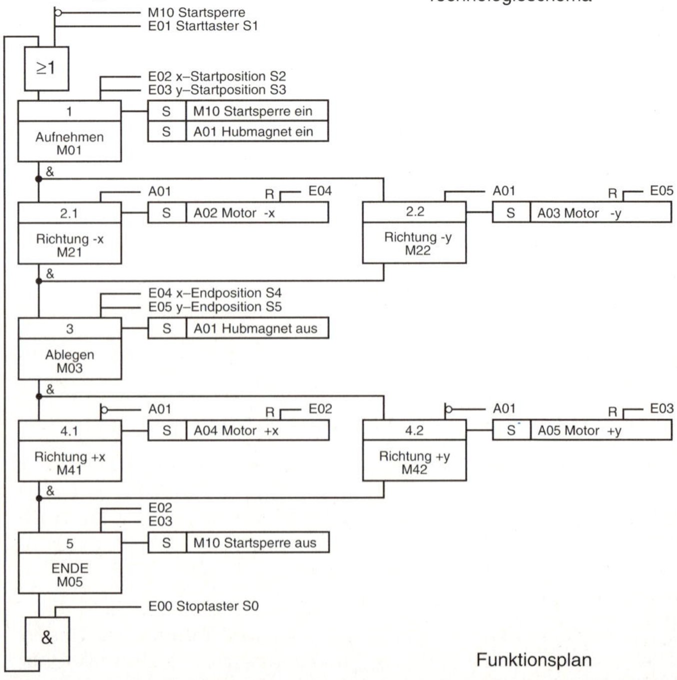

Funktionsplan

Aufgaben

17.5.6 Blechpresse

In eine Presse werden Bleche von Hand eingelegt. Die Zylinder Z1 bis Z4 fahren von einer SPS über Wegeventile elektropneumatisch gesteuert aus und ein (Y1 bis Y4).

a) Erstellen Sie eine Zuordnungsliste!
b) Schreiben Sie die AWL!
c) Zeichnen Sie den FUP!
d) Zeichnen Sie den KOP!

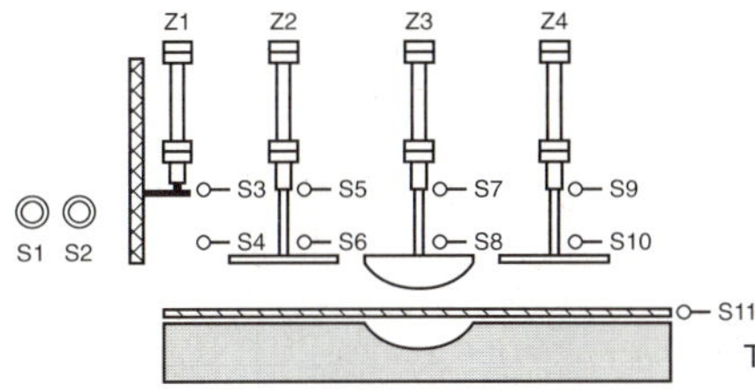

Technologieschema

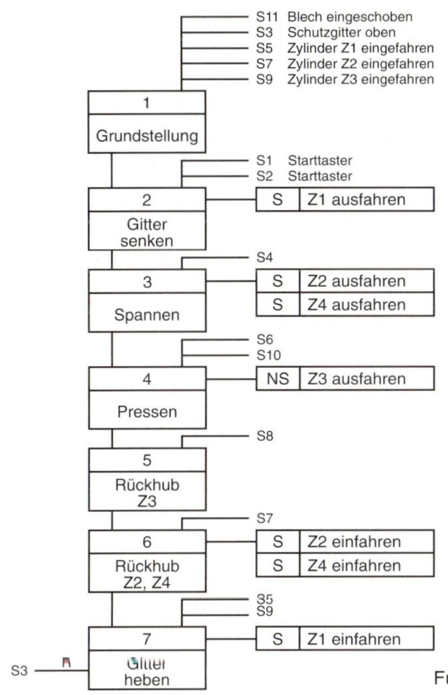

Funktionsplan

17.5.7 Zustandsdiagramm Blechpressensteuerung

a) Das vereinfachte Zustandsdiagramm zeigt den Zustand des 3/2-Wegeventils Y1 und seines zugehörigen Zylinders Z1 in den einzelnen Ablaufschritten aus Aufgabe 17.5.6. Die Schrittnummer kennzeichnet den Schrittbeginn.
Übernehmen Sie die Darstellung auf ein DIN A4-Blatt! Ergänzen Sie das Zustandsdiagramm entsprechend, indem Sie die Zustände der übrigen Wegeventile und Zylinder zeichnen!

b) Zeichnen Sie den Stromlaufplan der elektropneumatischen Steuerung!

c) Zeichnen Sie den Pneumatikplan!

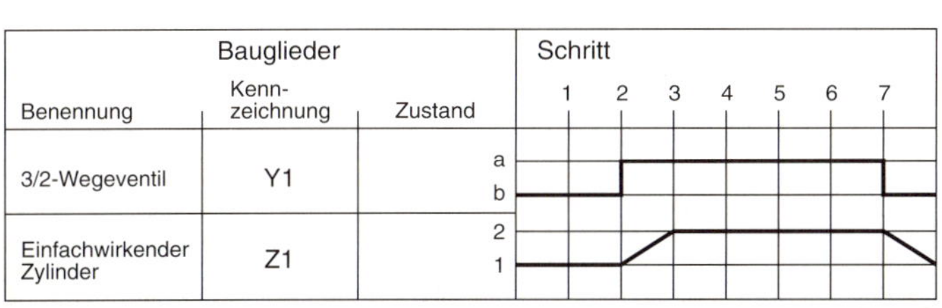

17.5.8 Funierpresse

Eine Funierpresse wird speicherprogrammiert gesteuert.

1. Welche Art von Pneumatikzylinder findet hier Verwendung?
2. Um welche Art von Wegeventil handelt es sich?
3. Wie funktioniert die Steuerung des Zylinders mit dem verwendeten Wegeventil?

a) Erstellen Sie das Wege-Schritt-Diagramm der Bauglieder Y1, Z1 und E1!
b) Erstellen Sie eine Zuordnungsliste!
c) Erstellen Sie die AWL!
d) Zeichnen Sie den FUP!

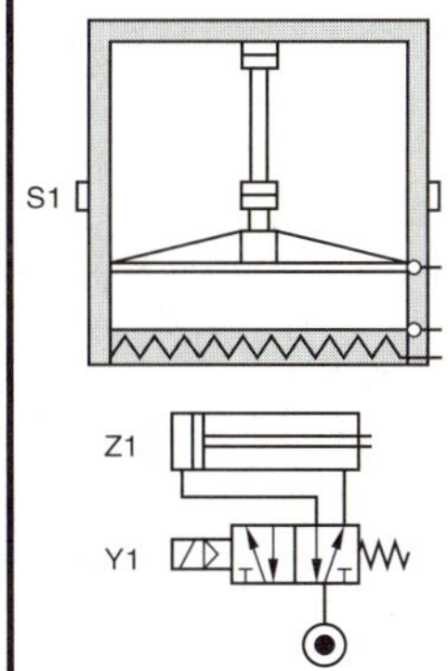

Pneumatikplan

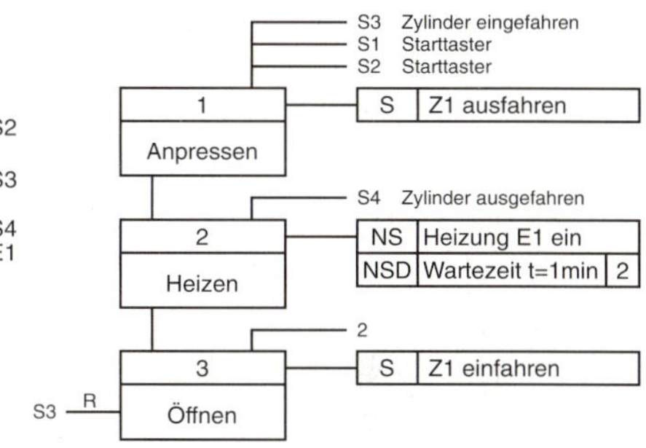

Funktionsplan

17.5.9 Sortieranlage

Auf einem Förderband werden Werkstücke gleicher Kantenlänge sortiert. Entweder werden U-Profile (E04 ∧ E05 = 1) durch Zylinder Z1 (A01) ausgeworfen oder Vollprofile (E07 ∧ E08 = 1) durch Zylinder Z2 (A02) (**ODER-Verzweigung**). Die Zylinder fahren mit 1-Signal aus und mit 0-Signal zurück. Ihr Rückhub erfolgt nach Zeitablauf von jeweils 1 s (Grundstellung: E03 ∧ E06 = 1). Sind die Weiterschaltbedingungen für Z1 und Z2 gleichzeitig erfüllt, erhält Zylinder Z1 Priorität.

a) Entwerfen Sie einen Funktionsplan der Schrittkette mit Oder-Verzeigung gemäß der vorgegebenen Struktur.
b) Erstellen Sie die AWL!
c) Zeichnen Sie den FUP!

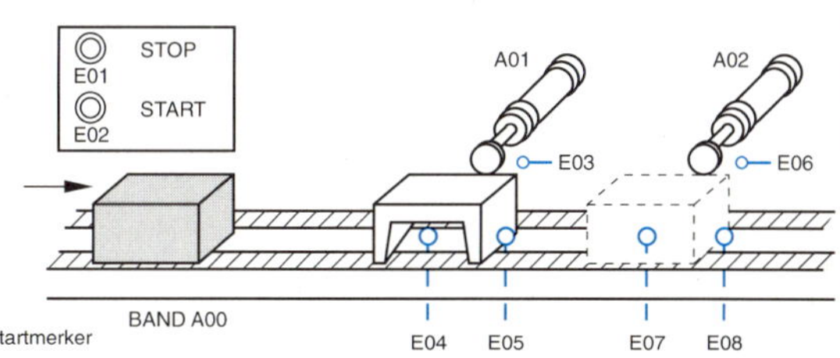

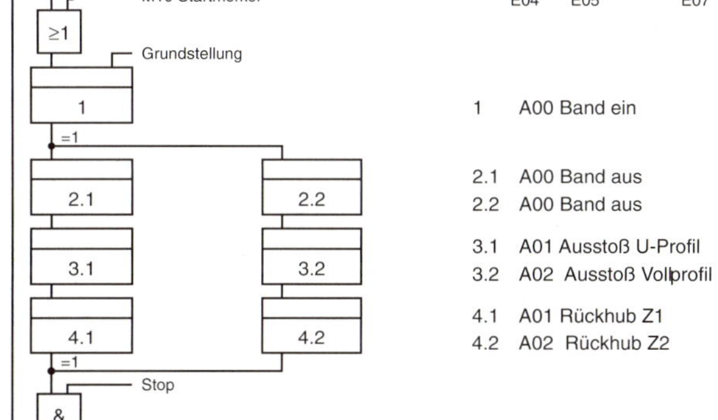

Struktur der Schrittkette mit ODER-Verzweigung

18 Regelungstechnik

18.1 Bauglieder des Regelkreises

Auftrag 1

Bei der Druckluftversorgung in einem chemischen Betrieb muß der vom Kompressor erzeugte Druck in einer Reduzierstation auf den Wert für das Betriebsnetz gesenkt und trotz schwankender Entnahmemenge konstant gehalten werden. Dazu ist eine Regelung nötig (Abb. 1). Der Aufbau der Druckluftregelanlage soll analysiert und die Aufgaben der Bauglieder untersucht werden.

Aufbau der Druckluftregelanlage (Abb. 1)

Die Regelanlage besteht aus der **Regelstrecke,** der **Meßeinrichtung** und der **Regeleinrichtung**.

- Die Regelstrecke bildet der Druckluftbehälter. Hier soll die Druckluft trotz ständig schwankender Entnahmemenge (**Störgröße *z***) konstant gehalten werden.
  Die Regelstrecke beginnt am Stellort mit dem Stellglied ⑦ und endet am Meßort, wo der Behälterdruck erfaßt wird (**Regelgröße *x***).
- Die Meßeinrichtung besteht aus dem eingebauten Drucksensor ① und dem PI-Umformer ②.
- Die Regeleinrichtung umfaßt den Sollwerteinsteller ③, den Regler ④, den IP-Umformer ⑤ sowie den Stellantrieb ⑥.

Der Aufbau der Druckregelanlage kann mit Sinnbildern der Verfahrenstechnik dargestellt werden (Abb. 2). Hinweis: Sinnbilder der Verfahrenstechnik siehe 18.2.

Aufgaben der Bauglieder (Abb. 2)

Der Drucksensor ① erfaßt den momentanen Behälterdruck als Regelgröße x. Hieraus erzeugt der PI-Umformer ② ein elektrisches Signal (**Rückführungsgröße *r***).

Am Sollwerteinsteller ③ des Reglers wird der Sollwert des Behälterdruckes vorgegeben (**Führungsgröße *w***). Der elektronische Regler ④ vergleicht ständig die Rückführungsgröße r mit der Führungsgröße w. Bei Abweichung vom Sollwert liefert er ein geeignetes elektrisches Signal (**Stellgröße y_R**). Aus dem elektrischen Signal y_R des Reglers bildet der IP-Umformer ⑤ die (hier pneumatische) Stellgröße für den Stellantrieb (**Stellgröße *y***). Der Stellantrieb ⑥ betätigt das Stellglied ⑦.

Das Stellglied (Ventil genannt) ist Bestandteil der Regelstrecke und greift regulierend in den Druckluftstrom ein.

> Regeln heißt:
>
> - **messen** der Regelgröße x und bilden der Rückführungsgröße r.
> - **vergleichen** der Rückführungsgröße r mit der Führungsgröße w.
> - **stellen** mit dem Stellglied, bis $r = w$.

Dieser Wirkungsablauf wiederholt sich ständig in jeder Regelanlage. Man spricht vom Regelkreis. Abb. 3 zeigt den Weg der Signalverarbeitung im Regelkreis (**Wirkungsplan**).

Hinweis:

Der Wirkungsweg der Signalverarbeitung und die Energieflußrichtung müssen nicht in jedem Regelkreis gleichgerichtet sein.

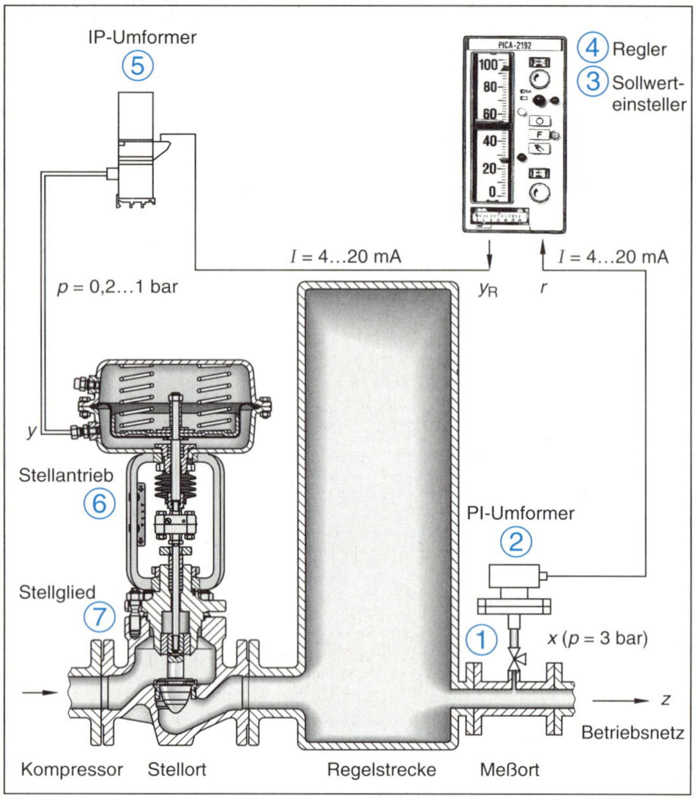

Abb. 1: Prinzip einer Druckluftregelanlage

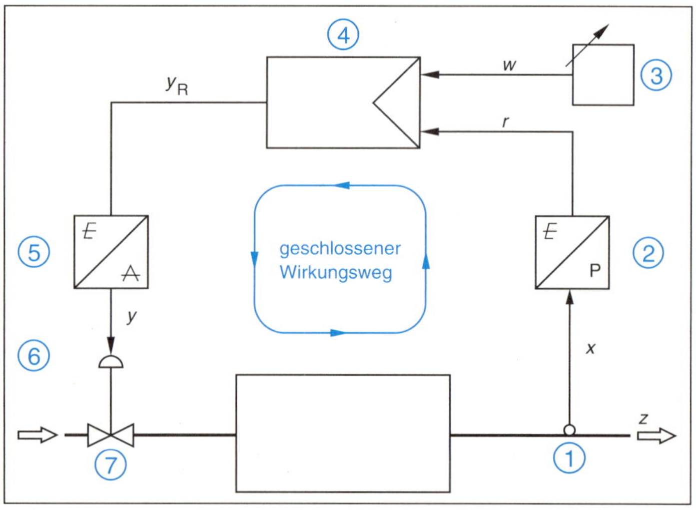

Abb. 2: Druckluftregelanlage mit Sinnbildern der Verfahrenstechnik

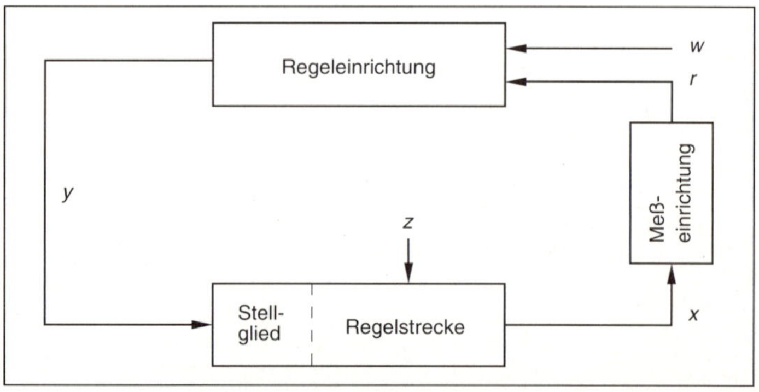

Abb. 3: Wirkungsplan einer Regelung nach DIN 19 226 Teil 4

Auftrag 2

Es sollen die technische Ausführung der Regelkreisglieder in Abb. 1 vorgestellt und ihre Funktion innerhalb des Regelkreises erläutert werden.

Regler

Der verwendete Regler (Abb. 4) ist nicht speziell für die Druckregelung hergestellt, sondern er ist ein **Einheitsregler**. Eingangs- und Ausgangsgrößen liegen im bevorzugten **Einheitssignalbereich von 4 bis 20 mA**. Solche Regler können für die unterschiedlichsten Regelaufgaben eingesetzt werden.

Notwendige Anzeige- und Bedienfunktionen befinden sich auf der Frontplatte. Sonstige Einstellungen werden im Reglergehäuse vorgenommen.

Die Innenschaltung läßt sich in zwei Hauptblöcke gliedern:

- Der **Vergleicher** bildet aus den Eingangssignalen *w* und *r* die **Regeldifferenz** $e = w - r$.
- Der **Verstärker** bildet aus der Regeldifferenz die Stellgröße y_R (4 bis 20 mA) und paßt sie der Regelstrecke an.

Hinweis:

Oft sind die Bedienfunktionen in einem besonderen **Leitgerät** zusammengefaßt, das in der Warte installiert ist. Der Regler hingegen ist prozeßnah montiert.

Signalumformer

Die Ausführung ist vielfältig und hängt von der jeweiligen physikalischen Größe ab. Der Sensor für die Meßgröße ist meist im Signalumformer integriert (Abb. 5).

Der Signalumformer nach Abb. 5a ist hier ein PI-Umformer (Druck in Strom). Ein druckabhängiger Halbleiterwiderstand formt die Regelgröße *x* (Behälterdruck) in das elektrische Einheitssignal von 4 bis 20 mA um (Rückführungsgröße *r*).

Der IP-Umformer nach Abb. 5b (Strom in Druck) formt mittels eines elektropneumatischen Systems das elektrische Einheitssignal in das pneumatische (0,2 bis 1 bar) um (Stellgröße *y*).

Stelleinrichtung

Die Stelleinrichtung (Abb. 6) (auch: Stellgerät) besteht aus dem **Stellantrieb** ① und dem **Stellglied** ③

Der Stellantrieb (Steller) arbeitet im Einheitssignalbereich von 0,2 bis 1 bar (auf – zu). Das Stellglied (Ventil) ist Teil der Rohrleitung. Es ist in Form und Werkstoff dem durchströmenden Medium angepaßt.

Eine Gummimembran im Stellantrieb wölbt sich mit steigendem *y* und hebt die Ventilspindel gegen die Federkraft. Damit gibt der Ventilkegel einen größen Querschnitt frei.

Hinweis:

In der Praxis erhält der Steller die Stellgröße oft nicht direkt, sondern über den angebauten **Stellungsregler** ②, der die auftretenden Reibungskräfte kompensiert. Der Stellungsregler vergleicht die Stellgröße mit der Ventilstellung und korrigiert falls erforderlich.

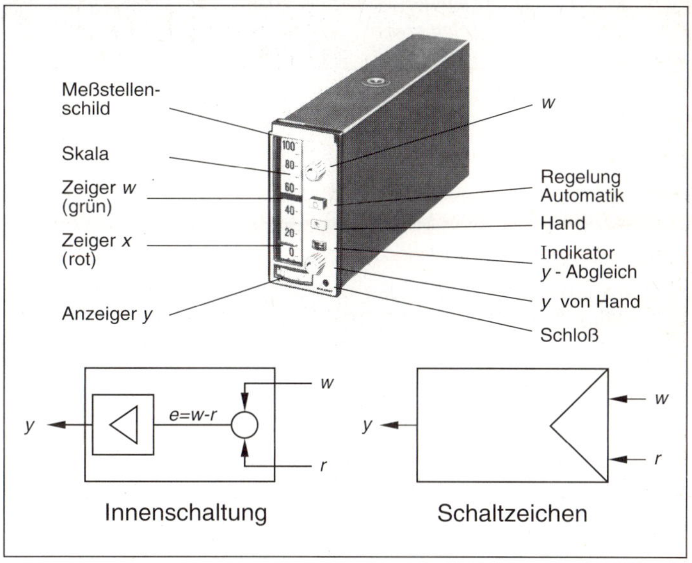

Abb. 4: Elektronischer Regler

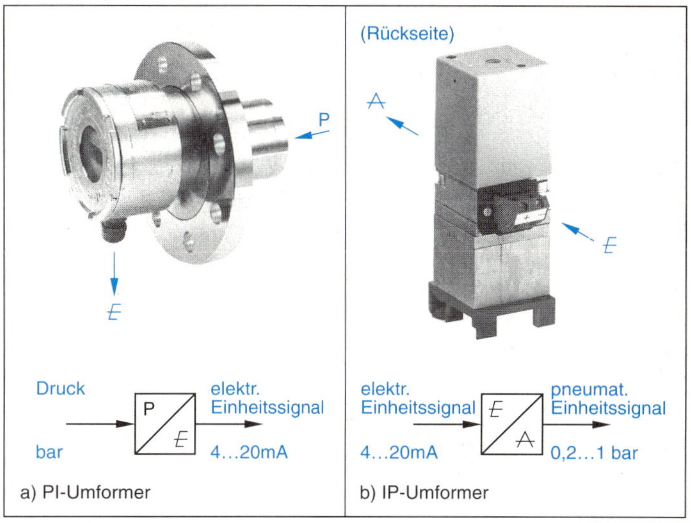

Abb. 5: Signalumformer

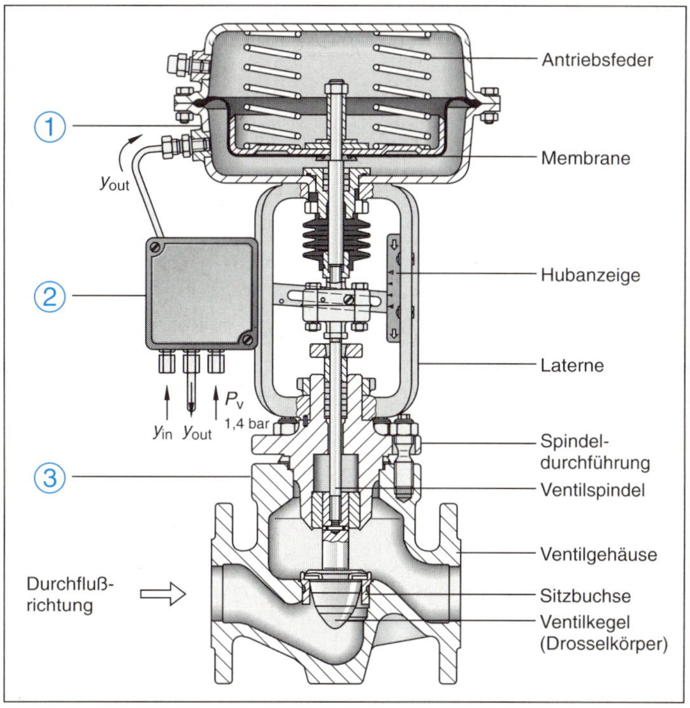

Abb. 6: Pneumatische Stelleinrichtung (Stellgerät)

Aufgaben

18.1.1 Drehzahlregelung

a) Benennen Sie die Regelkreisglieder G1, G2, N1, G3, V1 bis V4, M1!

b) Benennen Sie die Größen in diesem Regelkreis!

c) Zeichnen Sie den Wirkungsplan der Regelung!

d) Tragen Sie in die Blöcke des Wirkungsplanes die Betriebsmittelkennzeichnung der einzelnen Regelkreisglieder ein!

e) Beschreiben Sie das Drehzahl-Verhalten der Regelung, wenn folgende Änderungen vorgenommen werden:
   1. Am Drehzahlregler werden die Anschlüsse für *w* und *r* vertauscht oder
   2. Die Rückführungsleitung zwischen Drehzahlregler und Tachogenerator wird unterbrochen.

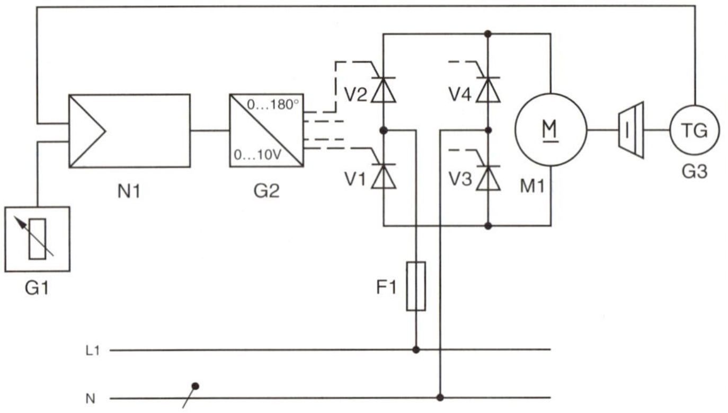

18.1.2 Wasserstandsregelung

Der Stellmotor M1 öffnet das Ventil 1, wenn die Spannung U_3 positiv ist und schließt das Ventil 1, wenn U_3 negativ ist.

Die Regelung enthält einen grundsätzlichen Fehler.

a) Stellen Sie diesen Fehler fest, indem Sie stichwortartig den Regelvorgang beschreiben, wenn der Wasserablauf plötzlich weiter geöffnet wird!

b) Geben Sie Maßnahmen zur Fehlerbeseitigung an!

c) Listen Sie alle Bauglieder und Größen des funktionierenden Regelkreises auf!

d) Zeichnen Sie den Wirkungsplan der Regelung!

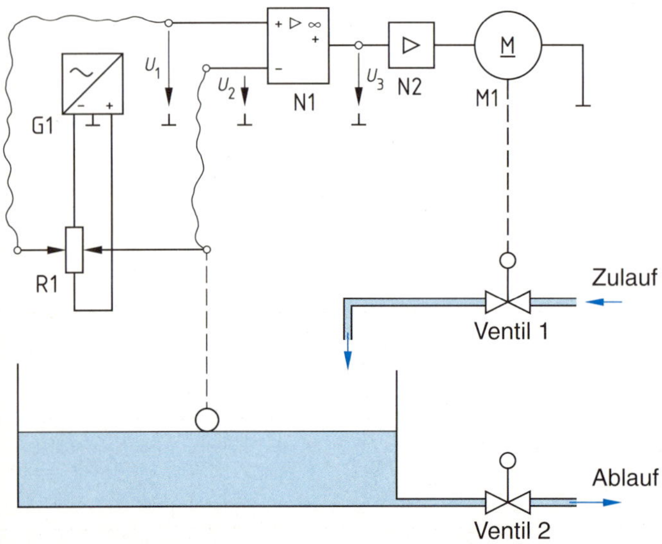

18.1.3 Spannungsstabilisierung

Analysieren Sie die Regelschaltung, indem Sie folgende Aufträge ausführen!

a) Nennen Sie die Regelaufgabe!

b) Nennen Sie drei mögliche Störgrößen!

c) Bezeichnen Sie Regelstrecke, Stellglied, Meßeinrichtung, Regeleinrichtung und Sollwertgeber!

d) Geben Sie die Regel-, Führungs- und Rückführungsgröße sowie Regeldifferenz an!

e) Ermitteln Sie mit Hilfe der Spannungsteilerregel eine Bestimmungsgleichung für U_{RL} wenn $U_D = 0$ ist!

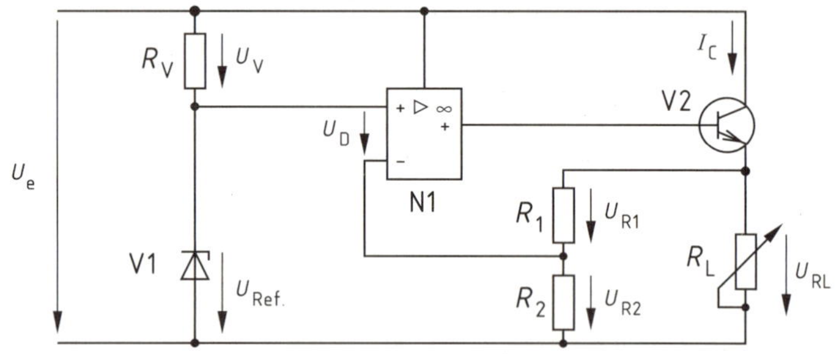

18.1.4 Temperaturregelung

a) Benennen Sie mit Hilfe der in der Zeichnung aufgeführten Begriffe die Regelgröße, Führungsgröße, Stellgröße und Störgröße!

b) Bezeichnen Sie die Regelstrecke, Meßeinrichtung und Regeleinrichtung!

c) Geben Sie an, welche regelungstechnische Bedeutung ein Verschweißen der Kontakte des Bimetallschalters hat!

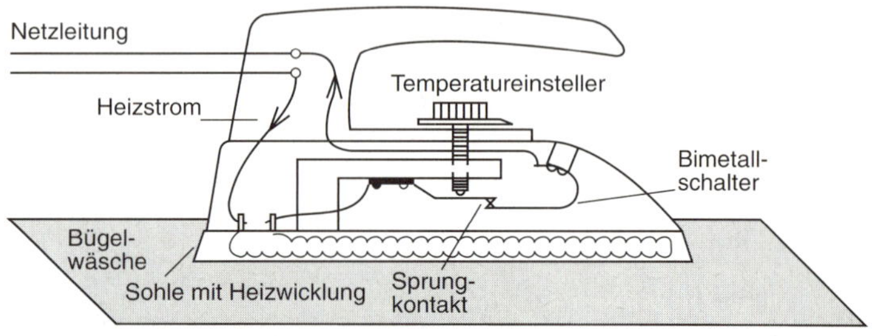

18.1.5 Netzgerät

Mit Hilfe der Bauteile in der Stückliste soll ein Netzgerät mit einer konstanten Lastspannung $U_L \approx 5$ V aufgebaut werden.

Zeichnen Sie die Schaltung auf ein DIN A4-Blatt gemäß der Bauteileanordnung.

Stückliste

F1	Netzsicherung
T1	Transformator 220/10 V
V1–V4	Gleichrichtersatz
C1	Ladekondensator
R1	Widerstand
V5	Z-Diode
V6	Transistor
R_L	Lastwiderstand

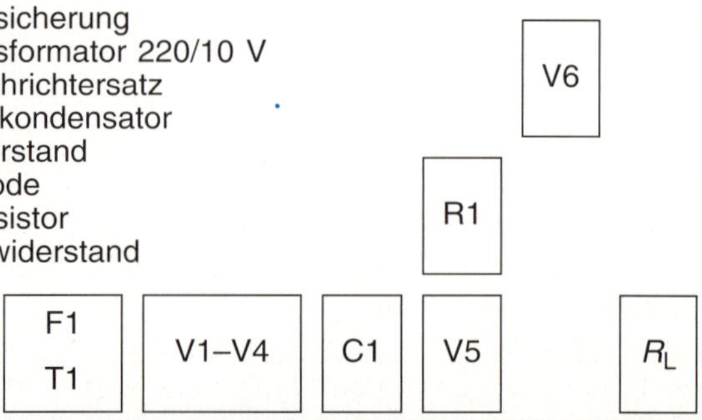

Auftrag 1

In der Prozeßleitwarte einer chemischen Produktionsanlage zeigt das **Rohrleitungs- und Instrumentenfließbild (RI-Fließbild)** den verfahrenstechnischen Aufbau und die Instrumentierung des Prozesses. Als Ausschnitt hieraus ist in Abb. 1 der Druckluftregelkreis der Produktionsanlage dargestellt.

Es soll das RI-Fließbild dieses Druckluftregelkreises mittels Tabelle 18.1 und Abb. 2 analysiert werden.

Im RI-Fließbild sind die Rohrleitungen, Apparate und Maschinen des Verfahrensprozesses dargestellt. Ebenso sind alle meß-, steuerungs- und regelungstechnischen Einrichtungen (MSR-Einrichtungen) mit ihren Wirkverbindungen (Signalflußwege) eingezeichnet. Die technische Ausführung wird nicht gezeigt.

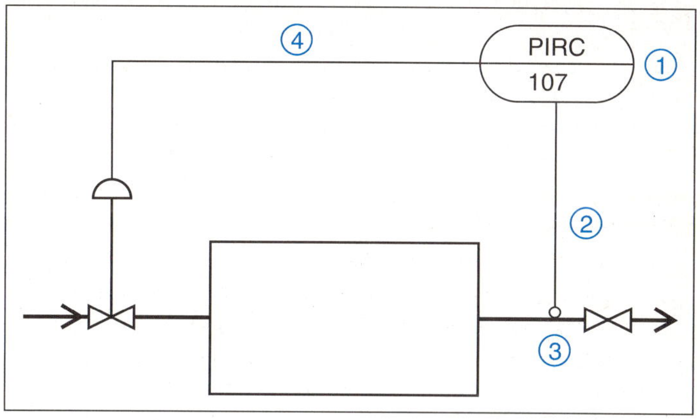

Abb. 1: RI-Fließbild der MSR-Einrichtung Druckluftregelung

Tabelle 18.1: Kennbuchstaben für die MSR-Technik

Beispiel: P D I R C A +

Erstbuchstabe — P; Ergänzungsbuchstabe — D; Folgebuchstaben — I R C A; Folgezeichen — +

Erstbuchstabe (Eingangsgröße)	
D	Dichte
E	elektrische Größen
F	Durchfluß
G	Abstand, Länge, Stellung
H	Handeingabe, Handeingriff
K	Zeit
L	Stand
M	Feuchte
N	frei verfügbar
O	frei verfügbar
P	Druck
Q	Qualitätsgrößen (Stoffeigenschaft)
R	Strahlungsgrößen
S	Geschwindigkeit, Drehzahl, Frequenz
T	Temperatur
U	zusammengesetzte Größen
V	Viskosität
W	Gewichtskraft, Masse
X	sonstige Größen
Z	frei verfügbar

Ergänzungsbuchstabe (Eingangsgröße)	
D	Differenz
F	Verhältnis
J	Meßstellen-Abfrage
Q	Summe

Folgebuchstaben (Verarbeitung)	
A	Störungsmeldung, Alarm
C	Regelung
I	Anzeige
O	Sichtzeichen, Ja/Nein Anzeige (Kein Alarm)
R	Registrierung
S	Schaltung Ablaufsteuerung, Verknüpfungssteuerung
Z	Noteingriff, Schutz durch Auslösung

Folgezeichen (Verarbeitung)	
+	oberer Grenzwert
–	unterer Grenzwert
/	Zwischenwert

Hinweis:
Die Folgebuchstaben I, R, C sind in dieser Reihenfolge die ersten. Im Anschluß daran ist die Reihenfolge weiterer Folgebuchstaben und -zeichen frei wählbar.

Abb. 2: Ausgabe und Bedienort (DIN 19 227 Teil 1)

Lösung

- Die Aufgabe der MSR-Einrichtung in Abb. 1 wird durch Kennbuchstaben im oberen Teil des **MSR-Stellenkreises** ① angegeben. Dies ist entweder ein Kreis (meist 10 mm Durchmesser) oder bei größerem Platzbedarf (wie in Abb. 1) ein Langrund.
- Die Reihenfolge der Kennbuchstaben liegt fest.
  - Der Erstbuchstabe (je nach physikalischer Größe mit Ergänzungsbuchstabe) kennzeichnet die Meß- oder Eingangsgröße. Hier ist die Meßgröße der Druck (P), vgl. Tab. 18.1.
  - Die Folgebuchstaben und etwa vorhandene Folgezeichen geben Auskunft über die Verarbeitung der Größe. Der Druck wird angezeigt (I), z. B. durch Manometer. Er wird registriert (R), z. B. mittels Schreiber und geregelt (C).
- Die **MSR-Stellen-Bezeichnung** steht im unteren Teil des Kreises. Sie dient der leichten Auffindbarkeit des Anlagenteils im Betrieb. Die Art des Nummernsystems ist dabei frei wählbar.

  Die Druckluftregelanlage hat die MSR-Stellen-Bezeichnung 107.
- Der Querstrich im MSR-Stellenkreis kennzeichnet den **Ausgabe- und Bedienungsort** der Größe. Dies ist die Kommunikationsstelle zwischen Mensch und der MSR-Einrichtung (Abb. 2). In Abb. 1 wird der Druck in einer zentralen Prozeßleitwarte angezeigt, registriert und von dort aus geregelt.
- Der Signalflußweg vom Meßort zum MSR-Stellenkreis wird als schmale Vollinie dargestellt ②. Soll der Meßort besonders hervorgehoben werden, wird er als Kreis mit vorzugsweise 2 mm Durchmesser gezeichnet ③.
- Eine schmale gestrichelte Linie zeigt den Wirkungsweg vom MSR-Stellenkreis zum Stellgerät ④ an.

Hinweis:

Im Normenentwurf DIN 19 227 Teil 1 vom Februar 1990 wird die aufgabenbezogene **Prozeßleittechnik** (**PLT**) in verfahrenstechnischen Anlagen definiert.

Die Prozeßleittechnik umfaßt die prozeßbezogene Elektro-, Meß-, Steuerungs- und Regelungstechnik, kurz **EMSR-Technik** genannt.

Auftrag 2

In der Druckluftregelanlage von Seite 236 Abb. 1 muß der defekte PI-Umformer ausgewechselt werden. Nur mit Kenntnis des RI-Fließbildes der MSR-Einrichtung (Seite 239 Abb. 1) kann der Wartungsmonteur diese Aufgabe nicht lösen. Er benötigt einen genauen Geräteverdrahtungsplan. Dieser Plan heißt **MSR-Stellenplan**.

Es soll der MSR-Stellenplan der Druckluftregelanlage mit Hilfe der Sinnbilder in Abb. 3 erläutert werden.

> Der MSR-Stellenplan zeigt die Geräteverdrahtung der Regelkreise, Steuerungen und Meßeinrichtungen einer verfahrenstechnischen Anlage.

Lösung

In der Grobstruktur (Übersicht) genügt zur Ausführung des MSR-Stellenplanes die einpolige Darstellung (Abb. 1). Als Montage- und Wartungsdokumentation ist er allpolig auszuführen und durch Eintragen aller Anschlußklemmen zu ergänzen (Abb. 2).

> In den MSR-Stellenplan werden die Sinnbilder der Geräte ihrem Einbauort gemäß eingezeichnet. Die Einbauorte der MSR-Geräte sind **Feld, Schaltraum** und **Meßtafelfeld**.

- Das **Feld** ist die Anlage selbst. Hier sind die MSR-Einrichtungen installiert, die Prozeßgrößen messen, überwachen oder stellen. Der PI-Umformer ① und das Stellgerät ⑧ mit angebautem Stellungsregler ⑨ müssen für den rauhen Betrieb im Feld konstruiert sein.

- Der **Schaltraum** ist meist ein abschließbarer Schaltschrank. Hier erfolgt die Verdrahtung der Geräte des Meßtafelfeldes und der prozeßnahen Komponenten auf Klemmleisten. Die Bezeichnung dieser Klemmstellen ② ist anlagebezogen und hier nicht angegeben.

  Im Schaltraum sind auch solche Geräte montiert, die für den rauhen Feldbetrieb nicht konstruiert sind (Netzanschlußgeräte, Meßumformer usw.). In Abb. 1 ist dies der IP-Umformer ⑦.

- Das **Meßtafelfeld** ist Ausgabe- und Bedienungsort für die jeweiligen Größen.

  In einem Bedienungsstand zeichnet der eingebaute Schreiber ③ fortlaufend die Regelgröße auf. Ein Anzeigeinstrument ④ gibt zusätzlich ihren momentanen Wert an.

  Über den Regler ⑥ mit angebautem Leitgerät ⑤ nimmt das Bedienungspersonal Einfluß auf den Prozeß. Nach Abb. 3 wird am Leitgerät der Sollwert eingestellt (Sollwerteinsteller) und der Regelkreis geschlossen (Umschalter Hand/Automatikbetrieb). Gerät die automatische Druckregelung außer Kontrolle, wird am Leitgerät auf Handbetrieb umgeschaltet. Der Regelkreis ist dann offen, und das Bedienungspersonal stellt das Stellglied von Hand (Stellgliedeinsteller). Damit kann der Sollwert des Druckes bei Störungen aufrechterhalten werden, wenn eine Abschaltung der Anlage unerwünscht ist und keine unmittelbare Gefährdung besteht.

  In Abb. 2 ist der MSR-Stellenplan der Druckluftregelanlage allpolig ausgeführt. Alle MSR-Geräte sind in Reihe geschaltet, weil das Einheitssignal ein Strom ist. Ihre Anschlußkennzeichnung erfolgt nach DIN 45 140 Teil 1 (siehe Seite U2).

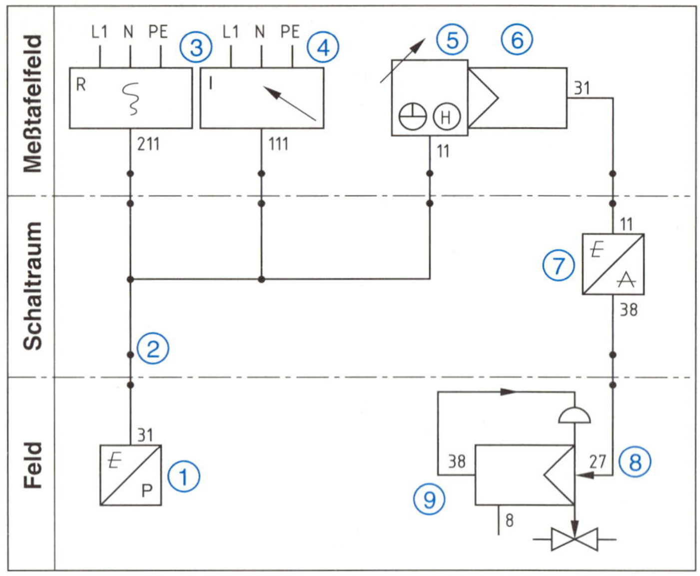

Abb. 1: MSR-Stellenplan PIRC 107, Druckregelung (einpolige Darstellung DIN 45 140 Teil 1)

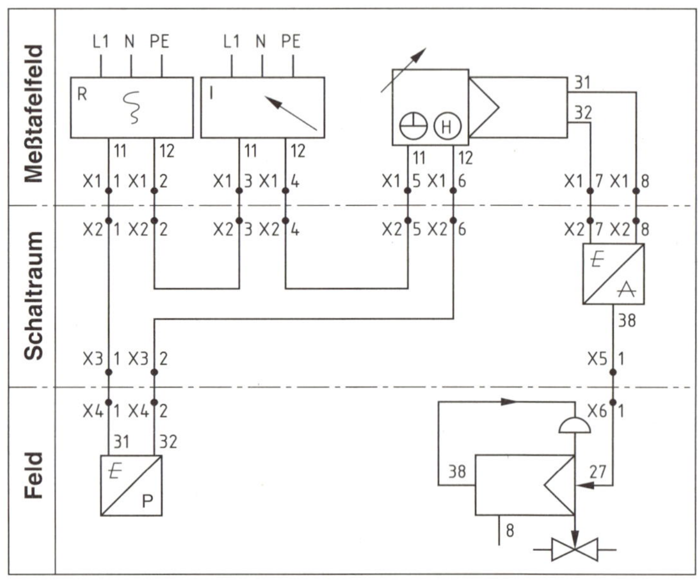

Abb. 2: MSR-Stellenplan PIRC 107, Druckregelung (allpolige Darstellung DIN 45 140 Teil 1)

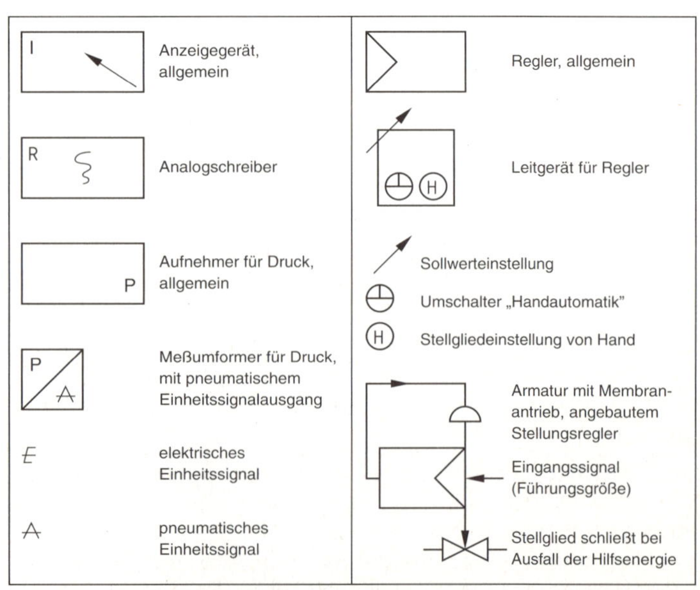

Abb. 3: Ausgewählte Sinnbilder (DIN 19 227 Teil 2)

Aufgaben

18.2.1 Verdichterüberwachung

Beschreiben Sie das Fließbild einer Reaktorbeschickung, indem Sie folgende Fragen beantworten!

1. Welche Maßnahmen sind zur Überwachung der Druckseite getroffen worden?
2. Welcher Ventilzustand wird als Störung gemeldet?
3. Woran erkennt man, daß der Verdichter in Betrieb bzw. ausgefallen ist?

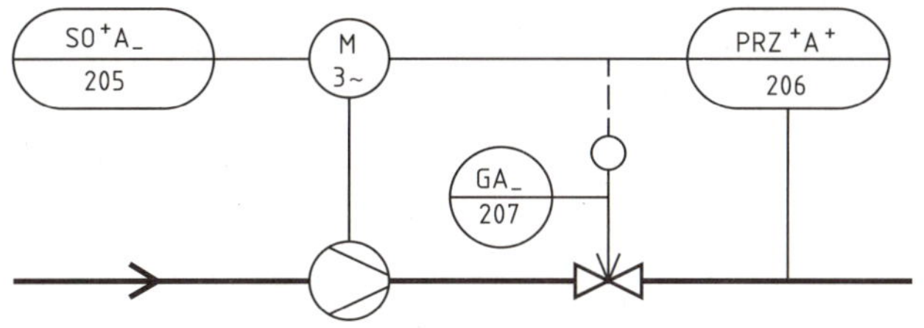

18.2.2 Rührkessel-Reaktor

Einem dampfbeheizten Rührkessel werden drei Stoffe A, B und C zugeführt. Ein motorgetriebener Rührer sorgt für die Mischung der Stoffe zum fertigen Produkt.

Erläutern Sie Aufgabe und Funktion der einzelnen MSR-Einrichtungen!

a) Für die Stoffe A und B
b) Für den Stoff C
c) Für die Kesselheizung
d) Für das Produkt
e) Für das Rührwerk

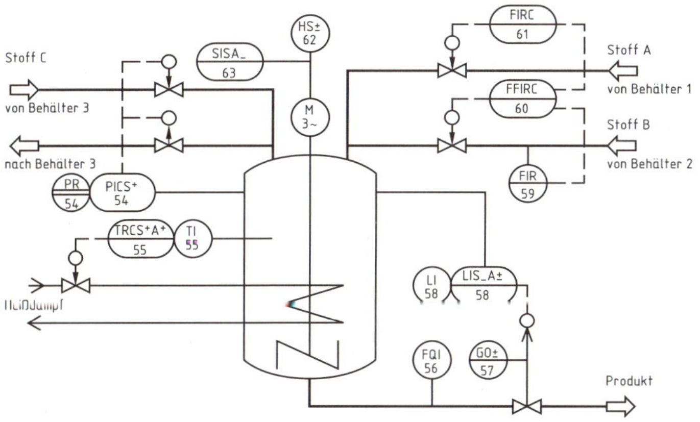

18.2.3 Durchflußregelung

Zeichnen Sie das RI-Fließbild für die Regelung mit folgenden Bedingungen!

- Es soll der Durchfluß (Menge/Zeit) von Kohlensäure zu einem Reaktionsbehälter konstant gehalten werden.
- Der Durchfluß wird in der Rohrleitung gemessen und in der Prozeßleitwarte angezeigt sowie geregelt (MSR-Stellen-Bezeichnung F11).
- Stellglied ist ein Ventil.
- Bei zu geringem Durchfluß erfolgt Alarm in der Warte.
- Eine örtliche Durchflußanzeige ergänzt die Einrichtung (MSR-Stellen-Bezeichnung 11a).
- Zum Ausgleich starker Druckschwankungen in der Kohlensäureleitung ist der Durchflußregelung eine Druckregelung mit gesondertem Stellgerät vorgelagert.
- Anzeige und Bedienung der Druckregelung erfolgen ebenfalls in der Prozeßleitwarte (MSR-Stellen-Bezeichnung P10).
- Bei Ausfall der Hilfsenergie schließen beide Ventile.

18.2.4 Funktionsanalyse

Analysieren Sie den MSR-Stellenplan, indem Sie folgende Aufträge ausführen!

a) Nennen Sie die Aufgabe der MSR-Einrichtung!
b) Beschreiben Sie stichwortartig den Funktionsablauf!
c) Ermitteln Sie die Bedeutung aller Anschlußbezeichnungen der MSR-Geräte (Anschlußkennzeichnung siehe Seite U2)!
d) Kann zu diesem Plan die mehrpolige Darstellung gezeichnet werden? Begründen Sie!

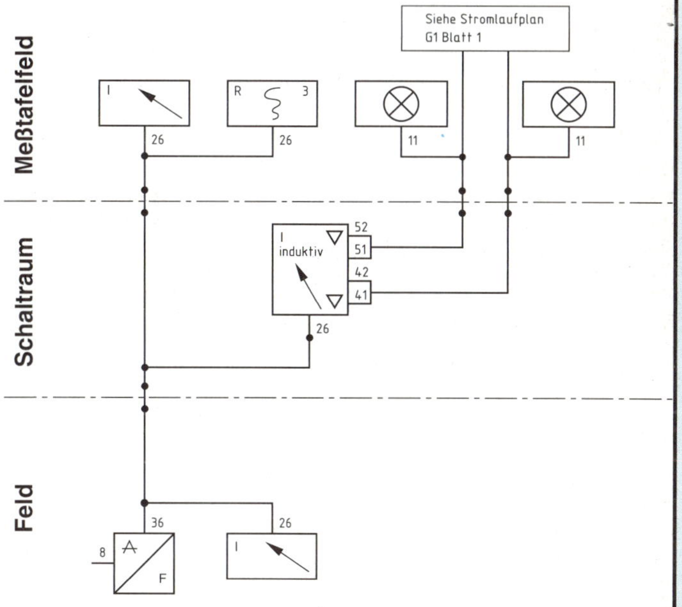

18.2.5 Regelkreis

Untersuchen Sie den Regelkreis, indem Sie folgende Aufträge ausführen!

a) Nennen Sie die Regelgröße!
b) Beschreiben Sie stichwortartig den Funktionsablauf!
c) Zeichnen Sie die einpolige Darstellung!

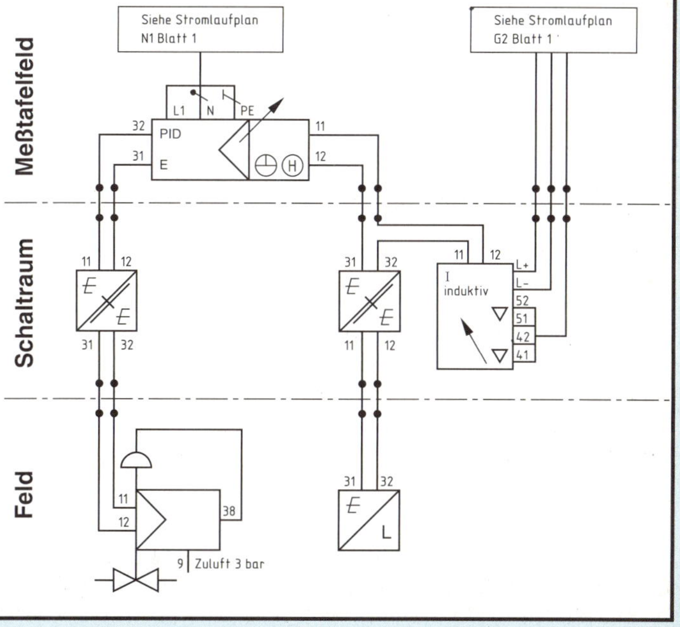

Auftrag 1

Für ein optimales Regelkreisverhalten muß die Reglereinstellung an die Eigenschaften der Strecke angepaßt werden (vgl. 18.7).

Mit Hilfe einer Meßschaltung soll deshalb das Verhalten unterschiedlicher Druckregelstrecken untersucht und aus den Meßergebnissen Streckenkennwerte bestimmt werden.

Streckenverhalten

Abb. 1 zeigt die Meßschaltung, mit der eine Regelstrecke aus bis zu drei Druckluftspeichern untersucht werden kann. Der Meßvorgang läuft folgendermaßen ab.

- Die Stellgröße *y* (Ventilhub) wird durch Öffnen des Ventils zum Zeitpunkt t_0 sprunghaft vergrößert (**Sprungfunktion**).
- Die Schreiber registrieren an unterschiedlichen Stellen den zeitlichen Verlauf der Regelgröße *x* (**Sprungantwort**).

Unter der Sprungfunktion (Abb. 2a) sind die registrierten Sprungantworten aufgezeichnet (Abb. 2b).

- Proportionalstrecke ohne Speicher ①: *x* folgt *y* unverzögert (**P-Strecke**).
- Proportionalstrecke mit einem Speicher ②: *x* folgt *y* nach einer e-Funktion (**PT1-Strecke**).
- Proportionalstrecke mit mehreren Speichern ③, ④: *x* folgt *y* stark verzögert (**PTn-Strecke**).

Druckregelstrecken sind Strecken mit Ausgleich. Sie nehmen bei Stellgrößenänderung nach einer bestimmten Zeit immer einen neuen Beharrungszustand (Endzustand) ein.

Streckenkennwerte:

Gemeinsame Kenngröße aller Strecken mit Ausgleich ist der **Übertragungsbeiwert K_p**. Im neuen Beharrungszustand gilt (Abb. 2):

$$K_p = \frac{\Delta x}{\Delta y} \qquad \text{Beispiel: } K_p = \frac{3\ \text{bar}}{3\ \text{cm}} = 1\ \frac{\text{bar}}{\text{cm}}$$

Bei 1 cm Hubänderung steigt der Druck um 1 bar.

Eine P-Strecke besitzt nur die Kenngröße K_p.

Proportionalstrecken mit einem Speicher (1. Ordnung) verhalten sich wie eine RC-Ladeschaltung (Abb. 3). Mit der Anfangsgeschwindigkeit (Tangente ⑥) hätte die Regelgröße *x* den neuen Beharrungszustand in der Zeit *T* (Zeitkonstante ⑧) eingenommen. Tatsächlich sind nur etwa 63 % vom Endwert erreicht ⑦. Erst nach 5 *T* herrscht Ausgleich ⑤.

Beispiel: 63 % x ≙ 2,9 bar: $T = 2$ s
Ausgleich nach 5 *T*: $5 \cdot 2\ \text{s} = 10\ \text{s}$

Eine PT1-Strecke besitzt die Kenngrößen K_p und *T*.

P-Strecken mit mehreren Speichern (höherer Ordnung) kann man sich als Reihenschaltung von PT1-Strecken entstanden denken. Je mehr Speicher (Ordnung), desto mehr verzögert sich die Regelgröße *x* (Abb. 4).

Zeichnet man im steilsten Anstieg der Sprungantwort (Wendepunkt der Kurve) eine Tangente ⑩, so schneidet diese die Werte des alten Beharrungszustandes ⑨ und des neuen Beharrungszustandes ⑪. Die Verzugszeit T_u und die Ausgleichszeit T_g können jetzt auf der Zeitachse abgelesen werden.

Beispiel: $T_u = 2$ s, $T_g = 11$ s.

Eine PTn-Strecke besitzt die Kenngrößen K_p, T_u und T_g.

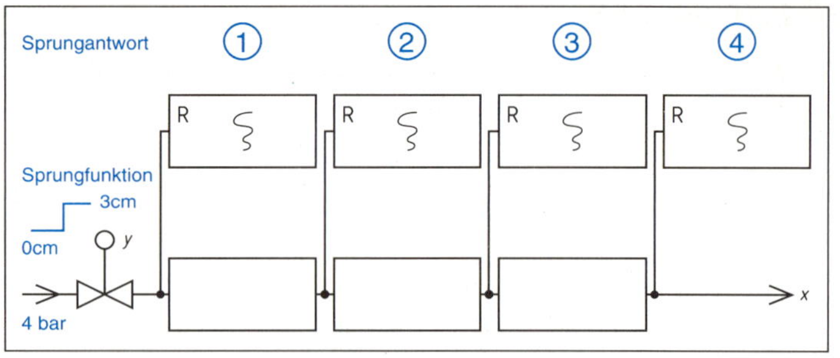

Abb. 1: Meßschaltung für Sprungantworten

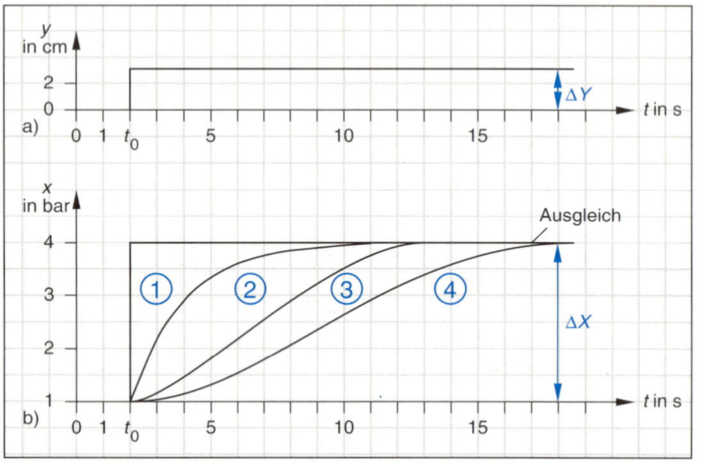

Abb. 2: Regelstrecken mit Ausgleich

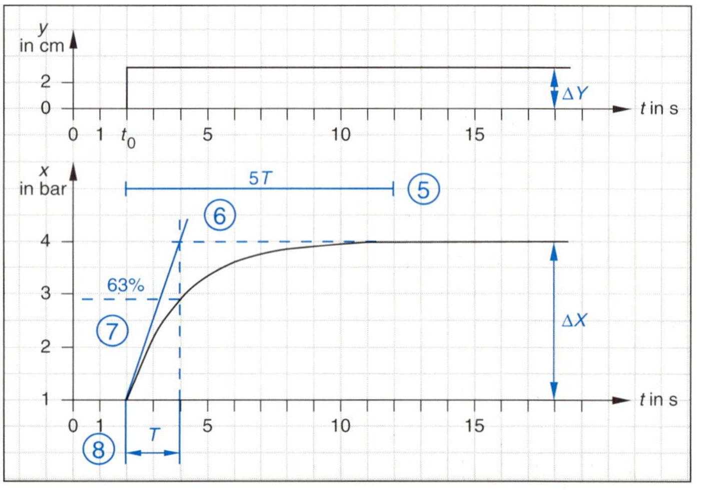

Abb. 3: P-Strecke 1. Ordnung (PT1-Strecke)

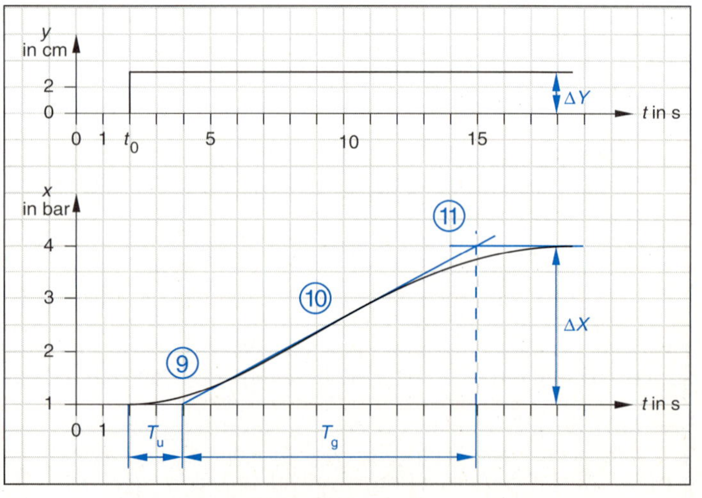

Abb. 4: P-Strecke höherer Ordnung (PTn-Strecke)

Aufgaben

18.3.1 Durchflußregelstrecke

a) Zeichnen Sie die Sprungfunktion und die Sprungantwort untereinander (x ~ y)!
Maßstäbe : 1 cm ≙ 1s, 1 cm ≙ 50 %, 1 cm ≙ 2 m³/h.

b) Bestimmen Sie den Typ der Regelstrecke und begründen Sie Ihre Antwort!

c) Bestimmen Sie den Kennwert der Strecke!

d) Zeichnen Sie zusätzlich eine zweite Sprungantwort unter die erste, wenn der Meßort 20 m vom Stellort entfernt ist! Erläutern Sie das Ergebnis!

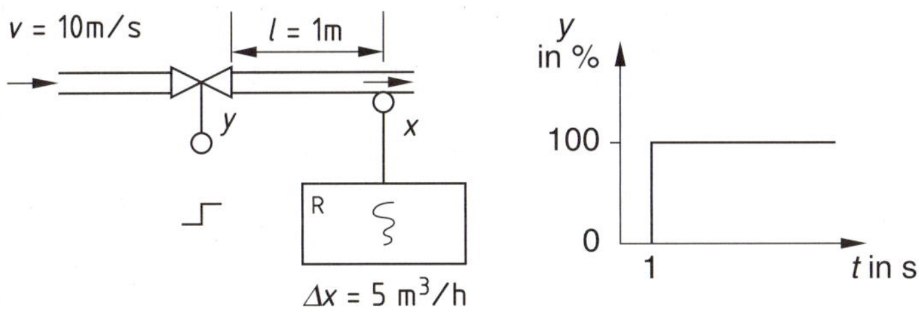

18.3.2 Förderbandstrecke

Bei der gezeigten Strecke tritt eine Verzögerungszeit auf, die man Totzeit T_t nennt.

a) Erläutern Sie die Auswirkung der Totzeit auf die Erfassung der Regelgröße (x ~ y)!

b) Berechnen Sie die Totzeit!

c) Zeichnen Sie die Sprungfunktion und die Sprungantwort untereinander!
Maßstäbe: 1 cm ≙ 2 s, 1 cm ≙ 50 %, 1 cm ≙ 1 m³/min.

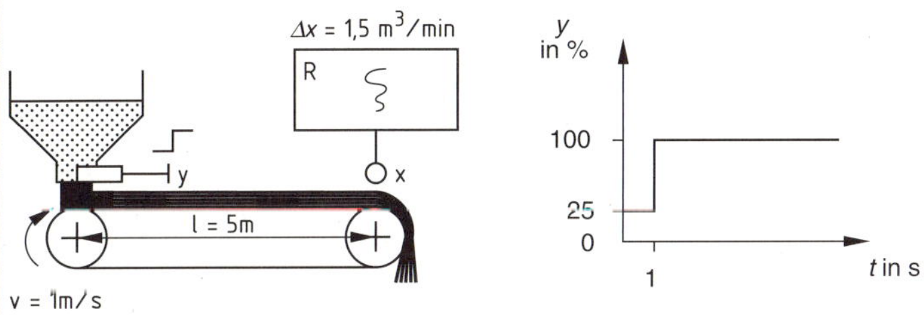

18.3.3 Regelstrecke ohne Ausgleich

In vielen Regelungen der Verfahrenstechnik muß der Füllstand in einem Behälter konstant gehalten werden.

a) Erläutern Sie die Sprungantwort der Füllstandsregelstrecke!

b) Erklären Sie, warum man Strecken mit solchem Verhalten „Regelstrecken ohne Ausgleich" nennt!

c) Zeichnen Sie eine Operationsverstärker-Schaltung, mit der eine solche Strecke simuliert werden kann!

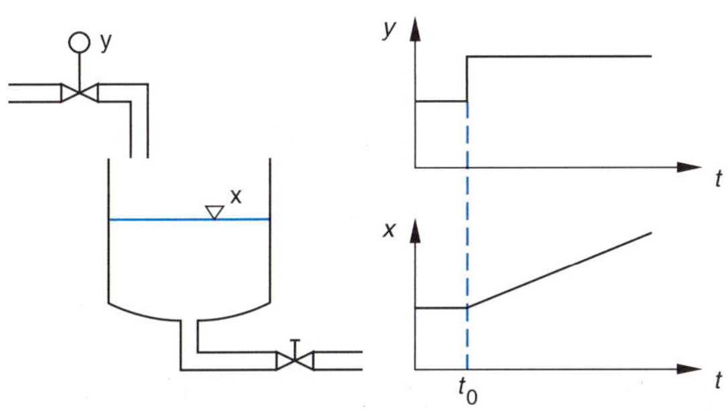

18.3.4 Positionierantrieb

Dargestellt ist der Positionierantrieb einer Werkzeugmaschine. Die Vorschubgeschwindigkeit v des Werkzeugschlittens beträgt 500 mm/min je 1 V Eingangsspannung U_e.

a) Nennen Sie das (ideale) Streckenverhalten des Leistungsverstärkers und des Schlittens mit Spindelantrieb!

b) Zeichnen Sie untereinander Sprungfunktion U_e und Sprungantwort des Schlittens. Bei positiver Spannung ist der Vorschub positiv und umgekehrt (Maßstab: s = 500 mm ≙ 1 cm)!

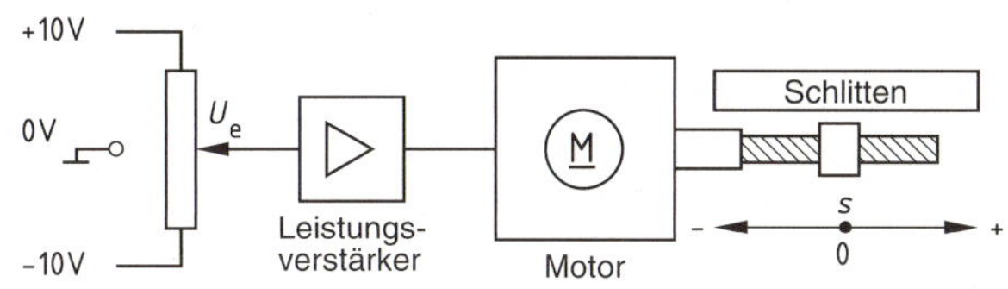

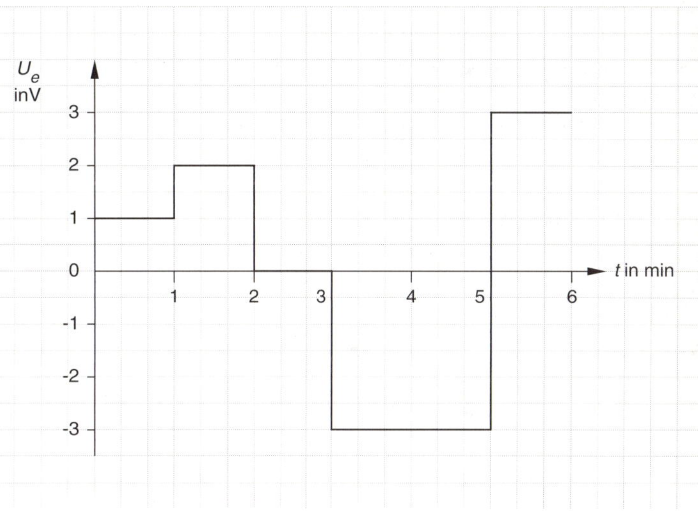

18.3.5 Druckluftspeicher

Bei der Untersuchung des Zeitverhaltens eines Druckluftspeichers mit der Sprungmethode (Δy = 100 %) haben sich folgende Meßwerte ergeben:

t in s	0	0,5	1	1,5	2	2,5	3,5	4,5
x in bar	1	1	1	1	3,21	4,94	7,32	8,78

t in s	5,5	6,5	7,5	8,5	9,5	10,5	11,5
x in bar	9,65	10,18	10,50	10,97	10,82	10,89	10,93

a) Zeichnen Sie die Sprungfunktion und die Sprungantwort untereinander (Maßstab: x = 1 bar ≙ 1 cm; t = 1 s ≙ 1 cm)!

b) Bestimmen Sie die Kennwerte K_p und T!

c) Ermitteln Sie die Zeit, bis der neue Beharrungszustand erreicht wird!

d) Der Eingangsdruck wird sprunghaft verdoppelt. Wie ändern sich dann die Kenngrößen K_p und T.

Aufgaben

18.3.6 Simulationsschaltung

In Simulationsschaltungen können PT1-Strecken durch eine elektronische Schaltung nachgebildet werden.

a) Benennen Sie die Schaltung (ohne Berücksichtigung des Operationsverstärkers)!

b) Geben Sie die Funktion der Operationsverstärker-Schaltung an!

c) Bestimmen Sie den K_p-Wert und die Zeitkonstante der Schaltung!

d) Zeichnen Sie die Sprungantwort für U_e = 10 V. Maßstäbe: 1 cm ≙ 0,5 s, 1 cm ≙ 1 V.

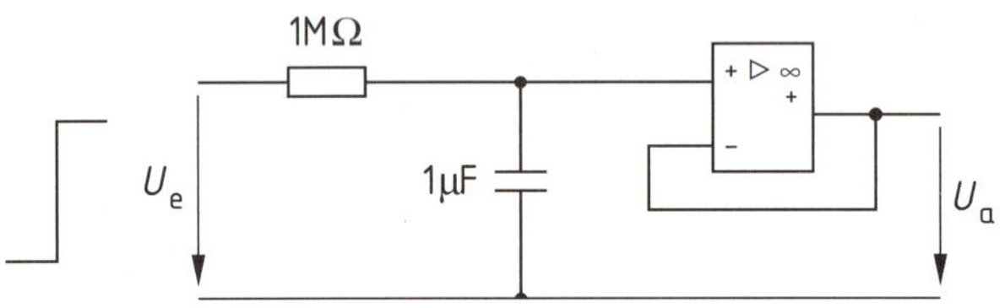

18.3.7 P-Strecke mit Operationsverstärker

Zur Verfügung stehen folgende Bauteile:

- Operationsverstärker
- Potentiometer 4,7 kΩ
- Widerstand 1 kΩ
- Netzgerät

a) Zeichnen Sie eine Schaltung, mit deren Hilfe einer P-Strecke elektronisch simuliert werden kann (ohne Darstellung der Spannungsversorgung)!

b) Berechnen Sie zwischen welchen Werten der K_p-Wert einstellbar ist!

18.3.8 Temperaturregelstrecke ❑

Es ist die Sprungantwort einer Temperaturregelstrecke gegeben. Die halbe Heizleistung von $P = 6$ kW ist zum Zeitpunkt t_0 eingeschaltet worden.

a) Bestimmen Sie die Kennwerte K_p, T_u und T_g der Strecke! Zeichnen Sie die Sprungantwort auf ein A4-Blatt (Maßstäbe: ϑ = 10 °C ≙ 1 cm, t = 1 s ≙ 1 cm)!

b) Ermitteln Sie mit Hilfe der angegebenen Tabelle die Regelbarkeit der Strecke!

c) Für regelungstechnische Untersuchungen ist es günstig, den K_p- Wert als einheitenlose Größe anzugeben. Dazu bezieht man die Stellgrößen- und die zugehörige Regelgrößenänderung auf ihre jeweiligen Maximalwerte (P_{max} = 12 kW, ϑ_{max} = 165 °C.
Berechnen Sie den bezogenen K_p-Wert!

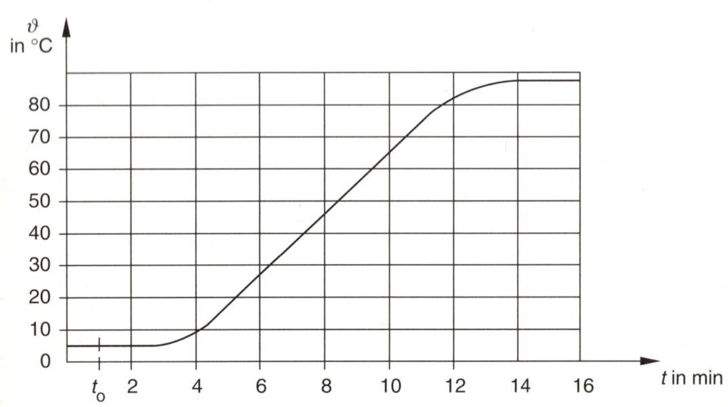

T_u/T_g	< 1/10	≈ 1/6	> 1/3
Regelbarkeit	gut	noch	schwer

18.3.9 Streckenordnung

Die Tabelle zeigt die Streckenordnung als Funktion von T_u/T_g. Die Zuordnung gilt nur näherungsweise!

a) Ermitteln Sie die Ordnung der Strecke nach Aufgabe 18.3.8!

b) Bestimmen Sie Streckenordnung und Regelbarkeit der Druckregelstrecke nach Abb. 4 Seite 242!

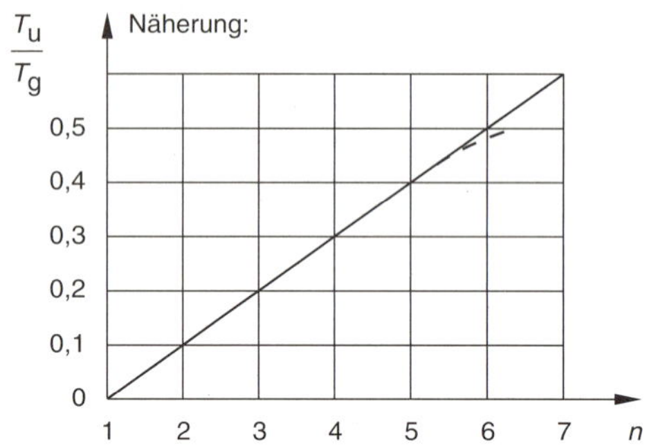

exakt:

n	T_u/T_g
1	0,000
2	0,104
3	0,218
4	0,319
5	0,410
6	0,493
7	0,570
8	0,642

$$n \approx \frac{T_u}{T_g} \cdot 10 + 1$$

18.3.10 Ersatzordnungszahl

Drei einzelne Energiespeicher bilden eine P-Strecke dritter Ordnung. Die Zeitkonstanten der ersten beiden Speicher sind gleich. T_3 (letzter Speicher) ist variabel.

Analysieren Sie das Verhalten der Regelstrecke, indem Sie Werte aus der Kurve ablesen und folgende Fragen beantworten!

1. Für welches Verhältnis T_3/T_1 ist die Ordnung der Strecke genau drei?
2. Wann ist die Ordnungszahl stets eine Dezimalzahl?
3. Wie kann die Zeitkonstante T_3 gewählt werden, um eine Ordnungszahl von 2,5 zu erreichen ($T_1 = T_2$ = 1 min)?
4. Der dritte Energiespeicher soll der Meßfühler (Sensor) des Regelkreises sein.
   Welche Zeitkonstante nach Frage 3 sollte er besitzen, damit die Strecke auf Störgrößen möglichst schnell reagiert?

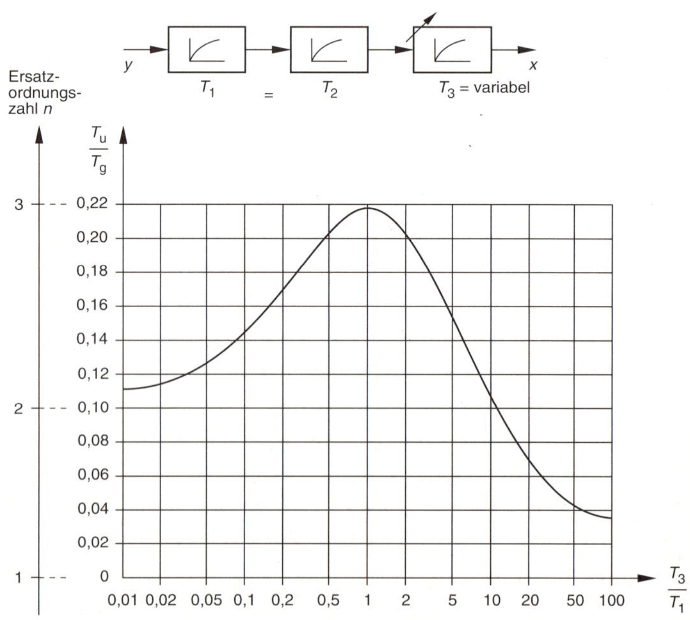

18.3.11 Simulation einer PT3-Strecke ❑

Zeichnen Sie eine Operationsverstärkerschaltung, die mit Hilfe elektronischer PT1-Glieder eine PT3-Strecke simuliert!

Auftrag

In einer Wärmebox wird das Temperaturverhalten elektronischer Schaltungen untersucht. Dazu muß die eingestellte Temperatur konstant gehalten werden können.

Es sollen einfache Temperaturregler vorgestellt und deren gemeinsames Reglerverhalten analysiert werden.

Temperaturregler

Beim **Bimetallregler** (Abb. 1) schaltet ein Bimetallstreifen den Heizstromkreis in Abhängigkeit von der Temperatur. Das Regelverhalten ist unstetig, weil die Stellgröße nur die Werte 100 % und 0 annehmen kann. Deshalb werden solche Regler als **Zweipunktregler** bezeichnet. Die Führungsgröße wird an der Stellschraube vorgegeben. Ein Magnetsprungschalter verhindert eine schleichende Kontaktgabe ①.

Anwendung: z. B. Temperaturregler in Bügeleisen, Toaster oder Raumtemperaturregler in Heizungsanlagen.

> Regler, die ihre Stellgröße nur in Stufen ändern können, heißen unstetige Regler.
>
> Zweipunktregler haben nur die Schaltzustände ein (Stellgröße 100 %) und aus (Stellgröße 0).

Beim **Kapillarrohr-Regler** (Abb. 2) wird die temperaturabhängige Volumenänderung einer Flüssigkeit vom Fühler über das Kapillarrohr ② auf einen Metallfederbalg übertragen. Durch dessen Längenänderung schaltet der Sprungkontakt um. Die Führungsgröße wird durch Vorspannen einer Gegenfeder eingestellt.

Anwendung: z. B. Raum- und Kesseltemperaturregler in Heizungs-, Klima- und Kälteanlagen.

Beim **elektronischen Zweipunktregler** (Abb. 3) vergleicht ein **Schmitt-Trigger** (N1, R_5, R_6) die temperaturabhängige Spannung am NTC-Widerstand R_3 (Meßeinrichtung) mit der Führungsgröße an R_4 (Sollwerteinsteller) und schaltet über den Stellantrieb (Transistor und Relaisspule) das Stellglied (Relaiskontakt K1).

Reglerverhalten

Temperatur-Zweipunktregler werden auch als **Thermostate** bezeichnet. Sie besitzen durch Konstruktion alle das gleiche gewollte Schaltverhalten (Abb. 4). Sie schalten die Heizung bei einer höheren Temperatur x_o ab und bei niedrigerer Temperatur x_u wieder ein. Die Differenz zwischen beiden Werten heißt **Schalthysterese** Δx.

Die Temperatur ändert sich über diese Schaltwerte hinaus, denn bei einer Temperaturregelstrecke wirkt sich eine Stellgrößenänderung erst nach der Verzugszeit T_u aus. Dieses Verhalten zeigt sich schon beim Anfahren.

Zweipunktregler mit Hysterese bewirken ein stabiles Schaltverhalten. Ohne Schalthysterese (Schaltpunkt x_m) schwankt zwar die Regelgröße weniger aber die Schalthäufigkeit nimmt zu und damit der Verschleiß (in blau).

> Bei einer Zweipunktregelung schwankt die Regelgröße um den Sollwert. Mit zunehmender Schalthysterese steigt die Regelgrößenschwankung und sinkt die Schalthäufigkeit.

Schmitt-Trigger besitzen eine **Mitkopplung**, d. h. die Ausgangsspannung U_y ist auf den nichtinvertierenden Eingang des Operationsverstärkers gekoppelt. Die Schaltwerte U_r dieses Schmitt-Triggers sind durch R_5, R_6 und den beiden Betriebsspannungswerten U_{Bmax} und U_{Bmin} festgelegt. Beim oberen Schaltwert U_{ro} springt U_y von U_{Bmin} (0 V) auf den Wert U_{Bmax} (15 V). Beim unteren Schaltwert U_{ru} fällt U_y wieder auf U_{Bmin}.

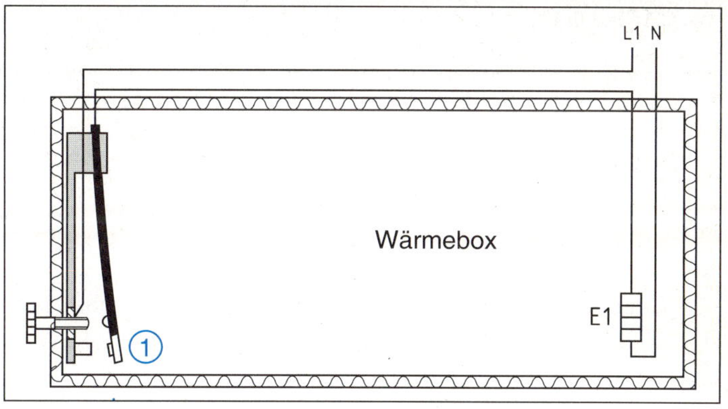

Abb. 1: Temperaturregelung mit Bimetallregler

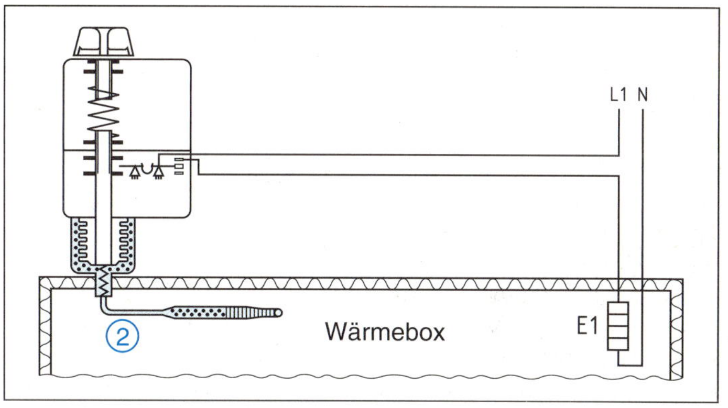

Abb. 2: Temperaturregelung mit Kapillarrohr-Regler

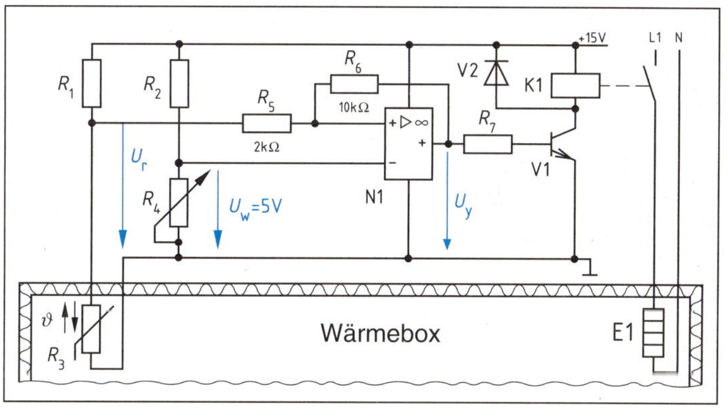

Abb. 3: Temperaturregelung mit Schmitt-Trigger

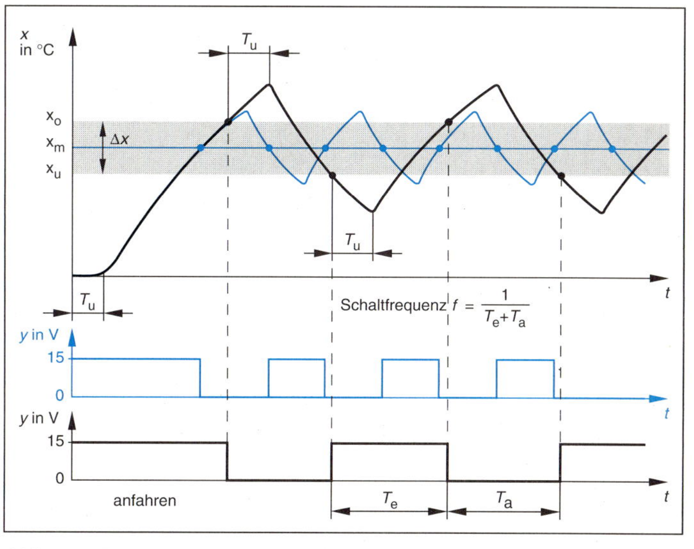

Abb. 4: Regelgrößen- und Stellgrößenverlauf im Regelkreis mit Zweipunktregler

Aufgaben

18.4.1 Wärmepumpenboiler

Die Prinzipskizze und das Schaltbild stammen aus den Unterlagen eines Wärmepumpenherstellers.

a) Zeichnen Sie den Stromlaufplan in aufgelöster Darstellung ohne Klemmenbezeichnungen. Einpoliges Motorsymbol verwenden!

b) Beschreiben Sie die Funktion der Schaltung für eine Raumlufttemperatur über 11 °C und unter 11 °C!

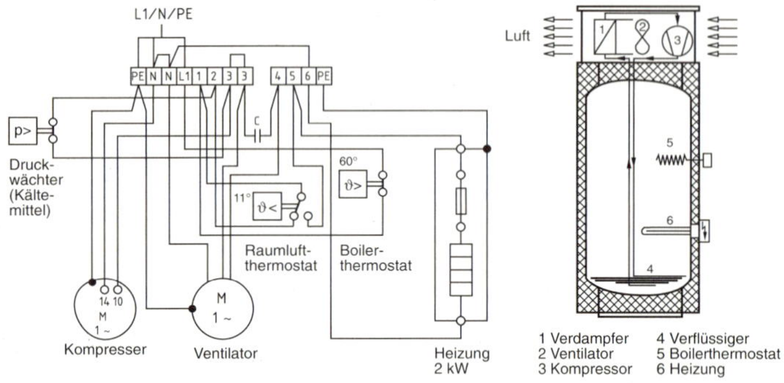

18.4.2 Thermische Rückführung

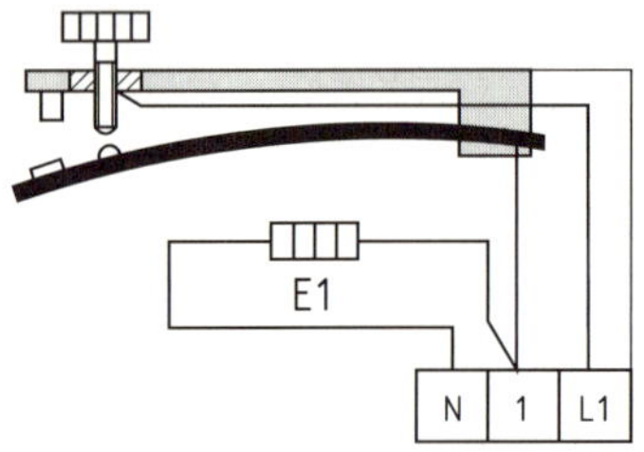

Bimetall-Thermostate besitzen meist in der Nähe der Bimetallfeder einen Heizwiderstand, der als thermische Rückführung bezeichnet wird.

1. Welchen Einfluß hat die thermische Rückführung auf die Temperatur beim Abschalten des Reglers bzw. beim Einschalten?
2. Wie wirkt sich die thermische Rückführung auf die Schalthäufigkeit des Reglers aus?
3. Wie ändert sich die Größe der Schalthysterese beim Bimetallregler durch den Einbau der thermischen Rückführung?

18.4.3 Schalthysterese und Schaltfrequenz

Bestimmen Sie die Schaltfrequenz des Zweipunktreglers aus dem idealisierten Regelgrößenverlauf der Temperaturregelstrecke. Die Regelung wird zum Zeitpunkt t_0 angefahren. Gehen Sie folgendermaßen vor!

a) Lesen Sie die Verzugszeit der Regelstrecke ab!

b) Geben Sie den oberen und unteren Schaltwert des Reglers an!

c) Berechnen Sie die Schalthysterese!

d) Lesen Sie Einschaltzeit und Ausschaltzeit ab!

e) Berechnen Sie die Schaltfrequenz des Reglers!

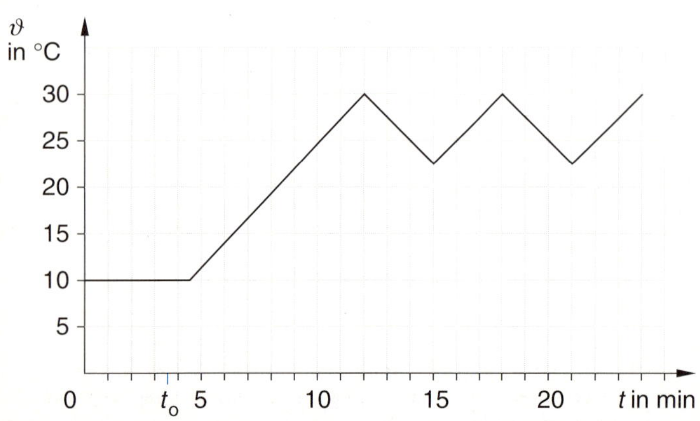

18.4.4 Automatikkochplatte

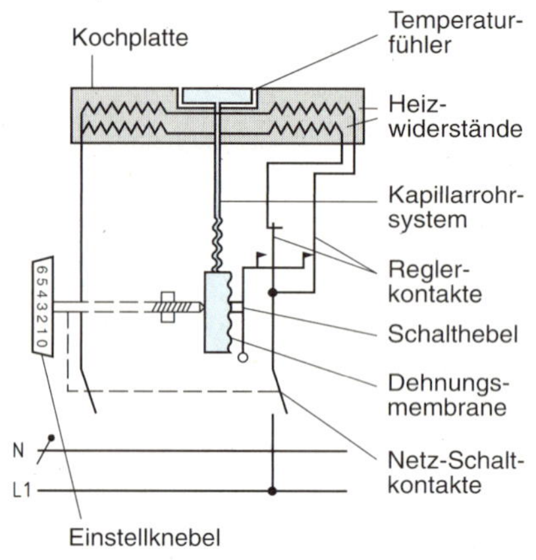

a) Beschreiben Sie die Temperaturregelung der Kochplatte, wenn die Temperatur steigt!

b) Nennen Sie die Regelgröße, Rückführungsgröße, Führungsgröße, Stellgröße und eine Störgröße!

c) Ordnen Sie den angegebenen Bezeichnungen die Begriffe Meßeinrichtung, Sollwerteinsteller, Vergleicher, Stellantrieb, Stellglied, Regelstrecke und Regeleinrichtung zu!

18.4.5 Schaltnetzteil

Analysieren Sie die Wirkungsweise des Schaltnetzteils, indem Sie folgende Fragen beantworten!

1. Welches sind Regelgröße, Rückführungsgröße, Führungsgröße und Stellgröße?
2. Wieso kann man behaupten, Rückführungsgröße und Sollwert der Regelgröße sind nicht identisch?
3. Wie ist der Wirkungsmechanismus der Regelung, wenn die Ausgangsspannung mit kleinerem Lastwiderstand sinkt?
4. Wie ist das Verhalten der Schaltung bei unstabilisierter Eingangsspannung und konstanter Last?

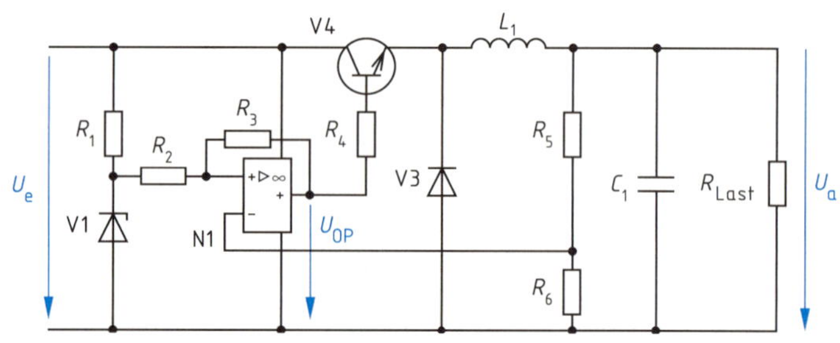

18.4.6 Schaltverhalten des Schmitt-Triggers

Für die Schaltwerte des Schmitt-Triggers in Abb. 3, Seite 245 gilt:

$$U_{ro} = -\frac{R_5}{R_6} \cdot U_{Bmin} + U_w \qquad U_{ro} = -\frac{R_5}{R_6} \cdot U_{Bmax} + U_w$$

a) Beschreiben Sie schrittweise den Regelvorgang, wenn die Temperatur in der Wärmebox
   1. steigt und 2. sinkt!

b) Zeichnen Sie mit den Werten von Abb. 3 das Verhalten von U_y in Abhängigkeit von U_r (Maßstäbe: U_r = 1 V = 1 cm, U_y = 2 V = 2 cm)! Gehen Sie dabei folgendermaßen vor!
   1. U_r steigt stetig von 0,5 V auf 9 V.
   2. U_r beträgt 9 V und fällt stetig auf 0,5 V.

c) Bestimmen Sie die Schalthysterese U_r!

d) Zeichnen Sie in das gleiche Diagramm gestrichelt das Verhalten von U_y, wenn $U_B = \pm 15$ V beträgt! Gehen Sie wie unter Punkt b vor!

e) Interpretieren Sie das genormte Schaltzeichen eines digitalen Schmitt-Triggers (DIN 40 900 T.12 [1 ⎍]).

f) Geben Sie an, welchen Einfluß eine Veränderung von U_w = 5 V um ± 2 V auf die Schaltwerte und die Schalthysterese hat!

Auftrag 1

In einem chemischen Betrieb ist zu Ausbildungszwecken die Füllstandsregelung eines Behälters aufgebaut worden (Abb. 1).

Es soll geprüft werden, ob der verwendete P-Regler für eine genaue Füllstandsregelung geeignet ist.

Lösung

Der P-Regler in Abb. 1 ist mit zwei Operationsverstärkerschaltungen aufgebaut. Er arbeitet stetig.

- Ein Differenzverstärker mit Sollwerteinsteller bildet den Vergleicher ①.
- Ein invertierender Verstärker bestimmt das Zeitverhalten ②.

Der Differenzverstärker ① vergleicht *r* mit *w* und bildet hieraus die Regeldifferenz $e = w - r$. Wegen gleicher Beschaltungswiderstände gilt: $U_e = U_w - U_r$.

Beim invertierenden Verstärker ② folgt die Ausgangsgröße (Stellgröße U_y) der Eingangsgröße (Regeldifferenz U_e) proportional. Es gilt: $U_y = -v \cdot U_e$ ($v = R_3/R_2$). Die Invertierung bewirkt die notwendige Wirkungsumkehr im Regelkreis.

Beim Proportionalregler (P-Regler) folgt die Stellgröße proportional der Regeldifferenz. Der P-Regler reagiert deshalb sehr schnell.

Abb. 1 zeigt die Füllstandsregelung im ausgeregelten Zustand (Störgröße $z = 0$). Dann erfolgt in Abb. 2 plötzlich eine erhöhte Wasserentnahme (Störgröße $z > 0$).

Störgröße $z = 0$ (Abb. 1):

- Das Stellglied ist auf halboffen voreingestellt. Bei ausgeregeltem Behälterstand (50 %) beträgt $x = w$. Das heißt, der Zulauf ist gleich dem Ablauf.
- Die Regeldifferenz beträgt $e = w - r = 5\ \text{V} - 5\ \text{V} = 0$.
- Damit ist die Stellgröße $y = 0$.

Störgröße $z > 0$ (Abb. 2):

- Der Schieber im Auslauf wird weiter geöffnet. Damit fällt der Flüssigkeitsspiegel (Regelgröße *x*).
- Die Rückführungsgröße wird kleiner (z. B. 2,5 V). Deshalb entsteht eine Regeldifferenz $e = 5\ \text{V} - 2{,}5\ \text{V} = 2{,}5\ \text{V}$.
- Ist die Verstärkung $v = 1$ eingestellt, so nimmt die Stellgröße den Wert $y = -2{,}5$ V an. Das Stellglied öffnet mehr.
- Der Flüssigkeitsspiegel fällt so lange und die Regeldifferenz *e* nimmt weiter zu, bis durch genügendes Öffnen des Stellgliedes wieder der Zulauf gleich dem Ablauf ist.

Ein P-Regler verursacht immer eine bleibende Sollwertabweichung der Regelgröße, solange eine Störgröße auf die Strecke einwirkt.

Für eine genaue Füllstandsregelung ist der verwendete P-Regler also wenig geeignet.

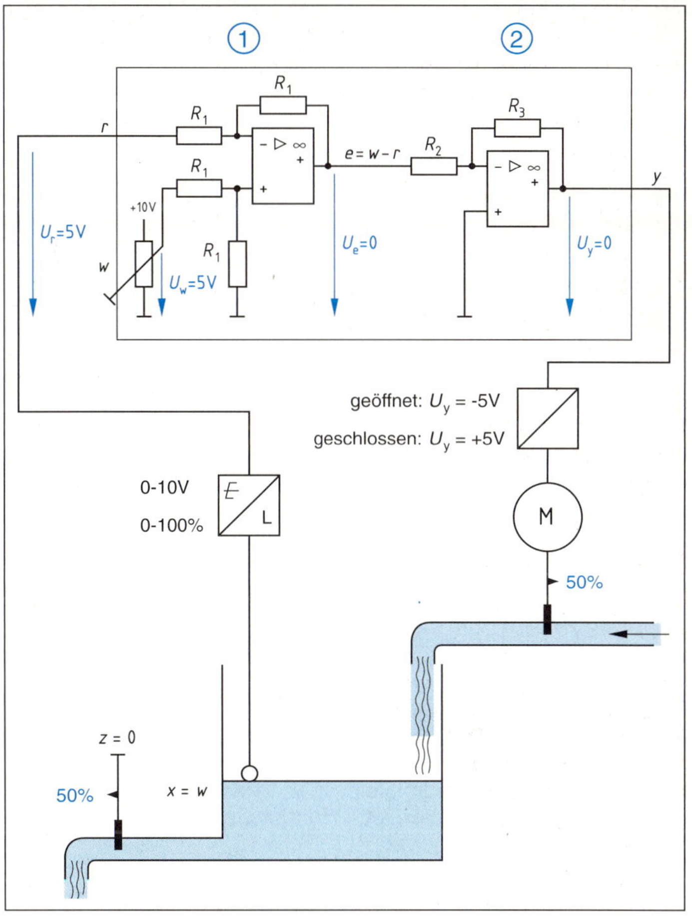

Abb. 1: Prinzip einer Füllstandsregelung mit P-Regler

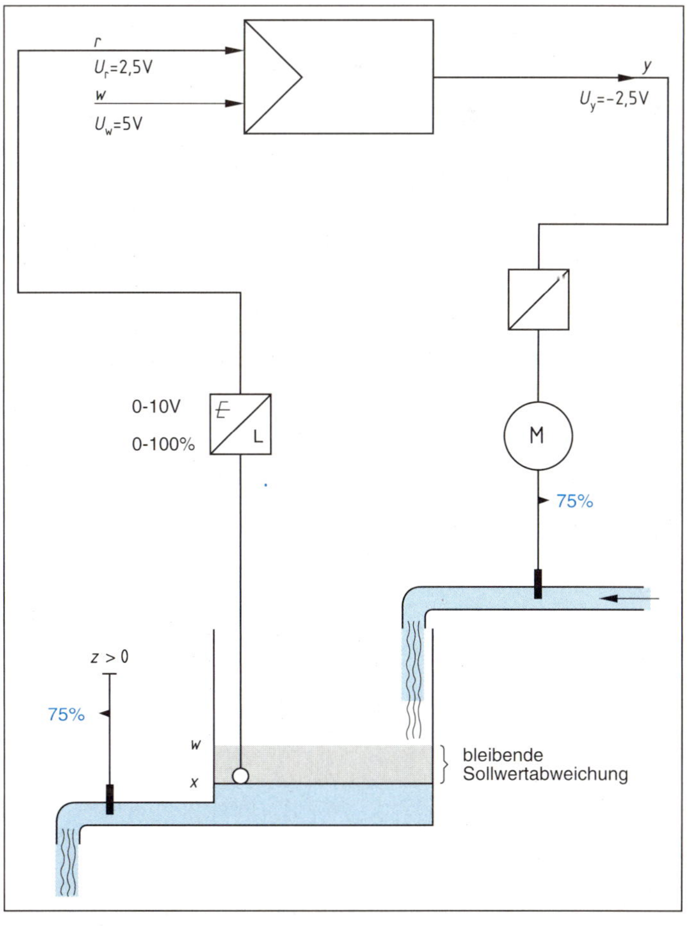

Abb. 2: Bleibende Sollwertabweichung im Regelkreis mit P-Regler

Auftrag 2

Für ein optimales Regelkreisverhalten muß der Regler an das Streckenverhalten angepaßt werden. Dazu stellt man Kennwerte am Regler ein.
In der Füllstandsregelung von Abb. 1 Seite 247 soll deshalb untersucht werden, welchen Einfluß die Kenngröße K_P eines P-Reglers auf die bleibende Sollwertabweichung im Regelkreis hat.

Lösung

Die Kenngröße K_P des P-Reglers ergibt sich aus seinem Zeitverhalten. Dieses wird mit der Meßschaltung Abb. 1 aufgenommen. Bei konstanter Führungsgröße *w* verändert man die Rückführungsgröße *r* sprunghaft (Sprungfunktion) und registriert die Stellgröße (Sprungantwort).
Abb. 2 zeigt das proportionale Zeitverhalten des P-Reglers. Auf einen Sprung der Regeldifferenz ($e = -r$ ①) antwortet er unverzögert mit einem Stellgrößensprung ②. Das Widerstandsverhältnis R_3/R_2 des Verstärkers (**P-Glied**) bestimmt hier die Sprunghöhe.
Ohne Berücksichtigung der Wirkungsumkehr gilt:

$$K_P = \frac{\Delta y}{\Delta e} \qquad \text{Beispiel: } K_P = \frac{3\ \text{V}}{1\ \text{V}} = 3$$

Bei industriellen P-Reglern kann der K_P-Wert etwa zwischen 0,002 und 50 eingestellt werden.
Ist K_P maximal, öffnet (oder schließt) der Regler bei der geringsten Regeldifferenz das Stellglied so weit wie möglich und hält damit die bleibende Sollwertabweichung minimal. Allerdings reagiert der Regler jetzt zu empfindlich. Dies führt zu Schwingungen der Regelgröße.
Ist K_P minimal, bewirkt selbst die größte Regeldifferenz nur eine kleine Stellgrößenänderung des P-Reglers. Dadurch wird die bleibende Sollwertabweichung maximal. Erst nach langer Zeit hat sich das Gleichgewicht zwischen Zu- und Ablauf wieder eingestellt. Der Regler arbeitet zu träge.

> Der P-Regler hat die Kenngröße $K_P = \Delta y / \Delta e$. Ein großes K_P bewirkt beim P-Regler eine kleine bleibende Sollwertabweichung und macht die Regelung instabil.
> Ein kleines K_P bewirkt eine große bleibende Regelabweichung und führt zu stabilem aber trägem Regelverhalten.

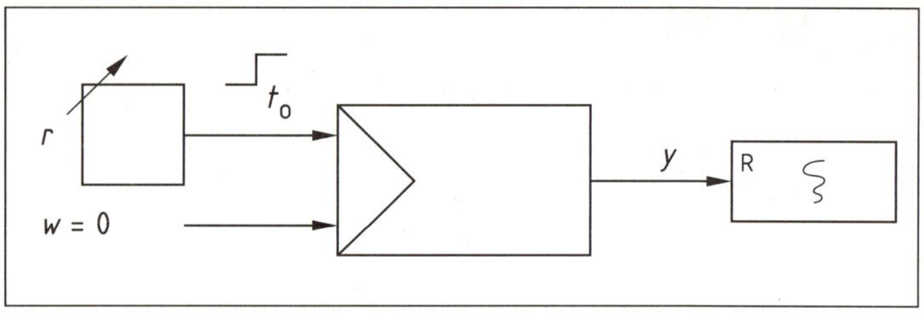

Abb. 1: Meßschaltung zur Aufnahme der Sprungantwort eines Reglers

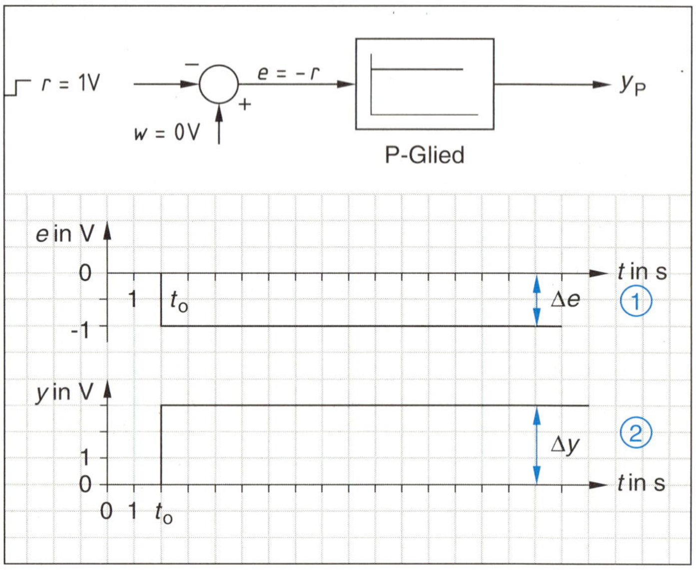

Abb. 2: Zeitverhalten des P-Reglers

Auftrag 3

Der P-Regler in Auftrag 1 wird durch einen I-Regler ersetzt. Es soll nun dessen Verwendbarkeit für die Füllstandsregelung geprüft werden.

Lösung

Abb. 3 zeigt den Schaltungsaufbau des verwendeten I-Reglers. Das zeitbestimmende Glied ist ein elektronischer Integrierer (**I-Glied** ③). Dieser Schaltungsteil wirkt wie eine Konstantstromquelle zur linearen Aufladung von C_I. Wegen $U_D = 0$ V (virtuelle Masse N-Eingang) ist $I_{Lade} = U_e / R_I$.
Mit der Meßschaltung (Abb. 1) ist das Zeitverhalten des I-Reglers bestimmt worden (Abb. 4). Bei einem Sprung der Regeldifferenz *e* ④ ändert sich die Stellgröße *y* linear ⑦. Bei doppelter Regeldifferenz ⑤ verändert sich auch *y* doppelt so schnell ⑥.

> Ein I-Regler verändert die Stellgröße, solange eine Regeldifferenz vorhanden ist. Deshalb kann es in einem Regelkreis mit I-Regler keine bleibende Sollwertabweichung geben.

Für die Füllstandsregelung ist der I-Regler alleine trotzdem ungeeignet. Der I-Regler reagiert ständig, weil immer kleine Regeldifferenzen durch Flüssigkeitsbewegungen auftreten. Die Regelung ist instabil.

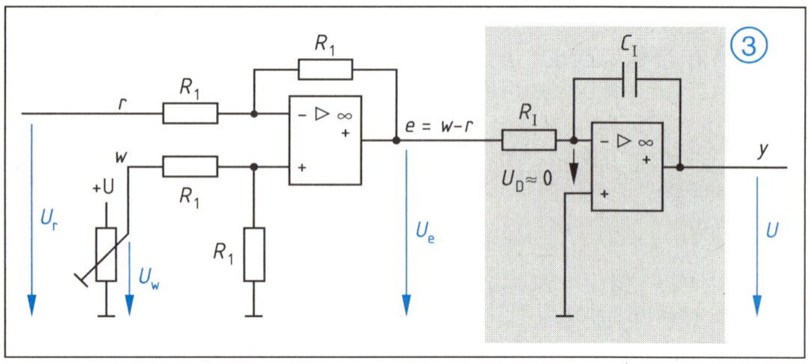

Abb. 3: I-Regler mit Operationsverstärkern

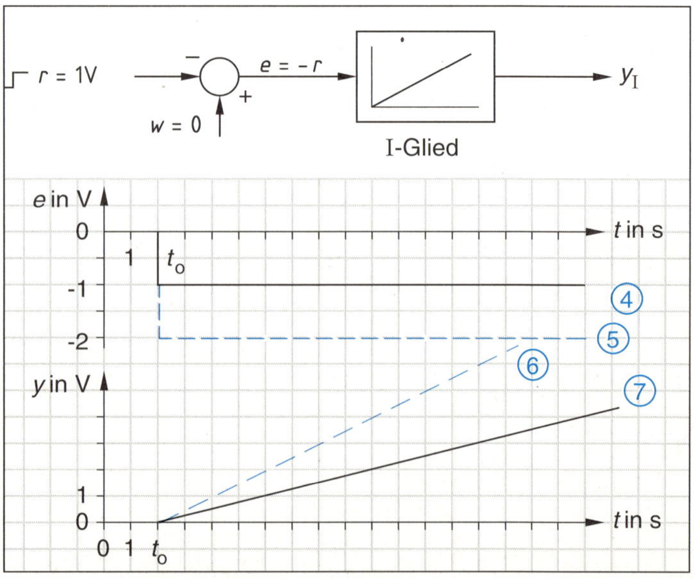

Abb. 4: Zeitverhalten des I-Reglers

Aufgaben

18.5.1 Übertragungskennlinie des P-Reglers

a) Stellen Sie für den P-Regler Seite 247 Abb. 1 auf einem DIN A4-Blatt eine Wertetabelle nach folgendem Muster auf!
$w = 5$ V $\quad R_1 = 10$ kΩ $\quad R_2 = 10$ kΩ $\quad R_3 = 22$ kΩ

U_r in V	0	1	2	3	4	5	6	7	8	9	10
e in V											
K_p											
U_y in V											

b) Zeichnen Sie unter die Wertetabelle die Übertragungskennlinie U_y als Funktion von U_r des P-Reglers.
Maßstäbe: x-Achse 1 cm ≙ 1 V, y-Achse 1 cm ≙ 2 V!

c) Zeichnen Sie in dasselbe Diagramm die Übertragungskennlinie des P-Reglers, wenn R_3 auf 15 kΩ geändert wird!

18.5.2 Schaltungsvarianten von P-Gliedern

a) Geben Sie die P-Glieder an, die ohne zusätzlichen Vergleicher als P-Regler eingesetzt werden können!

b) Bestimmen Sie für die gefundenen P-Regler, ob die Eingangsspannungen gleiche oder entgegengesetzte Polarität haben müssen!

c) Ergänzen Sie die übrigen P-Glieder zu P-Reglern! Zeichnen Sie diese Schaltungen mit folgenden Bedingungen:
- Die Eingangsspannungen sind $+U_w$ und $+U_r$.
- Die Ausgangsspannung ist $U_y = +K_p \cdot (U_w - U_r)$.

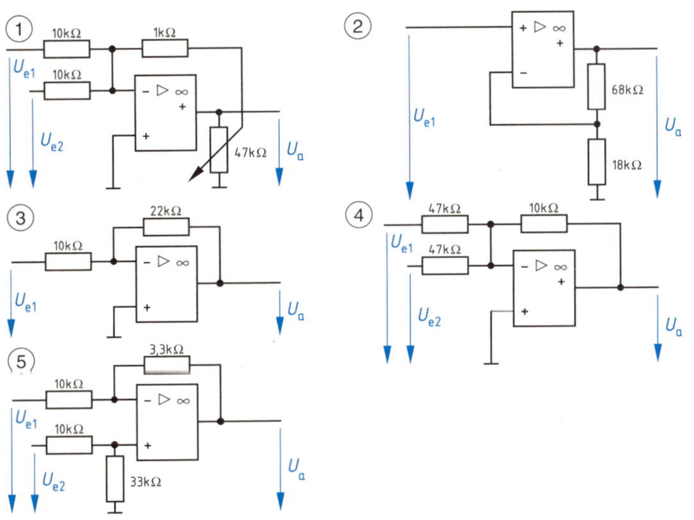

18.5.3 Temperaturregelung

Analysieren Sie die Schaltung einer Temperaturregelung, indem Sie folgende Aufträge ausführen bzw. die Fragen beantworten!

a) Ordnen Sie den Schaltungsteilen ⓐ, ⓑ und ⓒ die Begriffe Regelstrecke, Meßeinrichtung und Regeleinrichtung zu!

b) Wie bezeichnet man den Schaltungsteil ⓐ in der Elektrotechnik?

c) Welche Größen werden mit den Potentiometern R_3 und R_4 und dem NTC-Widerstand eingestellt bzw. erfaßt?

d) Welche Funktion hat der beschaltete Operationsverstärker?

e) Geben Sie Stellantrieb und Stellglied an!

f) Beschreiben Sie schrittweise den Ablauf der Temperaturregelung, wenn im ausgeregelten Zustand die Temperatur steigt!

g) Statt des NTC-Widerstandes R_5 soll ein PTC-Widerstand eingesetzt werden.
Zeichnen Sie die geänderte Schaltung!

18.5.4 Stabiler Kollektorruhestrom

Die Schaltung ist ein Regelkreis, um den Kollektorruhestrom I_C gegen Temperatur- und Exemplarstreuungen der Stromverstärkung (bei Auswechslung des Transistors) zu stabilisieren.

a) Benennen Sie die Regelgröße, Führungsgröße und Rückführungsgröße!

b) Welches sind Regelstrecke, Meßeinrichtung und Regler?

c) Beantworten Sie folgende Fragen!
1. Welches Zeitverhalten besitzt dieser Regler?
2. Beschreiben Sie den Regelvorgang für den Fall, daß der Kollektorstrom durch Erwärmung des Transistors steigt!
3. Wie kann für Wechselspannungssignale die Stromgegenkopplung unwirksam gemacht werden?
Zeichnen Sie die geänderte Schaltung!

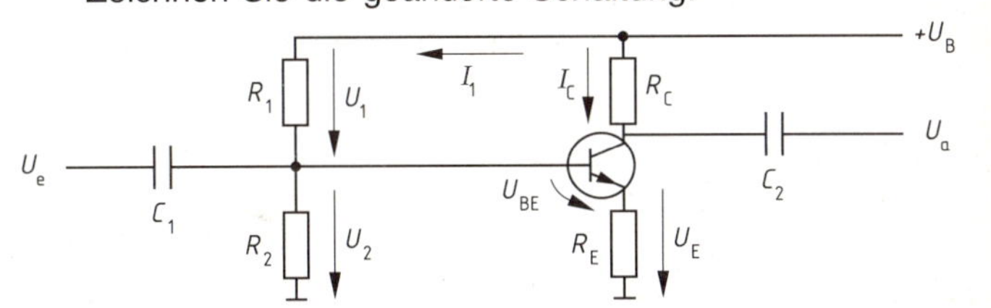

18.5.5 Verhalten des I-Reglers

Der elektronische Integrierer des I-Reglers von Seite 246 Abb. 3 hat das Zeitverhalten

$$\Delta U_y = -\frac{1}{R_I \cdot C_I} \cdot \Delta U_e \cdot \Delta t.$$

Zeichnen Sie unter den Verlauf der Rückführungsgröße U_r die Verläufe der Regeldifferenz U_e und der Stellgröße U_y, wenn folgende Werte gegeben sind ($R_1 = 10$ kΩ, $R_I = 100$ kΩ, $C_I = 10$ µF, $U_w = 5$ V)!

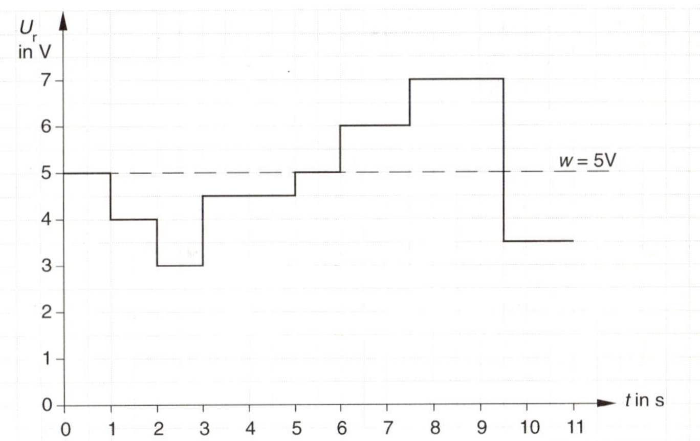

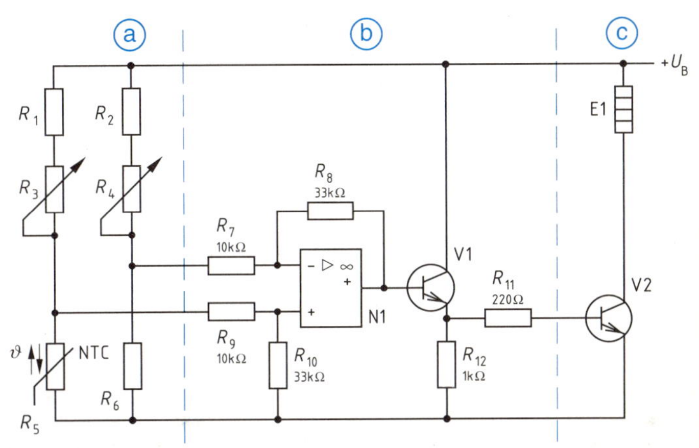

Auftrag 1

P-Regler reagieren schnell und arbeiten stabil, verursachen aber eine bleibende Sollwertabweichung im Regelkreis. I-Regler gleichen diese aus, begünstigen aber eine instabile Regelung.

Es soll ermittelt werden, ob eine Kombination aus P- und I-Regler ein optimales Regelkreisverhalten der Füllstandsregelung Seite 247 Abb. 1, ermöglicht. Dazu muß die Funktion des PI-Reglers untersucht und seine Kenngrößen bestimmt werden.

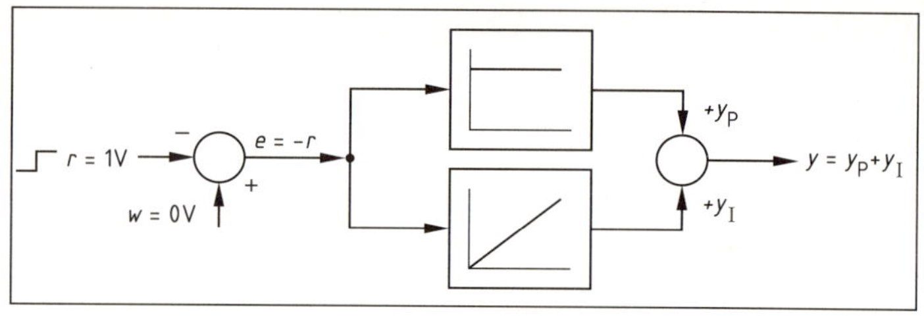

Abb. 1: Blockschaltbild eines PI-Reglers

Funktion

Der Vergleicher bildet die Regeldifferenz e und führt sie dem P-Glied und dem I-Glied zu. Die Einzelstellgrößen y_P und y_I werden zum Gesamtstellsignal y addiert (Abb. 1).

Abb. 2 zeigt eine mögliche Lösung mit Operationsverstärkern:

- Der Differenzverstärker als Vergleicher bildet die Regeldifferenz e ①.
- Der invertierende Verstärker wirkt als P-Glied ②.
- Der Umkehrintegrierer wirkt als I-Glied ⑤.
- Der Umkehraddierer bildet die Gesamtstellgröße ($y = y_P + y_I$) ③.
- Der Wechsler mit Invertierer dient der Wirkungsumkehr im Regelkreis (wahlweise + und –) ④.

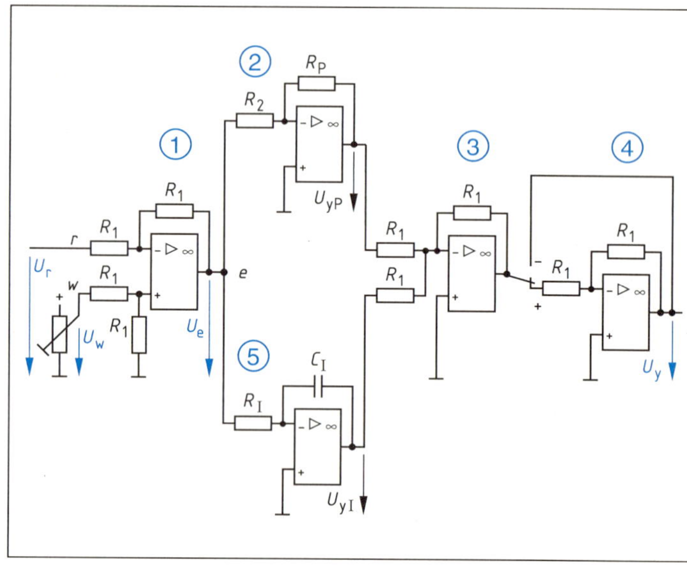

Abb. 2: PI-Regler mit Operationsverstärkern

Mit der Meßschaltung Seite 248 Abb. 1 wird das Zeitverhalten des PI-Reglers ermittelt. Aus der Sprungantwort des Reglers (Abb. 3) erkennt man, daß nach einer plötzlich auftretenden Regeldifferenz zunächst der P-Anteil eine sofortige Stellgrößenänderung y_P liefert. Hinzu addiert sich der stetig wachsende I-Anteil, der die noch verbleibende Sollwertabweichung ausgleicht.

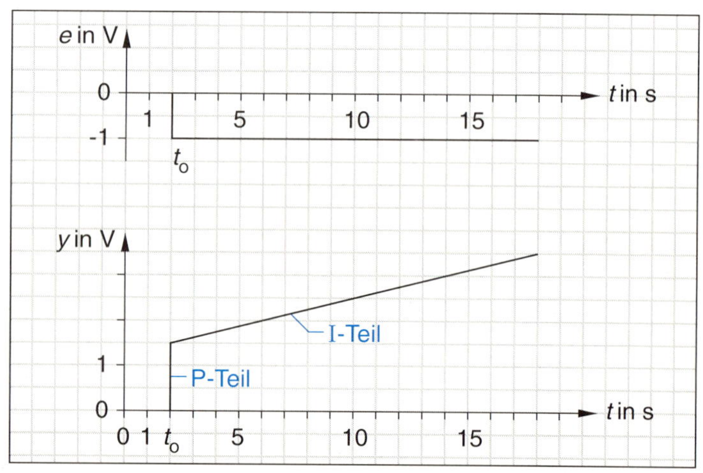

Abb. 3: Zeitverhalten des PI-Reglers

> Der PI-Regler ist der Standardregler für viele Regelaufgaben. Er ist schnell und stabil durch den P-Anteil. Er gleicht jede noch so kleine Sollwertabweichung durch seinen I-Anteil aus.

Damit ist der PI-Regler ideal geeignet für die Füllstandsregelung.

Kenngrößen

Aus dem experimentell ermittelten Zeitverhalten (Abb. 3) werden die Kenngrößen des PI-Reglers bestimmt (Abb. 4).

- **K_p-Wert:**

$$K_p = \frac{\Delta y_P \text{ ⑧}}{\Delta e \text{ ⑥}} \qquad \text{Beispiel: } K_p = \frac{1{,}5\ \text{V}}{1\ \text{V}} = 1{,}5$$

- **Nachstellzeit T_n:**

T_n ist diejenige Zeit, die der I-Anteil im Regler benötigt, um eine gleichgroße Stellgröße y_I zu erzielen, wie sie der P-Anteil mit y_P sofort erzeugt.

T_n wird für $\Delta y_I = \Delta y_P$ ⑦ auf der Zeitachse abgelesen ⑨.

Beispiel: $\Delta y_I = \Delta y_P = 1{,}5$ V abgelesen: $T_n = 12$ s

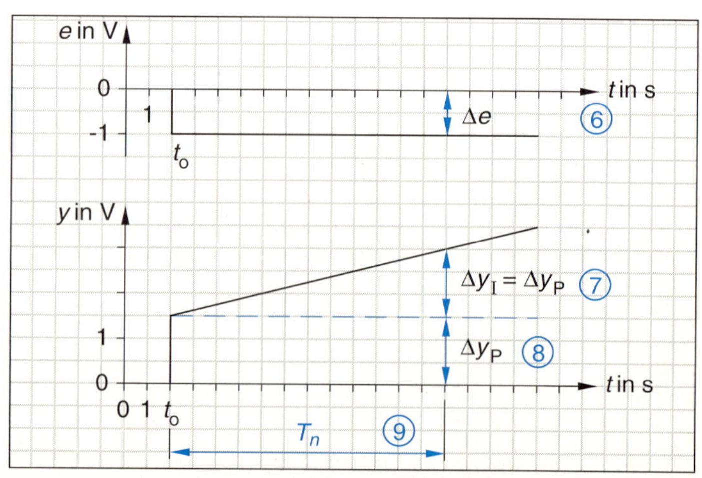

Abb. 4: Kenngrößen K_p und T_n des PI-Reglers

> Der PI-Regler hat die Kenngrößen K_p und T_n.

Auftrag 2

Für manche Regelaufgaben ist selbst der PI-Regler noch zu langsam. Insbesondere Temperaturregelstrecken mit großer Verzugszeit (Industrieöfen) verzögern die Reaktion des PI-Reglers stark. Das bewirkt ein instabiles Regelkreisverhalten.

Es soll untersucht werden, welche Wirkung der Einsatz eines PID-Reglers bei einer Industrieofenregelung mit großer Verzugszeit der Regelgröße hat. Dazu muß die Funktion des PID-Reglers erklärt und seine Kenngrößen bestimmten werden.

Funktion

Abb. 5 zeigt das Blockschaltbild eines PID-Reglers.

Es entspricht dem Schaltungsaufbau eines PI-Reglers mit zusätzlichem D-Glied. Ein Dreifachaddierer addiert die Teilstellgrößen zur Gesamtstellgröße $y = y_P + y_I + y_D$.

Beim Regleraufbau mit Operationsverstärkern ist das D-Glied ein elektronischer Differenzierer (Abb. 6).

Die Schaltung wirkt wie eine RC-Ladeschaltung, da $U_D = 0$ ist (virtuelle Masse N-Eingang).

Ein sprunghaftes Eingangssignal bewirkt einen Stromimpuls im Ladestromkreis mit R_V und C_D. Die Zeitkonstante $T = R_V \cdot C_D$ bestimmt seine Höhe. Mit zunehmender Aufladung von C_D klingt der Stromimpuls ab. Er bewirkt am Ausgang des Operationsverstärkers einen proportionalen, aber invertierten Spannungsimpuls U_{yD}.

Abb. 7 zeigt das experimentell ermittelte Zeitverhalten des PID-Reglers. Bei sprunghafter Regeldifferenz überlagern sich die drei Anteile zur Stellgröße y:

y_P vom P-Glied, y_I vom I-Anteil und y_D vom D-Einfluß.

Praktische Versuche zeigen:

Der kurzzeitige überhohe Anfangs-Stellimpuls des PID-Reglers führt in Regelkreisen mit Strecken großer Verzugszeit zu stabilerem Verhalten der Regelgröße.

In der genannten Industrieofenregelung gleicht der PID-Regler Temperaturänderungen schneller aus als ein PI-Regler.

Kenngrößen

Der PID-Regler ist für stabiles Regelkreisverhalten eingestellt worden. Es sollen aus dem Zeitverhalten (Abb. 7) seine Kenngrößen K_p, T_n und die Vorhaltezeit T_v bestimmt werden.

In Abb. 8 werden die Kenngrößen des PID-Reglers (Abb. 5) ermittelt:

- **K_p:** Den I-Anteil verlängern. Er schneidet den D-Anteil in K_p ④.

  Beispiel: $K_p = \dfrac{1{,}5\ \text{V}}{1\ \text{V}} = 1{,}5$

- **T_n:** Bei $y_I = y_P$ vom I-Ast auf die Zeitachse loten ⑥.

  Beispiel: $T_n = 3$ s

- **T_v:** Die Vorhaltezeit gibt an, wie lange der P-Anteil braucht (bei linear ansteigendem Regeldifferenz), um die gleiche Stellgröße y_P zu erzielen, wie sie der D-Anteil mit y_D sofort erzeugt.

  Zunächst den Spitzenwert A bestimmen ②.
  Beispiel: $A = 7$ V.

  Nun eine Tangente an D-Teil anlegen ③ und im Schnittpunkt mit dem P-Anteil die Zeitkonstante $T = R_V \cdot C_D$ auf der Zeitachse ablesen ⑤.
  Beispiel: $T = 1$ s.

  Jetzt T_v aus Gleichung ① berechnen.

  Beispiel: $T_v = \dfrac{A/e - K_p}{K_p} \cdot T = \dfrac{7\ \text{V}/1\ \text{V} - 1{,}5}{1{,}5} \cdot 1\ \text{s} \approx 3{,}7$ s

Der PID-Regler hat die Kenngrößen K_p, T_n und T_v.

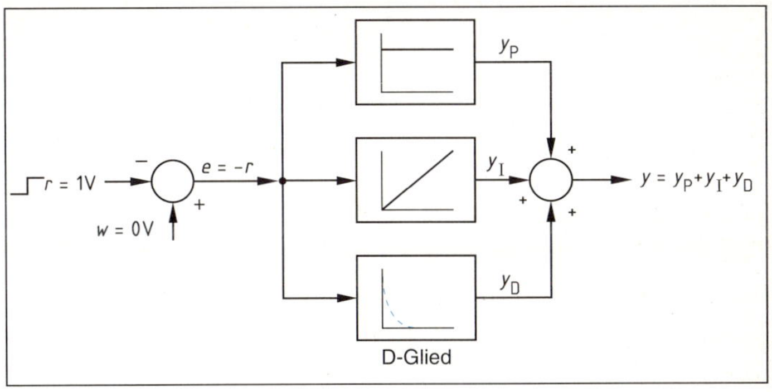

Abb. 5: Blockschaltbild eines PID-Reglers

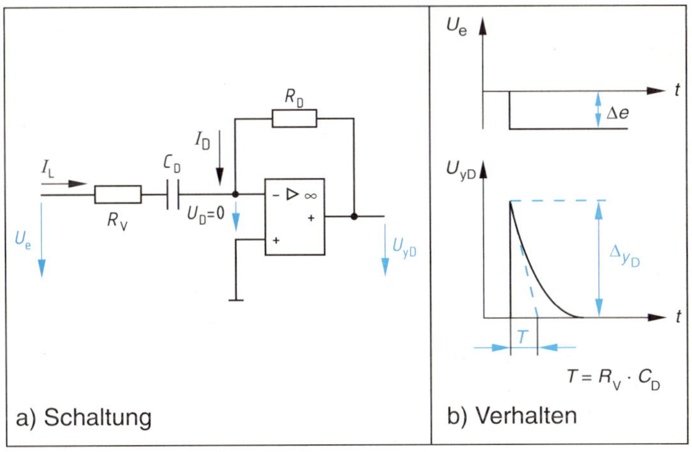

Abb. 6: Differenzierer als D-Glied

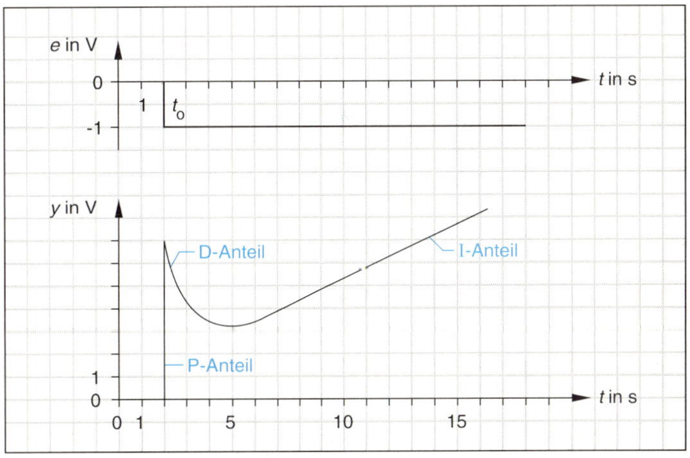

Abb. 7: Zeitverhalten des PID-Reglers

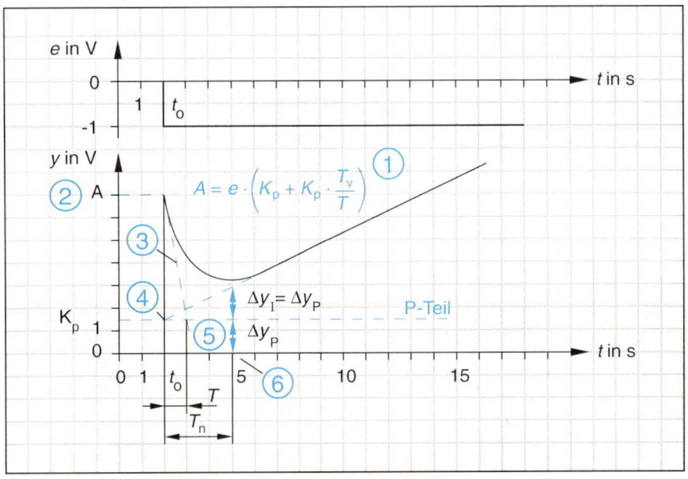

Abb. 8: Kenngrößen K_p, T_n und T_v des PID-Reglers

Aufgaben

18.6.1 Sprungverhalten des PI-Reglers

Zeichnen Sie zum gegebenen Verlauf von U_r für $U_w = 0$ V den Stellgrößenverlauf U_y des PI-Reglers von Seite 250 (positive Wirkrichtung +, also keine Wirkungsumkehr)! Die Reglerkennwerte sind $K_p = 2$ und $T_n = 1$ s.

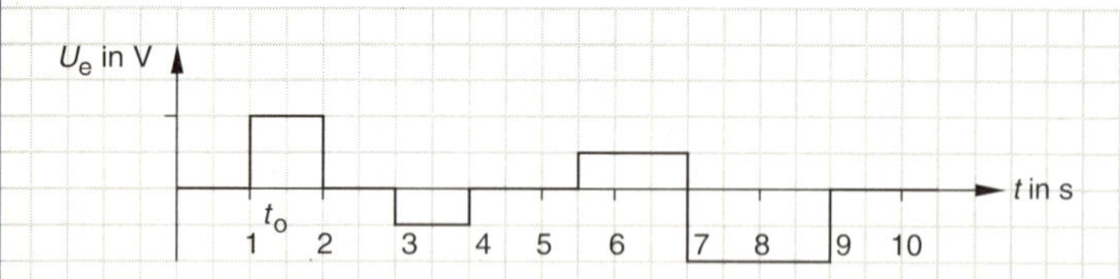

18.6.2 Helligkeitsregelung

Die Beleuchtungsstärke in einem Raum soll trotz schwankender Tageshelligkeit konstant gehalten werden. Anaylsieren Sie die Schaltung, indem Sie folgendermaßen vorgehen!

a) Erläutern Sie die Wirkungsweise des Bauteiles, welches den Istwert der Regelgröße erfaßt!

b) Zu welchen Zeitpunkten der Netzhalbschwingung schaltet das Impulssteuergerät den Triac durch, wenn an seinem Eingang +5 V, 2,5 V, 0 V, –2,5 V und –5 V anliegen?

c) Beschreiben Sie den Wirkungsablauf bei ausgeregelter Beleuchtungsstärke, wenn der Sollwert des Zündwinkels 90° beträgt und die Tageshelligkeit abnimmt!

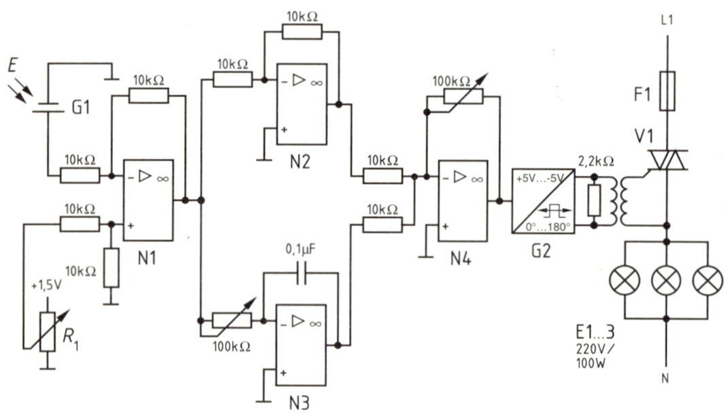

18.6.3 PI-Glied

Für das PI-Glied gilt folgender Zusammenhang zwischen Ausgangs- und Eingangsspannung:

$$U_y = -\,U_e \cdot \left(\frac{R_2}{R_1} + \frac{1}{R_1 \cdot C_2} \cdot t \right)$$

Zeichnen Sie für den gegebenen Eingangsspannungsverlauf den Verlauf der Ausgangsspannung!

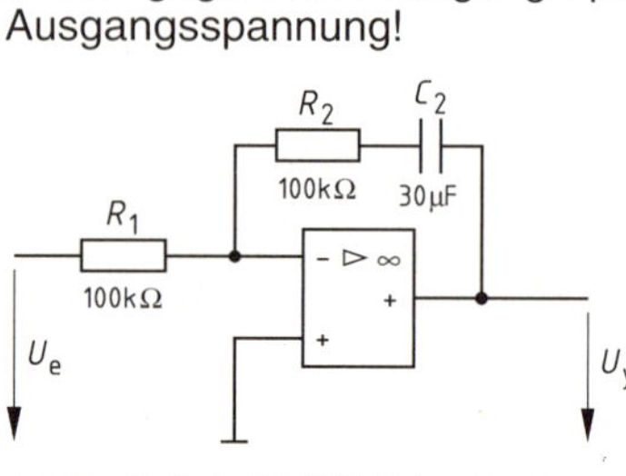

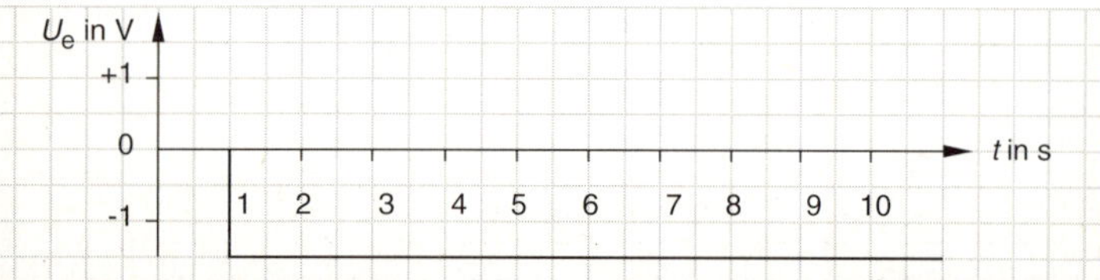

18.6.4 PI-Regler-Varianten

a) Geben Sie die schaltungstechnische Maßnahme an, die bei ⓐ bzw. bei ⓑ die Bildung der Regeldifferenz ermöglicht!

b) Geben Sie die Schaltung an, in der die Polarität der Eingangsspannung gleich sein muß!

c) Zeichnen Sie de Helligkeitsregelung von Aufgabe 18.6.2 mit dem Regler nach Schaltung ⓑ! Beachten Sie die notwendige Wirkungsrichtung!

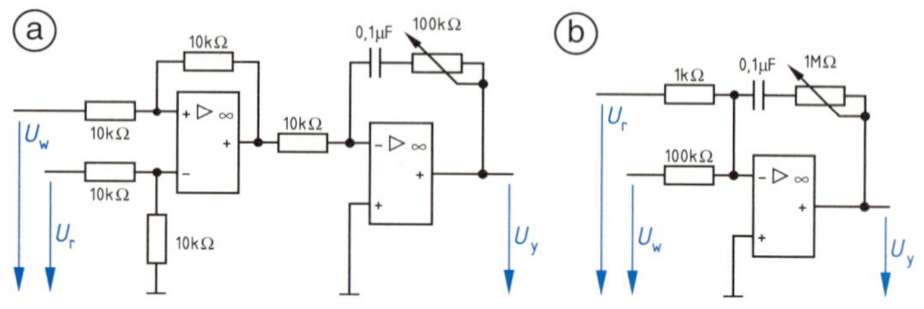

18.6.5 Einstellwerte des PI-Reglers

Bestimmen Sie aus dem Zeitverhalten des PI-Reglers die eingestellten Werte der Kenngrößen!

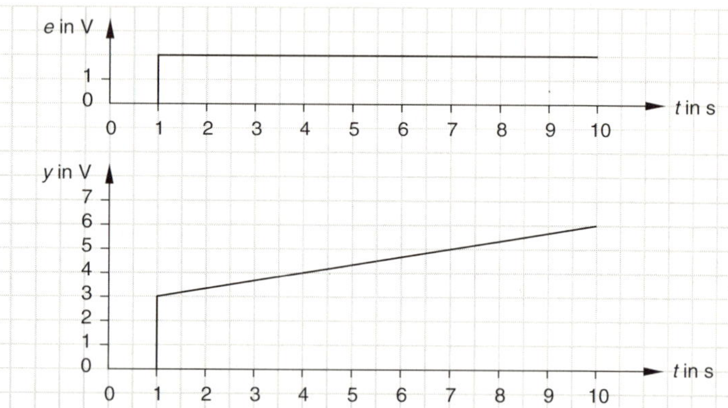

18.6.6 PID-Regler in Parallelstruktur

Ändern Sie den Schaltungsaufbau des PI-Reglers Seite 250 Abb. 2 zu einem PID-Regler ab und zeichnen Sie die Schaltung!

18.6.7 Einstellwerte des PID-Reglers

a) Zeichnen Sie die Sprungantwort des PID-Reglers auf ein DIN A4-Blatt (Maßstäbe: $t = 1$ s ≙ 0,5 cm, $U_y = 1$ V ≙ 0,5 cm)!

b) Ermitteln Sie die Einstellwerte der Kenngrößen K_p, T_n, T_u, wenn sich die Regeldifferenz sprunghaft um 1 V geändert hat.

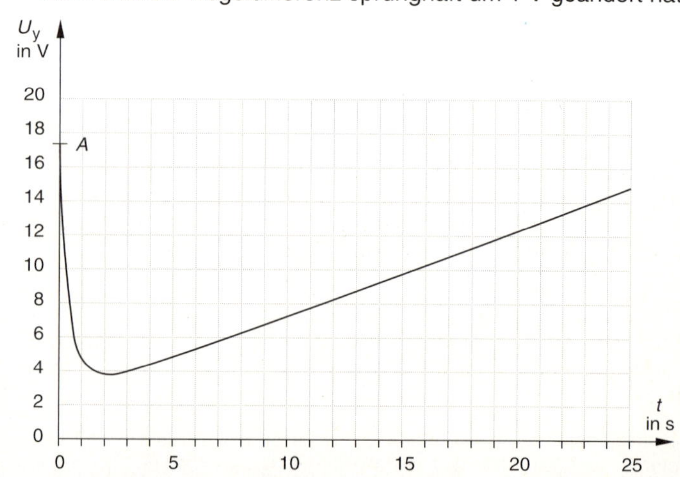

Auftrag 1

Die Abb. 1 zeigt eine Temperaturregelung in einem chemischen Rührkesselreaktor.

Es soll das Verhalten der Kesseltemperatur bei Störeinflüssen und bei Sollwertänderung analysiert werden.

Lösung

Damit die Untersuchungsergebnisse vergleichbar sind, wird wie bei der Analyse von Strecken und Reglern die Sprungmethode angewandt.

Störverhalten

In Abb. 1 wird bei konstantem Sollwert von 60 °C die Temperatur im Heißdampfkreis sprunghaft von 150 °C auf 160 °C erhöht (Störgröße z). Dadurch ändert sich auch die Kesseltemperatur. Die Schreiberaufzeichnung (Abb. 2) zeigt, wie nach dem Störgrößensprung ① der Regler den Sollwert der Kesseltemperatur wieder einstellt, indem er das Ventil im Kühlwasserkreis weiter öffnet. Diesen Verlauf der Regelgröße bezeichnet man als Störverhalten.

Das Störverhalten ist das Verhalten der Regelgröße unter Einfluß von Störgrößen.

Führungsverhalten

Wird der Sollwert der Kesseltemperatur sprunghaft von 60 °C auf 70 °C erhöht (bei konstanter Heißdampfzufuhr von 150 °C), versucht der Regler nach dem Führungsprung (Abb. 3 ④) die neue Temperatur einzustellen, indem er die Kühlwasserzufuhr drosselt. Dieser Regelgrößenverlauf heißt Führungsverhalten (Abb. 3).

Das Führungsverhalten ist das Verhalten der Regelgröße bei Änderung der Führungsgröße.

Zur Beurteilung der Qualität von Stör- und Führungsverhalten der Regelgröße dienen die Kenngrößen **Überschwingweite x_m** und **Ausregelzeit T_a**.

Beispiel: Störverhalten $x_m \approx 7$ °C (Abb. 2) ②
Führungsverhalten $x_m \approx 4$ °C (Abb. 3) ⑤

Die Überschwingweite x_m der Regelgröße ist die größte vorübergehende Sollwertabweichung nach einem Stör- oder Führungssprung (DIN 19 226 Teil 5).

Beispiel: Toleranzband $\pm\Delta x = \pm 1$ °C
Störverhalten $T_a \approx 6{,}4$ min (Abb. 2) ③
Führungsverhalten $T_a \approx 6{,}8$ min (Abb. 3) ⑥

Die Ausregelzeit T_a beginnt, wenn nach einem Führungs- oder Störsprung die Regelgröße das vereinbarte Toleranzband verläßt. T_a endet, wenn nach dem Wiedereintritt die Regelgröße dauernd in diesem Band verbleibt (DIN 19 226 Teil 5).

Hinweis:

Bei praktischen Versuchen wird die Ausregelzeit vereinfachend ab dem Stör- bzw. Führungssprung gezählt (siehe Abb. 2 und Abb. 3).

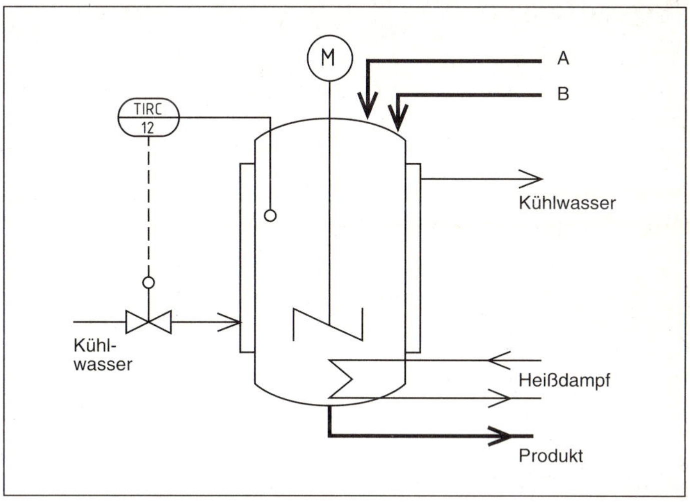

Abb. 1: Temperaturregelung im Rührkesselreaktor

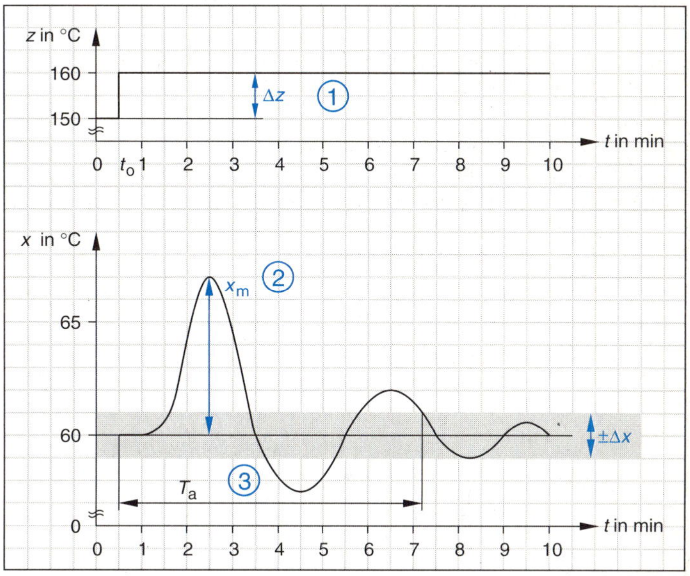

Abb. 2: Störverhalten der Regelgröße

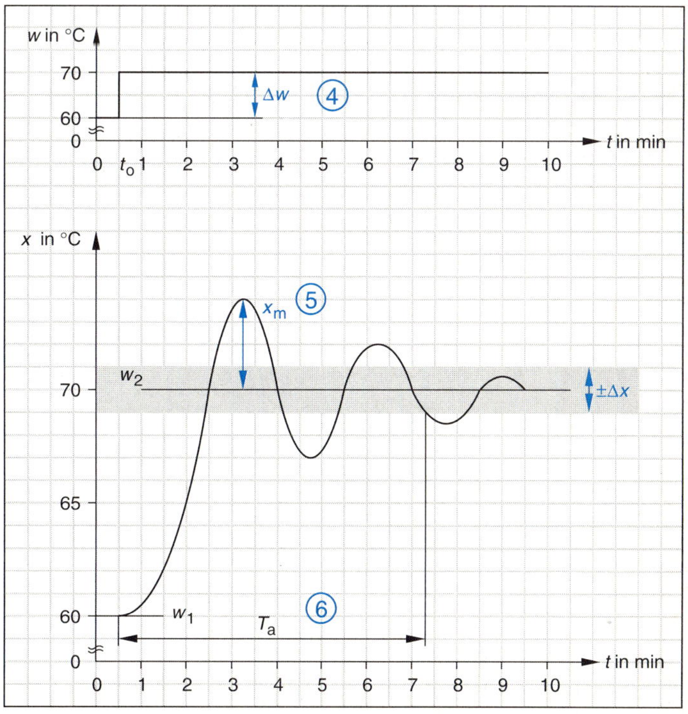

Abb. 3: Führungsverhalten der Regelgröße

Auftrag 2

Eine gleichbleibende Produktqualität im Rührkesselreaktor (Seite 253) erfordert eine möglichst konstante Reaktionstemperatur. Der Regler muß Störgrößen schnell ausregeln. Störgrößen sind hier die schwankende Heißdampftemperatur, aber auch eingeleitete Stoffe, die Temperaturänderungen im Kessel bewirken.

Es soll deshalb ein geeigneter Regler ausgewählt und die optimalen Werte der Reglerkenngrößen ermittelt werden.

Lösung:

Gewählt wird ein PID-Regler, denn er vereint alle Vorzüge, um die gestellt Aufgabe zu lösen:

- Verändern Störgrößen den Sollwert der Kesseltemperatur, so gleicht dies der I-Anteil vollständig aus.
- Störspitzen dämpft der schnelle D-Einfluß.

Die Einstellung der Reglerkennwerte erfolgt nach Abb. 4 (von Chien, Hrones und Reswick durch Versuche aufgestellt). Die Einstellregeln gelten exakt für Regelstrecken höherer Ordnung bei sprunghafter Änderung der Stör- bzw. Führungsgröße am Streckeneingang. Die Werte ihrer Kenngrößen K_p, T_u und T_v müssen allerdings bekannt sein.

In den Tabellen wird zwischen Störverhalten (Störung) und Führungsverhalten (Führung) unterschieden. Zusätzlich kann der Anwender wählen, ob bei kurzer Ausregelzeit die Regelgröße 20 % überschwingen darf (Abb. 4a) oder aber sich aperiodisch (ohne Überschwingen) einpendelt, allerdings bei längerer Ausregelzeit (Abb. 4b).

Für die Temperaturregelung im Rührkesselreaktor wird der PID-Regler auf Störung mit aperiodischem Übergang optimiert (Abb. 4b Störung). Dabei geht man folgendermaßen vor:

Zunächst werden die Streckenkennwerte durch Aufnahme der Sprungantwort bestimmt. Die folgenden Werte sind dabei ermittelt worden.

- $K_p = \Delta x / \Delta y = 5$ °C/mm
  Bezogen auf die Maximalwerte des Proportionalbereiches ($x \sim y$), $y_{max} = 25$ mm, $x_{max} = 125$ °C ergibt sich K_p einheitenlos.
- $K_p = \dfrac{\Delta x / x_{max}}{\Delta y / y_{max}} = \dfrac{5\ °C/125\ °C}{1\ mm/25\ mm} = \dfrac{0{,}4}{0{,}4} = 1$
- $T_u = 2{,}3$ min
- $T_g = 11{,}4$ min

Nach Abb. 4b (Störung) werden die Einstellwerte des Reglers errechnet. Dabei muß die erste Gleichung nach dem K_p-Wert des Reglers (K_{pR}) umgestellt werden.

- $K_{pR} = \dfrac{T_g}{K_p \cdot T_u \cdot 1{,}05} = \dfrac{11{,}4\ min}{1 \cdot 2{,}3\ min \cdot 1{,}05} \approx 4{,}7$
- $T_n = 2{,}4 \cdot T_u = 2{,}4 \cdot 3{,}3\ min = 5{,}5\ min$
- $T_v = 0{,}42 \cdot T_u = 0{,}42 \cdot 2{,}3\ min = 1\ min$

Die Abb. 5 zeigt das Störverhalten des Regelkreises für die eingestellten Werte als Computersimulation mit Hilfe eines regelungstechnischen Programms. Dabei entspricht einer Spannungsänderung um 1 V eine Temperaturänderung um 10 °C. Da eine Simulation im Minutenbereich zu ungeau wird, sind alle **Zeitwerte** in den Sekundenbereich transformiert worden.

In Abb. 6 ist mit den errechneten Einstellwerten für das Störverhalten das Führungsverhalten simuliert worden ①. Es ist nicht optimal (große Überschwingweite), wie der Vergleich mit der Simulation für optimales Führungsverhalten zeigt ② (Berechnung der optimalen Reglereinstellwerte nach Abb. 4b Führung).

a) Einstellregeln mit 20 % Überschwingen (kürzeste Ausregelzeit)

	Störung			Führung		
Reglertyp	$K_{pR} \cdot K_p \approx$	$T_n \approx$	$T_v \approx$	$K_{pR} \cdot K_p \approx$	$T_n \approx$	$T_v \approx$
P	$\frac{T_g}{T_u \cdot 1{,}4}$	–	–	$\frac{T_g}{T_u \cdot 1{,}4}$	–	–
PI	$\frac{T_g}{T_u \cdot 1{,}4}$	$2{,}3 \cdot T_u$	–	$\frac{T_g}{T_u \cdot 1{,}7}$	$1 \cdot T_g$	–
PID	$\frac{T_g}{T_u \cdot 0{,}83}$	$2 \cdot T_u$	$0{,}42 \cdot T_u$	$\frac{T_g}{T_u \cdot 1{,}05}$	$1{,}35 \cdot T_g$	$0{,}47 \cdot T_u$

b) Einstellregeln mit aperiodischem Übergang

	Störung			Führung		
Reglertyp	$K_{pR} \cdot K_p \approx$	$T_n \approx$	$T_v \approx$	$K_{pR} \cdot K_p \approx$	$T_n \approx$	$T_v \approx$
P	$\frac{T_g}{T_u \cdot 3{,}3}$	–	–	$\frac{T_g}{T_u \cdot 3{,}3}$	–	–
PI	$\frac{T_g}{T_u \cdot 1{,}7}$	$4 \cdot T_u$	–	$\frac{T_g}{T_u \cdot 2{,}9}$	$1{,}2 \cdot T_g$	–
PID	$\frac{T_g}{T_u \cdot 1{,}05}$	$2{,}4 \cdot T_u$	$0{,}42 \cdot T_u$	$\frac{T_g}{T_u \cdot 1{,}7}$	$1 \cdot T_g$	$0{,}5 \cdot T_u$

Abb. 4: Einstellregeln für stetige Regler nach Chien, Hrones, Reswick

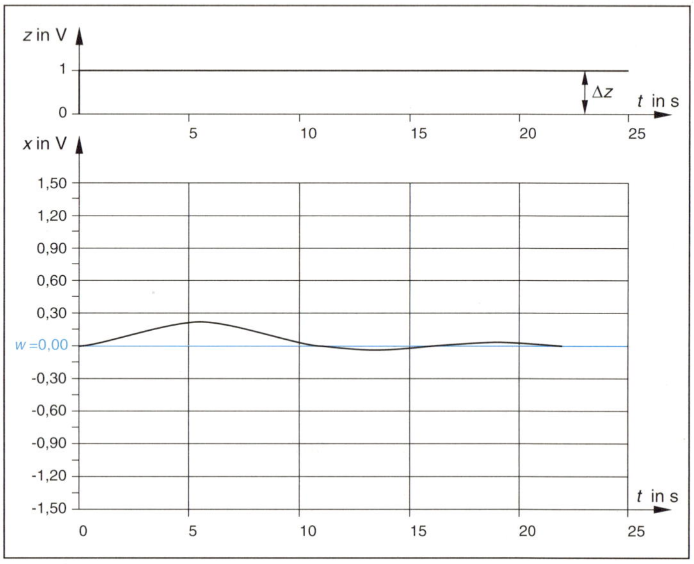

Abb. 5: Optimiertes Störverhalten der Reaktionstemperatur

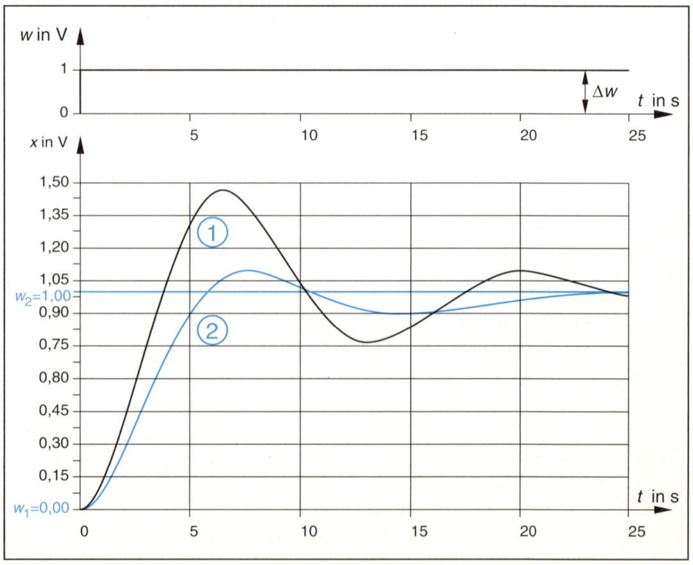

Abb. 6: Führungsverhalten der Reaktionstemperatur

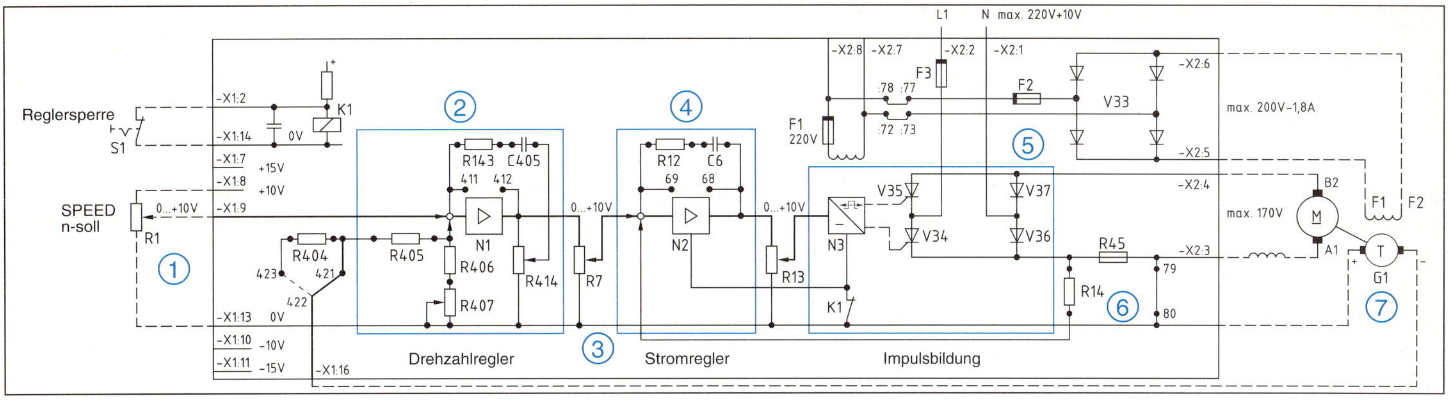

Abb. 1: Drehzahlregelung eines Gleichstrommotors (Herstellerunterlage)

Auftrag 3

Prozeßregelungen sowie schnelle Drehzahlregelungen neigen dann zu instabilem Verhalten, wenn die Verzugszeit der Strecke groß gegenüber ihrer Ausgleichszeit ist. Der Regler reagiert zu spät auf Störeinflüsse. Bei solchen Verhältnissen zerlegt man den Regelkreis in mehrere (meist zwei) Teilkreise, die einzeln geregelt werden.
In Abb. 1 ist das Blockschaltbild eines Stromrichters zur Drehzahlregelung eines Gleichstrommotors gegeben (Herstellerunterlage).
Es soll die Wirkungsweise der Regelung erklärt werden.

Aufbau der Drehzahlregelung (Abb. 1)

Die Regelung besteht aus zwei Regelkreisen:

- Der äußere Regelkreis beinhaltet den Tachogenerator G1 zur Drehzahlerfassung ⑦, das Sollwert-Potentiometer R1 zur Drehzahlvorgabe ①, den PI-Regler ② und das Stellgerät ⑤.
- Den inneren Regelkreis bilden der Laststromsensor R14 ⑥, der Sollwertgeber R7 für die Motorstromvorgabe ③, der PI-Regler ④ und das Stellgerät ⑤, welches damit eine Doppelfunktion hat.

Wirkungsweise der Drehzahlregelung (Abb. 2)

Der innere Regelkreis ist der Ankerstromregelkreis ⑨.

- R14 erfaßt ständig den Ankerstrom als proportionale Spannung.
- Der Ankerstromregler (I-Regler) vergleicht diesen Wert mit dem Sollwert von R7 und stellt die Thyristoren bei einer Abweichung sofort nach, bis der geforderte Ankerstrom wieder fließt.

Der Ankerstromregler regelt Störungen, wie z. B. Laststöße und Netzspannungsschwankungen, schnell aus, bevor sie sich als Drehzahländerung bemerkbar machen.

Der äußere Regelkreis ist der Drehzahlregelkreis ⑧.

- Der Drehzahlregler (n-Regler) verändert seine Stellgröße, wenn die Drehzahl vom eingestellten Sollwert abweicht. Dadurch erhält der Stromregler einen neuen Sollwert. Die gewünschte Drehzahl stellt sich wieder ein.

Eine Reihenschaltung aus einem äußeren Hauptregler (**Führungsregler**) und einem inneren Hilfsregler (**Folgeregler**) heißt Kaskadenschaltung.

Bei der Kaskadenregelung (Abb. 3) ist dem schnellen, meist ungenauen Regelkreis ein langsamer, genauer Regelkreis überlagert. Der Folgeregler (innen) verhindert zu große Sollwertabweichungen und damit Schwingungen der Regelgröße. Der Führungsregler (außen) gleicht die Ungenauigkeit aus, indem er den Sollwert für den Folgeregler vorgibt.

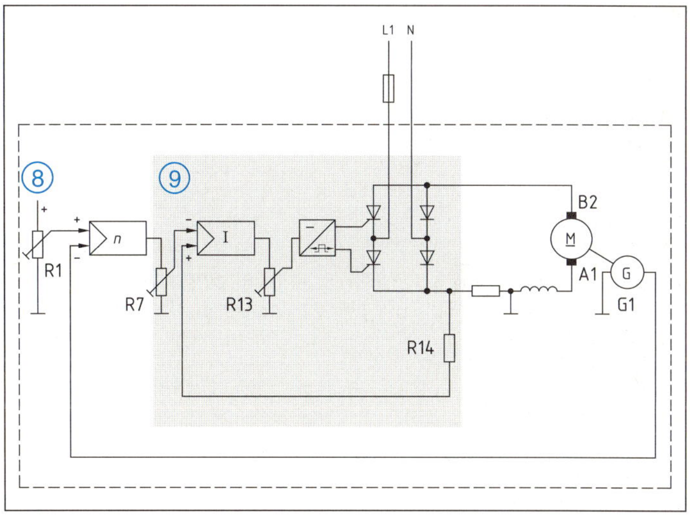

Abb. 2: Vereinfachtes Blockschaltbild der Drehzahlregelung

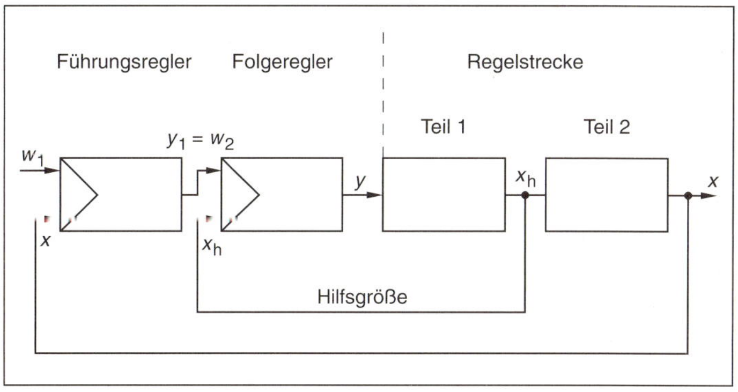

Abb. 3: Kaskadenregelung allgemein

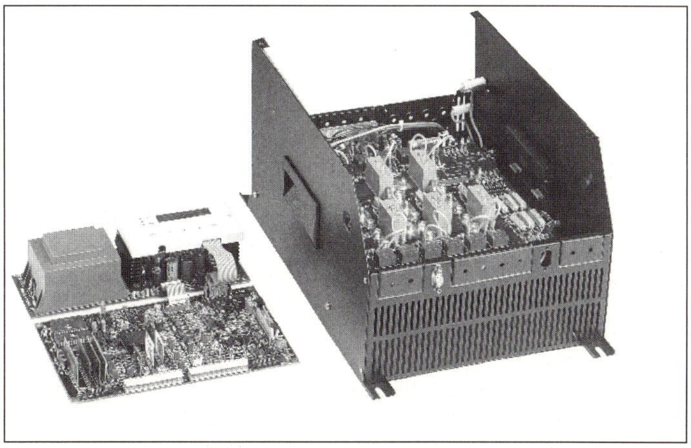

Abb. 4: Stromrichtergerät für Gleichstrommotoren

Aufgaben

18.7.1 Störverhalten

Lesen Sie für das gegebene Störverhalten eines Druckluftregelkreises (Computersimulation) die Werte der Kenngrößen aus dem Diagramm ab!

a) Überschwingweite des Druckes!

b) Ausregelzeit der Druckes, wenn das Toleranzband ±0,1 um den Sollwert w betragen darf!

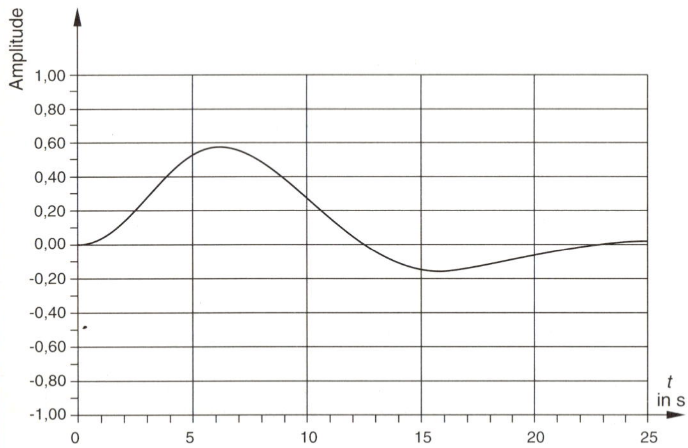

18.7.2 Führungsverhalten

Beantworten Sie für die Computersimulation Abb. 6 Seite 254 folgende Fragen!

1. Wie groß ist die Überschwingweite der Regelgröße für beide Kurvenzüge?
2. Welche Toleranzbänder (in Prozent des Sollwertes) sind zugelassen, wenn die Ausregelzeit 20 s beträgt?

18.7.3 Optimale Reglereinstellung

Für die Regelung der Druckregelstrecke Seite 242 Abb. 4 soll das Störverhalten der Regelgröße für kürzeste Ausregelzeit optimiert werden.

Ermitteln Sie die Einstellwerte des eingesetzten PI-Reglers mit Hilfe der Einstelltabellen von Chien, Hrones und Reswick!

18.7.5 Lageregelung

a) Beantworten Sie folgende Fragen!

1. Welches Regelungsprinzip wird angewandt?
2. Welche Größen ①, ②, ③ werden im einzelnen geregelt?
3. Welches Zeitverhalten zeigen die Regler bzw. zeigt das Stellglied?
4. Welcher Regler ist Folgeregler, welcher Führungsregler?

b) Zeichnen Sie das Blockschaltbild der Lageregelung mit Regler- und Verstärkersymbolen!

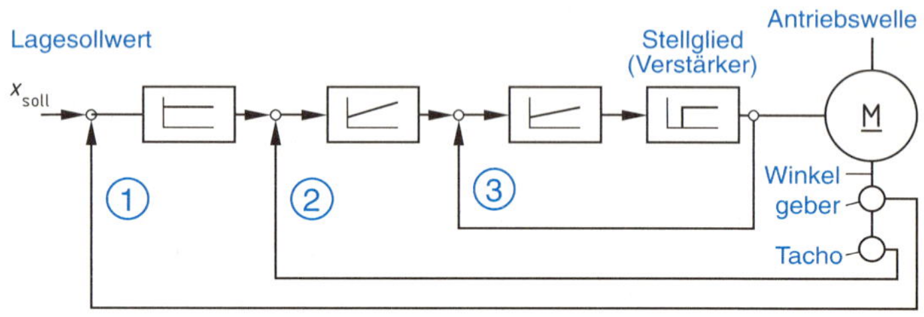

18.7.6 Analoge Mehrmotorenregelung

In einer Anlage soll ein Stromrichter-Antrieb um zwei weitere Antriebe mit unterschiedlichen Drehzahlen ergänzt werden.

Jedem Stromrichter wird zum Drehzahlgleichlauf eine Leitspannung aufgeschaltet, welche ein gemeinsames Sollwertpotentiometer liefert. Am gemeinsamen Sollwertintegrator wird der Drehzahlhoch- und -auslauf eingestellt. Die Anpassung der drei Antriebe erfolgt über den vorgeordneten Stromverstärker. Jeder Antrieb wird für sich von einer Drehzahlregelung mit unterlagerter Stromregelung geführt. Laständerungen werden unabhängig ausgeregelt.

Zeichnen Sie die Mehrmotorenregelung als Blockschaltbild mit Regler- und Verstärkersymbolen!

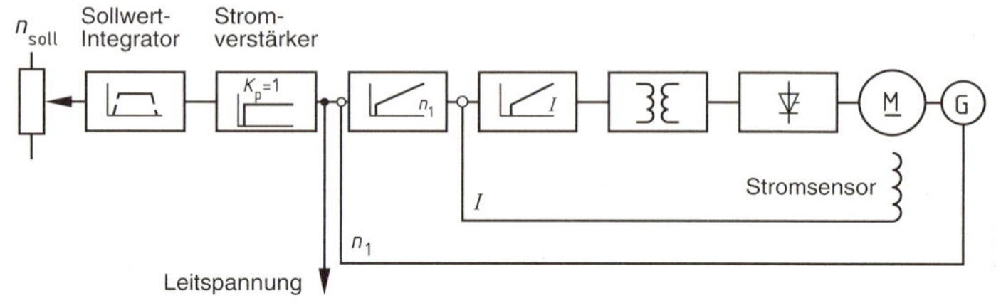

18.7.4 Reglereinstellung nach Diagrammen

Die Diagramme (nach O. Pressler) gelten für sprunghafte Änderungen der Stör- bzw. Führungsgröße am Streckeneingang.

a) Ermitteln Sie für einen Temperaturregelkreis mit dem Streckenverhalten nach Aufgabe 18.3.8 die Einstellwerte K_R, T_n und T_v des verwendeten PID-Reglers für optimales Führungsverhalten, indem Sie aus den Diagrammen Werte ablesen!

b) Errechnen Sie für denselben Regelkreis die Einstellwerte nach den Tabellen von Chien, Hrones und Reswick einmal für aperiodischen Verlauf der Regelgröße und dann mit 20 % Überschwingen.

c) Tragen Sie alle Ergebnisse in eine Tabelle zum Vergleichen ein!

d) Welche Unterscheidung wird in der graphischen Methode, verglichen mit den Einstelltabellen, nicht gemacht?

Im Diagramm ist K_R: K_p-Wert des Reglers
K_S: K_p-Wert der Strecke
n: Ordnung der Strecke

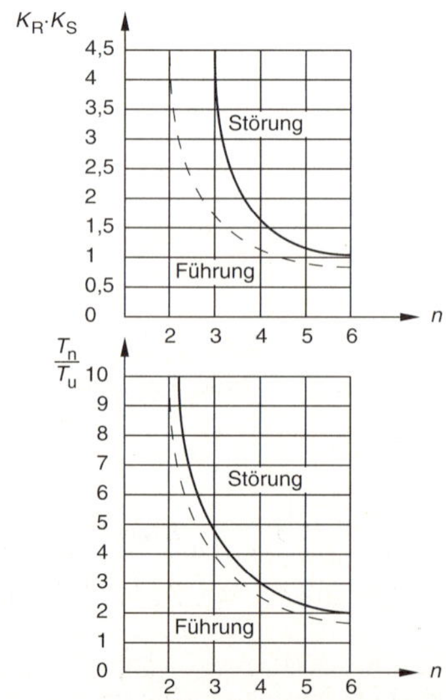

Einstellung PI-Regler

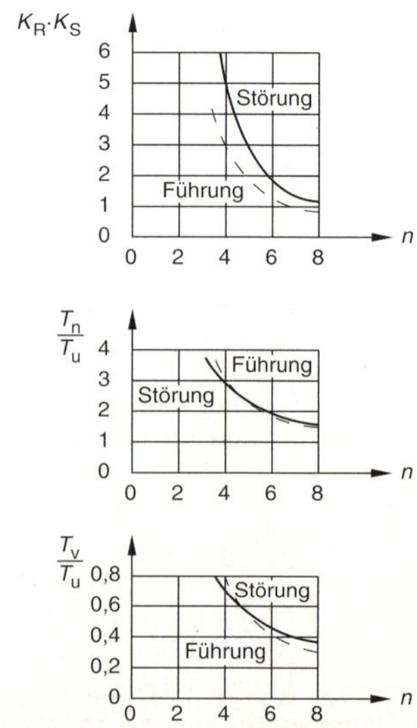

Einstellung PID-Regler

Schalt- und Schutzeinrichtungen

DIN 40 900 T.7/3.88
DIN 40 713 T.3/1.75

Schaltzeichen	Benennung	Schaltzeichen	Benennung	Schaltzeichen	Benennung
07-02-01	Schließer, Schaltfunktion, allgemein Schalter	07-09-03	Öffner mit selbsttätiger thermischer Betätigung (Thermokontakt, z. B. Bimetall)	107-05-08	Leitungsschutzschalter
07-02-03	Öffner	07-09-04	Gasentladungsröhre mit Thermokontakt, Starter für Leuchtstofflampe	07-13-05	Leistungsschalter
07-02-04	Wechsler mit Unterbrechung	07-07-01	Handbetätigter Schalter	07-13-06	Trennschalter Leerschalter
07-03-01	Wischer mit Kontaktgabe bei Betätigung	07-07-02	Druckschalter, Taster	07-13-08	Lasttrennschalter
07-05-02	Schließer, schließt verzögert bei Betätigung	107-05-06	Motorschutzschalter, dreipolig, mit thermischer und magnetischer Auslösung	107-02-01	Erdungsschalter, allgemein
07-05-04	Öffner, schließt verzögert bei Rückfall	107-05-07	Fehlerstrom Schutzschalter, vierpolig	07-12-01	Komplexer Schalter, allgemein
Elektromagnetische Antriebe		**Anlasser**		**Schutzeinrichtungen**	
107-15-06	Antrieb, erregt	07-14-01	Anlasser, allgemein	07-21-01	Sicherung, allgemein
07-15-07	Elektromechanischer Antrieb mit Rückfallverzögerung	07-14-02	Anlasser, Betätigung stufenweise	07-21-08	Sicherungstrennschalter
07-15-08	Elektromechanischer Antrieb mit Ansprechverzögerung	07-14-06	Stern-Dreieck-Anlasser	07-21-09	Sicherungs-Lasttrennschalter
07-15-09	Elektromechanischer Antrieb mit Ansprech- und Rückfallverzögerung	07-14-07	Anlasser mit Spartransformator	D II / 10A 107-05-04	Schraubsicherung, Typ DII, dreipolig, dargestellt 10 A
07-15-21	Elektromechanischer Antrieb eines Thermorelais	8/4 p 107-07-03	Anlasser für polumschaltbaren Motor	00 / 25A 107-05-05	Niederspannungs-Hochleistungs-Sicherung (NH), dargestellt 25 A, Größe 00
		107-07-05	Anlasser mit Widerständen	07-22-03	Überspannungsableiter

Schalter – Schaltgeräte – Beispiele

Schaltzeichen	Benennung	Schaltzeichen	Benennung
07-11-05 1 2 3 4 07-11-06	Mehrstellungsschalter, einpolig, dargestellt mit vier Schaltstellungen Anmerkung: Hat ein Schalter nur wenig Schaltstellungen, darf dieses Schaltzeichen angewendet werden.	M 107-05-03	Nockenschalter mit Motorantrieb
107-05-02	Nockenschalter mit vier Schaltstellungen, fünfpolig, handbetätigt	07-11-07	Handbetätigte Schalter mit vier Schaltstellungen und vier unabhängigen Kontaktpaaren
U< 107-05-01	Schalter mit Schaltschloß, Motorschutzschalter, dreipolig dargestellt mit elektrothermischen Überstromauslösern, elektromagnetischen Überstromauslöser, Unterspannungsauslöser	107-09-01	Schütz, Relais
		5/min 107-09-08	Blinkrelais, Blinkfrequenz von 5/min

Symbolelemente und Kennzeichen für Schaltzeichen

DIN 40 900 T.2/3.88

Antriebsarten

Schaltzeichen	Benennung
102-05-04	Schaltschloß mechanischer Freigabe
02-13-01	Handantrieb, allgemein
02-13-04	Betätigung durch Drehen
02-13-05	Betätigung durch Drücken
02-13-08	Notschalter
102-05-02	Handantrieb, abnehmbar, z. B. Steckschlüssel
02-13-15	Betätigung durch Rolle, Fehler
02-13-23	Betätigung durch elektromagnetischen Antrieb
02-13-20	Kraftantrieb, allgemein

Erde, Masse, Äquipotential

Schaltzeichen	Benennung
02-15-01	Erde
02-15-03	Schutzerde

Mechanische Stellteile

Schaltzeichen	Benennung
02-12-01	Wirkverbindung, allgemein Mechanische, Pneumatische und Hydraulische Wirkverbindung
02-12-05 102-07-01	Verzögerte Wirkung in Bewegungsrichtung (vom Bogen zu dessen Mittelpunkt)
02-12-08	Raste (Nicht selbsttätiger Rückgang)
102-06-04	Sperre von Hand lösbar
M 02-12-21	Elektromotor mit eingelegter Bremse

Netze und Elektroinstallationen

DIN 40 900 T.3/3.88
DIN 40 900 T.11/3.88

Leiter

Schaltzeichen	Benennung
03-01-01	Leiter Gruppe von Leitern Leitung Kabel Stromweg, Übertragungsweg (z.B. für Mikrowellen)
11-11-01	Neutrallleiter (N) Mittelleiter (M)
11-11-02	Schutzleiter (PE)
11-11-03	Neutralleiter mit Schutzfunktion (PEN)

Schalter

Schaltzeichen	Benennung
11-14-10	Taster
Lx < 111-07-11	Dämmerungsschalter

Anschlüsse u. Leiterverbindungen

Schaltzeichen	Benennung
03-02-01	Verbindung von Leitern
03-02-02	Anschluß (z. B. Klemme) Der Kreis darf ausgefüllt werden
11 12 13 14 15 16 03-02-03	Anschlußleiste, dargestellt mit Anschlußbezeichnungen
1 2 3 4 5 6 103-03-04	Klemmenleiste Reihenklemmen und Reihentrennklemmen
03-02-05	Abzweig von Leitern
03-02-07	Doppelabzweig von Leitern

Ton- und Fernseh-Rundfunk

Schaltzeichen	Benennung
11-08-01	Abzweigdose, allgemein
11-08-02	Stichdose
11-08-03	Durchschleifdose

Steckdosen

Schaltzeichen	Benennung
3 11-13-02	Mehrfachsteckdose, dargestellt als Dreifachsteckdose Form 1
11-13-03	Form 2
11-13-04	Schutzkontaktsteckdose
TP 11-13-09	Fernmeldesteckdose, allgemein
111-07-04	Antennensteckdose

Leuchten

Schaltzeichen	Benennung
	Leuchte, allgemein
11-15-07	Scheinwerfer, allgemein
111-07-05	Leuchte mit Schalter
111-07-06	Leuchte mit veränderbarer Helligkeit
11-15-11	Sicherheitsleuchte Notleuchte mit getrenntem Stromkreis Rettungszeichenleuchte
111-07-07	in Dauerschaltung
111-07-08	Leuchte, mit zusätzlicher Sicherheitsleuchte in Dauerschaltung
111-07-09	mit zusätzlicher Sicherheitsleuchte in Bereitschaftsschaltung
11-15-04	Leuchte mit Leuchtstofflampe,
	Leuchte mit zwei Leuchtstofflampen,
5 11-15-06	Leuchte mit fünf Leuchtstofflampen

Geräte für Installation

Schaltzeichen	Benennung
11-12-07	Verteiler, dargestellt mit fünf Anschlüssen

Elektro-Haushaltsgeräte

Schaltzeichen	Benennung
E 111-06-01	Elektrogerät, allgemein
111-06-03	Elektroherd, allgemein
111-06-04	Mikrowellenherd
111-06-05	Backofen
111-06-06	Wärmeplatte
111-06-07	Fritteuse
111-06-08	Heißwasserspeicher
111-06-09	Durchlauferhitzer
111-06-10	Infrarotgrill
111-06-12	Waschmaschine
111-06-13	Wäschetrockner
111-06-14	Geschirrspülmaschine
111-06-16	Speicherheizgerät
111-06-17	Infrarotstrahler
*** 111-06-20	Gefriergerät

Verschiedenes

Schaltzeichen	Benennung
11-16-01	Heißwassergerät, dargestellt mit Leitung
	Speicherheizgerät mit Ventilator

Meß-, Melde- und Signaleinrichtungen

DIN 40 900 T.8/03.88
DIN 40 716 T.4/12.69

Anzeigende Meßgeräte

Schaltzeichen	Benennung
* 1) 08-01-01	Meßgerät anzeigend, allgemein
V 08-02-01	Spannungsmeßgerät
var 08-02-04	Blindleistungsmeßgerät
108-01-02	Meßwerk mit Spannungspfad
108-01-03	Meßwerk mit einem Strompfad
108-01-06	Meßwerk zur Produktbildung

Aufzeichnende Meßgeräte

Schaltzeichen	Benennung
* 1) 08-01-02	Meßgerät, aufzeichnend, allgemein
W 08-03-01	Wirkleistungsschreiber
* 1) 08-01-03	Meßgerät, integrierend, allgemein Elektrizitätszähler, allgemein
Wh 08-04-08	Mehrtarif-Wattstundenzähler, Zweitarifzähler dargestellt
varh 08-04-15	Blindverbrauchszähler
≈	Rundsteuerempfänger

Zähler

Form 1	Form 2	Benennung
kWh ~	kWh	Einphasen-Wechselstromzähler
kWh 3~	kWh	Dreileiter-Drehstromzähler

Melder – Signaleinrichtungen

Schaltzeichen	Benennung
08-10-01	Leuchtmelder, allgemein
08-10-05	Horn Hupe

1) Der Stern muß durch die Einheit oder das Zeichen der zu messenden Größe oder durch das chemische Zeichen ersetzt werden.

Erzeugung und Umwandlung elektrischer Energie

DIN 40 900 t.6/3.88
DIN 40 715/4.62

Symbolelemente

Schaltzeichen	Benennung
	Unterscheidung von Wicklungen mit unterschiedlichen Funktionen
06-03-01	Wendepol- oder Kompensationswicklung
06-03-02	Reihenschlußwicklung
06-03-03	Nebenschlußwicklung oder fremderregte Wicklung

Maschinenarten

Schaltzeichen	Benennung
* 06-04-01	Maschine, allgemein. An die Stelle des Sterns (*) muß eines der folgenden Kennzeichen eingetragen werden: C Umformer G Generator GS Synchrongenerator M Motor MG Als Generator oder als Motor nutzbar Maschine MS Synchronmotor
M 06-05-01	Gleichstrom-Reihenschlußmotor
M 06-05-02	Gleichstrom-Nebenschlußmotor
G 06-05-03	Gleichstrom-Doppelschlußgenerator, mit Anschlüssen und Bürsten
M 3~ 06-08-01	Drehstrom-Asynchronmotor mit Käfigläufer
M 3~ 06-08-03	Drehstrom-Asynchronmotor mit Schleifringläufer

Kennzeichnung der Schaltungsart

Schaltzeichen	Benennung
106-01-05	Stern-Dreieck-Schaltung
106-01-06	Dahlander-Schaltung

Leistungsumrichter, Primärzellen und Akkumulatoren

Schaltzeichen	Benennung
06-14-02	Gleichstrom-Umrichter
06-14-03 106-04-01	Gleichrichter
06-14-04	Gleichrichter in Brückenschaltung
06-14-05	Wechselrichter
06-14-06	Gleichrichter/Wechselrichter (umschaltbar)
106-04-02	Wechselstromumrichter
06-15-01	Primärzelle Primärelement Akkumulator
06-15-02	Batterie von Primärelementen Akkumulatorenbatterie Form 1
06-15-03	Form 2

Transformatoren und Drosseln

Form 1	Form 2	Benennung
06-09-01	06-09-02	Transformator mit zwei Wicklungen Spannungswandler1)
06-09-06	06-09-07	Spartransformator
06-09-10	06-09-11	Stromwandler Impulstransformator
06-11-03	06 11 04	Drehstrom-Spartransformator, Sternschaltung
06-10-13	06-10-14	Drehstromtransformator mit Last-Stufenschalter, Stern/Dreieckschaltung
06-13-04	06-13-05	Stromwandler mit zwei Sekundärwicklungen auf einem Kern
N=5 06-13-08	N=5 06-13-09	Stromwandler mit fünf Primärwindungen (z. B. Durchfadelwandler)
06-13-10	06-13-11	Stromwandler, Impulstransformator mit einer (Sekundär-) Wicklung und drei ddurchgefädelten (Primär-)Wicklungen (z. B. Summenstromwandler)

Passive Bauelemente

DIN 40 900 T.4/3.88

Schaltzeichen	Benennung
Widerstände	
04-01-01	Widerstand, allgemein Dämpfungsglied,
04-01-12	Heizelement
04-01-09	Widerstand mit Anzapfungen

Schaltzeichen	Benennung
Widerstände	
04-01-04	Widerstand, spannungsabhängig, Varisator
104-01-05	Widerstand, gegensinnig, spannungsabhängig
04-01-07	Widerstand mit Schleifkontakt Potentiometer

Schaltzeichen	Benennung
Kondensatoren	
04-02-01	Kondensator, allgemein bevorzugte Form
Induktivitäten	
04-03-01	Induktivität, Spule, Wicklung, Drossel bevorzugte Form

Nachrichtentechnik – Übertragungseinrichtungen Graphische Symbole für analoge Informationsverarbeitung

DIN 40 900 T.10/3.88
DIN 40 900 T.13/1.81

Schaltzeichen	Benennung
Antennenanlagen	
10-04-01	Antenne, allgemein
10-05-05	Dipolantenne
	Weiche (nicht genormt)
	Abzweiger (nicht genormt)
	Verteiler (nicht genormt)

Verstärker

Verstärker, allgemein

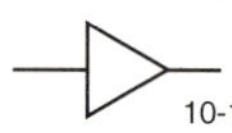

Form 1

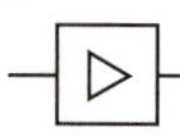

Form 2

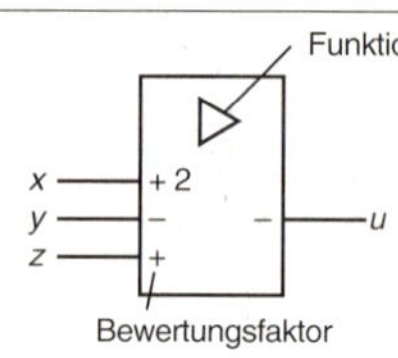

Schaltzeichen	Benennung
+	Nichtinvertierung
–	Invertierung

Schaltzeichen	Benennung
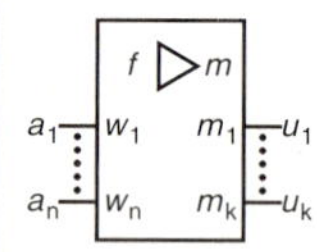	Verstärker für analoge Informationsverarbeitung, allgemein
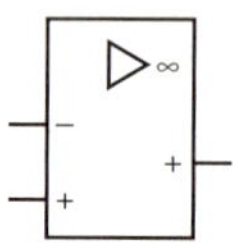	**Beispiel:** Differenzverstärker mit sehr hoher Verstärkung. Operationsverstärker.

Halbleiter

DIN 40 900 T.5/3.88

Schaltzeichen	Benennung
Dioden	
05-03-01	Halbleiterdiode, allgemein
05-03-02	Leuchtdiode, allgemein
05-03-06	Z-Diode Esaki-Diode
05-03-09	Zweirichtungsdiode, Diac
Sensoren	
05-06-02	Diode, lichtempfindlich, Photodiode
05-06-01	Widerstand, lichtempfindlich Photowiderstand
05-06-03	Photoelement Photozelle
05-06-08	Optokoppler Leuchtdiode und Phototransistor
05-06-05	Hall-Generator

Schaltzeichen	Benennung
Transistoren	
05-05-01	PNP-Transistor
05-05-02	NPN-Transistor
05-05-09	Sperrschicht-Feldeffekt-Transistor (JFET) mit N-Kanal
05-05-10	Sperrschicht-Feldeffekt-Transistor (JFET) mit P-Kanal
05-05-11	Isolierschicht-Feldeffekt-Transistor (IGFET), Anreicherungstyp
05-05-13	Isolierschicht-Feldeffekt-Transistor (IGFET), Anreicherungstyp, Substratanschluß
05-05-14	Isolierschicht-Feldeffekt-Transistor (IGFET), Substrat intern mit Source verbunden
05-05-15	Isolierschicht-Feldeffekt-Transistor (IGFET), Verarmungstyp

Schaltzeichen	Benennung
Thyristoren	
05-01-01	Thyristordiode rückwärts sperrend
05-04-02	Thyristordiode, rückwärts leitend
05-04-03	Zweirichtungs-Thyristordiode
05-04-04	Thyristortriode Thyristor
05-04-05	Thyristortriode, rückwärts sperrend, Anode gesteuert (N-Gate)
05-04-06	Thyristortriode, rückwärts sperrend, Kathode gesteuert (P-Gate)
05-04-07	Abschalt-Thyristortriode
05-04-11	Thyristortriode, bidirektional, Triac
05-04-12	Thyristortriode, rückwärts leitend

Binäre Elemente

DIN 40 900 T.12/7.84

Schaltzeichen	Benennung
Kombinatorische Elemente	
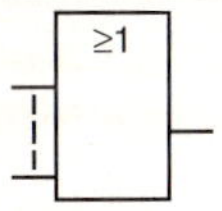	ODER-Element, allgemein
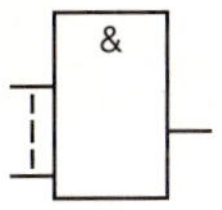	UND-Element, allgemein
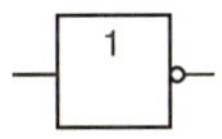	NICHT-Element, Inverter (in einem Schaltplan mit einheitlicher Logik-Vereinbarung)
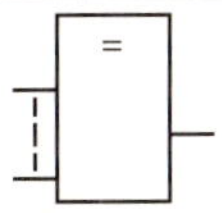	Äquivalenz-Element, allgemein
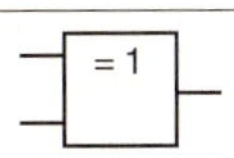	Exklusiv-ODER-Element, Antivalenz-Element, allgemein
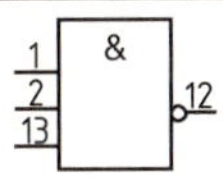	UND mit negiertem Ausgang, NAND
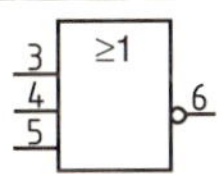	ODER mit negiertem Ausgang, NOR
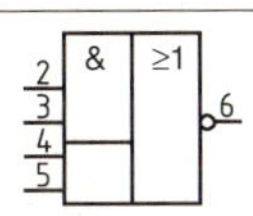	UND-ODER-Inverter
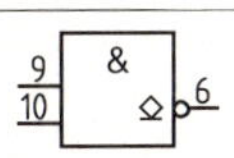	NAND mit offenem Kollektor-Ausgang vom L-Typ
Elemente mit Hysterese	
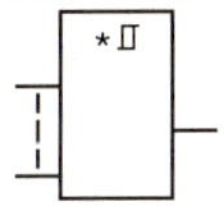	Element mit Hysterese, allgemein
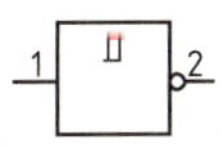	Schwellwert-Detektor mit invertiertem Ausgang, Schmitt-Trigger-Inverter
Digitale Verzögerungselemente	
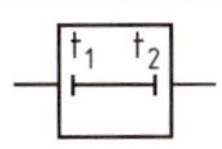	Verzögerungselement mit Angabe der Verzögerungszeiten

Schaltzeichen	Benennung
Kennzeichen an Eingängen, Ausgängen und anderen Verbindungen	
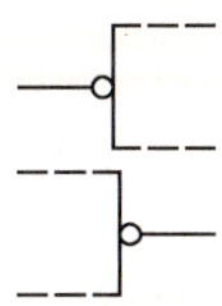	Negation Eingang Ausgang
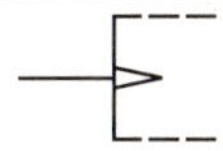	Dynamischer Eingang
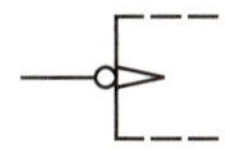	Dynamischer Eingang mit Negation
Bistabile Elemente	
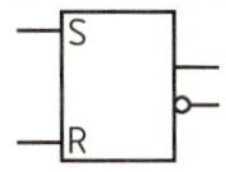	RS-Flipflop
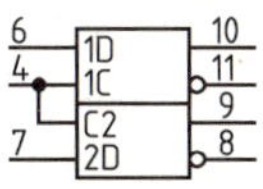	D-Flipflop, einzustandsgesteuert, zweifach
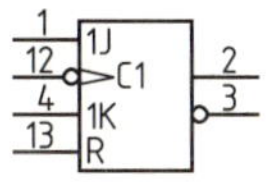	JK-Flipflop, einflankengesteuert
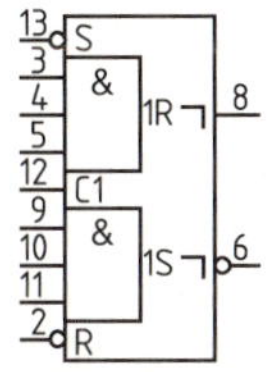	RS-Flipflop, zweizustandsgesteuert
Spezielle Schalteigenschaften bistabiler Elemente	
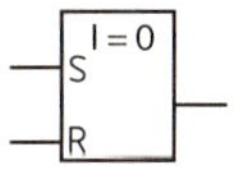	RS-bistabiles-Element mit dem Anfangszustand 0
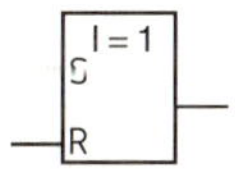	RS-bistabiles-Element mit dem Anfangszustand 1
Astabile Elemente	
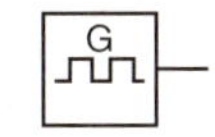	Astabiles Element, z. B. Taktgenerator

Schaltzeichen	Benennung
Konturen	
	Element-Kontur als Quadrat dargestellt
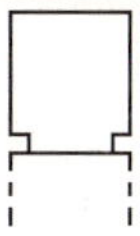	Steuerblock-Kontur
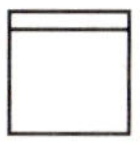	Ausgangsblock-Kontur
Monostabile Elemente	
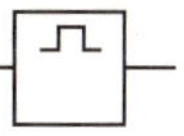	Monostabiles Element, nachtriggerbar
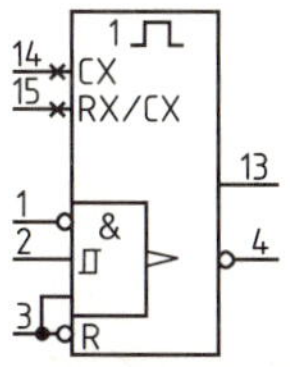	Monostabiles Element, nicht nachtriggerbar
Schieberegister und Zähler	
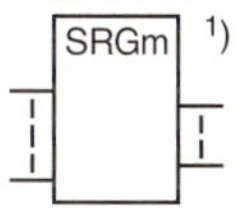	Schieberegister, allgemein
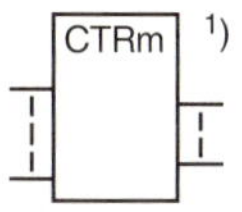	Zähler mit einer Zyklus-Länge zm, allgemein
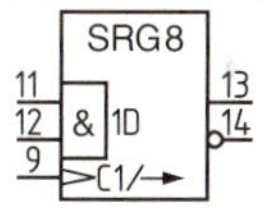	Schieberegister, 8 bit
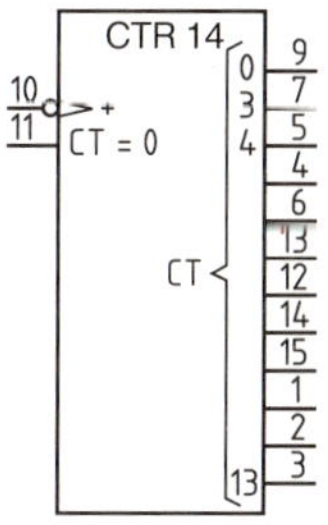	Binärzähler, 14stufig

[1] muß durch die entsprechende Zahl ersetzt werden

Symbole für Funktionsplan

DIN 40 719 T.6/3.77

Symbol	Bemerkung	Symbol	Bemerkung
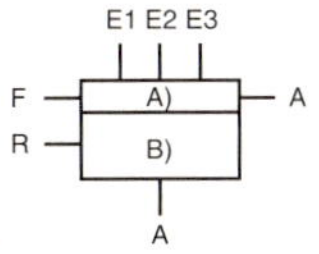	**Schrittsymbol** Feld A) Schrittnummer Feld B) Schrittname (Text) E Eingang A Ausgang F Freigabe R Rücksetzen	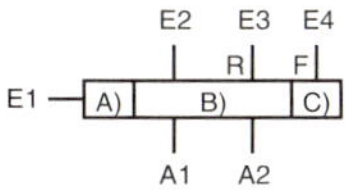	**Befehlsymbol** Feld A) Befehlsart Feld B) Befehlsname Feld C) Befehlsnummer E Eingang A Ausgang F Freigabe R Rücksetzen RC Rückmeldung

Weiterschaltbedingung		Verzweigung	
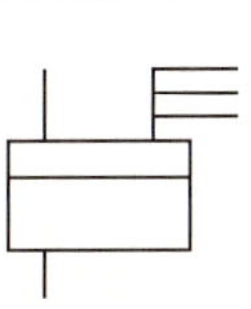 UND-verknüpft	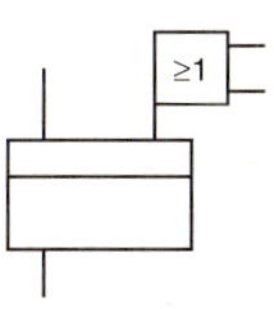 ODER-verknüpft	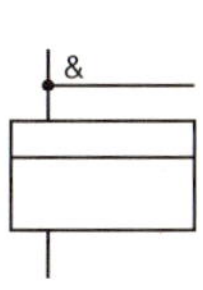 UND	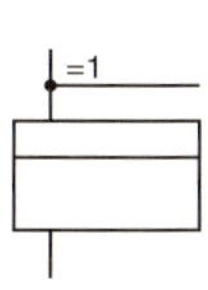 ODER

Befehlsymbol

D	zeitlich verzögert
T	zeitlich begrenzt
S	gespeichert
SD	gespeichert und verzögert
ST	gespeichert und zeitlich begrenzt
SH	remanent gespeichert
NS	nicht gespeichert
NSD	nicht gespeichert und verzögert

Symbole für SPS

DIN 19 239/5.83

Benennung	Zeichen	Darstellung im FUP	Darstellung im KOP	Benennung	Zeichen	Darstellung im FUP	Darstellung im KOP	Benennung	Zeichen Z1 d	Zeichen Z2	Darstellung Symbolen
Operationen zur Signalverarbeitung											
UND	U	E1, E2 & A1	E1 E2 A1	**Setzen**	S	S	(S)	**Größer**	GR	>	>
ODER	O	E1, E2 ≥1 A1	E1 E2 A1	**Rücksetzen**	R	R	(R)	**Größer gleich**	GRG	>=	>=
NICHT	N	am Eingang: E1	E1	**Impuls**	TI	T... 1		**Gleich**	GL	=?	=
		am Ausgang: A1	A1 (/)	**Einschalt-verzögerung**	TE	t_1 0		**Kleiner**	KL	<	<
Zuweisung	=	A1	A1 ( )	**Ausschalt-verzögerung**	TA	0 t_2		**Kleiner gleich**	KLG	<=	<=

Operationen zur Programmorganisation			Symbol	Bedeutung		Symbol	Bedeutung
Nulloperation	NOP	Leerer Speicherplatz	+, -, S, R, 1), DEC, BIN, Ø	Vorwärts-/Rückwärts-Zähler + Vorwärts-Zählsignal – Rückwärts-Zählsignal S Setzen auf 1) Zahl (z. B. EW, K) R Rücksetzen auf Null	Zählwert in Darstellung DEC dezimal (BCD) BIN binär Ø Nullausgang des Zählers	R, S	FUP Setzen dominiert
Laden	L	Kennzeichnet den Beginn einer Anweisungsfolge					
Programm-ende	PE					S, R	FUP Rücksetzen dominiert
Kennzeichen von Operanden							
Eingang	E	**Konstante** K					
Ausgang	A	**Merker** M					

Symbole der Verfahrenstechnik

DIN 19 227 T.1/2.90
DIN 19 227 T.2/7.79

Sinnbild	Bedeutung	Sinnbild	Bedeutung
	Regler, allgemein (DIN 30 600 Teil 2, Bildzeichen-Nr. 156)		Verstärker (DIN 30 600 Teil 2, Bildzeichen-Nr. 182)
	a) Armatur mit Membranantrieb (DIN 2429) b) Stellgerät, allgemein	I	Anzeigegerät, allgemein
		I 0...10bar	Angabe des Anzeigebereiches und evtl. des Signalbereiches außerhalb des Sinnbildes
	Einsteller, allgemein (DIN 30 600, Bildzeichen-Nr. 352)	R	Registriergerät, allgemein
	Leitgerät für Regler (DIN 30 600, Bildzeichen-Nr. 35)		Analogschreiber (DIN 30 600 Teil 2, Bildzeichen-Nr. 199)
H	für Sollwerteinsteller für Umschalter „Hand-Autom." für Stellgliedeinsteller	6	Analogschreiber als 6fach-Punktdrucker
E A	Elektrisches Einheitssignal, wenn erforderlich mit Größenangabe Pneumatisches Einheitssignal 0,2…1,0 bar	O	Sichtzeichen, allgemein
			Leuchtmelder
P / A	Meßumformer für Druck mit pneumatischem Einheitssignalausgang	T	Aufnehmer für Temperatur, allgemein
E / E	Sicherheitsbarriere für elektrisches Einheitssignal mit galvanischer Trennung	T	alternativ (DIN 19 228)

Symbol	Ausgabe- u. Bedienungsort
PI 001	vor Ort
PIC 002	Prozeßleitwarte
PAH 003	Örtlicher Leitstand

Pneumatik

DIN ISO 1219/8.78

Schaltzeichen	Benennung
Wegeventile	
A, b, a, R, P	3 / 2 – Wegeventil; in Stellung a geschlossen Zahl der Schaltstellungen (a; b) Zahl der Anschlüsse (A, P, R)
A, b, a, R, P	3 / 2 – Wegeventil; in Stellung a geöffnet
Zylinder	
oder	einfachwirkender Zylinder Rückbewegung durch eingebaute Feder
oder	doppeltwirkender Zylinder mit einseitiger Kolbenstange

Sachwortverzeichnis

Sachwortverzeichnis